普通高等教育“十一五”国家级规划教材

“十二五”普通高等教育本科国家级规划教材

高 等 学 校 自 动 化 专 业 系 列 教 材
教育部高等学校自动化专业教学指导分委员会牵头规划

国家级精品教材、国家级精品课程教材
国家级精品资源共享课教材

Computer Aided Control Systems Design
Using MATLAB Language (Fourth Edition)

控制系统计算机辅助设计
——MATLAB语言与应用
（第4版）

薛定宇 著
Xue Dingyu

清华大学出版社
北 京

内容简介

本书系统地介绍了国际控制界应用最广的MATLAB语言及其在控制教学与研究中的应用，侧重于介绍MATLAB语言编程基础与技巧、科学运算问题的MATLAB求解、线性系统的建模和计算机辅助分析、非线性系统的仿真分析、控制系统的计算机辅助设计方法等，包括串联控制器、状态反馈控制器、PID控制器设计、最优控制器设计、多变量频域设计与解耦、鲁棒控制、自适应控制、智能控制、分数阶控制等。本书还介绍基于dSPACE和Quanser的实时控制系统实验方法。

本书可作为自动化专业高年级本科生和研究生"控制系统仿真与CAD"或"控制系统计算机辅助设计"课程的教材，也可供相关专业的研究人员与研究生参考。

图书在版编目(CIP)数据

控制系统计算机辅助设计：MATLAB语言与应用/薛定宇著. —4版. —北京：清华大学出版社，2022.6 (2024.2 重印)
高等学校自动化专业系列教材
ISBN 978-7-302-59415-4

Ⅰ. ①控… Ⅱ. ①薛… Ⅲ. ①Matlab软件—应用—自动控制系统—计算机辅助设计—高等学校—教材 Ⅳ. ①TP273

中国版本图书馆CIP数据核字(2021)第212833号

责任编辑：王一玲　曾　珊
封面设计：李召霞
责任校对：李建庄
责任印制：曹婉颖

出版发行：清华大学出版社
网　　址：https://www.tup.com.cn，https://www.wqxuetang.com
地　　址：北京清华大学学研大厦A座　**邮　　编**：100084
社 总 机：010-83470000　**邮　　购**：010-62786544
投稿与读者服务：010-62776969，c-service@tup.tsinghua.edu.cn
质量反馈：010-62772015，zhiliang@tup.tsinghua.edu.cn
课件下载：https://www.tup.com.cn，010-83470236
印 装 者：三河市龙大印装有限公司
经　　销：全国新华书店
开　　本：175mm×245mm　**印　　张**：36.25　**字　　数**：714千字
版　　次：1996年4月第1版　2022年7月第4版　**印　　次**：2024年2月第2次印刷
印　　数：2501～3700
定　　价：99.00元

产品编号：092377-01

第4版前言

PREFACE

本书第3版出版已经10年了。在此期间，MATLAB/Simulink本身以及控制系统计算机辅助技术都有了较大的发展。随着MATLAB软件的更新，早期版本的很多内容逐渐淡出历史舞台，而很多新的技术与编程方法也逐渐出现，给基于MATLAB/Simulink的控制系统计算机辅助分析与设计技术提供了新的活力。所以，有必要适应新的要求，出版本书的第4版。

经过若干版本的进化，本书的主体结构已经成熟。所以，本版在章节框架结构上改动不大，主要修改的是具体内容。本版主要在以下方面做了大幅度更新：在MATLAB编程基础方面，增加了MATLAB实时编辑程序的介绍，介绍了新版的MATLAB绘图函数；在界面设计方法中，将原来的Guide程序设计方法替换成了基于新的App Designer的界面设计方法，使得MATLAB界面与应用程序设计更简洁、更高效；在科学运算方面，引入了数值Laplace变换的方法，使得无理系统的仿真成为可能；在线性系统模型方面，给出了新版的基于符号运算的线性系统模型化简方法，为系统模型描述的完整性起见，引入了描述符状态方程模型和带有内部延迟的状态方程模型，使得带有延迟模块的LTI模型连接更简洁、更通用，引入了基于内部延迟模型的复合系统输入方法；系统模型化简部分，增加了连接矩阵的简单输入方法，在线性系统分析方面，增加了延迟系统的近似根轨迹分析方法，更新了Gershgorin带的绘制程序与多变量系统频域响应分析程序，使得多变量系统的频域响应分析变得更容易；在非线性系统建模与仿真方面，引入了一般非线性系统的稳定性的分析方法，概略性地引入了基于Simulink的多领域物理建模方法与应用；在控制器设计方面，指出传统最优控制可能存在的误区和潜在错误，给出了基于数值最优化技术的最优控制器设计方法，改进了OCD和OptimPID两个应用程序，以更好地解决最优控制器设计问题；通过实验指出，对不自带积分器的受控对象而言，PID控制器是最好的二阶控制器；从控制方法上，引入了自抗扰控制策略与仿真方法，给出了模型参考自适应系统的控制器框架；引入了广义预测控制、迭代学习控制等控制策略的入门知识；在智能优化方面，基于MATLAB全局优化工具箱重新介绍了基于MATLAB的智能优化算法。此外，本书还全面更新了分数阶微积分数值运算与分数阶控制系统分析与设计的内容。通过新版FOTF工具箱的引入，统一了分数阶线性系统与常规整数阶系统的建模与研究框架，使分数阶系统研究变得更容易。

除了上面列出的具体更新内容外，利用MATLAB与Simulink的新版本全面更新了其他相关的内容，使得书中的代码可以更好地在新版本下高效运行。

为使新版不过多增加篇幅，也相应地剔除了一些陈旧的内容。例如，第3版的QFT内容已经删除；此外，全面删除了介绍MATLAB自带的控制器设计界面等方面的内容，因为利用该界面设计的控制器效果远远差于我们编写的OCD与OptimPID等应用程序。

本书第3版出版之后，修改后的英文版由World Scientific出版社与清华大学出版社合作出版，对应的课程“控制系统仿真与CAD”也入选首批国家级精品资源共享课程。在此基础上，我们重新录制了全部的教学视频，教学材料也得到进一步充实、完善，MOOC课程在中国大学MOOC网已开出几期。随着计算机辅助教学技术的普及以及现代化教学手段的提升，我们将中英文字幕版的视频片段的二维码直接在相应的地方标出，以便读者学习。在访问视频片段之前，应先按封底的“文泉云盘刮刮卡”二维码登录系统，否则不能正常访问视频。作者为本书制作的课件，编写的MATLAB代码、模型与工具箱也可以直接在文泉云盘下载，具体见附录B。

在书稿完成之际要感谢的人很多。本书由大连理工大学张晓华教授主审，感谢张老师的很多有益建议。感谢教学团队成员的共同努力，特别感谢潘峰博士在教学材料和整个教材与课程建设中的突出贡献。感谢学生们在课程建设中所做的扎实的工作、诸多热心读者的建议、出版界朋友的辛勤工作。

特别感谢妻子杨军教授数十年来一如既往的支持与鼓励，感谢女儿薛杨在文稿写作、排版与视频转换中给出的建议和帮助。

薛定宇

2022年3月

第3版前言

PREFACE

本书第1版曾是国内最早系统介绍MATLAB语言并和控制理论有机结合的教材，在海内外中文读者中曾有很大影响且被控制界学生与学者广泛参考与引用。本书的风格、内容与课程设置得到国内外同行专家的肯定。2008年本书第2版获批国家级精品教材，同年，以本书为主要教材的“控制系统仿真与CAD”课程获批国家级精品课程。另外，2007年在美国SIAM出版社出版了英文简写版，美国学者在IEEE控制系统杂志上刊出了对该书评价较高的书评，相关教学成果被国内专家组成的鉴定委员会认定为达到国际先进水平。

本书第2版出版6年多来，无论在MATLAB与Simulink的功能与控制科学与方法上都有了很大的发展，所以需要对原有的内容进行必要的更新，以适应日益增长的需求。

第2章增加了图形用户界面设计方面的内容。如果读者掌握了图形用户界面程序设计技术，将能够更好地理解本书新编的几个程序界面，并能为自己擅长的或独特的研究成果开发出通用程序，提高程序的可重用性，并为其他研究者提供宝贵的借鉴经验。本版将与控制相关的科学运算问题求解独立成新的第3章，充实了和控制问题密切相关的数学问题求解内容，增加了代数方程求解一节，尤其是提出并编写了非线性矩阵方程全部根的求解函数，此外，将原附录A的Laplace变换、z变换内容移入本章，使得科学运算的知识结构更加完整。

第4~6章侧重于控制系统的建模与分析方法，增加了复杂框图模型的代数化简方法、内部延迟的状态方程模型、模型辨识阶次选定、直接积分的解析解求解、基于Laplace变换、z变换的时域响应解析解方法、非零初值的仿真方法等，并给出了基于Simulink的各种控制系统仿真方法，为下一步的控制系统设计奠定了必要的基础。

控制系统计算机辅助设计是本版改动幅度最大的部分，本版对原有的控制系统设计专题进行了整合，并把PID控制器设计与分数阶控制器设计两部分单独成章，扩充了很多新的内容，如在PID控制器整定一章中系统介绍了PID类控制器的整定方法，并开发了最优PID控制器设计程序界面，在分数阶控制器设计一章建立了全新的分数阶系统建模、分析与设计的框架。在其他相关章节中也融入了全新的内容，如多变量系统的解耦控制、定量反馈理论（QFT）设计方法、线性矩阵不等式方法（LMI）、基于粒子群优化的（PSO）全局最优控制器等。

本书增加的部分内容可能在理论上较深，用这样短的篇幅全面介绍相关内容是不可能的，所以读者若遇到不熟悉的深奥理论，如果想再深入研究的话可以参阅其他参考文献。对一般读者来说，不一定非得把所涉及的理论研究得特别透彻，只需了解这些理论是解决什么问题的，然后侧重于学习本书介绍的相应函数的调用方法，直接获得原问题的解。

本书尽量介绍目前最新的MATLAB 8.0版（即R2012b），但相应的内容对MATLAB及相关工具箱的版本依赖程度不高，所以这里介绍的算法函数绝大多数均可以在MATLAB 7.x甚至更早期版本下正常运行。

本书相关教学成果鉴定中得到系统仿真界权威李伯虎院士、王子才院士与自动化教育界著名学者清华大学的王雄教授、北京航空航天大学的申功璋教授、上海交通大学的田作华教授等的关怀和具体指导，在本书新内容酝酿与写作过程中，感谢美国加州大学的陈阳泉教授、英国Sussex大学的Derek Atherton教授、斯洛伐克Kosice技术大学的Igor Podlubny教授、哈尔滨工业大学的张晓华教授和马广富教授、清华大学的孙增圻教授、北京航空航天大学的刘金琨教授、华中科技大学的王永骥教授、上海大学的李常品教授、山东大学的李岩博士、西班牙Extremadura大学的Blas Vinagre教授和Concepción Monje博士等，作者在与他们的交流与合作中受益匪浅，有些内容已经为本版增色不少。清华大学出版社的王一玲编辑为本书的出版事宜及安排给了作者很大帮助。在教材与课程建设方面与东北大学的潘峰博士、陈大力博士、崔建江博士、佟国峰博士等的深入讨论催生了本版许多新的内容，博士生孟丽、关驰、白鹭，硕士生董雯彬、马红林、郭晓静、李萧彤、黄敏、王伟楠、刘禄、李艳慧、安哲、梁婷婷等为本书的代码验证、课件开发与教学视频制作等做出了很多贡献，分数阶系统部分内容的写作还受到国家自然科学基金资助（基金号:61174145），在此一并表示感谢。

在国家级精品课程项目资助下，本书全部教学课件都已经改写，并录制了全程教学录像，可供同行教师和同学参考。另外，在全国高校教师网络培训中心组织的精品课程教师培训班上还录制了本课程面向教师讲座的录像，可供授课教师参考。

多年来，我的妻子杨军和女儿薛杨在生活和事业上给予了我莫大的帮助与鼓励，没有她们的鼓励和一如既往的支持，本书和前几部著作均不能顺利面世，谨以此书献给她们。

薛定宇

2012年10月18日于沈阳东北大学

第2版前言

美国MathWorks公司推出的MATLAB语言一直是国际科学界应用和影响最广泛的三大计算机数学语言之一。从某种意义上讲，在纯数学以外的领域中，MATLAB语言有着其他两种计算机数学语言Mathematica和Maple无法比拟的优势和适用面。在控制类学科中，MATLAB语言更是科学研究者首选的计算机语言。

近十年来，随着MATLAB语言和Simulink仿真环境在控制系统研究与教学中日益广泛的应用，在系统仿真、自动控制等领域，国外很多高校在教学与研究中都将MATLAB/Simulink语言作为首选的计算机工具。我国的科学工作者和教育工作者也逐渐认识到MATLAB语言的重要性。MATLAB语言是一种十分有效的工具，能轻松地解决在系统仿真及控制系统计算机辅助设计领域的教学与研究中遇到的问题，它可以将使用者从烦琐的底层编程中解放出来，把有限的宝贵时间更多地花在解决科学问题中。MATLAB语言虽然是计算数学专家倡导并开发的，但其普及和发展离不开自动控制领域学者的贡献。在MATLAB语言的发展进程中，许多有代表性的成就是和控制界的要求与贡献分不开的。MATLAB具有强大的数学运算能力、方便实用的绘图功能及语言的高度集成性，它在其他科学与工程领域也有着广阔的应用前景和无穷的潜能。因此，以MATLAB/Simulink作为主线，为我国高校自动化专业的一门很重要课程——“控制系统仿真与计算机辅助设计”或“计算机仿真”编写一本实用的教材就显得非常迫切。

十年前，作者的著作《控制系统计算机辅助设计——MATLAB语言与应用》由清华大学出版社出版。该书受到很多专家学者的关注，并被公认为国内关于MATLAB语言方面书籍中出版最早、影响最广的著作。该书被国内期刊文章和著作引用数千次，被数万篇硕士、博士论文引用，为我国高校师生和研究人员认识和掌握MATLAB语言，并用其解决自己学习、教学科研中遇到的问题起到了积极的作用。

多年来，作者一直在试图以最实用的方式将MATLAB语言介绍给国内的读者，并在清华大学出版社、机械工业出版社出版了6部有关MATLAB语言及其应用方面的著作，受到了国内外广大中文读者的普遍欢迎。作者的著作总共有三个大的方向：MATLAB语言与数学运算问题求解、MATLAB语言在控制系统中的应用与MATLAB语言及其在系统仿真中的应用。本书继承了作者早期几部控制领域著作的优点，从使用者的角度出发，并结合作者十数年的实际编程经验和丰富的教学经验，系统地介绍MATLAB语言的编程技术及其在控制系统仿真与计算机辅助设计中的应用。本书先介绍MATLAB语言的基础内容，并以其为主线，系统介绍控制系统的计算机辅助分析与计算机辅助设计的方法。本书覆盖面较广，除了经典控制的内容外，还较深入地探讨了MATLAB语言在状态反馈控制器、多变量系统频域设计、PID控制器设计、最优控制器设计、LQG/LTR控制器设计、$\mathcal{H}_\infty$最优控制、自适应控制、模糊控制、神经网络控制、遗传算法优化控制等方面的应用。本书还将介绍基于dSPACE和Quanser的实时控制系统实验方法，尽量避免过于深奥理论的介绍，着重介绍用计算机求解理论问题的方法，提供了大量的MATLAB程序、Simulink封装模块及仿真系统框图，可以用于实现书中介绍的全部内容，所有的程序语句都是可重复的，可以供读者参考和直接使用。书中融合了作者的许多编程思想和第一手材料，内容精心剪裁，相信仍然会受到读者的欢迎。

作者从1988年开始系统地使用MATLAB语言进行程序设计与科学研究，积累了丰富的第一手经验，也了解MATLAB语言的最新动态。作者用MATLAB语言编写的程序曾作为英国Rapid Data软件公司的商品在国际范围内发行，新近编写的几个通用程序在MathWorks公司的网站上可以下载，其中反馈系统分析与设计程序CtrlLAB长期高居控制类软件的榜首，已用于国际上很多高校的实际教学。

本书的大部分内容在东北大学自动化专业本科生课程“控制系统仿真与CAD”与研究生课程“控制系统计算机辅助设计”中讲授过，受到普遍欢迎。本书配有全套的、适用于计算机辅助教学的CAI课件材料及其他相关材料。书中除简单介绍MATLAB的基础知识外，其余内容均围绕其在控制系统中的应用展开介绍。所以本书还可以作为“自动控制原理”等课程的计算机实践材料。

本书主要介绍目前最新的MATLAB 7.1版，即MATLAB Release 14 Service Pack 3，但相应的内容对MATLAB及相关工具箱的版本依赖程度不高，所以这里介绍的算法函数绝大多数均可以在MATLAB 6.x甚至更早期版本下正常运行。

在本书编写过程中，作者的一些师长、同事和朋友也先后给予作者许多建议和支持，包括英国Sussex大学的Derek P. Atherton教授、东北大学的任兴权教授和徐心和教授、美国Utah州立大学的陈阳泉教授、东北大学信息学院的院长刘建昌教授、北京交通大学的朱衡君教授、英国Sussex大学的杨泰澄博士、中科院系统科学研究院的韩京清研究员、南开大学的王治宝教授、中科院科学与工程计算国家重点实验室的张林波研究员、中科院上海应用物理研究所的陈之初先生等，还有在互联网上进行过交流的众多知名的和不知名的同行与朋友。本书部分内容及仿真模型由博士生潘峰、陈大力、高道祥、李殿起共同编写，教学文件由哈尔滨工程大学张望舒同学、东北大学研究生解志斌、鄂大志同学协助开发，在此表示深深的谢意。

本书由哈尔滨工业大学张晓华教授主审，承蒙张老师的仔细审读并得到许多建设性建议。本书编写过程中一直得到本系列教材编委会副主任、清华大学萧德云教授的关注与帮助，本书从初版开始就得到清华大学出版社蔡鸿程总编的帮助与关怀，本书的出版还得到了美国MathWorks公司图书计划的支持，在此表示谢意，并特别感谢Noami Fernandez女士、Courtney Esposito女士为作者提供的帮助。

由于作者水平所限，书中的缺点和错误在所难免，欢迎读者批评指教。

谨以此书献给数十年来一直全心全意培养我、支持我的父母。

薛定宇

2005年10月1日

于沈阳东北大学

第1版前言

PREFACE

控制系统计算机辅助设计（CACSD）从成为一门单独的学科以来至今已经有二十多年的历史，在其发展过程中出现了各种各样的实用工具和理论成果。CACSD课程是高校自动控制类专业研究生的一门重要课程，可选用的教材也很多，但由于其中大部分教材出现得较早，已经不能反映当代CACSD领域的最新成果。

MATLAB语言的出现，不但对CACSD算法的研究，也对其他CACSD软件环境的开发起到了巨大的推动作用，它已经成为国际控制界应用最广的语言和工具。该软件的早期版本自20世纪80年代末传入我国以来，在高校中已经有了一些应用，但大部分用户苦于没有该软件相应的资料，难于系统地掌握该语言，有效地解决自己遇到的问题。

作者从1988年开始接触MATLAB，使用过早期和当前的各个版本，曾以MATLAB为基础开发过几个商品软件，并在研究中一直使用MATLAB作为主要工具，所以熟悉MATLAB的特点及编程。

1995年作者受辽宁省系统仿真学会邀请，在1995中国自动化教育学术年会后于秦皇岛举办“MATLAB语言与控制系统计算机辅助设计新技术”讨论班，并为该讨论班编写了试用讲义，这就是本书的雏形。在该讲义的编写和整理过程中作者还在东北大学自动控制系研究生的“控制系统计算机辅助设计”课程中试用过其中的大部分章节，并在自控系本科生“系统仿真”课程中也试用过其中部分的内容，得到了较好的反映。

本书大致分为两部分：第一部分系统地介绍了MATLAB语言编程与应用，侧重于介绍MATLAB语言编程基础与技巧、数值分析算法及MATLAB实现、动态系统的数学模型及仿真工具Simulink等，最后还以作者开发的一个控制系统计算机辅助教学软件Control Kit为例，介绍利用MATLAB进行Windows图形界面设计的方法，其中既包含了MATLAB软件的入门知识，也介绍了其应用的高级技术，融合了作者多年来的实际编程经验和体会；第二部分以MATLAB语言及其相应工具箱为主要手段介绍并探讨了经典的和当前最新的控制系统计算机辅助设计方法，包括多变量系统的频域设计、自整定PID控制方法、定量反馈理论、经典设计方法、状态空间LQ及LQG/LTR设计、$\mathcal{H}_\infty$最优控制等。

本书可作为自动控制类专业的研究人员参考, 也可作为高校该类专业的研究生与高年级本科生控制系统计算机辅助设计课程的教材和参考书，还可供其他专业的学生和科技工作者、教师作为自动控制原理、系统仿真等课程的实验辅助教材,以及科学计算与图形绘制等方向的工具和参考书。

本书由东北大学研究生院的副院长徐心和教授主审，从酝酿到整个写作过程始终得到徐老师的鼓励和支持。他仔细地阅读了全书原稿，并提出了许多建设性的宝贵意见。作者还感谢他的导师，原IEEE控制系统委员会主席，英国Sussex大学的Derek Atherton教授，是他将作者引入MATLAB编程的乐园，并指导作者涉足先进的CACSD方法。几年来和他们的合作与学术交流使作者受益匪浅，他们严谨的学风与敬业精神亦对作者有很深的影响。

作者在国外学习工作期间的一些同事和朋友也给予作者许多建议和鼓励，使作者获得许多有益的信息与材料，在这当中包括英国威尔士Swansea大学的庄敏霞博士、上海同济大学的赵之凡副研究员、英国Sussex大学的姚莉华博士等。本书试印本完成以来还得到国内外同行的建议和意见,在此一并表示最诚挚的谢意。

本书写作过程中承蒙东北大学控制仿真研究中心主任李彦平博士等同事的大力支持和鼓励,在此作者表示衷心的感谢。

本书承蒙清华大学自动化系主任、中国自动化学会教育委员会主任胡东成教授的大力推荐，在出版过程中又得到清华大学出版社蔡鸿程副社长的关怀和帮助，在此作者深表谢意。

本书写作与出版部分得到国家教委留学回国人员基金和辽宁省博士启动基金资助。

几年来，作者的妻子杨军在生活和事业上给予了作者莫大的帮助与鼓励，作者谨以此书献给她和女儿薛杨。

由于作者水平有限，书中的缺点错误在所难免，欢迎读者批评指教。

薛定宇
1996年3月于东北大学

目录

CONTENTS

第1章 **控制系统计算机辅助设计概述** **1**
1.1 控制问题的计算机求解演示 1
1.2 控制系统计算机辅助设计技术的发展综述 5
1.3 控制系统计算机辅助设计语言环境综述 6
1.4 仿真软件的发展概况 9
1.5 MATLAB/Simulink 与 CACSD 工具箱 11
1.6 控制系统计算机辅助设计领域方法概述 13
1.7 本书的基本结构和内容 15
1.7.1 本书的基本内容 15
1.7.2 MATLAB 的联机帮助系统 17
1.8 习题 18
参考文献 20

第2章 **MATLAB 语言程序设计基础** **23**
2.1 MATLAB 程序设计语言基础 24
2.1.1 MATLAB 语言的变量与常量 24
2.1.2 数据结构 25
2.1.3 MATLAB 的基本语句结构 27
2.1.4 冒号表达式 28
2.1.5 子矩阵提取 29
2.2 基本数学运算 29
2.2.1 矩阵的代数运算 29
2.2.2 矩阵的逻辑运算 32
2.2.3 矩阵的比较运算 32
2.2.4 超越函数计算 33
2.2.5 符号运算 33
2.2.6 基本数论运算 34
2.3 MATLAB 语言的流程结构 36
2.3.1 循环结构 36
2.3.2 条件转移结构 37

2.3.3 开关结构 38
2.3.4 试探结构 39
2.4 函数编写与调试 40
2.4.1 MATLAB语言函数的基本结构 41
2.4.2 可变输入输出个数的处理 44
2.4.3 匿名函数与inline函数 44
2.4.4 伪代码与代码保密处理 45
2.4.5 MATLAB程序的实时编辑器 45
2.5 二维图形绘制 47
2.5.1 二维图形绘制基本语句 47
2.5.2 其他二维图形绘制语句 50
2.5.3 隐函数绘制及应用 52
2.5.4 图形修饰 53
2.5.5 数据文件与Excel文件的读写 54
2.6 三维图形表示 55
2.6.1 三维曲线绘制 55
2.6.2 三维曲面绘制 56
2.6.3 三维条带图 58
2.6.4 三维图形视角设置 60
2.7 MATLAB应用程序设计技术 61
2.7.1 应用程序设计工具App Designer 61
2.7.2 句柄图形学及句柄对象属性 63
2.7.3 界面设计举例与技巧 66
2.8 习题 68
参考文献 72

第3章 科学运算问题的MATLAB求解 73
3.1 线性代数问题的MATLAB求解 74
3.1.1 矩阵的基本分析 74
3.1.2 矩阵的分解 77
3.1.3 矩阵指数 $\mathrm{e}^{\boldsymbol{A}}$ 和指数函数 $\mathrm{e}^{\boldsymbol{A}t}$ 78
3.1.4 矩阵的任意函数计算 79
3.2 代数方程的MATLAB求解 79
3.2.1 线性方程求解问题及MATLAB实现 79
3.2.2 一般非线性方程的求解 83
3.2.3 非线性矩阵方程的MATLAB求解 85
3.3 常微分方程问题的MATLAB求解 89
3.3.1 一阶常微分方程组的数值解法 89

3.3.2 常微分方程的转换 91
3.3.3 微分方程数值解的验证 93
3.3.4 线性常微分方程的解析求解 94
3.4 最优化问题的MATLAB求解 95
3.4.1 无约束最优化问题求解 95
3.4.2 有约束最优化问题求解 96
3.4.3 全局最优解的尝试 97
3.4.4 最优曲线拟合方法 99
3.5 Laplace变换与z变换问题的MATLAB求解 101
3.5.1 Laplace变换 101
3.5.2 数值Laplace变换 102
3.5.3 z变换 103
3.6 习题 105
参考文献 111

第4章 线性控制系统的数学模型 113

4.1 线性连续系统模型及MATLAB表示 114
4.1.1 简单电路的数学建模 114
4.1.2 线性系统的传递函数模型 115
4.1.3 线性系统的状态方程模型 117
4.1.4 带有内部延迟的状态方程模型 119
4.1.5 线性系统的零极点模型 120
4.1.6 多变量系统的传递函数矩阵模型 121
4.2 线性离散时间系统的数学模型 122
4.2.1 离散传递函数模型 122
4.2.2 离散状态方程模型 123
4.3 系统模型的相互转换 124
4.3.1 连续模型和离散模型的相互转换 124
4.3.2 系统传递函数的获取 126
4.3.3 控制系统的状态方程实现 127
4.3.4 状态方程的均衡实现 129
4.3.5 状态方程的最小实现 129
4.3.6 传递函数与符号表达式的相互转换 131
4.4 方框图描述系统的化简 131
4.4.1 控制系统的典型连接结构 132
4.4.2 节点移动时的等效变换 137
4.4.3 复杂系统模型的简化 138
4.4.4 方框图化简的代数方法 139

4.4.5 连接矩阵的另一种生成方法 142
4.5 线性系统的模型降阶 143
4.5.1 Padé 降阶算法与 Routh 降阶算法 143
4.5.2 时间延迟模型的 Padé 近似 147
4.5.3 带有时间延迟系统的次最优降阶算法 148
4.5.4 状态方程模型的降阶算法 152
4.6 线性系统的模型辨识 155
4.6.1 离散系统的模型辨识 155
4.6.2 系统辨识的图形用户界面 158
4.6.3 辨识模型的阶次选择 158
4.6.4 离散系统辨识信号的生成 161
4.6.5 连续系统的辨识 162
4.6.6 多变量离散系统的辨识 163
4.7 习题 164
参考文献 168

第 5 章 线性控制系统的计算机辅助分析 171

5.1 线性系统性质分析 172
5.1.1 线性系统稳定性的直接判定 172
5.1.2 内部延迟系统的稳定性分析 175
5.1.3 线性反馈系统的内部稳定性分析 176
5.1.4 线性系统的线性相似变换 177
5.1.5 线性系统的可控性分析 178
5.1.6 线性系统的可观测性分析 181
5.1.7 Kalman 规范分解 181
5.1.8 系统状态方程标准型的 MATLAB 求解 182
5.1.9 系统的范数测度及求解 185
5.2 线性系统时域响应解析解法 186
5.2.1 直接积分解析解方法 186
5.2.2 基于增广矩阵的解析解方法 187
5.2.3 基于 Laplace 变换、z 变换的解析解方法 189
5.2.4 阶跃响应指标 191
5.3 线性系统的数值仿真分析 192
5.3.1 线性系统的阶跃响应与冲激响应 192
5.3.2 任意输入下系统的响应 197
5.3.3 非零初始状态下系统的时域响应 199
5.3.4 非正则系统的时域响应 200
5.3.5 面向对象的时域响应曲线绘制 200

5.4 根轨迹分析 201
5.4.1 一般系统的根轨迹分析 201
5.4.2 正反馈系统的根轨迹 204
5.4.3 延迟系统的根轨迹 205
5.4.4 系统对参数的根轨迹 207
5.5 线性系统频域分析 207
5.5.1 单变量系统的频域分析 208
5.5.2 带有内部延迟模型的频域响应分析 212
5.5.3 利用频率特性分析系统的稳定性 213
5.5.4 系统的幅值裕度和相位裕度 214
5.6 多变量系统的频域分析 215
5.6.1 多变量系统频域分析概述 215
5.6.2 多变量系统对角占优分析 217
5.6.3 多变量系统的奇异值曲线绘制 221
5.7 习题 222
参考文献 226

第6章 非线性控制系统的建模与仿真 227
6.1 Simulink 建模的基础知识 228
6.1.1 Simulink 简介 228
6.1.2 Simulink 下常用模块简介 229
6.1.3 Simulink 下其他工具箱的模块组 234
6.2 Simulink 建模与仿真 235
6.2.1 Simulink 建模方法简介 235
6.2.2 仿真算法与控制参数选择 239
6.2.3 Simulink 仿真举例 242
6.3 控制系统的Simulink 建模与仿真实例 244
6.4 非线性系统分析与仿真 252
6.4.1 分段线性的非线性环节 252
6.4.2 非线性系统的极限环研究 255
6.4.3 非线性系统的线性化 256
6.4.4 非线性系统的稳定性分析 260
6.5 子系统与模块封装技术 261
6.5.1 子系统概念及构成方法 261
6.5.2 模块封装方法 262
6.5.3 模块集构造 266
6.6 S-函数编写及其应用 267
6.6.1 M-函数模块的基本结构 267

6.6.2 复杂系统的Simulink建模演示 268
6.6.3 S-函数的基本结构 269
6.6.4 用MATLAB编写S-函数举例 270
6.6.5 S-函数的封装 273
6.7 多领域物理建模入门 273
6.7.1 数学建模的局限性 274
6.7.2 Simscape简介 275
6.7.3 电气系统的建模与仿真 276
6.7.4 机械系统的建模与仿真 277
6.8 习题 280
参考文献 285

第7章 控制系统的经典设计方法 287
7.1 超前滞后校正器设计方法 288
7.1.1 串联超前滞后校正器 288
7.1.2 超前滞后校正器的设计方法 289
7.2 基于状态空间模型的控制器设计方法 293
7.2.1 状态反馈控制 293
7.2.2 线性二次型指标最优调节器 294
7.2.3 极点配置控制器设计 296
7.2.4 观测器设计及基于观测器的调节器设计 299
7.3 最优控制器设计 303
7.3.1 最优控制的概念 303
7.3.2 传统最优控制可能存在的误区 303
7.3.3 基于数值最优化与Simulink的最优控制器设计 305
7.3.4 快速重启与优化过程的实时显示 306
7.3.5 非线性系统的最优控制器设计 307
7.3.6 性能指标的合理性 308
7.3.7 终止仿真时间的选择 310
7.4 最优控制应用程序 311
7.4.1 基于MATLAB/Simulink的最优控制程序及其应用 311
7.4.2 最优控制程序的其他应用 314
7.4.3 开放的程序框架 315
7.4.4 PID型控制器——最好的二阶控制器结构 315
7.5 多变量系统的频域设计方法 317
7.5.1 对角占优系统与伪对角化 317
7.5.2 多变量系统的参数最优化设计 322
7.5.3 基于OCD的多变量系统最优设计 327

7.6 多变量系统的解耦控制 329
7.6.1 状态反馈解耦控制 329
7.6.2 状态反馈的极点配置解耦系统 330
7.7 习题 333
参考文献 337

第 8 章 PID 控制器的参数整定 339
8.1 PID 控制器设计概述 340
8.1.1 连续 PID 控制器 340
8.1.2 离散 PID 控制器 342
8.1.3 PID 控制器的变形 343
8.2 过程受控对象的一阶延迟模型近似 344
8.2.1 由响应曲线识别一阶模型 344
8.2.2 基于频域响应的近似方法 346
8.2.3 基于传递函数的辨识方法 347
8.2.4 最优降阶方法 347
8.3 FOPDT 模型的 PID 控制器参数整定 348
8.3.1 Ziegler–Nichols 经验公式 348
8.3.2 改进的 Ziegler–Nichols 算法 350
8.3.3 改进 PID 控制结构与算法 352
8.3.4 Chien–Hrones–Reswick 参数整定算法 355
8.3.5 最优 PID 整定经验公式 356
8.4 其他受控对象模型的控制器参数整定 359
8.4.1 IPD 模型的 PD 和 PID 参数整定 359
8.4.2 FOLIPD 模型的 PD 和 PID 参数整定 359
8.4.3 不稳定 FOPDT 模型的 PID 参数整定 361
8.4.4 交互式 PID 类控制器整定程序界面 361
8.5 OptimPID —— 最优 PID 控制器设计程序 365
8.5.1 控制系统的底层仿真模型 365
8.5.2 OptimPID 程序举例 366
8.5.3 开放框架与程序扩展 369
8.6 习题 369
参考文献 371

第 9 章 鲁棒控制与鲁棒控制器设计 373
9.1 线性二次型 Gauss 控制 374
9.1.1 线性二次型 Gauss 问题 374
9.1.2 使用 MATLAB 求解 LQG 问题 374

9.1.3 带有回路传输恢复的LQG控制 378
9.2 鲁棒控制问题的一般描述 382
9.2.1 小增益定理 382
9.2.2 鲁棒控制器的结构 383
9.2.3 回路成型的一般描述 385
9.2.4 鲁棒控制系统的MATLAB描述 386
9.3 基于范数的鲁棒控制器设计 389
9.3.1 $\mathcal{H}_\infty$、$\mathcal{H}_2$鲁棒控制器设计方法 389
9.3.2 其他鲁棒控制器设计函数 394
9.4 线性矩阵不等式理论与求解 398
9.4.1 线性矩阵不等式的一般描述 398
9.4.2 线性矩阵不等式问题的MATLAB求解 402
9.4.3 基于YALMIP工具箱的最优化求解方法 404
9.4.4 多线性模型的同时镇定问题 405
9.4.5 基于LMI的鲁棒最优控制器设计 406
9.5 习题 408
参考文献 409

第10章 自适应与智能控制系统设计 411

10.1 自适应控制系统设计 412
10.1.1 模型参考自适应系统的设计与仿真 412
10.1.2 自校正控制器设计与仿真 417
10.2 自抗扰控制器 421
10.2.1 扩张状态观测器的建模 422
10.2.2 自抗扰控制器的建模 423
10.2.3 自抗扰控制系统的仿真 424
10.3 模型预测控制系统 426
10.3.1 动态矩阵控制 427
10.3.2 基于MATLAB的模型预测控制实现 429
10.3.3 预测控制的Simulink仿真 434
10.3.4 广义预测控制系统与仿真 436
10.4 模糊控制及模糊控制器设计 438
10.4.1 模糊逻辑与模糊推理 439
10.4.2 模糊PD控制器设计 440
10.4.3 模糊PID控制器设计 444
10.5 神经网络及神经网络控制器设计 447
10.5.1 神经网络简介 448
10.5.2 基于单个神经元的PID控制器设计 449

10.5.3 基于反向传播神经网络的PID控制器 451
10.5.4 基于径向基函数的神经网络PID控制器 453
10.6 迭代学习控制系统仿真 456
10.6.1 迭代学习控制原理 456
10.6.2 迭代学习控制算法 458
10.7 全局最优控制器设计 462
10.7.1 遗传算法简介 462
10.7.2 基于遗传算法的最优化问题求解 463
10.7.3 粒子群算法与其他全局最优化方法 465
10.7.4 基于全局优化算法的最优控制问题求解 465
10.8 习题 467
参考文献 471

第11章 分数阶控制系统的分析与设计 473
11.1 分数阶微积分定义与性质 475
11.1.1 分数阶微积分的定义 475
11.1.2 分数阶微积分的性质 476
11.1.3 Mittag-Leffler函数与计算 477
11.2 分数阶微积分的数值计算 478
11.2.1 用Grünwald–Letnikov定义求解分数阶微分 479
11.2.2 Caputo微积分定义的数值计算 481
11.2.3 Oustaloup滤波算法及其应用 482
11.2.4 Caputo导数的滤波器近似 485
11.3 线性分数阶微分方程的解析解方法 485
11.3.1 一类分数阶线性系统时域响应解析解方法 486
11.3.2 一些重要的Laplace变换公式 486
11.3.3 成比例分数阶线性微分方程的解析解法 487
11.4 分数阶微分方程的数值方法 488
11.4.1 零初值分数阶线性微分方程的解法 488
11.4.2 非零初值Caputo微分方程的数值求解 490
11.4.3 非零初值非线性Caputo微分方程的数值求解 491
11.4.4 基于框图的非线性分数阶微分方程近似解法 493
11.5 分数阶传递函数建模与分析 497
11.5.1 分数阶传递函数的数学模型 498
11.5.2 类的定义与输入 498
11.5.3 分数阶状态方程的处理 501
11.5.4 系统建模的重载函数 501
11.5.5 分数阶系统分析 502

11.6 分数阶 PID 控制器设计 506
11.6.1 分数阶 PID 控制器的数学描述 507
11.6.2 无延迟受控对象的控制器设计 507
11.6.3 有延迟受控对象的控制器设计 508
11.6.4 最优分数阶 PID 控制器的设计界面 510
11.7 习题 512
参考文献 514

第 12 章 半实物仿真与实时控制 517
12.1 dSPACE 简介与常用模块 518
12.2 Quanser 简介与常用模块 519
12.2.1 Quanser 常用模块简介 519
12.2.2 Quanser 旋转运动控制系列实验受控对象简介 521
12.3 半实物仿真与实时控制实例 522
12.3.1 受控对象的数学描述与仿真研究 522
12.3.2 Quanser 实时控制实验 524
12.3.3 dSPACE 实时控制实验 526
12.4 习题 528
参考文献 528

附录 A 常用受控对象的实际系统模型 529
A.1 著名的基准测试问题 529
A.1.1 F-14 战斗机中的控制问题 529
A.1.2 ACC 基准测试模型 530
A.2 其他工程控制问题的数学模型 531
A.2.1 伺服控制系统模型 531
A.2.2 倒立摆问题的数学模型 532
A.2.3 AIRC 模型 533
A.3 习题 533
参考文献 534

附录 B 本书设计的控制器模块集 535

术语索引 537

函数名索引 549

第1章 控制系统计算机辅助设计概述

自动化科学作为一门学科起源于20世纪初，自动化科学与技术的基础理论来自物理学等自然科学和数学、系统科学、社会科学等基础科学[1]，在现代科学技术的发展中有着重要的地位，起着重要的作用。在第40届IEEE决策与控制年会（CDC）全会开篇报告中美国学者John Doyle教授引用国际著名学者、哈佛大学的何毓琦（Larry Yu-Chi Ho）教授的一个振奋人心的新观点："控制将是21世纪的物理学"（Control will be the physics of the 21st century）[2]。

自动化科学的进展是与控制理论的发展和完善分不开的。控制理论发展初期，为控制系统设计控制器一般采用简单的试凑方法。随着控制理论的发展和计算机技术的进步，控制系统的计算机辅助设计技术作为一门学科也发展起来了。本章首先介绍控制系统计算机辅助设计领域的形成与发展情况，然后介绍与之密切相关的计算机软件和语言，特别是MATLAB语言的发展概况，还将对本书的基本框架做一个简要的概述，以便读者更好地学习本书的内容。

1.1 控制问题的计算机求解演示

在系统介绍本章内容之前，先给出几个例子，演示利用计算机工具解决控制问题，相关的内容在本书后续部分将系统地介绍，这里只是演示，如果引入MATLAB的强大功能，能给使用者带来什么。

例1-1 直流电机双闭环控制系统的方框图如图1-1所示。试推导出从输入信号 $r(t)$ 到输出信号 $n(t)$ 的等效传递函数模型。

解 由于系统结构相对比较简单，所以如果采用手工推导的方法是可能得出等效传递函数的，不过过程可能比较烦琐。花10分钟左右的细心推导可能得出等效的传递函数模型。正常情况下，得出的结果可能比较复杂，需要反复验算以确保结果的正确性，这个过程极其烦琐。作者编写了一个函数`feedbacksym()`，可以直接用于符号运算。利用该函数可以直接在符号运算框架下求解问题，得出问题的精确解。

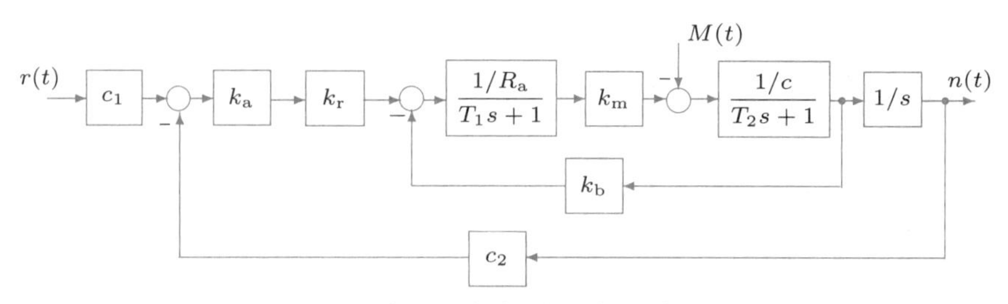

图1-1 直流双闭环拖动系统

```
>> syms Ka Kr c1 c2 c Ra T1 T2 Km Kb s
   Ga=feedbacksym(1/Ra/(T1*s+1)*Km*1/c/(T2*s+1),Kb);
   G1=c1*feedbacksym(Ka*Kr*Ga/s,c2);
   G1=collect(G1,s)
```

由上面语句得出从 $r(t)$ 到 $n(t)$ 的闭环传递函数为

$$G(s)=\frac{k_\mathrm{a}k_\mathrm{m}k_\mathrm{r}c_1}{R_\mathrm{a}T_1T_2cs^3+(R_\mathrm{a}T_1c+R_\mathrm{a}T_2c)s^2+(R_\mathrm{a}c+k_\mathrm{b}k_\mathrm{m})s+k_\mathrm{a}k_\mathrm{m}k_\mathrm{r}c_2}$$

读者还可以利用控制理论类课程中介绍的方法推导闭环模型，看看能不能得出完全一致的结果。利用控制理论课程中介绍的方法还可以得出从 $M(t)$ 信号到输出信号 $n(t)$ 的传递函数，不过相应的运算可能极其麻烦。本书将介绍利用计算机工具的更简洁、更可靠的方法。

例1-2 已知单位负反馈系统的开环传递函数如下，试分析系统的闭环稳定性。

$$G(s)=\frac{10s^4+50s^3+100s^2+100s+40}{s^7+21s^6+184s^5+870s^4+2384s^3+3664s^2+2496s}$$

解 学过“自动控制原理”类课程的读者可能第一反应是构造闭环系统的Routh表，利用该表格判定系统的稳定性。事实上，Routh表是在没有计算机工具计算闭环系统极点时的不得已的方法。现在有了强大的计算机工具，完全没有必要再利用Routh表这样原始的、间接的方法，只需求出闭环极点，判定有没有处于 s 右半平面上的极点就可以了。

```
>> num=[10,50,100,100,40];       %输入开环系统的传递函数模型
   den=[1,21,184,870,2384,3664,2496,0]; G=tf(num,den);
   Gc=feedback(G,1), eig(Gc)  %构造闭环系统描述并求全部特征根
```

由上面的语句可以得出闭环系统的特征根为 $-6.9223, -3.6502\pm2.3020\mathrm{j}, -2.0633\pm1.7923\mathrm{j}, -2.6349, -0.0158$。由于这个系统没有右半平面极点，所以可以断定闭环系统是稳定的。其实，除了稳定性判定之外，由直接方法可见，闭环极点 -0.0158 到虚轴的距离比其他极点到虚轴的距离近得多，可以断定闭环系统的行为接近一阶系统，该结论是不能用Routh判据这类间接方法得出的。

例1-3 仍考虑例1-2中给出了开环系统模型，并已知闭环系统带有单位负反馈，试绘制系统的根轨迹曲线并求出临界增益的值。另外，绘制出系统的Nyquist图，并由开环系统模型分析闭环系统行为。

解 由传统“自动控制原理”类课程介绍的方法是不能绘制出本系统的根轨迹曲线的，因为该方法要求绘制根轨迹之前，需要将开环传递函数模型写成零极点形式，否则连根轨迹的起点和终点都未知，更不用说绘制系统的根轨迹曲线了。

下面看一看用计算机工具如何求解这样的问题。前面介绍了传递函数的输入方法，由已知的开环传递函数模型可以直接绘制出系统的根轨迹曲线，如图1-2(a)所示。这里给出的语句后面还将详细介绍，本章仅用于演示。

```
>> num=[10,50,100,100,40]; den=[1,21,184,870,2384,3664,2496,0];
   G=tf(num,den); rlocus(G) %根轨迹只需一条语句就可以绘制出来
```

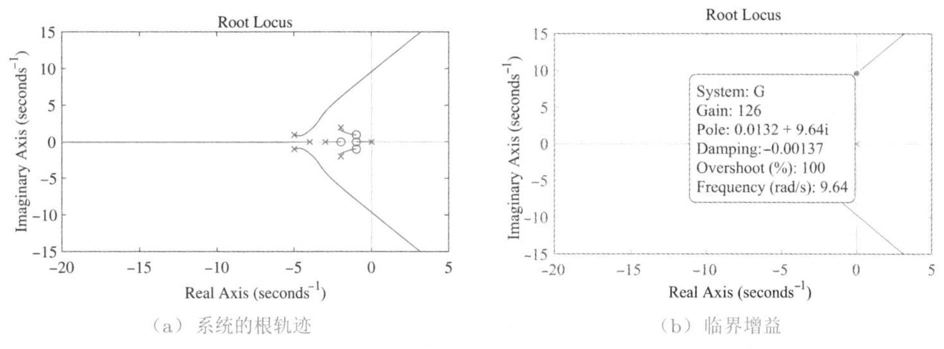

(a) 系统的根轨迹 (b) 临界增益

图1-2 系统的根轨迹绘制与临界增益计算

由控制理论类课程可知，根轨迹的最大作用是找出临界增益，即根轨迹曲线与虚轴交点对应的最小增益。利用控制理论类课程介绍的方法，获得临界增益并不是一件容易的事，而使用MATLAB控制系统工具箱中提供的工具，单击根轨迹与虚轴的交点则可以立即显示出相关的信息，如图1-2(b)所示。可见，对这个具体问题而言，临界增益为$K=126$。

传统的Nyquist图、Nichols图等频域响应工具只给出增益频域响应的实部与虚部之间的关系，不能得出这些增益与频率之间的关系，而由MATLAB绘制的图形允许用户用交互式的方法得出任何一个感兴趣点处的频率信息，为系统的控制器设计带来了极大的方便。

例1-4 如果已知开环受控对象模型如下，如何设计PID控制器，使得闭环系统的性能达到满意的效果？

$$G(s)=\frac{1+\dfrac{3\mathrm{e}^{-s}}{s+1}}{s+1}$$

解 对这样给出的受控对象模型，使用“自动控制原理”与其他相关课程学习的方法是难以设计控制器的。MATLAB提供了强大的控制器设计工具，可以用一条语句设计出系统的PID控制器，并绘制出如图1-3所示的闭环系统阶跃响应曲线。这样得出的控制器参数为$K_\mathrm{p}=0.505, K_\mathrm{i}=0.175, K_\mathrm{d}=0.0925$。

```
>> s=tf('s'); G=(1+3*exp(-s)/(s+1))/(s+1);
   Gc=pidtune(G,'pid'), step(feedback(G*Gc,1)) %控制器与阶跃响应
```

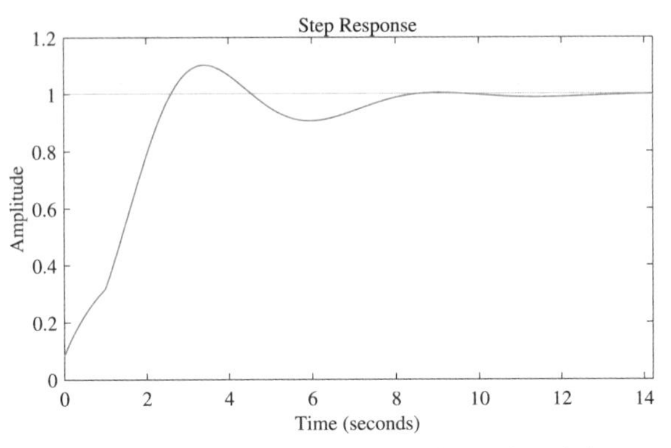

图 1-3 PID 控制器作用下闭环系统的阶跃响应

还可以通过控制器设计界面，只需鼠标操作就可以设计出理想的 PID 或其他形式的控制器，此外，本书将介绍一种方法，将控制器设计问题转换为数值最优化问题，利用 MATLAB 通过的强大计算功能立即得出控制器的最优解。这样的方法同样适合于含有执行器饱和的控制器设计，并可用于任意复杂的非线性受控对象。后面在学习具有更好性能的控制器设计方法时，再重新研究这个例子的受控对象模型。

例 1-5 如果如图 1-4 所示的非线性系统输入信号为单位阶跃信号，其输出信号是什么？

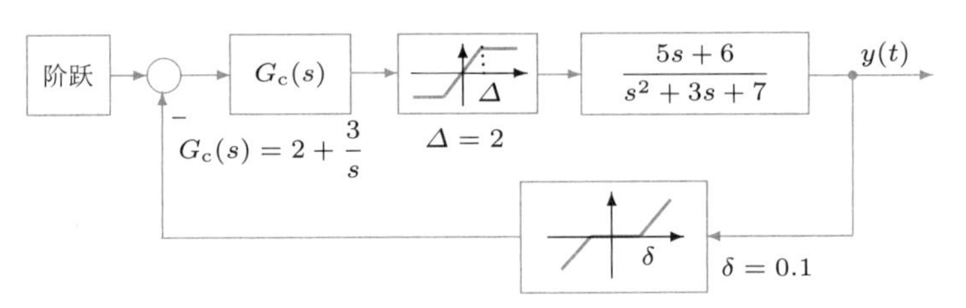

图 1-4 非线性系统的框图

解 传统的“自动控制原理”课程很少介绍非线性系统，即使介绍，也不外乎介绍描述函数、相平面这样局限性很大的近似方法。如果借助 MATLAB 与 Simulink 这样的工具，则可以绘制出系统的仿真模型，通过仿真就可以得出所需的输出曲线。利用 Simulink 提供的模块，可以容易地绘制出如图 1-5 所示的仿真模型，并利用 Simulink 提供的强大仿真

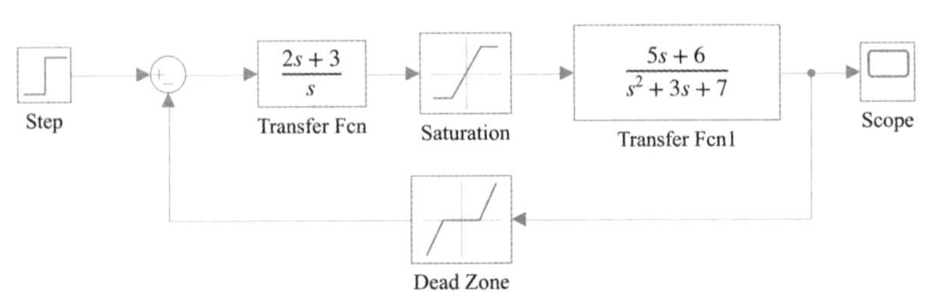

图 1-5 非线性系统的 Simulink 仿真模型（文件名：`c1mod1.slx`）

功能，得出输出信号精确的解。从得出的仿真框图看，该模型就是原模型的再现，很容易验证绘制的模型是否正确，确保得出的仿真结果是正确的、精确的。

如果引入合适的计算机工具，则可能扩展对控制系统的认知，增强控制系统分析与设计的能力，更好地解决系统的分析与设计问题。还可以充分利用MATLAB提供的强大功能，分析与处理一些以往难于求解的问题，创造性地研究系统的性质，设计出性能更好的控制器。

1.2 控制系统计算机辅助设计技术的发展综述

早期的控制系统设计可以由纸笔等工具容易地计算出来，如Ziegler与Nichols于1942年提出的PID经验公式[3]就可以十分容易地设计PID控制器。随着控制理论的迅速发展，对控制的效果要求越来越高，控制算法越来越复杂，控制器的设计也越来越困难。这样，只利用纸笔以及计算器等简单的运算工具难以达到预期的效果。加之计算机技术的迅速发展，于是很自然地出现了控制系统的计算机辅助设计（computer-aided control systems design，CACSD）技术。

控制系统的计算机辅助设计技术的发展目前已达到了相当高的水平，并一直受到控制界的普遍重视。早在1982年12月和1984年12月，控制系统领域在国际上最权威的IEEE控制系统学会（Control Systems Society，CSS）的控制系统杂志（Control Systems Magazine）和IEEE学会的科研报告集（Proceedings of IEEE）分别第一次出版了关于CACSD的专刊[4,5]，美国著名学者Jamshidi与Herget分别于1985年和1992年出版了两本著作来展示当时CACSD领域的最新进展[6,7]。在如国际自动控制联合会世界大会（IFAC World Congress）、美国控制会议（American Control Conference，ACC）及IEEE的决策与控制会议（Conference on Decision and Control，CDC）等各种国际控制界的重要学术会议上都有有关CACSD的专题会议及各种研讨会。可见该领域的发展是异常迅速的。控制系统计算机辅助设计又常常称作计算机辅助控制工程（computer-aided control engineering，CACE）[6]。

50年来，随着计算机技术的飞速发展，出现了很多优秀的计算机应用软件，在控制系统的计算机辅助设计领域更是如此，各类CACSD软件频繁出现且种类繁多，有的是用Fortran语言编写的软件包，有的是人机交互式软件系统，还有专用的仿真语言，在国际控制界广泛使用的这类软件就有几十种之多。MATLAB语言出现以来，就深受控制领域学生和研究者的欢迎，已经成为控制界最流行、最有影响的通用计算机语言，成为控制界学者的首选。

国内外在介绍控制系统计算机辅助设计的早期教材中，都采用通用的计算机语言如BASIC语言[6,8]、FORTRAN语言[9]或C语言作为辅助的计算机语言。随着计算机语言的发展和日益普及,特别是代表科学运算领域最新成果的MATLAB语言的出现,较新的著作中,很多都采用MATLAB作为主要程序设计语言来介绍控制系统计算机辅助设计的算法[10~17],在新型的自动控制理论教材中也有这样的趋势[18~20]。采用新型的计算机语言为主线介绍控制系统计算机辅助设计的理论与方法,可以使读者将主要精力集中在控制系统理论和方法上,而不是将主要精力花费在没有太大价值的底层重复性机械性劳动上,这样可以对控制系统计算机辅助设计技术有较好的整体了解,避免"只见树木,不见森林"的认识偏差,提高控制器设计的效率和可靠性。

子曰:"工欲善其事,必先利其器"。跟踪国际最先进的CACSD软件环境及发展,以当前国际上最流行的CACSD软件环境MATLAB为基本出发点来系统地介绍控制系统计算机辅助设计技术及软件实现,从而大大提高CACSD算法研究与实际应用的水平和可靠性,这是本书的一个主要目的。

1.3 控制系统计算机辅助设计语言环境综述

1973年美国学者Melsa教授和Jones博士出版了一本专著[9],书中给出了许多当时流行的控制系统计算机辅助分析与设计的源程序,包括求取系统的根轨迹、频域响应、时域响应以及各种控制系统设计的子程序,如Luenberger观测器、Kalman滤波器等。瑞典Lund工学院Karl Åström教授主持开发的一套交互式CACSD软件INTRAC[21](IDPAC、MODPAC、SYNPAC、POLPAC等,以及仿真语言SIMNON),其中的SIMNON仿真语言要求用户依照它所提供的语法结构编写一个描述系统的程序,然后才可以对控制系统进行仿真。日本的古田胜久(Katsuhisa Furuta)教授主持开发的DPACS-F软件[22],在处理多变量系统的分析和设计上还是很有特色的。在国际上流行的仿真语言ACSL、CSMP、TSIM、ESL等也同样要求用户编写模型程序,并提供了大量的模型模块。在这一阶段还出现了很多的专用程序,如英国剑桥大学推出的线性系统分析与设计软件CLADP(Cambridge linear analysis and design programs)[23,24]与美国NASA Langley研究中心的Armstrong开发的线性二次型最优控制器设计的ORACLS(optimal regulator algorithms for the control of linear systems)[25]等。

1978年美国学者Cleve Moler教授推出了矩阵运算的MATLAB语言,控制工程师Jack Little等将其扩展成交互式的计算机语言,并编写了控制系统工具箱和信号处理工具箱。MATLAB语言逐渐受到了控制界研究者的普遍重视,从而陆续出现了许多专门用于控制理论及设计的工具箱,为控制系统的分析与设计提供了极大的方便,也为研究者开发测试新的方法提供了强有力的工具。图形交互式的模型输入计算机仿真环境Simulink的出现为MATLAB应用的进一步推广起到了积极的推动作用。现在，MATLAB已经风靡全世界，成为控制系统仿真与计算机辅助设计领域最普及也是最受欢迎的首选计算机语言。

在MATLAB迅速发展的同时，很多软件开发者针对控制系统领域的实际问题开发了专用的CACSD计算机辅助设计软件，如美国系统控制技术公司（Systems Control Technology Inc.）的Jack Little等人研制的CTRL-C[26]，Boeing公司的EASY 5及EASY5x，Integrated Systems公司的Matrix-X及Xmath，Systems Technology Incorporated公司的CC程序，Visual Simulation公司的VisSim、O-Matrix，韩国汉城国立大学权旭铉教授主持开发的CemTool以及现在仍作为免费软件的Octave、Scilab[27]等，虽然其中很多软件是并行于MATLAB而独立开发的，但或多或少都会从这些软件的语句结构或使用方法中看出明显受到MATLAB影响的痕迹。所以说，从国际上最流行的MATLAB出发来介绍控制系统的计算机辅助设计技术是再合适不过的了。这就是本书在众多CACSD软件与计算机语言中挑选MATLAB，作为本书基本语言的一个最主要的原因。

国际上控制系统计算机辅助设计软件的发展大致分为几个阶段：软件包阶段、交互式语言阶段及当前的面向对象的程序环境阶段[28]。

在早期的工作中，CACSD主要集中在软件包的编写上，如前面提及的Melsa和Jones的著作。从数值算法的角度上也出现了一些著名的软件包，如美国的基于特征值的软件包EISPACK[29,30]和线性代数软件包LINPACK[31]，英国牛津数值算法研究组（Numerical Algorithm Group）开发的NAG软件包[32]及文献[33]中给出的声誉颇高的数值算法程序集等，在CACSD领域的经典软件包作品有英国Kingston Polytechnic控制系统研究组开发的SLICE （subroutine library in control engineering）软件包[34]，以及前面提及的DPACS-F、ORACLS等。这些软件包大都是用FORTRAN语言编写的源程序组成的，给使用者提供了较好的接口，但和MATLAB相比，调用方法和使用明显显得麻烦、不便。

例1-6 以著名的EISPACK软件包为例，若想求出N阶实矩阵$\boldsymbol{A}$的全部特征值（用$\boldsymbol{W}_\mathrm{R}$、$\boldsymbol{W}_\mathrm{I}$数组分别表示其实虚部）和对应的特征向量矩阵$\boldsymbol{Z}$，则EISPACK软件包给出的子程序建议调用路径为[29]：

```
CALL BALANC(NM,N,A,IS1,IS2,FV1)
CALL ELMHES(NM,N,IS1,IS2,A,IV1)
CALL ELTRAN(NM,N,IS1,IS2,A,IV1,Z)
CALL HQR2(NM,N,IS1,IS2,A,WR,WI,Z,IERR)
IF (IERR.EQ.0) GOTO 99999
CALL BALBAK(NM,N,IS1,IS2,FV1,N,Z)
```

在这段代码中，首先调用BALANC子程序对实矩阵进行均衡化处理，再调用ELMHES与ELTRAN子程序处理矩阵的基本上Hessenberge变换问题，最后调用HQR2子程序对上Hessenberge矩阵作QR变换，得出矩阵的特征值。如果需要矩阵的特征向量矩阵，则调用BALBAK子程序直接计算。

由上面的叙述可以看出，要求取矩阵的特征值和特征向量，首先要给一些数组和变元依据EISPACK的格式作出定义和赋值并编写出主程序，再经过编译和连接过程形成可执行文件，最后才能得出所需的结果。用软件包的形式来编写程序有如下的缺点：

(1) 使用不方便。对不是很精通EISPACK的用户来说，直接利用软件包来编写程序是相当困难的，也是相当容易出错的，其中一个子程序调用格式发生微小的错误，将可能导致最终得出错误的结果。

(2) 调用过程烦琐。首先需要编写主程序，确定对软件包的调用过程，再经过必要的编译和连接过程，有时还要花大量的时间去调试程序以保证其正确性，而不是想得出什么马上就可以得出的。

(3) 执行程序过多。想求解一个特定的问题就需要编写一个专门的程序，并形成一个可执行文件。如果需要求解的问题很多，就需要在计算机硬盘上同时保留很多这样的可执行文件，这样计算机磁盘空间的利用不是很经济。

(4) 不利于传递数据。通过软件包调用方式针对每个具体问题就能形成一个孤立的可执行文件，在一个程序中产生的数据无法传入另一个程序，更无法使几个程序同时执行来解决所关心的问题。

(5) 维数指定困难。在CACSD中最重要的变量是矩阵，如果要求解的问题维数较低，则形成的程序就不能用于求解高阶问题，例如文献[9]中的程序均定为10阶。所以有时为使得程序通用，往往将维数设置得很大，这样在解小规模问题时会出现空间的浪费，而大规模问题仍然求解不了。在优秀的软件中往往需要动态地进行矩阵定维。

此外，这里介绍的大多数早期软件包都是用FORTRAN语言编写的，由于众所周知的原因，以前FORTRAN语言绘图并不是轻而易举的事情，这就需要再调用相应的软件包来做进一步处理，在绘图方面比较实用和流行的软件包是GINO-F[35]，但这种软件包只给出绘图的基本子程序，所以要绘制较满意的图形需要用户自己用这些低级命令去编写出合适的绘图子程序来。

英国剑桥大学学者Jan Maciejowski、Alistair MacFarlane等人开发的CLADP在控制界享有盛誉，它包括了多变量系统分析与设计的多种方法，其中有Nyquist类以及特征轨迹等多变量频域设计方法，也有线性二次型Gauss控制器(LQG)与Kalman滤波器等时域设计方法，还可以处理时间延迟及分布系统等非有理问题。日本东京工学院古田胜久教授主持开发的DPACS-F软件是用FORTRAN语言编写的，它可以由状态空间和频域方法来分析多变量线性系统，并可以由极点配置和LQG等方法来设计控制器。此外，还可以进行多变量系统辨识等工作。NASA的Armstrong教授编写的ORACLS则是一个十分专用的软件，它可以用于多变量系统的LQG设计，该软件也是用FORTRAN语言编写的。

20世纪70年代末期和80年代初期出现了很多实用的具有良好人机交互功能的软件，MATLAB就是其中的一个成功的范例，此外，前面提及的INTRAC和CTRL-C等也是优秀的人机交互式软件。

正因为存在多种多样的CACSD软件，而它们又各有所长，所以在CACSD技术的发展过程中曾有过几次将若干常用软件集成在一起的尝试。例如，1984年前后美国学者Spang Ⅲ教授曾将当时流行的SIMNON、CLADP、IDPAC及他自己研制的SSDP（state space design program）软件包集成在一起，形成了一个强大的软件[36]。各个组成软件之间是靠读写文件的方式来传递数据的，这多少可以解决前面提及的程序之间不能传递数据的弊病。1986年前后由英国科学与工程委员会（SERC）资助、Howard H Rosenbrock教授和Neil Munro教授主持的、英国多所大学和研究机构参与的ECSTASY（environment for control system theory and synthesis）软件环境的开发项目[37]，在该软件中试图将流行的新一代软件如MATLAB、ACSL、TSIM甚至当时刚出现的Mathematica[38]等集成到一个框架之下。该软件还可以同时自动采用LaTeX[39]和FrameMaker等来输出专业的排版结果，并取得了一些成效。各个软件之间的数据传递是通过数据库来实现的，ECSTASY定义了方便实用的CACSD新命令，比当时的MATLAB更为简洁。ECSTASY这样的软件是一个有益的尝试，但该软件当时只可以在SUN工作站上运行，并没有考虑PC的兼容性。

依作者之见，这些单纯集成出来的软件并不是很成功，因为它们并没有达到预期的效果。事实上，从那以后每个软件的功能都有了明显的改善，MATLAB语言有了自己的仿真功能，其仿真工具Simulink从某种意义上来讲功能和接口远远优于ACSL，MATLAB和Mathematica之间也有了较好的接口，MATLAB的符号运算工具箱也可以进行解析推导，它们的优势可以得到充分地互补。

我国较有影响的控制系统仿真与计算机辅助设计成果是中科院系统科学研究所韩京清研究员等主持的国家自然科学基金重大项目开发的CADCSC软件[40]、清华大学孙增圻、袁曾任教授的著作和程序[8]与北京化工大学吴重光、沈承林教授的著作和程序[41]等。

1.4 仿真软件的发展概况

从前面提及的软件包的局限性看，直接调用它们进行系统仿真将有较大的困难，因为要掌握这些函数的接口是一件相当复杂的事，准确调用它们将更难；此外，有的软件包函数调用直接得出的结果可信度也不是很高，因为软件包的质量和水平参差不齐。

抛弃成型的软件包，自己另起炉灶编写程序也不是很现实，毕竟在成型软件包中包含有很多同行专家的心血，有时自己从头编写程序很难达到这样的效果，所以必须采用经过验证且信誉著称的高水平软件包或计算机语言来进行仿真研究。

仿真技术引起该领域各国学者、专家们的重视，建立起国际仿真委员会（Simulation Councils Inc.，SCi），该委员会于1967年通过了仿真语言规范。仿真语言CSMP（computer simulation modelling program）应该属于建立在该标准上的最早的专用仿真语言。中科院沈阳自动化研究所马纪虎研究员等在1988年推出了该语言的推广版本——CSMP-C。

20世纪80年代初期，美国Mitchell and Gauthier Associates公司推出了符合该标准的著名连续系统仿真语言ACSL（advanced continuous simulation language）[42]，该语言出现后，由于其功能较强大，并有一些系统分析的功能，很快就在仿真领域占据了主导地位。

例1-7 下面给出的是一段ACSL仿真Van der Pol微分方程的源程序。其中，对应的Van der Pol方程的数学形式为$\dot{y}_1=y_1(1-y_2^2)-y_2$，$\dot{y}_2=y_1$，且已知初值$y_1(0)=3$，$y_2(0)=2.5$。命令CINTERVAL描述显示步长，INTEG进行积分运算，而TERMT表示终止仿真的条件。现在看起来，用这样的底层编程方式进行仿真研究还是比较麻烦的。

```
PROGRAM VAN DER POL EQUATION
CINTERVAL CINT=0.01
CONSTANT Y1C=3.0, Y2C=2.5, TSTP=15.0
Y1=INTEG(Y1*(1-Y2**2)-Y2, Y1C)
Y2=INTEG(Y1, Y2C)
TERMT (T.GE.TSTP)
END
```

和ACSL大致同时出现的还有瑞典Lund工学院Karl Åström教授主持开发的SIMNON，英国Salford大学的ESL[43]等，这些语言的编程语句结构也是很类似的，因为它们所依据的标准都是相同的。

计算机代数系统是在本领域中又一个吸引人的主题，而解决数学问题解析计算又是C语言直接应用的难点。于是国际上很多学者在研究、开发高质量的计算机代数系统。早期IBM公司开发的muMATH[44]和REDUCE[45]等软件为解决这样的问题提出了新的思路。后来出现的Maple和Mathematica逐渐占领了计算机代数系统的市场，成为比较成功的实用工具。

早期的Mathematica可以和MATLAB语言交互信息，比如通过MathLink的接口软件就可以很容易地完成这样的任务。为了解决计算机代数问题，MATLAB语言的开发者——美国MathWorks公司也研制开发了符号运算工具箱（Symbolic Math Toolbox），该工具箱将Maple语言的内核作为MATLAB符号运算的引擎，使得二者能更好地结合起来。新版本的MATLAB符号运算与Maple已经无关，底层的符号运算引擎替换成MuPAD。

这些软件和语言还是很昂贵的，所以有人更倾向于采用免费的、但编程结构类似于MATLAB的计算机语言，如Octave和Scilab等。Scilab配套的Scicos也支持基于框图的建模与仿真方法，这些软件的全部源程序也是公开的，有较高的透明度，但目前它们的功能已经无法与越来越强大的MATLAB语言相比。

系统仿真领域有很多自己的特性，如果能选择一种反映当今系统仿真领域最高水平，也是最实用的软件或语言介绍仿真技术，使得读者能直接采用该语言解决自己的问题，将是很有意义的。实践证明，MATLAB就是这样的仿真软件，由于它本身卓越的功能，已经使得它成为自动控制、航空航天、汽车设计等诸多领域仿真的首选语言。所以在本书中将介绍基于MATLAB/Simulink的控制系统仿真与设计方法及其应用。

1.5 MATLAB/Simulink与CACSD工具箱

MATLAB语言的首创者Cleve Moler教授在数值分析，特别是在数值线性代数的领域中很有影响[29~31,46~48]。他曾在密西根大学、斯坦福大学和新墨西哥大学任数学与计算机科学教授。1978年，时任新墨西哥大学计算机系主任的Moler教授在讲授线性代数课程时，发现了用其他高级语言编程极为不便，便构思并开发了MATLAB（matrix laboratory，矩阵实验室）[49]，这一软件利用了他参与研制的、在国际上颇有影响的EISPACK[30]（基于特征值计算的软件包）和LINPACK[31]（线性代数软件包）两大软件包中可靠的子程序，用FORTRAN语言编写了集命令翻译、科学计算于一身的一套交互式软件系统。

所谓交互式语言，是指用户给出一条命令，立即就可以得出该命令的结果。该语言无须像C和FORTRAN语言那样，首先要求使用者去编写源程序，然后对之进行编译、连接，最终形成可执行文件。这无疑会给使用者带来极大的方便。在MATLAB下，矩阵的运算变得异常容易，所以它一出现就广受欢迎，这一系统逐渐发展、完善，逐步走向成熟，形成了今天的模样。

早期的MATLAB只能作矩阵运算；绘图也只能用极其原始的方法，即用星号描点的形式画图；内部函数也只提供了几十个。但即使其当时的功能十分简单，当它作为免费软件出现以来，还是吸引了大批的使用者。

Cleve Moler和Jack Little等人于1984年成立了一个名为MathWorks的公司，Cleve Moler任该公司的首席科学家。当时的MATLAB版本已经用C语言作了全盘的改写，其后又增添了丰富多彩的图形图像处理、多媒体功能、符号运算和它与其他流行软件的接口功能，使得MATLAB的功能越来越强大。

最早的PC版又称为PC-MATLAB,其工作站版本又称为Pro MATLAB。1990年推出的MATLAB 3.5i版是第一个可以运行于Microsoft Windows下的版本,它可以在两个窗口上分别显示命令行计算结果和图形结果。稍后推出的SimuLAB环境首次引入了基于框图的建模与仿真功能,其模型输入的方式令人耳目一新,该环境就是现在所知的Simulink的前身。MathWorks公司于1992年推出了具有划时代意义的MATLAB 4.0版本,并于1993年推出了其PC版,充分支持在Microsoft Windows进行界面编程。1994年推出的4.2版本扩充了4.0版本的功能,尤其在图形界面设计方面更提供了新的方法。1996年12月推出的MATLAB 5.0版支持了更多的数据结构,如单元数组、数据结构体、多维数组、对象与类等,使其成为一种更方便、完美的编程语言。2000年9月,MATLAB 6.0问世,在操作界面上有了很大改观,同时还给出了程序发布窗口、历史信息窗口和变量管理窗口等,为用户的使用提供了很大的方便;在计算内核上抛弃了其一直使用的LINPACK和EISPACK,而采用了更具优势的LAPACK软件包和FFTW系统,速度变得更快,数值性能也更好;在用户图形界面设计上也更趋合理;与C语言接口及转换的兼容性也更强;与之配套的Simulink 4.0版的新功能也特别引人注目。2004年6月推出的MATLAB 7.0版引入的多领域物理建模仿真策略为控制系统仿真技术提供了全新的仿真理念和平台。2012年推出的MATLAB 8.0版(R2012b)改进了MATLAB界面,并支持APP编程与应用。2016年提出的MATLAB 9.0版(R2016a)推出了全新的实时编辑器,并提供了众多新的工具箱与APP。本书将以2021年3月推出的MATLAB R2021a(9.10)版为主要版本介绍相关内容,该版本的主界面如图1-6所示。

MathWorks公司每年在3月和9月分别推出a版和b版,当前最新的版本是MATLAB R2022a,其功能越来越强大。本书以MATLAB R2021a为主介绍MATLAB/Simulink及其应用,其中绝大部分内容同样适用于MATLAB的早期版本。

目前,MATLAB已经成为国际上最流行的科学与工程计算的软件工具,现在的MATLAB已经不仅仅是一个“矩阵实验室”了,它已经成为一种具有广泛应用前景的、全新的计算机高级编程语言了,有人称它为“第四代”计算机语言,它在国内外高校和研究部门正扮演着重要的角色。MATLAB语言的功能也越来越强大,不断适应新的要求提出新的解决方法。另外,很多长期以来对MATLAB有一定竞争能力的软件(如Matrix-X)已经被MathWorks公司兼并,所以可以预见,在科学运算与系统仿真领域MATLAB语言将长期保持其独一无二的地位。

MATLAB目前已经成为控制界国际上最流行的软件,它除了传统的交互式编程之外,还提供了丰富可靠的矩阵运算、图形绘制、数据处理、图像处理、方便的Microsoft Windows编程等便利工具。此外,控制界很多学者将自己擅长的CAD方法用MATLAB加以实现,出现了大量的MATLAB配套工具箱,如控制界最流行的控制系统工具箱(Control System Toolbox)、系统辨识工具箱(System

图1-6 MATLAB R2021a程序界面

Identification Toolbox)、鲁棒控制工具箱(Robust Control Toolbox)、多变量频域设计工具箱(Multivariable Frequency Design Toolbox)、μ分析与综合工具箱(μ-Analysis and Synthesis Toolbox)、神经网络工具箱(Neural Network Toolbox)、最优化工具箱(Optimization Toolbox)、信号处理工具箱(Signal Processing Toolbox)以及仿真环境Simulink。参与编写这些工具箱的设计者包括国际控制界的名家,如Alan Laub、Michael Sofanov、Leonard Ljung、Jan Maciejowski等这些在相应领域的著名专家,这当然地提高了MATLAB的声誉与可信度,使得MATLAB风靡国际控制界,成为最重要也是最流行的语言。

1.6 控制系统计算机辅助设计领域方法概述

在自动控制理论作为一门单独学科刚刚起步的时候,控制系统的设计是相当简单的,比如可以用Ziegler–Nichols经验公式[3]利用纸和笔等简单的工具来设计较实用的PID控制器,这种现象持续了很长的时间。

随着计算机技术的发展,特别是像MATLAB这样方便可行的CACSD工具的出现,控制系统的计算机辅助设计在理论上也有了引人注目的进展,人们已经不满足于用纸和笔这样的简单工具设计出来的控制器了,而是期望越来越高。例如,人们往往期望获得某种意义下的“最优”控制效果,而这样的控制效果确实是原来依赖纸和笔这样简单工具所实现不了的,而必须借助于计算机这样的高级工具,从而控制系统计算机辅助设计技术也就应运而生了。

早期的CACSD研究侧重于对控制系统的计算机辅助分析。开始时人们利用计算机的强大功能把系统的频率响应曲线绘制出来，并根据频率响应的曲线及自己的控制系统设计经验用试凑的方法设计一个控制器，然后利用仿真的方法去观察设计的效果，比较成功的试凑设计方法有超前滞后校正方法等，当然这样的方法更适合于单变量系统的设计。前面提及以Rosenbrock教授和MacFarlane教授为代表的英国学派多变量频域设计方法就是这种设计风格的范例。以色列裔美国学者Issac Horowitz教授在频域设计方法中独辟蹊径，创立了比较完善的设计方法——定量反馈理论（quantitative feedback theory，QFT）[50]，在反馈的效果上大做文章，在频域设计领域发展过程中，这些学者往往依赖于他们自己编写的CACSD工具来进行研究，并出现了很多值得提及的软件（如CLADP），后来随着MATLAB的发展，也出现了各种各样的MATLAB工具箱，如Jan Maciejowski等学者开发的多变量系统频域设计工具箱[51]以及美国学者Craig Borghesani和Yossi Chait等编写的QFT设计工具箱[52]等。

除了经典的多变量频域方法之外，还出现了一些基于最优化技术的控制方法，其中比较著名的是英国学者John Edmunds提出的多变量参数最优化控制方法和英国学者Zakian提出的不等式控制方法(method of inequalities)[53]等，这些方法都是行之有效的实用设计方法。

与此同时，美国学者似乎更倾向于状态空间的表示与设计方法(往往又称为时域方法，time-domain)，首先在线性二次型指标下引入了最优控制的概念，并在用户的干预下(如人工选择加权矩阵)得出某种最优控制的效果，这样的控制又往往需要引入状态反馈或状态观测器等新的控制概念。此后为了考虑随机扰动的情况引入了LQG最优控制的设计方法，后来随着LQG控制固有的弊病提出了回路传输恢复(loop transfer recovery，LTR)等新技术，但直到这类状态空间方法找到了合适的频域解释之后才开始有了应用。此外在状态空间的设计方法中比较成型的方法有极点配置方法、多变量系统解耦控制设计等，这些状态空间方法在计算方法和理论证明上取得了很多成果。

从控制系统的鲁棒性（robustness）角度也出现了各种各样的控制方法。首先由美国学者Zames提出的最小灵敏度控制策略引起了各国研究者的瞩目，并对之加以改进，出现了各种$\mathcal{H}_\infty$最优控制的方案。所谓$\mathcal{H}_\infty$实际上是物理可实现的稳定系统集合的一种数学描述（因满足Hardy空间而得名）。$\mathcal{H}_\infty$控制的一个关键问题是Youla参数化方法，该方法可以给出所有满足要求的控制器的通式。$\mathcal{H}_\infty$的解法也是多种多样的，首先人们考虑通过Youla参数化方法构造出全部镇定控制器，并将原始问题转化成模型匹配（如Hankel近似）的一般问题，然后再对该问题求解，后来多采用状态空间的解法，因为这样的解法更直观、容易，也更简洁。后来随着控制器的阶次越来越高，还出现了很多的控制器降阶方法来实现设计出的控制器。线性矩阵不等式（linear matrix inequalities，LMI）及μ分析与综合等控制系统设计方法也在控制界有较大的影响，而这些方法不通过计算机这样的现代化工具是不能完成的。

瑞典学者Karl Åström教授的研究更加切合于过程控制的实际应用，在他的研究成果中经常可以发现独创性的内容。例如他和合作者对传统的，也是工业中应用最广泛的PID控制器进行了改进，提出了自整定PID控制器[54]的思想，使得原来需要离线调节的PID控制器参数能够容易地在线自动调节，并在研究中取得了丰硕的成果，还推出了自整定PID控制器的硬件产品。在自整定PID控制器的领域也出现了很多比较显著的进展，这类研究的基本思想是使得复杂问题简单化，并易于实际应用。

自抗扰控制是中国学者韩京清研究员及其合作者提出的新型控制策略[55,56]，有着广泛的应用前景，是发扬PID控制技术的精髓并吸取现代控制理论的成就，运用计算机仿真实验结果的归纳和总结和综合中探索而来的，是不依赖被控对象精确模型的、有望替代PID控制技术的新型实用数字控制技术。

分数阶控制是近年蓬勃发展起来的较新的研究方向[57~59]，该领域也出现了很多新的研究成果，是控制理论的一个较新的研究领域。

国际上也出版了关于MATLAB及CACSD的专著和教材[10~12]，但它们大都是MATLAB的入门教材，并没有真正深入、系统地探讨CACSD技术及MATLAB实现，将MATLAB的强大功能与控制领域成果有机结合是本书力图解决的主要问题。本书第1版曾是国内第一部将MATLAB语言和控制系统设计技术有机结合的著作，曾在控制系统及相关学科的教学与研究中有较大的影响，本版进一步充实相关内容，大大提高了所涉及问题的深度与广度。

1.7 本书的基本结构和内容

1.7.1 本书的基本内容

对控制系统进行仿真与计算机辅助设计的工作可以认为是三个阶段的有机结合，即所谓的MAD（modeling，analysis，design，系统建模、分析与设计）过程，首先需要给系统建立起数学模型，然后根据数学模型进行仿真分析。在系统分析时如果发现与实际系统不符，则可能是系统的数学模型有问题，需要重新建模再进行分析。建立起准确的数学模型，并分析了系统的性质后，就可以根据要求给系统设计控制器。设计后可以对系统在控制器作用下的性质进行分析，如果不理想则应该重新设计控制器，再返回分析过程，直至得到满意的控制效果。当然，在系统分析与设计的过程中有时还需要对系统模型进行修正。

围绕控制系统仿真与计算机辅助设计的几个阶段，本书各章内容安排如下：

本章对国际上最流行的一些CACSD专用软件，如ACSL、MATLAB、Mathematica等做简要的介绍，然后对CACSD领域的新策略和新成果做一个概略的叙述，阐述了为什么在控制系统仿真与计算机辅助设计领域应该采用MATLAB作为主要计算机语言的原因。

第2章系统地介绍MATLAB编程的基础，包括对赋值语句、控制结构和绘图语句等程序设计问题，还介绍了MATLAB主流的程序设计方法，即函数编写方法与技巧。该章介绍了MATLAB语言二维、三维图形显示方法，并介绍了图形用户界面设计方面的基础知识与设计技巧。

第3章叙述了和控制系统仿真与设计领域密切相关的科学运算问题求解方法。介绍了MATLAB语言在线性代数、代数方程、微分方程、最优化及Laplace变换和z变换等几个与控制系统密切相关的科学运算问题上的应用。

第4章介绍在MATLAB环境中如何表示各种各样的线性系统数学模型。这里介绍的方法适用于连续与离散模型、单变量与多变量模型，为本书的理论基础。该章还对方框图模型的连接与化简、各种数学模型之间的相互转换等给出较详细的叙述，还介绍了高阶模型的各种降阶方法和离散模型的辨识方法，探讨了辨识用激励信号问题。

第5章介绍线性控制系统的基本分析方法。首先介绍了控制系统的定性分析方法，如稳定性、可控性与可观测性等，还给出了线性系统的范数测度等概念与求解方法。该章讨论了线性系统的时域解析解方法与仿真方法，介绍了单变量与多变量系统的频域分析方法与根轨迹分析方法，侧重于如何用MATLAB语言解决相关问题的方法。学习这些方法将有助于控制系统的控制器设计。

第6章介绍基于Simulink的非线性系统建模方法与技巧。先介绍了各个常用的Simulink模块组，然后介绍了利用Simulink模块搭建仿真系统的方法，并介绍了仿真参数的设置方法、仿真中的子系统与模块封装技术以及S-函数的编写方法。掌握了这些方法，理论上可以搭建起任意复杂系统的仿真模型。

第7章介绍各种经典的控制系统设计方法，包括系统的串联校正器的设计方法、基于二次型最优控制和极点配置的状态反馈控制方法、观测器的设计与基于观测器的控制器设计方法、最优控制器的设计方法与设计程序、多变量系统的频域设计方法和多变量控制系统的解耦方法等。

第8章侧重于工业上最常用的PID类控制器设计方法，包括各种PID控制器的结构、过程模型的一阶延迟近似、常规PID控制器整定方法、一般模型的PID控制器整定方法，并着重介绍作者编写的OptimPID用户界面，设计出性能最优的PID控制器。

第9章介绍各类系统的鲁棒控制器设计方法，包括基于LQG/LTR的鲁棒控制器设计方法、$\mathcal{H}_\infty$鲁棒控制问题及求解方法等，并介绍基于线性矩阵不等式理论的鲁棒控制器设计方法与工具。

第10章介绍自适应控制与智能控制系统的建模、仿真与设计问题，包括模型参考自适应系统、自校正控制等，还将介绍自抗扰控制器的设计与仿真、模型预测控制与广义预测控制的仿真，模糊逻辑与模糊逻辑控制器设计、仿真研究，神经网络与基于各种神经网络结构的PID控制器设计与仿真，还将介绍迭代学习控制系统的分析与仿真方法。除此之外，还将介绍遗传算法、粒子群算法等全局优化方法在最优化问题求解中的应用及最优控制器设计等。

第11章介绍分数阶系统的控制问题，包括分数阶微积分的定义、分数阶微分方程的框图解法等基础内容，也将以分数阶传递函数为例，介绍MATLAB的类与对象编程方法，介绍基于面向对象技术的分数阶系统建模、分析与设计技术。

第12章搭建起控制系统设计软件与硬件实现之间的桥梁，系统地介绍了基于dSPACE、Quanser等软硬件系统的控制系统半实物仿真及实时控制方法，为控制理论及方法的工程应用打下一定的基础。

本书附录A介绍几个用于控制系统计算机辅助设计软件测试用的基准问题与控制应用问题，用户可以从这些典型的受控对象模型出发，测试各种自己设计出来的控制器，得到公平的比较结果。附录B还给出了本书开发的控制器模块集。

1.7.2 MATLAB的联机帮助系统

学习MATLAB语言不是只靠读教材就能很好实现，应该学会利用MATLAB语言提供的联机帮助功能，通过实践，更好地学习MATLAB语言，熟练掌握查找需要了解内容的方法和技巧。联机帮助可以由`lookfor`命令查询具体问题的求解函数，通过`help`命令或Help菜单获得求解函数的调用格式。还可以用`doc`命令获得帮助。本节将通过例子演示联机帮助系统的使用方法。

例1-8 试利用联机帮助系统求解下面的广义Lyapunov方程，并验证结果。

$$\begin{bmatrix} 8 & 1 & 6 \\ 3 & 5 & 7 \\ 4 & 9 & 2 \end{bmatrix} \boldsymbol{X} + \boldsymbol{X} \begin{bmatrix} 16 & 4 & 1 \\ 9 & 3 & 1 \\ 4 & 2 & 1 \end{bmatrix} = \begin{bmatrix} 1 & 2 & 3 \\ 4 & 5 & 6 \\ 7 & 8 & 0 \end{bmatrix}$$

解 由于想求解的方程是Lyapunov方程，所以，由关键词“Lyapunov”，用户可以给出下面的命令，搜索与“Lyapunov”有关的求解函数。

```
>> lookfor Lyapunov
```

通过一段时间的搜索，MATLAB给出下面的搜索结果(受排版宽度的限制，某些行没有给出全部的显示)。从这里列出的信息看，似乎`lyap()`函数与`lyap2()`函数能够解决所需的问题。

```
dlyap              -  Solve discrete Lyapunov equations.
lyap               -  Solve continuous-time Lyapunov equations.
```

```
lyap2              -  Lyapunov equation solution using eigenvalue...
lyapunovExponent  -  Largest Lyapunov Exponent
```

选定了lyap2()函数，则可以利用help命令得出该函数的进一步信息。

```
>> help lyap2
```

该命令得出的帮助信息如下(这里删去了一些不必要的空行)：

```
lyap2   Lyapunov equation solution using eigenvalue decomposition.
    X=lyap2(A,C) solves the special form of the Lyapunov matrix equation:
       A*X + X*A' = -C
    X=lyap2(A,B,C) solves the general form of the Lyapunov matrix equation:
       A*X + X*B = -C
    lyap2  is faster and generally more accurate than LYAP except when A or
           B have repeated roots.
```

从给出的信息看，第一行信息简单说明这个函数是干什么用的，后面的行将给出该函数的调用格式。对照本例给出的方程，不难看出，该方程是$\boldsymbol{AX}+\boldsymbol{XB}=-\boldsymbol{C}$形式的方程，其中

$$\boldsymbol{A}=\begin{bmatrix}8&1&6\\3&5&7\\4&9&2\end{bmatrix},\ \boldsymbol{B}=\begin{bmatrix}16&4&1\\9&3&1\\4&2&1\end{bmatrix},\ \boldsymbol{C}=-\begin{bmatrix}1&2&3\\4&5&6\\7&8&0\end{bmatrix}$$

很自然地，可以由下面命令先输入相关的矩阵，然后调用lyap2()函数直接求解方程。将得出的解代入原方程，就可以验证得出的结果。

```
>> A=[8,1,6; 3,5,7; 4,9,2]; B=[16,4,1; 9,3,1; 4,2,1];
   C=-[1,2,3; 4,5,6; 7,8,0];        %矩阵输入的直观方法
   X=lyap2(A,B,C), E=A*X+X*B+C   %求解方程并检验结果
```

得出方程的解与误差如下。可见，将解代入原方程，说明误差比较小，基本满足原方程，所以得出的解确实是原方程的解。

$$\boldsymbol{X}=\begin{bmatrix}0.0749&0.0899&-0.4329\\0.0081&0.4814&-0.2160\\0.0196&0.1826&1.1579\end{bmatrix},\ \boldsymbol{E}=\begin{bmatrix}0.24&0&-0.13\\-0.18&-0.36&-0.18\\-0.27&-0.18&0.07\end{bmatrix}\times10^{-14}$$

从这个例子可以看出，如果想求解某个具体的问题，哪怕事先对该领域一无所知，也可以通过阅读简单资料，或利用联机帮助系统，直接得出问题的解。

1.8 习题

(1) MathWorks公司网站(http://www.mathworks.cn)上提供了MATLAB及所有工具箱手册的电子版，如果需要，可以将感兴趣的工具箱手册下载阅读。由于工具箱规模过于庞大，不可能在一本书中全盘介绍，所以本书的作用只是作为读者学习和使用MATLAB语言解决控制中问题的入门指导性材料。

(2) MATLAB语言是控制系统研究的首选语言。本书以该语言为主线介绍课程的内容，请在机器上安装MATLAB程序，在提示符下输入`demo`命令，运行演示程序，领略MATLAB语言的基本功能。

(3) MATLAB语言中求取两个矩阵的乘积用$C=A*B$即可，再试用C或其他计算机语言编写一个通用的子程序，计算两个矩阵$\boldsymbol{A}$和$\boldsymbol{B}$的乘积，体验一下通用程序编写和MATLAB现成功能调用的区别。

(4) 矩阵运算是MATLAB最传统的特色，用`B=inv(A)`命令即可以求出$\boldsymbol{A}$的逆矩阵，感受MATLAB在求解逆矩阵时的运算效率。想求一个n阶随机矩阵的逆，分别取$n=550$和$n=1550$，测试矩阵求逆所需的时间及结果的正确性。具体语句：

```
>> tic, A=rand(550); B=inv(A); toc
>> norm(A*B-eye(size(A)), norm(B*A-eye(size(A)))
```

(注：由矩阵的性质可知，$\boldsymbol{AB}=\boldsymbol{BA}=\boldsymbol{I}$，故用$||\boldsymbol{AB}-\boldsymbol{I}||$即可以得出误差)

(5) 在求解数学问题时，不同的算法在求解精度与速度上是不同的。考虑求取矩阵行列式的代数余子式方法，可以将n阶矩阵的行列式问题转化成n个$n-1$阶矩阵的行列式问题，$n-1$阶矩阵又可以转化成$n-2$阶。因而可以得出结论：任意阶矩阵行列式均可以由代数余子式方法求出解析解。然而，这样的结论忽略了计算量的问题，用这样的方法，n阶矩阵行列式求解的计算量为$(n-1)(n+1)!+n$，$n=20$的计算量相当于每秒百亿次的巨型计算机求解3000多年，所以用该方法不可能真正用于大型矩阵的行列式求解。

由矩阵运算可知，可以将矩阵进行LU分解，计算出矩阵的行列式，MATLAB的解析解运算也实现了这样的算法，可以在短时间内求解出矩阵的行列式。试用MATLAB语言求解20阶矩阵的行列式解析解，需要使用多少时间。参考语句为

```
>> tic, A=sym(hilb(20)); det(A), toc
```

(6) 试用不同的计算机数学语言如Mathematica、Maple、MATLAB及MATLAB的符号运算工具箱分别求解代数方程$(x+1)^{20}=0$，比较得出结果，并说明解决这样的问题应该注意什么(注：求解前应该先将方程左侧展开成一般的多项式)。

(7) MATLAB语言的Simulink仿真程序允许用户用直观的方法搭建控制系统的框图，试利用Simulink提供的模块搭建起一个如图1-7所示的模型，请研究$\delta=0.3$时不同输入信号激励下系统的响应曲线。另外，通过仿真方法研究不同的δ值对系统的阶跃响应有何影响，通过这个例子可以领略利用仿真工具的优势及方便程度。

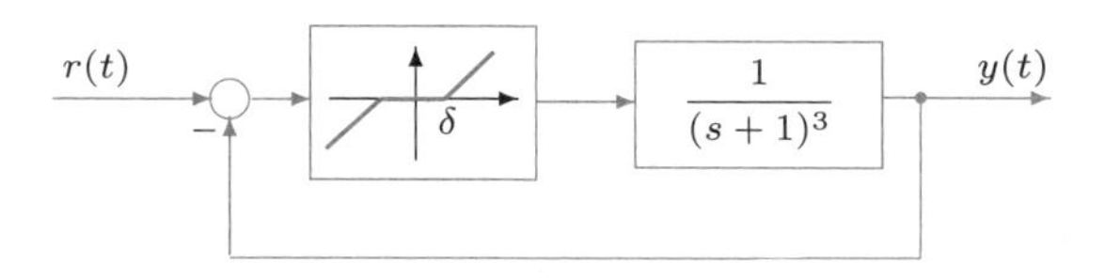

图1-7 某非线性反馈系统框图

参考文献

[1] 戴先中. 自动化科学与技术学科的内容、地位与体系 [M]. 北京：高等教育出版社，2003.

[2] Doyle J C. A new physics?[C]// Planary Talk at 40th IEEE Conference on Decision and Control. Orlando: IEEE Publisher，2000.

[3] Ziegler J G，Nichols N B. Optimum settings for automatic controllers[J]. Transaction of the ASME，1944，64(11)：759–768.

[4] Herget C J，Laub A J. Special issue on computer-aided control system design[J]. IEEE Control Systems Magazine，1982，2(4)：2–37.

[5] Herget C J，Laub A J. Special issue on computer-aided control system design[J]. Proceedings of IEEE，1984，72：1714–1805.

[6] Jamshidi M，Herget C J. Computer-aided control systems engineering[M]. Amsterdam: Elsevier Science Publishers B V，1985.

[7] Jamshidi M，Herget C J. Recent advances in computer-aided control systems engineering[M]. Amsterdam: Elsevier Science Publishers B V，1992.

[8] 孙增圻，袁曾任. 控制系统的计算机辅助设计 [M]. 北京：清华大学出版社，1988.

[9] Melsa J L，Jones S K. Computer programs for computational assistance in the study of linear control theory[M]. New York: McGraw-Hill，1973.

[10] Shahian B，Hassul M. Computer-aided control system design using MATLAB[M]. Englewood Cliffs: Prentice-Hall，1993.

[11] Leonard N E，Levine W S. Using MATLAB to analyze and design control systems[M]. Redwood City: Benjamin Cummings，1993.

[12] Ogata K. Solving control engineering problems with MATLAB[M]. Englewood Cliffs: Prentice Hall，1994.

[13] Moscinski J，Ogonowski Z. Advanced control with MATLAB and Simulink[M]. London: Ellis Horwood，1995.

[14] 薛定宇. 控制系统计算机辅助设计——MATLAB 语言与应用 [M]. 北京：清华大学出版社，1996.

[15] 张晓华. 控制系统计算机仿真与 CAD[M]. 北京：机械工业出版社，1999.

[16] 薛定宇. 反馈控制系统的设计与分析——MATLAB 语言应用 [M]. 北京：清华大学出版社，2000.

[17] 薛定宇. 控制系统仿真与计算机辅助设计[M]. 北京：机械工业出版社，2005.

[18] Golnaraghi F，Kuo B C. Automatic control systems[M]. 10th ed. New York: McGraw-Hill Education，2017.

[19] Houpis C H，Sheldon S N. Linear control system analysis and design with MATLAB[M]. 6th ed. Boca Radon: CRC Press，2014.

[20] Ogata K. Modern control engineering[M]. 5th ed. Englewood Cliffs: Prentice Hall，2010.

[21] Åström K J. Computer aided tools for control system design[M]// Jamshidi M, Herget C J. Computer-aided control systems engineering. Amsterdam: Elsevier Science Publishers B V, 1985: 3–40.

[22] Furuta K. Computer-aided design program for linear control systems[C]// Proceedings of IFAC Symposium on CACSD. Zurich, 1979: 267–272.

[23] Edmunds J M. Cambridge linear analysis and design programs[C]// Proceedings of IFAC Symposium on CACSD. Zurich, 1979: 253–258.

[24] Maciejowski J M, MacFarlane A G J. CLADP: the Cambridge linear analysis and design programs[M]// Jamshidi M, Herget C J. Computer-aided control systems engineering. Amsterdam: Elsevier Science Publishers B V, 1985: 125–138.

[25] Armstrong E S. ORACLS — a design system for linear multivariable control[M]. New York: Marcel Dekker Inc., 1980.

[26] Little J N, Emami-Naeini A, Bangert S N. CTRL-C and matrix environments for the computer-aided design of control systems[M]// Jamshidi M, Herget C J. Computer-aided control systems engineering. Amsterdam: Elsevier Science Publishers B V, 1985: 191–205.

[27] 胡包钢. 科学计算自由软件: SCILAB 教程 [M]. 北京: 清华大学出版社, 2003.

[28] Jobling C P, Grant P W, Barker H A, et al. Object-oriented programming in control system design: a survey[J]. Automatica, 1994, 30(8): 1221–1261.

[29] Smith B T, Boyle J M, Dongarra J J. Matrix eigensystem routines — EISPACK guide[M]. 2nd ed. New York: Springer-Verlag, 1976.

[30] Garbow B S, Boyle J M, Dongarra J J, et al. Matrix eigensystem routines — EISPACK guide extension[M]. New York: Springer-Verlag, 1977.

[31] Dongarra J J, Bunch J R, Moler C B, et al. LINPACK user's guide[M]. Philadelphia: Society of Industrial and Applied Mathematics, 1979.

[32] Numerical Algorithm Group. NAG FORTRAN library manual[Z]. Oxford: Numerical Algorithm Group Ltd, 1982.

[33] Press W H, Flannery B P, Teukolsky S A, et al. Numerical recipes, the art of scientific computing[M]. Cambridge: Cambridge University Press, 1986.

[34] Atherton D P. Control systems computed[J]. Physics in Technology, 1985, 16 (3): 139–140.

[35] CAD Centre. GINO-F user's manual[Z]. Cambridge: CAD Centre, 1976.

[36] Spang III H A. The federated computer-aided design system[M]// Jamshidi M, Herget C J. Computer-aided control systems engineering. Amsterdam: Elsevier Science Publishers B V, 1985, 209–228.

[37] Munro N. ECSTASY — a control system CAD environment[C]// Proceedings IEE Conference on Control 88. Oxford, 1988: 76–80.

[38] Wolfram S. Mathematica: a system for doing mathematics by computer[M]. Redwood City: Addison-Wesley Publishing Company, 1988.

[39] Lamport L. LaTeX: a document preparation system—user's guide and reference manual[M]. 2nd ed. Reading: Addision-Wesley Publishing Company, 1994.

[40] 王治宝,韩京清. CADCSC软件系统——控制系统计算机辅助设计[M]. 北京:科学出版社, 1997.

[41] 吴重光,沈承林. 控制系统计算机辅助设计[M]. 北京:机械工业出版社,1988.

[42] Mitchell E E L, Gauthier J S. Advanced continuous simulation language (ACSL) — user's manual[Z]. Concord: Mitchell & Gauthier Associates, 1987.

[43] Hay J L, Pearce J G, Turnbull L, Crosble R E. ESL software user manual[Z]. Salford: ISIM Simulation, 1988.

[44] Wooff C, Hodgkinson D. muMATH: A microcomputer algebra system[M]. London: Academic Press, 1987.

[45] Rayna G. REDUCE software for algebraic computation[M]. New York: Springer-Verlag, 1987.

[46] Forsythe G E, Malcolm M A, Moler C B. Computer methods for mathematical computations[M]. Englewood Cliffs: Prentice-Hall, 1977.

[47] Forsythe G E, Moler C B. Computer solution of linear algebraic systems[M]. Englewood Cliffs: Prentice-Hall, 1967.

[48] Moler C B. Numerical computing with MATLAB[M]. Natick: MathWorks Inc, 2004.

[49] Moler C B. MATLAB — An interactive matrix laboratory[R]. Technical Report 369, Department of Mathematics and Statistics, Albuquerque: University of New Mexico, 1980.

[50] Horowitz I. Quantitative feedback theory (QFT)[J]. Proceedings IEE, Part D, 1982, 129(6):215–226.

[51] Boyel J M, Ford M P, Maciejowski J M. A multivariable toolbox for use with MATLAB[J]. IEEE Control Systems Magazine, 1989, 9(1):59–65.

[52] Borghesani C, Chait Y, Yaniv O. The QFT frequency domain control design toolbox for use with MATLAB[Z]. San Diego: Terasoft Inc, 2003.

[53] Zakian V, Al-Naib U. Design of dynamical and control systems by the method of inequalities[J]. Proceedings of IEE, Part D, 1973, 120(11):1421–1427.

[54] Åström K J, Hägglund T. Automatic tuning of simple regulators with specification on phase and amplitude margins[J]. Automatica, 1984, 20(5):645–651.

[55] 韩京清. 自抗扰控制技术——预估补偿不确定因素的控制技术[M]. 北京:国防工业出版社, 2008.

[56] Guo B Z, Zhao Z L. Active disturbance rejection control for nonlinear systems: an introduction[M]. London: John Wiley & Sons, 2016.

[57] Monje C A, Chen Y Q, Vinagre B M, et al. Fractional-order systems and controls — fundamentals and applications[M]. London: Springer, 2010.

[58] Xue D Y. Fractional-order control systems — fundamentals and numerical implementations[M]. Berlin: de Gruyter, 2017.

[59] 薛定宇. 分数阶微积分学与分数阶控制[M]. 北京:科学出版社,2018.

第2章

MATLAB语言程序设计基础

MATLAB语言是当前国际上自动控制领域的首选计算机语言，也是很多理工科专业最适合的计算机数学语言。本书以MATLAB语言为主要计算机语言，系统、全面地介绍其在控制系统建模、分析与计算机辅助设计中的应用。掌握该语言不但有助于更深入理解和掌握控制理论中的概念与算法，提高分析与设计控制系统的能力，而且还可以充分利用该语言，在其他专业课程的学习和实践中得到有益的帮助。

和其他程序设计语言相比，MATLAB语言有如下的优势：

（1）简洁高效性。MATLAB程序设计语言集成度高，语句简洁，往往用C/C++等程序设计语言编写的数百条语句，用MATLAB语言一条语句就能解决问题，其程序可靠性高、易于维护，可以大大提高解决问题的效率和水平。

（2）科学运算功能。MATLAB语言以矩阵为基本单元，可以直接用于矩阵运算。另外，最优化问题、数值微积分问题、微分方程数值解问题、数据处理问题等都能直接用MATLAB语言求解。

（3）绘图功能。MATLAB语言可以用最直观的语句将实验数据或计算结果用图形的方式显示出来，并可以将以往难以显示出来的隐函数直接用曲线绘制出来。MATLAB语言还允许用户用可视的方式编写图形用户界面，新版本App Designer极易使用，界面与应用程序编程变得特别容易。

（4）庞大的工具箱与模块集。MATLAB是被控制界的学者“捧红”的，是控制界通用的计算机语言，在应用数学及控制领域几乎所有的研究方向均有专门的工具箱，这些工具箱由领域内知名专家编写，可信度比较高。随着MATLAB的日益普及，在其他工程领域也出现了工具箱，这也大大促进了MATLAB语言在各个领域的应用。

（5）强大的动态系统仿真功能。Simulink提供的面向框图的仿真及多领域物理仿真功能，使得用户能容易地建立复杂系统模型，准确地对其进行仿真分析。Simulink的多领域物理仿真模块集允许用户在一个统一的框架下对含有控制环节、机械环节和电子、电机环节的机电一体化系统进行建模与仿真,这是目前其他计算机语言无法做到的。

本章中的内容安排如下:2.1节介绍MATLAB语言编程的最基本内容,包括数据结构、基本语句结构和重要的冒号表达式与子矩阵提取方法。2.2节介绍MATLAB语言中矩阵的基本数学运算,包括代数运算、逻辑运算、比较运算及简单的数论运算函数。2.3节介绍MATLAB语言的基本编程结构,如循环语句结构、条件转移语句结构、开关结构和试探结构,介绍各种结构在程序设计中的应用。2.4节介绍MATLAB语言编程中主流结构——M-函数的结构与程序编写技巧。2.5节介绍基于MATLAB语言的二维图形绘制的方法,如各种二维曲线绘制、隐函数的曲线绘制等,并将介绍图形修饰方法等。2.6节介绍三维图形的绘制方法、三维图形旋转与视角设置等。2.7节介绍图形用户界面的设计方法与技巧。如果想进一步学习MATLAB语言的编程方法,可以参阅文献[1]。

2.1 MATLAB程序设计语言基础

和其他程序设计语言一样,MATLAB语言可以定义与使用变量,有自己的数据结构和语句结构。本节将主要介绍这些基础知识。

2.1.1 MATLAB语言的变量与常量

MATLAB语言变量名应该由一个字母引导,后面可以跟字母、数字、下画线等。例如,`MYvar12`、`MY_Var12`和`MyVar12_`均为有效的变量名,而`12MyVar`和`_MyVar12`为无效的变量名。在MATLAB中变量名是区分大小写的,即,`Abc`和`ABc`两个变量名表达不同的变量,在使用MATLAB语言编程时一定要注意。

在MATLAB语言中还为特定常数保留了一些名称,虽然这些常量都可以重新赋值,但建议在编程时应尽量避免对这些量重新赋值。

(1) `eps`。机器的浮点运算误差限。PC上`eps`的默认值为2.2204×10^{-16}(即2^{-52}),若某个量的绝对值小于`eps`,则可以认为这个量为0。换句话说,绝对值小于`eps`的量在双精度数据结构下是没有物理意义的。

(2) `i`和`j`。若`i`或`j`量不被改写,则它们表示纯虚数量j。但在MATLAB程序编写过程中经常事先改写这两个变量的值,如在循环过程中常用这两个变量来表示循环变量,所以应该确认使用这两个变量时没有被改写。如果想恢复该变量,则可以用语句`i=sqrt(-1)`设置,即对-1求平方根,或用`i=1i`重新赋值。

(3) `Inf`。无穷大量$+\infty$的MATLAB表示,也可以写成`inf`。同样地,$-\infty$可以表示为`-Inf`。在MATLAB程序执行时,即使遇到了以0为除数的运算,也不会终止程序的运行,而只给出一个“除0”警告,并将结果赋成`Inf`,这样的定义方式符合

IEEE 的标准。从数值运算编程角度看，这样的实现形式明显优于 C 语言这类的非专业的计算机语言。

（4）NaN。不定式（not a number，NaN），通常由 0/0 运算、Inf/Inf 及其他可能的运算得出。NaN 是一个很奇特的量，如 NaN 与 Inf 的乘积仍为 NaN。

（5）pi。圆周率 π 的双精度浮点表示，$\pi = 3.141592653589793$。

2.1.2 数据结构

数据结构是计算机程序设计语言中的重要因素。由于 MATLAB 语言主要用于科学运算，所以主要使用数值型与符号型数据结构，双精度数据结构是其默认的数据结构。本节将介绍各种常用的数据结构。MATLAB 中，A 变量的数据结构可以由 class(A) 命令读出。

1. 数值型数据

强大方便的数值运算功能是 MATLAB 语言的最显著特色。为保证较高的计算精度，MATLAB 语言中最常用的数值量为双精度浮点数，占 8 字节（64 位），遵从 IEEE 记数法，有 11 个指数位、52 个数值位及一个符号位，值域的近似范围为 $-1.7\times10^{308}\sim1.7\times10^{308}$，其 MATLAB 表示为 double()。一般情况下，双精度数据结构可以保留 15~16 位十进制有效数字。

考虑到一些特殊的应用，比如图像处理，MATLAB 语言还引入了无符号的 8 位整型数据类型，其 MATLAB 表示为 uint8()，其值域为 0~255，这样可以大大地节省 MATLAB 的存储空间，提高处理速度。此外，在 MATLAB 中还可以使用其他的数据类型，如 int8()、int16()、int32()、uint16()、uint32() 等，每一个类型后面的数字表示其位数，其含义不难理解。

2. 符号型数据

MATLAB 还定义了“符号”型变量，以区别于常规的数值型变量，可以用于公式推导和数学问题的解析求解。进行解析运算前需要首先将采用的变量声明为符号变量，这需要用 syms 命令来实现。该语句具体的用法为 syms vars 变量属性，其中，vars 给出需要声明的变量列表，可以同时声明多个变量，中间用空格分隔，而不是用逗号等分隔。如果需要，还可以进一步声明变量的“变量属性”，可以使用的类型为 real、positive 等。如果需要将 a, b 均定义为符号变量，则可以用 syms a b 语句声明，该命令还支持对符号变量具体形式的设定，如 syms a real。

如果已知某数值型变量 A，则可以使用 B=sym(A) 命令将其转换成符号型数据结构，而 A=double(B) 命令可以将符号型数值还原成双精度数据结构。

例 2-1 试用 1/3 的存储方式理解双精度数据结构与符号型数据结构的区别。

解 在符号运算的框架下，可以用 a=sym(1/3) 命令输入与存储 1/3，在计算全程中也一直使用 1/3，没有近似，而双精度框架下，b=1/3 输入与存储的是 $0.333\cdots33$，保留 15 位有效数字,后面的位都是残差,没有任何物理意义。除此之外,符号型数据结构还可以表示变量名,这是在双精度数据结构下不能表示的。

很显然,在数学上$1/3\times0.3=0.1$,在符号型数据结构下也确实如此。现在看一下在双精度数据结构下会出现什么现象:可以给出下面的语句,从得出的结果可见,二者之间是有误差的,误差为-1.3878×10^{-17}。

```
>> b=1/3; b*0.3-0.1
```

例2-2 试用符号表达式的方法将函数$f(x)=\sin x/(x^2+4x+3)$输入到MATLAB工作空间。

解 数学函数有两种表示方法,一种是符号变量的描述方法,另一种是符号函数的描述方法。下面的语句都可以定义出该函数,但两种方法定义的数据结构是不一致的,前者是普通符号变量sym,后者是符号函数symfun。由class()函数可以直接读取符号表达式的数据结构。

```
>> syms x; f1=sin(x)/(x^2+4*x+3), class(f1)
   f2(x)=sin(x)/(x^2+4*x+3), class(f2)
```

符号型数值可以通过变精度算法函数vpa()以任意指定的精度显示出来。该函数的调用格式为vpa(A)或vpa(A,n),其中,A为需要显示的数值或矩阵,n为指定的有效数字位数,前者以默认的十进制位数(32位)显示结果。

例2-3 试显示圆周率π的前300位数字。

解 圆周率π的前300位有效数字可以由下面的语句直接显示。

```
>> vpa(pi,300)
```

得出的结果为3.14159265358979323846264338327950288419716939937510582097494459230781640628620899862803482534211706798214808651328230664709384460955058223172535940812848111745028410270193852110555964462294895493038196442881097566593344612847564823378678316527120190914564856692346034861045432664821339360726024914127。如果想要显示更多位的有效数字,不妨将300替换成更大的值。不过直接使用vpa()命令最多显示5万位左右,需要更多的位可以通过循环的方式实现[1]。

例2-4 试显示自然对数底e的前100位有效数字。

解 自然对数底e的前100位有效数字可以由下面的语句直接显示出来。

```
>> vpa(exp(1),100) %直接计算与显示
```

显示的结果为2.718281828459045534884808148490265011787414550781250。显然,显示的结果不足100位。为什么会出现这样的现象呢?从MATLAB语句的执行机制看,该语句先在双精度框架下计算e的值,然后将结果转换成符号型数据结构,所以这样的结果严格说来是错误的,应该在符号运算框架下重新计算,如给出下面的命令

```
>> vpa(exp(sym(1)),100) %需要首先将1转换成符号量再求解
```

例2-5 如何将20位整数12345678901234567890输入到MATLAB环境?

解 很自然地可以尝试下面的命令输入该常数。

```
>> a=sym(12345678901234567890) %直接输入,但结果是错误的
```

不过实际输入到计算机的是$a = 12345678901234567168$,和期望的有差距,这是因为在MATLAB执行机制下,该数被先转换成双精度数据结构,再由双精度的结果转换成符号型数据结构,从而出现偏差。如果想不走样地输入位数很多的整数,则需要借助字符串数据结构的帮助。例如,由下面语句可以直接输入更多位的有效数字。

```
>> a=sym('12345678901234567890123456789012345678901234567890')
```

3. 其他数据结构

除了用于数学运算的数值数据结构外,MATLAB还支持下面的数据结构:

(1)字符串型数据。MATLAB支持字符串变量,可以用它来存储相关的信息。和C语言等程序设计语言不同,MATLAB字符串是用单引号括起来的。

(2)多维数组。三维数组是一般矩阵的直接拓展。在控制系统的分析中也可以直接用于多变量系统的表示。在实际编程中还可以使用维数更高的数组。

(3)单元数组。单元数组是矩阵的直接扩展,其存储形式类似于普通的矩阵,而矩阵的每个元素不是数值,可以认为能存储任意类型的信息,这样每个元素称为“单元”(cell),例如,$A\{i,j\}$ 可以表示单元数组A的第i行,第j列的内容。

(4)类与对象。MATLAB允许用户自己编写包含各种复杂信息的变量,称为类,而对象是类的一个实例。类变量可以包含各种下级的信息,还可以重新对类定义其计算,这在控制系统描述中特别有用。例如,在MATLAB的控制系统工具箱中定义了传递函数类,可以用一个变量来表示整个传递函数,还重新定义了该类的运算,如加法运算可以直接求取多个模块的并联连接,乘法运算可以求取若干模块的串联。这些内容将在后面的章节中详细介绍。

2.1.3 MATLAB的基本语句结构

MATLAB的语句有两种结构,一种是直接赋值语句,另一种是函数调用语句。这两种调用方式都是很重要的,广泛地应用于实际的MATLAB编程。

1. 直接赋值语句

直接赋值语句的基本结构为*赋值变量=赋值表达式*,这一过程把等号右边的表达式直接赋给左边的赋值变量,并返回到MATLAB的工作空间。如果赋值表达式后面没有分号,则将在MATLAB命令窗口中显示表达式的运算结果。若不想显示运算结果,则应该在赋值语句的末尾加一个分号。如果省略了赋值变量和等号,则表达式运算的结果将赋给保留变量ans。所以说,保留变量ans将永远存放最近一次无赋值变量语句的运算结果。

例2-6 试将下面的矩阵输入到MATLAB的工作空间。

$$\boldsymbol{A}=\begin{bmatrix}1&2&3\\4&5&6\\7&8&0\end{bmatrix}$$

解 矩阵的输入在MATLAB下是非常简单、直观的,可以直接使用下面的语句输入。

```
>> A=[1,2,3; 4 5,6; 7,8 0] %逗号、空格分隔元素,分号换行
```

其中,>>为MATLAB的提示符,由机器自动给出,用户在提示符下可以输入各种各样的MATLAB命令。矩阵的内容由方括号括起来的部分表示,在方括号中的分号表示矩阵的换行,逗号或空格表示同一行矩阵元素间的分隔。百分号(%)引导注释语句。给出了上面的命令,就可以在MATLAB的工作空间中建立一个$\boldsymbol{A}$变量并在MATLAB命令窗口中显示出来。在本书后续正文中为便于理解,将采用数学形式显示得出的结果。如果不想显示中间结果,则应该在语句末尾加一个分号,如

```
>> A=[1,2,3; 4 5,6; 7,8 0];        %不显示结果,但进行赋值
   A=[[A; [1 2 3]], [1;2;3;4]]; %矩阵维数动态变化
```

例2-7 试输入下面的复数矩阵。

$$\boldsymbol{B}=\begin{bmatrix}1+9\mathrm{j} & 2+8\mathrm{j} & 3+7\mathrm{j}\\ 4+6\mathrm{j} & 5+5\mathrm{j} & 6+4\mathrm{j}\\ 7+3\mathrm{j} & 8+2\mathrm{j} & 0+\mathrm{j}\end{bmatrix}$$

解 复数矩阵在MATLAB下也可以很直观地输入,利用MATLAB语言定义的两个记号i和j,可以直接输入复数矩阵,该复数矩阵可以由下面的语句直接输入。

```
>> B=[1+9i,2+8i,3+7j; 4+6j 5+5i,6+4i; 7+3i,8+2j 1i]
```

2. 函数调用语句

函数调用语句的基本结构为[返回变元列表]=函数名(输入变元列表),其中,函数名的要求和变量名的要求是一致的,一般函数名应该对应在MATLAB路径下的一个文件。例如,函数名my_fun应该对应于my_fun.m文件。当然,还有一些函数名需对应于MATLAB的内核函数(built-in function),如inv()函数等。

返回变元列表和输入变元列表均可以由若干个变量名组成,它们之间应该分别用逗号。返回变元还允许用空格分隔,例如,$[\boldsymbol{U}\ \ \boldsymbol{S}\ \ \boldsymbol{V}]$=svd($\boldsymbol{X}$),该函数对给定的$\boldsymbol{X}$矩阵进行奇异值分解,所得的结果由$\boldsymbol{U}$、$\boldsymbol{S}$、$\boldsymbol{V}$这3个变元返回。如果不想返回某个变元,则可以用~符号占位。

2.1.4 冒号表达式

冒号表达式是MATLAB中很有用的表达式,在向量生成、子矩阵提取等很多方面都是特别重要的。冒号表达式的原型为$\boldsymbol{v}=s_1:s_2:s_3$,该函数将生成一个行向量$\boldsymbol{v}$,其中$s_1$为向量的起始值,$s_2$为步距,该向量将从$s_1$出发,每隔步距$s_2$取一个点,直至不超过$s_3$的最大值就可以构成一个向量。若省略$s_2$,则步距取默认值1。下面通过例子演示冒号表达式的应用。

例2-8 选择不同的步距,则可以用下面语句在$t\in[0,\pi]$区间取出一些点构成向量。

解 选择步距为0.1,则可以给出下面的语句直接构造向量。

```
>> v1=0: 0.3: pi   %注意,最终取值为3而不是π
```

这样得出的向量为$\boldsymbol{v}_1 = [0, 0.3, 0.6, 0.9, 1.2, 1.5, 1.8, 2.1, 2.4, 2.7, 3]$，不包含π的值。如果确实需要包含π，则可以将步距选作`pi/30`，或使用`linspace()`函数实现。下面两条命令得出的结果完全一致。

```
>> v10=0:pi/30:pi, v20=linspace(0,pi,31)
```

下面还将尝试冒号表达式不同的写法。

```
>> v2=0: -0.1: pi   %步距为负,显然不能生成向量,故得出空矩阵
   v3=0:pi          %取默认步距1
   v4=pi:-1:0       %逆序排列构成新向量
```

前面的语句将生成1×0的空矩阵$\boldsymbol{v}_2$，且$\boldsymbol{v}_3 = [0, 1, 2, 3]$和$\boldsymbol{v}_4 = [3.14, 2.14, 1.14, 0.14]$。读者可以对照命令和结果自行理解冒号表达式。

2.1.5 子矩阵提取

提取子矩阵在MATLAB编程中是经常需要处理的事。提取子矩阵的具体方法是$\boldsymbol{B}$=$\boldsymbol{A}(\boldsymbol{v}_1, \boldsymbol{v}_2)$，其中，$\boldsymbol{v}_1$向量表示子矩阵要包含的行号构成的向量，$\boldsymbol{v}_2$表示要包含的列号构成的向量，这样从$\boldsymbol{A}$矩阵中提取有关的行和列，就可以构成子矩阵$\boldsymbol{B}$了。若$\boldsymbol{v}_1$为:，则表示要提取所有的行，$\boldsymbol{v}_2$亦有相应的处理结果。关键词end表示最后一行(或列，取决于其位置)。

例2-9 下面将列出若干命令，并加以解释，但不列出结果，读者可以自己用一个矩阵测试这些语句，体会子矩阵提取的方法。

```
>> B1=A(1:2:end,:)          %提取A矩阵全部奇数行、所有列
   B2=A([3,2,1],[2,3,4])    %提取A矩阵3,2,1行、2,3,4列构成子矩阵
   B3=A(:,end:-1:1)         %将A矩阵左右翻转,即最后一列排在最前面
```

2.2 基本数学运算

定义了矩阵这样的基本变量形式，则可以进一步对其进行代数运算、逻辑运算与比较运算，还可以对其作超越函数运算。本节主要介绍在MATLAB语言中这些运算的实现方法。

2.2.1 矩阵的代数运算

如果一个矩阵$\boldsymbol{A}$有n行、m列元素，则称$\boldsymbol{A}$矩阵为$n\times m$矩阵；若$n=m$，则矩阵$\boldsymbol{A}$又称为方阵。MATLAB语言中定义了下面各种矩阵的基本代数运算：

1. 矩阵转置

在数学公式中一般把一个矩阵的转置记作$\boldsymbol{B} = \boldsymbol{A}^{\mathrm{T}}$，其元素定义为$b_{ji} = a_{ij}$，$i = 1, 2, \cdots, n$，$j = 1, 2, \cdots, m$，故$\boldsymbol{B}$为$m\times n$矩阵。如果$\boldsymbol{A}$矩阵含有复数元

素，则对之进行转置时，其转置矩阵 $\boldsymbol{B}$ 的元素定义为 $b_{ji}=a_{ij}^*, i=1,2,\cdots,n, j=1,2,\cdots,m$，亦即首先对各个元素进行转置，然后再逐项求取其共轭复数值。这种转置方式又称为Hermit转置，其数学记号为 $\boldsymbol{B}=\boldsymbol{A}^*$。MATLAB中用 `A'` 可以求出 $\boldsymbol{A}$ 矩阵的Hermit转置，矩阵的转置则可以由 `A.'` 求出。

2. 加减法运算

假设在MATLAB工作环境下有两个矩阵 $\boldsymbol{A}$ 和 $\boldsymbol{B}$，则可以由 `C=A+B` 和 `C=A-B` 命令执行矩阵加减法。若 $\boldsymbol{A}$ 和 $\boldsymbol{B}$ 矩阵的维数相同，它会自动地将 $\boldsymbol{A}$ 和 $\boldsymbol{B}$ 矩阵的相应元素相加减，从而得出正确的结果，并赋给 $\boldsymbol{C}$ 变量；若二者之一为标量，则应该将其遍加(减)于另一个矩阵；如果两个矩阵不能加减，MATLAB将自动地给出错误信息，提示用户两个矩阵的维数不匹配。

例2-10 试在MATLAB下尝试实现下面矩阵与向量的加减，并理解结果。

$$\boldsymbol{A}=\begin{bmatrix}1&2&3\\4&5&6\\7&8&0\end{bmatrix},\ \boldsymbol{B}=\begin{bmatrix}2&5&8\end{bmatrix}$$

解 在数学上，一个矩阵和一个向量是不能相加的，早期版本的MATLAB下也是如此。在较新版本下用户可以尝试在MATLAB下给出下面的命令。

```
>> A=[1,2,3; 4,5,6; 7,8,0]; B=[2 5 8]; C=A+B, D=A-B
```

得出的结果为

$$\boldsymbol{C}=\begin{bmatrix}3&7&11\\6&10&14\\9&13&8\end{bmatrix},\ \boldsymbol{D}=\begin{bmatrix}-1&-3&-5\\2&0&-2\\5&3&-8\end{bmatrix}$$

MATLAB扩展了纯数学上矩阵加法的概念。如果一个矩阵与一个行(列)向量相加，则会把向量遍加到矩阵的各行(列)上。这样的扩展加减法在实际编程中是很实用的。

3. 矩阵乘法

假设有矩阵 $\boldsymbol{A}$ 和 $\boldsymbol{B}$，其中 $\boldsymbol{A}$ 的列数与 $\boldsymbol{B}$ 的行数相等，或其一为标量，则称 $\boldsymbol{A}$、$\boldsymbol{B}$ 矩阵是可乘的，或称 $\boldsymbol{A}$ 和 $\boldsymbol{B}$ 矩阵的维数是相容的。MATLAB语言中两个矩阵的乘法由 `C=A*B` 直接求出，且这里并不需要指定 $\boldsymbol{A}$ 和 $\boldsymbol{B}$ 矩阵的维数。如果 $\boldsymbol{A}$ 和 $\boldsymbol{B}$ 矩阵的维数相容，则可以准确无误地获得乘积矩阵 $\boldsymbol{C}$；如果二者的维数不相容，则将给出错误信息，通知用户两个矩阵是不可乘的。

4. 矩阵的左、右除法

MATLAB中用“\”和“/”运算符号表示两个矩阵的左除和右除，`A\B` 为方程 $\boldsymbol{AX}=\boldsymbol{B}$ 的解 $\boldsymbol{X}$，`X=B/A` 为方程 $\boldsymbol{XA}=\boldsymbol{B}$ 的解。若 $\boldsymbol{A}$ 为非奇异方阵，则左除和右除分别为 $\boldsymbol{X}=\boldsymbol{A}^{-1}\boldsymbol{B}$ 和 $\boldsymbol{BA}^{-1}$；如果 $\boldsymbol{A}$ 矩阵不是方阵，则左、右除得出的是方程的最小二乘解。

5. 矩阵翻转

MATLAB提供了一些矩阵翻转处理的特殊命令，如矩阵 $\boldsymbol{A}$ 进行左右翻转再赋给 $\boldsymbol{B}$ 可以由 `B=fliplr(A)` 实现，亦即 $b_{ij}=a_{i,n+1-j}$；如果想上下翻转 $\boldsymbol{A}$ 矩阵，

则可以使用 C=flipud(A) 命令，将得出结果赋给 $\boldsymbol{C}$，亦即 $c_{ij}=a_{m+1-i,j}$；D=rot90(A) 将 $\boldsymbol{A}$ 矩阵逆时针旋转 90° 后赋给 $\boldsymbol{D}$，亦即 $d_{ij}=a_{j,n+1-i}$；rot90(A,k) 函数还可以对 $\boldsymbol{A}$ 矩阵作其他旋转，其中，k 为整数。

6. 矩阵乘方运算

矩阵的乘方运算可以在数学上表述成 $\boldsymbol{A}^x$，而其前提条件要求 $\boldsymbol{A}$ 矩阵为方阵。在 MATLAB 中 $\boldsymbol{A}^x$ 统一表示成 F=A^x，其中 x 可以为整数、分数、无理数和复数。

例2-11 重新考虑例2-10中的 $\boldsymbol{A}$ 矩阵，试求出其全部三次方根并检验结果。

解 由^运算可以容易地得出原矩阵的一个三次方根。

```
>> A=[1,2,3; 4,5,6; 7,8,0]; C=A^(1/3), e=norm(A-C^3) %求根并检验
```

具体表示如下，经检验误差为 $e=1.0145\times10^{-14}$，比较精确。

$$\boldsymbol{C}=\begin{bmatrix}0.7718+\mathrm{j}0.6538 & 0.4869-\mathrm{j}0.0159 & 0.1764-\mathrm{j}0.2887\\0.8885-\mathrm{j}0.0726 & 1.4473+\mathrm{j}0.4794 & 0.5233-\mathrm{j}0.4959\\0.4685-\mathrm{j}0.6465 & 0.6693-\mathrm{j}0.6748 & 1.3379+\mathrm{j}1.0488\end{bmatrix}$$

事实上，矩阵的三次方根应该有三个结果，而上面只得出其中的一个。对该方根进行两次旋转，即计算 $\boldsymbol{C}\mathrm{e}^{\mathrm{j}2\pi/3}$ 和 $\boldsymbol{C}\mathrm{e}^{\mathrm{j}4\pi/3}$，则将得出另外两个根，经检验都是正确的。

```
>> a=exp(sqrt(-1)*2*pi/3); A1=C*a, A2=C*a^2 %通过旋转求另外两个根
   e1=norm(A-A1^3), e2=norm(A-A2^3)          %矩阵方根的直接检验
```

这样可以得出另外两个根如下，误差都是 10^{-14} 级别。

$$\boldsymbol{A}_1=\begin{bmatrix}-0.9521+\mathrm{j}0.3415 & -0.2297+\mathrm{j}0.4296 & 0.1618+\mathrm{j}0.2971\\-0.3814+\mathrm{j}0.8058 & -1.1388+\mathrm{j}1.0137 & 0.1678+\mathrm{j}0.7011\\0.3256+\mathrm{j}0.7289 & 0.2497+\mathrm{j}0.9170 & -1.5772+\mathrm{j}0.6343\end{bmatrix}$$

$$\boldsymbol{A}_2=\begin{bmatrix}0.1803-\mathrm{j}0.9953 & -0.2572-\mathrm{j}0.4137 & -0.3382-\mathrm{j}0.0084\\-0.5071-\mathrm{j}0.7332 & -0.3085-\mathrm{j}1.4931 & -0.6911-\mathrm{j}0.2052\\-0.7941-\mathrm{j}0.0825 & -0.9190-\mathrm{j}0.2422 & 0.2393-\mathrm{j}1.6831\end{bmatrix}$$

还可以在符号运算的框架下计算已知矩阵的三次方根，精度将达到 7.2211×10^{-39}。

```
>> A=sym([1,2,3; 4,5,6; 7,8,0]);
   C=A^(sym(1/3)); C=vpa(C); norm(C^3-A) %高精度解
```

7. 点运算

MATLAB 中定义了一种特殊的运算，即所谓的点运算。两个矩阵之间的点运算是它们对应元素的直接运算。例如，C=A.*B 表示 $\boldsymbol{A}$ 和 $\boldsymbol{B}$ 矩阵的相应元素之间直接进行乘法运算，然后将结果赋给 $\boldsymbol{C}$ 矩阵，即 $c_{ij}=a_{ij}b_{ij}$。这种点乘积运算又称为 Hadamard 乘积。注意，点乘积运算要求 $\boldsymbol{A}$ 和 $\boldsymbol{B}$ 矩阵的维数相同或其一为标量。可以看出，这种运算和普通乘法运算是不同的。

点运算在 MATLAB 中起着很重要的作用。例如，当 $\boldsymbol{x}$ 是一个向量时，则求取数值 $[x_i^5]$ 时不能直接写成 x^5，而必须写成 x.^5。在进行矩阵的点运算时，同样要

求运算的两个矩阵的维数一致，或其中一个变量为标量。其实一些特殊的函数，如 `sin()` 也是由以运算的形式进行的，因为它要对矩阵的每个元素求取正弦值。

矩阵点运算不仅可以用于点乘积运算，还可以用于其他运算的场合。例如对前面给出的 $\boldsymbol{A}$ 矩阵作 $\boldsymbol{A}$.^$\boldsymbol{A}$ 运算，则新矩阵的第 (i,j) 元素为 $a_{ij}^{a_{ij}}$，则 $\boldsymbol{A}$.^$\boldsymbol{A}$ 为

$$\begin{bmatrix} 1 & 4 & 27 \\ 256 & 3125 & 46656 \\ 823543 & 16777216 & 1 \end{bmatrix}, \quad \begin{bmatrix} 1^1 & 2^2 & 3^3 \\ 4^4 & 5^5 & 6^6 \\ 7^7 & 8^9 & 0^0 \end{bmatrix}$$

2.2.2 矩阵的逻辑运算

早期版本的MATLAB语言并没有定义专门的逻辑型变量。在MATLAB语言中，如果一个数的值为0，则可以认为它为逻辑0，否则为逻辑1。新版本支持逻辑变量，且上面的定义仍有效。

假设矩阵 $\boldsymbol{A}$ 和 $\boldsymbol{B}$ 均为 $n\times m$ 矩阵，则MATLAB下逻辑运算定义为：

(1) 矩阵的与运算。在MATLAB下用 & 号表示矩阵的与运算。例如，$\boldsymbol{A}$ & $\boldsymbol{B}$ 表示两个矩阵 $\boldsymbol{A}$ 和 $\boldsymbol{B}$ 的与运算。如果两个矩阵相应元素均非0，则该结果元素的值为1；否则，该元素为0。

(2) 矩阵的或运算。在MATLAB下用 | 号表示矩阵的或运算，如果两个矩阵相应元素均非0，则该结果元素的值为1；否则，该元素为0。

(3) 矩阵的非运算。在MATLAB下用 ~ 号表示矩阵的非运算。若矩阵相应元素为0，则结果为1，否则为0。

(4) 矩阵的异或运算。MATLAB下矩阵 $\boldsymbol{A}$ 和 $\boldsymbol{B}$ 的异或运算可由 xor($\boldsymbol{A}$,$\boldsymbol{B}$) 函数直接求出。若相应的两个数一个为0，一个非0，则结果为0，否则为1。

2.2.3 矩阵的比较运算

MATLAB语言定义了各种比较关系，如 $\boldsymbol{C}$=$\boldsymbol{A}$>$\boldsymbol{B}$，当 $\boldsymbol{A}$ 和 $\boldsymbol{B}$ 矩阵满足 $a_{ij}>b_{ij}$ 时，$c_{ij}=1$；否则 $c_{ij}=0$。MATLAB语言也支持等于关系，用 == 表示，大于或等于关系，用 >= 关系，还支持不等于 ~= 关系，其意义是很明显的。

MATLAB还提供了一些特殊的函数，在编程中也是很实用的。其中，`find()` 函数可以查询出满足某关系的数组下标。例如，若想查出矩阵 $\boldsymbol{C}$ 中数值等于1的元素下标，则可以给出 find($\boldsymbol{C}$==1) 命令如下，得出 $\boldsymbol{v}=[3,5,6,8]$。

```
>> A=[1,2,3; 4 5,6; 7,8 0]; %输入实数矩阵
   v=find(A>=5)'              %找出矩阵元素大于或等于5的下标并转置
```

可以看出，该函数相当于先将 $\boldsymbol{A}$ 矩阵按列构成列向量，然后再判断哪些元素大于或等于5，返回其下标。而 find(isnan($\boldsymbol{A}$)) 函数将查出 $\boldsymbol{A}$ 变量中为 NaN 的各元素下标。还可以用下面的格式同时返回行和列坐标，$\boldsymbol{i}=[3,2,3,2]$，$\boldsymbol{j}=[1,2,2,3]$。

```
>> [i,j]=find(A>=5)
```

此外，all() 和 any() 函数也是很实用的查询函数。

```
>> a=all(A>=5), b=any(A>=5), A(A>=5)=5
```

得出 $\boldsymbol{a}=[0,0,0]$，$\boldsymbol{b}=[1,1,1,1]$。前一个命令当 $\boldsymbol{A}$ 矩阵的某列元素全等于5时，相应元素为1，否则为0。而后者在某列中含有大于或等于5时，相应元素为1，否则为0。例如若想判定一个矩阵 $\boldsymbol{A}$ 是否元素均大于或等于5，则可以简单地写成 all($\boldsymbol{A}$(:)>=5)。观察最后一条语句运行后 $\boldsymbol{A}$ 矩阵的变化。

2.2.4 超越函数计算

超越函数通常指变量之间的关系不能用有限次加、减、乘、除、乘方、开方运算表示的函数，例如指数函数、对数函数、三角函数等。

MATLAB超越函数的一般调用格式为 y=fun(x)，其中 $\boldsymbol{x}$ 可以是标量，也可以是向量、矩阵或多维数组，可以是符号变量，也可以是实数、复数。得出的 $\boldsymbol{y}$ 的数据结构和维数与 $\boldsymbol{x}$ 相同。下面列出常用的超越函数及相应的MATLAB函数。

（1）三角函数：正弦、余弦、正切、余切的MATLAB函数分别为 sin()、cos()、tan()、cot()；正割（余弦的倒数）、余割（正弦的倒数）函数可以由 sec()、csc() 函数计算；双曲正弦 $\sinh x=(\mathrm{e}^x-\mathrm{e}^{-x})/2$、双曲余弦 $\cosh x=(\mathrm{e}^x+\mathrm{e}^{-x})/2$ 可以由 sinh()、cosh() 函数直接计算。三角函数默认的单位是弧度，若想使用角度单位，则可以用单位变换公式 $x=180x_1/\pi$ 进行转换，还可以使用 sind() 这类函数。

（2）反三角函数：如果三角函数名前有一个a，如 asin()，则计算反三角函数。

（3）指数函数：e的指数函数 e^x 可以由 exp() 函数直接计算。

（4）对数函数：自然对数 $\ln x$ 可以由 log() 计算；常用对数 $\lg x$ 可以由 log10() 计算；一般的对数函数 $\log_a x$ 可以由对数的换底公式 log(x)/log(a) 直接计算。

（5）矩阵的超越函数：矩阵超越函数的定义与计算方法将在第3章另行介绍。

2.2.5 符号运算

符号运算工具箱可以用于推导数学公式，但其结果有时不是最简形式，或不是用户期望的格式，所以需要对结果进行化简处理。MATLAB中最常用的化简函数是 simplify() 函数，该函数尝试各种化简函数，最终得出计算机认为最简的结果。该函数的调用格式很简单，如下：

```
s1=simplify(s)    %从各种方法中自动选择最简格式
```

其中，s 为原始表达式，s_1 为化简后表达式。注意，早期版本的 simple() 在较新版本下已不能使用。除了 simplify() 函数外，还有其他专门的化简函数，如 collect() 函数可以合并同类项，expand() 可以展开多项式，factor() 可以将因式分解成向量，numden() 可以提取多项式的分子和分母，sincos() 可以进行三角函数的化简等。这些函数的信息与调用格式可以由 help 命令得出。

例2-12 试用各种方式描述多项式$P(s)=(s+3)^2(s^2+3s+2)(s^3+12s^2+48s+64)$。
解 假设已知含有因式的多项式，首先应该定义符号变量s来直接输入该多项式了。有了多项式，则可以得到MATLAB的最简形式为$P_1=(s+3)^2(s+2)(s+1)(s+4)^3$。

```
>> syms s; P=(s+3)^2*(s^2+3*s+2)*(s^3+12*s^2+48*s+64) %P保持原状
   P2=simplify(P)    %经过一系列化简尝试，得出计算机认为的最简形式
```

如果调用函数expand()，将对原多项式直接展开。

```
>> P3=expand(P)          %多项式展开方法
```

得出的结果为$P_3=s^7+21s^6+185s^5+883s^4+2454s^3+3944s^2+3360s+1152$。

符号运算工具箱中有一个很有用的变量替换函数subs()，其格式为

```
f1=subs(f,x1,x1*)     %单个变量替换
f1=subs(f,{x1,x2,…,xn},{x1*,x2*,…,xn*})     %多个变量同时替换
```

其中，f为原表达式。该函数的目的是将其中的x_1替换成x_1^*，生成新的表达式f_1。后一种格式表示可以同时替换多个变量。

例2-13 考虑例2-12中定义$P(s)$多项式，试将s替换成$(z+1)/(z-1)$。
解 这里涉及的替换，$s=(z+1)/(z-1)$，又称为双线性变换。这类变换由subs()函数可以直接实现。

```
>> syms z s; P=(s+3)^2*(s^2+3*s+2)*(s^3+12*s^2+48*s+64);
   simplify(subs(P,s,(z+1)/(z-1))) %变量替换并化简
```

得出替换的结果为
$$\frac{8(2z-1)^2z(3z-1)(5z-3)^3}{(z-1)^7}$$

如果原始多项式为符号函数，则可以直接进行变量替换，得出完全一致的结果。

```
>> syms z s; P(s)=(s+3)^2*(s^2+3*s+2)*(s^3+12*s^2+48*s+64);
   simplify(P((z+1)/(z-1))) %变量替换并化简
```

例2-14 例2-2介绍了描述符号表达式的两种方法，并求出$x=0$和$x=1$时的函数值。
解 利用前面给出的两种方法都可以直接输入函数的符号表达式。

```
>> syms x; f1=sin(x)/(x^2+4*x+3), f2(x)=sin(x)/(x^2+4*x+3)
```

如果想求出$x_1=0, x_2=1$时的函数值，则用两种方法定义的函数求值方式是不同的。前者需要使用变量替换函数subs()来计算；后者只需代入自变量的值即可。下面两组语句得出的函数值是相同的，均为$[0,\sin 1/8]$。

```
>> y1=subs(f1,x,[0,1]), y2=f2([0,1])
```

2.2.6 基本数论运算

MATLAB语言提供了一组简单的数据变换和基本数论函数，如表2-1所示。下面将演示其中若干函数的应用。读者还可以自己选定矩阵对其他函数实际调用，观察得出的结果，以便更好地体会这些函数。

表2-1 基本数据变换和数论函数表

函数名	调用格式	函数说明
floor()	n=floor(x)	将$\boldsymbol{x}$中元素按$-\infty$方向取整，即取不足整数，得出$\boldsymbol{n}$，数学上记作$\boldsymbol{n}=[\boldsymbol{x}]$
ceil()	n=ceil(x)	将$\boldsymbol{x}$中元素按$+\infty$方向取整，即取过剩整数，得出$\boldsymbol{n}$
round()	n=round(x)	将$\boldsymbol{x}$中元素按最近的整数取整，亦即四舍五入，得出$\boldsymbol{n}$
fix()	n=fix(x)	将$\boldsymbol{x}$中元素按离0近的方向取整，得出$\boldsymbol{n}$
rat()	[n,d]=rat(x)	将$\boldsymbol{x}$中元素变换成最简有理数，$\boldsymbol{n}$和$\boldsymbol{d}$分别为分子和分母矩阵
rem()	B=rem(A,C)	$\boldsymbol{A}$中元素对$\boldsymbol{C}$中元素求模得出的余数
gcd()	k=gcd(n,m)	求取两个整数n和m的最大公约数
lcm()	k=lcm(n,m)	求取两个整数n和m的最小公倍数
factor()	factor(n)	对n进行质因数分解
isprime()	v_1=isprime(v)	判定向量$\boldsymbol{v}$中的各个整数值是否为质数，若是则$\boldsymbol{v}_1$向量相应的值置1，否则为0

例2-15 考虑一组数据$-0.2765, 0.5772, 1.4597, 2.1091, 1.191, -1.6187$。试对其尝试各种取整运算，并理解各个取整函数的作用。

解 可以用下面的语句将给出的数据用向量表示，并直接取整运算。

```
>> A=[-0.2765,0.5772,1.4597,2.1091,1.191,-1.6187];
   v1=floor(A), v2=ceil(A), v3=fix(A)
```

调用取整函数则得出的结果为

$$\boldsymbol{v}_1=[-1,0,1,2,1,-2],\quad \boldsymbol{v}_2=[0,1,2,3,2,-1],\quad \boldsymbol{v}_3=[0,0,1,2,1,-1]$$

例2-16 假设3×3的Hilbert矩阵可以由A=hilb(3)定义，试求其有理化矩阵。

解 可以通过下面的语句将得出的结果转换成有理式。

```
>> A=hilb(3); [n,d]=rat(A)
```

得出的结果为

$$\boldsymbol{n}=\begin{bmatrix}1&1&1\\1&1&1\\1&1&1\end{bmatrix},\quad \boldsymbol{d}=\begin{bmatrix}1&2&3\\2&3&4\\3&4&5\end{bmatrix}$$

若使用B=sym(A)函数，可以将该矩阵转换成符号矩阵，矩阵$\boldsymbol{B}$为有理式表示。

例2-17 给定两个整数1856120和1483720，求其最大公约数与最小公倍数，并求出所得出的最小公倍数的质因数分解。

解 可以尝试用双精度数据结构求解这个问题，不过由于这里涉及的数值位数较多，更应该采用符号型数据结构来完成计算。

```
>> m=sym(1856120); n=sym(1483720);
   a=gcd(m,n), b=lcm(m,n), c=factor(lcm(n,m))
```

得出的结果为$a=1960,\ b=1405082840,\ \boldsymbol{c}=[2,2,2,5,7,7,757,947]$。

例2-18 考虑两个多项式$P(s)=s^6+10s^5+42s^4+96s^3+125s^2+86s+24$和

$Q(s)=s^5+5s^4+12s^3+28s^2+35s+15$，试由lcm()函数和gcd()函数推导出这两个多项式的最小公倍式和最大公约式。

解 求解这样的问题，应该首先定义符号变量s，并由该变量建立起两个多项式，这样可以通过lcm()和gcd()函数求取所需的最小公倍数和最大公约数。如果gcd()函数的结果不含有s，则两个多项式互质。得出的lcm()结果还可以用factor()进行处理，得出结果的因式向量。用expand()函数还可以对得出的结果进行展开。

```
>> syms s; P=s^6+10*s^5+42*s^4+96*s^3+125*s^2+86*s+24;
   Q=s^5+5*s^4+12*s^3+28*s^2+35*s+15; F=prod(factor(lcm(P,Q)))
```

可以得出最小公倍式为$F=(s+2)(s^2+3s+4)(s+1)^2(s^2+5)(s+3)$。由expand(ans)函数展开，得出$s^8+10s^7+47s^6+146s^5+335s^4+566s^3+649s^2+430s+120$。类似地，还可以由factor(gcd($P$,$Q$))语句求出两个多项式的最大公约式为$(s+3)(s+1)^2$。

2.3 MATLAB语言的流程结构

作为一种程序设计语言，MATLAB提供了循环语句结构、条件语句结构、开关语句结构以及全新的试探语句。本节将介绍这些语句结构，并通过例子演示循环语句的应用，其他语句应用的例子将在后面章节中通过实际算法进行介绍。

2.3.1 循环结构

循环结构可以由for或while语句引导，用end语句结束，在这两个语句之间的部分称为循环体。这两种语句结构的示意图分别如图2-1(a)、(b)所示。

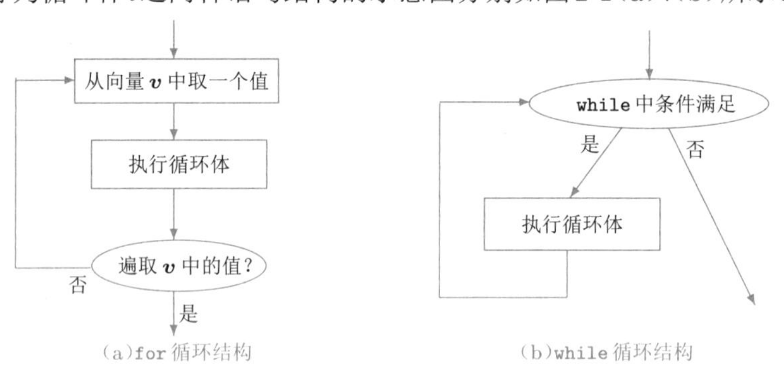

图2-1 循环结构的示意图

1.for语句的一般结构

for循环的语句结构为 for i=$\boldsymbol{v}$, 循环结构体, end

在for循环结构中，$\boldsymbol{v}$为一个向量，循环变量i每次从$\boldsymbol{v}$向量中取一个数值，执行一次循环体的内容，如此下去，直至执行完$\boldsymbol{v}$向量中所有的分量，将自动结束循环体的执行。由此可见，这样的格式比C语言的相应格式灵活得多。

2.while循环的基本结构

while循环的语句结构为 while (条件式), 循环结构体, end

while循环中的“条件式”是一个逻辑表达式,若其值为真(非零)则将自动执行循环体的结构,执行完后再判定“条件式”的真伪,为真则仍然执行结构体,否则将退出循环结构。

while与for循环各有不同,下面将通过例子演示它们的区别及适用场合。

例2-19 用循环结构求解$\sum_{i=1}^{100} i$。

解 和C语言一样,这类问题可以采用循环结构求解,采用for结构和while结构,则可以按下面的语句分别编程,并得出相同的结果,$s = 5050$。

```
>> s=0; for i=1:100, s=s+i; end, s
   s=0; i=1; while (i<=100), s=s+i; i=i+1; end, s
```

其中,for结构稍简单些。事实上,前面的求和用sum(1:100)即可得出所需结果,这样做借助了MATLAB的sum()函数对整个向量进行直接操作,故程序更简单了。

循环语句在MATLAB语言中是可以嵌套使用的,也可以在for下使用while,或相反使用。另外,循环结构中若使用break语句,则可以结束上一层的循环结构。

在MATLAB程序中,循环结构的执行速度较慢。所以在实际编程时,如果能对整个矩阵进行运算时,尽量不要采用循环结构,这样可以提高代码的效率。下面将通过例子演示循环与向量化编程的区别。

例2-20 求解级数求和问题$S = \sum_{i=1}^{10000000} \left(\frac{1}{2^i} + \frac{1}{3^i}\right)$。

解 用循环语句和向量化方式的执行时间分别可以用tic/toc命令测出,前者所需时间为2.047s,后者为0.566s。可见对这个问题来说,向量化的效率更高,故用向量化的方法可以节省时间。

```
>> tic, s=0; for i=1:10000000, s=s+1/2^i+1/3^i; end; toc
   tic, i=1:10000000; s=sum(1./2.^i+1./3.^i); toc
```

例2-21 现在考虑上述问题的一个变形:求出满足$\sum_{i=1}^{m} i > 10000$的最小m值。

解 由于m未知,所以这样的问题不能用for循环结构来求解,而应该用while结构来求出所需的m值。下面的语句可以得出$s = 10011, m = 141$。

```
>> s=0; m=0;
   while (s<=10000), m=m+1; s=s+m; end, s, m   %求出m的值
```

2.3.2 条件转移结构

转移结构是一般程序设计语言都支持的结构。MATLAB下的最基本的转移结构是if ⋯ end型的,也可以和else语句和elseif语句扩展转移语句。该语句的

示意图如图2-2所示,其一般结构为:

```
if (条件1)          %如果条件1满足,则执行下面的段落1
    语句组1         %这里也可以嵌套下级的if结构
elseif (条件2)      %否则如果满足条件2,则执行下面的段落2
    语句组2
    ⋮                %可以按照这样的结构设置多种转移条件
else    %上面的条件均不满足时,执行下面的段落
    语句组n+1
end
```

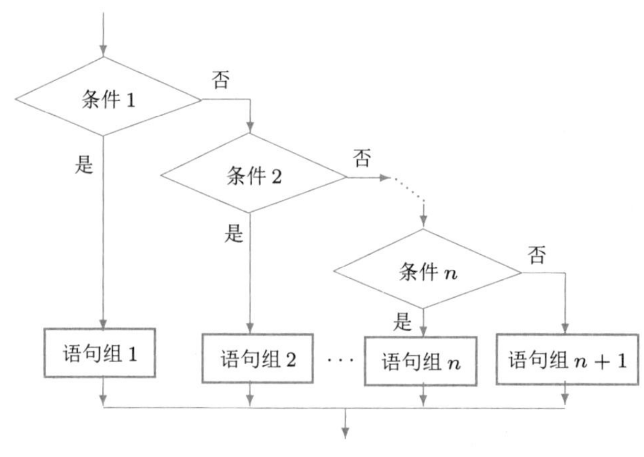

图2-2 转移结构的示意图

例2-22 用for循环和if语句相结合的形式重新求解例2-21中的问题。

解 可以给出下面的语句来求解该问题。

```
>> s=0; for i=1:10000, s=s+i; if s>10000, break; end, end
```

可见,这样的结构较烦琐,不如直接使用while结构直观、方便。

2.3.3 开关结构

开关语句的示意图如图2-3所示。该语句的基本结构为:

```
switch 开关表达式
   case 表达式1
      语句段1
   case {表达式2,表达式3,···,表达式m}
      语句段2
         ⋮
   otherwise
      语句段n
end
```

其中，开关语句的关键是对“开关表达式”值的判断，当开关表达式的值等于某个case语句后面的条件时，程序将转移到该组语句中执行，执行完成后程序转出开关体继续向下执行。

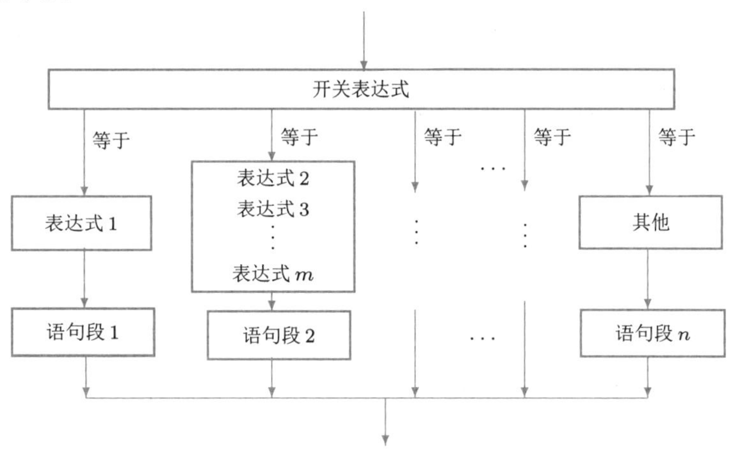

图2-3 开关结构的示意图

在使用开关语句结构时应该注意下面几点：

（1）当开关表达式的值等于表达式1时，将执行语句段1，执行完语句段1后将转出开关体，而无须像C语言那样在下一个case语句前加break语句。所以本结构在这点上和C语言是不同的。

（2）当需要在开关表达式满足若干表达式之一时执行某一程序段，则应该把这样的一些表达式用大括号括起来，中间用逗号分隔。事实上，这样的结构是MATLAB语言定义的单元结构。

（3）当前面枚举的各个表达式均不满足时，则将执行otherwise语句后面的语句段，此语句等价于C语言中的default语句。

（4）程序的执行结果和各个case语句的次序是无关的。当然这也不是绝对的，当两个case语句中包含同样的条件，执行结果则和这两个语句的顺序有关。

（5）在case语句引导的各个表达式中，不要用重复的表达式，否则列在后面的开关通路将永远不能执行。

2.3.4 试探结构

MATLAB语言提供了一种新的试探式语句结构，其调用格式如下：

```
try, 语句段1, catch, 语句段2, end
```

本语句结构首先试探性地执行语句段1，如果在此段语句执行过程中出现错误，则将错误信息赋给保留的lasterr变量，并终止这段语句的执行，转而执行语句段2中的语句。这种新的语句结构是C等语言中所没有的。试探性结构在实际编程中还是很实用的，例如，可以将一段不保险但速度快的算法放到try段落中，而将一个保险的程序放到catch段落中，这样就能保证原始问题的求解更加可靠，且可能使程序高速执行。该结构的另外一种应用是，在编写通用程序时，某算法可能出现失效的现象，这时在catch语句段说明错误的原因，或设置错误陷阱。

2.4 函数编写与调试

MATLAB提供了两种源程序文件格式。其中一种是普通的ASCII码构成的文件，在这样的文件中包含一组由MATLAB语言所支持的语句，它类似于DOS下的批处理文件，这种文件称作M-脚本文件(M-script，本书中将其简称为M-文件)，它的执行方式很简单，用户只需在MATLAB的提示符>>下输入该M-文件的文件名，这样MATLAB就会自动执行该M-文件中的各条语句。M-文件只能对MATLAB工作空间中的数据进行处理，文件中所有语句的执行结果也完全返回到工作空间中。M-文件格式适用于用户所需要立即得到结果的小规模运算。

例2-23 试将例2-21中的一组命令改编成一个简单的MATLAB程序。

解 这是一个很现实的例子，可以求出和式大于10000的最小m。利用edit命令可以打开一个空白的程序编辑界面，将例2-21中给出的一组命令粘贴到该界面中，则可以得出如图2-4所示的界面显示。利用“文件→保存”菜单项，可以将文件存入test.m，建立第一个MATLAB的脚本程序。运行该程序则将发挥正确的m与s值。

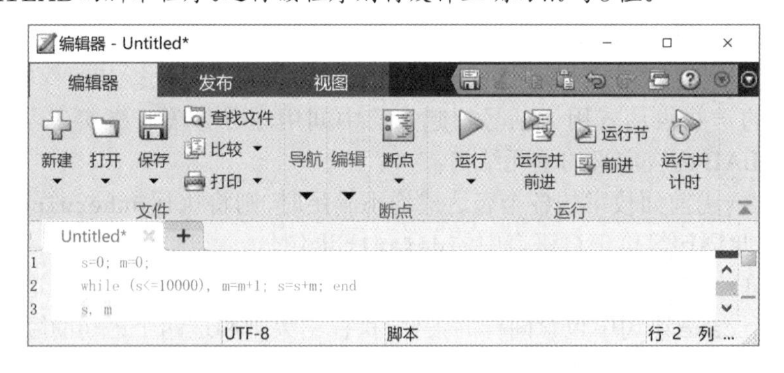

图2-4 MATLAB的源程序编辑界面

若想分别求出和式大于20000、30000的m_i值，分别改变程序的限制值10000，将其设置成20000、30000就可以满足要求，但这样做还是很繁杂的。如果能建立一种机制，或建立一个程序模块，在调用程序时给它输入20000这样的值就能返回满足它的m_i值，无疑这样的要求是很合理的。

在实际的MATLAB程序设计中，前面的一种修改程序本身的方法为M-文件的方法，而后一种方法为M-函数的基本功能。后面将继续介绍函数的编写与应用。

M-函数格式是MATLAB程序设计的主流，在实际编程中，不建议使用M-脚本文件格式编程。本节着重介绍MATLAB函数的编写方法与技巧。

2.4.1 MATLAB语言函数的基本结构

MATLAB的M-函数是由function语句引导的，其基本结构如下：

```
function [返回变元列表]=函数名(输入变元列表)
 注释说明语句段，由%引导
 输入、返回变元格式的检测
 函数体语句
```

这里输入和返回变元的实际个数分别由nargin和nargout两个MATLAB保留变量来给出，只要进入该函数，MATLAB就将自动生成这两个变量。

返回变元如果多于1个，则应该用方括号将它们括起来，否则可以省去方括号。输入变元之间用逗号来分隔，返回变元用逗号或空格分隔。注释语句段的每行语句都应该由百分号(%)引导，百分号后面的内容不执行，只起注释作用。用户采用help命令则可以显示出来注释语句段的内容。此外，正规的变元个数检测也是必要的。如果输入或返回变元格式不正确，则应该给出相应的提示。

从系统的角度来说，MATLAB函数是一个变量处理单元，它从主调函数接收输入变元，对之进行处理后，将结果作为输出变元返回到主调函数中，除了输入和输出变元外，其他在函数内部产生的所有变量都是局部变量，在函数调用结束后这些变量均将消失。这里将通过下面的例子来演示函数编程的格式与方法。

例2-24 试将例2-23中给出的脚本文件改写成M-函数。

解 根据要求，可以选择实际的输入变元为k，返回的变元为m和s，其中s为前m项的和，这样就可以编写出该函数为

```
function [m,s]=findsum(k)
s=0; m=0; while (s<=k), m=m+1; s=s+m; end
```

编写了函数，就可以将其存为findsum.m文件，这样就可以在MATLAB环境中对不同的k值调用该函数了。例如，若想求出大于145323的最小m值，则可以给出如下命令，得出$m_1 = 539$，$s_1 = 145530$。

```
>> [m1,s1]=findsum(145323)
```

可见，这样的调用格式很灵活，无须修改程序本身就可以很容易地调用函数，得出所需的结果，所以建议采用这样的方法进行编程。

例2-25 假设想编写一个函数生成$n \times m$阶的Hilbert矩阵[1]，它的第i行第j列的元素值为$h_{i,j} = 1/(i+j-1)$。在编写的函数中须实现以下几点要求。

(1) 如果只给出一个输入参数，则会自动生成一个方阵，即令$m = n$；

---

[1] MATLAB中提供了生成Hilbert矩阵的函数hilb()，这里只是演示函数的编写方法，而在实际使用时还是应该采用hilb()函数。事实上，hilb()函数并不能生成长方形Hilbert矩阵。

(2) 在函数中给出合适的帮助信息,包括基本功能、调用方式和参数说明;

(3) 检测输入和返回变元的个数,如果有错误则给出错误信息。

解 其实在编写程序时详细给出注释语句,养成一个好的习惯,无论对程序设计者还是对程序的维护者、使用者都是大有裨益的。根据上面的要求,可以编写一个MATLAB函数myhilb(),文件名为myhilb.m,并应该放到MATLAB的路径下。

```
function A=myhilb(n, m)
%MYHILB   本函数用来演示MATLAB语言的函数编写方法
%    A=MYHILB(N, M) 将产生一个N行M列的Hilbert矩阵A
%    A=MYHILB(N) 将产生一个N×N的Hilbert方阵A
%
%See also: HILB

% Designed by Professor Dingyu XUE, Northeastern University, China
%    5 April, 1995, Last modified by DYX at 30 July, 2001
if nargout>1, error('Too many output arguments.'); end
if nargin==1, m=n;    %若给出一个输入,则生成方阵
elseif nargin==0 | nargin>2
   error('Wrong number of input arguments.');
end
for i=1:n, for j=1:m, A(i,j)=1/(i+j-1); end, end
```

在这段程序中,由%引导的部分是注释语句,通常用来给出一段说明性的文字来解释程序段落的功能和变元含义等。由前面的第(1)点要求,首先测试输入的参数个数,如果个数为1(即nargin的值为1),则将矩阵的列数m赋成n的值,从而产生一个方阵。如果输入或返回变元个数不正确,则函数前面的语句将自动检测,并显示出错误信息。后面的双重for循环语句依据前面给出算法来生成一个Hilbert矩阵。

此函数的联机帮助信息可以由help myhilb命令获得。在显示帮助信息时只显示了程序及调用方法,而没有把该函数中有关作者的信息显示出来。对照前面的函数可以立即发现,因为在作者信息的前面给出了一个空行,所以可以容易地得出结论,如果想使一段信息可以用help命令显示出来,则在它前面不应该加空行,即使想在help中显示一个空行,这个空行也应该由%来引导。

有了函数之后,可以采用下面的各种方法来调用它可以生成两个不同的矩阵。

```
>> A=myhilb(3,4)   %两个输入参数,返回长方形矩阵
   B=myhilb(4)     %一个输入参数,输出方阵
```

这样生成的矩阵如下:

$$\boldsymbol{A}=\begin{bmatrix}1 & 0.5 & 0.3333 & 0.25\\ 0.5 & 0.3333 & 0.25 & 0.2\\ 0.3333 & 0.25 & 0.2 & 0.1667\end{bmatrix},\quad \boldsymbol{B}=\begin{bmatrix}1 & 0.5 & 0.3333 & 0.25\\ 0.5 & 0.3333 & 0.25 & 0.2\\ 0.3333 & 0.25 & 0.2 & 0.1667\\ 0.25 & 0.2 & 0.1667 & 0.1429\end{bmatrix}$$

如果给出下面命令,则将自动生成符号型矩阵。在函数调用时没有必要将两个变元

都用符号型变量表示,修改一个即可。

```
>> A=myhilb(sym(3),4)  %生成符号矩阵
```

例2-26 MATLAB函数是可以递归调用的,亦即在函数的内部可以调用函数自身。试用递归调用的方式编写一个求阶乘$n!$的函数。

解 考虑求阶乘$n!$的例子。由阶乘定义可见$n! = n(n-1)!$,这样,n的阶乘可以由$n-1$的阶乘求出,而$n-1$的阶乘可以由$n-2$的阶乘求出,以此类推,直到计算到已知的$1! = 0! = 1$,从而能建立起递归调用的关系。为了节省篇幅起见,略去了注释段落。

```
function k=my_fact(n)
if nargin~=1, error('输入变元个数错误,只能有一个输入变元'); end
if nargout>1, error('输出变元个数过多'); end
if abs(n-floor(n))>eps | n<0 %判定n是否为非负整数
   error('n应该为非负整数');
end
if n>1, k=n*my_fact(n-1);      %如果n>1,进行递归调用
elseif any([0 1]==n), k=1;     %0!=1!=1为已知,为本函数出口
end
```

可以看出,该函数首先判定n是否为非负整数,如果不是则给出错误信息,如果是,则在$n>1$时递归调用该程序自身,若$n=1$或0时则直接返回1。`my_fact(11)`调用语句将直接得出$11! = 39916800$。

其实,MATLAB提供了求取阶乘的函数`factorial()`,其核心算法为`prod(1:n)`,从结构上更简单、直观,速度也更快。

例2-27 试比较递归算法和循环算法在Fibonacci序列中应用的优劣。

解 递归算法无疑是解决一类问题的有效算法,但不宜滥用。现在考虑一个反例,考虑Fibonacci序列,$a_1 = a_2 = 1$,第k项$(k=3,4,\cdots)$可以写成$a_k = a_{k-1} + a_{k-2}$,这样很自然想到使用递归调用算法编写相应的函数,该函数设置$k=1,2$时出口为1,这样函数清单如下:

```
function a=my_fibo(k)  %递归调用格式编写的函数
if k==1 | k==2, a=1; else, a=my_fibo(k-1)+my_fibo(k-2); end
```

该函数中略去了检测k是否为正整数的语句。如果想得到第40项,则需要给出如下的语句,同时测出运行该函数所运行的时间为5.36 s,MATLAB早期版本耗时将比新版本多得多。

```
>> tic, my_fibo(40), toc %计算序列的第40项,并只能返回这一项
```

如果用递归方法求$k=42$的运算时间将达到14.02 s,求$k=50$则需数小时,计算量呈几何级数增长。现在改用循环语句结构求$k=100$时的项,耗时仅0.0002 s。

```
>> tic, a=[1,1];
   for k=3:100, a(k)=a(k-1)+a(k-2); end, toc %计算前100项
```

可见，一般循环方法用极短的时间就能算出来递归调用不可能解决的问题，所以在实际应用时应该注意不能滥用递归调用格式。进一步观察结果可见，由于该序列的值过大，用上述的双精度算法并不能得出整个序列的精确结果，所以应该采用符号运算数据类型，例如将 `a=[1,1]` 修改成 `a=sym([1,1])`，这样可以得出数值解难以达到的精度，如 $a_{100} = 354224848179261915075$。

2.4.2 可变输入输出个数的处理

下面将介绍单元变量的一个重要应用——如何建立起无限个输入、返回变元的函数。应该指出的是，当前很多MATLAB语言函数均采用本方法编写。

例2-28 MATLAB提供的conv()函数可以用来求两个多项式的乘积。对于多个多项式的连乘，则不能直接使用此函数，而需要用该函数嵌套使用，这样在表示很多多项式连乘时相当麻烦。试编写一个通用的MATLAB函数，使得它能直接处理任意多个多项式的乘积问题。

解 可以用单元数组形式编写一个函数convs()，专门解决多个多项式连乘的问题。

```
function a=convs(varargin)
a=1; for i=1:nargin, a=conv(a,varargin{i}); end
```

这时，所有的输入变元列表由单元变量varargin表示。相应地，如有需要，也可以将返回变元列表用一个单元变量varargout表示。在这样的表示下，理论上就可以处理任意多个多项式的连乘问题了。例如可以用下面的格式调用该函数。

```
>> P=[1 2 4 0 5]; Q=[1 2]; F=[1 2 3]; D=convs(P,Q,F)
   E=conv(conv(P,Q),F)  %若采用conv()函数，则需要嵌套调用
   G=convs(P,Q,F,[1,1],[1,3],[1,1])
```

这样可以得出 $\boldsymbol{D} = [1,6,19,36,45,44,35,30]$，$\boldsymbol{E} = [1,6,19,36,45,44,35,30]$，$\boldsymbol{G} = [1,11,56,176,376,578,678,648,527,315,90]$。

2.4.3 匿名函数与inline函数

匿名函数是MATLAB 7.0版提出的一种全新的函数描述形式。匿名函数的基本格式为 `f=@(变元列表)函数内容`，例如，`f=@(x,y)sin(x.^2+y.^2)` 可以直接表示二元函数 $f(x,y) = \sin(x^2 + y^2)$。该函数允许直接使用MATLAB工作空间中的变量。例如，若在MATLAB工作空间内已经定义了 a 和 b 变量，则数学关系式 $f(x,y) = ax^2 + by^2$ 可以用匿名函数 `f=@(x,y)a*x.^2+b*y.^2` 的格式直接定义，这样无须将 a、b 作为附加参数在输入变元里表示出来，所以使得数学函数的定义更加方便。注意，在匿名函数定义时，a、b 的值以当前MATLAB工作空间中的数值为主，在定义了匿名函数后，a、b 的值再发生变化，则在函数中的值将不随着改变。

早期版本还可以用inline()函数来直接表示某函数关系。inline()函数的具体调用格式为 `fun=inline(func,vars)`，其中，func需要填写函数的具体语句，

其内容应该与function格式的编写内容完全一致。变元vars为自变量列表。这样就可以动态定义出inline()函数，而无须给每个求解任务再编写一个MATLAB程序了。例如，$f(x,y)=\sin(x^2+y^2)$函数可以用直接定义。

```
f=inline('sin(x.^2+y.^2)','x','y')
```

和匿名函数相比，inline()函数的功能弱很多，且速度也慢很多，所以如果不使用早期MATLAB版本，没有必要使用inline()函数，而应尽量使用匿名函数。

2.4.4 伪代码与代码保密处理

MATLAB的伪代码（pseudo code）技术有两个用途：一是能提高程序的执行速度，因为采用了伪代码技术，MATLAB将.m文件转换成能立即执行的代码，所以在程序实际执行时，省去了再转换的过程，从而能使得程序的速度加快。由于MATLAB本身的转换过程也很快，所以在一般程序执行时速度加快的效果并不是很明显。然而当执行较复杂的图形界面程序时，伪代码技术的应用便能很明显地加快程序执行的速度。二是伪代码技术能把可读的ASCII码构成的.m文件转换成二进制代码，使其他用户无法读取其中的语句，从而对源代码起到某种保密作用。

MATLAB提供了pcode命令来将.m文件转换成伪代码文件，伪代码文件扩展名为.p。如果想把某文件mytest.m转换成伪代码文件，则可以使用pcode mytest命令；若想让生成的.p文件也位于和原.m文件相同的目录下，则可以使用pcode mytest -inplace命令。如果想把整个目录下的.m文件全转换为.p文件，则首先用cd命令进入该目录，然后输入pcode *.m，若原文件无语法错误，就可以在本目录下将.m文件全部转换为.p文件；若存在语法错误，则将中止转换，并给出错误信息。用户可以通过这样的方法发现自己程序中存在的所有语法错误。如果同时存在同名的.m文件和.p文件，则.p文件的执行优先。

用户一定要在安全的位置保留.m源文件，不能轻易删除，因为.p文件是不可逆的，不能由其还原源程序。

2.4.5 MATLAB程序的实时编辑器

前面指出过，MATLAB源程序是由ASCII码纯文本文件构成的。除了这种标准的MATLAB源程序之外，MATLAB还支持一种实时的源程序，所谓实时是指源程序采用一种图文并茂的方式编写，其中一些代码可以在MATLAB环境下直接执行。MATLAB提供了实时编辑器（live editor），可以直接处理实时程序。实时程序不再是ASCII代码了，其后缀名也不再是.m，而是.mlx。本节通过一个例子简单演示实时编辑器的使用方法。

例2-29 考虑例1-3中给出的模型及代码，试建立一个实时MATLAB程序。

解 在MATLAB工作空间打开实时编辑器（MATLAB命令窗口工具栏的“新建实时脚本”按钮），则将打开一个实时编辑器界面，其工具栏如图2-5所示。可以按照下面的步骤建立一个有意义的实时文件：

图2-5 实时编辑器的工具栏

(1) 建立文本标题。单击编辑器界面工具栏的“普通”列表框，选择“标题”选项，则可以在编辑器中写实时文档的标题，例如，写入“控制系统的根轨迹绘制”。这样，会在实时文档内自动添加标题，如图2-6所示。

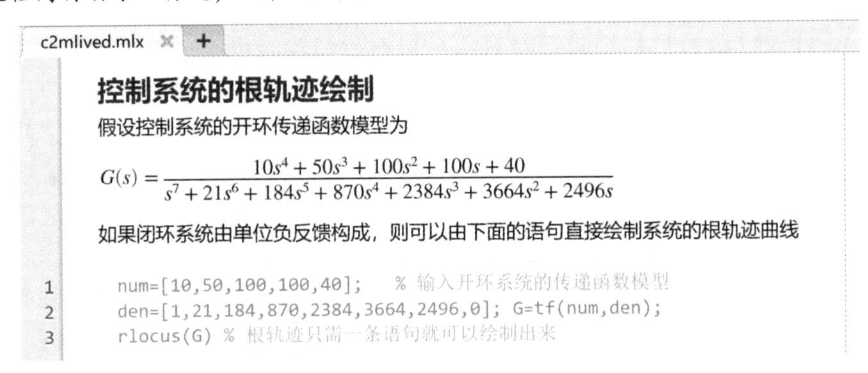

图2-6 最终构造的实时程序

(2) 用文字叙述问题。写完标题换行，则自动进入普通文本状态，上述的列表框仍显示“普通”。这时就可以描述一段文字描述受控对象模型。输入的信息可以是纯文本，也可以含有其他内容。这里暂时使用纯文本。

(3) 插入受控对象模型的数学表示。若想插入开环受控对象模型的数学表达式，则需要在文本中插入一个“方程”对象。在工具栏中选择“插入”，则可以打开一个工具栏，如图2-7所示，其中“方程”列表框支持两种方式描述公式，其一是用“方程”，这时公式输入方法类似于Microsoft Word的公式编辑器，另一种是“LaTeX方程”，允许使用LaTeX命令描述公式。

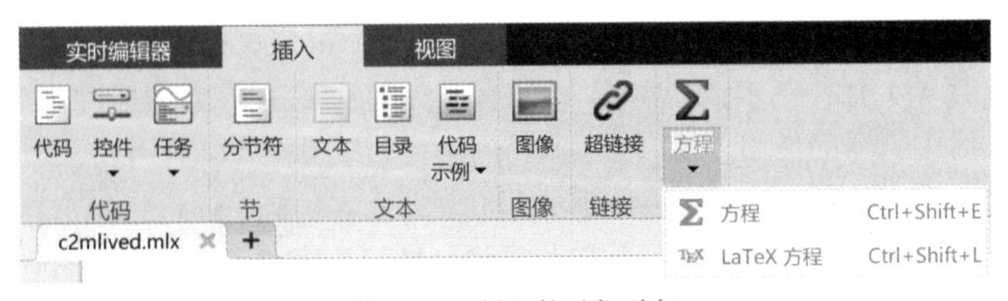

图2-7 可插入的对象列表

采用LaTeX公式的形式,则可以输入下面的命令来描述已知的开环模型。这样,在编辑完成时就会得到正确的传递函数的数学形式。

```
G(s)=\frac{10s^4+50s^3+100s^2+100s+40}
   {s^7+21s^6+184s^5+870s^4+2384s^3+3664s^2+2496s}
```

(4) 插入可执行的"实时"代码。在公式后面给出一段文本,再单击"代码"按钮,则可以进入代码处理模式。这段代码是以阴影的形式给出的,在MATLAB下可以直接运行。最终构造的实时文件表现形式如图2-6所示。

2.5 二维图形绘制

图形绘制与科学可视化是MATLAB语言的一大特色。MATLAB中提供了一系列直观、简单的二维图形和三维图形绘制命令与函数,可以将实验结果和仿真结果用可视的形式显示出来。本节将介绍各种各样的图形绘制方法。

2.5.1 二维图形绘制基本语句

假设用户已经获得了一些实验数据。例如,已知各个时刻$t = t_1, t_2, \cdots, t_n$和在这些时刻处的函数值$y = y_1, y_2, \cdots, y_n$,则可以将这些数据输入到MATLAB环境中,构成向量$\boldsymbol{t}$=[t_1, t_2,$\cdots$,t_n]和$\boldsymbol{y}$=[y_1,y_2,$\cdots$,y_n],如果用户想用图形的方式表示二者之间的关系,则给出plot($\boldsymbol{t}$,$\boldsymbol{y}$)即可绘制二维图形。可以看出,该函数的调用是相当直观的。这样绘制出的"曲线"实际上是给出各个数值点间的折线,如果这些点足够密,则看起来就是曲线了,故以后将称之为曲线。在实际应用中,plot()函数的调用格式还可以进一步扩展:

(1) $\boldsymbol{t}$仍为向量,而$\boldsymbol{y}$为矩阵,亦即

$$\boldsymbol{y} = \begin{bmatrix} y_{11} & y_{12} & \cdots & y_{1n} \\ y_{21} & y_{22} & \cdots & y_{2n} \\ \vdots & \vdots & \ddots & \vdots \\ y_{m1} & y_{m2} & \cdots & y_{mn} \end{bmatrix}$$

则将在同一坐标系下绘制m条曲线,每一行和$\boldsymbol{t}$之间的关系将绘制出一条曲线。注意,这时要求$\boldsymbol{y}$矩阵的列数应该等于$\boldsymbol{t}$的长度。

(2) $\boldsymbol{t}$和$\boldsymbol{y}$均为矩阵,且假设$\boldsymbol{t}$和$\boldsymbol{y}$矩阵的行和列数均相同,则将绘制出$\boldsymbol{t}$矩阵每行和$\boldsymbol{y}$矩阵对应行之间关系的曲线。

(3) 假设有多对这样的向量或矩阵,($\boldsymbol{t}_1$, $\boldsymbol{y}_1$),($\boldsymbol{t}_2$, $\boldsymbol{y}_2$),$\cdots$,($\boldsymbol{t}_m$, $\boldsymbol{y}_m$),则可以用语句plot($\boldsymbol{t}_1$,$\boldsymbol{y}_1$,$\boldsymbol{t}_2$,$\boldsymbol{y}_2$,$\cdots$,$\boldsymbol{t}_m$,$\boldsymbol{y}_m$)直接绘制出各自对应的曲线。

(4) 曲线的性质,如线型、粗细、颜色等,还可以使用下面的命令进行指定。

plot($\boldsymbol{t}_1$,$\boldsymbol{y}_1$,'选项1',$\boldsymbol{t}_2$,$\boldsymbol{y}_2$,'选项2',$\cdots$,$\boldsymbol{t}_m$,$\boldsymbol{y}_m$,'选项m')

其中,“选项”可以按表2-2中说明的形式给出,其中的选项可以进行组合。例如,若想绘制红色的点画线,且每个转折点上用五角星表示,则选项可以使用下面的组合形式`'r-.pentagram'`。

表2-2　MATLAB绘图命令的各种选项

曲线线型		曲线颜色				标记符号			
选项	意义	选项	意义	选项	意义	选项	意义	选项	意义
'-'	实线	'b'	蓝色	'c'	蓝绿色	'*'	星号	'pentagram'	五角星
'--'	虚线	'g'	绿色	'k'	黑色	'.'	点号	'o'	圆圈
':'	点线	'm'	红紫色	'r'	红色	'x'	叉号	'square'	□
'-.'	点画线	'w'	白色	'y'	黄色	'v'	▽	'diamond'	◇
'none'	无线					'^'	△	'hexagram'	六角星
						'>'	▷	'<'	◁

绘制完二维图形后,还可以用`grid on`命令在图形上添加网格线,用`grid off`命令取消网格线;另外用`hold on`命令可以保护当前的坐标系,使得以后再使用`plot()`函数时将新的曲线叠印在原来的图上,用`hold off`则可以取消保护状态;用户可以使用`title()`函数在绘制的图形上添加标题,还可以用`xlabel()`和`ylabel()`函数给x和y坐标轴添加标注。绘制曲线还可以采用底层命令`line()`来实现,其调用格式与`plot()`函数的基本格式完全一致,不同的是它不更新现有的坐标系,可以在当前的图形上直接叠印曲线。

例2-30　试绘制出显函数方程$y=\sin(\tan x)-\tan(\sin x)$在$x\in[-\pi,\pi]$区间内的曲线。

解　解决这样问题的最直接方法可以采用下面的语句直接绘制。

```
>> x=[-pi : 0.05: pi];              %以0.05为步距构造自变量向量
   y=sin(tan(x))-tan(sin(x)); %求出各个点上的函数值
   plot(x,y)                          %绘制曲线
```

这些语句可以绘制出该函数的曲线,如图2-8(a)所示。可以看出,在$t=\pm\pi/2$附近曲线变化趋势看起来有问题。所以应该采用更小的时间步长,或采用下面的变步长方法重新绘制曲线,得出如图2-8(b)所示的结果。

```
>> x=[-pi:0.05:-1.8,-1.801:.001:-1.2, -1.2:0.05:1.2,...
      1.201:0.001:1.8, 1.81:0.05:pi]; %以变步距方式构造自变量向量
   y=sin(tan(x))-tan(sin(x));            %求出各个点上的函数值
   plot(x,y)                                 %绘制曲线
```

从这个例子还可以看出,不能过分信赖MATLAB绘制出的图形,一般情况下,得到的曲线应该检验。例如,采用不同的计算步长,看看能否得到完全一致的结果。

如果已知函数的数学表达式,还可以由`fplot(`f`,[`$t_{\rm m}$`,`$t_{\rm M}$`])`函数绘制函数的曲线,其中,f可以由符号表达式表示,也可以由匿名函数表示,默认的自变量区间

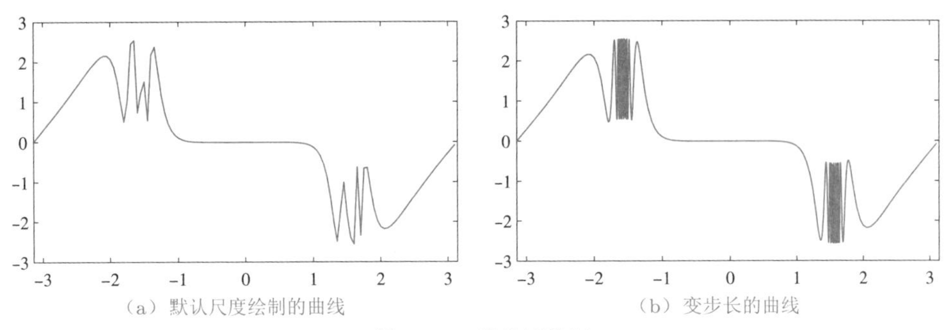

(a) 默认尺度绘制的曲线　　(b) 变步长的曲线

图2-8　二维曲线绘制

为$[-5,5]$。还可以使用早期版本中`ezplot()`绘制函数曲线。

例2-31　试重新绘制例2-30给出的曲线。

解　可以由下面语句直接绘制已知函数的曲线，可以让计算机自动选择画图的步距，得出的结果与图2-8(b)接近。

```
>> f=@(x)sin(tan(x))-tan(sin(x)); fplot(f,[-pi,pi])
```

例2-32　绘制出饱和非线性特性方程的曲线。

$$y=\begin{cases}1.1\,\mathrm{sign}(x), & |x|>1.1\\ x, & |x|\leqslant 1.1\end{cases}$$

解　当然用`if`语句可以很容易求出各个x点上的y值，但这里将考虑另外一种有效的实现方法。如果构造了$\boldsymbol{x}$向量，则关系表达式$x>1.1$将生成一个和$\boldsymbol{x}$一样长的向量，在满足$x_i>1.1$的点上，生成向量的对应值为1，否则为0。根据这样的想法，则可以用下面的语句绘制出分段函数的曲线，如图2-9所示。

```
>> x=[-2:0.02:2]; %生成自变量向量
   y=1.1*sign(x).*(abs(x)>1.1) + x.*(abs(x)<=1.1); plot(x,y)
```

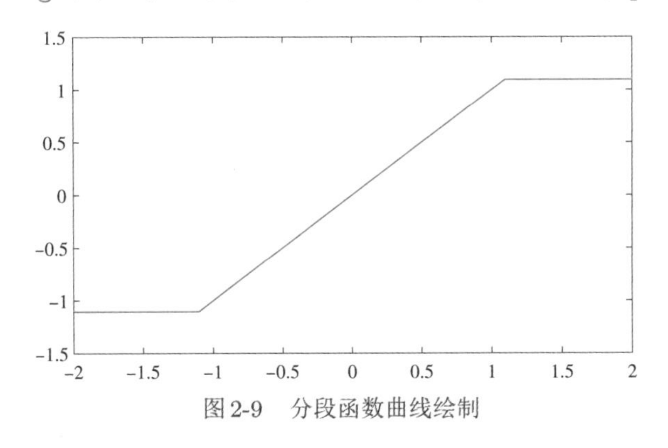

图2-9　分段函数曲线绘制

在这样的分段模型描述中，注意不要将某个区间重复表示。例如，不能将给出的语句中最后一个条件表示成$1.1*(x>=1.1)$，否则因为第2项中也有$x_i=1.1$的选项，将使得$x_i=1.1$点函数求取重复，得出错误的结果。

另外，由于plot()函数只将给定点用直线连接起来，分段线性的非线性曲线可以由有限的几个转折点来表示，即能得出和图2-9完全一致的结果。

```
>> plot([-2,-1.1,1.1,2],[-1.1,-1.1,1.1,1.1])
```

在MATLAB绘制的图形中，每条曲线是一个对象，坐标轴是一个对象，而图形窗口还是一个对象，每个对象都有不同的属性，用户可以通过get()和set()函数读取和设置对象的属性。如果h为对象的句柄，则这两个语句的语句结构为

set(h, 属性名1, 属性值1, 属性名2, 属性值2, $\cdots$)

v=get(h, '属性名')

在新版本的MATLAB中，plot()函数还允许在指定坐标系下直接绘制曲线。如果坐标系的句柄为h，则可以由下面格式调用plot()函数。

plot(h, $\boldsymbol{t}_1$, $\boldsymbol{y}_1$, 选项1, $\boldsymbol{t}_2$, $\boldsymbol{y}_2$, 选项2, $\cdots$, $\boldsymbol{t}_m$, $\boldsymbol{y}_m$, 选项m)

2.5.2 其他二维图形绘制语句

除了标准的二维曲线绘制之外，MATLAB还提供了具有各种特殊意义的图形绘制函数，其常用调用格式如表2-3所示。其中，参数$\boldsymbol{x}$、$\boldsymbol{y}$分别表示横、纵坐标绘图数据，c表示颜色选项，$\boldsymbol{y}_{\rm m}$、$\boldsymbol{y}_{\rm M}$表示误差图的上下限向量。当然，随着输入参数个数及类型的不同，各个函数的绘图形式也有所区别。下面将通过例子来演示各个绘图函数的效果。

表2-3 MATLAB提供的特殊二维曲线绘制函数

函数名	意 义	常用调用格式	函数名	意 义	常用调用格式
bar()	二维条形图	bar(x,y)	comet()	彗星状轨迹图	comet(x,y)
loglog()	对数图	loglog(x,y)	fill()	二维填充函数	fill(x,y,c)
hist()	直方图	hist(y,n)	compass()	罗盘图	compass(x,y)
quiver()	磁力线图	quiver(x,y)	errorbar()	误差限图形	errorbar(x,y,$y_{\rm m}$,$y_{\rm M}$)
polar()	极坐标图	polar(x,y)	feather()	羽毛状图	feather(x,y)
stairs()	阶梯图形	stairs(x,y)	semilogx()	x轴对数图	semilogx(x,y)
stem()	火柴杆图	stem(x,y)	semilogy()	y轴对数图	semilogy(x,y)

例2-33 试用极坐标绘制函数polar()绘制出$\rho=\dfrac{\sin(8\theta/3)}{2-\cos^2(3\theta/2)}$的极坐标曲线。

解 选择θ变量的范围$(0,4\pi)$就可以得出方程的极坐标曲线，如图2-10(a)所示。

```
>> t=0:0.01:4*pi; r=sin(8*t/3)./(2-cos(3*t/2).^2);
   polar(t,r); axis('square')  %绘制极坐标并调整坐标系
```

事实上，这样得出的曲线看起来并不完整，所以应该试凑地增大θ的范围。例如，选择$(0,6\pi)$区间则将得出完整的极坐标曲线，如图2-10(b)所示。

```
>> t=0:0.01:6*pi; r=sin(8*t/3)./(2-cos(3*t/2).^2); polar(t,r)
```

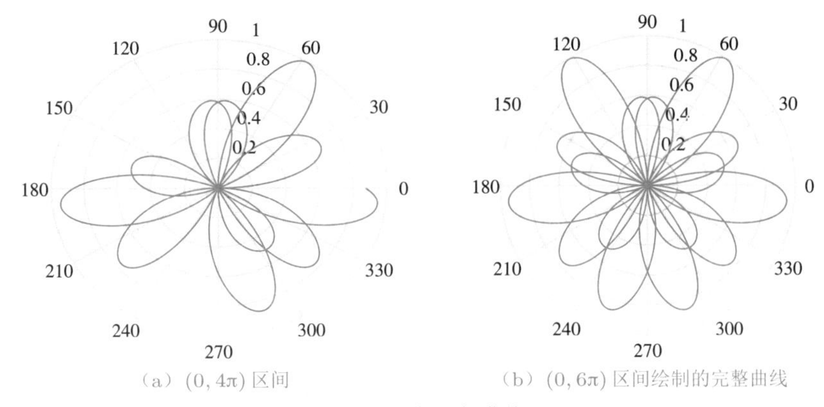

(a) $(0,4\pi)$ 区间　(b) $(0,6\pi)$ 区间绘制的完整曲线

图2-10　极坐标曲线

MATLAB语言可以将一个图形窗口分割成若干小的区域，在每个区域内独立绘制不同的图形，这使得图形显示更具多样性，该功能可以由 `subplot()` 函数实现，其调用格式为 `subplot(`m`,`n`,`k`)`，其中将图形窗口分割成 $m\times n$ 个区域，而 k 为需要绘制图形区域的编号。如果 m、n、k 均为一位数，则它们之间的逗号可以省略。还可以由图形窗口的Insert → Axes菜单任意添加坐标系。

例2-34　以正弦数据为例，在窗口不同分区绘制不同的曲线表示形式。

解　由下面的语句可以将图形窗口分割成2行，2列的区域，在不同的区域绘制正弦信号的不同表示，如图2-11所示。

```
>> t=0:.2:2*pi; y=sin(t);            %生成绘图用数据
   subplot(2,2,1), stairs(t,y)       %分割窗口，在左上角绘制阶梯曲线
   subplot(2,2,2), stem(t,y)         %火柴杆曲线绘制
   subplot(2,2,3), bar(t,y)          %直方图绘制
   subplot(2,2,4), semilogx(t,y)     %横坐标为对数的曲线
```

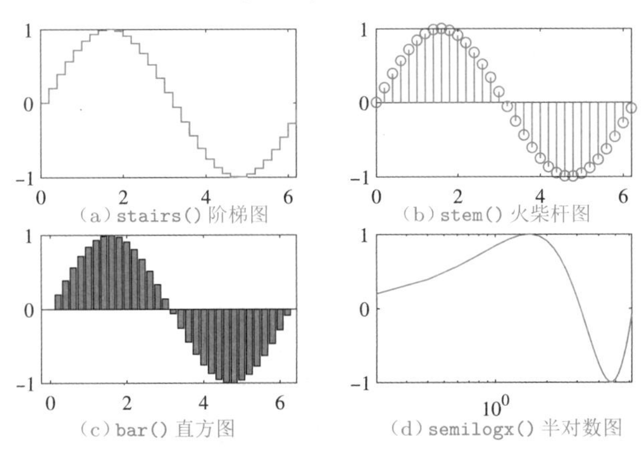

(a) `stairs()` 阶梯图　(b) `stem()` 火柴杆图　(c) `bar()` 直方图　(d) `semilogx()` 半对数图

图2-11　不同的二维曲线绘制函数

2.5.3 隐函数绘制及应用

隐函数即满足 $f(x,y)=0$ 方程的 x、y 之间的关系式。用前面介绍的曲线绘制方法显然会有问题。例如，很多隐函数无法求出 x、y 之间的显式关系，所以无法先定义一个 $\boldsymbol{x}$ 向量再求出相应的 $\boldsymbol{y}$ 向量，从而不能采用 `plot()` 函数来绘制曲线。另外，即使能求出 x,y 之间的显式关系，但不是单值绘制，则绘制起来也是很麻烦的。

MATLAB 下提供的 `fimplicit()` 函数可以直接绘隐函数曲线，该函数的调用格式为 fimplicit(Fun,[$x_{\rm m}$,$x_{\rm M}$])，其中，Fun 为隐函数的表达式，可以由匿名函数或符号表达式表示。$x_{\rm m}$，$x_{\rm M}$ 为用户选择的自变量范围，若省略这两个参数，则取默认区间为 $[-5,5]$。早期版本的 `ezplot()` 函数也可以绘制给定隐函数的曲线，需要用字符串或符号表达式描述隐函数，默认的绘图范围为 $[-2\pi,2\pi]$。下面将通过例子来演示该函数的使用方法。

例 2-35 试绘制出隐函数 $f(x,y)=xy\sin(x^2+y^2)+(x+y)^2{\rm e}^{-(x+y)}=0$ 的曲线。

解 从给出的函数可见，无法用解析的方法写出该函数的显式表达式，所以不能用前面给出的 `plot()` 函数绘制出该函数的曲线。对这样的隐函数，如果采用如下的 MATLAB 命令，则将得出如图 2-12 所示的隐函数曲线。

```
>> syms x y; fimplicit(x*y*sin(x^2+y^2)+(x+y)^2*exp(-(x+y)))
```

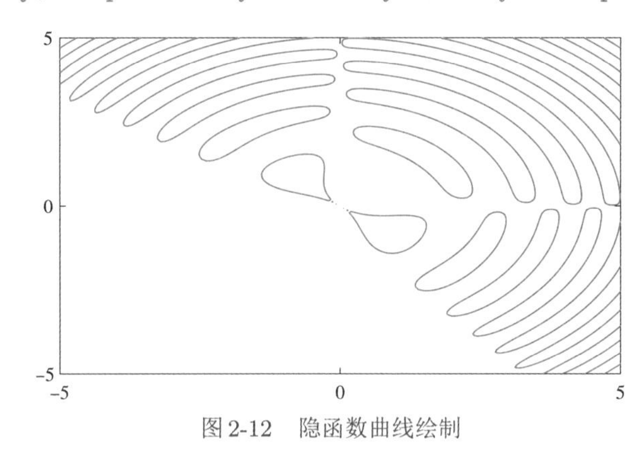

图 2-12 隐函数曲线绘制

例 2-36 试用隐函数绘制的方法求解下面的联立方程组在 $-2\pi\leqslant x,y\leqslant 2\pi$ 范围内的解。

$$\begin{cases} x^2{\rm e}^{-xy^2/2}+{\rm e}^{-x/2}\sin xy=0 \\ y^2\cos(y+x^2)+x^2{\rm e}^{x+y}=0 \end{cases}$$

解 上面的每个方程都可以看作一个隐函数，这样就可以用 `fimplicit()` 函数同时绘制这两个隐函数，得出如 2-13 所示的隐函数曲线。这样，两组曲线的每个交点都是联立方程的解。第 3 章将介绍获得方程每个根的一般方法。

```
>> syms x y; f1=x^2*exp(-x*y^2/2)+exp(-x/2)*sin(x*y);
   f2=y^2*cos(y+x^2)+x^2*exp(x+y);
```

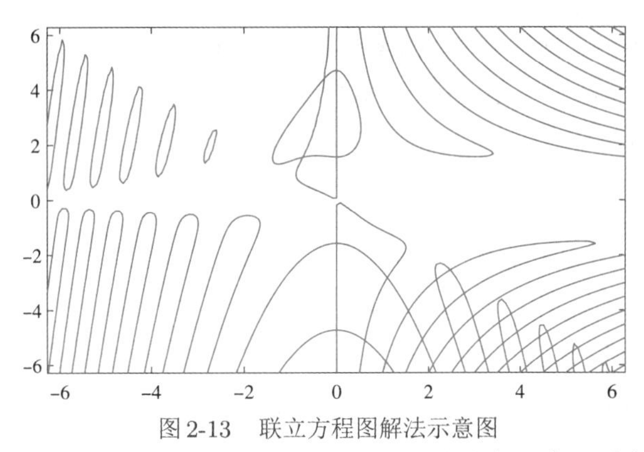

图2-13 联立方程图解法示意图

```
fimplicit([f1,f2],[-2*pi,2*pi]) %同时绘制两个隐函数曲线
```

2.5.4 图形修饰

MATLAB的图形窗口工具栏中提供了各种图形修饰功能，如在图形上添加箭头、文字、直线、对图形的局部放大、三维图形的旋转等。如果在“查看”菜单项下选中“图窗选项板”“绘图浏览器”“属性编辑器”子菜单项，则典型的图形编辑窗口如图2-14所示。

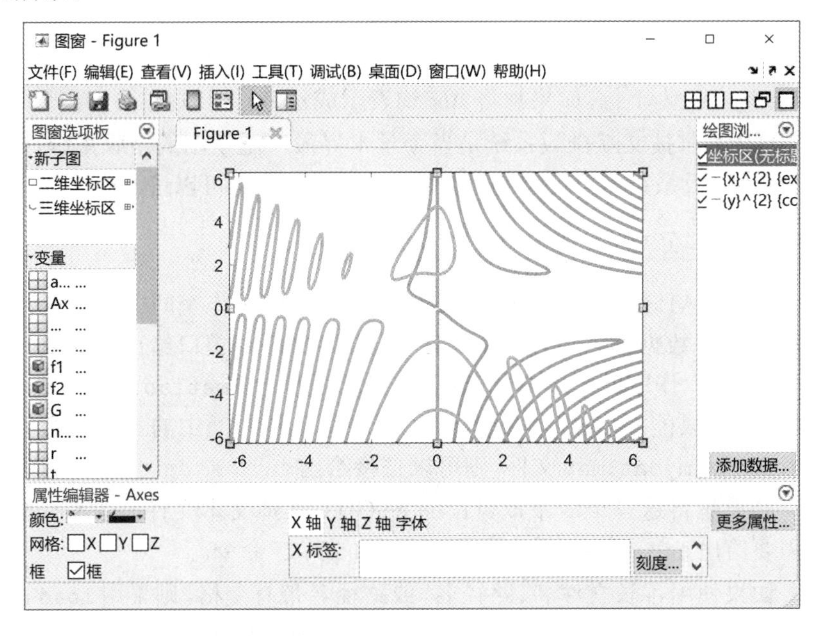

图2-14 MATLAB R2021a的图形编辑界面

图形编辑主要有三方面的内容，图形窗口左侧的部分对应于“查看”菜单下的“图窗选项板”，用户可以选择这里的工具在图形上添加箭头、各类文字及椭圆等修

饰，还可以添加二维、三维坐标系。图形窗口下面的窗口对应于该菜单的“属性编辑器”，允许修改选中对象的颜色、线型、字体等属性。右侧的窗口对应于“查看”菜单的“绘图浏览器”，允许用户从图上选择图形元素进行编辑，还允许用户添加新的数据，在现有的图形上叠印新的图形。如果想修改某个图形对象的属性，则首先应该进入编辑状态，即按下工具栏中的按钮。这样，就可以用鼠标选择要编辑的图形对象，进一步修改器属性。

新的图形窗口中，在非编辑状态下（即释放按钮），如果将鼠标移动到某个坐标系中，则坐标系的右上角会自动出现工具栏，该新工具栏提供了用鼠标选择图形上“数据提示”按钮（），则可以读出曲线上点坐标的信息，该功能更适合于数学问题图解方法的实现。

如果单击左侧的“文本框”选项，则用鼠标在图形上单击则可以确定文字添加的位置，然后直接输入字符串即可。字符串可以用普通的字母和文字表示，也可以用 LaTeX 的格式描述数学公式。

LaTeX 是一个著名的科学文档排版系统，MATLAB 下支持的只是其中一个子集，这里简单介绍在 MATLAB 图形窗口中添加 LaTeX 描述的数学公式的方法：

（1）特殊符号是由 \ 引导的命令定义的，MATLAB 支持的特殊符号见文献 [2]。

（2）上下标分别用 ^ 和 _ 表示，例如，`a_2^2+b_2^2=c_2^2` 表示 $a_2^2+b_2^2=c_2^2$。如果需要表示多个上标，则需要用大括号括起，表示段落，例如，`a^Abc` 命令表示 a^Abc，其中 A 为上标。如果想将 Abc 均表示成 a 的上标，则需要给出命令 `a^{Abc}`。

LaTeX 科技文献排版系统是当今学术界最广泛使用的排版系统，具有 Microsoft Word 类排版系统无可比拟的优越性，感兴趣的读者可以进一步阅读文献 [2] 等。

2.5.5 数据文件与Excel文件的读写

MATLAB 提供了 `save` 和 `load` 命令，可以将工作空间中的变量存入指定文件，或从文件将数据读入工作空间。在 MATLAB 命令窗口给出 `save` 命令，则将当前 MATLAB 工作空间中所有的数据直接存入默认的 `matlab.mat` 文件，该文件是二进制文件，只能用 `load` 命令读出。如果想将工作空间中的 $\boldsymbol{A}$，$\boldsymbol{B}$，$\boldsymbol{C}$ 以默认的二进制形式存入 `mydat.mat` 文件，则可以直接给出 `save mydat A B C` 命令。

如果想将这三个变量以可读的 ASCII 码（纯文本文件）存入 `mydat.dat` 文件，则需要给出 `save /ascii mydat.dat A B C` 命令。

如果使用了长文件名、路径名，或路径名带有空格，则采用 `load` 命令会出现问题，这时由 `load()` 函数即可读入数据，例如，可以调用 `X=load(文件名)` 将文件中的数据读入 $\boldsymbol{X}$ 变量。

MATLAB 还支持与 Excel文件之间的数据交互，由 `xlsread()` 可以读入相关数据，其调用格式为 `X=xlsread(文件名, 区域)`，其中，“区域”为所需的矩形区域标记，如'B5:C67'。

例 2-37 Microsoft Excel 文件 census.xls 包含某省的年度人口数，其中，第B列为年度，第C列为人口数。有效数据从第五行到第67行。试将年度信息读入 $\boldsymbol{t}$ 向量，并将人口数读入 $\boldsymbol{p}$ 向量。

解 由上述已知条件可以看出，该文件的有效数据区域为第B，C列，第五到第67行，故矩形数据区域可以表示成'B5:C67'，由下面语句可以直接将所需数据读入MATLAB工作空间，这样用列向量提取的方法则可以得出所需的 $\boldsymbol{t}$ 和 $\boldsymbol{p}$ 向量，得出的年度人口曲线如图2-15所示。

```
>> X=xlsread('census.xls','B5:C67'); %读Excel文件的相关数据
   t=X(:,1); p=X(:,2); plot(t,p)      %提取数据并绘图
```

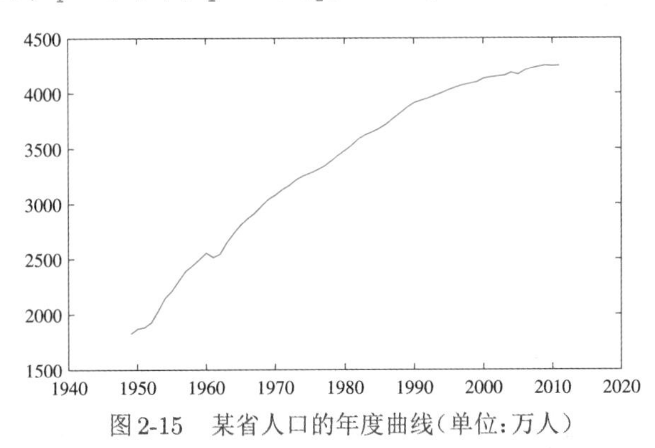

图2-15 某省人口的年度曲线(单位：万人)

由 xlswrite() 函数可以将变量写入 Microsoft Excel 文件，如果不指定区域将写入 Excel 文件的左上角。

```
>> xlswrite('newfile',X) %如果由左上角顺序写入，则不必指定区域
```

2.6 三维图形表示

2.6.1 三维曲线绘制

二维曲线绘制函数 plot() 可以扩展到三维曲线绘制中。这时可以用 plot3() 函数绘制三维曲线。该函数的调用格式为

plot3(x,y,z)

plot3(x_1,y_1,z_1,选项1,x_2,y_2,z_2,选项2,$\cdots$,x_m,y_m,z_m,选项 m)

其中，“选项”和二维曲线绘制的完全一致，如表2-2所示。

相应地，类似于二维曲线绘制函数，MATLAB还提供了其他的三维曲线绘制函数，如 stem3() 可以绘制三维火柴杆型曲线，fill3() 可以绘制三维的填充图形，bar3() 可以绘制三维的直方图等。

如果已知三维函数参数方程的符号表达式,还可以由fplot3()绘制图形。

例2-38 试绘制参数方程$x(t)=t^3\sin(3t)e^{-t},y(t)=t^3\cos(3t)e^{-t},z=t^2$的三维曲线。

解 若想绘制该参数方程的曲线,可以先定义一个时间向量$\boldsymbol{t}$,由其计算出$\boldsymbol{x}$、$\boldsymbol{y}$、$\boldsymbol{z}$向量,并用函数plot3()绘制出三维曲线,如图2-16(a)所示。注意,这里应该采用点运算。

```
>> t=0:.1:2*pi;            %构造t向量,注意下面的点运算
   x=t.^3.*sin(3*t).*exp(-t); y=t.^3.*cos(3*t).*exp(-t); z=t.^2;
   plot3(x,y,z), grid  %三维曲线绘制
```

如果用stem3()函数绘制出火柴杆形曲线,如图2-16(b)所示。

```
>> stem3(x,y,z); hold on; plot3(x,y,z), grid, hold off
```

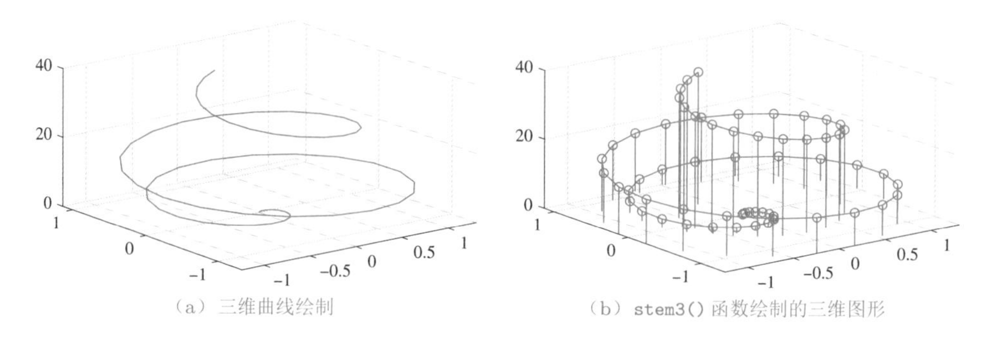

(a) 三维曲线绘制　　(b) stem3()函数绘制的三维图形

图2-16 三维曲线的绘制

还可以由fplot3()函数绘制函数的三维曲线,绘制的曲线与图2-16(a)给出的结果完全一致。由于这里采用的是符号表达式,所以不必采用点运算描述函数。

```
>> syms t; x=t^3*sin(3*t)*exp(-t); y=t^3*cos(3*t)*exp(-t); z=t^2;
   fplot3(x,y,z,[0,2*pi])
```

2.6.2 三维曲面绘制

如果已知二元函数$z=f(x,y)$,则可以绘制出该函数的三维曲面图。在绘制三维图之前,应该先调用meshgrid()函数生成网格矩阵数据$\boldsymbol{x}$和$\boldsymbol{y}$,这样就可以按函数公式用点运算的方式计算出$\boldsymbol{z}$矩阵,之后就可以用mesh()或surf()等函数进行三维图形绘制了。具体的函数调用格式为

```
[x,y]=meshgrid(v1,v2),        %生成网格数据
z=···,如z=x.*y,              %计算二元函数的z矩阵
surf(x,y,z)或 mesh(x,y,z),%mesh()绘制网格图,surf()绘制表面图
```

其中,$\boldsymbol{v}_1$和$\boldsymbol{v}_2$向量为$\boldsymbol{x}$和$\boldsymbol{y}$轴的网格分隔方式。三维曲面还可以由其他函数绘制如surfc()函数和surfl()函数可以分别绘制带有等高线和光照下的三维曲面,例如,用waterfall()函数可以绘制瀑布形三维图形。在MATLAB下还提供了等高线绘制的函数,如contour()函数和三维等高线函数contour3()。如果已知二元

函数的数学表达式，还可以采用fsurf()函数绘制表面图。这里将通过例子介绍三维曲面绘制方法与技巧。

例2-39 考虑下面给出的二元函数$z=f(x,y)=(x^2-2x)\mathrm{e}^{-x^2-y^2-xy}$，在$xoy$平面内选择一个区域，然后绘制出三维表面图形。

解 首先可以调用meshgrid()函数生成xoy平面的网格表示。该函数的调用意义十分明显，即可以产生一个横坐标起始于-3，中止于3，步距为0.1，纵坐标起始于-2，中止于2，步距为0.1的网格分割。其次由上面的公式计算出曲面的z矩阵。最后调用mesh()函数来绘制曲面的三维表面网格图形，如图2-17(a)所示。

```
>> [x,y]=meshgrid(-3:0.1:3,-2:0.1:2);    %生成网格数据
   z=(x.^2-2*x).*exp(-x.^2-y.^2-x.*y); mesh(x,y,z)
```

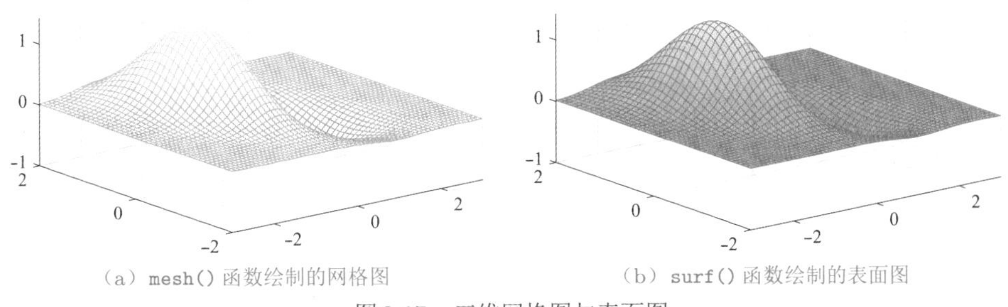

(a) mesh()函数绘制的网格图　(b) surf()函数绘制的表面图

图2-17 三维网格图与表面图

若用surf()函数取代mesh()函数，则可以得出如图2-17(b)所示的表面图。

```
>> surf(x,y,z)   %绘制三维表面图
```

三维表面图可以用shading命令修饰其显示形式，该命令可以带三种不同的选项，flat（每个网格块用同样颜色着色的没有网格线的表面图，效果如图2-18(a)所示）、interp（插值的光滑表面图，效果见图2-18(b)所示）和faceted（不同于flat，有网格线的，本选项是默认的，效果如图2-17(b)所示）。

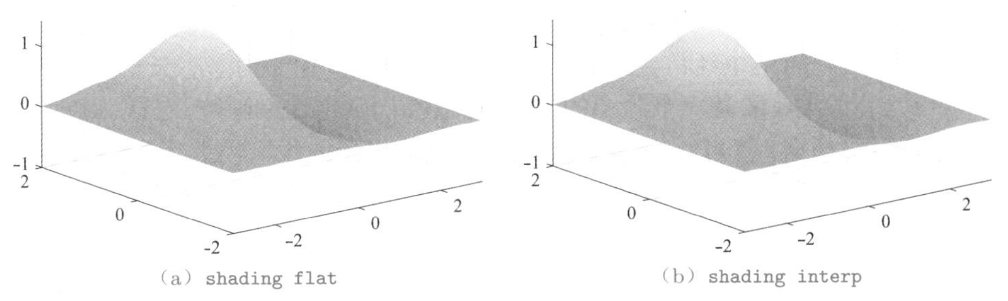

(a) shading flat　(b) shading interp

图2-18 shading命令修饰的三维图

MATLAB还提供了其他的三维图形绘制函数。如waterfall(x,y,z)命令可以绘

制出瀑布形图形，如图2-19(a)所示，而contour3(x,y,z,30)命令可以绘制出三维的等高线图形如图2-19(b)所示。其中的30为用户选定的等高线条数，当然可以不给出该参数，那样将默认地设置等高线条数，对这个例子来说显得过于稀疏。

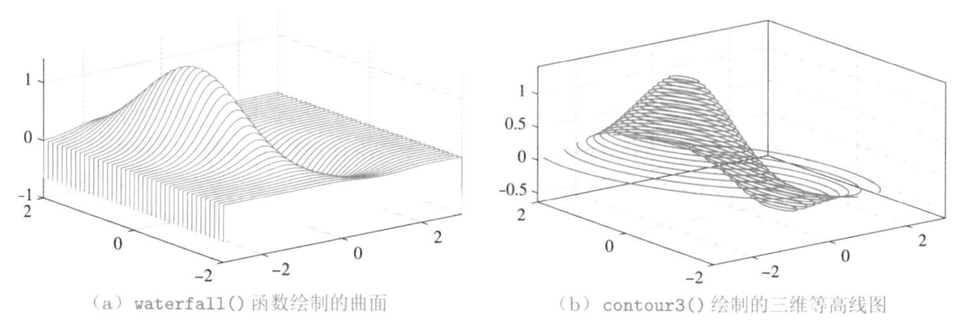

(a) waterfall()函数绘制的曲面　　(b) contour3()绘制的三维等高线图

图2-19　其他三维图形表示

例2-40　假设某概率密度函数由下面分段函数描述[3]，试绘制其三维表面图。

$$p(x_1,x_2)=\begin{cases}0.5457\exp(-0.75x_2^2-3.75x_1^2-1.5x_1), & x_1+x_2>1\\ 0.7575\exp(-x_2^2-6x_1^2), & -1<x_1+x_2\leqslant 1\\ 0.5457\exp(-0.75x_2^2-3.75x_1^2+1.5x_1), & x_1+x_2\leqslant -1\end{cases}$$

解　若想得到该分段函数描述曲面的三维图形表示，选择x_1,x_2为x,y轴，构造出xoy平面的网格数据，根据公式计算出各个网格点的坐标值。这样的函数求值当然可以用if结构语句实现，但结构将很烦琐，所以可以利用类似于前面介绍的分段函数求取方法来求此二维函数的值。

```
>> [x1,x2]=meshgrid(-1.5:.1:1.5,-2:.1:2);
   z=0.5457*exp(-0.75*x2.^2-3.75*x1.^2-1.5*x1).*(x1+x2>1)+...
       0.7575*exp(-x2.^2-6*x1.^2).*((x1+x2>-1)&(x1+x2<=1))+...
       0.5457*exp(-0.75*x2.^2-3.75*x1.^2+1.5*x1).*(x1+x2<=-1);
   surf(x1,x2,z), xlim([-1.5 1.5]); shading flat
```

这样将得出如图2-20所示的三维表面图。

2.6.3　三维条带图

在实际应用中经常会遇到下面的问题：已知一个带有参数α的一元函数$y_\alpha=f(x,\alpha)$，如果α取某一个固定的值时，可以唯一确定这个函数，这样，对α取m个样本点生成数据，就可以由plot()函数绘制出多条曲线，不过由于曲线都绘制到同一个二维坐标系内，曲线和α之间的关系不容易观察出来，所以可以考虑用三维图形来表示这样的依赖关系。

现在考虑用MATLAB下提供了ribbon()函数来完成这样的任务。可以生成一个$\boldsymbol{x}$向量。对α的每个取值，可以构造一个函数样本点的列向量，并由这些列向量构造一个$\boldsymbol{Y}$矩阵，这样，由$\boldsymbol{x}$向量与$\boldsymbol{Y}$可以绘制出条带图，其调用格式为

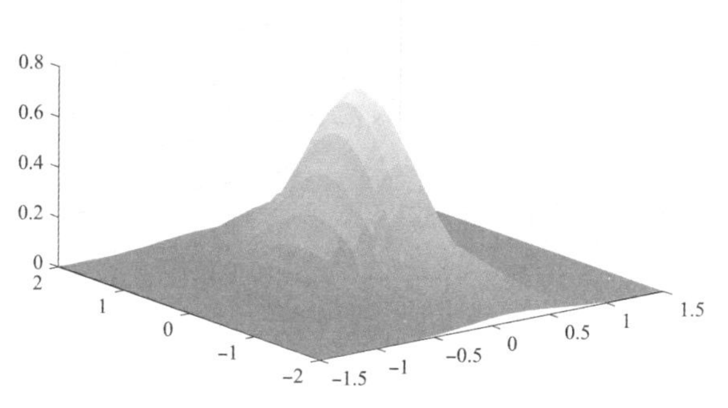

图2-20 三维表面图

ribbon($\boldsymbol{x}$,$\boldsymbol{Y}$), ribbon($\boldsymbol{x}$,$\boldsymbol{Y}$,d)

其中，d为条带的宽度，如果不给出该值，将用默认的宽度$d=0.75$绘图。得出的条带图中，y轴对应的是$\boldsymbol{x}$向量，而x轴对应的是$1,2,\cdots,m$。遗憾的是，x轴不能直接对应于α的实际取值，只能对应于取值的序号。条带图是介于三维曲线和曲面之间的一种特殊的三维图形表示方法。

例2-41 如果阻尼比$\zeta\in(0,1)$，二阶系统的阶跃响应的解析解为

$$y(t)=1-\mathrm{e}^{-\zeta\omega_\mathrm{n}t}\frac{1}{\sqrt{1-\zeta^2}}\sin\left(\omega_\mathrm{n}\sqrt{1-\zeta^2}t+\arctan\sqrt{1-\zeta^2}/\zeta\right)$$

取$\omega_\mathrm{n}=1$，试用三维条带图表示系统的阶跃响应。

解 由下面的MATLAB命令可以绘制出二阶系统的条带图，如图2-21(a)所示。

```
>> zet=0:0.1:1; t=[0:0.1:10]'; Y=[];
   for z=zet, z0=sqrt(1-z^2);
      y=1-1/z0*exp(-z*t).*sin(z0*t+atan(z0/z)); Y=[Y y];
   end
   ribbon(t,Y,0.2)
```

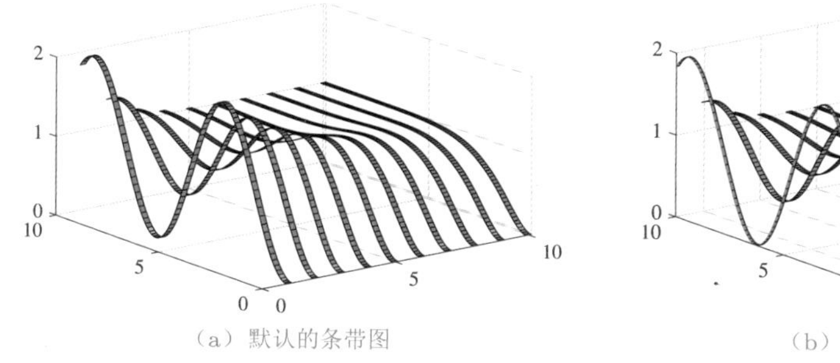

(a) 默认的条带图

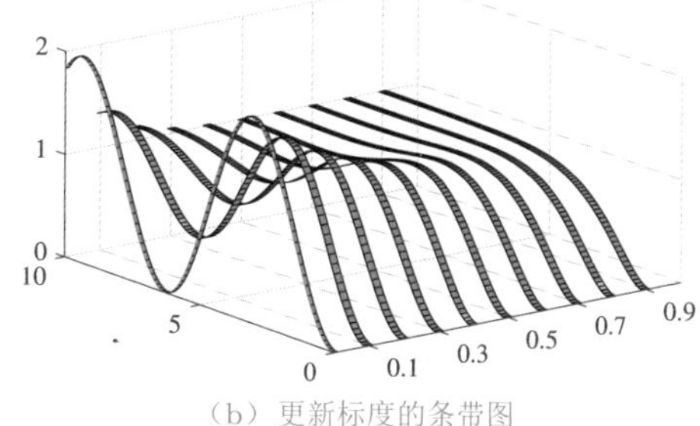

(b) 更新标度的条带图

图2-21 二阶系统阶跃响应的条带图

遗憾的是，这里得出的条带图x坐标的标注不正确，这里的标注是0到10，而实际的阻尼比是$(0,1)$，所以，应该重新设置对应的标注。由下面的命令可以重新修改x轴标度，

得出正确的条带图曲线,如图2-21(b)所示。

```
>> xx=0:0.1:1; str=num2str(xx');
   xlim([1,11]); set(gca,'xTickLabel',str)
```

2.6.4 三维图形视角设置

MATLAB三维图形显示中提供了修改视角的功能,允许用户从任意的角度观察三维图形。实现视角转换有两种方法,其一是使用图形窗口工具栏中提供的三维图形转换按钮来可视地对图形进行旋转,其二是用view()函数有目的的旋转。

MATLAB三维图形视角的定义如图2-22(a)所示。其中有两个角度就可以唯一地确定视角,方位角α定义为视点在xoy平面投影点与y轴负方向之间的夹角,默认值为$\alpha=-37.5°$,仰角β定义为视点和xoy平面的夹角,默认值为$\beta=30°$。

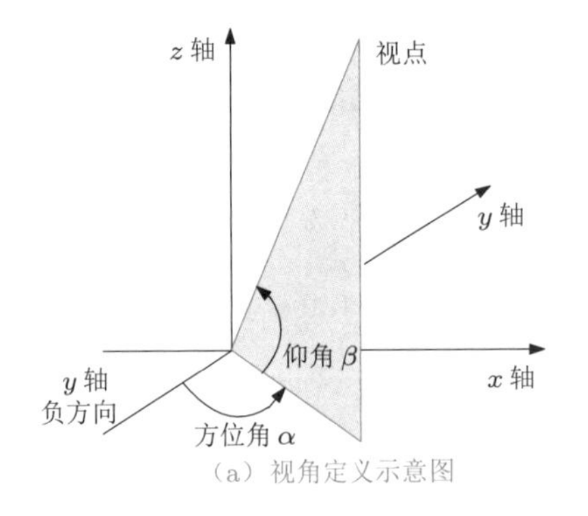

(a) 视角定义示意图

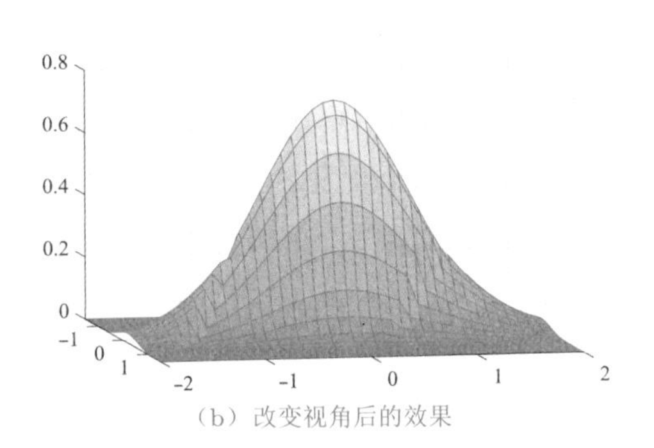

(b) 改变视角后的效果

图2-22 三维图形的视角及设置

如果想改变视角来观察曲面,则可以给出view(α,β)命令。例如,俯视图可以由view(0,90)设置,正视图由view(0,0)设置,右视图由view(90,0)来设定。

例如,对图2-20中给出的三维网格图进行处理,设方位角为$\alpha=80°$,仰角为$\beta=10°$,则下面的MATLAB语句将得出如图2-22(b)所示的三维曲面。

```
>> view(80,10), xlim([-1.5 1.5])
```

例2-42 试在同一图形窗口上绘制例2-39中函数曲面的三视图。

解 用下面的语句可以容易地绘制出三维图,并用相应的语句设置不同的视角,则可以最终得出如图2-23所示的各个视图。

```
>> [x,y]=meshgrid(-3:0.1:3,-2:0.1:2);
   z=(x.^2-2*x).*exp(-x.^2-y.^2-x.*y); xx=[-3 3 -2 2 -0.8 1.5];
   subplot(221), surf(x,y,z), view(0,90); axis(xx);
   subplot(222), surf(x,y,z), view(90,0); axis(xx);
   subplot(223), surf(x,y,z), view(0,0);  axis(xx);
   subplot(224), surf(x,y,z), axis(xx); %三维表面图
```

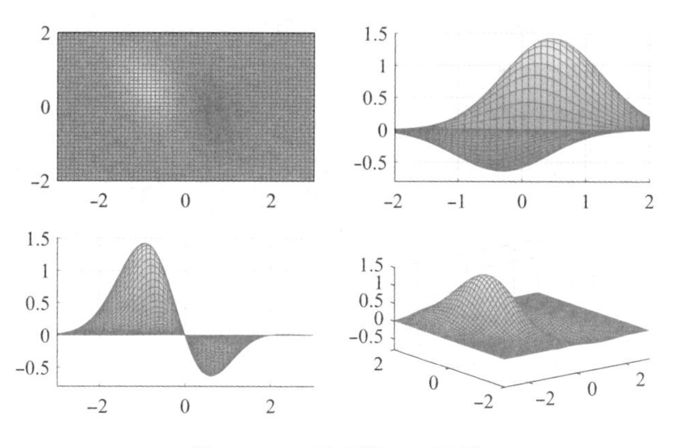

图2-23 二元函数的三视图

2.7 MATLAB应用程序设计技术

对于一个成功的软件来说，其内容和基本功能当然应是第一位的。但除此之外，图形界面的优劣往往也决定着该软件的档次，因为用户界面会对软件本身起到包装作用，而这又像产品的包装一样，所以能掌握MATLAB的图形用户界面（graphical user interface，GUI）设计技术对设计出良好的通用软件来说是十分重要的。

早期版本的MATLAB提供了可以实现界面编程的强大工具Guide，完全支持可视化界面编程，将它提供的方法和用户的MATLAB编程经验结合起来，可以很容易地写出高水平的用户界面程序。新版本下提供了功能更强大的App Designer程序`appdesigner`，可以开发包括图形用户界面在内的MATLAB应用程序。本节侧重于基于App Designer的应用程序设计方法与应用。

2.7.1 应用程序设计工具App Designer

在MATLAB命令窗口中输入`appdesigner`命令，则将打开如图2-24所示的界面。在该界面中，给出了App Designer程序快速入门演示，如果用户感兴趣演示可以选择“快速入门”按钮，此外，如果用户有以前用Guide程序编写的界面，可以考虑采用“GUIDE迁移策略”按钮，将其转换为App Designer程序，不过，作者建议用App Designer程序重新编写已有的应用程序。

用户还可以选择界面左侧的“打开”或“最近使用的App”按钮打开、修改现有的App。如果想创建一个新的App，建议使用“空白App”按钮打开设计主界面，如图2-25所示。

在当前显示的主界面中，分为左、中、右三部分，左侧为控件库，中间的为用户想绘制窗口的雏形，右侧为控件浏览器。界面工具栏还提供了“App详细信息”按钮，允许用户描述应用程序的基本信息。

图 2-24 App Designer 程序启动界面

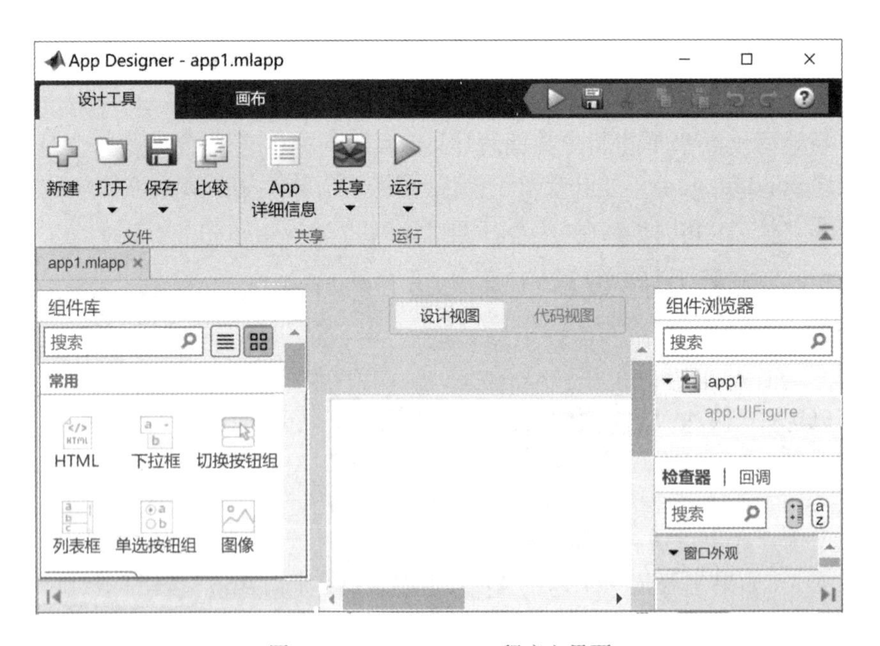

图 2-25 App Designer 程序主界面

展开控件库列表，可以发现该库由几部分控件给出，包含如图 2-26 所示的常用控件和如图 2-27 所示的容器与图窗工具控件，还提供了众多的仪表盘控件与菜单系统，可以使程序用户界面丰富多彩。用户可以使用所需控件，在雏形窗口绘制期望的程序界面，并在右侧的组件浏览器编辑控件的初始属性，最后生成程序框架。

图2-26 常用控件库

图2-27 容器与图窗工具控件库

下面首先介绍句柄图形学的基本知识，然后通过简单例子来演示图形用户界面的设计方法。

2.7.2 句柄图形学及句柄对象属性

图形用户界面编程主要是对各个对象属性读取和修改的技术，各个对象的操作主要靠对象的句柄实现，在MATLAB下这样的技术称为句柄图形学，该技术是MathWorks公司于1990年前后引入的。这里将简要介绍相关技术，更详细的内容参见参考文献[4]。

在MATLAB图形用户界面编程中，窗口是一个对象，其上面的每个控件也都是对象，每个对象都有自己的属性，学习句柄图形学的关键是了解句柄对象和属性的操作。

双击每一个对象，都会展开主界面右侧的组件浏览器，将控件的属性显示出来。浏览器中列出了每个控件的大量属性，用户可以通过界面直接修改这些属性。双击雏形窗口，则在组件浏览器中列出了有关窗口的许多属性，通常没有必要改变所有的属性，下面仅介绍常用的窗口属性。

- WindowStyle属性（窗口类型），其选项为normal（正常窗口，默认选项）和modal（模态窗口，通常指弹出式窗口，其大小不能改变）。
- Position属性，用来设定该图形窗口的位置和大小。其属性值是由4个元素构成的1×4向量，其中前面两个值分别为窗口左下角的横纵坐标值，后面两个值分别为窗口的宽度和高度。设置Position属性值的最好方法是直接用鼠标拖动的方法对该窗口进行放大或缩小,这样在Position一栏中就自动地填写上用户设置的值。

- Pointer属性,用来设置在该窗口下指示鼠标位置的光标的显示形式,用户还可以用PointerShapeCData属性自定义光标的形状。
- Name属性。该属性隐藏在**标识符**栏目下,设置图形窗口标题栏中的标题内容,它的属性值应该是一个字符串,在图形窗口的标题栏中将把该字符串内容填写上去。
- NumberTitle属性,该属性也隐藏在**标识符**栏目下,决定是否设置图形窗口标题栏的图形标号,它相应的属性值可设为on(加图形标号)或off(不加标号)。若选择了on选项,则会自动地给每一个图形窗口标题栏内加一个"Figure No *:"字样的编号,即使该图形窗口有自己的标题,也同样要在前面冠一个编号,这是MATLAB的默认选项;若选择off选项,则不再给窗口标题进行编号显示。

句柄图形学对象属性的读取与修改早期版本中可以由两个函数完成,即set()函数和get()函数,它们的调用方式分别为

```
v=get(h,属性名) %如v=get(gcf,'Color')
set(h,属性名1,属性值1,属性名2,属性值2,⋯)
```

其中,h为对象句柄。gcf可以获取当前窗口句柄,gco可以获得当前对象的句柄。

在App Designer程序下,默认的底层对象名为app,其他下一级对象可以由app结构体变量直接访问。后面将演示新版本下更简捷的控件属性修改方法,往往可以避开set()和get()函数,直接读取或修改对象的属性。下面用简单例子来演示图形用户界面的设计方法。

例2-43 考虑在一个空白窗口上添加一个按钮控件和一个用于字符显示的文本控件,并在按下该按钮时,在文本控件上显示"Hello World!"字样。

解 面向对象的程序设计方法与传统的程序不同。其根本程序设计是编写对事件的响应函数。这个界面有两个控件,按钮可以认为是主动控件,当按钮被按下时,发出一个事件信息,通知界面去调用其回调函数。回调函数的作用是修改静态文本控件的内容。静态文本是被动控件,只能接受其他控件的动作,自己没有回调函数。所以,面向对象程序设计的关键是任务分派与回调函数的编写。在这个例子中,按钮控件需要完成两个动作,第一个是找到静态文本控件,第二个是将静态文本控件的值修改成"Hello World!"。

给出appdesigner命令,就可以直接启动App Designer程序。可以用鼠标拖动的方法拖动雏形窗口右下角的◢图标,调节雏形窗口的大小。然后,用鼠标将按钮控件与静态文本控件从控件库拖动到雏形窗口,如图2-28所示。用户还可以用鼠标修改两个控件的位置与大小。

可以看出,雏形窗口上绘制了两个控件,一个是静态文本控件,可以通过组件浏览器将其Text属性设置为空白,但MATLAB为其保留了一个名字app.Label,在右侧的

图2-28 雏形窗口与组件浏览器（文件名：c2mapp1.mlapp）

列表中给出。用户可以用组件浏览器修改该控件的属性，如字体、字号等。

另一个是按钮控件，将其Text属性修改为Press me，则MATLAB会为其自动分配一个名字app.PressmeButton。这两个属性都在右侧窗口显示出来。该列表还显示了这两个控件上一级控件app.UIFigure，即窗口本身。

绘制完雏形窗口，就可以将其存储，例如，存成c2mapp1.mlapp文件。后缀名mlapp是MATLAB程序界面的一种新文件格式，该文件可以在MATLAB命令窗口直接执行，就像普通的m后缀名文件一样。

单击控件浏览器中的app.PressmeButton列表项，并单击下面出现的“回调”字样，则可以创建一个回调函数。回顾前面介绍的按钮控件分派的任务，找到静态文本控件，将静态文本控件的值修改成“Hello World!”。如何找到控件呢？该控件就是app.Label。如何修改属性呢？修改属性也很简单，无须像早期版本那样使用set()函数，可以在自动生成的回调函数框架下加一条指令即可。这样，该程序设计就完成了。

```
function PressmeButtonPushed(app, event)
   app.Label.Text='Hello World!';
end
```

程序存储之后，在MATLAB下给出c2mapp1命令，就可以打开该用户界面。单击Press me按钮，就可以显示“Hello World!”。

在App Designer编程界面中给出了良好的自动提示功能。如果输入app.，则会自动弹出app下所有控件名的列表，再给出一个字符，如L，则会自动给出L开头的所有控件名，在这个具体例子中会直接给出Label。输入.，则会列出该控件的所有属性名。利用这样的提示，可以容易地编写回调函数。

可以看出，程序界面的设计很简单。完成三个任务：画界面、任务分派、回调函数编写，一个程序就设计出来了。

MATLAB图形用户界面设计的另一个值得注意的问题是它所支持的各种回

调函数，前面已经演示过，所谓的回调函数就是，在对象的某一个事件发生时，MATLAB内部机制允许自动调用的函数，常用的回调函数如下。

- CloseRequestFcn：关闭窗口时响应函数。
- KeyPressFcn：键盘键按下时响应函数。
- WindowButtonDownFcn：鼠标键按下时响应函数。
- WindowButtonMotionFcn：鼠标移动时响应函数。
- WindowButtonUpFcn：鼠标键释放时响应函数。
- CreateFcn和DeleteFcn：建立和删除对象时响应函数。
- CallBack：对象被选中时自动执行的回调函数。

这些回调函数有的是针对窗口而言的，还有的是针对具体控件而言的，学会了回调函数的编写将有助于提高编写MATLAB图形用户界面程序的效率。

前面给出了窗口的常用属性，其实每个控件也有各种各样的属性。下面介绍各个控件通用的常用属性。

- Position属性：其定义与窗口定义是一致的，这里不再赘述，但应该注意一点，这里的位置是针对该窗口左下角的，而不是针对屏幕的。
- Text属性：用来标注在该控件上的字符串，一般起说明或提示作用。
- Enable属性：表示此控件的使能状态，如果将其设置为on，则表示此控件可以选择，为off则表示不可选，与此类似的还有Visible属性。这些属性位于"**交互性**"栏目下。
- CData属性：真色彩位图，为三维数组型，用于将真色彩图形标注到控件上，使得界面看起来更加形象和丰富多彩。
- Tooltip属性：提示信息显示，为字符串型。当鼠标指针位于此控件上时，不管是否按下鼠标键，都将显示提示信息。
- UserData属性：用于界面及不同控件之间数据交换与暂存的重要属性。
- Interruptable属性：可选择的值为on和off，表示当前的回调函数在执行时是否允许中断，去执行其他的回调函数。
- 有关字体的属性：如FontAngle、FontName等。

函数gco和gcbo可以获得当前对象的句柄，可以由`set(gco)`命令列出该对象所有的属性。由App Designer主窗口的"组件浏览器"中也可以显示出选择对象的全部属性，用户可以交互地编辑这些属性。

2.7.3　界面设计举例与技巧

本节将通过一个控制系统分析的例子来演示MATLAB下图形用户界面设计的方法与思想，并介绍一些有关的编程技巧。

例2-44 假设想编写一个控制系统分析程序。一个图形用户界面的草图如图2-29所示。用户可以在Numerator与Denominator编辑框中填写系统传递函数分子、分母的系数向量，然后可以单击Model按钮，构造系统的传递函数模型。再从Responses列表框里选择系统分析的内容，则最终在界面的坐标系中把分析结果绘制出来。如何编写这样的App程序呢？

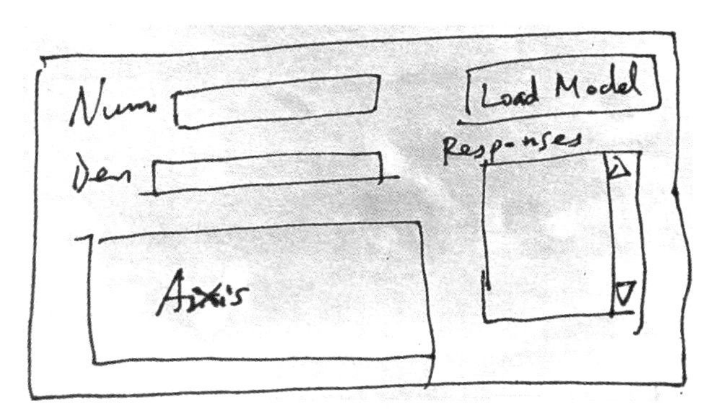

图2-29 期望界面的草图

解 要编写这样一个图形用户界面，需要启动appdesigner程序，打开一个空白雏形窗口。根据图2-29草图的要求，在雏形窗口中绘制两个编辑框、一个按钮、一个列表框和一个坐标系，如图2-30所示，图中还给出了组件浏览器。MATLAB会为各个控件自动安排控件名。例如，分子编辑框的名字为app.NumeratorEditField，具体见右侧的属性列表。分子、分母多项式的默认值还可以通过控件浏览器填写到控件的Value属性中。

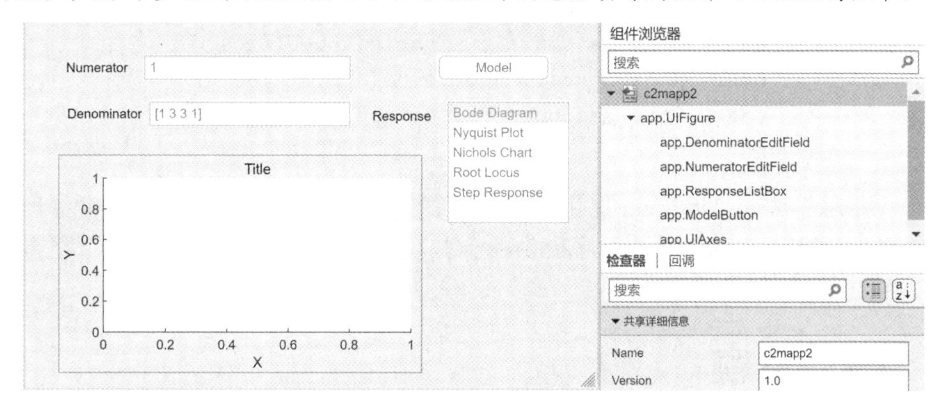

图2-30 App Designer绘制的界面与属性列表（文件名：c2mapp2.mlapp）

从问题的要求看，两个编辑框是被动控件，只接受其他控件的操作，无须控制其他控件。按钮与列表框是主动控件，需要为这两个控件分派任务，具体任务为：

（1）按钮控件。①需要从两个编辑框读入系统的传递函数分子与分母多项式系数向量的字符串num和den，这两个编辑框提供的是字符串，需要将其转换为数值向量；②使

用 G=tf(num,den) 命令构造传递函数对象;③为使得其他控件可以访问这个传递函数对象G,需要将其暂存起来,如存到窗口控件的UserData属性中。另外,由于字符串到数值向量的转换可能出错(如用户输入了不可识别的字符串),需要对其进行容错处理,如用try/catch结构设计一个错误陷阱。

```
function ModelButtonPushed(app, event)
   try
      num=str2num(app.NumeratorEditField.Value);
      den=str2num(app.DenominatorEditField.Value);
      G=tf(num,den); app.UIFigure.UserData=G;
   catch
      errordlg('Data type fault in the edit boxes','ERROR');
end, end, end
```

(2) 列表框控件。列表框控件分派的任务是:①从窗口的UserData属性读入暂存的模型对象G;②由列表框的选择绘制系统分析的曲线。这个对象的回调函数比较适合由switch/case结构实现。这段代码会根据列表框的选择,先清空app.UIAxes坐标系,然后直接绘制系统的响应曲线。这样的程序框架是开放的,用户可以根据需要加入其他的分析命令。

```
function ResponseListBoxValueChanged(app, event)
   G=app.UIFigure.UserData; cla(app.UIAxes)
   switch app.ResponseListBox.Value
      case 'Bode Diagram',  bode(app.UIAxes,G)
      case 'Nyquist Plot',  nyquist(app.UIAxes,G)
      case 'Nichols Chart', nichols(app.UIAxes,G)
      case 'Root Locus',    rlocus(app.UIAxes,G)
      case 'Step Response', step(app.UIAxes,G)
end, end
```

尽管App Designer提供了很方便的界面设计功能，编程环境也更理想，但早期版本下Guide设计程序提供的一些功能消失了。例如，新版本下不直接支持ActiveX控件的使用。

2.8 习题

(1) 用MATLAB语句输入矩阵$\boldsymbol{A}$和$\boldsymbol{B}$

$$\boldsymbol{A}=\begin{bmatrix}1&2&3&4\\4&3&2&1\\2&3&4&1\\3&2&4&1\end{bmatrix},\quad \boldsymbol{B}=\begin{bmatrix}1+4\mathrm{j}&2+3\mathrm{j}&3+2\mathrm{j}&4+1\mathrm{j}\\4+1\mathrm{j}&3+2\mathrm{j}&2+3\mathrm{j}&1+4\mathrm{j}\\2+3\mathrm{j}&3+2\mathrm{j}&4+1\mathrm{j}&1+4\mathrm{j}\\3+2\mathrm{j}&2+3\mathrm{j}&4+1\mathrm{j}&1+4\mathrm{j}\end{bmatrix}$$

前面给出的是4×4矩阵,如果给出$\boldsymbol{A}(5,6)=5$命令将得出什么结果?

(2) 试将下面的无理数π、$\sqrt{2}$、$\sqrt{3}$、e^2、lg2、sin 22° 等输入计算机，并比较符号表示与双精度表示之间的误差。

(3) 试比较大小：$a=6^{2007}+7^{2009}$，$b=6^{2009}+7^{2007}$，并计算出来a、b的具体值。

(4) 试列出1000以内的除13余2的所有整数。

(5) 试求出12!与1203928765302612819 2934的最大公约数。

(6) 假设已知矩阵$\boldsymbol{A}$，试给出相应的MATLAB命令，将其全部偶数行提取出来，赋给$\boldsymbol{B}$矩阵，用 A=magic(8) 命令生成$\boldsymbol{A}$矩阵，用上述的命令检验结果是否正确。

(7) 试用符号元素工具箱支持的方式表达多项式$f(x)=x^5+3x^4+4x^3+2x^2+3x+6$，并令$x=\dfrac{s-1}{s+1}$，将$f(x)$替换成$s$的函数(注：subs()函数可进行变量替换)。

(8) 已知数学函数$f(x)=\dfrac{x\sin x}{\sqrt{x^2+2}\,(x+5)}$，$g(x)=\tan x$，试求出$f(g(x))$和$g(f(x))$。

(9) 由于双精度数据结构有一定的精度限制，大数的阶乘很难保留足够的精度。试用数值方法和符号运算的方法计算并比较C_{50}^{10}，其中$\mathrm{C}_m^n=\dfrac{m!}{n!(m-n)!}$。

(10) 用数值方法可以求出$S=\displaystyle\sum_{i=0}^{63}2^i=1+2+4+8+\cdots+2^{62}+2^{63}$，试不采用循环的形式求出和式的数值解。由于数值方法是采用double形式进行计算的，难以保证有效位数字，所以结果不一定精确。试采用符号运算的方法求该和式的精确值。

(11) 试求下面两个多项式的最大公约式。

$$P(x)=x^5+10x^4+34x^3+52x^2+37x+10$$

$$Q(x)=x^5+15x^4+79x^3+177x^2+172x+60$$

(12) 试生成一个100×100的魔方矩阵，找出其中大于1000的所有元素，并强行将它们置成0。

(13) Fibonacci序列定义为$a_1=a_2=1$，$a_n=a_{n-1}+a_{n-2}$，$n=3,4,\cdots$为一个数值增长很快的数列，其第120项的值为5358359254990966640871840，这样的数值精度显然超出了数值型数据的范围，而必须采用符号类型，试编写小程序列出Fibonacci序列的前120项。

(14) 已知某迭代序列$x_{n+1}=\dfrac{x_n}{2}+\dfrac{3}{2x_n}$，$x_1=1$，并已知该序列当$n$足够大时将趋于某个固定的常数，试选择合适的$n$值，找出该序列的稳态值(达到精度要求$10^{-14}$)，并找出其精确的数学表示。

(15) 试用循环结构找出1000以下所有的质数。

(16) for循环结构中，$\boldsymbol{v}$还可以是矩阵。试执行下面语句，观察并解释结果。

```
>> A=magic(9); for i=A, i, end
```

(17) 试求$S=\displaystyle\prod_{n=1}^{\infty}\left(1+\frac{2}{n^2}\right)$，使计算精度达到$\epsilon=10^{-12}$级。

(18) 已知$\arctan x=x-\dfrac{x^3}{3}+\dfrac{x^5}{5}-\dfrac{x^7}{7}+\cdots$。取$x=1$，则立即得出下面的计算式。试

利用循环累加方法计算出π的近似值,要求精度达到 10^{-6}。

$$\pi \approx 4\left(1-\frac{1}{3}+\frac{1}{5}-\frac{1}{7}+\frac{1}{9}-\frac{1}{11}+\cdots\right)$$

(19) 试用下面两种方法求解代数方程 $f(x)=x^2\sin(0.1x+2)-3=0$。

① 二分法。若在某个区间 (a,b) 内,$f(a)f(b)<0$,则该区间内存在方程的根。取中点 $x_1=(b-a)/2$,则可以根据 $f(x_1)$ 和 $f(a)$、$f(b)$ 的关系确定根的范围,用这样的方法可以将区间的长度减半。重复这样的过程,直至区间长度小于预先指定的 ϵ,则可以认为得出的区间端点是方程的解。令 $\epsilon=10^{-10}$,试用二分法求区间 $(-4,0)$ 内方程的解。

② 梯度法。假设该方程解的某个初始猜测点为 x_n,则由梯度法可以得出下一个近似点 $x_{n+1}=x_n+f(x_n)/\dot{f}(x_n)$。若两个点足够近,即 $|x_{n+1}-x_n|<\epsilon$,其中 ϵ 为预先指定的误差限,则认为 x_{n+1} 是方程的解,否则将 x_{n+1} 设置为初值继续搜索,直至得出方程的解。令 $x_0=-4, \epsilon=10^{-12}$,试用梯度法求解上面的方程。

(20) 用 MATLAB 语言实现下面的分段函数,其中,x 可以为向量、矩阵甚至多维数组。

$$y=f(x)=\begin{cases} h, & x>D \\ h/Dx, & |x|\leqslant D \\ -h, & x<-D \end{cases}$$

(21) 编写一个矩阵相加函数 `mat_add()`,使得该函数能够接受任意多个矩阵,且其调用格式为 $\boldsymbol{A}$=`mat_add(`$\boldsymbol{A}_1$,$\boldsymbol{A}_2$,$\boldsymbol{A}_3$,$\cdots$`)`。

(22) 自己编写一个 MATLAB 函数,使它能自动生成一个 $m\times m$ 的 Hankel 矩阵,并使其调用格式为 $\boldsymbol{v}$=`[`h_1,h_2,$\cdots$,h_m,h_{m+1},$\cdots$,h_{2m-1}`];` $\boldsymbol{H}$=`myhankel(`$\boldsymbol{v}$`)`。

(23) Chebyshev 多项式的数学形式为

$$T_1(x)=1,\ T_2(x)=x,\ T_n(x)=2xT_{n-1}(x)-T_{n-2}(x),\ n=3,4,5,\cdots$$

试编写一个递归调用函数来生成 Chebyshev 多项式,并计算 $T_{10}(x)$。写出一个更高效的 Chebyshev 多项式生成函数,并计算 $T_{30}(x)$。

(24) 已知 Fibonacci 序列由式 $a_k=a_{k-1}+a_{k-2}, k=3,4,\cdots$ 可以生成,其中初值为 $a_1=a_2=1$,试编写出生成某项 Fibonacci 数值的 MATLAB 函数,要求:

① 函数格式为 y=`fib(`k`)`,给出 k 即能求出第 k 项 a_k 并赋给 $\boldsymbol{y}$ 向量;

② 编写适当语句,对输入输出变元进行检验,确保函数能正确调用;

③ 利用递归调用的方式编写此函数。

(25) 由矩阵理论可知,如果一个矩阵 $\boldsymbol{M}$ 可以写成 $\boldsymbol{M}=\boldsymbol{A}+\boldsymbol{BCB}^{\mathrm{T}}$,并且其中 $\boldsymbol{A},\boldsymbol{B},\boldsymbol{C}$ 为相应阶数的矩阵,则 $\boldsymbol{M}$ 矩阵的逆矩阵可以由下面的算法求出。

$$\boldsymbol{M}^{-1}=\left(\boldsymbol{A}+\boldsymbol{BCB}^{\mathrm{T}}\right)^{-1}=\boldsymbol{A}^{-1}-\boldsymbol{A}^{-1}\boldsymbol{B}\left(\boldsymbol{C}^{-1}+\boldsymbol{B}^{\mathrm{T}}\boldsymbol{A}^{-1}\boldsymbol{B}\right)^{-1}\boldsymbol{B}^{\mathrm{T}}\boldsymbol{A}^{-1}$$

试根据上面的算法用 MATLAB 语句编写一个函数对矩阵 $\boldsymbol{M}$ 进行求逆,并通过一个小例子来检验该程序,并和直接求逆方法进行精度上的比较。

(26) 著名的Mittag-Leffler函数的基本定义为 $f_\alpha(z)=\sum_{k=0}^{\infty}\dfrac{z^k}{\Gamma(\alpha k+1)}$，其中 $\Gamma(x)$ 为 Gamma 函数，可以由 `gamma(x)` 函数直接计算。试编写出 MATLAB 函数，使得其调用格式为 f=mymittag(α,z,ϵ)，ϵ 为用户允许的误差限，其默认值为 $\epsilon=10^{-6}$，$\boldsymbol{z}$ 为已知数值向量。利用该函数分别绘制出 $\alpha=1$ 和 $\alpha=0.5$ 的曲线。

(27) 例1-4描述了复杂系统的PID控制。试根据该例，建立一个实时文本，描述PID控制器设计与闭环系统的仿真。

(28) 下面给出了一个迭代模型

$$\begin{cases} x_{k+1}=1+y_k-1.4x_k^2 \\ y_{k+1}=0.3x_k \end{cases}$$

写出求解该模型的M-函数。如果取迭代初值为 $x_0=0, y_0=0$，那么请进行30000次迭代求出一组 $\boldsymbol{x}$ 和 $\boldsymbol{y}$ 向量，然后在所有的 x_k 和 y_k 坐标处点亮一个点（注意不要连线），最后绘制出所需的图形（注：这样绘制出的图形又称为Hénon引力线图，它将迭代出来的随机点吸引到一起，最后得出貌似连贯的引力线图）。

(29) 用MATLAB语言的基本语句显然可以立即绘制一个正三角形。试结合循环结构，编写一个小程序，在同一个坐标系下绘制出该正三角形绕其中心旋转后得出的一系列三角形，还可以调整旋转步距观察效果。

(30) 选择合适的步距绘制出图形 $\sin(1/t)$，其中 $t\in(-1,1)$。

(31) Lissajous曲线是由两个不同频率正弦函数构成的参数方程，试绘制出 $x(t)=\sin t$，$y=\sin 1.25t, t\in[0,30]$ 的函数曲线。如果 $y=\sin\sqrt{2}t$，试在更大范围内重新绘制Lissajous曲线，并观察结果，给出定性结论。

(32) 已知某函数可以由幂级数 $f(x)=\lim\limits_{N\to\infty}\sum_{n=1}^{N}(-1)^n\dfrac{x^{2n}}{(2n)!}$ 近似，当 N 足够大，则幂级数 $f(x)$ 收敛于某个 $\hat f(x)$ 值，试编写MATLAB程序绘制 $x\in(0,\pi)$ 区间的 $\hat f(x)$ 曲线，观察该曲线像什么函数，并绘图验证。

(33) 对合适的 θ 范围选取分别绘制出下列极坐标图形。

① $\rho=1.0013\theta^2$ ② $\rho=\cos(7\theta/2)$ ③ $\rho=\sin\theta/\theta$ ④ $\rho=1-\cos^3 7\theta$

(34) 用图解的方式求解下面联立方程的近似解。

① $\begin{cases} x^2+y^2=3xy^2 \\ x^3-x^2=y^2-y \end{cases}$ ② $\begin{cases} \mathrm{e}^{-(x+y)^2+\pi/2}\sin(5x+2y)=0 \\ (x^2-y^2+xy)\mathrm{e}^{-x^2-y^2-xy}=0 \end{cases}$

(35) 请分别绘制出下面二元函数 $f(x,y)$ 的三维图和等高线，绘制出其三视图，并尝试 `surfc()`、`surfl()` 和 `waterfall()` 等函数的三维图效果。

① xy ② $\sin xy$ ③ $\sin(x^2-y^2)$ ④ $-xy\mathrm{e}^{-2(x^2+y^2)}$

(36) 在图形绘制语句中，若函数值为不定式 `NaN`，则相应的部分不绘制出来。试利用该规律绘制 $z=\sin xy$ 的表面图，并剪切下 $x^2+y^2\leqslant 0.5^2$ 的部分。

(37) 试绘制复杂隐函数曲线。

$$(r-3)\sqrt{r}+0.75+\sin 8\sqrt{r}\cos 6\theta-0.75\sin 5\theta=0$$

其中,$r = x^2 + y^2$,$\theta = \arctan(y/|x|)$。

(38) MATLAB提供了三维隐函数曲面绘制函数 `fimplicit3()`,试绘制下面的三维隐函数曲面。

$$f(x, y, z) = x\sin(y + z^2) + y^2\cos(x + z) + zx\cos(z + y^2) = 0, \quad -1 \leqslant x, y, z \leqslant 1$$

(39) 考虑Brown运动的一群粒子,粒子个数 $n = 30$,观察的区域 $[-30, 30]$,每个粒子的运动可以由下式模拟:

$$x_{i+1,k} = x_{i,k} + \sigma\Delta x_{i,k}, \ y_{i+1,k} = y_{i,k} + \sigma\Delta y_{i,k}, \ k = 1, \cdots, n$$

其中,σ 为比例因子,增量 $\Delta x_{i,k}$ 和 $\Delta y_{i,k}$ 满足标准正态分布。试用动画的方法模拟粒子的Brown运动。

(40) 考虑习题(39)中的Brown运动问题,试开发一个App,使得用户可以由滚动杆调节比例因子 σ,控制粒子的Brown运动速度。另外,总的粒子数可以由编辑框输入。

(41) 试利用相应的表格控件编写一个矩阵计算器程序界面,使其允许用表格编辑矩阵的内容,并实现单个矩阵的某些计算,如 $\boldsymbol{A}^n$、$\boldsymbol{A}^{-1}$、$\mathrm{e}^{\boldsymbol{A}}$、$\sin\boldsymbol{A}$ 等。

参考文献

[1] 薛定宇. 薛定宇教授大讲堂(卷I):MATLAB程序设计[M]. 北京:清华大学出版社,2019.

[2] Lamport L. LaTeX: a document preparation system — user's guide and reference manual[M]. 2nd ed. Reading: Addision-Wesley Publishing Company, 1994.

[3] Atherton D P, Xue D Y. The analysis of feedback systems with piecewise linear nonlinearities when subjected to Gaussian inputs[M]// Kozin F and Ono T. Control systems, topics on theory and application. Tokyo: Mita Press, 1991: 23–38.

[4] The MathWorks Inc. Creating graphical user interfaces[Z]. Natick: MathWorks, 2001.

第3章 科学运算问题的MATLAB求解

控制系统的研究涉及各种各样的数学问题求解。例如，系统的稳定性分析需要求取矩阵的特征根，可控性与可观测性的判定需要求出矩阵的秩，而状态转移矩阵的求解需要矩阵指数的求解，这需要线性代数问题的求解。控制系统的仿真需要微分方程的求解，最优控制器设计涉及最优化问题的求解。如果能掌握利用MATLAB求解数学问题的方法和技术无疑会提高控制系统分析与设计的能力。

本章将介绍MATLAB语言在现代科学运算领域中的应用。这里所谓“运算”是指利用MATLAB不但能进行数值计算，还可以进行解析运算，所以从涵盖范围上比一般数值“计算”更广泛。MATLAB起源于线性代数的数值运算，在其长期的发展过程中，形成了几乎所有应用数学分支的求解函数与专门工具箱，并成功地引入了符号运算的功能，使得公式推导成为可能。所以一般情况下用一个语句就能直接获得数学问题的解。

MATLAB语言求解科学运算的功能是其广受科学工作者喜爱的重要原因，也是MATLAB语言的一大重要的特色。本章侧重于介绍用MATLAB为主要工具，直接求解和控制学科密切相关的数学问题的方法，为更好地探讨控制问题打下良好的基础。

3.1节介绍线性代数问题的解析与数值求解方法，介绍包括矩阵基本分析、矩阵变换的解析与数值解方法，并介绍矩阵函数的计算。3.2节介绍各种方程求解方法，包括线性代数方程、非线性方程和矩阵方程的求解方法，并试图求出多解方程全部的根。3.3节介绍一阶显式微分方程组的数值解方法，并介绍将一般常微分方程变换成可求解标准型的方法，还将介绍一般线性常系数微分方程的解析解方法。3.4节介绍最优化问题的数值求解方法，包括无约束最优化问题、有约束最优化问题的求解方法和曲线的最小二乘拟合方法。3.5节将介绍Laplace变换与z变换问题MATLAB求解方法。还将通过Laplace变换数值求解方法得出无理闭环系统的时域响应数值解。

本章涉及了大量数学公式，但核心问题是引导读者如何避开数学问题本身及烦琐的底层解法，在MATLAB框架下直接获得可靠的解。关于应用MATLAB求解各种各样数学问题的详细内容可以参阅文献[1~5]。

3.1 线性代数问题的MATLAB求解

线性代数与矩阵运算是控制领域最重要的数学基础之一。很多线性代数问题是可以求取解析解的，不能求取解析解的问题往往也能得出数值解。本节将以数值解的介绍为主，其中很多函数同样可以利用MATLAB的符号运算工具箱中提供的相同函数名求出解析解。

3.1.1 矩阵的基本分析

矩阵的基本分析往往可以反映出矩阵的某些性质，比如在控制系统分析中，矩阵的特征值可以用来分析系统的稳定性，矩阵的秩可以用来分析系统的可控性和可观测性等，这里将系统地介绍矩阵基本分析的概念及其MATLAB实现。

1. 矩阵的行列式(determinant)

MATLAB提供了内核函数`det(A)`，利用它可以直接求取矩阵$\boldsymbol{A}$的行列式。如果矩阵$\boldsymbol{A}$为数值矩阵，则得出的行列式为数值计算结果；如果$\boldsymbol{A}$定义为符号矩阵，则`det()`函数将得出解析解。二者的区别是，对接近奇异的系统来说，解析解方法得出的结果更精确。不过，解析解算法也有一定的局限性，不适合大规模矩阵的求解。文献[3]通过实验探讨了随机符号矩阵的行列式求解，指出如果矩阵不含有变量，则可以在1 s内获得30×30符号矩阵行列式的解析解，而90×90矩阵耗时接近一分钟。

例3-1 试求Hilbert矩阵的行列式。

解 Hilbert矩阵的通项为$h_{i,j}=1/(i+j-1)$，用MATLAB的命令`hilb(n)`函数就可以在MATLAB工作空间中定义出来，而用`sym()`函数即可得出其符号型表示。下面的语句即可生成并计算出10阶Hilbert矩阵的行列式为：

```
>> H=hilb(10); d1=det(H)   %求解数值解
   H=sym(H); d2=det(H)     %先将矩阵变换成符号矩阵,再求解析解
```

用第1行语句可以求出数值解为$d_1=2.1644\times10^{-53}$，该结果不精确，故需要用解析解方法求解。由第2行命令可以得出解析解为

$$d_2=\frac{1}{46206893947914691316295628839036278726983680000000000}$$

例3-2 试求下面带有变量的Vandermonde矩阵的行列式。

$$\boldsymbol{A}=\begin{bmatrix}1&1&1\\a&b&c\\a^2&b^2&c^2\end{bmatrix}$$

解 先定义符号变量a、b、c，然后用下面的语句输入矩阵，并得出矩阵的特征多项式。

```
>> syms a b c                      %syms命令可以声明符号变量，用空格分隔
   A=[1,1,1; a,b,c; a^2,b^2,c^2];  %建立Vandermonde矩阵
   det(A); simplify(factor(ans))   %求行列式并进行因式分解
```

可以得出行列式的因式分解形式为$-(a-b)(a-c)(b-c)$。

2. 矩阵的迹（trace）

假设一个方阵为$\boldsymbol{A}=\{a_{ij}\}$，则矩阵$\boldsymbol{A}$的迹定义为该矩阵对角线上各个元素之和。由代数理论可知，矩阵的迹和该矩阵的特征值之和是相同的，矩阵$\boldsymbol{A}$的迹可以由MATLAB函数`trace(A)`求出。

3. 矩阵的秩（rank）

若矩阵所有的列向量中最多有$r_{\rm c}$列线性无关，则称矩阵的列秩为$r_{\rm c}$，如果$r_{\rm c}=m$，则称$\boldsymbol{A}$为列满秩矩阵。相应地，若矩阵$\boldsymbol{A}$的行向量中有$r_{\rm r}$个是线性无关的，则称矩阵$\boldsymbol{A}$的行秩为$r_{\rm r}$。如果$r_{\rm r}=n$，则称$\boldsymbol{A}$为行满秩矩阵。可以证明，矩阵的行秩和列秩是相等的，故称为矩阵的秩，记作$\mathrm{rank}(\boldsymbol{A})=r_{\rm c}=r_{\rm r}$，这时矩阵的秩为$\mathrm{rank}(\boldsymbol{A})$。矩阵的秩也表示该矩阵中行列式不等于0的子式的最大阶次，所谓子式，即为从原矩阵中任取k行及k列所构成的子矩阵。MATLAB提供了一个内核函数`rank(A,ε)`来用数值方法求取一个已知矩阵$\boldsymbol{A}$的数值秩，其中ε为机器精度。如果没有特殊说明，可以由`rank(A)`函数求出$\boldsymbol{A}$矩阵的秩。

4. 矩阵的范数（norm）

矩阵的常用范数定义为

$$||\boldsymbol{A}||_1=\max_{1\leqslant j\leqslant n}\sum_{i=1}^n|a_{ij}|,\ \ ||\boldsymbol{A}||_2=\sqrt{s_{\max}(\boldsymbol{A}^{\rm T}\boldsymbol{A})},\ \ ||\boldsymbol{A}||_\infty=\max_{1\leqslant i\leqslant n}\sum_{j=1}^n|a_{ij}| \tag{3-1-1}$$

其中，$s(\boldsymbol{X})$为$\boldsymbol{X}$矩阵的特征值，而$s_{\max}(\boldsymbol{A}^{\rm T}\boldsymbol{A})$即为$\boldsymbol{A}^{\rm T}\boldsymbol{A}$矩阵的最大特征值。事实上，$||\boldsymbol{A}||_2$为$\boldsymbol{A}$矩阵的最大奇异值。MATLAB提供了求取矩阵范数的函数`norm(A)`可以求出$||\boldsymbol{A}||_2$，矩阵的1-范数$||\boldsymbol{A}||_1$可以由`norm(A,1)`求解，矩阵无穷范数$||\boldsymbol{A}||_\infty$可以由`norm(A,inf)`求出。注意，该函数只能求数值解。

5. 矩阵的特征多项式、特征方程与特征根（eigenvalues）

矩阵$s\boldsymbol{I}-\boldsymbol{A}$的行列式可以写成一个关于$s$的多项式$C(s)$

$$C(s)\doteq\det(s\boldsymbol{I}-\boldsymbol{A})=s^n+c_1s^{n-1}+\cdots+c_{n-1}s+c_n \tag{3-1-2}$$

这样的多项式$C(s)$称为矩阵$\boldsymbol{A}$的特征多项式，其中系数$c_i,i=1,2,\cdots,n$称为矩阵的特征多项式系数。

MATLAB提供了求取矩阵特征多项式系数的函数`p=poly(A)`，而返回的$\boldsymbol{p}$为一个行向量，其各个分量为矩阵$\boldsymbol{A}$的降幂排列的特征多项式系数。该函数的另外

一种调用格式是：如果给定的 $\boldsymbol{A}$ 为向量，则假定该向量是一个矩阵的特征根，由此求出该矩阵的特征多项式系数，如果向量 $\boldsymbol{A}$ 中有无穷大或NaN值，则首先剔除。

对方阵 $\boldsymbol{A}$，如果存在一个非零的向量 $\boldsymbol{x}$，且有一个标量 λ 满足 $\boldsymbol{Ax}=\lambda\boldsymbol{x}$，则称 λ 为 $\boldsymbol{A}$ 矩阵的一个特征值，而 $\boldsymbol{x}$ 为对应于特征值 λ 的特征向量，严格说来，$\boldsymbol{x}$ 应该称为 $\boldsymbol{A}$ 的右特征向量。如果矩阵 $\boldsymbol{A}$ 的特征值不包含重复的值，则对应的各个特征向量为线性无关的，这样由各个特征向量可以构成一个非奇异的矩阵，如果用它对原始矩阵作相似变换，则可以得出一个对角矩阵。矩阵的特征值与特征向量由MATLAB提供的函数eig()可以容易地求出，该函数的调用格式为 $[\boldsymbol{V},\boldsymbol{D}]$=eig($\boldsymbol{A}$)，其中 $\boldsymbol{A}$ 为给定的矩阵，解出的 $\boldsymbol{D}$ 为一个对角矩阵，其对角线上的元素为矩阵 $\boldsymbol{A}$ 的特征值，而每个特征值对应于 $\boldsymbol{V}$ 矩阵中的一列，称为该特征值的特征向量。MATLAB的矩阵特征值的结果满足 $\boldsymbol{AV}=\boldsymbol{VD}$，且 $\boldsymbol{V}$ 矩阵每个特征向量各元素的平方和（即列向量的2范数）均为1。如果调用该函数时至多只给出一个返回变元，则将返回矩阵 $\boldsymbol{A}$ 的特征值。即使 $\boldsymbol{A}$ 为复数矩阵，也照样可以由eig()函数得出其特征值与特征向量矩阵。

6. 多项式及多项式矩阵的求值

可以由 C=polyval($\boldsymbol{a}$,x) 命令求取基于点运算的多项式值，求出 $\boldsymbol{C}=a_1\boldsymbol{x}$.^$n$ $+a_2\boldsymbol{x}$.^$(n-1)+\cdots+a_{n+1}$，其中 $\boldsymbol{a}=[a_1,a_2,\cdots,a_n,a_{n+1}]$ 为多项式系数降幂排列构成的向量，$\boldsymbol{x}$ 为一个任意的向量或矩阵。

如果想求取真正的矩阵多项式的值，亦即

$$\boldsymbol{B}=a_1\boldsymbol{A}^n+a_2\boldsymbol{A}^{n-1}+\cdots+a_n\boldsymbol{A}+a_{n+1}\boldsymbol{I} \tag{3-1-3}$$

其中，$\boldsymbol{I}$ 为和 $\boldsymbol{A}$ 同阶次的单位矩阵，则可以用 B=polyvalm($\boldsymbol{a}$,A)。

7. 矩阵的逆与广义逆

对一个已知的 $n\times n$ 非奇异方阵 $\boldsymbol{A}$，如果有一个 $\boldsymbol{C}$ 矩阵满足

$$\boldsymbol{AC}=\boldsymbol{CA}=\boldsymbol{I} \tag{3-1-4}$$

其中 $\boldsymbol{I}$ 为单位矩阵，则称 $\boldsymbol{C}$ 矩阵为 $\boldsymbol{A}$ 矩阵的逆矩阵，并记作 $\boldsymbol{C}=\boldsymbol{A}^{-1}$。MATLAB下提供的 C=inv(A) 函数即可求出矩阵 $\boldsymbol{A}$ 的逆矩阵 $\boldsymbol{C}$。

如果用户想得出奇异矩阵或长方形矩阵的一种“逆”阵，则需要使用广义逆的概念。对一个给定的矩阵 $\boldsymbol{A}$，存在一个唯一的矩阵 $\boldsymbol{M}$ 同时满足3个条件：

（1）$\boldsymbol{AMA}=\boldsymbol{A}$。

（2）$\boldsymbol{MAM}=\boldsymbol{M}$。

（3）$\boldsymbol{AM}$ 与 $\boldsymbol{MA}$ 均为对称矩阵。

这样的矩阵 $\boldsymbol{M}$ 称为矩阵 $\boldsymbol{A}$ 的Moore–Penrose广义逆矩阵，又称伪逆（pseudo inverse），记作 $\boldsymbol{M}=\boldsymbol{A}^{+}$。更进一步对复数矩阵 $\boldsymbol{A}$ 来说，若得出的广义逆矩阵的第三个条件扩展为 $\boldsymbol{MA}$ 与 $\boldsymbol{AM}$ 均为Hermit矩阵，则这样构造的矩阵也是唯一的。

MATLAB下 B=pinv(A) 可以求出 $\boldsymbol{A}$ 矩阵的Moore–Penrose广义逆矩阵 $\boldsymbol{B}$。

3.1.2 矩阵的分解

矩阵的相似变换在状态空间分析中有着重要的意义。这里将介绍与矩阵变换与分解方面的内容,如三角分解、奇异值分解等。

1. 矩阵的相似变换

假设有一个$n \times n$的方阵$\boldsymbol{A}$,并存在一个和它同阶的非奇异矩阵$\boldsymbol{T}$,则可以对$\boldsymbol{A}$矩阵进行如下的变换

$$\widehat{\boldsymbol{A}} = \boldsymbol{T}^{-1}\boldsymbol{A}\boldsymbol{T} \tag{3-1-5}$$

这种变换称为$\boldsymbol{A}$的相似变换(similarity transform)。可以证明,变换后矩阵$\widehat{\boldsymbol{A}}$的特征值和原矩阵$\boldsymbol{A}$是一致的,亦即相似变换并不改变原矩阵的特征结构。

2. 矩阵的三角分解

矩阵的三角分解又称为LU分解,其目的是将一个矩阵分解成一个下三角矩阵$\boldsymbol{L}$和一个上三角矩阵$\boldsymbol{U}$的乘积,即$\boldsymbol{A}=\boldsymbol{L}\boldsymbol{U}$,其中$\boldsymbol{L}$和$\boldsymbol{U}$矩阵可以分别写成

$$\boldsymbol{L} = \begin{bmatrix} 1 & & & \\ l_{21} & 1 & & \\ \vdots & \vdots & \ddots & \\ l_{n1} & l_{n2} & \cdots & 1 \end{bmatrix},\quad \boldsymbol{U} = \begin{bmatrix} u_{11} & u_{12} & \cdots & u_{1n} \\ & u_{22} & \cdots & u_{2n} \\ & & \ddots & \vdots \\ & & & u_{nn} \end{bmatrix} \tag{3-1-6}$$

MATLAB下提供了`[L,U]=lu(A)`函数,可以对给定矩阵$\boldsymbol{A}$进行LU分解。如果采用数值算法,则主元素可能进行必要的换行,所以有时得出的$\boldsymbol{L}$矩阵不是真正的下三角矩阵,而是其基本置换形式;如果$\boldsymbol{A}$为符号型矩阵,则可以得出真正的三角分解。

3. 对称矩阵的Cholesky分解

如若$\boldsymbol{A}$矩阵为对称矩阵,则仍然可以用LU分解的方法对之进行分解,对称矩阵LU分解有特殊的性质,即$\boldsymbol{L}=\boldsymbol{U}^{\mathrm{T}}$,令$\boldsymbol{D}^{\mathrm{T}}=\boldsymbol{L}$为一个下三角矩阵,则可以将原来矩阵$\boldsymbol{A}$分解成$\boldsymbol{A}=\boldsymbol{D}^{\mathrm{T}}\boldsymbol{D}$,其中$\boldsymbol{D}$矩阵可以形象地理解为原$\boldsymbol{A}$矩阵的平方根。对该对称矩阵进行分解可以采用Cholesky分解算法。MATLAB提供了`chol()`函数来求取矩阵的Cholesky分解矩阵$\boldsymbol{D}$,该函数的调用格式可以写成`[D,p]=chol(A)`,式中,返回的$\boldsymbol{D}$为Cholesky分解矩阵,且$\boldsymbol{A}=\boldsymbol{D}^{\mathrm{T}}\boldsymbol{D}$;而$p-1$为$\boldsymbol{A}$矩阵中正定的子矩阵的阶次,如果$\boldsymbol{A}$为正定矩阵,则返回$p=0$。

4. 矩阵的正交基

对于一类特殊的相似变换矩阵$\boldsymbol{T}$来说,如果它本身满足$\boldsymbol{T}^{-1}=\boldsymbol{T}^*$,其中$\boldsymbol{T}^*$为$\boldsymbol{T}$的Hermit共轭转置矩阵,则称$\boldsymbol{T}$为正交矩阵,并将之记为$\boldsymbol{Q}=\boldsymbol{T}$。可见正交矩阵$\boldsymbol{Q}$满足下面的条件:

$$\boldsymbol{Q}^*\boldsymbol{Q}=\boldsymbol{I},\quad 且\boldsymbol{Q}\boldsymbol{Q}^*=\boldsymbol{I} \tag{3-1-7}$$

其中$\boldsymbol{I}$为$n \times n$的单位矩阵。MATLAB中提供了`Q=orth(A)`函数来求$\boldsymbol{A}$矩阵的正交基$\boldsymbol{Q}$,其中$\boldsymbol{Q}$的列数即为$\boldsymbol{A}$矩阵的秩。

5. 矩阵的奇异值分解

假设 $\boldsymbol{A}$ 矩阵为 $n\times m$ 矩阵,且 $\mathrm{rank}(\boldsymbol{A})=r$,则 $\boldsymbol{A}$ 矩阵可以分解为 $\boldsymbol{A}=\boldsymbol{L}\boldsymbol{\Lambda}\boldsymbol{M}^{\mathrm{T}}$,其中 $\boldsymbol{L}$ 和 $\boldsymbol{M}$ 均为正交矩阵, $\boldsymbol{\Lambda}=\mathrm{diag}(\sigma_1,\sigma_2,\cdots,\sigma_n)$ 为对角矩阵,其对角元素 $\sigma_1,\sigma_2,\cdots,\sigma_n$ 满足不等式 $\sigma_1\geqslant\sigma_2\geqslant\cdots\geqslant\sigma_n\geqslant 0$。

MATLAB提供了直接求矩阵奇异值分解的函数 `[L,A1,M]=svd(A)`,其中,$\boldsymbol{A}$ 为原始矩阵,返回的 $\boldsymbol{A}_1$ 为对角矩阵,而 $\boldsymbol{L}$ 和 $\boldsymbol{M}$ 均为正交变换矩阵,并满足 $\boldsymbol{A}=\boldsymbol{L}\boldsymbol{A}_1\boldsymbol{M}^{\mathrm{T}}$。

6. 矩阵的条件数

矩阵的奇异值大小通常决定矩阵的性态,如果矩阵的奇异值的差异特别大,则矩阵中某个元素有一个微小的变化将严重影响到原矩阵的参数,这样的矩阵又称为病态矩阵或坏条件矩阵,而在矩阵存在等于0的奇异值时称为奇异矩阵。矩阵最大奇异值 $\sigma_{\max}$ 和最小奇异值 $\sigma_{\min}$ 的比值又称为该矩阵的条件数,记作 $\mathrm{cond}(\boldsymbol{A})$,即 $\mathrm{cond}(\boldsymbol{A})=\sigma_{\max}/\sigma_{\min}$,矩阵的条件数越大,则对元素变化越敏感。矩阵的最大和最小奇异值还分别经常记作 $\bar{\sigma}(\boldsymbol{A})$ 和 $\underline{\sigma}(\boldsymbol{A})$。在MATLAB下也提供了函数 `cond(A)` 来求取矩阵 $\boldsymbol{A}$ 的条件数。

3.1.3 矩阵指数 $\mathrm{e}^{\boldsymbol{A}}$ 和指数函数 $\mathrm{e}^{\boldsymbol{A}t}$

如果已知方阵 $\boldsymbol{A}$,则该矩阵的指数定义为

$$\mathrm{e}^{\boldsymbol{A}}=\sum_{i=0}^{\infty}\frac{1}{i!}\boldsymbol{A}^i=\boldsymbol{I}+\boldsymbol{A}+\frac{1}{2!}\boldsymbol{A}^2+\frac{1}{3!}\boldsymbol{A}^3+\cdots+\frac{1}{m!}\boldsymbol{A}^m+\cdots \tag{3-1-8}$$

矩阵指数可由MATLAB给出的 `expm(A)` 函数立即求出,矩阵的其他函数,如 $\cos\boldsymbol{A}$ 可以由 `funm(A,@cos)` 函数求出。值得指出的是:`funm()` 函数采用了特征值、特征向量的求解方式。若矩阵含有重特征根,则特征向量矩阵为奇异矩阵,这样该函数将失效,这时应该考虑用Taylor幂级数展开的方式进行求解[6]。一般矩阵函数还可以考虑文献 [1] 中介绍的解析解方法。

例3-3 已知矩阵如下,试求该矩阵的指数与指数函数。

$$\boldsymbol{A}=\begin{bmatrix}-11&-5&5\\12&5&-6\\0&1&0\end{bmatrix}$$

解 矩阵指数 $\mathrm{e}^{\boldsymbol{A}}$ 和指数函数 $\mathrm{e}^{\boldsymbol{A}t}$ 可以由下面语句直接求出:

```
>> A=[-11,-5,5; 12,5,-6; 0,1,0]; expm(A)  %求数值解
   A=sym(A); expm(A), syms t; expm(A*t)    %求解析解和指数函数
```

指数矩阵的数值解、解析解与 $\mathrm{e}^{\boldsymbol{A}t}$ 分别为

$$\mathrm{e}^{\boldsymbol{A}}\approx\begin{bmatrix}0.24737701&0.30723864&0.42774107\\0.14460292&-0.00080693&-0.51328929\\0.88197566&0.82052793&0.30643171\end{bmatrix}$$

$$\mathrm{e}^{\boldsymbol{A}}=\begin{bmatrix}15\mathrm{e}^{-3}-20\mathrm{e}^{-2}+6\mathrm{e}^{-1} & 5\mathrm{e}^{-1}-15\mathrm{e}^{-2}+10\mathrm{e}^{-3} & 5\mathrm{e}^{-2}-5\mathrm{e}^{-3}\\ 24\mathrm{e}^{-2}-18\mathrm{e}^{-3}-6\mathrm{e}^{-1} & -12\mathrm{e}^{-3}-5\mathrm{e}^{-1}+18\mathrm{e}^{-2} & -6\mathrm{e}^{-2}+6\mathrm{e}^{-3}\\ 6\mathrm{e}^{-1}-12\mathrm{e}^{-2}+6\mathrm{e}^{-3} & -9\mathrm{e}^{-2}+4\mathrm{e}^{-3}+5\mathrm{e}^{-1} & -2\mathrm{e}^{-3}+3\mathrm{e}^{-2}\end{bmatrix}$$

$$\mathrm{e}^{\boldsymbol{A}t}=\begin{bmatrix}15\mathrm{e}^{-3t}-20\mathrm{e}^{-2t}+6\mathrm{e}^{-t} & 5\mathrm{e}^{-t}-15\mathrm{e}^{-2t}+10\mathrm{e}^{-3t} & 5\mathrm{e}^{-2t}-5\mathrm{e}^{-3t}\\ 24\mathrm{e}^{-2t}-18\mathrm{e}^{-3t}-6\mathrm{e}^{-t} & -12\mathrm{e}^{-3t}-5\mathrm{e}^{-t}+18\mathrm{e}^{-2t} & -6\mathrm{e}^{-2t}+6\mathrm{e}^{-3t}\\ 6\mathrm{e}^{-t}-12\mathrm{e}^{-2t}+6\mathrm{e}^{-3t} & -9\mathrm{e}^{-2t}+4\mathrm{e}^{-3t}+5\mathrm{e}^{-t} & -2\mathrm{e}^{-3t}+3\mathrm{e}^{-2t}\end{bmatrix}$$

3.1.4 矩阵的任意函数计算

矩阵任意函数 $f(\boldsymbol{A})$ 的数学定义为

$$f(\boldsymbol{A})=\boldsymbol{I}+f(0)\boldsymbol{A}+\frac{1}{2!}\dot{f}(0)\boldsymbol{A}^2+\frac{1}{3!}\ddot{f}(0)\boldsymbol{A}^3+\cdots+\frac{1}{m!}f^{(m-1)}(0)\boldsymbol{A}^m+\cdots \tag{3-1-9}$$

很多矩阵函数可以由 `funm()` 直接求解,也可以利用文献 [1] 给出的 `funmsym()` 函数直接求取。下面将通过例子演示该函数的调用方法。

例3-4 已知矩阵 $\boldsymbol{A}$ 如下,试求复合矩阵函数 $\psi(\boldsymbol{A})=\mathrm{e}^{\boldsymbol{A}\cos\boldsymbol{A}t}$。

$$\boldsymbol{A}=\begin{bmatrix}-7 & 2 & 0 & -1\\ 1 & -4 & 2 & 1\\ 2 & -1 & -6 & -1\\ -1 & -1 & 0 & -4\end{bmatrix}$$

解 如果想求出 $\psi(\boldsymbol{A})=\mathrm{e}^{\boldsymbol{A}\cos\boldsymbol{A}t}$,则应该构造原型函数为 f=exp(x*cos(x*t)),这样就可以用下面语句直接求取矩阵函数了。

```
>> A=[-7,2,0,-1; 1,-4,2,1; 2,-1,-6,-1; -1,-1,0,-4];    %输入矩阵
   syms x t; A=sym(A); A1=funmsym(A,exp(x*cos(x*t)),x) %直接运算
   A2=expm(A*funm(A*t,@cos)) %新版本MATLAB下还可以使用这个命令
```

得出的结果是很冗长的,这里不给出显示的内容。

3.2 代数方程的MATLAB求解

方程求解是科学与工程领域到处都会遇到的问题。本节首先介绍各类线性方程的解析解与数值解方法,然后计算非线性方程的设置求解方法,并介绍矩阵方程的数值解法,还将试图得出多解矩阵方程全部的根。

3.2.1 线性方程求解问题及MATLAB实现

本节将介绍各种矩阵方程的求解方法,首先介绍矩阵逆和伪逆的求解方法,然后介绍一般线性代数方程的求解、Lyapunov 方程与 Riccati 方程求解问题。

1. 线性方程求解

前面已经介绍过矩阵的左除和右除,可以用来求解线性方程。若线性方程为 $\boldsymbol{AX}=\boldsymbol{B}$,则用 X=$A\backslash B$ 即可求出方程的解;若方程为 $\boldsymbol{XA}=\boldsymbol{B}$,则用 X=B/A 即可求出方程的解。

更严格地，求解线性代数方程 $\boldsymbol{AX}=\boldsymbol{B}$ 应该分下面几种情况考虑[1]：

（1）若矩阵 $\boldsymbol{A}$ 为非奇异方阵，则方程的唯一解为 $\boldsymbol{X}$=inv($\boldsymbol{A}$)*$\boldsymbol{B}$。

（2）若 $\boldsymbol{A}$ 为奇异方阵，如果 $\boldsymbol{A}$ 和 $\boldsymbol{C}=[\boldsymbol{A},\boldsymbol{B}]$ 矩阵的秩均为 m，则线性代数方程有无穷多解，这时可以由 $\hat{x}$=null($\boldsymbol{A}$) 得出齐次方程 $\boldsymbol{Ax}=\boldsymbol{0}$ 的基础解系，用 x_0=pinv($\boldsymbol{A}$)*$\boldsymbol{B}$ 求出原方程的一个特解，这时定义符号变量 $a_1,a_2,\cdots,a_{n-m}$，则原方程的解为

$\boldsymbol{x}$=a_1*$\hat{\boldsymbol{x}}$(:,1)+a_2*$\hat{\boldsymbol{x}}$(:,2)+⋯+a_{n-m}*$\hat{\boldsymbol{x}}$(:,$n-m$)+$\boldsymbol{x}_0$

（3）若 $\boldsymbol{A}$ 和 $\boldsymbol{C}=[\boldsymbol{A},\boldsymbol{B}]$ 矩阵的秩不同，则方程没有解，只能用 $\boldsymbol{x}$=pinv($\boldsymbol{A}$)*$\boldsymbol{B}$ 命令求出方程的最小二乘解。

另外，采用 rref($\boldsymbol{C}$) 可以对原方程进行基本行变换，得出方程的解析解。

例3-5 试求解线性代数方程组并验证得出的结果。

$$\begin{bmatrix}1&2&3&4\\2&2&1&1\\2&4&6&8\\4&4&2&2\end{bmatrix}\boldsymbol{X}=\begin{bmatrix}1\\3\\2\\6\end{bmatrix}$$

解 由下面的语句可以求出矩阵 $\boldsymbol{A}$ 和判定矩阵 $\boldsymbol{C}=[\boldsymbol{A},\boldsymbol{B}]$ 的秩。

```
>> A=[1 2 3 4; 2 2 1 1; 2 4 6 8; 4 4 2 2]; B=[1;3;2;6];
   C=[A B]; [rank(A), rank(C)]
```

通过检验秩的方法得出矩阵 $\boldsymbol{A}$ 和 $\boldsymbol{C}$ 的秩相同，都等于2，小于矩阵的阶次4，由此可以得出结论，原线性代数方程组有无穷多组解。如需求解原代数方程组，可以先求出化零空间 $\boldsymbol{Z}$，并得出满足方程的一个特解 $\boldsymbol{x}_0$。

```
>> syms a1 a2; Z=null(sym(A)); x0=sym(pinv(A))*B;
   x=a1*Z(:,1)+a2*Z(:,2)+x0, A*x-B
```

由上面结果可以写出方程的解析解如下，经检验可见误差矩阵为零。

$$\boldsymbol{x}=\alpha_1\begin{bmatrix}2\\-5/2\\1\\0\end{bmatrix}+\alpha_2\begin{bmatrix}3\\-7/2\\0\\1\end{bmatrix}+\begin{bmatrix}125/131\\96/131\\-10/131\\-39/131\end{bmatrix}=\begin{bmatrix}2a_1+3a_2+125/131\\-5a_1/2-7a_2/2+96/131\\a_1-10/131\\a_2-39/131\end{bmatrix}$$

如果采用 $\boldsymbol{D}$=rref($\boldsymbol{C}$) 函数，利用基本行变换得出方程的解析解，得出

$$\boldsymbol{D}=\begin{bmatrix}1&0&-2&-3&2\\0&1&5/2&7/2&-1/2\\0&0&0&0&0\\0&0&0&0&0\end{bmatrix}$$

这样可以写出方程的解为 $x_1=2x_3+3x_4+2,x_2=-5x_3/2-7x_4/2-1/2$，其中，$x_3,x_4$ 可以取任意常数。

2. $AXB = C$ 型方程

如果已知矩阵为相容矩阵，则可以利用 Kronecker 乘积技术将原方程变换为

$$(\boldsymbol{B}^{\mathrm{T}} \otimes \boldsymbol{A})\boldsymbol{x} = \boldsymbol{c} \tag{3-2-1}$$

其中，$\otimes$ 为 Kronecker 乘积，后面将给出定义与求解方法，$\boldsymbol{x} = \mathrm{vec}(\boldsymbol{X})$，$\boldsymbol{c} = \mathrm{vec}(\boldsymbol{C})$ 为矩阵 $\boldsymbol{X}$，$\boldsymbol{C}$ 按列展开的列向量。其中，MATLAB 命令 `C(:)` 可以将矩阵 $\boldsymbol{C}$ 按列展开，获得 $\boldsymbol{c}$ 列向量，而由 `C=reshape(c,n,m)` 命令则可以从向量变换回矩阵 $\boldsymbol{C}$，如果维数 n、m 已知；若维数未知，则可以由 `C1=reshape(c,size(C))` 命令还原。

矩阵 $\boldsymbol{A}$、$\boldsymbol{B}$ 的 Kronecker 乘积 $\boldsymbol{A} \otimes \boldsymbol{B}$ 的数学定义为

$$\boldsymbol{A} \otimes \boldsymbol{B} = \begin{bmatrix} a_{11}\boldsymbol{B} & a_{12}\boldsymbol{B} & \cdots & a_{1n}\boldsymbol{B} \\ a_{21}\boldsymbol{B} & a_{22}\boldsymbol{B} & \cdots & a_{2n}\boldsymbol{B} \\ \vdots & \vdots & \ddots & \vdots \\ a_{m1}\boldsymbol{B} & a_{m2}\boldsymbol{B} & \cdots & a_{mn}\boldsymbol{B} \end{bmatrix} \tag{3-2-2}$$

矩阵的 Kronecker 乘积可以由 `kron()` 函数直接计算，`C=kron(A,B)`。

例 3-6 试求解如下的矩阵方程。

$$\begin{bmatrix} 8 & 1 & 6 \\ 3 & 5 & 7 \\ 4 & 9 & 2 \end{bmatrix} \boldsymbol{X} \begin{bmatrix} 0 & 1 & 0 & 0 & 1 \\ 1 & 0 & 1 & 2 & 2 \\ 1 & 2 & 0 & 0 & 2 \\ 0 & 0 & 1 & 1 & 1 \\ 1 & 0 & 0 & 2 & 1 \end{bmatrix} = \begin{bmatrix} 0 & 2 & 0 & 0 & 2 \\ 1 & 2 & 1 & 0 & 0 \\ 2 & 1 & 1 & 1 & 0 \end{bmatrix}$$

解 可以利用下面的语句直接求解给出的方程，得出方程的解析解。

```
>> B=[0,1,0,0,1; 1,0,1,2,2; 1,2,0,0,2; 0,0,1,1,1; 1,0,0,2,1];
   C=[0,2,0,0,2; 1,2,1,0,0; 2,1,1,1,0];
   A=[8,1,6; 3,5,7; 4,9,2]; x=inv(kron(sym(B'),A))*C(:)
   X=reshape(x,size(C)), A*X*B-C
```

得出的结果如下，经验证该解确实满足原始方程，误差为零。

$$\boldsymbol{X} = \begin{bmatrix} 257/360 & 7/15 & -29/90 & -197/360 & -29/180 \\ -179/180 & -8/15 & 23/45 & 119/180 & 23/90 \\ -163/360 & -8/15 & 31/90 & 223/360 & 31/180 \end{bmatrix}$$

3. Lyapunov方程求解

下面的方程称为 Lyapunov 方程

$$\boldsymbol{AX} + \boldsymbol{XA}^{\mathrm{T}} = -\boldsymbol{C} \tag{3-2-3}$$

其中 $\boldsymbol{A}$、$\boldsymbol{C}$ 为给定矩阵，且 $\boldsymbol{C}$ 为对称矩阵。MATLAB 下提供的 `X=lyap(A,C)` 可以立即求出满足 Lyapunov 方程的矩阵 $\boldsymbol{X}$。该函数亦可用于不对称 $\boldsymbol{C}$ 矩阵时方程的求解。

描述离散系统的Lyapunov方程标准型为

$$\boldsymbol{A}\boldsymbol{X}\boldsymbol{A}^{\mathrm{T}}-\boldsymbol{X}+\boldsymbol{Q}=\boldsymbol{0} \tag{3-2-4}$$

该方程可以直接用MATLAB现成函数`dlyap()`求解,即`X=dlyap(A,Q)`。

4. Sylvester方程求解

Sylvester方程实际上是Lyapunov方程的推广,有时又称为广义Lyapunov方程,该方程的数学表示为

$$\boldsymbol{A}\boldsymbol{X}+\boldsymbol{X}\boldsymbol{B}=-\boldsymbol{C} \tag{3-2-5}$$

其中$\boldsymbol{A}$、$\boldsymbol{B}$、$\boldsymbol{C}$为给定矩阵。MATLAB下提供的`X=lyap(A,B,C)`可以立即求出满足该方程的$\boldsymbol{X}$矩阵。

其实可以证明,利用Kronecker乘积可以将方程改写成线性代数方程。

$$(\boldsymbol{I}_m\otimes\boldsymbol{A}+\boldsymbol{B}^{\mathrm{T}}\otimes\boldsymbol{I}_n)\boldsymbol{x}=-\boldsymbol{c} \tag{3-2-6}$$

其中,$\boldsymbol{c}=\mathrm{vec}(\boldsymbol{C})$,$\boldsymbol{x}=\mathrm{vec}(\boldsymbol{X})$为矩阵按列展开的列向量。

文献[1,3]基于该方法给出了求取一般Lyapunov方程和Sylvester方程的解析解函数`lyapsym()`。针对不同的方程类型,可以由下面的格式分别求解。

```
X=lyapsym(sym(A),C),                  % 连续Lyapunov方程
X=lyapsym(sym(A),-inv(A'),Q*inv(A')), % 离散Lyapunov方程
X=lyapsym(sym(A),B,C),                % Sylvester方程
```

例3-7 求解下面的Sylvester方程。

$$\begin{bmatrix}8&1&6\\3&5&7\\4&9&2\end{bmatrix}\boldsymbol{X}+\boldsymbol{X}\begin{bmatrix}16&4&1\\9&3&1\\4&2&1\end{bmatrix}=\begin{bmatrix}1&2&3\\4&5&6\\7&8&0\end{bmatrix}$$

解 调用`lyap()`函数可以立即得出原方程的数值解。

```
>> A=[8,1,6; 3,5,7; 4,9,2]; B=[16,4,1; 9,3,1; 4,2,1];
   C=-[1,2,3; 4,5,6; 7,8,0]; X=lyap(A,B,C), norm(A*X+X*B+C)
```

可以得出该方程的数值解如下,经检验该解的误差为9.5337×10^{-15},精度较高。

$$\boldsymbol{X}=\begin{bmatrix}0.0749&0.0899&-0.4329\\0.0081&0.4814&-0.2160\\0.0196&0.1826&1.1579\end{bmatrix}$$

如果想获得原方程的解析解,则可以使用下面的语句直接求解。

```
>> x=lyapsym(sym(A),B,C), norm(A*x+x*B+C)
```

得出方程的解如下,经检验误差为零,该解是原方程的解析解。

$$\boldsymbol{x}=\begin{bmatrix}1349214/18020305&648107/7208122&-15602701/36040610\\290907/36040610&3470291/7208122&-3892997/18020305\\70557/3604061&1316519/7208122&8346439/7208122\end{bmatrix}$$

5. Riccati方程求解

下面的方程称为Riccati代数方程。

$$\boldsymbol{A}^{\mathrm{T}}\boldsymbol{X}+\boldsymbol{X}\boldsymbol{A}-\boldsymbol{X}\boldsymbol{B}\boldsymbol{X}+\boldsymbol{C}=\boldsymbol{0} \tag{3-2-7}$$

其中$\boldsymbol{A}$、$\boldsymbol{B}$、$\boldsymbol{C}$为给定矩阵，且$\boldsymbol{B}$为非负定对称矩阵，$\boldsymbol{C}$为对称矩阵，则可以通过MATLAB的are()函数得出Riccati方程的解：$\boldsymbol{X}$=are($\boldsymbol{A}$,$\boldsymbol{B}$,$\boldsymbol{C}$)，且$\boldsymbol{X}$为对称矩阵。离散系统的Riccati方程可以用dare()函数直接求解。

例3-8 试求解并检验下面给出的Riccati方程。

$$\begin{bmatrix}-2&-1&0\\1&0&-1\\-3&-2&-2\end{bmatrix}\boldsymbol{X}+\boldsymbol{X}\begin{bmatrix}-2&1&-3\\-1&0&-2\\0&-1&-2\end{bmatrix}-\boldsymbol{X}\begin{bmatrix}2&2&-2\\-1&5&-2\\-1&1&2\end{bmatrix}\boldsymbol{X}+\begin{bmatrix}5&-4&4\\1&0&4\\1&-1&5\end{bmatrix}=\boldsymbol{0}$$

解 对比所述方程和式(3-2-7)给出的标准型可见

$$\boldsymbol{A}=\begin{bmatrix}-2&1&-3\\-1&0&-2\\0&-1&-2\end{bmatrix},\quad \boldsymbol{B}=\begin{bmatrix}2&2&-2\\-1&5&-2\\-1&1&2\end{bmatrix},\quad \boldsymbol{C}=\begin{bmatrix}5&-4&4\\1&0&4\\1&-1&5\end{bmatrix}$$

可以用下面的语句直接求解该方程，经验证得出解的误差为1.4215×10^{-14}。

```
>> A=[-2,1,-3; -1,0,-2; 0,-1,-2]; B=[2,2,-2; -1 5 -2; -1 1 2];
   C=[5 -4 4; 1 0 4; 1 -1 5]; X=are(A,B,C); norm(A'*X+X*A-X*B*X+C)
```

原方程的数值解为

$$\boldsymbol{X}=\begin{bmatrix}0.98739&-0.798330&0.41887\\0.57741&-0.130790&0.57755\\-0.28405&-0.073037&0.69241\end{bmatrix}$$

3.2.2 一般非线性方程的求解

非线性方程如果不借助计算机也是难以求解的问题。本节将探讨一般非线性方程的准解析解方法，还将介绍二元非线性方程的图解方法与一般非线性方程的数值解方法。

1. 非线性方程的解析解法

MATLAB符号运算工具箱中提供了solve()函数可以直接求出某些方程的解析解。如果方程没有解析解，还可以通过vpasolve()函数得出方程的高精度数值解。用户只需用符号表达式表示出所需求解的方程即可以直接得出方程的解析解或高精度数值解。值得指出的是，早期版本允许使用字符串描述方程，不过在新版本下这样的描述已经不再支持了，只能用符号表达式描述方程。该函数尤其适用于可以转化成多项式类方程的准解析解[1]。

例3-9 试求解鸡兔同笼问题，其数学形式为下面给出的二元一次方程组。

$$\begin{cases}x+y=35\\2x+4y=94\end{cases}$$

解 求解鸡兔同笼问题有各种各样的方法，这里介绍基于vpasolve()函数的求解方法，需要首先将方程表示为符号表达式，然后直接求解方程即可。注意，方程中的等号需要用==表示；如果方程右侧为零，则可以略去==0。

```
>> syms x y; [x0,y0]=vpasolve(x+y==35,2*x+4*y==94)
```

例3-10 试求解下面给出的联立方程。

$$\begin{cases} \dfrac{1}{2}x^2+x+\dfrac{3}{2}+2\dfrac{1}{y}+\dfrac{5}{2y^2}+3\dfrac{1}{x^3}=0 \\ \dfrac{y}{2}+\dfrac{3}{2x}+\dfrac{1}{x^4}+5y^4=0 \end{cases}$$

解 用手工方法不可能求解原方程，所以应该考虑采用fsolve()函数直接求解。这样由下面的MATLAB语句可以得出原方程全部26个根，全部为共轭复数根。可以看出，求解这样复杂的方程对用户而言，和求解鸡兔同笼问题一样简单。

```
>> syms x y
   [x,y]=vpasolve(x^2/2+x+3/2+2/y+5/(2*y^2)+3/x^3==0,...
              y/2+3/(2*x)+1/x^4+5*y^4==0);
   size(x)
```

2. 非线性方程的图解法

前面介绍过，满足隐式方程的解可以由fimplicit()函数或ezplot()函数直接绘制出来。如果想求出若干隐式方程构成的联立方程的解，则可以将这些隐式方程用fimplicit()函数或ezplot()在同一坐标系下绘制出来，这样，这些曲线的交点就是原联立方程的解，可以利用局部放大的方法把感兴趣的解从图形上读出来。具体求解方法可以参见例2-36中给出的演示。

3. 一般非线性方程的MATLAB数值解法

前面介绍了非线性方程组的两种解法，但这些解法均有一定的局限性。例如，solve()函数适合于求解可以转换成多项式形式的方程解，对一般超越方程没有较好的解决方法，而图解法适合求解一元、二元方程的解，且求解精度由于坐标轴数据显示只能保留小数点位数有限，所以精度较低，且只能得到方程的实根。

MATLAB提供了fsolve()函数，利用搜索的方法求解一般非线性方程组。该函数求解一般非线性方程组的步骤如下：

（1）变换成方程的标准型。$\boldsymbol{Y}=\boldsymbol{F}(\boldsymbol{X})=\boldsymbol{0}$，其中，$\boldsymbol{X}$和$\boldsymbol{F}$是同维数的矩阵。

（2）用MATLAB描述方程。可以采用匿名函数或M-函数直接描述方程。

（3）选定初值求解方程。求解函数调用格式为

$[x, f_1$,flag,details$]=$fsolve(fun,x_0,options)

其中，fun为步骤（2）中建立的方程组MATLAB表示，$\boldsymbol{x}_0$为给定的初值。变量$\boldsymbol{x}$为搜索出来的方程的解，f_1为该解带入原方程得出的误差值。返回的flag变量为标志量，如果其值大于0表示求解成功。details还将返回一些中间信息，如迭

代步数等。如果想修改求解的误差限，则可以设置options模板，该值可以通过optimset()函数设定。

（4）解的验证。将得出的解代入方程$\boldsymbol{F}$=fun($\boldsymbol{X}$)，由norm($\boldsymbol{F}$)检验结果。

例3-11 试利用数值解法重新求解例2-36中给出的超越方程。

解 由于该方程是关于自变量x和y的，而标准型方程是针对自变量$\boldsymbol{x}$的，所以可以考虑引入变量$x_1=x,x_2=y$，这样原方程可以写成下面的标准型。

$$\boldsymbol{y}=\boldsymbol{f}(\boldsymbol{x})=\begin{bmatrix}x_1^2\mathrm{e}^{-x_1x_2^2/2}+\mathrm{e}^{-x_1/2}\sin(x_1x_2)\\ x_2^2\cos(x_2+x_1^2)+x_1^2\mathrm{e}^{x_1+x_2}\end{bmatrix}=\boldsymbol{0}$$

其中，$\boldsymbol{x}=[x_1,x_2]^{\mathrm{T}}$。这样可以由如下的匿名函数描述原始的非线性方程组。

```
>> f=@(x)[x(1)^2*exp(-x(1)*x(2)^2/2)+exp(-x(1)/2)*sin(x(1)*x(2));
          x(2)^2*cos(x(2)+x(1)^2)+x(1)^2*exp(x(1)+x(2))];
```

选定例子中得出的某随机点作为初始搜索点，则得出的解为$x=2.7800$，$y=-3.3902$，代入原方程可见误差达10^{-11}级别，可见求解精度大大增加。

```
>> x0=-5+10*rand(2,1); x=fsolve(f,x0); y=x(2), x=x(1)
```

改变初值$\boldsymbol{x}_0$，则可以得到方程其他的实根。例如，由下面的语句可能得出另一对根$x=0,y=1.5708$，带入原方程可见精度达到10^{-7}级，基本满足一般要求。反复使用上述的语句还可能得出很多其他的根。

```
>> x0=rand(2,1); x=fsolve(f,x0), f(x)
```

利用数值求解函数fsolve()，还可以人为设置求解精度等控制量，例如可以用下面的语句直接求解方程，得到精确些的解。例如，用下面的语句重新求解原方程，则上述第一个根的精度可以增加到10^{-14}级。

```
>> x0=[2.7795; -3.3911]; ff=optimset;
   ff.TolX=1e-20; ff.TolFun=1e-20; x=fsolve(f,x0,ff), f(x)
```

如果选择复数初值，如$\boldsymbol{x}_0=[5+4\mathrm{j},-1+2\mathrm{j}]$，则可以用下面语句求解方程，得出$\boldsymbol{x}=[3.5470+0.0480\mathrm{j},-3.5422+0.0479\mathrm{j}]$，误差也为$10^{-14}$级。

```
>> x0=[5+4i; -1+2i]; x=fsolve(f,x0,ff), f(x)
```

3.2.3 非线性矩阵方程的MATLAB求解

前面介绍的fsolve()函数可以直接用于求解非线性矩阵方程的一个根。如果给定初值，则可以通过这个初值搜索出其他的根。若给出多个初值，则可能求出其他的根。可以编写一个求解函数，一次性得出方程的多个根，该函数是文献[4]给出函数的改进形式，方程运行时间越长得出的结果可能越精确。

```
function more_sols(f,X0,varargin)
[A,tol,tlim,ff]=default_vals({1000,eps,30,optimset},varargin{:});
if length(A)==1, a=-0.5*A; b=0.5*A; else, a=A(1); b=A(2); end
```

```
ar=real(a); br=real(b); ai=imag(a); bi=imag(b);
ff.Display='off'; ff.TolX=tol; ff.TolFun=1e-20;
[n,m,i]=size(X0); X=X0; tic
if i==0, X0=zeros(n,m);      %判定零矩阵是不是方程的孤立解
   if norm(f(X0))<tol, i=1; X(:,:,i)=X0; end
end
while (1) %死循环结构,可以按Ctrl+C组合键中断,也可以等待
   x0=ar+(br-ar)*rand(n,m); %生成搜索初值的随机矩阵
   if abs(imag(A))>1e-5, x0=x0+(ai+(bi-ai)*rand(n,m))*1i; end
   [x,aa,key]=fsolve(f,x0,ff); t=toc; if t>tlim, break; end
   if key>0, N=size(X,3);    %读出已记录根的个数,若该根已记录,则放弃
      for j=1:N, if norm(X(:,:,j)-x)<1e-4; key=0; break; end, end
      if key==0                %如果找到的解比存储的更精确,则替换
         if norm(f(x))<norm(f(X(:,:,j))), X(:,:,j)=x; end
      elseif key>0, X(:,:,i+1)=x;       %记录找到的根
         if norm(imag(x))>1e-5 && norm(f(conj(x)))<1e-5
            i=i+1; X(:,:,i+1)=conj(x); %若找到复根,则测试其共轭复数
         end
         assignin('base','X',X); i=i+1, tic %更新信息
      end, assignin('base','X',X);
end, end
```

其子函数 **default_val()** 的清单为

```
function varargout=default_vals(vals,varargin)
if nargout~=length(vals), error('number of arguments mismatch');
else, nn=length(varargin)+1;
    varargout=varargin; for i=nn:nargout, varargout{i}=vals{i};
end, end, end
```

该函数调用格式为 more_sols(f, $\boldsymbol{X}_0$, A, ϵ, $t_{\rm lim}$)，其中，f 为原函数的MATLAB表示，可以为匿名函数、MATLAB函数等，其他的参数可以采用默认的值，一般无经验的用户无须给出。$\boldsymbol{X}_0$ 是一个三维数组，表示以前已经得到的方程根，A 为随机数初值范围，表示初值在 $(-A/2, A/2)$ 范围内取均匀分布随机数，默认值为1000。ϵ 为求解的默认精度要求，默认值为5倍的 **eps**。$t_{\rm lim}$ 为允许的等待时间，默认值为30，表示半分钟，即半分钟内如果没有找到新解，则停止搜索。

观察图2-13(a)中的曲线交点，可以看出，$x=0, y=0$ 这个点不是由两条曲线演化而来，所以这类解称为方程的孤立根，是不同通过搜索方法得出的。在上面给出的求解函数中，首先尝试原点是不是孤立解，如果是则记录下来。另外，如果搜索到了一个复数根，则尝试一下其共轭复数是不是方程的根，如果是也记录下来，这样可以通过程序的使用效率。

由于使用了死循环 while(1)，只能由用户给出的中断命令 Ctrl+C 键停止运行，或等待 $t_{\rm lim}$ 后没有新解后自动终止，这样该函数不能返回任何变元。为解决这样的问题，使用 assignin() 函数将得到的解 $\boldsymbol{X}$ 和求解方程次数 M 写入 MATLAB 的工作空间。其中，$\boldsymbol{X}$ 为三维数组，$\boldsymbol{X}(:,:,i)$ 对应于第 i 个根。已找到根的个数可以由 size($\boldsymbol{X}$,3) 读出。

例3-12 试求出例3-8中给出的Riccati方程全部的根。

解 由于该方程是关于 $\boldsymbol{X}$ 的二次型方程，从常理看该方程可能存在其他的根，但 are() 函数只能求出一个根。其他的根可以使用搜索的方法求出。现在可以试用 more_sols() 函数来求解Riccati方程其他可能的根。首先，将矩阵方程用下面匿名函数直接描述出来。

```
>> A=[-2,1,-3; -1,0,-2; 0,-1,-2]; B=[2,2,-2; -1 5 -2; -1 1 2];
   C=[5 -4 4; 1 0 4; 1 -1 5]; f=@(X)A'*X+X*A-X*B*X+C;
   more_sols(f,zeros(3,3,0))
```

可见，上述函数的定义格式和Riccati方程的数学描述一样简洁。定义了方程函数，则直接调用 more_sols() 函数即可得出方程的解。该方程有8个根，所以显示 $i=8$ 以后就可以用 Ctrl+C 键结束程序运行，或等待程序自动停止。这时，工作空间中的 $\boldsymbol{X}$ 三维数组将返回方程的所有8个根，前面 are() 函数求出的解矩阵只是其中之一。

$$\boldsymbol{X}_1=\begin{bmatrix}0.8878 & -0.9608 & -0.2446\\ 0.1071 & -0.8984 & -2.5562\\ -0.0185 & 0.3604 & 2.4619\end{bmatrix},\ \boldsymbol{X}_2=\begin{bmatrix}-0.1538 & 0.1086 & 0.4622\\ 2.0277 & -1.7436 & 1.3474\\ 1.9003 & -1.7512 & 0.5057\end{bmatrix}$$

$$\boldsymbol{X}_3=\begin{bmatrix}1.2212 & -0.4165 & 1.9775\\ 0.3577 & -0.4893 & -0.8863\\ -0.7414 & -0.8197 & -2.3559\end{bmatrix},\ \boldsymbol{X}_4=\begin{bmatrix}-2.1032 & 1.2977 & -1.9697\\ -0.2466 & -0.3563 & -1.4899\\ -2.1493 & 0.7189 & -4.5464\end{bmatrix}$$

$$\boldsymbol{X}_5=\begin{bmatrix}0.9873 & -0.7983 & 0.4188\\ 0.5774 & -0.1307 & 0.5775\\ -0.2840 & -0.0730 & 0.6924\end{bmatrix},\ \boldsymbol{X}_6=\begin{bmatrix}0.6664 & -1.3222 & -1.7200\\ 0.3120 & -0.5640 & -1.1910\\ -1.2272 & -1.6129 & -5.5939\end{bmatrix}$$

$$\boldsymbol{X}_7=\begin{bmatrix}-0.7618 & 1.3312 & -0.8400\\ 1.3182 & -0.3173 & -0.1718\\ 0.6371 & 0.7884 & -2.1996\end{bmatrix},\ \boldsymbol{X}_8=\begin{bmatrix}23.947 & -20.667 & 2.4528\\ 30.146 & -25.983 & 3.6699\\ 51.967 & -44.911 & 4.6409\end{bmatrix}$$

如果将求解范围用复数表示，则还可以得出方程的复数根。可见，通过搜索可以得出方程全部20个根。

```
>> more_sols(f,X,1000+1000i)
```

利用这里给出的 more_sols() 函数可以求解由其他方法很难求解的矩阵方程，例如下面Riccati方程扩展形式得出的特殊方程也可以直接求解。

$$\boldsymbol{AX}+\boldsymbol{XD}-\boldsymbol{XBX}+\boldsymbol{C}=\boldsymbol{0} \tag{3-2-8}$$

$$\boldsymbol{AX}+\boldsymbol{XD}-\boldsymbol{XBX}^{\rm T}+\boldsymbol{C}=\boldsymbol{0} \tag{3-2-9}$$

例3-13 试求解式(3-2-9)中给出的矩阵方程,其中

$$\boldsymbol{A}=\begin{bmatrix}2&1&9\\9&7&9\\6&5&3\end{bmatrix},\quad \boldsymbol{B}=\begin{bmatrix}0&3&6\\8&2&0\\8&2&8\end{bmatrix},\quad \boldsymbol{C}=\begin{bmatrix}7&0&3\\5&6&4\\1&4&4\end{bmatrix},\quad \boldsymbol{D}=\begin{bmatrix}3&9&5\\1&2&9\\3&3&0\end{bmatrix}$$

解 可以通过下面的语句直接求出该方程的16个实根,从略。

```
>> A=[2,1,9; 9,7,9; 6,5,3]; B=[0,3,6; 8,2,0; 8,2,8];
   C=[7,0,3; 5,6,4; 1,4,4]; D=[3,9,5; 1,2,9; 3,3,0];
   f=@(X)A*X+X*D-X*B*X.'+C; more_sols(f,zeros(3,3,0))
```

例3-14 例2-36中的方程也可以看成是一种特殊的矩阵方程,试求解该方程。

解 仿照例3-11中介绍的方法,由匿名函数描述该方程,则可以给出如下的命令,直接求解该方程。

```
>> f=@(x)[x(1)^2*exp(-x(1)*x(2)^2/2)+exp(-x(1)/2)*sin(x(1)*x(2));
          x(2)^2*cos(x(2)+x(1)^2)+x(1)^2*exp(x(1)+x(2))];
   more_sols(f,zeros(2,1,0),4*pi)
```

经过一段时间的等待,或用Ctrl+C键强制停止搜索过程,用下面的命令将得出的解叠印在图解法得出的图上,如图3-1所示,搜索到的解用圈表示。可见,绝大部分的交点均已找到。将所有的解代入原方程,则可以得出最大误差 $e = 5.9706\times10^{-13}$,可见得出的解精度远远高于图解法。如果程序运行一段时间后自然停止,则可能找到该方程在感兴趣区域的全部41个根。

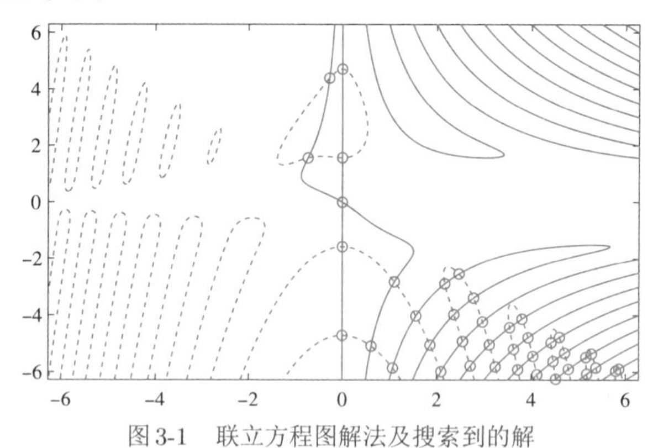

图3-1 联立方程图解法及搜索到的解

```
>> syms x y; f1=x^2*exp(-x*y^2/2)+exp(-x/2)*sin(x*y);
   f2=y^2*cos(y+x^2)+x^2*exp(x+y);
   fimplicit([f1,f2],[-2*pi,2*pi],'MeshDensity',800), hold on
   x0=X(1,1,:); x0=x0(:); y0=X(2,1,:); y0=y0(:); plot(x0,y0,'o')
   F=[]; for i=1:length(x0), F=[F,f([x0(i),y0(i)])]; end, norm(F)
```

3.3 常微分方程问题的MATLAB求解

微分方程问题是动态系统仿真的核心，由强大的MATLAB语言可以对一阶微分方程组求取数值解，其他类型的微分方程可以通过合适的算法变换成可解的一阶微分方程组进行求解，这里将介绍微分方程的求解方法。

3.3.1 一阶常微分方程组的数值解法

假设一阶常微分方程组由下式给出

$$\dot{x}_i(t) = f_i(t, \boldsymbol{x}(t)),\ i = 1, 2, \cdots, n \tag{3-3-1}$$

其中，$\boldsymbol{x}(t)$ 为状态变量 $x_i(t)$ 构成的向量，即 $\boldsymbol{x}(t) = [x_1(t), x_2(t), \cdots, x_n(t)]^{\mathrm{T}}$，常称为系统的状态向量，$n$ 称为系统的阶次，$f_i(\cdot)$ 为任意非线性函数，t 为时间变量。一般来说，非线性的微分方程是没有解析解的，只能采用数值方法，在初值 $\boldsymbol{x}(0)$ 下求解常微分方程组。

求解常微分方程组的数值方法是多种多样的，如常用的Euler法、Runge–Kutta算法、Adams线性多步法、Gear算法等。为解决刚性（stiff）问题又有若干专用的刚性问题求解算法；另外，如需要求解隐式常微分方程组和含有代数约束的微分代数方程组时，则需要对方程进行相应的变换，方能进行求解。微分方程的数值解法详参文献[5]，本节只给出简单微分方程的直接数值求解方法。

MATLAB中给出了若干求解一阶常微分方程组的函数，如 `ode23()`（二阶三级Runge–Kutta算法）、`ode45()`（四阶五级Runge–Kutta算法）、`ode15s()`（变阶次刚性方程求解算法）等，其调用格式都是一致的：

```
[t,x]=ode45(Fun,tspan,x0,options,附加参数)
```

其中，$\boldsymbol{t}$ 为自变量构成的向量，一般采用变步长算法，返回的 $\boldsymbol{x}$ 是一个矩阵，其列数为 n，即微分方程的阶次，行数等于 $\boldsymbol{t}$ 的行数，每一行对应于相应时间点处的状态变量向量的转置。`Fun` 为用MATLAB编写的固定格式的M-函数或匿名函数，描述一阶微分方程组，`tspan` 为数值解时的初始和终止时间等信息，$\boldsymbol{x}_0$ 为初始状态变量，`options` 为求解微分方程的一些控制参数，还可以将一些附加参数在求解函数和方程描述函数之间传递。下面将通过例子介绍微分方程求解过程。

例3-15 试求解下面给出的著名的Rössler微分方程组，选定 $a = b = 0.2$, $c = 5.7$，且 $x(0)=y(0)=z(0)=0$。

$$\begin{cases} \dot{x}(t) = -y(t) - z(t) \\ \dot{y}(t) = x(t) + ay(t) \\ \dot{z}(t) = b + [x(t) - c]z(t) \end{cases}$$

解 由于该方程是非线性微分方程，一般没有解析解，只能通过数值解的方法来研究该方程。引入新状态变量$x_1(t)=x(t)$,$x_2(t)=y(t)$,$x_3(t)=z(t)$,则可将原微分方程改写成

$$\begin{cases}\dot{x}_1(t)=-x_2(t)-x_3(t)\\ \dot{x}_2(t)=x_1(t)+ax_2(t)\\ \dot{x}_3(t)=b+[x_1(t)-c]x_3(t)\end{cases}\quad 其矩阵形式为\ \dot{\boldsymbol{x}}(t)=\begin{bmatrix}-x_2(t)-x_3(t)\\ x_1(t)+ax_2(t)\\ b+[x_1(t)-c]x_3(t)\end{bmatrix}$$

若想求解这个微分方程,则需要用户自己编写一个MATLAB函数描述它。

```
function dx=rossler(t,x) %虽然不显含时间,还应该写出占位
dx=[-x(2)-x(3);              %对应方程第一行,直接将参数代入
    x(1)+0.2*x(2); 0.2+(x(1)-5.7)*x(3)]; %其余两行
```

对比此函数和给出的数学方程,应该能看出编写这样的函数还是很直观的。只要能得出一阶微分方程组,则可以立即编写出MATLAB函数来描述它。编写了该函数,就可以将其存成rossler.m文件。除了用MATLAB函数描述微分方程之外,对简单问题还可以用匿名函数的方式描述原始的微分方程。

```
>> f=@(t,x)[-x(2)-x(3); x(1)+0.2*x(2); 0.2+(x(1)-5.7)*x(3)];
```

这样就可以用下面的MATLAB语句求出微分方程的数值解。

```
>> x0=[0; 0; 0]; [t,y]=ode45(@rossler,[0,100],x0); %解方程
       %或采用 [t,y]=ode45(f,[0,100],x0) 命令求解方程
   plot(t,y)   %绘制各个状态变量的时间响应
   figure; plot3(y(:,1),y(:,2),y(:,3)), grid %绘制相空间轨迹
```

上面的命令将直接得出该微分方程在$t\in[0,100]$内的数值解,该数值解可以用图形更直观地表示出来,若绘制各个状态变量和时间之间的关系曲线,则得出如图3-2(a)所示的时域响应曲线,该方程研究的另外一种实用的表示是三维曲线绘制,用三维图形可以绘制出相空间曲线,如图3-2(b)所示。如果用`comet3()`函数取代`plot3()`,则可以看出轨迹走行的动画效果。

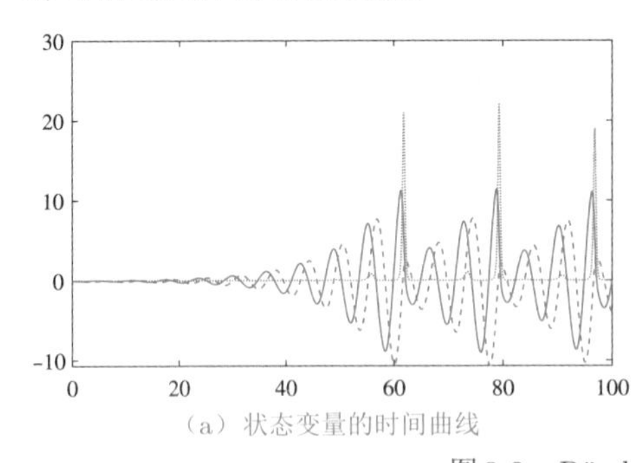

(a) 状态变量的时间曲线

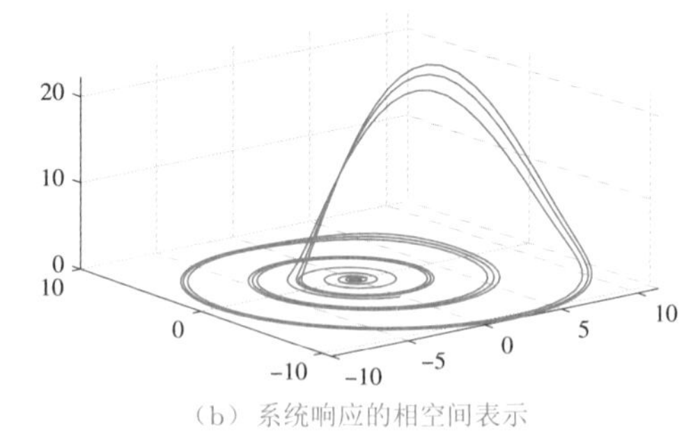

(b) 系统响应的相空间表示

图3-2 Rössler方程的数值解表示

现在演示附加参数的使用方法,假设a、b、c这三个参数需要用外部命令给出,则可以按下面的格式写出一个新的M-函数来描述微分方程组。

```
function dx=rossler1(t,x,a,b,c) %加入附加参数
dx=[-x(2)-x(3); x(1)+a*x(2); b+(x(1)-c)*x(3)];
```

这样就可以用下面的语句直接求解该方程并绘制曲线了。

```
>> a=0.2; b=0.2; c=5.7; %从函数外部定义这三个变量，无须修改函数本身
   [t,y]=ode45(@rossler1,[0,100],x0,[],a,b,c); %用附加参数解方程
```

这样编写M-函数有很多好处，例如若想改变β等参数，没有必要修改M-函数，只需在求解该方程时将参数代入即可，这样会很方便。假设现在想研究$a=2$时的微分方程数值解，则可以给出下面的命令直接求解。

```
>> a=2; [t,y]=ode45(@rossler1,[0,100],x0,[],a,b,c);
```

事实上，对简单的微分方程而言，用匿名函数可以避开附加变量的使用，直接描述带有参数的微分方程。例如，下面的语句同样可以求解前面的微分方程。值得指出的是，若想修改方程的参数，应该重新定义匿名函数。

```
>> a=0.2; b=0.2; c=5.7;
   f=@(t,x)[-x(2)-x(3); x(1)+a*x(2); b+(x(1)-c)*x(3)];
   [t,y]=ode45(f,[0,100],x0);  %利用匿名函数可以直接求解
```

在许多领域中，经常遇到一类特殊的常微分方程，其中一些解变化缓慢，另一些变化快，且相差较悬殊，用`ode45()`函数长时间的不出结果。这类方程常常称为刚性方程，又称为Stiff方程。刚性问题一般不适合由`ode45()`这类函数求解，而应该采用MATLAB求解函数`ode15s()`，其调用格式与`ode45()`一致。

3.3.2 常微分方程的转换

MATLAB下提供的微分方程数值解函数只能处理以一阶微分方程组形式给出的微分方程，所以在求解之前需要先将给定的微分方程变换成一阶微分方程组，而微分方程组的变换中需要选择一组状态变量，由于状态变量的选择是可以比较任意的，所以一阶显式微分方程组的变换也不是唯一的。这里介绍微分方程组变换的一般方法。

首先考虑单个高阶微分方程的处理方法，假设微分方程可以写成

$$f(t,y,\dot{y},\ddot{y},\cdots,y^{(n)})=0 \tag{3-3-2}$$

比较简单的状态变量选择方法是令$x_1=y,x_2=\dot{y},\cdots,x_n=y^{(n-1)}$，这样显然有$\dot{x}_1=x_2,\dot{x}_2=x_3,\cdots,\dot{x}_{n-1}=x_n$，另外，求解式(3-3-2)，得出$y^{(n)}$的显式表达式，$y^{(n)}=\hat{f}(t,y,\dot{y},\cdots,y^{(n-1)})$，这时就可以写出该微分方程对应的一阶微分方程组为

$$\begin{cases}\dot{x}_i=x_{i+1}, & i=1,2,\cdots,n-1\\ \dot{x}_n=\hat{f}(t,x_1,x_2,\cdots,x_n)\end{cases} \tag{3-3-3}$$

这样，原微分方程就可以用MATLAB提供的常微分方程求解`ode45()`、`ode15s()`等函数直接求解了。

再考虑高阶微分方程组的变换方法，假设已知高阶微分方程组为

$$\begin{cases} f(t,x(t),\dot{x}(t),\cdots,x^{(m-1)}(t),x^{(m)}(t),y(t),\cdots,y^{(n-1)}(t),y^{(n)}(t))=0 \\ g(t,x(t),\dot{x}(t),\cdots,x^{(m-1)}(t),x^{(m)}(t),y(t),\cdots,y^{(n-1)}(t),y^{(n)}(t))=0 \end{cases} \tag{3-3-4}$$

则仍旧可以选择状态变量 $x_1(t)=x(t)$，$x_2(t)=\dot{x}(t)$，$\cdots$，$x_m(t)=x^{(m-1)}(t)$，$x_{m+1}(t)=y(t)$，$x_{m+2}(t)=\dot{y}(t)$，$\cdots$，$x_{m+n}(t)=y^{(n-1)}(t)$，并将其代入式 (3-3-4)，则

$$\begin{cases} f(t,x_1(t),x_2(t),\cdots,x_m(t),\dot{x}_m(t),x_{m+1}(t),\cdots,x_{m+n}(t),\dot{x}_{m+n}(t))=0 \\ g(t,x_1(t),x_2(t),\cdots,x_m(t),\dot{x}_m(t),x_{m+1}(t),\cdots,x_{m+n}(t),\dot{x}_{m+n}(t))=0 \end{cases} \tag{3-3-5}$$

求解该方程则可以得出 $\dot{x}_m(t)$ 与 $\dot{x}_{m+n}(t)$，从而得出所需的一阶微分方程组，最终使用 MATLAB 中提供的函数求解这些高阶微分方程组。

例 3-16　考虑著名的 Van der Pol 方程 $\ddot{y}(t)+[y^2(t)-1]\dot{y}(t)+y(t)=0$，已知 $y(0)=-0.2$，$\dot{y}(0)=-0.7$，试用数值方法求出的 Van der Pol 方程的解。

解　由给出的方程可知，因为它不是显式一阶微分方程组，所以不能直接求解，而必须先进行转换，再进行求解。选择状态变量 $x_1(t)=y(t)$，$x_2(t)=\dot{y}(t)$，则原方程可以变换成

$$\begin{cases} \dot{x}_1(t)=x_2(t) \\ \dot{x}_2(t)=-[x_1^2(t)-1]x_2(t)-x_1(t), \end{cases} \quad 其矩阵形式为 \dot{\boldsymbol{x}}=\begin{bmatrix} x_2(t) \\ -[x_1^2(t)-1]x_2(t)-x_1(t) \end{bmatrix}$$

这样可以写出如下描述此方程的匿名函数。

```
>> f=@(t,x)[x(2); -(x(1)^2-1)*x(2)-x(1)];
```

由选定的状态变量可知，其初值可以描述成 $\boldsymbol{x}_0=[-0.2,-0.7]^{\mathrm{T}}$，所以该方程最终可以由下面的语句直接求解并绘图，得出的时间响应曲线如图 3-3(a) 所示，相平面曲线如图 3-3(b) 所示。

```
>> x0=[-0.2; -0.7]; tn=20; [t,x]=ode45(f,[0,tn],x0);
   plot(t,x)                      %显示两个状态变量的时间曲线
   figure; plot(x(:,1),x(:,2))    %相平面曲线
```

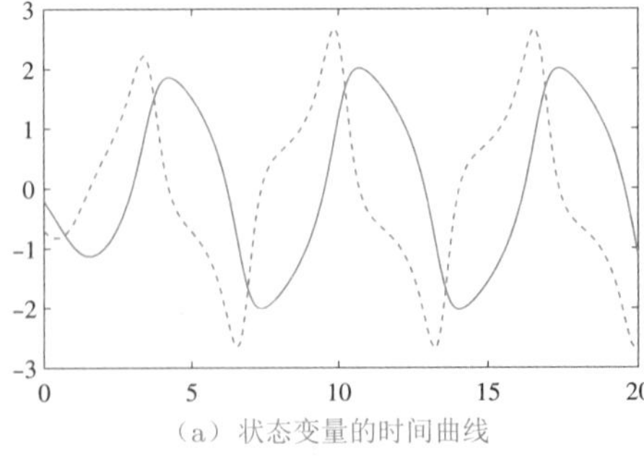

(a) 状态变量的时间曲线

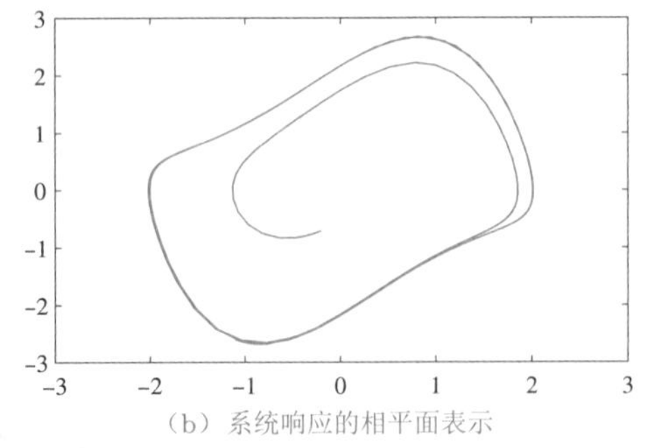

(b) 系统响应的相平面表示

图 3-3　Van der Pol 方程的数值解表示

3.3.3 微分方程数值解的验证

前面介绍了微分方程的求解方法，求解步骤总结如下：

（1）转换成标准型。由于现有的求解函数只能求解一阶显式微分方程组，所以需要首先将原始的微分方程手工变换成标准形式。

（2）描述标准型。用MATLAB函数或者匿名函数描述原始微分方程。对简单问题而言，用匿名函数是最好的选择，但如果原始微分方程较烦琐，则只能用M-函数描述。

（3）调用求解函数。调用求解函数 `ode45()` 直接求解，对特殊的方程需要采用刚性微分方程求解函数，如 `ode15s()`。

（4）解的验证。MATLAB采用变步长算法求解微分方程，其关键的监测指标是容许相对误差限 `RelTol` 的设置。默认的 `RelTol` 控制量为 10^{-3}，相当于千分之一的误差，其值过大，所以应该采用较小的值。如果两次选择不同的 `RelTol` 值解的结果一致，则可以认为得出的解是正确的，否则应该试更小的控制量。另外，选择不同的求解算法也可以验证解的正确性。如果想追求双精度数据结构下最精确的结果，可以将 `RelTol` 的值设置成 3×10^{-14}。这些控制选项可以用下面的语句设置。

```
options=odeset; options.RelTol=1e-7;
```

例3-17 已知Apollo卫星的运动轨迹 (x,y) 满足下面的方程[7]。

$$\begin{cases} \ddot{x}(t)=2\dot{y}(t)+x(t)-\dfrac{\mu^*(x(t)+\mu)}{r_1^3(t)}-\dfrac{\mu(x(t)-\mu^*)}{r_2^3(t)} \\ \ddot{y}(t)=-2\dot{x}(t)+y(t)-\dfrac{\mu^*y(t)}{r_1^3(t)}-\dfrac{\mu y(t)}{r_2^3(t)} \end{cases}$$

其中，$\mu=1/82.45$，$\mu^*=1-\mu$，且

$$r_1(t)=\sqrt{(x(t)+\mu)^2+y^2(t)},\quad r_2(t)=\sqrt{(x(t)-\mu^*)^2+y^2(t)}$$

若已知初值为 $x(0)=1.2$，$\dot{x}(0)=0$，$y(0)=0$，$\dot{y}(0)=-1.04935751$，试求解该方程。

解 选择一组状态变量 $x_1(t)=x(t)$，$x_2(t)=\dot{x}(t)$，$x_3(t)=y(t)$，$x_4(t)=\dot{y}(t)$，这样就可以得出标准型为

$$\begin{cases} \dot{x}_1(t)=x_2(t) \\ \dot{x}_2(t)=2x_4(t)+x_1(t)-\mu^*(x_1(t)+\mu)/r_1^3(t)-\mu(x_1(t)-\mu^*)/r_2^3(t) \\ \dot{x}_3(t)=x_4(t) \\ \dot{x}_4(t)=-2x_2(t)+x_3(t)-\mu^*x_3(t)/r_1^3(t)-\mu x_3(t)/r_2^3(t) \end{cases}$$

式中，$r_1(t)=\sqrt{(x_1(t)+\mu)^2+x_3^2(t)}$，$r_2(t)=\sqrt{(x_1(t)-\mu^*)^2+x_3^2(t)}$，且 $\mu=1/82.45$，$\mu^*=1-\mu$。

有了数学模型描述，则可以立即写出其相应的MATLAB函数如下：

```
function dx=apolloeq(t,x)
mu=1/82.45; mu1=1-mu; r1=sqrt((x(1)+mu)^2+x(3)^2);
```

```
r2=sqrt((x(1)-mu1)^2+x(3)^2); %中间变量赋值,不宜采用匿名函数
dx=[x(2);
    2*x(4)+x(1)-mu1*(x(1)+mu)/r1^3-mu*(x(1)-mu1)/r2^3;
    x(4);
   -2*x(2)+x(3)-mu1*x(3)/r1^3-mu*x(3)/r2^3];
```

可以看出,由于在描述微分方程的语句中含有中间变量(如$r_1(t)$、$r_2(t)$)的计算,所以不宜采用匿名函数描述方程,M-函数则是唯一可行的描述方法。

调用 `ode45()` 函数可以求出该方程的数值解,得出的轨迹如图3-4(a)所示。

```
>> x0=[1.2; 0; 0; -1.04935751];
   [t,y]=ode45(@apolloeq,[0,20],x0); plot(y(:,1),y(:,3))
```

得出方程的数值解后,需要如下的语句对其检验,得出的新解如图3-4(b)所示,可见,这样得出的解和前面的解不同。再进一步减小 `RelTol` 值得到的解没有太大的变化,所以这样得出的解是正确的。

```
>> options=odeset; options.RelTol=1e-7;
   [t,y]=ode45(@apolloeq,[0,20],x0,options); plot(y(:,1),y(:,3))
```

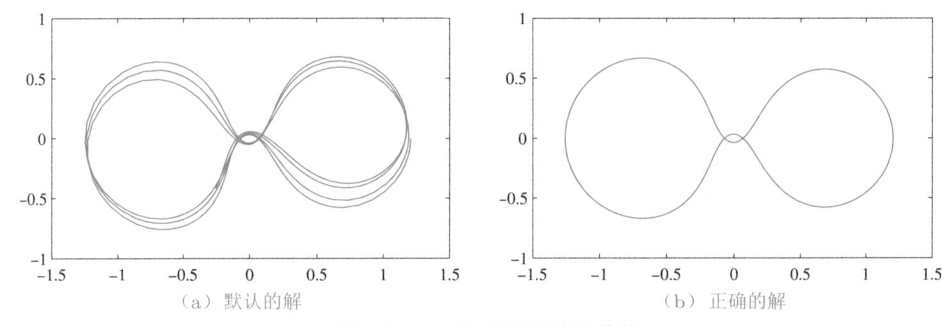

图3-4 Apollo卫星的轨迹曲线

3.3.4 线性常微分方程的解析求解

由微分方程理论可知,常系数线性微分方程是存在解析解的,变系数的线性微分方程的可解性取决于其特征方程的可解性,一般是不可解析求解的,非线性的微分方程是不存在解析解的,在MATLAB语言中提供了 `dsolve()` 函数,可以用于线性常系数微分方程的解析解求解。求解微分方程时,首先应该用 `syms` 命令声明符号变量,以区别于MATLAB语言的常规数值变量,然后就可以用 `dsolve(表达式)` 命令直接求解了。类似于前面介绍的 `solve()` 和 `vpasolve()` 函数,微分方程应该由符号表达式描述。下面通过例子来演示该函数的使用方法。

例3-18 试求解下面的常系数线性微分方程。

$$\frac{\mathrm{d}^4y(t)}{\mathrm{d}t^4}+11\frac{\mathrm{d}^3y(t)}{\mathrm{d}t^3}+41\frac{\mathrm{d}^2y(t)}{\mathrm{d}t^2}+61\frac{\mathrm{d}y(t)}{\mathrm{d}t}+30y(t)=\mathrm{e}^{-6t}\cos 5t$$

解 可以采用下面的MATLAB语句求解该微分方程。其中，引入了若干个中间变量，此外，微分方程的符号表达式中，等号应该由双等号表示。

```
>> syms t y(t)              %声明符号变量
   y1=diff(y); y2=diff(y1); y3=diff(y3);
   Y=dsolve(diff(y)+11*y3+41*y2+61*y1+30*y==exp(-6*t)*cos(5*t));
   pretty(simplify(Y)) %以更好看的形式显示解析解结果
```

上面的语句得出结果的可读性不是很好，这里采用LaTeX变换后的结果为

$$y(t)=-\frac{79\mathrm{e}^{-6t}}{181220}\cos 5t+\frac{109\mathrm{e}^{-6t}}{181220}\sin 5t+C_1\mathrm{e}^{-t}+C_2\mathrm{e}^{-2t}+C_3\mathrm{e}^{-3t}+C_4\mathrm{e}^{-5t}$$

其中，C_i为待定系数，应该由方程的初值或边值等求出，dsolve()函数可以直接求出带有初值或边值的微分方程解。例如已知方程的初值边值条件为$y(0)=1$，$\dot{y}(0)=1$，$\ddot{y}(0)=0, y^{(3)}(0)=0$，则可以由下面的语句求出方程的解。

```
>> Y=dsolve(diff(y)+11*y3+41*y2+61*y1+30*y==exp(-6*t)*cos(5*t),...
       y(0)==1,y1(0)==1,y2(0)==0,y3(0)==0);
```

则可以得出该微分方程的解析解为

$$y(t)=-\frac{79\mathrm{e}^{-6t}}{181220}\cos 5t+\frac{109\mathrm{e}^{-6t}}{181220}\sin 5t+\frac{611}{80}\mathrm{e}^{-t}-\frac{1562}{123}\mathrm{e}^{-2t}+\frac{921}{136}\mathrm{e}^{-3t}-\frac{443}{624}\mathrm{e}^{-5t}$$

3.4 最优化问题的MATLAB求解

最优化方法在系统仿真与控制系统计算机辅助设计中占有很重要的地位，求解最优化问题的数值算法有很多，MATLAB中提供了各种各样的最优化问题求解函数，可以求解无约束最优化问题、有约束最优化问题及线性规划、二次型规划问题等，还实现了基于最小二乘算法的曲线拟合方法。

3.4.1 无约束最优化问题求解

无约束最优化问题的一般描述为

$$\min_{\boldsymbol{x}} f(\boldsymbol{x}) \tag{3-4-1}$$

其中，$\boldsymbol{x}=[x_1,x_2,\cdots,x_n]^{\mathrm{T}}$，该数学表示的含义亦即求取一个$\boldsymbol{x}$向量，使得标量最优化目标函数$f(\boldsymbol{x})$的值为最小，故这样的问题又称为最小化问题。其实，最小化是最优化问题的通用描述，它不失普遍性。如果要求解最大化问题，那么只需给目标函数$f(\boldsymbol{x})$乘以-1就能立即将原始问题转换成最小化问题。

MATLAB提供了基于单纯形算法[8]求解无约束最优化的fminsearch()函数，该函数的调用格式为：[x,f_{opt},key,c]=fminsearch(Fun,x_0,options)，其中，Fun为要求解问题的数学描述，它可以是一个MATLAB函数，也可以是一个函数句柄，$\boldsymbol{x}_0$为自变量的起始搜索点，需要用户自己去选择，options为最优化工具

箱的选项设定;$\boldsymbol{x}$ 为返回的解;而 $f_{\rm opt}$ 是目标函数在 $\boldsymbol{x}$ 点处的值。返回的 key 表示函数返回的条件,1 表示已经求解出方程的解,而 0 表示未搜索到方程的解。返回的 c 为解的附加信息,该变元为一个结构体变量,其 iterations 成员变量表示迭代的次数,而其中的成员 funcCount 是目标函数的调用次数。MATLAB 的最优化工具箱中提供的 fminunc() 函数与 fminsearch() 功能和调用格式均很相似,有时求解无约束最优化问题可以选择该函数。在第7、8章中将介绍基于数值最优化算法的最优控制器设计方法。

另外,如果决策变量 $\boldsymbol{x}$ 需要满足 $\boldsymbol{x}_{\rm m}\leqslant\boldsymbol{x}\leqslant\boldsymbol{x}_{\rm M}$ 前提条件,则可以采用后面将介绍的有约束最优化求解方法,或采用 John D'Errico 编写的 fminsearchbnd() 函数直接求解[9],第11章将直接使用该函数求解最优控制器设计问题。

3.4.2 有约束最优化问题求解

有约束非线性最优化问题的一般描述为

$$\min_{\boldsymbol{x}\ \text{s.t.}\ \begin{cases}\boldsymbol{A}\boldsymbol{x}\leqslant\boldsymbol{B}\\ \boldsymbol{A}_{\rm eq}\boldsymbol{x}=\boldsymbol{B}_{\rm eq}\\ \boldsymbol{x}_{\rm m}\leqslant\boldsymbol{x}\leqslant\boldsymbol{x}_{\rm M}\\ \boldsymbol{C}(\boldsymbol{x})\leqslant\boldsymbol{0}\\ \boldsymbol{C}_{\rm eq}(\boldsymbol{x})=\boldsymbol{0}\end{cases}} f(\boldsymbol{x}) \tag{3-4-2}$$

其中,$\boldsymbol{x}=[x_1,x_2,\cdots,x_n]^{\rm T}$。在约束条件中直接给出了线性等式约束 $\boldsymbol{A}_{\rm eq}\boldsymbol{x}=\boldsymbol{B}_{\rm eq}$,线性不等式约束 $\boldsymbol{A}\boldsymbol{x}\leqslant\boldsymbol{B}$,一般非线性等式约束 $\boldsymbol{C}_{\rm eq}(\boldsymbol{x})=\boldsymbol{0}$,非线性不等式约束 $\boldsymbol{C}(\boldsymbol{x})\leqslant\boldsymbol{0}$ 和决策变量的上下界约束 $\boldsymbol{x}_{\rm m}\leqslant\boldsymbol{x}\leqslant\boldsymbol{x}_{\rm M}$。注意,这里的不等式约束全部是 $\leqslant$ 不等式,若原问题关系为 $\geqslant$,则可以将不等式两端同时乘以 -1 就能将其转换成 $\leqslant$ 不等式。

该数学表示的含义亦即求取一组 $\boldsymbol{x}$ 向量,使得函数 $f(\boldsymbol{x})$ 在满足全部约束条件的基础上最小化。而满足所有约束的问题称为可行问题(feasible problem)。

MATLAB 最优化工具箱中提供了一个 fmincon() 函数,专门用于求解各种约束下的最优化问题。该函数的调用格式为:

$[\boldsymbol{x},f_{\rm opt},\texttt{key},\texttt{c}]=\texttt{fmincon}(\texttt{Fun},\boldsymbol{x}_0,\boldsymbol{A},\boldsymbol{B},\boldsymbol{A}_{\rm eq},\boldsymbol{B}_{\rm eq},\boldsymbol{x}_{\rm m},\boldsymbol{x}_{\rm M},\texttt{CFun},\texttt{OPT})$

其中,Fun 为给目标函数写的 M-函数,$\boldsymbol{x}_0$ 为初始搜索点。各个矩阵约束如果不存在,则应该用空矩阵来占位。CFun 为给非线性约束函数写的 M-函数,OPT 为控制选项。最优化运算完成后,结果将在变元 $\boldsymbol{x}$ 中返回,最优化的目标函数将在 $f_{\rm opt}$ 变元中返回,选项有时是很重要的。返回变元 key 若不是正数,则说明这时因故未发现原问题的解,可以考虑改变初值,或修改控制参数 OPT,再进行寻优,以得出期望的最优值。另外,如果发现最优化问题不是可行问题,则在求解结束后将给出提示:"No feasible solution found(未找到可行解)"。Fun 变量还可以用结构体的形式描述原问题。

例3-19 试求解下面的非线性最优化问题。

$$\min_{\boldsymbol{x} \text{ s.t.} \begin{cases} x_1+x_2\leqslant 0 \\ -x_1x_2+x_1+x_2\geqslant 1.5 \\ x_1x_2\geqslant -10 \\ -10\leqslant x_1,x_2\leqslant 10 \end{cases}} \mathrm{e}^{x_1}(4x_1^2+2x_2^2+4x_1x_2+2x_2+1)$$

解 若想求解本最优化问题，应该用下面的语句先描述出目标函数和约束函数。

```
function y=c3exmobj(x)
y=exp(x(1))*(4*x(1)^2+2*x(2)^2+4*x(1)*x(2)+2*x(2)+1);
function [c,ce]=c3exmcon(x)
ce=[]; c=[x(1)+x(2); x(1)*x(2)-x(1)-x(2)+1.5; -10-x(1)*x(2)];
```

注意，约束函数应该返回两个变元，不等式约束c和等式约束ce，其中第2、3条约束都应该先乘以 -1 变换成 $\leqslant$ 不等式。另外，由约束条件可知，第1条约束实际上是线性不等式约束，所以还可以用定义 $\boldsymbol{A}$、$\boldsymbol{B}$ 矩阵的形式来描述，但这样需要从M-函数中先剔除第1条约束。调用非线性最优化问题求解函数可以得出如下结果。

```
>> A=[]; B=[]; Aeq=[]; Beq=[];
   xm=[-10; -10]; xM=[10; 10]; x0=[5;5];
   ff=optimset; ff.TolX=1e-10; ff.TolFun=1e-20;
   x=fmincon(@c3exmobj,x0,A,B,Aeq,Beq,xm,xM,@c3exmcon,ff)
```

该语句给出的显示为“Local minimum possible(可能是局部最小值)”。这样得出的“最优解”为 $\boldsymbol{x}^{\mathrm{T}}=[0.4195,0.4195]$，可以考虑用得出的“最优解”作为初值再进一步求解，如此可以利用循环结构得出原问题的真正最优解为 $\boldsymbol{x}^{\mathrm{T}}=[-9.5474,1.0474]$，循环次数为 $i=5$。

```
>> i=1; x=x0;
   while (1)
      [x,a,b]=fmincon(@c3exmobj,x,A,B,Aeq,Beq,xm,xM,@c3exmcon,ff);
      if b>0, break; end, i=i+1;    %如果求解成功则结束循环
   end
```

有约束最优化还有几种特殊的形式，如线性规划问题、二次型规划问题，可以使用最优化工具箱中的 `linprog()` 和 `quadprog()` 函数直接求解。此外，整数规划、0-1规划等问题可以下载专门的工具求解[1]。

3.4.3 全局最优解的尝试

与线性规划等凸问题不同，常规的非线性规划问题可能含有局部最优解。如果初始搜索点选择不当，则很容易陷入局部最优解。仿照前面介绍的多解代数方程求解方法，很自然地考虑在 `fminsearch()` 或 `fmincon()` 函数外再加一层循环，每步循环在允许的区域内随机生成初始搜索点，则可以构造出新的求解函数

fminunc_global()和fmincon_global()，与底层函数相比，这两个函数更可能获得原始问题的全局最优解。这两个函数的调用格式为

$[x,f_0]$=fminunc_global(fun,a,b,n,N)

$[x,f_0]$=fmincon_global(fun,a,b,n,N,其他参数)

其中，fun可以是结构体变量，也可以是目标函数的函数句柄；a与b为决策变量所在的区间，如果$\boldsymbol{x}_\mathrm{m}$与$\boldsymbol{x}_\mathrm{M}$为有限的向量，还可以直接将$a$和$b$设置成$\boldsymbol{x}_\mathrm{m}$和$\boldsymbol{x}_\mathrm{M}$向量；$n$为决策变量的个数；$N$为每次寻优中，底层函数fminsearch()或fmincon()的调用次数，通常情况下$N=5\sim10$就足够。

文献[4]对这两个函数与MATLAB全局优化工具箱提供遗传算法、粒子群算法等智能优化算法进行了对比研究。对测试的例子而言，这两个函数在全局性与求解耗时方面明显优于所比较的智能优化算法。这里只通过例子演示求解全局最优解函数的使用方法与优势。

例3-20 试找出下面非线性规划问题的全局最优解。

$$\min_{\boldsymbol{q},w,k\ \text{s.t.}\left\{\begin{array}{l}q_3+9.625q_1w+16q_2w+16w^2+12-4q_1-q_2-78w=0\\16q_1w+44-19q_1-8q_2-q_3-24w=0\\2.25-0.25k\leqslant q_1\leqslant 2.25+0.25k\\1.5-0.5k\leqslant q_2\leqslant 1.5+0.5k\\1.5-1.5k\leqslant q_3\leqslant 1.5+1.5k\end{array}\right.} k$$

解 从给出的最优化问题看，这里要求解的决策变量为$\boldsymbol{q}$、w和k，而标准最优化方法只能求解向量型决策变量，所以应该作变量替换，把需要求解的决策变量由决策变量向量表示出来。对本例来说，可以引入$x_1=q_1,x_2=q_2,x_3=q_3,x_4=w,x_5=k$，另外，需要将一些不等式进一步处理，可以将原始问题手工改写成

$$\min_{\boldsymbol{x}\ \text{s.t.}\left\{\begin{array}{l}x_3+9.625x_1x_4+16x_2x_4+16x_4^2+12-4x_1-x_2-78x_4=0\\16x_1x_4+44-19x_1-8x_2-x_3-24x_4=0\\-0.25x_5-x_1\leqslant -2.25\\x_1-0.25x_5\leqslant 2.25\\-0.5x_5-x_2\leqslant -1.5\\x_2-0.5x_5\leqslant 1.5\\-1.5x_5-x_3\leqslant -1.5\\x_3-1.5x_5\leqslant 1.5\end{array}\right.} x_5$$

从手工变换后的结果看，原始问题有两个非线性等式约束，没有不等式约束，所以可以由下面语句描述原问题的非线性约束条件。

```
function [c,ce]=c3mnls(x)
c=[];        %非线性约束条件，其中，不等式约束为空矩阵
ce=[x(3)+9.625*x(1)*x(4)+16*x(2)*x(4)+16*x(4)^2+12...
      -4*x(1)-x(2)-78*x(4);
   16*x(1)*x(4)+44-19*x(1)-8*x(2)-x(3)-24*x(4)];
```

原模型的线性约束可以写成线性不等式的矩阵形式 $\boldsymbol{Ax} \leqslant \boldsymbol{b}$，其中

$$\boldsymbol{A}=\begin{bmatrix} -1 & 0 & 0 & 0 & -0.25 \\ 1 & 0 & 0 & 0 & -0.25 \\ 0 & -1 & 0 & 0 & -0.5 \\ 0 & 1 & 0 & 0 & -0.5 \\ 0 & 0 & -1 & 0 & -1.5 \\ 0 & 0 & 1 & 0 & -1.5 \end{bmatrix},\ \boldsymbol{b}=\begin{bmatrix} -2.25 \\ 2.25 \\ -1.5 \\ 1.5 \\ -1.5 \\ 1.5 \end{bmatrix}$$

该问题没有线性等式约束，也没有决策变量的下界与上界约束，所以可以将这些约束条件用空矩阵表示，或直接采用结构体描述最优化问题，可以不用考虑这些约束的设置。为方便起见这里采用结构体形式描述原始问题。可以看出，这里的目标函数值为 x_5。采用 fmincon() 函数求解，很容易得出局部最优解 $x_5 = 1.1448$。现在试用全局最优化函数求解该问题。一般情况下，每次都能得出该问题的全局最优解为 $\boldsymbol{x} = [2.4544, 1.9088, 2.7263, 1.3510, 0.8175]^{\mathrm{T}}$，目标函数为 0.8175，耗时 0.342 s。

```
>> clear P; P.objective=@(x)x(5);
   P.nonlcon=@c3mnls; P.solver='fmincon';
   P.Aineq=[-1,0,0,0,-0.25; 1,0,0,0,-0.25;
            0,-1,0,0,-0.5; 0,1,0,0,-0.5;
            0,0,-1,0,-1.5; 0,0,1,0,-1.5]; %结构体描述
   P.Bineq=[-2.25; 2.25; -1.5; 1.5; -1.5; 1.5];
   P.options=optimset; P.x0=rand(5,1);
   tic, [x,f0]=fmincon_global(P,-10,10,5,10), toc %求全局最优解
```

如果调用 100 次这个求解程序，极有可能得出原问题的全局最优解。就本例而言，测试的 100 次全得出了全局最优解，总的测试时间大约 38.7 s，平均每次 0.387 s。

```
>> tic, X=[];  %启动秒表，并设置空矩阵记录每次求解结果
   for i=1:100 %运行100次求解函数，并评价找到全局最优解的成功率
      [x,f0]=fmincon_global(P,-10,10,5,10); X=[X; x']; %记录结果
   end, toc    %显示100次求解所需的总时间
```

3.4.4 最优曲线拟合方法

假设有一组数据 $x_i, y_i, i = 1, 2, \cdots, N$，且已知这组数据满足某一函数原型 $\hat{y}(x) = f(\boldsymbol{a}, x)$，其中 $\boldsymbol{a}$ 待定系数向量，则最小二乘曲线拟合的目标就是求出这一组待定系数的值，使得目标函数（即拟合的总误差）

$$J=\min_{\boldsymbol{a}}\sum_{i=1}^{N}\left[y_i-\hat{y}(x_i)\right]^2=\min_{\boldsymbol{a}}\sum_{i=1}^{N}\left[y_i-f(\boldsymbol{a},x_i)\right]^2 \tag{3-4-3}$$

为最小。在 MATLAB 的最优化工具箱中提供了 lsqcurvefit() 函数，可以解决最小二乘曲线拟合的问题，该函数的调用格式为：

$[\boldsymbol{a}, J_{\rm m}]$=lsqcurvefit(Fun, $\boldsymbol{a}_0$, $\boldsymbol{x}$, $\boldsymbol{y}$, $\boldsymbol{x}_{\rm m}$, $\boldsymbol{x}_{\rm M}$, options)

其中，$\boldsymbol{a}_0$ 为最优化的初值，$\boldsymbol{x}$、$\boldsymbol{y}$ 为原始输入输出数据向量，Fun 为原型函数的MATLAB表示，可以用匿名函数描述，也可以用M-函数表示，该函数还允许指定待定向量的最小值 $\boldsymbol{x}_{\rm m}$ 和最大值 $\boldsymbol{x}_{\rm M}$，也可以设置搜索控制参数options。调用该函数则将返回待定系数向量 $\boldsymbol{a}$，以及在此待定系数下的目标函数的值 $J_{\rm m}$。

例3-21 假设在实验中测出一组数据，且已知其可能满足的函数为

$$y(x) = a_1 \mathrm{e}^{a_2 x} \sin(a_3 x + a_4) \cos(a_5 x)$$

其中 a_i 为待定系数，试用最小二乘方法拟合该函数。

解 则可以通过最小二乘拟合的方法拟合出函数的待定系数。假设通过数据生成的方法产生这组“实验数据”，下面将演示曲线的最小二乘拟合方法。首先由下面语句生成“实验数据”，这些生成的坐标点可以用二维图形绘制出来，如图3-5(a)所示。

```
>> x=[0:0.01:0.1, 0.2:0.1:1,1.5:0.5:10]; %生成不等间距的横坐标
   y=0.56*exp(-0.2*x).*sin(0.8*x+0.4).*cos(-0.65*x); %实验数据
   plot(x,y,'o',x,y)                                %绘制实验点坐标图形
```

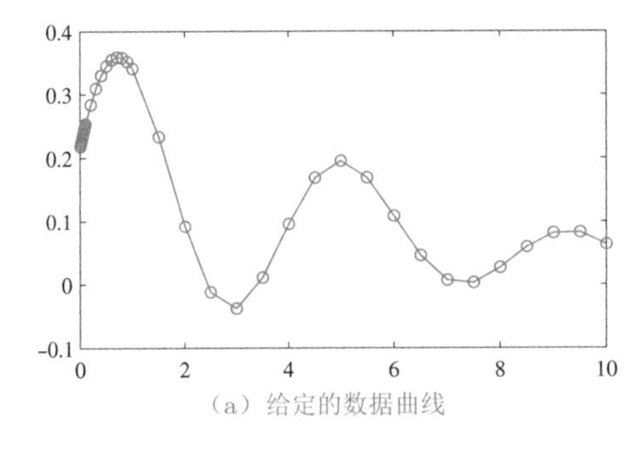
(a) 给定的数据曲线

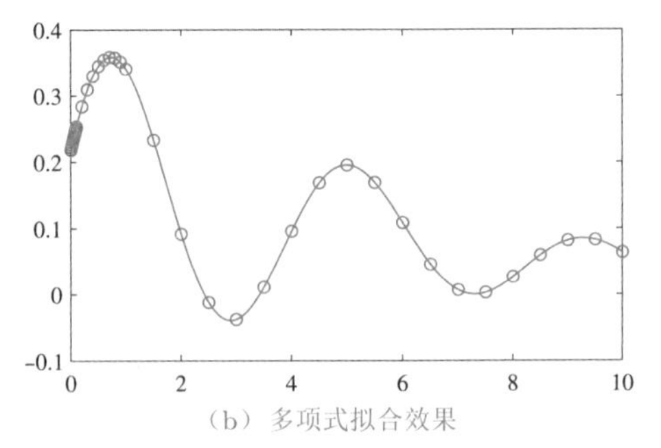
(b) 多项式拟合效果

图3-5 给定数据点的曲线拟合

由原型函数可以通过最小二乘进行最优拟合，这样可以通过MATLAB语言编写匿名函数，然后由最小二乘法求取待定系数。

```
>> F=@(a,x)a(1)*exp(-a(2)*x).*sin(a(3)*x+a(4)).*cos(-a(5)*x);
   f=optimset; f.RelX=1e-10; f.TolFun=1e-15;  %指定较高的拟合精度
   a=lsqcurvefit(F,[1;1;1;1;1],x,y,[0,0,0,0,0],[],f) %参数拟合
   a0=[0.56;0.2;0.8;0.4;0.65]; norm(a-a0)      %和真值比较的误差
   x0=0:0.01:10; y0=F(a0,x0);                   %设置拟合点
   y1=F(a,x0); plot(x0,y0,x0,y1,'--',x,y,'o') %绘制拟合曲线
```

得出的拟合参数为 $\boldsymbol{a} = [0.56, 0.2, 0.8, 0.4, 0.65]^{\rm T}$，与给定的真值完全一致，拟合误差为 4.4177×10^{-7}，拟合结果和图3-5(a)给出的完全一致。

MATLAB提供的多项式拟合函数 a=polyfit($\boldsymbol{x}$,$\boldsymbol{y}$,n) 也可以用于曲线拟合，其中 $\boldsymbol{x}$ 和 $\boldsymbol{y}$ 为数据向量，n 为拟合系数的阶次，通过该函数的调用将得出拟合多项式系数向量 $\boldsymbol{a}$，该向量是多项式系数按降幂排列构成的向量，前面已经介绍过，用polyval()函

数可以对多项式求值。下面的语句将比较6次和8次多项式拟合的效果，如图3-5(b)所示，可见多项式拟合效果难以保证，故曲线拟合时如果已知原型时不必采用多项式拟合，若不知原型时应该选择插值。

```
>> p=polyfit(x,y,6), y2=polyval(p,x0); %6次多项式拟合结果
   p=polyfit(x,y,8); y3=polyval(p,x0); %8次多项式拟合
   plot(x0,y0,x,y,'o',x0,y2,x0,y3)      %拟合结果比较
```

其中，拟合的6次多项式拟合为

$$P_6(x) = -0.0002x^6+0.0054x^5-0.0632x^4+0.3430x^3-0.8346x^2+0.6621x+0.2017$$

3.5 Laplace变换与z变换问题的MATLAB求解

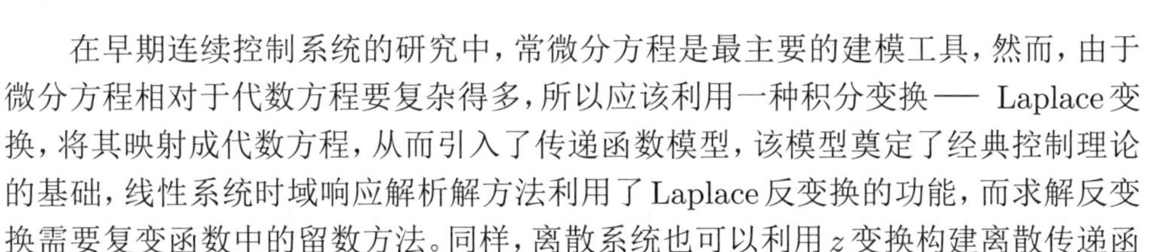

在早期连续控制系统的研究中，常微分方程是最主要的建模工具，然而，由于微分方程相对于代数方程要复杂得多，所以应该利用一种积分变换—— Laplace变换，将其映射成代数方程，从而引入了传递函数模型，该模型奠定了经典控制理论的基础，线性系统时域响应解析解方法利用了Laplace反变换的功能，而求解反变换需要复变函数中的留数方法。同样，离散系统也可以利用z变换构建离散传递函数模型，求解传递函数又需要z反变换。

3.5.1 Laplace变换

一个时域函数$f(t)$的Laplace变换可以定义为

$$\mathscr{L}[f(t)] = \int_0^{\infty} f(t)\mathrm{e}^{-st}\mathrm{d}t = F(s) \tag{3-5-1}$$

其中$\mathscr{L}[f(t)]$为Laplace变换的简单记号。

如果已知函数的Laplace变换式$F(s)$，则可以通过下面的反变换公式直接求出其Laplace反变换

$$f(t) = \mathscr{L}^{-1}[F(s)] = \frac{1}{2\pi\mathrm{j}}\int_{\sigma-\mathrm{j}\infty}^{\sigma+\mathrm{j}\infty} F(s)\mathrm{e}^{st}\mathrm{d}s \tag{3-5-2}$$

其中σ大于$F(s)$奇异点的实部。

MATLAB的符号运算工具箱提供的`laplace()`函数及`ilaplace()`函数直接求取给定函数的正、反Laplace变换。求解积分变换问题的步骤为：

(1) 声明符号变量。用`syms`命令声明符号变量。

(2) 描述原函数。直接用MATLAB格式描述出原函数。

(3) 求取积分变换。Laplace变换和反变换可以由`laplace()`和`ilaplace()`直接变换。其实，`fourier()`、`ifourier()`函数可以求解Fourier变换与反变换。

例3-22 试求时域函数$f(t) = 1-(1+at)\mathrm{e}^{-at}$的Laplace变换。

解 下面通过计算机工具直接求取这个函数的Laplace变换。

```
>> syms a t                          %声明所需的变量为符号变量
   f=1-(1+a*t)*exp(-a*t);            %表示时域函数公式
   F=laplace(f), %求取函数的Laplace变换,注意得出的结果不一定最简
```

可以得出如下的结果

$$F=\frac{1}{s}-\frac{1}{s+a}-\frac{a}{(s+a)^2}$$

利用 `ilaplace()` 对上述结果进行Laplace反变换，则可以还原成原来的时域函数，可以采用下面命令来完成这样的反变换。由 `ilaplace(`F`)` 可以得出反变换的结果为 $1-\mathrm{e}^{-at}-at\mathrm{e}^{-at}$。

例3-23 已知某Laplace表达式如下,试求Laplace反变换。

$$G(s)=\frac{s+3}{s(s^4+2s^3+11s^2+18s+18)}$$

解 用下面的MATLAB语句就可以求出信号Laplace反变换的解析解。

```
>> syms s, G=(s+3)/s/(s^4+2*s^3+11*s^2+18*s+18); ilaplace(G)
```

可以得出解析解为

$$\frac{1}{255}\cos 3t-\frac{13}{255}\sin 3t-\frac{29}{170}\mathrm{e}^{-t}\cos t-\frac{3}{170}\mathrm{e}^{-t}\sin t+\frac{1}{6}$$

例3-24 求出Laplace变换式 $\mathscr{L}^{-1}\left[\dfrac{3a^2}{s^3+a^3}\right], a>0$。

解 如果想证明该式子,可以首先对给出的式子进行Laplace反变换。

```
>> syms s t; syms a positive; F=3*a^2/(s^3+a^3);
   f=simplify(ilaplace(F))
```

可以求出 $\mathscr{L}^{-1}\left[\dfrac{3a^2}{s^3+a^3}\right]=\mathrm{e}^{-at}+\mathrm{e}^{at/2}\left(-\cos\dfrac{\sqrt{3}}{2}at+\sqrt{3}\sin\dfrac{\sqrt{3}}{2}at\right)$。

例3-25 试求Laplace函数 $F(s)=\dfrac{\mathrm{e}^{-\sqrt{s}}}{\sqrt{s}(\sqrt{s}-1)}$ 的反变换。

解 反变换可以通过下面函数直接求出

```
>> syms s; z=sqrt(s); f=ilaplace(exp(-z)/z/(z-1))
```

在新版本下这个问题是不能求解的,如果使用早期版本,例如,MATLAB 2008a及更早的版本,则得出的结果为 $f(t)=\mathrm{e}^{t-1}\mathrm{erfc}\big(-(2t-1)/(2\sqrt{t})\big)$,原函数是分数阶导数的一个例子。

3.5.2 数值Laplace变换

前面给出了Laplace变换的求解函数 `laplace()`,该函数可以推导出很多时域函数的Laplace变换的解析解,同时也有很多函数Laplace变换的解析解不存在或不适合用解析解方法求解,所以应该考虑数值方法求解Laplace变换问题。

Juraj Valsa开发了基于数值方法的Laplace反变换的函数 `INVLAP()` [10,11],该函数的调用格式为 $[t,y]$=INVLAP($f,t_0,t_{\rm n},N$, 其他参数),其中,原函数由含有字

符 s 的字符串表示，$(t_0,t_{\rm n})$ 为感兴趣的区间且 $t_0\neq 0$，N 为用户选择的计算点数，用户可以选择不同的 N 值来检验运算的结果。“其他参数”的选取可以参考原函数的联机帮助，不过这里建议：除非特别需要没有必要去人为修改这些默认参数。

文献 [1] 对 **INVLAP()** 函数进行了扩展，给出了基于数值Laplace变换的反馈控制系统输出响应求解函数 **INVLAP_new()**，其调用格式如下：

$[\boldsymbol{t},\boldsymbol{y}]$=INVLAP_new($G,t_0,t_{\rm n},N$), %$G$ 的Laplace反变换

$[\boldsymbol{t},\boldsymbol{y}]$=INVLAP_new($G,t_0,t_{\rm n},N,H$), %$G,H$ 闭环系统的冲激响应

$[\boldsymbol{t},\boldsymbol{y}]$=INVLAP_new($G,t_0,t_{\rm n},N,H,u$), %$u$ 用于描述输入信号

$[\boldsymbol{t},\boldsymbol{y}]$=INVLAP_new($G,t_0,t_{\rm n},N,H,\boldsymbol{t}_x,\boldsymbol{u}_x$), %$\boldsymbol{t}_x,\boldsymbol{u}_x$ 为时间、输入采样点

该函数支持多种调用格式，其中，G 为Laplace变换表达式的字符串，如果同时提供了 H，则 G 为前向通路的传递函数模型字符串，H 为负反馈回路传递函数的字符串；如果需要描述输入信号，则 u 可以为输入信号的Laplace变换字符串，或输入时域信号的匿名函数句柄；输入信号还可以由采样点 $(\boldsymbol{t}_x,\boldsymbol{u}_x)$ 表示；如果只考虑 G 模型的响应，可以将 H 设置为0。

例3-26 假设复杂开环无理模型如下[12]，试绘制单位负反馈统的阶跃响应曲线。

$$G(s)=\left[\frac{\sinh(0.1\sqrt{s})}{0.1\sqrt{s}}\right]^2\frac{1}{\sqrt{s}\sinh(\sqrt{s})}$$

解 开环无理传递函数可以由字符串表示，这样由下面语句直接绘制出系统的闭环阶跃响应曲线，如图3-6所示。

```
>> G='(sinh(0.1*sqrt(s))/0.1/sqrt(s))^2/sqrt(s)/sinh(sqrt(s))';
   [t,y]=INVLAP_new(G,0,10,1000,1,'1/s');
   plot(t,y) %闭环系统阶跃响应
```

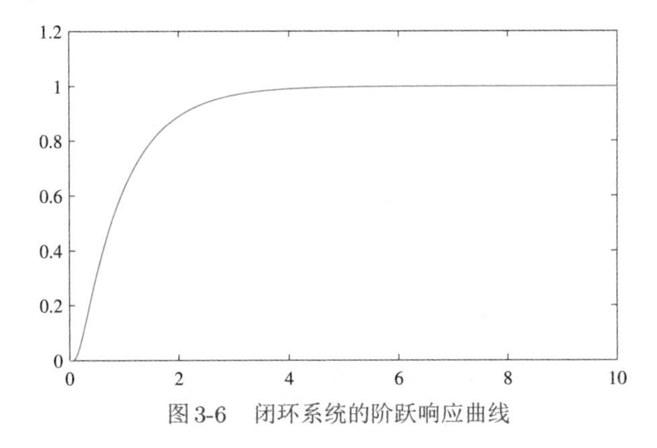

图3-6 闭环系统的阶跃响应曲线

3.5.3 z变换

离散序列信号 $f(n)$ 的 z 变换可以定义为

$$\mathscr{Z}[f(n)]=\sum_{i=0}^{\infty}f(n)z^{-n}=F(z) \tag{3-5-3}$$

给定z变换式子$F(z)$,则其z反变换的数学表示为

$$f(n)=\mathscr{Z}^{-1}[F(z)]=\frac{1}{2\pi\mathrm{j}}\oint F(z)z^{n-1}\mathrm{d}z \tag{3-5-4}$$

可以调用MATLAB符号运算工具箱中的ztrans()函数和iztrans()函数对给定的函数进行正、反z变换。

例3-27 一般介绍z变换的书中不介绍$q/(z^{-1}-p)^m\ (p\neq 0)$函数的$z$反变换,而该函数是求取有重根离散系统解析解的基础。试推导该函数的z反变换一般表达式。

解 如果m选作符号变量,则ztrans()函数并不能得出有益的结果。这里尝试对不同的m值进行反变换,并总结出一般规律。根据要求,可以用符号运算工具箱求出$m=1,2,\cdots,5$的z反变换。

```
>> syms p q z n; assume(p~=0); assume(n~=0)
   for i=1:5 %尝试不同阶次,以便总结规律
      F=iztrans(q/(1/z-p)^i); %求反变换
      F=subs(F,{nchoosek(n-1,2),nchoosek(n-1,3),nchoosek(n-1,4)},...
         {(n-1)*(n-2)/2,(n-1)*(n-2)*(n-3)/6,...
         (n-1)*(n-2)*(n-3)*(n-4)/24});
      F=prod(factor(F)) %对得出的结果直接作因式分解
   end
```

上述语句可以直接得出如下结果。

$$F_1=-\frac{q}{p^{1+n}},\quad F_2=\frac{q}{p^{2+n}}(1+n),\quad F_3=-\frac{q}{2p^{3+n}}(1+n)(2+n)$$

$$F_4=\frac{q}{6p^{4+n}}(3+n)(2+n)(1+n),\quad F_5=-\frac{q}{24p^{5+n}}(4+n)(3+n)(2+n)(1+n)$$

总结上述结果的规律,可以写出一般的z反变换结果

$$\mathscr{Z}^{-1}\left[\frac{q}{(z^{-1}-p)^m}\right]=\frac{(-1)^m q}{(m-1)!\,p^{n+m}}(n+1)(n+2)\cdots(n+m-1)$$

注意,求解这个问题在新版本下使用的语句比较烦琐,因为,默认得出的结果含有nchoosek()函数,即组合函数,所以,需要手工替换成相应的多项式形式。此外,直接采用simplify()函数对结果化简,格式可能不统一,所以这里采用因式分解的方法化简结果。早期版本中,对本问题只需给出命令simplify()即可。

例3-28 已知某信号的z变换表达式如下,试求其z反变换。

$$H(z)=\frac{z(5z-2)}{(z-1)(z-1/2)^3(z-1/3)}$$

解 可以通过下面的MATLAB的符号运算工具箱直接求取该信号的z反变换。

```
>> syms z; H=z*(5*z-2)/((z-1)*(z-1/2)^3*(z-1/3)); iztrans(H)
```

得出的结果为

$$\mathscr{Z}^{-1}[H(z)] = 36 + (72 - 60n - 12n^2)\left(\frac{1}{2}\right)^n - 108\left(\frac{1}{3}\right)^n$$

3.6 习题

（1）对下面给出的各个矩阵求取各种参数，如矩阵的行列式、迹、秩、特征多项式、范数等，试分别求出它们的解析解。

$$\boldsymbol{A} = \begin{bmatrix} 7.5 & 3.5 & 0 & 0 \\ 8 & 33 & 4.1 & 0 \\ 0 & 9 & 103 & -1.5 \\ 0 & 0 & 3.7 & 19.3 \end{bmatrix}, \quad \boldsymbol{B} = \begin{bmatrix} 5 & 7 & 6 & 5 \\ 7 & 10 & 8 & 7 \\ 6 & 8 & 10 & 9 \\ 5 & 7 & 9 & 10 \end{bmatrix}$$

（2）求出下面给出的矩阵的秩和Moore–Penrose广义逆矩阵，并验证它们是否满足Moore–Penrose逆矩阵的条件。

$$\boldsymbol{A} = \begin{bmatrix} 2 & 2 & 3 & 1 \\ 2 & 2 & 3 & 1 \\ 4 & 4 & 6 & 2 \\ 1 & 1 & 1 & 1 \\ -1 & -1 & -1 & 3 \end{bmatrix}, \quad \boldsymbol{B} = \begin{bmatrix} 4 & 1 & 2 & 0 \\ 1 & 1 & 5 & 15 \\ 3 & 1 & 3 & 5 \end{bmatrix}$$

（3）试求解下面的线性代数方程组，并检验解的正确性。

$$\boldsymbol{X}\begin{bmatrix} 7 & 6 & 9 & 7 \\ 7 & 1 & 3 & 2 \\ 2 & 1 & 5 & 5 \\ 6 & 4 & 2 & 6 \end{bmatrix} = \begin{bmatrix} 2 & 1 & 0 & 1 \\ 0 & 3 & 1 & 2 \end{bmatrix}$$

（4）给定下面特殊矩阵$\boldsymbol{A}$，试利用符号运算工具箱求出其逆矩阵、特征值，并求出状态转移矩阵$\mathrm{e}^{\boldsymbol{A}t}$的解析解。

$$\boldsymbol{A} = \begin{bmatrix} -9 & 11 & -21 & 63 & -252 \\ 70 & -69 & 141 & -421 & 1684 \\ -575 & 575 & -1149 & 3451 & -13801 \\ 3891 & -3891 & 7782 & -23345 & 93365 \\ 1024 & -1024 & 2048 & -6144 & 24573 \end{bmatrix}$$

（5）试求下面齐次方程的基础解系。

$$\begin{cases} 6x_1 + x_2 + 4x_3 - 7x_4 - 3x_5 = 0 \\ -2x_1 - 7x_2 - 8x_3 + 6x_4 = 0 \\ -4x_1 + 5x_2 + x_3 - 6x_4 + 8x_5 = 0 \\ -34x_1 + 36x_2 + 9x_3 - 21x_4 + 49x_5 = 0 \\ -26x_1 - 12x_2 - 27x_3 + 27x_4 + 17x_5 = 0 \end{cases}$$

(6) 求解下面的Lyapunov方程,并检验所得解的精度。

$$\begin{bmatrix}1&2&3\\4&5&6\\7&8&0\end{bmatrix}\boldsymbol{X}+\boldsymbol{X}\begin{bmatrix}2&3&6\\3&5&2\\3&2&2\end{bmatrix}=\begin{bmatrix}1&3&2\\3&4&1\\5&2&1\end{bmatrix}$$

(7) 试用数值方法和解析方法求取下面的Sylvester方程,并验证得出的结果。

$$\begin{bmatrix}3&-6&-4&0&5\\1&4&2&-2&4\\-6&3&-6&7&3\\-13&10&0&-11&0\\0&4&0&3&4\end{bmatrix}\boldsymbol{X}+\boldsymbol{X}\begin{bmatrix}3&-2&1\\-2&-9&2\\-2&-1&9\end{bmatrix}=\begin{bmatrix}-2&1&-1\\4&1&2\\5&-6&1\\6&-4&-4\\-6&6&-3\end{bmatrix}$$

(8) 试求出下面的代数方程的全部的根

$$\begin{cases}x^2y^2-zxy-4x^2yz^2=xz^2\\xy^3-2yz^2=3x^3z^2+4xzy^2\\y^2x-7xy^2+3xz^2=x^4zy\end{cases}$$

(9) 采用适当的方法求解下面的非线性方程 [13]

$$① \begin{cases}xyz=1\\x^2+2y^2+4z^2=7\\2x^2+y^3+6z=7\end{cases}\qquad ② \begin{cases}x^2+2\sin(y\pi/2)+z^2=0\\-2xy+z=3\\x^2z-y=7\end{cases}$$

(10) 试找出下面非线性矩阵方程所有可能的解

$$\begin{bmatrix}9&1&0\\8&7&3\\3&0&6\end{bmatrix}\boldsymbol{X}^2+\boldsymbol{X}\begin{bmatrix}5&6&6\\9&2&2\\6&9&5\end{bmatrix}\boldsymbol{X}+\boldsymbol{X}\begin{bmatrix}7&9&4\\6&7&1\\4&6&4\end{bmatrix}+\boldsymbol{I}_{3\times 3}=\boldsymbol{0}$$

(11) 若$\boldsymbol{A}$、$\boldsymbol{B}$、$\boldsymbol{C}$和$\boldsymbol{D}$矩阵由例3-13给出,试求解矩阵方程

$$\boldsymbol{X}^3+\boldsymbol{X}^4\boldsymbol{D}-\boldsymbol{X}^2\boldsymbol{B}\boldsymbol{X}+\boldsymbol{C}\boldsymbol{X}-\boldsymbol{I}=\boldsymbol{0}$$

假设已经求出了方程的77个实根,总共3351个复数根,在`data3ex1.mat`文件给出,试接着求解该方程,看看能不能找到新的解。

(12) 试求出伪多项式方程$x^{\sqrt{7}}+2x^{\sqrt{3}}+3x^{\sqrt{2}-1}+4=0$所有的根,并检验结果。

(13) 某Riccati方程的数学表达式为$\boldsymbol{P}\boldsymbol{A}+\boldsymbol{A}^{\mathrm{T}}\boldsymbol{P}-\boldsymbol{P}\boldsymbol{B}\boldsymbol{R}^{-1}\boldsymbol{B}^{\mathrm{T}}\boldsymbol{P}+\boldsymbol{Q}=\boldsymbol{0}$,且已知

$$\boldsymbol{A}=\begin{bmatrix}-27&6&-3&9\\2&-6&-2&-6\\-5&0&-5&-2\\10&3&4&-11\end{bmatrix},\quad \boldsymbol{B}=\begin{bmatrix}0&3\\16&4\\-7&4\\9&6\end{bmatrix}$$

$$\boldsymbol{Q}=\begin{bmatrix}6&5&3&4\\5&6&3&4\\3&3&6&2\\4&4&2&6\end{bmatrix},\quad \boldsymbol{R}=\begin{bmatrix}4&1\\1&5\end{bmatrix}$$

试求解该方程,得出$\boldsymbol{P}$矩阵,并检验得出解的精度。试求出并验证方程全部的根。

(14) 试求解非线性矩阵方程 $\boldsymbol{A}\boldsymbol{X}\sin(\boldsymbol{B}^2\boldsymbol{X}+\boldsymbol{C})\boldsymbol{X}+\boldsymbol{X}\mathrm{e}^{-\boldsymbol{B}}+\boldsymbol{C}=\boldsymbol{0}$,其中

$$\boldsymbol{A}=\begin{bmatrix}4&4&4\\0&3&9\\4&7&9\end{bmatrix},\boldsymbol{B}=\begin{bmatrix}1&1&7\\3&5&5\\8&1&0\end{bmatrix},\boldsymbol{C}=\begin{bmatrix}6&4&7\\1&9&4\\1&3&0\end{bmatrix}$$

(15) Lorenz 方程是研究混沌问题的著名的非线性微分方程,其数学形式为

$$\begin{cases}\dot{x}_1(t)=-\beta x_1(t)+x_2(t)x_3(t)\\ \dot{x}_2(t)=-\sigma x_2(t)+\sigma x_3(t)\\ \dot{x}_3(t)=-x_1(t)x_2(t)+\gamma x_2(t)-x_3(t)\end{cases}$$

其中,$\beta=8/3,\sigma=10,\gamma=28$,且其初值为 $x_1(0)=x_2(0)=0,x_3(0)=10^{-3}$。试求出其数值解,绘制三维空间的相轨迹,并绘制出 Lorenz 方程解在两两平面上的投影。

(16) 请给出求解下面微分方程的 MATLAB 命令

$$\dddot{y}+ty\ddot{y}+t^2\dot{y}y^2=\mathrm{e}^{-ty},\quad y(0)=2,\quad \dot{y}(0)=\ddot{y}(0)=0$$

并绘制出 $y(t)$ 曲线,试问该方程存在解析解吗?

(17) Lotka–Volterra 扑食模型方程如下,且初值为 $x(0)=2$, $y(0)=3$,试求解该微分方程,并绘制相应的曲线。

$$\begin{cases}\dot{x}(t)=4x(t)-2x(t)y(t)\\ \dot{y}(t)=x(t)y(t)-3y(t)\end{cases}$$

(18) 试求解下面的零初值微分方程

① $\begin{cases}\dot{x}(t)=\sqrt{x^2(t)-y(t)+3}-3\\ \dot{y}(t)=\arctan(x^2(t)+2x(t)y(t))\end{cases}$ ② $\begin{cases}\dot{x}(t)=\ln(2-y(t)+2y^2(t))\\ \dot{y}(t)=4-\sqrt{x(t)+4x^2(t)}\end{cases}$

(19) 试求解边值问题 $\ddot{y}(x)=\lambda^2(y^2(x)+\cos^2\pi x)+2\pi^2\cos 2\pi x$,其中,$y(0)=y(1)=0$,$\dot{y}(0)=1$。提示:这个问题不是真正的边值问题,可以考虑由 $y(1)=0$ 求出未知参数 λ,再求解微分方程。试学习与使用 `bvp5c()` 函数直接求解这个边值问题。

(20) 试求出下面微分方程组的解析解,并和数值解比较。

① $\begin{cases}\ddot{x}(t)=-2x(t)-3\dot{x}(t)+\mathrm{e}^{-5t}, & x(0)=1,\quad \dot{x}(0)=2\\ \ddot{y}(t)=2x(t)-3y(t)-4\dot{x}(t)-4\dot{y}(t)-\sin t, & y(0)=3,\quad \dot{y}(0)=4\end{cases}$

② $\begin{cases}\ddot{x}(t)+\ddot{y}(t)+x(t)+y(t)=0, & x(0)=2,\quad y(0)=1\\ 2\ddot{x}(t)-\ddot{y}(t)-x(t)+y(t)=\sin t, & \dot{x}(0)=\dot{y}(0)=-1\end{cases}$

(21) 一级倒立摆模型的数学描述为

$$\begin{cases}\ddot{x}=\dfrac{u+ml\sin\theta\dot{\theta}^2-mg\cos\theta\sin\theta}{M+m-m\cos^2\theta}\\ \ddot{\theta}=\dfrac{u\cos\theta-(M+m)g\sin\theta+ml\sin\theta\cos\theta\dot{\theta}}{ml\cos^2\theta-(M+m)l}\end{cases}$$

已知 $m=M=0.5\,\mathrm{kg},l=0.3\,\mathrm{m},g=9.81\,\mathrm{m/s^2}$。试求解该系统在单位阶跃信号 u 作用下的零初始状态时间响应(注意:该系统为自然不稳定系统,如果需要使之稳定则应使用特殊的控制方法)。

(22) 假设方程为零初值问题,试求解下面的常微分方程

$$\begin{cases} \cos\ddot{x}(t)\,\dddot{y}(t)-\cos\ddot{x}(t)-\ddot{y}(t)-x(t)\dot{y}(t)+\mathrm{e}^{-x(t)}y(t)=2 \\ \sin\ddot{x}(t)\cos\dddot{y}(t)-x(t)\dot{y}(t)+\ddot{x}(t)y(t)-y^2(t)\dot{y}(t)=5 \end{cases}$$

(23) 求解下面的最优化问题。

① $$\min_{\boldsymbol{x}\ \text{s.t.}\begin{cases}4x_1^2+x_2^2\leqslant 4\\ x_1,x_2\geqslant 0\end{cases}} \left(x_1^2-2x_1+x_2\right)$$

② $$\max_{\boldsymbol{x}\ \text{s.t.}x_1+x_2+5=0}\left[-(x_1-1)^2-(x_2-1)^2\right]$$

(24) 考虑下面二元最优化问题的求解,还可以用图解方法验证你得出的解。

$$\max_{\boldsymbol{x}\ \text{s.t.}\begin{cases}9\geqslant x_1^2+x_2^2\\ x_1+x_2\leqslant 1\end{cases}} (-x_1^2-x_2)$$

(25) 试求解下面的非线性规划问题。

$$\min_{\boldsymbol{x}\ \text{s.t.}\begin{cases}0.003079x_1^3x_2^3x_5-\cos^3 x_6\geqslant 0\\ 0.1017x_3^3x_4^3-x_5^2\cos^3 x_6\geqslant 0\\ 0.09939(1+x_5)x_1^3x_2^2-\cos^2 x_6\geqslant 0\\ 0.1076(31.5+x_5)x_3^3x_4^2-x_5^2\cos^2 x_6\geqslant 0\\ x_3x_4(x_5+31.5)-x_5[2(x_1+5)\cos x_6+x_1x_2x_5]\geqslant 0\\ 0.2\leqslant x_1\leqslant 0.5,14\leqslant x_2\leqslant 22,0.35\leqslant x_3\leqslant 0.6\\ 16\leqslant x_4\leqslant 22,5.8\leqslant x_5\leqslant 6.5,0.14\leqslant x_6\leqslant 0.2618\end{cases}} \frac{1}{2\cos x_6}\left[x_1x_2(1+x_5)+x_3x_4\left(1+\frac{31.5}{x_5}\right)\right]$$

(26) 试求解下面的最优化问题[14]。

$$\min_{\boldsymbol{q},w,k\ \text{s.t.}\begin{cases}q_3+9.625q_1w+16q_2w+16w^2+12-4q_1-q_2-78w=0\\ 16q_1w+44-19q_1-8q_2-q_3-24w=0\\ 2.25-0.25k\leqslant q_1\leqslant 2.25+0.25k\\ 1.5-0.5k\leqslant q_2\leqslant 1.5+0.5k\\ 1.5-1.5k\leqslant q_3\leqslant 1.5+1.5k\end{cases}} k$$

(27) 试求解下面的最优化问题。

$$\min_{\boldsymbol{x}\ \text{s.t.}\begin{cases}0.0193x_3-x_1\leqslant 0\\ 0.00954x_3-x_2\leqslant 0\\ 750\times 1728-\pi x_3^2x_4-4\pi x_3^3/3\leqslant 0\\ x_4-240\leqslant 0\\ 0.0625\leqslant x_1,x_2\leqslant 6.1875,10\leqslant x_3,x_4\leqslant 200\end{cases}} 0.6224x_1x_2x_3x_4+1.7781x_2x_3^2+3.1661x_1^2x_4+19.84x_1^2x_3$$

(28) 试用一般的有约束最优化方法求解下面的线性规划问题,试学习 `linprog()` 函数的使用方法重新求解下面的问题。

① $$\min_{\boldsymbol{x}\ \text{s.t.}\begin{cases}4x_1-x_2+2x_3-x_4=-2\\ x_1+x_2-x_3+2x_4\leqslant 14\\ 2x_1-3x_2-x_3-x_4\geqslant -2\\ x_{1,2,3}\geqslant -1,x_4\text{无约束}\end{cases}} -3x_1+4x_2-2x_3+5x_4$$

② $$\min_{\boldsymbol{x}\ \text{s.t.}\begin{cases}x_1+x_2+x_3+x_4=4\\ -2x_1+x_2-x_3-x_6+x_7=1\\ 3x_2+x_3+x_5+x_7=9\\ x_{1,2,\cdots,7}\geqslant 0\end{cases}} x_6+x_7$$

(29) 考虑一个简单的一元函数最优化问题求解，$f(x)=x\sin 10\pi x+2, x\in(-1,2)$，试求出 $f(x)$ 取最大值时 x 的值。已知，该函数曲线有很强振荡，所以采用常规最优化方法时，若初值选择不当往往会得出局部最小值。要求在本题求解中，在 $x\in(-1,2)$ 区间内随机选择40个初始点，按照图3-7中给出的流程编程，用循环的方式从每个初始点出发进行搜索，得出全局最优解。如有可能，将该方法和函数扩展成求取多元函数 $y=f(\boldsymbol{x})$ 全局最优解的通用程序。

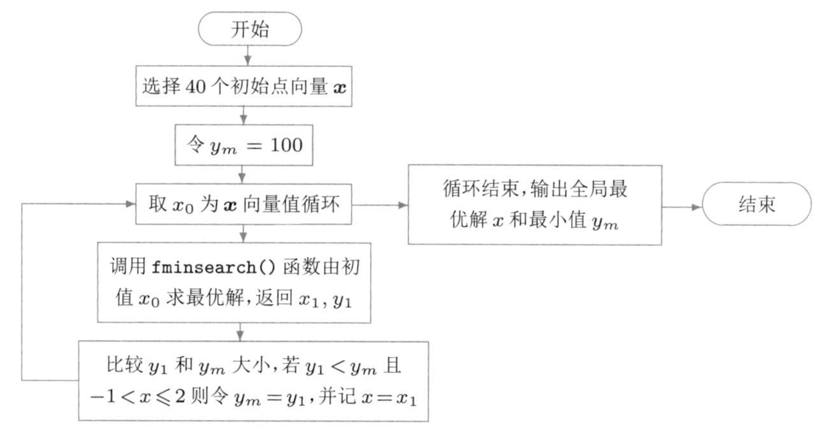

图3-7 随机初值的全局最优化求解框图

(30) 假设有一组实测数据由表3-1给出，且已知该数据可能满足的原型函数为 $y(x)=ax+bx^2\mathrm{e}^{-cx}+d$，试求出满足下面数据的最小二乘解 a,b,c,d 的值。

表3-1 习题(30)实测数据

x_i	0.1	0.2	0.3	0.4	0.5	0.6	0.7	0.8	0.9	1
y_i	2.3201	2.6470	2.9707	3.2885	3.6008	3.9090	4.2147	4.5191	4.8232	5.1275

(31) 假设某日气温的实测值由表3-2给出，试用各种方法对之进行平滑插值，并得出3次、4次插值多项式，并用曲线绘制的方法观察拟合效果。如果想获得很好的拟合效果，至少应该用多少阶多项式去拟合。

表3-2 习题(31)实测数据

时间	1	2	3	4	5	6	7	8	9	10	11	12
温度	14	14	14	14	15	16	18	20	22	23	25	28
时间	13	14	15	16	17	18	19	20	21	22	23	24
温度	31	32	31	29	27	25	24	22	20	18	17	16

(32) 已知某连续系统的阶跃响应数据由表3-3给出，且已知系统为二阶系统，其阶跃响应的曲线原型为 $y(t)=x_1+x_2\mathrm{e}^{-x_4t}+x_3\mathrm{e}^{-x_5t}$，试用曲线最小二乘拟合算法拟

合出 x_i 参数，从而拟合出系统的传递函数模型。

表3-3 习题(32)实测数据

t	$y(t)$	t	$y(t)$	t	$y(t)$	t	$y(t)$	t	$y(t)$	t	$y(t)$
0	0	1.6	0.2822	3.2	0.3024	4.8	0.3145	6.4	0.3218	8	0.3263
0.1	0.08324	1.7	0.2839	3.3	0.3034	4.9	0.315	6.5	0.3222	8.1	0.3265
0.2	0.1404	1.8	0.2855	3.4	0.3043	5	0.3156	6.6	0.3225	8.2	0.3267
0.3	0.1798	1.9	0.287	3.5	0.3051	5.1	0.3161	6.7	0.3228	8.3	0.3269
0.4	0.2072	2	0.2885	3.6	0.306	5.2	0.3166	6.8	0.3231	8.4	0.3271
0.5	0.2265	2.1	0.2899	3.7	0.3068	5.3	0.3172	6.9	0.3235	8.5	0.3273
0.6	0.2402	2.2	0.2912	3.8	0.3076	5.4	0.3176	7	0.3238	8.6	0.3275
0.7	0.2501	2.3	0.2925	3.9	0.3084	5.5	0.3181	7.1	0.324	8.7	0.3277
0.8	0.2574	2.4	0.2937	4	0.3092	5.6	0.3186	7.2	0.3243	8.8	0.3278
0.9	0.2629	2.5	0.2949	4.1	0.3099	5.7	0.319	7.3	0.3246	8.9	0.328
1	0.2673	2.6	0.2961	4.2	0.3106	5.8	0.3195	7.4	0.3249	9	0.3282
1.1	0.2708	2.7	0.2973	4.3	0.3113	5.9	0.3199	7.5	0.3251	9.1	0.3283
1.2	0.2737	2.8	0.2983	4.4	0.312	6	0.3203	7.6	0.3254	9.2	0.3285
1.3	0.2762	2.9	0.2994	4.5	0.3126	6.1	0.3207	7.7	0.3256	9.3	0.3286
1.4	0.2784	3	0.3004	4.6	0.3133	6.2	0.3211	7.8	0.3258	9.4	0.3288
1.5	0.2804	3.1	0.3014	4.7	0.3139	6.3	0.3214	7.9	0.3261	9.5	0.3289

(33) 神经网络是拟合曲线的一种有效方法，虽然本书未详细介绍神经网络理论，但可以试用MATLAB 神经网络工具箱带的现成程序 `nntool`，由给出的程序界面对上述的数据进行曲线拟合，并与多项式拟合的结果进行比较。

(34) 对下列的函数 $f(t)$ 进行Laplace变换

① $f_1(t)=\dfrac{\sin\alpha t}{t}$ ② $f_2(t)=t^5\sin\alpha t$ ③ $f_3(t)=t^8\cos\alpha t$ ④ $f_4(t)=t^6\mathrm{e}^{\alpha t}$

⑤ $f_e(t)=\dfrac{\cos\alpha t}{t}$ ⑥ $f_f(t)=\mathrm{e}^{\beta t}\sin(\alpha t+\theta)$ ⑦ $f_g(t)=\mathrm{e}^{-12t}+6\mathrm{e}^{9t}$

(35) 对上面的结果作Laplace反变换，看看能不能还原给定的函数。

(36) 对下面的 $F(s)$ 式进行Laplace反变换，并对得出的结果作Laplace变换，看看能否还原原函数。

① $F_1(s)=\dfrac{1}{\sqrt{s}(s^2-a^2)(\sqrt{s}+b)}$ ② $F_2(s)=\sqrt{s-a}-\sqrt{s-b}$,

③ $F_3(s)=\ln\dfrac{s-a}{s-b}$ ④ $F_4(s)=\dfrac{s-a}{\sqrt{s}(s^2-a^2)(\sqrt{s}+b)}$ ⑤ $F_5(s)=\dfrac{3a^2}{s^3+a^3}$,

⑥ $F_6(s)=\dfrac{(s-1)^8}{s^7}$ ⑦ $F_7(s)=\ln\dfrac{s^2+a^2}{s^2+b^2}$,

⑧ $F_h(s)=\dfrac{s^2+3s+8}{\prod\limits_{i=1}^{8}(s+i)}$ ⑨ $F_i(s)=\dfrac{1}{2}\dfrac{s+\alpha}{s-\alpha}$

(37) 假设某分数阶系统是由两个子模型 $G_1(s)$ 和 $G_2(s)$ 并联而成，则系统的总模型可以由 $G(s) = G_1(s) + G_2(s)$ 计算出来。试对下面的两个子模型并联的总系统绘制出阶跃响应曲线。如果 $G_1(s)$、$G_2(s)$ 串联连接，试求出总模型的阶跃响应。

$$G_1(s) = \frac{(s^{0.4}+2)^{0.8}}{\sqrt{s}(s^2+3s^{0.9}+4)^{0.3}},\quad G_2(s) = \frac{s^{0.4}+0.6s+3}{(s^{0.5}+3s^{0.4}+5)^{0.7}}$$

(38) 已知下述各个 z 变换表达式 $F(z)$，试对它们分别进行 z 反变换，并对得出的结果作 z 变换，看看能否还原原函数。

① $F_1(z) = \dfrac{10z}{(z-1)(z-2)}$ ② $F_2(z) = \dfrac{z^2}{(z-0.8)(z-0.1)}$，

③ $F_3(z) = \dfrac{z}{(z-a)(z-1)^2}$ ④ $F_4(z) = \dfrac{z^{-1}(1-\mathrm{e}^{-aT})}{(1-z^{-1})(1-z^{-1}\mathrm{e}^{-aT})}$，

⑤ $F_e(z) = \dfrac{Az[z\cos\beta - \cos(\alpha T-\beta)]}{z^2-2z\cos\alpha T+1}$

(39) 已知某信号的 Laplace 变换为 $\dfrac{b}{s^2(s+a)}$，试求其 z 变换，并验证结果。

(40) 用计算机证明

$$\mathscr{Z}\left\{1-\mathrm{e}^{-akT}\left[\cos bkT+\frac{a}{b}\sin bkT\right]\right\} = \frac{z(Az+B)}{(z-1)(z^2-2\mathrm{e}^{-aT}\cos bTz+\mathrm{e}^{-2aT})}$$

式中

$$A = 1-\mathrm{e}^{-aT}\cos bT - \frac{a}{b}\mathrm{e}^{-aT}\sin bT, B = \mathrm{e}^{-2aT}+\frac{a}{b}\mathrm{e}^{-aT}\sin bT - \mathrm{e}^{-aT}\cos bT$$

参考文献

[1] 薛定宇. 高等应用数学问题的 MATLAB 求解 [M]. 4 版. 北京：清华大学出版社，2018.

[2] 薛定宇. 薛定宇教授大讲堂（卷 II）：MATLAB 微积分运算 [M]. 北京：清华大学出版社，2019.

[3] 薛定宇. 薛定宇教授大讲堂（卷 III）：MATLAB 线性代数运算 [M]. 北京：清华大学出版社，2019.

[4] 薛定宇. 薛定宇教授大讲堂（卷 IV）：MATLAB 最优化计算 [M]. 北京：清华大学出版社，2020.

[5] 薛定宇. 薛定宇教授大讲堂（卷 V）：MATLAB 微分方程求解 [M]. 北京：清华大学出版社，2020.

[6] 薛定宇，陈阳泉. 基于 MATLAB/Simulink 的系统仿真技术与应用 [M]. 2 版. 北京：清华大学出版社，2011.

[7] Forsythe G E，Malcolm M A，Moler C B. Computer methods for mathematical computations[M]. Englewood Cliffs：Prentice-Hall，1977.

[8] Nelder J A，Mead R. A simplex method for function minimization[J]. Computer Journal，1965，7(4)：308–313.

[9] D'Errico J. Bound constrained optimization fminsearchbnd[OL], 2005. http://www.mathworks.cn/matlabcentral/fileexchange/8277-fminsearchbnd.

[10] Valsa J, Brančik L. Approximate formulae for numerical inversion of Laplace transforms[J]. International Journal of Numerical Modelling: Electronic Networks, Devices and Fields, 1998, 11(3): 153–166.

[11] Valsa J. Numerical inversion of Laplace transforms in MATLAB[R/OL]. MATLAB Central. https://ww2.mathworks.cn/matlabcentral/fileexchange/32824-numerical-inversion-of-laplace-transforms-in-matlab, 2011.

[12] Callier F M, Winkin J. Infinite dimensional system transfer functions[M]// Curtain R F, Bensoussan A and Lions J L eds. Analysis and Optimization of Systems: State and Frequency Domain Approaches for Infinite-Dimensional Systems. Berlin: Springer-Verlag, 1993: 72–101.

[13] Yang W Y, Cao W, Chung T S, et al. Applied numerical methods using MATLAB[M]. Hoboken: John Wiley & Sons, Inc., 2005.

[14] Henrion D. A review of the global optimization toolbox for Maple[R/OL]. https://homepages.laas.fr/henrion/Papers/mapleglobopt.pdf, 2006.

第4章

线性控制系统的数学模型

控制系统的数学模型在控制系统研究中是相当重要的，要对系统进行仿真处理，首先应该知道系统的数学模型，然后才可以对之进行分析；知道了系统的模型，才可以在此基础上设计一个合适的控制器，使得原系统的响应达到预期的效果。所以说，控制系统的数学模型是系统分析和设计的基础。

目前大部分控制系统分析与设计的算法都需要假设系统的模型已知，而获得数学模型有两种方法：其一是从已知的物理规律出发，用数学推导的方式建立起系统的数学模型；其二是由实验数据拟合系统的数学模型。其中前一种方法称为系统的物理建模方法，后一种方法称为系统辨识。在实际应用中，二者各有其优势和适用场合。有了系统的数学模型，为了有效地在MATLAB下对其进行分析和设计，需要掌握用MATLAB语言描述数学模型的方法。本章将侧重于介绍线性系统数学模型的MATLAB表示，介绍数学模型建立与辨识的方法。

一般线性系统控制理论教学和研究中经常将控制系统分为连续系统和离散系统，描述线性连续系统常用的描述方式是传递函数（矩阵）和状态方程，相应地离散系统可以用离散传递函数和离散状态方程表示。在一些场合下需要用到其中一种模型，而另一场合下可能又需要另外一种模型。其实这些模型均是描述同样系统的不同方式，它们又有着某种内在的等效关系。传递函数和状态方程之间、连续系统和离散系统之间还可以进行相互转换。

4.1节首先通过例子演示实际系统的微分方程建模，并引入传递函数的概念，再介绍一般连续线性系统的传递函数模型、状态方程模型与零极点模型等数学模型及其MATLAB表示，特别地，本节将扩展一般状态方程的概念，给出带有内部延迟描述符系统数学模型。4.2节将介绍离散线性系统各类数学模型及其MATLAB表示，为下一步的系统分析和设计做好准备。4.3节将介绍各种不同类型模型之间的相互变换方法，用最直接的方式将模型从一种形式变换成另一种形式，4.4节将介绍由方框图给出的更复杂系统的模型化简，包括直接化简方法、代数化简方法等。4.5节将引入系统模型降阶的概念并介绍几种模型降阶算法及MATLAB实现。4.6节将介绍系统辨识方法及其在MATLAB下的实现。

4.1 线性连续系统模型及MATLAB表示

连续线性系统一般可以用传递函数表示，也可以用状态方程表示，它们适用的场合不同，前者是经典控制的常用模型，后者是“现代控制理论”的基础，但它们应该是描述同样系统的不同描述方式。除了这两种描述方法之外，还常用零极点形式来表示连续线性系统模型。本节中将介绍这些数学模型，并侧重介绍这些模型在MATLAB环境下的表示方法，最后还将介绍多变量系统的表示方法。

4.1.1 简单电路的数学建模

电气系统、液压系统与机械系统等都可以用线性连续模型表示，这里将给出一个简单的电路的例子，推导出其线性微分方程模型。

例4-1　考虑图4-1给出的由电阻、电容、电感元件串联而成的模型，试建立起电容电压$u_{\rm c}(t)$与输入电压$u(t)$之间的数学模型。

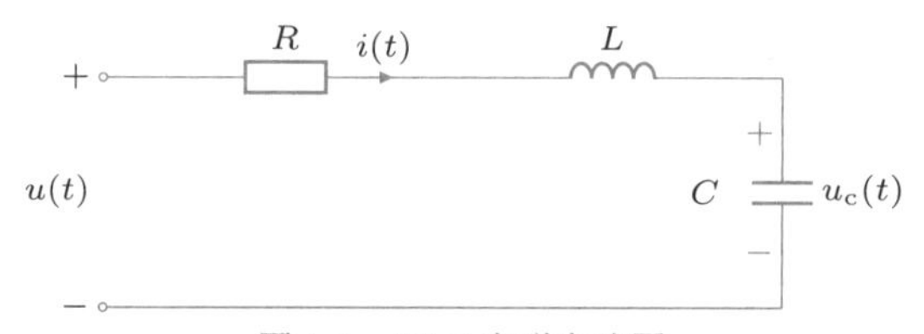

图4-1　RLC串联电路图

解　可见，回路电流$i(t)$满足下面的方程。

$$i(t)=C\frac{{\rm d}u_{\rm c}(t)}{{\rm d}t} \tag{4-1-1}$$

同时，我们可以写出电容元件两端的电压$u_{\rm c}(t)$的方程表示为

$$u(t)=Ri(t)+L\frac{{\rm d}i(t)}{{\rm d}t}+u_{\rm c}(t) \tag{4-1-2}$$

从这两个方程可以写出

$$LC\frac{{\rm d}^2u_{\rm c}(t)}{{\rm d}t^2}+RC\frac{{\rm d}u_{\rm c}(s)}{{\rm d}t}+u_{\rm c}(t)=u(t) \tag{4-1-3}$$

这时式(4-1-3)为一个二阶常微分方程，这个方程称为该电路的数学模型。连续动态系统的数学模型一般都可以表示成常微分方程的形式。

式(4-1-3)两端同时求Laplace变换，则可以推导出输出信号与输入信号的比值为

$$G(s)=\frac{U_{\rm c}(s)}{U(s)}=\frac{1}{LCs^2+RCs+1} \tag{4-1-4}$$

这个比值是定义在s域下的系统增益，该增益又称为系统的传递函数模型。

4.1.2　线性系统的传递函数模型

连续动态系统一般是由微分方程来描述的，而线性系统又是以线性常微分方程来描述的。假设系统的输入信号为$u(t)$，且输出信号为$y(t)$，则n阶系统的微分方程可以写成

$$\begin{aligned}&a_1\frac{\mathrm{d}^ny(t)}{\mathrm{d}t^n}+a_2\frac{\mathrm{d}^{n-1}y(t)}{\mathrm{d}t^{n-1}}+\cdots+a_n\frac{\mathrm{d}y(t)}{\mathrm{d}t}+a_{n+1}y(t)\\&\quad=b_1\frac{\mathrm{d}^mu(t)}{\mathrm{d}t^m}+b_2\frac{\mathrm{d}^{m-1}u(t)}{\mathrm{d}t^{m-1}}+\cdots+b_m\frac{\mathrm{d}u(t)}{\mathrm{d}t}+b_{m+1}u(t)\end{aligned}\tag{4-1-5}$$

由于控制理论发展初期并没有微分方程的实用求解工具，所以利用Laplace变换可以对微分方程进行变换。假设$y(t)$信号的Laplace变换式为$Y(s)$，并假设该信号及其各阶导数的初始值均为0，将Laplace变换的重要性质$\mathscr{L}[\mathrm{d}^ky(t)/\mathrm{d}t^k]=s^kY(s)$代入式（4-1-5）中给出的微分方程，则可以巧妙地将微分方程映射成多项式代数方程。定义输出信号和输入信号Laplace变换的比值为增益信号，该比值又称为系统的传递函数，从变换后得出的多项式方程可以立即得出单变量连续线性系统的传递函数为

$$G(s)=\frac{b_1s^m+b_2s^{m-1}+\cdots+b_ms+b_{m+1}}{a_1s^n+a_2s^{n-1}+a_3s^{n-2}+\cdots+a_ns+a_{n+1}}\tag{4-1-6}$$

其中b_i,($i=1,2,\cdots,m+1$)与a_i($i=1,2,\cdots,n+1$)为常数。这样的系统又称为线性时不变（linear time invariant，LTI，又称为线性定常）系统。系统的分母多项式又称为系统的特征多项式。对物理可实现系统来说，一定要满足$m\leqslant n$，这种情况下又称系统为正则（proper）系统。若$m<n$，则称系统为严格正则。阶次$n-m$又称为系统的相对阶次。

可见，Laplace变换的引入可以巧妙地将微分方程模型变换为代数方程的模型，使得控制系统的研究变得很简单。直到今天，系统传递函数的描述仍是控制理论中线性系统模型的一个主要描述方法。

从式（4-1-6）中可以看出，传递函数可以表示成两个多项式的比值，在MATLAB语言中，多项式可以用向量表示。依照MATLAB惯例，将多项式的系数按s的降幂次序表示就可以得到一个数值向量，用这个向量就可以表示多项式。分别表示完分子和分母多项式后，再利用控制系统工具箱的`tf()`函数就可以用一个变量名表示传递函数变量G：

```
num=[b1,b2,···,bm,bm+1]; den=[a1,a2,···,an,an+1];
G=tf(num,den);
```

MATLAB还支持另一种特殊的传递函数的输入格式，在这样的输入方式下，应该用`s=tf('s')`先定义传递函数的算子，然后用类似数学表达式的形式直接输入系统的传递函数模型。下面将通过例子演示这两种输入方式。

例4-2 试将传递函数模型为

$$G(s)=\frac{12s^3+24s^2+12s+20}{2s^4+4s^3+6s^2+2s+2}$$

试将其输入到MATLAB环境。

解 用下面的语句就可以轻易地将该数学模型输入到MATLAB的工作空间。

```
>> num=[12 24 12 20]; den=[2 4 6 2 2]; %分子多项式和分母多项式
   G=tf(num,den)    %这样就能输入系统的数学模型G
```

如果采用后一种输入方法,则同样可以输入系统的传递函数模型,二者完全一致。

```
>> s=tf('s');  %先定义Laplace算子s
   G=(12*s^3+24*s^2+12*s+20)/(2*s^4+4*s^3+6*s^2+2*s+2);
```

上面模型很容易输入,方法很直观,但如果分子或分母多项式给出的不是完全展开的形式,而是若干因式的乘积,甚至包括其他运算,则采用前一种输入方式很烦琐,直接采用后一种方式显得更直观。下面通过两个例子演示这种输入方法。

例4-3 试输入传递函数 $G(s)=\dfrac{3(s^2+3)}{(s+2)^3(s^2+2s+1)(s^2+5)}$ 模型。

解 可以由下面语句直接输入该传递函数模型。

```
>> s=tf('s'); G=3*(s^2+3)/(s+2)^3/(s^2+2*s+1)/(s^2+5)
        %或G=3*(s^2+3)/((s+2)^3*(s^2+2*s+1)*(s^2+5))
```

可以自动转换为传递函数的展开形式

$$G(s)=\frac{3s^2+9}{s^7+8s^6+30s^5+78s^4+153s^3+198s^2+140s+40}$$

例4-4 再考虑一个带有多项式混合运算的例子,试将其输入MATLAB环境。

$$G(s)=\frac{s^3+2s^2+3s+4}{s^3(s+2)[(s+5)^2+5]}$$

解 可以看出,分母多项式内部含有 $(s+5)^2+5$ 项,用第一种输入方式更烦琐,所以可以用第二种方式直接利用算子法输入系统的传递函数模型。

```
>> s=tf('s'); G=(s^3+2*s^2+3*s+4)/(s^3*(s+2)*((s+5)^2+5))
```

可以得出系统的传递函数为

$$G(s)=\frac{s^3+2s^2+3s+4}{s^6+12s^5+50s^4+60s^3}$$

除了分子和分母多项式外,MATLAB的`tf`对象还允许携带其他信息(或属性),其全部属性可以由`get(tf)`命令列出(为排版效果这里并列给出)。

```
  Numerator: {}                  InputUnit: {0×1 cell}
Denominator: {}                 InputGroup: [1×1 struct]
   Variable: 's'                OutputName: {0×1 cell}
    IODelay: []                 OutputUnit: {0×1 cell}
```

```
  InputDelay: [0×1 double]       OutputGroup: [1×1 struct]
 OutputDelay: [0×1 double]             Notes: [0×1 string]
          Ts: 0                     UserData: []
    TimeUnit: 'seconds'                 Name: ''
   InputName: {0×1 cell}        SamplingGrid: [1×1 struct]
```

其中，传递函数的分子与分母由属性Numerator、Denominator表示，其数据结构为单元数组。为与早期版本兼容，还可以使用属性名num、den。除了这些属性之外，还有其他诸多属性可以选择，例如，Ts属性为采样周期，连续系统的采样周期为0。属性IODelay（或ioDelay）为系统的输入输出延迟。

例4-5 如果例4-4中的传递函数模型若带有3s延迟，试输入该模型。

解 因为系统的时间延迟常数为$\tau=3$，所以延迟系统模型的数学形式为$G(s)\mathrm{e}^{-3s}$。这样的模型有多种输入方法，下面列出的三种方法是完全等效的。

```
>> s=tf('s'); G=(s^3+2*s^2+3*s+4)/(s^3*(s+2)*((s+5)^2+5)) %方法一
   G.IODelay=3, set(G,'IODelay',3)                          %方法二
   G=(s^3+2*s^2+3*s+4)/(s^3*(s+2)*((s+5)^2+5))*exp(-3*s)   %方法三
```

由前面的例子可以看出，在MATLAB语言环境中表示一个传递函数模型是很容易的。如果有了传递函数模型G，还可以由tfdata()函数来提取系统的分子和分母多项式系数，具体的调用格式为$[\boldsymbol{n},\boldsymbol{d},\tau]$=tfdata($G$,'v')，不便直接由$G$.num这类命令提取，否则得到的不是数值向量，只能得到单元数组。

例4-6 试提取例4-4中的传递函数模型的分子与分母多项式。

解 可以先输入系统的传递函数模型，然后直接调用tfdata()函数提取出系统的分子与分母多项式系数向量为$\boldsymbol{n}=[0,0,0,1,2,3,4]$，$\boldsymbol{d}=[1,12,50,60,0,0,0]$。

```
>> s=tf('s'); G=(s^3+2*s^2+3*s+4)/(s^3*(s+2)*((s+5)^2+5))
   [n,d]=tfdata(G,'v')   %其中'v'表示想获得数值
```

更简单地，还可以通过下面语句提取传递函数的分子和分母多项式。

```
>> n=G.num{1}; d=G.den{1}; %可以直接提取分子和分母多项式
```

这里，{1}实际上为{1,1}，表示第1路输入和第1路输出之间的传递函数。可见，该方法直接适合于多变量系统的描述。

4.1.3 线性系统的状态方程模型

状态方程是描述控制系统的另一种重要的方式，这种方式由于是基于系统内部状态变量的，所以又往往称为系统的内部描述方法。和传递函数不同，状态方程可以描述更广的一类控制系统模型，包括非线性模型。假设有p路输入信号$u_i(t),(i=1,2,\cdots,p)$与q路输出信号$y_i(t),(i=1,2,\cdots,q)$，且有n个状态，构成状态

变量向量 $\boldsymbol{x}=[x_1,x_2,\cdots,x_n]^{\mathrm{T}}$，则此动态系统的状态方程可以一般地表示为

$$\begin{cases} \dot{x}_i=f_i(x_1,x_2,\cdots,x_n,u_1,u_2,\cdots,u_p), & i=1,2,\cdots,n \\ y_i=g_i(x_1,x_2,\cdots,x_n,u_1,u_2,\cdots,u_p), & i=1,2,\cdots,q \end{cases} \tag{4-1-7}$$

其中 $f_i(\cdot)$ 和 $g_i(\cdot)$ 可以为任意的线性或非线性函数。对线性系统来说，其状态方程可以更简单地描述为

$$\begin{cases} \dot{\boldsymbol{x}}(t)=\boldsymbol{A}(t)\boldsymbol{x}(t)+\boldsymbol{B}(t)\boldsymbol{u}(t) \\ \boldsymbol{y}(t)=\boldsymbol{C}(t)\boldsymbol{x}(t)+\boldsymbol{D}(t)\boldsymbol{u}(t) \end{cases} \tag{4-1-8}$$

其中 $\boldsymbol{u}=[u_1,u_2,\cdots,u_p]^{\mathrm{T}}$ 与 $\boldsymbol{y}=[y_1,y_2,\cdots,y_q]^{\mathrm{T}}$ 分别为输入和输出向量，矩阵 $\boldsymbol{A}(t)$、$\boldsymbol{B}(t)$、$\boldsymbol{C}(t)$ 和 $\boldsymbol{D}(t)$ 为维数相容的矩阵。这里维数相容是指在方程里相应的项是可乘的。准确地说，$\boldsymbol{A}$ 为 $n\times n$ 方阵，$\boldsymbol{B}$ 为 $n\times p$ 矩阵，$\boldsymbol{C}$ 为 $q\times n$ 矩阵，$\boldsymbol{D}$ 为 $q\times p$ 矩阵。如果这四个矩阵均与时间无关，则该系统又称为线性时不变系统，该系统的连续状态方程可以写成

$$\begin{cases} \dot{\boldsymbol{x}}(t)=\boldsymbol{A}\boldsymbol{x}(t)+\boldsymbol{B}\boldsymbol{u}(t) \\ \boldsymbol{y}(t)=\boldsymbol{C}\boldsymbol{x}(t)+\boldsymbol{D}\boldsymbol{u}(t) \end{cases} \tag{4-1-9}$$

在MATLAB下表示系统的状态方程模型是相当直观的，只需要将各个系数矩阵按照常规矩阵的方式输入到工作空间中即可，这样，系统的状态方程模型可以用语句 `G=ss(A,B,C,D)` 直接建立起来。如果在构造状态方程时给出的各个矩阵维数不兼容，则 `ss()` 对象时将给出明确的错误信息，中断程序运行。

事实上，式(4-1-9)给出的模型不足以处理任意的线性系统模型，因为如果一个系统是严格正则的，则其逆系统是不能由(4-1-9)表示的，必须引入更一般的状态方程模型，比如引入下面给出的描述符状态方程模型。

$$\begin{cases} \boldsymbol{E}\dot{\boldsymbol{x}}(t)=\boldsymbol{A}\boldsymbol{x}(t)+\boldsymbol{B}\boldsymbol{u}(t) \\ \quad\boldsymbol{y}(t)=\boldsymbol{C}\boldsymbol{x}(t)+\boldsymbol{D}\boldsymbol{u}(t) \end{cases} \tag{4-1-10}$$

对于正则的状态方程模型，$\boldsymbol{E}$ 可以为单位矩阵或非奇异矩阵；对于物理不可实现的系统，则 $\boldsymbol{E}$ 可以为奇异矩阵，这样的系统又称为奇异系统或广义系统。描述符系统的输入语句为 `G=ss(A,B,C,D,E)`。

下面将通过例子演示状态方程模型的输入方法。

例4-7 试用状态方程表示例4-1中给出的微分方程模型。

解 选择状态变量 $x_1(t)=u_{\mathrm{c}}(t)$，$x_2(t)=i(t)$，则可以立即写出系统的状态方程模型为

$$\begin{bmatrix}\dot{x}_1(t)\\ \dot{x}_2(t)\end{bmatrix}\begin{bmatrix}0 & 1/C\\ -1/L & -R/L\end{bmatrix}\begin{bmatrix}x_1(t)\\ x_2(t)\end{bmatrix}+\begin{bmatrix}0\\ 1/L\end{bmatrix}u(t),\quad y(t)=\begin{bmatrix}1 & 0\end{bmatrix}\begin{bmatrix}x_1(t)\\ x_2(t)\end{bmatrix}$$

其实，若选择状态 $x_1(t)=i(t)$，$x_2(t)=u_{\mathrm{c}}(t)$，则可以得到不同的状态方程模型。

例4-8 试输入一个双输入双输出系统的状态方程模型。

$$\begin{cases}\dot{\boldsymbol{x}}(t)=\begin{bmatrix}-12 & -17.2 & -16.8 & -11.9\\ 6 & 8.6 & 8.4 & 6\\ 6 & 8.7 & 8.4 & 6\\ -5.9 & -8.6 & -8.3 & -6\end{bmatrix}\boldsymbol{x}(t)+\begin{bmatrix}1.5 & 0.2\\ 1 & 0.3\\ 2 & 1\\ 0 & 0.5\end{bmatrix}\boldsymbol{u}(t)\\ \boldsymbol{y}(t)=\begin{bmatrix}2 & 0.5 & 0 & 0.8\\ 0.3 & 0.3 & 0.2 & 1\end{bmatrix}\boldsymbol{x}(t)\end{cases}$$

解 多变量系统的状态方程模型可以用前面介绍的方法直接输入，无须再进行特殊的处理。系统的状态方程模型可以用下面的语句直接输入。

```
>> A=[-12,-17.2,-16.8,-11.9; 6,8.6,8.4,6;
      6,8.7,8.4,6; -5.9,-8.6,-8.3,-6];
   B=[1.5,0.2; 1,0.3; 2,1; 0,0.5]; C=[2,0.5,0,0.8; 0.3,0.3,0.2,1];
   D=zeros(2,2); G=ss(A,B,C,D) %输入并显示系统状态方程模型，显示从略
```

获取状态方程对象参数可以使用ssdata()函数，也可以直接使用诸如G.a的命令去提取，这时无须使用单元数组格式获得其参数。

带有时间延迟的状态方程模型可以表示为

$$\begin{cases}\boldsymbol{E}\dot{\boldsymbol{x}}(t)=\boldsymbol{A}\boldsymbol{x}(t)+\boldsymbol{B}\boldsymbol{u}(t-\boldsymbol{\tau}_{\rm i})\\ \boldsymbol{y}(t)=\boldsymbol{z}(t-\boldsymbol{\tau}_{\rm o})\end{cases}\tag{4-1-11}$$

其中，中间信号$\boldsymbol{z}(t)=\boldsymbol{C}\boldsymbol{x}(t)+\boldsymbol{D}\boldsymbol{u}(t-\boldsymbol{\tau}_{\rm i})$，$\boldsymbol{\tau}_{\rm i}$称为输入延迟，$\boldsymbol{\tau}_{\rm o}$称为输出延迟。输入该模型时，只需将前面最后一个语句改成下面形式即可。

G=ss($\boldsymbol{A}$,$\boldsymbol{B}$,$\boldsymbol{C}$,$\boldsymbol{D}$,$\boldsymbol{E}$,'InputDelay',$\tau_{\rm i}$,'OutputDelay',$\tau_{\rm o}$)

4.1.4 带有内部延迟的状态方程模型

虽然前面介绍的状态方程模型含有输入和输出延迟等信息，但以后在描述状态方程模型互连时仍有很多系统无法描述，所以可以考虑采用MATLAB下提出的内部延迟状态方程模型来描述。

带有内部延迟的状态方程模型如图4-2所示。整个系统的输入和输出信号分别表示为$\boldsymbol{v}(t)=\boldsymbol{u}(t-\tau_{\rm i})$，$\boldsymbol{y}(t)=\boldsymbol{z}(t-\tau_{\rm o})$，而$\boldsymbol{v}(t)$，$\boldsymbol{z}(t)$是系统的内部信号。这样带有内部延迟的状态方程模型可以表示为

$$\begin{cases}\boldsymbol{E}\dot{\boldsymbol{x}}(t)=\boldsymbol{A}\boldsymbol{x}(t)+\boldsymbol{B}_1\boldsymbol{v}(t)+\boldsymbol{B}_2\boldsymbol{w}(t)\\ \boldsymbol{z}(t)=\boldsymbol{C}_1\boldsymbol{x}(t)+\boldsymbol{D}_{11}\boldsymbol{v}(t)+\boldsymbol{D}_{12}\boldsymbol{w}(t)\\ \boldsymbol{\xi}(t)=\boldsymbol{C}_2\boldsymbol{x}(t)+\boldsymbol{D}_{21}\boldsymbol{v}(t)+\boldsymbol{D}_{22}\boldsymbol{w}(t)\end{cases}\tag{4-1-12}$$

且$\boldsymbol{w}_j(t)=\boldsymbol{\xi}_j(t-\tau_j)$，$j=1,2,\cdots,k$，这里向量$\boldsymbol{\tau}=[\tau_1,\tau_2,\cdots,\tau_k]$称为系统的内部延迟。可以使用MATLAB函数getDelayModel()提取模型的各个矩阵。

[$\boldsymbol{A}$,$\boldsymbol{B}_1$,$\boldsymbol{B}_2$,$\boldsymbol{C}_1$,$\boldsymbol{C}_2$,$\boldsymbol{D}_{11}$,$\boldsymbol{D}_{12}$,$\boldsymbol{D}_{21}$,$\boldsymbol{D}_{22}$,$\boldsymbol{E}$,$\boldsymbol{\tau}$]=getDelayModel(G,'mat')

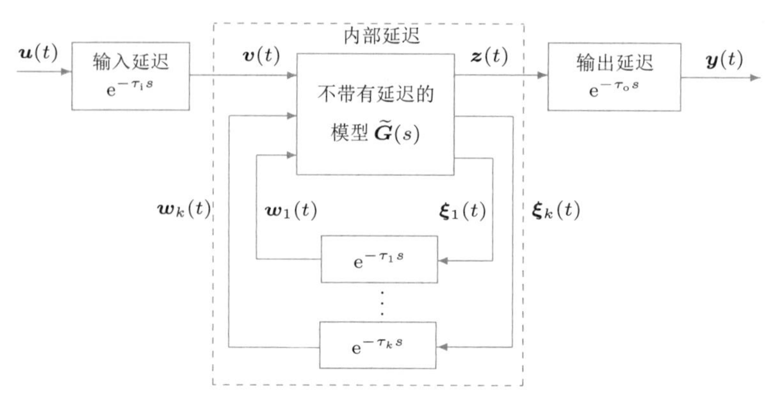

图4-2　含有内部延迟的状态方程模型示意图

4.1.5　线性系统的零极点模型

零极点模型实际上是传递函数模型的另一种表现形式，对原系统传递函数的分子和分母分别进行分解因式处理，则可以得出系统的零极点模型为

$$G(s)=K\frac{(s-z_1)(s-z_2)\cdots(s-z_m)}{(s-p_1)(s-p_2)\cdots(s-p_n)} \tag{4-1-13}$$

其中 K 称为系统的增益，$z_i,(i=1,2,\cdots,m)$ 和 $p_i,(i=1,2,\cdots,n)$ 分别称为系统的零点和极点。很显然，对实系数的传递函数模型来说，系统的零极点或者为实数，或者以共轭复数的形式出现。

在MATLAB下表示零极点模型的方法很简单，先用向量的形式输入系统的零点和极点，然后，调用 `zpk()` 函数就可以输入这个零极点模型。

$\boldsymbol{z}$=[z_1; z_2; $\cdots$; z_m]; $\boldsymbol{p}$=[p_1; p_2; $\cdots$; p_n];

G=zpk($\boldsymbol{z}$,$\boldsymbol{p}$,K);

其中前面两个语句分别输入系统的零点列向量 $\boldsymbol{z}$ 和极点列向量 $\boldsymbol{p}$，后面的语句可以由这些信息和系统增益构造出系统的零极点模型对象 G。

例4-9　试输入系统的零极点模型。

$$G(s)=\frac{6(s+5)(s+2+\mathrm{j}2)(s+2-\mathrm{j}2)}{(s+4)(s+3)(s+2)(s+1)}$$

解　可以通过下面的MATLAB语句输入这个系统模型。

```
>> P=[-1;-2;-3;-4]; %注意应使用列向量，另外注意零极点的符号
   Z=[-5; -2+2i; -2-2i]; G=zpk(Z,P,6)
```

可以输入系统的零极点模型，并显示为

$$G(s)=\frac{6(s+5)(s^2+4s+8)}{(s+1)(s+2)(s+3)(s+4)}$$

注意在MATLAB的零极点模型显示中，如果有复数零极点存在，则用二阶多项式来表示两个因式，而不直接展成一阶复数因式。

用 s=zpk('s') 定义零极点形式的Laplace算子，同样能输入零极点模型。不过这里不建议使用这种方法，因为需要处理共轭复数的运算，早期版本可能会引入多余的微小虚部，尽管新版本较好地解决了这种问题。

```
>> s=zpk('s'); G=6*(s+5)*(s+2+2i)*(s+2-2i)/(s+1)/(s+2)/(s+3)/(s+4)
```

4.1.6 多变量系统的传递函数矩阵模型

多变量系统的状态方程模型可以由ss()函数直接输入到MATLAB环境中，前面已经给了例子加以介绍（例4-8）。多变量系统的另外一种常用描述方法是传递函数矩阵，它是单变量系统传递函数的概念在多变量系统中的直接扩展。多变量系统的传递函数矩阵一般可以写成

$$\boldsymbol{G}(s)=\begin{bmatrix} g_{11}(s) & g_{12}(s) & \cdots & g_{1p}(s) \\ g_{21}(s) & g_{22}(s) & \cdots & g_{2p}(s) \\ \vdots & \vdots & \ddots & \vdots \\ g_{q1}(s) & g_{q2}(s) & \cdots & g_{qp}(s) \end{bmatrix} \tag{4-1-14}$$

其中 $g_{ij}(s)$ 可以定义为第 i 路输出信号对第 j 路输入信号的放大倍数，称为 (i,j) 子传递函数。多变量系统的传递函数矩阵的输入方法也很简单、直观，可以先输入各个子传递函数，然后用矩阵输入的命令就可以构造出系统的传递函数矩阵。

例4-10 试输入带有时间延迟的多变量传递函数矩阵[1]。

$$\boldsymbol{G}(s)=\begin{bmatrix} \dfrac{0.1134}{1.78s^2+4.48s+1}\mathrm{e}^{-0.72s} & \dfrac{0.924}{2.07s+1} \\ \dfrac{0.3378}{0.361s^2+1.09s+1}\mathrm{e}^{-0.3s} & -\dfrac{0.318}{2.93s+1}\mathrm{e}^{-1.29s} \end{bmatrix}$$

解 对这样的多变量系统，只需先输入各个子传递函数矩阵，再按照常规矩阵的方式输入整个传递函数矩阵。具体的MATLAB命令如下：

```
>> g11=tf(0.1134,[1.78 4.48 1],'ioDelay',0.72);
   g21=tf(0.3378,[0.361 1.09 1],'ioDelay',0.3);
   g12=tf(0.924,[2.07 1]); g22=tf(-0.318,[2.93 1],'ioDelay',1.29);
   G=[g11, g12; g21, g22]; %和矩阵定义一样，这样可以输入传递函数矩阵
```

这样的传递函数矩阵还可以由下面的方法输入，即输入各个不带延迟的子传递函数，构造传递函数矩阵，再重新赋值其ioDelay属性，亦即

```
>> g11=tf(0.1134,[1.78 4.48 1]); g12=tf(0.924,[2.07 1]);
   g21=tf(0.3378,[0.361 1.09 1]); g22=tf(-0.318,[2.93 1]);
   G=[g11, g12; g21, g22]; G.ioDelay=[0.72 0; 0.3, 1.29];
```

其中的(2,1)子传递函数可以用G(2,1)语句直接提取出来。

4.2 线性离散时间系统的数学模型

一般的单变量离散系统可以由下面的差分方程来表示

$$\begin{aligned}&a_1y((t+n)T)+a_2y((t+n-1)T)+\cdots+a_ny((t+1)T)+a_{n+1}y(tT)\\=&b_0u((t+n)T)+b_1u((k+n-1)T)+\cdots+b_{n-1}u((t+1)T)+b_nu(tT)\end{aligned}\tag{4-2-1}$$

其中,T为离散系统的采样周期。离散系统的差分方程可以简记为

$$\begin{aligned}&a_1y(t+n)+a_2y(t+n-1)+\cdots+a_ny(t+1)+a_{n+1}y(t)\\=&b_0u(t+n)+b_1u(k+n-1)+\cdots+b_{n-1}u(t+1)+b_nu(t)\end{aligned}\tag{4-2-2}$$

4.2.1 离散传递函数模型

类似于Laplace变换在微分方程中的作用,引入z变换,利用z变换的平移性质$\mathscr{Z}[y(t+k)]=z^k\mathscr{Z}[y(t)]$,则可由差分方程推导出系统的离散传递函数模型

$$H(z)=\frac{b_0z^n+b_1z^{n-1}+\cdots+b_{n-1}z+b_n}{a_1z^n+a_2z^{n-1}+\cdots+a_nz+a_{n+1}}\tag{4-2-3}$$

在MATLAB语言中,输入离散系统的传递函数模型和连续系统传递函数模型一样简单,只需分别按要求输入系统的分子和分母多项式,就可以利用`tf()`函数将其输入到MATLAB环境。和连续传递函数不同的是,同时还需要输入系统的采样周期T,具体语句如下:

```
num=[b0,b1,···,bn-1,bn]; den=[a1,a2,···,an,an+1];
H=tf(num,den,'Ts',T);
```

其中T应该输入为实际的采样周期数值,H为离散系统传递函数模型。此外,仿照连续系统传递函数的算子输入方法,定义算子`z=tf('z',T)`,则可以用数学表达式形式输入系统的离散传递函数模型。

例4-11 试将下面的离散系统的传递函数模型输入到MATLAB环境,其中采样周期为$T=0.1$s。

$$H(z)=\frac{6z^2-0.6z-0.12}{z^4-z^3+0.25z^2+0.25z-0.125}$$

解 可以用下面的语句将其输入到MATLAB工作空间。

```
>> num=[6 -0.6 -0.12]; den=[1 -1 0.25 0.25 -0.125];
   H=tf(num,den,'Ts',0.1)    %输入并显示系统的传递函数模型
```

该模型还可以采用算子方式直接输入

```
>> z=tf('z',0.1);
   H=(6*z^2-0.6*z-0.12)/(z^4-z^3+0.25*z^2+0.25*z-0.125);
```

离散系统的时间延迟模型和连续系统不同,一般可以写成

$$H(z)=\frac{b_0z^n+b_1z^{n-1}+\cdots+b_{n-1}z+b_n}{a_1z^n+a_2z^{n-1}+\cdots+a_nz+a_{n+1}}z^{-d}\tag{4-2-4}$$

这就要求实际延迟时间是采样周期T的整数倍，亦即时间延迟常数为dT。若要输入这样的传递函数模型，只需将传递函数设置成H.ioDelay=d。

若将式(4-2-3)中传递函数分子和分母同时除z^n，则系统的传递函数变换成

$$\widehat{H}\left(z^{-1}\right)=\frac{b_0+b_1z^{-1}+\cdots+b_{n-1}z^{-n+1}+b_nz^{-n}}{a_1+a_2z^{-1}+\cdots+a_nz^{-n+1}+a_{n+1}z^{-n}} \tag{4-2-5}$$

该模型是离散传递函数的另外一种形式，多用于表示滤波器。在数学模型表示中还可以用q取代z^{-1}，这样这种离散传递函数还可以写成

$$\widehat{H}(q)=\frac{b_0+b_1q+\cdots+b_{n-1}q^{n-1}+b_nq^n}{a_1+a_2q+\cdots+a_nq^{n-1}+a_{n+1}q^n} \tag{4-2-6}$$

类似于连续系统的零极点模型，离散系统的零极点模型也可以用同样的方法输入，亦即先输入系统的零点和极点，再使用`zpk()`函数就可以输入该模型，注意输入离散系统模型时还应该同时输入采样周期。

例4-12 试输入离散系统的零极点模型，其中采样周期为$T=0.1$s。

$$H(z)=\frac{(z-1/2)(z-1/2+\mathrm{j}/2)(z-1/2-\mathrm{j}/2)}{120(z+1/2)(z+1/3)(z+1/4)(z+1/5)}$$

解 可以用下面的语句输入该系统的数学模型。

```
>> z=[1/2; 1/2+1i/2; 1/2-1i/2]; p=[-1/2; -1/3; -1/4; -1/5];
   H=zpk(z,p,1/120,'Ts',0.1)
```

可以得出系统的传递函数模型为

$$H(z)=\frac{0.0083333(z-0.5)(z^2-z+0.5)}{(z+0.5)(z+0.3333)(z+0.25)(z+0.2)}$$

4.2.2 离散状态方程模型

离散系统状态方程模型可以表示为

$$\begin{cases}\boldsymbol{Ex}[(k+1)T]=\boldsymbol{Fx}(kT)+\boldsymbol{Gu}(kT)\\ \boldsymbol{y}(kT)=\boldsymbol{Cx}(kT)+\boldsymbol{Du}(kT)\end{cases} \tag{4-2-7}$$

可以看出，该模型的输入应该与连续系统状态方程一样，只需输入$\boldsymbol{F}$、$\boldsymbol{G}$、$\boldsymbol{C}$、$\boldsymbol{D}$和$\boldsymbol{E}$矩阵，就可以用`ss()`函数将其输入到MATLAB的工作空间。

H=ss($\boldsymbol{F}$,$\boldsymbol{G}$,$\boldsymbol{C}$,$\boldsymbol{D}$,$\boldsymbol{E}$,'Ts',T);

带有输入延迟的离散系统状态方程模型为

$$\begin{cases}\boldsymbol{Ex}[(k+1)T]=\boldsymbol{Fx}(kT)+\boldsymbol{Gu}[(k-d)T]\\ \boldsymbol{y}(kT)=\boldsymbol{Cx}(kT)+\boldsymbol{Du}[(k-d)T]\end{cases} \tag{4-2-8}$$

其中，d为时间延迟常数。这样的系统可以用下面的语句直接输入到MATLAB环境中。

H=ss($\boldsymbol{F}$,$\boldsymbol{G}$,$\boldsymbol{C}$,$\boldsymbol{D}$,$\boldsymbol{E}$,'Ts',T,'ioDelay',d)

离散系统也有对应的内部延迟状态方程模型描述方式，这里不再赘述。

4.3 系统模型的相互转换

前面介绍了线性控制系统的各种表示方法,本节将介绍基于MATLAB的系统模型转换方法,如连续与离散系统之间的相互转换,并将介绍状态方程转换成传递函数模型方法、转换成状态方程模型的各种实现方法。

4.3.1 连续模型和离散模型的相互转换

假设连续系统的状态方程模型由式(4-1-7)给出,则状态变量的解析解为

$$\boldsymbol{x}(t)=\mathrm{e}^{\boldsymbol{A}(t-t_0)}\boldsymbol{x}(t_0)+\int_{t_0}^{t}\mathrm{e}^{\boldsymbol{A}(t-\tau)}\boldsymbol{B}\boldsymbol{u}(\tau)\mathrm{d}\tau \tag{4-3-1}$$

选择采样周期为T,对之进行离散化,可以选择$t_0=kT,\ t=(k+1)T$,可得

$$\boldsymbol{x}[(k+1)T]=\mathrm{e}^{\boldsymbol{A}T}\boldsymbol{x}(kT)+\int_{kT}^{(k+1)T}\mathrm{e}^{\boldsymbol{A}[(k+1)T-\tau]}\boldsymbol{B}\boldsymbol{u}(\tau)\mathrm{d}\tau \tag{4-3-2}$$

考虑对输入信号采用零阶保持器,亦即在同一采样周期内输入信号的值保持不变。假设在采样周期内输入信号为固定的值$\boldsymbol{u}(kT)$,故上式可以化简为

$$\boldsymbol{x}[(k+1)T]=\mathrm{e}^{\boldsymbol{A}T}\boldsymbol{x}(kT)+\int_{0}^{T}\mathrm{e}^{\boldsymbol{A}\tau}\mathrm{d}\tau\boldsymbol{B}\boldsymbol{u}(kT) \tag{4-3-3}$$

对照式(4-3-3)与式(4-2-7),可以发现,使用零阶保持器后连续系统离散化可以直接获得离散状态方程模型,离散后系统的参数可以由下式求出:

$$\boldsymbol{F}=\mathrm{e}^{\boldsymbol{A}T},\quad \boldsymbol{G}=\int_{0}^{T}\mathrm{e}^{\boldsymbol{A}\tau}\mathrm{d}\tau\boldsymbol{B} \tag{4-3-4}$$

且二者的$\boldsymbol{C}$与$\boldsymbol{D}$矩阵完全一致,因为状态变量的选择未变。

如果连续系统由传递函数给出,如式(4-1-6),可以选择$s=2(z-1)/[T(z+1)]$代入连续系统的传递函数模型,则可以将连续系统传递函数变换成z的函数,经过处理就可以直接得到离散系统的传递函数模型,这样的变换又称为双线性变换或Tustin变换,这是一种常用的离散化方法。

如果已知连续系统的数学模型G,不论它是传递函数模型还是状态方程模型,都可以通过MATLAB控制系统工具箱中的G_1=c2d(G,T)函数将其离散化,其中T为采样周期,该函数不但能处理一般线性模型,还可以求解带有时间延迟的系统离散化问题,此外,该函数允许使用不同的算法对连续模型进行离散化处理,如采用一阶保持器进行处理等。

例4-13 考虑例4-8中给出的多变量状态方程模型,假设采样周期$T=0.1$s,试得出其等效的离散化模型。

解 用下面的命令将模型输入到MATLAB工作空间,并得出离散化的状态方程模型。

```
>> A=[-12,-17.2,-16.8,-11.9; 6,8.6,8.4,6;
      6,8.7,8.4,6; -5.9,-8.6,-8.3,-6];
   B=[1.5,0.2; 1,0.3; 2,1; 0,0.5]; C=[2,0.5,0,0.8; 0.3,0.3,0.2,1];
   D=zeros(2,2); G=ss(A,B,C,D);
   T=0.1; Gd=c2d(G,T) %连续状态方程模型的离散化
```

得出的离散化模型为

$$\begin{cases} \boldsymbol{x}_{k+1} = \begin{bmatrix} -0.1500 & -1.6481 & -1.6076 & -1.1400 \\ 0.5735 & 1.8220 & 0.8018 & 0.5735 \\ 0.5765 & 0.8362 & 1.8059 & 0.5765 \\ -0.5665 & -0.8261 & -0.7959 & 0.4236 \end{bmatrix} \boldsymbol{x}_k + \begin{bmatrix} -0.1842 & -0.1272 \\ 0.2668 & 0.1036 \\ 0.3679 & 0.1740 \\ -0.1657 & -0.0233 \end{bmatrix} \boldsymbol{u}_k \\ \boldsymbol{y}_k = \begin{bmatrix} 2 & 0.5 & 0 & 0.8 \\ 0.3 & 0.3 & 0.2 & 1 \end{bmatrix} \boldsymbol{x}_k \end{cases}$$

例 4-14 假设连续系统的数学模型为 $G(s) = \dfrac{1}{(s+2)^3}\mathrm{e}^{-2s}$，选择采样周期为 $T = 0.1\,\mathrm{s}$，试得出其离散化的传递函数模型。

解 可以用下面的语句输入该系统的传递函数。

```
>> s=tf('s'); G=1/(s+2)^3; G.ioDelay=2;
```

采用零阶保持器和Tustin算法对其离散化，则可以得到下面的结果。

```
>> G1=c2d(G,0.1)     %零阶保持器变换
```

其数学形式为

$$G_1(z) = \frac{0.0001436z^2 + 0.0004946z + 0.0001064}{z^3 - 2.456z^2 + 2.011z - 0.5488} z^{-20}$$

如果采用Tustin变换，则可以给出如下的命令。

```
>> G2=c2d(G,0.1,'tustin') %Tustin变换
```

其数学形式为

$$G_2(z) = \frac{9.391\times 10^{-5}z^3 + 0.0002817z^2 + 0.0002817z + 9.391\times 10^{-5}}{z^3 - 2.455z^2 + 2.008z - 0.5477} z^{-20}$$

当然，只从显示的数值结果无法判断各种离散化模型的优劣。在第5章中将通过仿真方法对某个模型的离散化结果进行比较，具体参见例5-21。

在一些特殊应用中，有时需要由已知的离散系统模型变换出连续系统模型，假设离散系统由状态方程给出，对式(4-3-4)求对数函数，则可以得出转换公式[2]。

$$\boldsymbol{A} = \frac{1}{T}\ln\boldsymbol{F}, \quad \boldsymbol{B} = (\boldsymbol{F} - \boldsymbol{I})^{-1}\boldsymbol{A}\boldsymbol{G} \tag{4-3-5}$$

如果离散系统由传递函数模型给出，将 $z = (1 + sT/2)/(1 - sT/2)$ 代入离散传递函数模型，就可以获得相应的连续系统传递函数模型，这样的变换称为Tustin反变换。

在MATLAB环境中，可以利用其控制系统工具箱中提供的 G_1=d2c(G) 函数进行连续化变换，其中在调用语句中无须再声明采样周期信息，因为该信息已经包

含在离散模型G中。利用该语句即可得出相应的连续系统模型G_1，该函数同样适用于带有时间延迟的系统模型。

例4-15　考虑例4-13中获得的离散系统状态方程模型,试对其进行连续化。

解　采用d2c()函数对其反变换,就能得出连续状态方程模型。

```
>> A=[-12,-17.2,-16.8,-11.9; 6,8.6,8.4,6;...
      6,8.7,8.4,6; -5.9,-8.6,-8.3,-6];
   B=[1.5,0.2; 1,0.3; 2,1; 0,0.5]; C=[2,0.5,0,0.8; 0.3,0.3,0.2,1];
   D=zeros(2,2); G=ss(A,B,C,D); Gd=c2d(G,T); %求取离散状态方程模型
   G1=d2c(Gd)  %对离散状态方程连续化,注意调用函数时不用采样周期
```

得出的系统$\widetilde{\boldsymbol{A}}$和$\widetilde{\boldsymbol{B}}$矩阵为

$$\widetilde{\boldsymbol{A}}=\begin{bmatrix}-12 & -17.2 & -16.8 & -11.9\\ 6 & 8.6 & 8.4 & 6\\ 6 & 8.7 & 8.4 & 6\\ -5.9 & -8.6 & -8.3 & -6\end{bmatrix},\quad \widetilde{\boldsymbol{B}}=\begin{bmatrix}1.5 & 0.2\\ 1 & 0.3\\ 2 & 1\\ 5.5511\times10^{-14} & 0.5\end{bmatrix}$$

可以看出,这样的连续化过程基本上能还原出原来的连续系统模型,虽然在计算中可能引入微小的误差,但由于其误差幅值极小,可以忽略不计。

4.3.2　系统传递函数的获取

假设连续线性系统的状态方程模型由式(4-1-9)给出。对该方程两端同时求取Laplace变换,则可以得出

$$\begin{cases}s\boldsymbol{I}\boldsymbol{X}(s)=\boldsymbol{A}\boldsymbol{X}(s)+\boldsymbol{B}\boldsymbol{U}(s)\\ \boldsymbol{Y}(s)=\boldsymbol{C}\boldsymbol{X}(s)+\boldsymbol{D}\boldsymbol{U}(s)\end{cases}\tag{4-3-6}$$

其中,$\boldsymbol{I}$为单位矩阵,其阶次与矩阵$\boldsymbol{A}$相同。这样从式(4-3-6)可以得出

$$\boldsymbol{X}(s)=(s\boldsymbol{I}-\boldsymbol{A})^{-1}\boldsymbol{B}\boldsymbol{U}(s)\tag{4-3-7}$$

将其代入式(4-3-6),则由$\boldsymbol{Y}(s)=\boldsymbol{G}(s)\boldsymbol{U}(s)$可以得出传递函数矩阵模型为

$$\boldsymbol{G}(s)=\boldsymbol{C}(s\boldsymbol{I}-\boldsymbol{A})^{-1}\boldsymbol{B}+\boldsymbol{D}\tag{4-3-8}$$

可以看出,这种变换的难点是求取$(s\boldsymbol{I}-\boldsymbol{A})$矩阵的逆矩阵。幸运的是,已经有各种可靠的算法来完成这样的任务,其中Leverrier–Fadeev算法就是一种能保证较高精度的可靠算法,可以基于该算法更新MATLAB的poly()函数,获得更高精度的解[3]。

如果已知系统的零极点模型,则分别展开其分子和分母中由因式形式表达的多项式,再将分子乘以增益,则可以立即求出系统的传递函数模型。

其实,在MATLAB下转换出传递函数模型不必如此烦琐,只需用G_1=tf(G)就可以从给定的系统模型$\boldsymbol{G}$直接取出等效的传递函数模型$\boldsymbol{G}_1$,该函数还直接适用于离散系统、多变量系统以及带有时间延迟系统的转换,使用方便。即使原系统含有奇异的描述符矩阵$\boldsymbol{E}$,仍可以正常进行转换。

例4-16 考虑例4-8中给出的多变量状态方程模型，试将其转换成传递函数矩阵。

解 由下面语句可以得出传递函数矩阵。

```
>> A=[-12,-17.2,-16.8,-11.9; 6,8.6,8.4,6;
       6,8.7,8.4,6; -5.9,-8.6,-8.3,-6];
   B=[1.5,0.2; 1,0.3; 2,1; 0,0.5]; C=[2,0.5,0,0.8; 0.3,0.3,0.2,1];
   D=zeros(2,2); G=ss(A,B,C,D); G1=tf(G)  %状态方程模型
```

由得出的结果可以按数学形式将传递函数矩阵改写成

$$\boldsymbol{G}(s)=\begin{bmatrix}\dfrac{3.5s^3-144.1s^2-20.69s-0.8372}{s^4+s^3+0.35s^2+0.05s+0.0024} & \dfrac{0.95s^3-64.13s^2-9.161s-0.374}{s^4+s^3+0.35s^2+0.05s+0.0024}\\ \dfrac{1.15s^3-36.32s^2-6.225s-0.1339}{s^4+s^3+0.35s^2+0.05s+0.0024} & \dfrac{0.85s^3-15.71s^2-2.619s-0.04559}{s^4+s^3+0.35s^2+0.05s+0.0024}\end{bmatrix}$$

4.3.3 控制系统的状态方程实现

由传递函数到状态方程的转换又称为系统的状态方程实现。在不同的状态变量选择下，可以得到不同的状态方程实现。所以说，传递函数到状态方程的转换不是唯一的。

控制系统工具箱中提供了状态方程的实现函数，如果系统模型由G给出，则系统的默认状态方程实现可以由G_1=ss(G)命令立即得出，该函数直接适用于多变量系统的实现，也可以直接对带有时间延迟的模型和离散系统模型进行转换，所以，若没有特殊的要求，就可以用该函数进行直接的状态方程实现。

例4-17 考虑例4-2给出的严格正则传递函数模型$G(s)$，试将其逆系统$G^{-1}(s)$转换成状态方程模型。

解 由于$G(s)$是严格正则模型，所以$G^{-1}(s)$是物理不可实现模型，所以，该模型只能用描述符型状态方程表示，不可能用普通状态方程表示。

```
>> num=[12 24 12 20]; den=[2 4 6 2 2]; %分子多项式和分母多项式
   G=tf(num,den); G1=ss(1/G)            %直接获取逆系统的状态方程模型
```

得出的描述符状态方程模型为

$$\begin{bmatrix}0&0.5&0&0&0\\0&0&1&0&0\\0&0&1&0&0\\0&0&0&1&0\\0&0&0&0&1\end{bmatrix}\dot{\boldsymbol{x}}(t)=\begin{bmatrix}1&0&0&0&0\\0&1&0&0&0\\0&0&-2&-1&-1.6667\\0&0&1&0&0\\0&0&0&1&0\end{bmatrix}\boldsymbol{x}(t)+\begin{bmatrix}0\\0\\1\\0\\0\end{bmatrix}u(t)$$

且$y(t)=[0.3333,0.3333,0.5,0.1667,0.1667]\boldsymbol{x}(t)$，可见，$\boldsymbol{E}$是奇异矩阵。

例4-18 试将下面受控对象模型[4]输入到MATLAB环境。

$$G(s)=\frac{1+\dfrac{3\mathrm{e}^{-s}}{s+1}}{s+1}$$

解 显然,这个模型不是式(4-1-6)中给出的普通的有理传递函数模型,不能用这样的模型表示系统。MATLAB支持的带有内部延迟的状态方程模型允许表示这样的系统,所以可以使用普通的传递函数输入方法,将其自动转换成带有内部延迟的状态方程模型。

```
>> s=tf('s'); G=(1+3*exp(-s)/(s+1))/(s+1)
```

得出的状态方程显示中指出其内部延迟为1,但在显示状态方程参数时明确指出是values computed with all internal delays set to zero(内部延迟设置为零时的参数)的数值,所以不具有太多意义。如果想得到式(4-1-12)中有意义的状态方程模型参数,需要更进一步调用 getDelayModel() 函数。

```
>> [A,B1,B2,C1,C2,D11,D12,D21,D22,E,tau]=getDelayModel(G,'mat')
```

得出的结果可以表示为

$$\begin{cases} \dot{\boldsymbol{x}}(t)=\begin{bmatrix}-1 & 2\\ 0 & -1\end{bmatrix}\boldsymbol{x}(t)+\begin{bmatrix}0\\1\end{bmatrix}v(t) \\ z(t)=[0,1]\boldsymbol{x}(t)+w(t) \\ \xi(t)=[1.5,0]\boldsymbol{x}(t) \end{cases}$$

其中,$w(t)=\xi(t-1)$,另外,由于系统的输入与输出延迟都为零,所以$v=u(t)$,$y=z(t)$。这类模型比较麻烦,不过可以在系统分析与仿真中直接使用,所以除非特别必要,不一定需要用户去进行过多的解读,直接使用该模型对象即可。

例 4-19 重新考虑例4-10中给出的带有时间延迟的传递函数矩阵模型,试将其转换位状态方程模型。

解 可以用下面的语句首先输入该传递函数矩阵模型,然后可以用ss()函数获得该系统的状态方程实现。

```
>> g11=tf(0.1134,[1.78 4.48 1],'ioDelay',0.72);
   g12=tf(0.924,[2.07 1]);
   g21=tf(0.3378,[0.361 1.09 1],'ioDelay',0.3);
   g22=tf(-0.318,[2.93 1],'ioDelay',1.29);
   G=[g11, g12; g21, g22]; G1=ss(G)  %输入系统的传递函数矩阵模型
```

这时可以得出系统的内部延迟向量为$\boldsymbol{\tau}=[0.42,1.29]$,故该系统总的状态方程可以最终表示如下,注意,这里的矩阵表示是在延迟设置为零时得出的。

$$\begin{cases} \dot{\boldsymbol{x}}(t)=\begin{bmatrix}-2.52 & -0.28 & 0 & 0 & 0 & 0\\ 2 & 0 & 0 & 0 & 0 & 0\\ 0 & 0 & -3.02 & -0.69 & 0 & 0\\ 0 & 0 & 4 & 0 & 0 & 0\\ 0 & 0 & 0 & 0 & -0.48 & 0\\ 0 & 0 & 0 & 0 & 0 & -0.34\end{bmatrix}\boldsymbol{x}(t)+\begin{bmatrix}0.25 & 0\\ 0 & 0\\ 0.25 & 0\\ 0 & 0\\ 0 & 1\\ 0 & 0.25\end{bmatrix}\begin{bmatrix}u_1(t-0.3)\\ u_2(t)\end{bmatrix} \\ \boldsymbol{y}(t)=\begin{bmatrix}0 & 0.1274 & 0 & 0 & 0.4464 & 0\\ 0 & 0 & 0 & 0.9357 & 0 & -0.4341\end{bmatrix}\boldsymbol{x}(t) \end{cases}$$

该模型分别包含系统的输入延迟和输出延迟。

有了系统的状态方程模型G_1，用前面介绍的G_2=tf(G_1)函数可以立即变换回如下的系统传递函数模型。

$$\boldsymbol{G}_2(s)=\begin{bmatrix}\dfrac{0.06371}{s^2+2.517s+0.5618}\mathrm{e}^{-0.72s} & \dfrac{0.4464}{s+0.4831}\\ \dfrac{0.9357}{s^2+3.019s+2.77}\mathrm{e}^{-0.3s} & -\dfrac{0.1085}{s+0.3413}\mathrm{e}^{-1.29s}\end{bmatrix}$$

4.3.4 状态方程的均衡实现

均衡实现（balanced realization）是状态方程的一种实用表示形式，通过内部坐标变换可以将每个状态变量在整个控制系统中的重要程度明确地指示出来。

MATLAB的控制系统工具箱提供了`balreal()`，可以由已知模型转换出均衡实现模型。该函数的调用格式为[G_b,$\boldsymbol{g}$,$\boldsymbol{T}$]=balreal(G)，其中，G_b为原系统均衡实现的状态方程模型，而$\boldsymbol{g}$向量为从大到小排列的Gram矩阵元素，其大小反映出相应状态变量的重要程度。Gram矩阵的详细定义在第5章给出。若原系统G由状态方程给出，则$\boldsymbol{T}$矩阵为均衡实现的线性相似变换矩阵。

例4-20 试得出下面传递函数的均衡实现，并评价均衡实现模型中哪些状态更重要。

$$G(s)=\frac{s^3+7s^2+24s+24}{s^4+10s^3+35s^2+50s+24}$$

解 如果有LTI模型，则可以调用`balreal()`函数对其直接求取均衡实现模型。

```
>> G=tf([1 7 24 24],[1 10 35 50 24]); [G1,g]=balreal(G)
```

得到的结果为

$$\dot{\boldsymbol{z}}(t)=\begin{bmatrix}-0.8200 & -0.3146 & 0.7302 & 0.0766\\ 0.3146 & -0.4480 & 3.7879 & 0.2365\\ 0.7302 & -3.7879 & -7.1090 & -1.3934\\ 0.0766 & -0.2365 & -1.3934 & -1.6231\end{bmatrix}\boldsymbol{z}(t)+\begin{bmatrix}0.9216\\ -0.1663\\ -0.4201\\ -0.0431\end{bmatrix}u(t)$$

且$y(t)=[0.9216,0.1663,-0.4201,-0.0431]\boldsymbol{z}(t)$，$\boldsymbol{z}(t)$为均衡实现的状态向量且Gram向量为$\boldsymbol{g}=[0.5179,0.0309,0.0124,0.0006]$。从得出的结果看，$|b_i|=|c_i|$，因此，由$|b_i|$的值可以看出哪些状态比较重要，哪些不那么重要。相比之下，$|b_4|$的值明显小于其他的b_i值，更确切地，g_4的值明显小于其他的g_i，所以如果舍弃$z_4(t)$这个状态变量，对整个系统没有太大影响。图4-3中给出的阶跃响应比较也证实了这一点，因为舍弃了一个不重要的状态后，原始模型与近似的三阶模型几乎看不出区别。

```
>> G2=ss(G1.a(1:3,1:3),G1.b(1:3),G1.c(1:3),0), step(G1,G2,'--')
```

4.3.5 状态方程的最小实现

例4-21 在介绍系统的最小实现之前，首先考虑下面模型，该模型有何特殊之处？

$$G(s)=\frac{5s^3+50s^2+155s+150}{s^4+11s^3+41s^2+61s+30}$$

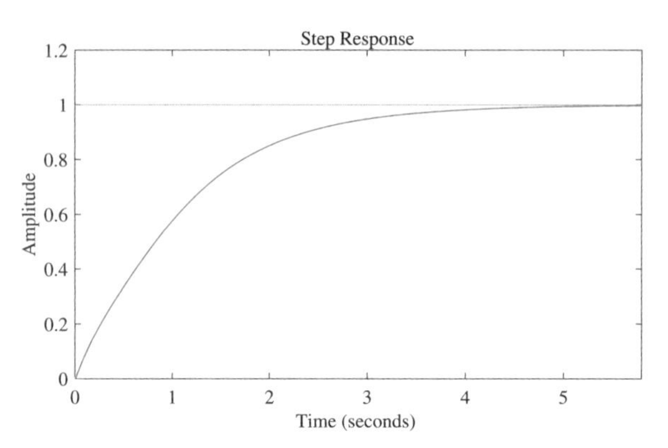

图4-3 原始模型与三阶近似模型的阶跃响应比较

解 如果不对之进行任何变换，则不能发现该模型可能有哪些特点。现在对该模型进行转换，例如可以直接得到如下的零极点模型。

```
>> G=tf([5 50 155 150],[1 11 41 61 30]); %输入传递函数模型
   zpk(G)                                 %获得系统的零极点模型
```

可以获得系统的零极点模型为

$$G(s)=\frac{5(s+3)(s+2)(s+5)}{(s+5)(s+3)(s+2)(s+1)}$$

从零极点模型可以发现，系统在 $s=-2,-3,-5$ 处有相同的零极点，在数学上它们直接就可以对消，以达到对原始模型的化简。经过这样的化简，就可以得出一个一阶模型 $G_{\rm r}(s)=5/(s+1)$，该系统和原始的系统完全相同。

上面介绍的完全对消相同零极点后的系统模型又称为最小实现（minimum realization）模型。对单变量系统来说，可以将其转换成零极点形式，对消掉全部的共同零极点，就可以对原始系统进行化简，获得系统的最小实现模型。若系统模型为多变量模型，则很难通过这样的方法获得最小实现模型，这时可以借助于控制系统工具箱中提供的 $G_{\rm m}$=`minreal(`G`)` 函数来获得系统的最小实现模型。

例4-22 假设系统的状态方程模型如下，试求其最小实现模型。

$$\begin{cases}\dot{\boldsymbol{x}}(t)=\begin{bmatrix}-6 & -1.5 & 2 & 4 & 9.5\\ -6 & -2.5 & 2 & 5 & 12.5\\ -5 & 0.25 & -0.5 & 3.5 & 9.75\\ -1 & 0.5 & 0 & -1 & 1.5\\ -2 & -1 & 1 & 2 & 3\end{bmatrix}\boldsymbol{x}(t)+\begin{bmatrix}6 & 4\\ 5 & 5\\ 3 & 4\\ 0 & 2\\ 3 & 1\end{bmatrix}\boldsymbol{u}(t)\\ \boldsymbol{y}(t)=\begin{bmatrix}2 & 0.75 & -0.5 & -1.5 & -2.75\\ 0 & -1.25 & 1.5 & 1.5 & 2.25\end{bmatrix}\boldsymbol{x}(t)\end{cases}$$

解 这样的状态方程模型可以由下面的命令进行最小实现运算。

```
>> A=[-6,-1.5,2,4,9.5; -6,-2.5,2,5,12.5; -5,0.25,-0.5,3.5,9.75;
      -1, 0.5, 0, -1, 1.5;  -2, -1, 1, 2, 3]; %输入矩阵
```

```
B=[6,4; 5,5; 3,4; 0,2; 3,1]; D=zeros(2);
C=[2,0.75,-0.5,-1.5,-2.75; 0,-1.25,1.5,1.5,2.25];
G=ss(A,B,C,D); G1=minreal(G)                    %求取最小实现模型
```

经过最小实现运算，得到提示“2 states removed”(消去了两个状态变量)。得出的最小实现模型矩阵为

$$\boldsymbol{A}=\begin{bmatrix}-2.169 & -1.967 & 0.1868\\ 0.1554 & -0.181 & -0.279\\ 0.1403 & 1.613 & -1.65\end{bmatrix},\ \boldsymbol{B}=\begin{bmatrix}-7.907 & -5.5\\ 3.228 & 2.506\\ 2.461 & 5.046\end{bmatrix},\ \boldsymbol{C}^{\mathrm{T}}=\begin{bmatrix}-0.8326 & -0.384\\ -0.1501 & 0.2764\\ -0.0403 & 0.4348\end{bmatrix}$$

在最小实现模型求取的过程中，消去了2个状态变量，使得原始的状态方程模型简化成一个三阶状态方程模型。这样可以得出关于状态变量$\dot{\boldsymbol{x}}(t)$的状态方程模型，该模型即原来的五阶多变量系统的最小实现模型，应该指出的是，经过最小实现变换，就失去了原来状态变量的直接物理意义。

例4-23 例4-17曾经得出了一个严格正则的传递函数模型$G(s)$，并得出了该传递函数逆系统$G^{-1}(s)$的奇异状态空间模型$G_1(s)$，试得出两个模型的乘积并化简结果，看看能不能还原$G(s)G^{-1}(s)=1$。

解 可以重新输入$G(s)$并得出$G_1(s)$，然后计算其乘积的最小实现模型，可见，在化简过程中删除了全部9个状态，得出$G_2(s)=1$。

```
>> G=tf([1,7,24,24],[1,10,35,50,24]);
   G1=ss(1/G), G2=minreal(G*G1)
```

4.3.6 传递函数与符号表达式的相互转换

前面介绍过用符号表达式表示传递函数的方法，并将其用于模型化简的工作。这样的表达式和控制系统工具箱中的传递函数是不同的，也不能混用，所以这里介绍作者编写的两个相互转换函数`tf2sym()`和`sym2tf()`。

```
function G=sym2tf(P)
[n,d]=numden(P); G=tf(sym2poly(n),sym2poly(d));
```

由传递函数模型变换成符号表达式的函数内容为

```
function P=tf2sym(G)
P=poly2sym(G.num{1},'s')/poly2sym(G.den{1},'s');
```

注意，这里的符号表达式必须是系数已知的有理函数形式，如果含有未知的或符号变量型的系数，则不能进行相互转换。

4.4 方框图描述系统的化简

前面介绍了传递函数、状态方程及零极点模型的输入，但控制系统的模型输入并不总是这样简单，一般的控制系统均需要由若干子模型进行互连才能构造出来。

所以在本节中将介绍子模块的互连及总系统模型的获取。这里将首先介绍三类典型的连接结构:串联、并联和反馈连接;其次介绍模块输入、输出从一个节点移动到另一个节点所必需的等效变换;最后将介绍复杂系统的等效变换和化简。

4.4.1 控制系统的典型连接结构

两个模块$\boldsymbol{G}_1(s)$和$\boldsymbol{G}_2(s)$的串联连接如图4-4(a)所示,在这样的结构下,输入信号$\boldsymbol{u}(t)$流过第一个模块$\boldsymbol{G}_1(s)$,而模块$\boldsymbol{G}_1(s)$的输出信号输入到第二个模块$\boldsymbol{G}_2(s)$,该模块的输出$\boldsymbol{y}(t)$是整个系统的输出。在串联连接下,整个系统的传递函数为$\boldsymbol{G}(s)=\boldsymbol{G}_2(s)\boldsymbol{G}_1(s)$。对单变量系统来说,这两个模块$G_1(s)$和$G_2(s)$是可以互换的,亦即$G_1(s)G_2(s)=G_2(s)G_1(s)$。多变量系统一般不满足这样的交换律。

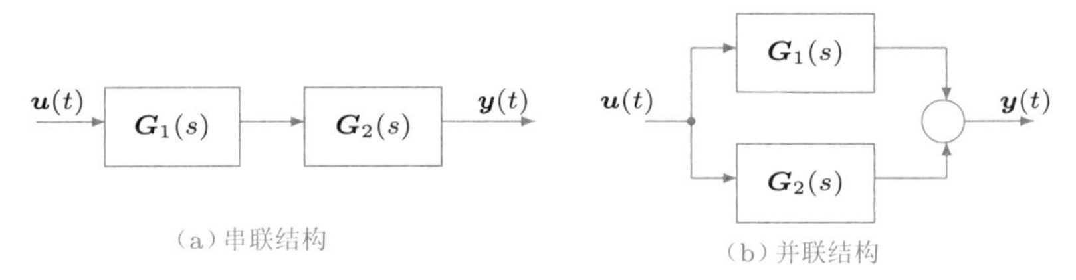

图4-4 系统的串联、并联结构

若两个模块$\boldsymbol{G}_1(s)=(\boldsymbol{A}_1,\boldsymbol{B}_1,\boldsymbol{C}_1,\boldsymbol{D}_1)$和$\boldsymbol{G}_2(s)=(\boldsymbol{A}_2,\boldsymbol{B}_2,\boldsymbol{C}_2,\boldsymbol{D}_2)$,则串联总系统的数学模型可以由下式求出

$$\begin{cases}\begin{bmatrix}\dot{\boldsymbol{x}}_1\\\dot{\boldsymbol{x}}_2\end{bmatrix}=\begin{bmatrix}\boldsymbol{A}_1 & \boldsymbol{0}\\\boldsymbol{B}_2\boldsymbol{C}_1 & \boldsymbol{A}_2\end{bmatrix}\begin{bmatrix}\boldsymbol{x}_1\\\boldsymbol{x}_2\end{bmatrix}+\begin{bmatrix}\boldsymbol{B}_1\\\boldsymbol{B}_2\boldsymbol{D}_1\end{bmatrix}\boldsymbol{u}\\\boldsymbol{y}=\begin{bmatrix}\boldsymbol{D}_2\boldsymbol{C}_1 & \boldsymbol{C}_2\end{bmatrix}\begin{bmatrix}\boldsymbol{x}_1\\\boldsymbol{x}_2\end{bmatrix}+\boldsymbol{D}_2\boldsymbol{D}_1\boldsymbol{u}\end{cases}\tag{4-4-1}$$

由上面的理论可以看出,若两个模块同样用传递函数描述,则可以由有理函数相乘的方法得出总模型,但如果有一个用传递函数描述,另一个用状态方程表示,则在总模型求取上有一定的麻烦,需要在求解总模型前转换成一致的模型。MATLAB的控制系统工具箱成功地解决了这样的问题,若已知两个子系统模型$\boldsymbol{G}_1$和$\boldsymbol{G}_2$,则串联结构总的系统模型可以统一由G=G2*G1求出。即使模型含有内部延迟这样难以处理的问题,也可以直接调用这样的乘法运算得出总模型。

两个模块$\boldsymbol{G}_1(s)$和$\boldsymbol{G}_2(s)$的典型并联连接结构如图4-4(b)所示,其中这两个模块在共同的输入信号$\boldsymbol{u}(t)$激励下,产生两个输出信号,而系统总的输出信号$\boldsymbol{y}(t)$是这两个输出信号的和。并联系统的传递函数总模型为$\boldsymbol{G}(s)=\boldsymbol{G}_1(s)+\boldsymbol{G}_2(s)$。

若两个模块$\boldsymbol{G}_1(s)=(\boldsymbol{A}_1,\boldsymbol{B}_1,\boldsymbol{C}_1,\boldsymbol{D}_1)$和$\boldsymbol{G}_2(s)=(\boldsymbol{A}_2,\boldsymbol{B}_2,\boldsymbol{C}_2,\boldsymbol{D}_2)$,则并联总系统的数学模型可以由下式求出

$$\begin{cases} \begin{bmatrix} \dot{\boldsymbol{x}}_1 \\ \dot{\boldsymbol{x}}_2 \end{bmatrix} = \begin{bmatrix} \boldsymbol{A}_1 & \boldsymbol{0} \\ \boldsymbol{0} & \boldsymbol{A}_2 \end{bmatrix} \begin{bmatrix} \boldsymbol{x}_1 \\ \boldsymbol{x}_2 \end{bmatrix} + \begin{bmatrix} \boldsymbol{B}_1 \\ \boldsymbol{B}_2 \end{bmatrix} \boldsymbol{u} \\ \boldsymbol{y} = \begin{bmatrix} \boldsymbol{C}_1 & \boldsymbol{C}_2 \end{bmatrix} \begin{bmatrix} \boldsymbol{x}_1 \\ \boldsymbol{x}_2 \end{bmatrix} + (\boldsymbol{D}_1 + \boldsymbol{D}_2)\boldsymbol{u} \end{cases} \tag{4-4-2}$$

在MATLAB下，若已知两个子系统模型$\boldsymbol{G}_1$和$\boldsymbol{G}_2$，则并联结构总的系统模型可以统一由G=G_1+G_2求出。

两个模块$\boldsymbol{G}_1(s)$和$\boldsymbol{G}_2(s)$的两种反馈连接结构分别如图4-5（a）、（b）所示。前一种反馈结构称为正反馈结构，后一种反馈结构称为负反馈结构。反馈系统总的模型为[5]

$$\begin{aligned} &\text{正反馈：}\boldsymbol{G}(s) = \big(\boldsymbol{I} - \boldsymbol{G}_1(s)\boldsymbol{G}_2(s)\big)^{-1}\boldsymbol{G}_1(s) = \boldsymbol{G}_1(s)\big(\boldsymbol{I} - \boldsymbol{G}_2(s)\boldsymbol{G}_1(s)\big)^{-1} \\ &\text{负反馈：}\boldsymbol{G}(s) = \big(\boldsymbol{I} + \boldsymbol{G}_1(s)\boldsymbol{G}_2(s)\big)^{-1}\boldsymbol{G}_1(s) = \boldsymbol{G}_1(s)\big(\boldsymbol{I} + \boldsymbol{G}_2(s)\boldsymbol{G}_1(s)\big)^{-1} \end{aligned} \tag{4-4-3}$$

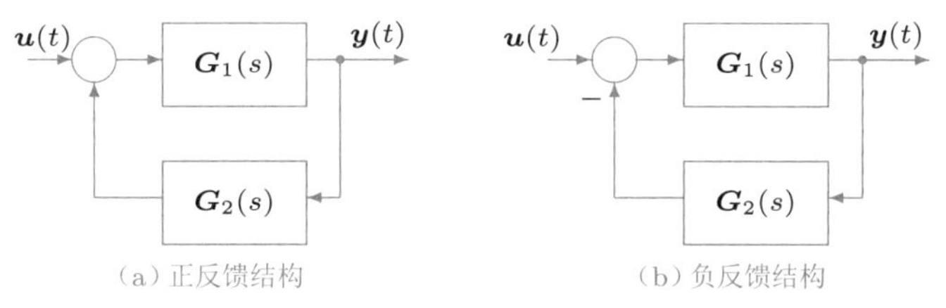

（a）正反馈结构　（b）负反馈结构

图4-5　系统的反馈连接结构

若两个模块$\boldsymbol{G}_1(s) = (\boldsymbol{A}_1, \boldsymbol{B}_1, \boldsymbol{C}_1, \boldsymbol{D}_1)$和$\boldsymbol{G}_2(s) = (\boldsymbol{A}_2, \boldsymbol{B}_2, \boldsymbol{C}_2, \boldsymbol{D}_2)$，则负反馈连接总系统的数学模型可以由下式求出

$$\begin{cases} \begin{bmatrix} \dot{\boldsymbol{x}}_1 \\ \dot{\boldsymbol{x}}_2 \end{bmatrix} = \begin{bmatrix} \boldsymbol{A}_1 - \boldsymbol{B}_1\boldsymbol{Z}\boldsymbol{D}_2\boldsymbol{C}_1 & -\boldsymbol{B}_1\boldsymbol{Z}\boldsymbol{C}_2 \\ \boldsymbol{B}_2\boldsymbol{Z}\boldsymbol{C}_1 & \boldsymbol{A}_2 - \boldsymbol{B}_2\boldsymbol{D}_1\boldsymbol{Z}\boldsymbol{C}_2 \end{bmatrix} \begin{bmatrix} \boldsymbol{x}_1 \\ \boldsymbol{x}_2 \end{bmatrix} + \begin{bmatrix} \boldsymbol{B}_1\boldsymbol{Z} \\ \boldsymbol{B}_2\boldsymbol{D}_1\boldsymbol{Z} \end{bmatrix} \boldsymbol{u} \\ \boldsymbol{y} = \begin{bmatrix} \boldsymbol{Z}\boldsymbol{C}_1 - \boldsymbol{D}_1 & \boldsymbol{Z}\boldsymbol{C}_2 \end{bmatrix} \begin{bmatrix} \boldsymbol{x}_1 \\ \boldsymbol{x}_2 \end{bmatrix} + \boldsymbol{D}_1\boldsymbol{Z}\boldsymbol{u} \end{cases} \tag{4-4-4}$$

其中$\boldsymbol{Z} = (\boldsymbol{I} + \boldsymbol{D}_1\boldsymbol{D}_2)^{-1}$。若$\boldsymbol{D}_1 = \boldsymbol{D}_2 = \boldsymbol{0}$，则$\boldsymbol{Z} = \boldsymbol{I}$，这时整个系统模型的状态方程可以简化成

$$\begin{cases} \begin{bmatrix} \dot{\boldsymbol{x}}_1 \\ \dot{\boldsymbol{x}}_2 \end{bmatrix} = \begin{bmatrix} \boldsymbol{A}_1 & -\boldsymbol{B}_1\boldsymbol{C}_2 \\ \boldsymbol{B}_2\boldsymbol{C}_1 & \boldsymbol{A}_2 \end{bmatrix} \begin{bmatrix} \boldsymbol{x}_1 \\ \boldsymbol{x}_2 \end{bmatrix} + \begin{bmatrix} \boldsymbol{B}_1 \\ \boldsymbol{0} \end{bmatrix} \boldsymbol{u} \\ \boldsymbol{y} = \begin{bmatrix} \boldsymbol{C}_1 & \boldsymbol{0} \end{bmatrix} \begin{bmatrix} \boldsymbol{x}_1 \\ \boldsymbol{x}_2 \end{bmatrix} \end{cases} \tag{4-4-5}$$

在MATLAB环境中直接能使用`G=inv(eye(m)+G1*G2))*G1`这样的底层语句求取总系统模型，但这样得出的模型阶次可能高于实际的阶次，需要用函数`minreal()`求取得出模型的最小实现形式，另外，如果系统输入与输出的路数不相同，这样的调用也会出现麻烦。所以建议使用MATLAB控制系统工具箱中提供的`feedback()`函数求取总模型，该函数的调用格式如下：

```
G=feedback(G1,G2);                          %负反馈连接
G=feedback(G1,G2,1); 或 G=feedback(G1,-G2);  %正反馈连接
```

MATLAB提供的`feedback()`函数只能用于G_1和G_2为具体的LTI模型，通过适当的扩展,就可以编写一个能够处理符号运算的`feedbacksym()`函数。本书实际使用的版本是可以处理多变量传递函数矩阵符号运算的，有兴趣的读者可以参考工具箱中的函数代码。

```
function H=feedbacksym(G1,G2,key)
if nargin==2; key=-1; end
G=G2*G1; H=inv(eye(size(G))-key*G)*G1; H=simplify(H);
```

例4-24 考虑如图4-6所示的典型反馈控制系统框图,假设各个子传递函数模型如下,试得出该系统的总模型。

$$G(s)=\frac{12s^3+24s^2+12s+20}{2s^4+4s^3+6s^2+2s+2},\ G_c(s)=\frac{5s+3}{s},\ H(s)=\frac{1000}{s+1000}$$

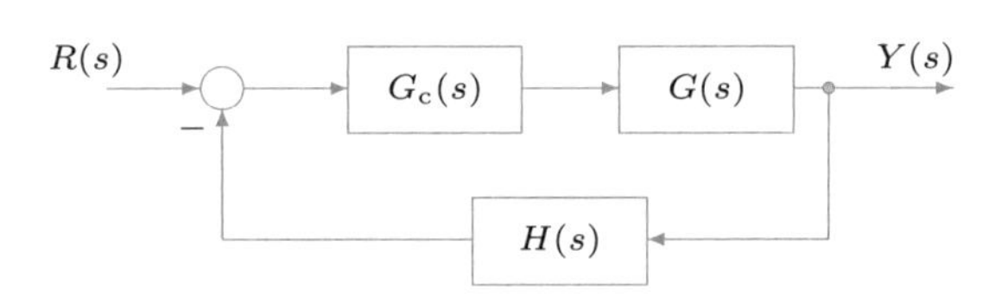

图4-6 典型反馈控制系统方框图

解 可以通过下面的MATLAB语句求出系统的总模型。

```
>> s=tf('s'); Gc=(5*s+3)/s; H=1000/(s+1000);
   G=(12*s^3+24*s^2+12*s+20)/(2*s^4+4*s^3+6*s^2+2*s+2);
   G1=feedback(G*Gc,H)   %求取并显示负反馈系统的传递函数模型
```

其数学表示为

$$G_1(s)=\frac{60s^5+60156s^4+156132s^3+132136s^2+136060s+60000}{2s^6+2004s^5+64006s^4+162002s^3+134002s^2+138000s+60000}$$

例4-25 考虑图4-6中给出的反馈系统,假设受控对象模型为多变量状态方程模型。

$$\begin{cases}\dot{\boldsymbol{x}}(t)=\begin{bmatrix}-12 & -17.2 & -16.8 & -11.9\\ 6 & 8.6 & 8.4 & 6\\ 6 & 8.7 & 8.4 & 6\\ -5.9 & -8.6 & -8.3 & -6\end{bmatrix}\boldsymbol{x}(t)+\begin{bmatrix}1.5 & 0.2\\ 1 & 0.3\\ 2 & 1\\ 0 & 0.5\end{bmatrix}\boldsymbol{u}(t)\\ \boldsymbol{y}(t)=\begin{bmatrix}2 & 0.5 & 0 & 0.8\\ 0.3 & 0.3 & 0.2 & 1\end{bmatrix}\boldsymbol{x}(t)\end{cases}$$

控制器为对角传递函数矩阵,其子传递函数为$g_{11}(s)=(2s+1)/s, g_{22}(s)=(5s+2)/s$,反馈环节为单位矩阵,试得出其闭环模型。

解 即使原系统为单变量系统,且有的模块用传递函数矩阵表示,有的模块由状态方程表示,也不妨采用下面的语句直接计算串联、反馈模型,并直接求出总系统模型。

```
>> A=[-12,-17.2,-16.8,-11.9; 6,8.6,8.4,6; ...
      6,8.7,8.4,6; -5.9,-8.6,-8.3,-6];
   B=[1.5,0.2; 1,0.3; 2,1; 0,0.5]; C=[2,0.5,0,0.8; 0.3,0.3,0.2,1];
   D=zeros(2,2); G=ss(A,B,C,D);
   s=tf('s'); g11=(2*s+1)/s; g22=(5*s+2)/s; Gc=[g11,0; 0 g22];
   H=eye(2); G1=feedback(G*Gc,H)  %得出总模型
```

可以求出并显示总的系统模型，其数学形式为

$$\left\{\begin{aligned}\dot{\boldsymbol{x}}(t)&=\begin{bmatrix}-18.3&-19&-17&-15.3&1.5&0.4\\1.55&7.15&8.1&2.9&1&0.6\\-3.5&5.2&7.4&-2.2&2&2\\-6.65&-9.35&-8.8&-8.5&0&1\\-2&-0.5&0&-0.8&0&0\\-0.3&-0.3&-0.2&-1&0&0\end{bmatrix}\boldsymbol{x}(t)+\begin{bmatrix}3&1\\2&1.5\\4&5\\0&2.5\\1&0\\0&1\end{bmatrix}\boldsymbol{u}(t)\\\boldsymbol{y}(t)&=\begin{bmatrix}2&0.5&0&0.8&0&0\\0.3&0.3&0.2&1&0&0\end{bmatrix}\boldsymbol{x}(t)\end{aligned}\right.$$

可见，这些连接函数完全适合于多变量系统的连接处理，且这些环节可以为不同的控制系统对象，这就给系统模型处理提供了很大的方便。

值得指出的是，在叙述上述连接时一直在使用连续系统作为例子，但上述的方法应该同样适用于离散系统的模型连接。

例4-26 若开环系统为延迟模型$G(s)=\mathrm{e}^{-s}/(s+2)$，试得出其闭环模型。

解 如果采用手工推导，则可以得出系统的闭环传递函数模型为

$$G_1(s)=\frac{G(s)}{1+G(s)}=\frac{\mathrm{e}^{-s}/(s+2)}{1+\mathrm{e}^{-s}/(s+2)}=\frac{\mathrm{e}^{-s}}{s+2+\mathrm{e}^{-s}}$$

可以看出，这样得出的闭环模型不再是MATLAB能直接表示的传递函数模型了，因为分母已经不是简单的多项式，而是s的超越函数。在MATLAB的控制系统工具箱下能不能表示闭环系统的模型呢？MATLAB会自动借助于带有内部延迟的状态方程模型直接处理系统，直接得出闭环状态方程模型。

```
>> G=tf(1,[1,2],'IODelay',1); G1=feedback(G,1)
   [a b1 b2 c1 c2 d11 d12 d21 d22,e,tau]=getDelayModel(G1,'mat')
```

如果写出数学形式，则带有内部延迟的状态方程模型为

$$\left\{\begin{aligned}\dot{x}(t)&=-2x(t)+w(t)\\z(t)&=x(t)\\\xi(t)&=-x(t)+v(t)\end{aligned}\right.\tag{4-4-6}$$

其中，$w(t)=\xi(t-1)$，且$u(t)=v(t)$，$y(t)=z(t)$。对这个特例而言，可以试图消去中间变量$w(t)$与$\xi(t)$，将原始微分方程变换为如下的延迟微分方程，而延迟微分方程的数值解可以由dde23()函数求取，也可以采用Simulink获得，详见第6章。

$$\dot{x}(t)=-2x(t)-x(t-1)+u(t-1),\quad y(t)=x(t)$$

例4-27 考虑如图4-7所示的多变量反馈控制系统框图,受控对象由例4-10给出

$$\boldsymbol{G}(s)=\begin{bmatrix}\dfrac{0.1134}{1.78s^2+4.48s+1}\mathrm{e}^{-0.72s} & \dfrac{0.924}{2.07s+1}\\ \dfrac{0.3378}{0.361s^2+1.09s+1}\mathrm{e}^{-0.3s} & -\dfrac{0.318}{2.93s+1}\mathrm{e}^{-1.29s}\end{bmatrix}$$

控制器模型为

$$\boldsymbol{K}_{\mathrm{p}}(s)=\begin{bmatrix}-0.4136 & 2.6537\\ 1.133 & -0.3257\end{bmatrix},\ \boldsymbol{K}_{\mathrm{d}}(s)=\begin{bmatrix}3.8582+\dfrac{1.0640}{s} & 0\\ 0 & 1.1487+\dfrac{0.8133}{s}\end{bmatrix}$$

整个系统由单位负反馈结构构成,试求出多变量闭环系统模型。

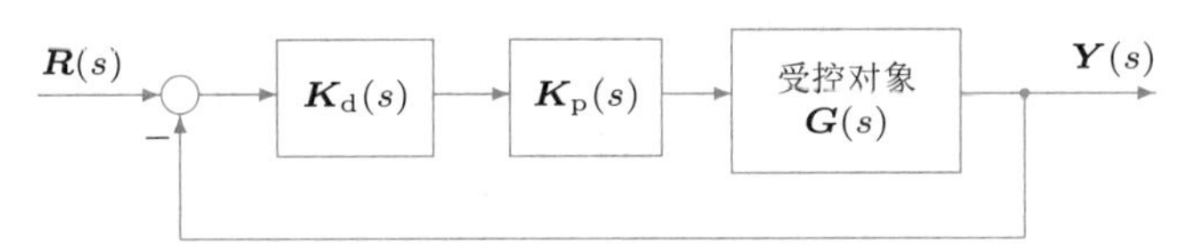

图4-7 典型多变量反馈控制系统框图

解 由下面的语句可以直接计算闭环系统状态方程模型。

```
>> g11=tf(0.1134,[1.78 4.48 1],'ioDelay',0.72);
   g12=tf(0.924,[2.07 1]);
   g21=tf(0.3378,[0.361 1.09 1],'ioDelay',0.3);
   g22=tf(-0.318,[2.93 1],'ioDelay',1.29); G=[g11, g12; g21, g22];
   s=tf('s'); Kp=[-0.4136,2.6537; 1.133,-0.3257];
   Kd=[3.8582+1.0640/s, 0; 0, 1.1487+0.8133/s];
   H=eye(2); G1=feedback(G*Kp*Kd,H)
```

闭环系统为带有内部延迟的状态方程,内部延迟向量为$\boldsymbol{\tau}=[0.42,1.29,0.3]$。无内部延迟时系统状态方程的矩阵为

$$\boldsymbol{A}=\begin{bmatrix}-2.517 & -0.4601 & 0 & -0.7131 & 0.3562 & 0.3308 & -0.11 & 0.5396\\ 1 & 0 & 0 & 0 & 0 & 0 & 0 & 0\\ 0 & 0.2033 & -3.019 & -2.811 & 0.7123 & 0.6617 & -0.22 & 1.079\\ 0 & 0 & 2 & 0 & 0 & 0 & 0 & 0\\ 0 & -0.557 & 0 & 0.175 & -2.434 & -0.0812 & 0.6028 & -0.1324\\ 0 & -0.2785 & 0 & 0.0875 & -0.9756 & -0.3819 & 0.3014 & -0.0662\\ 0 & -0.2548 & 0 & 0 & -0.8928 & 0 & 0 & 0\\ 0 & 0 & 0 & -0.9357 & 0 & 0.4341 & 0 & 0\end{bmatrix}$$

$$\boldsymbol{B}^{\mathrm{T}}=\begin{bmatrix}-0.3989 & 0 & -0.7979 & 0 & 2.186 & 1.093 & 1 & 0\\ 0.7621 & 0 & 1.524 & 0 & -0.1871 & -0.09353 & 0 & 1\end{bmatrix}$$

$$\boldsymbol{C}=\begin{bmatrix}0 & 0.2548 & 0 & 0 & 0.8928 & 0 & 0 & 0\\ 0 & 0 & 0 & 0.9357 & 0 & -0.4341 & 0 & 0\end{bmatrix}$$

值得指出的是,上面得出的各个矩阵是内部延迟都设置为0时的等效矩阵,不能单独使用,也没有其他的物理意义。如果需要有意义的模型则需要调用`getDelayModel()`函数,不过其结果可能过于烦琐,不易理解。

例4-28 假设某典型计算机控制反馈系统中，受控对象模型和控制器分别为

$$G(s)=\frac{2}{s(s+2)},\quad G_{\rm c}(z)=\frac{9.1544(z-0.9802)}{z-0.8187},\quad T=0.2\,{\rm s}$$

闭环系统由单位负反馈构成。试求出其闭环等效模型。

解 由于两个模型一个为连续的，另一个为离散的，所以不能用串联方式直接求取总模型，必须先将二者转换为相同的模型类型，才能求出整个闭环系统的近似模型。下面的语句可以分别得出连续的或离散的近似模型。

```
>> s=tf('s'); T=0.2; G=2/s/(s+2);
   z=tf('z',T); Gc=9.1544*(z-0.9802)/(z-0.8187);
   G1=feedback(c2d(G,T)*Gc,1), G2=feedback(G*d2c(Gc),1)
```

得出的连续与离散近似模型分别为

$$G_1(z)=\frac{0.3219z^2-0.03376z-0.2762}{z^3-2.167z^2+2.004z-0.8249},\quad G_2(s)=\frac{18.31s+2}{s^3+3s^2+20.31s+2}$$

4.4.2 节点移动时的等效变换

在复杂结构图化简中，经常需要将某个支路的输入点从一个节点移动到另一个节点上，例如在图4-8中给出的方框图中，比较难处理的地方是$G_2(s)$，$G_3(s)$和$H_2(s)$构成的回路，应该将$H_2(s)$模块的输入端从A点等效移动到系统的输出端$Y(s)$，这就需要对这样的移动导出等效的变换。

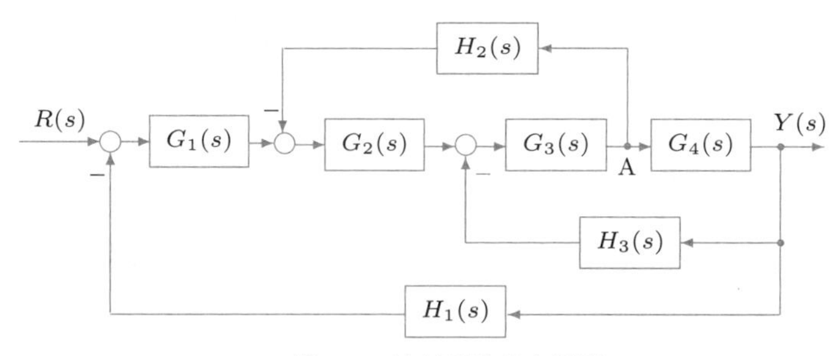

图4-8 控制系统的方框图

图4-9（a）、（b）中定义了两种常用的节点移动方式：节点前向移动和后向移动。在图4-9（a）中，若想将$\boldsymbol{G}_2(s)$支路的起始点从A点移动到B点，则需要将新的$\boldsymbol{G}_2(s)$支路乘以$\boldsymbol{G}_1(s)$模型，这样的移动称为节点的前向移动；而图4-9（b）中，若想将$\boldsymbol{G}_2(s)$支路的起始点从B点移动到A点，则需要将新的$\boldsymbol{G}_2(s)$支路除以$\boldsymbol{G}_1(s)$模型，这样的移动称为节点的后向移动。如果用MATLAB表示，则前向移动后新的支路模型变成了G_2*G_1，而后向移动后该支路变成了G_2/G_1，或G_2*inv(G_1)。

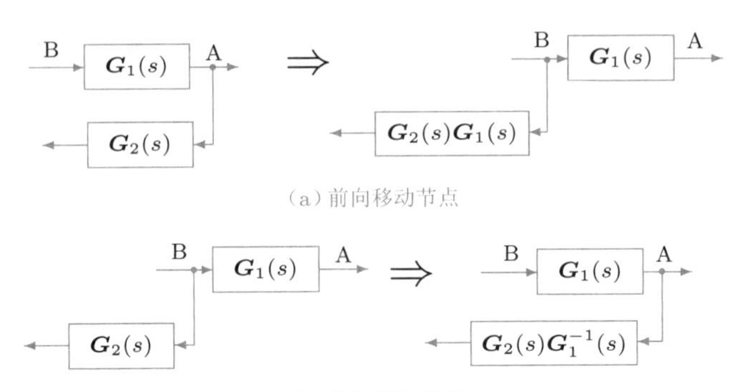

(a) 前向移动节点

(b) 后向移动节点

图4-9 节点移动等效变换

4.4.3 复杂系统模型的简化

前面介绍了乘法、加法运算及`feedback()`等函数，可以用于LTI模块或符号变量表示的模块进行串并联与反馈运算。再辅以前面给出的等效变换方法，不难对更复杂的系统进行化简，本节中将通过例子来演示这样的化简。

例4-29 假设系统的方框图模型如图4-8所示，试计算闭环系统的总模型。

解 为方便对其处理，应该将$H_2(s)$模块的输入端从A点等效移动到系统的输出端$Y(s)$，如图4-10所示。得到了这样的化简框图后，可以清晰地看出：最内层的闭环是由$G_3(s)$，$G_4(s)$的串联为前向通路，以$H_3(s)$为反馈通路构成的负反馈结构，利用前面介绍的知识可以马上得出这个子模型，该子模型与$G_2(s)$串联又构成了第二层回路的前向通路，它与变换后的$H_2(s)/G_4(s)$通路构成负反馈结构，结果再与$G_1(s)$串联，与$H_1(s)$构成负反馈结构。通过这样的逐层变换就可容易地求出总的系统模型。上面的分析可以用下面的MATLAB语句实现，从而得出总的系统模型。

```
>> syms G1 G2 G3 G4 H1 H2 H3              %定义各个子模块为符号变量
   c1=feedbacksym(G4*G3,H3);              %最内层闭环模型
   c2=feedbacksym(c1*G2,H2/G4);           %第二层闭环模型
   G=feedbacksym(c2*G1,H1); pretty(G)     %总系统模型
```

得出结果的数学表示形式为

$$G(s)=\frac{G_2(s)G_4(s)G_3(s)G_1(s)}{1+G_4(s)G_3(s)H_3(s)+G_3(s)G_2(s)H_2(s)+G_2(s)G_4(s)G_3(s)G_1(s)H_1(s)}$$

例4-30 考虑如图4-11所示的电机拖动系统模型，该系统有双输入——给定输入$r(t)$和负载输入$M(t)$，试利用MATLAB符号运算工具箱推导出系统的传递函数矩阵。

解 先考虑输入$r(t)$输入信号单独激励系统，则能用最简单的方式得出传递函数模型。

```
>> syms Ka Kr c1 c2 c Ra T1 T2 Km Kb s    %声明符号变量
   Ga=feedbacksym(1/Ra/(T1*s+1)*Km*1/c/(T2*s+1),Kb);
   G1=c1*feedbacksym(Ka*Kr*Ga/s,c2); G1=collect(G1,s)
```

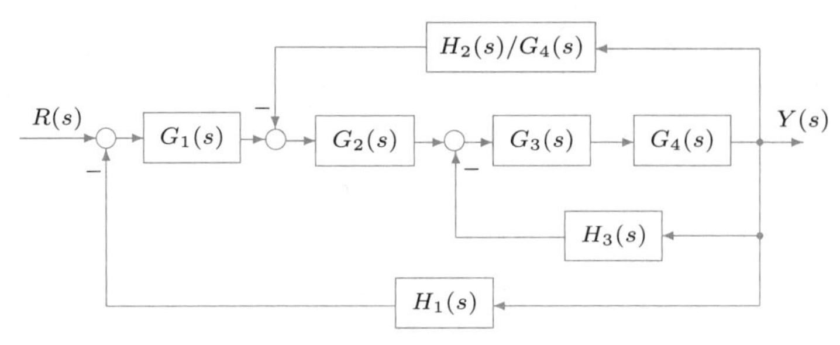

图 4-10 变换后的方框图

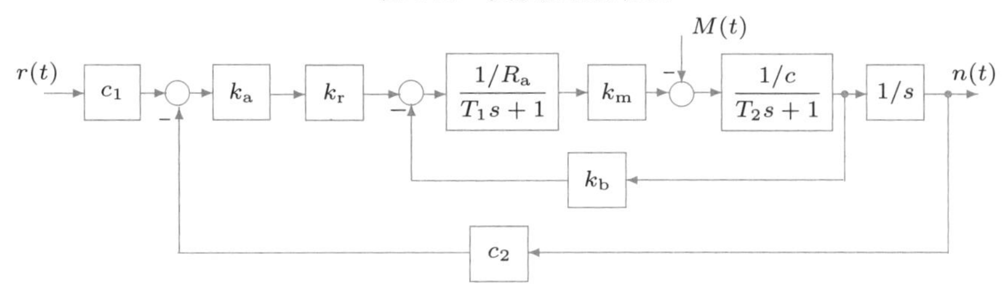

图 4-11 双输入系统方框图

这样可以得出子传递函数,显示暂略,后面将用数学形式给出。

若 $M(t)$ 输入信号单独作用时,对原系统结构稍微改动一下,则修改后的新框图如图 4-12 所示,故用下面的语句能直接计算出传递函数模型。

```
>> G2=-feedbacksym(1/c/(T2*s+1)/s, Km/Ra/(T1*s+1)*(Kb*s+c2*Ka*Kr));
   G2=collect(simplify(G2),s)
```

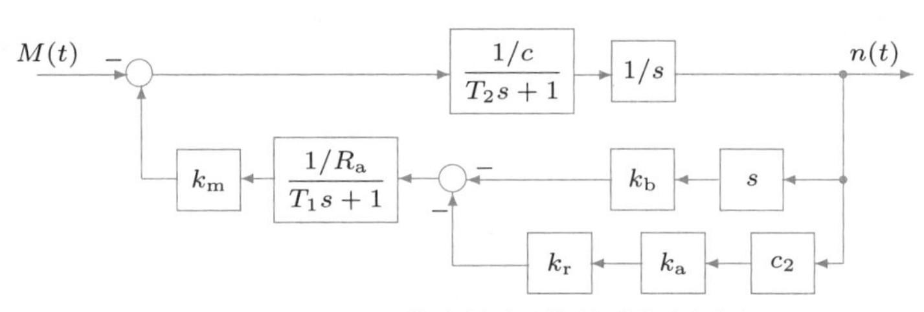

图 4-12 $M(t)$ 单独激励时等效系统方框图

综上所述,可以用 MATLAB 语言推导出系统的传递函数矩阵为

$$\boldsymbol{G}^{\mathrm{T}}(s)=\begin{bmatrix}\dfrac{c_1k_{\mathrm{m}}k_{\mathrm{a}}k_{\mathrm{r}}}{R_{\mathrm{a}}cT_1T_2s^3+(R_{\mathrm{a}}cT_1+R_{\mathrm{a}}cT_2)s^2+(k_{\mathrm{m}}k_{\mathrm{b}}+R_{\mathrm{a}}c)s+k_{\mathrm{a}}k_{\mathrm{r}}k_{\mathrm{m}}c_2}\\ -\dfrac{(T_1s+1)R_{\mathrm{a}}}{cR_{\mathrm{a}}T_2T_1s^3+(cR_{\mathrm{a}}T_1+cR_{\mathrm{a}}T_2)s^2+(k_{\mathrm{b}}k_{\mathrm{m}}+cR_{\mathrm{a}})s+k_{\mathrm{m}}c_2k_{\mathrm{a}}k_{\mathrm{r}}}\end{bmatrix}$$

4.4.4 方框图化简的代数方法

当某个框图含有较多交叉回路时,用前面介绍的方法进行结构图化简将可能很麻烦并容易出错,所以通常采用信号流图的方法描述并化简系统。传统解决信号

流图化简问题的常用方法是Mason增益公式，但对复杂回路问题Mason增益公式方法很麻烦并很容易出错。陈怀琛教授提出了基于连接矩阵的化简方法[6]，简单有效。这里首先介绍系统框图的信号流图描述，然后介绍基于连接矩阵的结构图化简方法。

例4-31 重新考虑例4-29中给出的系统框图。在该例中，若想较好求解原始问题，必须先将其中一个分枝的起始点后移。如果交叉的回路过多，这样的移动也是很麻烦并易于出错的。现在对原始框图进行直接处理，可以用如图4-13所示的信号流图重新描述原系统。试写出该模型的数学表示。

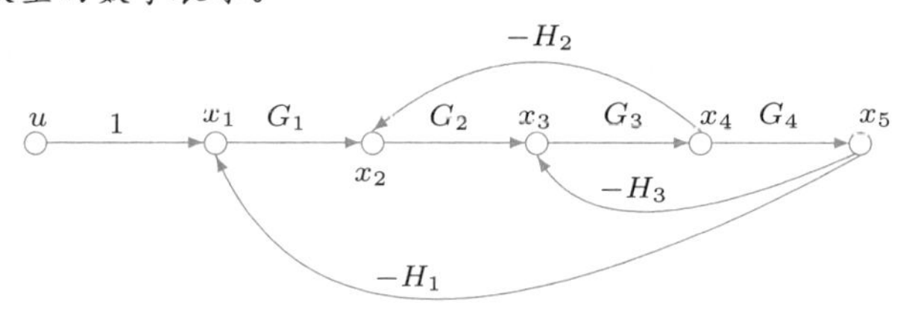

图4-13 系统的信号流图表示

解 在信号流图中，引入了5个信号节点$x_1 \sim x_5$，一个输入节点u。观察每个信号节点，不难直接写出下面左边的式子。而由左边的式子可以直接写出右边的矩阵形式。该矩阵形式就是后面需要的系统化简的基础。

$$\left\{\begin{array}{l} x_1 = u - H_1x_5 \\ x_2 = G_1x_1 - H_2x_4 \\ x_3 = G_2x_2 - H_3x_5 \\ x_4 = G_3x_3 \\ x_5 = G_4x_4 \end{array}\right. \Rightarrow \begin{bmatrix} x_1 \\ x_2 \\ x_3 \\ x_4 \\ x_5 \end{bmatrix} = \begin{bmatrix} 0 & 0 & 0 & 0 & -H_1 \\ G_1 & 0 & 0 & -H_2 & 0 \\ 0 & G_2 & 0 & 0 & -H_3 \\ 0 & 0 & G_3 & 0 & 0 \\ 0 & 0 & 0 & G_4 & 0 \end{bmatrix} \begin{bmatrix} x_1 \\ x_2 \\ x_3 \\ x_4 \\ x_5 \end{bmatrix} + \begin{bmatrix} 1 \\ 0 \\ 0 \\ 0 \\ 0 \end{bmatrix} u$$

从上面的建模方法可见，系统模型的矩阵形式可以写成

$$\boldsymbol{X} = \boldsymbol{QX} + \boldsymbol{PU} \tag{4-4-7}$$

其中，$\boldsymbol{Q}$称为连接矩阵，可以根据$\boldsymbol{X} = \boldsymbol{GU}$表达式立即得出系统各个信号$x_i$对输入的传递函数表示

$$\boldsymbol{G} = (\boldsymbol{I} - \boldsymbol{Q})^{-1}\boldsymbol{P} \tag{4-4-8}$$

例4-32 试用信号流图的形式重新描述例4-30中研究的多变量系统。

解 在原例中，若想求出从第2输入到输出信号的模型是件很麻烦的事，首先需要重新绘制原系统变换后的图形，然后才能对系统进行化简。如果采用连接矩阵的方法则无须进行这样的事先处理。根据原系统模型，可以直接绘制出如图4-14所示的信号流图。

由给出的信号流图可以直接写出各个信号节点处的节点方程，该方程的矩阵形式可以直接写出，如下式右侧的矩阵方程。

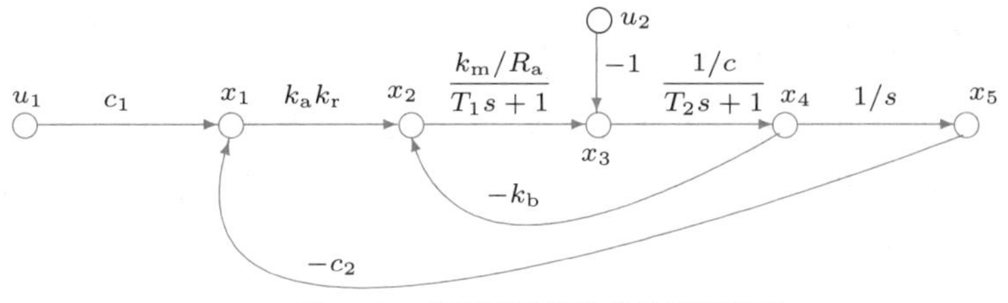

图4-14 多变量系统的信号流图表示

$$
\begin{cases}
x_1=c_1u_1-c_2x_5\\
x_2=k_\mathrm{a}k_\mathrm{r}x_1-k_\mathrm{b}x_4\\
x_3=\dfrac{k_\mathrm{m}/R_\mathrm{a}}{T_1s+1}x_2-u_2\\
x_4=\dfrac{1/c}{T_2s+1}x_3\\
x_5=\dfrac{1}{s}x_4
\end{cases}
\Rightarrow
\begin{bmatrix}x_1\\x_2\\x_3\\x_4\\x_5\end{bmatrix}=
\begin{bmatrix}
0&0&0&0&-c_2\\
k_\mathrm{a}k_\mathrm{r}&0&0&-k_\mathrm{b}&0\\
0&\dfrac{k_\mathrm{m}/R_\mathrm{a}}{T_1s+1}&0&0&0\\
0&0&\dfrac{1/c}{T_2s+1}&0&0\\
0&0&0&\dfrac{1}{s}&0
\end{bmatrix}
\begin{bmatrix}x_1\\x_2\\x_3\\x_4\\x_5\end{bmatrix}+
\begin{bmatrix}c_1&0\\0&0\\0&-1\\0&0\\0&0\end{bmatrix}
\begin{bmatrix}u_1\\u_2\end{bmatrix}
$$

这样，下面的语句就可以直接化简原多变量系统框图模型了。因为 x_5 为输出节点，所以下面语句可以直接计算出输出信号到两路输入信号的传递函数模型。

```
>> syms Ka Kr c1 c2 c Ra T1 T2 Km Kb s    %声明符号变量
   Q=[0 0 0 0 -c2; Ka*Kr 0 0 -Kb 0; 0 Km/Ra/(T1*s+1) 0 0 0
      0 0 1/c/(T2*s+1) 0 0; 0 0 0 1/s 0];
   P=[c1 0; 0 0; 0 -1; 0 0; 0 0]; W=inv(eye(5)-Q)*P; W(5,:)
```

可见这样得出的结果和例4-30的结果完全一致。

例4-33 再考虑例4-29中的框图，试利用系统流图得出等效的总系统模型。

解 下面语句可以直接输入连接矩阵 $\boldsymbol{Q}$ 和输入矩阵 $\boldsymbol{P}$，并由前面的方法直接计算出各个节点的信号对输入信号的传递函数。

```
>> syms G1 G2 G3 G4 H1 H2 H3              %定义各个子模块为符号变量
   Q=[0 0 0 0 -H1; G1 0 0 -H2 0; 0 G2 0 0 -H3;
      0 0 G3 0 0; 0 0 0 G4 0];
   P=[1 0 0 0 0]'; G=inv(eye(5)-Q)*P  %直接推导传递函数矩阵
```

上述语句可以得出的传递函数矩阵为

$$
\begin{bmatrix}X_1/U\\X_2/U\\X_3/U\\X_4/U\\X_5/U\end{bmatrix}=
\begin{bmatrix}
(H_3G_3G_4+1+G_3G_2H_2)/(G_4G_3H_3+G_4G_3G_2G_1H_1+1+G_3G_2H_2)\\
G_1(G_4G_3H_3+1)/(G_4G_3H_3+G_4G_3G_2G_1H_1+1+G_3G_2H_2)\\
G_2G_1/(G_4G_3H_3+G_4G_3G_2G_1H_1+1+G_3G_2H_2)\\
G_3G_2G_1/(G_4G_3H_3+G_4G_3G_2G_1H_1+1+G_3G_2H_2)\\
G_4G_3G_2G_1/(G_4G_3H_3+G_4G_3G_2G_1H_1+1+G_3G_2H_2)
\end{bmatrix}
$$

由于本例的输出信号是 x_5，所以对比上面传递函数矩阵可以发现，传递函数矩阵的 X_5/U 表达式与例4-29得出的结果完全一致。

4.4.5 连接矩阵的另一种生成方法

前面介绍了由信号流图列写方程,并手工写出连接矩阵的方法,这样的方法要求节点方程到其矩阵形式的手工转换不出现纰漏,否则可能得出错误的结果。这里将通过例子探讨另一种构造连接矩阵的方法[7]。

例4-34 重新考虑图4-14中给出的信号流图,试构造出连接矩阵与输入矩阵。

解 可以由图论的角度来重新考虑系统的信号流图,图中的每一条通路可以由三个参数(i,j,w)表示,i,j为通路的起始与终止节点序号,w为该通路的传递函数。如果将每条通路的起始节点序号作一个向量$\boldsymbol{a}$,相应地构造出终止节点的向量$\boldsymbol{b}$与通路传递函数的向量$\boldsymbol{w}$,则可以编写一个MATLAB函数,由这三个向量唯一地构造出连接矩阵。

```
function A=ind2mat(a,b,w)
if size(a,2)==3, b=a(:,2); w=a(:,3); a=a(:,1); end
a=a(:); b=b(:); w=w(:); n=max([a; b]); A=zeros(n);
for i=1:length(a), A(a(i),b(i))=w(i); end
```

该函数支持两种调用方法,其一是Q=ind2mat($\boldsymbol{a},\boldsymbol{b},\boldsymbol{w}$),其二是$Q$=ind2mat($\boldsymbol{W}$),其中,$\boldsymbol{W}$是由三列构成的矩阵。

分析图4-14中的信号流图,可以看出

$$\boldsymbol{W}=\begin{bmatrix}1 & 2 & k_\mathrm{a}k_\mathrm{r}\\ 2 & 3 & k_\mathrm{m}/R_\mathrm{a}/(T_1s+1)\\ 3 & 4 & 1/c/(T_2s+1)\\ 4 & 5 & 1/s\\ 4 & 2 & -k_\mathrm{b}\\ 5 & 1 & -c_2\end{bmatrix}$$

这样,由下面的语句可以直接构造连接矩阵$\boldsymbol{Q}$。

```
>> syms Ka Kr c1 c2 c Ra T1 T2 Km Kb s  %声明符号变量
   W=[1,2,Ka*Kr; 2,3,Km/Ra/(T1*s+1); 3,4,1/c/(T2*s+1);
      4,5,1/s; 4,2,-Kb; 5,1,-c2];
   Q=ind2mat(W)
```

$\boldsymbol{P}$矩阵的方法也很简单,可以直接用下面语句构造,其中,$\boldsymbol{P}(i,j)=k$,j为输入序号,i为作用的节点信号,k为通路的传递函数。由图4-14可知,第一个输入作用在第一节点上,通路传递函数为c_1,第二输入作用在第三节点上,传递函数为-1,所以可以如下构造$\boldsymbol{P}$矩阵。有了这两个矩阵,即可以直接得出系统的传递函数矩阵$\boldsymbol{G}$,其结果与前面得出的完全一致。

```
>> P=sym(zeros(5,2)); P(1,1)=c1; P(3,2)=-1;
   G=inv(eye(5)-Q)*P  %直接推导传递函数矩阵
```

4.5 线性系统的模型降阶

前面介绍了系统模型的最小实现问题及其MATLAB语言求解，用最小实现方法可以对消掉位于相同位置的系统零极点，得到对原始模型的精确简化。如果一个高阶模型不能被最小实现方法降低阶次，有没有什么办法对其进行某种程度的近似，以获得一个低阶的近似模型，这是模型降阶技术需要解决的问题。

控制系统的模型降阶问题首先是在1966年由Edward J. Davison提出的[8]，经过几十年的发展，出现了各种各样的降阶算法及应用领域。本节将介绍几种有代表性的模型降阶算法及其MATLAB实现，并通过例子演示这些方法的效果。

4.5.1 Padé降阶算法与Routh降阶算法

假设系统的原始模型由式(4-1-6)给出，模型降阶所要解决的问题是获得如下所示的传递函数模型。

$$G_{r/k}(s)=\frac{\beta_1 s^r+\beta_2 s^{r-1}+\cdots+\beta_{r+1}}{\alpha_1 s^k+\alpha_2 s^{k-1}+\cdots+\alpha_k s+\alpha_{k+1}} \tag{4-5-1}$$

其中，$k<n$。为简单起见，仍需假设$\alpha_{k+1}=1$。

假设原始模型$G(s)$的Maclaurin级数可以写成

$$G(s)=c_0+c_1 s+c_2 s^2+\cdots \tag{4-5-2}$$

其中，c_i为又称系统的时间矩量，可以由递推公式求出[9]。

$$c_0=b_{k+1},\ 且\ c_i=b_{k+1-i}-\sum_{j=0}^{i-1}c_j a_{n+1-i+j}, i=1,2,\cdots \tag{4-5-3}$$

若系统$G(s)$由状态方程给出，还可以用下面的式子求出c_i系数为

$$c_i=\frac{1}{i!}\left.\frac{\mathrm{d}^i G(s)}{\mathrm{d}s^i}\right|_{s=0}=-\boldsymbol{C}\boldsymbol{A}^{-(i+1)}\boldsymbol{B}, i=0,1,\cdots \tag{4-5-4}$$

作者编写了c=timmomt(G,k)函数，可以用来求取系统G的前k个时间矩量，这些矩量由向量$\boldsymbol{c}$返回，该函数清单为：

```
function M=timmomt(G,k)
G=ss(G); C=G.c; B=G.b; iA=inv(G.a); iA1=iA; M=zeros(1,k);
for i=1:k, M(i)=-C*iA1*B; iA1=iA*iA1; end
```

若想让降阶模型保留原始模型的前$r+k+1$个时间矩量c_i，$i=0,\cdots,r+k$，将式(4-5-2)代入式(4-5-1)，比较s的相同幂次项的系数，则可以列写出下面的等

式[10]。

$$\begin{cases} \beta_{r+1} = c_0 \\ \beta_r = c_1 + \alpha_k c_0 \\ \vdots \\ \beta_1 = c_r + \alpha_k c_{r-1} + \cdots + \alpha_{k-r+1} c_0 \\ 0 = c_{r+1} + \alpha_k c_r + \cdots + \alpha_{k-r} c_0 \\ 0 = c_{r+2} + \alpha_k c_{r+1} + \cdots + \alpha_{k-r-1} c_0 \\ \vdots \\ 0 = c_{k+r} + \alpha_k c_{k+r-1} + \cdots + \alpha_2 c_{r+1} + \alpha_1 c_r \end{cases} \tag{4-5-5}$$

由式(4-5-5)中的后 k 项可以建立起下面的关系式。

$$\begin{bmatrix} c_r & c_{r-1} & \cdots & . \\ c_{r+1} & c_r & \cdots & . \\ \vdots & \vdots & \ddots & \vdots \\ c_{k+r-1} & c_{k+r-2} & \cdots & c_r \end{bmatrix} \begin{bmatrix} \alpha_k \\ \alpha_{k-1} \\ \vdots \\ \alpha_1 \end{bmatrix} = - \begin{bmatrix} c_{r+1} \\ c_{r+2} \\ \vdots \\ c_{k+r} \end{bmatrix} \tag{4-5-6}$$

可见,若 c_i 已知,则可以通过线性代数方程求解的方法立即解出降阶模型的分母多项式系数 α_i。再由式(4-5-5)中的前 $r+1$ 个式子可以列写出求解降阶模型分子多项式系数 β_i 的表达式为

$$\begin{bmatrix} \beta_{r+1} \\ \beta_r \\ \vdots \\ \beta_1 \end{bmatrix} = \begin{bmatrix} c_0 & 0 & \cdots & 0 \\ c_1 & c_0 & \cdots & 0 \\ \vdots & \vdots & \ddots & \vdots \\ c_r & c_{r-1} & \cdots & c_0 \end{bmatrix} \begin{bmatrix} 1 \\ \alpha_k \\ \vdots \\ \alpha_{k-r+1} \end{bmatrix} \tag{4-5-7}$$

上述算法可以用 MATLAB 语言很容易地编写出求解函数 `pademod()`,可以用来直接求解 Padé 降阶模型的问题,该函数的内容如下:

```
function Gr=pademod(G,r,k)
c=timmomt(G,r+k+1); Gr=pade_app(c,r,k);
```

其中 G 和 G_r 分别为原始模型和降阶模型,r、k 分别为期望降阶模型的分子和分母阶次。该函数还调用了对系统时间矩量作 Padé 近似的函数 `pade_app()`,其清单为

```
function Gr=pade_app(c,r,k)
w=-c(r+2:r+k+1)'; vv=[c(r+1:-1:1)'; zeros(k-1-r,1)];
W=rot90(hankel(c(r+k:-1:r+1),vv)); V=rot90(hankel(c(r:-1:1)));
x=[1 (W\w)']; dred=x(k+1:-1:1)/x(k+1);
y=[c(1) x(2:r+1)*V'+c(2:r+1)]; nred=y(r+1:-1:1)/x(k+1);
Gr=tf(nred,dred);
```

其中 $\boldsymbol{c}$ 为给定的时间矩量,G_r 为得出的 Padé 近似模型。

例 4-35 试得出下面传递函数模型的二阶 Padé 降阶近似模型。

$$G(s) = \frac{s^3 + 7s^2 + 11s + 5}{s^4 + 7s^3 + 21s^2 + 37s + 30}$$

解　由下面的语句可以立即得出一个二阶降阶模型。另外，若使用 step() 和 bode() 可以绘制出系统的阶跃响应和Bode图，关于这两个函数下一章将详细介绍。

```
>> G=tf([1,7,11,5],[1,7,21,37,30]); Gr=pademod(G,1,2)
   step(G,Gr,'--'), figure, bode(G,Gr,'--')
```

系统的Padé降阶模型如下。得出的阶跃响应曲线和Bode图如图4-15(a)、(b)所示，可见，这样得出的降阶模型的响应接近于原始模型。

$$G_{\mathrm{r}}(s)=\frac{0.8544s+0.6957}{s^2+1.091s+4.174}$$

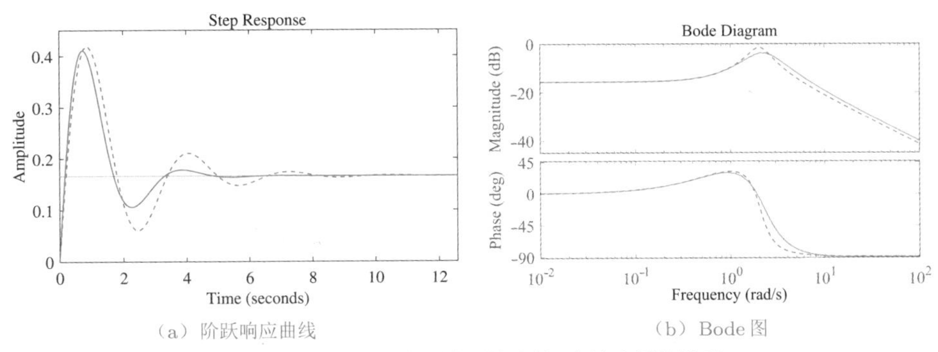

(a) 阶跃响应曲线　　(b) Bode图

图4-15　原模型和降阶模型的比较(实线为原始模型)

从上面的例子可以看出，给定一个原始模型，可以很容易得到降阶模型，该降阶模型在时域和频域下都能很好地近似原来的四阶模型。下面将给出此算法的一个反例。

例4-36　试用Padé近似方法对下面模型进行降阶。

$$G(s)=\frac{0.067s^5+0.6s^4+1.5s^3+2.016s^2+1.55s+0.6}{0.067s^6+0.7s^5+3s^4+6.67s^3+7.93s^2+4.63s+1}$$

解　用下面的语句可以输入$G(s)$，并得出其零极点模型：

```
>> num=[0.067,0.6,1.5,2.016,1.66,0.6];
   den=[0.067 0.7 3 6.67 7.93 4.63 1]; G=tf(num,den); zpk(G)
```

其零极点模型为

$$G(s)=\frac{(s+5.92)(s+1.221)(s+0.897)(s^2+0.9171s+1.381)}{(s+2.805)(s+1.856)(s+1.025)(s+0.501)(s^2+4.261s+5.582)}$$

显然，该模型是稳定的。利用前面给出的Padé降阶算法，可以由下面的语句得出三阶降阶模型，并得出零极点模型。

```
>> Gr=pademod(G,1,3); zpk(Gr)
```

可以得出降阶模型如下。可见降阶模型是不稳定的，这意味着Padé降阶算法并不能保持原系统的稳定性，故有时该算法失效。

$$G_{\mathrm{r}}(s)=\frac{-0.6328(s+0.7695)}{(s-2.598)(s^2+1.108s+0.3123)}$$

由于Padé降阶算法有时并不能保持原降阶模型的稳定性，所以Hutton提出了基于稳定性考虑的降阶算法[11]，即利用Routh因子的近似方法，该方法总能得出渐近稳定的降阶模型。限于篇幅，本书不给出具体算法。

作者编写了基于Routh算法降阶的函数`routhmod()`，其内容为

```
function Gr=routhmod(G,nr)
num=G.num{1}; den=G.den{1}; n0=length(den); n1=length(num);
a1=den(end:-1:1); b1=[num(end:-1:1) zeros(1,n0-n1-1)];
for k=1:n0-1,
   k1=k+2; alpha(k)=a1(k)/a1(k+1); beta(k)=b1(k)/a1(k+1);
   for i=k1:2:n0-1,
      a1(i)=a1(i)-alpha(k)*a1(i+1); b1(i)=b1(i)-beta(k)*a1(i+1);
end, end
nn=[]; dd=[1]; nn1=beta(1); dd1=[alpha(1),1]; nred=nn1; dred=dd1;
for i=2:nr,
   nred=[alpha(i)*nn1, beta(i)]; dred=[alpha(i)*dd1, 0];
   n0=length(dd); n1=length(dred); nred=nred+[zeros(1,n1-n0),nn];
   dred=dred+[zeros(1,n1-n0),dd];
   nn=nn1; dd=dd1; nn1=nred; dd1=dred;
end
Gr=tf(nred(nr:-1:1),dred(end:-1:1));
```

其中G与$G_{\rm r}$为原始模型与降阶模型，而$n_{\rm r}$为指定的降阶阶次。注意，用Routh算法得出的降阶模型分子阶次总是比分母阶次少1。

例4-37　考虑例4-36给出的原始传递函数模型，可以由下面的Routh算法函数直接获得稳定的三阶降阶模型。

```
>> num=[0.067,0.6,1.5,2.016,1.66,0.6];
   den=[0.067 0.7 3 6.67 7.93 4.63 1]; G=tf(num,den);
   Gr=zpk(routhmod(G,3))        %获得降阶模型,并导出其零极点格式
   step(G,Gr,'--'), figure, bode(G,Gr,'--')
```

可以得出系统降阶模型为

$$G_{\rm r}(s)=\frac{0.37792(s^2+0.9472s+0.3423)}{(s+0.4658)(s^2+1.15s+0.463)}$$

原始系统和降阶模型的阶跃响应和Bode图比较如图4-16(a)、(b)所示。从得出的结果看，尽管降阶模型是稳定的，但拟合的效果不甚理想。

尽管Routh算法可以保持降阶模型的稳定性，但一般认为时域、频域拟合效果是不令人满意的，所以还可以采用主导模态算法[12]、冲激能量近似方法[13]等。

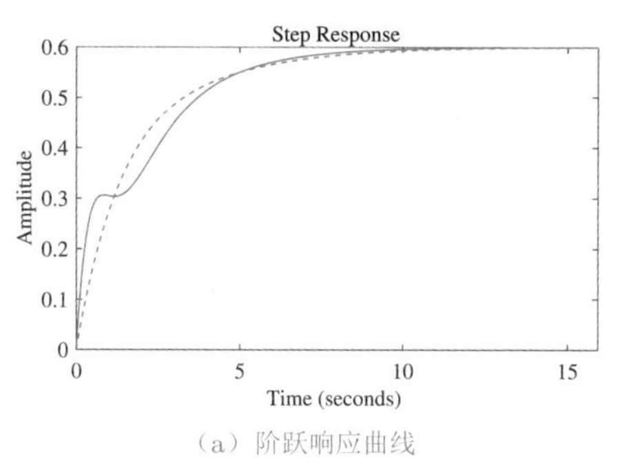

（a）阶跃响应曲线

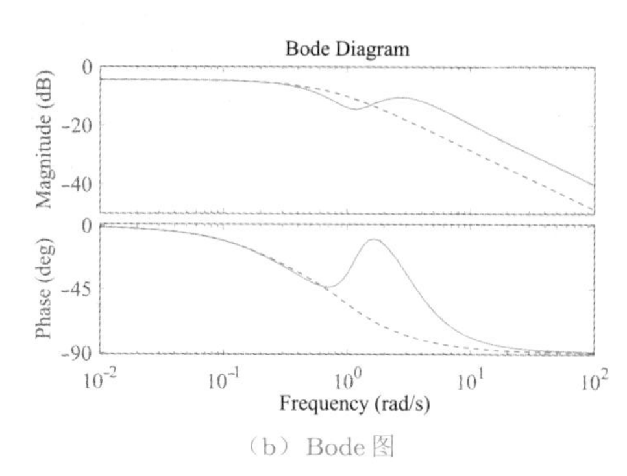

（b）Bode图

图4-16 原模型和降阶模型的比较（实线为原始模型）

4.5.2 时间延迟模型的Padé近似

类似于Padé模型降阶算法，Padé近似技术还可以用于带有时间延迟模型的降阶研究，假设已知纯时间延迟项$\mathrm{e}^{-\tau s}$的k阶传递函数模型为

$$P_{k,\tau}(s)=\frac{1-\tau s/2+p_2(\tau s)^2-p_3(\tau s)^3+\cdots+(-1)^{n+1}p_n(\tau s)^k}{1+\tau s/2+p_2(\tau s)^2+p_3(\tau s)^3+\cdots+p_n(\tau s)^k} \tag{4-5-8}$$

MATLAB控制系统工具箱提供了一个`pade()`函数，可以求取纯时间延迟的Padé近似，该函数的调用格式为$[\boldsymbol{n},\boldsymbol{d}]$=pade($\tau$,$k$)，其中，$\tau$为延迟时间常数，$k$为近似的阶次，得出的$\boldsymbol{n}$和$\boldsymbol{d}$为有理近似的分子和分母多项式系数。在这样的近似方法中，分子与分母是同阶次多项式。更一般的，G_1=pade(G,n)将得出含有延迟或内部延迟的线性系统模型G的Padé近似模型G_1。

现在考虑分子的阶次可以独立地选择的情况。对纯时间延迟项可以立即用Maclaurin级数近似为

$$\mathrm{e}^{-\tau s}=1-\frac{1}{1!}\tau s+\frac{1}{2!}\tau^2s^2-\frac{1}{3!}\tau^3s^3+\cdots \tag{4-5-9}$$

该式类似于式（4-5-2）中的时间矩量表达式，故可以用同样的Padé算法得出纯时间延迟的有理近似。作者编写的MATLAB函数`paderm()`可以直接求取任意选择分子、分母阶次的Padé近似系数。该函数的内容为

```
function [n,d]=paderm(tau,r,k)
c(1)=1; for i=2:r+k+1, c(i)=-c(i-1)*tau/(i-1); end
Gr=pade_app(c,r,k); n=Gr.num{1}(k-r+1:end); d=Gr.den{1};
```

其中，分子阶次r和分母阶次k可以任意选定，返回的分子和分母系数向量$\boldsymbol{n}$和$\boldsymbol{d}$可以直接得出。

例4-38 试用Padé近似逼近纯时间延迟模型$G(s)=\mathrm{e}^{-s}$。

解 可以用下面的语句得出Padé近似模型。

```
>> tau=1; [n1,d1]=pade(tau,3); G1=tf(n1,d1)
   [n2,d2]=paderm(tau,1,3); G2=tf(n2,d2)
```

用这两种方法可以得出不同的近似模型为

$$G_1(s)=\frac{-s^3+12s^2-60s+120}{s^3+12s^2+60s+120},\quad G_2(s)=\frac{-6s+24}{s^3+6s^2+18s+24}$$

例4-39 试用Padé近似逼近带有时间延迟的原始传递函数模型$G(s)=\dfrac{3s+1}{(s+1)^3}\mathrm{e}^{-2s}$。

解 对纯时间延迟进行Maclaurin幂级数展开,则可以得出整个传递函数的时间矩量,从而得出整个系统的Padé近似。

```
>> cd=[1]; tau=2; for i=1:5, cd(i+1)=-tau*cd(i)/i; end; cd
   G=tf([3,1],[1,3,3,1]); c=timmomt(G,5);
   c_hat=conv(c,cd); Gr=pade_app(c_hat,1,3);
   G.ioDelay=2; Gr1=pade(G,2); step(G,Gr,'--',Gr1,':')
   figure, bode(G,Gr,'--',Gr1,':')
```

可以得出系统的Padé降阶模型和Padé高阶近似模型分别为

$$G_{\mathrm{r}}(s)=\frac{0.2012s+0.00915}{s^3+0.4482s^2+0.2195s+0.00915},\quad G_{\mathrm{r1}}(s)=\frac{3s^3-8s^2+6s+3}{s^5+6s^4+15s^3+19s^2+12s+3}$$

三个模型的阶跃响应和Bode图比较如图4-17(a)、(b)所示。可见,用不带延迟的三阶Padé降阶模型去逼近延迟模型效果不是很理想,所以可以考虑用带有延迟的模型去近似原模型。高阶近似可以对原始模型有较好的逼近效果。

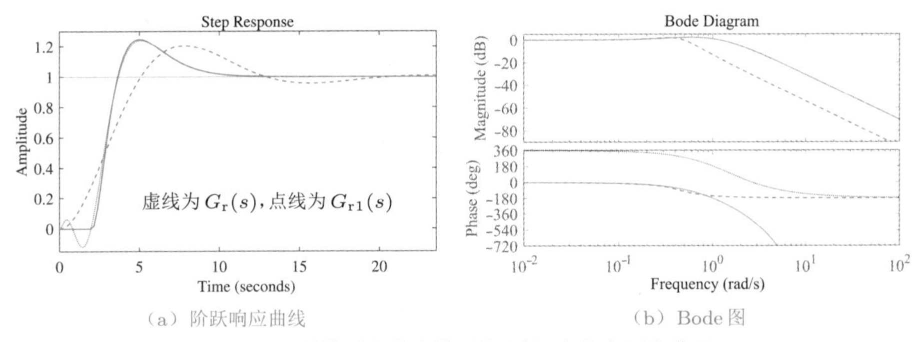

(a) 阶跃响应曲线　　(b) Bode图

图4-17 原模型和降阶模型的比较(实线为原始模型)

4.5.3 带有时间延迟系统的次最优降阶算法

1. 降阶模型的降阶效果

对降阶效果可能有各种各样的定义和指标,但最直观的是按图4-18中给出的形式定义出降阶误差信号$e(t)$,根据该误差信号,可以定义出一些指标,例如,$J_{\mathrm{ISE}}=\displaystyle\int_0^\infty e^2(t)\mathrm{d}t$,将其定义为目标函数,对其最小化,得出最优降阶模型。

假设带有时间延迟的原始模型为

$$G(s)\mathrm{e}^{-Ts}=\frac{b_1s^{n-1}+\cdots+b_{n-1}s+b_n}{s^n+a_1s^{n-1}+\cdots+a_{n-1}s+a_n}\mathrm{e}^{-Ts}\tag{4-5-10}$$

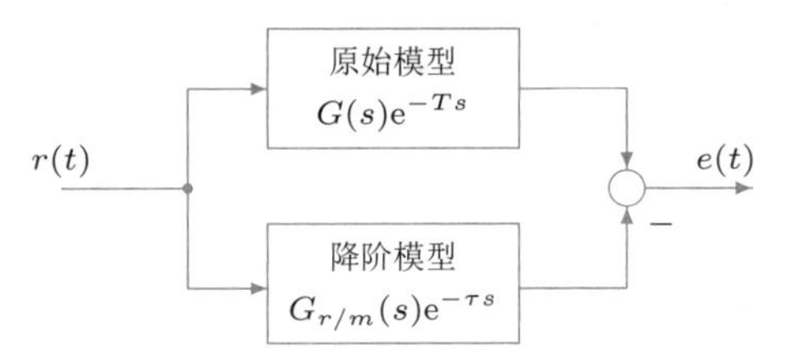

图4-18 模型降阶误差信号

则降阶模型可以写成

$$G_{r/k}(s)e^{-\tau s}=\frac{\beta_1 s^r+\cdots+\beta_r s+\beta_{r+1}}{s^k+\alpha_1 s^{k-1}+\cdots+\alpha_{k-1}s+\alpha_k}e^{-\tau s} \tag{4-5-11}$$

降阶误差信号的Laplace变换表达式为

$$E(s)=\left[G(s)e^{-Ts}-G_{r/m}(s)e^{-\tau s}\right]R(s) \tag{4-5-12}$$

其中$R(s)$为输入信号$r(t)$的Laplace变换式。

2. 次最优模型降阶算法[14]

利用最优化算法进行模型降阶的思路是很直观的。由前面定义的误差信号$e(t)$，可以定义前面的$J_{\rm ISE}$目标函数，通过参数最优化的方式寻优，找出降阶模型。对目标函数还可以进一步处理，例如对误差信号进行加权，引入新的误差信号$h(t)=w(t)e(t)$，则可以定义出加权的ISE指标。

$$\sigma_h^2=\int_0^\infty h^2(t)dt=\int_0^\infty w^2(t)e^2(t)dt \tag{4-5-13}$$

若$H(s)$为稳定的有理函数，则目标函数的值可以由Åström递推算法或Lyapunov方程求解。如果降阶模型或原始模型中含有时间延迟项，则用Åström算法不能直接求解，需要对延迟项采用Padé近似。因为对延迟系统采用近似的最优化来求解，所以这里称为次最优降阶算法[14]。如果不含延迟项，则称为最优降阶算法。

定义待定参数向量$\boldsymbol{\theta}=[\alpha_1,\alpha_2,\cdots,\alpha_m,\beta_1,\beta_2,\cdots,\beta_{r+1},\tau]$，则对一类给定输入信号可以定义出降阶模型的误差信号$\hat{e}(t,\boldsymbol{\theta})$，其中误差信号被显式地写成$\boldsymbol{\theta}$的函数，这样可以定义出一个次最优降阶的目标函数为

$$J=\min_{\boldsymbol{\theta}}\left[\int_0^\infty w^2(t)\hat{e}^2(t,\boldsymbol{\theta})dt\right] \tag{4-5-14}$$

作者编写了MATLAB函数`opt_app()`，可以用于求解带有时间延迟的次最优降阶模型，该函数的内容为

```
function Gr=opt_app(G,r,k,key,G0)
GS=tf(G); num=GS.num{1}; den=GS.den{1}; Td=totaldelay(GS);
GS.ioDelay=0; GS.InputDelay=0; GS.OutputDelay=0; s=tf('s');
if nargin<5, G0=(s+1)^r/(s+1)^k; end
beta=G0.num{1}(k+1-r:k+1); alph=G0.den{1}; Tau=1.5*Td;
```

```
x=[beta(1:r),alph(2:k+1)]; if abs(Tau)<1e-5, Tau=0.5; end
dc=dcgain(GS); if key==1, x=[x,Tau]; end
y=opt_fun(x,GS,key,r,k,dc);
x=fminsearch(@opt_fun,x,[],GS,key,r,k,dc);
alph=[1,x(r+1:r+k)]; beta=x(1:r+1); if key==0, Td=0; end
beta(r+1)=alph(end)*dc; if key==1, Tau=x(end)+Td; else, Tau=0; end
Gr=tf(beta,alph,'ioDelay',Tau);
```

其中，G 和 G_r 为原始模型和降阶模型，r 和 k 分别为降阶模型的分子和分母阶次，**key** 表明在降阶模型中是否需要延迟项，G_0 为最优化初值，可以忽略。该函数中调用的 **opt_fun()** 函数用于描述目标函数，其清单为

```
function y=opt_fun(x,G,key,r,k,dc)
ff0=1e10; a=[1,x(r+1:r+k)]; b=x(1:r+1); b(end)=a(end)*dc;
if key==1, tau=x(end);
   if tau<=0, tau=eps; end, [n,d]=pade(tau,3); gP=tf(n,d);
else, gP=1; end
G_e=G-tf(b,a)*gP; G_e.num{1}=[0,G_e.num{1}(1:end-1)];
[y,ierr]=geth2(G_e); if ierr==1, y=10*ff0; else, ff0=y; end
%子函数 geth2
function [v,ierr]=geth2(G)
G=tf(G); num=G.num{1}; den=G.den{1}; ierr=0; v=0; n=length(den);
if abs(num(1))>eps
   disp('System not strictly proper'); ierr=1; return
else, a1=den; b1=num(2:length(num)); end
for k=1:n-1
   if (a1(k+1)<=eps), ierr=1; return
   else, aa=a1(k)/a1(k+1); bb=b1(k)/a1(k+1); v=v+bb*bb/aa; k1=k+2;
     for i=k1:2:n-1, a1(i)=a1(i)-aa*a1(i+1); b1(i)=b1(i)-bb*a1(i+1);
end, end, end
v=sqrt(0.5*v);
```

例4-40 已知原始系统的传递函数模型 [15]，试求最优降阶模型。

$$G(s)=\frac{1+8.8818s+29.9339s^2+67.087s^3+80.3787s^4+68.6131s^5}{1+7.6194s+21.7611s^2+28.4472s^3+16.5609s^4+3.5338s^5+0.0462s^6}$$

解 用下面的语句可以得出该模型的最优降阶模型。

```
>> num=[68.6131,80.3787,67.087,29.9339,8.8818,1];
   den=[0.0462,3.5338,16.5609,28.4472,21.7611,7.6194,1];
   G=tf(num,den); Gr=zpk(opt_app(G,2,3,0))
   step(G,Gr,'--'), figure, bode(G,Gr,'--')
```

得出的最优降阶模型如下。阶跃响应和Bode图比较在图4-19(a)、(b)中给出，可见，最

优降阶模型能够很好地逼近原始模型。

$$G_{\rm r}(s)=\frac{1523.6536(s^2+0.3492s+0.2482)}{(s+74.85)(s^2+3.871s+5.052)}$$

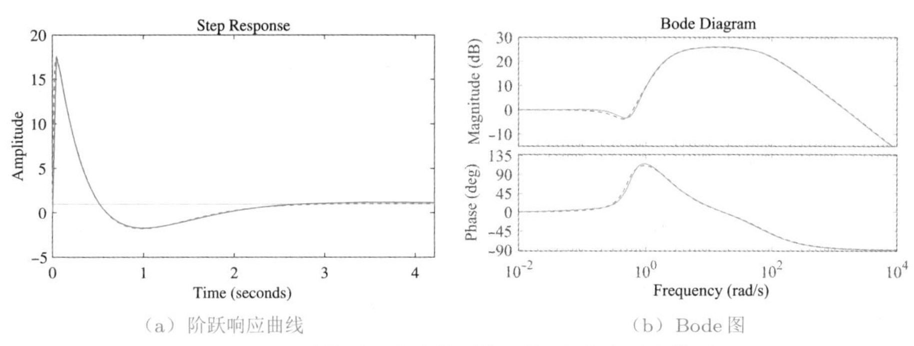

（a）阶跃响应曲线　　（b）Bode 图

图4-19　原模型和降阶模型的比较（实线为原始模型）

例4-41　试求下面给出系统模型[16]的最优降阶模型。

$$G(s)=\frac{432}{(5s+1)(2s+1)(0.7s+1)(s+1)(0.4s+1)}$$

解　由下面的MATLAB语句可以得出带有延迟的次最优降阶模型。

```
>> s=tf('s'); G=432/(5*s+1)/(2*s+1)/(0.7*s+1)/(s+1)/(0.4*s+1);
   Gr=zpk(opt_app(G,0,2,1))
   step(G,Gr,'--'), figure, bode(G,Gr,'--')
```

可以得出带有延迟的次最优降阶模型为

$$G_{\rm r}(s)=\frac{31.4907}{(s+0.3283)(s+0.222)}{\rm e}^{-1.5s}$$

阶跃响应和Bode图比较在图4-20(a)、(b)中给出。可见，用带有延迟的次最优降阶模型可以很好地逼近原始模型。

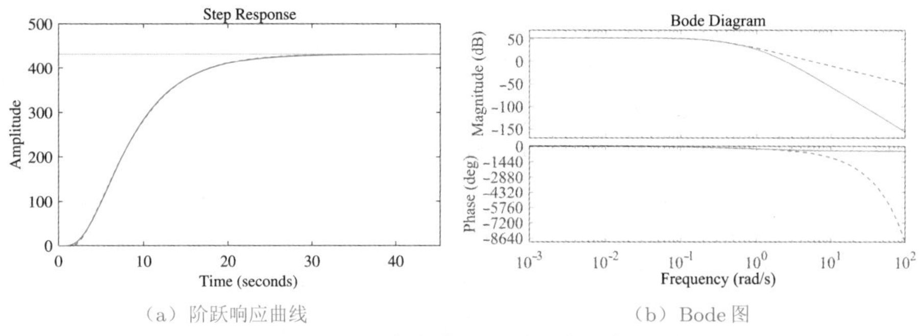

（a）阶跃响应曲线　　（b）Bode 图

图4-20　原模型和降阶模型的比较（实线为原始模型）

例4-42　试求非最小相位模型[14]的最优降阶模型。

$$G(s)=\frac{10s^3-60s^2+110s+60}{s^4+17s^2+82s^2+130s+100}$$

解　采用最优降阶算法,则可以给出下面的语句。

```
>> G=tf([10 -60 110 60],[1 17 82 130 100]);
   Gr=opt_app(G,1,2,1); Gr1=opt_app(G,1,2,0); %获得最优降阶模型
   step(G,Gr,'--',Gr1,':'), figure; bode(G,Gr,'--',Gr1,':')
```

可以分别得出带有时间延迟和不带时间延迟的次最优降阶模型为

$$G_{\mathrm{r}}(s)=\frac{2.625s+1.13}{s^2+1.901s+1.883}\mathrm{e}^{-0.698s},\quad G_{\mathrm{r}_1}(s)=\frac{0.4701s+0.8328}{s^2+0.5906s+1.388}$$

上面给出的语句还可以直接绘制出降阶模型与原始模型的阶跃响应曲线，如图4-21 (a)、(b) 所示。从得出的结果看，最优降阶模型忽略了对非最小相位系统开始振荡区域的近似,在其他区域能够相当成功地拟合原延迟系统的特性。

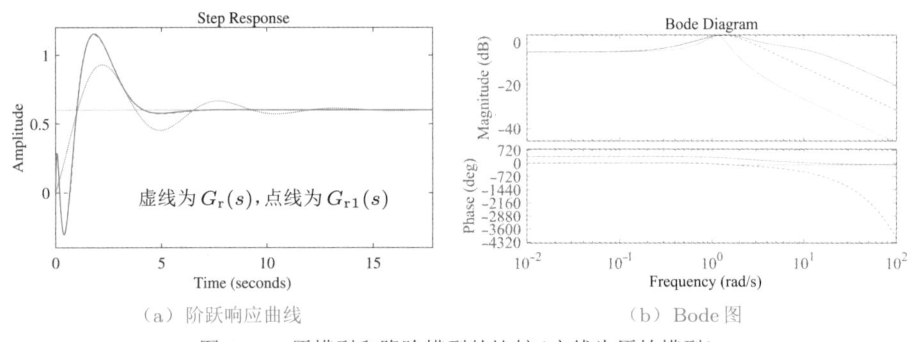

(a) 阶跃响应曲线　　(b) Bode图

图4-21　原模型和降阶模型的比较(实线为原始模型)

4.5.4　状态方程模型的降阶算法

MATLAB控制系统工具箱直接提供了一些基于状态方程模型的模型降阶函数,如均衡实现的降阶、Schur降阶、最优Hankel范数的降阶等。本节将通过例子演示这些方法与求解函数。

1. 均衡实现模型的降阶算法

通过均衡实现,可以得出处理后系统的可控Gram矩阵,根据该矩阵的值可以看出哪些状态重要,哪些是次要的、对全局没有太大影响的,找到这些状态,则可以将其忽略掉,从而得出所需的降阶模型。

利用矩阵分块方法,可以重新写出原系统模型的均衡实现表示。

$$\begin{cases}\begin{bmatrix}\dot{\boldsymbol{x}}_1\\ \dot{\boldsymbol{x}}_2\end{bmatrix}=\begin{bmatrix}\boldsymbol{A}_{11} & \boldsymbol{A}_{12}\\ \boldsymbol{A}_{21} & \boldsymbol{A}_{22}\end{bmatrix}\begin{bmatrix}\boldsymbol{x}_1\\ \boldsymbol{x}_2\end{bmatrix}+\begin{bmatrix}\boldsymbol{B}_1\\ \boldsymbol{B}_2\end{bmatrix}u\\ y=\begin{bmatrix}\boldsymbol{C}_1 & \boldsymbol{C}_2\end{bmatrix}\begin{bmatrix}\boldsymbol{x}_1\\ \boldsymbol{x}_2\end{bmatrix}+Du\end{cases}\tag{4-5-15}$$

并假设 $\dot{\boldsymbol{x}}_2\equiv\boldsymbol{0}$,且需要消去子状态变量 $\boldsymbol{x}_2$,这样可以得出如下的状态方程模型。

$$\begin{cases}\dot{\boldsymbol{x}}_1=\left(\boldsymbol{A}_{11}-\boldsymbol{A}_{12}\boldsymbol{A}_{22}^{-1}\boldsymbol{A}_{21}\right)\boldsymbol{x}_1+\left(\boldsymbol{B}_1-\boldsymbol{A}_{12}\boldsymbol{A}_{22}^{-1}\boldsymbol{B}_2\right)u\\ y=\left(\boldsymbol{C}_1-\boldsymbol{C}_2\boldsymbol{A}_{22}^{-1}\boldsymbol{A}_{21}\right)\boldsymbol{x}_1+\left(D-\boldsymbol{C}_2\boldsymbol{A}_{22}^{-1}\boldsymbol{B}_2\right)u\end{cases}\tag{4-5-16}$$

控制系统工具箱中给出了modred()函数来求取降阶模型，该函数的调用格式为G_r=modred(G,elim)，其中，G为均衡实现的原始模型，elim为需要消去的状态变量，G_r为降阶模型。

例4-43 再考虑例4-35中的系统模型，试求均衡实现降阶模型。

解 由下面的语句可以求出均衡实现的可控性Gram矩阵。

```
>> G=tf([1,7,24,24],[1,10,35,50,24]); [G_b,g]=balreal(ss(G))
```

得出的Gram向量为$\boldsymbol{g}=[0.5179,0.0309,0.0124,0.0006]^\mathrm{T}$。显然，第3、4个状态变量不是很重要，所以可以考虑消去这两个状态，得出降阶模型。

```
>> G_r=modred(G_b,[3,4]); zpk(G_r)
   step(G,G_r,'--'), figure, bode(G,G_r,'--')
```

这样可以得出降阶模型为

$$G_\mathrm{r}(s)=\frac{0.025974(s+4.307)(s+22.36)}{(s+1.078)(s+2.319)}$$

阶跃响应和Bode图比较在图4-22(a)、(b)中给出，可见，舍去两个不重要的状态后，得出的降阶模型可以很好地逼近原始模型的阶跃响应。不过，由于降阶模型的分子和分母阶次相同，所以时域响应的初值不为零，这和原系统不一致。Bode图的逼近也不甚理想。

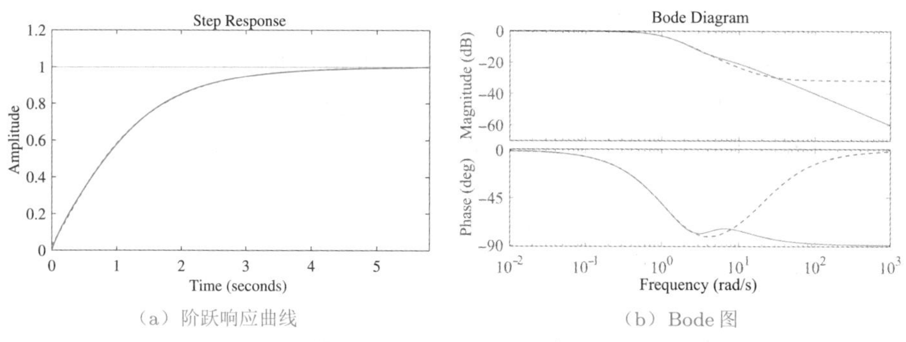

(a) 阶跃响应曲线 (b) Bode图

图4-22 原模型和降阶模型的比较(实线为原始模型)

2. 基于Schur均衡实现模型的降阶算法

MATLAB鲁棒控制工具箱中给出的基于Schur均衡实现模型降阶schmr()函数可以直接获得降阶模型，其调用格式类似于modred()函数，其中，schmr()函数的优势是它可以处理不稳定的原始模型。该函数的调用格式为G_r=schmr(G,1,k)，其中，G为原始模型的状态方程表示，k为降阶模型的阶次，降阶模型由G_r返回。

例4-44 考虑例4-40中给出的原始模型，试求最优Schur降阶模型。

解 由下面语句可以立即得出Schur降阶模型。

```
>> num=[68.6131,80.3787,67.087,29.9339,8.8818,1];
   den=[0.0462,3.5338,16.5609,28.4472,21.7611,7.6194,1];
```

```
G=ss(tf(num,den)); Gh=zpk(schmr(G,1,3))
step(G,Gh,'--'), figure, bode(G,Gh,'--')
```

可以得出Schur降阶模型为

$$G_{\mathrm{r}}(s)=\frac{1485.3076(s^2+0.1789s+0.2601)}{(s+71.64)(s^2+3.881s+4.188)}$$

降阶模型和原模型的比较在图4-23(a)、(b)中给出，可见降阶模型的效果很理想，但和前面给出的最优降阶模型相比略有差距。

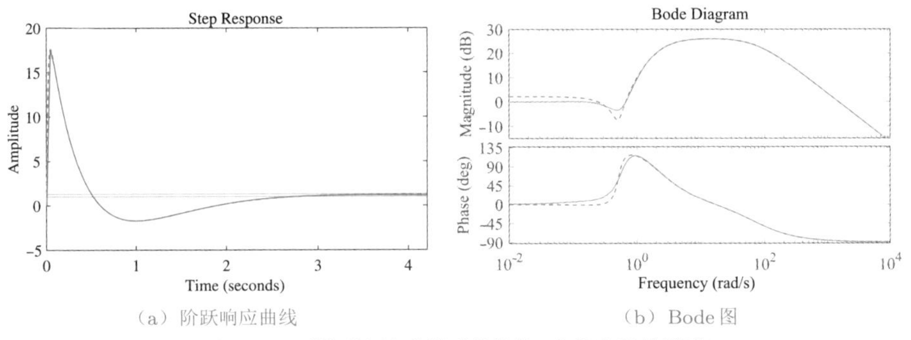

（a）阶跃响应曲线　　（b）Bode图

图4-23　原模型和降阶模型的比较（实线为原始模型）

3. 最优Hankel范数的降阶模型近似

Glover提出了求取给定状态方程模型的最优Hankel范数近似算法[17]，该算法是系统模型降阶中的一种重要的算法。MATLAB的鲁棒控制工具箱提供了函数 **ohklmr()**，可以用来求解最优Hankel范数降阶问题，G_{r}=ohklmr(G,1,k)，其中，G和G_{r}分别为原始模型和降阶模型，k为降阶系统的阶次。

例4-45　考虑例4-40中给出的原始模型，试得出最优Hankel范数降阶模型。

解　用下面的语句可以得出三阶最优Hankel范数降阶模型，并得出其零极点模型。

```
>> num=[68.6131,80.3787,67.087,29.9339,8.8818,1];
   den=[0.0462,3.5338,16.5609,28.4472,21.7611,7.6194,1];
   G=ss(tf(num,den)); Gh=zpk(ohklmr(G,1,3))
   step(G,Gh,'--'), figure, bode(G,Gh,'--')
```

可以得出最优Hankel范数降阶模型为

$$G_{\mathrm{r}}(s)=\frac{1527.8048(s^2+0.2764s+0.2892)}{(s+73.93)(s^2+3.855s+4.585)}$$

降阶模型和原模型的比较在图4-24(a)、(b)中给出，可见降阶模型的效果很理想，但和前面给出的Schur最优降阶模型效果相仿。

其实，前面介绍的状态方程降阶方法均不能独立选择降阶模型分子、分母的阶次，所以自动选择阶次不能满足要求时，还是应该考虑将其转换成传递函数模型，再选择最优降阶算法获取降阶模型。

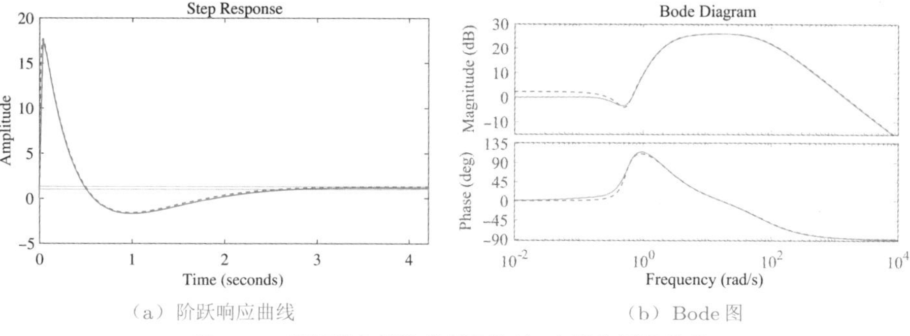

（a）阶跃响应曲线　　（b）Bode 图

图 4-24　原模型和降阶模型的比较（实线为原始模型）

4.6　线性系统的模型辨识

前面各节中介绍的方法均是假定线性系统的数学模型已知而展开的，这些数学模型往往可以通过已知规律推导得出。但在实际应用中并不是所有的受控对象都可以推导出数学模型的，很多受控对象甚至连系统的结构都是未知的，所以需要从实测的系统输入输出数据或其他数据，用数值的手段重构其数学模型，这样的办法称为系统辨识。

在实际应用中，可以采用许多方法从给定的系统响应数据，如时域响应中的输入和输出数据或频域响应的频率、幅值与相位数据等拟合出系统的传递函数模型，但由于这样的拟合有时解不唯一或效果较差，故一般不对连续系统数学模型进行直接辨识，而更多地对离散系统模型进行辨识。如果需要系统的连续模型，则可以通过离散模型连续化的方法转换出系统的连续模型。本节侧重介绍离散系统的辨识方法，并给出通过选择有效的M-序列输入信号激励系统改进辨识精度的方法。

4.6.1　离散系统的模型辨识

类似于4.2.1 节中叙述的那样，离散系统传递函数可以为

$$G\left(z^{-1}\right)=\frac{b_1+b_2z^{-1}+\cdots+b_mz^{-m+1}}{1+a_1z^{-1}+a_2z^{-2}+\cdots+a_nz^{-n}}z^{-d} \tag{4-6-1}$$

它对应的差分方程为

$$\begin{aligned}&y(t)+a_1y(t-1)+a_2y(t-2)+\cdots+a_ny(t-n)\\&=b_1u(t-d)+b_2u(t-d-1)+\cdots+b_mu(t-d-m+1)+\varepsilon(t)\end{aligned} \tag{4-6-2}$$

其中，$\varepsilon(t)$ 为残差信号。这里，为方便起见，输出信号简记为 $y(t)$，且用 $y(t-1)$ 表示输出信号 $y(t)$ 在前一个采样周期处的函数值，这种模型又称为自回归历遍（auto-regressive exogenous，ARX）模型。假设已经测出了一组输入信号 $\boldsymbol{u}=[u(1), u(2),\cdots,u(M)]^{\mathrm{T}}$ 和一组输出信号 $\boldsymbol{y}=[y(1),y(2),\cdots,y(M)]^{\mathrm{T}}$，由式（4-6-2）可以

立即写出

$$\begin{aligned}
y(1) &= -a_1y(0) - \cdots - a_ny(1-n) + b_1u(1-d) + \cdots + b_mu(2-m-d) + \varepsilon(1)\\
y(2) &= -a_1y(1) - \cdots - a_ny(2-n) + b_1u(2-d) + \cdots + b_mu(3-m-d) + \varepsilon(2)\\
&\vdots\\
y(M) &= -a_1y(M-1) - \cdots - a_ny(M-n) + b_1u(M-d) + \cdots +\\
&\quad b_mu(M-m-d+1) + \varepsilon(M)
\end{aligned}$$

其中,$y(t)$和$u(t)$当$t\leqslant 0$时的初值均假设为零。上述方程可以写成矩阵形式

$$\boldsymbol{y} = \boldsymbol{\Phi\theta} + \boldsymbol{\varepsilon} \tag{4-6-3}$$

其中

$$\boldsymbol{\Phi} = \begin{bmatrix} y(0) & \cdots & y(1-n) & u(1-d) & \cdots & u(2-m-d)\\ y(1) & \cdots & y(2-n) & u(2-d) & \cdots & u(3-m-d)\\ \vdots & & \vdots & \vdots & & \vdots\\ y(M-1) & \cdots & y(M-n) & u(M-d) & \cdots & u(M+1-m-d) \end{bmatrix} \tag{4-6-4}$$

$$\boldsymbol{\theta}^{\mathrm{T}} = [-a_1, -a_2, \cdots, -a_n, b_1, b_2, \cdots, b_m],\quad \boldsymbol{\varepsilon}^{\mathrm{T}} = [\varepsilon(1), \varepsilon(2), \cdots, \varepsilon(M)] \tag{4-6-5}$$

为使得残差的平方和最小,亦即$\displaystyle\min_{\boldsymbol{\theta}}\sum_{i=1}^{M}\varepsilon^2(i)$,则可以得出待定参数$\boldsymbol{\theta}$的最优估计值为

$$\boldsymbol{\theta} = [\boldsymbol{\Phi}^{\mathrm{T}}\boldsymbol{\Phi}]^{-1}\boldsymbol{\Phi}^{\mathrm{T}}\boldsymbol{y} \tag{4-6-6}$$

该方法最小化残差的平方和,故这样的辨识方法又称为最小二乘法。

MATLAB的系统辨识工具箱中提供了各种各样的系统辨识函数,其中ARX模型的辨识可以由arx()函数加以实现。如果已知输入信号的列向量$\boldsymbol{u}$,输出信号的列向量$\boldsymbol{y}$,并选定了系统的分子多项式阶次$m-1$,分母多项式阶次n及系统的纯滞后d,则可以通过`T=arx([y,u],[n,m,d])`命令辨识出系统的数学模型,该函数将直接显示辨识的结果,且所得的T为一个结构体,其T.$\boldsymbol{B}$和T.$\boldsymbol{A}$分别表示辨识得出的分子和分母多项式模型。另外,直接用`G=tf(T)`命令可以提取出系统的传递函数模型。

MATLAB的系统辨识工具箱中提供了arx()函数,可以直接辨识式(4-6-2)中的数学模型,这里将通过例子来介绍离散系统的辨识问题求解方法。

例4-46 假设已知系统的实测输入与输出数据如表4-1所示,且已知系统分子和分母阶次分别为3和4,试根据这些数据辨识出系统的传递函数模型。

解 首先将系统的输入输出数据输入到MATLAB的工作空间,然后直接调用arx()函数辨识出系统的参数。

```
>> u=[1.4601,0.8849,1.1854,1.0887,1.413,1.3096,1.0651,0.7148,...
      1.3571,1.0557,1.1923,1.3335,1.4374,1.2905,0.841,1.0245,...
```

表4-1　已知系统的输入输出数据

t	$u(t)$	$y(t)$	t	$u(t)$	$y(t)$	t	$u(t)$	$y(t)$
0	1.4601	0	1.6	1.4483	16.411	3.2	1.056	11.871
0.1	0.8849	0	1.7	1.4335	14.336	3.3	1.4454	13.857
0.2	1.1854	8.7606	1.8	1.0282	15.746	3.4	1.0727	14.694
0.3	1.0887	13.194	1.9	1.4149	18.118	3.5	1.0349	17.866
0.4	1.413	17.41	2	0.7463	17.784	3.6	1.3769	17.654
0.5	1.3096	17.636	2.1	0.9822	18.81	3.7	1.1201	16.639
0.6	1.0651	18.763	2.2	1.3505	15.309	3.8	0.8621	17.107
0.7	0.7148	18.53	2.3	0.7078	13.7	3.9	1.2377	16.537
0.8	1.3571	17.041	2.4	0.8111	14.818	4	1.3704	14.643
0.9	1.0557	13.415	2.5	0.8622	13.235	4.1	0.7157	15.086
1	1.1923	14.454	2.6	0.8589	12.299	4.2	1.245	16.806
1.1	1.3335	14.59	2.7	1.183	11.6	4.3	1.0035	14.764
1.2	1.4374	16.11	2.8	0.9177	11.607	4.4	1.3654	15.498
1.3	1.2905	17.685	2.9	0.859	13.766	4.5	1.1022	14.679
1.4	0.841	19.498	3	0.7122	14.195	4.6	1.2675	16.655
1.5	1.0245	19.593	3.1	1.2974	13.763	4.7	1.0431	16.63

```
    1.4483,1.4335,1.0282,1.4149,0.7463,0.9822,1.3505,0.7078,...
    0.8111,0.8622,0.8589,1.183,0.9177,0.859,0.7122,1.2974,...
    1.056,1.4454,1.0727,1.0349,1.3769,1.1201,0.8621,1.2377,...
    1.3704,0.7157,1.245,1.0035,1.3654,1.1022,1.2675,1.0431]';
y=[0,0,8.7606,13.1939,17.41,17.6361,18.7627,18.5296,17.0414,...
    13.4154,14.4539,14.59,16.1104,17.6853,19.4981,19.5935,...
    16.4106,14.3359,15.7463,18.1179,17.784,18.8104,15.3086,...
    13.7004,14.8178,13.2354,12.2993,11.6001,11.6074,13.7662,...
    14.195,13.763,11.8713,13.8566,14.6944,17.8659,17.6543,...
    16.6386,17.1071,16.5373,14.643,15.0862,16.8058,14.7641,...
    15.4976,14.679,16.6552,16.6301]';
t1=arx([y,u],[4,4,1]) %直接辨识系统模型
```

这样就可以得出辨识模型结果为

```
Discrete-time IDPOLY model: A(q)y(t) = B(q)u(t) + e(t)
A(q) = 1 - q^-1 + 0.25 q^-2 + 0.25 q^-3 - 0.125 q^-4
B(q) = 4.83e-008 q^-1 + 6 q^-2 - 0.5999 q^-3 - 0.1196 q^-4
Fit to estimation data: 100% (prediction focus)
FPE: 1.182e-09, MSE: 7.093e-10
Sample time: 1
```

由显示的参数可知系统模型为

$$G\left(z^{-1}\right)=\frac{4.83\times 10^{-8}+6z^{-1}-0.5999z^{-2}-0.1196z^{-3}}{1-z^{-1}+0.25z^{-2}+0.25z^{-3}-0.125z^{-4}}z^{-1}$$

亦即

$$H(z)=\frac{4.83\times10^{-8}z^3+6z^2-0.5999z-0.1196}{z^4-z^3+0.25z^2+0.25z-0.125}$$

辨识结果中还显示了 MSE(均方差)为 7.093×10^{-10}，可见该误差较小。此外，由于辨识语句中并未提供采样周期信息，所以结果中的采样周期数值是不确切的。系统采样周期需要用表 4-1 中给出的时间信息来确定。比较正规的辨识方法是，用 `iddata()` 函数处理辨识用数据，再用 `tf()` 函数提取系统的传递函数模型。

```
>> U=iddata(y,u,0.1); T=arx(U,[4,4,1]); G=tf(T)
```

可以得出系统的传递函数模型为

$$G(z)=\frac{4.83\times10^{-8}z^{-1}+6z^{-2}-0.5999z^{-3}-0.1196z^{-4}}{1-z^{-1}+0.25z^{-2}+0.25z^{-3}-0.125z^{-4}}$$

其实，若不直接使用系统辨识工具箱中的 `arx()` 函数，也可以立即用式(4-6-4)和式(4-6-6)，由底层命令直接辨识系统的模型参数。

```
>> Phi=[[0;y(1:end-1)] [0;0;y(1:end-2)],...
        [0;0;0; y(1:end-3)] [0;0;0;0;y(1:end-4)],...
        [0;u(1:end-1)] [0;0;u(1:end-2)],...
        [0;0;0; u(1:end-3)] [0;0;0;0;u(1:end-4)]]; %建立Φ
   T=Phi\y; T' %辨识出结果，其中Φ\y即可求出最小二乘解
```

得出的辨识参数向量为 $\boldsymbol{T}^{\mathrm{T}}=[1,-0.25,-0.25,0.125,0,6,-0.5999,-0.1196]$。下面语句可以重建起传递函数模型。

```
>> Gd=tf(ans(5:8),[1,-ans(1:4)],'Ts',0.1) %重建传递函数模型
```

辨识的离散传递函数模型为

$$G(z)=\frac{-5.824\times10^{-7}z^3+6z^2-0.5999z-0.1196}{z^4-z^3+0.25z^2+0.25z-0.125}$$

用 $\boldsymbol{u}$ 信号去激励辨识出的传递函数模型，由控制系统工具箱中的 `lsim()` 函数可以直接绘制出时域响应曲线(该函数后面将专门介绍)。还可以将原始输出数据叠印在该图上，如图 4-25 所示。可见，得出的辨识模型很接近原始数据。

```
>> t=0:0.1:4.7; lsim(G,u,t); hold on; plot(t,y,'o'), hold off
```

4.6.2 系统辨识的图形用户界面

系统辨识工具箱还提供了一个程序界面 System Identification Tool，可以用可视化的方式进行离散模型的辨识。给出 `systemIdentification` 命令，则将给出一个如图 4-26 所示的程序界面，利用这个界面用户可以输入辨识数据、选择阶次并辨识出系统的模型，读者可以自行尝试这个界面解决系统辨识的简单问题。

4.6.3 辨识模型的阶次选择

从前面介绍的辨识函数可以看出，若给出了系统的阶次，则可以得出系统的辨识模型。但如何较好地选择一个合适的模型阶次呢？AIC 准则(Akaike's informa-

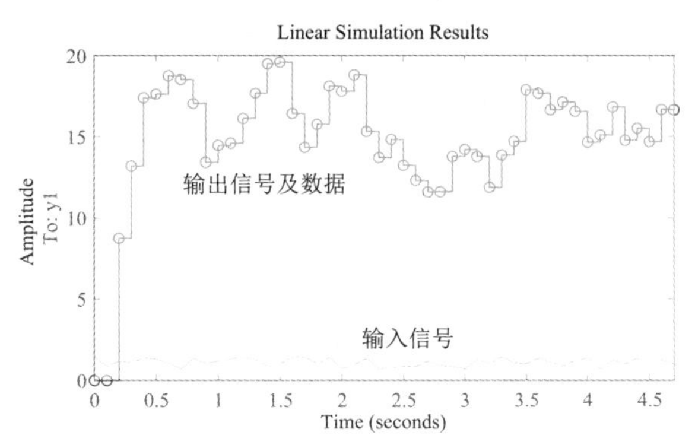

图 4-25　系统辨识模型的拟合效果

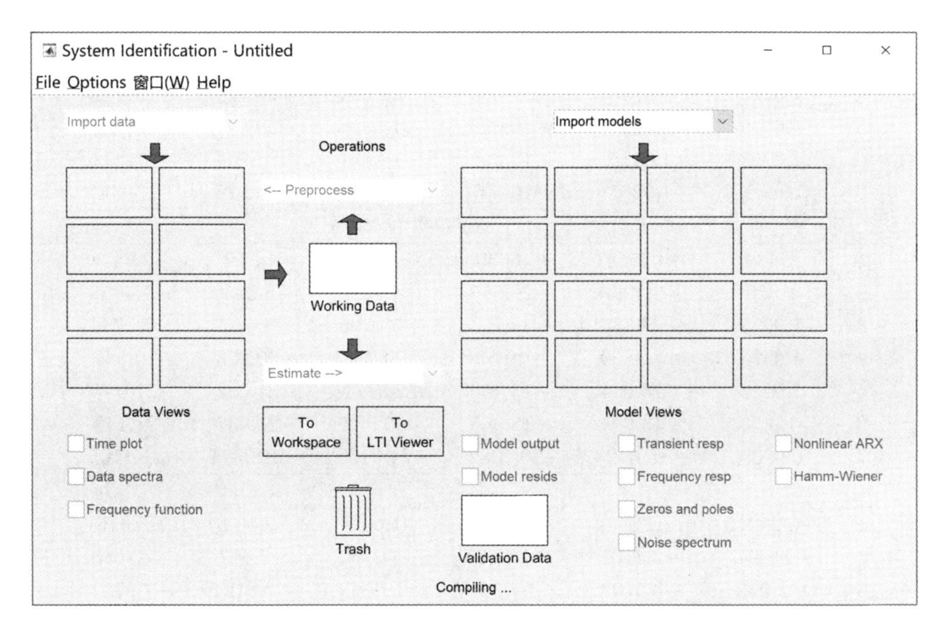

图 4-26　系统辨识程序界面

tion criterion）是一种实用的判定模型阶次的准则，其定义为[18,19]

$$\mathrm{AIC}=\lg\left\{\det\left[\frac{1}{M}\sum_{i=1}^{M}\boldsymbol{\varepsilon}(i,\boldsymbol{\theta})\boldsymbol{\varepsilon}^{\mathrm{T}}(i,\boldsymbol{\theta})\right]\right\}+\frac{k}{M} \tag{4-6-7}$$

其中 M 为实测数据的组数，$\boldsymbol{\theta}$ 为待辨识参数向量，k 为需要辨识的参数个数。可以用 MATLAB 函数 `v=aic(H)` 计算辨识模型 H 的 AIC 准则的值 v，其中 H 是由 `arx()` 函数直接得出的 `idpoly` 对象。若计算出的 AIC 较小，例如小于 -20，则该误差可能对应于损失函数的 10^{-10} 级别，则这时 n、m、d 的组合可以看成是系统合适的阶次。

例 4-47　再考虑例 4-46 中的系统辨识问题，试选择合适的辨识阶次。

解　由表 4-1 中给出的实际数据可见，在输入信号作用下，输出在第 3 步就可以得出非零的值,所以延迟的值d不应该超过2。这样,只需探讨$d=0,1,2$三种情况,而在每一种情况下,可以用循环语句尝试不同的阶次组合,计算AIC值,得出表4-2。

```
>> U=iddata(y,u,0.1);
   for n=1:7, for m=1:7, for d=0:2
      T=arx(U,[n,m,d]); TAic(n,m,d+1)=aic(T);
   end, end, end
```

表4-2　不同阶次组合下的AIC准则值

n	$m=1$	2	3	4	5	6	7
				延迟步数为$d=0$			
1	1.3487	1.3738	−0.23458	−0.63291	−1.0077	−1.5346	−2.61
2	1.2382	1.1949	−2.0995	−2.3513	−4.9058	−5.2429	−7.4246
3	1.0427	1.0427	−2.8743	−3.4523	−5.4678	−5.6186	−7.7328
4	1.0223	1.0345	−7.8505	−10.504	−20.729	−20.942	−20.946
5	1.0079	1.0287	−10.025	−13.396	−20.941	−20.982	−21.002
6	1.0293	1.0575	−13.658	−18.931	−20.944	−21.002	−21.125
7	0.98503	1.0261	−16.607	−20.701	−20.976	−20.996	−21.088
				延迟步数为$d=1$			
1	1.484	−0.25541	−0.66303	−1.0494	−1.57	−2.6414	−3.4085
2	1.346	−2.1263	−2.3685	−4.9326	−5.2359	−7.4658	−7.6678
3	1.0658	−2.8886	−3.4758	−5.4795	−5.6407	−7.7744	−7.9316
4	1.0329	−7.8839	−10.53	−20.733	−20.973	−20.984	−20.9737
5	1.0043	−10.034	−13.406	−20.971	−21.002	−21.037	−21.0356
6	1.023	−13.694	−18.965	−20.982	−21.037	−21.148	−21.1105
7	0.9909	−16.6423	−20.7387	−21.0160	−21.0324	−21.1105	−21.1115
				延迟步数为$d=2$			
1	−0.29215	−0.70464	−1.0849	−1.6057	−2.6827	−3.415	−3.5863
2	−2.1672	−2.4101	−4.9737	−5.2763	−7.477	−7.7083	−10.2034
3	−2.929	−3.5109	−5.5163	−5.6663	−7.8124	−7.9722	−10.5894
4	−7.9075	−10.57	−20.775	−21.013	−21.026	−21.015	−20.9850
5	−10.07	−13.438	−21.011	−21.036	−21.079	−21.077	−21.0617
6	−13.71	−18.991	−21.023	−21.078	−21.184	−21.149	−21.1646
7	−16.6792	−20.7794	−21.0574	−21.0736	−21.1488	−21.1444	−21.1393

观察表中的数值可以看出,在阴影区域外,不同的阶次组合AIC值变化迅速,表示阶次组合选择不当,加入阴影区域之后,AIC值变化平缓,选择哪个阶次AIC值都差不多,所以可以考虑尽量选择低阶组合,即$(4,5,0)$,$(4,4,1)$和$(4,3,2)$,它们分别对应的模型为

$$H_{4,5,0}(z)=\frac{-2.114\times10^{-5}z^4+3.09\times10^{-6}z^3+6z^2-0.5999z-0.1196}{z^4-z^3+0.25z^2+0.25z-0.125}$$

$$H_{4,4,1}(z)=\frac{4.83\times10^{-8}z^3+6z^2-0.5999z-0.1196}{z^4-z^3+0.25z^2+0.25z-0.125}$$

$$H_{4,3,2}(z)=\frac{6z^2-0.5999z-0.1196}{z^4-z^3+0.25z^2+0.25z-0.125}$$

可见，删除掉系数微小的项，这三个传递函数是完全一致的。

若选择 $(5,5,0)$ 阶次组合，则可以得出如下辨识模型：

$$H_{5,5,0}(z)=\frac{-1.074\times10^{-5}z^5-2.343\times10^{-6}z^4+6z^3-0.6166z^2-0.1182z}{z^5-1.003z^4+0.2528z^3+0.2492z^2-0.1256z+0.0003231}$$

从得出的结果看，分母上相当于加了一个很小的常数项0.0003231。如果认为该项为0，则可以与分子的 z 项对消，得出的结果与 $H_{4,5,0}(z)$ 差不多，所以在实际辨识中没必要选择一个更高的阶次。事实上，$H_{5,5,0}(z)$ 的AIC值和 $H_{4,5,0}(z)$ 相比没有显著改善，反而因为这个小常数项的引入给其他系数带来误差，所以应该在实际应用中选择一个相对较低的阶次组合。一般情况下，建议选择表中阴影区域角上的阶次组合。

4.6.4 离散系统辨识信号的生成

伪随机二进制序列（pseudo-random binary sequence，PRBS，又称M-序列）信号是用于线性系统辨识的很重要的一类信号，该信号可以通过系统辨识工具箱中的辨识信号生成函数 `u=idinput(k,'prbs')` 生成，其中序列长度应该选作 $k=2^m-1$，m 为整数。本节通过例子演示PRBS信号的生成及其在系统辨识中的应用。

例4-48 试生成一组63个点的PRBS数据，并分析其相关性。

解 可以通过如下的命令直接产生，并绘制出自相关函数。

```
>> u=idinput(63,'PRBS'); t=[0:.1:6.2]'; %产生PRBS序列
   stairs(u), axis([0,63,-1.1 1.1])       %PRBS曲线
   figure; crosscorr(u,u)                  %绘制自相关函数
```

得出的输入信号如图4-27(a)所示。MATLAB提供的 `crosscorr(x,y)` 函数能够自动绘制出 $\boldsymbol{x}$，$\boldsymbol{y}$ 向量的互相关函数曲线，而 `crosscorr(x,x)` 则可以绘制出 $\boldsymbol{x}$ 向量的自相关函数。得出的PRBS序列的自相关函数如图4-27(b)所示，可见，基本上可以认为该信号是独立信号。

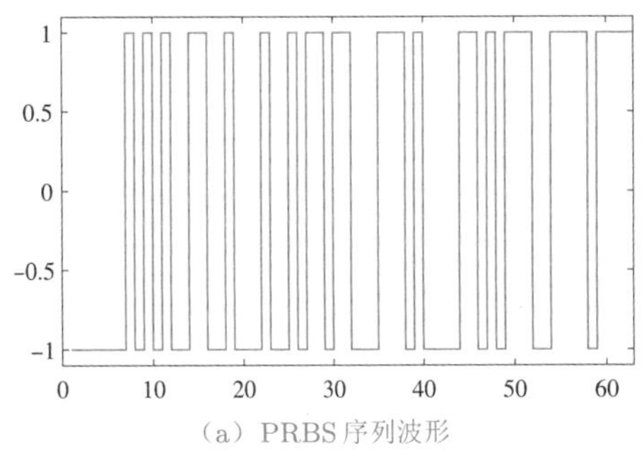

（a）PRBS序列波形

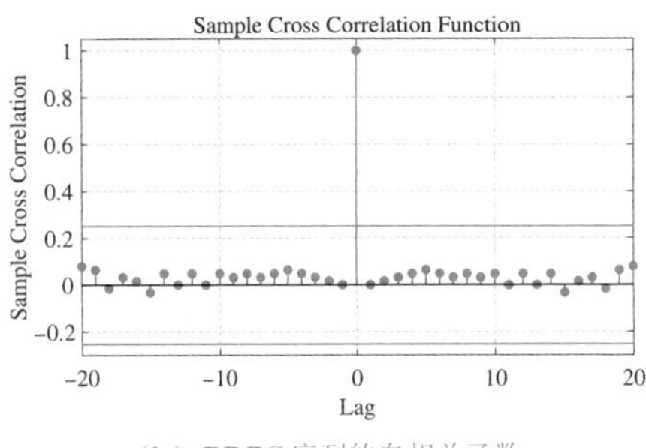

（b）PRBS序列的自相关函数

图4-27 PRBS序列及特性

利用长度为31的PRBS输入信号激励系统则可以计算出系统的输出信号，再由这样的输入输出数据反过来直接辨识出系统的离散传递函数模型。

```
>> num=[6 -0.6 -0.12]; den=[1 -1 0.25 0.25 -0.125];
   G=tf(num,den,'Ts',0.1); u=idinput(31,'PRBS'); t=[0:.1:3]';
   y=0.0001*fix(10000*lsim(G,u,t)); %保留小数点后四位数
   T1=arx([y,u],[4 4 1])            %辨识系统模型
```

辨识出的系统模型为

$$G(z)=\frac{-4.611\times10^{-7}z^3+6z^2-0.6001z-0.12}{z^4-z^3+0.25z^2+0.25z-0.125}$$

可以看出,这样得出的系统传递函数模型更接近于原始系统的模型。从这个例子可以看出,虽然采用的输入、输出组数比例4-46中少,但辨识的精度却大大高于该例中的结果,这就是选择了PRBS信号作为辨识输入信号的缘故。

4.6.5 连续系统的辨识

连续系统辨识也存在各种各样的算法。例如Levy提出的基于频域响应拟合的辨识方法(MATLAB函数`invfreqs()`)[20],但由于频域响应拟合的非唯一性,有时辨识结果不是很理想,甚至不稳定[21],所以可以采用间接的方法:首先辨识出离散传递函数模型,然后用连续化的方法再转化成所需的连续系统传递函数模型。

1. 时域响应数据的辨识

如果已知系统的输入、输出数据,则可以考虑由前面介绍的最小二乘法辨识出系统的离散模型,再采用离散系统连续化方法即可辨识出系统的连续模型。下面通过例子演示辨识方法并介绍输入用信号的选择。

例4-49 假设系统的传递函数模型如下,假设系统的采样周期为$T=0.1\,\mathrm{s}$,试用正弦信号激励系统,并由输入输出数据辨识模型。

$$G(s)=\frac{s^3+7s^2+11s+5}{s^4+7s^3+21s^2+37s+30}$$

解 先生成一组正弦信号并由该信号激励系统,得出输出信号,然后辨识4阶系统的离散模型,再通过连续化得出系统的连续模型。

```
>> G=tf([1,7,11,5],[1,7,21,37,30]);      %原始系统模型
   t=[0:.1:8]'; u=sin(t);                %生成正弦输入信号
   y=lsim(G,u,t);                        %计算系统输出信号
   U=arx([y u],[4 4 0]);                 %辨识离散系统传递函数模型
   G1=tf(U); G1.Ts=0.1; G2=d2c(G1)       %连续化
```

这样可以辨识出系统的模型如下,可见,该结果是错误的。

$$G(s)=\frac{0.01706s^3-0.08085s^2+9.901s-2.577}{s^4+7s^3+21s^2+37s+30}$$

采用正弦信号激励系统进行辨识失败的原因在于,正弦信号是单一频率的信号,所以,正弦信号不适合作为激励信号,阶跃信号也不适合;PRBS信号的频率信息丰富,该信号或其他频率信息丰富的信号可以用于实际的系统辨识任务。

例4-50 试用PRBS信号激励例4-49系统模型，并重新辨识系统。

解 可以用下面的语句生成PRBS信号并计算输出，再辨识离散模型，最后转换成所需的连续模型。

```
>> G=tf([1,7,11,5],[1,7,21,37,30]);     %原始系统模型
   t=[0:.2:6]'; u=idinput(31,'PRBS'); y=lsim(G,u,t);
   U=arx([y u],[4 4 1]); G1=tf(U); G1.Ts=0.2; G2=d2c(G1)
```

这样可以精确地辨识出系统的传递函数模型。从这个例子可以看出，PRBS信号在线性系统辨识中还是很重要的。

2. 由频域响应数据辨识模型

如果已知系统的频域响应数据，则可以使用函数 `invfreqs()` 辨识连续系统的传递函数模型。这里将通过例子演示基于频域数据辨识连续模型的方法。

例4-51 试由例4-49系统模型的频域响应数据直接辨识出系统模型。

解 下面的语句可以生成系统的频域响应数据，再直接由频域响应数据辨识出连续模型，得出的结果与原始传递函数模型完全一致。

```
>> G=tf([1,7,11,5],[1,7,21,37,30]);
   w=logspace(-2,2); H=frd(G,w); h=H.ResponseData;
   [n,d]=invfreqs(h(:),w,4,4); Gd=tf(n,d)
```

4.6.6 多变量离散系统的辨识

系统辨识工具箱函数 `arx()` 可以用于多变量系统的辨识，在辨识工具箱中，p 路输入，q 路输出的多变量系统的数学模型可以由差分方程描述。

$$\boldsymbol{A}(z^{-1})\boldsymbol{y}(t)=\boldsymbol{B}(z^{-1})\boldsymbol{u}(t-\boldsymbol{d})+\boldsymbol{\varepsilon}(t) \tag{4-6-8}$$

其中，$\boldsymbol{d}$ 为各个延迟构成的矩阵，$\boldsymbol{A}(z^{-1})$ 和 $\boldsymbol{B}(z^{-1})$ 均为 $p\times q$ 多项式矩阵，且

$$\begin{cases}\boldsymbol{A}(z^{-1})=\boldsymbol{I}_{p\times q}+\boldsymbol{A}_1z^{-1}+\cdots+\boldsymbol{A}_{n_\mathrm{a}}z^{-n_\mathrm{a}}\\ \boldsymbol{B}(z^{-1})=\boldsymbol{I}_{p\times q}+\boldsymbol{B}_1z^{-1}+\cdots+\boldsymbol{B}_{n_\mathrm{b}}z^{-n_\mathrm{b}}\end{cases} \tag{4-6-9}$$

使用 `arx()` 函数可以直接辨识出系统的 $\boldsymbol{A}_i$ 和 $\boldsymbol{B}_i$ 矩阵，最终可以通过 `tf()` 函数来提取系统的传递函数矩阵。

例4-52 假设系统的传递函数矩阵为

$$\boldsymbol{G}(z)=\begin{bmatrix}\dfrac{0.5234z-0.1235}{z^2+0.8864z+0.4352} & \dfrac{3z+0.69}{z^2+1.084z+0.3974}\\ \dfrac{1.2z-0.54}{z^2+1.764z+0.9804} & \dfrac{3.4z-1.469}{z^2+0.24z+0.2848}\end{bmatrix}$$

试生成时域响应数据，并由数据辨识出多变量系统的传递函数矩阵模型。

解 对两个输入分别使用PRBS信号，则可以得出系统的响应数据。

```
>> u1=idinput(31,'PRBS'); t=0:.1:3;
   u2=u1(end:-1:1); %u2为u1的逆序序列,仍为PRBS
   g11=tf([0.5234, -0.1235],[1, 0.8864, 0.4352],'Ts',0.1);
   g12=tf([3, 0.69],[1, 1.084, 0.3974],'Ts',0.1);
   g21=tf([1.2, -0.54],[1, 1.764, 0.9804],'Ts',0.1);
   g22=tf([3.4, 1.469],[1, 0.24, 0.2848],'Ts',0.1);
   G=[g11, g12; g21, g22]; y=lsim(G,[u1 u2],t);
   na=4*ones(2); nb=na; nc=ones(2);  %这里的4是试凑得出的
   U=iddata(y,[u1,u2],0.1); T=arx(U,[na nb nc]) %辨识系统
```

得出的损失函数为1.80142×10^{-55},且FPE的值为-1.13489×10^{-53}。辨识出来的结果是系统的多变量差分方程,所以需要对之进行转换,变换成所需要的传递函数矩阵。以第一输入对第一输出为例,介绍子传递函数$g_{11}(z)$的提取:

```
>> H=tf(T); g11=H(1,1) %提取第一传递函数
```

得出

$$g_{11}(z)=\frac{0.523z^7+1.493z^6+1.847z^5+1.235z^4+0.5z^3+0.096z^2-0.016z-0.014}{z^8+3.974z^7+7.431z^6+8.483z^5+6.585z^4+3.611z^3+1.401z^2+0.358z+0.048}$$

从得出的传递函数看,这是一个高阶传递函数,可以尝试对其进行最小实现化简,这样就可以得出接近的原系统的子传递函数。

```
>> G11=minreal(g11) %求出辨识模型的最小实现形式
```

可见,这里给出的辨识命令是可以使用的。用类似的方法还可以提取出其他的子传递函数,从而辨识出整个系统的传递函数矩阵。

由于状态方程的不唯一性,单从系统的实测输入输出信号直接辨识状态方程是很不实际的方法,因为和传递函数相比,状态方程的冗余参数太多,所以最好先辨识出传递函数模型,再进行适当的转换,获得系统的状态方程模型。

4.7 习题

(1) 请将下面的传递函数模型输入到MATLAB环境。

① $G(s)=\dfrac{s^2+5s+6}{[(s+1)^2+1](s+2)(s+4)}$

② $H(z)=\dfrac{5(z-0.2)^2}{z(z-0.4)(z-1)(z-0.9)+0.6}$, $T=0.1\,\mathrm{s}$

(2) 假设描述系统的常微分方程为

① $y^{(3)}(t)+10\ddot{y}(t)+32\dot{y}(t)+32y(t)=6u^{(3)}(t)+4\ddot{u}(t)+2u(t)+2\dot{u}(t)$

② $y^{(3)}(t)+10\ddot{y}(t)+32\dot{y}(t)+32y(t)=6u^{(3)}(t-4)+4\ddot{u}(t-4)+2u(t-4)+2\dot{u}(t-4)$

试用MATLAB语言表示该方程的数学模型。该模型的零极点模型如何求取?由微分方程模型能否直接写出系统的传递函数模型?

(3) 假设线性系统由下面的常微分方程给出

$$\begin{cases} \dot{x}_1(t) = -x_1(t) + x_2(t) \\ \dot{x}_2(t) = -x_2(t) - 3x_3(t) + u_1(t) \\ \dot{x}_3(t) = -x_1(t) - 5x_2(t) - 3x_3(t) + u_2(t) \end{cases}$$

且 $y = -x_2(t) + u_1(t) - 5u_2(t)$，式中有两个输入信号 $u_1(t)$ 与 $u_2(t)$，请在MATLAB工作空间中表示这个双输入系统模型，并由得出的状态方程模型求出等效的传递函数模型，并观察其传递函数的形式。

(4) 试将下面的差分方程模型输入到MATLAB工作空间，采样周期为 $T = 0.1\,\mathrm{s}$。

① $y(k+2) + 1.4y(k+1) + 0.16y(k) = u(k-1) + 2u(k-2)$

② $y(k-2) + 1.4y(k-1) + 0.16y(k) = u(k-1) + 2u(k-2)$

(5) 请将下面的零极点模型输入到MATLAB环境。

① $G(s) = \dfrac{8(s+1-\mathrm{j})(s+1+\mathrm{j})}{s^2(s+5)(s+6)(s^2+1)}$

② $H(z^{-1}) = \dfrac{(z^{-1}+3.2)(z^{-1}+2.6)}{z^{-5}(z^{-1}-8.2)}$，$T = 0.05\,\mathrm{s}$

(6) 求出下面状态方程模型的等效传递函数模型，并求出此模型的零极点。

$$\dot{\boldsymbol{x}}(t) = \begin{bmatrix} 1 & 2 & 3 \\ 4 & 5 & 6 \\ 7 & 8 & 0 \end{bmatrix} \boldsymbol{x}(t) + \begin{bmatrix} 4 \\ 3 \\ 2 \end{bmatrix} u, y = [1, 2, 3]\boldsymbol{x}(t)$$

(7) 从下面给出的典型反馈控制系统结构子模型中，求出总系统的状态方程与传递函数模型，并得出各个模型的零极点模型表示，其中离散模型的采样周期为 $T = 0.1\,\mathrm{s}$。

① $G(s) = \dfrac{211.87s + 317.64}{(s+20)(s+94.34)(s+0.17)}$，$G_{\mathrm{c}}(s) = \dfrac{169.6s+400}{s(s+4)}$，$H(s) = \dfrac{1}{0.01s+1}$

② $G(z^{-1}) = \dfrac{35786.7z^{-1} + 108444}{(z^{-1}+4)(z^{-1}+20)(z^{-1}+74)}$

$G_{\mathrm{c}}(z^{-1}) = \dfrac{1}{z^{-1}-1}$，$H(z^{-1}) = \dfrac{1}{0.5z^{-1}-1}$

(8) 试推导出典型反馈系统的闭环传递函数模型。

$$G(s) = \frac{K_{\mathrm{m}}J}{Js^2 + Bs + K_{\mathrm{r}}},\quad G_{\mathrm{c}}(s) = \frac{L_{\mathrm{q}}}{L_{\mathrm{q}}s + R_{\mathrm{q}}},\quad H(s) = sK_{\mathrm{v}}$$

(9) 假设系统的对象模型为 $G(s) = 10/(s+1)^3$，并定义一个PID控制器

$$G_{\mathrm{PID}}(s) = 0.48\left(1 + \frac{1}{1.814s} + \frac{0.4353s}{1 + 0.04353s}\right)$$

这个控制器与对象模型进行串联连接，假定整个闭环系统是由单位负反馈构成的，请求出闭环系统的传递函数模型，并求出该模型的各种状态方程的标准型实现和零极点模型。

(10) 若已知受控对象 $G(s)$ 与控制器 $G_c(s)$ 的传递函数如下,试得出单位负反馈结构下的闭环模型。

$$G(s)=\frac{1+\dfrac{3\mathrm{e}^{-2s}}{s^2+4s+2}}{s^2+3s+2},\ G_c(s)=1.53+\frac{0.396}{s}+0.248s$$

(11) 考虑习题(10)给出的受控对象与控制器模型,试用符号运算的方法推导出闭环传递函数模型,并观察可否得出传递函数的有理形式。

(12) 双输入双输出系统的状态方程表示为

$$\dot{\boldsymbol{x}}(t)=\begin{bmatrix}2.25&-5&-1.25&-0.5\\2.25&-4.25&-1.25&-0.25\\0.25&-0.5&-1.25&-1\\1.25&-1.75&-0.25&-0.75\end{bmatrix}\boldsymbol{x}(t)+\begin{bmatrix}4&6\\2&4\\2&2\\0&2\end{bmatrix}\boldsymbol{u}(t),\quad \boldsymbol{y}(t)=\begin{bmatrix}0&0&0&1\\0&2&0&2\end{bmatrix}\boldsymbol{x}(t)$$

试将该模型输入到 MATLAB 空间,并得出该模型相应的传递函数矩阵。若选择采样周期为 $T=0.1\mathrm{s}$,求出离散化后的状态方程模型和传递函数矩阵模型。对该模型进行连续化变换,测试一下能否变换回原来的模型。

(13) 假设多变量系统和控制器如下给出。

$$\boldsymbol{G}(s)=\begin{bmatrix}-\dfrac{0.252}{(1+3.3s)^3(1+1800s)}&\dfrac{0.43}{(1+12s)(1+1800s)}\\-\dfrac{0.0435}{(1+25.3s)^3(1+360s)}&\dfrac{0.097}{(1+12s)(1+360s)}\end{bmatrix},\ \boldsymbol{G}_c(s)=\begin{bmatrix}-10&77.5\\0&50\end{bmatrix}$$

试求出单位负反馈下闭环系统的传递函数矩阵模型,并得出相应的状态方程模型。

(14) 考虑下面给出的多变量受控对象模型与前置解耦控制器模型。

$$\boldsymbol{G}(s)=\begin{bmatrix}-\dfrac{0.2\mathrm{e}^{-s}}{7s+1}&\dfrac{1.3\mathrm{e}^{-0.3s}}{7s+1}\\-\dfrac{2.8\mathrm{e}^{-1.8s}}{9.5s+1}&\dfrac{4.3\mathrm{e}^{-0.35s}}{9.2s+1}\end{bmatrix},\ \boldsymbol{Q}(s)=\begin{bmatrix}1&6.5\\\dfrac{2.8(9.2s+1)\mathrm{e}^{-1.45s}}{4.3(9.5s+1)}&\mathrm{e}^{-0.7s}\end{bmatrix}$$

如果为其设计的多变量 PID 控制器模型为 [22]

$$\boldsymbol{G}_c(s)=\begin{bmatrix}0.2612+\dfrac{0.1339}{s}-1.8748s&-0.0767-\dfrac{0.0322}{s}+0.7804s\\0.1540+\dfrac{0.0872}{s}-1.1404s&-0.0072-\dfrac{0.0050}{s}+0.1264s\end{bmatrix}$$

且系统为单位负反馈结构,试求出输入到输出信号之间的总 LTI 模型。

(15) 已知系统的方框图如图 4-28 所示,试推导出从输入信号 $r(t)$ 到输出信号 $y(t)$ 的总系统模型。

(16) 已知系统的方框图如图 4-29 所示,试推导出从输入信号 $r(t)$ 到输出信号 $y(t)$ 的总系统模型。

(17) 某双闭环直流电机控制系统如图 4-30 所示,请按照结构图化简的方式求出系统的总模型,并得出相应的状态方程模型。如果先将各个子传递函数转换成状态方程模型,再进行上述化简,得出系统的状态方程模型与上述的结果一致吗?

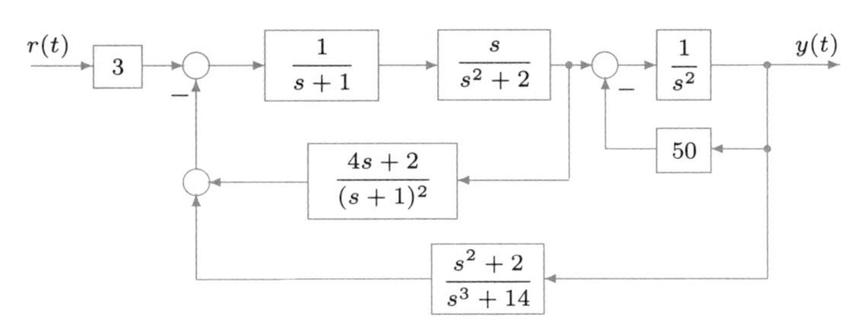

图 4-28　习题(15)系统结构图

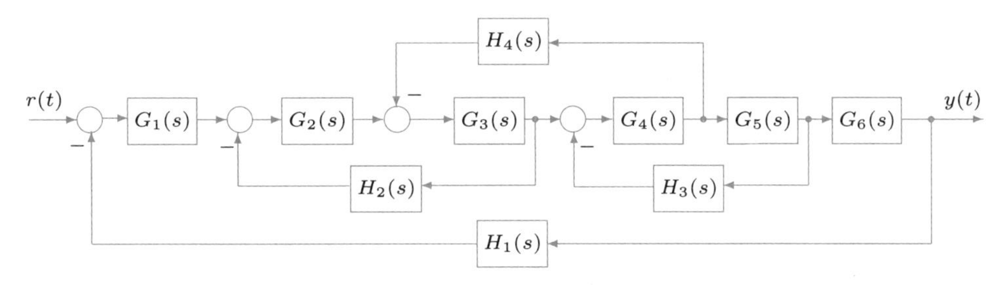

图 4-29　习题(16)系统结构图

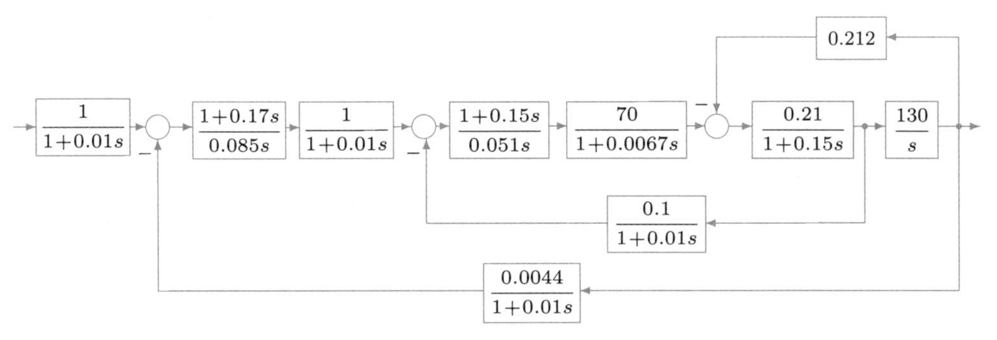

图 4-30　习题(17)直流电机拖动系统的结构图

(18) 假设系统的受控对象模型与控制器模型如下

$$G(s)=\frac{12}{s(s+1)^3}\mathrm{e}^{-2s},\quad G_{\mathrm{c}}(s)=\frac{2s+3}{s}$$

并假设系统是单位负反馈结构，用数学方法或用MATLAB语言能否精确求出闭环系统的传递函数模型？

(19) 已知传递函数模型为

$$G(s)=\frac{(s+1)^2(s^2+2s+400)}{(s+5)^2(s^2+3s+100)(s^2+3s+2500)}$$

对不同采样周期$T=0.01\,\mathrm{s}$, $0.1\,\mathrm{s}$和$1\,\mathrm{s}$对之进行离散化，比较原系统的阶跃响应与各离散化模型的阶跃响应曲线。提示：后面将介绍，如果已知LTI模型G和G_1，则用`step`(G,G_1)即在同一坐标系下绘制出它们的阶跃响应曲线，以便比较。

(20) 假定系统的状态方程模型由下面给出，请检验是否这些模型是最小实现，如果不是最小实现，则从传递函数的角度解释为什么该模型不是最小实现。

① $\dot{\boldsymbol{x}}(t)=\begin{bmatrix}-9 & -26 & -24 & 0\\ 1 & 0 & 0 & 0\\ 0 & 1 & 0 & 0\\ 0 & 1 & 1 & -1\end{bmatrix}\boldsymbol{x}(t)+\begin{bmatrix}1\\0\\0\\0\end{bmatrix}u(t),\quad y=[0,1,1,2]\boldsymbol{x}(t)$

② $G(s)=\dfrac{2s^2+18s+16}{s^4+10s^3+35s^2+50s+24}$

(21) 已知下列各个高阶系统传递函数模型,试求出能较好近似该模型性能的降阶模型。对某些效果不是很好的模型可以采用带有延迟的降阶逼近方法。

① $G(s)=\dfrac{10+3s+13s^2+3s^2}{1+s+2s^2+1.5s^3+0.5s^4}$

② $G(s)=\dfrac{10s^3-60s^2+110s+60}{s^4+17s^2+82s^2+130s+100}$

③ $G(s)=\dfrac{1+0.4s}{1+2.283s+1.875s^2+0.7803s^3+0.125s^4+0.0083s^5}$

(22) 已知某受控对象模型为

$$G(s)=\frac{1}{(s+1)(0.2s+1)(0.04s+1)(0.008s+1)}$$

试用一阶带有时间延迟的模型 $G_{\mathrm{r}}(s)=k\mathrm{e}^{-Ls}/(Ts+1)$ 去逼近它。

(23) 已知一个离散时间系统的输入输出数据由表 4-3 给出，用最小二乘法辨识出系统的离散传递函数模型。

表 4-3 习题(23)实测数据

i	u_i	y_i	i	u_i	y_i	i	u_i	y_i
1	0.9103	0	9	0.9910	54.5252	17	0.6316	62.1589
2	0.7622	18.4984	10	0.3653	65.9972	18	0.8847	63.0000
3	0.2625	31.4285	11	0.2470	62.9181	19	0.2727	68.6356
4	0.0475	32.3228	12	0.9826	57.5592	20	0.4364	60.8267
5	0.7361	28.5690	13	0.7227	67.6080	21	0.7665	57.1745
6	0.3282	39.1704	14	0.7534	70.7397	22	0.4777	60.5321
7	0.6326	39.8825	15	0.6515	73.7718	23	0.2378	57.3803
8	0.7564	46.4963	16	0.0727	74.0165	24	0.2749	49.6011

参考文献

[1] Munro N. Multivariable control 1: the inverse Nyquist array design method[C]// Lecture notes of SERC vacation school on control system design. UMIST, Manchester, 1989.

[2] 孙增圻，袁曾任. 控制系统的计算机辅助设计[M]. 北京：清华大学出版社，1988.

[3] 薛定宇，陈阳泉. 基于MATLAB/Simulink的系统仿真技术与应用[M]. 北京：清华大学出版社，2002.

[4] Brosilow C，Joseph B. Techniques of model-based control[M]. Englewood Cliffs：Prentice Hall，2002.

[5] Maciejowski J M. Multivariable feedback design[M]. Wokingham：Addison-Wesley，1989.

[6] 陈怀琛. MATLAB及在电子信息课程中的应用[M]. 北京：电子工业出版社，2002.

[7] 薛定宇. 薛定宇教授大讲堂（卷Ⅲ）：MATLAB线性代数运算[M]. 北京：清华大学出版社，2019.

[8] Davison E J. A method for simplifying linear dynamic systems[J]. IEEE Transaction on Automatic Control，1966，AC-11（1）：93–101.

[9] Chen C F，Shieh L S. A novel approach to linear model simplification[J]. International Journal of Control，1968，8（6）：561–570.

[10] Bultheel A，van Barel M. Padé techniques for model reduction in linear system theory: a survey[J]. Journal of Computational and Applied Mathematics，1986，14（3）：401–438.

[11] Hutton M F，Friedland B. Routh approximations for reducing order of linear，time-invariant systems[J]. IEEE Transactions on Automatic Control，1975，AC-20（3）：329–337.

[12] Shamash Y. Linear system reduction using Padé approximation to allow retention of dominant modes[J]. International Journal of Control，1975，21（2）：257–272.

[13] Lucas T N. Some further observations on the differentiation method of modal reduction[J]. IEEE Transaction on Automatic Control，1992，AC-37（9）：1389–1391.

[14] Xue D，Atherton D P. A suboptimal reduction algorithm for linear systems with a time delay[J]. International Journal of Control，1994，60（2）：181–196.

[15] Hu X H. FF-Padé method of model reduction in frequency domain[J]. IEEE Transaction on Automatic Control，1987，AC-32（3）：243–246.

[16] Gruca A，Bertrand P. Approximation of high-order systems by low-order models with delays[J]. International Journal of Control，1978，28（6）：953–965.

[17] Glover K. All optimal Hankel-norm approximations of linear multivariable systems and their L^∞-error bounds[J]. International Journal of Control，1984，39（6）：1115–1193.

[18] Akaike H. A new look at the statistical model identification[J]. IEEE Transactions on Automatic Control，1974，AC-19（6）：716–723.

[19] Ljung L. System identification — theory for the user[M]. 2nd ed. Upper Saddle River：PTR Prentice Hall，1999.

[20] Levy E C. Complex-curve fitting[J]. IRE Transaction on Automatic Control，1959，AC-4（1）：37–44.

[21] 薛定宇. 控制系统仿真与计算机辅助设计[M]. 北京：机械工业出版社，2005.

[22] Wang Q G，Ye Z，Cai W J，Hang C C. PID control for multivariable processes[M]. Berlin：Springer，2008.

第5章 线性控制系统的计算机辅助分析

若建立起了系统的数学模型，就可以对系统的性质进行分析。对线性系统来说，最重要的性质是其稳定性，在控制理论发展初期，相关的理论成果都是有关系统稳定性的，人们受传统数学理论影响甚至误导，认为高阶系统对应的高阶代数方程不能求出所有特征根，故需通过间接方法判定系统的稳定性，于是出现了各种间接判定方法，如连续系统的Routh表、Hurwitz矩阵法，以及离散系统的Jury判据等。其实有了MATLAB这样的计算机语言，求解系统特征根是轻而易举的。本书中将介绍基于直接求解方法的控制系统稳定性判定方法。此外，状态方程模型的可控性和可观测性都是比较重要的指标，5.1节将对这些性质及相关内容介绍基于MATLAB语言及其控制系统工具箱的定性分析方法，并对系统的状态方程标准型实现及变换方法加以介绍，还将介绍鲁棒控制等领域经常使用的范数测度指标。5.2节介绍线性系统的时域解析分析方法，首先介绍基于传递函数部分分式展开的解析解分析方法，再介绍基于状态方程系统的自治化方法及解析解法。还将引入系统阶跃响应指标的定义与应用。5.3节将介绍连续、离散系统时域响应的数值解法，包括二阶系统的数值解法与物理解释，各种常见输入，如阶跃输入、冲激输入及任意给定输入下的系统时域响应分析的数值解法，并介绍用MATLAB语言及控制系统工具箱对线性系统进行时域分析的直接方法。5.4节将介绍连续与离散线性系统的根轨迹分析方法，并介绍利用交互方法对其关键的临界增益的求取方法与稳定性分析方法等。5.5节将介绍系统的频域分析方法，对单变量系统来说将介绍用MATLAB语言如何绘制系统的Bode图、Nyquist图及Nichols图等，介绍稳定性分析的间接方法，并进行幅值、相位裕度的分析。对多变量系统来说，可以用5.6节介绍的方法进行Nyquist阵列的分析方法与对角占优分析方法，介绍MATLAB的多变量频域设计工具箱的入门内容，并介绍多变量系统的奇异值分析。

通过本章的介绍,读者将能对已知的线性系统模型进行比较全面的分析,为后面介绍的系统设计打下较好的基础。

5.1 线性系统性质分析

在系统特性研究中,系统的稳定性是最重要的指标,如果系统稳定,则可以进一步分析系统的其他性能;如果系统不稳定,则该系统根本不能直接应用。首先需要引入控制器来使得系统稳定。这种使得系统稳定的方法又称为系统的镇定。本节首先介绍线性系统稳定性的直接判定方法;其次介绍系统的可控性和可观测性等系统性质的分析,并介绍其他的各种标准型实现;最后还将介绍系统的范数测度等指标。

5.1.1 线性系统稳定性的直接判定

前面已经介绍了,连续线性系统的数学描述包括系统的传递函数描述和状态方程描述。通过适当地选择状态变量,则可以容易地得出系统的状态方程模型,在MATLAB语言的控制系统工具箱中,直接调用`ss()`函数则能立即得出系统的状态方程实现,所以这里统一采用状态方程描述线性系统的模型。

考虑连续线性系统的状态方程模型。

$$\begin{cases} \dot{\boldsymbol{x}}(t) = \boldsymbol{A}\boldsymbol{x}(t) + \boldsymbol{B}\boldsymbol{u}(t) \\ \boldsymbol{y}(t) = \boldsymbol{C}\boldsymbol{x}(t) + \boldsymbol{D}\boldsymbol{u}(t) \end{cases} \tag{5-1-1}$$

在某给定信号$\boldsymbol{u}(t)$的激励下,其状态变量的解析解可以表示成

$$\boldsymbol{x}(t) = \mathrm{e}^{\boldsymbol{A}(t-t_0)}\boldsymbol{x}(t_0) + \int_{t_0}^{t} \mathrm{e}^{\boldsymbol{A}(t-\tau)}\boldsymbol{B}\boldsymbol{u}(\tau)\mathrm{d}\tau \tag{5-1-2}$$

可见,如果输入信号$\boldsymbol{u}(t)$为有界信号,若想使得系统的状态变量$\boldsymbol{x}(t)$有界,则要求系统的状态转移矩阵$\mathrm{e}^{\boldsymbol{A}t}$有界,亦即$\boldsymbol{A}$矩阵的所有特征根的实部均为负数。故而可以得出结论:连续线性系统稳定的前提条件是系统状态方程中$\boldsymbol{A}$矩阵的特征根均有负实部。由控制理论可知,系统$\boldsymbol{A}$的特征根和系统的极点是完全一致的,所以若能获得系统的极点,则可以立即判定给定线性系统的稳定性。

在控制理论发展初期,由于没有直接可用的计算机软件能求取高阶多项式的根,所以无法由求根的方法直接判定系统的稳定性,故出现了各种各样的间接方法,例如,在控制理论中著名的Routh判据、Hurwitz判据和Lyapunov判据等。对线性系统来说,既然现在有了类似MATLAB这样的语言,直接获得系统特征根是轻而易举的事,所以判定连续线性系统稳定性就没有必要再使用间接方法了。

事实上,采用Routh判据判定稳定性可能被认为是“知其然不知其所以然”,因为很多人不知道为什么Routh表第一列不变号和没有不稳定极点之间的必然联

系；而采用直接判定法的好处在于“知其然知其所以然”，因为，由式（5-1-2）可知，如果有位于s的右半平面的极点，$e^{\boldsymbol{A}t}$将发散。所以，稳定系统的极点必须不能位于s的右半平面。

在MATLAB控制系统工具箱中，求取一个线性定常系统特征根只需用 `p=eig(G)` 函数即可，其中，$\boldsymbol{p}$返回系统的全部特征根。不论系统的模型G是传递函数、状态方程还是零极点模型，且不论系统是连续的或离散的，都可以用这样简单的命令求解系统的全部特征根，这就使得系统的稳定性判定变得十分容易。另外，由 `pzmap(G)` 函数能用图形的方式绘制出系统所有特征根在s-复平面上的位置，所以判定连续系统是否稳定只需看一下系统所有极点在s-复平面上是否均位于虚轴左侧即可。

如果在MATLAB工作空间内已经定义了系统的数学模型G，则 `pole(G)` 和 `zero(G)` 函数还可以分别求出系统的极点和零点。

再考虑离散状态方程模型

$$\begin{cases} \boldsymbol{x}[(k+1)T] = \boldsymbol{F}\boldsymbol{x}(kT) + \boldsymbol{G}\boldsymbol{u}(kT) \\ \boldsymbol{y}(kT) = \boldsymbol{C}\boldsymbol{x}(kT) + \boldsymbol{D}\boldsymbol{u}(kT) \end{cases} \tag{5-1-3}$$

其状态变量的解析解为

$$\boldsymbol{x}(kT) = \boldsymbol{F}^k\boldsymbol{x}(0) + \sum_{i=0}^{k-1}\boldsymbol{F}^{k-i-1}\boldsymbol{G}\boldsymbol{u}(iT) \tag{5-1-4}$$

可见，若使得系统的状态变量$\boldsymbol{x}(kT)$有界，则要求系统的指数矩阵$\boldsymbol{F}^k$有界，亦即$\boldsymbol{F}$矩阵的所有特征根的模均小于1。故而可以得出结论：离散系统稳定的前提条件是系统状态方程中$\boldsymbol{F}$矩阵所有的特征根的模均小于1，或系统所有的特征根均位于单位圆内，这就是离散系统稳定性的判定条件。

在MATLAB这样的工具出现之前，由于很难求出该矩阵的特征根，所以出现了判定离散系统稳定的Jury判据，其构造比连续系统判定的Routh表更复杂。同样，有了MATLAB这样强有力的计算工具，可以用直接方法求出系统的特征根，观察其位置是否位于单位圆内就可用直接判定离散系统的稳定性，同样还能用 `pzmap(G)` 命令在复平面上绘制系统所有的零极点位置，用图示的方法也可以立即判定离散系统的稳定性，故而没有必要再用复杂的间接方法去判定稳定性了。

更简单地，控制系统工具箱还提供了 `key=isstable(G)` 函数来直接判定系统的稳定性，如果key为1则稳定，否则不稳定，其中G可以为单变量、多变量、连续与离散的线性系统模型，但不能处理带有内部延迟的状态方程模型。

例5-1 假设有开环高阶系统的传递函数

$$G(s) = \frac{10s^4 + 50s^3 + 100s^2 + 100s + 40}{s^7 + 21s^6 + 184s^5 + 870s^4 + 2384s^3 + 3664s^2 + 2496s}$$

试分析单位负反馈闭环系统的稳定性。

解 可以通过下面的MATLAB语句输入系统的传递函数模型并得出单位负反馈构成的闭环系统模型,然后使用三种方法分析系统的稳定性。

```
>> num=[10,50,100,100,40]; den=[1,21,184,870,2384,3664,2496,0];
   G=tf(num,den); GG=feedback(G,1); %输入开环传递函数并得出闭环模型
   eig(GG), pzmap(GG), isstable(GG) %三种不同判定方法
```

闭环系统的极点为 $-6.922, -3.65 \pm \mathrm{j}2.302, -2.0633 \pm \mathrm{j}1.7923, -2.635, -0.0158$,因为该系统全部极点都在 s-左半平面,故此闭环系统是稳定的,isstable() 函数返回的结果也是1。图5-1中显示的极点位置分布也证实了上面的结论。此外,由于其中一个实极点离虚轴较近,可以认为是主导极点,所以可以断定该系统的性能接近于一阶系统。这样的结论是Routh判据这类间接方法不可能得到的,由此可见直接方法的优势。

其实,采用零极点变换语句 zpk(GG) 可以得出如下的零极点模型。

$$G(s)=\frac{10(s+2)(s+1)(s^2+2s+2)}{(s+6.922)(s+2.635)(s+0.01577)(s^2+4.127s+7.47)(s^2+7.3s+18.62)}$$

例5-2 假设离散受控对象传递函数与控制器模型如下

$$H(z)=\frac{6z^2-0.6z-0.12}{z^4-z^3+0.25z^2+0.25z-0.125},\quad G_\mathrm{c}(z)=0.3\frac{z-0.6}{z+0.8}$$

且已知采样周期为 $T=0.1\,\mathrm{s}$。试分析单位负反馈下闭环系统的稳定性。

解 闭环系统的特征根及其模可以由下面的MATLAB语句求出。

```
>> num=[6 -0.6 -0.12]; den=[1 -1 0.25 0.25 -0.125];
   H=tf(num,den,'Ts',0.1);     %输入系统的传递函数模型
   z=tf('z','Ts',0.1); Gc=0.3*(z-0.6)/(z+0.8);  %控制器模型
   G=feedback(H*Gc,1);          %闭环系统的模型
   v=abs(eig(G)), pzmap(G), isstable(G) %三种不同判定方法
```

这些闭环特征根的模分别为 $\boldsymbol{v}=\left[1.1644, 1.1644, 0.5536, 0.3232, 0.3232\right]$。可以看出,由于前两个特征根的模均大于1,isstable() 返回的结果为0,所以可以判定该闭环系统是不稳定的。闭环系统的零极点还可以由 pzmap(G) 语句绘制出来,如图5-2所示。从图中可以看出,系统含有单位圆外的极点,所以系统是不稳定的。

利用系统零极点变换的语句 zpk(G) 也能容易地得出系统的零极点模型。

$$G(z)=\frac{1.8(z-0.6)(z-0.2)(z+0.1)}{(z-0.5536)(z^2-0.03727z+0.1045)(z^2+0.3908z+1.356)}$$

如果不采用直接方法,而采用像Routh和Jury判据这样的间接判据,则除了系统稳定与否这一判定结论之外,不能得到任何其他的信息。但若采用了直接判定的方法,除了能获得稳定性的信息外,还可以立即看出零极点分布,从而对系统的性能有一个更好的了解。比如对连续系统来说,如果存在距离虚轴特别近的复极点,则可能会使得系统有很强的振荡,对离散系统来说,如果复极点距单位圆较近,也可能得出较强的振荡,这样的定性判定用间接判据是不可能得出的。从这个方面可以看出直接方法和间接方法相比存在的优越性。由于传统观念的影响,很多控制理

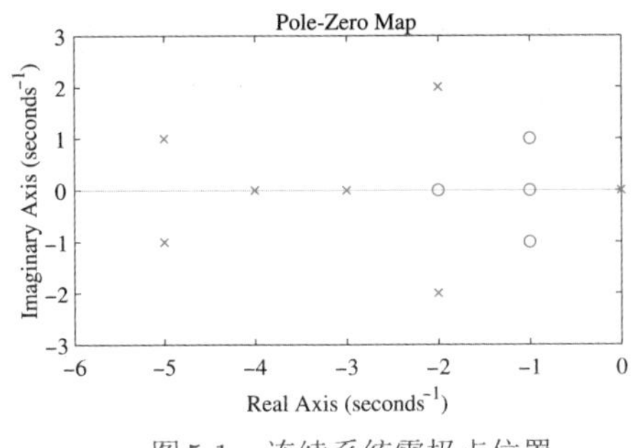

图5-1 连续系统零极点位置

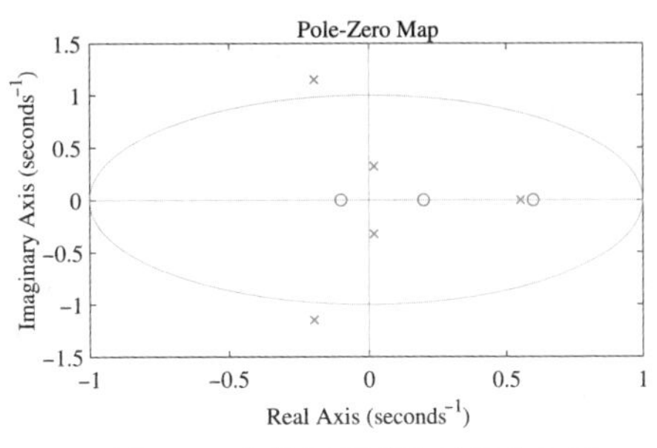

图5-2 离散闭环系统零极点位置

论教科书至今仍认为直接求取高阶系统特征根的方法是件困难的事[1]，其实，从科学计算现有的发展水平看，直接求取高阶系统特征根是轻而易举的事，其求解过程远比建立Routh表或Jury表容易得多，况且Routh表、Jury表本身也是工具，同样是借助工具，当然应该使用更直观、有效的工具进行稳定性分析，而没有必要再使用落后的底层工具去分析系统的稳定性了。

5.1.2 内部延迟系统的稳定性分析

前面通过例子介绍过，带有内部延迟系统对应的数学模型是延迟微分方程，其稳定性分析并不容易。这里首先看一个例子，然后试图给出一般的延迟闭环系统稳定性的判定方法。

例5-3 考虑例4-18给出的带有内部延迟的复杂模型，如果这个模型是受控对象，而控制器为$G_c = 0.3 + 0.15/s$，试判定单位负反馈下闭环系统的稳定性。

解 由于系统模型不是传统意义下的传递函数，所以使用Routh表这样的工具是不能分析系统稳定性的，当然可以尝试前面介绍的直接方法，不过延迟系统是不能由传统方法得出零极点位置的，所以eig()等函数不能判定系统的稳定性。现在尝试isstable()函数，看看能得出什么结果。

```
>> s=tf('s'); G=(1+3*exp(-s)/(s+1))/(s+1);
   Gc=0.3+0.15/s; isstable(feedback(G*Gc,1))
```

遗憾的是，该函数得出如下的错误信息“isstable()函数不能分析带有内部延迟系统的稳定性，可以用step()或impulse()函数分析稳定性”。

除了该函数建议的仿真方法外，这里将介绍两种直接分析方法，一种是通过Padé近似的稳定性近似判定方法，另一种是特征方程的数值求解方法。具体的判定方法将通过一个演示例子给出。

例5-4 重新考虑例5-3未解决的问题，试判定闭环系统的稳定性。

解 如果对延迟项采用二阶Padé近似，则可以给出下面的语句，得出的key值为1，说明闭环系统是稳定的。如果采用其他不同的阶次，也可以得出一致的结果。

```
>> s=tf('s'); G=(1+3*exp(-s)/(s+1))/(s+1);
   Gc=0.3+0.15/s; key=isstable(feedback(pade(G*Gc,2),1))
```

3.2.3节介绍过`more_sols()`函数,该函数可以求取非线性方程全部的根,可以尝试这个函数得出变换传递函数全部的奇点(即特征方程全部的根),由根的分布判定闭环系统的稳定性。

在分析稳定性之前,首先用符号运算提取特征方程。

```
>> syms s; G=(1+3*exp(-s)/(s+1))/(s+1);
   Gc=0.3+0.15/s; G1=feedbacksym(G*Gc,1), [n,d]=numden(G1)
```

得出的分子与分母表达式为

$$n=3(2s+1)(\mathrm{e}^s(1+s)+3),\ d=18s+9+(3+29s+46s^2+20s^3)\mathrm{e}^s$$

如果将分子与分母同时乘以e^{-s},则可以用下面的语句描述分母多项式方程,并试图得出方程的全部特征根。

```
>> f=@(s)(18*s+9)*exp(-s)+(3+29*s+46*s^2+20*s^3);
   more_sols(f,zeros(1,1,0),50+10000i)  %大范围求复数根
   xx=X(:); plot(real(xx),imag(xx),'x') %绘制闭环特征根的分布
```

由本书提供的求解程序可以求解含有超越函数的闭环特征方程。经过反复试算,得出方程全部特征根共113个,总耗时213s。系统闭环特征根的分布如图5-3所示。可见,所有的特征根都位于s的左半平面,所以闭环系统是稳定的。

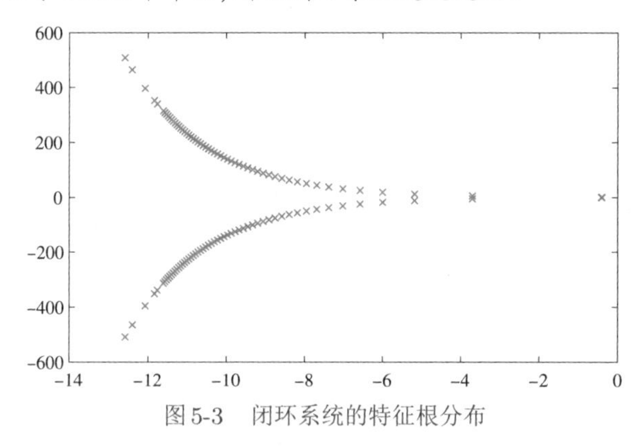

图5-3 闭环系统的特征根分布

5.1.3 线性反馈系统的内部稳定性分析

在反馈控制系统的分析中,为了得到更好的控制效果,仅分析系统的输入输出稳定性是不够的,因为这样的稳定性分析只能保证由稳定输入激励下的输出信号的有界性,但不能保证系统的内部信号都是有界的。若系统的内部信号变成无界的,即使原系统稳定,也将破坏原系统的物理结构。

考虑图5-4中所示的反馈系统结构,可见这个结构是典型反馈控制系统结构的扩展,在系统中还带有扰动信号。在这个系统结构下,扰动信号d经常称作外部扰动信号,而n常称为量测噪声。

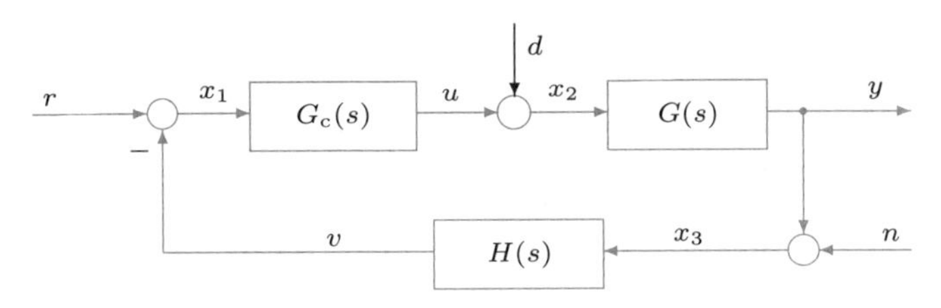

图5-4 带有扰动的线性反馈控制系统

如果图5-4中所示的系统从输入信号(r,d,n)到内部输出信号(x_1,x_2,x_3)的所有9个闭环传递函数都是稳定的,则称该系统是内部稳定的。

可以证明,这9个传递函数可以表示成

$$\begin{bmatrix} x_1 \\ x_2 \\ x_3 \end{bmatrix} = \frac{1}{1+G(s)G_c(s)H(s)} \begin{bmatrix} 1 & -G(s)H(s) & -H(s) \\ G_c(s) & 1 & -G_c(s)H(s) \\ G(s)G_c(s) & G(s) & 1 \end{bmatrix} \begin{bmatrix} r \\ d \\ n \end{bmatrix} \quad (5\text{-}1\text{-}5)$$

逐一去判定每个子传递函数的稳定性无疑是很烦琐的，所以可以根据内部稳定性定理,用简单方法直接判定。该定理为:闭环系统内部稳定的充要条件为

(1)传递函数$1+H(s)G(s)G_c(s)$没有$\mathscr{R}[s]\geqslant 0$的零点。

(2)乘积$H(s)G(s)G_c(s)$中没有满足$\mathscr{R}[s]\geqslant 0$的零极点对消。

基于上述条件,可以对这个定理进行简化。仔细观察定理中的条件,不难看出,其中第一个条件等效于闭环系统的稳定性,所以只需判定第二个条件,该条件判定起来也不困难。其实,内部稳定性的定义及判定定理可以直接拓展到多变量系统及离散系统。这样,可以编写出判定反馈系统内部稳定性的函数如下:

```
function key=intstable(G,Gc,H)
GG=minreal(feedback(G*Gc,H)); Go=H*G*Gc; Go1=minreal(Go);
p=eig(GG); z0=eig(Go); z1=eig(Go1);
zz=setdiff(z0,z1); %找开环对消极点
if (G.Ts>0)         %离散系统判定
   key=any(abs(p)>1); if key==0, key=2*any(abs(zz)>1); end
else, key=any(real(p)>0);
if key==0, key=2*any(real(zz)>0); end, end
```

若闭环系统不稳定，则返回key的值为1，若稳定系统内部不稳定，则返回的key值为2,否则返回key的值为0。此函数同样适用于多变量系统和离散系统。

5.1.4 线性系统的线性相似变换

前面已经介绍过,由于状态变量可以有不同的选择,故系统的状态方程实现将不同,这里将研究这些状态方程之间的关系。

假设存在一个非奇异矩阵$\boldsymbol{T}$,且定义了一个新的状态变量向量$\boldsymbol{z}$使得$\boldsymbol{z}=\boldsymbol{T}^{-1}\boldsymbol{x}$,

这样关于新状态变量$\boldsymbol{z}$的状态方程模型可以写成

$$\begin{cases} \dot{\boldsymbol{z}}(t)=\boldsymbol{A}_{\rm t}\boldsymbol{z}(t)+\boldsymbol{B}_{\rm t}\boldsymbol{u}(t) \\ \boldsymbol{y}(t)=\boldsymbol{C}_{\rm t}\boldsymbol{z}(t)+\boldsymbol{D}_{\rm t}\boldsymbol{u}(t), \end{cases} \quad 且\ \boldsymbol{z}(0)=\boldsymbol{T}^{-1}\boldsymbol{x}(0) \tag{5-1-6}$$

式中，$\boldsymbol{A}_{\rm t}=\boldsymbol{T}^{-1}\boldsymbol{A}\boldsymbol{T}, \boldsymbol{B}_{\rm t}=\boldsymbol{T}^{-1}\boldsymbol{B}, \boldsymbol{C}_{\rm t}=\boldsymbol{C}\boldsymbol{T}, \boldsymbol{D}_{\rm t}=\boldsymbol{D}$。在矩阵$\boldsymbol{T}$下的状态变换称为相似性变换，而$\boldsymbol{T}$又称为变换矩阵。

控制系统工具箱中提供了`ss2ss()`来完成状态方程模型的相似性变换，该函数的调用格式为G_1=ss2ss(G,T)，其中，G为原始的状态方程模型，$\boldsymbol{T}$为变换矩阵，在$\boldsymbol{T}$下的变换结果由G_1变元返回。注意，在本函数调用中输入和输出的变元都是状态方程对象，而不是其他对象。

例5-5 在实际应用中，变换矩阵$\boldsymbol{T}$可以任意选择，只要它为非奇异矩阵即可。假设已知系统的状态方程模型为

$$\begin{cases} \dot{\boldsymbol{x}}(t)=\begin{bmatrix} 0 & 1 & 0 & 0 \\ 0 & 0 & 1 & 0 \\ 0 & 0 & 0 & 1 \\ -24 & -50 & -35 & -10 \end{bmatrix}\boldsymbol{x}(t)+\begin{bmatrix} 0 \\ 0 \\ 0 \\ 1 \end{bmatrix}u(t) \\ y(t)=[24\ \ 24\ \ 7\ \ 1]\boldsymbol{x}(t) \end{cases}$$

若选择一个反对角矩阵，使得反对角线上的元素均为1，而其余元素都为0，试得出该系统相似变换后的结果。

解 在这一变换矩阵下新的状态方程模型可以由下面的MATLAB语句得出

```
>> A=[0 1 0 0; 0 0 1 0; 0 0 0 1; -24 -50 -35 -10];
   G1=ss(A,[0;0;0;1],[24 24 7 1],0); %系统状态方程模型
   T=fliplr(eye(4)); G2=ss2ss(G1,T)  %系统的线性相似变换结果
```

得出的变换后系统模型如下，其作用是对状态变量作逆序排列。

$$\begin{cases} \dot{\boldsymbol{z}}(t)=\begin{bmatrix} -10 & -35 & -50 & -24 \\ 1 & 0 & 0 & 0 \\ 0 & 1 & 0 & 0 \\ 0 & 0 & 1 & 0 \end{bmatrix}\boldsymbol{z}(t)+\begin{bmatrix} 1 \\ 0 \\ 0 \\ 0 \end{bmatrix}u(t) \\ y(t)=\begin{bmatrix}1 & 7 & 24 & 24\end{bmatrix}\boldsymbol{z}(t) \end{cases}$$

事实上，这样得出的状态方程模型和很多教科书[2]中定义的可控标准型一致。

5.1.5 线性系统的可控性分析

线性系统的可控性和可观测性是基于状态方程的控制理论的基础，可控性和可观测性的概念是美国学者Rudolf Emil Kálmán（1930—2016）于1960年提出的[3]，这些性质为系统的状态反馈设计、观测器的设计等提供了依据。假设系统由状态方程$(\boldsymbol{A},\boldsymbol{B},\boldsymbol{C},\boldsymbol{D})$给出，对任意的初始时刻$t_0$，如果状态空间中任一状态$x_i(t)$可以从初始状态$x_i(t_0)$处，由有界的输入信号$\boldsymbol{u}(t)$的驱动下，在有限时间$t_{\rm n}$内能够

到达任意预先指定的状态 $x_i(t_n)$，则称此状态是可控的。若系统中所有状态都是可控的，则称该系统为完全可控的系统。

通俗点说，系统的可控性就是指系统内部的状态是不是可以由外部输入信号控制的性质，对线性时不变系统来说，如果系统某个状态可控，则可以由外部信号任意控制。

1. 线性系统的可控性判定

可以构造一个可控性判定矩阵

$$\boldsymbol{T}_{\rm c}=\left[\boldsymbol{B},\boldsymbol{AB},\boldsymbol{A}^2\boldsymbol{B},\cdots,\boldsymbol{A}^{n-1}\boldsymbol{B}\right] \tag{5-1-7}$$

若矩阵 $\boldsymbol{T}_{\rm c}$ 是满秩矩阵，则系统称为完全可控的。如果该矩阵不是满秩矩阵，则它的秩为系统的可控状态的个数。在 MATLAB 下求一个矩阵的秩是再容易不过的事，如果已知矩阵为 $\boldsymbol{T}$，则用 MATLAB 提供的可靠算法用 rank($\boldsymbol{T}$) 即可以求出矩阵的秩。再将得出的秩和系统状态变量的个数相比较，就可以判定系统的可控性。

构造系统的可控性判定矩阵用 MATLAB 也很容易，用 $\boldsymbol{T}_{\rm c}$=ctrb($\boldsymbol{A}$,$\boldsymbol{B}$) 函数就可以立即建立起可控性判定矩阵 $\boldsymbol{T}_{\rm c}$。用最底层的 MATLAB 命令也可以直接建立可控性判定矩阵。这里给出的判定方法既适用于连续系统，也适用于离散系统。下面将通过例子演示系统可控性判定矩阵建立和系统可控性判定的问题求解。

例 5-6　给定离散系统状态方程模型如下，试判定其可控性。

$$\boldsymbol{x}[(k+1)T]=\begin{bmatrix}-2.2&-0.7&1.5&-1\\0.2&-6.3&6&-1.5\\0.6&-0.9&-2&-0.5\\1.4&-0.1&-1&-3.5\end{bmatrix}\boldsymbol{x}(kT)+\begin{bmatrix}6&9\\4&6\\4&4\\8&4\end{bmatrix}\boldsymbol{u}(kT)$$

解　可以通过下面的 MATLAB 语句将系统的 $\boldsymbol{A}$ 和 $\boldsymbol{B}$ 矩阵输入到 MATLAB 的工作空间，这样就可以用下面的语句直接判定系统的可控性。

```
>> A=[-2.2,-0.7,1.5,-1; 0.2,-6.3,6,-1.5; ...
     0.6,-0.9,-2,-0.5; 1.4,-0.1,-1,-3.5];
   B=[6,9; 4,6; 4,4; 8,4]; Tc=ctrb(A,B) %建立可控性判定矩阵
   rank(Tc) %判定系统的可控性,因为可得秩为3,所以系统不可控
```

生成如下的可控性判定矩阵，可以根据其秩来判定系统的可控性。

$$\boldsymbol{T}_{\rm c}=\begin{bmatrix}6&9&-18&-22&54&52&-162&-118\\4&6&-12&-18&36&58&-108&-202\\4&4&-12&-10&36&26&-108&-74\\8&4&-24&-6&72&2&-216&34\end{bmatrix}$$

系统完全可控的另外判定方式是，系统的可控 Gram 矩阵为非奇异矩阵。系统的可控 Gram 矩阵由下式定义

$$\boldsymbol{L}_{\rm c}=\int_0^\infty {\rm e}^{-\boldsymbol{A}t}\boldsymbol{B}\boldsymbol{B}^{\rm T}{\rm e}^{-\boldsymbol{A}^{\rm T}t}{\rm d}t \tag{5-1-8}$$

当然，看起来求解系统的可控Gram矩阵也并非简单的事，可以证明，系统的可控Gram矩阵为对称矩阵，是下面的Lyapunov方程的解。

$$\boldsymbol{A}\boldsymbol{L}_{\rm c}+\boldsymbol{L}_{\rm c}\boldsymbol{A}^{\rm T}=-\boldsymbol{B}\boldsymbol{B}^{\rm T} \tag{5-1-9}$$

在MATLAB环境中用 $L_{\rm c}$=lyap(A,B*B') 命令就能直接求出Lyapunov方程的解，如果调用该函数不能求出方程的解，则该系统不完全可控。控制系统的可控Gram矩阵还可以由 $G_{\rm c}$=gram(G,'c') 直接求出来。离散系统的Gram矩阵是离散Lyapunov方程的解，但在函数的调用格式上与连续系统完全一致。

例5-7 已知离散系统模型如下，采样周期为 $T=0.1\,{\rm s}$，试计算系统的可控Gram矩阵。

$$H(z)=\frac{6z^2-0.6z-0.12}{z^4-z^3+0.25z^2+0.25z-0.125}$$

解 可以用下面的语句将其输入到MATLAB工作空间，然后通过相应的函数调用直接求出系统的可控性Gram矩阵。

```
>> num=[6 -0.6 -0.12]; den=[1 -1 0.25 0.25 -0.125];
   H=tf(num,den,'Ts',0.1)   %输入并显示系统的传递函数模型
   Lc=gram(ss(H),'c')       %先获得状态方程模型，再求可控Gram矩阵
```

通过运算可以得出可控Gram矩阵为

$$\boldsymbol{L}_{\rm c}=\begin{bmatrix}10.765 & 15.754 & 7.3518 & 0\\ 15.754 & 43.061 & 31.508 & 3.6759\\ 7.3518 & 31.508 & 43.061 & 7.8769\\ 0 & 3.6759 & 7.8769 & 2.6913\end{bmatrix}$$

2. 可控性阶梯分解

对于不完全可控的系统，还可以对之进行可控性阶梯分解，即构造一个状态变换矩阵 $\boldsymbol{T}$，就可以将系统的状态方程 $(\boldsymbol{A},\boldsymbol{B},\boldsymbol{C},\boldsymbol{D})$ 变换成如下形式

$$\boldsymbol{A}_{\rm c}=\begin{bmatrix}\widehat{\boldsymbol{A}}_{\bar{\rm c}} & \boldsymbol{0}\\ \widehat{\boldsymbol{A}}_{21} & \widehat{\boldsymbol{A}}_{\rm c}\end{bmatrix},\quad \boldsymbol{B}_{\rm c}=\begin{bmatrix}\boldsymbol{0}\\ \widehat{\boldsymbol{B}}_{\rm c}\end{bmatrix},\quad \boldsymbol{C}_{\rm c}=\left[\widehat{\boldsymbol{C}}_{\bar{\rm c}},\widehat{\boldsymbol{C}}_{\rm c}\right] \tag{5-1-10}$$

该形式称为系统的可控阶梯分解形式，这样就可以将原系统的不可控子空间 $\left(\widehat{\boldsymbol{A}}_{\bar{\rm c}},\boldsymbol{0},\widehat{\boldsymbol{C}}_{\bar{\rm c}}\right)$ 和可控子空间 $\left(\widehat{\boldsymbol{A}}_{\rm c},\widehat{\boldsymbol{B}}_{\rm c},\widehat{\boldsymbol{C}}_{\rm c}\right)$ 直接分离出来。构造这样的变换矩阵不是简单的事，但可以借用MATLAB中的现成函数 ctrbf() 对状态方程模型进行这样的阶梯分解 [$A_{\rm c}$,$B_{\rm c}$,$C_{\rm c}$,$T_{\rm c}$]=ctrbf(A,B,C)，该函数就可以自动生成相似变换矩阵 $\boldsymbol{T}_{\rm c}$，将原系统模型直接变换成可控性阶梯分解模型。如果原来系统的状态方程模型是完全可控的，则此分解不必进行。

例5-8 考虑例5-6中给出的不完全可控的系统模型，试得出其可控阶梯形式。

解 可以通过下面的语句对之进行分解，得出可控性阶梯分解形式。

```
>> A=[-2.2,-0.7,1.5,-1; 0.2,-6.3,6,-1.5;...
      0.6,-0.9,-2,-0.5; 1.4,-0.1,-1,-3.5];
   B=[6,9; 4,6; 4,4; 8,4]; C=[1 2 3 4]; [Ac,Bc,Cc,Tc]=ctrbf(A,B,C);
```

得出的可控阶梯标准型如下，这时，左上角的子空间是不可控的。

$$\hat{\boldsymbol{x}}[(k+1)T]=\left[\begin{array}{c:ccc}-4 & 0 & 0 & 0\\ \hdashline -4.638 & -3.823 & -0.5145 & -0.127\\ -3.637 & 0.1827 & -3.492 & -0.1215\\ -4.114 & -1.888 & 1.275 & -2.685\end{array}\right]\hat{\boldsymbol{x}}(kT)+\left[\begin{array}{cc}0 & 0\\ \hdashline 0 & 0\\ 2.754 & -2.575\\ -11.15 & -11.93\end{array}\right]\boldsymbol{u}(kT)$$

5.1.6 线性系统的可观测性分析

假设系统由状态方程$(\boldsymbol{A},\boldsymbol{B},\boldsymbol{C},\boldsymbol{D})$给出，对任意的初始时刻$t_0$，如果状态空间中任一状态$x_i(t)$在任意有限时刻$t_{\rm n}$的状态$x_i(t_{\rm n})$可以由输出信号在这一时间区间内$t\in[t_0,t_{\rm n}]$的值精确地确定出来，则称此状态是可观测的。如果系统中所有的状态都是可观测的，则称该系统为完全可观测的系统。

类似于系统的可控性，系统的可观测性就是指系统内部的状态是不是可以由系统的输入、输出信号重建起来的性质。对线性时不变系统来说，如果系统某个状态可观测，则可以由输入、输出信号重建出来。

从定义判定系统的可观测性是很烦琐的，还可以构造起可观测性判定矩阵。

$$\boldsymbol{T}_{\rm o}=\begin{bmatrix}\boldsymbol{C}\\ \boldsymbol{C}\boldsymbol{A}\\ \boldsymbol{C}\boldsymbol{A}^2\\ \vdots\\ \boldsymbol{C}\boldsymbol{A}^{n-1}\end{bmatrix} \tag{5-1-11}$$

该矩阵的秩为系统的可观测状态数。如果该矩阵满秩，则系统是完全可观测的，即系统的所有状态都可以由输入、输出信号重建。

由控制理论可知，系统的可观测性问题和系统的可控性问题是对偶关系，若想研究系统$(\boldsymbol{A},\boldsymbol{C})$的可观测性问题，可以将其转换成研究$(\boldsymbol{A}^{\rm T},\boldsymbol{C}^{\rm T})$系统的可控性问题，故前面所述的可控性分析的全部方法均可以扩展到系统的可观测性研究中。

当然，可观测性分析也有自己的相应函数，如对应于可控性的函数`ctrb()`和`ctrbf()`，有`obsv()`和`obsvf()`，对应`gram(G,'c')`有`gram(G,'o')`等，也可以利用这些函数直接进行可观测性分析与变换，系统可观测性Gram矩阵定义为

$$\boldsymbol{L}_{\rm o}=\int_0^{\infty}{\rm e}^{-\boldsymbol{A}^{\rm T}t}\boldsymbol{C}^{\rm T}\boldsymbol{C}{\rm e}^{-\boldsymbol{A}t}{\rm d}t \tag{5-1-12}$$

该矩阵满足Lyapunov方程。

$$\boldsymbol{A}^{\rm T}\boldsymbol{L}_{\rm o}+\boldsymbol{L}_{\rm o}\boldsymbol{A}=-\boldsymbol{C}^{\rm T}\boldsymbol{C} \tag{5-1-13}$$

5.1.7 Kalman规范分解

从上面的叙述可以看出，通过可控性阶梯分解则可以将可控子空间和不可控子空间分离出来，同样进行可观测性阶梯分解则可以将可观测子空间和不可观测子空间分离出来，这样就可能组合出4个子空间。如果先对系统进行可控性阶梯分

解，再对结果进行可观测性阶梯分解，则可以得出下面的规范形式。

$$\begin{cases}\dot{\boldsymbol{z}}(t)=\begin{bmatrix}\widehat{\boldsymbol{A}}_{\bar{c},\bar{o}} & \widehat{\boldsymbol{A}}_{1,2} & \boldsymbol{0} & \boldsymbol{0}\\ \boldsymbol{0} & \widehat{\boldsymbol{A}}_{\bar{c},o} & \boldsymbol{0} & \boldsymbol{0}\\ \widehat{\boldsymbol{A}}_{3,1} & \widehat{\boldsymbol{A}}_{3,2} & \widehat{\boldsymbol{A}}_{c,\bar{o}} & \widehat{\boldsymbol{A}}_{3,4}\\ \boldsymbol{0} & \widehat{\boldsymbol{A}}_{4,2} & \boldsymbol{0} & \widehat{\boldsymbol{A}}_{c,o}\end{bmatrix}\boldsymbol{z}(t)+\begin{bmatrix}\boldsymbol{0}\\ \boldsymbol{0}\\ \widehat{\boldsymbol{B}}_{c,\bar{o}}\\ \widehat{\boldsymbol{B}}_{c,o}\end{bmatrix}\boldsymbol{u}(t)\\ \boldsymbol{y}(t)=\begin{bmatrix}\boldsymbol{0} & \widehat{\boldsymbol{C}}_{\bar{c},o} & \boldsymbol{0} & \widehat{\boldsymbol{C}}_{c,o}\end{bmatrix}\boldsymbol{z}(t)\end{cases} \tag{5-1-14}$$

其中，子空间 $(\widehat{\boldsymbol{A}}_{\bar{c},\bar{o}},\boldsymbol{0},\boldsymbol{0})$ 为既不可控，又不可观测的子空间，$(\widehat{\boldsymbol{A}}_{\bar{c},o},\boldsymbol{0},\widehat{\boldsymbol{C}}_{\bar{c},o})$ 为不可控但可观测的子空间，$(\widehat{\boldsymbol{A}}_{c,\bar{o}},\widehat{\boldsymbol{B}}_{c,\bar{o}},\boldsymbol{0})$ 和 $(\widehat{\boldsymbol{A}}_{c,o},\widehat{\boldsymbol{B}}_{c,o},\widehat{\boldsymbol{C}}_{c,o})$ 分别为可控但不可观测的子空间和既不可控又可观测的子空间。这样的分解又称为Kalman分解。在实际系统分析中，更关心的是既可控又可观测的子空间，该子空间事实上就是前面提及的最小实现模型。

5.1.8 系统状态方程标准型的MATLAB求解

单变量系统常用的状态空间实现有可控标准型、可观测标准型和Jordan标准型实现，多变量系统又经常需要变换成Luenberger标准型。

1. 单变量系统的标准型

单变量系统常用的标准型是可控标准型、可观测标准型和Jordan标准型实现，若系统的传递函数模型由下式给出

$$G(s)=\frac{b_0s^n+\hat{b}_1s^{n-1}+\hat{b}_2s^{n-2}+\cdots+\hat{b}_{n-1}s+\hat{b}_n}{s^n+a_1s^{n-1}+a_2s^{n-2}+\cdots+a_{n-1}s+a_n} \tag{5-1-15}$$

则可以将其改写成

$$G(s)=b_0+\frac{b_1s^{n-1}+b_2s^{n-2}+\cdots+b_{n-1}s+b_n}{s^n+a_1s^{n-1}+a_2s^{n-2}+\cdots+a_{n-1}s+a_n} \tag{5-1-16}$$

式中 $b_i=\hat{b}_i-b_0a_i$。系统可控标准型的一般形式为

$$\begin{cases}\dot{\boldsymbol{x}}=\boldsymbol{A}_\mathrm{c}\boldsymbol{x}+\boldsymbol{B}_\mathrm{c}u\\ y=\boldsymbol{C}_\mathrm{c}\boldsymbol{x}+D_\mathrm{c}u\end{cases}\Longrightarrow\begin{cases}\dot{\boldsymbol{x}}=\begin{bmatrix}0 & 1 & \cdots & 0\\ 0 & 0 & \cdots & 0\\ \vdots & \vdots & \ddots & \vdots\\ 0 & 0 & \cdots & 1\\ -a_n & -a_{n-1} & \cdots & -a_1\end{bmatrix}\boldsymbol{x}+\begin{bmatrix}0\\ 0\\ \vdots\\ 0\\ 1\end{bmatrix}u\\ y=[b_n\ \ b_{n-1}\ \ \cdots\ \ b_1]\boldsymbol{x}+b_0u\end{cases} \tag{5-1-17}$$

可观测标准型的一般形式为

$$\begin{cases}\dot{\boldsymbol{x}}=\boldsymbol{A}_\mathrm{o}\boldsymbol{x}+\boldsymbol{B}_\mathrm{o}u\\ y=\boldsymbol{C}_\mathrm{o}\boldsymbol{x}+D_\mathrm{o}u\end{cases}\Longrightarrow\begin{cases}\dot{\boldsymbol{x}}=\begin{bmatrix}0 & 0 & \cdots & 0 & -a_n\\ 1 & 0 & \cdots & 0 & -a_{n-1}\\ \vdots & \vdots & \ddots & \vdots & \vdots\\ 0 & 0 & \cdots & 1 & -a_1\end{bmatrix}\boldsymbol{x}+\begin{bmatrix}b_n\\ b_{n-1}\\ \vdots\\ b_1\end{bmatrix}u\\ y=[0\ \ 0\ \ \cdots\ \ 0\ \ 1]\boldsymbol{x}+b_0u\end{cases} \tag{5-1-18}$$

可见，可控标准型和可观测标准型互为对偶形式，即

$$\boldsymbol{A}_{\mathrm{c}}=\boldsymbol{A}_{\mathrm{o}}^{\mathrm{T}},\quad \boldsymbol{B}_{\mathrm{c}}=\boldsymbol{C}_{\mathrm{o}}^{\mathrm{T}},\quad \boldsymbol{C}_{\mathrm{c}}=\boldsymbol{B}_{\mathrm{o}}^{\mathrm{T}},\quad D_{\mathrm{c}}=D_{\mathrm{o}} \tag{5-1-19}$$

模型 G 的对偶状态方程模型在 MATLAB 下可以用 G' 命令直接得出。可控标准型和可观测标准型可以由下面给出的 `sscanform()` 函数直接获得。

```
function Gs=sscanform(G,type)
switch type
   case 'ctrl', G=tf(G); Gs=[];
      G.num{1}=G.num{1}/G.den{1}(1); %传递函数首一化
      G.den{1}=G.den{1}/G.den{1}(1); b0=G.num{1}(1);
      G1=G; G1.ioDelay=0; G1=G1-b0;
      num=G1.num{1}; den=G1.den{1}; n=length(den)-1;
      A=[zeros(n-1,1) eye(n-1); -den(end:-1:2)];
      B=[zeros(n-1,1);1]; C=num(end:-1:2); D=b0;
      Gs=ss(A,B,C,D,'Ts',G.Ts,'ioDelay',G.ioDelay);
   case 'obsv', Gs=sscanform(G,'ctrl').';
   otherwise
      error('Only options ''ctrl'' and ''obsv'' are allowed.')
end
```

Jordan 标准型则是根据系统矩阵 Jordan 变换构成的一种标准型形式。假设系统矩阵 $\boldsymbol{A}$ 的特征根为 $\lambda_1,\lambda_2,\cdots,\lambda_m$，第 i 个特征根 λ_i 对应的特征向量为 $\boldsymbol{v}_i$，则

$$\boldsymbol{A}\boldsymbol{v}_i=\lambda_i\boldsymbol{v}_i,\quad i=1,2,\cdots,m \tag{5-1-20}$$

矩阵 $\boldsymbol{A}$ 对应的模态矩阵 $\boldsymbol{\varLambda}$ 定义为

$$\boldsymbol{\varLambda}=\boldsymbol{T}^{-1}\boldsymbol{A}\boldsymbol{T}=\begin{bmatrix}\boldsymbol{J}_1 & & & \\ & \boldsymbol{J}_2 & & \\ & & \ddots & \\ & & & \boldsymbol{J}_k\end{bmatrix} \tag{5-1-21}$$

其中 $\boldsymbol{J}_i$ 称为 Jordan 矩阵。`canon()` 函数可以直接获得 Jordan 标准型。

2. 多变量系统的Luenberger标准型

多变量系统一种重要的可控标准型实现是 Luenberger 标准型，其具体实现方法是，构造可控性判定矩阵，并按照下面的顺序构成一个矩阵 $\boldsymbol{S}$ [4]：

$$\boldsymbol{S}=\left[\boldsymbol{b}_1,\boldsymbol{A}\boldsymbol{b}_1,\cdots,\boldsymbol{A}^{\sigma_1-1}\boldsymbol{b}_1,\boldsymbol{b}_2,\cdots,\boldsymbol{A}^{\sigma_2-1}\boldsymbol{b}_2,\cdots,\boldsymbol{A}^{\sigma_p-1}\boldsymbol{b}_p\right] \tag{5-1-22}$$

其中，σ_i 是能保证前面各列线性无关的最大指数值，亦即最大可控性指数，取该矩阵的前 n 列就可以构成一个 $n\times n$ 的方阵 $\boldsymbol{L}$。如果这样构成的满秩矩阵不足 n 列，亦即多变量系统不是完全可控，则可以在后面补足能够使得 $\boldsymbol{L}$ 为满秩方阵的列，可以通过添补随机数的方式构造该矩阵。该矩阵求逆，则可以按照如下的方式提取出相

关各行

$$L^{-1}=\begin{bmatrix} l_1^{\mathrm{T}} \\ \vdots \\ l_{\sigma_1}^{\mathrm{T}} \\ \vdots \\ l_{\sigma_1+\sigma_2}^{\mathrm{T}} \\ \vdots \end{bmatrix}\begin{matrix} \\ \\ \leftarrow \text{提取此行} \\ \\ \leftarrow \text{提取此行} \\ \\ \end{matrix} \tag{5-1-23}$$

这样,依照下面的方法可以构造出变换矩阵的逆矩阵T^{-1}。

$$T^{-1}=\begin{bmatrix} l_{\sigma_1}^{\mathrm{T}} \\ \vdots \\ l_{\sigma_1}^{\mathrm{T}} A^{\sigma_1-1} \\ \vdots \\ l_{\sigma_1+\sigma_2}^{\mathrm{T}} A^{\sigma_2-1} \\ \vdots \end{bmatrix} \tag{5-1-24}$$

通过变换矩阵T对原系统进行相似变换,即可以得出Luenberger标准型。前面介绍的方法很适合用MATLAB语言直接实现,根据算法,可以编写出如下的函数来生成变换矩阵T。

```
function T=luenberger(A,B)
n=size(A,1); p=size(B,2); S=[]; sigmas=[]; k=1;
for i=1:p
   for j=0:n-1, S=[S,A^j*B(:,i)];
      if rank(S)==k, k=k+1;
      else, sigmas(i)=j-1; S=S(:,1:end-1); break; end
   end
   if k>n, break; end
end
k=k-1; %如果不是完全可控,则用随机数补足满秩矩阵
if k<n, while rank(S)=n, S(:,k+1:n)=rand(n,n-k); end, end
L=inv(S); iT=[];
for i=1:p, for j=0:sigmas(i)
   iT=[iT; L(i+sum(sigmas(1:i)),:)*A^j];
end, end
if k<n, iT(k+1:n,:)=L(k+1:end,:); end  %不可控时补足满秩矩阵
T=inv(iT);                             %构造变换矩阵
```

这样,状态方程的各种标准型可以由下面的函数直接获得[5]。

```
Gs=sscanform(G,'ctrl')       %求取可控标准型
Gs=sscanform(G,'obsv')       %求取可观测标准型
[Gs,T]=canon(G,'modal')      %求取Jordan标准型的函数,T为变换矩阵
```

```
T=luenberger(A,B)        %多变量系统Luenberger标准型的转换矩阵
```

例5-9 试求取传递函数 $G(s)=\dfrac{6s^4+2s^2+8s+10}{2s^4+6s^2+4s+8}$ 的可观测标准型实现。

解 该问题可以由 sscanform() 函数直接求解。

```
>> num=[6 0 2 8 10]; den=[2 0 6 4 8]; %分子多项式和分母多项式
   G=tf(num,den); Gs=sscanform(G,'obsv')
```

可以得出可观测标准型为

$$\begin{cases}\dot{z}(t)=\begin{bmatrix}0&0&0&-4\\1&0&0&-2\\0&1&0&-3\\0&0&1&0\end{bmatrix}z(t)+\begin{bmatrix}-7\\-2\\-8\\0\end{bmatrix}u(t)\\ y(t)=\begin{bmatrix}0&0&0&1\end{bmatrix}z(t)+3u(t)\end{cases}$$

可见，由给定的系统传递函数模型可以直接得出系统的可观测性标准型。求取系统的可控标准型和Jordan标准型也同样容易，调用相应的函数即可。

例5-10 试得出下面给出的状态方程模型的Luenberger标准型。

$$\dot{\boldsymbol{x}}(t)=\begin{bmatrix}15&6&-12&9\\4&14&8&-4\\2&4&10&-2\\9&6&-12&15\end{bmatrix}\boldsymbol{x}(t)+\begin{bmatrix}3&3\\2&2\\-2&-2\\3&9\end{bmatrix}\boldsymbol{u}(t)$$

解 用 luenberger() 函数可以构造所需变换矩阵，获得系统的Luenberger标准型。

```
>> A=[15,6,-12,9; 4,14,8,-4; 2,4,10,-2; 9,6,-12,15];
   B=[3,3; 2,2; -2,-2; 3,9]; T=luenberger(A,B) %获得Luenberger阵
   A1=inv(T)*A*T, B1=inv(T)*B  %对系统进行变换，即可得出此标准型
```

其数学表示形式为

$$\boldsymbol{T}=\begin{bmatrix}18&3&61.2&3\\-48&2&-79.2&2\\48&-2&43.2&-2\\18&3&-46.8&9\end{bmatrix},\ \dot{\boldsymbol{z}}(t)=\left[\begin{array}{cc|cc}0&1&0&0\\-144&30&-57.6&9.6\\\hline 0&0&0&1\\0&0&-108&24\end{array}\right]\boldsymbol{z}(t)+\left[\begin{array}{cc}0&0\\1&0\\\hline 0&0\\0&1\end{array}\right]\boldsymbol{u}(t)$$

5.1.9 系统的范数测度及求解

正如矩阵的范数是矩阵的测度一样，线性系统模型也有自己的范数定义，例如线性连续系统的 $\mathcal{H}_2$ 范数与无穷范数的定义分别为

$$||\boldsymbol{G}(s)||_2=\sqrt{\frac{1}{2\pi \mathrm{j}}\int_{-\mathrm{j}\infty}^{\mathrm{j}\infty}\sum_{i=1}^{p}\sigma_i^2\left[\boldsymbol{G}(\mathrm{j}\omega)\right]\mathrm{d}\omega},\quad ||\boldsymbol{G}(s)||_\infty=\sup_{\omega}\bar{\sigma}|\boldsymbol{G}(\mathrm{j}\omega)| \tag{5-1-25}$$

从式(5-1-25)中可以看出，$\mathcal{H}_\infty$ 范数实际上是频域响应幅值的峰值。对线性离散系统来说，系统的 $\mathcal{H}_2$ 范数与无穷范数的定义分别为

$$||\boldsymbol{G}(z)||_2=\sqrt{\int_{-\pi}^{\pi}\sum_{i=1}^{p}\sigma_i^2\left[\boldsymbol{G}\left(\mathrm{e}^{\mathrm{j}\omega}\right)\right]\mathrm{d}\omega},\quad ||\boldsymbol{G}(z)||_\infty=\sup_{\omega}\bar{\sigma}\left[\boldsymbol{G}\left(\mathrm{e}^{\mathrm{j}\omega}\right)\right] \tag{5-1-26}$$

其中$\sigma_i(\cdot)$为矩阵的第i奇异值，而$\bar{\sigma}(\cdot)$为矩阵奇异值的上限。

若系统模型已经由变量$\boldsymbol{G}$给出，则系统的范数$||\boldsymbol{G}(s)||_2$和$||\boldsymbol{G}(s)||_\infty$可以分别调用MATLAB函数`norm(G)`和`norm(G,inf)`直接求出。离散系统的范数也可以同样求出。系统的范数概念可以用于系统的鲁棒控制器设计，可以将其作为指标进行控制。

例5-11　试求例5-6中给出多变量离散系统的$\mathcal{H}_2$范数和$\mathcal{H}_\infty$范数。

解　这些范数可以用下面命令直接求出。

```
>> A=[-2.2,-0.7,1.5,-1; 0.2,-6.3,6,-1.5; ...
       0.6,-0.9,-2,-0.5; 1.4,-0.1,-1,-3.5];
   B=[6,9; 4,6; 4,4; 8,4]; C=[1 2 3 4];
   G=ss(A,B,C,[0 0],'Ts',0.1);
   norm(G,2), norm(G,inf), abs(eig(G))
```

可以直接求解出$||\boldsymbol{G}(z)||_2=\infty$，$||\boldsymbol{G}(z)||_\infty=45.5817$。进一步地，由`eig()`函数可以得出系统特征值的模为4,4,3,3，原系统不稳定，所以得出该系统的$\mathcal{H}_2$范数为无穷大。

5.2　线性系统时域响应解析解法

前面介绍过，线性系统的数学基础是线性微分方程和线性差分方程，它们在某些条件下是存在解析解的，这里将介绍两种线性系统的解析解方法：基于状态方程的解析解方法和基于传递函数的解析解方法，并将以典型二阶系统为例，引入后面将使用的一些概念，如阻尼比、超调量等。还将介绍时间延迟系统的解析解方法。

5.2.1　直接积分解析解方法

再考虑状态方程的解析解

$$\boldsymbol{x}(t)=\mathrm{e}^{\boldsymbol{A}(t-t_0)}\boldsymbol{x}(t_0)+\int_{t_0}^{t}\mathrm{e}^{\boldsymbol{A}(t-\tau)}\boldsymbol{B}\boldsymbol{u}(\tau)\mathrm{d}\tau,\ \boldsymbol{y}(t)=\boldsymbol{C}\boldsymbol{x}(t) \tag{5-2-1}$$

由于MATLAB的符号运算具有很强的积分运算能力，且求解矩阵指数也很容易，所以可以尝试符号运算命令求出线性系统的解析解，具体的求解语句为

```
y=C*(expm(A*(t-t0))*x0+...
   expm(A*t)*int(expm(-A*τ)*B*subs(u,t,τ),τ,t0,t))
```

其中，`subs()`函数用来处理变量替换的运算，因为输入信号原本是t的函数，而在积分运算中需要τ的函数，所以需要用`subs()`函数进行变量替换。求出解析解后，有必要采用`simplify()`函数化简得出的结果。

例5-12 系统的状态方程模型为

$$\begin{cases} \dot{\boldsymbol{x}}(t)=\begin{bmatrix}-19 & -16 & -16 & -19\\ 21 & 16 & 17 & 19\\ 20 & 17 & 16 & 20\\ -20 & -16 & -16 & -19\end{bmatrix}\boldsymbol{x}(t)+\begin{bmatrix}1\\0\\1\\2\end{bmatrix}u(t) \\ y(t)=[2,1,0,0]\boldsymbol{x}(t)\end{cases}$$

其中，状态变量初值为 $\boldsymbol{x}^{\mathrm{T}}(0)=[0,1,1,2]$，且输入信号为 $u(t)=2+2\mathrm{e}^{-3t}\sin 2t$。试求系统时域响应的解析解。

解 下面的语句可以直接得出系统时域响应的解析解。

```
>> syms t tau; u=2+2*exp(-3*t)*sin(2*t);
   A=[-19,-16,-16,-19; 21,16,17,19; 20,17,16,20; -20,-16,-16,-19];
   B=[1; 0; 1; 2]; C=[2 1 0 0]; D=0;  x0=[0; 1; 1; 2];
   y=C*(expm(A*t)*(x0+int(expm(-A*tau)*B*subs(u,t,tau),tau,0,t)))
   y=simplify(y)
```

得出的时域响应为

$$y(t)=-54+\frac{127}{4}t\mathrm{e}^{-t}+57\mathrm{e}^{-3t}+\frac{119}{8}\mathrm{e}^{-t}+4t^2\mathrm{e}^{-t}-\frac{135}{8}\mathrm{e}^{-3t}\cos 2t+\frac{77}{4}\mathrm{e}^{-3t}\sin 2t$$

5.2.2 基于增广矩阵的解析解方法

对于一般的输入信号来说，直接由式(5-1-2)求取系统的解析解并非很容易的事，因为其中积分项不好处理。如果能对状态方程进行某种变换，消去输入信号，则该方程的解析解就容易求解了。这里将对一类典型输入信号介绍状态增广的方法，将其化为不含有输入信号的状态方程，从而直接求解原来状态方程的解析解[6]。

先考虑单位阶跃信号 $u(t)=1(t)$，若假设有另外一个状态变量 $x_{n+1}(t)=u(t)$，则其导数为 $\dot{x}_{n+1}(t)=0$，这样系统的状态方程可以改写为

$$\begin{bmatrix}\dot{\boldsymbol{x}}(t)\\ \hdashline \dot{x}_{n+1}(t)\end{bmatrix}=\begin{bmatrix}\boldsymbol{A} & \boldsymbol{B}\\ \boldsymbol{0} & \boldsymbol{0}\end{bmatrix}\begin{bmatrix}\boldsymbol{x}(t)\\ \hdashline x_{n+1}(t)\end{bmatrix} \tag{5-2-2}$$

可见，这样就把原始的状态方程转换成直接可以求解的自治系统方程了。

$$\begin{cases}\dot{\widetilde{\boldsymbol{x}}}(t)=\widetilde{\boldsymbol{A}}\widetilde{\boldsymbol{x}}(t)\\ \widetilde{\boldsymbol{y}}(t)=\widetilde{\boldsymbol{C}}\widetilde{\boldsymbol{x}}(t)\end{cases} \tag{5-2-3}$$

式中，$\widetilde{\boldsymbol{x}}^{\mathrm{T}}(t)=\left[\boldsymbol{x}^{\mathrm{T}}(t),x_{n+1}(t)\right]$，且 $\widetilde{\boldsymbol{x}}^{\mathrm{T}}(0)=\left[\boldsymbol{x}^{\mathrm{T}}(0),1\right]$，其解析解比较容易求出

$$\widetilde{\boldsymbol{x}}(t)=\mathrm{e}^{\widetilde{\boldsymbol{A}}t}\widetilde{\boldsymbol{x}}(0) \tag{5-2-4}$$

除了阶跃信号外，下面的一类典型输入信号也可以作相应的增广。

$$u(t)=u_1(t)+u_2(t)=\sum_{i=0}^{m}c_it^i+\mathrm{e}^{d_1t}\big(d_2\cos d_4t+d_3\sin d_4t\big) \tag{5-2-5}$$

引入附加状态变量$x_{n+1}=\mathrm{e}^{d_1t}\cos d_4t$, $x_{n+2}=\mathrm{e}^{d_1t}\sin d_4t$, $x_{n+3}=u_1(t),\cdots,x_{n+m+3}=u_1^{(m-1)}(t)$,通过推导可以得出式(5-2-3)中给出的系统增广状态方程模型,式中

$$\widetilde{\boldsymbol{A}}=\left[\begin{array}{c:cc:cccc}\boldsymbol{A} & d_2\boldsymbol{B} & d_3\boldsymbol{B} & \boldsymbol{B} & \boldsymbol{0} & \cdots & \boldsymbol{0}\\ \hdashline \boldsymbol{0} & d_1 & -d_4 & & \boldsymbol{0} & & \\ & d_4 & d_1 & & & & \\ \hdashline & & & 0 & 1 & \cdots & 0\\ \boldsymbol{0} & \boldsymbol{0} & & 0 & 0 & \cdots & 0\\ & & & \vdots & \vdots & \ddots & \vdots\\ & & & 0 & 0 & \cdots & 0\end{array}\right],\ \widetilde{\boldsymbol{x}}(t)=\begin{bmatrix}\boldsymbol{x}(t)\\ x_{n+1}(t)\\ x_{n+2}(t)\\ x_{n+3}(t)\\ x_{n+4}(t)\\ \vdots\\ x_{n+m+3}(t)\end{bmatrix},\ \widetilde{\boldsymbol{x}}(0)=\left[\begin{array}{c}\boldsymbol{x}(0)\\ \hdashline 1\\ 0\\ \hdashline c_0\\ c_1\\ \vdots\\ c_m m!\end{array}\right] \tag{5-2-6}$$

这样系统的状态方程模型的解析解同样能由式(5-2-4)求出。

作者用MATLAB语言编写了一个函数ss_augment(),可以用来求取系统的增广状态方程模型,该函数的内容如下:

```
function [Ga,Xa]=ss_augment(G,cc,dd,X)
G=ss(G); Aa=G.a; Ca=G.c; Xa=X; Ba=G.b; D=G.d;
if (length(dd)>0 & sum(abs(dd))>1e-5)
   if (abs(dd(4))>1e-5)
      Aa=[Aa dd(2)*Ba, dd(3)*Ba; ...
          zeros(2,length(Aa)), [dd(1),-dd(4); dd(4),dd(1)]];
      Ca=[Ca dd(2)*D dd(3)*D]; Xa=[Xa; 1; 0]; Ba=[Ba; 0; 0];
   else, Aa=[Aa dd(2)*B; zeros(1,length(Aa)) dd(1)];
      Ca=[Ca dd(2)*D]; Xa=[Xa; 1]; Ba=[B;0];
end, end
if (length(cc)>0 & sum(abs(cc))>1e-5), M=length(cc);
   Aa=[Aa Ba zeros(length(Aa),M-1); zeros(M-1,length(Aa)+1) ...
       eye(M-1); zeros(1,length(Aa)+M)];
   Ca=[Ca D zeros(1,M-1)]; Xa=[Xa; cc(1)]; ii=1;
   for i=2:M, ii=ii*i; Xa(length(Aa)+i)=cc(i)*ii;
end, end, Ga=ss(Aa,zeros(size(Ca')),Ca,D);
```

其调用格式为$[G_1,x_1]=$ss_augment(G,c,d,x_0), 其中, $\boldsymbol{c}=[c_0,c_1,\cdots,c_m]$, $\boldsymbol{d}=[d_1,d_2,d_3,d_4]$, $\boldsymbol{x}_0$为初始状态。构造出系统的增广状态方程模型后,则可以用MATLAB符号运算工具箱的expm()函数求取各个状态变量的解析解。

例5-13 试用增广状态法重新求解例5-12中的问题。

解 可以用ss_augment()函数得出系统的增广状态方程模型。

```
>> c=[2]; d=[-3,0,2,2]; x0=[0; 1; 1; 2];
   A=[-19,-16,-16,-19; 21,16,17,19; 20,17,16,20; -20,-16,-16,-19];
   B=[1; 0; 1; 2]; C=[2 1 0 0]; D=0; G=ss(A,B,C,D);
   [Ga,xx0]=ss_augment(G,c,d,x0); Ga.a, xx0'
```

得出的增广状态方程模型为

$$\dot{\tilde{\boldsymbol{x}}}(t)=\left[\begin{array}{cccc:cc:c}-19&-16&-16&-19&0&2&1\\21&16&17&19&0&0&0\\20&17&16&20&0&2&1\\-20&-16&-16&-19&0&4&2\\\hdashline 0&0&0&0&-3&-2&0\\0&0&0&0&2&-3&0\\\hdashline 0&0&0&0&0&0&0\end{array}\right]\tilde{\boldsymbol{x}}(t),\quad \tilde{\boldsymbol{x}}(0)=\left[\begin{array}{c}0\\1\\1\\2\\\hdashline 1\\0\\\hdashline 2\end{array}\right]$$

得出了系统的增广状态方程模型,则可以用下面的语句直接获得生成信号的解析解,得出的结果和前面的完全一致。

```
>> syms t; y=Ga.c*expm(Ga.a*t)*xx0; %求解系统的解析解
```

5.2.3 基于Laplace变换、z变换的解析解方法

1. 连续系统的解析解法

假设系统的传递函数由下式给出

$$G(s)=\frac{b_1s^m+b_2s^{m-1}+\cdots+b_ms+b_{m+1}}{s^n+a_1s^{n-1}+a_2s^{n-2}+\cdots+a_{n-1}s+a_n}\tag{5-2-7}$$

且已知系统输入信号的Laplace变换$U(s)$,则可以求出系统输出信号的Laplace变换$Y(s)=G(s)U(s)$。这样,系统输出信号的解析解可以由Laplace反变换直接求出。在MATLAB下,可以用`laplace()`、`ilaplace()`函数来直接求解函数的正反Laplace变换。如果没有安装符号运算工具箱,则可以通过$Y(s)$函数部分分式展开的方式求取时域响应的解析解[7]。下面将通过例子演示系统解析解的求解方法。

例5-14 考虑系统的传递函数模型。

$$G(s)=\frac{s^3+7s^2+3s+4}{s^4+7s^3+17s^2+17s+6}$$

系统的输入信号为单位阶跃信号,试求输出信号的解析解。

解 已知输入信号的Laplace变换为$1/s$,这样,通过下面的语句可以直接求出输出信号的解析解。

```
>> syms s; G=(s^3+7*s^2+3*s+4)/(s^4+7*s^3+17*s^2+17*s+6);
   Y=G/s; y=ilaplace(Y)
```

可以得出原问题的解析解为

$$y(t)=\frac{31}{12}\mathrm{e}^{-3t}-9\mathrm{e}^{-2t}+\frac{23}{4}\mathrm{e}^{-t}-\frac{7}{2}t\mathrm{e}^{-t}+\frac{2}{3}$$

2. 离散系统的解析解法

考虑离散系统传递函数模型$G(z)$,如果输入信号的z变换为$R(z)$,则输出信号的z变换可以表示为$Y(z)=G(z)R(z)$,这样,输出信号的解析解$y(n)$可以由$Y(z)$进行z反变换直接求出,$y(n)=\mathscr{Z}^{-1}[Y(z)]$。MATLAB的符号运算工具箱提供了$z$

变换函数 `ztrans()` 和 z 反变换函数 `iztrans()`，可以用来求取离散系统的时域响应解析解。

例5-15 假设一个系统的离散传递函数为

$$G(z)=\frac{(z-1/3)}{(z-1/2)(z-1/4)(z+1/5)}$$

并假设系统的输入为阶跃信号，试求输出信号的解析解。

解 已知输入阶跃信号的 z 变换为 $z/(z-1)$，这样就可以用下面的语句将系统的输出在MATLAB环境中计算出来。

```
>> syms z; G=(z-1/3)/(z-1/2)/(z-1/4)/(z+1/5);
   R=z/(z-1); y=iztrans(G*R)
```

系统的解析解为

$$y(n)=\frac{800}{567}\left(-\frac{1}{5}\right)^n-\frac{80}{81}\left(\frac{1}{4}\right)^n-\frac{40}{21}\left(\frac{1}{2}\right)^n+\frac{40}{27}$$

例5-16 试求离散传递函数 $G(z)=\dfrac{5z-2}{(z-1/2)^3(z-1/3)}$ 的阶跃响应解析解。

解 阶跃响应的解析解可以通过下面的命令求出。

```
>> syms z; G=(5*z-2)/(z-1/2)^3/(z-1/3);
   R=z/(z-1); y=iztrans(G*R)
```

这样经过 z 反变换即可以求出输出信号的解析解为

$$y(n)=36-108\,(1/3)^n+72\,(1/2)^n-60n\,(1/2)^n-12n^2\,(1/2)^n$$

3. 时间延迟系统的解析解法

考虑带有时间延迟的连续系统模型 $G(s)\mathrm{e}^{-Ls}$ 和离散系统传递函数 $H(z)z^{-k}$，直接对这样的式子进行部分分式展开不便，所以在使用前述的展开时可不考虑时间延迟因素，这样就可以得出不带有时间延迟的系统输出解析解，假设分别为 $y(t)$ 或 $y(n)$，这时根据Laplace变换和 z 变换的性质，分别用 $t-L$ 或 $n-k$ 代替得出解析解中的 t 或 n，就可以构造出时间延迟系统的解析解。

例5-17 如果例5-14中给出的传递函数 $G(s)$ 含有2s延迟，试求阶跃响应的解析解。

解 阶跃响应解析解可以由下面的变量替换语句直接得出。

```
>> syms s t; G=(s^3+7*s^2+3*s+4)/(s^4+7*s^3+17*s^2+17*s+6);
   Y=G/s; y=ilaplace(Y); y=subs(y,t,t-2), fplot(y,[0,10])
```

可以得出该系统的解析解如下，阶跃响应如图5-5(a)所示。

$$y=2/3-9\mathrm{e}^{-2t+4}+31\mathrm{e}^{-3t+6}/12-\mathrm{e}^{-t+2}\,(14t-51)\,/4$$

观察得出的曲线可见，该结果是错误的，因为在 $t\leqslant 2$ 时系统响应本应为零，而单纯的变量替换导致非零的结果，所以应该将得出的解析解修正如下，其中，$1(\cdot)$ 为Heaviside函数，该系统的阶跃响应曲线可以由下面语句直接绘制，如图5-5(b)所示。

$$y(t)=\left[\frac{2}{3}-9\mathrm{e}^{-2(t-2)}+\frac{31}{12}\mathrm{e}^{-3(t-2)}-\frac{1}{4}\,\mathrm{e}^{-(t-2)}\,(14(t-2)-23)\right]\times 1(t-2)$$

```
>> fplot(y*heaviside(t-2),[0,10])
```

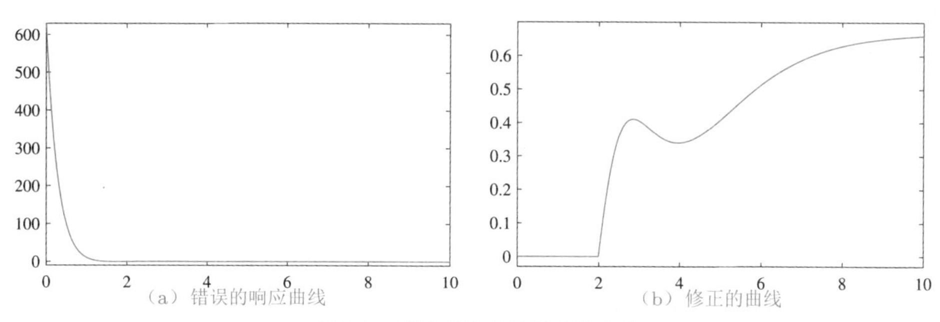

(a) 错误的响应曲线　　(b) 修正的曲线

图5-5 延迟系统的阶跃响应曲线

例5-18 考虑下面的带有时间延迟的系统模型，试求该模型的单位阶跃响应解析解。

$$G(z)z^{-5}=\frac{5z-2}{(z-1/2)^3(z-1/3)}z^{-5}$$

解 可以看出，其中的 $G(z)$ 和例5-16中的完全一致，该例中已经得出了不带有时间延迟部分的阶跃响应解析解。对带有时间延迟的系统来说，用 $n-5$ 取代其中的 n，得出的结果就是整个系统的阶跃响应解析解为

$$\begin{aligned}y(n)&=-108\,(1/3)^{n-5}+\left[-12(n-5)^2-60(n-5)+72\right](1/2)^{n-5}+36\\&=-108\,(1/3)^{n-5}+\left(-12n^2+60n+72\right)(1/2)^{n-5}+36\end{aligned}$$

变量替换还可以用 subs() 函数处理。更严格地说，原延迟系统的解析解应该写成

$$y(n)=\begin{cases}0, & n\leqslant 5\\ -108\,(1/3)^{n-5}+\left(-12n^2+60n+72\right)(1/2)^{n-5}+36, & n>5\end{cases}$$

虽然可以用下面命令求解原问题，但得出的解可读性较差，包含 kroneckerDelta() 与 nchoosek() 等函数，需要进一步手工替换与处理。

```
>> syms z; G=(5*z-2)/(z-1/2)^3/(z-1/3)*z^(-5);
   R=z/(z-1); y=iztrans(G*R)
```

5.2.4 阶跃响应指标

线性系统典型的阶跃响应曲线示意图由图5-6给出，其中，人们感兴趣的阶跃响应指标包括：

（1）稳态值 $y(\infty)$。亦即系统在时间很大时的系统输出极限值，对不稳定系统来说稳态值趋于无穷大。对稳定的线性连续系统模型来说，应用Laplace变换中终值的性质定理，可以容易地得出系统阶跃响应的稳态值为

$$y(\infty)=\lim_{s\to 0}sG(s)\frac{1}{s}=G(0)=\frac{b_m}{a_n} \tag{5-2-8}$$

亦即对传递函数模型来说，系统的稳态值即为分子、分母常数项的比值。如果已知系统的数学模型 G，则系统的阶跃响应稳态值可以由 dcgain(G) 直接得出。

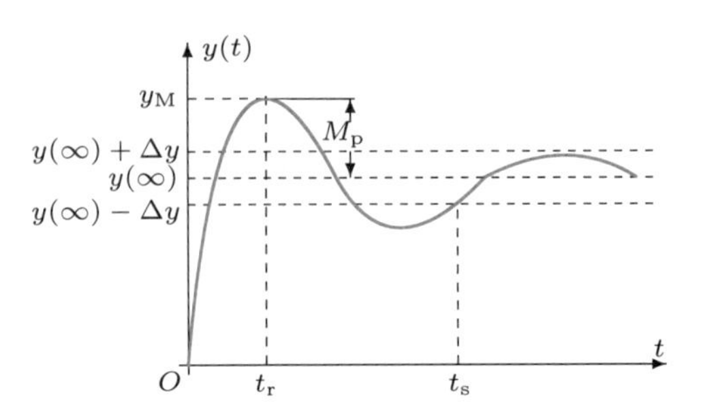

图 5-6　典型控制系统阶跃响应指标示意图

(2) 超调量 σ。定义为系统的峰值 y_p 与稳态值的差距，通常用下面的公式求出

$$\sigma=\frac{y_\mathrm{p}-y(\infty)}{y(\infty)}\times 100\% \tag{5-2-9}$$

(3) 上升时间 t_r。一般定义为系统阶跃响应从稳态值的10%到90%的这段时间，有的定义也可以是从开始响应到阶跃响应达到稳态值所需的时间。

(4) 调节时间 t_s。一般指系统的阶跃响应进入稳态值附近的一个带中，比如2%或5%的带后不再出来时所需的时间。

对一个好的伺服控制系统来说，一般应该具有稳态误差小或没有稳态误差，超调量小或没有超调量，上升时间短，调节时间短等性能。所以这些性能指标在控制系统设计中是经常使用的。

5.3　线性系统的数值仿真分析

前面介绍了线性系统的解析解方法，并解释了可以求解的条件。严格说来，四阶以上的系统需要求解四阶以上的多项式方程，所以根据Abel不可能性定理，没有代数解法能得出这类一般方程的解，换言之，这类方程是没有解析解的，从而使得高阶微分方程也没有解析解。应用前面介绍的解析解和数值解的结合可以求出系统时域响应的高精度准解析表达式。

在实际应用中，并不是所有情况下都希望得出系统的解析解，有时得到系统时域响应的曲线就足够了，不一定非得得出输出信号的解析表达式。在这样的情况下可以借助于微分方程数值解的技术求取系统响应的数值解，并用曲线表示结果。

本节首先介绍阶跃响应、冲激响应的数值解求法及响应曲线绘制方法，再介绍一般输入下系统时域响应数值解、非零初始状态响应数值解及曲线绘制等内容，最后将介绍多变量系统的时域响应分析方法。

5.3.1　线性系统的阶跃响应与冲激响应

线性系统的阶跃响应可以通过 `step()` 函数直接求取，冲激响应可以使用函数 `impulse()` 来获得，而在任意输入下的系统响应可以通过 `lsim()` 函 数，更复杂系统的时域响应分析还可以通过强大的Simulink环境来直接求取。

step()函数有如下多种调用格式：

```
step(G),              %不返回变元将自动绘制阶跃响应曲线
[y,t]=step(G),        %自动选择时间向量，进行阶跃响应分析
[y,t]=step(G,tn),     %设置系统的终止响应时间tn，进行阶跃响应分析
y=step(G,t),          %用户自己选择时间向量t，进行阶跃响应分析
```

除了经典的step()函数之外，新版MATLAB控制系统工具箱提供了stepplot()函数，也可以绘制系统的阶跃响应曲线。对一般使用者而言，该函数与step()基本通用，这里不特别推荐使用新版本的函数。当然，新版本函数是基于面向对象技术编写的，该函数调用时，允许由 h=stepplot(···) 格式返回阶跃响应曲线的句柄 h，用户可以事后修改图形对象的属性。后面将通过例子演示图形属性的修改方法。

这里系统模型 G 可以为任意的线性时不变系统模型，包括传递函数、零极点、状态方程模型、单变量和多变量模型、连续与离散模型、带有时间延迟的模型等。若上述的函数调用时不返回任何参数，则将自动打开图形窗口，将系统的阶跃响应曲线直接在该窗口上显示出来，并用虚线绘制稳态值。如果想同时绘制出多个系统的阶跃响应曲线，则可以仿照plot()函数给出系统阶跃响应曲线命令，如

```
step(G1,'-',G2,'-.b',G3,':r')
```

该命令可以用实线绘制系统 G_1 的阶跃响应曲线，用蓝色点画线绘制 G_2 的阶跃响应曲线，用红色点线绘制出系统 G_3 的阶跃响应曲线。

与plot()函数一样，step(h,...)函数还允许在指定坐标系下绘制阶跃响应曲线，其中，h 为指定坐标系的句柄。

例5-19 试求下面带有时间延迟连续模型的单位阶跃响应。

$$G(s)=\frac{10s+20}{10s^4+23s^3+26s^2+23s+10}\mathrm{e}^{-s}$$

解 可以通过下面的命令直接输入系统模型，并绘制出阶跃响应曲线，如图5-7(a)所示。

```
>> G=tf([10 20],[10 23 26 23 10],'ioDelay',1); %系统模型
   step(G,30);      %绘制阶跃响应曲线，终止时间为30
```

在自动绘制的系统阶跃响应曲线上，若单击曲线上某点，则可以显示出该点对应的时间信息和响应的幅值信息，如图5-7(b)所示。通过这样的方法就可以容易地分析系统阶跃响应的情况。

在控制理论中介绍典型线性系统的阶跃响应分析时经常用一些指标来定量描述，例如系统的超调量、上升时间、调节时间等，在MATLAB自动绘制的阶跃响应曲线中，如果想得出这些指标，只需右击鼠标键(不在响应曲线上)，则将得出如图5-8(a)所示的菜单，选择其中的Characteristics(特性)菜单项，从中选择合适的分析内容，即可以得出系统的阶跃响应指标，如图5-8(b)所示。若想获得某个指标的具体值，则需先将鼠标移动到该点上即可。

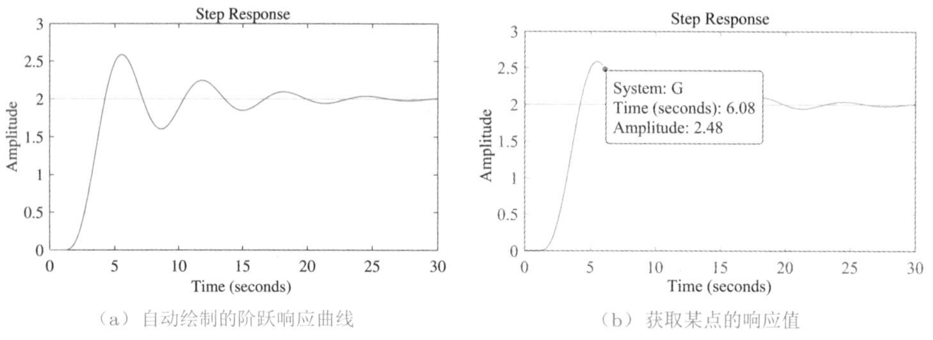

(a) 自动绘制的阶跃响应曲线　(b) 获取某点的响应值

图5-7　线性系统的阶跃响应曲线

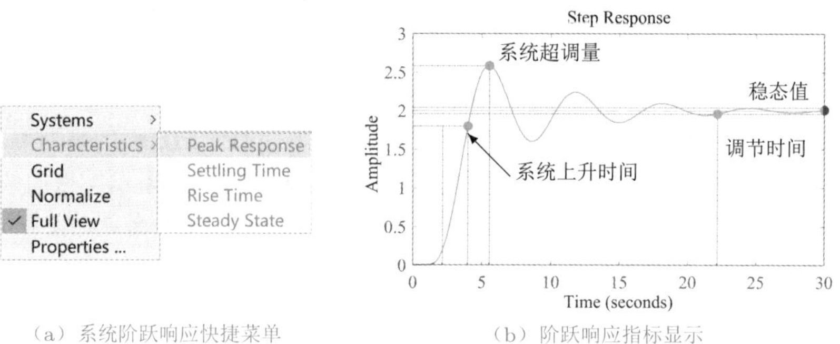

(a) 系统阶跃响应快捷菜单　(b) 阶跃响应指标显示

图5-8　阶跃响应指标显示

用前面给出的方法,还可以容易地得出系统阶跃响应的解析解。

```
>> syms s t; G1=tf2sym(G); y1=ilaplace(G1/s)
```

这样就能得出系统的阶跃响应解析解的数学形式为

$$y(t)=2-\frac{10t}{17}\mathrm{e}^{-t}-\frac{4}{17}\left(\cos\frac{\sqrt{391}}{20}t+\frac{103}{\sqrt{391}}\sin\frac{\sqrt{391}t}{20}t\right)\mathrm{e}^{-3t/20}-\frac{30}{17}\mathrm{e}^{-t}$$

因为解析解是已知的,所以由下面的语句还可以估算出解析解的精度。

```
>> [y,t1]=step(tf(num,den));    % 用数值方法求取阶跃响应数据
   y0=subs(y1,t,t1); norm(y-y0) % 评价数值解的误差
```

可见得出的阶跃响应可以达到9.1×10^{-14}这样的精度级,所以结果是可信的。

例5-20　考虑例5-3中描述的闭环系统,试绘制该闭环系统的阶跃响应曲线。

解　前面介绍过,这样的闭环模型不能用传递函数描述,但可以自动由带有内部延迟的状态方程模型表示。所以,即使这样复杂系统的阶跃响应也可以通过下面直观的、常规的方法绘制阶跃响应曲线,如图5-9所示,可见该系统是稳定的,与例5-3得出的结论是完全一致的。

```
>> s=tf('s'); G=(1+3*exp(-s)/(s+1))/(s+1);
   Gc=0.3+0.15/s; G1=feedback(G*Gc,1); step(G1)
```

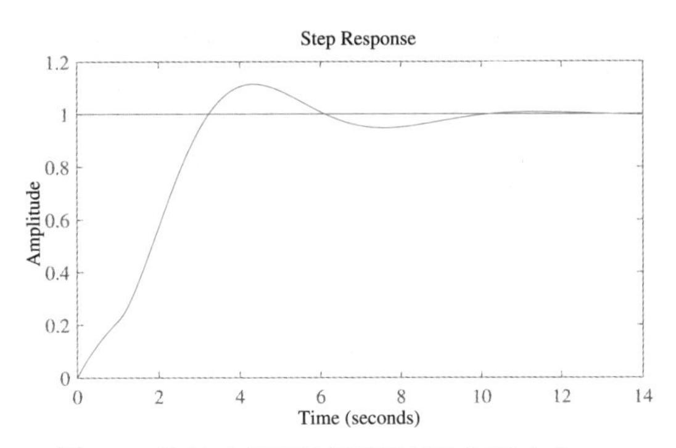

图5-9 连续内部延迟闭环系统的阶跃响应

例5-21 第4章中曾经介绍了连续系统离散化的方法。假设连续系统的数学模型为 $G(s) = \mathrm{e}^{-s}/(s^2+0.2s+1)$，试研究采样周期对系统离散化的影响。

解 选择采样周期为 $T=0.01, 0.1, 0.5, 1.2\,\mathrm{s}$，则可以用下面的语句得出各个离散化的传递函数模型。再用 step() 函数进行对比分析，得出如图5-10所示的阶跃响应曲线。采样周期越小，离散化系统越接近原始的连续模型。若采样周期选择过大，则有可能丢失原来系统的信息。

```
>> G=tf(1,[1 0.2 1],'ioDelay',1);      %输入连续系统数学模型
   G1=c2d(G,0.01,'zoh'); G2=c2d(G,0.1);
   G3=c2d(G,0.5); G4=c2d(G,1.2);       %Tustin 变换，有时可能导致虚系数
   step(G,'-',G2,'--',G3,':',G4,'-.',10) %比较各个模型阶跃响应
```

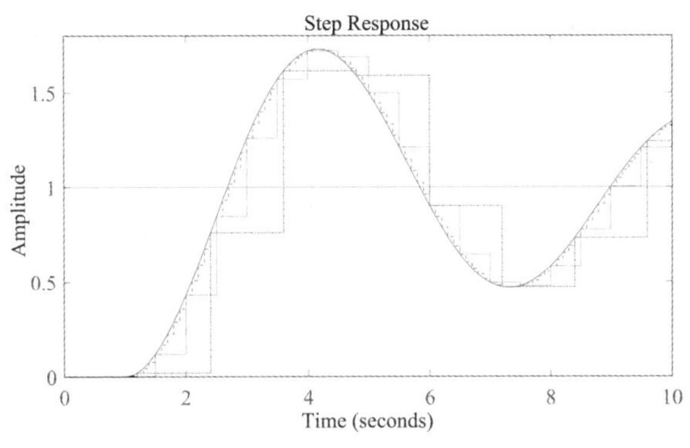

图5-10 连续系统离散化的效果比较

这样得出的离散模型分别为

$$G_1(z)=\frac{4.997\times10^{-5}z+4.993\times10^{-5}}{z^2-1.998z+0.998}z^{-100},\quad G_2(z)=\frac{0.004963z+0.00493}{z^2-1.97z+0.9802}z^{-10}$$

$$G_3(z)=\frac{0.1185z+0.1145}{z^2-1.672z+0.9048}z^{-2},\quad G_4(z)=\frac{0.01967z^2+0.7277z+0.3865}{z^3-0.6527z^2+0.7866z}$$

值得指出的是，step() 函数绘制出的离散系统阶跃响应曲线是以阶梯线的形式表示的，在该曲线上仍然可以使用右键菜单显示其响应指标。

例5-22 试绘制例4-10中给出的双输入、双输出系统的阶跃响应曲线。

解 可以用下面语句直接绘制出分别在两路阶跃输入激励下系统的两个输出信号的阶跃响应曲线,如图5-11(a)所示。

```
>> g11=tf(0.1134,[1.78 4.48 1],'ioDelay',0.72);
   g21=tf(0.3378,[0.361 1.09 1],'ioDelay',0.3);
   g12=tf(0.924,[2.07 1]); g22=tf(-0.318,[2.93 1],'ioDelay',1.29);
   G=[g11, g12; g21, g22]; step(G)  %多变量系统的阶跃响应
```

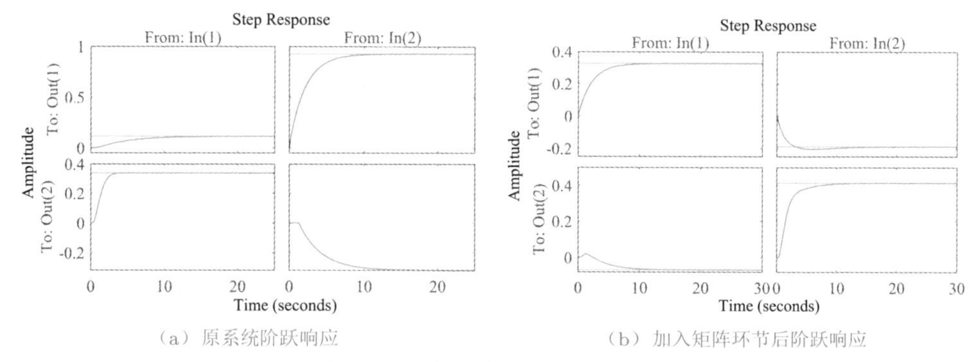

(a) 原系统阶跃响应 (b) 加入矩阵环节后阶跃响应

图5-11 多变量系统的阶跃响应曲线

注意,这时得出的阶跃响应曲线是在两路输入均单独作用下分别得出的。从得出的系统阶跃响应可以看出,在第1路信号输入时,第1路输出信号有响应,而第2路输出信号也有很强的响应。单独看第2路输入信号的作用也是这样,这在多变量系统理论中称为系统的耦合,在多变量系统的设计中是很不好处理的。因为若没有这样的耦合,则可以给两路信号分别设计控制器就可以了,但有了耦合,就必须考虑引入某种环节,使得耦合尽可能小,这样的方法在多变量系统理论中又称为解耦。考虑有了现成的矩阵$\boldsymbol{K}_\mathrm{p}$对系统进行补偿

$$\boldsymbol{K}_\mathrm{p}=\begin{bmatrix}0.1134 & 0.924\\ 0.3378 & -0.318\end{bmatrix}$$

由于需要对传递函数进行四则运算,而其中子传递函数有的带有时间延迟,传统意义下并不能利用矩阵乘法的方式进行直接运算,采用带有内部延迟的状态方程模型则可以处理。

```
>> Kp=[0.1134,0.924; 0.3378,-0.318]; step(G*Kp)
```

上面的语句可以直接绘制出$\boldsymbol{G}(s)\boldsymbol{K}_\mathrm{p}$系统的阶跃响应曲线,如图5-11(b)所示。可见在矩阵的补偿下,两路输出的耦合明显降低,从而使得控制器单独设计变成可能。

系统的冲激响应曲线可以由MATLAB控制系统工具箱中的`impulse()`函数直接绘制出来,该函数的调用格式与`step()`函数完全一致。

例5-23 试求例5-19中系统的冲激响应曲线。

解 可以用下面的语句直接绘制该系统的冲激响应曲线,如图5-12所示。

```
>> G=tf([10 20],[10 23 26 23 10],'ioDelay',1); impulse(G,30);
```

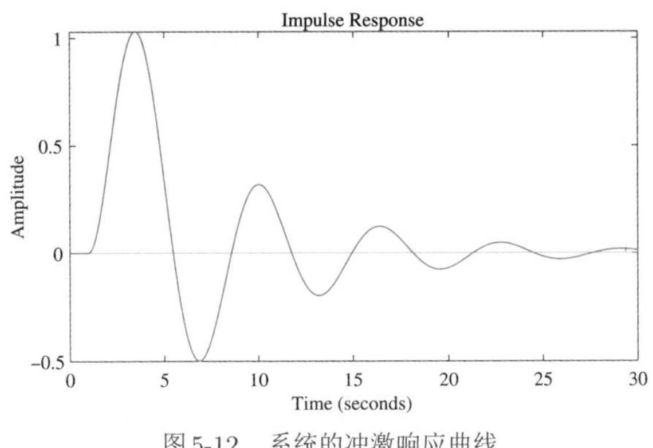

图5-12 系统的冲激响应曲线

5.3.2 任意输入下系统的响应

前面介绍了两种常用的时域响应求取函数，step() 函数和 impulse() 函数，应用这些函数可以很容易地绘制系统的时域响应曲线。

若输入信号的Laplace变换$R(s)$能够表示成有理函数的形式，则输出信号可以写成$Y(s) = G(s)R(s)$，这样系统的时域响应可以由$Y(s)$的冲激响应函数impulse()直接绘制出来，这样就可以实现系统的时域分析与仿真。

例5-24 试绘制出例5-19中延迟系统的斜坡响应曲线。

解 斜坡信号的Laplace变换为$1/s^2$，故系统的斜坡响应既可以由$G(s)/s$系统的阶跃响应求出，也可以由$G(s)/s^2$系统的冲激响应得出，所以由下面的MATLAB语句可以绘制出系统的斜坡响应曲线，如图5-13所示。

```
>> G=tf([10 20],[10 23 26 23 10],'ioDelay',1); %系统模型
   s=tf('s'); step(G/s,50);                    %或impulse(G/s^2,50)
```

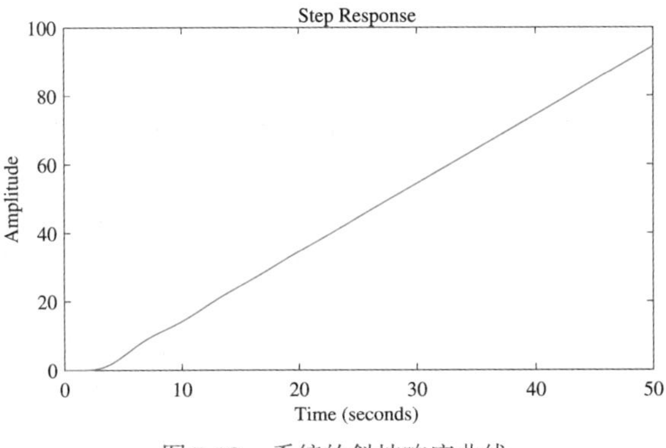

图5-13 系统的斜坡响应曲线

如果输入信号由其他数学函数描述，或输入信号的数学模型未知，则用这两个函数就无能为力了，需要借助于lsim()函数来绘制系统时域响应曲线了。lsim()函数的调

用格式与step()等函数的格式较类似，所不同的是，需要提供有关输入信号的函数值，该函数的调用格式为lsim(G,u,t)，其中，$\boldsymbol{G}$为系统模型，$\boldsymbol{u}$和$\boldsymbol{t}$将用于描述输入信号，$\boldsymbol{u}$中的点对应于各个时间点处的输入信号值，若想研究多变量系统，则$\boldsymbol{u}$应该是矩阵，其各行对应于$\boldsymbol{t}$向量各个时刻的各路输入的值。调用了这个函数，将自动绘制出系统在任意输入下的时域响应曲线。

例5-25 考虑例5-3中描述的闭环系统，如果输入信号为下面给出的分段函数，试绘制该闭环系统的时域响应曲线。

$$u(t)=\begin{cases} t, & t\leqslant 2 \\ 2, & 2<t\leqslant 20 \end{cases}$$

解 由下面的语句可以描述分段函数输入信号，然后直接绘制出变换系统的时域响应曲线，如图5-14所示。

```
>> s=tf('s'); G=(1+3*exp(-s)/(s+1))/(s+1);
   Gc=0.3+0.15/s; G1=feedback(G*Gc,1);
   t=0:0.01:20; u=t.*(t<=2)+2*(t>2); lsim(G1,u,t);
```

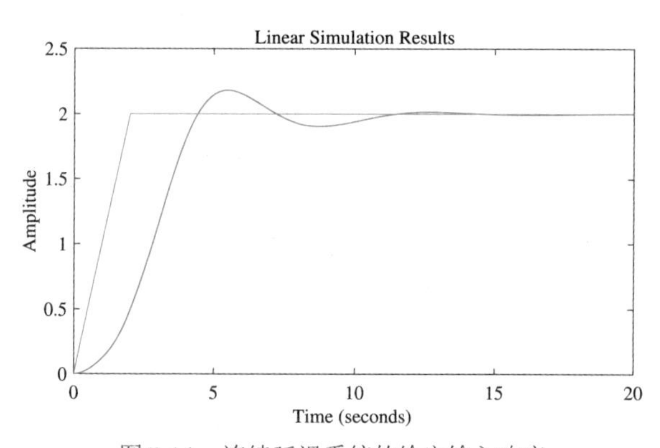

图5-14 连续延迟系统的给定输入响应

例5-26 考虑例4-10中的双输入双输出系统，假设第1路为$u_1(t)=1-\mathrm{e}^{-t}\sin(3t+1)$，第2路输入为$u_2(t)=\sin(t)\cos(t+2)$，试绘制系统的时域响应曲线。

解 可以用下面的语句输入系统模型，然后先定义系统的两路输入，再调用lsim()函数，就可以绘制出系统在这两路输入信号下系统时域响应曲线，如图5-15所示。

```
>> g11=tf(0.1134,[1.78 4.48 1],'ioDelay',0.72);
   g21=tf(0.3378,[0.361 1.09 1],'ioDelay',0.3);
   g12=tf(0.924,[2.07 1]); g22=tf(-0.318,[2.93 1],'ioDelay',1.29);
   G=[g11, g12; g21, g22]; t=[0:.1:15]';
   u=[1-exp(-t).*sin(3*t+1),sin(t).*cos(t+2)];
   lsim(G,u,t); %双输入信号下的时域响应曲线
```

这里的时域响应曲线和以前介绍的多变量系统阶跃响应概念是不同的，在这里是

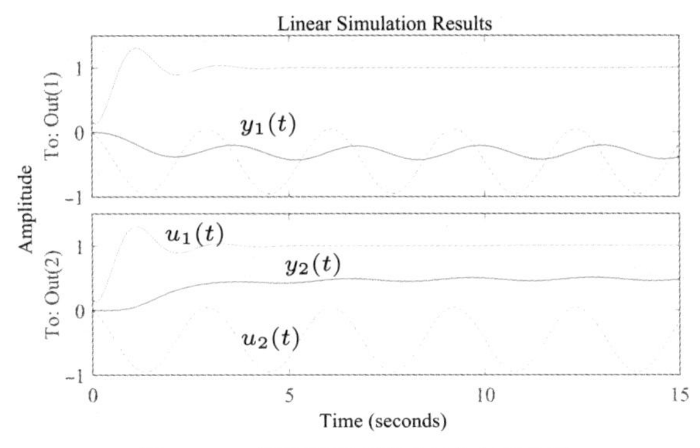

图5-15 多变量系统的时域响应曲线

指在这两个信号共同作用下系统的时域响应，所以只需绘制两个图形，分别描述两路输出信号即可，两路输入信号也分别在时域响应曲线上绘制出来。

5.3.3 非零初始状态下系统的时域响应

前面介绍的传递函数时域响应曲线都是针对零初始状态系统的求解问题，如果系统的初始状态非零，则应该先使用 `initial()` 函数求出非零初始状态的时域响应，该函数的调用格式为 $[y,t]=\mathrm{initial}(G,x_0,t_n)$，其中，$t_n$ 为终止仿真时间，再利用叠加原理将 `lsim()` 的结果加到前面得出的结果上。

例5-27 试用数值仿真方法重新求解例5-12中给出的问题。

解 在原例中得出了原系统的时域响应解析解，这里将探讨非零初始状态下时域响应曲线的绘制方法。可以给出下面的语句绘制出该系统的时域响应曲线，如图5-16所示。

```
>> A=[-19,-16,-16,-19; 21,16,17,19; 20,17,16,20; -20,-16,-16,-19];
   B=[1; 0; 1; 2]; C=[2 1 0 0]; G=ss(A,B,C,0);
   x0=[0; 1; 1; 2]; [y1,t]=initial(G,x0,10);
   u=2+2*exp(-3*t).*sin(2*t); y2=lsim(G,u,t); plot(t,y1+y2)
```

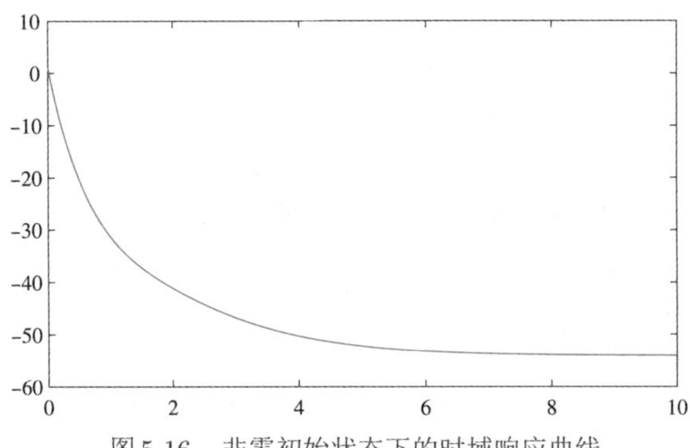

图5-16 非零初始状态下的时域响应曲线

5.3.4 非正则系统的时域响应

值得指出的是，前面介绍的step()等函数只能用于正则系统的曲线绘制。对一些特定问题而言，例如，PID控制系统，由于控制器分子的阶次高于分母的阶次，可能使得某些系统信号导致非正则现象。本节通过例子演示一个非正则系统的例子，演示step()函数的局限性，并演示某些非正则系统的近似数值解。

例5-28 假设某受控对象模型与PID控制器模型如下，试绘制控制器输出信号的阶跃响应曲线。

$$G(s)=\frac{1}{(s+1)^3},\ G_{\rm c}(s)=2.18+\frac{0.847}{s}+1.4s$$

解 从输入信号到控制器输出信号的传递函数为 $G_{\rm c}(s)/(1+G(s)G_{\rm c}(s))$，从效果上等于前向通路为 $G_{\rm c}(s)$，反馈通路为 $G(s)$ 的负反馈连接。由下面的语句可以尝试获得系统的阶跃响应曲线，同时得出传递函数的零极点形式。

```
>> s=tf('s'); G=1/(s+1)^3; Gc=2.18+0.847/s+1.4*s;
   G0=feedback(Gc,G); step(G0)
```

这样得出的等效传递函数如下，不过调用step()函数得出错误信息“Cannot simulate the time response of improper (non-causal) models (不能得出非正则系统的时域响应)”，因为传递函数的分子阶次高于分母的阶次。

$$G_0(s)=\frac{1.3958(s+1)^3(s+0.7792)^2}{(s+0.8322)(s+0.626)(s^2+1.542s+1.627)}$$

从PID模型看，产生非正则的原因是 $1.4s$ 算子，应该用 $1.4s/(\tau s+1)$，其中，τ 可以取很小的值，例如，$\tau=0.001$。这样，可以用下面的语句在求解控制信号时，对 τ 值依赖极大，因为PID控制器中的微分信号瞬时理论值为无穷大。

```
>> Gc=2.18+0.847/s;
   Gc1=Gc+1.4*s/(0.001*s+1); Gc2=Gc+1.4*s/(0.005*s+1);
   step(feedback(Gc1,G),feedback(Gc2,G),'--')
```

5.3.5 面向对象的时域响应曲线绘制

前面指出，绘制系统的阶跃响应可以使用经典的step()函数，也可以使用新的stepplot()函数绘图，它们之间的区别在于后者允许返回图形的句柄。类似地，impulse()、lsim()、initial()等函数也有对应的面向对象版本：impulseplot()、lsimplot()、initialplot()，这里将通过例子演示这些函数与经典函数的区别。

例5-29 试重新绘制例5-19系统的阶跃响应曲线，并将图形的标题字号设置为20。

解 由例5-19中的step()函数绘制完系统的阶跃响应曲线之后，图形属性是不能修改的，因为不允许单独选择标图或其他对象。这时可以尝试stepplot()函数直接绘图，该命令得出与图5-7(a)完全一样的曲线，与此同时，还得到了该图的句柄 h。

```
>> G=tf([10 20],[10 23 26 23 10],'ioDelay',1); %系统模型
   h=stepplot(G,30); %绘制阶跃响应曲线，并得到句柄
```

由 p=getoptions(h) 命令可以提取该图形下一级对象的句柄，包括其中的标题对象 p.Title。该对象默认的字号为11。用户只需将其设置为20，然后用 setoptions() 函数实施修改，直接得出如图5-17所示的新阶跃响应曲线。

```
>> p=getoptions(h); p.Title %列出标题的所有属性，其中有FontSize
   p.Title.FontSize=20; setoptions(h,p) %修改对象属性，获得新图形
```

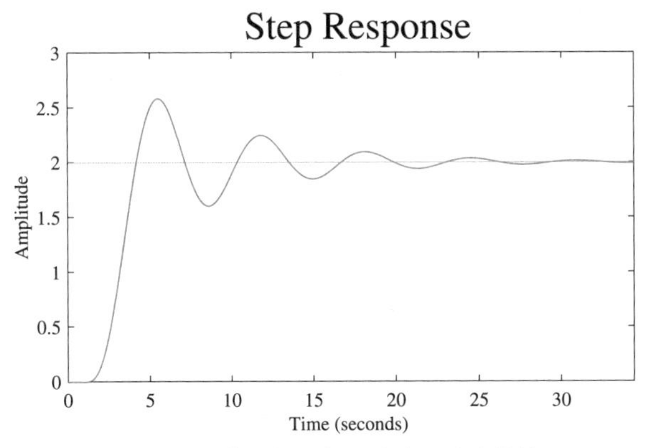

图5-17 修改标题字号的阶跃响应曲线

5.4 根轨迹分析

系统的根轨迹分析与设计技术是自动控制理论中一种很重要的方法，根轨迹起源于对系统稳定性的研究，在以前没有很好的求特征根的方法时起到一定的作用，现在根轨迹方法仍然是一种较实用的方法。本节先给出根轨迹的概念与绘制方法，再介绍特殊系统根轨迹的绘制方法。

5.4.1 一般系统的根轨迹分析

根轨迹绘制的基本考虑是：假设单变量系统的开环传递函数为 $G(s)$，且设控制器为增益 K，整个控制系统是由单位负反馈构成的闭环系统，这样就可以求出闭环系统的数学模型为 $G_{\rm c}(s)=KG(s)/(1+KG(s))$，可以看出，闭环系统的特征根可以由下面的方程求出

$$1+KG(s)=0 \tag{5-4-1}$$

并可以变化为多项式方程求根的问题。对指定的 K 值，由数学软件提供的多项式方程求根方法就可以立即求出闭环系统的特征根，改变 K 的值可能得出另外的一组根。对 K 的不同取值，则可能绘制出每个特征根变化的曲线，这样的曲线称为系统的根轨迹。

MATLAB 中提供了 rlocus() 函数，可以直接用于系统的根轨迹绘制，根轨迹函数的调用方法也是很直观的，类似于 step() 函数，常用的函数调用格式为

```
rlocus(G)        %不返回变元将自动绘制根轨迹曲线
```

```
rlocus(G,K)            %给定增益向量,绘制根轨迹曲线
[R,K]=rlocus(G)        %R为闭环特征根构成的复数矩阵
rlocus(G1,'-',G2,'-.b',G3,':r') %同时绘制若干系统的根轨迹
```

该函数可以用于单变量不含有时间延迟的连续、离散系统的根轨迹绘制，也可以用于带有时间延迟的单变量离散系统的根轨迹绘制。

在绘制出的根轨迹上，如果用鼠标单击某个点，将显示出关于这个点的有关信息，包括这点处的增益值，对应的系统特征根的值和可能的闭环系统阻尼比和超调量等，可以通过这样的方法得出临界增益等实用信息。

绘制了系统的根轨迹曲线，则给出 **grid** 命令将在根轨迹曲线上叠印出等阻尼线和等自然频率线，根据等阻尼线可以进行基于根轨迹的系统设计。用户还可以使用 **rlocusplot()** 函数，用面向对象的方法绘制根轨迹曲线。

例5-30 假设系统开环传递函数如下，试绘制其根轨迹并求出临界增益。

$$G(s)=\frac{s^2+4s+8}{s^5+18s^4+120.3s^3+357.5s^2+478.5s+306}$$

解 如果不采用计算机工具，直接采用控制理论中介绍的示意图方法则无法绘制此系统的根轨迹，因为高阶系统的零极点是未知的，无法确定根轨迹的起点和终止点。这样的问题用MATLAB语言求解就不是难事了，可以先输入系统的传递函数模型，然后调用 **rlocus()** 函数可以立即绘制出精确的根轨迹，如图5-18(a)所示。

```
>> num=[1 4 8]; den=[1,18,120.3,357.5,478.5,306];
   G=tf(num,den); rlocus(G)  %绘制系统的根轨迹曲线
```

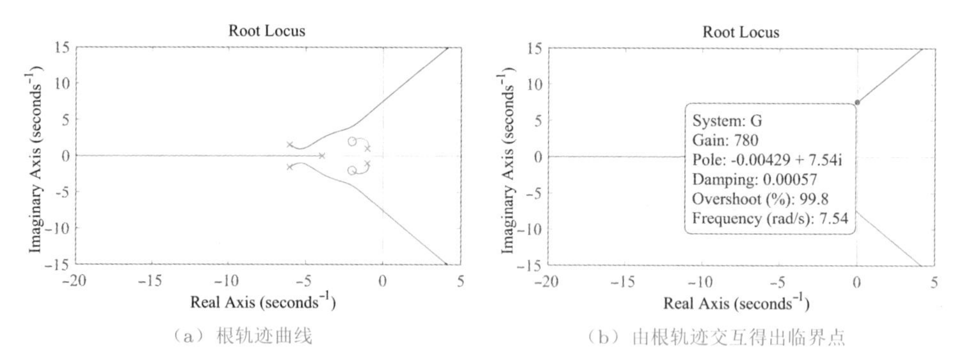

(a) 根轨迹曲线　　(b) 由根轨迹交互得出临界点

图5-18 控制系统根轨迹分析和阶跃响应分析

单击根轨迹上的点，则可以显示出该点处的增益值和其他相关信息。例如，若单击根轨迹和虚轴相交的点，则可以得出该点处增益的临界值为780，如图5-18(b)所示。可以看出，若系统的增益 $K>780$，则闭环系统将不稳定。

例5-31 考虑如下的系统开环模型，试设计有较好性能的比例控制器。

$$G(s)=\frac{10}{s(s+3)(s^2+2s+4)}$$

解 通过下面的语句可以输入系统的数学模型，并绘制出系统的根轨迹，如图5-19(a)所示。在该曲线中，对曲线和等阻尼线进行了处理，使得显示效果更好。

```
>> s=tf('s'); G=10/(s*(s+3)*(s^2+3*s+4));
   rlocus(G), grid  %绘制系统的根轨迹曲线，并绘制等阻尼线
```

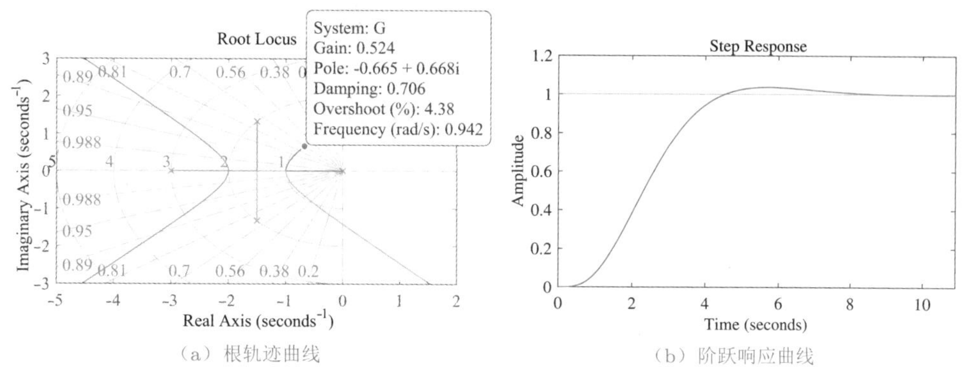

(a) 根轨迹曲线　　(b) 阶跃响应曲线

图5-19　系统根轨迹和闭环阶跃响应

根据绘制的根轨迹曲线和等阻尼线，可以单击阻尼比ζ在0.707附近的点，这样可以得出图5-19(a)所示的结果，可以选择$K=0.524$，这样用下面的语句可以绘制出系统的阶跃响应曲线，如图5-19(b)所示。可以看出闭环系统动态性能比较好。

```
>> K=0.524; step(feedback(G*K,1)) %绘制闭环系统的阶跃响应曲线
```

例5-32 已知离散系统的传递函数模型为

$$G(z)=\frac{-0.95(z+0.51)(z+0.68)(z+1.3)(z^2-0.84z+0.196)}{(z+0.66)(z+0.96)(z^2-0.52z+0.1117)(z^2+1.36z+0.7328)}$$

其采样周期为$T=0.1\,\mathrm{s}$，试绘制其根轨迹曲线并求出临界增益。

解 可以用下面的语句输入该系统的数学模型。

```
>> z=tf('z','Ts',0.1);  %定义z变换算子
   G=-0.95*(z+0.51)*(z+0.68)*(z+1.3)*(z^2-0.84*z+0.196)/...
       ((z+0.66)*(z+0.96)*(z^2-0.52*z+0.1117)*(z^2+1.36*z+0.7328));
   rlocus(G), grid  %绘制系统的根轨迹
```

系统的根轨迹曲线如图5-20所示。根轨迹曲线与单位圆由三个交点，可以利用鼠标单击的方法得出图中信息，可知系统的临界增益为$K=0.099$。

例5-33 若离散开环传递函数模型如下，且已知系统的采样周期为$T=0.1\,\mathrm{s}$，试绘制根轨迹曲线并求出临界增益，如果系统带有6步延迟，试重新分析系统。

$$G(z)=\frac{0.52(z-0.49)(z^2+1.28z+0.4385)}{(z-0.78)(z+0.29)(z^2+0.7z+0.1586)}$$

解 可以用下面的语句将其输入到MATLAB工作空间，并由`rlocus()`函数直接绘制出系统的根轨迹曲线，如图5-21(a)所示。

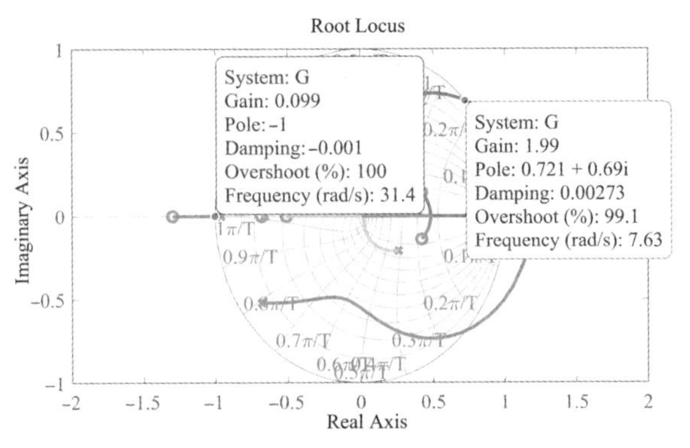

图 5-20 离散系统的根轨迹分析

```
>> z=tf('z','Ts',0.1);
   G=0.52*(z-0.49)*(z^2+1.28*z+0.4385)/...
        ((z-0.78)*(z+0.29)*(z^2+0.7*z+0.1586));
   rlocus(G)    %绘制系统的根轨迹
```

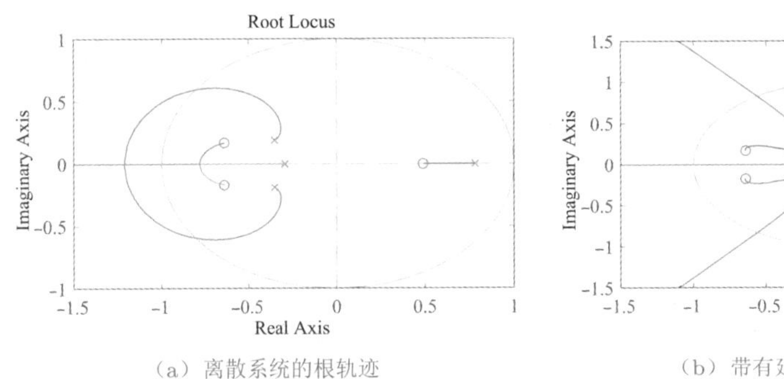

(a) 离散系统的根轨迹

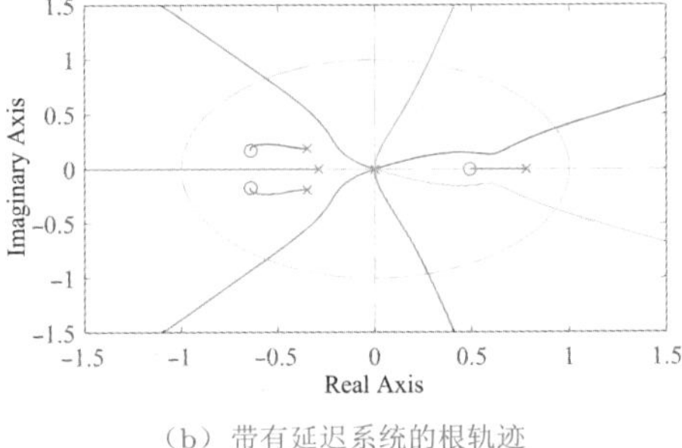

(b) 带有延迟系统的根轨迹

图 5-21 离散系统的分析结果

利用grid命令，可以立即得出带有等阻尼线的系统根轨迹曲线。单击左侧和单位圆相交的点还可以得出系统的临界增益值为2.83，这样可以得出结论：只要$K<2.83$，则闭环系统的全部极点均位于单位圆内，这时闭环系统是稳定的。

下面考虑时间延迟的情况，假设系统的传递函数带有6步的纯延迟，可以用下面的语句输入系统的新模型，并绘制出时间延迟系统的根轨迹曲线，如图5-21(b)所示。

```
>> G.ioDelay=6; rlocus(G) %绘制新系统的根轨迹
```

从新系统的根轨迹可以看出，放大倍数$K<1.16$，否则闭环系统将不稳定。可见，在引入了纯时间延迟之后，系统的稳定范围将缩小。

5.4.2 正反馈系统的根轨迹

前面介绍的根轨迹绘制都是负反馈系统的根轨迹，如果系统含有正反馈而不是负

反馈，则由特征方程可见

$$1-KG(s)=0 \quad \rightarrow \quad 1+K[-G(s)]=0 \tag{5-4-2}$$

所以用 `rlocus(−G)` 函数可以直接绘制正反馈系统的根轨迹曲线，方法也很直观。

例5-34 假设开环传递函数如下，试绘制正反馈系统的根轨迹。

$$G(s)=\frac{s^2+5s+6}{s^5+13s^4+65s^3+157s^2+184s+80}$$

解 由下面语句即可绘制出正反馈系统的根轨迹曲线，如图5-22所示。单击根轨迹曲线和虚轴的交点，则可以立即得出使闭环系统临界不稳定的K值，为13.5。亦即当$0 \leqslant K \leqslant 13.5$时闭环系统稳定。

```
>> G=tf([1 5 6],[1 13 65 157 184 80]); rlocus(-G)
```

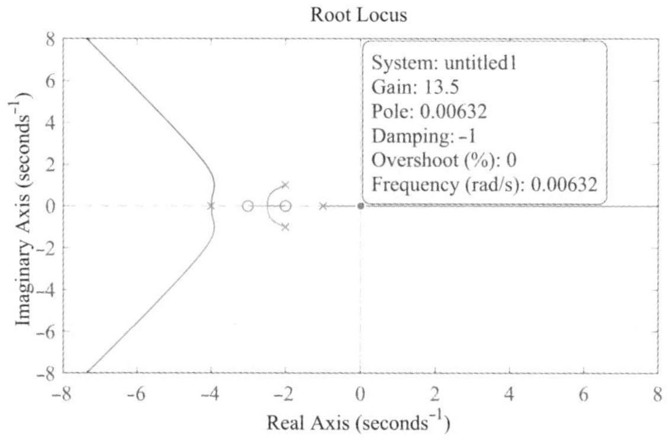

图5-22 正反馈系统的根轨迹分析

5.4.3 延迟系统的根轨迹

对连续延迟系统$G(s)=N(s)\mathrm{e}^{-Ts}/D(s)$而言，其中$N(s)$与$D(s)$为多项式，可以直接写出其特征方程为

$$N(s)\mathrm{e}^{-Ts}+kD(s)=0 \tag{5-4-3}$$

可以看出，如果$T\neq 0$，则特征方程不是多项式方程，即使采用数值方法也难于求解，所以可以考虑使用Padé近似来逼近延迟项，将特征方程转换成多项式方程，绘制出系统的近似根轨迹。由近似根轨迹可以求出系统的临界增益。如果对两个不同的Padé近似阶次临界增益相近，则可以近似认为该临界增益是原延迟系统的临界增益。

例5-35 考虑受控对象模型$G=(6s+4)\mathrm{e}^{-2s}/[s(s^2+3s+1)]$，试求出临界增益。

解 用下面语句可以立即绘制出2阶Padé近似下的近似根轨迹曲线如图5-23(a)所示，局部放大后可以得出近似的临界增益为0.188。

```
>> s=tf('s'); G=(6*s+4)/s/(s^2+3*s+1); G.ioDelay=2;
   rlocus(pade(G,2)) %可以选择不同的阶次绘制近似的根轨迹
```

增大Padé近似的阶次,用类似的语句可以得出3阶Padé近似根轨迹如图5-23(b)所示,这时得出的临界增益大概等于0.186,再进一步增加近似的阶次,得出的根轨迹分支增加,但得出的临界增益也差不多,由此可以得出近似的临界增益值。选择不同的Padé近似阶次,得出的临界增益都差不多,都为0.186左右。

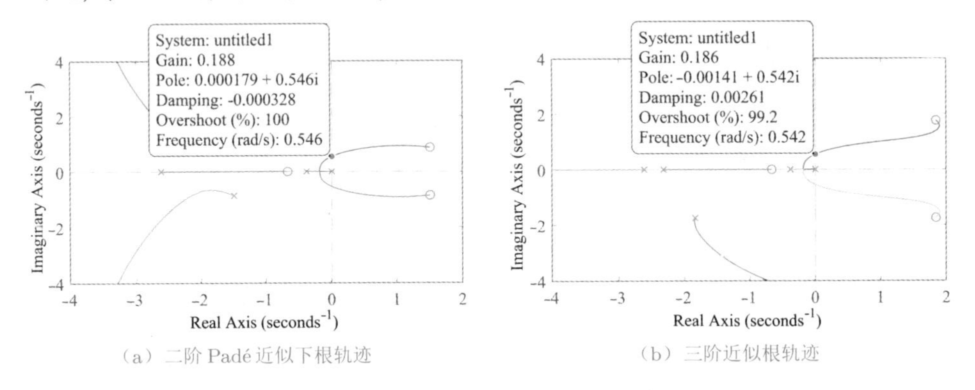

(a) 二阶Padé近似下根轨迹　　(b) 三阶近似根轨迹

图5-23　不同近似阶次下的根轨迹曲线

其实,利用Padé近似技术还可以绘制更复杂系统的近似根轨迹,不局限于$G(s)=N(s)\mathrm{e}^{-Ts}/D(s)$类型的开环模型。这里将给出例子研究近似根轨迹的绘制与应用。

例5-36　考虑例5-3中描述的开环系统,试绘制近似根轨迹并得出临界增益。

解　如果选择Padé近似的阶次为2,则由下面的语句可以绘制开环系统的近似根轨迹曲线,如图5-24(a)所示。局部放大根轨迹曲线与虚轴交点处的根轨迹曲线,可以得出近似临界增益为5.09。

```
>> s=tf('s'); G=(1+3*exp(-s)/(s+1))/(s+1);
   Gc=0.3+0.15/s; rlocus(pade(G*Gc,2))
```

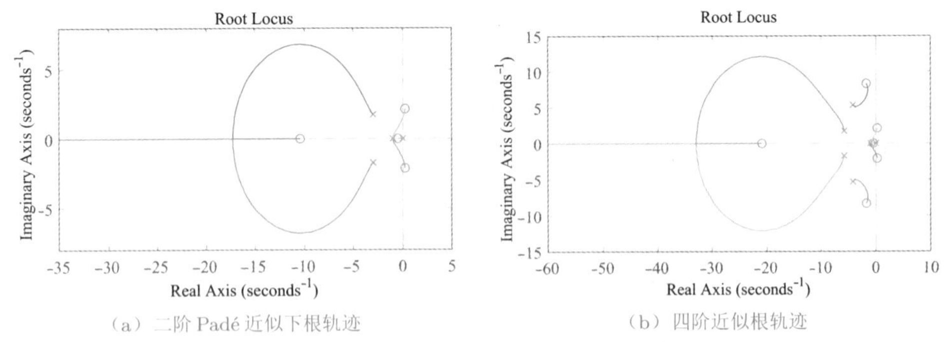

(a) 二阶Padé近似下根轨迹　　(b) 四阶近似根轨迹

图5-24　不同近似阶次下的根轨迹曲线

如果将Padé近似的阶次增加到4,则得出的近似根轨迹如图5-24(b)所示,这时可以通过局部放大得出临界增益为5.05,尝试再高阶次的Padé近似,则能得出类似的结论。这样的结论还可以通过仿真证实,因为若选择增益$K=5.05$,则可以得出闭环等幅振荡的阶跃响应曲线(曲线从略),说明这样的方法是可行的。

```
>> K=5.05; step(feedback(K*G*Gc,1))
```

5.4.4 系统对参数的根轨迹

假设某传递函数模型含有参数 a,则可以把考虑外部增益 K,写出新的特征方程 $1+G(s)=0$。由于 $G(s)$ 含有参数 a 且为有理函数,总是可以通过手工变换将方程变换成 $1+a\widetilde{G}(s)=0$,这样就可以借助于 `rlocus(`$\widetilde{G}$`)` 函数绘制关于参数 a 的根轨迹了。本节将通过例子演示参数根轨迹的绘制方法。

例5-37 考虑下面给出的传递函数,试绘制出关于参数 a 的根轨迹。

$$G(s)=\frac{5(s+5)(s^2+6s+12)}{(s+a)(s^3+4s^2+3s+2)}$$

解 记 $N_1(s)=5(s+5)(s^2+6s+12)$, $D_1(s)=s^3+4s^2+3s+2$,则可以将系统的特征方程直接改写为

$$1+\frac{N_1(s)}{(s+a)D_1(s)}=0 \ \Rightarrow\ N_1(s)+(s+a)D_1(s)=0 \ \Rightarrow\ \left[N_1(s)+sD_1(s)\right]+aD_1(s)=0$$

可以推导出 $1+a\widetilde{G}(s)=0$,其中

$$\widetilde{G}(s)=\frac{D_1(s)}{N_1(s)+sD_1(s)}$$

这样就可以使用下面的语句绘制出关于参数 a 的根轨迹曲线,如图5-25所示。可以看出,因为根轨迹曲线与虚轴没有交点,所以无论 $a\geqslant 0$ 取何值,闭环系统都是稳定的。

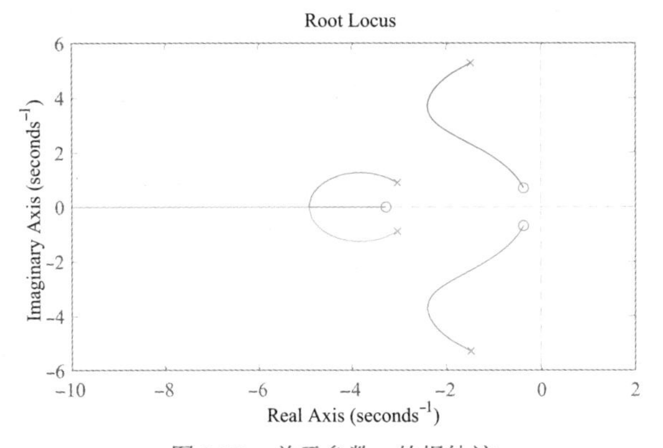

图5-25 关于参数 a 的根轨迹

```
>> s=tf('s'); N1=5*(s+5)*(s^2+6*s+12); D1=s^3+4*s^2+3*s+2;
   G1=D1/(N1+s*D1); rlocus(G1)
```

5.5 线性系统频域分析

系统的频域分析是控制系统分析中一种重要的方法,早在1932年,Nyquist 提出了一种频域响应的绘图方法,并提出了可以用于系统稳定性分析的 Nyquist 定理[8],Bode

提出了另一种频率响应的分析方法，同时可以分析系统的幅值相位与频率之间的关系，又称为Bode图[9]，Nichols在Bode图的基础上又进行了重新定义，构成了Nichols图[10]。这些方法曾经是单变量系统频域分析中最重要的几种方法，在系统的分析和设计中起着重要的作用。由于多变量系统的信号之间相互耦合，如果想对某对输入输出信号单独设计控制器不是件容易的事，需要引入解耦。本节将介绍单变量系统的频域分析，基于Nyquist定理的稳定性分析，多变量系统的逆Nyquist阵列分析与对角占优的概念，并将介绍频域稳定性裕度的分析。

5.5.1 单变量系统的频域分析

对系统的传递函数模型 $G(s)$ 来说，若用频率 $\mathrm{j}\omega$ 取代复变量 s，则可以将 $G(\mathrm{j}\omega)$ 看成增益，这个增益是复数量，是 ω 的函数。描述这个复数变量有几种方法，根据表示方法的不同，就可以构造出不同的频域响应曲线：

1. 实虚部形式

可以将复数分解为实部和虚部，它们分别是频率 ω 的函数，这时

$$G(\mathrm{j}\omega)=P(\omega)+\mathrm{j}Q(\omega) \tag{5-5-1}$$

若用横轴表示实数，纵轴表示虚数，则可以将增益 $G(\mathrm{j}\omega)$ 在复数平面上表示出来，这样的曲线称为Nyquist图，该图是分析系统稳定性和一些性能的有效工具，现在仍然在使用。传统Nyquist图中未提供频率信息，这不能不说是传统Nyquist图的缺陷，因为某些点的频率信息在系统设计中是有用的。

在MATLAB下提供了一个`nyquist()`函数，可以直接绘制系统的Nyquist图。该函数的常用调用格式为

```
nyquist(G)                   % 不返回变元将自动绘制Nyquist图
nyquist(G,{ωm,ωM})           % 给定频率范围绘制Nyquist图
nyquist(G,ω)                 % 给定频率向量ω绘制Nyquist图
[R,I,ω]=nyquist(G)           % 计算Nyquist响应数值
nyquist(G1,'-',G2,'-.b',G3,':r') % 绘制几个系统的Nyquist图
```

用户可以单击Nyquist图上的点，显示该点处增益与频率之间的关系，MATLAB提供的工具给传统的Nyquist图又赋予了新的特色。改写的`grid`命令可以在Nyquist图上叠印出等M圆。

和`step()`函数类似，`nyquist()`函数也允许在指定坐标系下绘制曲线。也可以用面向对象的`nyquistplot()`函数绘制Nyquist图。

2. 幅值相位形式

复数量 $G(\mathrm{j}\omega)$ 可以分解为幅值和相位的形式，即

$$G(\mathrm{j}\omega)=A(\omega)\mathrm{e}^{-\mathrm{j}\phi(\omega)} \tag{5-5-2}$$

这样，以频率ω为横轴，幅值$A(\omega)$为纵轴，则可以构造出幅值和频率之间的关系曲线，又称为幅频特性。若以频率ω为横轴，幅值$\phi(\omega)$为纵轴，则可以构造出相位和频率之间的关系曲线，又称为相频特性。在实际系统分析中，常用对数形式表示横轴，其单位常用rad/s，幅频特性中幅值进行对数变换，即$M(\omega)=20\lg[A(\omega)]$，其单位是分贝（dB），相频特性中，相位的单位常取作角度，这样绘制出的图形称为系统的Bode图。

MATLAB的控制系统工具箱中提供了`bode()`函数，可以直接绘制系统的Bode图。该函数的常用调用格式为

```
bode(G)                              %不返回变元将自动绘制Bode图
bode(G,{ωm,ωM})                      %给定频率范围绘制Bode图
bode(G,ω)                            %给定频率向量ω绘制Bode图
[A,ϕ,ω]=bode(G)                      %计算Bode响应数值
bode(G1,'-',G2,'-.b',G3,':r')        %同时绘制若干系统的Bode图
```

和Nyquist图不同的是，Bode图可以同时绘制出系统增益、相位与频率之间的关系，所以相比之下，Bode图提供的信息量更大。

3. 其他描述

还是采用幅值、相位的描述方法，用横轴表示相位，用纵轴表示单位为dB的幅值，就可以绘制出另一种图形，这样的图形称为Nichols图。

在MATLAB控制系统工具箱中，用`nichols()`函数可以绘制出系统的Nichols图，该函数的调用格式与`bode()`完全一致。这时的`grid`函数可以叠印出等幅值曲线和等相位曲线。也可以使用面向对象的`bodeplot()`和`nicholsplot()`函数绘制系统的频域响应曲线。

对离散系统$H(z)$来说，可以将$z=\mathrm{e}^{\mathrm{j}\omega T}$代入传递函数模型，就可以得出频率和增益$\widehat{H}(\mathrm{j}\omega)$之间的关系。MATLAB中提供的各种频域响应分析函数，如`nyquist()`等，同样直接适用于离散的系统模型。

例5-38 考虑连续线性系统的传递函数模型，试绘制其Nyquist图。

$$G(s)=\frac{s+8}{s(s^2+0.2s+4)(s+1)(s+3)}$$

解 可以通过下面的命令绘制出系统的Nyquist图，并叠印等幅值圆。

```
>> s=tf('s'); G=(s+8)/(s*(s^2+0.2*s+4)*(s+1)*(s+3));
   nyquist(G), grid %绘制Nyquist图并叠印等幅值圆
   ylim([-1.5 1.5]) %根据需要手动选择纵坐标范围
```

由于系统含有位于$s=0$处的极点，所以若ω较小时，增益的幅值很大，远离单位圆，因此单位圆附近的Nyquist图形看得不是很清楚，因此应该给出相应的语句对得出的Nyquist图进行局部放大，如图5-26(a)所示。

传统的Nyquist图不能显示出增益幅值和频率ω之间的关系，而用MATLAB提供的工具允许用户用单击的方式选择Nyquist图上的点，这时将同时显示该点处的频率、

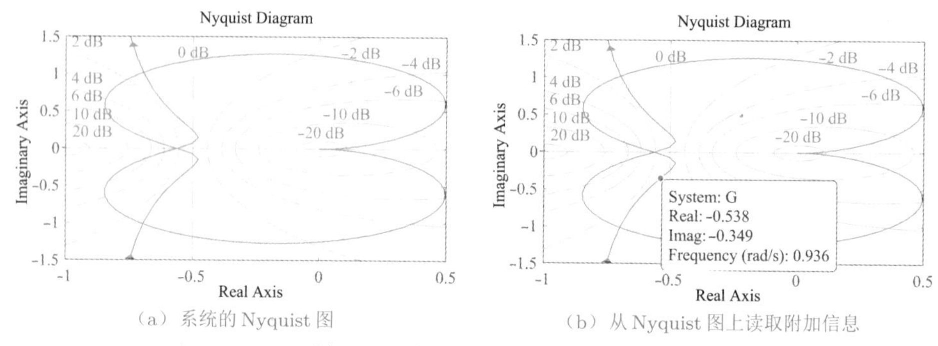

(a) 系统的Nyquist图　　(b) 从Nyquist图上读取附加信息

图5-26　系统的频域响应分析结果

增益以及闭环系统超调量等信息,如图5-26(b)所示。这样的工具为Nyquist图这一传统的工具赋予了新的功能,将有助于系统的频域分析。

例5-39　考虑例5-38中给出的传递函数模型,试绘制Bode图与Nichols图。

解　若给出下面的命令,则将绘制出系统的Bode图和Nichols图,如图5-27所示。可以看出,这样的函数对系统的频域分析提供了很多的方便。

```
>> s=tf('s'); G=(s+8)/(s*(s^2+0.2*s+4)*(s+1)*(s+3)); bode(G);
   figure; nichols(G), grid  %绘制系统的Nichols图,并叠印等幅值线
```

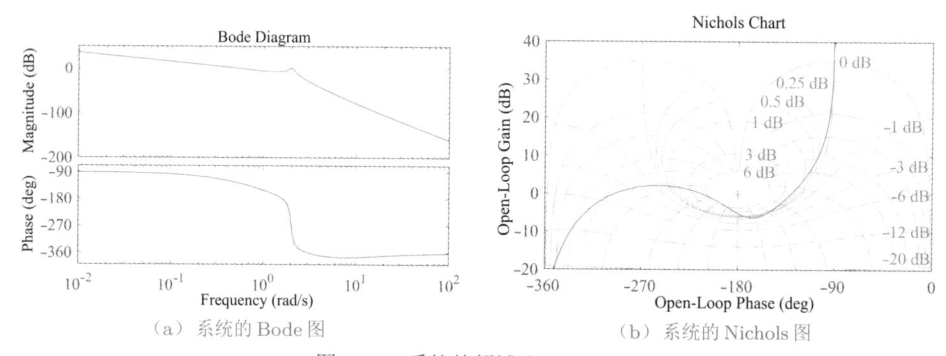

(a) 系统的Bode图　　(b) 系统的Nichols图

图5-27　系统的频域响应分析结果

MATLAB提供的这些函数都允许用户选择特性分析功能,例如,在系统的Bode图上,若右击鼠标则得出快捷菜单,其Characteristics菜单项的内容如图5-28(a)所示,从中可以选择稳定性相关的菜单项,则将得出如图5-28(b)所示的Bode图。其他的几个函数如`nyquist()`和`nichols()`等,都支持自己的Characteristics菜单选择。

例5-40　再考虑前面例子中的连续系统,选择采样周期$T=0.1\,\mathrm{s}$,试比较原系统与离散化系统的Bode图。

解　给出下面的命令,则可以得出离散化模型,该模型的Bode图可以用同样的命令直接绘制出来,如图5-29(a)所示。

```
>> s=tf('s'); G=(s+8)/(s*(s^2+0.2*s+4)*(s+1)*(s+3));
   G1=c2d(G,0.1); bode(G,'-',G1,'--')
```

（a）频率响应特性显示菜单

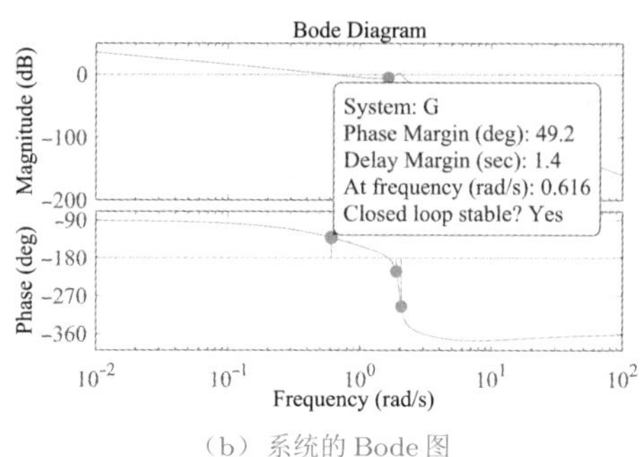

（b）系统的 Bode 图

图 5-28 系统的频域响应分析结果

选择不同的采样周期，则可以得出如图 5-29（b）所示的 Bode 图。随着采样周期的不同选择，可以得出不同的 Bode 图。可见，低频时离散模型接近连续模型。采样周期越大，则高频响应与连续模型的差异越大。因为高频段对应于时域的初始响应，所以采样周期越大，开始时段系统的时域响应越不精确。

```
>> bode(G), hold on; for T=[0.1:0.2:1], bode(c2d(G,T)); end
```

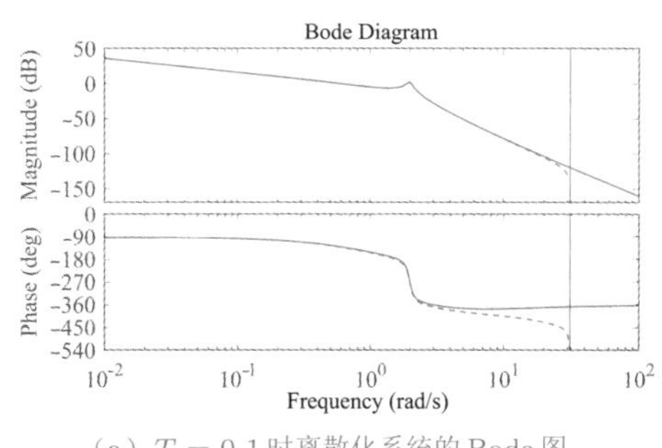

（a）$T = 0.1$ 时离散化系统的 Bode 图

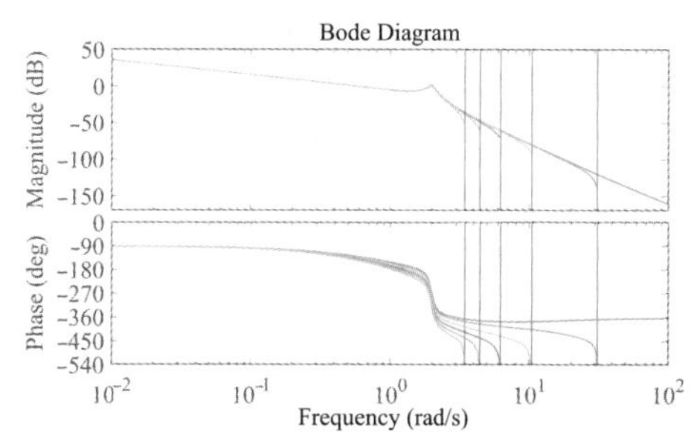

（b）不同采样周期下系统的 Bode 图

图 5-29 离散化系统的 Bode 图

例 5-41 考虑离散系统的传递函数模型

$$G(z)=\frac{0.2(0.3124z^3-0.5743z^2+0.3879z-0.0889)}{z^4-3.233z^3+3.9869z^2-2.2209z+0.4723}$$

且已知系统的采样周期为 $T=0.1\,\mathrm{s}$，试绘制 Nyquist 与 Nichols 图。

解 可以用下面的语句将其输入到 MATLAB 工作空间，并将系统的 Nyquist 图、Nichols 图直接绘制出来，如图 5-30 所示。从这个例子可以看出，绘制离散系统的频域响应曲线也是很容易的。

```
>> num=0.2*[0.3124 -0.5743 0.3879 -0.0889];
   den=[1 -3.233 3.9869 -2.2209 0.4723];
   G=tf(num,den,'Ts',0.1); nyquist(G); grid %绘制系统的Nyquist图
   figure, nichols(G), grid                 %绘制系统的Nichols图
```

例 5-42 试绘制带有时间延迟传递函数模型 $G(s)=\mathrm{e}^{-2s}/(s+1)$ 的 Nyquist 图。

解 若只想获得 $\omega\in[0.1,10000]$ 区间的频域点，则不能再依赖 `nyquist()` 函数的默认调

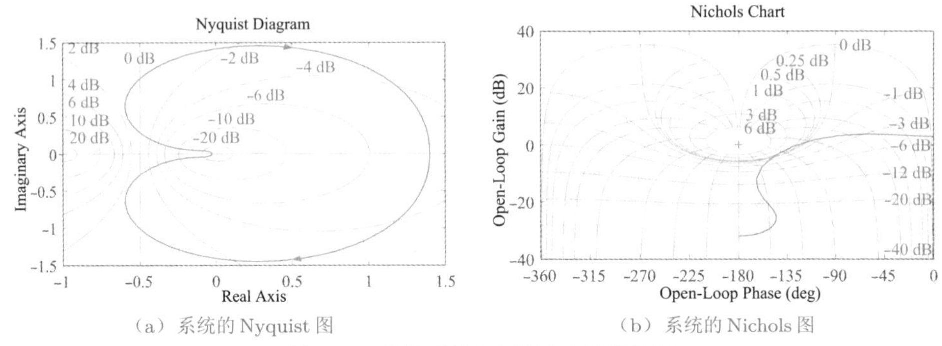

(a) 系统的Nyquist图　　(b) 系统的Nichols图

图5-30　离散系统的频域响应分析结果

用，而需要自己选定频率向量，从而得到一个分支的Nyquist图，以便更好地观测时间延迟系统的Nyquist图。可以给出如下的MATLAB语句。

```
>> G=tf(1,[1 1],'ioDelay',2); %输入系统的传递函数模型
   w=logspace(-1,4,2000);      %按照对数等分的原则选择2000个频率点
   [x,y]=nyquist(G,w); plot(x(:),y(:)) %绘制系统的Nyquist曲线
```

这样就可以绘制出系统的Nyquist图，如图5-31所示。在这样得出的Nyquist图中，`grid`命令并不能给出等幅值圆，因为这个图形不是`nyquist()`函数自动绘制的。另外应该注意本图所示的时间延迟系统Nyquist图的典型形状。

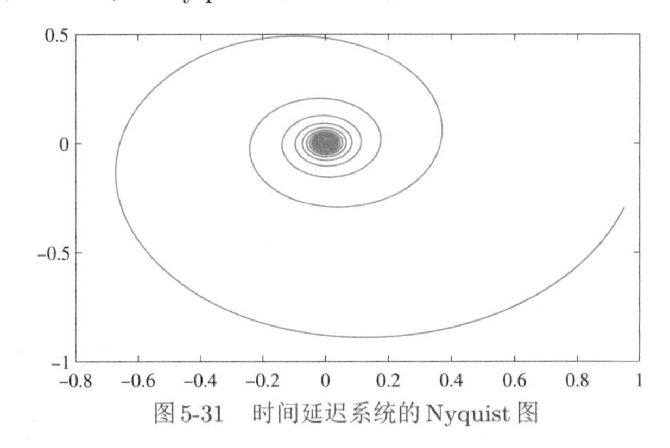

图5-31　时间延迟系统的Nyquist图

5.5.2　带有内部延迟模型的频域响应分析

正如前面指出的那样，只要单变量系统可以用LTI的模型形式描述处理，即使该模型带有内部延迟等难以处理的环节，也可以完全采用相同的`bode()`等函数，直接对系统进行频域响应分析。这里将给出一个简单例子演示内部延迟模型的Bode图绘制与分析方法。

例5-43　考虑例5-3中描述的开环系统，试绘制该系统的Bode图。

解　输入系统的开环模型就可以绘制出系统的Bode图，如图5-32所示。由于该系统对应的是延迟微分方程模型，所以其Bode图的走行方式与一般无延迟模型的Bode图看起

来有明显的区别。

```
>> s=tf('s'); G=(1+3*exp(-s)/(s+1))/(s+1);
   Gc=0.3+0.15/s; bode(G*Gc), K0=10^(14.1/20)
```

其实，由图中得出的幅值裕度14.1dB也可以推算出系统的临界增益为$K_0=5.0699$左右，与前面得出的根轨迹结果是吻合的。不过从信息显示看，尽管找到了剪切点信息，但用现有的工具无法判定带有内部延迟的闭环系统的稳定性。

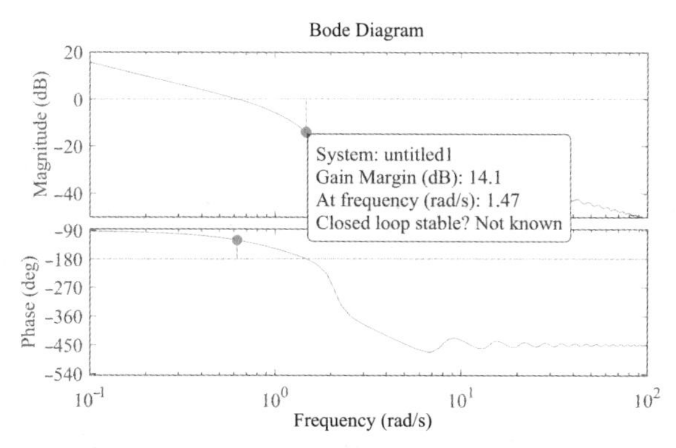

图5-32　含有内部延迟系统的Bode图

5.5.3　利用频率特性分析系统的稳定性

频域响应的分析方法最早应用就是利用开环系统的Nyquist图来判定闭环系统的稳定性，其稳定性分析的理论基础是Nyquist稳定性定理。Nyquist定理的内容是：如果开环模型含有m个不稳定极点，则单位负反馈下单变量闭环系统稳定的充要条件是开环系统的Nyquist图逆时针围绕$(-1,\mathrm{j}0)$点m周。

Nyquist定理可以分下面两种情况进一步解释为：

（1）若系统的开环模型$G(s)H(s)$为稳定的，则当且仅当$G(s)H(s)$的Nyquist图不包围$(-1,\mathrm{j}0)$点，闭环系统为稳定的。如果Nyquist图顺时针包围$(-1,\mathrm{j}0)$点p次，则闭环系统有p个不稳定极点。

（2）如果系统的开环模型$G(s)H(s)$是不稳定的，且有p个不稳定极点，则当且仅当$G(s)H(s)$的Nyquist图逆时针包围$(-1,\mathrm{j}0)$点p次，闭环系统为稳定的。若Nyquist图逆时针包围$(-1,\mathrm{j}0)$点q次，则闭环系统有$p-q$个不稳定极点。

例5-44　试绘制下面连续传递函数模型的Nyquist图，并绘制闭环系统的阶跃响应曲线。

$$G(s)=\frac{2.7778(s^2+0.192s+1.92)}{s(s+1)^2(s^2+0.384s+2.56)}$$

解　用下面的语句即可输入系统模型，并绘制出系统的Nyquist曲线，如图5-33(a)所示。

```
>> s=tf('s');
   G=2.7778*(s^2+0.192*s+1.92)/(s*(s+1)^2*(s^2+0.384*s+2.56));
   nyquist(G); axis([-2.5,0,-1.5,1.5]); grid %绘制Nyquist图
```

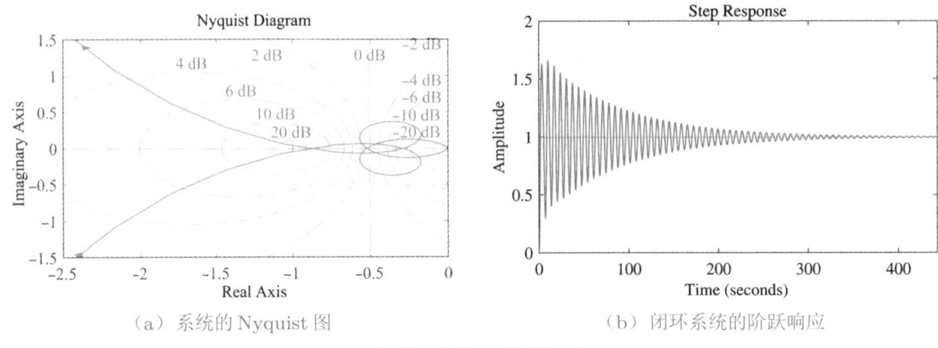

(a) 系统的Nyquist图　　(b) 闭环系统的阶跃响应

图5-33　给定系统的分析

从得出的Nyquist图可以看出，尽管该图走向较复杂，但可以看出，整个Nyquist图并不包围$(-1,\mathrm{j}0)$点，且因为开环系统不含有不稳定极点，所以根据Nyquist定理可以断定，闭环系统是稳定的。可以绘制出闭环系统的阶跃响应曲线，如图5-33(b)所示。

```
>> step(feedback(G,1))  %闭环系统阶跃响应
```

可以看出，虽然闭环系统是稳定的，但其阶跃响应的振荡是很强的，所以，该系统并不是很令人满意的，对这样的系统需要给其设计一个控制器改善其性能。

5.5.4　系统的幅值裕度和相位裕度

从前面给出的例子可以看出，系统的稳定性固然重要，但它不是唯一刻画系统性能的准则，因为有的系统即使稳定，但其动态性能表现为很强的振荡，也是没有用途的。另外，如果系统的增益出现变化，比如增大很小的值，都可能使该模型的Nyquist图发生延伸，最终包围$(-1,\mathrm{j}0)$点，导致闭环系统不稳定。基于频域响应裕度的定量分析方法是解决这类问题的一种比较有效的途径。

在图5-34(a)、(b)中分别给出了在Nyquist图和Nichols图上幅值裕度与相位裕度的图形表示，在Bode图上也应该有相应的解释。

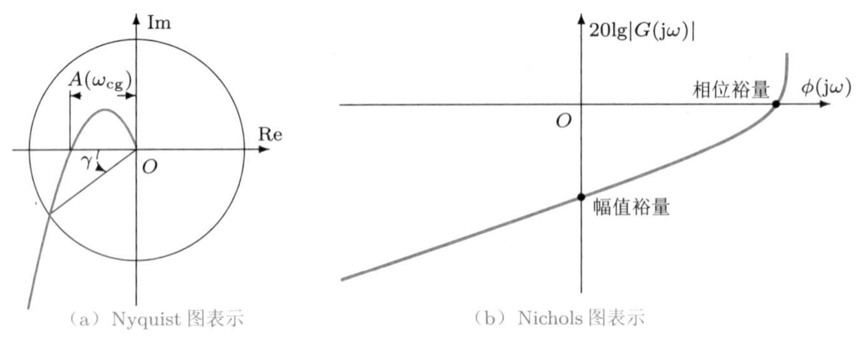

(a) Nyquist图表示　　(b) Nichols图表示

图5-34　系统幅值相位裕度的图形表示

若当系统的Nyquist图在频率$\omega_{\rm cg}$时与负实轴相交，则将该频率下幅值的倒数，

即 $G_m = 1/A(\omega_{cg})$，定义为系统的幅值裕度。若假设系统的Nyquist图与单位圆在频率 ω_{cp} 处相交，且记该频率下的相位角度为 $\phi(\omega_{cp})$，则系统的相位裕度定义为 $\gamma = \phi(\omega_{cp}) - 180°$。

可以看出，一般若幅值裕度 G_m 的值越大，则对扰动的抑制能力就越强。如果 $G_m < 1$，则闭环系统是不稳定的。同样，若相位裕度的值越大，则系统对扰动的抑制能力也越强。如果 $\gamma < 0$，则闭环系统不稳定。下面再考虑几种特殊的情形：

(1) 如果系统的Nyquist图不与负实轴相交，则系统的幅值裕度为无穷大。

(2) 如果系统的Nyquist图与负实轴在 $(-1, \mathrm{j}0)$ 与 $(0, \mathrm{j}0)$ 这两个点之间有若干交点，则系统的幅值裕度以离 $(-1, \mathrm{j}0)$ 最近的点为准。

(3) 如果系统的Nyquist图不与单位圆相交，则系统的相位裕度为无穷大。

(4) 如果系统的Nyquist图在第三象限与单位圆有若干交点，则系统的相位裕度以与离负实轴最近的为准。

MATLAB控制系统工具箱中提供了`margin()`函数，可以直接用于系统的幅值与相位裕度的求取，该函数的调用格式为 $[G_m,\gamma,\omega_{cg},\omega_{cp}]$=margin($G$)。在得出的结果中，如果某个裕度为无穷大，则返回`Inf`，相应的频率值为`NaN`。

例5-45 考虑例5-44中研究的开环对象模型，试求复制与相位裕度。

解 可以用下面语句输入系统模型，并对系统的频域响应裕度进行分析。

```
>> s=tf('s');
   G=2.7778*(s^2+0.192*s+1.92)/(s*(s+1)^2*(s^2+0.384*s+2.56));
   [gm,pm,wg,wp]=margin(G) %计算系统的频域响应裕度
```

可以得出系统的幅值裕度为1.105，频率为0.962 rad/s，相位裕度为2.0985°，剪切频率为0.926 rad/s，由于幅值、相位裕度偏小，系统的闭环响应将有强振荡。

5.6 多变量系统的频域分析

前面的系统分析一般均侧重于单变量系统，随着控制理论的发展和过程控制的实际需要，多变量系统分析与设计成了20世纪70－80年代控制理论领域的热门研究主题，出现了各种各样的分析与设计方法。这里将着重探讨多变量频域分析方法及其MATLAB语言解决方法，介绍Nyquist图与奇异值曲线的绘制方法。

5.6.1 多变量系统频域分析概述

在开始介绍控制系统理论中的多变量系统频域分析方法之前，将先通过例子来演示用MATLAB的控制系统工具箱函数的直接使用与分析的结果。

例5-46 考虑下面给出的多变量系统模型[11],试绘制其Nyquist图。

$$G(s)=\begin{bmatrix}\dfrac{0.806s+0.264}{s^2+1.15s+0.202} & \dfrac{-15s-1.42}{s^3+12.8s^2+13.6s+2.36}\\ \dfrac{1.95s^2+2.12s+0.49}{s^3+9.15s^2+9.39s+1.62} & \dfrac{7.15s^2+25.8s+9.35}{s^4+20.8s^3+116.4s^2+111.6s+18.8}\end{bmatrix}$$

解 可以通过下面语句直接输入系统的传递函数矩阵,并用MATLAB控制系统工具箱提供的函数nyquist()直接绘制出该多变量系统的Nyquist图,如图5-35所示。

```
>> g11=tf([0.806 0.264],[1 1.15 0.202]);
   g12=tf([-15 -1.42],[1 12.8 13.6 2.36]);
   g21=tf([1.95 2.12 0.49],[1 9.15 9.39 1.62]);
   g22=tf([7.15 25.8 9.35],[1 20.8 116.4 111.6 18.8]);
   G=[g11, g12; g21, g22]; nyquist(G) %绘制Nyquist图
```

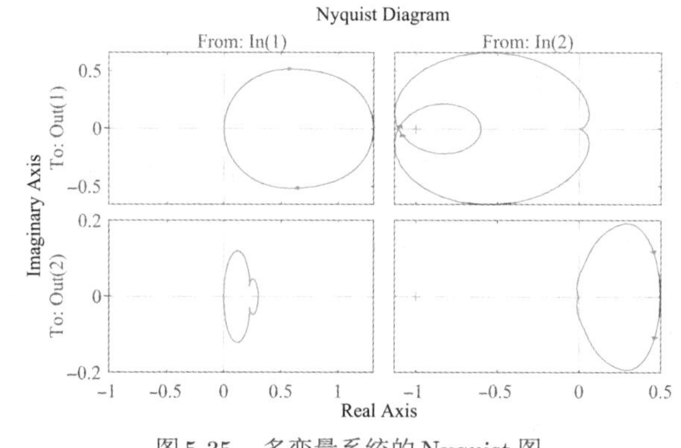

图5-35 多变量系统的Nyquist图

上述的nyquist()等函数事实上不大适用于多变量系统的频域分析,虽然它们可以直接绘制出一种Nyquist曲线,但对多变量系统的分析没有太大的帮助。针对多变量系统的频域分析,英国学者Howard H Rosenbrock[12]、Alistair G J MacFralane[13]等教授分别提出了不同的多变量频域分析与设计算法,形成了有重要影响的英国学派(British School),其中以Rosenbrock教授为代表的一类利用逆Nyquist阵列(inverse Nyquist array,INA)的方法是其中有影响的方法。

英国剑桥大学学者Boyel和Maciejowski等推出的多变量频域设计(Multivariable Frequency Design,MFD)工具箱[14]很适合于求解频域设计问题,它提供了一系列函数来对频域模型进行分析。在MFD工具箱中,很多函数需要已知多变量传递函数矩阵的公分母,所以直接求解起来较困难,故可以用MFD工具箱中的mvss2tf()函数直接求出[$\boldsymbol{N}$,$\boldsymbol{d}$]=mvss2tf($\boldsymbol{A}$,$\boldsymbol{B}$,$\boldsymbol{C}$,$\boldsymbol{D}$),其中,$\boldsymbol{d}$为传递函数矩阵的公分母,$\boldsymbol{N}$为传递函数矩阵的分子,而系统的状态方程模型可以由ss()函数得出。

例5-47 试求出下面2输入2输出传递函数矩阵的公分母模型。

$$G(s)=\begin{bmatrix}\dfrac{s+4}{(s+1)(s+5)} & \dfrac{1}{5s+1}\\ \dfrac{s+1}{s^2+10s+100} & \dfrac{2}{2s+1}\end{bmatrix}$$

解 由上面的模型可以很容易地求出系统的公分母和传递函数矩阵。

```
>> s=tf('s'); g11=(s+4)/((s+1)*(s+5)); g21=(s+1)/(s^2+10*s+100);
   g12=1/(5*s+1); g22=2/(2*s+1); G1=ss([g11 g12; g21 g22]);
   G1=minreal(G1); [N,d]=mvss2tf(G1.a,G1.b,G1.c,G1.d) %建议最小实现
```

可以得出传递函数矩阵的公分母为

$$d(s)=s^6+16.7s^5+176.3s^4+767.1s^3+971.5s^2+415s+50$$

且分子多项式矩阵 $N(s)$ 的数学形式为

$$\begin{bmatrix}s^5+14.7s^4+149.9s^3+499.4s^2+294s+40 & 0.2s^5+3.3s^4+34.6s^3+146.5s^2+165s+50\\ s^5+7.7s^4+16s^3+13.4s^2+4.6s+0.5 & s^5+16.2s^4+168.2s^3+683s^2+630s+100\end{bmatrix}$$

注意，这样的变换方式只适用于不带时间延迟的模型。如果某传递函数矩阵含有延迟，则可以先用不含有时间延迟的状态方程模型先表示出来，延迟时间常数由一个单独的延迟矩阵描述。

5.6.2 多变量系统对角占优分析

假设多变量反馈系统的前向通路传递函数矩阵为$Q(s)$，反馈通路的传递函数矩阵为$H(s)$，则闭环系统的传递函数矩阵为

$$G(s)=\left[I+Q(s)H(s)\right]^{-1}Q(s) \tag{5-6-1}$$

其中$I+Q(s)H(s)$称为系统的回差（return difference）矩阵。因为稳定性分析利用回差矩阵的逆矩阵性质，所以在频域分析中用逆 Nyquist 分析更方便，由此出现了在多变量频域分析系统中的逆 Nyquist 阵列[12] 方法。

Gershgorin 定理是基于 Nyquist 阵列的多变量设计方法的核心。假设

$$C=\begin{bmatrix}c_{11} & \cdots & c_{1k} & \cdots & c_{1n}\\ \vdots & \ddots & \vdots & \ddots & \vdots\\ c_{k1} & \cdots & c_{kk} & \cdots & c_{kn}\\ \vdots & \ddots & \vdots & \ddots & \vdots\\ c_{n1} & \cdots & c_{nk} & \cdots & c_{nn}\end{bmatrix} \tag{5-6-2}$$

为复数矩阵，其特征根λ满足

$$|\lambda-c_{kk}|\leqslant\sum_{j\neq k}|c_{kj}|,\quad 且\quad |\lambda-c_{kk}|\leqslant\sum_{j\neq k}|c_{jk}| \tag{5-6-3}$$

换句话说，该矩阵的特征值位于一族以c_{kk}为圆心，以不等式右面的表达式为半径的圆构成的并集内，而这些圆又称为Gershgorin 圆。这两个不等式表示的关系分别称为列 Gershgorin 圆和行 Gershgorin 圆。Gershgorin 定理的示意图如图 5-36 所示。

其实，对传统的Gershgorin定理直接拓展，就可能得出更小半径的圆。

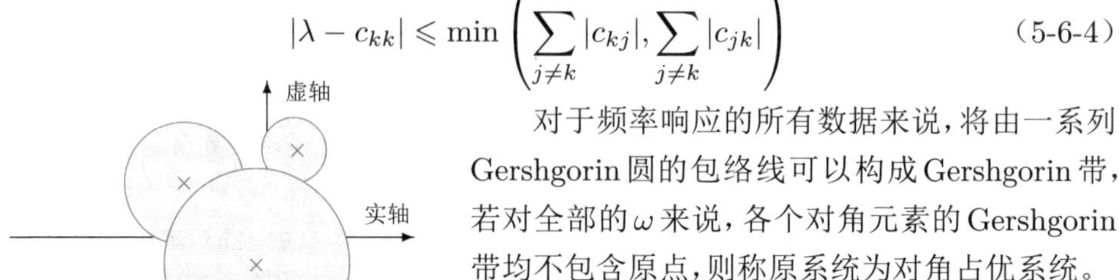

$$|\lambda - c_{kk}| \leqslant \min\left(\sum_{j\neq k}|c_{kj}|, \sum_{j\neq k}|c_{jk}|\right) \tag{5-6-4}$$

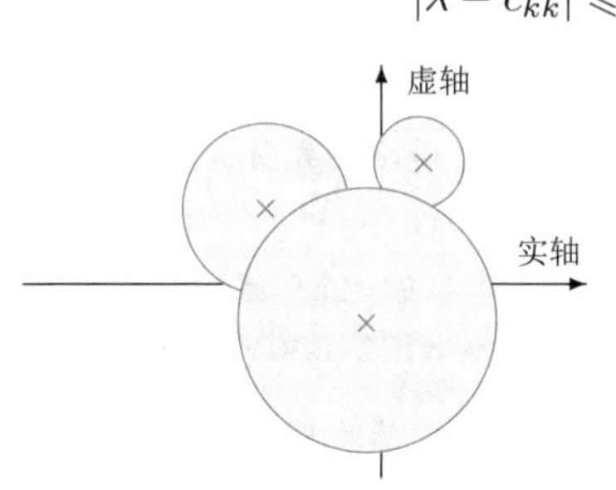

图5-36 Gershgorin定理示意图

对于频率响应的所有数据来说，将由一系列Gershgorin圆的包络线可以构成Gershgorin带，若对全部的ω来说，各个对角元素的Gershgorin带均不包含原点，则称原系统为对角占优系统。

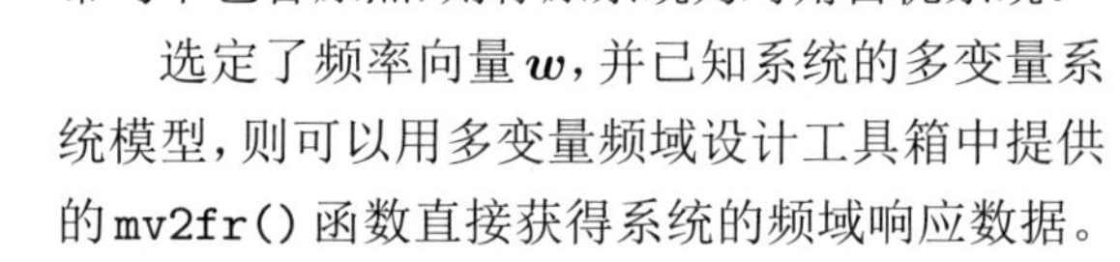

选定了频率向量$\boldsymbol{w}$，并已知系统的多变量系统模型，则可以用多变量频域设计工具箱中提供的`mv2fr()`函数直接获得系统的频域响应数据。

$\boldsymbol{H}$=mv2fr($\boldsymbol{N}$,d,$\boldsymbol{w}$)，　$\boldsymbol{H}$=mv2fr($\boldsymbol{A}$,$\boldsymbol{B}$,$\boldsymbol{C}$,$\boldsymbol{D}$,$\boldsymbol{w}$)

其中，返回的$\boldsymbol{H}$是由多变量频率响应数据构成的矩阵，是多变量频域设计工具箱的基本数据格式。该工具箱提供了多变量系统的Nyquist图形绘制函数`plotnyq()`和Gershgorin带绘制的函数`fgersh()`，但由于调用过程较烦琐，所以对输入个数与输出个数相等的系统来说，我们编写了一个新的函数gershgorin($\boldsymbol{H}$)，可以直接绘制出系统带有Gershgorin带的Nyquist图，该函数的内容如下：

```
function gershgorin(H,key)
if nargin==1, key=0; end
t=[0:.1:2*pi,2*pi]'; [nr,nc]=size(H); nw=nr/nc; ii=1:nc;
for i=1:nc, circles{i}=[]; end
for k=1:nw                %计算各个频率下的Nyquist阵列
   G=H((k-1)*nc+1:k*nc,:);
   if nargin==2 && key==1, G=inv(G); end, H1(:,:,k)=G;
   for j=1:nc, ij=find(ii~=j);
      v=min([sum(abs(G(ij,j))),sum(abs(G(j,ij)))]);
      x0=real(G(j,j)); y0=imag(G(j,j));
      r=sum(abs(v)); %计算Gershgorin圆盘的半径
      circles{j}=[circles{j} x0+r*cos(t)+sqrt(-1)*(y0+r*sin(t))];
end, end
hold off; nyquist(tf(zeros(nc)),'w'); hold on;
h=get(gcf,'child'); h0=h(end:-1:2);
for i=ii, for j=ii
   axes(h0((j-1)*nc+i)); NN=H1(i,j,:); NN=NN(:);
   if i==j               %对角元素绘制Gershgorin圆
      cc=circles{i}(:); x1=min(real(cc)); x2=max(real(cc));
      y1=min(imag(cc)); y2=max(imag(cc)); plot(NN)
      plot(circles{i}), plot(0,0,'+'), axis([x1,x2,y1,y2])
```

```
    else, plot(NN), end       %非对角元素绘制
  end, end, hold off
```

例5-48 再考虑例5-46中的多变量系统模型,试重新绘制Nyquist曲线。

解 用下面的语句可以绘制叠印Gershgorin带的Nyquist曲线,如图5-37(a)所示。

```
>> g11=tf([0.806 0.264],[1 1.15 0.202]);
   g12=tf([-15 -1.42],[1 12.8 13.6 2.36]);
   g21=tf([1.95 2.12 0.49],[1 9.15 9.39 1.62]);
   g22=tf([7.15 25.8 9.35],[1 20.8 116.4 111.6 18.8]);
   G=[g11, g12; g21, g22]; w=logspace(-2,1.5);
   G=ss(G); H=mv2fr(G.a,G.b,G.c,G.d,w); gershgorin(H);
```

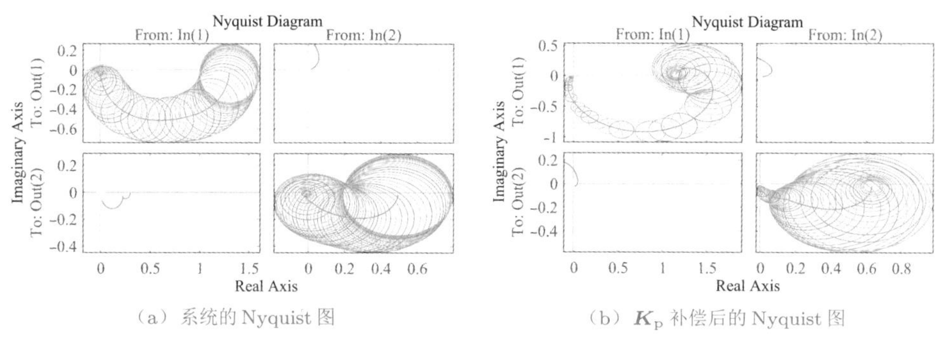

(a)系统的Nyquist图　　(b)$\boldsymbol{K}_{\rm p}$补偿后的Nyquist图

图5-37 多变量系统的Nyquist阵列图

从图形可以看出,尽管闭环系统稳定,但由于Gershgorin带太宽,覆盖原点,不能保证为对角占优系统,所以在设计时有很多困难。

考虑前置静态补偿矩阵

$$\boldsymbol{K}_{\rm p}=\begin{bmatrix}0.3610 & 0.4500\\ -1.1300 & 1.0000\end{bmatrix}$$

则可以用下面语句绘制补偿系统的带有Gershgorin带的Nyquist曲线,如图5-37(b)所示。可见这时得出的Gershgorin带明显变窄,系统为对角占优系统,易于设计与进一步分析。

```
>> Kp=[0.3610,0.4500; -1.1300,1.0000];
   G=ss(G*Kp); H=mv2fr(G.a,G.b,G.c,G.d,w); gershgorin(H);
```

多变量频域设计(MFD)工具箱还提供了多变量系统频域响应数据的运算函数。例如,两个串联的多变量传递函数矩阵$\boldsymbol{G}_1(s)$和$\boldsymbol{G}_2(s)$的频域响应数据可以调用函数$\boldsymbol{H}$=fmulf($\boldsymbol{w}$,$\boldsymbol{H}_2$,$\boldsymbol{H}_1$)求出,如果其中用$\boldsymbol{K}$矩阵乘以传递函数的频域响应数据,则用$\boldsymbol{H}$=fmul($\boldsymbol{w}$,$\boldsymbol{H}_1$,$\boldsymbol{K}$)或$\boldsymbol{H}$=fmul($\boldsymbol{w}$,$\boldsymbol{K}$,$\boldsymbol{H}_1$)直接求出。在多变量系统运算中应该注意模块相乘运算的顺序。

函数$\boldsymbol{H}$=faddf($\boldsymbol{w}$,$\boldsymbol{H}_1$,$\boldsymbol{H}_2$)可以计算出多变量系统$\boldsymbol{G}_1(s)$和$\boldsymbol{G}_2(s)$并联时频域

响应的数据，而函数 $\boldsymbol{H}$=faddf($\boldsymbol{w}$,$\boldsymbol{K}$,$\boldsymbol{H}_1$) 可以求出模块频域响应数据和矩阵 $\boldsymbol{K}$ 相加的频域响应数据。

MFD 工具箱中描述受控对象的函数不能直接处理时间延迟项，所以可以采用该工具箱中 $\boldsymbol{H}$=fdly($\boldsymbol{w}$,$\boldsymbol{H}_1$,$\boldsymbol{D}$) 函数直接求出，其中 $\boldsymbol{D}$ 为延迟矩阵。利用 MFD 工具箱，还可以由 $\boldsymbol{H}$=finv($\boldsymbol{w}$,$\boldsymbol{H}_1$) 函数求出逆 Nyquist 响应数据❶ 。

从函数调用方式看，这样处理复杂结构多变量系统的频域响应还是比较麻烦的。为此，我们编写了直接求取多变量系统的频域响应的函数 $\boldsymbol{H}$=mfrd($\boldsymbol{G}$,$\boldsymbol{w}$)。该函数利用控制系统工具箱支持的带有内部延迟状态方程模型，事先计算出系统的LTI模型 $\boldsymbol{G}$，然后计算其在频率向量点 $\boldsymbol{w}$ 处的频域响应数据 $\boldsymbol{H}$。该函数清单如下：

```
function H=mfrd(G,w)
H1=frd(G,w); h=H1.ResponseData; H=[];
for i=1:length(w); H=[H; h(:,:,i)]; end
```

例5-49 考虑带有时间延迟模型的Nyquist曲线的绘制方法，假设系统模型为 [11]，试分析其对角占优性。

$$\boldsymbol{G}(s)=\begin{bmatrix}\dfrac{0.1134}{1.78s^2+4.48s+1}\mathrm{e}^{-0.72s} & \dfrac{0.924}{2.07s+1}\\ \dfrac{0.3378}{0.361s^2+1.09s+1}\mathrm{e}^{-0.3s} & \dfrac{-0.318}{2.93s+1}\mathrm{e}^{-1.29s}\end{bmatrix}$$

解 用下面的语句可以直接绘制出系统的Nyquist曲线，如图5-38(a)所示。显然，由于有Gershgorin带覆盖原点，这样的系统不是对角占优的系统。

```
>> G=[tf(0.1134,[1.78 4.48 1]), tf([0.924],[2.07,1]);
      tf(0.3378,[0.361,1.09,1]), tf(-0.318,[2.93 1])];
   G=ss(G); D=[0.72 0; 0.3 1.29]; w=logspace(0,1);
   H=mv2fr(G.a,G.b,G.c,G.d,w); H1=fdly(w,H,D); gershgorin(H1);
```

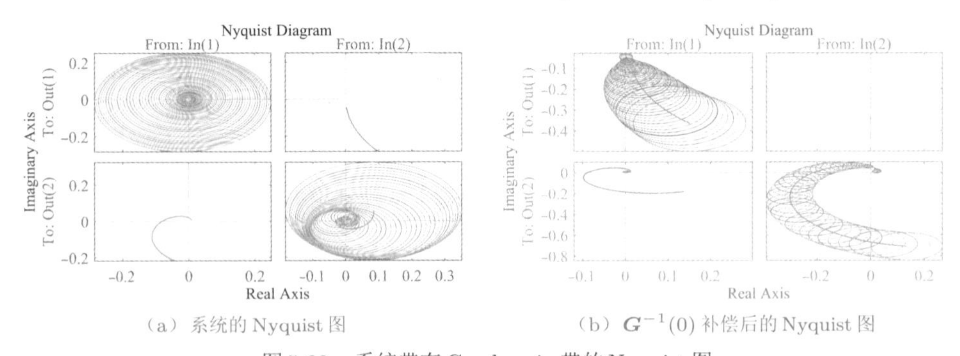

(a) 系统的Nyquist图　　(b) $\boldsymbol{G}^{-1}(0)$ 补偿后的Nyquist图

图5-38 系统带有Gershgorin带的Nyquist图

❶ 函数 finv() 与统计工具箱中F分布逆概率分布函数重名，如果同时安装了这两个工具箱，应该在路径顺序上加以安排，确保调用正确的函数。

在多变量系统频域设计理论中，一种最直接的对角占优补偿方法[12]是引入前置静态增益矩阵$\boldsymbol{K}_\mathrm{p}=\boldsymbol{G}^{-1}(0)$，这样将得出补偿后的Nyquist图，如图5-38(b)所示。可见，这样设计的系统改善了对角占优的性能。后面的内容将系统介绍多变量系统设计理论。

```
>> H0=mv2fr(G.a,G.b,G.c,G.d,0);   %求出Kp = G^-1(0)
   Kp=inv(H0); H2=fmul(w,H1,Kp); gershgorin(H2);
```

利用前面介绍的mfrd()函数，则上述语句可以简化成

```
>> G.ioDelay=D; G1=G*Kp; H2=mfrd(G1,w); gershgorin(H2)
```

5.6.3 多变量系统的奇异值曲线绘制

单变量系统用Bode图可以很容易描述其特性，多变量系统不适于用Bode图表示，而可以采用奇异值的形式表示。多变量系统的传递函数矩阵在ω处存在奇异值$\sigma_1(\omega)$, $\sigma_2(\omega)$, $\cdots$, $\sigma_m(\omega)$，这样当频率ω变化时，传递函数矩阵的奇异值可以作为轨迹绘制出来，称为奇异值曲线。这些奇异值曲线可以看成是多变量系统的Bode图。奇异值曲线是多变量系统鲁棒控制中的重要指标，将在第10章进一步介绍其基本内容。

鲁棒控制工具箱中[15]提供了sigma()函数可以直接绘制多变量系统的奇异值曲线，该函数的调用格式与bode()等函数完全一致。还可以使用面向对象的sigmaplot()函数绘制多变量系统的奇异值曲线。

例5-50 仍考虑例5-49中给出的带有时间延迟的多变量模型，试绘制其奇异值曲线。

解 该延迟多变量系统的奇异值曲线可以由下面的语句直接绘制出来，如图5-39所示。

```
>> G=[tf(0.1134,[1.78 4.48 1],'ioDelay',0.72),tf([0.924],[2.07,1]);
      tf(0.3378,[0.361,1.09,1],'ioDelay',0.3), ...
      tf(-0.318,[2.93 1],'ioDelay',1.29)];
   sigma(G)           %直接绘制系统的奇异值曲线
```

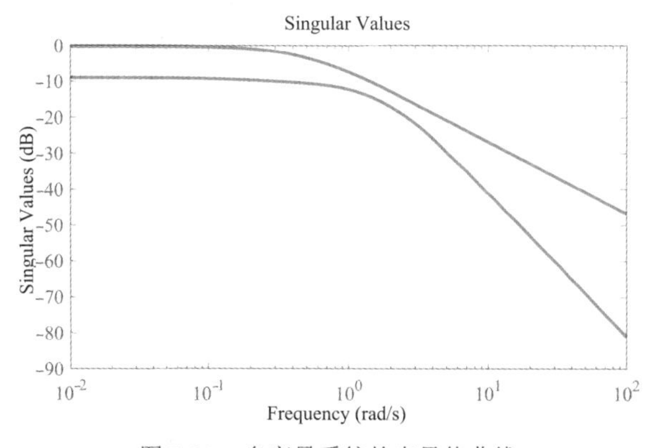

图5-39 多变量系统的奇异值曲线

5.7 习题

(1) 判定下列连续传递函数模型的稳定性。

① $\dfrac{1}{s^3+2s^2+s+2}$ ② $\dfrac{1}{6s^4+3s^3+2s^2+s+1}$ ③ $\dfrac{1}{s^4+s^3-3s^2-s+2}$

④ $\dfrac{3s+1}{s^2(300s^2+600s+50)+3s+1}$ ⑤ $\dfrac{0.2(s+2)}{s(s+0.5)(s+0.8)(s+3)+0.2(s+2)}$

(2) 判定下面采样系统的稳定性。

① $H(z)=\dfrac{-3z+2}{z^3-0.2z^2-0.25z+0.05}$

② $H(z)=\dfrac{3z^2-0.39z-0.09}{z^4-1.7z^3+1.04z^2+0.268z+0.024}$

③ $H(z)=\dfrac{z^2+3z-0.13}{z^5+1.352z^4+0.4481z^3+0.0153z^2-0.01109z-0.001043}$

④ $H(z^{-1})=\dfrac{2.12z^{-2}+11.76z^{-1}+15.91}{z^{-5}-7.368z^{-4}-20.15z^{-3}+102.4z^{-2}+80.39z^{-1}-340}$

(3) 由下面给出的控制系统传递函数模型写出状态方程实现的可控标准型和可观测标准型。

$$G(s)=\frac{0.2(s+2)}{s(s+0.5)(s+0.8)(s+3)+0.2(s+2)}$$

(4) 给出一个八阶系统模型 $G(s)$

$$G(s)=\frac{18s^7+514s^6+5982s^5+36380s^4+122664s^3+222088s^2+185760s+40320}{s^8+36s^7+546s^6+4536s^5+22449s^4+67284s^3+118124s^2+109584s+40320}$$

并假定系统具有零初始状态，请求出单位阶跃响应和冲激响应的解析解。若输入信号变为正弦信号 $u(t)=\sin(3t+5)$，请求出零初始状态下系统时域响应的解析解，并用图形的方法进行描述，和数值解进行比较。

(5) 给出连续系统的状态方程模型，请判定系统的稳定性。

① $\dot{\boldsymbol{x}}(t)=\begin{bmatrix}-0.2 & 0.5 & 0 & 0 & 0\\ 0 & -0.5 & 1.6 & 0 & 0\\ 0 & 0 & -14.3 & 85.8 & 0\\ 0 & 0 & 0 & -33.3 & 100\\ 0 & 0 & 0 & 0 & -10\end{bmatrix}\boldsymbol{x}(t)+\begin{bmatrix}0\\0\\0\\0\\30\end{bmatrix}u(t)$

② $\boldsymbol{x}[(k+1)T]=\begin{bmatrix}17 & 24.54 & 1 & 8 & 15\\ 23.54 & 5 & 7 & 14 & 16\\ 4 & 6 & 13.75 & 20 & 22.5889\\ 10.8689 & 1.2900 & 19.099 & 21.896 & 3\\ 11 & 18.0898 & 25 & 2.356 & 9\end{bmatrix}\boldsymbol{x}(kT)+\begin{bmatrix}1\\2\\3\\4\\5\end{bmatrix}u(kT)$

(6) 考虑下面给出的多变量系统，试求出该系统的零点和极点，并判定系统的稳定性。

$$\begin{cases}\dot{\boldsymbol{x}}(t)=\begin{bmatrix}-3 & 1 & 2 & 1\\ 0 & -4 & -2 & -1\\ 1 & 2 & -1 & 1\\ -1 & -1 & 1 & -2\end{bmatrix}\boldsymbol{x}(t)+\begin{bmatrix}1 & 0\\ 0 & 2\\ 0 & 3\\ 1 & 1\end{bmatrix}\boldsymbol{u}(t)\\ \boldsymbol{y}(t)=\begin{bmatrix}1 & 2 & 2 & -1\\ 2 & 1 & -1 & 2\end{bmatrix}\boldsymbol{x}(t)\end{cases}$$

注意，多变量系统零点的概念和单变量系统不同，不能由单独求每个子传递函数零点的方式求取，应该由tzero()函数得出，另外，pzmap()函数同样适用于多变量系统。

(7) 判定下列系统的可控、可观测性，求出它们的可控、可观测及Luenberger标准型实现，并求出系统的2-范数和无穷范数。

① $\boldsymbol{A}=\begin{bmatrix}0&1&1&1\\0&0&0&1\\0&1&0&0\\0&0&1&1\end{bmatrix}$，$\boldsymbol{B}=\begin{bmatrix}1&0\\0&0\\0&1\\1&0\end{bmatrix}$，$\boldsymbol{C}=\begin{bmatrix}1&0&0&0\\0&1&0&0\end{bmatrix}$

② $\boldsymbol{A}=\begin{bmatrix}0&2&0&0\\0&1&-2&0\\0&0&3&1\\1&0&0&0\end{bmatrix}$，$\boldsymbol{B}=\begin{bmatrix}2&0\\1&2\\0&1\\0&0\end{bmatrix}$，$\boldsymbol{C}=\begin{bmatrix}0&1&0&0\\0&0&1&0\end{bmatrix}$

(8) 求出下面状态方程模型的最小实现。

$$\dot{\boldsymbol{x}}(t)=\begin{bmatrix}0&-3&0&0\\1&-4&0&0\\0&0&0&0\\0&0&1&-2\end{bmatrix}\boldsymbol{x}(t)+\begin{bmatrix}3&2\\1&2\\1&1\\1&1\end{bmatrix}\boldsymbol{u}(t),\quad \boldsymbol{y}(t)=\begin{bmatrix}0&1&0&0\\0&0&0&1\end{bmatrix}\boldsymbol{x}(t)$$

(9) 请求出下面自治系统状态方程的解析解。

$$\dot{\boldsymbol{x}}(t)=\begin{bmatrix}-5&2&0&0\\0&-4&0&0\\-3&2&-4&-1\\-3&2&0&-4\end{bmatrix}\boldsymbol{x}(t),\quad \boldsymbol{x}(0)=\begin{bmatrix}1\\2\\0\\1\end{bmatrix}$$

并和数值解得出的曲线比较。

(10) 假设PI和PID控制器的结构分别为

$$G_{\rm PI}(s)=K_{\rm p}+\frac{K_{\rm i}}{s},\quad G_{\rm PID}(s)=K_{\rm p}+\frac{K_{\rm i}}{s}+K_{\rm d}s$$

请说明为什么PI或PID控制器可以消除稳定闭环系统的阶跃响应稳态误差，不稳定系统能用PI或PID控制器消除稳态误差吗，为什么？

(11) 请绘制下面状态方程模型的单位阶跃响应曲线。

$$\dot{\boldsymbol{x}}(t)=\begin{bmatrix}-0.2&0.5&0&0&0\\0&-0.5&1.6&0&0\\0&0&-14.3&85.8&0\\0&0&0&-33.3&100\\0&0&0&0&-10\end{bmatrix}\boldsymbol{x}(t)+\begin{bmatrix}0\\0\\0\\0\\30\end{bmatrix}u(t)$$

且输出方程为$y(t)=[1,0,0,0,0]\boldsymbol{x}(t)$。绘制出所有状态变量的曲线。选择不同的采样周期$T$，对该系统进行离散化，绘制出离散系统的阶跃响应曲线，和连续系统进行比较，并说明超调量、调节时间等指标的变化规律。

(12) 假设连续系统传递函数模型如下给出，试选择不同的采样周期$T=0.01,0.1,1$s等对其进行离散化，试对比连续系统及离散化系统的时域响应曲线，你能从中得出什么结论？

$$G(s)=\frac{-2s^2+3s-4}{s^3+3.2s^2+1.61s+3.03}$$

（13）试绘制下列开环系统的根轨迹曲线，并确定使单位负反馈系统稳定的 K 值范围。

① $G(s)=\dfrac{(s+6)(s-6)}{s(s+3)(s+4-4\mathrm{j})(s+4-4\mathrm{j})}$　② $G(s)=\dfrac{s^2+2s+2}{s^4+s^3+14s^2+8s}$

③ $G(s)=\dfrac{1}{s(s^2/2600+s/26+1)}$　④ $G(s)=\dfrac{800(s+1)}{s^2(s+10)(s^2+10s+50)}$

⑤ $H(z)=\dfrac{5(z-0.2)^2}{z(z-0.4)(z-1)(z-0.9)+0.6}, T=0.1\,\mathrm{s}$

⑥ $H(z^{-1})=\dfrac{(z^{-1}+3.2)(z^{-1}+2.6)}{z^{-5}(z^{-1}-8.2)},\ T=0.05\,\mathrm{s}$

（14）绘制下面状态方程系统的根轨迹，确定使单位负反馈系统稳定的 K 值范围。

$$\dot{\boldsymbol{x}}(t)=\begin{bmatrix}-1.5 & -13.5 & -13 & 0\\ 10 & 0 & 0 & \\ 0 & 1 & 0 & 0\\ 0 & 0 & 1 & 0\end{bmatrix}\boldsymbol{x}(t)+\begin{bmatrix}1\\0\\0\\0\end{bmatrix}u(t),\quad y(t)=[0,0,0,1]\boldsymbol{x}(t)$$

（15）假设连续延迟系统的传递函数如下给出，试求出能使得单位负反馈系统稳定的 K 值范围。

$$G(s)=\frac{K(s-1)\mathrm{e}^{-2s}}{(s+1)^5}$$

（16）假设系统的开环模型如下给出，并假设系统由单位负反馈结构构成，试用根轨迹找出能使得闭环系统主导极点有大约 $\zeta=0.707$ 阻尼比的 K 值。

$$G(s)=\frac{K}{s(s+10)(s+20)(s+40)}$$

（17）已知离散系统的受控对象模型如下给出，试绘制其根轨迹，并得出使得单位负反馈闭环系统稳定的 K 值范围。选择一个能使闭环系统稳定的 K，绘制闭环系统的阶跃响应曲线，并求出阶跃响应的超调量、调节时间等指标。

$$H(z)=K\frac{1}{(z+0.8)(z-0.8)(z-0.99)(z-0.368)}$$

（18）若上述系统带有时间延迟，即 $\widetilde{H}(z)=H(z)z^{-8}$，试重复上题的分析过程。改变系统的延迟时间常数再进行分析，得出相应的结论。

（19）考虑开环传递函数模型如下给出，试绘制出该系统关于 a 的根轨迹，求出使得单位负反馈闭环系统稳定的 a 的范围。

$$G(s)=\frac{0.3(s+2)(s^2+2.1s+2.23)}{s^2(s^2+3s+4.32)(s+a)}$$

（20）对下列各个开环模型进行频域分析，绘制出Bode图、Nyquist图及Nichols图，并求出系统的幅值裕度和相位裕度，在各个图形上标注出来。假设闭环系统由单位负反馈构造而成，试由频域分析判定闭环系统的稳定性，并用阶跃响应来验证。

① $G(s)=\dfrac{8(s+1)}{s^2(s+15)(s^2+6s+10)}$ ② $G(s)=\dfrac{4(s/3+1)}{s(0.02s+1)(0.05s+1)(0.1s+1)}$

③ $$\begin{cases}\dot{\boldsymbol{x}}(t)=\begin{bmatrix}0 & 2 & 1\\ -3 & -2 & 0\\ 1 & 3 & 4\end{bmatrix}\boldsymbol{x}(t)+\begin{bmatrix}4\\3\\2\end{bmatrix}u(t)\\ y(t)=[1,2,3]\boldsymbol{x}(t)\end{cases}$$

④ $H(z)=0.45\dfrac{(z+1.31)(z+0.054)(z-0.957)}{z(z-1)(z-0.368)(z-0.99)}$，

⑤ $G(s)=\dfrac{6(-s+4)}{s^2(0.5s+1)(0.1s+1)}$ ⑥ $G(s)=\dfrac{10s^3-60s^2+110s+60}{s^4+17s^3+82s^2+130s+100}$

（21）假设典型单位负反馈控制系统的各个模型如下

$$G(s)=\frac{2}{s\left[(s^4+5.5s^3+21.5s^2+s+2)+20(s+1)\right]},\quad G_{\rm c}(s)=K\frac{1+0.1s}{1+s}$$

并假定 $K=1$，请绘制出系统的Bode图、Nyquist图与Nichols图，请判定这样设计出来的反馈系统是否为较好设计的系统，画出闭环系统的阶跃响应曲线做出说明，并指出如何修正 K 的值来改进系统的响应。

（22）试对下面的时间延迟系统进行频域分析，绘制出系统的各种频域响应曲线及各种裕度，判定单位负反馈下闭环系统的稳定性，用时域响应验证得出的结论。

① $G(s)=\dfrac{(-2s+1)\mathrm{e}^{-3s}}{s^2(s^2+3s+3)(s+5)(s^2+2s+6)}$

② $H(z)=\dfrac{z^2+0.568}{(z-1)(z^2-0.2z+0.99)}z^{-5}$，$T=0.05\,\mathrm{s}$

（23）假设系统的对象模型为 $G(s)=1/s^2$，某最优控制器模型为

$$G_{\rm c}(s)=\frac{5620.82s^3+199320.76s^2+76856.97s+7253.94}{s^4+77.40s^3+2887.90s^2+28463.88s+2817.59}$$

并假设系统由单位负反馈结构构成，请绘制出叠印有等M线和等N线的Nyquist图、Nichols图，并由之分析闭环系统的动态性能，绘制闭环系统阶跃响应曲线来证实你的推断。

（24）假设受控对象模型与由某种方法设计出串联控制器模型如下给出，试用频域响应的方法判定闭环系统的性能，并用时域响应检验得出的结论。

$$G(s)=\frac{100(1+s/2.5)}{s(1+s/0.5)(1+s/50)},\quad G_{\rm c}(s)=\frac{1000(s+1)(s+2.5)}{(s+0.5)(s+50)}$$

（25）假设带有时间延迟的系统传递函数矩阵为

$$\boldsymbol{G}(s)=\begin{bmatrix}\dfrac{0.06371}{s^2+2.517s+0.5618}\mathrm{e}^{-0.72s} & \dfrac{0.4464}{s+0.4831}\\ \dfrac{0.9357}{s^2+3.019s+2.77}\mathrm{e}^{-0.3s} & \dfrac{-0.1085}{s+0.3413}\mathrm{e}^{-1.29s}\end{bmatrix}$$

试绘制其带有Gershgorin带的Nyquist阵列，分析其是否为对角占优的系统，绘制系统的开环阶跃响应，该响应是否符合你的结论？

(26) 考虑下面给出的双输入双输出系统。

$$G(s)=\begin{bmatrix} \dfrac{0.806s+0.264}{s^2+1.15s+0.202} & \dfrac{-(15s+1.42)}{s^3+12.8s^2+13.6s+2.36} \\ \dfrac{1.95s^2+2.12s+4.90}{s^3+9.15s^2+9.39s+1.62} & \dfrac{7.14s^2+25.8s+9.35}{s^4+20.8s^3+116.4s^2+111.6s+188} \end{bmatrix}$$

绘制出带有Gershgorin带的Nyquist曲线，并在该曲线上标出各个频率下的特征值，验证这些特征值满足Gershgorin定理，并绘制该系统的阶跃响应曲线来演示结果系统是不是较好解耦的系统。

(27) Bode增益曲线描述的是系统模型$G(s)$的幅值与频率之间的关系，即$|G(\mathrm{j}\omega)|$与$s=\mathrm{j}\omega$之间的关系。MATLAB语言提供了强大的绘图功能，试用三维表面图的方式绘制出下面函数的增益曲面，其中$s=x+\mathrm{j}y$。

① $G(s)=\dfrac{3s+1}{s^2(300s^2+600s+50)+3s+1}$

② $G(s)=\dfrac{(-2s+1)\mathrm{e}^{-3s}}{s^2(s^2+3s+3)(s+5)(s^2+2s+6)}$

参考文献

[1] 王万良. 自动控制原理[M]. 北京：科学出版社，2001.

[2] Kailath T. Linear systems[M]. Englewood Cliffs: Prentice-Hall, 1980.

[3] Kalman R E. On the general theory of control systems[C]// Proceedings of 1st IFAC Congress. Moscow, 1960: 521–547.

[4] 郑大钟. 线性系统理论[M]. 北京：清华大学出版社，1980.

[5] 薛定宇. 控制系统仿真与计算机辅助设计[M]. 北京：机械工业出版社，2005.

[6] 薛定宇，任兴权. 连续系统的仿真与解析解法[J]. 自动化学报，1992，19(6)：694–702.

[7] 薛定宇. 控制系统计算机辅助设计——MATLAB语言与应用[M]. 2版. 北京：清华大学出版社，2006。

[8] Nyquist H. Regeneration theory[J]. The Bell System Technical Journal, 1932, 11(1): 126–147.

[9] Bode H. Network analysis and feedback amplifier design[M]. New York: D Van Nostrand, 1945.

[10] James H M, Nichols N B, Phillips R S. Theory of servomechanisms[M]. New York: McGraw-Hill, 1947.

[11] Munro N. Multivariable control 1: the inverse Nyquist array design method[C]// Lecture notes of SERC vacation school on control system design. UMIST, Manchester, 1989.

[12] Rosenbrock H H. Computer-aided control system design[M]. New York: Academic Press, 1974.

[13] MacFarlane A G J, Postlethwaite I. The generalized Nyquist stability criterion and multivariable root loci[J]. International Journal of Control, 1977, 25(1): 81–127.

[14] Boyel J M, Ford M P, Maciejowski J M. A multivariable toolbox for use with MATLAB[J]. IEEE Control Systems Magazine, 1989, 9(1): 59–65.

[15] MathWorks. Robust control toolbox user's manual[Z]. Natick: MathWorks, 2005.

第 6 章

非线性控制系统的建模与仿真

前面各章一直侧重于线性系统的建模与分析，并未涉及非线性系统的分析方法。在现实世界中，所有的系统都是非线性的，其中有的系统非线性不是很显著，所以可以忽略其非线性特性，简化成线性系统处理，这样用线性系统的理论和分析方法就可以直接进行分析。然而有的系统非线性特性较严重，不能忽略其非线性环节，这样线性系统理论就无能为力了，所以应该学习非线性系统的建模与分析方法。

控制系统仿真研究的一种很常见的需求是通过计算机得出系统在某信号激励下的时间响应，从中得出期望的结论。对线性系统来说，可以按照第4章和第5章介绍的方法，利用控制系统工具箱中的相应函数对系统进行直接仿真与分析。如果想研究非线性方程，则可以采用第3章中介绍的微分方程数值解法来求解。对于更复杂的系统来说，单纯采用上述方法有时难以完成仿真任务，比如说，若想研究结构复杂的非线性系统，用前面介绍的方法则需要列写出系统的微分方程，这本身就是很复杂的事，有时甚至是不可能的事。如果有一个基于框图的仿真程序，根据需要可以用框图的形式建立起系统的仿真模型，则解决复杂系统的问题就轻而易举了。Simulink环境就是解决这样问题的理想工具[1]，它提供了各种各样的模块，允许用户用框图的形式搭建起任意复杂的系统，从而对其进行准确的仿真。本章将主要介绍Simulink建模与仿真方法及其在控制系统中的应用。6.1节简要介绍Simulink的概况，并介绍Simulink提供的常用模块组及常用模块，为读者熟悉Simulink模型库，开始Simulink建模打下基础。6.2节中将介绍Simulink的模型建立方法，包括模块绘制、连接与参数修改，系统仿真参数设置，并演示微分方程的Simulink建模方法。6.3节探讨一般非线性系统、一般多变量系统、采样系统、多速率采样系统、时变系统等的建模与仿真方法。6.4节介绍非线性系统的仿真分析方法，首先介绍各种静态非线性环节的Simulink建模方法，然后介绍非线性系统的描述函数近似分析方法，最后将介绍非线性系统模型的线性化近似方法。6.5节介绍 Simulink建模的高级技术，将引入子系统、模块封装及模块集编写等建模方法，6.6节介绍S-函数的编写格式与方法，掌握了S-函数的编写方法，理论上就可以搭建出任意复杂的系统模型。6.7节将介绍多领域物理建模的入门知识，并介绍复杂工程系统的直接Simulink建模与仿真方法。

利用本章介绍的建模方法，可以轻易地对看起来很复杂的系统进行仿真分析。如果想进一步学习Simulink建模与仿真方法，建议阅读文献 [2]。

6.1 Simulink建模的基础知识

6.1.1 Simulink简介

MATLAB下提供的Simulink环境是解决非线性系统建模、分析与仿真问题的理想工具。Simulink是MATLAB的一个组成部分，它提供的模块包括一般线性、非线性控制系统所需的模块，也有更高层的模块，例如电气系统模块集中提供的电机模块、SimMechanics提供的刚体及关节模块等，这使得用户可以轻易地对感兴趣的系统进行仿真，得出希望的结果。

Simulink环境是1990年前后由MathWorks公司推出的产品，原名SimuLAB，1992年改为Simulink，其名字有两重含义，仿真(simu)与模型连接(link)，表示该环境可以用框图的方式对系统进行仿真。Simulink提供了各种可用于控制系统仿真的模块，支持一般的控制系统仿真，此外，还提供了各种工程应用中可能使用的模块，如电机系统、机构系统、液压系统、通信系统等的模块集，直接进行多领域物理建模与仿真研究。

单击MATLAB命令窗口工具栏中的图标，则自动打开Simulink的起始窗口，如图6-1所示。从该窗口的右下角区域空间，如果单击合适的图标按钮，则可以选择Blank Model(空白模型)、Blank Subsystem(空白子系统)、Blank Library(空白模块库)和Blank Project(空白项目)等按钮处理模型。例如，单击Blank Model按钮将打开如图6-2所示的空白模型窗口。用户可以在窗口右下角的空白区域绘制系统的Simulink模型。

在MATLAB命令窗口输入 `open_system(simulink)` 命令将打开如图6-3所示的模型库，模型库中还有下一级的模块组，如连续模块组、离散模块组和输入输出模块组等，用户可以用双击的方式打开下一级的模块组，寻找及使用所需要的模块。为排版方便，这里的和后续的模型库中的图标位置可能进行微调。这里显示的模型库是MATLAB R2021a版给出的，不同版本的模型库表示形式略有不同。

若打开了空白模型窗口，还可以单击其工具栏中的Simulink图标 (Library Browser，模块集浏览器)，可以打开Simulink模块浏览器窗口，其表现形式与图6-3是不同的。

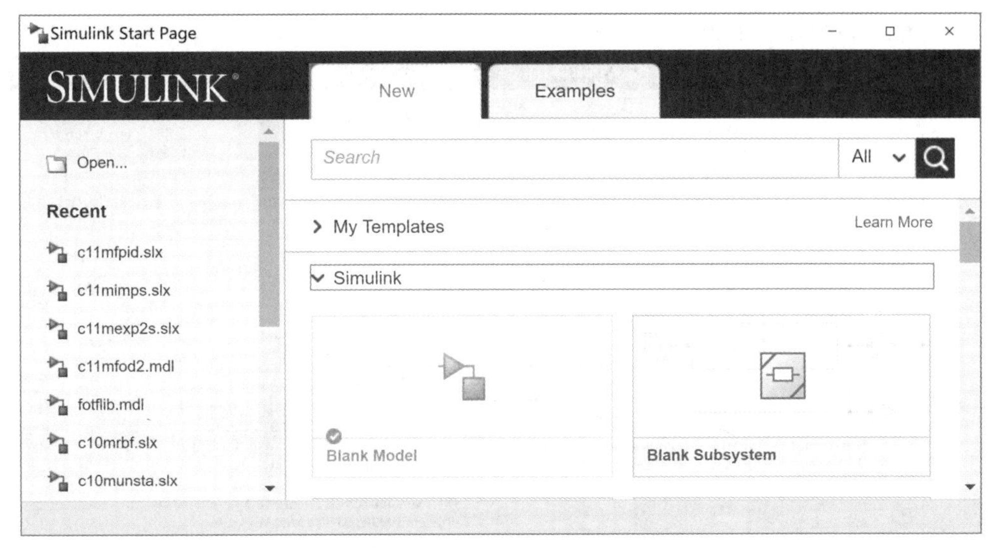

图6-1 Simulink起始窗口

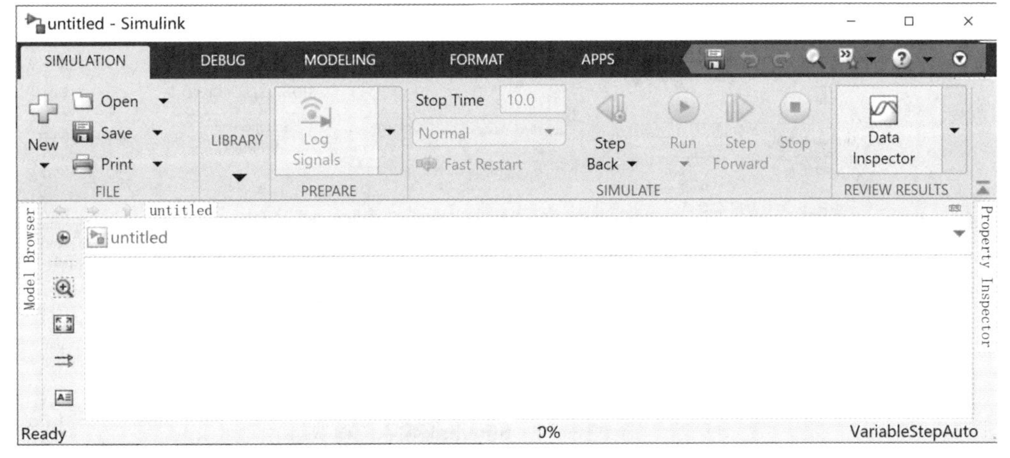

图6-2 Simulink的空白模型窗口

6.1.2 Simulink下常用模块简介

从图6-3所示的Simulink的主界面可以看出，Simulink提供了诸多子模块组，每个子模块组中还包含众多的下一级子模块及模块组，由这些模块相互连接就可以按需要搭建起复杂的系统模型。这里将对常用模块进行简单介绍，使得读者对现有的模型库有一个较好的了解，为下一步介绍Simulink建模打下基础。

1. 输入模块组（Sources）

双击Simulink模块组中的输入模块组图标，则将打开如图6-4所示模块组（为了版面起见，作者对各个模块组布局进行了手工修改），其中有Step（阶跃输入）模

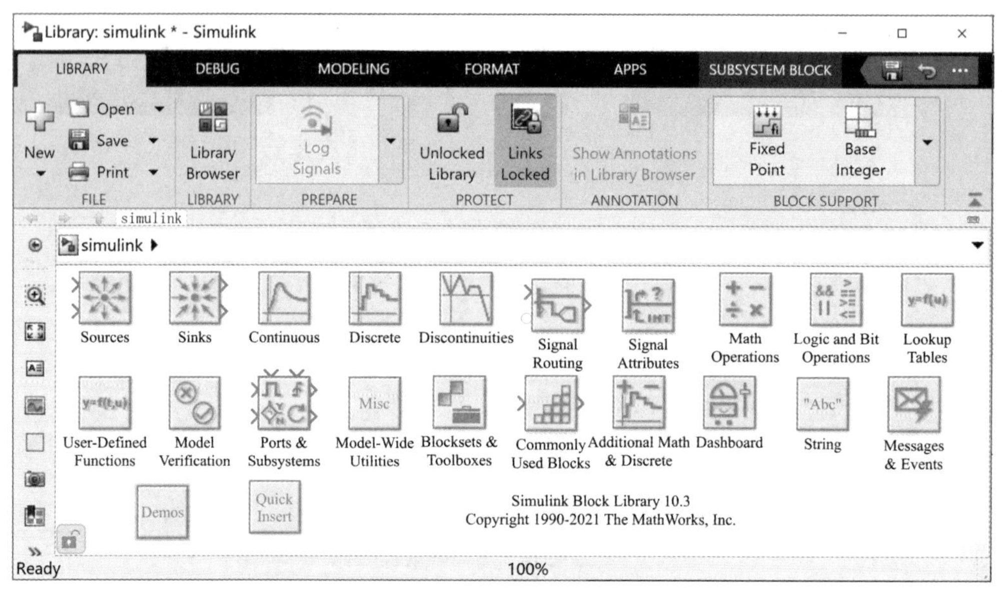

图6-3 Simulink的模型库

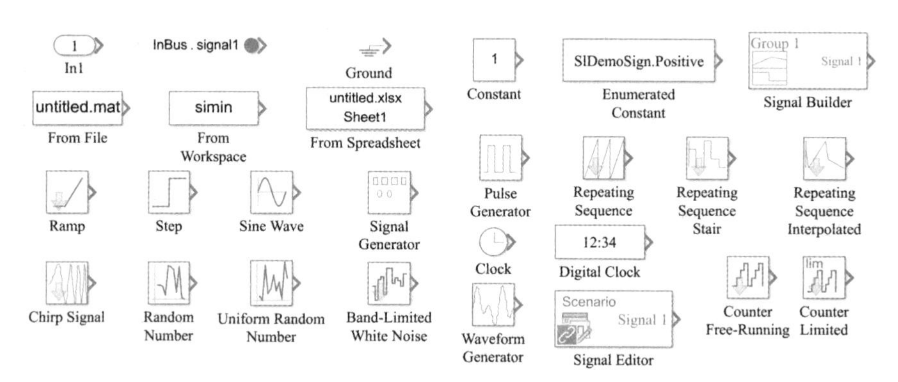

图6-4 Simulink输入源模块组

块、Clock(时钟)模块、Signal Generator(信号发生器)模块、From File(文件输入)模块、From Workspace(工作空间输入)模块、Sine Wave(正弦波)模块，Ramp(斜坡信号)模块、Pulse Generator(脉冲发生器)模块、Repeating Sequence(周期信号)模块、In1(输入端子)模块、Band-Limited White Noise(带宽受限白噪声)模块等，还有一个Signal Builder(信号编辑器)模块，允许用户用图形化的方式编辑输入信号，这些信号可以用来激励系统，作为系统的输入信号源。

2. 输出池模块组(Sinks)

双击Simulink主模块组中的输出池Sinks图标，则将打开如图6-5所示的输出池模块组，允许用户将仿真结果以不同的形式输出出来。输出池中常用的模块有Scope(示波器)模块和Floating Scope(浮动示波器)模块、X-Y Graph(轨迹示波器)

模块、Display（数字显示）模块、To File（存文件）模块、To Workspace（返回工作空间）模块，还有Out1（输出端子）模块，这是Simulink仿真中很有用的一个输出模块。另外，该模块组还提供了Stop Simulation（停止仿真）模块，允许用户在仿真过程中终止仿真进程。

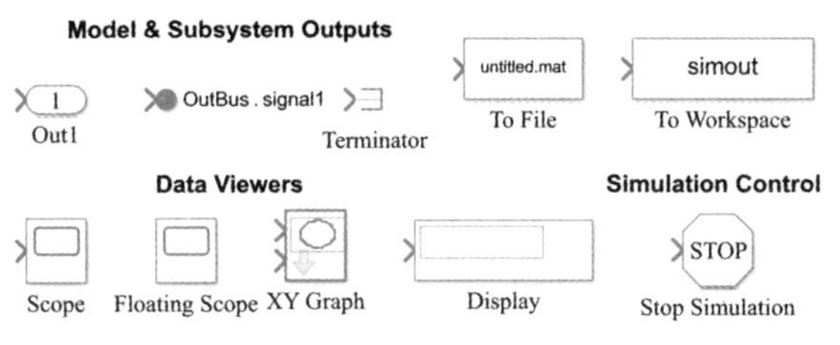

图6-5 Simulink输出池模块组

3. 连续系统模块组（Continuous）

双击Simulink主模块组中的连续系统模块组Continuous图标，则将打开如图6-6所示的模块组，其中有Transfer Fcn（传递函数）模块、State Space（状态方程）模块、Zero-Pole（零极点）模块这样三个最常用的线性连续系统模块，还有Transport Delay（时间延迟）模块和Variable Transport Delay（可变延迟）模块，以及各种各样的Integrator（积分器）模块和Derivative（微分器）模块等，利用这些模块就可以搭建起连续线性系统的Simulink仿真模型。此外，Simulink还提供了PID Controller（PID控制器）模块与PID Controller 2DOF（二自由度PID控制器）模块，可以直接用于系统的PID控制仿真。

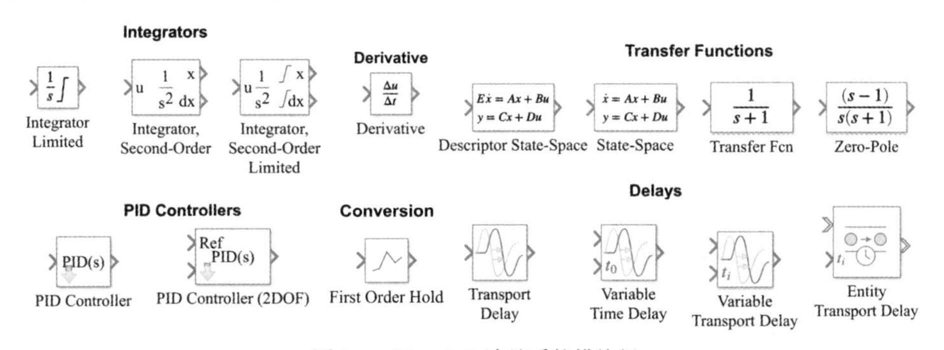

图6-6 Simulink连续系统模块组

事实上，这些模块在实际线性系统仿真中有局限性，因为所有的模块都是假设初值为零，但在实际应用中有时要求模块具有非零初值，这样可以从Simulink Extras模块组中双击Additional Linear（附加连续线性系统）模块组图标，这样将得出如图6-7（a）所示的模块组，其包含的模块均允许非零初值。此外，控制系统模块集还提供了如图6-7（b）所示的LTI System（线性时不变）模块，可以在该模块的参数对话框中直接填写LTI模型变量。

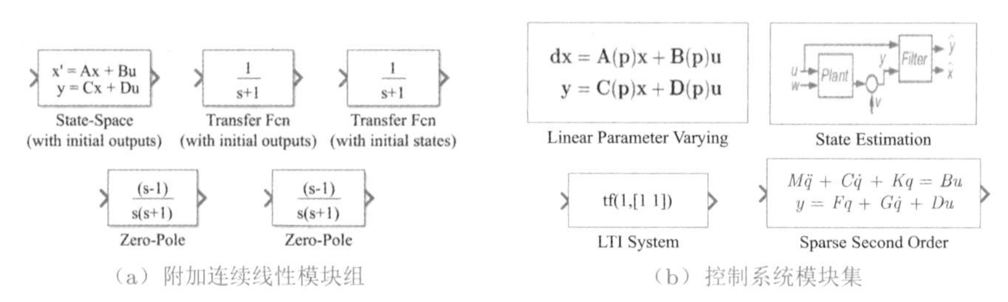

图6-7　其他线性系统模型输入模块组

4. 离散系统模块组（Discrete）

离散系统模块组包含常用的线性离散模块，如图6-8所示。其中有Zero-order Hold（零阶保持器）模块、First-order Hold（一阶保持器）模块、Discrete Transfer Fcn（离散传递函数）模块、Discrete State-Space（离散状态方程）模块、Discrete Zero-Pole（离散零极点）模块、Discrete Filter（离散滤波器）模块、Unit Delay（单位延迟）模块和Discrete Integrator（离散积分器）模块，而Memory（记忆）模块可以返回上一个时刻的信号值。离散模块组还提供了各种离散的PID控制器模块。

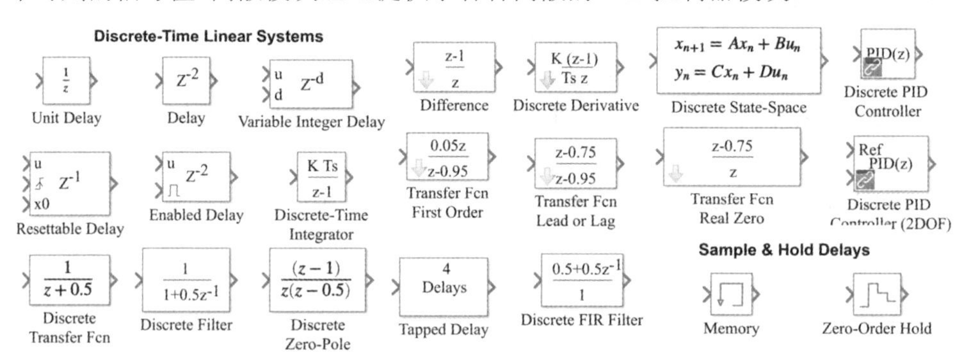

图6-8　Simulink离散系统模块组

和连续系统模块组类似，这些模块也都是表示零初值的模块，对非零初值的模块，可以借助于Simulink Extras模块组中的Additional Discrete（附加离散）模块与控制系统工具箱中的LTI模块直接处理。

5. 非线性模块组（Discontinuities）

非线性模块组在Simulink模块浏览器中又称为不连续模块组，该模块组内容如图6-9所示。该模块组中主要包含常见的分段线性非线性静态模块，如Saturation（饱和）模块、Dead Zone（死区）模块、Relay（继电）模块、Rate Limiter（变化率限幅器）模块、Quantizer（量化器）模块、Backlash（磁滞回环）模块，还可以处理Coulumb摩擦。模块组的名称Discontinuities不是很确切，因为这里包含的模块有些还是连续的，比如饱和非线性模型等，所以本书仍称为非线性模块组。

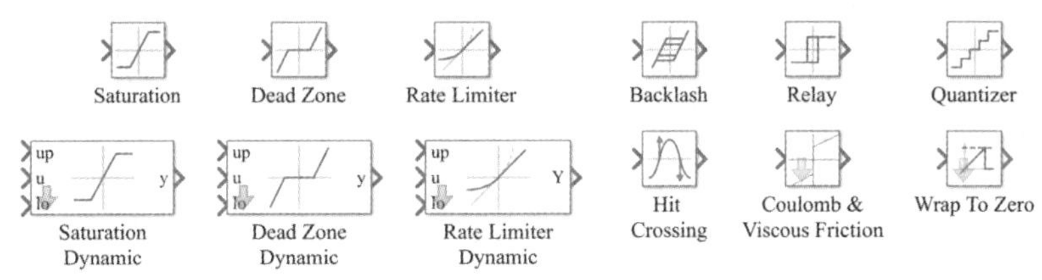

图6-9 非线性模块组

6. 数学函数模块组(Math Operations)

数学函数模块组的模块如图6-10所示，包括Sum(加法器)模块、Product(乘法器)模块、Gain(增益)模块、Combinational Logic(组合逻辑)模块、Math Function(数学函数)模块、Abs(绝对值)模块、Sign(符号函数)模块、实数复数转换模块、Trigonometric Function(三角函数)模块等，还有Algebraic Constraint(代数约束求解)模块。利用这样的模块可以构造出任意复杂的数学运算。

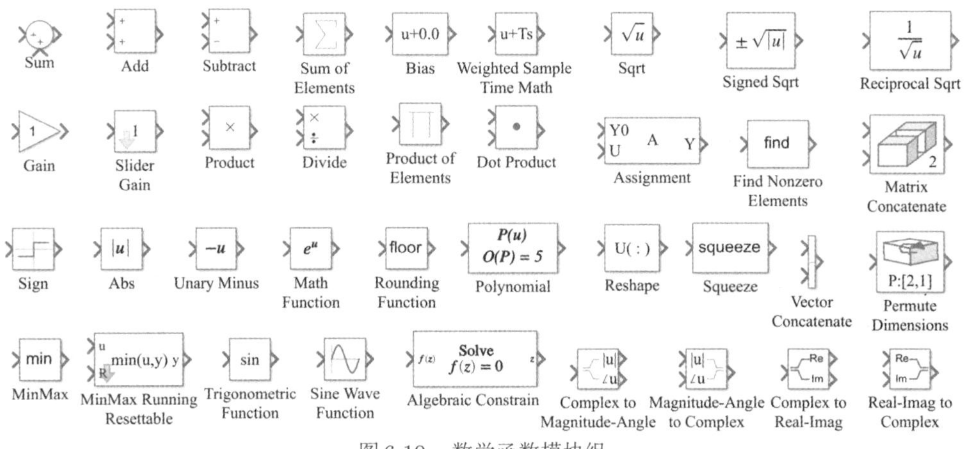

图6-10 数学函数模块组

7. 查表模块组(Look-up Tables)

查表模块和函数模块组的内容如图6-11所示，其中有1-D Lookup Table(一维查表)模块、2-D Lookup Table (2-D)(二维查表)模块、n-D Lookup Table(n维查表)模块，后面将演示任意分段线性的非线性环节均可以由查表模块搭建起来，从而可以容易地对非线性控制系统进行仿真分析。Lookup Table Dynamic(动态查表)模块还允许用户动态地建立查表数据点。

8. 用户自定义函数模块组(User-defined Functions)

用户自定义函数模块组的内容如图6-12所示，其中可以利用Fcn(函数)模块对MATLAB的函数直接求值，还可以使用MATLAB Fcn (MATLAB函数)模块对用户自己编写的MATLAB复杂函数求解，还可以按照特定的格式编写出系统函数，简称S-函数，用以实现任意复杂度的功能。S-函数可以用MATLAB、Ada或C及其他语言编写的系统函数，后面将详细介绍S-函数的编写方法及其应用。

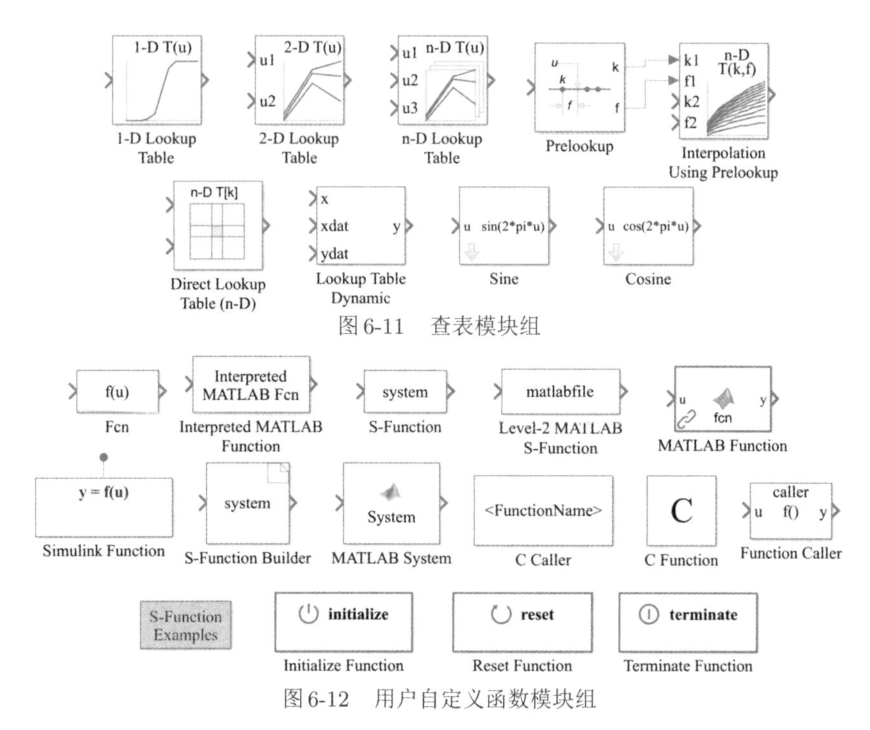

图6-11　查表模块组

图6-12　用户自定义函数模块组

9. 信号路由模块组(Signal Routing)

Simulink的信号路由模块组如图6-13所示，其中有将多路信号组成向量型信号的Mux(集线器)模块，有将向量型信号分解成若干单路信号的Demux(多路分配器)模块，有Selector(选路器)模块，有转移模块Goto和From，还支持各种开关模块，如一般Switch(开关)模块、Multiport Switch(多路开关)模块、Manual Switch(手动开关)模块等。

10. 信号属性模块组(Signal Attributes)

信号属性模块组的内容如图6-14所示，其中包括Data Type Conversion(数据类型转换)模块、Rate Transition(采样周期转换)模块、IC(初值设置)模块、Width(信号宽度检测)模块等。

6.1.3　Simulink下其他工具箱的模块组

除了上述各个标准模块组之外，随着MATLAB工具箱安装的不同，还有若干工具箱模块组和模块集(blockset)。在这些模块组中，有通信仿真模块集、有各种控制类模块集，如控制系统模块集、系统辨识模块集、模糊逻辑控制模块集、神经网络工具箱模块集、模型预测控制模块集、鲁棒控制工具箱，有专用的系统模块集，如航天系统模块集、多体系统仿真模块集、电气系统仿真模块集、计算机视觉模块集，有实时控制和嵌入式控制的定点模块集、数字信号处理模块集、实时控制模块集、

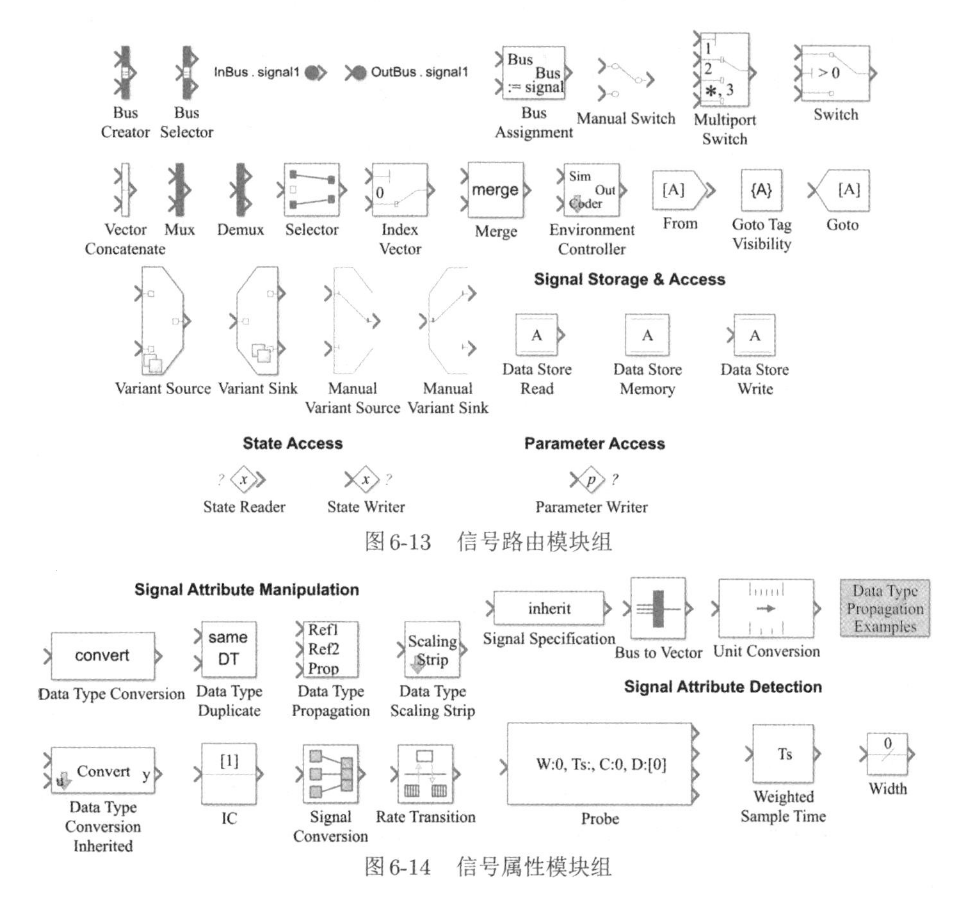

图6-13 信号路由模块组

图6-14 信号属性模块组

xPC Target，有用于结果显示的表盘模块集和三维动画模块集等，可以利用这些模块进行各种各样的复杂系统分析与仿真。另外，由于这样模块集都是相关领域的著名学者开发的，所以其可信度等都是很高的，仿真结果是可靠的。

6.2 Simulink建模与仿真

6.2.1 Simulink建模方法简介

其实利用Simulink描述框图模型是十分简单和直观的，用户无须输入任何程序，可以用图形化的方法直接建立起系统的模型，并通过Simulink环境中的菜单直接启动系统的仿真过程，并将结果在示波器上显示出来，所以掌握了强大的Simulink工具后，会大大增强用户系统仿真的能力。新版Simulink 模型文件的后缀名为`slx`，已不再是纯文本文件（早期版本为`mdl`，纯文本文件）。下面将通过简单的例子来演示Simulink建模的一般步骤，并介绍仿真的方法。

例6-1 考虑图6-15中给出的典型非线性反馈系统框图，其中控制器为PI控制器，其模

型为 $G_c(s) = (K_p s + K_i)/s$，且 $K_p = 3$, $K_i = 10$，饱和非线性中的 $\Delta = 2$，死区非线性的死区宽度为 $\delta = 0.1$。试建立 Simulink 仿真模型。

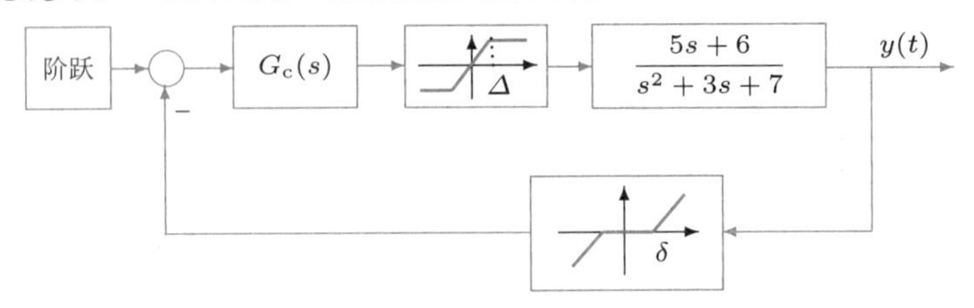

图 6-15　非线性系统

解　由于系统中含有非线性环节，所以这样的系统不能用第 5 章中给出的线性系统方法进行精确仿真，而建立起系统的微分方程模型，用第 3 章中介绍的方法去求解也是件很烦琐的事，如果哪步出现问题，则仿真结果就可能出现错误。

Simulink 是解决这类问题最有效的方法，可按下面步骤搭建此系统的仿真模型：

(1) 打开模型编辑窗口。首先打开一个空白模型编辑窗口，这可以单击 Simulink 工具栏中新模型的图标或选择 File → New → Model 菜单项实现。

(2) 复制相关模块。将相关的模块组中的模块拖动到此窗口中，例如将 Sources 组中的 Step 模块拖动到此窗口中，将 Math 组中的加法器拖动到此窗口中等，这样就可以将如图 6-16 所示的一些模块复制到模型编辑窗口中。注意，在默认的建模设置下，模块的名字自动显示。当鼠标指针放在模块图标上时，模块名显示出来，否则不显示。为演示方便起见，本书尽量显示模块名。可以通过快捷菜单 Format → Show Block Name(显示模块名) → on 设置。弱项恢复默认，则选择其中的 auto 选项。

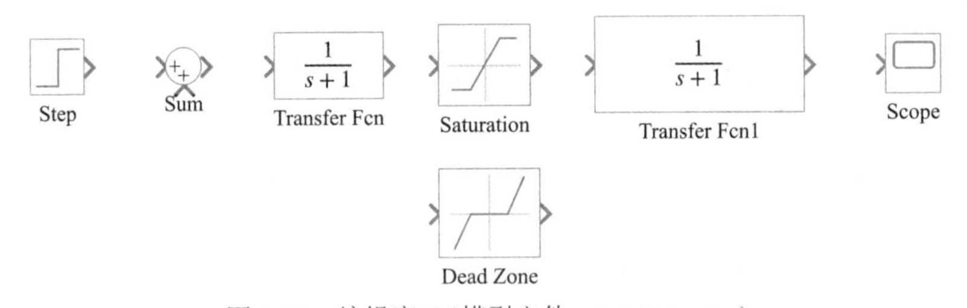

图 6-16　编辑窗口(模型文件：c6mblk1.slx)

(3) 修改模块参数。通过观察可以发现，其中很多模块的参数和要求的不一致，如受控对象模型、控制器模块、加法器模块等。双击加法器模块，将打开如图 6-17(a) 所示的对话框，其中 List of Signs 栏目描述加法器各路输入的符号，其中 | 表示该路没有信号，所以用 |+- 取代原来的符号，就可以得出反馈系统中所需的减法器模块了。

如果输入信号路数过多，则不适用圆形的加法器表示方法，选择 Icon shape(图标形状) 列表框中的 rectangular(矩形) 就可以得出方形的加法器模块。

传递函数参数也可以相应地修改，双击控制器模块，则将打开如图 6-17(b) 所示的对话框，用户只需在其 Numerator coefficients(分子系数) 和 Denominator coefficients(分

Main Signal Attributes
Icon shape: round
List of signs:
++

（a）加法器模块参数设置对话框

Parameters
Numerator coefficients:
[1]
Denominator coefficients:
[1 1]
Parameter tunability: Auto
Absolute tolerance:
auto
State Name: (e.g., 'position')
''

（b）传递函数模块参数设置对话框

图6-17 常用模块参数对话框

母系数）栏目分别填写系统的分子多项式和分母多项式系数，其方式与一般MATLAB下描述多项式的惯例是一致的，亦即将其多项式系数提取出来得出的降幂排列的向量。这样在控制器模块中分子和分母栏目分别填写 [3,10] 和 [1,0]，在受控对象的相应栏目中分别填入 [5,6] 和 [1,3,7]，就可以正确输入这两个模块了。

模型中还需要修改的参数如下：阶跃输入模块将Step time（阶跃时刻）参数从默认的1修改为0；饱和非线性模块的Upper limit（饱和上界）和Lower limit（下界）参数分别设置为2和 -2；死区非线性模块的Start of dead zone（死区起始值）和End of dead zone（死区终止值）分别设置为 -0.1 和0.1。

（4）模块连接。将有关的模块直接连接起来，具体的方法是用鼠标单击某模块的输出端，拖动鼠标到另一模块的输入端处再释放，则可以将这两个模块连接起来。完成模块连接后，就可以得到如图6-18所示的系统模型。

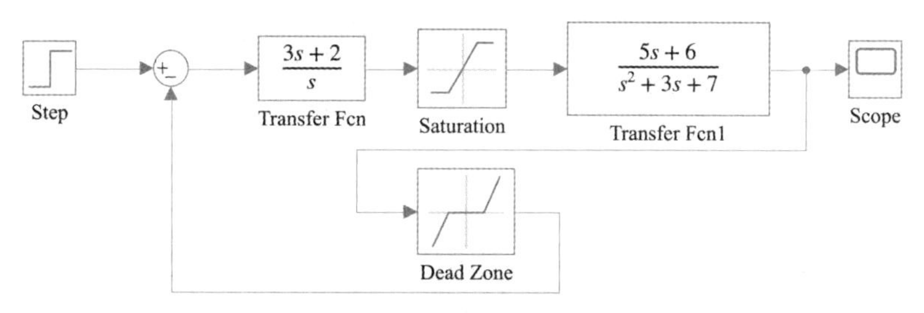

图6-18 模块连接后的系统模型（文件名：c6mblk2.slx）

从模型本身看好像反馈回路中的模块比较不理想，可以利用Simulink中的模块翻转功能将该模块进行水平翻转。具体方法是，单击选中该模块，右击该模块打开快捷菜单，选择其中的Rotate & Flip菜单，如图6-19所示，允许用户对模块进行旋转、顺时针与逆时针旋转等修饰处理，效果分别如图6-20(a)、(b)、(c)所示。

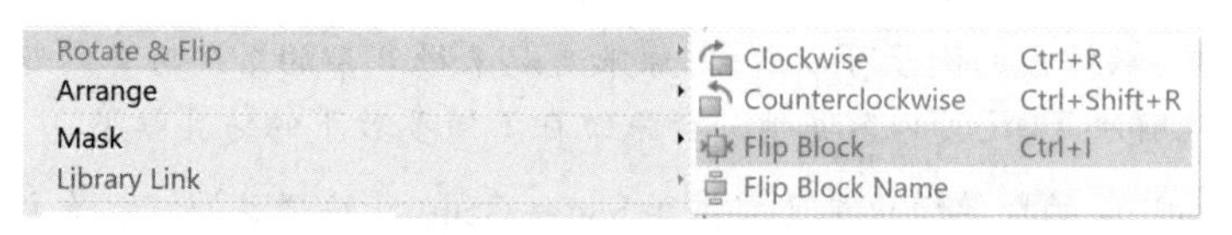

图6-19 快捷菜单的Rotate & Flip子菜单

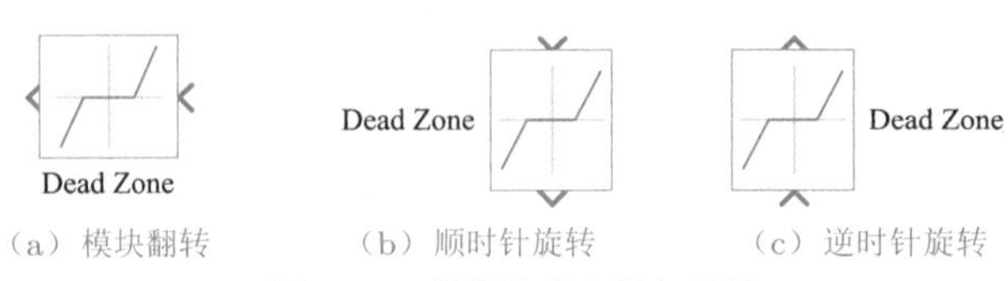

(a) 模块翻转　　(b) 顺时针旋转　　(c) 逆时针旋转

图6-20　模块简单翻转与旋转

经过模块翻转处理后的系统模型框图如图6-21所示，可以看出这样得出的系统模型更加美观和直观。应该指出的是，模块的旋转、翻转等处理应该在模块连接前进行。

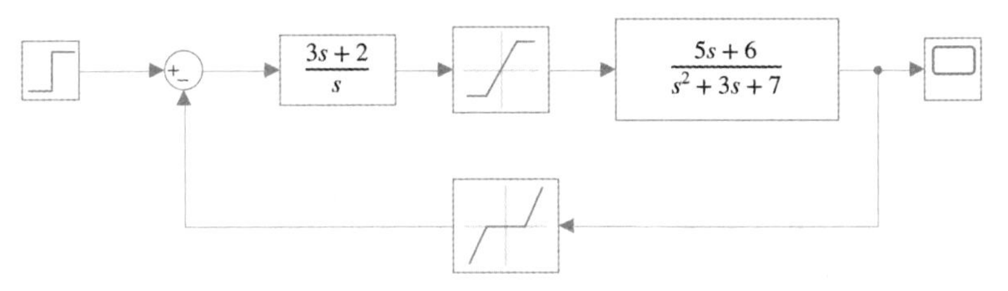

图6-21　系统的仿真模型(文件名：c6mblk3.slx)

(5) 系统仿真研究。建立了模型后就可以直接对系统进行仿真研究了。例如，单击启动仿真的按钮，则可以启动仿真过程，这样双击示波器模块就可以显示仿真结果了，如图6-22(a)所示。

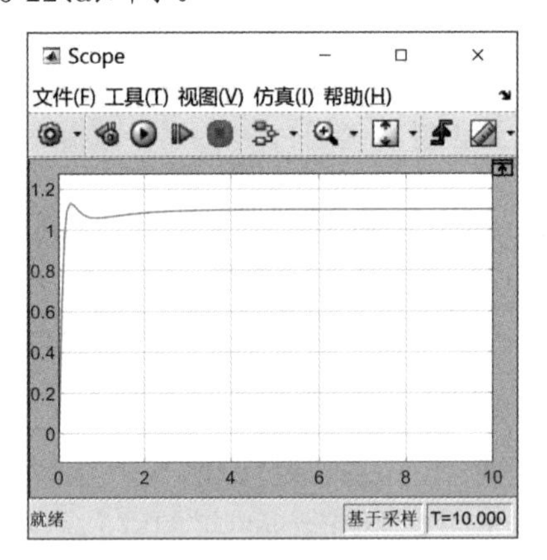

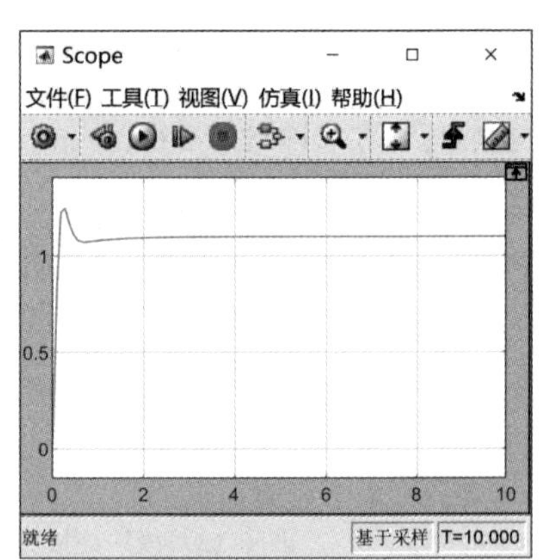

(a) 直接仿真结果　　(b) 修改控制器后的结果

图6-22　系统仿真结果的示波器输出

从仿真结果看，跟踪速度较慢。根据PI控制器设计经验，如果能加大K_i的值将有望加快系统响应速度，用手动调节的方法将K_i设置为20，则可以得出如图6-22(b)所示的仿真结果。从给出的例子可以看出，原来看起来很复杂的系统仿真问题用Simulink轻而易举地就解决了，还可以容易地分析系统在不同参数下的仿真结果。

Simulink的数学模块组还提供了Slider Gain(滑块增益)模块，允许用滑块的形式调整增益的值，这使得参数调节更容易，使用了这种模块，则可以得出如图6-23所示的仿真模型，双击滑块增益模块，则可以得出如图6-24所示的对话框，用户可以通过该对话框的滑块调整控制器的参数。

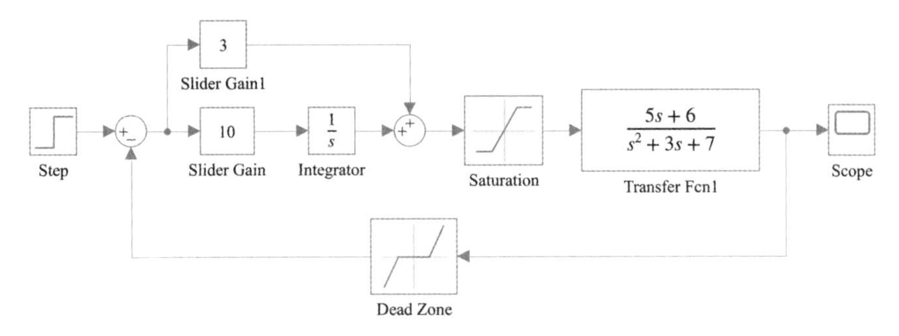

图6-23 改用滑块比例环节的仿真模型（模型名：c6mblk4.slx）

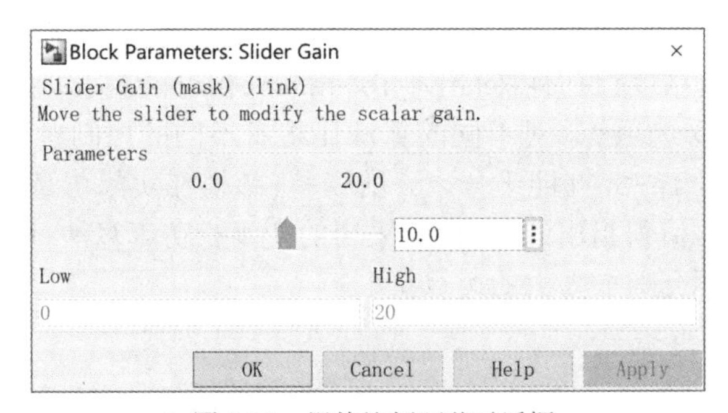

图6-24 滑块比例环节对话框

6.2.2 仿真算法与控制参数选择

打开模型窗口工具卡的MODELING（模型）选项卡，左半部分如图6-25所示，右侧是仿真参数设置，用户可以通过该部分设置仿真参数，如Stop time（终止仿真时间）等。单击其中的Model Settings（模型设置，或⚙）按钮，将打开如图6-26所示的对话框，允许用户设置仿真控制参数。

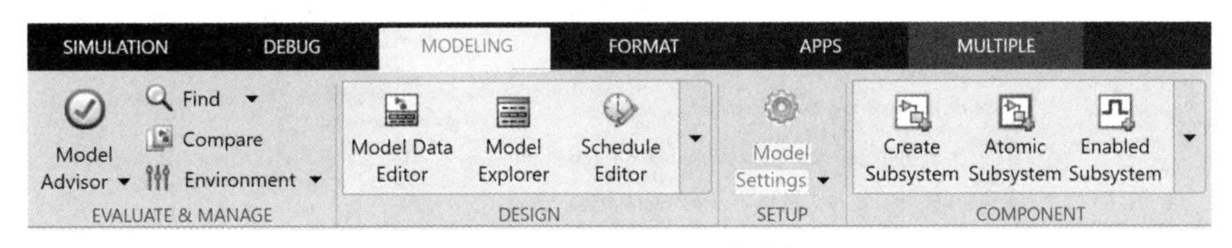

图6-25 MODELING选项卡

（1）起始时刻（Start time）和终止时刻（Stop time）栏目。允许用户填写仿真的起始时间和结束时间。

（2）求解器选项（Solver options）的Type（类型）栏目。有两个选项，允许用户选择定步长和变步长算法。为了保证仿真的精度，一般情况下建议选择Variable-step

图6-26 仿真控制参数设置对话框

(变步长)。Solver(求解器)列表框中列出了各种各样的算法，如ode45 (Domand-Prince) 算法、ode15s (stiff/NDF) 算法等，用户可以从中选择合适的算法进行仿真分析，离散系统还可以采用定步长算法进行仿真。正常情况下建议采用默认的auto (Automatic solver selection)(算法自动选择)选项。

(3) 求解器详细信息(Solver details)。将展开更多的算法设置选项，如图6-27所示，其中，仿真精度控制有Relative Tolerance(相对误差限)选项、Absolute Tolerance(绝对误差限)选项等，对不同的算法还将有不同的控制参数，其中相对误差限的默认值设置为`1e-3`，亦即千分之一的误差，该值在实际仿真中显得偏大，建议选择`1e-6`和`1e-7`。值得指出的是，由于采用的变步长仿真算法，所以将误差限设置到这样小的值也不会增加太大的运算量。

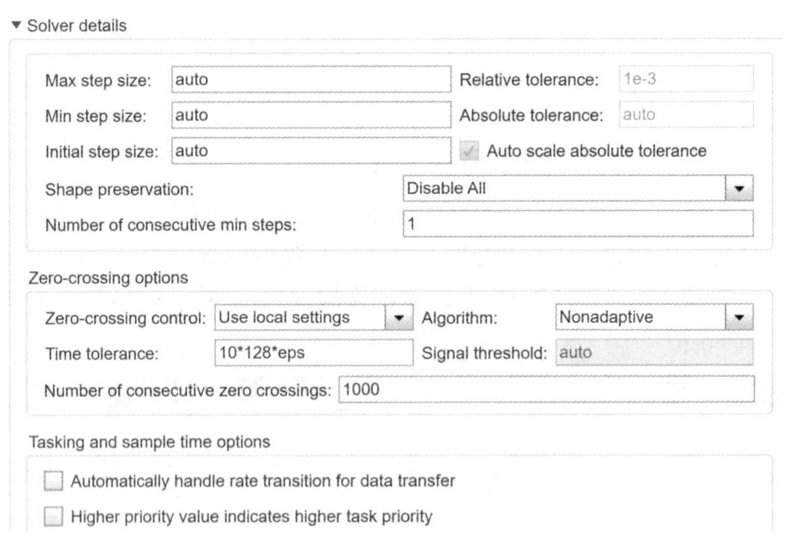

图6-27 更多的算法参数选项

(4) 步长设置。在仿真时还可以选定最大允许的步长和最小允许的步长，这可以通过填写Max step size(最大步长)栏目和Min step size(最小步长)的值来实现，如果变步长选择的步长超过这个限制则将弹出警告对话框。

(5) 输出格式设置。如果选择图6-26中对话框左侧的Data Import/Export(数据输入输出)标签,则打开数据输入输出对话框,如图6-28所示。建议反选其中的Single simulation output(单一仿真输出)复选框,并将右侧是Format(格式)列表框从Dataset(数据集)修改成Array(数组),使得自动返回的仿真结果更易于获得[2]。

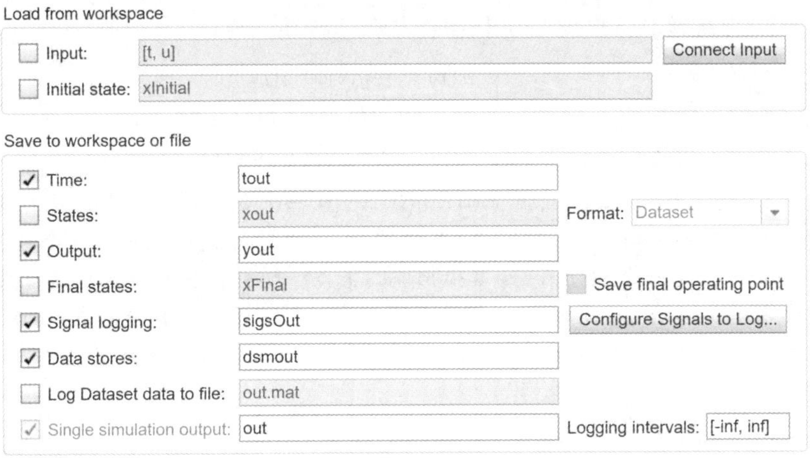

Load from workspace

Input: [t, u] Connect Input

Initial state: xInitial

Save to workspace or file

Time: tout

States: xout Format: Dataset

Output: yout

Final states: xFinal Save final operating point

Signal logging: sigsOut Configure Signals to Log...

Data stores: dsmout

Log Dataset data to file: out.mat

Single simulation output: out Logging intervals: [-inf, inf]

图6-28 数据输入输出对话框

(6)警告设置。一些警告信息和警告级别的设置可以选择图6-26中对话框左侧的Diagnostics(诊断)标签,打开相应的对话框实现,具体方法在这里不再赘述。

设置完仿真控制参数之后,就可以单击工具栏中的Run(运行,或▶)按钮来启动过程。仿真结束后,会自动生成一个向量`tout`存放各个仿真时刻的时间值,若使用了Outport(输出端子)模块,则其输出信号会自动赋给`yout`变量,用户就可以使用`plot(tout,yout)`这样的命令来绘制仿真结果了。注意:如果不按**5**中建议的方法设置,自动返回的数据与结构将很麻烦[2]。

除了用工具栏按钮启动系统仿真的进程外,还可以调用`sim()`函数来进行仿真分析,其调用格式为`[`t,x,y`]=sim(模型名,仿真终止时间,options)`,其中,模型名即对应的Simulink文件名,后缀名可以省略,函数调用后,返回的$\boldsymbol{t}$为时间向量,$\boldsymbol{x}$为状态矩阵,其各列为各个状态变量,返回变元$\boldsymbol{y}$的各列为各个输出信号,亦即Outport信号构成的矩阵。

仿真控制参数`options`可以通过`simset()`函数来设置,其调用格式为

```
options=simset(参数名1,参数值1,参数名2,参数值2,···)
```

其中,“参数名”为需要控制的参数名称,用单引号括起,“参数值”为具体数值,用`help simset`命令可以显示出所有的控制参数名。例如,相对误差限的属性名为`'RelTol'`,其默认值为10^{-3},这个参数在仿真中过大,应该修改成小值,如10^{-7}。可以使用命令`options=simset('RelTol',1e-7)`或`options.RelTol=1e-7`修改`options`变元,在使用`sim()`函数时使用`options`即可。

6.2.3 Simulink仿真举例

本节以Rössler微分方程为例，演示在Simulink下的模型搭建方法，介绍模型修正和处理方法，并介绍基于Simulink的系统仿真方法。

例6-2 考虑例3-15中给出的Rössler方程，其表达式为

$$\begin{cases}\dot{x}(t)=-y(t)-z(t)\\ \dot{y}(t)=x(t)+ay(t)\\ \dot{z}(t)=b+[x(t)-c]z(t)\end{cases}$$

选定 $a=b=0.2$, $c=5.7$，且 $x(0)=y(0)=z(0)=0$。试搭建Simulink仿真模型。

解 微分方程的Simulink建模中，关键信号 $x_i(t)$ 与 $\dot{x}_i(t)$ 的生成有一个技巧，即为每个 $x_i(t)$ 信号设定一个积分器，令其输出端为 $x_i(t)$，则积分器的输入端就自然是该变量的一阶导数 $\dot{x}_i(t)$ 了。除此之外，该状态变量的初值可以填写到积分器中。用这样的方法，就不难构造如图6-29所示的Simulink框图，并将三个积分器的初值均设置为0。

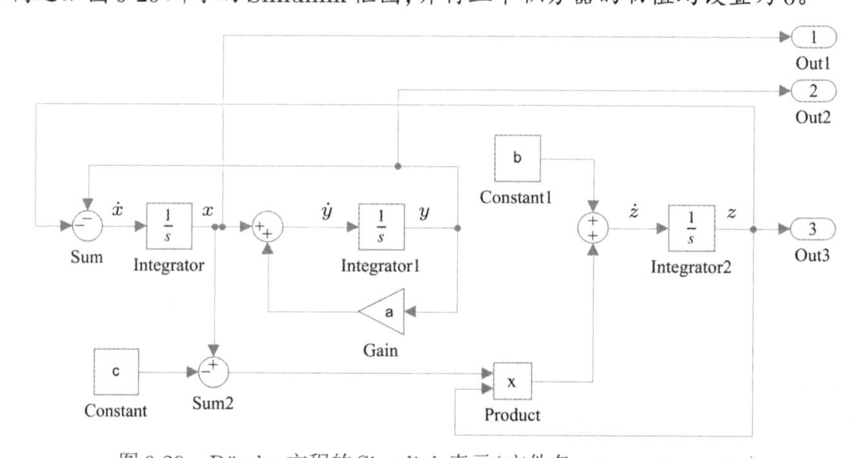

图6-29 Rössler方程的Simulink表示(文件名:c6mrossler.slx)

在启动仿真过程之前，还可以设置仿真控制参数，如令仿真终止时间为100，相对误差限为 10^{-7}，这时启动仿真过程，则可以在MATLAB工作空间中返回两个变元：tout和yout，其中tout为列向量，表示各个仿真时刻，而yout为一个三列的矩阵，分别对应于三个状态变量 $x(t)$、$y(t)$ 和 $z(t)$。这样用下面的语句就可以绘制出各个状态变量的时间响应曲线，如图6-30(a)所示。

```
>> plot(tout,yout)     %系统状态的时间响应曲线
```

若以 $x(t)$、$y(t)$ 和 $z(t)$ 分别为三个坐标轴，这样就可以由下面的语句绘制出三维的相空间曲线，如图6-30(b)所示，由comet3()函数还可以演示状态空间曲线的动态轨迹。

```
>> comet3(yout(:,1),yout(:,2),yout(:,3)), grid %状态的时间响应曲线
```

例6-3 Simulink中很多模块都支持向量化输入，试用向量化模块重新绘制Rössler方程的Simulink模型。

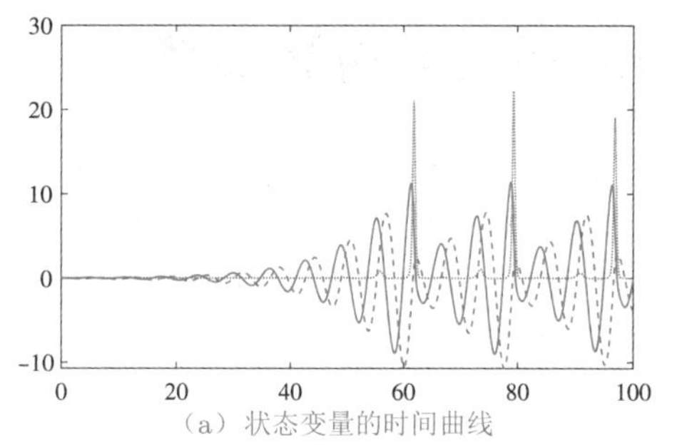

（a）状态变量的时间曲线

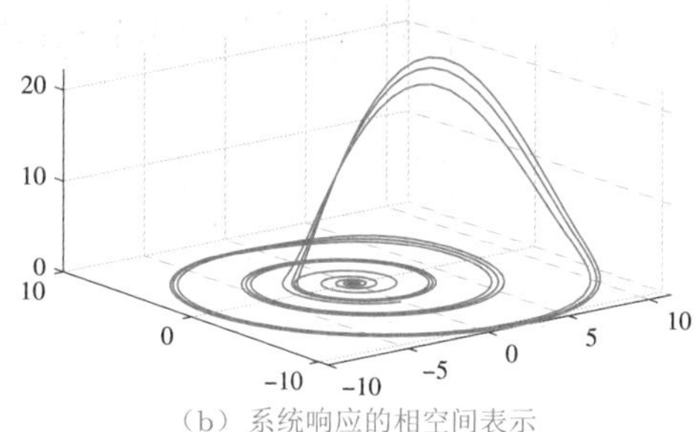

（b）系统响应的相空间表示

图6-30 Rössler方程的仿真结果

解 前面例子使用了3个积分器模块，如果使用向量化思想，则需要引入一个向量型的积分器。可以将若干路信号用Mux模块组织成一路信号，这一路信号的各个分量为原来的各路信号。这样这组信号经过积分器模块后，得出的输出仍然为向量化信号，其各路为原来输入信号各路的积分。这样用图6-31中给出的Simulink模块就可以改写原来的模型了。在该模型中还使用Fcn模块，用于描述对输入信号的数学运算，这里输入信号为系统的状态向量，而Fcn模块中将其输入信号记作u，如果u为向量，则用u[i]表示其第i路分量。可见，这样的系统模型比图6-29中给出的Simulink模型简洁得多，且这样建模不易出错，也易于维护。

例6-4 显式微分方程的更简单的通用建模方法。

解 前面建立模型使用的Fcn模块有一个局限性，就是该模块只能允许一路标量输出。有没有什么模块允许多路输入、多路或向量型输出呢？图6-12组中的Interpreted MATLAB Function（解释性MATLAB函数）与MATLAB Function（MATLAB函数）模块都可以实现这样的功能，前者要求用户编写一个相应的MATLAB函数，后者可以将函数内容直接嵌入模块。由给出的微分方程模型可以直接编写出下面的函数

```
function y=c6mross0(u)
a=0.2; b=0.2; c=5.7; y=[-u(2)-u(3); u(1)+a*u(2); b+(u(1)-c)*u(3)];
```

将其文件名输入到Interpreted MATLAB Function模块，则可以搭建出如图6-32所示的Simulink仿真框图。可以看出，这样的框图比较简洁，更接近于原始的微分方程模型，所以可以采用这样的方法作为显式微分方程组的通用建模方法。

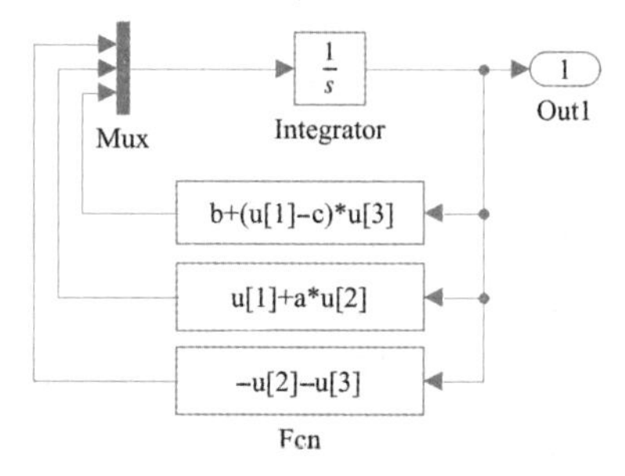

图6-31 简化框图（c6mross1a.slx）

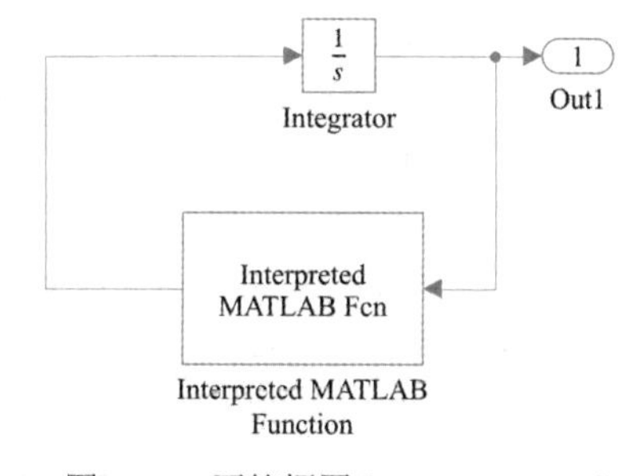

图6-32 更简框图（c6mross2.slx）

6.3 控制系统的Simulink建模与仿真实例

本节将通过一系列控制系统仿真的实例演示Simulink仿真工具的应用，介绍多变量系统、计算机控制系统、时变系统、变延迟系统、开关系统及随机输入系统等各类控制系统的Simulink模型描述与仿真研究，其中的每个例子代表一类系统模型，从本节的介绍中用户应该能有一个对Simulink在控制系统仿真应用中较全面的认识。

例6-5 多变量时间延迟系统的仿真。考虑例5-22中介绍的多变量系统阶跃响应仿真问题。如果采用早期版本就必须从底层建立起如图6-33所示的仿真模型，过程比较烦琐易错。有没有更简洁的建模方法？

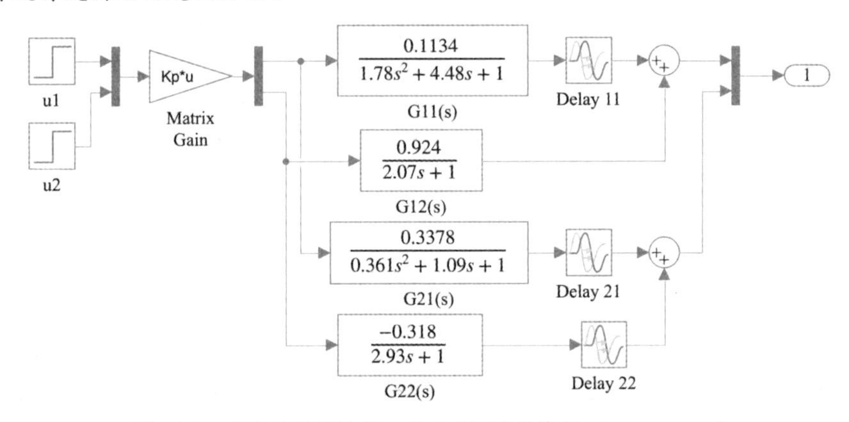

图6-33 多变量系统的Simulink表示(文件名:`c6mmimo.slx`)

解 由于含有时间延迟，可以考虑采用带有内部延迟的状态方程表示整个传递函数矩阵模型，将其输入到控制系统工具箱模块集的LTI System模块，则可以搭建出如图6-34所示的仿真模型。在系统的框图中，分别设置两路阶跃输入的值为u1和u2。这使得延迟模型的多变量系统描述在Simulink下更简单、直观。在模型能正常使用之前，需要给出下面的命令将多变量模型与补偿矩阵$\boldsymbol{K}_{\rm p}$输入到MATLAB工作空间：

```
>> g11=tf(0.1134,[1.78 4.48 1],'ioDelay',0.72);
   g21=tf(0.3378,[0.361 1.09 1],'ioDelay',0.3);
   g12=tf(0.924,[2.07 1]); g22=tf(-0.318,[2.93 1],'ioDelay',1.29);
   G=[g11, g12; g21, g22]; G=ss(G);
   Kp=[0.1134,0.924; 0.3378,-0.318]; u1=1; u2=0;
```

用Simulink模型进行仿真，则可以容易地得出该系统分别在两路阶跃单独作用下阶跃响应的精确解，并将解析解和近似解在同一坐标系下绘制出来，如图6-35所示。

```
>> u1=1; u2=0; [t1,~,y1]=sim('c6mmimon',15); plot(t1,y1)
   u1=0; u2=1; [t2,~,y2]=sim('c6mmimon',15); figure, plot(t2,y2)
```

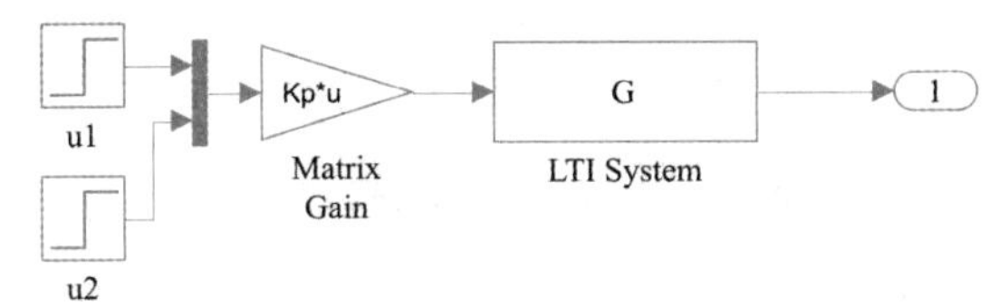

图6-34 多变量系统的简洁Simulink表示(文件名:c6mmimon.slx)

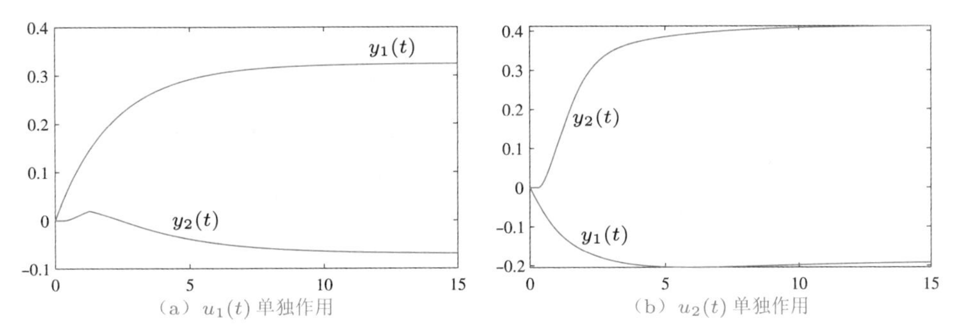

(a) $u_1(t)$ 单独作用 (b) $u_2(t)$ 单独作用

图6-35 多变量系统的阶跃响应

例6-6 复杂线性系统建模。试为下面的传递函数[3] 建立Simulink模型

$$G(s)=\frac{1+\dfrac{3\mathrm{e}^{-s}}{s+1}}{s+1}$$

解 该模型"复杂"在其延迟的表现,和常规的传递函数模型不一样。所以如果考虑底层建模,可以将该模型手工转换为

$$G(s)=\frac{1}{s+1}\left(1+\frac{3\mathrm{e}^{-s}}{s+1}\right)$$

这样,系统模块的串并联关系比较明了。底层建模方法不难构造出如图6-36(a)所示的仿真模型。如果不想做这样的手工工作,还是可以直接输入LTI System模块,构造出如图6-36(b)所示的仿真模型,该模型在使用前应该给出下面的命令。可见,这个方法更简洁,适用于任意复杂的LTI模型建模。

```
>> s=tf('s'); G=(1+3*exp(-s)/(s+1))/(s+1);
```

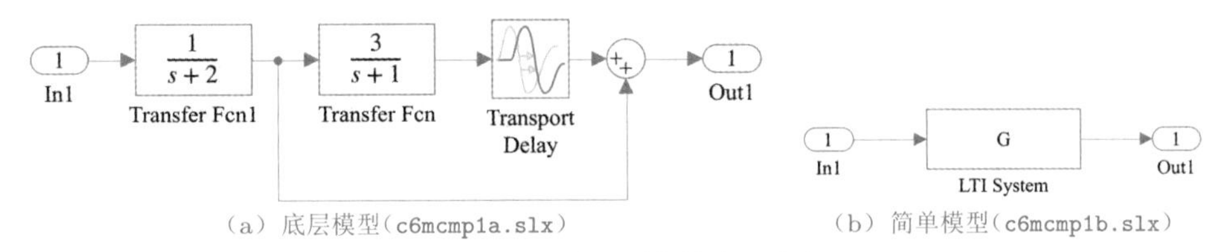

(a) 底层模型(c6mcmp1a.slx) (b) 简单模型(c6mcmp1b.slx)

图6-36 多变量系统的阶跃响应

例6-7 计算机控制系统的仿真。考虑如图6-37所示[4] 经典的计算机控制系统模型,其中,控制器模型是离散模型,采样周期为T,ZOH为零阶保持器,而受控对象模型为连续模型,假设受控对象和控制器都已经给定

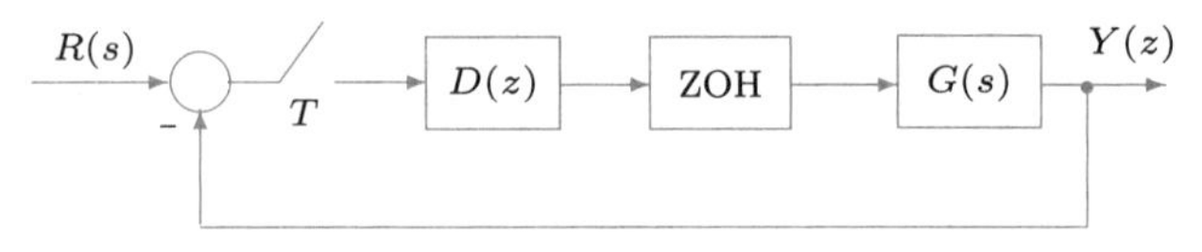

$$G(s)=\frac{a}{s(s+a)},\quad D(z)=\frac{1-\mathrm{e}^{-T}}{1-\mathrm{e}^{-0.1T}}\frac{z-\mathrm{e}^{-0.1T}}{z-\mathrm{e}^{-T}}$$

其中，$a=0.1$，试建立该系统的Simulink框图。

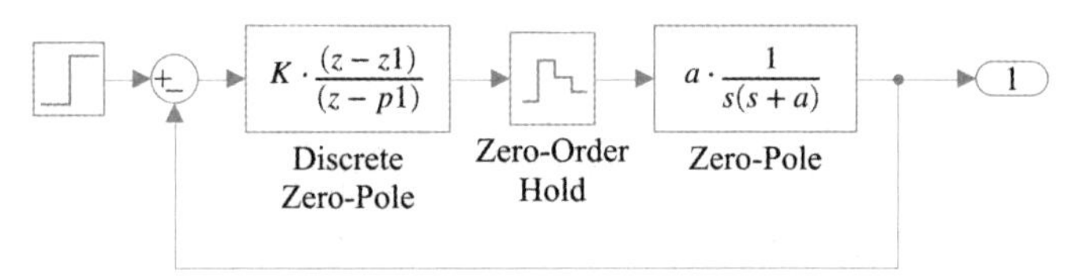

图6-37　计算机控制系统框图

解　对这样的系统来说，直接写成微分方程形式再进行仿真的方法是不可行的，因为其中既有连续环节，又有离散环节，不可能直接写出系统的微分方程模型。

解决这样的系统仿真问题也是Simulink的强项，由给出的控制系统框图，可以容易地绘制出系统的Simulink仿真框图，如图6-38所示。该模型中使用了几个变量，a、T、z_1、p_1、K，其中前两个参数需要用户给定，后面3个参数需要由控制器模型计算。在离散零极点模块中，设置其采样周期为T，在其他的离散模块中，为简单起见，采样周期均可以填写-1，表示其采样周期继承其输入信号的采样周期，而不必每个都填写为T。

图6-38　计算机控制系统的Simulink表示(文件名：c6mcompc.slx)

对某受控对象$a=0.1$来说，如果选择采样周期为$T=0.2\mathrm{s}$，则可以用下面的语句绘制出系统阶跃响应曲线，如图6-39所示。

```
>> T=0.2; a=0.1; z1=exp(-0.1*T); p1=exp(-T); K=(1-p1)/(1-z1);
   [t,~,y]=sim('c6mcompc',20); plot(t,y) %启动仿真过程，得出仿真结果
```

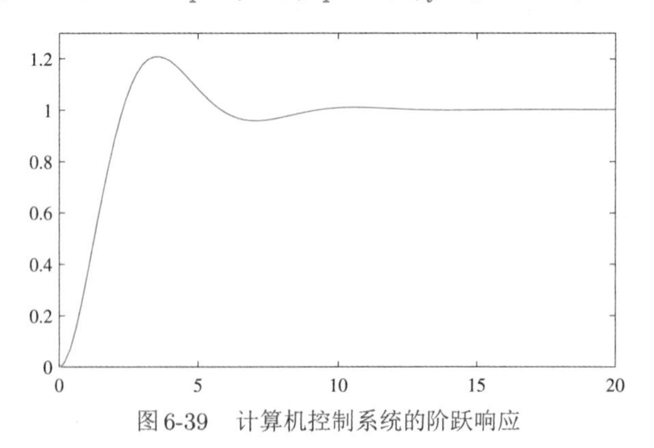

图6-39　计算机控制系统的阶跃响应

事实上，利用第4章介绍的连续离散传递函数转换方法，可以在采样周期T下获得受控对象的离散传递函数，得出闭环系统的离散零极点模型，最终绘制出系统的阶跃响

应曲线。实现上述分析的MATLAB语句如下

```
>> T=0.2; z1=exp(-0.1*T); p1=exp(-T); K=(1-p1)/(1-z1);
   Dz=zpk(z1,p1,K,'Ts',T);                %控制器零极点模型输入
   G=zpk([],[0;-a],a); Gz=c2d(G,T);      %变换出离散模型
   GG=zpk(feedback(Gz*Dz,1)), step(GG)  %绘制离散系统的阶跃响应曲线
```

这时离散控制器的传递函数模型为

$$G_{\mathrm{c}}(z)=\frac{0.018187(z+0.9934)(z-0.9802)}{(z-0.9802)(z^2-1.801z+0.8368)}$$

这些语句能够得出和Simulink完全一致的结果，且分析格式更简单，但也应该注意到其局限性，因为该方法只能分析线性系统，若含有非线性环节则无能为力，而Simulink求解则没有这样的限制。

在上面的例子中看出存在的问题：系统框图中有若干参数需要在仿真之前先赋值，这使得仿真过程较烦琐。在实际仿真中可以在仿真之前自动进行参数赋值。

单击图6-25中MODELING选项卡上Model Settings右侧的▶图标，并在展开菜单中选择Model properties（模型属性）菜单项，可以打开一个对话框。选择其Callback 标签，则得出如图6-40所示的对话框，可以将初始赋值语句填写到PreLoadFcn（预装函数）栏目，这样每次启动该Simulink模型时，会自动先执行该代码，给模型中的参数变量赋初值。

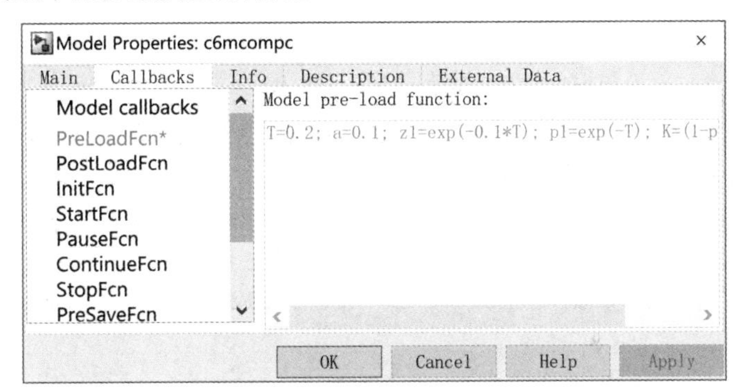

图6-40 模型属性设置对话框

例6-8 时变系统的仿真。对时变受控对象模型

$$\ddot{y}(t)+\mathrm{e}^{-0.2t}\dot{y}(t)+\mathrm{e}^{-5t}\sin(2t+6)y(t)=u(t)$$

考虑一个PI控制系统模型，如图6-41所示，其中控制器参数为$K_{\mathrm{p}}=200$, $K_{\mathrm{i}}=10$，饱和非线性的宽度为$\delta=2$，试分析闭环系统的阶跃响应曲线。

解 由给出的模型可以看出，除了时变模块外，其他模块的建模是很简单和直观的。对时变部分来说，假设$x_1(t)=y(t)$, $x_2(t)=\dot{y}(t)$，则可以将微分方程变换成下面的一阶微分方程组

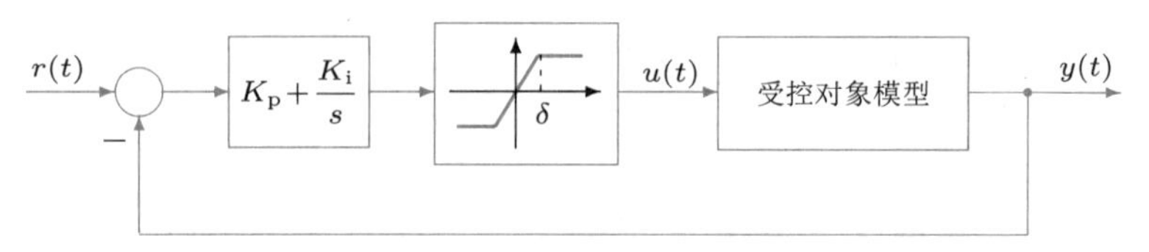

图6-41 时变控制系统框图

$$\begin{cases} \dot{x}_1(t)=x_2(t) \\ \dot{x}_2(t)=-e^{-0.2t}x_2(t)-e^{-5t}\sin(2t+6)x_1(t)+u(t) \end{cases}$$

仿照例6-2中使用的方法,给每个状态变量设置一个积分器,则可以搭建的Simulink仿真框图如图6-42所示,其中的时变函数用Simulink中的函数模块直接表示,注意各个函数模块中函数本身的描述方法是用u表示该模块输入信号的,而其输入接时钟模块,生成时变部分的模型,与状态变量用乘法器相乘即可。

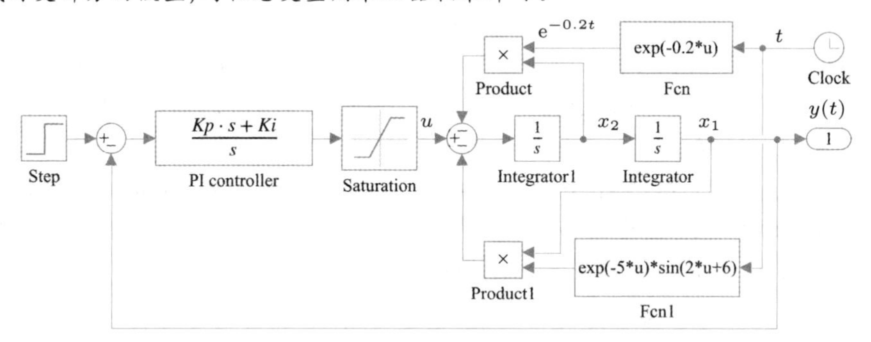

图6-42 时变系统的Simulink表示(文件名:c6mtimv.slx)

建立了仿真模型之后,就可以给出下面的MATLAB命令,对该系统进行仿真,并得出该时变系统的阶跃响应曲线,如图6-43所示。

```
>> opt=simset('RelTol',1e-8);   %设置相对允许误差限
   Kp=200; Ki=10;               %设定控制器参数
   [t,~,y]=sim('c6mtimv',10,opt); plot(t,y)  %仿真并绘图
```

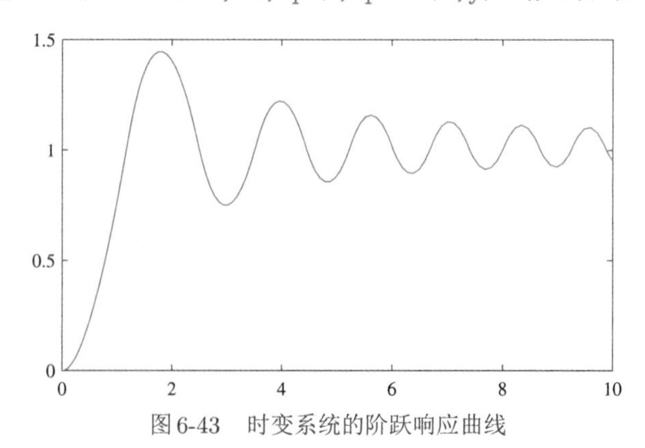

图6-43 时变系统的阶跃响应曲线

例6-9 系统的冲激响应分析。考虑例6-8中给出的时变系统模型,假设系统的输入信号为单位冲激信号,这里将介绍如何使用Simulink环境求取系统的冲激响应。

解 在Simulink内并没有提供单位冲激信号的模块,所以可以用阶跃模块来近似,如令阶跃时间为a,a的值很小,则将阶跃初始值设置为$1/a$,阶跃终止值为0即可以近似冲激信号。根据需要,可以构造出与图6-42几乎完全一致的仿真框图。

从理论上看,若$a\to 0$,则可以得出冲激输入信号。在实际仿真时还可以取大些的a值,如$a=0.001$,只需输入图6-42框图中的阶跃输入模块即可建立仿真模型并进行仿真分析,这里不再赘述了。

例6-10 变延迟系统仿真。变时间延迟系统模型如下

$$\begin{cases}\dot{x}_1(t)=-2x_2(t)-3x_1(t-0.2|\sin t|)\\ \dot{x}_2(t)=-0.05x_1(t)x_3(t)-2x_2(t-0.8)\\ \dot{x}_3(t)=0.3x_1(t)x_2(t)x_3(t)+\cos(x_1(t)x_2(t))+2\sin 0.1t^2\end{cases}$$

且$\boldsymbol{x}(0)=[1,1,1]^{\mathrm{T}}$。试建立系统的Simulink仿真模型。

解 显然,由于延迟微分方程中存在变时间延迟,即存在$t-0.2|\sin t|$时刻的x_1信号,该系统必须借助于Simulink框图来求解。Continuous模块组中提供了几个描述延迟的模块,其中包括固定延迟的Transport Delay(时间延迟)模块和Variable Time Delay(可变延迟)模块,显然本系统应该采用后者来建立模型。

和其他微分方程框图建模一样,需要用3个积分器分别定义出x_1、x_2和x_3信号及其导数信号,这样可以搭建起如图6-44所示的系统仿真框图。注意,在框图中,变延迟时间模型可以由Variable Transport Delay模块表示,其第二路输入信号表示变时间延迟$0.2|\sin t|$。对该系统进行仿真,将得出系统的数值解。可以测试不同的仿真控制参数,如相对误差限或仿真算法,以验证结果的正确性。

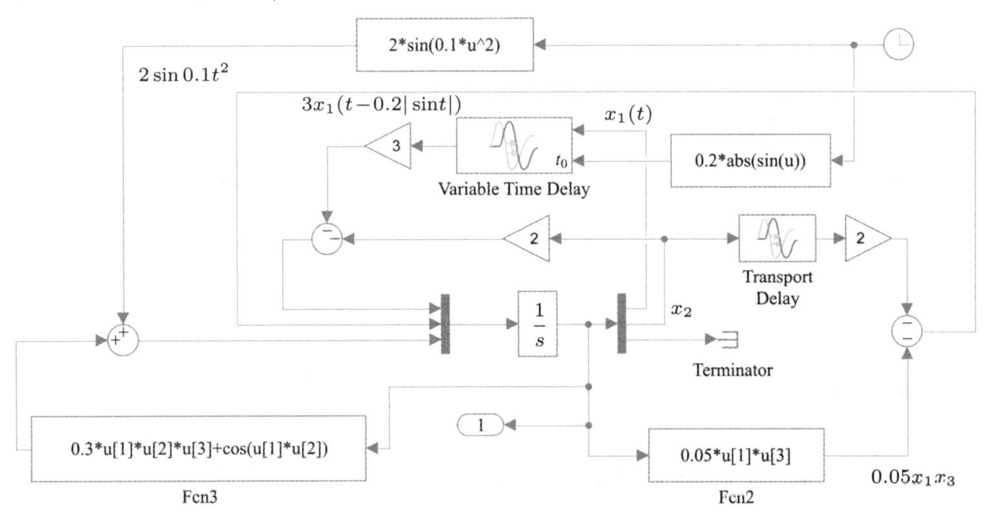

图6-44 变时间延迟微分方程的Simulink模型(文件名:`c6mdde3.slx`)

例6-11 切换系统的建模与仿真。假设已知系统模型 $\dot{\boldsymbol{x}}(t)=\boldsymbol{A}_i\boldsymbol{x}(t)$，其中

$$\boldsymbol{A}_1=\begin{bmatrix}0.1 & -1\\ 2 & 0.1\end{bmatrix},\quad \boldsymbol{A}_2=\begin{bmatrix}0.1 & -2\\ 1 & 0.1\end{bmatrix}$$

可见，两个子系统都不稳定。若 $x_1x_2<0$，即状态处于第Ⅱ、Ⅳ象限时，切换到系统 $\boldsymbol{A}_1$；而 $x_1x_2\geqslant 0$，即状态处于Ⅰ、Ⅲ象限时切换到 $\boldsymbol{A}_2$。令初始状态为 $x_1(0)=x_2(0)=5$，试建立系统的仿真模型。

解 用开关模块描述切换律，则可以搭建如图6-45(a)所示的Simulink仿真模型，其中设置开关模块的对话框如图6-45(b)所示。为实现要求的状态切换律，需要将开关模块的Threshold（阈值）设置为0。此外，为得出精确的仿真结果，应选中Enable zero-crossing detection（过零检测）复选框，这样就可利用Simulink的过零检测功能了。

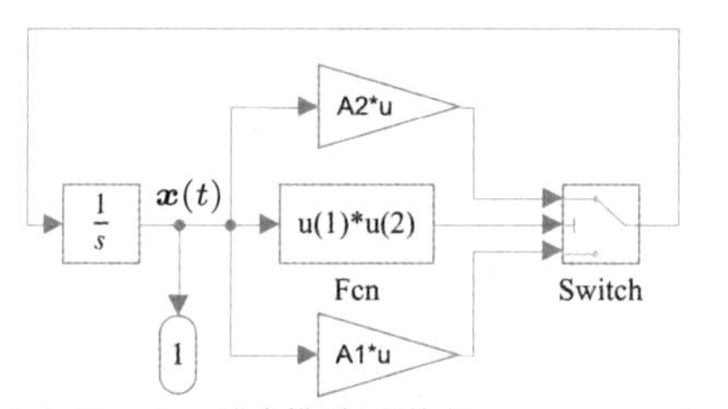

(a) Simulink仿真模型（文件名：c6mswi1.slx）

Main Signal Attributes
Criteria for passing first input: u2 >= Threshold
Threshold:
0
☑ Enable zero-crossing detection

(b) 设置开关模块对话框

图6-45 切换微分方程的仿真模型

将仿真结果返回MATLAB工作空间，可以用下面语句绘制出状态变量的时间响应曲线和相平面曲线，如图6-46所示。可见，在这里给出的切换律下，整个系统是稳定的。

```
>> plot(tout,yout), figure; plot(yout(:,1),yout(:,2))
```

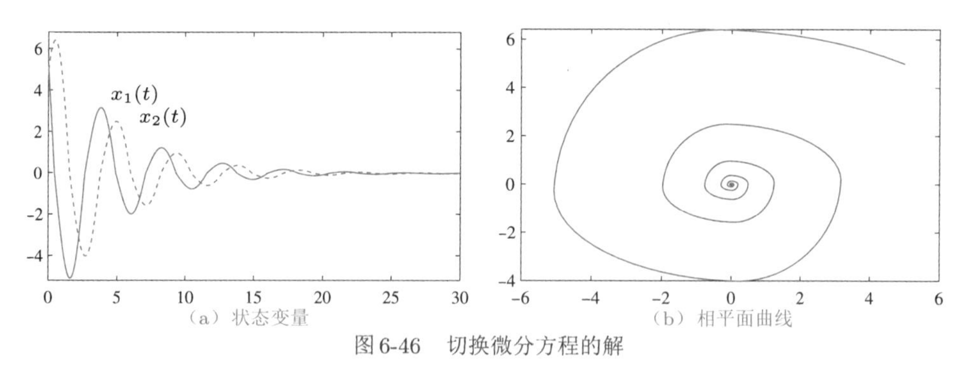

(a) 状态变量　　(b) 相平面曲线

图6-46 切换微分方程的解

例6-12 随机输入系统的建模与仿真。假设非线性系统的模型如图6-47所示，其中线性传递函数和饱和非线性环节如下描述

$$G(s)=\frac{s^3+7s^2+24s+24}{s^4+10s^3+35s^2+50s+24},\quad 非线性环节\mathcal{N}(e)=\begin{cases}2\mathrm{sign}(e), & |e|>1\\ 2e, & |e|\leqslant 1\end{cases}$$

随机扰动信号 $\delta(t)$ 为均值为0，方差为3的Gauss白噪声信号，确定性输入信号 $r(t)=0$。试求出误差信号 $e(t)$ 的概率密度函数。

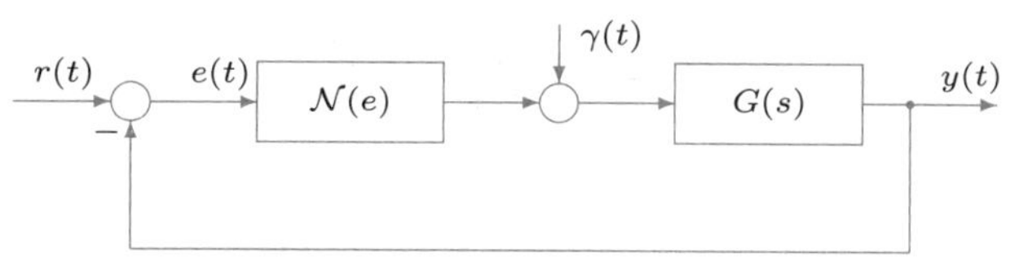

图6-47 随机输入非线性系统框图

解 随机输入信号应该使用Band-Limited White Noise(带宽受限白噪声)模块,而不能使用其他随机信号发生器模块,否则将得出错误的结果[5]。这样搭建起来的随机系统仿真模型如图6-48所示。注意,应该采用定步长仿真方法对该系统进行仿真,并将仿真步长设置成和Band-Limited White Noise模块完全一致的值,比如0.01。此外,随机系统的仿真一定要有足够多的仿真点才有意义,所以这里选择30000个仿真点。

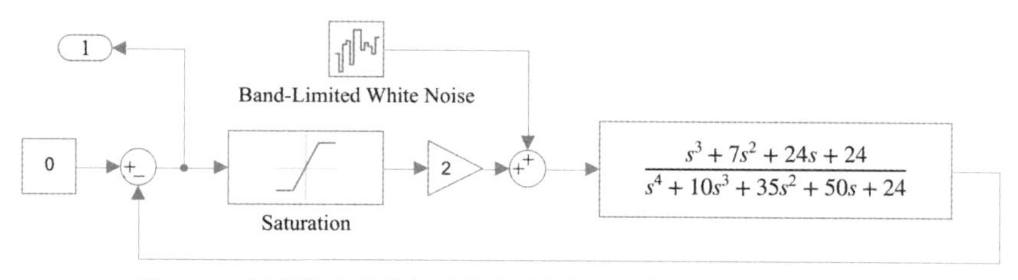

图6-48 随机输入非线性系统仿真框图(文件名:c6mnlrsys.slx)

对该系统进行仿真,则仿真结果将由tout、yout向量返回到MATLAB的工作空间,给出下面语句将分别绘制出输出信号最后500个点的时域响应曲线和由仿真数据近似的$e(t)$信号的概率密度直方图,如图6-49(a)、(b)所示。

```
>> plot(tout(end-500:end),yout(end-500:end))
   c=linspace(-2,2,20); y1=hist(yout,c);
   figure; bar(c,y1/(length(tout)*(c(2)-c(1))))
```

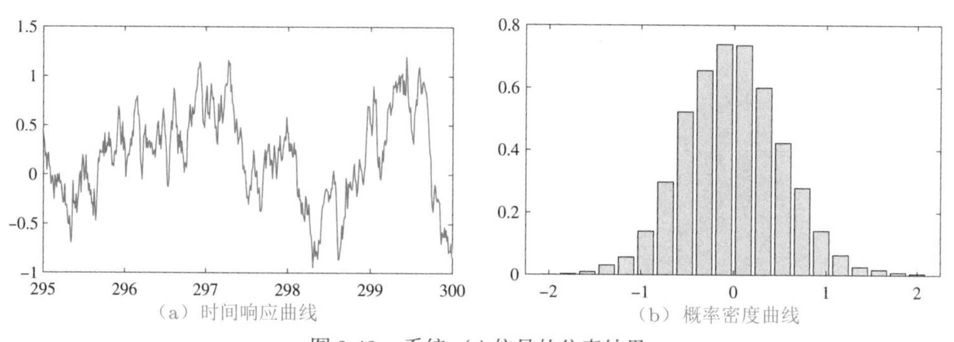

图6-49 系统$e(t)$信号的仿真结果

在实际应用中,任意的输入信号均可以由Simulink搭建起来,周期输入信号还可以用输入模块组中的Repeating Sequence模块来实现。有时模块搭建有困难或较烦琐时,还可以用编程的形式实现输入,后面介绍S-函数时将通过例子介绍。

6.4 非线性系统分析与仿真

在CSMP、ACSL、MATLAB/Simulink这类仿真语言及环境出现以前，非线性系统的研究只能局限于对简单的非线性系统的近似研究，如对固定结构的反馈系统来说，非线性环节位于前向通路的线性环节之前，这样的非线性环节可以近似为描述函数，就可以近似分析出系统的自激振荡及非线性系统的极限环，但极限环的精确形状不能得出[6]。本节首先介绍各类分段线性的非线性静态环节在Simulink下的一般表示方法，说明任意的静态非线性特性均可以由Simulink搭建出来，然后介绍非线性系统极限环的精确分析，最后将介绍非线性模型的线性化方法及Simulink实现。

6.4.1 分段线性的非线性环节

图6-9给出的非线性模块组可能会引起一些误解，似乎Simulink中提供的模块很有限。其实利用Simulink提供的模块，可以搭建出任意的非线性模块。现在分别考虑单值非线性环节和多值非线性环节的搭建方法。

单值非线性静态模块可以由一维查表模块构造出来。考虑如图6-50(a)所示的分段线性非线性静态特性，已知非线性特性的转折点为(x_1,y_1)，(x_2,y_2)，$\cdots$，(x_N,y_N)，如果想用Simulink的查表模块表示此非线性模块，则需要在x_1点之前任意选择一个x_0点，即$x_0<x_1$，这样可以根据非线性函数本身求出该点对应的y_0值，同样还应该任意选择一个x_{N+1}点，使得$x_{N+1}>x_N$，并根据折线求出y_{N+1}的值，这样就可以构造两个向量xx和yy，使得

xx=$[x_0,x_1,x_2,\cdots,x_N,x_{N+1}]$; yy=$[y_0,y_1,y_2,\cdots,y_N,y_{N+1}]$;

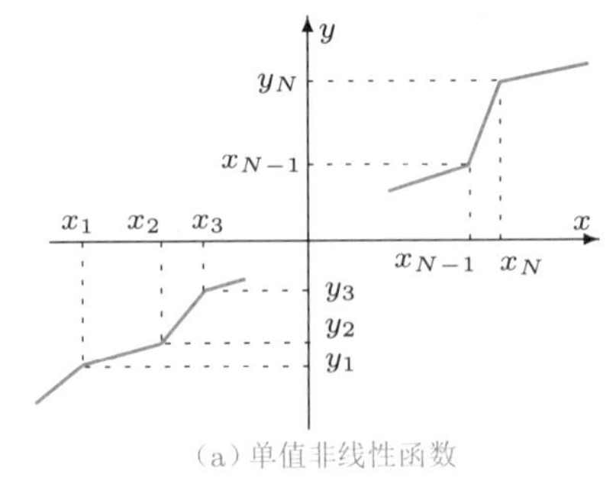

(a) 单值非线性函数

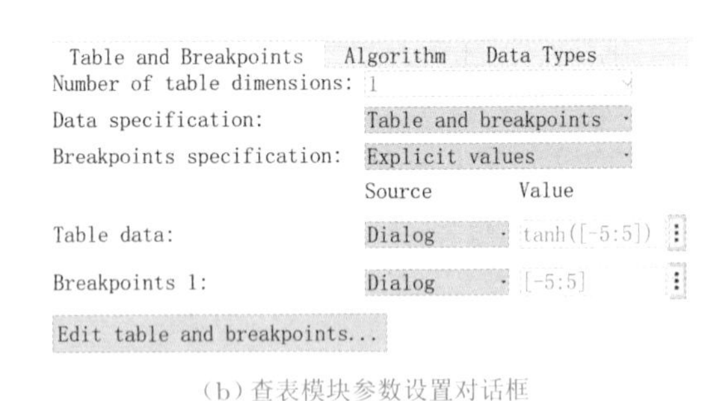

(b) 查表模块参数设置对话框

图6-50 单值非线性模块构造

双击一维查表模块，则可以得出如图6-50(b)所示的查表模块参数对话框，在x轴转折点Breakpoints(转折点量)栏目和y轴转折点Table data(表格数据)栏目下分别输入向量xx和yy，这样就能够成功地构造出单值非线性模块了。

多值非线性模块的构造就没有这样简单了，这里用简单例子来演示如何对多

值非线性静态环节进行Simulink建模，并总结一般的建模方法。

例 6-13 由前面的叙述可以看出，任何单值非线性函数均可以采取该方式来建立或近似，但如果非线性中存在回环或多值属性，则简单地采用这样的方法是不能构造的，解决这类问题需要使用开关模块。试分别考虑构建如图6-51(a)、(b)所示两种回环非线性环节的仿真模型。

解 考虑如图6-51(a)所示的回环模块。可以看出，该特性不是单值的，该模块的输出在输入增加时走一条折线，减小时走另一条折线。将这个非线性函数分解成如图6-52所示的两个单值函数，当然单值函数是有条件的，它们区分输入信号上升还是下降。

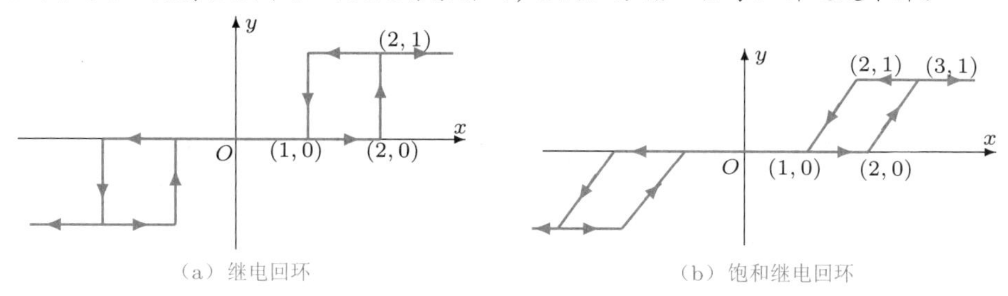

(a) 继电回环　　(b) 饱和继电回环

图6-51 给定的回环函数表示

Simulink的连续模块组中提供了一个Memory(记忆)模块，该模块记忆前一个计算步长上的信号值，所以可以按照图6-53中所示的格式构造一个Simulink模型。在该框图中使用了一个比较符号来比较当前的输入信号与上一步输入信号的大小，其输出是逻辑变量，在上升时输出的值为1，下降时输出的值为0。由该信号可以控制后面的开关模块，设开关模块的Threshold(阈值)为0.5，则当输入信号为上升时由上面的通路计算整个系统的输出，而下降时由下面的通路计算输出。

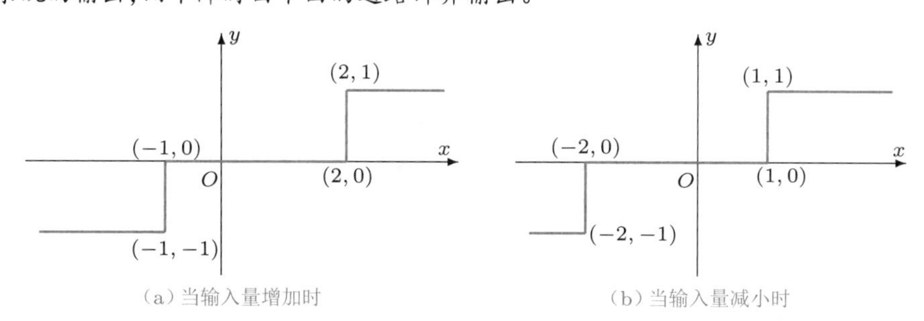

(a) 当输入量增加时　　(b) 当输入量减小时

图6-52 回环函数分解为单值函数

两个查表模块的输入输出分别为

$$x_1=[-3,-1,-1+\epsilon,2,2+\epsilon,3],y_1=[-1,-1,0,0,1,1]$$

$$x_2=[-3,-2,-2+\epsilon,1,1+\epsilon,3],y_2=[-1,-1,0,0,1,1]$$

其中，ϵ可以取一个很小的数值，例如可以取MATLAB保留的常数eps。

再考虑如图6-51(b)所示的非线性环节，仍可以利用前面建立的Simulink模型，只需修改两个查表函数成

$$x_1=[-3,-2,-1,2,3,4],\ y_1=[-1,-1,0,0,1,1]$$

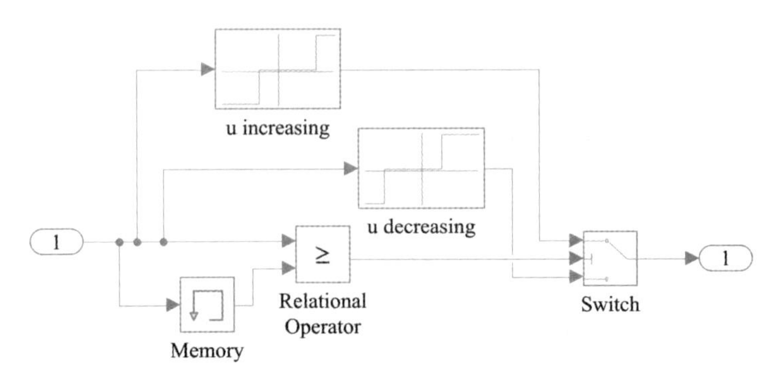

图6-53 非线性模块的Simulink表示(文件名:`c6mloop.slx`)

$x_2 = [-4, -3, -2, 1, 2, 3]$, $y_2 = [-1, -1, 0, 0, 1, 1]$

从而立即就能得出整个系统的Simulink仿真框图,如图6-54所示。

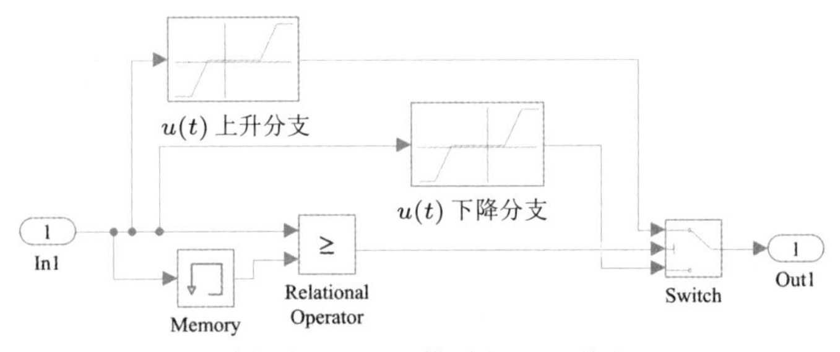

图6-54 多值非线性的Simulink模型表示(文件名:`c6mloopa.slx`)

从前述的分析结果可以看出,任意的非线性静态环节,无论是单值非线性还是多值非线性,均可以用类似的方法用Simulink搭建起模块,直接用于仿真。

例6-14 如果用正弦信号去激励线性系统,则输出信号仍然是正弦信号,如果激励非线性系统则产生畸变,试用Simulink建立仿真模型来观察产生的畸变。

解 如果要观察正弦信号经过如图6-51(b)所示的非线性环节后得出的歧变波形,可以搭建如图6-55所示的Simulink仿真模型。

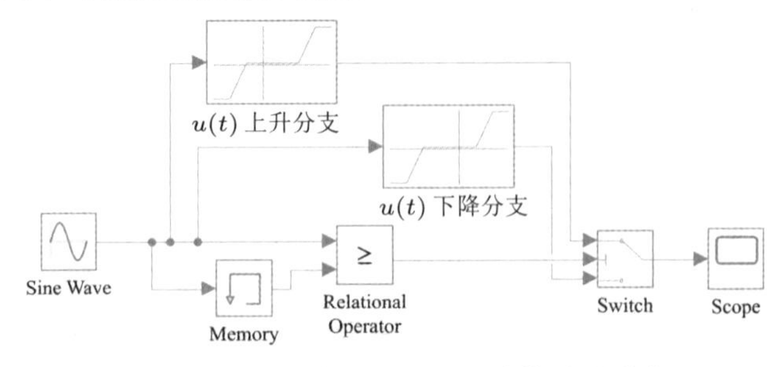

图6-55 正弦激励的多值非线性Simulink仿真模型(文件名:`c6msin.slx`)

给正弦信号模型的幅值分别设置为2,4和8,则可以得出如图6-56所示的仿真结果,

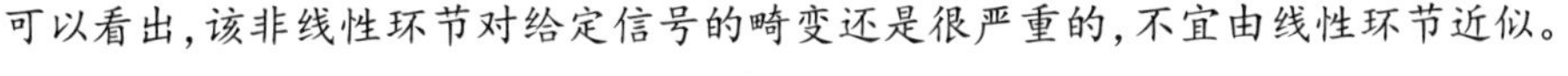

可以看出，该非线性环节对给定信号的畸变还是很严重的，不宜由线性环节近似。

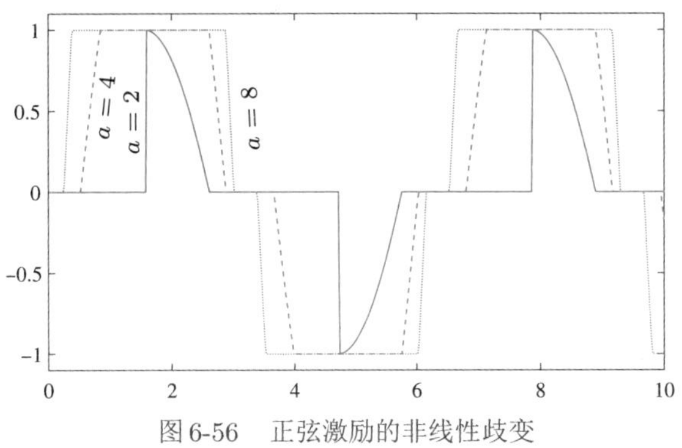

图6-56 正弦激励的非线性歧变

6.4.2 非线性系统的极限环研究

由于其本身的特性，非线性系统在很多时候表现形式和线性系统是不同的。例如，有时非线性系统在没有受到外界作用的情况下，可能会出现一种所谓“自激振荡”的现象，这样的振荡是等幅的。

例6-15 考虑如图6-57所示的典型非线性系统模型，其中的非线性环节如图6-51所示，试用Simulink搭建这样的仿真模型，并观察自激振荡现象。

解 可以用Simulink容易地表示出来，如图6-53所示。对这样的反馈系统模型，可以借用前面的建模结果，搭建出如图6-58所示的Simulink仿真模型，在仿真模型中，将积分器模块的初始值设置为1，可以认定为发生自激振荡的初值。

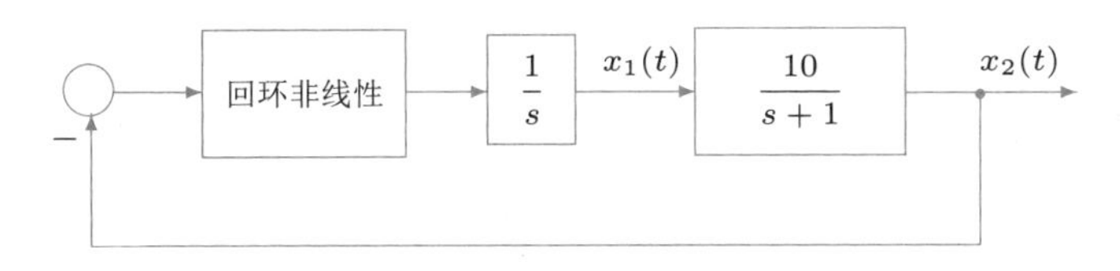

图6-57 非线性反馈系统的框图表示

设置系统仿真的终止时间为40s，另外为保证仿真精度，可以将默认的相对误差限Relative tolerance设置成10^{-8}或者更小的值。启动仿真过程，则可以用下面的语句绘制出系统的阶跃响应曲线，如图6-59(a)所示。

```
>> [t,x,y]=sim('c6mlimcy',40); %启动仿真过程
   plot(t,y)                    %绘制系统的阶跃响应曲线
```

可以看出，系统的$x_1(t)$和$x_2(t)$信号在初始振荡结束后表现出的等幅振荡现象。利用MATLAB语言的绘图功能，还可以用下面的语句立即绘制出系统的相平面图曲线，如图6-59(b)所示。可见，系统的阶跃响应的相平面最终稳定在一个封闭的曲线上，该封闭曲线称为极限环，是非线性系统响应的一个特点。

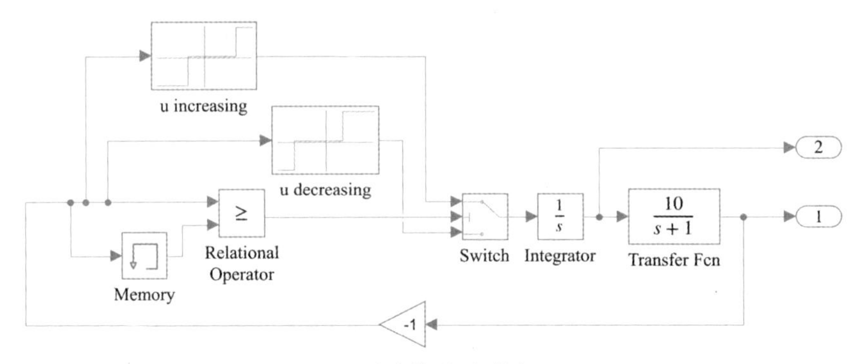

图 6-58 Simulink 仿真模型(文件名:c6mlimcy.slx)

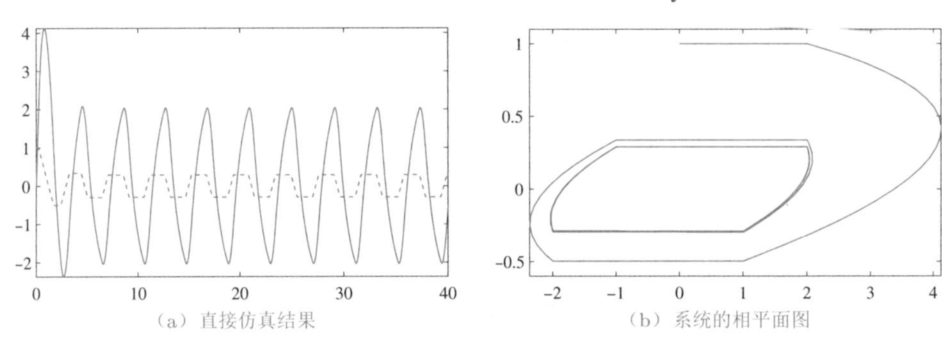

(a) 直接仿真结果 (b) 系统的相平面图

图 6-59 非线性反馈系统的仿真结果

```
>> plot(y(:,1),y(:,2)) %绘制系统的相平面图
```

6.4.3 非线性系统的线性化

比起非线性系统来说,线性系统更易于分析与设计,然而在实际应用中经常存在非线性系统,严格说来,所有的系统都含有不同程度的非线性成分。在这种情况下,经常需要对非线性系统进行某种线性近似,从而简化系统的分析与设计。系统的线性化是提取线性系统特征的一种有效方法。系统的线性化实际上是在系统的工作点附近的邻域内提取系统的线性特征,从而对系统进行分析设计的一种方法。

考虑下面给出的非线性系统的一般格式

$$\dot{x}_i(t) = f_i(t, \boldsymbol{x}, \boldsymbol{u}),\ i = 1, 2, \cdots, n \tag{6-4-1}$$

其中,$\boldsymbol{x} = [x_1, x_2, \cdots, x_n]^{\mathrm{T}}$。所谓系统的工作点,就是当系统状态变量导数趋于0时状态变量的值。系统的工作点可以通过求解式(6-4-1)中非线性方程得出

$$\boldsymbol{y} = \boldsymbol{f}(t, \boldsymbol{x}, \boldsymbol{u}) = \boldsymbol{0} \tag{6-4-2}$$

该方程可以采用数值算法求解,MATLAB 中提供了 Simulink 模型的工作点求取的实用函数 `trim()`,其调用格式为 $[\boldsymbol{x}, \boldsymbol{u}, \boldsymbol{y}, \boldsymbol{x}_{\mathrm{d}}]$=trim(模型名,$\boldsymbol{x}_0, \boldsymbol{u}_0$),其中

“模型名”为Simulink模型的文件名，变量$\boldsymbol{x}_0$、$\boldsymbol{u}_0$为数值算法所要求的起始搜索点，是用户应该指定的状态初值和工作点的输入信号。对不含有非线性环节的系统来说，则不需要初始值$\boldsymbol{x}_0$、$\boldsymbol{u}_0$的设定。调用函数之后，实际的工作点在$\boldsymbol{x}$、$\boldsymbol{u}$、$\boldsymbol{y}$变元中返回，而状态变量的导数值在变元$\boldsymbol{x}_\mathrm{d}$中返回。从理论上讲，状态变量在工作点处的一阶导数都应该等于0。

得到工作点$\boldsymbol{x}_0$后，非线性系统在此工作点附近，在$\boldsymbol{u}_0$输入信号作用下可以近似地表示成

$$\Delta\dot{x}_i \approx \sum_{j=1}^{n} \left.\frac{\partial f_i(t,\boldsymbol{x},\boldsymbol{u})}{\partial x_j}\right|_{\boldsymbol{x}_0,\boldsymbol{u}_0} \Delta x_j + \sum_{j=1}^{p} \left.\frac{\partial f_i(t,\boldsymbol{x},\boldsymbol{u})}{\partial u_j}\right|_{\boldsymbol{x}_0,\boldsymbol{u}_0} \Delta u_j \tag{6-4-3}$$

注意，线性化的条件为$|\Delta x_i(t)| \ll 1$，$|\Delta u_i(t)| \ll 1$。选择新的状态变量，令$\boldsymbol{z}(t)=\Delta\boldsymbol{x}(t)$，且$\boldsymbol{v}(t)=\Delta\boldsymbol{u}(t)$，则可以将上式写成线性形式

$$\dot{\boldsymbol{z}}(t) = \boldsymbol{A}_\mathrm{l}\boldsymbol{z}(t) + \boldsymbol{B}_\mathrm{l}\boldsymbol{v}(t) \tag{6-4-4}$$

该模型称为线性化模型，其中

$$\boldsymbol{A}_\mathrm{l} = \begin{bmatrix} \partial f_1/\partial x_1 & \cdots & \partial f_1/\partial x_n \\ \vdots & \ddots & \vdots \\ \partial f_n/\partial x_1 & \cdots & \partial f_n/\partial x_n \end{bmatrix}, \quad \boldsymbol{B}_\mathrm{l} = \begin{bmatrix} \partial f_1/\partial u_1 & \cdots & \partial f_1/\partial u_p \\ \vdots & \ddots & \vdots \\ \partial f_n/\partial u_1 & \cdots & \partial f_n/\partial u_p \end{bmatrix} \tag{6-4-5}$$

可以考虑采用MATLAB提供的$\boldsymbol{G}$=`linearize(模型名)`函数对Simulink模型直接进行线性化处理，得出的线性化多变量状态方程模型可以由$\boldsymbol{G}$返回。

MATLAB中还给出了Simulink模型线性化的`linmod2()`等函数，用以在工作点附近提取系统的线性化模型，由这些函数可以直接获得系统的状态方程模型，其调用格式归纳如下：

```
[A,B,C,D]=linmod2(模型名,x0,u0)    %一般连续系统线性化
[A,B,C,D]=linmod(模型名,x0,u0)     %一般连续延迟系统线性化
[A,B,C,D]=dlinmod(模型名,x0,u0)    %含离散环节的系统线性化
```

其中，$\boldsymbol{x}_0$、$\boldsymbol{u}_0$为工作点的状态与输入值，可以由`trim()`函数求出。对只由线性模块构成的Simulink模型来说，可以省略这两个参数，调用了本函数后，将自动返回从输入端子到输出端子间的线性状态方程模型。`linmod()`和`linmod2()`二者功能相似，但算法不同，前者可以处理延迟环节的Padé近似，而后者不能。

例6-16 考虑例6-7中给出的计算机控制系统模型，试提取其线性模型。

解 在进行线性化之前，需要改写其Simulink仿真模型，用输入端子取代阶跃输入环节，或给该环节添加一路输入端子输入，另外删除其中连续输出信号，则最终Simulink模型可以变成如图6-60所示的形式。

由于系统模型中存在离散传递函数模块，不宜调用`linmod2()`函数，只能采用下面的语句进行线性化。

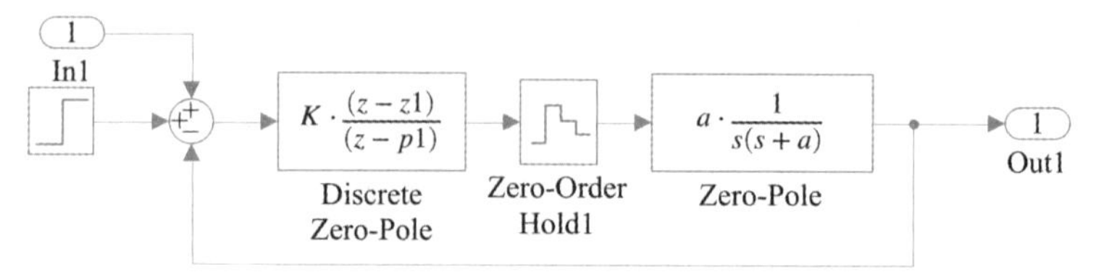

图6-60 计算机控制系统的另一种Simulink表示(文件名:c6mcomp2.slx)

```
>> G=zpk(linearize('c6mcomp2')) %或使用下面的底层命令
   [A,B,C,D]=dlinmod('c6mcomp2'); G=zpk(ss(A,B,C,D,'Ts',0.2))
```

可见,两种方法得出的离散的线性化模型为

$$G(z)=\frac{0.018187(z+0.9934)(z-0.9802)}{(z-0.9802)(z^2-1.801z+0.8368)}$$

结果与例6-7中得出的离散模型完全一致。

例6-17 考虑例6-5中给出的多变量系统模型,试提取整个系统的线性模型。

解 如果想对该模型进行线性化,则需要将原系统Simulink框图中的阶跃输入用输入端子取代,更简单地,原系统中使用了阶跃模块和Mux模块,再按线性化时将其统一化简成一个输入端子即可,因为输入端子模块支持向量型信号。另外,为使得含有纯时间延迟的系统能正确近似,还应该设置一下延迟模块的Padé近似阶次。双击时间延迟模块,将Pade order (for linearization)(Padé近似阶次)栏目填写上2,就可以自动用二阶Padé近似取代原来的时间延迟环节了。最终得出的改写后多变量系统框图,如图6-61所示。

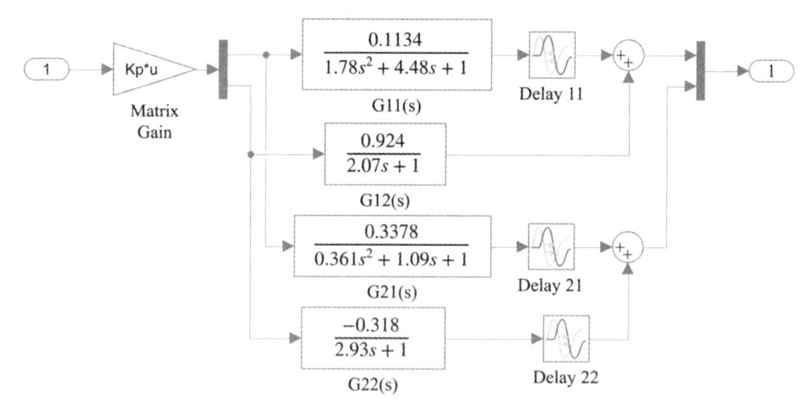

图6-61 改写后的多变量系统Simulink模型(文件名:c6mmimo2.slx)

定义了Simulink框图,则需要用下面的语句进行系统的线性化,得出线性状态方程模型。还可以通过仿真方法比较线性化模型与原模型的阶跃响应曲线。

```
>> Kp=[0.1134,0.924; 0.3378,-0.318]; [A,B,C,D]=linmod('c6mmimo2')
   step(ss(A,B,C,D)) %注意:延迟系统不能采用linmod2()
```

可以得出线性化模型的状态方程矩阵为

$$A=\begin{bmatrix} -8.33 & -23.15 & 0 & 0 & 0 & 0 & 0 & 0 & 0.064 & 0 & 0 & 0 \\ 1 & 0 & 0 & 0 & 0 & 0 & 0 & 0 & 0 & 0 & 0 & 0 \\ 0 & 0 & -0.48 & 0 & 0 & 0 & 0 & 0 & 0 & 0 & 0 & 0 \\ 0 & 0 & 0 & -20 & -133.33 & 0 & 0 & 0 & 0 & 0 & 0.936 & 0 \\ 0 & 0 & 0 & 1 & 0 & 0 & 0 & 0 & 0 & 0 & 0 & 0 \\ 0 & 0 & 0 & 0 & 0 & -4.65 & -7.21 & 0 & 0 & 0 & 0 & -0.11 \\ 0 & 0 & 0 & 0 & 0 & 1 & 0 & 0 & 0 & 0 & 0 & 0 \\ 0 & 0 & 0 & 0 & 0 & 0 & 0 & -2.52 & -0.56 & 0 & 0 & 0 \\ 0 & 0 & 0 & 0 & 0 & 0 & 0 & 1 & 0 & 0 & 0 & 0 \\ 0 & 0 & 0 & 0 & 0 & 0 & 0 & 0 & 0 & -3.02 & -2.77 & 0 \\ 0 & 0 & 0 & 0 & 0 & 0 & 0 & 0 & 0 & 1 & 0 & 0 \\ 0 & 0 & 0 & 0 & 0 & 0 & 0 & 0 & 0 & 0 & 0 & -0.34 \end{bmatrix}$$

$$B^{\mathrm{T}}=\begin{bmatrix} 0 & 0 & 0.3378 & 0 & 0 & 0 & 0 & 0.1134 & 0 & 0.1134 & 0 & 0.3378 \\ 0 & 0 & -0.318 & 0 & 0 & 0 & 0 & 0.9240 & 0 & 0.9240 & 0 & -0.318 \end{bmatrix}$$

$$C=\begin{bmatrix} -16.67 & 0 & 0.446 & 0 & 0 & 0 & 0 & 0 & 0.064 & 0 & 0 & 0 \\ 0 & 0 & 0 & -40 & 0 & -9.30 & 0 & 0 & 0 & 0 & 0.936 & -0.109 \end{bmatrix}$$

如果使用`linearize()`函数对模型作线性化处理,则得出的是完全一致的结果。

动态系统的线性化分析是一种有益的分析方法，因为可以直接借助成熟的线性系统分析工具。不过也应该注意，在非线性现象比较严重时，不能滥用线性化的方法。一定要注意 $|x_i(t)|\ll 1$ 与 $|u_i(t)|\ll 1$ 前提条件。不满足这个前提条件是不宜使用线性化方法的。下面将通过例子演示滥用线性化方法的后果。

例6-18 考虑如下给出的非线性模型,其中,$A=1, B=4, x_1(0)=4, x_2(0)=0$,试计算系统的输出曲线,并比较由线性化模型得出的曲线。

$$\begin{cases} \dot{x}_1(t)=A+x_1^2(t)x_2(t)-(B+1)x_1(t) \\ \dot{x}_2(t)=Bx_1(t)-x_1^2(t)x_2(t) \end{cases}$$

解 由Simulink可以直接绘制出系统的仿真模型，如图6-62 (a) 所示。其中，编写的MATLAB函数如下。该模型中引入了一个虚拟的输入端子，在后面的系统分析中不会用到该模块。

```
function dx=c6mlin1a(x)
A=1; B=3;
dx=[A+x(1)^2*x(2)-(B+1)*x(1); B*x(1)-x(1)^2*x(2)];
```

对系统进行线性化处理,则可以得出系统的线性化模型。

```
>> G=linearize('c6mlinr1'), x0=trim('c6mlinr1')
   [y,t]=initial(G,[4;0],20);  %初值激励下的线性系统响应
   plot(y(:,1),y(:,2),'--',yout(:,1),yout(:,2),x0(1),x0(2),'x')
```

得出的线性化模型与工作点为

$$\dot{x}(t)=\begin{bmatrix} -4 & 16 \\ 3 & -16 \end{bmatrix} x(t)+\begin{bmatrix} 1 \\ 1 \end{bmatrix} u(t),\ y(t)=\begin{bmatrix} 1 & 0 \\ 0 & 1 \end{bmatrix} x(t),\ u(t)\equiv \mathbf{0},\ x_0=\begin{bmatrix} 2 \\ 1.625 \end{bmatrix}$$

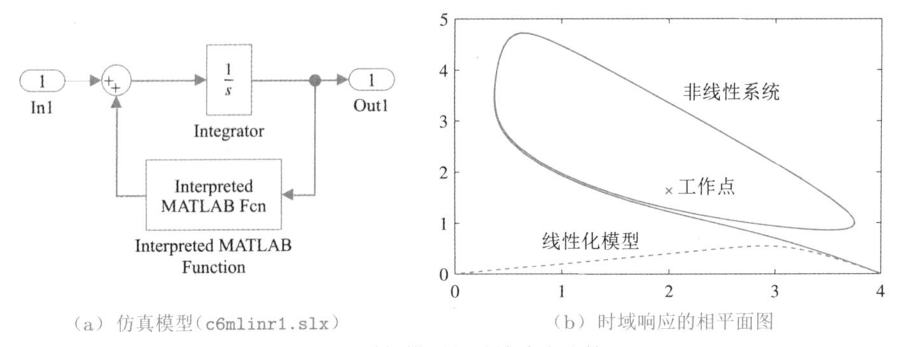

(a) 仿真模型(c6mlinr1.slx)　　(b) 时域响应的相平面图

图6-62　系统模型与时域响应比较

当然,基于线性化模型也可以得出系统的时域响应。将线性化模型和原非线性模型的时域响应相平面曲线进行对比,如图6-62(b)所示。可以看出,二者没有任何相似之处。非线性系统的工作点位于极限环曲线内的某个点,这个点远离极限环,肯定不满足$|x_i(t)| \ll 1$与$|u_i(t)| \ll 1$前提条件,所以,依靠线性化方法得到的系统响应是完全错误的,在实际应用中应该慎用。

6.4.4 非线性系统的稳定性分析

非线性系统的稳定性分析经常采用的方法是Lyapunov判据。如果使用Lyapunov判据,则需要研究者自己选择一个正定的函数$V(t)$。如果针对给定的非线性系统可以证明$\dot{V}(t) < 0$不等式恒成立,则该函数称为Lyapunov函数,且系统是稳定的;如果不能证明$\dot{V}(t) < 0$,只能说明函数没有选对,却不能说明系统是不稳定的。Lyapunov稳定性判定方法在实际应用中是有局限性的:

(1)教科书中Lyapunov稳定性判据应用的例子大多数是经过编凑的,如果其中的结构或参数有微小变化,则很难构造适当的$V(t)$函数,难以使用Lyapunov判据判定实际系统的稳定性。所以,这样的判定方法对非线性系统没有普适性。

(2)Lyapunov判据对不稳定系统毫无办法。如果找不到$V(t)$,则使用者只会自责没有找到,而会一直找下去。如果分析的系统是不稳定的,则永远都不可能找到满足条件的$V(t)$函数,因为这样的$V(t)$不存在。

所以,Lyapunov判据对实际非线性系统的稳定性判定并不大适用,可以引入仿真方法对系统的稳定性进行有效的判定。系统结构和参数确定之后,唯一会影响系统稳定性的就是系统的初值,用户可以自行选择初值(例如在允许区域内随机选择)。如果找到一个使得系统不稳定的初值,足以说明系统是不稳定的;如果运行很长时间都没有找到不稳定的初值,例如,运行24小时(每次仿真时间一般在毫秒级时间),则可以认为系统稳定。虽然这种稳定不是严格数学意义下的“稳定”,但比较契合工程上“百年一遇”“千年一遇”的说法,在实际应用中可以放心使用。

例6-19　试分析下面非线性系统的稳定性[2]。

$$\begin{cases} \dot{x}_1(t) = -4x_1(t) - 2x_1(t)x_2(t)\sin|x_1(t)| \\ \dot{x}_2(t) = x_1(t)x_2(t) + 3x_2(t)\mathrm{e}^{-x_2(t)} \end{cases}$$

解　这些系统很难用传统的Lyapunov方法分析稳定性，因为Lyapunov函数很难构造。由已知的数学模型，不难用第3章介绍的微分方程数值求解方法描述微分方程，然后利用ode45()函数获得非线性系统的数值解。将这样的想法嵌入for循环，运行50次，每次使用一个随机生成的初始值，则可以得出系统的时域响应曲线。从得出的结果看，得出的系统响应都是不稳定的。事实上，只要找到一个不稳定的例子，足以说明该系统是不稳定的。所以，这样的利用Lyapunov方法无法判定的非线性系统，由仿真方法足以得出确定性的结论——该系统是不稳定的。

```
>> f=@(t,x)[-4*x(1)-2*x(1)*x(2)*sin(abs(x(1)));
            x(1)*x(2)+3*x(2)*exp(-x(2))];
   for i=1:50, i, x0=-5+10*rand(2,1);
      [t,x]=ode15s(f,[0,100],x0); plot(t,x), hold on
   end, hold off
```

6.5　子系统与模块封装技术

在系统建模与仿真中，经常遇到复杂的系统结构，难以用一个单一的模型框图进行描述。通常地，需要将这样的框图分解成若干具有独立功能的子系统，在Simulink下支持这样的子系统结构。另外用户还可以将一些常用的子系统封装成为一些模块，这些模块的用法也类似于标准的Simulink模块，更进一步地，还可以将自己开发的一系列模块做成自己的模块组或模块集。本节系统地介绍子系统的构造及应用、模块封装技术和模块库的设计方法，并通过较复杂系统的例子来演示子系统的构造和整个系统的建模，介绍构造自己模块集的方法。

6.5.1　子系统概念及构成方法

要建立子系统，首先需要给子系统设置输入和输出端。子系统的输入端由模块组Sources中的In1来表示，而输出端用Sinks模块组的Out1来表示。如果使用早期的Simulink版本，则输入和输出端子应该在Signals & Systems模块组中给出。在输入端和输出端之间，用户可以根据需要任意地设计模块的内部结构。

当然，如果已经建立起一个方框图，则可以将想建立子系统的部分选中，用鼠标左键单击要选中区域的左下角，拖动鼠标在想选中区域的右上角处释放来选中该区域内所有的模块。选择了预期的子系统构成模块与结构之后，则可以用菜单项Diagram（框图）→ Subsystem & Model Reference（子系统与模型参考）→ Create subsystem from selection（由选择的部分建立子系统）来建立子系统。如果没有指定输入和输出端口，则Simulink会自动将流入选择区域的信号依次设置为输入信号，将流出的信号设置成输出信号，从而自动建立起输入、输出端口。

例6-20　PID控制器是在自动控制中经常使用的模块，在工程应用中其数学模型为

$$U(s) = K_{\rm p}\left(1 + \frac{1}{T_{\rm i}s} + \frac{sT_{\rm d}}{1 + sT_{\rm d}/N}\right)E(s) \tag{6-5-1}$$

其中采用了一阶环节来近似纯微分动作，为保证有良好的微分近似的效果，一般选$N \geqslant 10$。试建立一个PID控制器子系统模块。

解　可以由Simulink环境容易地建立起PID控制器的模型，如图6-63(a)所示。注意，这里的模型含有4个变量，$K_{\rm p}$、$T_{\rm i}$、$T_{\rm d}$和N，这些变量应该在MATLAB工作空间中赋值。

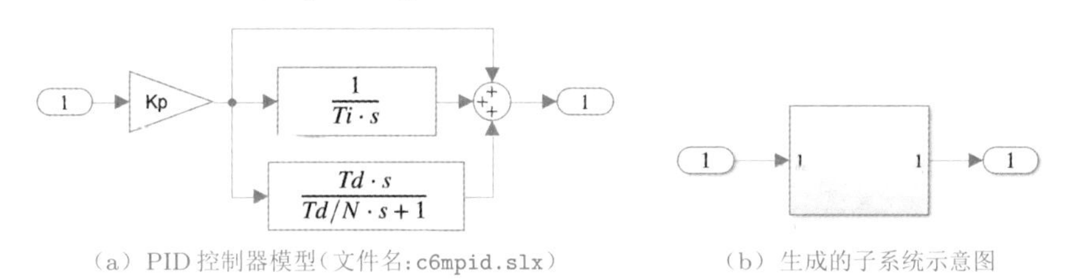

(a) PID控制器模型(文件名:c6mpid.slx)　　(b) 生成的子系统示意图

图6-63　PID控制器的Simulink描述

由原系统的框图，可以选中其中所有的模块，例如可以使用Edit → Select All菜单项来选择所有模块，也可以用鼠标拖动的方法选中。这样就可以选择菜单项Edit → Create Subsystem(建立子系统)来构造子系统了，得出的子系统框图如图6-63(b)所示。双击子系统图标则可以打开原来的子系统内部结构窗口，如图6-63(a)所示。

除了上述常规子系统外，还可以搭建使能子系统、触发子系统等，亦即由外部信号控制子系统，具体内容请参见文献[1,7]。

6.5.2　模块封装方法

从前面的例子可以看出，引入子系统可以使得系统模型更结构化，从而使得系统更加可读，也更易于维护。考虑前面给出的PID控制器子系统，若在某控制系统中有两个参数不同的PID控制器，仍可以将PID控制器的子系统复制后嵌入到仿真模型中，但应该手动地修改每个子系统的内部参数，这样做较烦琐，尤其对复杂的子系统模块来说，所以需要更好的机制来实现可重用模块。

在Simulink环境中，所谓封装(masking)，就是将其对应的子系统内部结构隐含起来，以便访问该模块时只出现一个参数设置对话框，将模块中所需要的参数用这个对话框来输入。其实Simulink中大多数的模块都是由更底层的模块封装起来的。例如，前面介绍的传递函数模块，其内部结构是不可见的，只允许双击模块，打开一个参数输入对话框来读入传递函数的分子和分母参数。在前面介绍的PID控制器中，也可以把它封装起来，只留下一个对话框来接受该模块的4个参数。

如果想封装一个用户自建模型，首先应该用建立子系统的方式将其转换为子系统模块，选中该子系统模块的图标，再选择Mask → Create Mask(建立封装)快捷菜单项，则可以得出如图6-64所示的模块封装编辑程序界面。在该对话框中，有

若干重要内容需要用户自己填写。

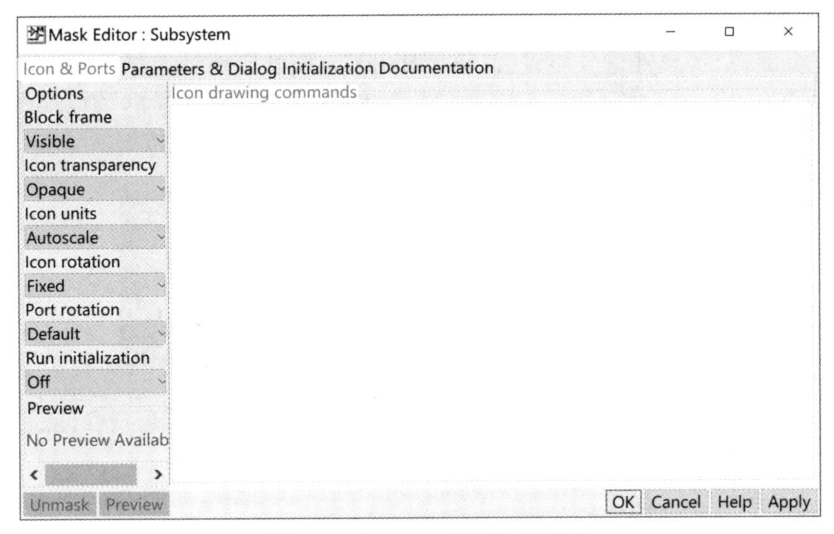

图6-64 Simulink的封装对话框

1. 绘图命令

Drawing commands（绘图命令）编辑框允许给该模块图标上绘制图形，例如，可以使用MATLAB的`plot()`函数画出线状的图形，由`patch()`命令绘制填充颜色块，也可以使用`disp()`函数在图标上写字符串名，还允许用`image()`函数来绘制图像。

如果想在图标上画出一个圆圈，例如想得出如图6-65（a）所示的图标，则可以在该栏目上填写出MATLAB绘图命令。

```
plot(cos(0:0.1:2*pi),sin(0:0.1:2*pi))
```

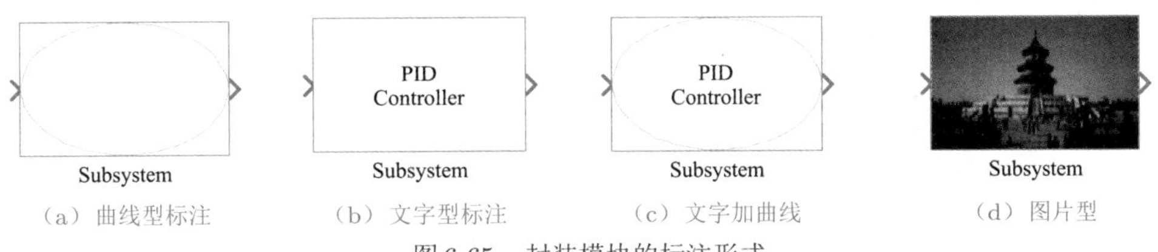

（a）曲线型标注　（b）文字型标注　（c）文字加曲线　（d）图片型

图6-65 封装模块的标注形式

还可以使用`disp('PID\nController')`语句对该图标进行文字标注，这将得出如图6-65（b）所示的图标显示，其中的`\n`表示换行。若在前面的`plot()`语句后再添加`disp('PID\nController')`语句，得出如图6-65（c）所示的图标，该图标在圆圈上叠印文字。

在该编辑框中给出`image(imread('tiantan.jpg'))`命令将一个图像文件在图标上显示出来，如图6-65（d）所示。

2. 图标设置

图标的属性还可以通过Frame（边框）选项Transparency（透明性）及Rotation（是否旋转）等属性进一步设置，例如Rotation属性有两种选择，Fixed（固定的，默认选项）和Rotates（旋转），后者在旋转或翻转模块时，也将旋转该模块的图标，例如若选择了Rotates选项，则将得出如图6-66(a)、(b)所示的效果。

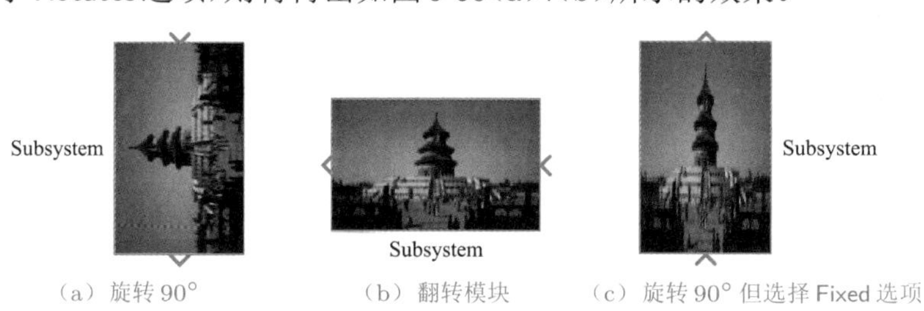

(a) 旋转90° (b) 翻转模块 (c) 旋转90°但选择Fixed选项

图6-66 图标的旋转和翻转

从旋转效果看，似乎翻转的模块其图标没有变化，仔细观察该图标可以发现，其图标为原来图标的左右翻转。若选择了Fixed（固定）选项，则在模块翻转时不翻转图像，如图6-66(c)所示。

在较新版本中，该对话框左侧还提供了一个Run initialization（运行初始化设置）列表框，其默认选项为Off，在设计图标时无法使用初始化参数，所以，建议将其设置为On。

封装模块的另一个关键的步骤是建立起封装的模块内部变量和封装对话框之间的联系，选择封装编辑程序的Parameters & Dialog（参数与对话框）标签，则将得出如图6-67所示的形式，其中间的区域可以编辑变量与对话框之间的联系。

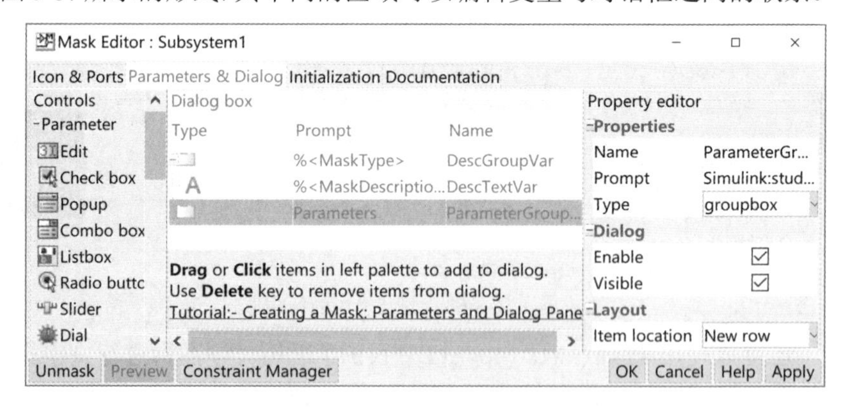

图6-67 模块封装的参数输入对话框

可以按下左侧的工具按钮来添加一个变量名控件，比如单击Edit工具按钮，将在中间的Dialog box（对话框区域）添加一个编辑框控件。选择了某个变量名则可以单击Del键来删除该控件，例如在前面的PID控制器的例子中，可以连续3次单击左侧的Edit按钮，为该控制器的3个变量准备位置。再单击Popup工具，则可以以列表框的方式添加第4个参数的输入方式。单击第一个参数位置，可以在Prompt(提示)栏目中填写该变量的提示信息，如`Proportional Kp`，然后在Variable(变量名)栏目中填写出相关联的变量名$K_{\rm p}$，注意该变量名必须和框图中的完全一致。

还可以采用相应的方式编辑其他变量的关联关系。在第4个参数编辑时，提示填写为Filter constant N，在控件的列表框内填写10 | 100 | 1000，则可以设计出最终的参数输入方法，如图6-68所示。

Type	Prompt	Name
	%<MaskType>	DescGroupVar
A	%<MaskDescriptio...	DescTextVar
	Parameters	ParameterGroup...
#1	Proportional Kp	Kp
#2	Integral Ti	Ti
#3	Derivative Td	Td
#4	Filter Constant N	N

-Properties	
Name	N
Value	{}
Prompt	Filter Constan...
Type	listbox
Type options	Listbox opti...
-Attributes	
Evaluate	

图6-68 列表框型变量编辑

用户可以进一步选择Initialization(初始化)标签对此模块进行初始化处理，用户还可以在Documentation(说明)标签下对模块进行说明，这样一个子系统的封装就完成了。模块封装完成，就可以在其他系统里直接使用该模块了，双击封装模块，则可以得出如图6-69所示的对话框，允许用户输入PID控制器的参数。注意，这里的滤波常数N由列表框给出，允许的取值为10、100或1000。其实，利用MATLAB提供的封装对话框设计程序还可以设计出更复杂、更精美的参数对话框[2]。

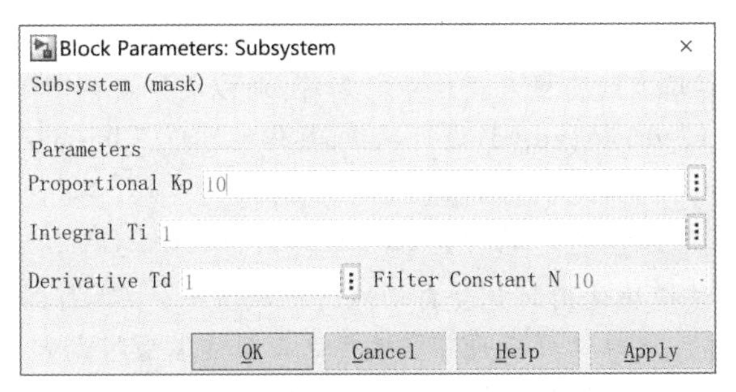

图6-69 封装模块调用参数对话框

在封装的模块上右击鼠标键，可以打开快捷菜单，选择Mask → Look Under Mask(查看封装的子系统)菜单项，或单击封装模块左下角的⇩图标，允许用户打开封装的模块，如图6-70(a)所示。用户可以修改其中的输入和输出端口的名字，例如将输入的端口修改成error，将输出的端口修改为control，则修改后的封装模块会自动变为图6-70(b)中所示的效果，注意如果想显示端口的名称，则封装对话框中的Transparency属性必须设置成Transparent(透明)。

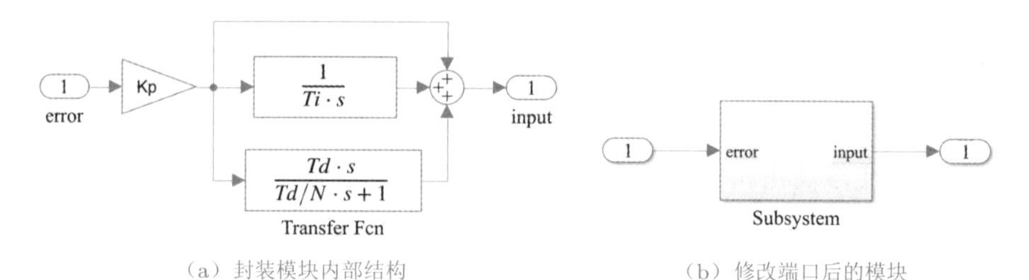

(a) 封装模块内部结构　　(b) 修改端口后的模块

图6-70　封装变量的端口修改(文件名:c6mpidm.slx)

例6-21　前面介绍了两种分段线性的非线性环节,一种是单值函数,另一种是多值函数,是用模块封装技术设计一个统一的分段线性的非线性环节。

解　重新考虑前面介绍的分段线性静态非线性环节,可见图6-54中给出的Simulink模型可以认为是其一般的描述形式,单值非线性可以认为上下两路的非线性形状完全一致。这样就可以对该模型进行封装,在封装之前将两路非线性查表模块的参数分别设置为(xu, yu)和(xd,yd)。

在参数设置对话框中可以按照如图6-71所示的方式填写两个变量xx和yy。在该模块的实际使用时,如果是单值非线性,则在该模块对话框中给出转折点坐标即可,其使用方式和查表模块完全一致。如果是双值非线性模块,则可以在转折点坐标处分别填写两行的矩阵,其第一行填写上升段转折点坐标,第二行填写下降段的转折点坐标。

	Parameters	ParameterGroupVar
#1	x-coordinates	xx
#2	y-coordinates	yy

图6-71　封装模块的初始化对话框

显然,这样填写的变量和模块中的不符,所以应该在初始化栏目分别对两组非线性模块的参数(xu, yu)和(xd,yd)进行赋值,具体地可以在Initialization(初始化)栏目填写

```
if size(yy,1)==1, xx=[xx; xx]; yy=[yy; yy]; end;
yu=yy(1,:); yd=yy(2,:); xu=xx(1,:); xd=xx(2,:);
```

这样,在该模块使用时就会自动地进行赋值了。在图标绘图栏目中应该填写命令plot(xx',yy'),这样就可以将非线性特性在图标上绘制出来了。该模块的具体设置请参照c6mmsk2.slx文件,作为例子,该模型给出了例6-13中的双值非线性参数。

6.5.3　模块集构造

如果用户已经建立起一组Simulink模块,若想建立一个空白的Simulink模块集,则需要采用以下的步骤:

(1)首先应该在Simulink窗口选择File → New → Library(模块库)菜单项建立一个模块集的空白窗口,并将该窗口存盘。例如若想建立一个PID控制器模块集,则可以在某个目录下将其存成一个名为pidblock.slx的文件。

（2）将用户自己建立的Simulink模块复制到该模块集中。利用相应的方法，还可以将模块集再分级建立子模块集。

（3）确认复制的模块和原来的模块所在窗口没有链接关系，具体的方法是，选中该模块，右击得到快捷菜单，确认其中的Link options（链接选项）菜单项为灰色，即不可选择，如果可以选择，则通过该菜单本身断开链接。

（4）如果想在Simulink的模块浏览器上显示该模块集，则需要在该目录中建立一个名为`slblocks.m`的文件，可以将其他含有模块集的目录下该文件复制到用户自己模块集所在的路径中，并修改该文件的内容，将其中的3个变量进行类似于下面的赋值

```
blkStruct.Name = sprintf('PID Control\n& Simulation\nBlockset');
blkStruct.OpenFcn = 'pidblock';  %这个变量指向模块集文件名
blkStruct.MaskDisplay = 'disp(''PID\nBlockset'')'; %模块显示
```

这样就能建立起一个模块集，并将其置于Simulink模块浏览器的窗口之下。

6.6 S-函数编写及其应用

在实际仿真中，如果模型中某个部分数学运算特别复杂，则不适合用普通Simulink模块来搭建这样的部分，而应该采用程序来实现。Simulink中支持两种用语言编程的形式来描述这样的模块，即M-函数和S-函数，它们的用途是不同的，前者适合于描述输出和输入信号之间为代数运算的模块，而后者适合于动态关系的描述，所谓动态关系亦即由状态方程描述的关系。S-函数就是系统函数的意思。在控制理论研究中，经常需要用复杂的算法设计控制器，而这些算法经常因其复杂度又难以用模块搭建。这样的系统如果需要在Simulink下进行仿真研究，则需要用编程的形式设计出S-函数模块，将其嵌入到系统中。成功使用了M-函数和S-函数，则可以在Simulink下对任意复杂的系统进行仿真。

S-函数有固定的程序格式，用MATLAB语言可以编写S-函数，此外还允许采用C语言、C++、FORTRAN和Ada等语言编写，只不过用这些语言编写程序时，需要用编译器生成动态连接库文件，可以在Simulink中直接调用。这里主要介绍用MATLAB语言设计M-函数与S-函数的方法，并将通过例子介绍M-函数和S-函数的应用与技巧。

6.6.1 M-函数模块的基本结构

M-函数模块是用来描述静态计算关系的基本形式，例如前面介绍的饱和非线性关系，若饱和区域的宽度为3，且幅值为2，则可以用M-函数的形式描述该模块

```
function y=satur_non(x)
if abs(x)>=3, y=2*sign(x); else, y=2/3*x; end
```

M-函数可以用User-Defined Functions组中的Interpreted MATLAB Function(解释性MATLAB函数)模块来表示,遗憾的是,该模块不支持附加参数的输入。

6.6.2 复杂系统的Simulink建模演示

前面介绍了数学模型的Simulink建模方法,很多模型都可以由底层模块搭建起来。本节给出一个实际模型,尝试用Simulink底层建模的方法构造Simulink仿真模型。

例6-22 跟踪微分器[8]的离散形式为

$$\begin{cases} x_1(k+1)=x_1(k)+Tx_2(k) \\ x_2(k+1)=x_2(k)+T\mathrm{fst}(x_1(k),x_2(k),u(k),r,h) \end{cases} \tag{6-6-1}$$

式中,T为采样周期,$u(k)$为第k时刻的输入信号,r为决定跟踪快慢的参数,而h为输入信号被噪声污染时,决定滤波效果的参数。fst函数可以由下面的式子计算

$$\delta=rh,\quad \delta_0=\delta h,\quad b=x_1-u+hx_2,\quad a_0=\sqrt{\delta^2+8r|b|} \tag{6-6-2}$$

$$a=\begin{cases} x_2+b/h, & |b|\leqslant\delta_0 \\ x_2+0.5(a_0-\delta)\,\mathrm{sign}(b), & |b|>\delta_0 \end{cases} \tag{6-6-3}$$

$$\mathrm{fst}=\begin{cases} -ra/\delta, & |a|\leqslant\delta \\ -r\,\mathrm{sign}(a), & |a|>\delta \end{cases} \tag{6-6-4}$$

试搭建起跟踪微分器的Simulink仿真模型。

解 从给出的数学公式控件,该模型涉及分段函数的计算,这在Simulink建模中是比较难实现的。根据给出的数学公式,可以由底层模块搭建如图6-72所示的Simulink仿真模

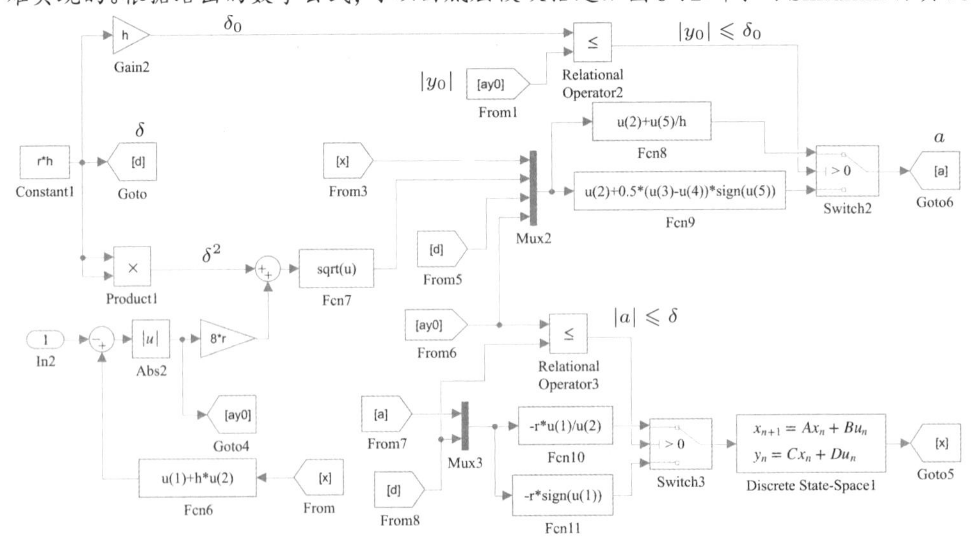

图6-72 跟踪微分器的Simulink模型(文件名:c6mhan.slx)

型。遗憾的是，该模块模型结构过于复杂，所以这里建立的模型可能存在问题，不能正常实现输入信号的微分与跟踪。

从这个例子可以看出，对含有流程控制的数学模型而言，如果想从底层直接建模将很麻烦且易于出错，所以需要更好的建模机制，如采用后面将介绍的S-函数建模方法。

6.6.3 S-函数的基本结构

前面介绍的M-函数只能描写模块输入和输出之间的静态关系，即由输入信号就可以唯一计算出来输出信号。如果想描述某种动态的输入与输出关系，如连续、离散的状态方程，则需要引入S-函数（即系统函数）。

S-函数是有固定格式的，MATLAB语言和C语言编写的S-函数的格式是不同的。用MATLAB语言编写的S-函数的引导语句为：

function [sys,x_0,str,ts,SSC]=fun(t,$\boldsymbol{x}$,$\boldsymbol{u}$,flag,p_1,p_2,$\cdots$)

其中fun为S-函数的函数名，t, $\boldsymbol{x}$, $\boldsymbol{u}$分别为时间、状态和输入信号，flag为标志位，p_i为附加参数。SSC描述状态创建与保存方法，建议设置为'DefaultSimState'，甚至忽略该变元。标志位的取值不同，S-函数执行的任务与返回数据也是不同的：

（1）当flag的值为0时，将启动S-函数所描述系统的初始化过程，这时将调用一个名为mdlInitializeSizes()的子函数，该函数应该对一些参数进行初始设置，如离散状态变量的个数、连续状态变量的个数，模块输入和输出的路数，模块的采样周期个数和采样周期的值、模块状态变量的初值向量$\boldsymbol{x}_0$等。首先通过sizes=simsizes语句获得默认的系统参数变量sizes。得出的sizes实际上是一个结构体变量，其常用成员为：

NumContStates表示S-函数描述的模块中连续状态的个数。

NumDiscStates表示离散状态的个数。

NumInputs和NumOutputs分别表示模块输入和输出的个数。

DirFeedthrough表示输出信号计算是否显含输入信号，取值可以为0或1。

NumSampleTimes为模块采样周期的个数，S-函数支持多采样周期系统。

按照要求设置好的结构体sizes应该再通过sys=simsizes(sizes)语句赋给sys参数。除了sys外，还应该设置系统的初始状态变量$\boldsymbol{x}_0$、说明变量str和采样周期变量ts，其中ts变量应该为双列的矩阵，其中每一行对应一个采样周期。对连续系统和有单个采样周期的系统来说，该变量为[t_1,t_2]，其中t_1为采样周期，如果取$t_1=-1$，则将继承输入信号的采样周期。参数t_2为偏移量，一般取为0。

（2）当flag的值为1时，将作连续状态变量的更新，调用mdlDerivatives()函数，更新后的连续状态变量由sys变元返回。

（3）当flag的值为2时，将作离散状态变量的更新，调用mdlUpdate()函数，更新后的离散状态变量由sys变元返回。

（4）当flag的值为3时，将求取系统的输出信号，调用mdlOutputs()函数，将计算得出的输出信号由sys变元返回。

（5）当flag的值为4时，将调用mdlGetTimeOfNextVarHit()函数，计算下一步的仿真时刻，并将计算得出的下一步仿真时间由sys变元返回。

（6）当flag的值为9时，将终止仿真过程，调用mdlTerminate()函数，这时不返回任何变元。

S-函数中目前不支持其他的flag选择。形成S-函数的模块后，就可以将其嵌入到系统的仿真模型中进行仿真了。在实际仿真过程中，Simulink会自动将flag设置成0，进行初始化过程。开始仿真后，在每一个仿真周期内先将flag的值设置为3，计算该模块的输出，然后Simulink先将flag的值分别设置为1和2，更新系统的连续和离散状态，如此一个周期接一个周期地计算，直至仿真结束条件满足，Simulink将把flag的值设置成9，终止仿真过程。

S-函数一般采用通用的开关结构编写，其主框架如下。用户应该根据实际需要，设置要传递的“变元列表”，并编写下一级的响应函数。后面将通过例子演示S-函数的编写方法。

```
function [sys,x0,str,ts,SSC]=函数名(t,x,u,flag,附加变量)
switch flag
   case 0, [sys,x0,str,ts,SSC]=mdlInitializeSizes(t,x,u,变元列表);
   case 1, sys=mdlDerivatives(t,x,u,变元列表);
   case 2, sys=mdlUpdates(t,x,u,变元列表);
   case 3, sys=mdlOutputs(t,x,u,变元列表);
      ...      %其他flag取值的响应函数
   otherwise %处理错误
      error(['Unhandled flag = ',num2str(flag)]);
end
```

6.6.4 用MATLAB编写S-函数举例

S-函数的主程序框架是固定的，可以用前面给出的格式构建S-函数，剩下的关键问题就是如何根据实际需要，编写各个响应函数。编写响应函数有几部分应该注意，首先是初始化编程，程序设计者应该首先弄清楚系统的输入、输出信号是什么，模块中应该有多少个连续状态，多少个离散状态，离散模块的采样周期是什么等基本信息，有了这些信息就可以进行模块的初始化了。初始化过程结束后，还应该知道该模块连续和离散的状态方程分别是什么，如何用MATLAB语句将其表示出来，并应该清楚如何从模块的状态和输入信号计算模块的输出信号，这样就可以编写系统的状态方程、离散状态更新及模块的输出计算部分，从而完成S-函数的编写了。这里将通过例子介绍S-函数的编写方法。

例6-23 试用S-函数建模的方式实现例6-22中给出的跟踪微分器。

解 例6-22尝试了底层建模的方法，构造的模型过于复杂且难于使用。事实上，由于该模型是离散差分方程模型，所以，比较适合采用S-函数对其建模。从式(6-6-1)中给出的状态方程可以看出，系统有两个离散状态，$x_1(k)$和$x_2(k)$，没有连续状态，有一路输入信号$u(k)$，另外跟踪微分器应该输出两路信号，原输入信号的跟踪信号$y_1(k)=x_1(k)$和其微分$y_2(k)=x_2(k)$，系统的采样周期为T，由于系统的输出可以由状态直接计算出，不直接涉及输入信号$u(k)$，所以初始化中DirectFeedthrough属性（直馈）应该设置为0。另外，r、h、T还应该理解成该模块的附加参数。根据上述算法，立即可以写出其相应的S-函数实现。

```
function [sys,x0,str,ts,SSC]=han_td(t,x,u,flag,r,h,T)
switch flag
   case 0           %调用初始化函数
     [sys,x0,str,ts]=mdlInitializeSizes(T); SSC='DefaultSimState';
   case 2           %调用离散状态的更新函数
     sys = mdlUpdates(x,u,r,h,T);
   case 3           %调用输出量的计算函数
     sys = mdlOutputs(x);
   case {1, 4, 9} %未使用的flag值
     sys = [];
   otherwise        %处理错误
     error(['Unhandled flag = ',num2str(flag)]);
end
%当flag=0时进行整个系统的初始化
function [sys,x0,str,ts] = mdlInitializeSizes(T)
%首先调用simsizes函数得出系统规模参数sizes，并根据离散系统的实际情况
%设置sizes变量
sizes = simsizes;              %读入初始化参数模板
sizes.NumContStates = 0;       %无连续状态
sizes.NumDiscStates = 2;       %有两个离散状态
sizes.NumOutputs = 2;          %输出两个变量:跟踪信号和微分信号
sizes.NumInputs = 1;           %系统输入信号一路
sizes.DirFeedthrough = 0;      %输入不直接传到输出口
sizes.NumSampleTimes = 1;      %单个采样周期
sys = simsizes(sizes);         %根据上面的设置设定系统初始化参数
x0 = [0; 0];                   %设置初始状态为零状态
str = [];                      %将str变量设置为空字符串即可
ts = [T 0];              %采样周期,若写成-1则表示继承其输入信号采样周期
%在主函数的flag=2时，更新离散系统的状态变量
```

```
function sys = mdlUpdates(x,u,r,h,T)
sys(1,1)=x(1)+T*x(2);
sys(2,1)=x(2)+T*fst2(x,u,r,h);
%在主函数flag=3时,计算系统的输出变量:返回两个状态
function sys = mdlOutputs(x)
sys=x;
%用户定义的子函数: fst2
function f=fst2(x,u,r,h)
delta=r*h; delta0=delta*h; b=x(1)-u+h*x(2);
a0=sqrt(delta*delta+8*r*abs(b));
a=x(2)+b/h*(abs(b)<=delta0)+0.5*(a0-delta)*sign(b)*(abs(b)>delta0);
f=-r*a/delta*(abs(a)<=delta)-r*sign(a)*(abs(a)>delta);
```

编写了S-函数模块后,就可以在仿真模型中利用该模块了。

例如在图6-73中给出的仿真框图中,直接使用了编写的S-函数模块han_td,其输入端为信号发生器模块,输出端直接接示波器。双击其中的S-函数模块,则将打开参数对话框,如图6-73(b)所示,允许用户输入S-函数的附加参数。在对话框中,输入$r = 30$、$h = 0.01$与$T = 0.001$,并令输入信号为正弦信号,选择仿真算法为定步长,步长为0.001,则可以对系统进行仿真分析,得出如图6-74所示的仿真结果。

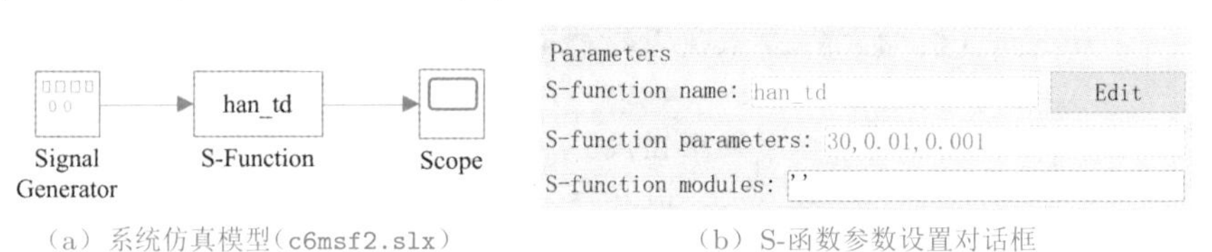

(a) 系统仿真模型(c6msf2.slx)　　(b) S-函数参数设置对话框

图6-73　封装变量的端口修改

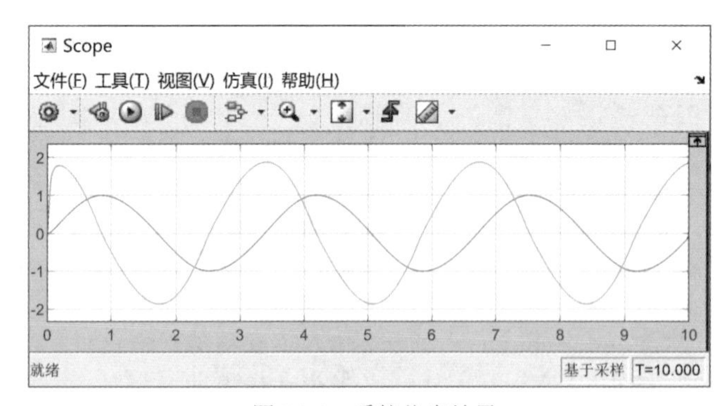

图6-74　系统仿真结果

例6-24　试用S-函数构造一个生成阶梯信号的信号发生器模块。

解　假设想在$t_1, t_2, \cdots, t_N$时刻分别生成幅值为$r_1, r_2, \cdots, r_N$的阶跃信号,这样的模块用Simulink现有的模块搭建是很麻烦的。若N很大,则特别难以实现。这时可以考虑

用S-函数来搭建该信号发生模块。由设计要求知道，模块的输入信号为0路，输出为1路，另外系统没有连续和离散的状态，所以在设计S-函数时只需考虑flag为0和3即可。

在设计这个S-函数时，应该引入两个附加变量tTime=$[t_1,t_2,\cdots,t_N]$和yStep=$[y_1,y_2,\cdots,y_N]$，故而可以设计出如下S-函数。

```
function [sys,x0,str,ts,SSC]=multi_step(t,x,u,flag,tTime,yStep)
switch flag
   case 0                            %调用初始化过程
      [sys,x0,str,ts]=mdlInitializeSizes; SSC='DefaultSimState';
   case 3, sys=mdlOutputs(t,tTime,yStep); %计算输出信号，生成阶梯信号
   case {1, 2, 4, 9}, sys = []; %未使用的flag值
   otherwise                         %错误信息处理
      error(['Unhandled flag = ',num2str(flag)]);
end
function [sys,x0,str,ts] = mdlInitializeSizes %初始化处理
sizes = simsizes;                    %调入初始化的模板
sizes.NumContStates=0; sizes.NumDiscStates=0; %无连续、离散状态
sizes.NumOutputs = 1; sizes.NumInputs = 0;    %系统的输入和输出路数
sizes.DirFeedthrough = 0; sizes.NumSampleTimes = 1;  %单个采样周期
sys = simsizes(sizes);                        %调入初始化模板
x0 = []; str = []; ts = [0 0];                %假设模块为连续模块
function sys = mdlOutputs(t,tTime,yStep)  %计算输出信号
i=find(tTime<=t); sys=yStep(i(end));
```

6.6.5 S-函数的封装

S-函数模块的应用并不是很简单，因为附加参数的输入必须按照给定的顺序和数目给出，而没有更多的提示。结合前面介绍的模块封装技术，可以对每个附加参数加上提示信息，这样会使得该模块的使用更容易。

封装S-函数模块是很简单的，右击该模块就能得出快捷菜单，从快捷菜单中选择Mask S-function（封装S-函数）菜单项，则依照前面介绍的方法就可以将该S-函数进行封装，得出封装后的S-函数，限于篇幅，具体的封装方法这里不再赘述了。

6.7 多领域物理建模入门

到现在为止，本书探讨的建模与仿真方法都属于数学仿真的范畴，采用的过程是先建立起方程的数学模型，然后再用底层模块或S-函数等方式将仿真模型建立起来。

在实际应用中，如果想采用数学建模方法，尤其是对不大熟悉系统的建模将是件很麻烦的事，因为需要写出系统的数学模型本身就很困难，需要相应的领域知识

才能写出系统的数学模型。如果研究者需要研究一个自己不熟悉的领域的建模问题，如一个电气工程师需要对某个包含机械系统在内的大系统进行建模与仿真分析，需要花大量时间先弄通机械领域的数学模型与建模方法，然后才能对整个系统进行建模，这无疑是很耗时的；另一方面，由于研究者对自己不熟悉的领域经验不足，可能建立起的模型可信度不高。此外，某些根据物理规律建模的方法会忽略很多“次要”的因素，而如果事实上这些因素不可忽略时，将产生巨大的建模误差，甚至有时建立的模型可能是错误的。

这里先通过例子演示数学建模的局限性，然后介绍多领域物理建模的概念与应用工具，并通过例子演示多领域物理建模的方法。

6.7.1 数学建模的局限性

这里先给出两个数学建模的实例，其中一个是电路图的建模，另一个为力学系统的建模，并指出数学建模的局限性。

例6-25 考虑如图6-75所示的简单R-L-C电路图，试建立起回路电流的数学模型。

解 对3个回路可以分别写出电流方程。由于电容和电感可以分别表示为积分器和微分器，所以写出如下的Laplace变换方程组 [9]：

$$\begin{cases} (2s+2)I_1(s)-(2s+1)I_2(s)-I_3(s)=V(s) \\ -(2s+1)I_1(s)+(9s+1)I_2(s)-4sI_3(s)=0 \\ -I_1(s)-4sI_2(s)+(4s+1+1/s)I_3(s)=0 \end{cases} \tag{6-7-1}$$

如果令输入电压为220V，其数学表示为$V(t)=220\sin 100\pi t$，频率为50Hz。因为原系统为线性的，所以电流信号也是正弦信号，其频率为50Hz，只是其幅值与初相不同于电压信号$v(t)$。由于建模本身的问题，这里给出的模型和得出的结论都有待检验。

当然，这里给出的是简单电路，复杂电路按照这里给出的建模方法是很不方便的，如有几十个回路的电路将需要建立起几十个方程，它们的求解将异常烦琐，而建模过程稍有疏忽，可能漏掉其中某个回路，这样得出的仿真结果将是错误的，所以应该考虑更好的建模和仿真方法。

例6-26 考虑如图6-76所示的弹簧阻尼系统，其中$x(t)$为滑块的位移，$f(t)$为外部的拉力。在该系统中，阻尼器的阻力和运动速度成正比。试建立起位移$x(t)$与外力$f(t)$之间关系的数学模型。

解 根据Newton第二定律，可以立即写出数学模型：

$$M\ddot{x}(t)+f_{\rm v}\dot{x}(t)+Kx(t)=f(t) \tag{6-7-2}$$

简单系统模型可以通过Newton定律将数学模型建立起来，如果需要研究由几个弹簧阻尼模块构成的系统将更复杂，如果某个合力没有分析正确也将导致整体建模的失败，所以复杂力学系统直接数学建模是很烦琐的，需要很深厚的专业知识才能建立起来。所以，复杂系统的正确建模需要一个更强大的建模和仿真工具与方法。后面将介绍基于Simulink的高级建模与仿真方法。

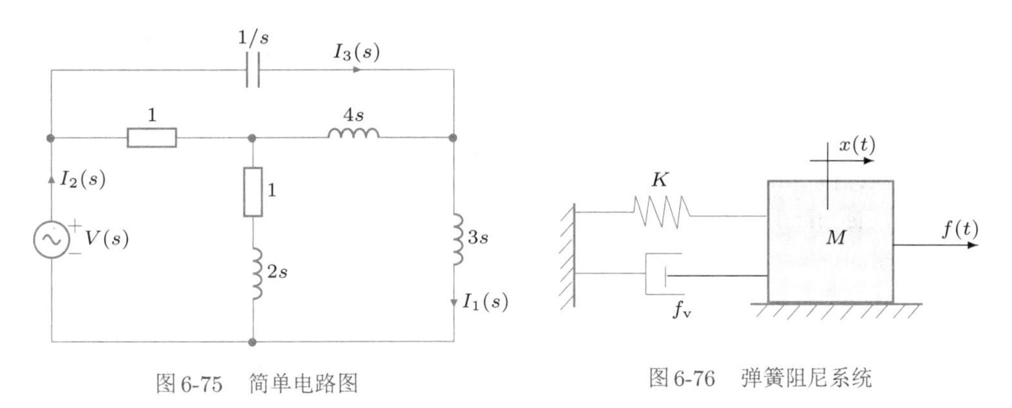

图6-75 简单电路图

图6-76 弹簧阻尼系统

鉴于上述原因，对复杂的工程系统建模应该考虑改换思路，考虑采用多领域物理建模的方法，即利用与装配硬件系统一样的方法，将描述硬件元件的软件模块逐个连接起来，建立仿真模型。MathWorks公司开发的Simscape及其他相关专业模块集是多领域物理建模的理想工具。利用该工具可以将多领域的系统在Simulink统一框架下建立起来，从而对其进行整体仿真，这是其他软件平台难以实现的。

6.7.2 Simscape简介

Simscape是MathWorks公司开发的全新的多领域面向对象的物理建模工具，用户可以在命令窗口中输入`simscape`命令或从Simulink模型库中直接打开Simscape模块集，如图6-77所示。

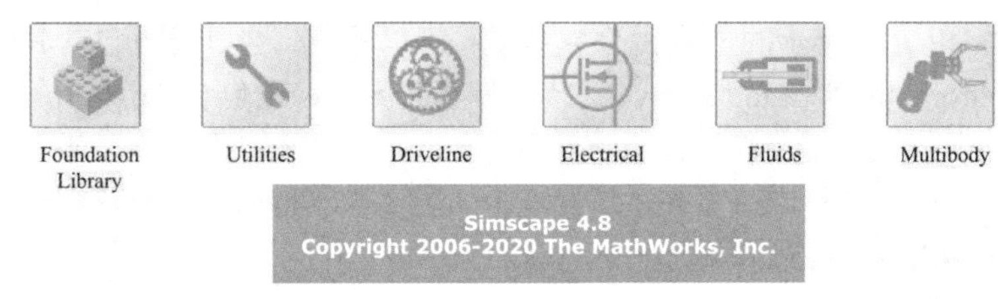

图6-77 Simscape模块集

目前，Simscape模块集包括电、磁、力、热、液等在内的Foundation Library（基础模块库），还有更专业的、集成度更高的模块集，如Electrical（电气系统模块集）、Driveline（动力传动系统模块集）、Multybody（多体系统模块集）和Fluids（流体模块集）等。这些模块集的目标是提供一系列部件模块，允许用户像组装实际硬件系统那样把相应的模块组装起来，构造出整个的仿真系统，而系统所基于的数学模型会在组装过程中自动建立起来。

Simscape及相关模块集是Simulink在物理模型仿真层次上进行的有意义的尝试。在建立模型时，不需要对相关领域的背景知识和数学模型等有深入的了解，所以，用户可以对自己不熟悉领域的研究对象进行直观建模和仿真分析。

此外,MathWorks公司开发的Simscape语言还允许用户利用类似于MATLAB语言的基本语法,以面向对象的编程方式,自己定义新的可重用部件模块,这极大地丰富了Simulink的多领域物理建模的功能。

双击Foundation Library模块,则将打开如图6-78所示的基础模块库界面,其中包括Electrical(电气模块库)、Mechanical(机械模块库)、Hydraulic(液压模块库)、Thermal(热力学模块库)等不同领域的模块,由相应的模块可以组装出系统的物理仿真模型,从而由物理仿真模型直接对整个系统作仿真研究。

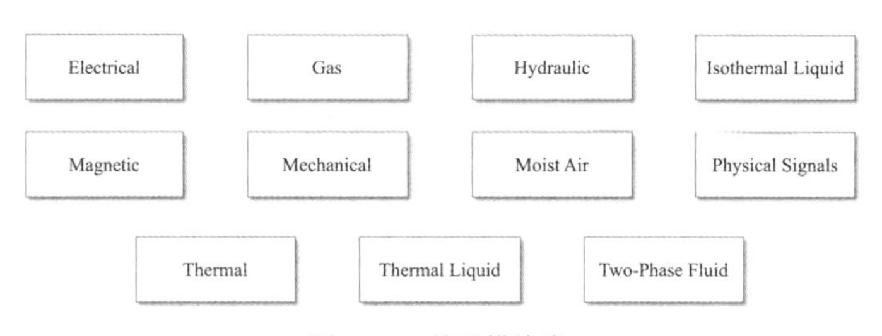

图6-78　基础模块库

6.7.3　电气系统的建模与仿真

基础模块库中提供了各种领域的模块,双击Electrical(电气)图标,则打开电气模块库,其中有3个图标,分别为Electrical Element(电气元件)、Electrical Sources(电气输入源)、Electrical Sensors(电气检测器),双击Electrical Element模块,则打开如图6-79所示的电气元件模块集。可以看出,这里已经包含Resistor(电阻)、Capacitor(电容)、Inductor(电感)等基础元件,也包含Op-Amp(运算放大器)、Memristor(忆阻器)等常用电气元件,该元件库已经包含了电气系统的很多常用元件,可以直接进行电气系统的建模与仿真了。本节将通过一个简单的例子来演示电路图的物理建模方法。

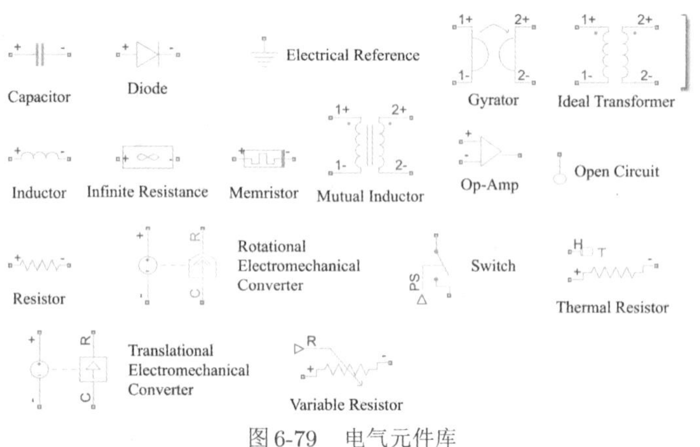

图6-79　电气元件库

例6-27　重新考虑例6-25中给出的电路图，试利用Simscape构造仿真模型。

解　假设想测出电容两端的电压及电流I_1信号，则需要在相应的位置添加电压表和电流表。若想建立起Simulink仿真模型，则需要先调用`ssc_new`命令打开新模型窗口，该窗口将自动给出Simulink与物理信号之间转换的模块，这些是Simscape基础模块库所必需的模块。该窗口中还同时给出求解器模块，该模块是基础模块库系统仿真不可缺少的模块。

若想建立电路模型，需要将必要的模块复制到该窗口中，然后进行连线并按照要求修改参数，最终构造出如图6-80所示的仿真模型。值得指出的是，利用Simscape元件得出的信号是所谓的物理信号(physical signal)，不能直接与示波器或其他Simulink元件相连，需要作相应的转换，如使用PS-SL(物理信号到Simulink信号的转换)模块。

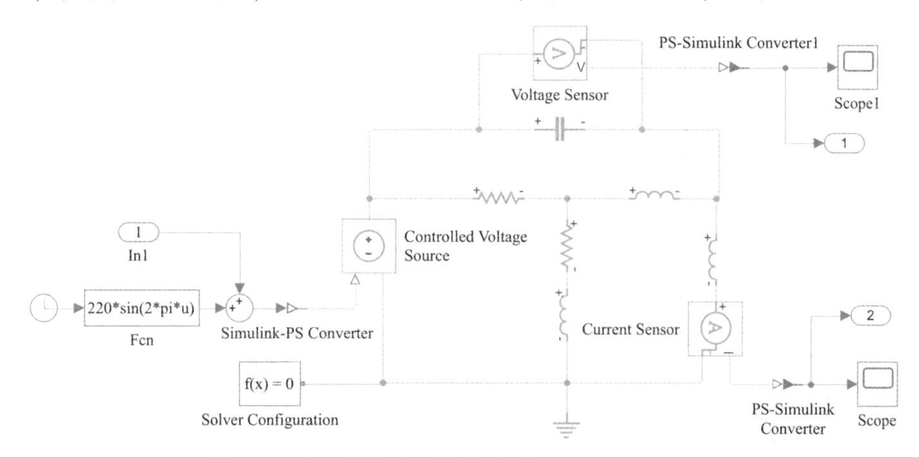

图6-80　电路图的仿真模型(文件名:`c6mcirc1.slx`)

由这样的建模方式可见，这里的建模方法无须用户写出任何数学模型，只需按照电路图给出的连接方式，用搭建硬件系统一样，将相应的元件一个一个连接起来，构造出系统的仿真模型，这就是物理建模方法。建立了仿真模型，则可以直接单击▶按钮进行仿真，得出感兴趣信号的仿真结果。

可以看出，即使原电路图有几十个、几百个甚至更多的回路，都可以利用这样的直观方式将仿真模型建立起来，并利用Simulink提供的仿真功能对系统直接仿真，得出仿真结果，由此可以看出物理建模的优势。

Electrical模块集包含了更全面、更专业的电路、电子与电气模块，如果需要这些元件，可以直接打开相关的库，元件的使用方法大同小异，这里不进一步叙述相关元件的建模了。

6.7.4　机械系统的建模与仿真

基础模块库中提供了各种各样的力学与机械元件，双击Mechanical图标，则打开机械模块库，其中包括5个组，除了输入源与检测模块之外，还提供了Mechanisms

(机构)、Rotational Elements(转动元件)与Translational Elements(平动元件),双击平动元件模块组,则打开如图6-81所示的平动元件库。可以看出,该模块库提供了Mass(质量块)、Translational Spring(平动弹簧)与Translational Damper(平动阻尼器)等常用元件。

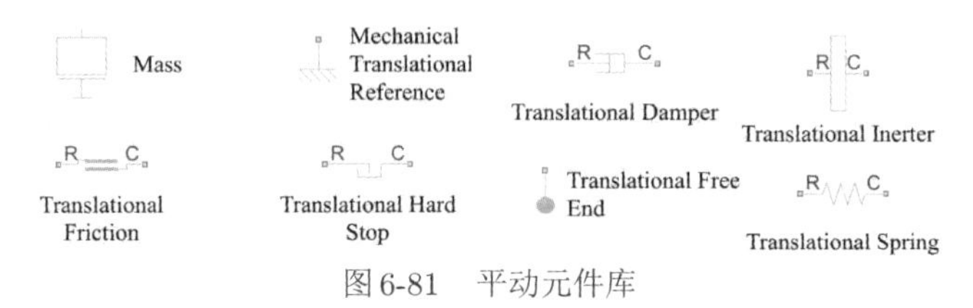

图6-81 平动元件库

和前面介绍的电气系统仿真类似,Simulink信号是不能直接施加到机械系统的,需要使用物理信号到Simulink转换模块,还需要Mechanical Sources(机械输入源)中的相应模块,如图6-82(a)所示,比如,通过Ideal Force Source(理想力输入)模块、Ideal Torque Source(理想转矩输入)模块等。

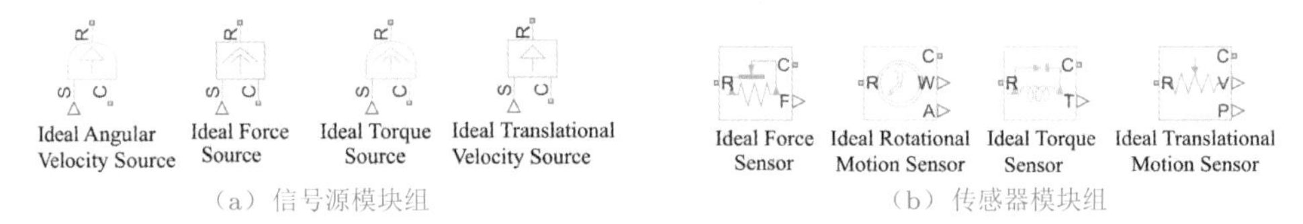

图6-82 力学模块组的输入与传感器

Mechanical Sensors(机械检测模块组)则提供了常用的机械信号检测环节,如图6-82(b)所示。包括Ideal Force Sensor(理想力传感器)、Ideal Torque Sensor(理想转矩传感器)、Ideal Rotational Motion Sensor(理想转动运动传感器)与Ideal Translational Motion Sensor(理想平动运动传感器),例如,可以用Ideal Translational Motion Sensor得出某个模块的位移与速度信息等。

本节仍然通过例子演示机械系统的物理建模与仿真方法,并介绍线性物理系统的数学模型提取方法。

例6-28 考虑如图6-83所示的复杂弹簧阻尼系统,试构造出该系统的仿真模型,并提取出从外力 $f(t)$ 到位移 $x(t)$ 之间的线性模型。

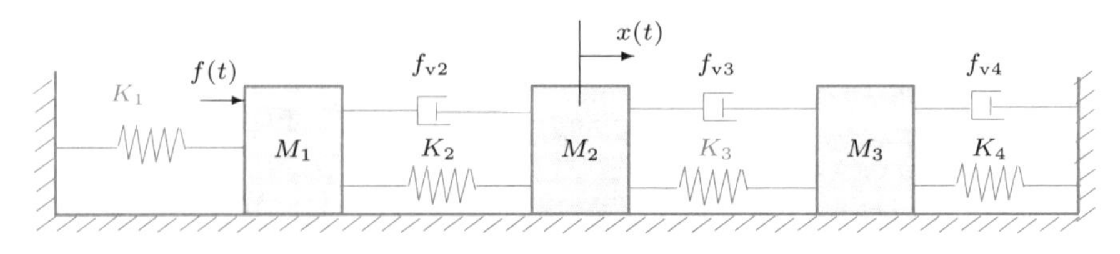

图6-83 多弹簧阻尼系统

解 根据Newton定律，前面简单的弹簧阻尼系统可以容易地写出其数学模型，然后进行仿真研究，当然用Simscape模块建模更直观、方便。该模型通过直接建模的方法是很难构造出仿真模型的。

假设3个阻尼器的阻尼系数均为 $f_{v1}=f_{v2}=f_{v3}=100\,\mathrm{N{\cdot}s/m}$，弹性系数 $K_1=K_2=1000\,\mathrm{N/m}, K_3=K_4=400\,\mathrm{N/m}, M_1=M_2=M_3=1\,\mathrm{kg}$。如果拉力 $f(t)$ 选为幅值为4 N的方波信号，则可以按图6-84中给出的方式搭建起仿真模型，对其仿真则可以得出如图6-85所示的位移曲线。由仿真模型还可以观察不同参数下系统的响应。

```
>> [t,~,y]=sim('c6mmass2'); plot(t,y)
```

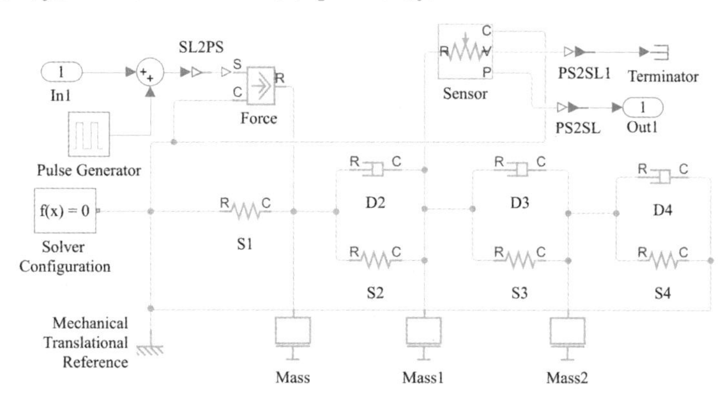

图6-84 弹簧阻尼系统仿真模型（文件名：c6mmass2.slx）

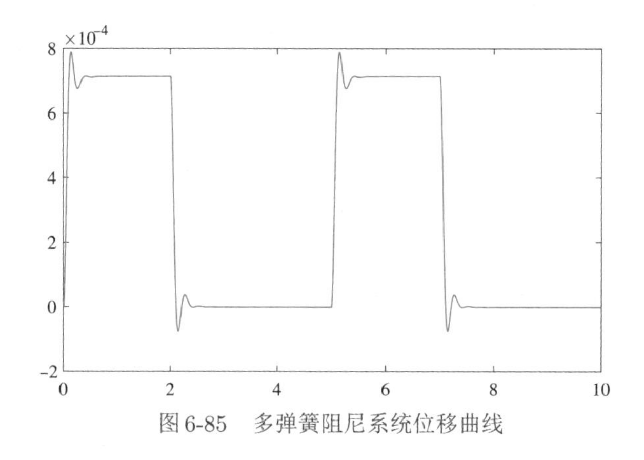

图6-85 多弹簧阻尼系统位移曲线

注意，在系统物理建模的过程中，因为需要给质量块施加外力，所以可以考虑用脉冲Simulink模块作为输入源，而该信号并不能施加到质量块上，需要通过Ideal Force Source模块作用到质量块上，并在二者之间放置一个SL2PS1转换模块。另外，可以由Ideal Translational Motion Sensor模块检测第二质量块的运动信息，该模块有两个输出端口，一个是P，为位移量，另一个为V，为质量块的速度。在例子给出的仿真模型中，位移信息通过转换器连接到输出端子。

如果要提取系统的线性模型，则需要用输入输出端子来表示系统的端口，这样，通过下面语句

```
>> G=minreal(zpk(linearize('c6mmass2')))
```

则可以得出系统的线性化模型为：

$$G(s)=\frac{100(s+195.9)(s+10)(s+4.083)}{(s+318.2)(s+145.2)(s+8.486)(s+4.082)(s^2+24.01s+699.6)}$$

Multibody模块集还提供了更专业的机械系统仿真模块，这里就不介绍了，感兴趣的读者可以参阅文献 [2]。

6.8　习题

(1) 在标准的Simulink模块组中，各个模块组中的模块遵从比较好的分类方法，请仔细观察各个模块组，熟悉其模块构成，以便以后遇到某些需要时能迅速、正确地找出相应的模块，容易地搭建起Simulink模型。

(2) 物理学中的物体垂直下抛运动方程为 $\dot{x}(t)=v_0+gt$，其中，t 为时间，$x(t)$ 为物体的位移，$v_0=1\,\mathrm{m/s}$ 为初速度，$g=9.81\,\mathrm{m/s^2}$ 为重力加速度。试建立Simulink模型，研究时间 t 与位移 $x(t)$ 之间的关系。如果抛物点距地15 m，有什么办法在重物落地瞬间停止仿真过程，并给出落地需要的时间。

(3) 考虑简单的线性微分方程

$$y^{(4)}(t)+5y^{(3)}(t)+63\ddot{y}(t)+4\dot{y}(t)+2y(t)=\mathrm{e}^{-3t}+\mathrm{e}^{-5t}\sin(4t+\pi/3)$$

且方程的初值为 $y(0)=1,\dot{y}(0)=\ddot{y}(0)=1/2,y^{(3)}(0)=0.2$，试用Simulink搭建起系统的仿真模型，并绘制出仿真结果曲线。由第3章介绍的知识，该方程可以用微分方程数值解的形式进行分析，试比较二者的分析结果。

(4) 考虑时变线性微分方程

$$y^{(4)}(t)+5ty^{(3)}(t)+6t^2\ddot{y}(t)+4\dot{y}(t)+2\mathrm{e}^{-2t}y(t)=\mathrm{e}^{-3t}+\mathrm{e}^{-5t}\sin(4t+\pi/3)$$

而方程的初值仍为 $y(0)=1,\dot{y}(0)=\ddot{y}(0)=1/2,y^{(3)}(0)=0.2$，试用Simulink搭建起系统的仿真模型，并绘制出仿真结果曲线。其实，时变模型也可以用微分方程求解函数求解，试用MATLAB语言求解该模型并比较结果。

(5) 已知Apollo卫星的运动轨迹 (x,y) 满足下面的方程

$$\begin{cases}\ddot{x}(t)=2\dot{y}(t)+x(t)-\dfrac{\mu^*(x(t)+\mu)}{r_1^3(t)}-\dfrac{\mu(x(t)-\mu^*)}{r_2^3(t)}\\[2mm]\ddot{y}(t)=-2\dot{x}(t)+y(t)-\dfrac{\mu^*y(t)}{r_1^3(t)}-\dfrac{\mu y(t)}{r_2^3(t)}\end{cases}$$

其中，$\mu=1/82.45$，$\mu^*=1-\mu$，$r_1(t)=\sqrt{(x(t)+\mu)^2+y^2(t)}$，$r_2(t)=\sqrt{(x(t)-\mu^*)^2+y^2(t)}$。假设系统初值为 $x(0)=1.2$，$\dot{x}(0)=0$，$y(0)=0$，$\dot{y}(0)=-1.04935751$，试搭建起Simulink仿真框图并进行仿真，绘制出Apollo位置的 $(x(t),y(t))$ 轨迹。

(6) 已知著名的Van der Pol非线性方程模型为$\ddot{y}(t)+\mu(y^2(t)-1)\dot{y}(t)+y(t)=0$，试用Simulink表示该方程，并对该系统进行仿真分析。

(7) 试用Simulink求解下面的切换线性微分方程。

$$\begin{cases}\dot{x}_1(t)=f(x_1(t))+x_2(t)\\ \dot{x}_2(t)=-x_1(t)\end{cases}$$

其中，$x_1(0)=x_2(0)=5$，且$f(x_1(t))$为分段函数，即

$$f(x_1(t))=\begin{cases}-4x_1(t), & x_1(0)>0\\ 2x_1(t), & -1\leqslant x_1(0)\leqslant 0\\ -x_1(t)-3, & x_1(0)<-1\end{cases}$$

(8) 考虑下面的不连续微分方程模型[10]。

$$\ddot{y}(t)+2D\dot{y}(t)+\mu\,\mathrm{sgn}(\dot{y}(t))+y(t)=A\cos\omega t$$

其中，$D=0.1,\mu=4,A=2,\omega=\pi$。初值$y(0)=3,\dot{y}(0)=4$。试用Simulink搭建本微分方程的仿真模型，并在求解区间$t\in[0,10]$内求解该方程。

(9) 考虑一个线性切换系统模型与状态反馈模型[11]。

$$\dot{\boldsymbol{x}}(t)=\boldsymbol{A}_\sigma\boldsymbol{x}(t)+\boldsymbol{B}_\sigma u(t),\quad u(t)=\boldsymbol{k}_\sigma\boldsymbol{x}(t)$$

其中，$\sigma=\{1,2\}$。两个子系统分别为

$$\boldsymbol{A}_1=\begin{bmatrix}1&0\\1&1\end{bmatrix},\ \boldsymbol{A}_2=\begin{bmatrix}1&1\\0&1\end{bmatrix},\ \boldsymbol{B}_1=\begin{bmatrix}1\\0\end{bmatrix},\ \boldsymbol{B}_2=\begin{bmatrix}0\\1\end{bmatrix}$$

且两个状态反馈向量分别为$\boldsymbol{k}_1=[6,9]$，$\boldsymbol{k}_2=[9,6]$。已知从子系统1切换到子系统2的条件为$|x_1(t)|=0.5|x_2(t)|$，而从子系统2切换到子系统1的条件为$|x_1(t)|=2|x_2(t)|$。若初始状态变量向量为$\boldsymbol{x}_0=[100,100]^{\mathrm{T}}$，试用Simulink得出切换系统的相平面曲线。

(10) 试用Simulink求解下面的不连续微分方程[10]，初值$y(0)=0.3$。

$$\dot{y}(t)=\begin{cases}t^2+2y^2(t), & (t+0.05)^2+\big[y(t)+0.15\big]^2\leqslant 1\\ 2t^2+3y^2(t)-2, & (t+0.05)^2+\big[y(t)+0.15\big]^2>1\end{cases}$$

(11) 假设单位负反馈线性控制系统的框图如图6-86所示，其中，受控对象模型与控制器模型分别为

$$G(s)=\frac{s^3+7s^2+24s+24}{s^4+10s^3+35s^2+50s+24},\quad G_{\mathrm{c}}(s)=\frac{s+0.1}{0.1s+1}$$

用方差为1的零均值Gauss白噪声信号$u(t)$激励该系统，试用仿真方法求出误差信号$e(t)$的概率密度函数曲线及其方差（提示：由反馈控制系统理论可知，由$r(t)$到$e(t)$的等效传递函数模型可以推导成$\widetilde{G}(s)=1/\big[1+G(s)G_{\mathrm{c}}(s)\big]$，可以将该模型进行离散化，再进行仿真求解）。

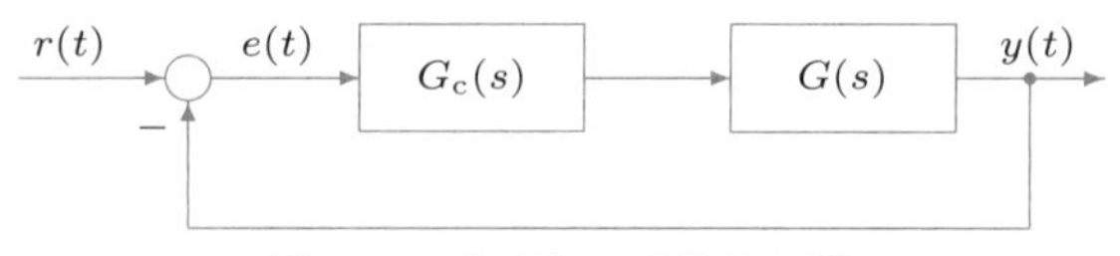

图6-86 典型闭环系统方框图

(12) 假设双输入双输出系统的状态方程表示为

$$\begin{cases}\dot{\boldsymbol{x}}(t)=\begin{bmatrix}2.25 & -5 & -1.25 & -0.5\\ 2.25 & -4.25 & -1.25 & -0.25\\ 0.25 & -0.5 & -1.25 & -1\\ 1.25 & -1.75 & -0.25 & -0.75\end{bmatrix}\boldsymbol{x}(t)+\begin{bmatrix}4 & 6\\ 2 & 4\\ 2 & 2\\ 0 & 2\end{bmatrix}\boldsymbol{u}(t)\\ \boldsymbol{y}(t)=\begin{bmatrix}0 & 0 & 0 & 1\\ 0 & 2 & 0 & 2\end{bmatrix}\boldsymbol{x}(t)\end{cases}$$

且输入信号分别为$\sin t$和$\cos t$，试用Simulink构造出该系统模型，并对该系统进行仿真绘制出输出曲线。

(13) 已知4输入4输出多变量系统传递函数矩阵为[12]

$$\boldsymbol{G}(s)=\begin{bmatrix}1/(1+4s) & 0.7/(1+5s) & 0.3/(1+5s) & 0.2/(1+5s)\\ 0.6/(1+5s) & 1/(1+4s) & 0.4/(1+5s) & 0.35/(1+5s)\\ 0.35/(1+5s) & 0.4/(1+5s) & 1/(1+4s) & 0.6/(1+5s)\\ 0.2/(1+5s) & 0.3/(1+5s) & 0.7/(1+5s) & 1/(1+4s)\end{bmatrix}$$

试用Simulink搭建起仿真模型并对系统进行仿真。该系统还可以用第5章介绍的`step()`函数进行仿真，试比较两种方法得出的结果。

(14) 建立起如图6-87所示非线性系统[13]的Simulink框图，并观察在单位阶跃信号输入下系统的输出曲线和误差曲线。

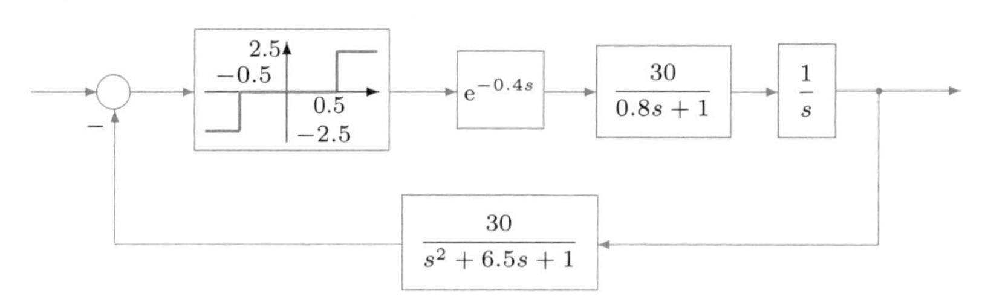

图6-87 习题(14)的系统方框图

(15) 建立起如图6-88所示非线性系统[14]的Simulink框图，并设阶跃信号的幅值为1.1，观察在阶跃信号输入下系统的输出曲线和误差曲线。求取系统在阶跃输入下的工作点，并在工作点处对整个系统矩形线性化，得出近似的线性模型。对近似模型仿真分析，将结果和精确仿真结果进行对比分析。另外，本系统中涉及两个非线性环节的串联，试问这两个非线性环节可以互换吗？试从仿真结果上加以解释。

(16) 已知某系统的Simulink仿真框图如图6-89所示，试由该框图写出系统的数学模型公式。

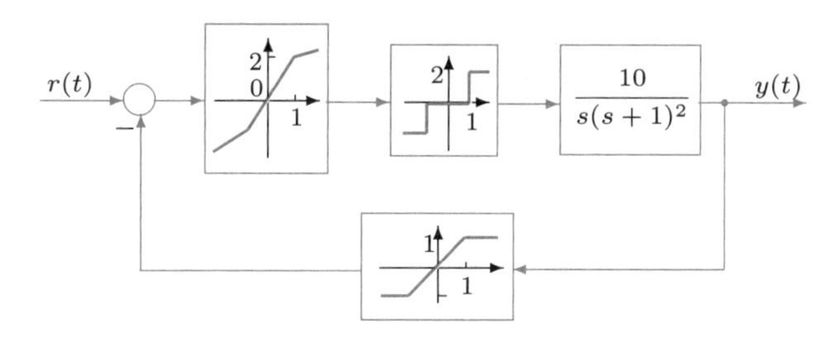

图6-88 习题(15)的非线性系统方框图

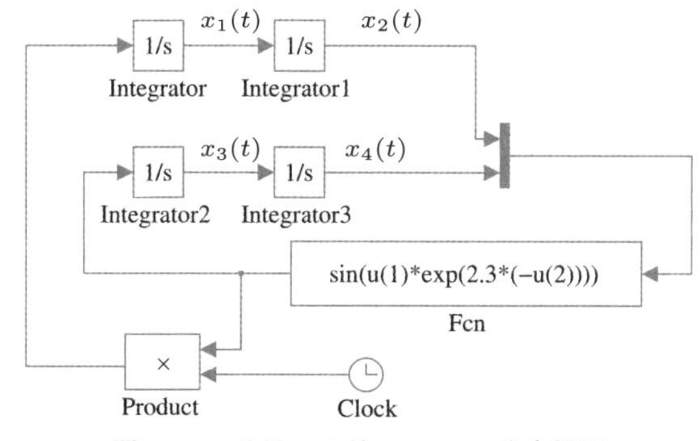

图6-89 习题(16)的Simulink仿真框图

(17) 试用Simulink搭建下面系统的仿真模型,并绘制其阶跃响应曲线。

$$G(s)=\frac{\dfrac{2\mathrm{e}^{-0.5s}}{s+2}+\dfrac{3\mathrm{e}^{-s}}{s+1}}{s^4+10s^3+35s^2+50s+24}$$

(18) 考虑下面给出的延迟微分方程模型,假设 $y(0)=0.1$,试用Simulink搭建仿真模型,并对该系统进行仿真,绘制出 $y(t)$ 曲线。

$$\mathrm{d}y(t)/\mathrm{d}t=\frac{0.2y(t-30)}{1+y^{10}(t-30)}-0.1y(t)$$

(19) 考虑Lorenz方程模型,该模型没有输入信号

$$\begin{cases}\dot{x}_1(t)=-\beta x_1(t)+x_2(t)x_3(t)\\ \dot{x}_2(t)=-\rho x_2(t)+\rho x_3(t)\\ \dot{x}_3(t)=-x_1(t)x_2(t)+\sigma x_2(t)-x_3(t)\end{cases}$$

假设选择其三个状态变量 $\boldsymbol{x}_i(t)$ 为其输出信号,以 β、σ、ρ 和 $\boldsymbol{x}_i(0)$ 向量为附加参数,试将该模块封装起来,并绘制在不同参数下的Lorenz方程解的三维曲线。

(20) 假设已知直流电机拖动模型方框图如图6-90所示,试利用Simulink提供的工具提取该系统的总模型,并利用该工具绘制系统的阶跃响应、频域响应曲线。

(21) 假设已知误差信号 $e(t)$,试构造出求取ITAE、ISE、ISTE准则的封装模块。要求:误差信号 $e(t)$ 为该模块的输入信号,双击该模块弹出一个对话框,允许用户用列表框的方式选择输出信号形式,将选定的ITAE、ISE、ISTE之一作为模块的输出

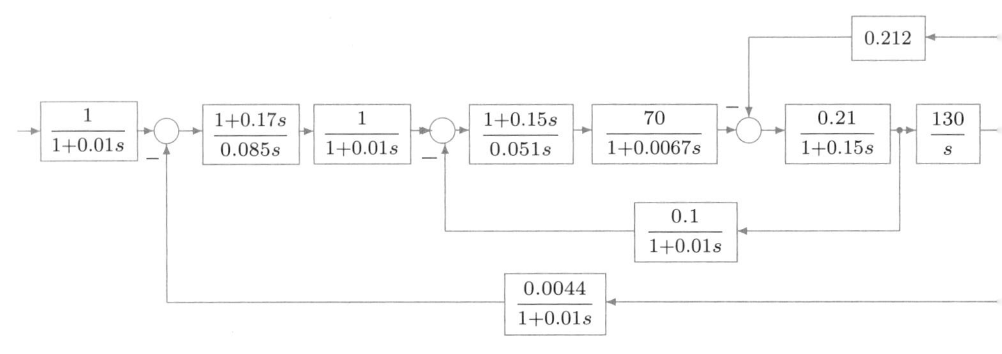

图6-90　习题(20)的直流电机拖动系统方框图

端显示出来,这些准则的定义为

$$J_{\mathrm{ISE}}=\int_0^\infty e^2(t)\mathrm{d}t,\quad J_{\mathrm{ITAE}}=\int_0^\infty t|e(t)|\mathrm{d}t,\quad J_{\mathrm{ISTE}}=\int_0^\infty t^2e^2(t)\mathrm{d}t$$

(22) 假设有分段线性的非线性函数,该函数在第i段,即$e_i\leqslant x<e_{i+1}$段,输出信号$y(x)=k_ix+b_i$,若已知各段的分界点$e_1,e_2,\cdots,e_{N+1}$,且已知各段的斜率与截距$k_1,b_1,k_2,b_2,\cdots,k_N,b_N$,试用M-函数的形式描述该分段线性的非线性函数。

(23) 假设某可编程逻辑器件(PLD)模块有6路输入信号,A、B、W_1、W_2、W_3和W_4,其中W_i为编码信号,它们的取值将决定该模块输出信号Y的逻辑关系,具体逻辑关系由表6-1给出[15]。可见如果直接用模块搭建此PLD模块很复杂。试编写一个M-函数实现这样的模块。

表6-1　习题(23)中的逻辑关系表

W_1	W_2	W_3	W_4	Y	W_1	W_2	W_3	W_4	Y
0	0	0	0	0	1	0	0	0	$A\overline{B}$
0	0	0	1	AB	1	0	0	1	A
0	0	1	0	$\overline{A+B}$	1	0	1	0	$\overline{B}$
0	0	1	1	$AB+\overline{A}\,\overline{B}=A\odot B$	1	0	1	1	$A+\overline{B}$
0	1	0	0	$\overline{A}B$	1	1	0	0	$\overline{A}B+A\overline{B}=A\oplus B$
0	1	0	1	B	1	1	0	1	$A+B$
0	1	1	0	$\overline{A}$	1	1	1	0	$\overline{A}+\overline{B}=\overline{AB}$
0	1	1	1	$\overline{A}+B$	1	1	1	1	1

(24) 例6-22中用S-函数实现了复杂的跟踪微分器模型,该问题的难点是fst()函数的实现。其实fst()函数本身是一个静态函数,而状态方程是可以通过简单模块搭建而成的,试用模块搭建和M-函数相结合的方法实现微跟踪微分器模型,并与例6-22中的S-函数结果相比较。

(25) 已知线性离散系统的状态方程模型为

$$\begin{cases}\boldsymbol{x}(k+1)=\boldsymbol{F}\boldsymbol{x}(k)+\boldsymbol{G}u(k)\\ y(k)=\boldsymbol{C}\boldsymbol{x}(k)+\boldsymbol{D}u(k)\end{cases}$$

采样周期为 T，试编写通用的S-函数模块。若已知

$$\boldsymbol{F}=\begin{bmatrix}0.2769 & 0.8235 & 0.9502\\ 0.0462 & 0.6948 & 0.0345\\ 0.0971 & 0.3171 & 0.4387\end{bmatrix},\ \boldsymbol{G}=\begin{bmatrix}0.3816\\ 0.7655\\ 0.7952\end{bmatrix},\ \boldsymbol{C}=[1,0,0],\ D=0.3$$

试求出其阶跃响应曲线。如果在设计S-函数时，将`DirectFeedthrough`参数设置为0，观察该模块能否正常仿真，为什么？试用Simulink提供的离散状态方程模块检验仿真结果。

(26) 考虑下面给出的分形树模型。

$$\begin{cases}x_1=0,\ y_1=y_0/2, & \gamma_i<0.05\\ x_1=0.42(x_0-y_0),\ y_1=0.2+0.42(x_0+y_0), & 0.05\leqslant\gamma_i<0.45\\ x_1=0.42(x_0+y_0), y_1=0.2-0.42(x_0-y_0), & 0.45\leqslant\gamma_i<0.85\\ x_1=0.1x_0,\ y_1=0.2+0.1y_0, & \text{其他}\end{cases}$$

其中，γ_i 为 $[0,1]$ 区间内均匀分布的随机数序列。试用S-函数建立分形树的Simulink模型，并绘制仿真结果。

(27) 考虑如图6-91所示的电路，假设已知 $R_1=R_2=R_3=R_4=10\,\Omega$, $C_1=C_2=C_3=10\,\mu\text{F}$，并假设输入交流电压 $v(t)=\sin\omega t$，并令 $\omega=10$，试对该系统进行仿真，求出输出信号 $v_\text{c}(t)$，并求出其解析解。

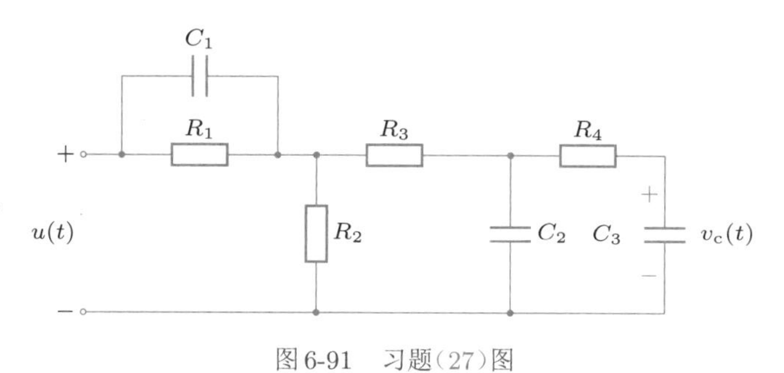

图6-91 习题(27)图

参考文献

[1] The MathWorks Inc. Simulink user's guide[Z], 2005.

[2] 薛定宇. 薛定宇教授大讲堂（卷VI）：Simulink建模与仿真[M]. 北京：清华大学出版社，2021.

[3] Brosilow C, Joseph B. Techniques of model-based control[M]. Englewood Cliffs: Prentice Hall, 2002.

[4] Franklin G F, Powell J D, Workman M. Digital control of dynamic systems[M]. 3rd ed. Reading: Addison Wesley, 1988.

[5] 薛定宇，陈阳泉. 基于MATLAB/Simulink的系统仿真技术与应用[M]. 2版. 北京：清华大学出版社，2011.

[6] Atherton D P. Nonlinear control engineering — describing function analysis and design[M]. London: Van Nostrand Reinhold, 1975.
[7] 薛定宇，陈阳泉. 基于MATLAB/Simulink的系统仿真技术与应用[M]. 北京：清华大学出版社，2002.
[8] 韩京清，袁露林. 跟踪微分器的离散形式[J]. 系统科学与数学，1999，19(3)：268–273.
[9] Dorf R C, Bishop R H. Modern control systems[M]. 9th ed. Upper Saddle River: Prentice-Hall, 2001.
[10] Hairer E, Nørsett S P, Wanner G. Solving ordinary differential equations I: Nonstiff problems[M]. 2nd ed. Berlin: Springer-Verlag, 1993.
[11] Li Z G, Soh Y C, Wen C Y. Switched and impulsive systems — Analysis, design, and applications[M]. Berlin: Springer, 2005.
[12] Rosenbrock H H. Computer-aided control system design[M]. New York: Academic Press, 1974.
[13] 刘德贵，费景高. 动力学系统数字仿真算法[M]. 北京：科学出版社，2001.
[14] 王万良. 自动控制原理[M]. 北京：科学出版社，2001.
[15] 彭容修. 数字电子技术基础[M]. 武汉：武汉理工大学出版社，2001.

第7章 控制系统的经典设计方法

前面有关章节的内容主要集中于解决控制系统分析与仿真的问题。从本章开始，将介绍控制系统的设计问题。事实上，控制系统的设计问题可以认为是系统分析的逆问题，因为在系统分析中，常假设系统的控制器是已知的。在控制系统设计问题中，将研究如何对给定受控对象模型找出控制器策略，而并不仅仅是假定控制器已知，再去分析系统性能的问题了。

随着计算机技术的飞速发展，控制系统计算机辅助设计技术不但从工具上，而且从理论和算法上也得到巨大的进步，以前被认为很难设计控制器的系统可以由新的方法和控制策略较容易地获得结果。早期控制器的设计往往依赖于试凑的方法，随着计算机技术和软件工具的普及，控制系统计算机辅助设计算法目前越来越适于计算机实现。在很多场合下，用户只需通知计算机已知条件和设计的目标，就可以立即获得所需的控制器和仿真结果。

7.1 节介绍串联校正器的概念及设计方法，侧重于介绍超前、滞后、超前滞后三种校正器的结构和性质，并给出了一种基于相位裕度的超前滞后校正器设计算法及其MATLAB实现，用给出的方法可以直接设计串联控制器，并进行整个闭环系统的仿真分析，如果仿真结果不理想，则还可以再重新设计控制器。在7.2节介绍一些基于状态空间模型的控制器设计方法，包括线性二次型最优调节器的设计方法、极点配置设计方法、观测器的概念与基本设计方法以及基于观测器的状态反馈控制结构。7.3节介绍最优控制器的概念及其在MATLAB语言中的设计方法，探讨数值最优化实现中的诸多实际问题。7.4节介绍作者开发的最优控制器设计程序界面OCD及其在控制器设计及若干相关领域中的应用，并介绍设计准则的选取方法。7.5节将介绍多变量系统的频域分析与设计，相关的算法包括基于逆Nyquist阵列的设计算法、伪对角化的设计方法和参数最优化的解耦设计方法，并介绍最优控制器设计程序在多变量系统设计中的应用。7.6节介绍基于状态反馈的多变量系统动态解耦方法,给出标准传递函数的概念,并在此基础上介绍两种形式的解耦设计方法。

7.1 超前滞后校正器设计方法

串联控制是最常用的一种控制方案,串联控制系统的基本结构如图 7-1 所示,其中 $r(t)$ 和 $y(t)$ 称为系统的输入信号和输出信号,一般的控制目的是使输出信号能很好地跟踪输入信号,这样的控制又称为伺服控制。在这个基本的控制结构下,还有两个信号很关键,$e(t)$ 和 $u(t)$,分别称为反馈控制系统的误差信号和控制信号,一般要求误差越小越好。同时,在控制系统中 $u(t)$ 又常常可以理解为控制所需的能量,所以从节能角度考虑,有时希望它也尽可能小。

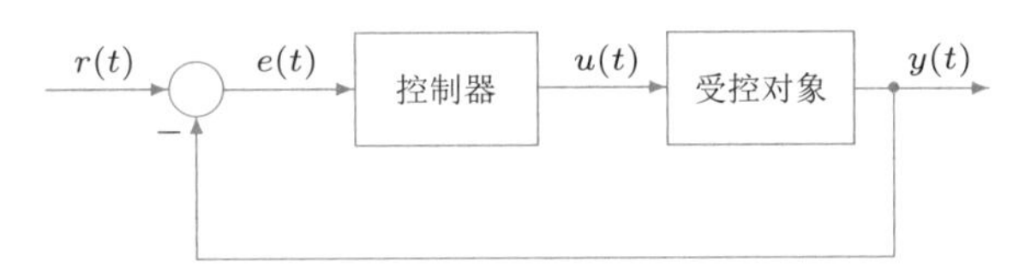

图 7-1　串联控制器基本结构

因为这样的控制结构是控制器与受控对象进行串联连接的,所以这种控制结构称为串联控制,常用的超前滞后类校正器和 PID 类控制器是最典型的串联控制器。本节介绍超前滞后类校正器性质和超前滞后校正器的设计算法。

7.1.1 串联超前滞后校正器

超前滞后校正器是串联控制器中最常用的形式,这类控制器的结构简单,易于调节,其参数有明确的物理意义,可以有目的地调整控制器的参数,得出更满意的控制效果。本节将介绍超前校正器、滞后校正器和超前滞后校正器的数学模型,并介绍这些校正器的特点及作用。

1. 超前校正器

超前校正器的数学模型为

$$G_{\rm c}(s)=K\frac{\alpha Ts+1}{Ts+1} \tag{7-1-1}$$

式中,$\alpha>1$。如果设计得好,这种超前校正器将增加开环系统的剪切频率和相位裕度,这将意味着校正后闭环系统的阶跃响应速度加快,且超调量将减小。

2. 滞后校正器

滞后校正器的数学模型为

$$G_{\rm c}(s)=K\frac{Ts+1}{\alpha Ts+1} \tag{7-1-2}$$

式中,$\alpha>1$。如果设计得好,这种滞后校正器需要减小开环系统的剪切频率,但可能增加相位裕度，这将意味着系统的超调量将减小，但代价是带宽减小，闭环阶跃响应速度将变慢。

3. 超前滞后校正器

超前滞后校正器是兼有超前、滞后校正器优点的一类校正器，其数学模型为

$$G_{\mathrm{c}}(s)=K\frac{(\alpha T_1 s+1)(T_2 s+1)}{(T_1+1)(\beta T_2 s+1)} \tag{7-1-3}$$

式中，$\alpha>1$表示超前部分，$\beta>1$表示滞后部分。

这类校正器能加快系统的响应速度，且减小系统的超调量。和超前校正器相比，超前滞后校正器多了两个参数可以校正，在参数调节上多了两个自由度，所以该校正器性能应该优于超前校正器，但参数调节比超前校正器要烦琐得多。

7.1.2 超前滞后校正器的设计方法

利用系统频域响应性能可以试凑地解决超前滞后类校正器的设计问题，但这样做可能很耗时，有时还不能得出期望的结果。这里介绍一种基于校正后系统剪切频率和相位裕度设定的算法来设计超前滞后类校正器。

这里重新表示系统的超前滞后校正器如下：

$$G_{\mathrm{c}}(s)=\frac{K_{\mathrm{c}}(s+z_{\mathrm{c}_1})(s+z_{\mathrm{c}_2})}{(s+p_{\mathrm{c}_1})(s+p_{\mathrm{c}_2})} \tag{7-1-4}$$

式中$z_{\mathrm{c}_1}\leqslant p_{\mathrm{c}_1}$，$z_{\mathrm{c}_2}\geqslant p_{\mathrm{c}_2}$，$K_{\mathrm{c}}$为校正器的增益。假设期望校正后系统的剪切频率为$\omega_{\mathrm{c}}$，则可以求出受控对象模型在剪切频率$\omega_{\mathrm{c}}$下的幅值和相位，并分别记作$A(\omega_{\mathrm{c}})$和$\phi_1(\omega_{\mathrm{c}})$。如果期望校正后系统的相位裕度为$\gamma$，则校正器的相位为$\phi_{\mathrm{c}}(\omega_{\mathrm{c}})=\gamma-180^\circ-\phi_1(\omega_{\mathrm{c}})$，这样可以建立起超前滞后校正器的设计规则：

（1）当$\phi_{\mathrm{c}}(\omega_{\mathrm{c}})>0$时，需要引入超前校正器，该校正器可以如下设计

$$\alpha=\frac{z_{\mathrm{c}_1}}{p_{\mathrm{c}_1}}=\frac{1-\sin\phi_{\mathrm{c}}(\omega_{\mathrm{c}})}{1+\sin\phi_{\mathrm{c}}(\omega_{\mathrm{c}})} \tag{7-1-5}$$

且

$$z_{\mathrm{c}_1}=\sqrt{\alpha}\omega_{\mathrm{c}},\quad p_{\mathrm{c}_1}=\frac{z_{\mathrm{c}_1}}{p_{\mathrm{c}_1}}=\frac{\omega_{\mathrm{c}}}{\sqrt{\alpha}},\quad K_{\mathrm{c}}=\frac{\sqrt{\omega_{\mathrm{c}}^2+p_{\mathrm{c}_1}^2}}{\sqrt{\omega_{\mathrm{c}}^2+z_{\mathrm{c}_1}^2}A(\omega_{\mathrm{c}})} \tag{7-1-6}$$

可以得出系统的稳态误差系数为

$$K_1=\lim_{s\to0}s^v G_{\mathrm{o}}(s)=\frac{b_m}{a_{n-v}}\frac{K_{\mathrm{c}}z_{\mathrm{c}_1}}{p_{\mathrm{c}_1}} \tag{7-1-7}$$

其中v为对象模型$G(s)$在$s=0$处极点的重数，而$G_{\mathrm{o}}(s)$为带有校正器系统的开环传递函数模型。

如果$K_1\geqslant K_{\mathrm{v}}$，其中$K_{\mathrm{v}}$为用户指定的容许稳态误差的增益系数，则对指定的相位裕度采用超前校正就足够了。否则，还应该再设计相位超前滞后校正器。另外应该指出，如果受控对象模型不含有纯积分项，则虽然可以取较大的K_{v}值，并不

能保证闭环系统没有稳态误差，这时应该考虑其他含有积分作用的控制器类型，如PID控制器，人为地引入积分动作，消除稳态误差。

(2) 超前滞后校正器可以进一步设计成

$$z_{c_2}=\frac{\omega_c}{10},\quad p_{c_2}=\frac{K_1 z_{c_2}}{K_v} \tag{7-1-8}$$

(3) 如果$\phi_c(\omega_c)<0$，则需要按下面的方法设计相位滞后校正器。

$$K_1=\frac{b_m K_c}{a_{n-v}},\quad K_c=\frac{1}{A(\omega_c)},\quad z_{c_2}=\frac{\omega_c}{10},\quad p_{c_2}=\frac{K_1 z_{c_2}}{K_v} \tag{7-1-9}$$

根据上面的算法，可以编写出相应的MATLAB语言的超前滞后校正器设计函数`leadlagc()`[1]，其内容如下：

```
function Gc=leadlagc(G,Wc,Gam_c,Kv,key)
G=tf(G); [Gai,Pha]=bode(G,Wc); Phi_c=sin((Gam_c-Pha-180)*pi/180);
den=G.den{1}; a=den(length(den):-1:1); s=tf('s');
ii=find(abs(a)<=0); num=G.num{1}; G_n=num(end);
if length(ii)>0, a=a(ii(1)+1); else, a=a(1); end;
alpha=sqrt((1-Phi_c)/(1+Phi_c)); Zc=alpha*Wc; Pc=Wc/alpha;
Kc=sqrt((Wc*Wc+Pc*Pc)/(Wc*Wc+Zc*Zc))/Gai; K1=G_n*Kc*alpha/a;
if nargin==4, key=1;
   if Phi_c<0, key=2; else, if K1<Kv, key=3; end, end
end
switch key
   case 1, Gc=tf([1 Zc]*Kc,[1 Pc]);
   case 2
      Kc=1/Gai; K1=G_n*Kc/a; Zc2=Wc/10; Gc=(s+Zc2)/(s+K1*Zc2/Kv);
   case 3
      Zc2=Wc/10; Pc2=K1*Zc2/Kv; Gcn=Kc*conv([1 Zc],[1,Zc2]);
      Gcd=conv([1 Pc],[1,Pc2]); Gc=tf(Gcn,Gcd);
end
```

该函数的调用格式为G_c=leadlagc(G,ω_c,γ,K_v,key)，其中，`key`为校正器类型标示，1对应于超前校正器，2对应于滞后校正器，3对应于超前滞后校正器，如果不给出`key`，则将通过上述算法自动选择校正器类型。参数ω_c、γ为预期的剪切频率和相位裕度，K_v为容许稳态误差的增益。

例7-1 假设受控对象的传递函数模型如下，选定$\omega_c=20\,\text{rad/s}$，可以尝试不同的期望相位裕度值，设计超前滞后控制器并观察效果。

$$G(s)=\frac{4(s+1)(s+0.5)}{s(s+0.1)(s+2)(s+10)(s+20)}$$

解 可以先输入受控对象模型，再选择$\gamma=20°,30°,\cdots,90°$，并选择超前滞后校正器，则可以采用下面的语句设计校正器，并分析闭环系统的阶跃响应曲线和开环系统的Bode图，分别如图7-2(a)、(b)所示。

```
>> s=tf('s'); G=4*(s+1)*(s+0.5)/s/(s+0.1)/(s+2)/(s+10)/(s+20)
   wc=20; f1=figure; f2=figure;  %打开两个图形窗口
   for gam=20:10:90
      Gc=leadlagc(G,wc,gam,1000,3);
      figure(f1); step(feedback(G*Gc,1),1); hold on
      figure(f2); bode(Gc*G); hold on;
   end
```

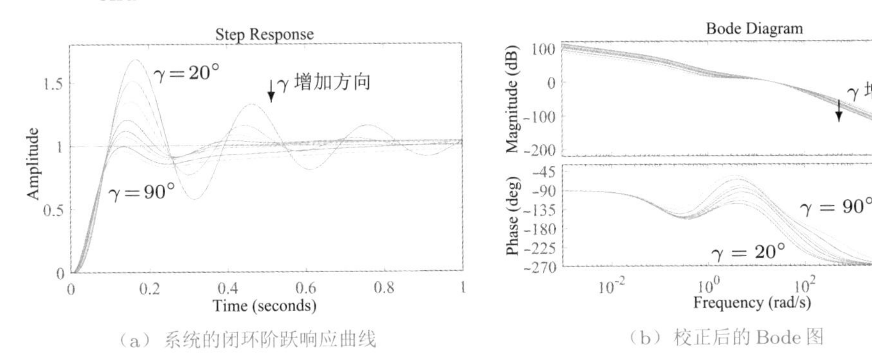

（a）系统的闭环阶跃响应曲线　　（b）校正后的Bode图

图7-2　不同相位裕度设置下的校正器控制效果

可见，相位裕度的值增大，将使得闭环系统的超调量减小，对这个例子来说，如果相位裕度达到60°时，系统的超调量将很小。如果γ选择得过大，则响应速度也是不理想的。一般系统设计选择γ的值在40°～60°能得到很好的结果。

如果剪切频率ω_c的值不变，则系统的响应速度差不多。若选择$\omega_c = 20\,\mathrm{rad/s}$，$\gamma = 60°$，则可以给出下面的MATLAB语句。

```
>> Gc1=zpk(leadlagc(G,20,60,1000,3))    %设计超前滞后校正器
   Gc2=zpk(leadlagc(G,20,60,1000,1))    %设计超前校正器
   step(feedback(G*Gc1,1),'-',feedback(G*Gc2,1),'--')
```

由前面语句将设计出超前滞后校正器和超前校正器分别为

$$G_{c_1}(s) = \frac{27283.5668(s+2.326)(s+2)}{(s+172)(s+0.3173)},\quad G_{c_2}(s) = \frac{27283.5668(s+2.326)}{s+172}$$

用上述的语句可以设计出系统的超前滞后校正器和超前校正器，并绘制出系统的阶跃响应曲线，如图7-3所示。对所选择的对象来说，设计出来的超前滞后校正器还是比较理想的。

若给定系统的期望相位裕度为60°，试探不同的剪切频率ω_c，则可以给出如下的命令，直接绘制出闭环系统的阶跃响应曲线和开环系统的Bode图，分别如图7-4(a)、(b)所示。

```
>> gam=60; f1=figure; f2=figure; %打开两个图形窗口
```

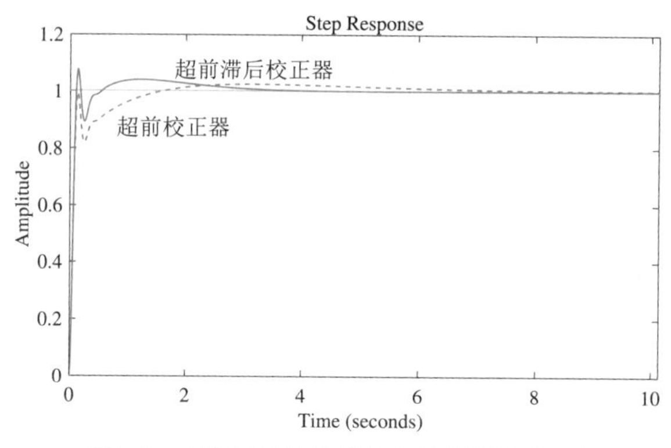

图7-3 利用幅值裕度设计控制器的阶跃响应

```
for wc=5:5:30
   Gc=leadlagc(G,wc,gam,1000,3); [a,b,c,d]=margin(Gc*G);
   figure(f1); step(feedback(G*Gc,1),3); hold on
   figure(f2); bode(Gc*G); hold on
end
```

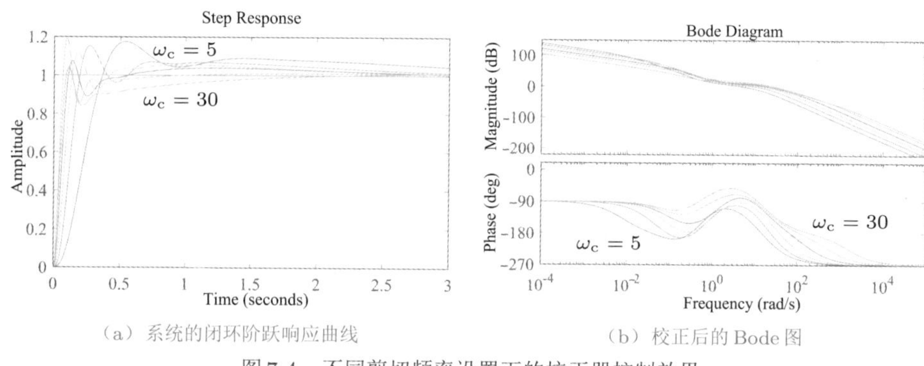

(a) 系统的闭环阶跃响应曲线　(b) 校正后的Bode图

图7-4 不同剪切频率设置下的校正器控制效果

可见，系统的响应速度随着ω_c的增大而增快，但剪切频率ω_c增加到过大的值可能导致系统性能变坏，甚至不稳定。另外，这样的设计忽略了一点，就是系统控制信号没有加任何约束，可能得出非常大的控制信号，这在实际应用中会出现问题。例如，当$\omega_c = 30\text{rad/s}$时，系统控制信号的阶跃响应数据可以由下面的语句求出。

```
>> Gc=leadlagc(G,30,60,1000,3); y=step(feedback(Gc,G)); max(y)
```

可见，为保证系统响应的快速性，初始的控制信号将高达1.4557×10^5，这在实际控制中难以实现。

假设想获得相位裕度为$\gamma = 60°$，剪切频率为$\omega_c = 100\text{rad/s}$的系统模型，则可以用下面的语句尝试设计超前滞后校正器，得出如图7-5(a)所示的阶跃响应曲线。

```
>> gam=60; wc=100; figure;
   Gc=leadlagc(G,wc,gam,1000,3); step(feedback(G*Gc,1));
```

显然，这样设计的控制器使得系统的闭环响应超调量增大很多，用超前滞后类控制器根本不能实现预期的目标。若选择剪切频率 $\omega_c = 1000\,\mathrm{rad/s}$，则设计出来的控制器将使得闭环系统不稳定。在两个选定的剪切频率下，可以绘制出校正后系统的Bode图，如图7-5(b)所示。可见，在两种情况下，预期的指标均不能实现。

```
>> Gc1=leadlagc(G,10*wc,gam,1000,3); bode(Gc*G,Gc1*G)
```

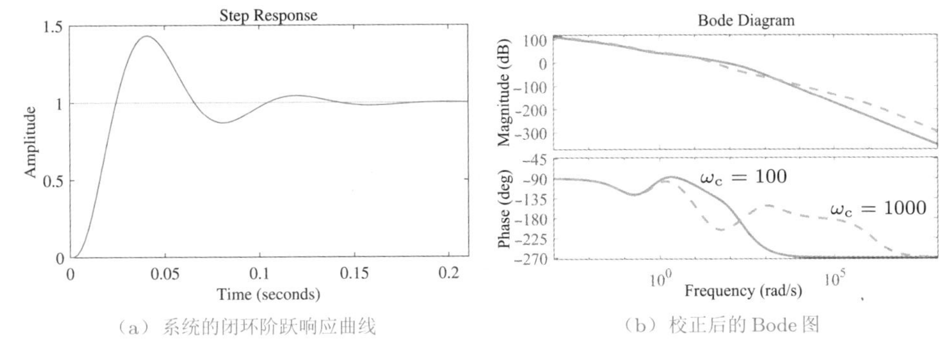

(a) 系统的闭环阶跃响应曲线　(b) 校正后的Bode图

图7-5　不同剪切频率设置下的校正器控制效果

从上面的例子还可以得出这样的结论：虽然控制器设计算法较简单，但由于预期的 (ω_c, γ) 参数可能太苛刻，所以设计出的控制器有时不能达到预期的指标，所以应该在设计后进行模型检验。

7.2 基于状态空间模型的控制器设计方法

系统的状态空间理论是1960年前后发展起来的理论，基于该理论的控制理论曾被称为“现代控制理论”。系统状态空间的分析前面已经进行了介绍，本节将侧重于基于状态空间的系统设计方法。首先引入系统状态反馈控制的概念，然后介绍两种成型的状态反馈系统设计算法——二次型指标最优调节器设计和极点配置的状态反馈系统设计方法，并引入状态观测器的概念及基于观测器的控制方法。

7.2.1 状态反馈控制

系统状态反馈的示意图如图7-6(a)所示，更详细的内部结构如图7-6(b)所示。将 $\boldsymbol{u}(t) = \boldsymbol{v}(t) - \boldsymbol{K}\boldsymbol{x}(t)$ 代入开环系统的状态方程模型，则在状态反馈矩阵 $\boldsymbol{K}$ 下，系统的闭环状态方程模型可以写成

$$\begin{cases} \dot{\boldsymbol{x}}(t) = (\boldsymbol{A} - \boldsymbol{B}\boldsymbol{K})\boldsymbol{x}(t) + \boldsymbol{B}\boldsymbol{v}(t) \\ \boldsymbol{y}(t) = (\boldsymbol{C} - \boldsymbol{D}\boldsymbol{K})\boldsymbol{x}(t) + \boldsymbol{D}\boldsymbol{v}(t) \end{cases} \tag{7-2-1}$$

可以证明，如果系统 $(\boldsymbol{A}, \boldsymbol{B})$ 完全可控，则选择合适的 $\boldsymbol{K}$ 矩阵，可以将闭环系统矩阵 $\boldsymbol{A} - \boldsymbol{B}\boldsymbol{K}$ 的特征值配置到任意地方(当然还要满足共轭复数的约束)。

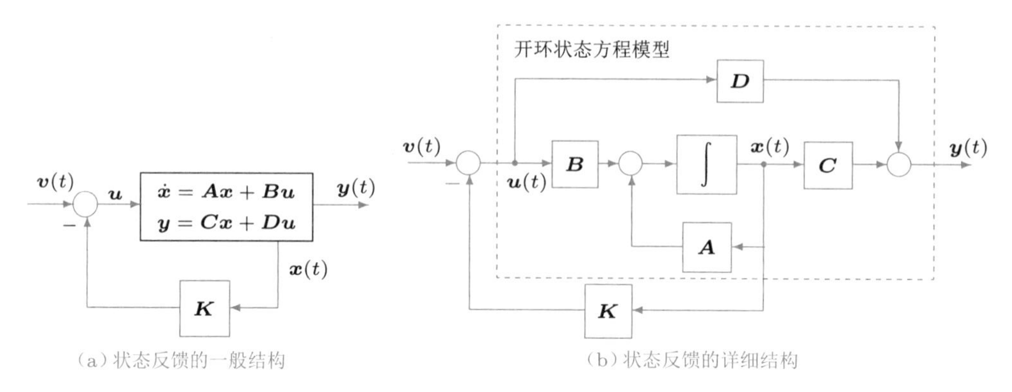

图7-6 状态反馈结构

7.2.2 线性二次型指标最优调节器

假设线性时不变系统的状态方程模型为

$$\begin{cases} \dot{\boldsymbol{x}}(t)=\boldsymbol{A}\boldsymbol{x}(t)+\boldsymbol{B}\boldsymbol{u}(t) \\ \boldsymbol{y}(t)=\boldsymbol{C}\boldsymbol{x}(t)+\boldsymbol{D}\boldsymbol{u}(t) \end{cases} \tag{7-2-2}$$

可以引入最优控制的性能指标，即设计一个输入量$\boldsymbol{u}(t)$，使得

$$J=\frac{1}{2}\boldsymbol{x}^{\mathrm{T}}(t_{\mathrm{n}})\boldsymbol{S}\boldsymbol{x}(t_{\mathrm{n}})+\frac{1}{2}\int_{t_0}^{t_{\mathrm{n}}}\Big[\boldsymbol{x}^{\mathrm{T}}(t)\boldsymbol{Q}(t)\boldsymbol{x}(t)+\boldsymbol{u}^{\mathrm{T}}(t)\boldsymbol{R}(t)\boldsymbol{u}(t)\Big]\mathrm{d}t \tag{7-2-3}$$

为最小，其中$\boldsymbol{Q}$和$\boldsymbol{R}$矩阵分别为对状态变量和输入变量的加权矩阵，t_{n}为控制作用的终止时间。矩阵$\boldsymbol{S}$对控制系统的终值也给出某种约束，这样的控制问题称为线性二次型(linear quadratic，LQ)最优控制问题。

由线性二次型最优控制理论[2]可知，若想最小化J，则控制信号应该为

$$\boldsymbol{u}^*(t)=-\boldsymbol{R}^{-1}\boldsymbol{B}^{\mathrm{T}}\boldsymbol{P}(t)\boldsymbol{x}(t) \tag{7-2-4}$$

其中，$\boldsymbol{P}(t)$为对称矩阵，该矩阵满足下面著名的Riccati微分方程

$$\dot{\boldsymbol{P}}(t)=-\boldsymbol{P}(t)\boldsymbol{A}-\boldsymbol{A}^{\mathrm{T}}\boldsymbol{P}(t)+\boldsymbol{P}(t)\boldsymbol{B}\boldsymbol{R}^{-1}\boldsymbol{B}^{\mathrm{T}}\boldsymbol{P}(t)-\boldsymbol{Q} \tag{7-2-5}$$

其中，$\boldsymbol{P}(t)$矩阵的终值为$\boldsymbol{P}(t_{\mathrm{n}})=\boldsymbol{S}$。可见，最优控制信号将取决于状态变量$\boldsymbol{x}(t)$与Riccati微分方程的解$\boldsymbol{P}(t)$。

Riccati微分方程求解从现代的角度看仍然是很困难的，而基于该方程解的控制器实现就更困难，所以这里只考虑稳态问题这样的简单情况。假设$\boldsymbol{P}(t)$为常数矩阵$\boldsymbol{P}$，则Riccati微分方程将退化成

$$\boldsymbol{P}\boldsymbol{A}+\boldsymbol{A}^{\mathrm{T}}\boldsymbol{P}-\boldsymbol{P}\boldsymbol{B}\boldsymbol{R}^{-1}\boldsymbol{B}^{\mathrm{T}}\boldsymbol{P}+\boldsymbol{Q}=\boldsymbol{0} \tag{7-2-6}$$

该方程经常称作Riccati代数方程，相应的控制问题称为线性二次型最优调节问题(LQ regulators，LQR)。假设$\boldsymbol{u}^*(t)=-\boldsymbol{K}\boldsymbol{x}(t)$，其中$\boldsymbol{K}=\boldsymbol{R}^{-1}\boldsymbol{B}^{\mathrm{T}}\boldsymbol{P}$，则可以得出在状态反馈下闭环系统的状态方程为$\big(\boldsymbol{A}-\boldsymbol{B}\boldsymbol{K},\boldsymbol{B},\boldsymbol{C}-\boldsymbol{D}\boldsymbol{K},\boldsymbol{D}\big)$。

控制系统工具箱中提供了`lqr()`函数，用来依照给定加权矩阵设计LQ最优调节器，该函数的调用格式为`[K,P]=lqr(A,B,Q,R)`，其中，$(\boldsymbol{A},\boldsymbol{B})$为给定的对象状态方程模型，返回的向量$\boldsymbol{K}$为状态反馈矩阵，$\boldsymbol{P}$为Riccati代数方程的解，该函数中使用了基于Schur分解算法的代数方程求解函数`care()`。

对离散系统来说，二次型性能指标可以写成

$$J=\frac{1}{2}\sum_{k=0}^{N}\left[\boldsymbol{x}^{\mathrm{T}}(k)\boldsymbol{Q}\boldsymbol{x}(k)+\boldsymbol{u}^{\mathrm{T}}(k)\boldsymbol{R}\boldsymbol{u}(k)\right] \tag{7-2-7}$$

其相应的动态Riccati方程为[3]

$$\boldsymbol{S}(k)=\boldsymbol{F}^{\mathrm{T}}\left[\boldsymbol{S}(k+1)-\boldsymbol{S}(k+1)\boldsymbol{G}\boldsymbol{R}^{-1}\boldsymbol{G}^{\mathrm{T}}\boldsymbol{S}(k+1)\right]\boldsymbol{F}+\boldsymbol{Q} \tag{7-2-8}$$

其中，$\boldsymbol{S}(N)=\boldsymbol{Q}$，$N$为终止时刻，且$(\boldsymbol{F},\boldsymbol{G})$为离散状态方程矩阵。对二次型最优调节问题来说，$\boldsymbol{S}$为常数矩阵，这样离散Riccati代数方程为

$$\boldsymbol{S}=\boldsymbol{F}^{\mathrm{T}}\left[\boldsymbol{S}-\boldsymbol{S}\boldsymbol{G}\boldsymbol{R}^{-1}\boldsymbol{G}^{\mathrm{T}}\boldsymbol{S}\right]\boldsymbol{F}+\boldsymbol{Q} \tag{7-2-9}$$

这时控制律为

$$\boldsymbol{K}=\left[\boldsymbol{R}+\boldsymbol{G}^{\mathrm{T}}\boldsymbol{S}\boldsymbol{G}\right]^{-1}\boldsymbol{B}^{\mathrm{T}}\boldsymbol{S}\boldsymbol{F} \tag{7-2-10}$$

离散系统的Riccati代数方程可以由`dare()`函数求解，控制律$\boldsymbol{K}$矩阵可以由`dlqr()`函数求解，其调用格式为`[K,S]=dlqr(F,G,Q,R)`。

从最优控制律可以看出，其最优性完全取决于加权矩阵$\boldsymbol{Q}$、$\boldsymbol{R}$的选择，然而这两个矩阵如何选择并没有解析方法，也没有广泛接受的方法，只能定性地去选择矩阵参数。所以这样的"最优"控制事实上完全是人为的。如果$\boldsymbol{Q}$、$\boldsymbol{R}$选择不当，虽然可以求出最优解，但这样的"最优解"没有任何意义，有时还能得出误导性的结论。

一般情况下，如果希望输入信号小，则选择较大的$\boldsymbol{R}$矩阵，这样可以迫使输入信号变小，否则目标函数将增大，不能达到最优化的要求。对多输入系统来说，若希望第i输入小些，则$\boldsymbol{R}$的第i列的值应该选得大些，如果希望第j状态变量的值比较小，则应该相应地将$\boldsymbol{Q}$矩阵的第j列元素选择较大的值，这时最优化的惩罚功能会迫使该变量变小。

例7-2 假设连续系统的状态方程模型参数为

$$\boldsymbol{A}=\begin{bmatrix}2&0&4&1&2\\1&-2&-4&0&1\\1&4&3&0&2\\2&-2&2&3&3\\1&4&6&2&1\end{bmatrix},\ \boldsymbol{B}=\begin{bmatrix}1&2\\0&1\\0&0\\0&0\\0&0\end{bmatrix}$$

选择加权矩阵$\boldsymbol{Q}=\mathrm{diag}(1000,0,1000,500,500)$，$\boldsymbol{R}=\boldsymbol{I}_2$，试设计最优二次型控制器。

解 可以通过下面的语句直接设计出系统的状态反馈矩阵和Riccati方程的解为

```
>> A=[2,0,4,1,2; 1,-2,-4,0,1; 1,4,3,0,2; 2,-2,2,3,3; 1,4,6,2,1];
   B=[1,2; 0,1; 0,0; 0,0; 0,0]; Q=diag([1000 0 1000 500 500]);
   R=eye(2); [K,S]=lqr(A,B,Q,R) %状态反馈矩阵和Riccati方程的解
```

这样可以直接得出状态反馈矩阵 $\boldsymbol{K}$ 与 Riccati 方程的解矩阵为

$$\boldsymbol{K}^{\mathrm{T}}=\begin{bmatrix} 21.978 & 24.09 \\ -19.867 & 27.463 \\ -17.195 & 82.937 \\ 15.978 & 75.931 \\ -7.1739 & 67.526 \end{bmatrix},\ \boldsymbol{S}=\begin{bmatrix} 21.978 & -19.867 & -17.195 & 15.978 & -7.1739 \\ -19.867 & 67.198 & 117.33 & 43.975 & 81.874 \\ -17.195 & 117.33 & 503.52 & 345.84 & 237.17 \\ 15.978 & 43.975 & 345.84 & 661.53 & 379.92 \\ -7.1739 & 81.874 & 237.17 & 379.92 & 374 \end{bmatrix}$$

在该状态反馈下,可以由 `eig(A-B*K)` 语句直接得出闭环系统的极点为 -70.901, $-5.9113, -2.177, -5.8155 \pm \mathrm{j}6.2961$。

7.2.3 极点配置控制器设计

如果给出了对象的状态方程模型,则经常希望引入某种控制器,使得闭环系统的极点可以移动到指定的位置,因为这样可以适当地指定系统闭环极点的位置,使其动态性能得到改进。在控制理论中将这种移动极点的方法称为极点配置。

本节中将介绍线性系统的极点配置算法,并假定系统的状态方程表示为

$$\begin{cases} \dot{\boldsymbol{x}}(t)=\boldsymbol{A}\boldsymbol{x}(t)+\boldsymbol{B}\boldsymbol{u}(t) \\ \boldsymbol{y}(t)=\boldsymbol{C}\boldsymbol{x}(t)+\boldsymbol{D}\boldsymbol{u}(t) \end{cases} \tag{7-2-11}$$

其中 $(\boldsymbol{A},\boldsymbol{B},\boldsymbol{C},\boldsymbol{D})$ 矩阵的维数是相容的。可以引入系统的状态反馈,并假定进入受控系统的信号为 $\boldsymbol{u}(t)=\boldsymbol{r}(t)-\boldsymbol{K}\boldsymbol{x}(t)$,其中 $\boldsymbol{r}(t)$ 为系统的外部参考输入信号,这样可以将系统的闭环状态方程写成

$$\begin{cases} \dot{\boldsymbol{x}}(t)=(\boldsymbol{A}-\boldsymbol{B}\boldsymbol{K})\boldsymbol{x}(t)+\boldsymbol{B}\boldsymbol{r}(t) \\ \boldsymbol{y}(t)=(\boldsymbol{C}-\boldsymbol{D}\boldsymbol{K})\boldsymbol{x}(t)+\boldsymbol{D}\boldsymbol{r}(t) \end{cases} \tag{7-2-12}$$

假设闭环系统期望的极点位置为 μ_i, $i=1,2,\cdots,n$, 则闭环系统的特征方程 $\alpha(s)$ 可以表示成

$$\alpha(s)=\prod_{i=1}^{n}(s-\mu_i)=s^n+\alpha_1 s^{n-1}+\alpha_2 s^{n-2}+\cdots+\alpha_{n-1}s+\alpha_n \tag{7-2-13}$$

对开环状态方程模型 $(\boldsymbol{A},\boldsymbol{B},\boldsymbol{C},\boldsymbol{D})$ 来说,在状态反馈向量 $\boldsymbol{K}$ 下闭环系统的状态方程可以写成 $(\boldsymbol{A}-\boldsymbol{B}\boldsymbol{K},\boldsymbol{B},\boldsymbol{C}-\boldsymbol{D}\boldsymbol{K},\boldsymbol{D})$。如果想将闭环系统的全部极点均移动到指定位置,则可采用极点配置技术,本节将介绍几种常用的极点配置算法。

1. Bass–Gura算法

假设原系统的开环特征方程 $a(s)$ 可以写成

$$a(s)=\det(s\boldsymbol{I}-\boldsymbol{A})=s^n+a_1 s^{n-1}+a_2 s^{n-2}+\cdots+a_{n-1}s+a_n \tag{7-2-14}$$

若该系统完全可控,则状态反馈向量 $\boldsymbol{K}$ 可以由下式得出[4]

$$\boldsymbol{K}=\boldsymbol{\gamma}^{\mathrm{T}}\boldsymbol{\Gamma}^{-1}\boldsymbol{T}_{\mathrm{c}}^{-1} \tag{7-2-15}$$

其中$\boldsymbol{\gamma}^{\mathrm{T}}=\big[(a_n-\alpha_n),\cdots,(a_1-\alpha_1)\big]$，$\boldsymbol{T}_{\mathrm{c}}=\big[\boldsymbol{B},\boldsymbol{AB},\cdots,\boldsymbol{A}^{n-1}\boldsymbol{B}\big]$为可控性判定矩阵，且

$$\boldsymbol{\Gamma}=\begin{bmatrix} a_{n-1} & a_{n-2} & \cdots & a_1 & 1 \\ a_{n-2} & a_{n-3} & \cdots & 1 & \\ \vdots & \vdots & \ddots & & \\ a_1 & 1 & & & \\ 1 & & & & \end{bmatrix} \tag{7-2-16}$$

可以看出因为$\boldsymbol{\Gamma}$为非奇异Hankel矩阵，该矩阵可逆。如果系统完全可控，则单变量系统的$\boldsymbol{T}_{\mathrm{c}}$矩阵可逆，所以通过状态反馈向量$\boldsymbol{K}$可以任意地配置闭环系统的极点。基于此算法可以编写出MATLAB函数`bass_pp()`，其清单如下：

```
function K=bass_pp(A,B,p)
a1=poly(p); a=poly(A); %求出原系统和闭环系统的特征多项式
L=hankel(a(end-1:-1:1)); C=ctrb(A,B);
K=(a1(end:-1:2)-a(end:-1:2))*inv(L)*inv(C);
```

该函数调用中，$(\boldsymbol{A},\boldsymbol{B})$为状态方程模型，变量$\boldsymbol{p}$为期望闭环极点位置构成的向量，而返回变元$\boldsymbol{K}$为状态反馈向量。

2. Ackermann算法

单变量系统的极点配置问题还可以由一种不同的方法来解决，在这种方法中状态反馈向量$\boldsymbol{K}$可以由下式得出

$$\boldsymbol{K}=-\big[0,0,\cdots,0,1\big]\boldsymbol{T}_{\mathrm{c}}^{-1}\alpha(\boldsymbol{A}) \tag{7-2-17}$$

式中，$\alpha(\boldsymbol{A})$为将$\boldsymbol{A}$代入式（7-2-13）得出的矩阵多项式的值，可以由`polyvalm()`函数求出。如果系统完全可控，则$\boldsymbol{T}_{\mathrm{c}}$为满秩矩阵，对单变量系统来说，$\boldsymbol{T}_{\mathrm{c}}^{-1}$存在，故可以设计出极点配置控制器。

控制系统工具箱中给出了一个`acker()`函数来实现该算法，该函数调用格式与`bass_pp()`完全一致：$\boldsymbol{K}$=acker($\boldsymbol{A}$,$\boldsymbol{B}$,$\boldsymbol{p}$)。值得指出的是，在单变量系统极点配置中，状态反馈向量$\boldsymbol{K}$是唯一的，所以这两种算法得出的结论应该完全一致。

3. 鲁棒极点配置算法

控制系统工具箱中还提供了`place()`函数，该函数是基于鲁棒极点配置的算法[5]编写的，可以求取多变量系统的状态反馈矩阵$\boldsymbol{K}$。该函数的调用格式与前面的方法完全一致：$\boldsymbol{K}$=place($\boldsymbol{A}$,$\boldsymbol{B}$,$\boldsymbol{p}$)。

应该指出，`place()`函数并不适用于含有多重期望极点的问题。相反地，函数`acker()`可以求解配置多重极点的问题。

例7-3 假设系统的状态方程模型为

$$\dot{\boldsymbol{x}}(t)=\begin{bmatrix}0&2&0&0&-2&0\\1&0&0&0&0&-1\\0&1&0&0&0&0\\0&0&0&3&0&0\\2&0&0&1&0&0\\0&0&-1&0&1&0\end{bmatrix}\boldsymbol{x}(t)+\begin{bmatrix}1&2\\0&0\\0&1\\0&-1\\0&1\\0&0\end{bmatrix}\boldsymbol{u}(t)$$

试设计状态反馈 $\boldsymbol{K}$ 使得闭环系统的极点可以配置到 $-1,-2,-3,-4,-1\pm \mathrm{j}$。

解 若想通过状态反馈将闭环系统的极点配置到 $-1,-2,-3,-4,-1\pm \mathrm{j}$,则可以使用下面的语句输入 $\boldsymbol{A}$、$\boldsymbol{B}$ 矩阵并直接进行极点配置,并检验闭环系统极点位置。

```
>> A=[0,2,0,0,-2,0; 1,0,0,0,0,-1; 0,1,0,0,0,0;
      0,0,0,3,0,0;  2,0,0,1,0,0; 0,0,-1,0,1,0];
   B=[1,2; 0,0; 0,1; 0,-1; 0,1; 0,0];
   p=[-1 -2 -3 -4 -1+1i -1-1i]; %期望闭环极点位置
   K=place(A,B,p)    %系统极点配置,多变量系统只能使用place()函数
   p1=eig(A-B*K)'    %闭环系统极点检验,显示特征根向量的转置
```

可以设计出状态反馈矩阵 $\boldsymbol{K}$ 如下,且确实能将闭环系统极点配置到指定位置。

$$\boldsymbol{K}=\begin{bmatrix}7.9333&-18.553&-19.134&20.65&18.698&22.126\\-0.36944&-2.0412&-2.3166&-9.5475&0.57469&1.5013\end{bmatrix}$$

可以看出,由上面的语句可以立即设计出极点配置的状态反馈控制器矩阵,并将系统的闭环极点配置到预期的位置。注意,因为系统是多变量系统,所以函数 acker() 和 bass_pp() 均不能使用,只能使用 place() 函数进行极点配置。

例7-4 考虑例5-6中给出的离散系统状态方程模型

$$\boldsymbol{x}[(k+1)T]=\begin{bmatrix}0&1&0&0\\0&0&-1&0\\0&0&0&1\\0&0&5&0\end{bmatrix}\boldsymbol{x}(kT)+\begin{bmatrix}0&1\\0&-1\\0&0\\0&0\end{bmatrix}\boldsymbol{u}(kT)$$

试设计状态反馈矩阵使得系统的闭环极点可以配置到 $-0.1,-0.2,-0.5\pm 0.2\mathrm{j}$。

解 假设想将系统的闭环极点设置到 $-0.1,-0.2,-0.5\pm 0.2\mathrm{j}$,则可以给出如下的命令进行系统极点配置的设计

```
>> A=[0 1 0 0 ; 0 0 -1 0; 0 0 0 1; 0 0 5 0]; %输入A矩阵
   B=[0 1 ; 0 -1; 0 0 ; 0 0];                %输入B矩阵
   p=[-0.1; -0.2; -0.5+0.2i; -0.5-0.2i];     %设置期望闭环极点位置
   K=place(A,B,p)                            %试图进行系统极点配置
```

然而,该函数将给出错误信息,说明配置失败,因为系统不完全能控。用求秩函数 rank(ctrb($\boldsymbol{A},\boldsymbol{B}$)) 可以得出可控性判定矩阵的秩为 2,故系统不完全可控,所以系统的极点不可能任意配置,从而验证了极点配置所必备的条件:系统完全可控。如果系统不完全可控,可以考虑采用部分极点配置的方法进行处理[6]。

7.2.4 观测器设计及基于观测器的调节器设计

在实际应用中，并不是所有状态变量的值都是可测的，所以不能直接使用状态变量的反馈，这样就不能完成上面给出的LQ最优控制策略。显然地，可以创建一个附加的状态空间模型，使得该模型与对象的状态空间模型 $(\boldsymbol{A},\boldsymbol{B},\boldsymbol{C},\boldsymbol{D})$ 完全一致，来重构原系统模型的状态。这样对两个系统施加同样的输入信号，可以指望重构的系统与原系统的状态完全一致。然而，若系统存在某些扰动，或原系统的模型参数有变化时，则重构模型的状态可能和原系统的状态不一致，这样在模型结构中，除了使用输入信号外，还应该使用原系统的输出信号，这样的概念和当时引入反馈的概念类似。

带有状态观测器的典型控制系统结构如图7-7所示。若原系统的 $(\boldsymbol{A},\boldsymbol{C})$ 为完全可观测，则状态观测器数学模型的状态空间表示为

$$\begin{aligned}\dot{\hat{\boldsymbol{x}}}(t)&=\boldsymbol{A}\hat{\boldsymbol{x}}(t)+\boldsymbol{B}\boldsymbol{u}(t)-\boldsymbol{L}(\boldsymbol{C}\hat{\boldsymbol{x}}(t)+\boldsymbol{D}\boldsymbol{u}(t)-\boldsymbol{y}(t))\\&=(\boldsymbol{A}-\boldsymbol{L}\boldsymbol{C})\hat{\boldsymbol{x}}(t)+(\boldsymbol{B}-\boldsymbol{L}\boldsymbol{D})\boldsymbol{u}(t)+\boldsymbol{L}\boldsymbol{y}(t)\end{aligned} \tag{7-2-18}$$

式中 $\boldsymbol{L}$ 为列向量，该列向量应该使得 $(\boldsymbol{A}-\boldsymbol{L}\boldsymbol{C})$ 稳定。由式（7-2-18）可以推导出

$$\begin{aligned}\dot{\hat{\boldsymbol{x}}}(t)-\dot{\boldsymbol{x}}(t)&=(\boldsymbol{A}-\boldsymbol{L}\boldsymbol{C})\hat{\boldsymbol{x}}(t)+(\boldsymbol{B}-\boldsymbol{L}\boldsymbol{D})\boldsymbol{u}(t)+\boldsymbol{L}\boldsymbol{y}(t)-\boldsymbol{A}\boldsymbol{x}(t)-\boldsymbol{B}\boldsymbol{u}(t)\\&=(\boldsymbol{A}-\boldsymbol{L}\boldsymbol{C})[\hat{\boldsymbol{x}}(t)-\boldsymbol{x}(t)]\end{aligned} \tag{7-2-19}$$

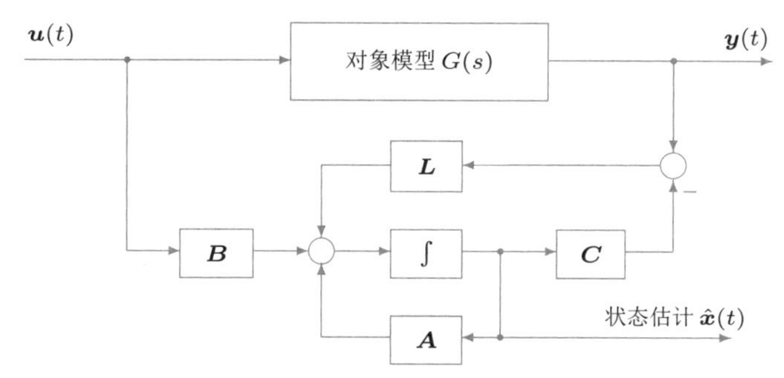

图7-7 状态观测器的典型结构

该方程的解析解为 $\hat{\boldsymbol{x}}(t)-\boldsymbol{x}(t)=\mathrm{e}^{(\boldsymbol{A}-\boldsymbol{L}\boldsymbol{C})(t-t_0)}[\hat{\boldsymbol{x}}(t_0)-\boldsymbol{x}(t_0)]$。因为（$\boldsymbol{A}-\boldsymbol{L}\boldsymbol{C}$）稳定，可以看出 $\lim\limits_{t\to\infty}[\hat{\boldsymbol{x}}(t)-\boldsymbol{x}(t)]=\boldsymbol{0}$。这样，观测出的状态可以逼近原系统的状态。

作者编写了一个MATLAB函数[1]来仿真系统的状态观测器所观测到的状态。该函数的内容为

```
function [xh,x,t]=simobsv(G,L)
[y,t,x]=step(G); G=ss(G); A=G.a; B=G.b; C=G.c; D=G.d;
[y1,xh1]=step((A-L*C),(B-L*D),C,D,1,t);
[y2,xh2]=lsim((A-L*C),L,C,D,y,t); xh=xh1+xh2;
```

其调用语句 $[\hat{x},x,t]$=simobsv$(G,\boldsymbol{L})$ 中，G 为对象的状态方程对象模型，$\boldsymbol{L}$ 为观测器向量。由此函数得出的重构状态的阶跃响应在 $\hat{\boldsymbol{x}}$ 矩阵中返回，而原系统的状态变量由矩阵 $\boldsymbol{x}$ 返回。该函数还可以自动地选择时间向量，并在 $\boldsymbol{t}$ 向量中返回。

例7-5 假设系统的状态方程模型为

$$\dot{\boldsymbol{x}}(t)=\begin{bmatrix}0 & 2 & 0 & 0\\ 0 & -0.1 & 8 & 0\\ 0 & 0 & -10 & 16\\ 0 & 0 & 0 & -20\end{bmatrix}\boldsymbol{x}(t)+\begin{bmatrix}0\\ 0\\ 0\\ 0.3953\end{bmatrix}u(t)$$

输出方程为 $y(t)=0.09882x_1(t)+0.1976x_2(t)$。如果期望观测器极点位于 $-1,-2,-3,-4$，试设计观测器。

解 这里考虑用极点配置的方法设计观测器。因为观测器预期的极点位置已知，可以由下面的MATLAB命令设计出极点配置的观测器模型

```
>> A=[0,2,0,0; 0,-0.1,8,0; 0,0,-10,16; 0,0,0,-20];
   B=[0;0;0;0.3953]; C=[0.09882,0.1976,0,0]; D=0;
   P=[-1; -2; -3; -4];       %观测器的期望极点位置
   L=place(A',C',P)'; [xh,x,t]=simobsv(ss(A,B,C,D),L);
   plot(t,x,t,xh,'--'); axis([0,15,-0.5,4])
```

得出观测器向量 $\boldsymbol{L}=[10.1215,-106.7824,288.4644,-193.5749]^{\mathrm{T}}$。根据这样的观测器可以仿真出系统的状态变量阶跃响应曲线，如图7-8(a)所示。可见，几个状态变量的在初始时间处的响应不是很理想，但总体上可以逼近各个状态。

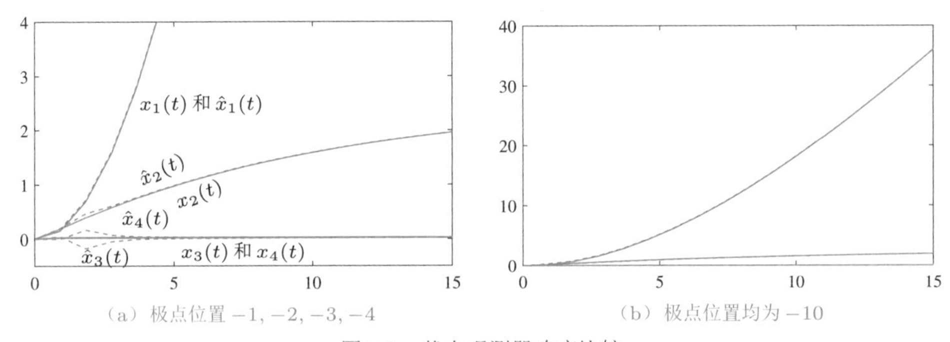

(a) 极点位置 $-1,-2,-3,-4$　　(b) 极点位置均为 -10

图7-8 状态观测器响应比较

选择远离虚轴的极点位置，如均选择为 -10，这样就能得出新的观测器，并绘制出各个状态及观测状态的阶跃响应曲线，如图7-8(b)所示，这时设计的观测器效果有所改善，用户可以考虑采用这样的方法来设计观测器模型。

```
>> P=[-10;-10;-10;-10]; L=acker(A',C',P)'; L' %设计新观测器
   [xh,x,t]=simobsv(ss(A,B,C,D),L); plot(t,x,t,xh,'--');
```

得出观测器向量 $\boldsymbol{L}=[-421.1634,260.7255,33.2946,-20.8091]^{\mathrm{T}}$。

设计出合适的状态观测器后，带有观测器的状态反馈控制策略可以由图7-9中给出的结构来实现。

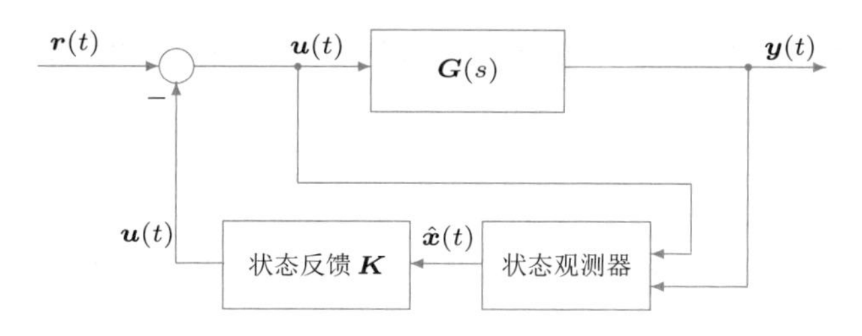

图 7-9 带有观测器的状态反馈控制结构

考虑图7-7中所示的反馈结构，由式（7-2-18）可以将状态反馈$\boldsymbol{K}\hat{\boldsymbol{x}}(t)$写成两个子系统$\boldsymbol{G}_1(s)$与$\boldsymbol{G}_2(s)$的形式，这两个子系统分别由信号$\boldsymbol{u}(t)$与$\boldsymbol{y}(t)$单独驱动，使得$\boldsymbol{G}_1(s)$可以写成

$$\left\{\begin{array}{l}\dot{\hat{\boldsymbol{x}}}_1(t)=(\boldsymbol{A}-\boldsymbol{LC})\hat{\boldsymbol{x}}_1(t)+(\boldsymbol{B}-\boldsymbol{LD})\boldsymbol{u}(t)\\ \boldsymbol{y}_1(t)=\boldsymbol{K}\hat{\boldsymbol{x}}_1(t)\end{array}\right.\tag{7-2-20}$$

而$\boldsymbol{G}_2(s)$可以写成

$$\left\{\begin{array}{l}\dot{\hat{\boldsymbol{x}}}_2(t)=(\boldsymbol{A}-\boldsymbol{LC})\hat{\boldsymbol{x}}_2(t)+\boldsymbol{Ly}(t)\\ \boldsymbol{y}_2(t)=\boldsymbol{K}\hat{\boldsymbol{x}}_2(t)\end{array}\right.\tag{7-2-21}$$

系统的闭环模型可以由图7-10（a）中的结构表示。对图中模型略作变换，则闭环系统可以表示成图7-10（b）中的结构。这时

$$\boldsymbol{G}_{\rm c}(s)=[\boldsymbol{I}+\boldsymbol{G}_1(s)]^{-1},\quad \boldsymbol{H}(s)=\boldsymbol{G}_2(s)\tag{7-2-22}$$

所以这样的结构又等效于典型的反馈控制结构。可以证明，控制器模型$\boldsymbol{G}_{\rm c}(s)$能进一步写成

$$\boldsymbol{G}_{\rm c}(s)=\boldsymbol{I}-\boldsymbol{K}(s\boldsymbol{I}-\boldsymbol{A}+\boldsymbol{BK}+\boldsymbol{LC}-\boldsymbol{LDK})^{-1}\boldsymbol{B}\tag{7-2-23}$$

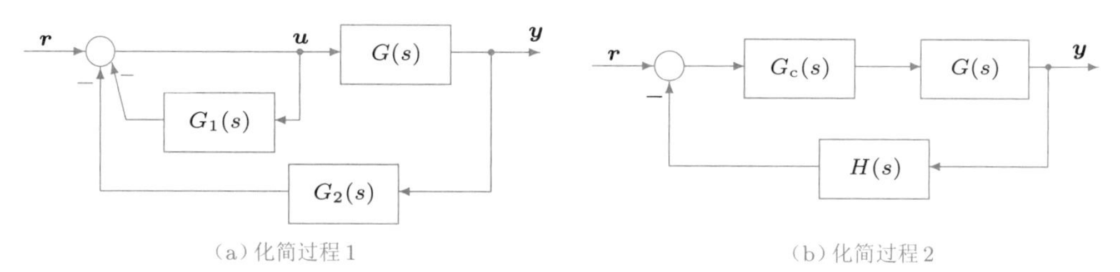

（a）化简过程1　（b）化简过程2

图 7-10 基于观测器的状态反馈控制

从而控制器$\boldsymbol{G}_{\rm c}(s)$的状态空间实现可以写成

$$\left\{\begin{array}{l}\dot{\boldsymbol{x}}(t)=(\boldsymbol{A}-\boldsymbol{BK}-\boldsymbol{LC}+\boldsymbol{LDK})\boldsymbol{x}(t)+\boldsymbol{Bu}(t)\\ \boldsymbol{y}(t)=-\boldsymbol{Kx}(t)+\boldsymbol{u}(t)\end{array}\right.\tag{7-2-24}$$

因为观测器的动作隐含在这种反馈控制的结构之中，所以将这样的结构称为基于观测器的控制器（observer-based controller）结构。

有了状态反馈矩阵 $\boldsymbol{K}$ 和观测器矩阵 $\boldsymbol{L}$，则上面的控制器和反馈环节可以立即由MATLAB函数得出。

```
function [Gc,H]=obsvsf(G,K,L)
H=ss(G.a-L*G.c,L,K,0); Gc=ss(G.a-G.b*K-L*G.c+L*G.d*K,G.b,-K,1);
```

如果参考输入信号 $\boldsymbol{r}(t)=0$，则控制结构 $\boldsymbol{G}_{\rm c}(s)$ 可以进一步简化成

$$\begin{cases}\dot{\boldsymbol{x}}(t)=(\boldsymbol{A}-\boldsymbol{BK}-\boldsymbol{LC}+\boldsymbol{LDK})\boldsymbol{x}(t)+\boldsymbol{Lu}(t)\\ \boldsymbol{y}(t)=\boldsymbol{Kx}(t)\end{cases} \tag{7-2-25}$$

这时调节器可以用 $\boldsymbol{G}_{\rm c}$=reg($\boldsymbol{G},\boldsymbol{K},\boldsymbol{L}$) 得出。

例 7-6 考虑例7-5中给出的受控对象状态方程模型，考虑对 $x_1(t)$ 和 $x_2(t)$ 引入较小的加权，而对其他两个状态变量引入较大的约束，则可以选择加权矩阵为 $R=1$，$\boldsymbol{Q}=\mathrm{diag}(0.01,0.01,2,3)$，试重新设计线性二次型最优控制器。

解 可以用下面的MATLAB语句设计出LQ最优调节器

```
>> A=[0,2,0,0; 0,-0.1,8,0; 0,0,-10,16; 0,0,0,-20];
   B=[0;0;0;0.3953]; C=[0.09882,0.1976,0,0]; D=0;
   Q=diag([0.01,0.01,2,3]); R=1;            %输入加权矩阵
   K=lqr(A,B,Q,R), step(ss(A-B*K,B,C,D)) %设计LQ最优调节器
```

可以得出状态反馈向量 $\boldsymbol{K}=[0.1000,0.9429,0.7663,0.6387]$。在直接状态反馈的调节器下，系统的阶跃响应曲线如图7-11所示。

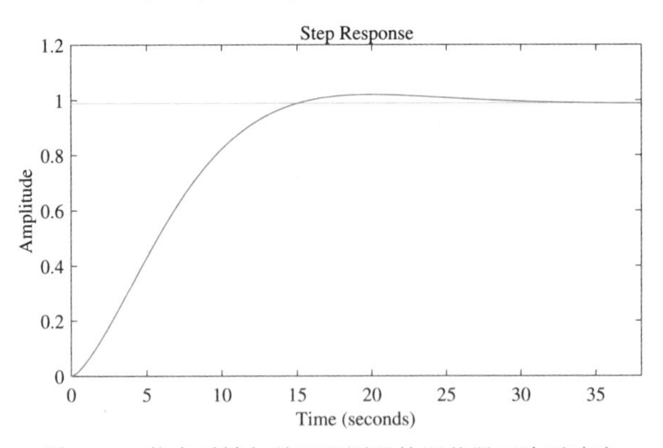

图7-11 状态反馈与基于观测器的调节器下阶跃响应

假设系统的状态不可直接测出，则可以设计一个观测器，重构出系统的状态，再经过这些重构的状态进行状态反馈，则可以得出系统响应曲线。这里用极点配置的方法设计观测器，设观测器的极点均位于 -5，则可以用下面的语句设计出观测器，并设计出基于观测器的控制器下系统阶跃响应曲线，与状态反馈的结果几乎完全一致。

```
>> P=[-5;-5;-5;-5]; G=ss(A,B,C,D); L=acker(A',C', P)'; %设计观测器
   [Gc,H]=obsvsf(G,K,L);                         %设计控制器
   step(ss(A-B*K,B,C,D),feedback(G*Gc,H)) %比较其与直接状态反馈
```

下面语句可以得出基于观测器的控制器下闭环系统的最小实现模型，对消了8对相同的零极点后，得出四阶模型，与直接状态反馈很接近。

```
>> zpk(minreal(feedback(G*Gc,H))) %最小实现模型
   zpk(minreal(ss(A-B*K,B,C,D)))  %此结果和上式忽略两个一阶零点一致
```

这样可以得出最小实现的模型为

$$G_1(s)=\frac{-1.1466\times10^{-15}(s+9.338\times10^7)(s-9.338\times10^7)(s+1)}{(s+20.01)(s+10.01)(s^2+0.3341s+0.05052)}$$

该模型最终可以化简为

$$G_1^*(s)=\frac{9.9982(s+1)}{(s+20.01)(s+10.01)(s^2+0.3341s+0.05052)}$$

7.3 最优控制器设计

7.3.1 最优控制的概念

所谓“最优控制”，就是在一定的具体条件下，要完成某个控制任务，使得选定指标最小或最大的控制。这里所谓指标就是3.4节最优化问题中的目标函数，常用的目标函数有积分型误差指标

$$J_{\mathrm{IAE}}=\int_0^\infty |e(t)|\mathrm{d}t,\quad J_{\mathrm{ITAE}}=\int_0^\infty t|e(t)|\mathrm{d}t \tag{7-3-1}$$

以及时间最短、能量最省等指标。和最优化技术类似，最优控制问题也分为有约束的最优控制问题和无约束的最优控制问题。无约束的最优控制问题可以通过变分法[7,8]来求解，对于小规模问题，可能求解出问题的解析解，例如前面介绍过的二次型最优控制器设计问题就有直接求解公式。有约束的最优化问题则较难处理，需要借助于Pontryagin的极大值原理。本节先探讨传统最优控制可能存在的误区，如何介绍基于数值最优化技术的最优控制器设计方法。

7.3.2 传统最优控制可能存在的误区

实际应用中最优控制最关键的环节是什么？最优控制最关键的环节不是数学公式的美观性，而是真正有意义的目标函数的选取。如果选取的目标函数没有意义，再漂亮的数学求解公式也没有实用价值。

在传统最优控制问题求解中，为使得问题解析可解，研究者通常需要引入附加的约束或条件，这样往往引入难以解释的间接人为因素，或最优准则的人为性。例如，为使得问题解析可解，二次型最优控制引入了二次型性能指标，引入的原因即该性能指标可导，可以使用Language乘子法推导问题的解，但二次型性能指标与工业控制中期望的快速跟踪、小超调等实际要求没有直接关系。另外，在目标函数

值需要引入两个其他矩阵 $\boldsymbol{Q}$、$\boldsymbol{R}$，这样虽然能得出数学上较漂亮的状态反馈规律，但这两个加权矩阵却至今没有被广泛认可的选择方法，这使得系统的最优准则带有一定的人为因素，没有足够的客观性。加权矩阵选择如果合理则最优控制有一定的意义，如果不合理则没有意义甚至有害。

引入物理意义不是很明确的目标函数之后，通过推导得出了 Riccati 微分方程，又因为 Riccati 微分方程无法求解，人为地假设矩阵 $\boldsymbol{P}$ 为常数矩阵，将原来问题强行简化成 Riccati 代数方程问题。即便简化后的问题有较好的数学形式，这样的问题已经远远地偏离了原始问题，得出的最优控制器已经不是原始问题的最优控制器了，而是另一类人造问题的控制器了，对解决原始的控制问题并无任何用途。

例 7-7 下面给出一个现实生活中的例子作类比，解释线性二次型最优控制可能存在的误区。图 7-12 中给出了辽宁省地图。如果想从沈阳市去大连市，用类似于最优化的语言描述就是，沿西南方向走到最远点就是大连市了，这个是客观的描述。如果你发现向西南方向走没有路，向南正好有一条路(选择二次型性能指标)，则向南一直走，走到某个点发现又没有路了(Riccati 微分方程不能求解)，偏东方向有一条路(改成常数矩阵，得出 Riccati 代数方程)，则沿这条路走到最远点(得出了最优解)，你发现没有走到大连市，而走到了丹东市。如果方向错了(选择了不合适的目标函数)，走到了“最远”又有什么实际意义呢？南偏东当然不是现实生活中最糟糕的事。如果你发现向西南无路，但向北正好有一条路，所以你选择了向北(选择了错误的加权矩阵)，你仍然能得到最优解，但这个最优解可能有害。

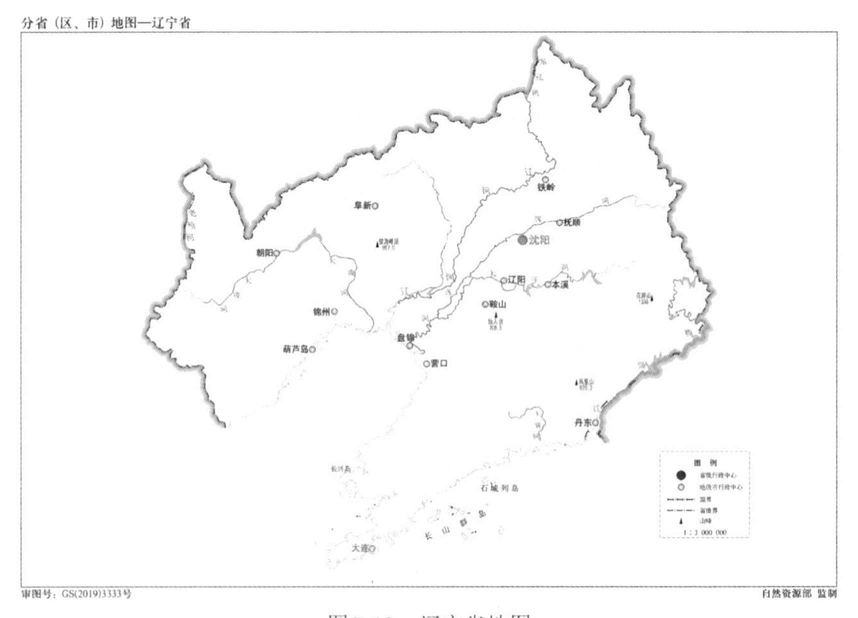

图 7-12 辽宁省地图

就最优控制问题而言，被认为没有路，是因为无法建立可导的目标函数，不能推导出看起来比较漂亮的数学表达式，不是真正没有路。真正的路是数值最优化，在看似没有路的情况下，创造出一条路，到达真正期望的目的地。

7.3.3 基于数值最优化与Simulink的最优控制器设计

随着像MATLAB这样强有力的计算机语言与工具普及起来之后，很多最优控制问题可以变换成一般的最优化问题，用数值最优化方法就能简单地求解。这样的求解虽然没有完美的数学形式，但有时还是很实用的。另外，由于Simulink本身的强大仿真功能，所以系统含有复杂结果甚至非线性等现象的系统仿真可以同等实现。所以，这两个强大功能结合在一起，将可能得到真正有意义的控制器设计方法，解决很多前人无法求解的问题。下面通过例子演示依赖纯数值方法最优控制器的设计与应用。

例7-8 假设受控对象模型为 $G(s)=1/[s(s+1)^4]$，试设计最优PD控制器。

解 由于受控对象包含积分器，所以没有必要再设计PID控制器了，PD控制器即可消除稳态误差。积分型误差指标是伺服控制系统设计中最常用也是最直观的指标，对给定的受控对象模型，可以建立起如图7-13所示的闭环控制系统仿真模型，该模型构造了ITAE积分的输出端口，如果系统响应最终趋于稳态值，误差 $e(t)$ 趋近于零，则该端口信号最终的值接近于实际的ITAE值。

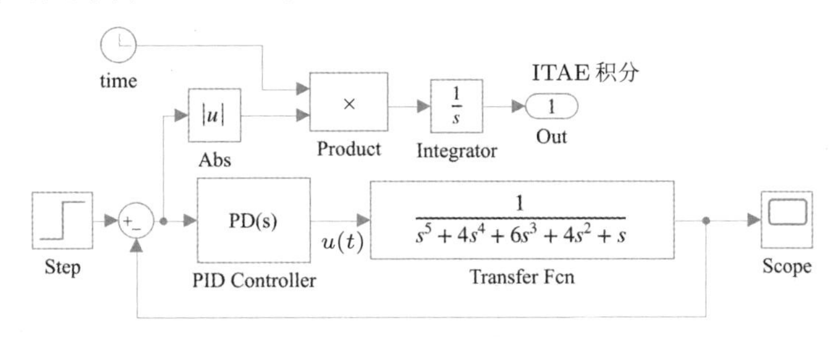

图7-13 Simulink仿真模型（文件名：c7moptim1.slx）

取终止仿真时间为30，为使得ITAE准则最小化，可以编写如下的MATLAB函数来描述目标函数。

```
function y=c7optim1(x)
assignin('base','Kp',x(1)); assignin('base','Kd',x(2));
[t,~,yy]=sim('c7moptim1',30); y=yy(end); %计算目标函数
```

这里使用了assignin()函数为工作空间中的变量赋值，使得仿真模型可以直接应用自变量向量 $\boldsymbol{x}$ 的值，给出下面的MATLAB语句即可求解最优化问题，得到最优控制器参数向量为 $\boldsymbol{v}=[0.2593,0.6995]$。

```
>> x0=[1,1]; v=fminsearch(@c7optim1,x0)
```

可见这样设计出的控制器为 $G_c(s)=0.2593+0.6995s/(0.006995s+1)$，在此校正器的控制下，系统的阶跃响应曲线如图7-14所示。可见，由于采用了数值最优化方法，得出的控制效果还是比较理想的。

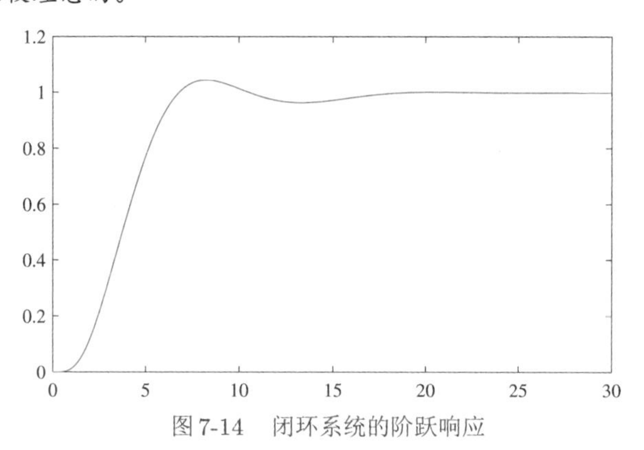

图7-14 闭环系统的阶跃响应

事实上，前面的设计方法忽略了一个问题，即控制器的可行性。在上面的控制中，如果计算控制信号，可以发现其峰值大于70，这有时会对系统的硬件构成造成威胁，所以在实际应用中一般在控制器后加一个限幅环节，而这又涉及非线性系统的计算。前面介绍的理论化算法均无法直接考虑限幅，而采用这里介绍的最优化方法可以轻而易举地解决这样问题：只需在Simulink仿真模型的相应位置加上限幅非线性环节即可，对数值最优化的计算量与速度几乎没有影响。

7.3.4 快速重启与优化过程的实时显示

如果实际运行上述的最优化代码，读者可能会发现整个求解过程是很耗时的。如果在进行最优化时，可以发现，Simulink模型的状态栏一直出现“Compiling”(编译)字样。在比较新的版本中，每次仿真之前默认需要编译一次模型，而最优化过程需要调用Simulink仿真过程成百上千，甚至成千上万次，如果每次都事先编译，将无形地引入巨大的计算量，这在实际控制器设计中是很不值得的，所以应该探讨解决这类问题的快速方法。

如何避免重新编译呢？Simulink提供了“快速重启”(fast restart)的仿真模式。只要模型结构和不可调参数不发生变化，则无须重新编译，直接仿真。不过，若使用快速重启功能，最优化过程需要做以下的改动：

(1) 用`assignin()`函数时应该修改模型工作空间的变量，而不是MATLAB工作空间的变量，否则，该变量可能不被接受。

(2) 调用`sim()`函数只能返回一个变元，即使反选了Single simulation output选项，快速重启模态下也只允许返回一个变元，否则出错。这个变量的`tout`和`yout`成员变量返回仿真的时间向量与输出矩阵。

（3）调用sim()时不允许用户重新设置仿真过程的Start Time和Stop Time，这些参数必须在模型中设置，不能修改。即使在sim()函数调用中使用了不同的仿真区间，也不起作用。

下面将通过例子演示Simulink的快速重启功能，并演示优化过程的实时显示方法。

例7-9 试利用快速重启功能重新求解例7-8中的控制器最优设计问题。

解 前面介绍的是目标函数通过assignin()函数与模型的工作空间交换中间信息，该方法在快速重启模式下工作并不理想，所以可以考虑与模型工作空间交换信息，将决策变量直接分派到模型空间中的Kp与Kd变量。这样，需要如下改写目标函数。

```
function y=c7optim1a(x)
W=get_param(gcs,'ModelWorkspace'); %获得模块工作空间句柄
assignin(W,'Kp',x(1)); assignin(W,'Kd',x(2));
txy=sim('c7moptim1');
y=txy.yout(end); pause(1e-5)        %计算目标函数并暂停
```

注意，在目标函数中还给出了pause(1e-5)命令，其含义为每次计算完目标函数暂停50μs。这样做的好处是，每次计算完目标函数后，Simulink模型的示波器可以刷新一次，用户可以动态地(实时地)观测优化的过程。

在寻优主程序中，可以给出下面的命令，直接设计最优PD控制器。注意，在运行这段语句之前，建议打开模型中的示波器模块，以便实时观察寻优的结果。运行下面命令，可以发现，寻优过程明显加快。

```
>> c7moptim1; set_param(gcs,'FastRestart','on'); %快速重启状态
   x0=[1,1]; v=fminsearch(@c7optim1a,x0)
   set_param(gcs,'FastRestart','off'); %运行完成后关闭快速重启状态
```

7.3.5 非线性系统的最优控制器设计

其实，前面介绍的控制器设计方法是基于Simulink仿真和数值最优化技术的，而这些技术并不依赖于线性特性。换句话说，如果系统或控制器中含有非线性环节，前面介绍的方法不受任何影响。下面将通过例子演示非线性系统的处理方法。

例7-10 仍考虑前面的受控对象模型，如果PD控制器的信号满足$|u(t)|\leqslant 10$，试重新设计最优PD控制器。

解 双击模型中的PID控制器模块，在对话框中选择PID Advanced（PID高级设置）选项，则可以发现PID控制器模块可以设置输出信号的幅值的选项，将其上下界设置成±10，则该模块上将出现饱和非线性的图标，如图7-15所示。将该模型另存为c7moptim2.slx，并改写目标函数为

```
function y=c7optim2(x)
W=get_param(gcs,'ModelWorkspace');
```

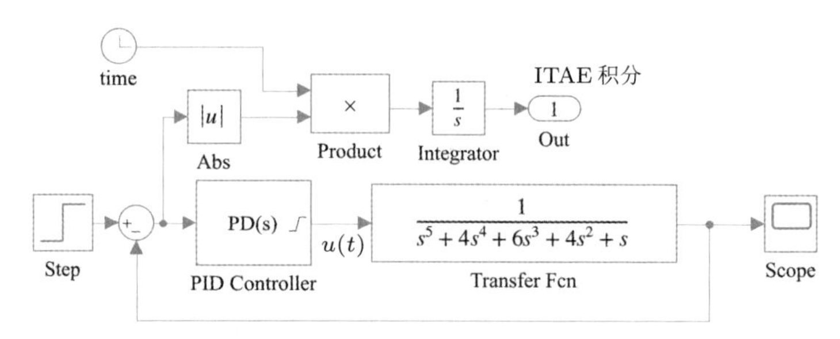

图 7-15 Simulink 仿真模型(文件名:c7moptim2.slx)

```
assignin(W,'Kp',x(1)); assignin(W,'Kd',x(2));
txy=sim('c7moptim2'); y=txy.yout(end); pause(1e-5);
```

再调用下面的 MATLAB 语句就可以通过寻优的方法设计出最优控制器。

```
>> c7moptim2; set_param(gcs,'FastRestart','on'); %快速重启状态
   x0=[1,1]; v=fminsearch(@c7optim2,x0)
   set_param(gcs,'FastRestart','off'); %运行完成后关闭快速重启状态
```

得出的控制器为 $G_c(s) = 0.3235 + 0.8006s/(0.008s + 1)$。这时得出的输出信号和控制信号如图 7-16 所示。图中还给出了例 7-10 中控制器的阶跃响应。可以看出,这里的控制效果比该理想效果略差,但这个控制器是可以保证 $|u(t)| \leqslant 10$ 的。非线性环节的引入未对控制器设计过程增添任何麻烦和计算复杂度。

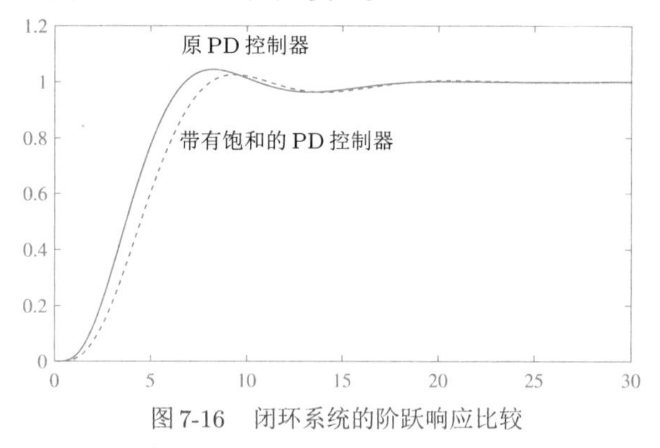

图 7-16 闭环系统的阶跃响应比较

7.3.6 性能指标的合理性

由于涉及数值最优化,性能指标是可以任选的,这就需要考虑性能指标的合理性了。比如,前面介绍了 ISE 与 ITAE 性能指标,并演示了 ITAE 性能指标下的控制器设计方法。除此之外,还可以使用其他的目标函数,在不同的性能指标下设计出来的最优控制器也可能不同,这就意味着在设计控制器时首先应该选择合理的性能指标,否则设计出来的最优控制器没有太大意义,甚至可能有害。这里将通过例子比较各种性能指标的优劣,得出有指导意义的结论。

例7-11 重新考虑例7-8的受控对象，试在ISE性能指标下设计最优PD控制器。

解 对图7-15模型中的性能指标部分稍加修改，则可以建立起如图7-17所示的仿真模型。有了Simulink仿真模型，就可以改写出如下的目标函数

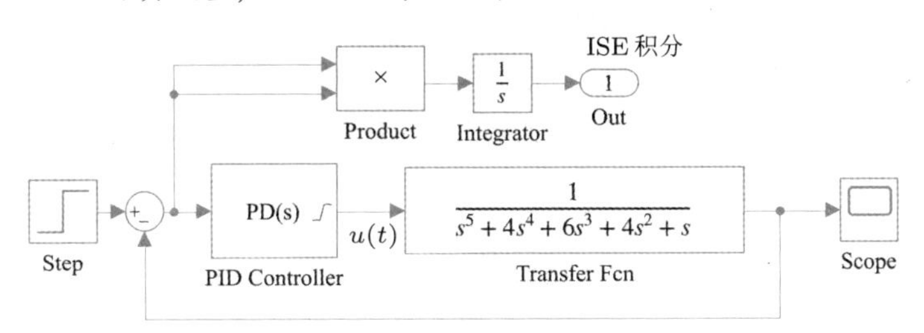

图7-17 Simulink仿真模型（文件名：c7moptim3.slx）

```
function y=c7optim3(x)
W=get_param(gcs,'ModelWorkspace');
assignin(W,'Kp',x(1)); assignin(W,'Kd',x(2));
txy=sim('c7moptim3'); y=txy.yout(end); pause(1e-5);
```

再调用下面的MATLAB语句就可以通过寻优的方法设计出最优控制器。

```
>> c7moptim3; set_param(gcs,'FastRestart','on'); %快速重启状态
   x0=[1,1]; v=fminsearch(@c7optim3,x0)
   set_param(gcs,'FastRestart','off'); %运行完成可以关闭快速重启状态
```

得出的控制器为$G_c(s) = 0.6009 + 1.7176s/(0.01716s + 1)$。这时得出的输出信号和控制信号如图7-18所示。从控制的效果看，在ISE性能指标下设计的最优PID控制器远远逊色于图7-16中的效果。

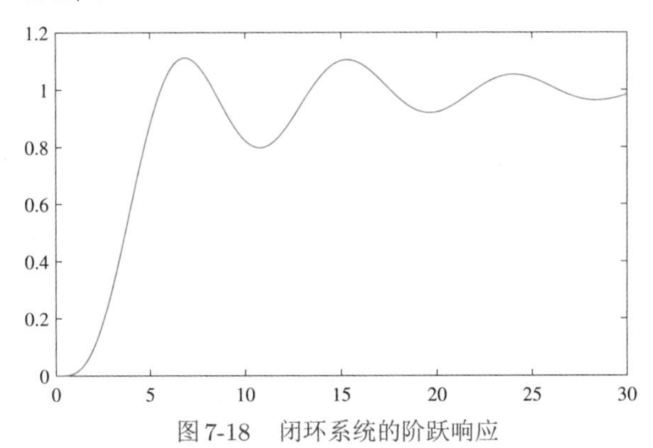

图7-18 闭环系统的阶跃响应

为什么ISE性能指标下的最优控制器比ITAE下的控制器差？其实原因是很简单的，ISE性能指标同等处理任何时刻的误差，这样就很难避免出现振荡的现象，而ITAE控制器是对误差进行时间加权的，t值越大加权越大，这就迫使整个系统会尽快地将误差降为0，所以从时域响应看，ITAE这类性能指标更合理，更适合于实际

应用。在伺服控制的应用领域最好使用ITAE这类有时间加权的性能指标，而慎重使用ISE这类性能指标。

7.3.7 终止仿真时间的选择

纯数学上的ITAE性能指标是$(0,\infty)$区间的积分，这当然在仿真上无法实现。由于积分性能指标的被积函数是非负的，且设计合理的控制器后，一段时间后被积函数的值可能为零，所以，可以引入有限时(finite-time)ITAE性能指标代替ITAE性能指标。

$$J=\int_0^{t_{\rm n}} t|e(t)|{\rm d}t \tag{7-3-2}$$

所以，在前面的控制器设计例子中引入了重要参数$t_{\rm n}$。这个参数在设计控制器时应该如何选择？这里就不得不回答“在什么条件下有限时间ITAE性能指标可以代表ITAE性能指标”这样的问题了。ITAE积分的曲线是一条单调非减的曲线，正常情况下，如果t足够大，ITAE积分将变成一条水平的直线，因为这时的控制误差$e(t)$趋近于0。例7-10中的ITAE积分曲线如图7-19所示。

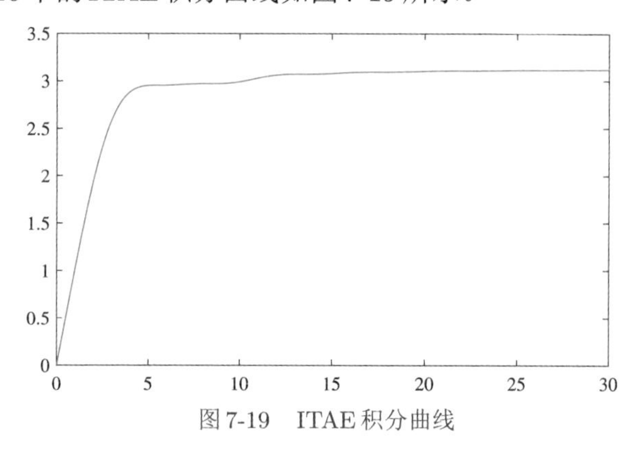

图7-19　ITAE积分曲线

如果$t_{\rm n}$处于使得ITAE曲线水平的区段，则其选择是合理的，否则则应该再加大$t_{\rm n}$的值，重新设计控制器，直至ITAE积分变成水平的直线。从图7-19中给出的曲线看，进入水平区域的t值大约为$t=34$。所以，例子中选择的$t_{\rm n}=30$略微偏小，应该增大其值重新设计。

例7-12　重新考虑例7-10的控制器设计问题，试观察$t_{\rm n}$的选择对控制效果的影响。

解　可以尝试不同的$t_{\rm n}$值，设计最优控制器，可以得出表7-1中给出的结果，可以看出，如

表7-1　不同终止仿真时间下的控制器参数与性能指标

$t_{\rm n}$	30	35	40	45	50	60	80	180
$K_{\rm p}$	0.3235	0.3198	0.3187	0.3186	0.3185	0.3185	0.3184	0.3184
$K_{\rm d}$	0.8006	0.7872	0.7833	0.7829	0.7827	0.7825	0.7824	0.7824
ITAE积分	15.0306	15.0723	15.0866	15.0919	15.0939	15.0950	15.0951	15.0951

果$t_n \geqslant 35$,得出的控制器参数与ITAE积分值相差无几,表明只要选择的t_n处于ITAE积分曲线处于水平的区域,设计的控制器就是有效的。

7.4 最优控制应用程序

7.4.1 基于MATLAB/Simulink的最优控制程序及其应用

由前面的演示可以看出，基于数值最优化技术的最优控制器设计方法不必拘泥于传统的最优控制格式，可以任意定义目标函数，故它应该比传统的最优控制有更好的应用前景。

作者总结了伺服控制的一般形式，编写了一个基于跟踪误差指标的最优控制器设计程序，依赖MATLAB和Simulink求解出真正最优的控制器参数，该程序允许用户用Simulink描述控制系统模型，其中控制器可以由任意形式给出，允许带有待优化的参数，并可以自动生成最优化需要的目标函数求解用的MATLAB函数，然后调用相应的最优化问题求解函数，求出最优控制器的参数。该程序由App Designer进行完全改写，可以在新版MATLAB下直接使用。

最优控制器设计程序（optimal controller designer，OCD）调用过程：

（1）在MATLAB提示符下输入`ocd`，则将得出如图7-20所示的程序界面，该界面将允许用户利用MATLAB和Simulink提供的功能设计最优控制器。

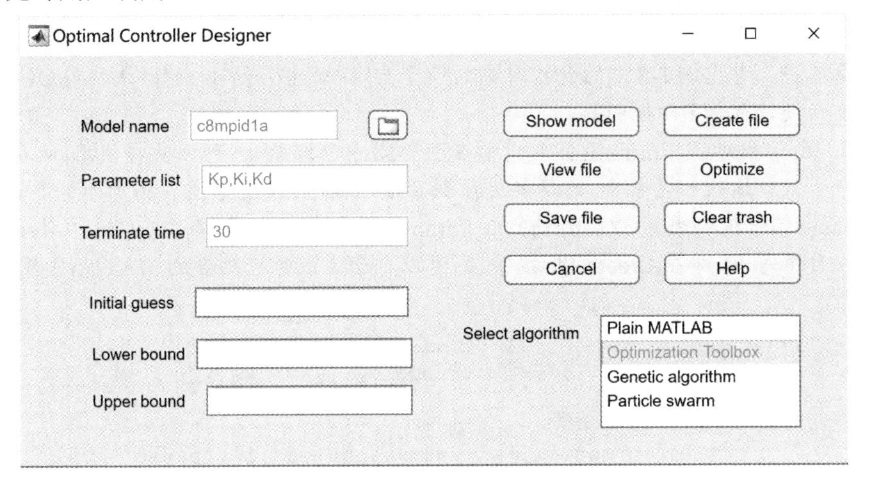

图7-20 最优控制器设计程序界面

（2）建立一个Simulink仿真模型，该模型应该至少包含以下两个内容：首先应含有待优化的参数变量，这可以在框图的模块参数中直接反映出来，例如在PI控制器中使用`Kp`和`Ki`来表示其参数；另外，误差信号的准则需要用输出端子模块表示，例如若选择系统误差信号的ITAE作为目标函数，则需要将误差信号后接ITAE

模块,并将其连接到输出端子1口(注意一定要连接到端口1)。

(3) 将对应的Simulink模型名填入Model name(Simulink模型名)编辑框中。

(4) 将决策变量名填写到Parameter list(参数变量列表)编辑框中,且各个变量名之间用逗号分隔。

(5) 另外还需估计指标收敛的时间段作为终止仿真时间,例如若选择ITAE指标,则理论上应该选择的终止仿真时间为∞,但在数值仿真时不能这样选择,且时间选择过长则将影响暂态结果,所以应该选择ITAE积分刚趋于平稳处的时间填入Terminate time(终止时间)栏目中去,注意,这样的参数选择可能影响寻优结果。

(6) 可以单击Create file(生成目标函数文件)按钮自动生成描述目标函数的文件opt_*.m。OCD将自动安排一个文件名来存储该目标函数,单击Clear trash(清除垃圾)按钮可以删除这些暂存的目标函数文件。

(7) 单击Optimize(优化)按钮将启动优化过程,对指定的参数进行寻优,在MATLAB工作空间中返回,变量名与上面编辑框中填写的完全一致。在实际控制器设计中,为确保能得到理想的控制器,有时需要再次单击此按钮获得更精确最优解。在实际的程序中,该按钮将根据需要自动调用MATLAB下的最优化函数**fminsearch()**、**fmincon()**或**nonlin()**函数进行参数寻优。

(8) 本程序允许用户指定决策变量的上下界,允许用户自己选择优化参数的初值,还允许选择不同的寻优算法,并允许选择离散仿真算法等,这些都可以通过相应的编辑框和列表框直接实现。

例7-13 考虑例7-8中的受控对象的模型$G(s)=1/[s(s+1)^4]$,试利用OCD程序界面重新设计最优PD控制器。

解 由于相应的Simulink仿真模型在图7-13中已经给出,可以直接使用,故在MATLAB命令窗口输入ocd命令,启动最优控制器设计程序,得出如图7-20所示的界面。在Model name编辑框中填写c7moptim1,在Parameter list编辑框中填写Kp,Kd,在Terminate time栏目填写40,单击Create file按钮,则可以自动生成目标函数的MATLAB程序如下:

```
function y=optfun_2(x)
W=get_param('c7moptim1','ModelWorkspace');
assignin(W,'Kp',x(1)); assignin(W,'Kd',x(2));
try
   txy=sim('c7moptim1'); y=txy.yout(end,1); pause(1e-5);
catch, y=1e10; end
```

其中,第2行获得模型工作空间句柄W,第3行、第4行程序将决策变量赋给模型工作空间中的变量K_p和K_d,后面跟一个try/catch段落对系统进行仿真,将ITAE值赋给输出y,完成目标函数的计算。如果系统不稳定,将性能指标强行设置成很大的值,避免向不稳定方向继续搜索。

单击Optimize按钮则可以开始寻优过程。若同时打开Simulink模型中的示波器,则可以在寻优过程中可视地观察寻优过程。经过寻优，可以得出使得ITAE指标最小的PD控制器为$G_c(s)=0.3187+0.7833s/(0.007833s+1)$，得出的结果与图7-14相仿。

例7-14 最优控制程序不限于简单PID类控制器的设计，假设有更复杂的控制结构，比如如图7-21所示的串级PI控制器。传统的方法需要先设计内环控制器，再设计外环控制器，试用OCD同时设计串级控制器。

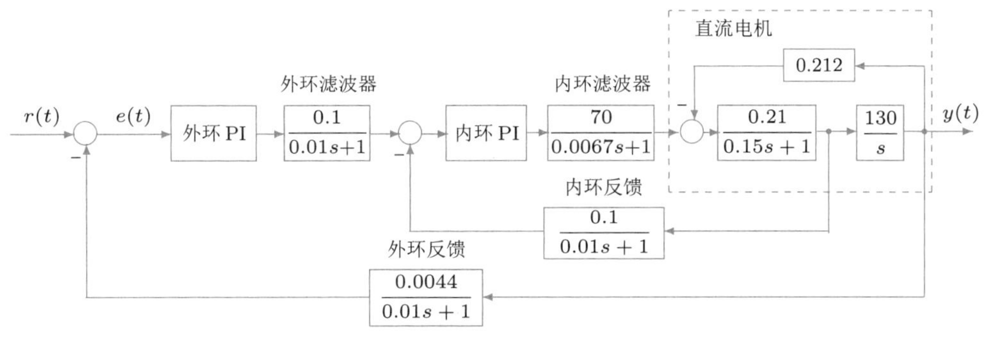

图7-21 双闭环直流电机拖动系统框图

解 要解决这样的问题，需要建立起如图7-22所示的Simulink仿真模型。注意在该模型中定义了4个待定参数，Kp1、Ki1、Kp2和Ki2，并定义了误差的ITAE指标，输出到第一输出端子上。

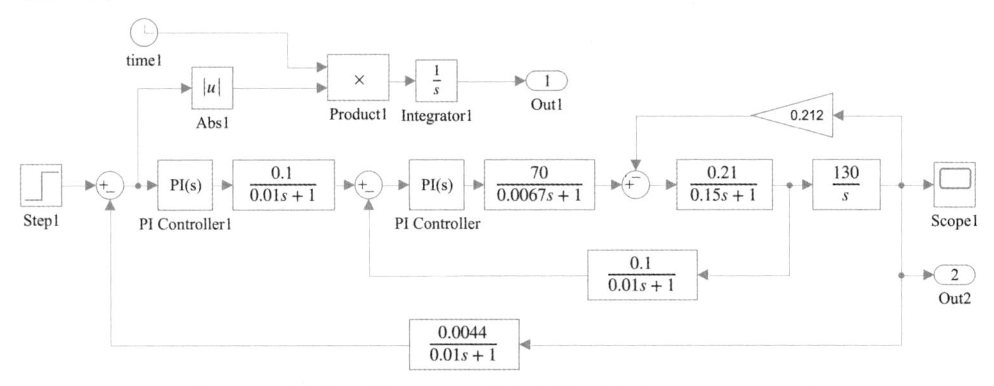

图7-22 串级控制的Simulink仿真模型（文件名：c7model2.slx）

启动OCD，在Model name编辑框中填写c7model2，在Parameter list编辑框中填写Kp1,Ki1,Kp2,Ki2，并在Terminate time栏目填写终止时间0.6，则可以单击Create file按钮生成描述目标函数的MATLAB文件，再单击Optimize按钮，则可以得出ITAE最优化设计参数为$K_{p_1}=37.9118, K_{i_1}=12.1855, K_{p_2}=10.8489, K_{i_2}=0.9591$，亦即外环控制器模型为$G_{c_1}(s)=37.9118+12.1855/s$，内环控制器为$G_{c_2}(s)=10.8489+0.9591/s$。在这些控制器下系统的阶跃响应曲线如图7-23所示，可见系统响应还是很理想的。

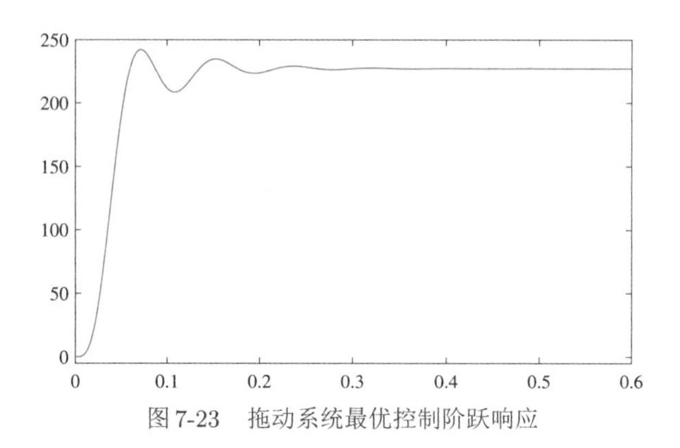

图7-23 拖动系统最优控制阶跃响应

7.4.2 最优控制程序的其他应用

最优控制程序不仅能用于最优控制器的设计，还可以用于其他需要优化的场合，比如说模型降阶等，用Simulink只要能搭建出误差或误差准则模型，就可以用本程序求出最优的参数来。本节将通过例子介绍OCD程序在模型降阶中的应用。

例7-15 现在考虑用OCD来研究最优降阶问题。在使用OCD之前，应该实现定义一个误差信号，然后对这个误差信号进行某种最优化，就可以利用OCD求取最优模型了。假设原系统模型为$G(s)=1/(s+1)^6$，试求出一阶延迟近似模型。

解 可以搭建起一个Simulink模型c7mmr，如图7-24所示，这里可以采用ITAE准则来构造误差信号，进行最优降阶研究。

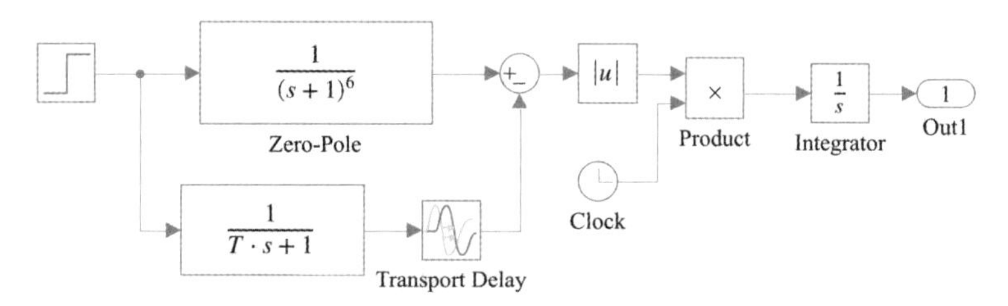

图7-24 定义降阶误差信号的Simulink仿真框图(文件名：c7mmr.slx)

为简便起见，K参数没有必要辨识，可以直接采用系统的稳态值，亦即系统分子和分母多项式常数项的比值，对此例来说为1，所以现在只须对T、L两个参数进行优化即可。启动OCD程序，在Model name编辑框中填写c7mmr，在Parameter list编辑框中填写L,T，并在Terminate time栏目填写终止时间10，则可以单击Create file按钮生成描述目标函数的MATLAB文件，再单击Optimize按钮，则可以得出ITAE最优化拟合参数为$L=3.66, T=2.6665$，亦即得出最优拟合模型为$G^*(s)=\mathrm{e}^{-3.66s}/(2.6665s+1)$。

OCD程序还在很多场合可以直接应用，在控制器设计中可以考虑非线性因素的影响，这是以往控制器设计难以考虑的。

7.4.3 开放的程序框架

OCD程序设计时采用了开放的框架，允许用户根据需要修改和扩充现有的程序。例如，在最优化算法选择部分，对应的代码采用了开关结构。用户可以在此框架下插入其他的最优化问题求解代码，比较最优化算法。

```
switch app.SelectalgorithmListBox.Value
   case 'Plain MATLAB'
      Prob.solver='fminsearch'; ctrl_pars=fminsearch(Prob)
   case 'Optimization Toolbox'
      Prob.solver='fminunc'; ctrl_pars=fminunc(Prob)
   case 'Genetic algorithm'
      Prob.solver='ga'; ctrl_pars=ga(Prob)
   case 'Particle swarm'
      Prob.solver='particleswarm'; ctrl_pars=particleswarm(Prob)
end
```

7.4.4 PID型控制器——最好的二阶控制器结构

PID控制器是工业界使用最多的控制器，其特点比较鲜明，参数调整也比较容易。不过，如果通过仿真方法，可以尝试下面两种二阶控制器结构

$$G_1(s)=\frac{a_1s^2+a_2s+a_3}{s(a_4s+1)},\quad G_1(s)=\frac{a_1s^2+a_2s+a_3}{s^2+a_4s+a_5} \tag{7-4-1}$$

看看能否得出更好的控制效果。这两个控制器各有特点，前者，由于包含积分环节，所以可以消除稳态误差，而后者适用于没有稳态误差（或自带积分环节的）受控对象的控制。从第二个控制器模型看，这是一个广义的超前滞后校正器，因为其零极点可以为实数，也可能为复数。其实，第一个控制器是第二个控制器的一个特例，$a_5=0$。本节将通过例子演示，对不自带积分器的受控对象模型来说，PID控制器是最好的二阶控制器结构。

例7-16 假设受控对象为$G(s)=1/(s+1)^5$。由于该受控对象不自带积分器，所以应该尝试第一种二阶控制器结构，以消除问题误差。试设计最优二阶控制器。

解 仿照图7-13给出的`c7moptm1.slx`模型，将新的控制器模型替换原有的PID控制器模块，构造如图7-25所示的仿真模型。其中，用下面的语句可以直接描述受控对象模型。

```
>> s=tf('s'); G=1/(s+1)^5;
```

利用OCD程序对控制器参数寻优，则可以得出控制器参数为$\boldsymbol{a}=[1.6551, 1.2425, 0.3558, 0]$。可以看出，由于$a_4=0$，这样设计的控制器就是理想的PID控制器。

有两点值得说明：第一，这里的受控对象采用了通用的LTI System模块，可以替换成任意的线性受控对象模型；第二，对不自带积分器的受控对象，这里从提高优化效率起见，将a_5强行置零。如果需要非零的a_5，可以将a_5变量名填写到该模块中。

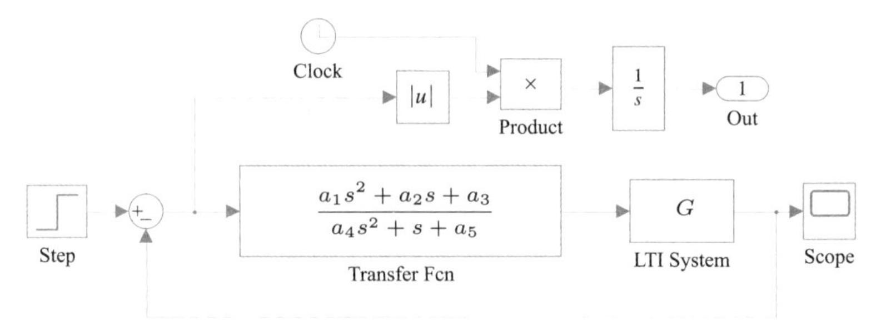

图 7-25　新控制器下的 Simulink 模型(模型名:c7mpid1.slx)

作者尝试了很多例子,得出的结论是一致的,即搜索出来的 $a_4=0$。可以看出,对不自带积分环节的受控对象而言,PID 控制器是性能最好的二阶控制器。

例 7-17　考虑例 7-13 中的受控对象模型 $G(s)=1/[s(s+1)^4]$。由于该受控对象自带积分环节,所以可以考虑采用第二种控制器结构对其控制,试选择合适的控制器参数,并与例 7-13 的最优 PD 控制器比较效果。

解　对 Simulink 模型 c7mpid1.slx 稍加修改,填如 a_5,再利用 OCD 程序,同样选择终止仿真时间为 $t_{\rm n}=40$,可以设计的最优控制器为

$$G_1(s)=\frac{78.632(s^2+0.8974s+0.3)}{(s^2+0.2491s+41.66)}$$

在该控制器下系统的阶跃响应曲线如图 7-26 所示,图中还叠印了例 7-13 的最优 PD 控制器的控制效果。可以看出,新控制结构的控制效果优于 PD 控制器。当然,与常规 PD 控制器不同的是,该控制器的可调参数多 2 个,这样的比较并不公平。该控制器的极点为复数极点,没有太明确的物理意义。从理论上看,PD 控制器只是该控制器的一个特殊结构,所以,能够确保搜索到的结果不比 PD 控制器差。正常情况下,这样的设计方法是可以得出更好的控制器的。

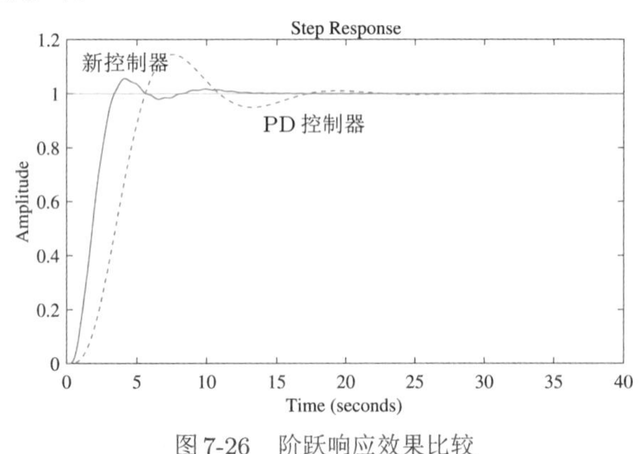

图 7-26　阶跃响应效果比较

7.5 多变量系统的频域设计方法

前面介绍过，基于频域响应的设计方法在设计单变量系统时是最常用的方法，其主要原因是在设计过程中可以产生很多可视的图形，用户可以通过观察图形来决定对控制器参数的调节。直至20世纪60年代末期英国学者Howard Rosenbrock、Alistair MacFarlane等开始研究多变量系统的频域设计方法，并取得了一系列引人注目的成就，在控制界称其研究为英国学派（British School）。

由于多变量系统输入输出之间具有耦合性，所以如果能找到较好的解耦算法，完全消除系统的耦合，则可以将多变量系统的设计问题转换成单变量系统的设计问题，不过一般情况下完全消除耦合是不可能的，只能对系统进行部分解耦，所以应该采用多变量系统的专用频域设计方法。多变量系统的频域设计常用的方法包括逆Nyquist阵列方法[9]、特征轨迹法（characteristic locus method）[10]、反标架坐标法（reversed-frame normalisation，RFN）[11]、序贯回路闭合方法（sequential loop closing）[12]、参数最优化方法（parameters optimization method）[13]等。

本节先介绍多变量系统的伪对角化方法，然后介绍基于逆Nyquist阵列的多变量系统解耦与设计方法，并介绍参数最优化在多变量系统频域设计中的应用，最后将介绍最优控制程序OCD在多变量系统设计中的应用。

7.5.1 对角占优系统与伪对角化

在多变量系统的频域分析中，经常要判断传递函数矩阵是否为对角占优矩阵，即判断各个输入与输出之间的耦合情况，如果系统是对角占优型传递函数矩阵，则可以尝试对各个回路进行单独地设计，而尽可能小地影响其他的回路。对角占优性的判断是依靠矩阵对角元素特征值范围判定的Gershgorin圆来完成的。具体的内容在5.5节中已经介绍。

如果给定的传递函数矩阵不是对角占优的，则需要引入某种补偿方法将它化为对角占优的矩阵，然后可以不考虑各个输入信号之间的耦合，依照单变量系统的方法对各个输入进行单独地设计。Nyquist类方法最典型的控制框图如图7-27所示，其中$\boldsymbol{K}_{\rm p}(s)$为预补偿矩阵，它使得$\boldsymbol{G}(s)\boldsymbol{K}_{\rm p}(s)$为对角占优矩阵，而$\boldsymbol{K}_{\rm d}(s)$可以对得出的对角占优矩阵作动态的补偿，使之满足某些动态特性，达到设计目的。

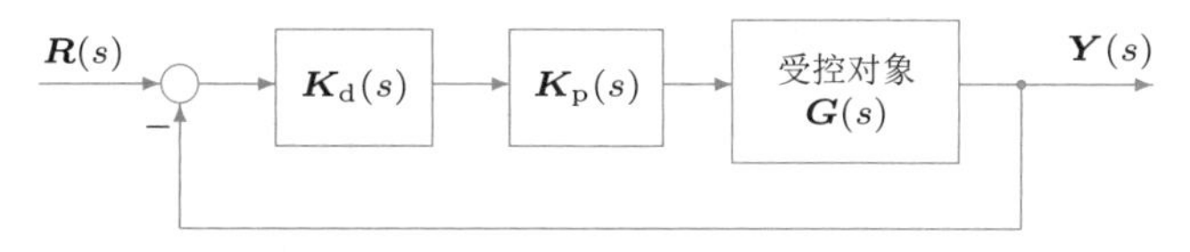

图7-27 典型多变量系统设计框图

在多变量系统的设计中，求取$\boldsymbol{K}_{\rm p}(s)$矩阵是关键的一步，它将决定最终设计的结果,在实际应用中往往将该矩阵设计成最简单的常数矩阵形式。用户可以根据自己的经验选中一个常数矩阵,该矩阵可以对系统的传递函数矩阵进行初等代数变换,使之成为对角占优的矩阵。选取 $\boldsymbol{K}_{\rm p}(s)$ 可以采用试凑的方法,一般可以将 $\boldsymbol{K}_{\rm p}(s)$ 选择为 $\boldsymbol{K}_{\rm p}(s)=\boldsymbol{G}^{-1}(0)$,该矩阵至少可以使得 $\boldsymbol{G}(s)\boldsymbol{K}_{\rm p}(s)$ 在频率为0时为单位矩阵,从而满足对角占优的要求。

采用试凑的方法毕竟不利于计算机辅助设计,所以很多学者提出不同的系统方法对传递函数矩阵进行对角占优化。下面将介绍一种最优化的方法来求取预补偿矩阵 $\boldsymbol{K}_{\rm p}$,这一方法又称为伪对角化方法[14]。假设在 $\mathrm{j}\omega_0$ 频率处的系统传递函数矩阵的逆Nyquist阵列表示为

$$\hat{g}_{ik}(\mathrm{j}\omega_0)=\alpha_{ik}+\mathrm{j}\beta_{ik},\ i,k=1,2,\cdots,m \tag{7-5-1}$$

这里 m 为输出变量的个数,并假定系统的输入与输出个数相同。如果想获得一个最优的补偿矩阵 $\boldsymbol{K}_{\rm p}$,则可以采用下面的步骤:

(1)选择一个函数的频率点 $\mathrm{j}\omega_0$,求出系统的逆Nyquist阵列 $\hat{g}_{ik}(\mathrm{j}\omega_0)$。

(2)对各个 q 值($q=1,2,\cdots,m$),构成一个矩阵 $\boldsymbol{A}_q$,其中

$$a_{il,q}=\sum_{k=1\ 且\ k\neq q}^{m}\left[\alpha_{ik}\alpha_{lk}+\beta_{ik}\beta_{lk}\right],\ i,l=1,2,\cdots,m \tag{7-5-2}$$

(3)求取 $\boldsymbol{A}_q$ 矩阵的特征值与特征向量,并将最小特征值的特征向量记作 $\boldsymbol{k}_q$。

(4)由上面的各个 q 值得出的最小特征向量可以构成补偿矩阵 $\boldsymbol{K}_{\rm p}$

$$\boldsymbol{K}_{\rm p}^{-1}=\left[\boldsymbol{k}_1,\boldsymbol{k}_2,\cdots,\boldsymbol{k}_m\right]^{\rm T} \tag{7-5-3}$$

上面介绍的伪对角化方法是基于某一频率的,而具体应该针对哪个频率去设计还应该通过试凑的方法来完成。此外还可以考虑对某个频率段进行加权来实现伪对角化的方法,选择 N 个频率点 $\omega_1,\omega_2,\cdots,\omega_N$,并假设对第 r 个频率点引入加权系数 ψ_r,按照如下的方法构造 $\boldsymbol{A}_q$ 矩阵

$$A_{il,q}=\sum_{r=1}^{N}\psi_r\left[\sum_{k=1\ 且\ k\neq q}^{m}(\alpha_{ik,r}\alpha_{lk,r}+\beta_{ik,r}\beta_{lk,r})\right] \tag{7-5-4}$$

其中,$\alpha_{:,:,r}$ 和 $\beta_{:,:,r}$ 表示第 r 点处的 α 和 β 值,这样就可以进入前面算法的步骤(3)来求取伪对角化矩阵 $\boldsymbol{K}_{\rm p}$ 了。

依照上述算法可以用MATLAB编写出伪对角化函数 `pseudiag()`,该函数可以由给定频率段的Nyquist响应数据 $\boldsymbol{G}_1$ 来得出 $\boldsymbol{K}_{\rm p}$ 矩阵,其中 $\boldsymbol{R}$ 为加权系数 $\psi_{\rm i}$ 构成的向量,若不给出此选项则加权系数全选择为1。该函数的程序清单为

```
function Kp=psuediag(G1,R)
A=real(G1); B=imag(G1); [n,m]=size(G1); N=n/m; Kp=[];
```

```
if nargin==1, R=ones(N,1); end
for q=1:m, L=[1:q-1, q+1:m];
   for i=1:m, for l=1:m, a=0;
      for r=1:N, k=(r-1)*m;
         a=a+R(r)*sum(A(k+i,L).*A(k+l,L)+B(k+i,L).*B(k+l,L));
      end, Ap(i,l)=a;
   end, end
   [x,d]=eig(Ap); [xm,ii]=min(diag(d)); Kp=[Kp; x(:, ii)'];
end
```

例7-18 考虑下面的4输入4输出蒸汽锅炉温度控制模型[9]

$$\boldsymbol{G}(s)=\begin{bmatrix} 1/(1+4s) & 0.7/(1+5s) & 0.3/(1+5s) & 0.2/(1+5s) \\ 0.6/(1+5s) & 1/(1+4s) & 0.4/(1+5s) & 0.35/(1+5s) \\ 0.35/(1+5s) & 0.4/(1+5s) & 1/(1+4s) & 0.6/(1+5s) \\ 0.2/(1+5s) & 0.3/(1+5s) & 0.7/(1+5s) & 1/(1+4s) \end{bmatrix}$$

试分析其对角占优性，并用伪对角化方法补偿系统。

解 由下面的MATLAB语句可以立即绘制出该模型的带有Gershgorin带的Nyquist图，如图7-28(a)所示。

```
>> s=tf('s'); w=logspace(-1,0);
   G=[1/(1+4*s), 0.7/(1+5*s), 0.3/(1+5*s), 0.2/(1+5*s);
      0.6/(1+5*s), 1/(1+4*s), 0.4/(1+5*s), 0.35/(1+5*s);
      0.35/(1+5*s), 0.4/(1+5*s), 1/(1+4*s), 0.6/(1+5*s);
      0.2/(1+5*s),0.3/(1+5*s),0.7/(1+5*s),1/(1+4*s)];
   H=mfrd(G,w); gershgorin(H)
```

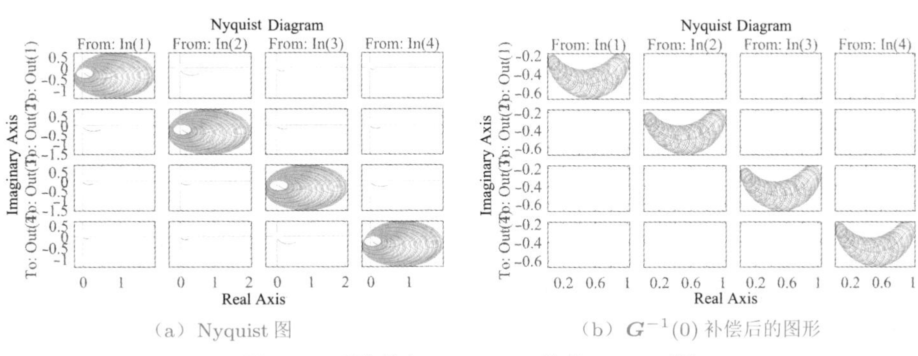

（a）Nyquist图　　（b）$\boldsymbol{G}^{-1}(0)$补偿后的图形

图7-28 系统带有Gershgorin带的Nyquist图

从得出的图形可见，原系统不是对角占优的系统，所以需要校正。选择预校正矩阵$\boldsymbol{K}=\boldsymbol{G}^{-1}(0)$，则可以由下面的语句绘制出校正后的Nyquist曲线，如图7-28(b)所示。可见，这样的系统的对角占优性有所改善，但由于Gershgorin带较宽，所以不能直接设计控制器。

```
>> K=inv(mfrd(G,0)); W=mfrd(G*K,w); gershgorin(W)
```

再考虑根据上面的 pseudiag() 函数对 $\omega_0 = 0.9\,\text{rad/s}$ 作伪对角处理，这时补偿模型的 Nyquist 图如图 7-29(a)所示。

```
>> v=0.9; iH=mfrd(inv(G),v); Kp=inv(pseudiag(iH))
   V=mfrd(G*Kp,w); gershgorin(V)
```

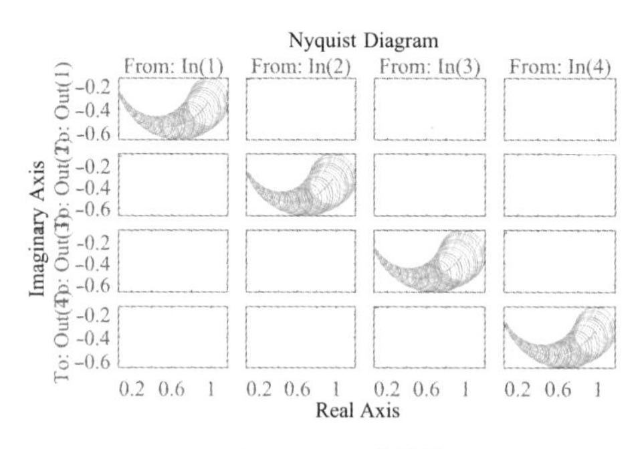

(a) $\omega = 0.9$ 的效果

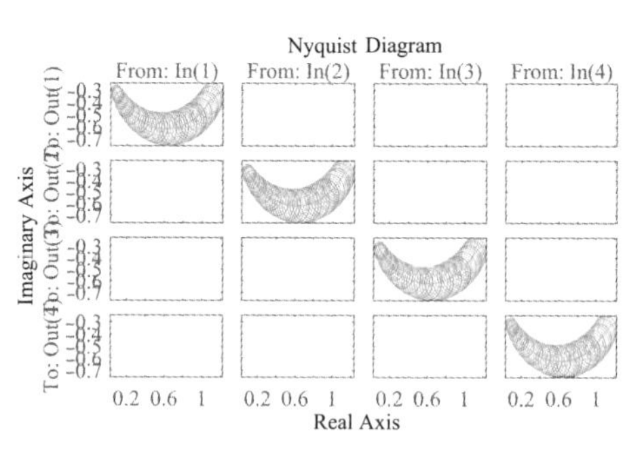

(b) $(0.1, 0.32)$ 频段加权的效果

图 7-29 不同频域加权下的伪对角化效果

可以得出系统的前置静态补偿矩阵为

$$\boldsymbol{K}_{\mathrm{p}} = \begin{bmatrix} 1.6595 & -0.91346 & -0.14286 & 0.056197 \\ -0.73847 & 1.755 & -0.24064 & -0.25876 \\ -0.25876 & -0.24064 & 1.755 & -0.73847 \\ 0.056197 & -0.14286 & -0.91346 & 1.6595 \end{bmatrix}$$

由此可见，这样补偿后的系统已经具有很好的对角占优性了，所以可以采用类似于单变量系统的方法去进行设计，而不必顾忌某一回路会影响其他回路。如果想对某段频域响应数据进行加权处理，例如对 $(0.01, 0.4)$ 这段频域响应数据加权，则可以给出如下语句。

```
>> v=logspace(-2,log10(0.4)); iH=mfrd(inv(G),v);
   Kp=inv(pseudiag(iH)), Q=mfrd(G*Kp,w); gershgorin(Q)
```

这样得出的前置静态补偿矩阵为

$$\boldsymbol{K}_{\mathrm{p}} = \begin{bmatrix} 2.0360 & -1.3304 & -0.1884 & 0.1494 \\ -1.0707 & 2.1785 & -0.2770 & -0.3554 \\ -0.3554 & -0.2770 & 2.1785 & -1.0707 \\ 0.1494 & -0.1884 & -1.3304 & 2.0360 \end{bmatrix}$$

得出的 Nyquist 曲线如图 7-29(b)所示。从得出的曲线可以看出加权的效果。

文献 [15] 中还仿照这一伪对角化的方法给出了构造动态补偿器 $\boldsymbol{K}_{\mathrm{p}}(s)$ 的方法，读者可以自己去查阅有关文献。

前面介绍了多变量系统的对角占优补偿方法，通过这些方法可以将系统近似变换成对角占优模型，这样就可以对每个回路单独设计控制器了。逆 Nyquist 阵列设计方法有一个最大的局限性，即原系统的传递函数矩阵为方阵，亦即系统的输入和输出个数是相同的，因为只有这样才能保证系统的逆Nyquist矩阵的存在。若系统传递函数矩阵不是方阵时则不能采用逆Nyquist阵列方法，而必须采用直接Nyquist阵列(direct Nyquist array，DNA)方法来设计。

例 7-19 考虑例5-49中给出的含有延迟的多变量系统传递函数矩阵，试选择补偿矩阵将其变换为对角占优的系统。

$$\boldsymbol{G}(s)=\begin{bmatrix}\dfrac{0.1134}{1.78s^2+4.48s+1}\mathrm{e}^{-0.72s} & \dfrac{0.924}{2.07s+1}\\ \dfrac{0.3378}{0.361s^2+1.09s+1}\mathrm{e}^{-0.3s} & \dfrac{-0.318}{2.93s+1}\mathrm{e}^{-1.29s}\end{bmatrix}$$

解 原系统不是对角占优系统，经过 $\boldsymbol{K}_{\mathrm{p}_1}=\boldsymbol{G}^{-1}(0)$ 补偿后，系统的 $g_{22}(s)$ 项亦不明显，引入补偿矩阵 $\boldsymbol{K}_{\mathrm{p}_2}^{-1}=[1,0;0.5,1]$ 对之进一步补偿，补偿后Nyquist曲线如图7-30(a)所示，可见补偿后的系统为对角占优。

```
>> G=[tf(0.1134,[1.78 4.48 1]), tf([0.924],[2.07,1]);
     tf(0.3378,[0.361,1.09,1]), tf(-0.318,[2.93 1])];
   G1=G; G1.ioDelay=[0.72 0; 0.3 1.29];
   w=logspace(0,1); Kp1=inv(mfrd(G,0));
   Kp2=inv([1 0; 0.5 1]); H3=mfrd(G1*Kp1*Kp2,w); gershgorin(H3)
```

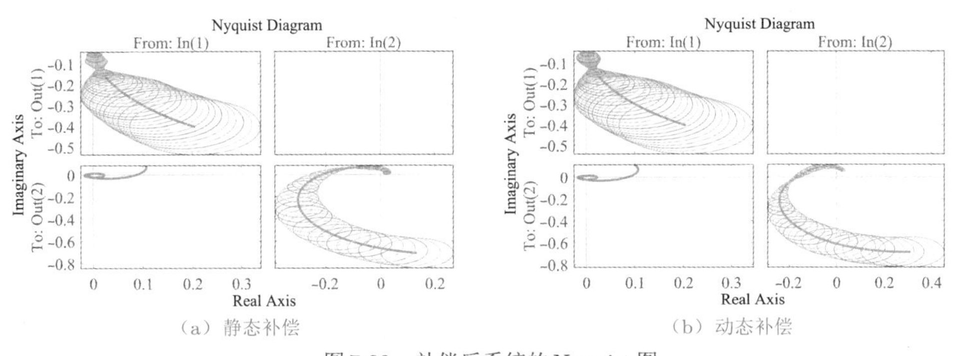

(a) 静态补偿 (b) 动态补偿

图7-30 补偿后系统的Nyquist图

这时对得出的对角占优系统可以利用单变量系统的设计方法对两个回路进行单独设计，例如引入下面的动态补偿矩阵。

$$\boldsymbol{K}_{\mathrm{d}}(s)=\begin{bmatrix}1 & 0\\ 0 & \dfrac{0.3s+1}{0.05s+1}\end{bmatrix}，即\ \boldsymbol{K}_{\mathrm{d}}^{-1}(s)=\begin{bmatrix}1 & 0\\ 0 & \dfrac{0.05s+1}{0.3s+1}\end{bmatrix}$$

这时 $\boldsymbol{Q}^{-1}(s)=\boldsymbol{K}_{\mathrm{d}}^{-1}(s)\boldsymbol{K}_{\mathrm{p}_2}^{-1}\boldsymbol{K}_{\mathrm{p}_1}^{-1}\boldsymbol{G}^{-1}(s)$ 的Nyquist图如图7-30(b)所示，可以发现补偿后的系统有较强的对角占优特性。

```
>> s=tf('s'); Kd=[1 0; 0 (0.3*s+1)/(0.05*s+1)];
   gershgorin(mfrd(G1*Kp1*Kp2*Kd,w))
```

这样,可以通过下面指令直接绘制出系统的阶跃响应曲线,如图 7-31 所示。

```
>> step(feedback(ss(G1)*Kp1*Kp2*Kd,eye(2)),15)
```

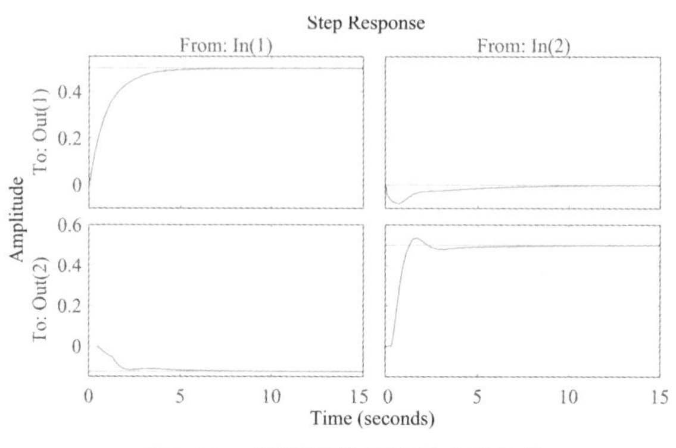

图 7-31 闭环系统的阶跃响应曲线

7.5.2 多变量系统的参数最优化设计

文献 [13]提出了一种实用的参数最优化方法来设计多变量系统,假定该系统的框图如图 7-32 所示,其中 $\boldsymbol{G}(s)$ 为系统对象的传递函数矩阵,$\boldsymbol{K}(s)$ 为控制器传递函数矩阵,且令输入和输出的个数分别为 l 和 m。这时系统的闭环传递函数矩阵可以写成

$$\boldsymbol{T}(s)=\boldsymbol{G}(s)\boldsymbol{K}(s)\big[\boldsymbol{I}+\boldsymbol{G}(s)\boldsymbol{K}(s)\big]^{-1} \tag{7-5-5}$$

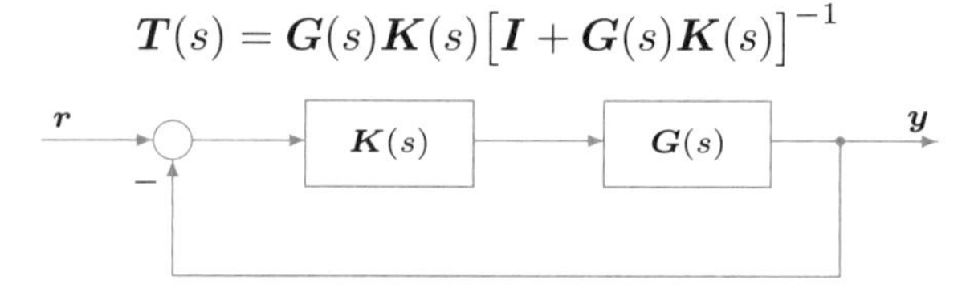

图 7-32 多变量控制系统的结构图

若在某一个给定的频率区域内,能使得闭环传递函数矩阵尽可能地接近于一个预先指定的目标传递函数矩阵,则能用某种参数最优化的方法来设计出合适的控制器,这就是文献 [13]的最初目的。假设目标传递函数矩阵可以表示为 $\boldsymbol{T}_\mathrm{t}(s)$,则对应于 $\boldsymbol{T}_\mathrm{t}(s)$ 的目标控制器 $\boldsymbol{K}_\mathrm{t}(s)$ 满足

$$\boldsymbol{K}_\mathrm{t}(s)=\boldsymbol{G}^{-1}(s)\boldsymbol{T}_\mathrm{t}(s)\big(\boldsymbol{I}-\boldsymbol{T}_\mathrm{t}(s)\big)^{-1} \tag{7-5-6}$$

为推导方便,以后省去自变量 s。定义一个误差函数 $\boldsymbol{E}=\boldsymbol{T}_\mathrm{t}-\boldsymbol{T}$,通过简单的变换可以很容易地证明

$$\boldsymbol{E}=(\boldsymbol{I}-\boldsymbol{T})\big(\boldsymbol{G}\boldsymbol{K}-\boldsymbol{G}\boldsymbol{K}_\mathrm{t}\big)\big(\boldsymbol{I}-\boldsymbol{T}_\mathrm{t}\big) \tag{7-5-7}$$

若 $||\boldsymbol{E}||$ 足够小,亦即使得 $\boldsymbol{K}$ 足够接近 $\boldsymbol{K}_\mathrm{t}$,则可以得出

$$\begin{aligned}\boldsymbol{E}&=\big(\boldsymbol{I}-\boldsymbol{T}_\mathrm{t}\big)\big(\boldsymbol{G}\boldsymbol{K}-\boldsymbol{G}\boldsymbol{K}_\mathrm{t}\big)\big(\boldsymbol{I}-\boldsymbol{T}_\mathrm{t}\big)+o(||\boldsymbol{E}||^2)\\&\approx\big(\boldsymbol{I}-\boldsymbol{T}_\mathrm{t}\big)\big(\boldsymbol{G}\boldsymbol{K}-\boldsymbol{G}\boldsymbol{K}_\mathrm{t}\big)\big(\boldsymbol{I}-\boldsymbol{T}_\mathrm{t}\big)\end{aligned} \tag{7-5-8}$$

定义$\boldsymbol{K}(s)=\boldsymbol{N}(s)/d(s)$，其中$d(s)$为用户选定的公分母多项式，且$\boldsymbol{N}(s)$为已知阶次的多项式矩阵，但其参数为待定的，并令$\boldsymbol{B}=\boldsymbol{I}-\boldsymbol{T}_{\rm t}$，$\boldsymbol{A}=\boldsymbol{BG}/d(s)$，且$\boldsymbol{Y}=\boldsymbol{BGK}_{\rm t}\boldsymbol{B}$，则式(7-5-8)可以写成

$$\boldsymbol{Y}(s)\approx\boldsymbol{A}(s)\boldsymbol{N}(s)\boldsymbol{B}(s)+\boldsymbol{E}(s)\tag{7-5-9}$$

为找出最优的$\boldsymbol{N}(s)$参数，可以定义下面的最优化准则。

$$||\boldsymbol{E}||_2^2=\min_{\boldsymbol{N}(s)}\int_{-\infty}^{\infty}\mathrm{tr}\left[\boldsymbol{E}^{\rm T}(-\mathrm{j}\omega)\boldsymbol{E}(\mathrm{j}\omega)\right]\mathrm{d}\omega\tag{7-5-10}$$

式中$\boldsymbol{Y}(s)=\left[y_1(s),y_2(s),\cdots,y_m(s)\right]$，$\boldsymbol{N}(s)=\left[\boldsymbol{n}_1(s),\boldsymbol{n}_2(s),\cdots,\boldsymbol{n}_m(s)\right]$，$\boldsymbol{E}(s)=\left[e_1(s),e_2(s),\cdots,e_m(s)\right]$。这样，可以写出下面的关系式。

$$\begin{bmatrix}y_1(s)\\y_2(s)\\\vdots\\y_m(s)\end{bmatrix}\approx\left[\boldsymbol{B}^{\rm T}(s)\otimes\boldsymbol{A}(s)\right]\begin{bmatrix}\boldsymbol{n}_1(s)\\\boldsymbol{n}_2(s)\\\vdots\\\boldsymbol{n}_m(s)\end{bmatrix}+\begin{bmatrix}e_1(s)\\e_2(s)\\\vdots\\e_m(s)\end{bmatrix}\tag{7-5-11}$$

控制器分子多项式$\boldsymbol{n}_i(s)$可以写成$\boldsymbol{n}_i(s)=\left[n_{1i}(s),n_{2i}(s),\cdots,n_{li}(s)\right]^{\rm T}$，且假设

$$n_{ij}(s)=v_{ij}^0s^p+v_{ij}^1s^{p-1}+\cdots+v_{ij}^{p-1}s+v_{ij}^p\tag{7-5-12}$$

其中对$\boldsymbol{n}_i(s)$来说，p可以是一个选定的正整数，这样可以用矩阵的形式来描述分子系数，对某些阶次较低的子多项式仍可作这样的设置，只不过其高次项的系数等于0就可以了。构造如下矩阵。

$$\boldsymbol{\Sigma}(s)=\begin{bmatrix}s^p & s^{p-1} & \cdots & 1 & & & & & & & & \\ & & & & s^p & s^{p-1} & \cdots & 1 & & & & \\ & & & & & & & & \ddots & & & \\ & & & & & & & & & s^p & s^{p-1} & \cdots & 1\end{bmatrix}\tag{7-5-13}$$

则

$$\begin{bmatrix}\boldsymbol{n}_1(s)\\\boldsymbol{n}_2(s)\\\vdots\\\boldsymbol{n}_m(s)\end{bmatrix}=\boldsymbol{\Sigma v},\quad 且\quad \boldsymbol{v}=\left[v_{11}^0,v_{11}^1,\cdots,v_{ml}^p\right]^{\rm T}\tag{7-5-14}$$

令$\boldsymbol{X}(s)=\left[\boldsymbol{B}^{\rm T}(s)\otimes\boldsymbol{A}(s)\right]\boldsymbol{\Sigma}(s)$，$\boldsymbol{\eta}(s)=\left[\boldsymbol{y}_1^{\rm T}(s),\boldsymbol{y}_2^{\rm T}(s),\cdots,\boldsymbol{y}_m^{\rm T}(s)\right]^{\rm T}$，$\boldsymbol{\varepsilon}(s)=\left[\boldsymbol{e}_1^{\rm T}(s),\boldsymbol{e}_2^{\rm T}(s),\cdots,\boldsymbol{e}_m^{\rm T}(s)\right]^{\rm T}$，则式(7-5-11)将写成下面的最小二乘标准形式。

$$\boldsymbol{\eta}(s)=\boldsymbol{X}(s)\boldsymbol{v}+\boldsymbol{\varepsilon}(s)\tag{7-5-15}$$

为得出$\boldsymbol{\eta}$和$\boldsymbol{X}$矩阵，可以先选择一些选定频率点$\{\omega_i\}$，$i=1,2,\cdots,M$，通过前面的各式近似出$\boldsymbol{X}(\mathrm{j}\omega_i)$和$\boldsymbol{\eta}(\mathrm{j}\omega_i)$，从而构成$\boldsymbol{X}(\mathrm{j}\omega)$和$\boldsymbol{\eta}(\mathrm{j}\omega)$矩阵。

$$\boldsymbol{X}(\mathrm{j}\omega)=\begin{bmatrix}\boldsymbol{X}(\mathrm{j}\omega_1)\\\boldsymbol{X}(\mathrm{j}\omega_2)\\\vdots\\\boldsymbol{X}(\mathrm{j}\omega_M)\end{bmatrix},\quad \boldsymbol{\eta}(\mathrm{j}\omega)=\begin{bmatrix}\eta(\mathrm{j}\omega_1)\\\eta(\mathrm{j}\omega_2)\\\vdots\\\eta(\mathrm{j}\omega_M)\end{bmatrix}\tag{7-5-16}$$

显然由式(7-5-15)可以直接得出控制器参数的最小二乘解。

$$\hat{\boldsymbol{v}}=\left[\boldsymbol{X}^{\mathrm{T}}(-\mathrm{j}\omega)\boldsymbol{X}(\mathrm{j}\omega)\right]^{-1}\boldsymbol{X}^{\mathrm{T}}(-\mathrm{j}\omega)\boldsymbol{\eta}(\mathrm{j}\omega) \tag{7-5-17}$$

仔细观察上式立即可以发现问题：由此式得出的 $\hat{\boldsymbol{v}}$ 参数难免出现复数值，这就使得出的控制器无法实现，所以要对上面的计算方式进行改进，以确保得出实数的 $\boldsymbol{v}$ 值。文献 [13] 给出了这样的算法。

$$\hat{\boldsymbol{v}}=\mathscr{R}\left[\boldsymbol{X}^{\mathrm{T}}(-\mathrm{j}\omega)\boldsymbol{X}(\mathrm{j}\omega)\right]^{-1}\mathscr{R}\left[\boldsymbol{X}^{\mathrm{T}}(-\mathrm{j}\omega)\boldsymbol{\eta}(\mathrm{j}\omega)\right] \tag{7-5-18}$$

其中 $\mathscr{R}(\cdot)$ 为提取实部的算符。

MFD 工具箱给出了实现参数最优化的 `fedmunds()` 函数，该函数扩展了参数最优化算法，不再要求控制器具有公分母 $d(s)$，而是每个子传递函数可以有自己的控制器结构。该函数的调用格式为 $\boldsymbol{N}$=`fedmunds`($\boldsymbol{w}$, $\boldsymbol{H}$, $\boldsymbol{H}_{\mathrm{t}}$, $\boldsymbol{N}_0$, $\boldsymbol{D}$)，其中，$\boldsymbol{w}$ 为选定的频率向量，$\boldsymbol{H}$ 和 $\boldsymbol{H}_{\mathrm{t}}$ 为受控对象 $\boldsymbol{G}(s)$ 和目标系统 $\boldsymbol{T}(s)$ 的频域响应数据，$\boldsymbol{N}_0$ 和 $\boldsymbol{D}$ 为控制器分子和分母多项式的表示形式，其中 $\boldsymbol{N}_0$ 更多地表示分子的结构，如其中某个参数等于0，则说明在控制器设计中不必求解该参数，从而简化控制器设计的计算量。返回的矩阵 $\boldsymbol{N}$ 为优化的分子系数矩阵。下面将通过例子演示这些参数的使用方法及其在控制器设计中的应用。

例7-20 考虑下面给出的一个状态方程模型[16]。

$$\boldsymbol{A}=\begin{bmatrix}0&0&1.1320&0&-1\\0&-0.0538&-0.1712&0&0.0705\\0&0&0&1&0\\0&0.0485&0&-0.8556&-1.0130\\0&-0.2909&0&1.0532&-0.6859\end{bmatrix},\quad \boldsymbol{B}=\begin{bmatrix}0&0&0\\-0.120&1&0\\0&0&0\\4.419&0&-1.6650\\1.575&0&-0.0732\end{bmatrix}$$

且 $\boldsymbol{C}=\left[\boldsymbol{I}_3,\boldsymbol{0}_{3\times2}\right]$，试用参数最优化方法设计控制器。

解 原系统模型为3输入3输出的模型，可以用下面的语句直接输入受控对象模型，并计算出其频域响应数据。

```
>> A=[0,0,1.1320,0,-1; 0,-0.0538,-0.1712,0,0.0705; 0,0,0,1,0;
     0,0.0485,0,-0.8556,-1.013;0,-0.2909,0,1.0532,-0.6859];
   B=[0,0,0; -0.120,1,0; 0,0,0; 4.419,0,-1.665; 1.575,0,-0.0732];
   C=eye(3,5); G=ss(A,B,C,0); w=logspace(-3,2); Hg=mfrd(G,w);
```

对此系统选择完全解耦的闭环目标传递函数为

$$\boldsymbol{T}_{\mathrm{t}}(s)=\mathrm{diag}\left[\frac{3^2}{(s+3)^2},\frac{3^2}{(s+3)^2},\frac{10^2}{(s+10)^2}\right]$$

则其模型及频域响应数据可以由下面的语句输入。

```
>> s=tf('s'); g=3^2/(s+3)^2; T=[g,0,0; 0,g,0; 0,0,10^2/(s+10)^2];
```

由给出的受控对象模型和目标模型可以求出目标控制器 $\boldsymbol{K}_{\mathrm{t}}=\boldsymbol{G}^{-1}\boldsymbol{T}_{\mathrm{t}}\left(\boldsymbol{I}-\boldsymbol{T}_{\mathrm{t}}\right)^{-1}$，并绘制出其幅值 Bode 图，如图 7-33 所示。

```
>> I=eye(3); Kt=inv(G)*T*inv(I-T);
   Hk=mfrd(Kt,w); bodemag(Kt,w)
```

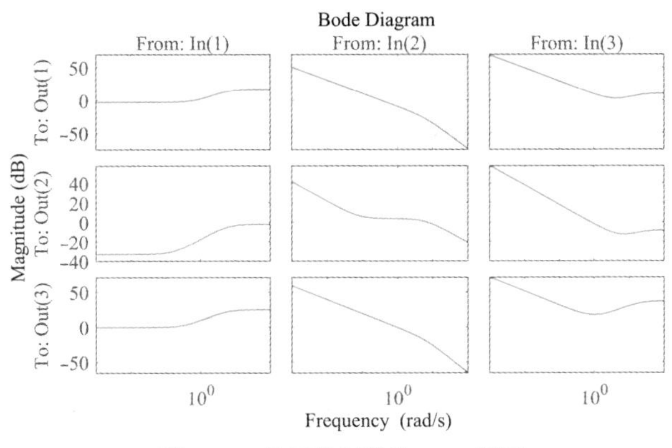

图7-33 目标控制器的Bode图形

由该图可见，第一列曲线对应于关于第一输入信号的控制器模型。由于低频时Bode幅值图是平的，所以对第1输入并不需要添加积分器，第二列与第三列低频时曲线有$-20\,\mathrm{dB/dec}$的斜率，表明这两个输入需要加一个积分器。另外观察每条曲线向下的转折点，这些转折点对应于极点位置（向上的转折点对应于零点的位置，由后面的最优化过程自动确定），由第一列的图可以看出，向下的转折点在-6左右，所以可以为第一输入选择-6作为极点位置（这个值不必太精确），而对第2、3输入可以分别选择-6和-30作极点位置，这样可以按下面方式设置控制器的结构为

$$\boldsymbol{k}_{i1}(s)=\frac{\boldsymbol{v}_{i1}^0 s+\boldsymbol{v}_{i1}^1}{s+6},\quad \boldsymbol{k}_{i2}(s)=\frac{\boldsymbol{v}_{i2}^0 s^2+\boldsymbol{v}_{i2}^1 s+\boldsymbol{v}_{i2}^2}{s(s+6)},\quad \boldsymbol{k}_{i3}(s)=\frac{\boldsymbol{v}_{i3}^0 s^2+\boldsymbol{v}_{i3}^1 s+\boldsymbol{v}_{i3}^2}{s(s+30)}$$

可见，控制器最高阶次为2。另外，由于$\boldsymbol{k}_{i1}(s)$选择为一阶模型，而统一需要用二阶模型表示，所以需要将其修改为$\boldsymbol{k}_{i1}(s)=(\boldsymbol{0}s^2+\boldsymbol{v}_{i1}^0 s+\boldsymbol{v}_{i1}^1)/(0s^2+s+6)$。这样其分子首项均应该为0，故需要建立如下的分母、分子矩阵。

$$\boldsymbol{D}=\begin{bmatrix}0&1&6&1&6&0&1&30&0\\0&1&6&1&6&0&1&30&0\\0&1&6&1&6&0&1&30&0\end{bmatrix},\ \boldsymbol{N}=\begin{bmatrix}0&1&1&1&1&1&1&1&1\\0&1&1&1&1&1&1&1&1\\0&1&1&1&1&1&1&1&1\end{bmatrix}$$

其中，矩阵$\boldsymbol{N}$的主要作用是标示控制器分子矩阵哪些系数需要优化，哪些应该设置为零。这样控制器的分子和分母矩阵可以先由下面的语句直接输入，然后给出最优控制器设计命令。

```
>> d=[0 1 6 1 6 0 1 30 0]; den=[d; d; d];        %每行相同处理
   num=[zeros(3,1) ones(3,8)];  %读者可以显示这两个矩阵的内容来理解
   Ht=mfrd(T,w); N=fedmunds(w,Hg,Ht,num,den)  %直接设计最优控制器
```

则可以得出最优控制器分子的$\boldsymbol{N}$矩阵为

$$\boldsymbol{N}=\begin{bmatrix}0&-6.5183&-4.1806&0&0&1.9101&-5.2977&6.3218&77.927\\0&-0.7822&0.1328&0&9&0.7134&-0.6161&0.6246&22.991\\0&-17.300&-5.6199&0&0&5.3316&-99.857&-63.275&104.83\end{bmatrix}$$

亦即控制器参数的传递函数矩阵 $\boldsymbol{K}(s)$ 为

$$\boldsymbol{K}(s)=\begin{bmatrix}\dfrac{-6.5183s-4.1806}{s+6} & \dfrac{1.9101}{s(s+6)} & \dfrac{-5.2977s^2+6.3218s+77.927}{s(s+30)}\\ \dfrac{-0.7822s+0.1328}{s+6} & \dfrac{9s+0.7134}{s(s+6)} & \dfrac{-0.6161s^2+0.6246s+22.991}{s(s+30)}\\ \dfrac{-17.3s-5.6199}{s+6} & \dfrac{5.3316}{s(s+6)} & \dfrac{-99.857s^2-63.275s+104.83}{s(s+30)}\end{bmatrix}$$

应用设计好的控制器,可以由下面语句立即绘制出在控制器作用下,系统的闭环阶跃响应输出曲线,如图 7-34 所示。可见,这样设计出的控制器能完全解耦,由于非对角线上的阶跃响应曲线几乎是零,对角系统的阶跃响应曲线与期望的曲线完全一致。

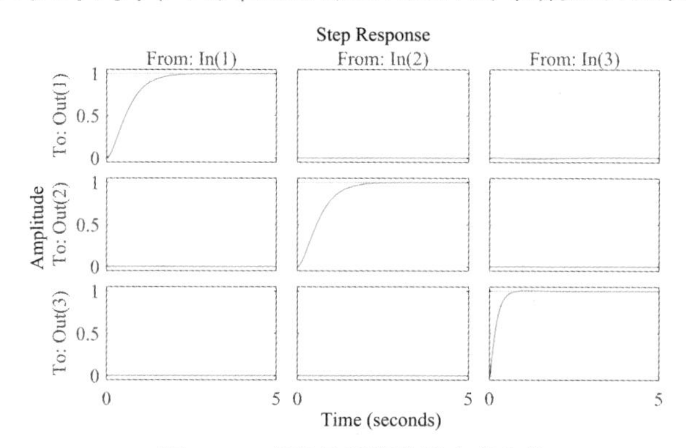

图 7-34 多变量系统阶跃响应曲线

```
>> d1=[1,6]; d2=[1 6 0]; d3=[1 30 0];
   K11=tf(N(1,2:3),d1); K12=tf(N(1,6),d2); K13=tf(N(1,7:9),d3);
   K21=tf(N(2,2:3),d1); K22=tf(N(2,5:6),d2); K23=tf(N(2,7:9),d3);
   K31=tf(N(3,2:3),d1); K32=tf(N(3,6),d2); K33=tf(N(3,7:9),d3);
   K=[K11 K12 K13; K21 K22 K23; K31 K32 K33]; Hk1=mfrd(K,w);
   Gc=feedback(G*K,I); step(Gc,5), figure; bodemag(K,Kt,'--')
```

可以由上面的语句直接得出实际控制器 Bode 图,如图 7-35 所示。为方便比较,图中叠印了期望的控制器 Bode 图,用虚线表示。可见,几个控制器子传递函数和期望的一致,其余的子传递函数和期望的虽有些差异,但总体控制效果令人满意。

从上面给出的设计语句看,设计解耦控制器只需人为给定目标传递函数对角矩阵,并选定控制器的各个分母多项式(即 $\boldsymbol{D}$ 矩阵)即可,假设仍然选择前面给出的目标传递函数,并将三个控制器的分母分别设置为 $d_1(s)=s+40$,$d_2(s)=s(s+20)$,$d_3(s)=s(s+40)$,则可以给出下面的语句设计最优解耦控制器并仿真控制效果,得出如图 7-36 所示的阶跃响应曲线。

```
>> d1=[1,40]; d2=[1 20 0]; d3=[1 60 0];
   den=[0 d1,d2,d3]; den=[den; den; den];
   N0=[zeros(3,1) ones(3,8)]; N=fedmunds(w,Hg,Ht,N0,den)
```

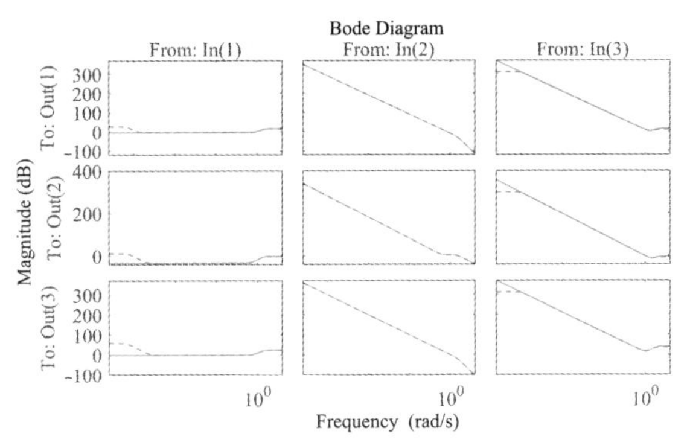

图7-35 控制器的期望与实际Bode图形

```
K11=tf(N(1,2:3),d1); K12=tf(N(1,4:6),d2); K13=tf(N(1,7:9),d3);
K21=tf(N(2,2:3),d1); K22=tf(N(2,4:6),d2); K23=tf(N(2,7:9),d3);
K31=tf(N(3,2:3),d1); K32=tf(N(3,4:6),d2); K33=tf(N(3,7:9),d3);
K=[K11 K12 K13; K21 K22 K23; K31 K32 K33];
Gc=feedback(G*K,I); step(Gc,5)
```

这时得出的新控制器分子矩阵为

$$\boldsymbol{N}=\begin{bmatrix}0 & -31.81 & -37.137 & 0.1893 & -0.916 & 6.6776 & -11.711 & 16.984 & 152.83\\ 0 & -3.858 & -2.1672 & -1.805 & 26.887 & 2.4319 & -1.339 & 1.4999 & 45.302\\ 0 & -87.48 & -51.757 & 0.4892 & -2.697 & 17.362 & -192.63 & -121.07 & 205.77\end{bmatrix}$$

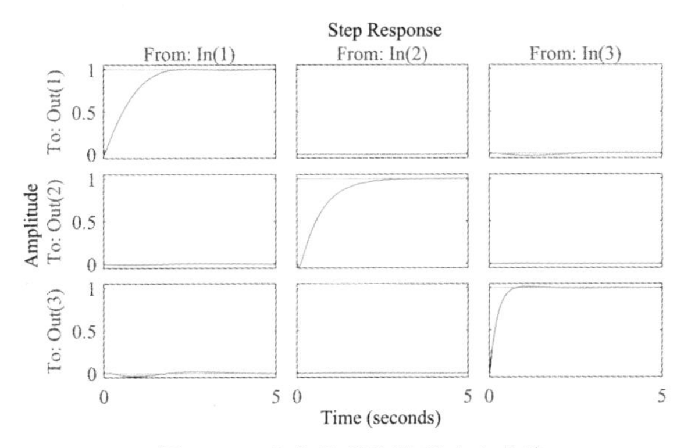

图7-36 多变量系统阶跃响应曲线

从得出的控制效果看，虽然这样设计的控制器也能实现较好的解耦，但为了获得更好的控制效果，还是应该先得出如图7-33所示的目标控制器$\boldsymbol{K}_{\rm t}(s)$的Bode图，由该图有目的地选择控制器极点，以获得更好的效果。

7.5.3 基于OCD的多变量系统最优设计

由前面介绍的OCD程序可以看出，它可以很好地解决单变量系统的最优控制器设计问题。现在将该方法尝试用于多变量系统的设计中。假设某系统经过前置控制器处理后具有一些对角占优特性，则可以考虑各路输入、输出之间的单独设计。假设系统第i输入单独激励，则可以将各路误差信号单独加权，定义各路误差信号加权的ITAE准则

$$J=\int_0^\infty t\Big[a_1|e_1(t)|+a_2|e_2(t)|+\cdots+a_m|e_m(t)|\Big]\mathrm{d}t \tag{7-5-19}$$

这样可以对各路输入单独设计控制器。值得指出的是，设计第i路控制器时，可以设置$a_i=1$，同时为保证对其他回路干扰的抑制，可以将$a_j(j\neq i)$加大权重，例如设置$a_j=10$。

例7-21 考虑例5-49中给出的带有时间延迟的多变量模型，试选择合适的加权系数设计最优PI控制器。

解 以往并不存在任何意义下的“最优”控制器。对此问题，采用加权ITAE准则下的最优PI控制器设计，可以搭建起如图7-37所示的Simulink仿真模型，其中$\boldsymbol{K}_\mathrm{p}$为该例中已经设计的静态控制器。由下面的语句设置仿真初值。

```
>> g11=tf(0.1134,[1.78 4.48 1],'ioDelay',0.72);
   g21=tf(0.3378,[0.361 1.09 1],'ioDelay',0.3);
   g12=tf(0.924,[2.07 1]); g22=tf(-0.318,[2.93 1],'ioDelay',1.29);
   G=[g11, g12; g21, g22]; %和矩阵定义一样，这样可以输入传递函数矩阵
   a1=1; a2=10; u1=1; u2=0; um=1.5; Kp2=1; Ki2=1;
   Kp=[-0.41357,2.6537; 1.133,-0.32569];
```

然后调用OCD对K_{p_1}和K_{i_1}进行优化，即可以得出第1路输入的PI控制器为$K_{\mathrm{p}_1}=3.8582, K_{\mathrm{i}_1}=1.0640$。

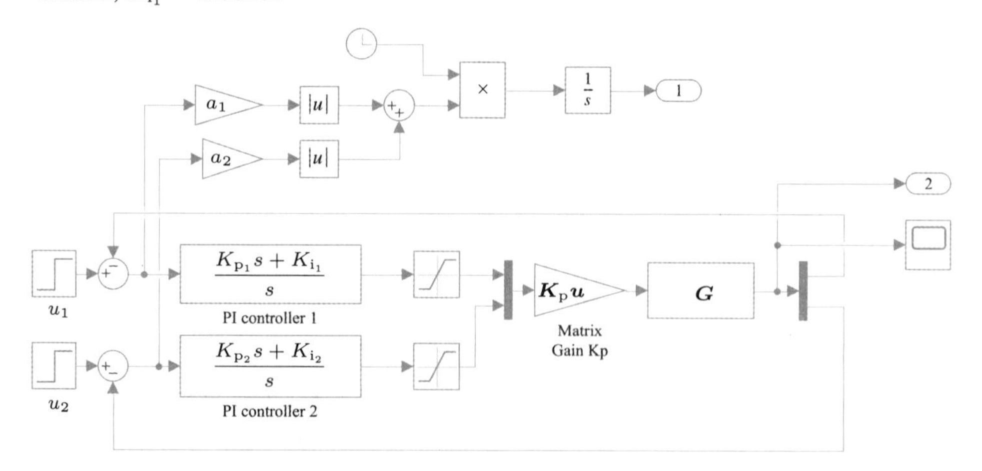

图7-37 多变量系统最优控制仿真框图(文件名:c7mmopt.slx)

修改下面的参数a1=10; a2=1; u1=0; u2=1，再调用OCD则可以得出第2输入信号的控制器参数为$K_{\mathrm{p}_2}=1.1487, K_{\mathrm{i}_2}=0.8133$。由这两个控制器则可以得出闭环系统阶跃响应曲线，如图7-38所示。可见控制效果还是基本上令人满意的。

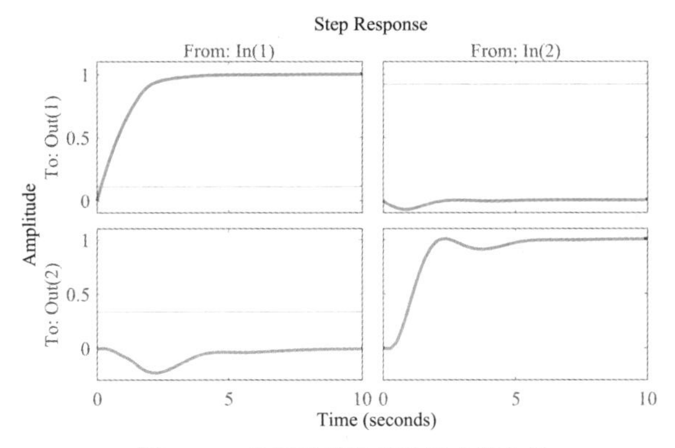

图7-38 多变量系统的阶跃响应曲线

7.6 多变量系统的解耦控制

在多变量系统研究中，通常第i路控制输入对第j路输出存在扰动作用，这种现象称为耦合。如何消除耦合现象，是多变量系统首先需要研究的问题。消除耦合又称为多变量系统的解耦。前面介绍的部分内容在控制器算法中已经考虑了解耦，另一些算法则没有考虑，在本节对一些解耦方法给出必要的介绍。

7.6.1 状态反馈解耦控制

考虑线性系统的状态方程模型$(\boldsymbol{A},\boldsymbol{B},\boldsymbol{C},\boldsymbol{D})$，该模型有$m$路输入信号，$m$路输出信号。若控制信号$\boldsymbol{u}$是由状态反馈建立起来的，如图7-39所示，即$\boldsymbol{u}=\boldsymbol{\Gamma r}-\boldsymbol{Kx}$。这样，闭环系统的传递函数矩阵模型可以写成

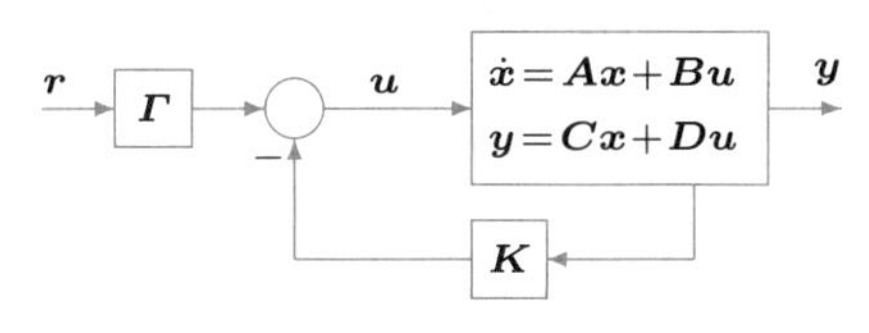

图7-39 系统解耦示意图

$$\boldsymbol{G}(s)=\left[(\boldsymbol{C}-\boldsymbol{DK})(s\boldsymbol{I}-\boldsymbol{A}+\boldsymbol{BK})^{-1}\boldsymbol{B}+\boldsymbol{D}\right]\boldsymbol{\Gamma} \tag{7-6-1}$$

对每个$j,(j=1,2,\cdots,m)$定义出阶次d_j，使得其为满足$\boldsymbol{c}_j^{\mathrm{T}}\boldsymbol{A}^{d_j}\boldsymbol{B}\neq\boldsymbol{0}$（$d_j=0,\ 1,2,\cdots,n-1$）的最小$d_j$值，其中$\boldsymbol{c}_j^{\mathrm{T}}$为矩阵$\boldsymbol{C}$的第$j$行。

若$m\times m$阶矩阵

$$\boldsymbol{F}=\begin{bmatrix}\boldsymbol{c}_1^{\mathrm{T}}\boldsymbol{A}^{d_1}\boldsymbol{B}\\ \vdots\\ \boldsymbol{c}_m^{\mathrm{T}}\boldsymbol{A}^{d_m}\boldsymbol{B}\end{bmatrix} \tag{7-6-2}$$

为非奇异矩阵，选择如下状态反馈矩阵$\boldsymbol{K}$和前置矩阵$\boldsymbol{\Gamma}$，则式(7-6-1)定义的系统可以动态解耦[4]，即

$$\boldsymbol{\Gamma}=\boldsymbol{F}^{-1},\quad \boldsymbol{K}=\boldsymbol{\Gamma}\begin{bmatrix}\boldsymbol{c}_1^{\mathrm{T}}\boldsymbol{A}^{d_1+1}\\ \vdots\\ \boldsymbol{c}_m^{\mathrm{T}}\boldsymbol{A}^{d_m+1}\end{bmatrix} \tag{7-6-3}$$

根据上述算法可以编写一个MATLAB函数decouple()来设计解耦矩阵：

```
function [G1,K,d,Gam]=decouple(G)
G=ss(G); A=G.a; B=G.b; C=G.c; [n,m]=size(G.b); F=[]; K0=[];
for j=1:m, for k=0:n-1
   if norm(C(j,:)*A^k*B)>eps, d(j)=k; break; end, end
   F=[F; C(j,:)*A^d(j)*B]; K0=[K0; C(j,:)*A^(d(j)+1)];
end
Gam=inv(F); K=Gam*K0; G1=minreal(tf(ss(A-B*K,B,C,G.d))*Gam);
```

该函数的调用格式为 $[\boldsymbol{G}_1,\boldsymbol{K},\boldsymbol{d},\boldsymbol{\Gamma}]$=decouple($\boldsymbol{G}$)，其中，$\boldsymbol{G}$ 为原始的多变量系统模型，$\boldsymbol{G}_1$ 为解耦后的传递函数矩阵，$\boldsymbol{K}$ 为状态反馈矩阵。向量 $\boldsymbol{d}$ 包含前面定义的 d_j 值，矩阵 $\boldsymbol{\Gamma}$ 为前置静态补偿器矩阵。

例7-22 考虑下面的双输入双输出系统，试设计出满足完全解耦的状态反馈。

$$\begin{cases}\dot{\boldsymbol{x}}=\begin{bmatrix}2.25 & -5 & -1.25 & -0.5\\ 2.25 & -4.25 & -1.25 & -0.25\\ 0.25 & -0.5 & -1.25 & -1\\ 1.25 & -1.75 & -0.25 & -0.75\end{bmatrix}\boldsymbol{x}+\begin{bmatrix}4 & 6\\ 2 & 4\\ 2 & 2\\ 0 & 2\end{bmatrix}\boldsymbol{u}\\ \boldsymbol{y}=\begin{bmatrix}0 & 0 & 0 & 1\\ 0 & 2 & 0 & 2\end{bmatrix}\boldsymbol{x}\end{cases}$$

解 系统的状态方程模型可以直接输入到系统中，这样就可以由下面命令立即设计出能够完全解耦的状态反馈矩阵 $\boldsymbol{K}$：

```
>> A=[2.25, -5, -1.25, -0.5;  2.25, -4.25, -1.25, -0.25;
      0.25, -0.5, -1.25,-1;  1.25, -1.75, -0.25, -0.75];
   B=[4, 6; 2, 4; 2, 2; 0, 2]; C=[0, 0, 0, 1; 0, 2, 0, 2];
   G=ss(A,B,C,0); [G1,K,d,Gam]=decouple(G)
```

这样可以构造出状态反馈矩阵 $\boldsymbol{K}$ 和矩阵 $\boldsymbol{\Gamma}$。这时，因为相比之下传递函数矩阵 $\boldsymbol{G}_1(s)$ 的非对角元素很微小，可以完全忽略，该系统已经完全解耦。

$$\boldsymbol{G}_1(s)=\begin{bmatrix}1/s & 0\\ -8.9\times10^{-16}/s & 1/s\end{bmatrix},\ \boldsymbol{K}=\frac{1}{8}\begin{bmatrix}-1 & -3 & -3 & 5\\ 5 & -7 & -1 & -3\end{bmatrix},\ \boldsymbol{\Gamma}=\begin{bmatrix}-1.5 & 0.25\\ 0.5 & 0\end{bmatrix}$$

引入状态反馈矩阵 $\boldsymbol{K}$ 与前置静态补偿器 $\boldsymbol{\Gamma}$，则多变量系统可以完全解耦。解耦后的传递函数矩阵可以表示成

$$\boldsymbol{G}_1=\mathrm{diag}\left(\left[1/s^{d_1+1},\cdots,1/s^{d_m+1}\right]\right) \tag{7-6-4}$$

引入解耦补偿器 $(\boldsymbol{K},\boldsymbol{\Gamma})$，可以建立起如图7-40所示的反馈控制结构。因为虚线框中的部分实现了完全解耦，则外环控制器 $\boldsymbol{G}_{\mathrm{c}}(s)$ 可以分别由单独回路设计的方法实现。

7.6.2 状态反馈的极点配置解耦系统

前面给出的动态解耦系统只能将多变量系统解耦成积分器型的对角传递函数矩阵，而积分器型受控对象的控制器设计问题是很难求解的。如果仍想使用状态反

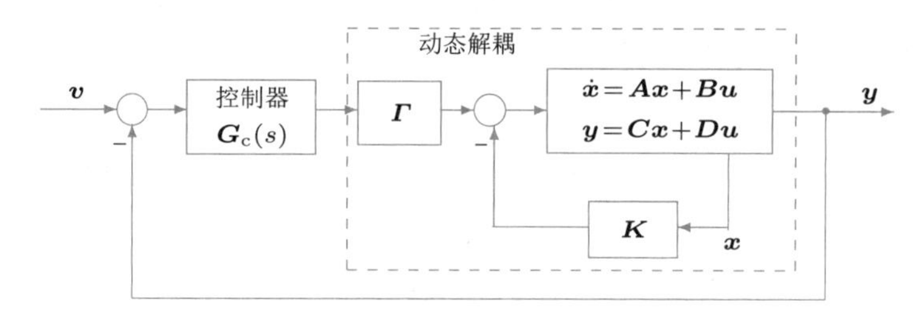

图 7-40 状态反馈控制器解耦结构

馈型的解耦规则 $\boldsymbol{u}=\boldsymbol{\Gamma r}-\boldsymbol{K x}$，可以期望将解耦后的对角元素变成下面的形式。

$$\boldsymbol{G}_{\boldsymbol{K},\boldsymbol{\Gamma}}(s)=\begin{bmatrix}\dfrac{1}{s^{d_1+1}+a_{1,1}s^{d_1}+\cdots+a_{1,d_1+1}} & & \\ & \ddots & \\ & & \dfrac{1}{s^{d_m+1}+a_{m,1}s^{d_m}+\cdots+a_{m,d_m+1}}\end{bmatrix} \tag{7-6-5}$$

其中，$d_i, i=1,2,\cdots,m$ 如前定义，每个多项式的分母多项式系数 $a_{i,k}, k=1,2,\cdots,d_i+1$ 可以用极点配置方法来设计。

可以考虑采用标准传递函数的形式来构造期望的多项式模型。满足 ITAE 最优准则的 n 阶标准传递函数由下式定义[17,18]

$$T(s)=\frac{a_n}{s^n+a_1s^{n-1}+a_2s^{n-2}+\cdots+a_{n-1}s+a_n} \tag{7-6-6}$$

其中，$T(s)$ 系统的分母多项式系数 a_i 在表 7-2 中给出。

表 7-2 ITAE 最优准则的标准传递函数分母多项式系数表

n	超调量	$\omega_n t_s$	首一化的分母多项式
1			$s+\omega_n$
2	4.6%	6.0	$s^2+1.41\omega_n s+\omega_n^2$
3	2%	7.6	$s^3+1.75\omega_n s^2+2.15\omega_n^2 s+\omega_n^3$
4	1.9%	5.4	$s^4+2.1\omega_n s^3+3.4\omega_n^2 s^2+2.7\omega_n^3 s+\omega_n^4$
5	2.1%	6.6	$s^5+2.8\omega_n s^4+5.0\omega_n^2 s^3+5.5\omega_n^3 s^2+3.4\omega_n^4 s+\omega_n^5$
6	5%	7.8	$s^6+3.25\omega_n s^5+6.6\omega_n^2 s^4+8.6\omega_n^3 s^3+7.45\omega_n^4 s^2+3.95\omega_n^5 s+\omega_n^6$

根据前面的算法，可以容易地写出 n 阶标准传递函数模型的 MATLAB 函数：

```
function G=std_tf(wn,n)
M=[1,1,0,0,0,0,0 0; 1,1.41,1,0,0,0,0 0;
   1,1.75,2.15,1,0,0,0 0; 1,2.1,3.4,2.7,1,0,0 0;
   1,2.8,5.0,5.5,3.4,1,0 0; 1,3.25,6.6,8.6,7.45,3.95,1,0];
G=tf(wn^n,M(n,1:n+1).*(wn.^[0:n]));
```

该函数的调用格式为 `T=std_tf(ωn,n)`，其中，ω_n 为用户选定的自然频率，n 为预期的标准传递函数阶次。得出的 T 即标准传递函数模型。

定义一个矩阵 $\boldsymbol{E}$，使其每一行可以写成 $\boldsymbol{e}_i^{\mathrm{T}}=\boldsymbol{c}_i^{\mathrm{T}}\boldsymbol{A}^{d_i}\boldsymbol{B}$，另一个矩阵 $\boldsymbol{F}$ 的每一行 $\boldsymbol{f}_i^{\mathrm{T}}$ 可以定义为

$$\boldsymbol{f}_i^{\mathrm{T}}=\boldsymbol{c}_i^{\mathrm{T}}\left(\boldsymbol{A}^{d_i+1}+a_{i,1}\boldsymbol{A}^{d_i}+\cdots+a_{i,d_i+1}\boldsymbol{I}\right) \tag{7-6-7}$$

这样，状态反馈矩阵 $\boldsymbol{K}$ 和前置变换矩阵 $\boldsymbol{\Gamma}$ 可以写成

$$\boldsymbol{\Gamma}=\boldsymbol{E}^{-1},\quad \boldsymbol{K}=\boldsymbol{\Gamma}\boldsymbol{F} \tag{7-6-8}$$

基于以上算法，可以写出极点配置动态解耦的MATLAB函数为

```
function [G1,K,d,Gam]=decouple_pp(G,wn)
G=ss(G); A=G.a; B=G.b; C=G.c; [n,m]=size(G.b); E=[]; F=[];
for i=1:m
   for j=0:n-1,
      if norm(C(i,:)*A^j*B)>eps, d(i)=j; break, end, end
   g1=std_tf(wn,d(i)+1); [n1,d1]=tfdata(g1,'v');
   F=[F; C(i,:)*polyvalm(d1,A)]; E=[E; C(i,:)*A^d(i)*B];
end
Gam=inv(E); K=Gam*F; G1=minreal(tf(ss(A-B*K,B,C,G.d))*Gam);
```

该函数的调用格式为 $[\boldsymbol{G}_1,\boldsymbol{K},\boldsymbol{d},\boldsymbol{\Gamma}]$=decouple_pp($\boldsymbol{G}$,$\omega_{\mathrm{n}}$)，其中，$\omega_{\mathrm{n}}$ 为标准传递函数的自然频率，其他变元定义和前面给出的decouple()函数一致。

例7-23　考虑例7-22中的多变量控制系统模型。选择 $\omega_{\mathrm{n}}=5$，试设计动态解耦的矩阵。

解　可以由下面语句先输入系统状态方程模型，然后直接调用decouple_pp()函数，设计解耦器模型。

```
>> A=[2.25, -5, -1.25, -0.5;  2.25, -4.25, -1.25, -0.25;
      0.25, -0.5, -1.25,-1;  1.25, -1.75, -0.25, -0.75];
   B=[4, 6; 2, 4; 2, 2; 0, 2]; C=[0, 0, 0, 1; 0, 2, 0, 2];
   G=ss(A,B,C,0); [G1,K,d,Gam]=decouple_pp(G,5)
```

这时，可以得出能够完全解耦的状态反馈控制器，其状态反馈矩阵 $\boldsymbol{K}$、前置补偿器 $\boldsymbol{\Gamma}$ 和解耦后的系统模型 $\boldsymbol{G}_1(s)$ 分别为

$$\boldsymbol{K}=\frac{1}{8}\begin{bmatrix}-1 & 17 & -3 & -35\\ 5 & -7 & -1 & 17\end{bmatrix},\ \boldsymbol{\Gamma}=\begin{bmatrix}-1.5 & 0.25\\ 0.5 & 0\end{bmatrix},\ \boldsymbol{G}_1(s)=\begin{bmatrix}1/(s+5) & 0\\ \epsilon & 1/(s+5)\end{bmatrix}$$

其中，ϵ 是 10^{-14} 级别的传递函数。

例7-24　考虑例7-20中给出的 3×3 状态方程模型，试选择 $\omega_{\mathrm{n}}=3$，设计出完全解耦的控制器。

解　由下面的语句可以直接对该系统进行完全解耦。

```
>> A=[0,0,1.1320,0,-1; 0,-0.0538,-0.1712,0,0.0705; 0,0,0,1,0;
      0,0.0485,0,-0.8556,-1.013;0,-0.2909,0,1.0532,-0.6859];
   B=[0,0,0; -0.120,1,0; 0,0,0; 4.419,0,-1.665; 1.575,0,-0.0732];
```

```
C=eye(3,5); G=ss(A,B,C,0);
[G1,K,d,Gam]=decouple_pp(G,3), step(G1,10)
```

得出的解耦矩阵为

$$\boldsymbol{K}=\begin{bmatrix}-6.5183 & -0.2122 & -3.7546 & -0.1645 & 2.5991\\ -0.7822 & 2.9207 & -0.6218 & -0.0197 & 0.3824\\ -17.3 & -0.5924 & -15.37 & -2.4633 & 7.5066\end{bmatrix},\ \boldsymbol{\Gamma}=\begin{bmatrix}-0.7243 & 0 & -0.0318\\ -0.0869 & 1 & -0.0038\\ -1.9222 & 0 & -0.6851\end{bmatrix}$$

解耦后的模型接近于

$$\boldsymbol{G}_1=\mathrm{diag}\left(\frac{1}{s^2+4.23s+9},\ \frac{1}{s+3},\ \frac{1}{s^2+4.23s+9}\right)$$

其阶跃响应曲线如图7-41所示,可见解耦效果还是很理想的。

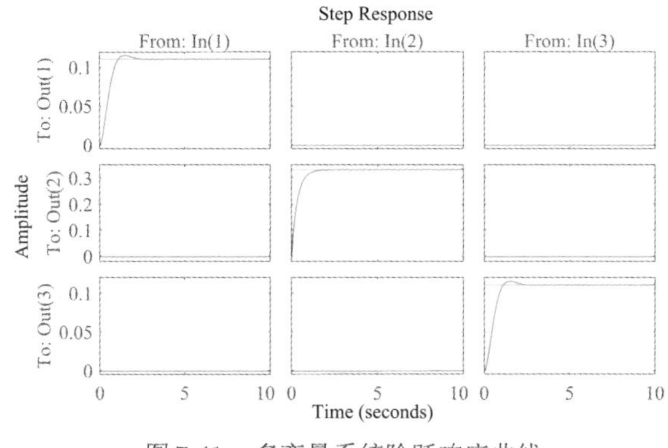

图7-41 多变量系统阶跃响应曲线

如果系统的状态不可直接测量,当然也可以通过观测器重构系统的状态,并在观测状态变量的基础上建立起解耦控制器。

7.7 习题

(1) 假设系统的对象模型与控制器为

$$G(s)=\frac{210(s+1.5)}{(s+1.75)(s+16)(s+1.5\pm \mathrm{j}3)},\quad G_{\mathrm{c}}(s)=\frac{52.5(s+1.5)}{s+14.86}$$

试观察在该控制器下系统的动态特性。比较原系统和校正后系统的幅值和相位裕度,并给出进一步改进系统性能的建议。

(2) 给下面对象的传递函数模型

① $G(s)=\dfrac{16}{s(s+1)(s+2)(s+8)}$ ② $G(s)=\dfrac{2(s+1)}{s(47.5s+1)(0.0625s+1)^2}$

试设计超前滞后校正器,使得校正后系统具有所期望的相位裕度和剪切频率。修正期望的指标改进闭环系统的动态性能,并由闭环系统的阶跃响应验证控制器。

(3) 若系统的状态方程模型为

$$\dot{\boldsymbol{x}}(t)=\begin{bmatrix}0&1&0&0\\0&0&1&0\\-3&1&2&3\\2&1&0&0\end{bmatrix}\boldsymbol{x}(t)+\begin{bmatrix}1&0\\2&1\\3&2\\4&3\end{bmatrix}\boldsymbol{u}(t)$$

选择加权矩阵 $\boldsymbol{Q}=\mathrm{diag}(1,2,3,4)$ 及 $\boldsymbol{R}=\boldsymbol{I}_2$, 试设计出线性二次型指标的最优控制器及在最优控制下的闭环系统极点位置,并绘制出闭环系统各个状态的曲线。

(4) 双输入双输出系统的状态方程为

$$\dot{\boldsymbol{x}}(t)=\begin{bmatrix}2.25&-5&-1.25&-0.5\\2.25&-4.25&-1.25&-0.25\\0.25&-0.5&-1.25&-1\\1.25&-1.75&-0.25&-0.75\end{bmatrix}\boldsymbol{x}(t)+\begin{bmatrix}4&6\\2&4\\2&2\\0&2\end{bmatrix}\boldsymbol{u}(t),\ \boldsymbol{y}(t)=\begin{bmatrix}0&0&0&1\\0&2&0&2\end{bmatrix}\boldsymbol{x}(t)$$

假设选择加权矩阵 $\boldsymbol{Q}=\mathrm{diag}([1,4,3,2])$, 且 $\boldsymbol{R}=\boldsymbol{I}_2$, 试设计出线性二次型最优调节器,并绘制系统的阶跃响应曲线。若想改善闭环系统性能,应如何修改 $\boldsymbol{Q}$ 矩阵的参数?

(5) 假设系统的状态方程模型为

$$\dot{\boldsymbol{x}}(t)=\begin{bmatrix}-0.2&0.5&0&0&0\\0&-0.5&1.6&0&0\\0&0&-14.3&85.8&0\\0&0&0&-33.3&100\\0&0&0&0&-10\end{bmatrix}\boldsymbol{x}(t)+\begin{bmatrix}0\\0\\0\\0\\30\end{bmatrix}u(t)$$

输出方程为 $y(t)=[1,0,0,0,0]\boldsymbol{x}(t)$。试求出系统所有的零点和极点。如果想将其极点配置到 $\boldsymbol{P}=[-1,-2,-3,-4,-5]$,请按状态反馈的方式设计出控制器实现闭环极点的移动。如果想再进一步改进闭环系统的动态响应,则可以修正期望闭环极点的位置,然后进行重新设计。设计完成后再设计出基于观测器的调节器和控制器,并分析新的闭环系统的性能。

(6) 对给定的对象模型

$$\dot{\boldsymbol{x}}(t)=\begin{bmatrix}2&1&0&0\\0&2&0&0\\0&0&-1&0\\0&0&0&-1\end{bmatrix}\boldsymbol{x}(t)+\begin{bmatrix}0\\1\\1\\1\end{bmatrix}u(t),\quad y(t)=[1,0,1,0]\boldsymbol{x}(t)$$

试设计出一个状态反馈向量 $\boldsymbol{k}$, 使得闭环系统的极点配置到 $(-2,-2,-1,-1)$。另外,如果想将系统的所有极点均配置到 -2, 这样的配置是否可行?请解释原因。

(7) 请为下面的对象模型设计出状态观测器

$$\dot{\boldsymbol{x}}(t)=\begin{bmatrix}0&0&1&0&0\\1&0&0&0&0\\0&1&0&1&-1\\0&1&1&1&0\\0&0&1&0&0\end{bmatrix}\boldsymbol{x}(t)+\begin{bmatrix}1\\2\\1\\0\\1\end{bmatrix}u(t),\quad y(t)=[0,0,0,1,1]\boldsymbol{x}(t)$$

并对观测器进行仿真分析, 说明观测器的效果是否令人满意。如果不满意设计出来的观测器,改变有关参数再重新设计观测器,直到获得满意的结果。

(8) 倒立摆系统的数学模型为

$$\begin{cases} \ddot{x} = \dfrac{u + ml\sin\theta\dot{\theta}^2 - mg\cos\theta\sin\theta}{M + m - m\cos^2\theta} \\ \ddot{\theta} = \dfrac{u\cos\theta - (M+m)g\sin\theta + ml\sin\theta\cos\theta\dot{\theta}}{ml\cos^2\theta - (M+m)l} \end{cases}$$

其中, $m = M = 0.5\,\mathrm{kg}$, $g = 9.81\,\mathrm{m/s^2}$, $l = 0.3\,\mathrm{m}$, 试设计出某种控制器来生成 $u(t)$ 信号,使得倒立摆保持垂直状态,即 $\theta = 90°$。

(9) 假设系统的受控对象模型由例 1-4 给出。如果准备采用二自由度的 PID 控制器对其进行控制,控制器的数学表达式为

$$U(s) = K_\mathrm{p}\big(bR(s) - Y(s)\big) + \frac{K_\mathrm{i}}{s}\big(R(s) - Y(s)\big) + \frac{K_\mathrm{d}s}{T_\mathrm{f}s + 1}\big(cR(s) - Y(s)\big)$$

其中, $R(s)$ 为外部输入信号, $Y(s)$ 为输出信号。假设 $T_\mathrm{f} = 0.001$, 试搭建控制系统的 Simulink 仿真模型,并设计控制器的 5 个参数 b、c、K_p、K_i、K_d。当然,为简单起见,也可以使用 PID Controller (2DOF) 模块直接表示二自由度 PID 控制器。

(10) 假设受控对象为 $1/(s+1)^5$,试在 ITAE 指标和 ISE 指标下设计最优的超前校正器,并比较控制效果。如果控制信号的幅值受限, 例如, $|u(t)| \leqslant 10$, 试重新设计控制器,并观察控制效果。

(11) 7.4.4 节给出实验结论:对不自带积分器的受控对象模型而言, PID 控制器是最好的二阶控制器。用户可以自选受控对象模型, 利用 OCD 程序设计最优控制器, 看看能否得出 $a_4 = 0$ 的结论,并观察 IAE 或 ISE 性能指标下,能否得出类似结论。

(12) 表 7-2 给出了标准传递函数的最优分母系数表。可以考虑下面的思路重建标准传递函数表。由标准传递函数换算出开环传递函数模型,然后在 ITAE 性能指标下搜索最优多项式系数, 观察是否能重建表 7-2。另外, 对更高阶的传递函数模型, 是推导出最优标准传递函数的系数。

(13) 考虑典型闭环的 2×2 多变量系统。如果开环传递函数为 $\boldsymbol{G}(s)$, 反馈模型为 $\boldsymbol{I}$, 试证明闭环模型可以由下面两种情况计算。

$$\big(\boldsymbol{I} + \boldsymbol{G}(s)\big)^{-1}\boldsymbol{G}(s) \equiv \boldsymbol{G}(s)\big(\boldsymbol{I} + \boldsymbol{G}(s)\big)^{-1}$$

试用下面的开环传递函数矩阵 $\boldsymbol{G}(s)$ 检验上面的结论。

$$\boldsymbol{G}(s) = \begin{bmatrix} \dfrac{1}{s+1} & \dfrac{1}{s+2} \\ \dfrac{1}{s+3} & \dfrac{1}{s+4} \end{bmatrix}$$

(14) 假设多变量反馈控制系统中, 前项通路的传递函数矩阵为 $\boldsymbol{G}(s)$, 方向通路的传递函数矩阵为 $\boldsymbol{H}(s)$,试证明闭环传递函数矩阵可以由下面两种方法计算 [16]。

$$\big(\boldsymbol{I} + \boldsymbol{G}(s)\boldsymbol{H}(s)\big)^{-1}\boldsymbol{G}(s) \equiv \boldsymbol{G}(s)\big(\boldsymbol{I} + \boldsymbol{H}(s)\boldsymbol{G}(s)\big)^{-1}$$

试用习题(13)中的 $\boldsymbol{G}(s)$ 矩阵与随机 2×2 的 $\boldsymbol{H}(s)$ 常数矩阵验证上述结论。

(15) 考虑下面给出的2输入2输出传递函数矩阵

$$G(s)=\begin{bmatrix}\dfrac{s+4}{(s+1)(s+5)} & \dfrac{1}{5s+1}\\ \dfrac{s+1}{s^2+10s+100} & \dfrac{2}{2s+1}\end{bmatrix}$$

试设计出前置静态及动态补偿器对其实现较好的解耦。再选择参考模型,用参数最优化方法对其进行解耦及控制器设计。

(16) 多变量系统由于输入输出之间存在耦合,故不能直接采用PID控制器对每个回路单独控制。考虑例5-48中得出的对角占优化处理,假设系统的受控对象模型为

$$G(s)=\begin{bmatrix}\dfrac{0.806s+0.264}{s^2+1.15s+0.202} & \dfrac{-15s-1.42}{s^3+12.8s^2+13.6s+2.36}\\ \dfrac{1.95s^2+2.12s+0.49}{s^3+9.15s^2+9.39s+1.62} & \dfrac{7.15s^2+25.8s+9.35}{s^4+20.8s^3+116.4s^2+111.6s+18.8}\end{bmatrix}$$

再假设静态前置补偿矩阵如下,试对补偿后系统按两个回路单独进行PID控制器设计,观察控制效果。

$$K_{\rm p}=\begin{bmatrix}0.3610 & 0.4500\\ -1.1300 & 1.0000\end{bmatrix}$$

(17) 例7-20中介绍了一个3×3模型的最优设计问题,但设计算法较麻烦,且需要事先选定期望的响应模型、控制器的结构、极点位置等,这对系统设计不是很方便。试用最优控制的方法设计出PID控制器,并和已知结果比较阶跃响应曲线。

(18) 试为下面的多变量受控对象模型 [19] 设计PID控制器。

① $$G_1(s)=\begin{bmatrix}\dfrac{12.8}{16.7s+1}e^{-s} & \dfrac{-18.9}{21s+1}e^{-3s}\\ \dfrac{6.6}{10.9s+1}e^{-7s} & \dfrac{-19.6}{14.4s+1}e^{-3s}\end{bmatrix}$$

② $$G_2(s)=\begin{bmatrix}\dfrac{-0.2}{7s+1}e^{-s} & \dfrac{1.3}{7s+1}e^{-0.3s}\\ \dfrac{-2.8s}{9.5s+1}e^{-1.8s} & \dfrac{4.3}{9.2s+1}e^{-0.35s}\end{bmatrix}$$

③ $$G_3(s)=\begin{bmatrix}\dfrac{-1}{6s+1}e^{-s} & \dfrac{1.5}{15s+1}e^{-s} & \dfrac{0.5}{10s+1}e^{-s}\\ \dfrac{0.5}{s^2+4s+1}e^{-2s} & \dfrac{0.5}{s^2+4s+1}e^{-3s} & \dfrac{0.513}{s+1}e^{-s}\\ \dfrac{0.375}{10s+1}e^{-3s} & \dfrac{-2}{10s+1}e^{-2s} & \dfrac{-2}{3s+1}e^{-3s}\end{bmatrix}$$

(19) 考虑下面的双输入双输出系统模型 [20]:

① $$A=\begin{bmatrix}-1 & 1 & 1 & 1\\ 6 & 0 & -3 & 1\\ -1 & 1 & 1 & 2\\ 2 & -2 & -2 & 0\end{bmatrix},\ B=\begin{bmatrix}0 & 0\\ 1 & 0\\ 0 & 0\\ 0 & 1\end{bmatrix},\ C=\begin{bmatrix}2 & 0 & -1 & 0\\ -1 & 0 & 1 & 0\end{bmatrix}$$

② $\boldsymbol{A}=\begin{bmatrix}3&1&0\\0&0&-1\\0&1&-1\end{bmatrix}$, $\boldsymbol{B}=\begin{bmatrix}0&0\\1&0\\0&1\end{bmatrix}$, $\boldsymbol{C}=\begin{bmatrix}2&-1&1\\0&2&1\end{bmatrix}$

③ $\boldsymbol{G}(s)=\begin{bmatrix}\dfrac{3}{s^2+2}&\dfrac{2}{s^2+s+1}\\\dfrac{4s+1}{s^2+2s+1}&\dfrac{1}{s}\end{bmatrix}$

试求出能使其解耦的状态反馈方法，并考虑极点配置方式的解耦，讨论参考极点位置选择对解耦及控制的影响。

(20) 前面介绍了基于状态方程的系统解耦方法，并介绍了解耦矩阵的设计程序。试根据介绍的内容，搭建一个Simulink仿真模型，并封装控制器模块。

参考文献

[1] 薛定宇. 反馈控制系统的设计与分析——MATLAB语言应用[M]. 北京：清华大学出版社，2000.

[2] Anderson B D O，Moore J B. Linear optimal control[M]. Englewood Cliffs：Prentice-Hall，1971.

[3] Franklin G F，Powell J D，Workman M. Digital control of dynamic systems[M]. 3rd ed. Reading：Addison Wesley，1988.

[4] Balasubramanian R. Continuous time controller design[M]. London：Peter Peregrinus Ltd，1989.

[5] Kautskey J，Nichols N K，van Dooren P. Robust pole-assignment in linear state feedback[J]. International Journal of Control，1985，41(5)：1129–1155.

[6] Saad Y. Projection and deflation methods for partial pole assignment in linear state feedback control[J]. IEEE Transaction on Automatic Control，1988，AC-33(3)：290–297.

[7] 蔡尚峰. 自动控制理论[M]. 北京：机械工业出版社，1980.

[8] 谢绪凯. 现代控制理论基础[M]. 沈阳：辽宁人民出版社，1980.

[9] Rosenbrock H H. Computer-aided control system design[M]. New York：Academic Press，1974.

[10] MacFarlane A G J，Kouvaritakis B. A design technique for linear multivariable feedback systems[J]. International Journal of Control，1977，25(6)：837–874.

[11] Hung Y S，MacFarlane A G J. Multivariable feedback：a quasi-classical approach[M]. New York：Springer-Verlag，1982.

[12] Mayne D Q. Sequential design of linear multivariable systems[J]. Proceedings of IEE，Part D，1979，126(6)：568–572.

[13] Edmunds J M. Control system design and analysis using closed-loop Nyquist and Bode arrays[J]. International Journal of Control，1979，30(5)：773–802.

[14] Hawkins D J. Pseudodiagonalisation and the inverse Nyquist array method[J]. Proceedings of IEE，Part D，1972，119(3)：337–342.

[15] Ford M P，Daly K C. Dominance improvement by pseudodecoupling[J]. Proceedings of IEE，Part D，1979，126(12)：1316–1320.

[16] Maciejowski J M. Multivariable feedback design[M]. Wokingham: Addison-Wesley, 1989.

[17] Graham F D, Lathrop R C. The synthesis of "optimum" transient repsponses — criteria and standard forms[J]. Transactions of the American Institute of Electrical Engineers, Part II: Applications and Industry, 1953, 72(5): 273–288.

[18] Dorf R C, Bishop R H. Modern control systems[M]. 9th ed. Upper Saddle River: Prentice-Hall, 2001.

[19] Johnson M A, Moradi M H. PID control — new identification and design methods[M]. London: Springer, 2005.

[20] 郑大钟. 线性系统理论 [M]. 北京: 清华大学出版社, 1980.

第 8 章

PID控制器的参数整定

PID控制器是最早发展起来的控制策略之一[1]。因为PID类控制器所涉及的设计算法和控制结构都是很简单的，并且十分适用于工程应用背景，此外PID控制方案并不要求精确的受控对象的数学模型，且采用PID控制的控制效果一般是比较令人满意的，所以，PID控制器在工业界是应用最广泛的一种控制策略，且都是比较成功的。近20年来，在控制理论研究和实际应用中PID类控制器又重新引起人们的注意，这是因为瑞典学者Karl Åström等推出的智能型PID自整定控制器表现出了传统PID难以实现的控制性能[2]，并出现了自整定PID控制器的硬件商品，使得PID控制更广泛地应用于工业控制中[3~5]。

PID类控制器有各种各样的形式，可以是连续的、离散的，也可以有不同的描述方式。各种不同的PID控制器既可以由控制系统工具箱中的新函数直接设计，也可以由Simulink模块描述，还可以由底层的Simulink模块直接描述。8.1节将首先给出PID控制器的数学表达式，介绍各种PID控制器的结构，并介绍MATLAB语言下PID控制器的描述方法。由于很多PID控制器的参数整定算法都是在一阶带有延迟（first-order plus dead-time，FOPDT，又称FOLPD）的受控对象模型基础上提出的，8.2节介绍各种过程模型的FOPDT参数提取方法，为后面介绍的PID参数整定进行必要的准备。8.3节介绍一些基于FOPDT模型的PID控制器参数整定的方法，包括最经典的Ziegler–Nichols控制器参数整定算法及其变形、Chien–Hrones–Reswick参数整定算法、基于经验公式的PID控制器参数最优整定方法，并介绍作者编写的PID控制器设计程序界面及其应用。8.4节介绍其他受控对象模型下的PID控制器设计方法，并介绍MATLAB控制系统工具箱提供的交互式PID控制器设计界面，还将介绍二自由度PID控制器的设计方法。8.5节介绍作者开发的最优控制器设计界面与应用。在此界面下用户只需给出受控对象的Simulink模型，即可以容易地设计出最优的PID控制器。

8.1 PID控制器设计概述

8.1.1 连续PID控制器

PID控制是一种常用的串联校正器形式。在实际控制中，PID控制器计算出来的控制信号还应该经过执行器饱和(actuator saturation)环节去控制受控对象。这时PID控制系统结构如图8-1所示。在控制系统中可能存在各种各样的扰动信号，如负载扰动、受控对象参数变化等，这些扰动可以统一归结成扰动信号。另外，在实际控制中，用于检测输出信号的传感器也难以避免地存在噪声扰动信号，可以将其理解成高频噪声信号，统一地用量测噪声信号表示。

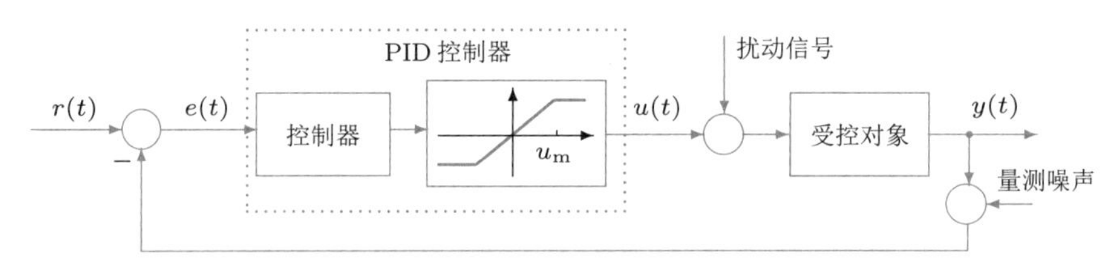

图8-1 PID类控制系统的基本结构

1. 并联PID控制器

连续PID控制器的最一般形式为

$$u(t)=K_{\mathrm{p}}e(t)+K_{\mathrm{i}}\int_0^t e(\tau)\mathrm{d}\tau+K_{\mathrm{d}}\frac{\mathrm{d}e(t)}{\mathrm{d}t} \tag{8-1-1}$$

其中，K_{p}、K_{i}和K_{d}分别是对系统误差信号$e(t)$及其积分、微分量的加权。控制器通过这样的加权就可以计算出控制信号，驱动受控对象模型。如果控制器设计得当，则控制信号将能使误差按减小的方向变化，达到控制的要求。

图8-1描述的系统为非线性系统，在分析时为简单起见，令饱和非线性的饱和参数为∞，就可以忽略饱和非线性，得出线性系统模型进行近似分析。

PID控制的结构简单，另外，这三个加权系数K_{p}、K_{i}和K_{d}都有明显的物理意义：比例控制器直接响应于当前的误差信号，一旦发生误差信号，则控制器立即发生作用，以减少偏差。一般情况下，K_{p}的值大则偏差将变小，且减小对控制中的负载扰动的敏感度，但也将对量测噪声更敏感。考虑根轨迹分析，K_{p}无限制地增大可能使得闭环系统不稳定；积分控制器对以往的误差信号发生作用，引入积分控制能消除控制中的稳态误差，但K_{i}的值增大可能增加系统的超调量、导致系统振荡，而K_{i}小则会使得系统响应趋于稳态值的速度减慢；微分控制对误差的导数，亦即误差的变化率发生作用，有一定的预报功能，能在误差有大的变化趋势时施加合适的控制，K_d 的值增大能加快系统的响应速度，减小调节时间，但过大的 K_d 值会因系统噪声或受控对象的大时间延迟出现问题。

连续PID控制器的Laplace变换形式可以写成

$$G_\mathrm{c}(s)=K_\mathrm{p}+\frac{K_\mathrm{i}}{s}+K_\mathrm{d}s \tag{8-1-2}$$

在实际应用中，纯微分环节是不能直接使用的，通常用带有滤波作用的一阶环节来近似描述，这时

$$G_\mathrm{c}(s)=K_\mathrm{p}+\frac{K_\mathrm{i}}{s}+\frac{K_\mathrm{d}s}{T_\mathrm{f}s+1} \tag{8-1-3}$$

其中，T_f 是滤波时间常数。这类PID控制器在MATLAB控制系统工具箱中称为并联PID控制器，可以由 `Gc=pid(Kp,Ki,Kd,Tf)` 直接输入。其他PID类控制器也可以直接由该函数输入，比如，若令 K_d 为0，则描述的控制器为PI控制器。

2. 标准PID控制器

在过程控制文献中常常将PID控制器的数学模型写成

$$u(t)=K_\mathrm{p}\left[e(t)+\frac{1}{T_\mathrm{i}}\int_0^t e(\tau)\mathrm{d}\tau+T_\mathrm{d}\frac{\mathrm{d}e(t)}{\mathrm{d}t}\right] \tag{8-1-4}$$

比较式(8-1-1)和式(8-1-4)可以轻易发现，$K_\mathrm{i}=K_\mathrm{p}/T_\mathrm{i}$，$K_\mathrm{d}=K_\mathrm{p}T_\mathrm{d}$。所以二者是完全等价的。这类PID控制器在MATLAB控制系统工具箱中又称为标准PID控制器。对式(8-1-4)两端进行Laplace变换，则可以导出控制器的传递函数

$$G_\mathrm{c}(s)=K_\mathrm{p}\left(1+\frac{1}{T_\mathrm{i}s}+T_\mathrm{d}s\right) \tag{8-1-5}$$

为避免纯微分运算，经常用带有一阶滞后的传递函数环节去近似纯微分环节，亦即将PID控制器写成

$$G_\mathrm{c}(s)=K_\mathrm{p}\left(1+\frac{1}{T_\mathrm{i}s}+\frac{T_\mathrm{d}s}{T_\mathrm{d}/Ns+1}\right) \tag{8-1-6}$$

其中 $N\to\infty$ 则为纯微分运算，在实际应用中，N 取一个较大的值就可以很好地近似微分动作。实际仿真研究可以发现，在一般实例中，N 不必取得很大，取10以上就可较好地逼近实际的微分效果[6]。该控制器还可以由 `Gc=pidstd(Kp,Ti,Td,N)` 函数直接输入。

虽然式(8-1-2)、式(8-1-6)均可用于表示PID控制器，但它们各有特点，一般介绍PID整定算法的文献中均采用后者，而在PID控制优化中采用前者更合适。

3. 二自由度PID控制器

二自由度PID控制器输出的数学表达式为

$$U(s)=K_\mathrm{p}\big(bR(s)-Y(s)\big)+\frac{K_\mathrm{i}}{s}\big(R(s)-Y(s)\big)+\frac{K_\mathrm{d}s}{T_\mathrm{f}s+1}\big(cR(s)-Y(s)\big) \tag{8-1-7}$$

其中，积分项是作用在 $e(t)$ 信号上的，而比例与微分项对设定点的值作了一定的加权，引入了两个附加的参数 c 和 b。和传统的PID控制器相比，二自由度PID控制器

更利于对输出扰动的控制。作为一种特殊情况，如果$b=c=1$，则二自由度PID控制器就退化为普通PID控制器。

8.1.2 离散PID控制器

如果采样周期T的值很小，在kT时刻误差信号$e(kT)$的后向导数与积分就可以分别近似为

$$\frac{\mathrm{d}e(t)}{\mathrm{d}t}\approx\frac{e(kT)-e[(k-1)T]}{T} \tag{8-1-8}$$

$$\int_0^{kT}e(t)\mathrm{d}t\approx T\sum_{i=0}^{k}e(iT)=\int_0^{(k-1)T}e(t)\mathrm{d}t+Te(kT) \tag{8-1-9}$$

将其代入式(8-1-1)，则可以写出离散形式的PID控制器为

$$u(kT)=K_{\mathrm{p}}e(kT)+K_{\mathrm{i}}T\sum_{m=0}^{k}e(mT)+\frac{K_{\mathrm{d}}}{T}\Big\{e(kT)-e[(k-1)T]\Big\} \tag{8-1-10}$$

该控制器一般可以简记为

$$u_k=K_{\mathrm{p}}e_k+K_{\mathrm{i}}T\sum_{m=0}^{k}e_m+\frac{K_{\mathrm{d}}}{T}(e_k-e_{k-1}) \tag{8-1-11}$$

这样的方法又称为后向Euler法下的控制器。类似地还有前向Euler法形式。

$$u_k=K_{\mathrm{p}}e_k+K_{\mathrm{i}}T\sum_{m=0}^{k+1}e_m+\frac{K_{\mathrm{d}}}{T}(e_{k+1}-e_k) \tag{8-1-12}$$

后向Euler法下，离散PID控制器可以写成

$$G_{\mathrm{c}}(z)=K_{\mathrm{p}}+\frac{K_{\mathrm{i}}Tz}{z-1}+\frac{K_{\mathrm{d}}(z-1)}{Tz} \tag{8-1-13}$$

而前向Euler法下离散PID控制器的传递函数为

$$G_{\mathrm{c}}(z)=K_{\mathrm{p}}+\frac{K_{\mathrm{i}}T}{z-1}+\frac{K_{\mathrm{d}}(z-1)}{T} \tag{8-1-14}$$

离散的PID控制器也可以通过`pid()`和`pidstd()`函数输入，具体的方法可以在调用语句后面给出采样周期T，如G_{c}=`pidstd`$(K_{\mathrm{p}},T_{\mathrm{i}},T_{\mathrm{d}},N,T)$，此外，离散PID控制器还可以给出离散算法，如前向、后向积分算法等。

例8-1 试将下面几个PID类的控制器输入到MATLAB工作空间。

$$C_1(s)=1.5+\frac{5.2}{s}+3.5s,\quad C_2(s)=1.5\left(1+\frac{3.5s}{1+0.035s}\right)$$

$$C_3(z)=1.5+\frac{5.2}{z-1}+3.5(z-1),\quad C_4(z)=1.5\left[1+\frac{z}{5.2(z-1)}+\frac{3.5(z-1)}{z}\right]$$

其中，离散控制器的采样周期均假设为$T=0.1\,\mathrm{s}$。

解　分析上述给出的控制器模型可见，控制器 $C_1(s)$ 是理想的并联PID控制器，滤波器常数 T_f 为0；控制器 $C_2(s)$ 是标准PD控制器，积分控制器参数 $T_\mathrm{i}=\infty, N=100$；$C_3(z)$ 为离散理想并联PID控制器，$T_\mathrm{f}=0$，$C_4(z)$ 为理想标准PID控制器，积分定义为后向积分，$N=\infty$。这些控制器可以由下面的语句直接输入。

```
>> C1=pid(1.5,5.2,3.5,0); C2=pidstd(1.5,inf,3.5,100);
   C3=pid(1.5,5.2,0.35,0,0.1);
   C4=pidstd(1.5,5.2,0.35,inf,0.1,'IFormula','backward');
```

MATLAB函数 G_c=pid2(K_p,K_i,K_d,T_f,b,c) 还可以输入二自由度PID控制器对象 G_c。

8.1.3　PID控制器的变形

除了前面介绍的PID控制器经典公式外，在实际应用中有时还需要将PID控制器的结构进行某种改变，以达到更好的控制效果。这里将介绍几种常用的PID控制器变形形式。

1. 积分分离式PID控制器

在PID控制器中，积分的作用是消除稳态误差，但由于积分的引入，系统的超调量也将增加，响应速度将减慢，所以在实际的控制器应用中，一种很显然的想法就是：在启动过程中，如果稳态误差很大时，可以关闭积分部分的作用，加快调节过程。稳态误差很小时再开启积分作用，消除稳态误差，这样的控制器又称为积分分离式PID控制器。如果采用这样的控制结构，则原控制器不能用线性的方法处理。

2. 离散增量式PID控制器

考虑式（8-1-10）中给出的离散PID控制器，其中积分部分完全取决于以往所有的误差信号值，实现该控制器积分部分比较麻烦。所以可以如下计算出控制量的增量 $\Delta u_k = u_k - u_{k-1}$，这样

$$u_k - u_{k-1} = K_\mathrm{p}(e_k - e_{k-1}) + K_\mathrm{i}Te_k + \frac{K_\mathrm{d}}{T}(e_k + e_{k-2} - 2e_{k-1}) \tag{8-1-15}$$

这时控制器的输出信号可以由 $u_k = u_k + \Delta u_k$ 计算出来，因为新的控制器输出是由其上一步的输出加上一个增量 Δu_k 构成，所以这类控制器又称为增量式PID控制器，其Simulink框图如图8-2所示。

3. 抗积分饱和(anti-windup)PID控制器

当输入信号的设定点发生变化时，因为这时的误差信号太大，使得控制信号极快地达到执行器的限幅。输出信号已经达到参考输入值时，误差信号变成负值，但可能由于积分器的输出过大，控制信号仍将维持在饱和非线性的限幅边界上，故使得系统的输出继续增加，直到一段时间后积分器才能恢复作用，这种现象称作积分器饱和作用[3]，为克服这种现象，出现了各种各样的抗积分饱和PID控制器。图8-3中给出了一种抗积分饱和PID控制器的Simulink实现。

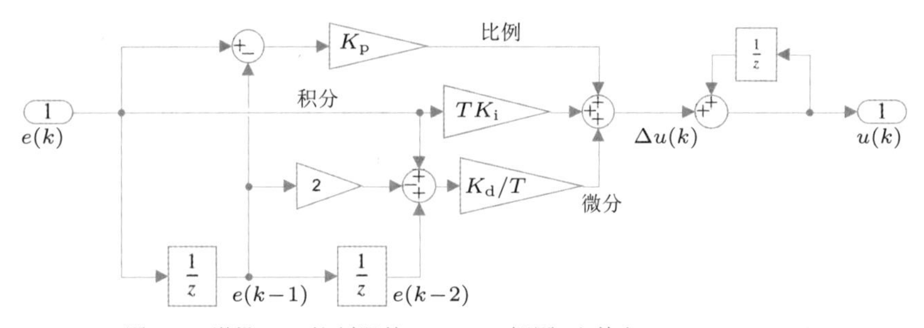

图 8-2 增量 PID 控制器的 Simulink 框图(文件名:`c8mdpid1.slx`)

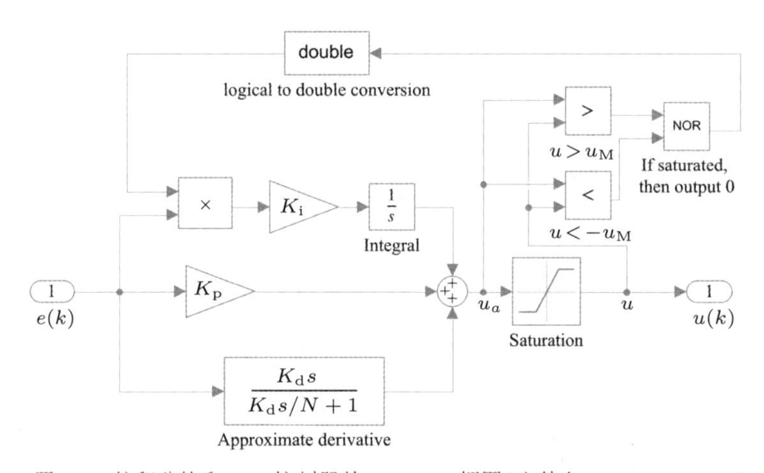

图 8-3 抗积分饱和 PID 控制器的 Simulink 框图(文件名:`c8mantiw.slx`)

此外,Simulink 的连续模块集提供了功能强大的 PID 控制器模块,支持各种 PID 控制器结构及变形,可以直接用于 PID 控制系统的仿真与设计。

8.2 过程受控对象的一阶延迟模型近似

在 PID 控制器的诸多经典参数整定算法中,绝大多数的算法都是在带有时间延迟的一阶模型(FOPDT)的基础上提出的,模型的一般形式为

$$G(s)=\frac{k}{Ts+1}\mathrm{e}^{-Ls} \tag{8-2-1}$$

这主要是因为大部分过程控制的受控对象模型的响应曲线和一阶系统的响应较类似,可以直接进行拟合。所以,找出获得一阶近似延迟模型对很多 PID 算法都是很必要的,本节将介绍这种近似的一些方法。

8.2.1 由响应曲线识别一阶模型

一般的过程控制对象模型的阶跃响应曲线形状如图 8-4(a)所示,对这类系统的阶跃响应曲线,可以用 FOPDT 模型来近似,即按图中给出的方法绘制出三条虚线，从而提取出模型的 k、L、T 参数。由阶跃响应曲线去找出这样的几个参数往往带有一些主观性，因为想绘制斜线并没有准确的准则，所以其坡度选择有一定的随意性，不容易得出很好的客观模型。

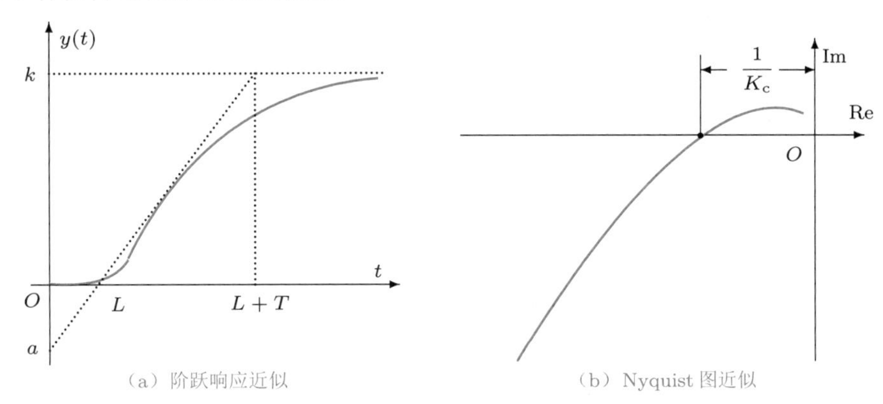

（a）阶跃响应近似 （b）Nyquist 图近似

图 8-4 带有时间延迟的一阶模型近似

还可以由数据来辨识这些参数，因为该系统对应的阶跃响应解析解可以写成

$$\hat{y}(t)=\begin{cases} k(1-\mathrm{e}^{-(t-L)/T}), & t>L \\ 0, & t\leqslant L \end{cases} \tag{8-2-2}$$

故可以用最小二乘拟合方法由阶跃响应数据拟合出系统的 FOPDT 模型。作者编写了可以用各种算法拟合系统模型的 MATLAB 函数 `getfopdt()` 来求取系统的一阶模型，该函数的 MATLAB 清单如下：

```
function [K,L,T,G1]=getfopdt(key,G)
switch key
   case 1, [y,t]=step(G);
      fun=@(x,t)x(1)*(1-exp(-(t-x(2))/x(3))).*(t>x(2));
      x=lsqcurvefit(fun,[1 1 1],t,y); K=x(1); L=x(2); T=x(3);
   case 2, [Kc,Pm,wc,wcp]=margin(G);
      ikey=0; L=1.6*pi/(3*wc); K=dcgain(G); T=0.5*Kc*K*L;
      if isfinite(Kc), x0=[L;T];
         while ikey==0, u=wc*x0(1); v=wc*x0(2);
            FF=[K*Kc*(cos(u)-v*sin(u))+1+v^2; sin(u)+v*cos(u)];
      J=[-K*Kc*wc*sin(u)-K*Kc*wc*v*cos(u),-K*Kc*wc*sin(u)+2*wc*v;
           wc*cos(u)-wc*v*sin(u), wc*cos(u)]; x1=x0-inv(J)*FF;
         if norm(x1-x0)<1e-8, ikey=1; else, x0=x1; end, end
      L=x0(1); T=x0(2);  end
   case 3, [n1,d1]=tfderv(G.num{1},G.den{1});
      [n2,d2]=tfderv(n1,d1); K1=dcgain(n1,d1);
      K2=dcgain(n2,d2); K=dcgain(G); Tar=-K1/K;
```

```
        T=sqrt(K2/K-Tar^2); L=Tar-T;
    case 4
        Gr=opt_app(G,0,1,1);  L=Gr.ioDelay;
        T=Gr.den{1}(1)/Gr.den{1}(2); K=Gr.num{1}(end)/Gr.den{1}(2);
end
G1=tf(K,[T 1],'iodelay',L);
function [e,f]=tfderv(b,a)
f=conv(a,a); na=length(a); nb=length(b);
e1=conv((nb-1:-1:1).*b(1:end-1),a);
e2=conv((na-1:-1:1).*a(1:end-1),b); mL=max(length(e1),length(e2));
e=[zeros(1,mL-length(e1)) e1]-[zeros(1,mL-length(e2)) e2];
```

其中，key变元表示各种方法。对已知的阶跃响应数据，key=1，G为受控对象模型，通过该函数的调用将直接返回一阶近似模型参数k、L、T，同时将返回近似的传递函数模型G_1。清单中，key=1段落为该算法的MATLAB实现，其他段落在后面将叙述。

8.2.2 基于频域响应的近似方法

另外一种表示一阶模型的方法是Nyquist图形法，从Nyquist图上可以求出对象模型的Nyquist图和负实轴相交点的频率ω_c和幅值K_c，如图8-4(b)所示，这样用这两个参数就能表示一阶的近似模型了。这两个参数实际上就是系统的幅值裕度和频率，可以用MATLAB的margin()函数来直接求取。

考虑下面一阶模型的频域响应

$$G(\mathrm{j}\omega)=\left.\frac{k}{Ts+1}\mathrm{e}^{-Ls}\right|_{s=\mathrm{j}\omega}=\frac{k}{T\mathrm{j}\omega+1}\mathrm{e}^{-\mathrm{j}\omega L} \tag{8-2-3}$$

我们知道，在剪切频率ω_c下的极限增益K_c实际上是Nyquist图与负实轴的第一个交点，它们满足下面的两个方程

$$\begin{cases}\dfrac{k(\cos\omega_cL-\omega_cT\sin\omega_cL)}{1+\omega_c^2T^2}=-\dfrac{1}{K_c}\\ \sin\omega_cL+\omega_cT\cos\omega_cL=0\end{cases} \tag{8-2-4}$$

此外，由于k是受控对象模型的稳态值，该值可以直接由给出的传递函数得出。定义两个变量$x_1=L$、$x_2=T$，则可以列出这两个未知变量满足的方程为

$$\begin{cases}f_1(x_1,x_2)=kK_c(\cos\omega_cx_1-\omega_cx_2\sin\omega_cx_1)+1+\omega_c^2x_2^2=0\\ f_2(x_1,x_2)=\sin\omega_cx_1+\omega_cx_2\cos\omega_cx_1=0\end{cases} \tag{8-2-5}$$

可以推导出该函数的Jacobi矩阵为

$$\boldsymbol{J}=\begin{bmatrix}-kK_c\omega_c\sin\omega_cx_1-kK_c\omega_c^2x_2\cos\omega_cx_1 & -kK_c\omega_c\sin\omega_cx_1+2\omega_c^2x_2\\ \omega_c\cos\omega_cx_1-\omega_c^2x_2\sin\omega_cx_1 & \omega_c\cos\omega_cx_1\end{bmatrix} \tag{8-2-6}$$

这样,两个未知变量 (x_1, x_2) 可以由拟Newton迭代算法求解,在函数getfopdt()的调用中取key=2,且将 G 表示系统模型即可。

8.2.3 基于传递函数的辨识方法

考虑带有时间延迟的一阶环节为 $G_{\rm n}(s)=k{\rm e}^{-Ls}/(1+Ts)$,求取 $G_{\rm n}(s)$ 关于变量 s 的一阶和二阶导数,则可以得出

$$\frac{\dot{G}_{\rm n}(s)}{G_{\rm n}(s)}=-L-\frac{T}{1+Ts},\quad \frac{\ddot{G}_{\rm n}(s)}{G_{\rm n}(s)}-\left(\frac{\dot{G}_{\rm n}(s)}{G_{\rm n}(s)}\right)^2=\frac{T^2}{(1+Ts)^2}$$

求取各阶导数在 $s=0$ 处的值,则可以发现

$$T_{\rm ar}=-\frac{\dot{G}_{\rm n}(0)}{G_{\rm n}(0)}=L+T,\quad T^2=\frac{\ddot{G}_{\rm n}(0)}{G_{\rm n}(0)}-T_{\rm ar}^2 \tag{8-2-7}$$

式中,$T_{\rm ar}$ 又称为平均驻留时间,由式(8-2-7)可以发现,$L=T_{\rm ar}-T$。系统的增益可以由 $k=G_{\rm n}(0)$ 直接求出。在函数getfopdt()的调用中取key=3,且将 G 表示系统模型即可得出一阶模型。

8.2.4 最优降阶方法

作者提出了一种带有时间延迟环节系统的次最优降阶方法[7],可以通过数值最优化算法求解出这3个特征参数,具体降阶算法参见4.5节。在MATLAB函数getfopdt()中,令key=4,即可得出受控对象 G 的最优一阶近似模型。

例8-2 假设受控对象的传递函数模型为 $G(s)=1/(s+1)^5$,试求其FOPDT近似模型。

解 可以用下面的语句求出各种一阶近似模型,并比较其阶跃响应曲线,如图8-5所示。这样得出的近似模型为

```
>> s=tf('s'); G=1/(s+1)^5;                          %对象模型输入
   [K1,L1,T1,G1]=getfopdt(1,G), [K2,L2,T2,G2]=getfopdt(2,G)
   [K3,L3,T3,G3]=getfopdt(3,G), [K4,L4,T4,G4]=getfopdt(4,G)
   step(G,'-',G1,':',G2,'*',G3,'--',G4,'-.',15) %比较各个模型
```

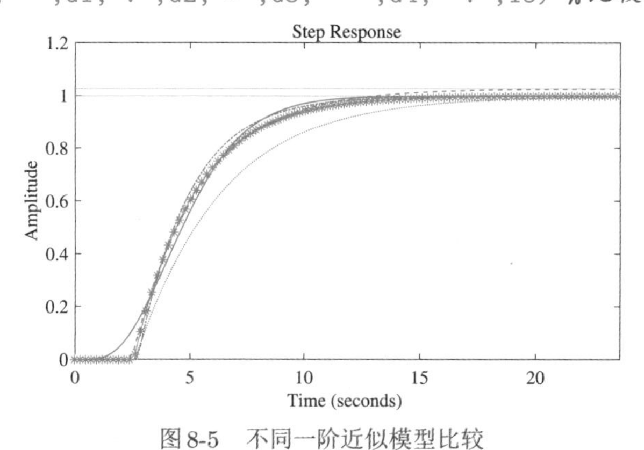

图8-5 不同一阶近似模型比较

得出的逼近模型为

$$G_1(s)=\frac{1.053\mathrm{e}^{-2.45s}}{3.14s+1},\ G_2(s)=\frac{\mathrm{e}^{-2.65s}}{3.725s+1},\ G_3(s)=\frac{\mathrm{e}^{-2.76s}}{2.236s+1},\ G_4(s)=\frac{\mathrm{e}^{-2.59s}}{2.624s+1}$$

从得出的拟合结果可以看出，对这个例子采用基于传递函数的拟合方法得出的结果最差，用次最优降阶方法和曲线最小二乘的拟合方法得出的结果拟合效果接近，均明显优于基于频域响应的拟合方法。

8.3 FOPDT模型的PID控制器参数整定

8.3.1 Ziegler–Nichols经验公式

早在1942年，Ziegler与Nichols给出了著名的PID类控制器整定的经验公式[8]，为过程控制提出了一种切实可行的控制器整定方法，后来称为Ziegler–Nichols整定公式。这样的方法和其改进的形式至今仍用于实际的过程控制。

假设已经得到了系统的FOPDT近似模型参数k、L和T，根据相似三角形的原理就可以立即得出$a=kL/T$，这样就可以根据表8-1设计出P、PI和PID控制器，设计方法很简单直观。根据此算法可以编写一个MATLAB函数`ziegler()`[6]，由该函数可以直接设计出系统的PID类控制器。该函数的内容为

表8-1 Ziegler–Nichols整定公式

控制器类型	由阶跃响应整定			由频域响应整定		
参数	K_p	T_i	T_d	K_p	T_i	T_d
P	$1/a$			$0.5K_\mathrm{c}$		
PI	$0.9/a$	$3L$		$0.4K_\mathrm{c}$	$0.8T_\mathrm{c}$	
PID	$1.2/a$	$2L$	$L/2$	$0.6K_\mathrm{c}$	$0.5T_\mathrm{c}$	$0.12T_\mathrm{c}$

```
function [Gc,Kp,Ti,Td]=ziegler(key,vars)
switch length(vars)
   case 3
      K=vars(1); Tc=vars(2); N=vars(3);
      if key==1, Kp=0.5*K; Ti=inf; Td=0;
      elseif key==2, Kp=0.4*K; Ti=0.8*Tc; Td=0;
      elseif key==3, Kp=0.6*K; Ti=0.5*Tc; Td=0.12*Tc; end
   case 4
      K=vars(1); L=vars(2); T=vars(3); N=vars(4); a=K*L/T;
      if key==1, Kp=1/a; Ti=inf; Td=0;
      elseif key==2, Kp=0.9/a; Ti=3*L; Td=0;
      elseif key==3, Kp=1.2/a; Ti=2*L; Td=L/2; end
```

```
   case 5
      K=vars(1); Tc=vars(2); rb=vars(3); N=vars(5);
      pb=pi*vars(4)/180; Kp=K*rb*cos(pb);
      if key==2, Ti=-Tc/(2*pi*tan(pb)); Td=0;
      elseif key==3, Ti=Tc*(1+sin(pb))/(pi*cos(pb)); Td=Ti/4;
end, end
Gc=pidstd(Kp,Ti,Td,N);
```

其中，**key**=1,2,3分别对应于P、PI、PID控制器，用户可以选择该标示来选择控制器类型，`vars=[`k`,`L`,`T`,`N`]`。使用此函数可以立即设计出所需的控制器。由于**vars**的长度为4，所以这里只需调用程序中`length(vars)`为4的段落，其他取值将在后面陆续介绍。

如果已知频率响应数据，如系统的幅值裕度K_c及其剪切频率ω_c，则可以定义两个新的量，$T_c = 2\pi/\omega_c$，并通过表8-1设计出各种PID类控制器，也可以用前面提及的**ziegler()**函数来设计，在调用时只需给出`vars=[`K_c`,`T_c`,`N`]`即可。本算法在**ziegler()**函数中对应于该向量长度为3的段落。

例8-3 假设对象模型为一个六阶的传递函数$G(s) = 1/(s+1)^6$，利用例8-2的结论，可以得出该受控对象模型的较好的FOPDT近似为$k = 1$, $T = 2.883$, $L = 3.37$，试设计PI和PID控制器。

解 由表8-1中给出的公式即可以设计出PI和PID控制器。

```
>> s=tf('s'); G=1/(s+1)^6; N=10;                  %对象模型输入
   K=1; T=2.883; L=3.37; a=K*L/T;                 %FOPDT近似模型参数
   Kp=0.9/a; Ti=3*L; G1=Kp*(1+tf(1,[Ti 0])); %PI控制器设计
   Kp=1.2/a; Ti=2*L; Td=0.5*L; p=[Kp,Ti,Td]   %PID控制器
```

由此设计的PID控制器的参数向量$\boldsymbol{p} = [1.0266, 6.74, 1.685]$，即控制器的模型为

$$G_c(s) = 1.0266\left(1 + \frac{1}{6.7400s} + \frac{1.6850s}{0.1685s+1}\right)$$

上面的MATLAB语句可以用作者编写的`ziegler(3,[`K`,`L`,`T`,`N`])`函数设计出来。设计出来控制器之后，就可以分析给出的受控对象模型在该控制器下的阶跃响应曲线，如图8-6(a)所示，可惜这样设计的控制器效果不是很理想。

```
>> G2=Kp*(1+tf(1,[Ti,0])+tf([Td 0],[Td/N 1])); %构造PID控制器
   step(feedback(G*G1,1),'-',feedback(G*G2,1),'--')
```

应用MATLAB中提供的**margin()**函数，可以直接得出该系统的剪切频率和幅值裕度，从而直接套用表8-1中给出的Ziegler–Nichols公式设计出PI和PID控制器，将这些控制器用于原对象模型的控制，则可以用下面的语句绘制如图8-6(b)所示的闭环系统阶跃响应曲线。对这个例子来说，设计的控制器效果有所改善。

```
>> [Kc,b,wc,d]=margin(G); Tc=2*pi/wc; %提取幅值裕度和剪切频率
   Kp=0.4*Kc; Ti=0.8*Tc; [Kp,Ti]; G1=Kp*(1+tf(1,[Ti 0])); %PI
```

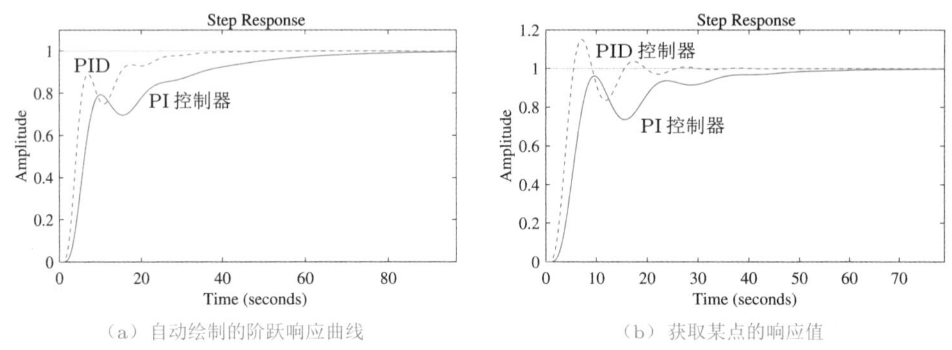

(a) 自动绘制的阶跃响应曲线　　(b) 获取某点的响应值

图8-6　Ziegler–Nichols算法设计的控制器下阶跃响应

```
Kp=0.6*Kc; Ti=0.5*Tc; Td=0.12*Tc;  %PID控制器
G2=Kp*(1+tf(1,[Ti,0])+tf([Td 0],1));
step(feedback(G*G1,1),'-',feedback(G*G2,1),'--')
```

8.3.2 改进的Ziegler–Nichols算法

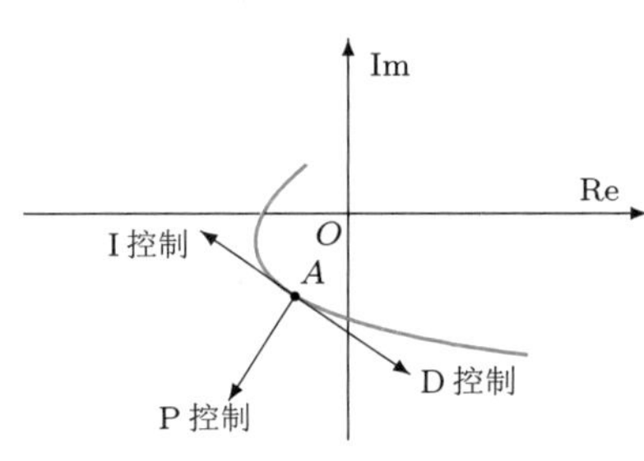

图8-7　PID控制的频域解释

PID控制器的频域解释如图8-7所示，假设受控对象的Nyquist图上有一个A点，如果施加比例控制，则K_p能沿OA线的方向拉伸或压缩A点，微分控制和积分控制分别沿图中所示的垂直方向拉伸Nyquist图上的相应点。所以经过适当配置PID控制器的参数，Nyquist图上的某点可以理论上移动到任意的指定点。

假设选择一个增益为$G(\mathrm{j}\omega_0)=r_\mathrm{a}\mathrm{e}^{\mathrm{j}(\pi+\phi_\mathrm{a})}$的$A$点，且期望将该点通过PID控制移动到指定的$A_1$点，该点的增益为$G_1(\mathrm{j}\omega_0)=r_\mathrm{b}\mathrm{e}^{\mathrm{j}(\pi+\phi_\mathrm{b})}$。再假定在频率$\omega_0$处PID控制器写成$G_\mathrm{c}(s)=r_\mathrm{c}\mathrm{e}^{\mathrm{j}\phi_\mathrm{c}}$，则可以写出

$$r_\mathrm{b}\mathrm{e}^{\mathrm{j}(\pi+\phi_\mathrm{b})}=r_\mathrm{a}r_\mathrm{c}\mathrm{e}^{\mathrm{j}(\pi+\phi_\mathrm{a}+\phi_\mathrm{c})} \tag{8-3-1}$$

这样可以选择控制器，使得$r_\mathrm{c}=r_\mathrm{b}/r_\mathrm{a}$与$\phi_\mathrm{c}=\phi_\mathrm{b}-\phi_\mathrm{a}$。由上面的推导，可以按下面的方法设计出PI和PID控制器。

1. PI控制器

可以选择

$$K_\mathrm{p}=\frac{r_\mathrm{b}\cos(\phi_\mathrm{b}-\phi_\mathrm{a})}{r_\mathrm{a}},\quad T_\mathrm{i}=\frac{1}{\omega_0\tan(\phi_\mathrm{a}-\phi_\mathrm{b})} \tag{8-3-2}$$

这样要求$\phi_\mathrm{a}>\phi_\mathrm{b}$，使得设计出来的$T_\mathrm{i}$为正数。进一步地，类似于Ziegler–Nichols算法，若选择原Nyquist图上的点为其与负实轴的交点，即$r_\mathrm{a}=1/K_\mathrm{c}$及

$\phi_a=0$,则PI控制器可以由下面的式子直接设计出来

$$K_p=K_c r_b\cos\phi_b,\quad T_i=-\frac{T_c}{2\pi\tan\phi_b},\quad T_c=\frac{2\pi}{\omega_c} \tag{8-3-3}$$

2. PID控制器

可以写出

$$K_p=\frac{r_b\cos(\phi_b-\phi_a)}{r_a},\quad \omega_0 T_d-\frac{1}{\omega_0 T_i}=\tan(\phi_b-\phi_a) \tag{8-3-4}$$

可以看出,满足式(8-3-4)的T_i和T_d参数有无穷多组,通常可以选择一个常数α,使得$T_d=\alpha T_i$。这样就可以由方程唯一地确定一组T_i和T_d参数为

$$T_i=\frac{1}{2\alpha\omega_0}\left(\tan(\phi_b-\phi_a)+\sqrt{4\alpha+\tan^2(\phi_b-\phi_a)}\right),\quad T_d=\alpha T_i \tag{8-3-5}$$

可以证明,在Ziegler–Nichols整定算法中,α可以选为$\alpha=1/4$。如果进一步仍选择原Nyquist图上的点为其与负实轴的交点,即$r_a=1/K_c$与$\phi_a=0$,则可以设计出满足$\alpha=1/4$的PID控制器参数为

$$K_p=K_c r_b\cos\phi_b,\quad T_i=\frac{T_c}{\pi}\left(\frac{1+\sin\phi_b}{\cos\phi_b}\right),\quad T_d=\frac{T_c}{4\pi}\left(\frac{1+\sin\phi_b}{\cos\phi_b}\right) \tag{8-3-6}$$

可以看出,通过适当地选择r_b和ϕ_b,可以设计出PI和PID控制器。改进的Ziegler–Nichols整定PI或PID控制器也可以由作者编写的函数`ziegler()`设计出来,这时`vars`变元应该表示为`vars=`$[K_c,T_c,r_b,\phi_b,N]$。该算法对应于`ziegler()`函数中`vars`向量长度为5的程序段落。

例8-4 再考虑例8-3中使用的受控对象模型,$G(s)=1/(s+1)^6$,选定$r_b=0.8$,试对不同ϕ_b值设计PID控制器。

解 对不同的ϕ_b可以使用MATLAB语言的循环语句设计出控制器,并比较闭环系统的阶跃响应曲线,如图8-8(a)所示。

```
>> s=tf('s'); G=1/(s+1)^6; %受控对象模型输入
   [Kc,b,wc,a]=margin(G); Tc=2*pi/wc; rb=0.8;
   for phi_b=[10:10:80]      %选择不同的预期相位裕度进行循环
      [Gc,Kp,Ti,Td]=ziegler(3,[Kc,Tc,rb,phi_b,10]);
      step(feedback(G*Gc,1),20), hold on
   end
```

这里显示的PID控制效果是在不同的ϕ_b要求下的系统响应曲线。从这些曲线可以看出,当ϕ_b很小时,系统阶跃响应的超调量将很大,所以应该适当地增大ϕ_b的值,但若无限制地增大ϕ_b的值,则系统响应的速度越来越慢,$\phi_b=90°$时系统的阶跃响应几乎等于0。

对这个受控对象来说,可以选择$\phi_b=20°$,这样试凑不同的r_b的值,可以由下面的语句绘制出不同r_b下的阶跃响应曲线,如图8-8(b)所示。

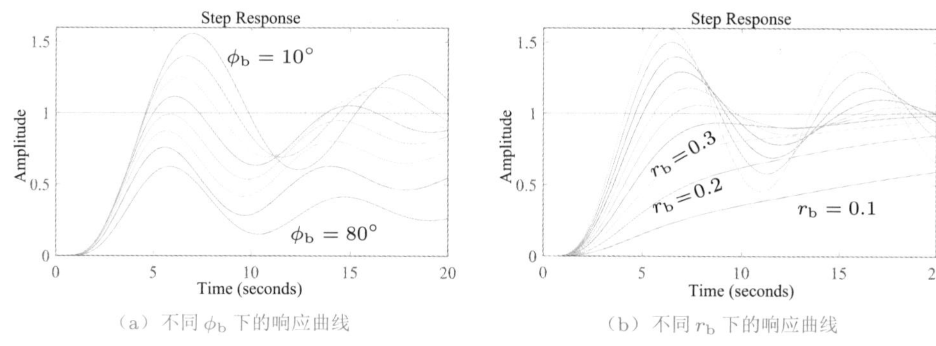

(a) 不同 ϕ_b 下的响应曲线　　(b) 不同 r_b 下的响应曲线

图 8-8　改进的PID算法系统的阶跃响应曲线

```
>> phi_b=20;              %固定相位裕度
   for rb=0.1:0.1:1,  %选择不同的幅值进行循环
      [Gc,Kp,Ti,Td]=ziegler(3,[Kc,Tc,rb,phi_b,10]);
      step(feedback(G*Gc,1),20), hold on
   end
```

从得出的选项可以看出，若选择 $r_b = 0.5, \phi_b = 20°$ 时的阶跃响应曲线较令人满意，这时可以用下面语句得出PID控制器的参数

```
>> [Gc,Kp,Ti,Td]=ziegler(3,[Kc,Tc,0.5,20,10])
```

可以得出控制器为

$$G_c(s) = 1.1136\left(1 + \frac{1}{4.9676s} + \frac{1.2369s}{1 + 0.12369s}\right)$$

8.3.3　改进PID控制结构与算法

除了标准的PID控制器结构外，PID控制器还有其他的变形形式，如微分动作在反馈回路中的PID控制器，精调PID控制器等。这里介绍几种PID控制器。

1. 微分动作在反馈回路的PID控制器

在实际应用中发现，系统的阶跃响应会导致误差信号在初始时刻发生跳变，所以直接对其求微分会得出很大的值，不利于实际的控制，所以可以将微分动作从前向通路移动到输出信号上，闭环系统的结构如图8-9所示。这时即使阶跃响应时误差有跳变，但输出信号应该是光滑的，所以对其取微分没有问题，但这样响应速度将慢于经典的PID控制器。

和如图4-6所示的典型的反馈控制结构比较，可以将这个控制结构转换成典型反馈控制系统，这时前向通路控制器模型 $G_c(s)$ 和反馈回路模型 $H(s)$ 分别为

$$G_c(s) = K_p\left(1 + \frac{1}{T_i s}\right) \tag{8-3-7}$$

$$H(s) = \frac{(1 + K_p/N)T_i T_d s^2 + K_p(T_i + T_d/N) + K_p}{K_p(T_i s + 1)(T_d s/N + 1)} \tag{8-3-8}$$

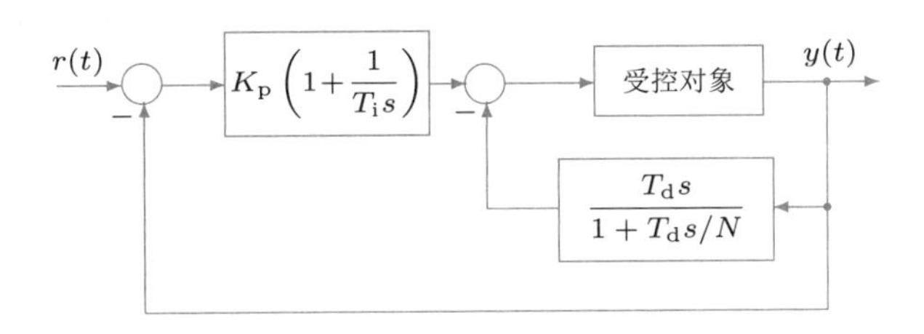

图8-9 微分在反馈回路的PID控制结构

2. 精调的Ziegler–Nichols控制器及算法

由于传统的Ziegler–Nichols控制器设计算法经常在设定点控制时产生较强的振荡，并经常伴有较大的超调量，所以可以使用精调的Ziegler–Nichols整定算法[9]。这类PID控制器的数学表示为

$$u(t)=K_p\left[(\beta r-y)+\frac{1}{T_i}\int e\mathrm{d}t-T_d\frac{\mathrm{d}y}{\mathrm{d}t}\right] \tag{8-3-9}$$

其中，微分动作作用在输出信号上，输入信号的一部分直接叠加到控制信号上。一般情况下应该选择$\beta<1$，这时控制策略可以进一步地写成

$$u(t)=K_p\left(\beta e+\frac{1}{T_i}\int e\mathrm{d}t\right)-K_p\left[(1-\beta)y+T_d\frac{\mathrm{d}y}{\mathrm{d}t}\right] \tag{8-3-10}$$

可以看出，这样的控制器是二自由度PID控制器的一个特例。根据其数学模型，可以绘制出这种控制策略方框图表示，如图8-10所示。将该控制结构转换成典型反馈控制系统，这时前向通路控制器模型$G_c(s)$和反馈回路模型$H(s)$分别为

$$G_c(s)=K_p\left(\beta+\frac{1}{T_i s}\right) \tag{8-3-11}$$

$$H(s)=\frac{T_iT_d\beta(N+2-\beta)s^2/N+(T_i+T_d/N)s+1}{(T_i\beta s+1)(T_d s/N+1)} \tag{8-3-12}$$

考虑图8-10中给出的精调PID控制器结构，可以引入一个归一化的延迟τ与一阶时间常数κ，定义为$\kappa=K_c k$，且$\tau=L/T$，这样就可以在任何范围内使用变量τ和κ，对不同的τ和κ范围，可以由下面的方法来设计PID控制器：

（1）若$2.25<\kappa<15$或$0.16<\tau<0.57$，则应保留Ziegler–Nichols参数，同时为了使超调量分别小于10%或20%，可以由下式求出β参数为$\beta=(15-\kappa)/(15+\kappa)$，且$\beta=36/(27+5\kappa)$。

（2）若$1.5<\kappa<2.25$或$0.57<\tau<0.96$，在Ziegler–Nichols控制器的T_i参数应当精调为$T_i=0.5\mu T_c$，其中，$\mu=4\kappa/9$，且$\beta=8(\mu-1)/17$。

（3）若$1.2<\kappa<1.5$，则为了使系统的超调量小于10%，PID的参数应该用下面的公式进行精调。

$$K_p=\frac{5}{6}\left(\frac{12+\kappa}{15+14\kappa}\right),\quad T_i=\frac{1}{5}\left(\frac{4}{15}\kappa+1\right) \tag{8-3-13}$$

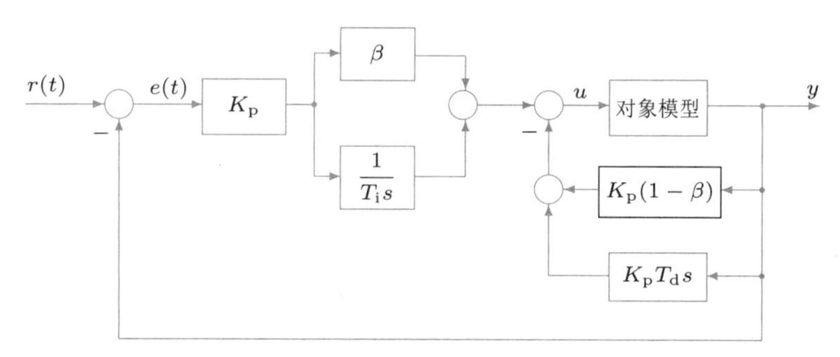

图8-10 精调的PID控制结构

作者编写了一个函数`rziegler()`来设计精调的Ziegler–Nichols PID控制器，该函数的清单为[6]

```
function [Gc,Kp,Ti,Td,b,H]=rziegler(vars)
K=vars(1); L=vars(2); T=vars(3); N=vars(4); a=K*L/T; Kp=1.2/a;
Ti=2*L; Td=L/2; Kc=vars(5); Tc=vars(6); kappa=Kc*K; tau=L/T; H=[];
if (kappa > 2.25 & kappa<15) | (tau>0.16 & tau<0.57)
   b=(15-kappa)/(15+kappa);
elseif (kappa<2.25 & kappa>1.5) | (tau<0.96 & tau>0.57)
   mu=4*jappa/9; b=8*(mu-1)/17; Ti=0.5*mu*Tc;
elseif (kappa>1.2 & kappa<1.5),
   Kp=5*(12+kappa)/(6*(15+14*kappa)); Ti=0.2*(4*kappa/15+1); b=1;
end
Gc=tf(Kp*[b*Ti,1],[Ti,0]); nH=[Ti*Td*b*(N+2-b)/N,Ti+Td/N,1];
dH=conv([Ti*b,1],[Td/N,1]); H=tf(nH,dH);
```

其中**vars**=$[k,L,T,N,K_c,T_c]$。

例8-5 仍考虑受控对象模型$G(s)=1/(s+1)^6$，试设计精调的PID控制器。

解 可以用下面的命令设计出系统的精调PID控制器，并绘制出系统的阶跃响应曲线，如图8-11所示，遗憾的是，这样设计出来的控制器效果比最原始的Ziegler–Nichols PID控制器没有什么改进。

```
>> s=tf('s'); G=1/(s+1)^6; [K,L,T]=getfopdt(4,G);
   [Kc,p,wc,m]=margin(G); Tc=2*pi/wc;  %求取系统的频率响应特征
   [Gc,Kp,Ti,Td,beta,H]=rziegler([K,L,T,10,Kc,Tc]);
   G_c=feedback(G*Gc,H); step(G_c);     %闭环系统的阶跃响应曲线
```

3. 变形的PID结构

文献[10]中给出了一种PID控制器变形结构及各种整定算法，这里不再赘述。相应的变形PID控制器模型为

$$G_c(s)=K_p\left(1+\frac{1}{T_i s}\right)\frac{1+T_d s}{1+T_d s/N} \tag{8-3-14}$$

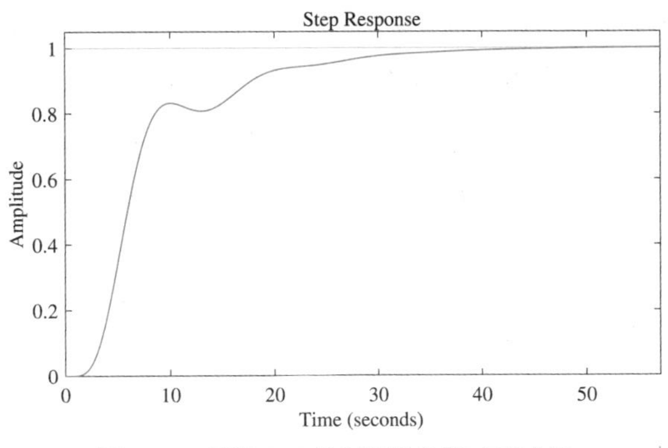

图8-11 精调PID控制器的阶跃响应曲线

8.3.4 Chien–Hrones–Reswick参数整定算法

在实际应用中，传统的Ziegler–Nichols算法有各种各样的变形，所谓的Chien–Hrones–Reswick（CHR）算法就是其中的一种改进。表8-2中给出了PID类控制器设计的经验公式，其中还允许带有较大的阻尼，以确保“没有超调量的最快速响应”，该指标在表中标识为“有0%超调量”，该表中还允许设计出所谓“带有20%超调量的最快速响应”，在表8-2中标识为“有20%超调量”。和传统的Ziegler–Nichols整定算法相比，在CHR算法中直接使用了时间常数T。

表8-2 设定点问题的Chien–Hrones–Reswick整定公式

控制器	有0%超调量			有20%超调量		
类型	K_p	T_i	T_d	K_d	T_i	T_d
P	$0.3/a$			$0.7/a$		
PI	$0.35/a$	$1.2T$		$0.6/a$	T	
PID	$0.6/a$	T	$0.5L$	$0.95/a$	$1.4T$	$0.47L$

按照前面的算法编写了一个MATLAB函数`chrpid()`，其清单如下：

```
function [Gc,Kp,Ti,Td]=chrpid(key,vars)
K=vars(1); L=vars(2); T=vars(3); N=vars(4); ov=vars(5)+1;
a=K*L/T; KK=[0.3,0.35,1.2,0.6,1,0.5; 0.7,0.6,1,0.95,1.4,0.47];
if key==1, Kp=KK(ov,1)/a; Ti=inf; Td=0;
elseif key==2, Kp=KK(ov,2)/a; Ti=KK(ov,3)*T; Td=0;
else, Kp=KK(ov,4)/a; Ti=KK(ov,5)*T; Td=KK(ov,6)*L; end
Gc=pidstd(Kp,Ti,Td,N);
```

该函数的调用格式为$[G,K_\mathrm{p},T_\mathrm{i},T_\mathrm{d}]=$`chrpid(key,vars)`，其返回的变元和函数**`ziegler()`**是完全一致的。同样地，`key`$=1,2,3$分别对应于P、PI和PID控制器。变

元 vars 可以表示成 vars=[k,L,T,N,O_s]，其中 $O_s=0$ 对应于没有超调量的控制，为1对应于有20%超调量的控制。

例8-6 重新考虑例8-3中给出的对象模型，试设计PID控制器。

解 可以用下面的MATLAB语句设计出Ziegler–Nichols PID控制器与两种准则下的CHR控制器。

```
>> s=tf('s'); G=1/(s+1)^6; [k,L,T]=getfopdt(4,G); N=10;
   [Gc1,Kp,Ti,Td]=ziegler(3,[k,L,T,N])
   [Gc2,Kp,Ti,Td]=chrpid(3,[k,L,T,N,0])
   [Gc3,Kp,Ti,Td]=chrpid(3,[k,L,T,N,1])
```

得到的控制器为

$$G_{c2}(s)=0.514\left(1+\frac{1}{2.88s}+\frac{1.68s}{0.168s+1}\right),\quad G_{c3}(s)=0.814\left(1+\frac{1}{4.04s}+\frac{1.58s}{0.158s+1}\right)$$

可以由下面的MATLAB语句绘制出各个不同的控制器下的闭环系统的阶跃响应曲线，如图8-12所示。

```
>> step(feedback(G*Gc1,1),'-',feedback(G*Gc2,1),'--',...
        feedback(G*Gc3,1),':')
```

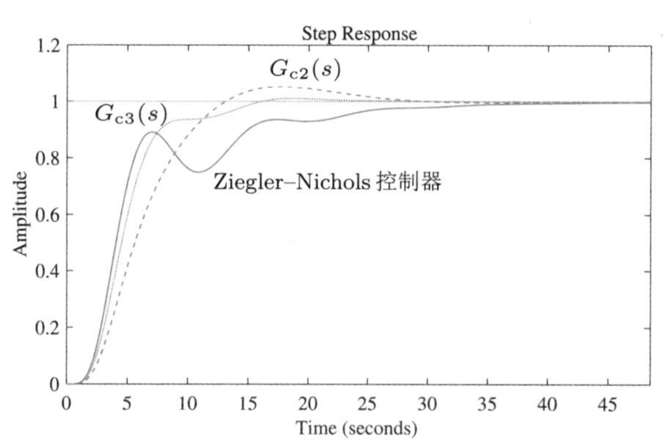

图8-12 各种控制器下闭环系统阶跃响应比较

从得出的曲线可以看出，尽管没有超调量的设定点控制器响应速度较慢，但控制的效果还是较理想的，至少优于经典的Ziegler–Nichols算法。

8.3.5 最优PID整定经验公式

考虑FOPDT受控对象模型，对某一组特定的k、L、T参数，可以采用数值方法对某一个指标进行优化，可以得出一组K_p、T_i、T_d参数，修改对象模型的参数，则可以得出另外一组控制器参数，这样通过曲线拟合的方法就可以得出控制器设计的经验公式。文献中很多PID控制器设计算法都是根据这样的方式构造的。

最优化指标可以有很多选择，例如时间加权的指标定义为

$$J_n=\int_0^\infty t^{2n}e^2(t)\mathrm{d}t \tag{8-3-15}$$

其中$n=0$称为ISE指标，$n=1$和$n=2$分别称为ISTE和IST^{2}E指标[11]，另外还有常用的IAE和ITAE指标，其定义分别为

$$J_{\mathrm{IAE}}=\int_0^\infty |e(t)|\mathrm{d}t,\quad J_{\mathrm{ITAE}}=\int_0^\infty t|e(t)|\mathrm{d}t \tag{8-3-16}$$

庄敏霞与Atherton教授提出了基于式(8-3-15)指标的最优控制PID控制器参数整定经验公式[11]。

$$K_{\mathrm{p}}=\frac{a_1}{k}\left(\frac{L}{T}\right)^{b_1},\quad T_{\mathrm{i}}=\frac{T}{a_2+b_2(L/T)},\quad T_{\mathrm{d}}=a_3T\left(\frac{L}{T}\right)^{b_3} \tag{8-3-17}$$

对不同的L/T范围，系数对(a,b)可以由表8-3直接查出。可以看出，如果得到了对象模型的FOPDT近似，则可以通过查表的方法找出相应的a_i、b_i参数，代入上式就可以设计出PID控制器来。

表8-3 设定点PID控制器参数

L/T的范围	$0.1\sim1$			$1.1\sim2$		
最优指标	ISE	ISTE	IST^{2}E	ISE	ISTE	IST^{2}E
a_1	1.048	1.042	0.968	1.154	1.142	1.061
b_1	−0.897	−0.897	−0.904	−0.567	−0.579	−0.583
a_2	1.195	0.987	0.977	1.047	0.919	0.892
b_2	−0.368	−0.238	−0.253	−0.220	−0.172	−0.165
a_3	0.489	0.385	0.316	0.490	0.384	0.315
b_3	0.888	0.906	0.892	0.708	0.839	0.832

该控制器一般可以直接用于原受控对象模型的控制，如果所使用的FOPDT模型比较精确，则PID控制器效果将接近于对FOPDT模型的控制。另外，该算法的适用范围为$0.1\leqslant L/T\leqslant 2$，不适合大时间延迟系统的控制器设计，在适用范围上有一定的局限性。

Murrill[10,12]提出了使IAE准则最小的PID控制器的算法。

$$K_{\mathrm{p}}=\frac{1.435}{K}\left(\frac{T}{L}\right)^{0.921},\quad T_{\mathrm{i}}=\frac{T}{0.878}\left(\frac{T}{L}\right)^{0.749},\quad T_{\mathrm{d}}=0.482T\left(\frac{T}{L}\right)^{-1.137} \tag{8-3-18}$$

该算法适合于$0.1<L/T<1$的受控对象模型。对一般的受控对象模型，文献[13]提出了改进算法，将K_{p}式子中的1.435改写成3就可以拓展到其他的L/T范围。

对ITAE指标进行最优化，则可以得出如下的PID控制器设计经验公式[10,12]

$$K_{\mathrm{p}}=\frac{1.357}{K}\left(\frac{T}{L}\right)^{0.947},\quad T_{\mathrm{i}}=\frac{T}{0.842}\left(\frac{T}{L}\right)^{0.738},\quad T_{\mathrm{d}}=0.318T\left(\frac{T}{L}\right)^{-0.995} \tag{8-3-19}$$

该公式的适用范围仍然是 $0.1 < L/T < 1$。文献 [14] 提出了在 $0.05 \leqslant L/T \leqslant 6$ 范围内设计 ITAE 最优 PID 控制器的经验公式

$$K_{\rm p}=\frac{(0.7303+0.5307T/L)(T+0.5L)}{K(T+L)},\ T_{\rm i}=T+0.5L,\ T_{\rm d}=\frac{0.5LT}{T+0.5L} \tag{8-3-20}$$

例 8-7 仍考虑例 8-3 中的受控对象模型 $G(s)=1/(s+1)^6$,试设计最优 PID 控制器。

解 前面给出最优降阶模型为 $G(s)={\rm e}^{-3.37s}/(2.883s+1)$,亦即 $K=1, L=3.37$,且 $T=2.883$,这样可以用下面的语句依照各种算法设计出 PID 控制器。

```
>> s=tf('s'); G=1/(s+1)^6;    %受控对象模型
   K=1; L=3.37; T=2.883;      %近似一阶模型参数
   Kp1=1.142*(L/T)^(-0.579); Ti1=T/(0.919-0.172*(L/T));
   Td1=0.384*T*(L/T)^0.839; [Kp1,Ti1,Td1] %Zhuang & Atherton 算法
```

这时可以设计出 PID 控制器为

$$G_1(s)=1.0433\left(1+\frac{1}{4.0156s}+\frac{1.2620s}{0.1262s+1}\right)$$

由式 (8-3-20) 中给出的设计算法,也可以由下面语句设计出 PID 控制器

```
>> Ti2=T+0.5*L; Kp2=(0.7303+0.5307*T/L)*Ti2/(K*(T+L));
   Td2=(0.5*L*T)/(T+0.5*L); [Kp2,Ti2,Td2] %ITAE 最优控制 PID 控制器
```

设计出的 PID 控制器为

$$G_2(s)=0.8652\left(1+\frac{1}{4.5680s}+\frac{1.0635s}{0.10635s+1}\right)$$

用这两个控制器分别控制原始受控对象模型,可以得出如图 8-13 所示的阶跃响应曲线,可以看出,这些 PID 控制器的效果还是令人满意的。

```
>> Gc1=Kp1*(1+tf(1,[Ti1,0])+tf([Td1,0],[Td1/10 1]));
   Gc2=Kp2*(1+tf(1,[Ti2,0])+tf([Td2,0],[Td2/10 1]));
   step(feedback(Gc1*G,1),'-',feedback(Gc2*G,1),'--')
```

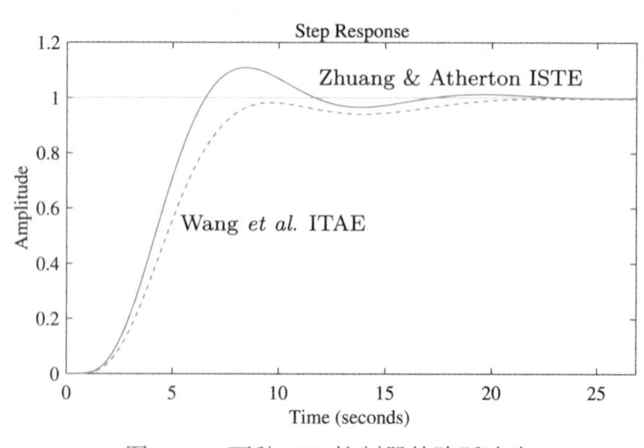

图 8-13 两种 PID 控制器的阶跃响应

8.4 其他受控对象模型的控制器参数整定

前面介绍的全部PID整定算法都是基于FOPDT受控对象模型的，在实际应用中，有很多受控对象不能由FOPDT类模型去近似，所以也不能直接采用前面介绍的方法设计控制器。在文献 [10] 中列出了大量模型的整定算法。这里由于篇幅限制，不能全面介绍，只能介绍其中几种常用模型的PID控制器参数整定算法及其MATLAB实现。

8.4.1 IPD模型的PD和PID参数整定

一类常见的受控对象模型为带有时间延迟的积分环节，其数学模型为$G(s)=K\mathrm{e}^{-Ls}/s$，这类模型称为延迟积分器（integrator plus delay，IPD）模型。这类受控对象模型不能直接采用前面介绍的算法来整定PD或PID控制器。

这类受控对象模型因为本身含有积分器，所以即使不在控制器中引入积分补偿仍然能保证闭环系统没有稳态误差的要求，所以一般情况下，因为PD控制器未引入附加积分器，所以可以避免由积分作用引起的大超调量，故采用PD控制器就能够达到很好的效果。PD和PID模型的数学形式分别为

$$G_{\mathrm{PD}}(s)=K_{\mathrm{p}}(1+T_{\mathrm{d}}s),\quad G_{\mathrm{PID}}(s)=K_{\mathrm{p}}\left(1+\frac{1}{T_{\mathrm{i}}s}+T_{\mathrm{d}}s\right) \tag{8-4-1}$$

文献 [15] 提出了各种指标下的PD和PID参数整定公式，其一般形式为

$$\begin{aligned}&\text{PD控制器}K_{\mathrm{p}}=\frac{a_1}{KL},\ T_{\mathrm{d}}=a_2L\\&\text{PID控制器}K_{\mathrm{p}}=\frac{a_3}{KL},\ T_{\mathrm{i}}=a_4L,\ T_{\mathrm{d}}=a_5L\end{aligned} \tag{8-4-2}$$

其中

对ISE指标，可以选择$a_1=1.03, a_2=0.49$，或$a_3=1.37, a_4=1.49, a_5=0.59$；

对ITSE指标，则有$a_1=0.96, a_2=0.45$或$a_3=1.36, a_4=1.66, a_5=0.53$；

对ISTSE指标，则$a_1=0.9, a_2=0.45$，或$a_3=1.34, a_4=1.83, a_5=0.49$。

根据这样的选择可以很容易编写出如下的MATLAB函数来设计控制器：

```
function [Gc,Kp,Ti,Td]=ipdctrl(key,key1,K,L,N)
a=[1.03,0.49,1.37,1.49,0.59; 0.96,0.45,1.36,1.66,0.53;
   0.9,0.45,1.34,1.83,0.49];
if key==1, Kp=a(key1,1)/K/L; Td=a(key1,2)*L; Ti=inf;
else, Kp=a(key1,3)/K/L; Ti=a(key1,4)*L; Td=a(key1,5)*L; end
Gc=pidstd(Kp,Ti,Td,N);
```

8.4.2 FOLIPD模型的PD和PID参数整定

另一类常见的受控对象模型为带有时间延迟的一阶滞后环节，其数学模型为$G(s)=K\mathrm{e}^{-Ls}/[s(Ts+1)]$，这类模型称为一阶滞后积分延迟（first order lag and integrator plus delay，FOLIPD）模型。

这类受控对象模型因为本身含有积分器，所以即使不在控制器中引入积分补偿仍然能保证闭环系统没有稳态误差的要求，所以一般情况下采用PD控制器就能够达到很好的效果。文献[10]中收录了一种PD控制器的设计算法。

$$K_{\rm p}=\frac{2}{3KL},\ T_{\rm d}=T \tag{8-4-3}$$

文献[10]还收录了PID控制器的整定算法

$$K_{\rm p}=\frac{1.111T}{KL^2}\frac{1}{\left[1+(T/L)^{0.65}\right]^2},\quad T_{\rm i}=2L\left[1+\left(\frac{T}{L}\right)^{0.65}\right],\quad T_{\rm d}=\frac{T_{\rm i}}{4} \tag{8-4-4}$$

这样可以编写出控制器整定函数`folipd()`来实现这两种算法，该函数中用变元`key`来选定控制器类型，其值为1表示PD控制器，否则为PID控制器。若提供了K、L、T、N参数，则可以立即设计出控制器模型

```
function [Gc,Kp,Ti,Td]=folipd(key,K,L,T,N)
if key==1, Kp=2/3/K/L; Td=T; Ti=inf;
else, a=(T/L)^0.65;
   Kp=1.111*T/(K*L^2)/(1+a)^2; Ti=2*L*(1+a); Td=Ti/4;
end
Gc=pidstd(Kp,Ti,Td,N);
```

例8-8 考虑受控对象模型$G(s)=1/[s(s+1)^4]$，由于受控对象带有积分器，所以可以考虑设计PID控制器与PD控制器。

解 受控对象不带的部分可以用FOPDT模型描述，这样整个模型能用FOLIPD模型近似描述，由下面语句设计出PD和PID控制器，并绘制如图8-14所示的闭环系统阶跃响应曲线。

```
>> s=tf('s'); G1=1/(s+1)^4; G=G1/s; Gr=opt_app(G1,0,1,1);
   K=Gr.num{1}(2)/Gr.den{1}(2); L=Gr.ioDelay; T=1/Gr.den{1}(2);
```

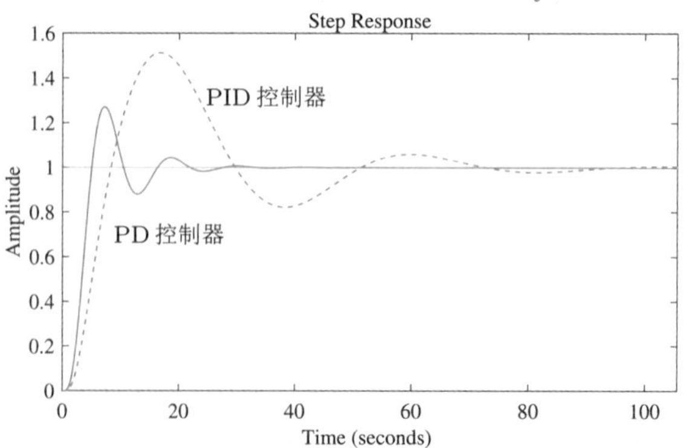

图8-14 PID控制器和PD控制器比较

```
[Gc1,Kp1,Ti1,Td1]=folipd(1,K,L,T,10); %PD控制器设计
[Gc2,Kp2,Ti2,Td2]=folipd(2,K,L,T,10); %PID控制器设计
step(feedback(G*Gc1,1),feedback(G*Gc2,1),'--')
```

得出的控制器为

$$G_{\rm PD}(s)=0.3631\left(1+\frac{2.3334s}{1+0.2333s}\right),\quad G_{\rm PID}(s)=0.1635\left(1+\frac{1}{7.9638s}+\frac{1.9910s}{1+0.1991s}\right)$$

从控制效果看，PD 控制明显优于 PID 控制器。因为受控对象模型已经含有积分器，所以引入附加的积分动作反而会使得闭环系统的超调量增大，且响应速度明显减慢。

8.4.3 不稳定FOPDT模型的PID参数整定

实际的过程控制中，有时受控对象模型为不稳定的 FOPDT 形式，亦即 $G(s)=K{\rm e}^{-Ls}/(Ts-1)$，可以由下面的算法设计出 PID 控制器[15]。

$$K_{\rm p}=\frac{a_1}{K}A^{b_1},\quad T_{\rm i}=a_2TA^{b_2},\quad T_{\rm d}=a_3T\left[1-b_3A^{-0.02}\right]A^{\gamma} \tag{8-4-5}$$

其中，$A=L/T$，且 a_i, b_i 和 γ 参数可以由表 8-4 直接选择。根据该算法，则可以编写出不稳定 FOPDT 模型的 PID 控制器参数整定函数。

表 8-4 不稳定模型的参数表

目标函数	a_1	b_1	a_2	b_2	a_3	b_4	γ
ISE 性能指标	1.32	0.92	4	0.47	3.78	0.84	0.95
ITAE 性能指标	1.38	0.9	4.12	0.9	3.62	0.85	0.93
ISTSE 性能指标	1.35	0.95	4.52	1.13	3.7	0.86	0.97

```
function [Gc,Kp,Ti,Td]=ufopdt(key,K,L,T,N)
par=[1.32,0.92,4,0.47,3.78,0.84,0.95;
     1.38,0.9,4.12,0.9,3.62,0.85,0.93;
     1.35,0.95,4.52,1.13,3.7,0.86,0.97];
a1=par(key,1); b1=par(key,2); a2=par(key,3); b2=par(key,4);
a3=par(key,5); b3=par(key,6); gam=par(key,7);
A=L/T, Kp=a1*A^b1/K; Ti=a2*T*A^b2;
Td=a3*T*(1-b3*A^(-0.02))*A^gam; Gc=pidstd(Kp,Ti,Td,N);
```

8.4.4 交互式PID类控制器整定程序界面

1. PID控制器参数的设计函数

新版的 MATLAB 控制系统工具箱提供了几个直接设计 PID 类控制器的函数，如 `pidtune()`、`pidtool()` 等，可以直接用于 PID 类控制器的设计。在该工具箱中支持的各种 PID 类控制器类型和模型在表 8-5 中给出。

调用 G_c=pidtune(G,type,ω_c) 函数，可以为受控对象 G 设计出由 type 类型指定的控制器 G_c。该函数还允许用户指定剪切频率 ω_c。

表 8-5 控制系统工具箱支持的PID控制器表

关键词 type	控制器类型	连续控制器模型	离散控制器模型
'p'	比例控制器	K_p	K_p
'i'	积分控制器	$\dfrac{K_i}{s}$	$K_i\dfrac{T}{z-1}$
'pi'	PI控制器	$K_p+\dfrac{K_i}{s}$	$K_p+K_i\dfrac{T}{z-1}$
'pd'	PD控制器	$K_p+K_d s$	$K_p+K_d\dfrac{z-1}{T}$
'pdf'	带滤波的PD控制器	$K_p+K_d\dfrac{s}{T_f s+1}$	$K_p+K_d\dfrac{1}{T_f+\dfrac{T}{z-1}}$
'pid'	PID控制器	$K_p+\dfrac{K_i}{s}+K_d s$	$K_p+K_i\dfrac{T}{z-1}+K_d\dfrac{z-1}{T}$
'pidf'	带滤波的PID控制器	$K_p+\dfrac{K_i}{s}+K_d\dfrac{s}{T_f s+1}$	$K_p+K_i\dfrac{T}{z-1}+K_d\dfrac{1}{T_f+\dfrac{T}{z-1}}$
pidf2	二自由度PID控制器	见式(8-1-7)描述的数学形式	

例8-9 假设受控对象模型为 $G(s)=\mathrm{e}^{-2s}/[s(s+1)^4]$，试设计PI、PD与PID控制器。

解 该模型不可能用FOPDT模型逼近，需要采用专门的算法设计控制器。例如可以由下面语句直接设计出PI、PD、PID控制器，并得出闭环系统的阶跃响应曲线，如图8-15所示。可见，得出的各种控制器效果是令人满意的。此外，由于PI控制器中没有微分动作，所以控制的速度偏慢。

```
>> s=tf('s'); G=exp(-2*s)/s/(s+1)^4;
   Gc1=pidtune(G,'pd'), Gc2=pidtune(G,'pid'), Gc3=pidtune(G,'pi')
   step(feedback(G*Gc1,1),'-',feedback(G*Gc2,1),':',...
        feedback(G*Gc3,1),'--')
```

上述语句设计出来的三个控制器分别为

$$G_{c1}(s)=0.134+0.284s,\ G_{c2}(s)=0.134+\frac{0.00031}{s}+0.302s$$

$$G_{c3}(s)=0.0846+\frac{0.00012}{s}$$

例8-10 考虑例4-18中给出的受控对象模型。试为该受控对象设计PID控制器，并分析系统的闭环阶跃响应。

解 由下面的语句直接输入受控对象模型，然后调用 pidtune() 函数设计PID控制器和一个带滤波的PID控制器，则得出的控制器模型分别为

$$G_{c1}(s)=0.505+\frac{0.175}{s}+0.0925s,\ G_{c2}(s)=0.458+\frac{0.193}{s}+\frac{0.143s}{0.556s+1}$$

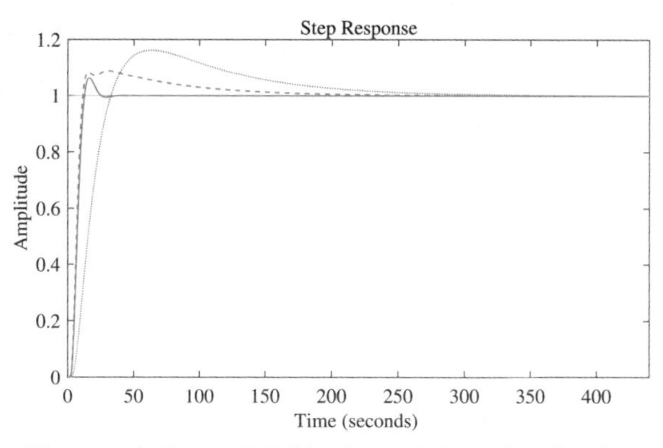

图8-15 各种PID类控制器作用下的闭环阶跃响应曲线

在这两个控制器下，闭环系统的阶跃响应曲线如图8-16所示。可以看出，二者的控制效果大同小异，不过，这时pidf设计的控制器不是真正的PID控制器。

```
>> s=tf('s'); G=(1+3*exp(-s)/(s+1))/(s+1);
   Gc1=pidtune(G,'pid'), Gc2=pidtune(G,'pidf')
   step(feedback(G*Gc1,1),feedback(G*Gc2,1),'--')
```

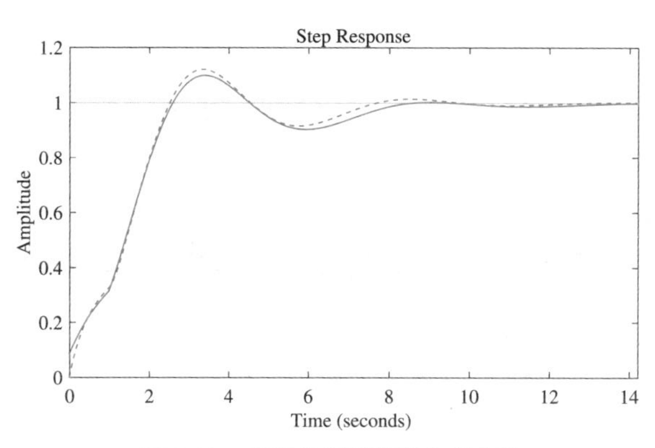

图8-16 系统的闭环阶跃响应曲线

二自由度PID控制器也可以由pidtune()函数直接设计，不过，设计出二自由度PID控制器模型之后，不大容易利用LTI对象研究闭环系统的时域响应。这里，建议采用Simulink仿真方法，直接使用连续模块组中的PID Controller(2DOF)模块描述控制器，对系统进行时域响应的仿真。

例8-11 仍考虑例8-10中给出的受控对象模型，试设计二自由度PID控制器，并绘制闭环系统的阶跃响应曲线。

解 可以由下面的语句直接设计出二自由度的PID控制器。

```
>> s=tf('s'); G=(1+3*exp(-s)/(s+1))/(s+1);
   Gc=pidtune(G,'pidf2') %设计二自由度PID控制器
```

得出的控制器参数为 $K_{\rm p}=0.458$, $K_{\rm i}=0.193$, $K_{\rm d}=0.143$, $T_{\rm f}=0.556$, $b=0.263$,

$c = 0.000346$。如果想研究闭环系统的阶跃响应，则可以建立如图 8-17 所示的 Simulink 仿真框图。将设计的二自由度 PID 控制器参数直接填入 PID Controller (2DOF) 模块，并将 $1/T_{\rm f}$ 的值填入 N 编辑框。

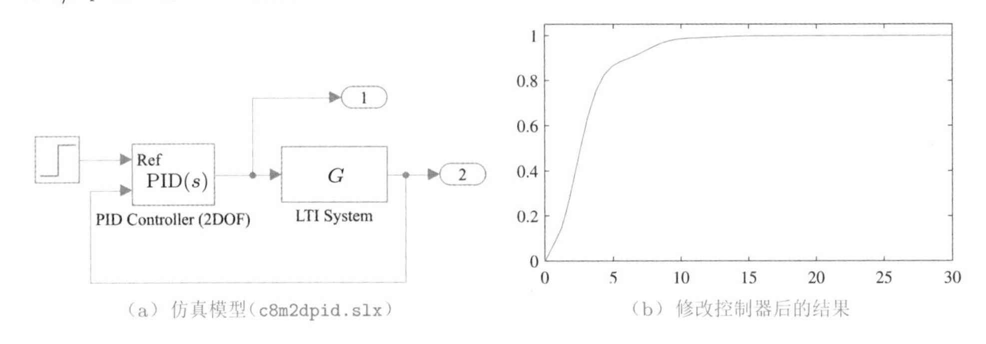

(a) 仿真模型(c8m2dpid.slx)　(b) 修改控制器后的结果

图 8-17　二自由度 PID 控制系统仿真模型

2. 交互式PID控制器设计界面

控制系统工具箱还提供了 PID 类控制器整定界面函数 `pidtool()`，其调用格式为 $G_{\rm c}$=`pidtool(`G`,type)`。下面将通过例子演示控制器的交互设计方法。

例 8-12　仍考虑例 4-18 给出的受控对象模型，试利用界面设计 PID 控制器。

解　将受控对象模型直接输入计算机，再调用设计命令，打开的初始设计界面，其工具栏如图 8-18 所示。

```
>> s=tf('s'); G=(1+3*exp(-s)/(s+1))/(s+1); Gc=pidtool(G,'pid')
```

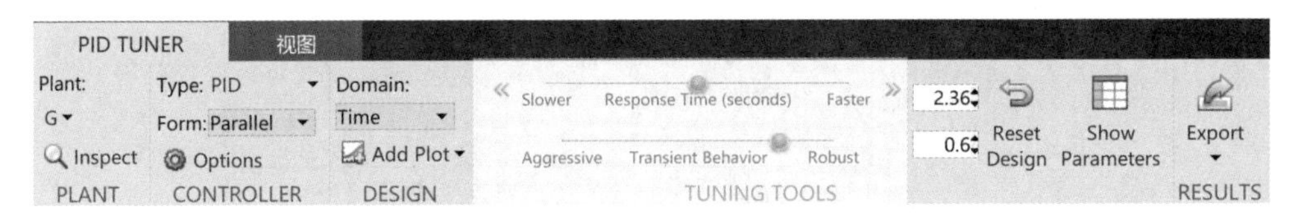

图 8-18　PID 类控制器设计界面的工具栏

在工具的默认设置下，界面底部状态栏显示的控制器参数为 $G_{\rm c}(s) = 0.136 + 0.0019/s + 0.4024s$，系统的阶跃响应如图 8-19 所示。和例 8-10 设计的控制器相比，从系统响应速度看，这里得出响应的速度是很慢的。

用户可以调整 Response Time（响应速度）和 Transient Behavior（瞬态行为）水平滚动杆，用交互式的方法调整控制器参数和控制效果。不过从该界面的实际操作看，通过这些滚动杆的调节并不能得出理想的控制效果。

PID 控制器设计出来以后，可以由工具栏的 Export（导出）按钮将受控对象和控制器存入 MATLAB 的工作空间。

本书第 3 版还介绍了其他的设计界面，不过，设计效果均不理想，且无法有效解决非线性系统的控制器设计问题，这里就不赘述了。

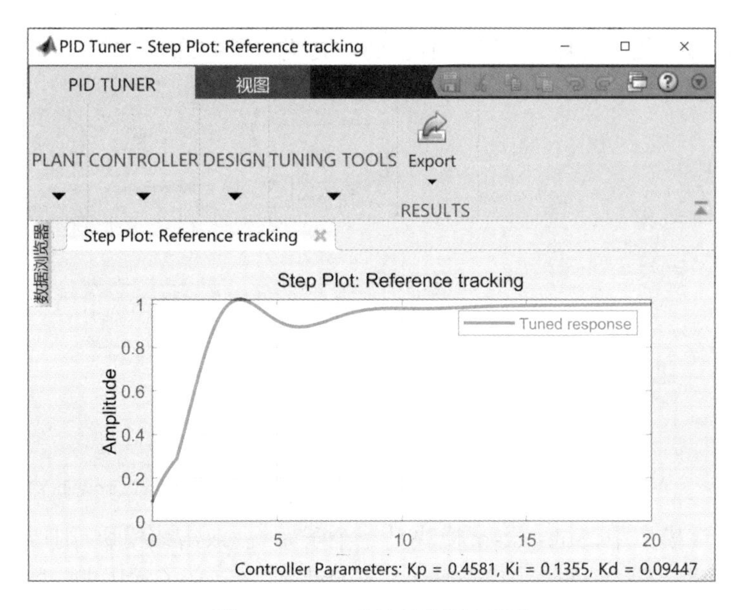

图8-19 PID类控制器设计界面

8.5 OptimPID——最优PID控制器设计程序

上节介绍的OCD程序成功地将最优控制器设计与数值最优化问题结合起来，巧妙地将MATLAB语言强大的寻优能力与Simulink的强大的系统仿真能力结合起来，为最优控制器设计提供了一种有效的解决方法。上一节通过例子演示过，PID控制器是最好的二阶控制器。所以，针对PID控制器的特殊问题，作者编写了最优PID程序设计界面，命名为OptimPID[16]，该程序界面只需用户将受控对象模型用Simulink描述出来，就可以直接设计出最优PID控制器。和控制系统工具箱提供的参数自动整定界面相比，OptimPID程序界面使用方便得多，设计出来的控制器性能更好、更客观。对不稳定和非线性受控对象来说，OptimPID程序可以直接设计控制器，其性能远远好于现有的其他PID控制器整定方法。

由于早期版本的OptimPID兼容性方面不甚理想，且不支持Simulink模型的快速重启模态，所以，本书在App Designer支持下对OptimPID程序进行了全面改写，增强了程序功能和设计效率。本节只给出OptimPID的演示，简要介绍PID控制仿真的底层模型结构，但不介绍编程方面的内容。有兴趣的读者建议在App Designer程序中直接阅读`OptimPID.mlapp`程序，学习底层编程与实现。

8.5.1 控制系统的底层仿真模型

OptimPID的底层Simulink仿真框图如图8-20所示。如果用户指定了受控对象模型，则OptimPID调用相应的命令，自动将其嵌入Model模块。正常情况下，这个底层模型处于隐藏的状态,不建议一般使用者修改该模型。正常退出 OptimPID 时,该模型自动关闭,放弃所有的修改。

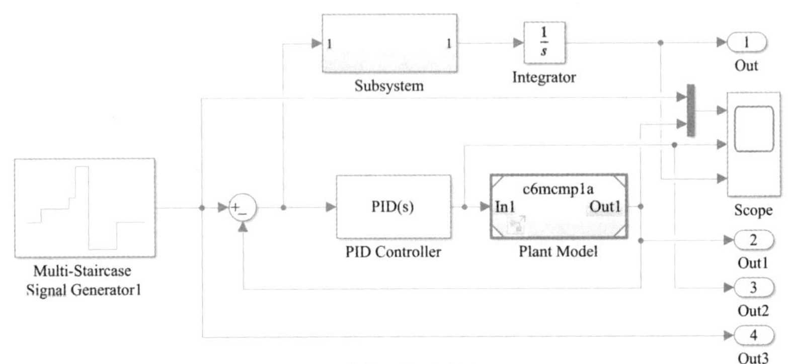

图 8-20 底层 Simulink 仿真框图(文件名:`pidctrl_model.slx`)

在该模型中,Subsystem 模块是一个子系统。双击该模块,则得出如图 8-21 所示的模块怒结构。该系统用 Multiport Switch 模块定义了常用的 6 种目标函数的被积函数。该模块有外部常量 `keyCriterion` 控制,选择计算合适的目标函数。

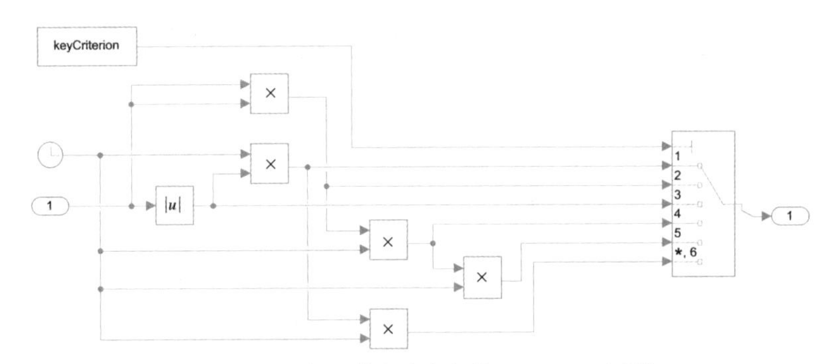

图 8-21 目标函数积分定义的 Simulink 子系统

8.5.2 OptimPID 程序举例

本节将通过例子演示 OptimPID 程序的使用方法。首先演示一个复合传递函数模型的 PI 控制器设计方法。然后介绍一个时变受控对象模型的控制器设计方法。这两个系统使用其他方法是很难设计控制器的,但用 OptimPID 这类程序,可以轻而易举将控制器设计出来。

例 8-13 考虑例 6-6 建立的复合传递函数的 Simulink 模型,文件名为 `c6mcmp1a.slx`。若该模型为受控对象,且使用执行器饱和,令控制信号 $|u(t)| \leqslant 15$,试设计 PI 控制器。

解 在 MATLAB 命令窗口给出命令 `OptimPID`,则可以打开如图 8-22 所示的程序界面。将受控对象文件名 c6mcmp1a 填写到 Plant model name 编辑框,并在 Terminate time 编辑框中尝试不同的终止时间,比如选择 20。从控制器列表中选择 PI controller 选项。这时,单击Create file按钮就可以生成目标函数文件。再单击Optimize按钮就可以启动最优控制器设计过程。在设计的过程中，示波器处于打开状态，“实时”地显示三路信号：系统的输入与输出信号、控制信号和ITAE积分信号。如果设计结束时，ITAE积分信号变平缓，则说明设计成功，否则应该增大终止仿真时间，重新设计并检验。

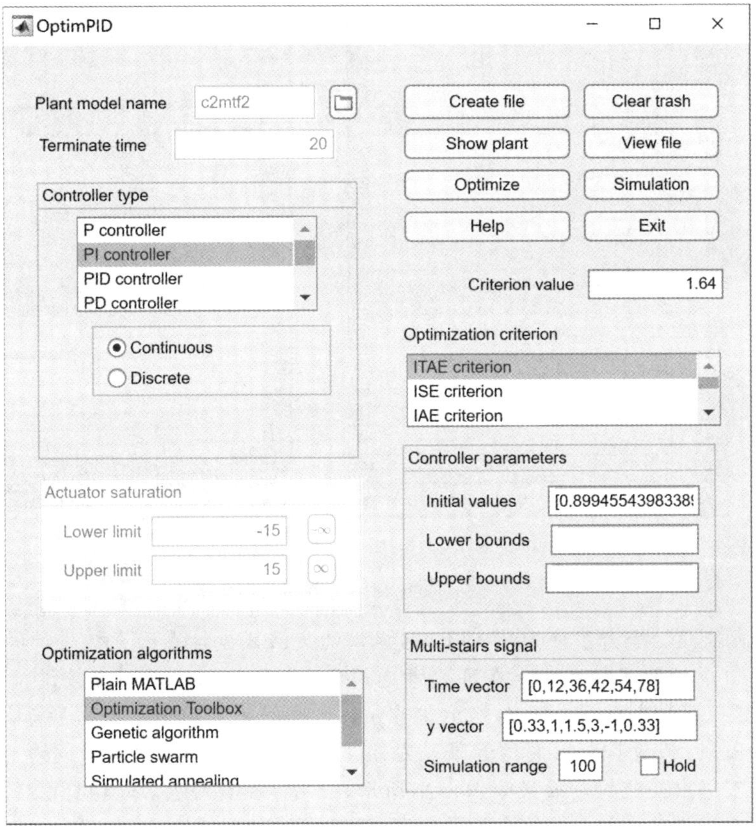

图8-22 OptimPID程序界面

经过设计，可以得出PI控制器为$G_{\rm c}(s)=0.8995+0.3642/s$，这时示波器显示的信号如图8-23(a)所示。可以看出，大约15 s时，下图显示的ITAE积分信号已经变成水平线了，所以这里设计的最优PI控制器是有效的；右上图显示输入与输出信号，可见控制效果是很理想的；中图显示控制信号，可以发现，该信号不超过±15限制。

按照界面右下角的方式给出阶梯信号的两个向量，则单击Simulation按钮就可以启动仿真过程，得出阶梯信号的响应曲线，如图8-23(b)所示。可以看出，对这里给出的跳变信号跟踪效果仍然很好，且保证$|u(t)|\leqslant 15$。

例8-14 考虑下面的时变受控对象模型，试设计最优PD控制器。

$$\ddot{y}(t)+{\rm e}^{-0.2t}\dot{y}(t)+{\rm e}^{-5t}\sin(2t+6)y(t)=u(t)$$

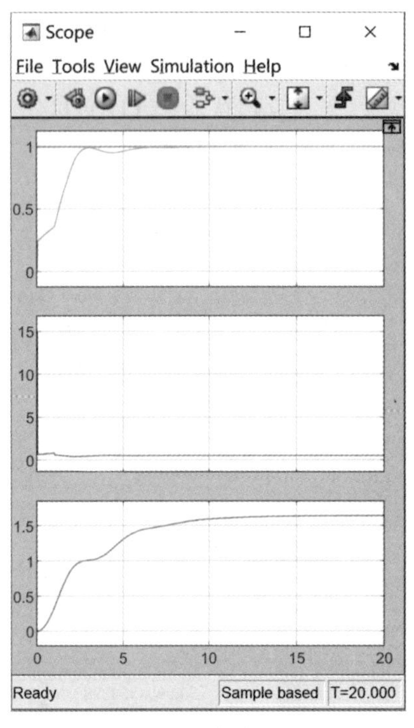

（a）设计的结果

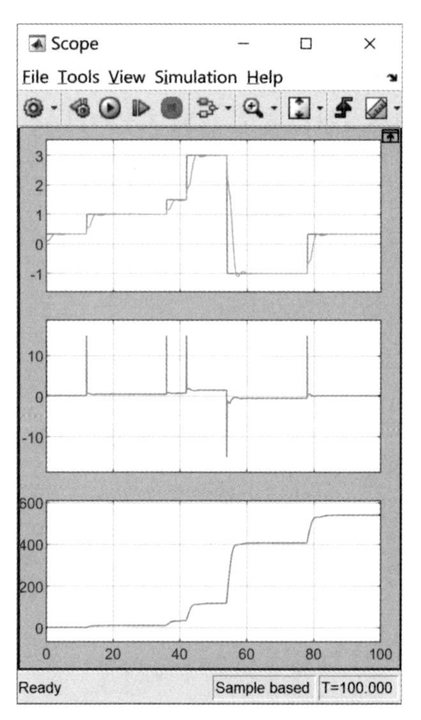

（b）阶梯信号的响应

图 8-23　示波器显示效果

解　文献 [16] 给出了使用 MATLAB 提供的交互式设计界面直接设计的 PD 控制器，但设计出来的效果极差。现在可以考虑用 OptimPID 程序界面直接设计 PD 控制器。首先，可以将控制信号 $u(t)$ 与输出信号 $y(t)$ 之间的关系用如图 8-24 所示的 Simulink 模型表示出来。假设控制器的信号限幅为 $|u(t)| \leqslant 4$，并设仿真终止时间为 10，这样在 ITAE 指标下得出最优控制效果如图 8-25 所示。控制器参数为 $K_\mathrm{p} = 484.0281, K_\mathrm{d} = 91.3725$。效果远远优于文献 [16] 给出的控制器，且可以保证控制信号 $|u(t)| \leqslant 4$。

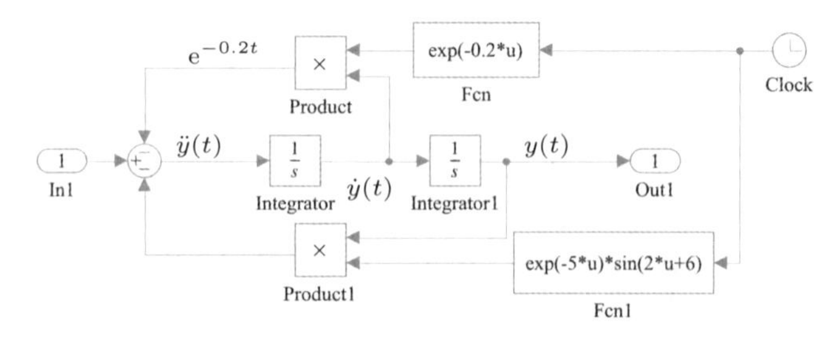

图 8-24　时变受控对象模型（模型名：c8mod_3.slx）

用户还可以从Optimization algorithms下拉式列表框中选择MATLAB提供的遗传算法、粒子群优化算法等智能优化方法，也能得出完全一致的结果。不过，相比前两种优化算法，这些方法需要几十倍的运行时间，所以除非特别必要，不建议使用。

可以看出，最优控制器设计过程无须编程，只需将受控对象模型用Simulink绘制出来，再配合界面的操作，就可以直接得出控制器。这两个应用程序都在本书提供的程序包中给出，可以直接使用，感兴趣的读者也可以参考这两个应用程序编程，更好地学习MATLAB与Simulink仿真。

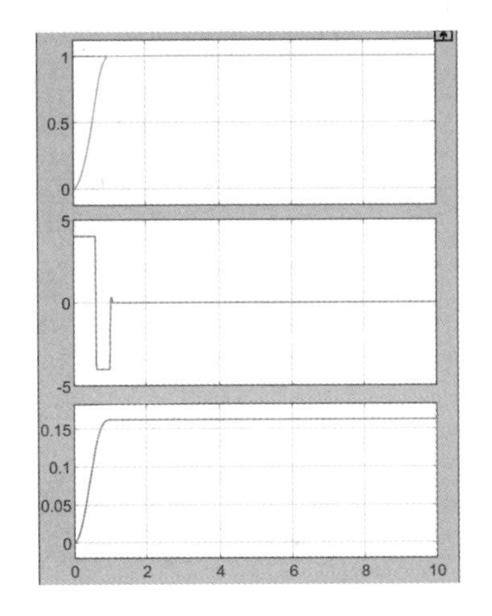

图8-25 控制效果的示波器显示

8.5.3 开放框架与程序扩展

和OCD程序界面一样，OptimPID的设计也使用了开放的框架，读者可以很容易地扩展程序，处理更一般性的问题。例如，如果读者想引入更有意义的性能指标，则可以在图8-21中给出的子系统中在增加一路开关，定义目标函数，然后在程序界面设计时，在Optimization criterion下拉式列表框中增加该条目，并需要修改`switch/case`结构的回调函数即可。

除了目标函数之外，用户还可以容易地添加最优化求解算法与PID类控制器类型。不过控制器不能超过Simulink提供的PID Controller模块提供的范围。

事实上，作者曾经对OptimPID界面进行了拓展，以期设计最优分数阶PID类控制器。该界面的使用与说明请参阅文献[17,18]，这里不再赘述。

8.6 习题

(1) 应用不同的算法给下面各个模型设计PID控制器，并比较各个控制器下闭环系统的性能。

① $G_{\rm a}(s)=\dfrac{1}{(s+1)^3}$ ② $G_{\rm b}(s)=\dfrac{1}{(s+1)^5}$ ③ $G_{\rm c}(s)=\dfrac{-1.5s+1}{(s+1)^3}$

试分别利用整定公式和PID控制器设计程序设计控制器，并比较控制器的控制效果。如果采用离散PID控制器，试比较一般离散PID控制器与增量式PID控制器下的控制效果。

(2) 试用MATLAB提供的交互式PID控制器设计工具及其他工具为下面的受控对象

模型设计控制器[5]。

① $G_1(s)=\dfrac{1}{(s+1)^6}$ ② $G_2(s)=\dfrac{12.8\mathrm{e}^{-s}}{16.8s+1}$ ③ $G_3(s)=\dfrac{37.7\mathrm{e}^{-10s}}{(2s+1)(7200s+1)}$

④ $G_4(s)=\dfrac{(10s-1)\mathrm{e}^{-s}}{(2s+1)(4s+1)}$ ⑤ $G_5(s)=\dfrac{5.526\mathrm{e}^{-2.5s}}{s^2+0.6s+2.5}$,

⑥ $G_6(s)=\dfrac{10.078\mathrm{e}^{-10s}}{s^2+0.14s+0.49}$ ⑦ $G_7(s)=\dfrac{3.3}{(1+0.1s)(1+0.2s)(1+0.7s)}$

(3) 用各种方法对下面各个对象模型作带有延迟的一阶近似,并应用时域和频域分析方法比较这样的近似和原模型的接近程度。

① $G(s)=\dfrac{12(s^2-3s+6)}{(s+1)(s+5)(s^2+3s+6)(s^2+s+2)}$ ② $G(s)=\dfrac{-5s+2}{(s+1)^2(s+3)^3}\mathrm{e}^{-0.5s}$

(4) 如果对象模型含有纯时间延迟环节,试用最优控制器设计程序设计出ITAE、IAE、ISE等最优指标下的PID控制器,并比较控制效果。

① $G_\mathrm{a}(s)=\dfrac{1}{(s+1)(2s+1)}\mathrm{e}^{-s}$ ② $G_\mathrm{b}(s)=\dfrac{1}{(17s+1)(6s+1)}\mathrm{e}^{-30s}$

(5) 假设受控对象模型由延迟微分方程

$$\frac{\mathrm{d}y(t)}{\mathrm{d}t}=\frac{0.2y(t-1)}{1+y^{10}(t-1)}-0.1y(t)+u(t)$$

给出,并用PI控制器对系统施加控制,试将其控制转换为最优化问题进行求解,得出最优PI控制器参数,并绘制出系统的阶跃响应曲线。如果想减小闭环系统的超调量,则可以引入约束条件,将原始问题转换为有约束最优化问题的求解,试对该问题进行求解。

(6) 已知受控对象为一个时变模型。

$$\ddot{y}(t)+\mathrm{e}^{-0.2t}\dot{y}(t)+\mathrm{e}^{-5t}\sin(2t+6)y(t)=u(t)$$

试设计一个能使得ITAE指标最小的PI控制器并分析闭环系统的控制效果。设计最优控制器需要用有限的时间区间去近似ITAE的无穷积分,所以比较不同终止时间下的设计是有意义的,试分析不同终止时间下的PI控制器并分析效果。如果不采用ITAE指标而采用IAE、ISE等,设计出的控制器是什么?控制效果如何?

(7) 考虑大时间延迟的受控对象模型。

$$G(s)=\frac{\mathrm{e}^{-20s}}{(s+1)^3}$$

试用MATLAB的`pidtune()`函数和其他设计工具为其设计PID控制器,并比较控制器效果。

(8) 试为下面的离散模型设计最优连续和离散PID控制器[19]。

① $H(z)=\dfrac{7}{z^4-1.31z^3+1.21z^2-0.287z-0.0178}$, $T=0.01\,\mathrm{s}$

② $H(z)=\dfrac{3z^2-1}{z^5-0.6z^4+0.13z^3-0.364z^2+0.1416z-0.288}$, $T=0.01\,\mathrm{s}$

(9) 试为下面受控对象模型[20]设计常规PID控制器和二自由度PID控制器。如果系统在25 s时输出端外加幅值为0.3的扰动阶跃信号，试比较两种控制器的响应曲线和扰动抑制效果。

$$G(s)=\frac{1+\dfrac{3\mathrm{e}^{-s}}{s+1}}{s+1}$$

(10) 多变量系统由于输入输出之间存在耦合，故不能直接采用PID控制器对每个回路单独控制。考虑例5-48中得出的对角占优化处理，假设系统的受控对象模型为

$$\boldsymbol{G}(s)=\begin{bmatrix}\dfrac{0.806s+0.264}{s^2+1.15s+0.202} & \dfrac{-15s-1.42}{s^3+12.8s^2+13.6s+2.36}\\ \dfrac{1.95s^2+2.12s+0.49}{s^3+9.15s^2+9.39s+1.62} & \dfrac{7.15s^2+25.8s+9.35}{s^4+20.8s^3+116.4s^2+111.6s+18.8}\end{bmatrix}$$

再假设静态前置补偿矩阵如下，试对补偿后系统按两个回路单独进行PID控制器设计，观察控制效果。

$$\boldsymbol{K}_{\mathrm{p}}=\begin{bmatrix}0.3610 & 0.4500\\ -1.1300 & 1.0000\end{bmatrix}$$

参考文献

[1] Bennett S. Development of the PID controllers[J]. IEEE Control Systems Magazine, 1993, 13(6): 58–65.

[2] Åström K J, Hang C C, Persson P, et al. Towards intellegient PID control[J]. Automatica, 1992, 28(1): 1–9.

[3] Åström K J, Hägglund T. PID controllers: theory, design and tuning[M]. Research Triangle Park: Instrument Society of America, 1995.

[4] 陶永华，尹怡欣，葛芦生. 新型PID控制及其应用[M]. 北京：机械工业出版社，2001.

[5] Johnson M A, Moradi M H. PID control — new identification and design methods [M]. London: Springer, 2005.

[6] 薛定宇. 反馈控制系统的设计与分析——MATLAB语言应用[M]. 北京：清华大学出版社，2000.

[7] Xue D, Atherton D P. A suboptimal reduction algorithm for linear systems with a time delay[J]. International Journal of Control, 1994, 60(2): 181–196.

[8] Ziegler J G, Nichols N B. Optimum settings for automatic controllers[J]. Transaction of the ASME, 1944, 64(11): 759–768.

[9] Hang C C, Åström K J, Ho W K. Refinement of the Ziegler-Nichols tuning formula[J]. Proceedings of IEE, Part D, 1991, 138(2): 111–118.

[10] O'Dwyer A. Handbook of PI and PID controller tuning rules[M]. London: Imperial College Press, 2003.

[11] Zhuang M, Atherton D P. Automatic tuning of optimum PID controllers[J]. Proceedings of IEE, Part D, 1993, 140(3): 216–224.

[12] Murrill P W. Automatic control of processes[M]. London: International Textbook Co., 1967.

[13] Cheng G S, Hung J C. A least-squares based self-tuning of PID controller[C]// Proceedings of the IEEE South East Conference. Raleigh, 1985: 325–332.

[14] Wang F S, Juang W S, Chan C T. Optimal tuning of PID controllers for single and cascade control loops[J]. Chemical Engineering Communications, 1995, 132(1): 15–34.

[15] Visioli A. Optimal tuning of PID controllers for integral and unstable processes[J]. Proceedings of IEE, Part D, 2001, 148(2): 180–184.

[16] 薛定宇. 控制系统计算机辅助设计——MATLAB语言与应用 [M]. 3版. 北京: 清华大学出版社, 2012.

[17] Xue D Y. Fractional-order control systems — Fundamentals and numerical implementations[M]. Berlin: de Gruyter, 2017.

[18] 薛定宇. 分数阶微积分学与分数阶控制 [M]. 北京: 科学出版社, 2018.

[19] Hellerstein J L, Diao Y, Parekh S, et al. Feedback control of computing systems[M]. Hoboken: IEEE Press and John Wiley & Sons Inc, 2004.

[20] Brosilow C, Joseph B. Techniques of model-based control[M]. Englewood Cliffs: Prentice Hall, 2002.

第 9 章

鲁棒控制与鲁棒控制器设计

前两章介绍了很多控制器设计的算法，其中有的算法设计出来的控制系统性能可能很好，如超调量低，响应速度快。但若受控对象模型参数发生变化，或系统中存在各种扰动，如负载扰动或检测输出信号时存在量测噪声，则整个系统性能显著恶化，或闭环系统趋于不稳定，则说明系统的“鲁棒性”(robustness)很差，这种情况下需要用能保证系统鲁棒稳定性或品质鲁棒性的设计方法。一般说来，PID 类控制器的鲁棒性能较强。

在基于状态空间的控制理论中，线性二次型最优调节器的设计是很有代表性的控制器设计问题，该控制策略中假设系统的全部状态均可以精确地由观测器重建。在实际应用中，由于测量系统内部信号的传感器可能存在量测噪声，故结合后来出现的随机信号的Kalman滤波技术，提出了线性二次型Gauss(linear quadratic Gaussian，LQG)问题[1]。早期的研究中通常将最优设计与最优滤波分别考虑，而后来研究指出[2]，这样设计的控制器的稳定裕度较小，故而出现了回路传输恢复技术，用来弥补LQG问题的不足。9.1 节将介绍线性二次型Gauss问题的求解方法及其与回路传输恢复技术的结合，并介绍LQG/LTR控制器及其设计方法。基于系统范数的鲁棒控制是控制系统设计中的另一个令人瞩目的领域，早在1979年，美国学者Zames 开创了基于Hardy空间范数最小化方法的鲁棒最优控制理论[3]，而1992年Doyle等提出的鲁棒最优控制设计的状态空间数值解法在这个领域有着重要的贡献[4]。20世纪80年代发展起来的$\mathcal{H}_\infty$最优控制策略更趋于理论化，计算算法较复杂，但比较规范，可以通过MATLAB提供的相关工具箱直接求解。9.2 节将介绍基于范数的鲁棒控制问题描述，并介绍这类问题各个相关工具箱中控制问题的描述方法，而9.3 节将介绍各种基于范数的鲁棒控制器设计方法，如最优$\mathcal{H}_2$控制器和$\mathcal{H}_\infty$控制器的设计方法，通过例子演示加权函数对控制效果的影响，并介绍回路成型技术及基于回路成型的鲁棒控制器设计方法。线性矩阵不等式(linear matrix inequality,LMI)方法可以将一些最优化问题转换成的数值线性规划问题,这样鲁棒最优控制器设计问题可以直接用LMI方法求解,这样的设计方法在9.4节中介绍。

9.1 线性二次型Gauss控制

前面介绍过线性二次型最优控制问题及其MATLAB语言求解方法,如果系统存在随机输入或系统存在带有噪声的检测结果,则可以将原始的线性二次型最优控制问题扩展为线性二次型Gauss问题。本节将介绍该问题,还将介绍回路传输恢复技术。

9.1.1 线性二次型Gauss问题

假设对象模型的状态方程表示为

$$\begin{cases} \dot{\boldsymbol{x}}(t)=\boldsymbol{A}\boldsymbol{x}(t)+\boldsymbol{B}\boldsymbol{u}(t)+\boldsymbol{\Gamma}\boldsymbol{w}(t) \\ \boldsymbol{y}(t)=\boldsymbol{C}\boldsymbol{x}(t)+\boldsymbol{D}\boldsymbol{u}(t)+\boldsymbol{v}(t) \end{cases} \tag{9-1-1}$$

式中$\boldsymbol{w}(t)$与$\boldsymbol{v}(t)$为白噪声信号,分别表示模型的不确定性与输出信号的量测噪声。假设这些信号均为零均值的Gauss过程,它们的协方差矩阵为

$$\mathrm{E}\left[\boldsymbol{w}(t)\boldsymbol{w}^{\mathrm{T}}(t)\right]=\boldsymbol{\Xi}\geqslant\boldsymbol{0},\ \mathrm{E}\left[\boldsymbol{v}(t)\boldsymbol{v}^{\mathrm{T}}(t)\right]=\boldsymbol{\Theta}>\boldsymbol{0} \tag{9-1-2}$$

式中$\mathrm{E}[\boldsymbol{x}]$为向量$\boldsymbol{x}$的均值,而$\mathrm{E}[\boldsymbol{x}\boldsymbol{x}^{\mathrm{T}}]$为零均值的Gauss信号$\boldsymbol{x}$的协方差,再进一步假设$\boldsymbol{w}(t)$和$\boldsymbol{v}(t)$信号为相互独立的随机变量,亦即$\mathrm{E}[\boldsymbol{w}(t)\boldsymbol{v}^{\mathrm{T}}(t)]=\boldsymbol{0}$。定义最优控制的指标函数为

$$J=\mathrm{E}\left\{\int_0^\infty\left[\boldsymbol{z}^{\mathrm{T}}(t)\boldsymbol{Q}\boldsymbol{z}(t)+\boldsymbol{u}^{\mathrm{T}}(t)\boldsymbol{R}\boldsymbol{u}(t)\right]\mathrm{d}t\right\} \tag{9-1-3}$$

式中$\boldsymbol{z}(t)=\boldsymbol{M}\boldsymbol{x}(t)$为状态变量$\boldsymbol{x}(t)$的某种线性组合,而加权矩阵$\boldsymbol{Q}$为对称的半正定矩阵,$\boldsymbol{R}$为对称正定矩阵,其数学描述为$\boldsymbol{Q}=\boldsymbol{Q}^{\mathrm{T}}\geqslant\boldsymbol{0}$,$\boldsymbol{R}=\boldsymbol{R}^{\mathrm{T}}>\boldsymbol{0}$。对单变量系统来说,$\boldsymbol{R}$矩阵为标量。这些矩阵的意义与第7章中的完全一致。

这样,典型的线性二次型Gauss问题的解可以分解成两个子问题:LQ最优状态反馈控制问题和带有扰动的状态估计问题。

9.1.2 使用MATLAB求解LQG问题

1. 带有Kalman滤波器的LQG结构

在实际应用中,若存在随机量测噪声,则系统的状态并不能由第7章中给出的状态观测器的方法简单地得出,而需要由式(9-1-1)中给出的所谓的状态方程Kalman滤波器的形式得出。

需要首先找出使得协方差矩阵 $\mathrm{E}\left\{\left[\boldsymbol{x}(t)-\hat{\boldsymbol{x}}(t)\right]\left[\boldsymbol{x}(t)-\hat{\boldsymbol{x}}(t)\right]^{\mathrm{T}}\right\}$ 最小化的状态最优估计信号 $\hat{\boldsymbol{x}}(t)$，然后用这个估计信号来取代原问题中的实际状态变量，这样LQG问题就简化成了一般的LQ最优控制问题。根据Kalman滤波理论，可以按照如图9-1所示的方式构造Kalman滤波器的结构，其中Kalman滤波器的增益矩阵可以由下式得出

$$\boldsymbol{K}_{\mathrm{f}}=\boldsymbol{P}_{\mathrm{f}}\boldsymbol{C}^{\mathrm{T}}\boldsymbol{\Theta}^{-1} \tag{9-1-4}$$

式中 $\boldsymbol{P}_{\mathrm{f}}$ 满足下面的Riccati代数方程。

$$\boldsymbol{P}_{\mathrm{f}}\boldsymbol{A}^{\mathrm{T}}+\boldsymbol{A}\boldsymbol{P}_{\mathrm{f}}-\boldsymbol{P}_{\mathrm{f}}\boldsymbol{C}^{\mathrm{T}}\boldsymbol{\Theta}^{-1}\boldsymbol{C}\boldsymbol{P}_{\mathrm{f}}+\boldsymbol{\Gamma}\boldsymbol{\Xi}\boldsymbol{\Gamma}^{\mathrm{T}}=\boldsymbol{0} \tag{9-1-5}$$

且可以看出，$\boldsymbol{P}_{\mathrm{f}}$ 矩阵为对称半正定矩阵，即 $\boldsymbol{P}_{\mathrm{f}}=\boldsymbol{P}_{\mathrm{f}}^{\mathrm{T}}\geqslant\boldsymbol{0}$。

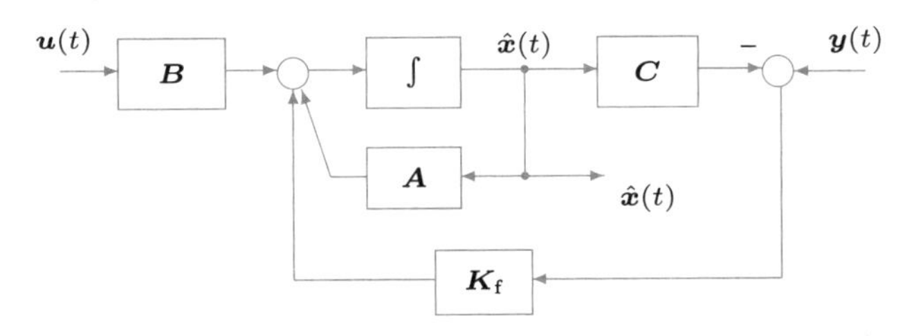

图9-1 Kalman滤波器的框图表示

在控制系统工具箱中提供了MATLAB函数`kalman()`，该函数可以用来求取Kalman滤波器的 $\boldsymbol{K}_{\mathrm{f}}$ 矩阵：$[\boldsymbol{G}_{\mathrm{k}},\boldsymbol{K}_{\mathrm{f}},\boldsymbol{P}_{\mathrm{f}}]$=kalman$(\boldsymbol{G},\boldsymbol{\Xi},\boldsymbol{\Theta})$，其中，$\boldsymbol{G}$ 为Gauss扰动的状态方程模型 $(\boldsymbol{A},\widetilde{\boldsymbol{B}},\boldsymbol{C},\widetilde{\boldsymbol{D}})$，该模型实际上是双输入的，其中，$\widetilde{\boldsymbol{B}}=[\boldsymbol{B},\boldsymbol{\Gamma}]$，$\widetilde{\boldsymbol{D}}=[\boldsymbol{D},\boldsymbol{D}]$。返回的变元中，$\boldsymbol{G}_{\mathrm{k}}$ 为设计出的Kalman状态估计器模型，$\boldsymbol{P}_{\mathrm{f}}$ 为Riccati方程的解。

例9-1 考虑下面给出的系统模型。

$$\dot{\boldsymbol{x}}(t)=\begin{bmatrix}-0.02 & 0.005 & 2.4 & -32\\ -0.14 & 0.44 & -1.3 & -30\\ 0 & 0.018 & -1.6 & 1.2\\ 0 & 0 & 1 & 0\end{bmatrix}\boldsymbol{x}(t)+\begin{bmatrix}0.14\\ 0.36\\ 0.35\\ 0\end{bmatrix}u(t)+\begin{bmatrix}-0.12\\ -0.86\\ 0.009\\ 0\end{bmatrix}\xi(t)$$

其中，$y(t)=x_2+v(t)$，且 $\Xi=10^{-3}$，$\Theta=10^{-7}$，试为系统设计Kalman滤波器。

解 可以用下面的MATLAB语句设计出Kalman滤波器。

```
>> A=[-0.02,0.005,2.4,-32; -0.14,0.44,-1.3,-30;
     0,0.018,-1.6,1.2; 0,0,1,0];
   B=[0.14; 0.36; 0.35; 0]; G=[-0.12; -0.86; 0.009; 0];
   C=[0,1,0,0]; G=ss(A,[B,G],C,[0,0]);
   Xi=1e-3; Theta=1e-7; [Gk,Kf,Pf]=kalman(G,Xi,Theta)
```

可以得出滤波器向量 $\boldsymbol{K}_\mathrm{f}$ 和相应的 Riccati 方程的解为

$$\boldsymbol{P}_\mathrm{f}=\begin{bmatrix} 0.0044357 & 2.1533\times10^{-5} & -3.6456\times10^{-5} & -7.7729\times10^{-5} \\ 2.1533\times10^{-5} & 8.7371\times10^{-6} & -2.5369\times10^{-7} & -3.5741\times10^{-7} \\ -3.6456\times10^{-5} & -2.5369\times10^{-7} & 3.0037\times10^{-7} & 6.3871\times10^{-7} \\ -7.7729\times10^{-5} & -3.5741\times10^{-7} & 6.3871\times10^{-7} & 1.3623\times10^{-6} \end{bmatrix}$$

且 $\boldsymbol{K}_\mathrm{f}=[215.33, 87.371, -2.5369, -3.5741]^\mathrm{T}$。

2. LQG控制器设计的分离原理

获得了最优滤波信号 $\hat{\boldsymbol{x}}(t)$ 之后，可以建立起LQG补偿器的框图，如图9-2所示，这时最优控制 $\boldsymbol{u}^*(t)$ 满足 $\boldsymbol{u}^*(t)=-\boldsymbol{K}_\mathrm{c}\hat{\boldsymbol{x}}(t)$，可以从下式得出最优状态反馈矩阵 $\boldsymbol{K}_\mathrm{c}$ 为 $\boldsymbol{K}_\mathrm{c}=\boldsymbol{R}^{-1}\boldsymbol{B}^\mathrm{T}\boldsymbol{P}_\mathrm{c}$，且矩阵 $\boldsymbol{P}_\mathrm{c}$ 满足下面的Riccati代数方程。

$$\boldsymbol{A}^\mathrm{T}\boldsymbol{P}_\mathrm{c}+\boldsymbol{P}_\mathrm{c}\boldsymbol{A}-\boldsymbol{P}_\mathrm{c}\boldsymbol{B}\boldsymbol{R}^{-1}\boldsymbol{B}^\mathrm{T}\boldsymbol{P}_\mathrm{c}+\boldsymbol{M}^\mathrm{T}\boldsymbol{Q}\boldsymbol{M}=\boldsymbol{0} \tag{9-1-6}$$

式中，$\boldsymbol{P}_\mathrm{c}$ 为半正定矩阵，亦即 $\boldsymbol{P}_\mathrm{c}=\boldsymbol{P}_\mathrm{c}^\mathrm{T}\geqslant\boldsymbol{0}$。

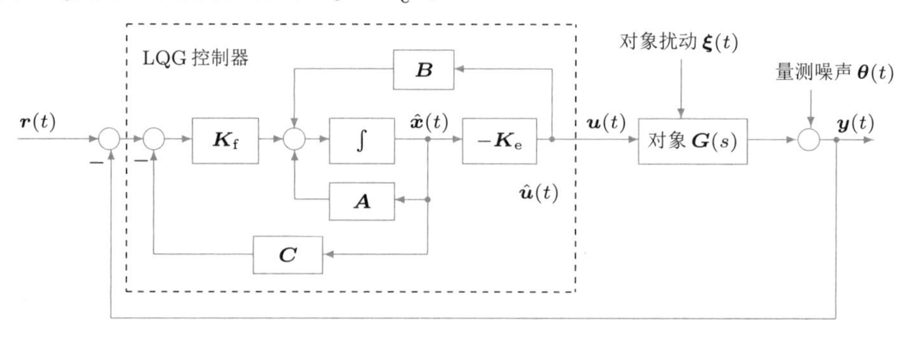

图9-2 LQG控制结构

从上面的讨论中可以看出，在LQG问题中，可以单独处理最优估计问题与最优控制问题，这两个问题的解合并到一起，就得出这个最优问题的解。这种处理方法又称为LQG问题的分离原理。

3. 基于观测器的LQG调节器设计

如果对象模型的状态方程表示为

$$\begin{cases} \dot{\boldsymbol{x}}(t)=\boldsymbol{A}\boldsymbol{x}(t)+\boldsymbol{B}\boldsymbol{u}(t)+\boldsymbol{\xi}(t) \\ \boldsymbol{y}(t)=\boldsymbol{C}\boldsymbol{x}(t)+\boldsymbol{D}\boldsymbol{u}(t)+\boldsymbol{\theta}(t) \end{cases} \tag{9-1-7}$$

则可以写出最优化的指标为

$$J=\lim_{t_\mathrm{n}\to\infty}\mathrm{E}\left\{\int_0^{t_\mathrm{n}}[\boldsymbol{x}^\mathrm{T},\boldsymbol{u}^\mathrm{T}]\begin{bmatrix}\boldsymbol{Q} & \boldsymbol{N}_\mathrm{c} \\ \boldsymbol{N}_\mathrm{c}^\mathrm{T} & \boldsymbol{R}\end{bmatrix}\begin{bmatrix}\boldsymbol{x} \\ \boldsymbol{u}\end{bmatrix}\mathrm{d}t\right\} \tag{9-1-8}$$

式中，$\boldsymbol{N}_\mathrm{c}$ 一般为零向量。

图9-3中给出了基于观测器的LQG调节器结构，状态反馈矩阵 $\boldsymbol{K}_\mathrm{c}$ 和Kalman滤波矩阵 $\boldsymbol{K}_\mathrm{f}$ 可以通过分离原理得出。引入Kalman滤波器方程。

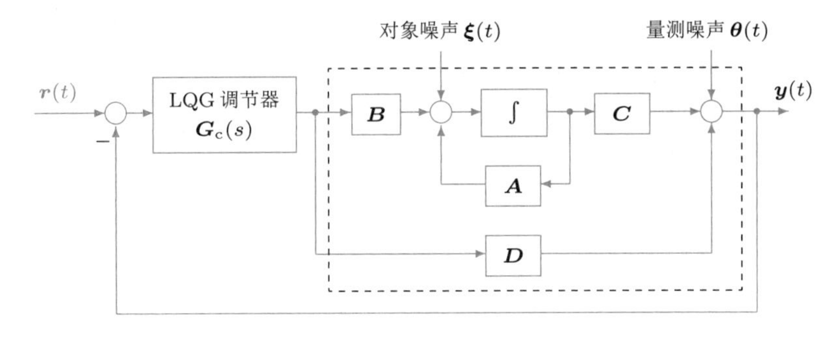

图9-3 基于观测器的LQG调节器结构

$$\dot{\hat{\boldsymbol{x}}}(t)=\boldsymbol{A}\hat{\boldsymbol{x}}(t)+\boldsymbol{B}\boldsymbol{u}(t)+\boldsymbol{K}_{\rm f}\big[\boldsymbol{y}(t)-\boldsymbol{C}\hat{\boldsymbol{x}}(t)-\boldsymbol{D}\boldsymbol{u}(t)\big] \tag{9-1-9}$$

则可以写出基于观测器的LQG调节器为

$$\boldsymbol{G}_{\rm c}(s)=\left[\begin{array}{c:c}\boldsymbol{A}-\boldsymbol{K}_{\rm f}\boldsymbol{C}-\boldsymbol{B}\boldsymbol{K}_{\rm c}+\boldsymbol{K}_{\rm f}\boldsymbol{D}\boldsymbol{K}_{\rm c} & \boldsymbol{K}_{\rm f}\\ \hdashline \boldsymbol{K}_{\rm c} & \boldsymbol{0}\end{array}\right] \tag{9-1-10}$$

注意，这里给出的$\boldsymbol{G}_{\rm c}(s)$并不是简单的矩阵，而是用分块矩阵的形式简洁表示的状态方程模型。鲁棒控制工具箱中提供了函数`lqg()`来设计基于观测器的LQG调节器，该函数的调用格式为`Gf=lqg(G,W,V)`，其中，返回的$\boldsymbol{G}_{\rm f}$为LQG调节器的状态方程模型，而矩阵$\boldsymbol{W}$和$\boldsymbol{V}$可以如下建立起来。

$$\boldsymbol{W}=\begin{bmatrix}\boldsymbol{Q} & \boldsymbol{N}_{\rm c}\\ \boldsymbol{N}_{\rm c}^{\rm T} & \boldsymbol{R}\end{bmatrix},\boldsymbol{V}=\begin{bmatrix}\boldsymbol{\varXi} & \boldsymbol{N}_{\rm f}\\ \boldsymbol{N}_{\rm f}^{\rm T} & \boldsymbol{\varTheta}\end{bmatrix} \tag{9-1-11}$$

式中，$\boldsymbol{\varXi}$与$\boldsymbol{\varTheta}$分别为对象噪声$\boldsymbol{\xi}(t)$和量测噪声$\boldsymbol{\theta}(t)$的协方差矩阵，$\boldsymbol{N}_{\rm c}$和$\boldsymbol{N}_{\rm f}$经常假设为零向量。可以看出，矩阵$\boldsymbol{V}$实际上是信号$\boldsymbol{\xi}(t)$和$\boldsymbol{\theta}$的互相关函数，即

$$\mathrm{E}\left\{\begin{bmatrix}\boldsymbol{\xi}(t)\\ \boldsymbol{\theta}(\tau)\end{bmatrix}[\boldsymbol{\xi}(t)\boldsymbol{\theta}(\tau)]^{\rm T}\right\}=\begin{bmatrix}\boldsymbol{\varXi} & \boldsymbol{N}_{\rm f}\\ \boldsymbol{N}_{\rm f}^{\rm T} & \boldsymbol{\varTheta}\end{bmatrix}\boldsymbol{\delta}(t-\tau) \tag{9-1-12}$$

请注意，$\boldsymbol{\varXi}$为$\boldsymbol{\xi}(t)$信号的协方差矩阵，如果使用式(9-1-1)中的对象模型形式，则它等效为$\boldsymbol{\varXi}=\boldsymbol{\varGamma}\boldsymbol{\varXi}\boldsymbol{\varGamma}^{\rm T}$。

例9-2 考虑下面给出的对象模型状态方程模型。

$$\dot{\boldsymbol{x}}(t)=\begin{bmatrix}0 & 1 & 0 & 0\\ -5000 & -100/3 & 500 & 100/3\\ 0 & -1 & 0 & 1\\ 0 & 100/3 & -4 & -60\end{bmatrix}\boldsymbol{x}(t)+\begin{bmatrix}0\\ 25/3\\ 0\\ -1\end{bmatrix}u(t)+\begin{bmatrix}-1\\ 0\\ 0\\ 0\end{bmatrix}\xi(t)$$

其中，$y(t)=[0,0,1,0]\boldsymbol{x}(t)+\theta(t)$，且$\varXi=7\times10^{-4}$，$\varTheta=10^{-8}$。选择加权矩阵为$\boldsymbol{Q}=\mathrm{diag}(5000,0,50000,1)$与$R=0.001$，试设计LQG控制器。

解 可以通过下面的语句来求解LQG问题。

```
>> A=[0,1,0,0; -5000,-100/3,500,100/3; 0,-1,0,1; 0,100/3,-4,-60];
   B=[0; 25/3; 0; -1];  C=[0,0,1,0]; D=0; G=[-1; 0; 0; 0];
```

```
Q=diag([5000,0,50000,1]); R=0.001; G0=ss(A,B,C,D);
Xi=7e-4; Theta=1e-8; W=[Q,zeros(4,1); zeros(1,4),R];
V=[Xi*G*G',zeros(4,1); zeros(1,4),Theta]; Gc=-zpk(lqg(G0,W,V))
```

设计出的控制器为

$$G_c(s)=-\frac{1231049.0702(s+40.47)(s^2+105.5s+5000)}{(s^2+39.17s+868.2)(s^2+493.9s+1.234\times10^5)}$$

在这个控制器下，若忽略系统的随机扰动信号，则可以由下面的MATLAB语句得出系统的闭环阶跃响应曲线，如图9-4(a)所示。

```
>> step(feedback(G0*Gc,1)), figure; bode(G0,'-',G0*Gc,'--')
```

还可以获得原模型和校正后模型的开环系统Bode图，如图9-4(b)所示。可以看出在LQG控制器应用后，系统的开环特性显著改善，在控制器下的相位裕度为$\gamma=43^\circ$。

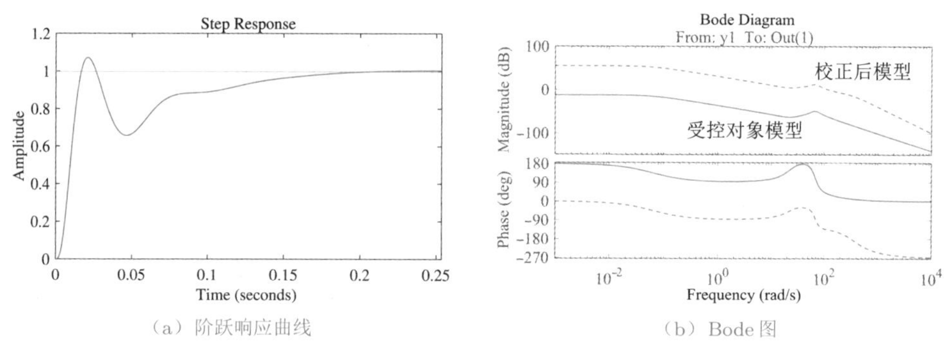

(a) 阶跃响应曲线　　(b) Bode图

图9-4 LQG控制下的系统响应

9.1.3 带有回路传输恢复的LQG控制

1. LQG/LTR控制器设计算法

可以从前面叙述的带有Kalman滤波器的最优LQG设计算法看出，控制器的设计是由独立地求解两个独立的代数Riccati方程来完成的，而这两个方程都可以由MATLAB容易地解出来。

事实上，事情并不是这样简单。文献[2]指出，这样设计出来的控制器的稳定裕度相当小，如果对系统施加一个小小的扰动，都可能导致整个系统变得不稳定。

在以往求解LQG问题时，往往使得滤波器的动态特性大大地快于反馈系统本身的特性，所以在实际应用中这种算法被证明是错误的，因为这样的控制器不但不能提高整个系统的稳定裕度，反而会显著地减小这个裕度。

在直接状态反馈下开环传递函数可以写成$G_{\rm LQSF}(s)=\boldsymbol{K}_{\rm c}(s\boldsymbol{I}-\boldsymbol{A})^{-1}\boldsymbol{B}$，而在使用LQG控制器时，则系统的开环传递函数表示为

$$G_{\rm L,LQG}(s)=\boldsymbol{K}_{\rm c}(s\boldsymbol{I}-\boldsymbol{A}+\boldsymbol{BK}+\boldsymbol{LC})^{-1}\boldsymbol{LC}(s\boldsymbol{I}-\boldsymbol{A})^{-1}\boldsymbol{B} \tag{9-1-13}$$

例9-3 系统受控对象的传递函数模型如下，试观察LQG与直接状态反馈的区别。

$$G(s)=\frac{-(948.12s^3+30325s^2+56482s+1215.3)}{s^6+64.554s^5+1167s^4+3728.6s^3-5495.4s^2+1102s+708.1}$$

解 由下面的MATLAB语句可以直接求出系统的状态方程模型。

```
>> n=-[948.12, 30325, 56482, 1215.3];
   d=[1,64.554,1167,3728.6,-5495.4,1102,708.1]; G=ss(tf(n,d));
```

选择加权矩阵为$\boldsymbol{Q}=\boldsymbol{C}^{\mathrm{T}}\boldsymbol{C}$，且$R=1$，应用下面的MATLAB语句，则可以得出最优LQ控制器。如果系统中存在Gauss噪声扰动，假定$\boldsymbol{\Gamma}$向量定义为$\boldsymbol{\Gamma}=\boldsymbol{B}$，并假定$\Xi=10^{-4}$，且$\Theta=10^{-5}$，则可以由下面的MATLAB语句设计出Kalman滤波器。两种方法得出的Nyquist图和Bode图如图9-5所示，可见，这样依赖Kalman滤波器直接设计出的系统频域响应曲线和直接状态反馈得出的等效开环系统模型有较大差异。

```
>> Q=G.c'*G.c; R=1; [Kc,P]=lqr(G.a,G.b,Q,R); G0=ss(G.a,G.b,Kc,0);
   Xi=1e-4; Theta=1e-5; G1=ss(G.a,[G.b, G.b],G.c,[G.d,G.d]);
   [K_Sys,L,P2]=kalman(G1,Xi,Theta); a1=G.a-G.b*Kc-L*G.c;
   Gc=ss(a1,L,Kc,0); nyquist(G*Gc,'-',G0,'--');
   figure; bode(G*Gc,'-',G0,'--');
```

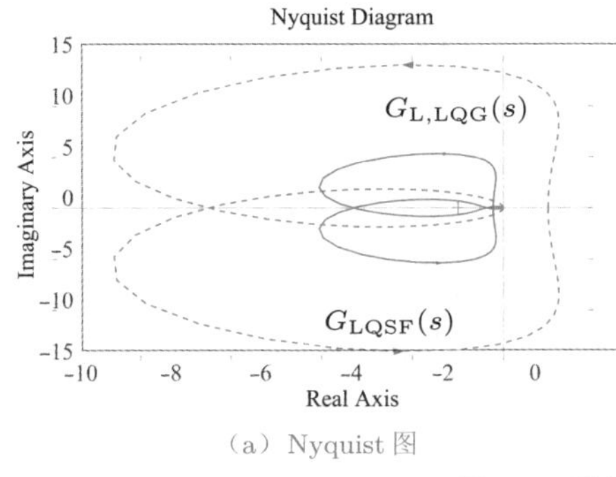

(a) Nyquist图

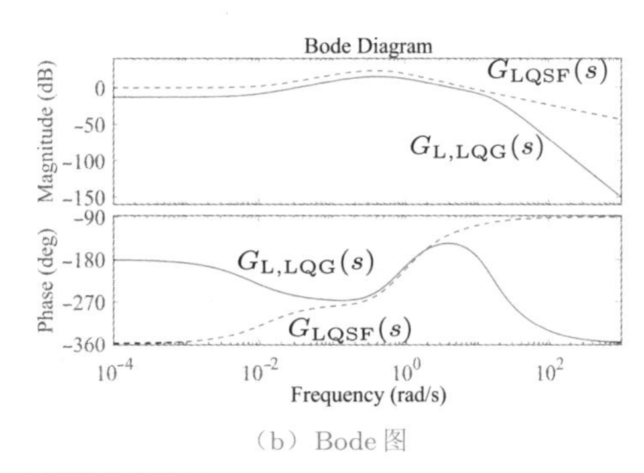

(b) Bode图

图9-5 开环系统频域响应比较

由上面的语句还可以绘制出系统$G_{\mathrm{L,LQG}}(s)$的Nyquist曲线，该系统可以表示成两个子系统$(\boldsymbol{A}-\boldsymbol{BK}-\boldsymbol{LC},\boldsymbol{L},\boldsymbol{K},0)$与$(\boldsymbol{A},\boldsymbol{B},\boldsymbol{C},0)$的串联连接，该曲线的结果和$G_{\mathrm{LQSF}}(s)$的结果完全不同。

可以看出，如果加权函数的选择不当，则在两种情况下开环系统的传递函数模型将出现不同，一种解决这样问题的有效方法是在控制策略中引入回路传输恢复(loop transfer recovery，LTR)技术，采用这种技术可以使LQG结构下的开环传递函数尽可能接近直接采用状态反馈时的结果。

选择$\boldsymbol{\Xi}_1=q\boldsymbol{\Xi}$，可以证明，当$q\to\infty$时，在这样定义的$\boldsymbol{\Xi}_1$下，LQG控制问题的开环传递函数将接近LQ问题的开环传递函数，即

$$\lim_{q\to\infty}\boldsymbol{K}_{\mathrm{c}}\left(s\boldsymbol{I}-\boldsymbol{A}+\boldsymbol{BK}+\boldsymbol{LC}\right)^{-1}\boldsymbol{LC}\left(s\boldsymbol{I}-\boldsymbol{A}\right)^{-1}\boldsymbol{B}=\boldsymbol{K}_{\mathrm{c}}\left(s\boldsymbol{I}-\boldsymbol{A}\right)^{-1}\boldsymbol{B} \qquad (9\text{-}1\text{-}14)$$

可以看出，LQG/LTR控制器设计的关键在于选择一个合适的q值，这个值一般应该很大,尽管不能将该值真的选择为无穷大。

此外，还可以对选定的状态反馈矩阵首先求解标准的LQ问题，然后应用LTR技术使得带有Kalman滤波器的系统开环传递函数尽可能地接近于状态反馈下的传递函数。这可以由下面两个步骤完成:

（1）在指定的加权矩阵$\boldsymbol{Q}$与$\boldsymbol{R}$下设计最优LQ控制器，并调整$\boldsymbol{Q}$与$\boldsymbol{R}$矩阵使开环传递函数$-\boldsymbol{K}_{\mathrm{c}}\left(s\boldsymbol{I}-\boldsymbol{A}\right)^{-1}\boldsymbol{B}$的性能达到满意的效果。然后选择$\boldsymbol{Q}=\boldsymbol{C}^{\mathrm{T}}\boldsymbol{C}$并改变$\boldsymbol{R}$的值使系统的开环传递函数接近目标传递函数，并使系统的灵敏度函数和补灵敏度函数有满意的形状。

（2）选择$\boldsymbol{\Gamma}=\boldsymbol{B}$,$\boldsymbol{W}=\boldsymbol{W}_0+q\boldsymbol{I}$,且令$\boldsymbol{V}=\boldsymbol{I}$,增大$q$使补偿系统的回差接近$-\boldsymbol{K}_{\mathrm{c}}\left(\mathrm{j}\omega\boldsymbol{I}-\boldsymbol{A}\right)^{-1}\boldsymbol{B}$。在这样选择的$q$值下，观测器的Riccati方程变成

$$\frac{\boldsymbol{P}_{\mathrm{f}}\boldsymbol{A}^{\mathrm{T}}}{q}+\frac{\boldsymbol{A}\boldsymbol{P}_{\mathrm{f}}}{q}-\frac{\boldsymbol{P}_{\mathrm{f}}\boldsymbol{C}^{\mathrm{T}}\boldsymbol{V}^{-1}\boldsymbol{C}\boldsymbol{P}_{\mathrm{f}}}{q}+\frac{\boldsymbol{\Gamma}\boldsymbol{W}_0\boldsymbol{\Gamma}^{\mathrm{T}}}{q}+\boldsymbol{\Gamma}\boldsymbol{\Theta}\boldsymbol{\Gamma}^{\mathrm{T}}=\boldsymbol{0} \tag{9-1-15}$$

其中，q称为虚拟噪声系数（fictitious-noise coefficient）。如果原系统模型$\boldsymbol{C}\left(s\boldsymbol{I}-\boldsymbol{A}\right)^{-1}\boldsymbol{B}$在$s$右半平面没有传输零点,则滤波器向量可以由下式求出。

$$\boldsymbol{K}_{\mathrm{f}}\rightarrow\sqrt{q}\,\boldsymbol{B}\boldsymbol{V}^{-1/2},\ q\rightarrow\infty \tag{9-1-16}$$

在实际应用中,q的值不应选得过大,否则将引起截断误差,并破坏总系统的鲁棒性。一般情况下,取$q=10^{10}$即可。

例9-4 再考虑例9-3中给出的系统。试设计LQG/LTR控制器。

解 如果应用LTR技术,则对不同的q值,使用下面的语句,可以得出不同的q值下开环系统的Nyquist图,如图9-6(a)所示。

```
>> num=-[948.12, 30325, 56482, 1215.3];
   den=[1, 64.554, 1167, 3728.6, -5495.4, 1102, 708.1];
   G=ss(tf(num,den)); Xi=1e-4; Theta=1e-5; Q=G.c'*G.c; R=1;
   [Kc,P]=lqr(G.a,G.b,Q,R); nyquist(ss(G.a,G.b,Kc,0)), hold on
   for q=[1,1e4,1e6,1e8,1e10,1e12,1e14]
      G1=ss(G.a,[G.b, G.b],G.c,[G.d,G.d]);
      [K_Sys,L,P2]=kalman(G1,q*Xi,Theta);
      a1=G.a-G.b*Kc-L*G.c; G_o=G*ss(a1,L,Kc,0); nyquist(G_o)
   end
```

可以看出,当q的值选择为10^{10}时能近似地恢复回路的传递函数。在这样的q值下,可以由下面的MATLAB语句绘制出闭环系统的阶跃响应曲线,如图9-6(b)所示。

```
>> q=1e10; [K_Sys,L,P2]=kalman(G1,q*Xi,Theta); a1=G.a-G.b*Kc-L*G.c;
   G_o=G*ss(a1,L,Kc,0); step(feedback(G_o,1),100), zpk(Gc)
```

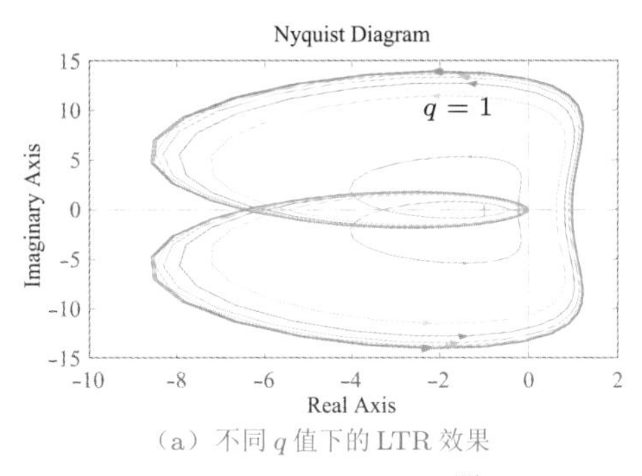

(a) 不同 q 值下的 LTR 效果

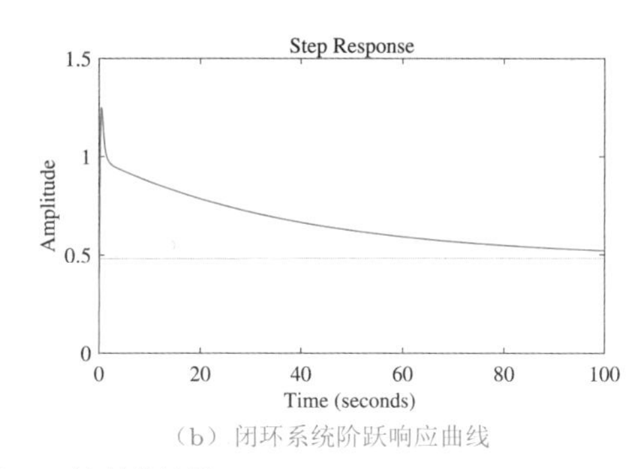

(b) 闭环系统阶跃响应曲线

图 9-6 LQG/LTR 控制的结果

这时得出的控制器为

$$G_c(s)=\frac{-1152907209704.35(s+44.2)(s+9.278)(s+0.7933)(s^2+56.31s+1430)}{(s+3.114\times10^4)(s+6.541)(s+1.785)(s-2.804)(s^2+3.107\times10^4s+9.649\times10^8)}$$

虽然设计的控制器能使得闭环系统稳定，但由于控制器本身不是稳定的，从而造成系统的内部不稳定性，这样的系统不适合实际应用。所以本例中的系统不存在内部稳定的 LQG 控制器。

2. 应用MATLAB求解LQG/LTR问题

前面介绍的LQG/LTR问题还可以由MATLAB的鲁棒控制工具箱中提供的 `ltrsyn()` 函数直接求解，该函数允许从输入端和输出端恢复回路传递函数，早期的鲁棒控制工具箱采用 `ltru()`、`ltry()` 函数来处理两种LTR问题。

（1）输入端回路传输恢复。若想使得系统在输入端恢复回路传递函数，则

$$\lim_{q\to\infty}\boldsymbol{\Gamma K}_c\left(s\boldsymbol{I}-\boldsymbol{A}+\boldsymbol{BK}_c+\boldsymbol{K}_f\boldsymbol{C}\right)^{-1}\boldsymbol{K}_f=\boldsymbol{K}_c\left(s\boldsymbol{I}-\boldsymbol{A}\right)^{-1}\boldsymbol{B} \tag{9-1-17}$$

这时该函数的调用格式为 G_c=`ltrsyn(`$G,\boldsymbol{K}_c,\boldsymbol{\Xi},\boldsymbol{\Theta},\boldsymbol{q},\boldsymbol{\omega}$`,'input')`，其中，$G$ 为对象的状态方程模型，变元 $\boldsymbol{K}_c$ 为期望的状态反馈矩阵，变元 $\boldsymbol{q}$ 实际上是一个由不同的 q 值组成的向量。向量 $\boldsymbol{\omega}$ 为包含频域响应中所有点处频率值的向量。本函数返回的变元 G_c 为LQG/LTR控制器的状态方程模型。在本函数调用过程中，将自动地显示不同 q 值下的Nyquist曲线。

（2）输出端回路传输恢复。若想在对象模型的输出端恢复回路传递函数，则

$$\lim_{q\to\infty}\boldsymbol{\Gamma K}_c\left(s\boldsymbol{I}-\boldsymbol{A}+\boldsymbol{BK}_c+\boldsymbol{K}_f\boldsymbol{C}\right)^{-1}\boldsymbol{K}_f=\boldsymbol{C}\left(s\boldsymbol{I}-\boldsymbol{A}\right)^{-1}\boldsymbol{K}_f \tag{9-1-18}$$

这时函数的调用格式为 G_c=`ltrsyn(`$G,\boldsymbol{K}_f,\boldsymbol{Q},\boldsymbol{R},\boldsymbol{q},\boldsymbol{\omega}$`,'output')`，其中，变元 $\boldsymbol{K}_f$ 为Kalman滤波器增益向量。同样地，控制器仍可以表示为 G_c。不同 q 值下回路传递函数的Nyquist图也将自动绘制出来。

例9-5 再考虑例9-3中给出的对象模型，试选择合适 q 值求LQG/LTR控制器。

解 选定一个 $\boldsymbol{q}$ 向量，则可以由下面的MATLAB语句设计出LTR控制器，并绘制出不同 q 值下回路传递函数的Nyquist图，与图9-6(a)所示的效果类似。

```
>> q0=[1,1e4,1e6,1e8,1e10,1e12,1e14];
   num=-[948.12, 30325, 56482, 1215.3];
   den=[1, 64.554, 1167, 3728.6, -5495.4, 1102, 708.1];
   G=ss(tf(num,den)); Xi=1e-4; Theta=1e-5; Q=G.c'*G.c;
   R=1; [Kc,P]=lqr(G.a,G.b,Q,R); w=logspace(-2,2,200);
   Gc=ltrsyn(G,Kc,Xi,Theta,q0,w,'input');
```

可以看出，当选定的q相当大时(例如$q>10^{10}$)，则在输入端回路传递函数的曲线足够地接近直接状态反馈的结果，所以这样设计出来的控制器效果将是理想的。可以由下面的MATLAB语句绘制如图9-6(b)所示的LQG/LTR控制器闭环系统阶跃响应曲线。可以看出，在这样的控制下，系统的响应接近于例9-4中给出的响应效果。

```
>> q=1e10; Gc=ltrsyn(G,Kc,Xi,Theta,q,w,'input');
   step(feedback(G*Gc,1),100); zpk(Gc)
```

设计出的控制器为

$$G_{\rm c}(s)=\frac{-219546319.0288(s+30.22)(s+29.71)(s+6.758)(s+1.314)(s+0.01257)}{(s+3114)(s+30)(s+1.963)(s+0.02177)(s^2+3107s+9.672\times10^6)}$$

9.2 鲁棒控制问题的一般描述

9.2.1 小增益定理

鲁棒控制系统的一般结构如图9-7(a)所示，其中$\boldsymbol{P}(s)$为增广受控对象模型，而$\boldsymbol{F}(s)$为控制器模型。从输入信号$\boldsymbol{u}_1(t)$到输出信号$\boldsymbol{y}_1(t)$的传递函数可以表示为$\boldsymbol{T}_{\boldsymbol{y}_1\boldsymbol{u}_1}(t)$。在鲁棒控制中，小增益定理是个很关键的问题，下面将叙述这个定理。

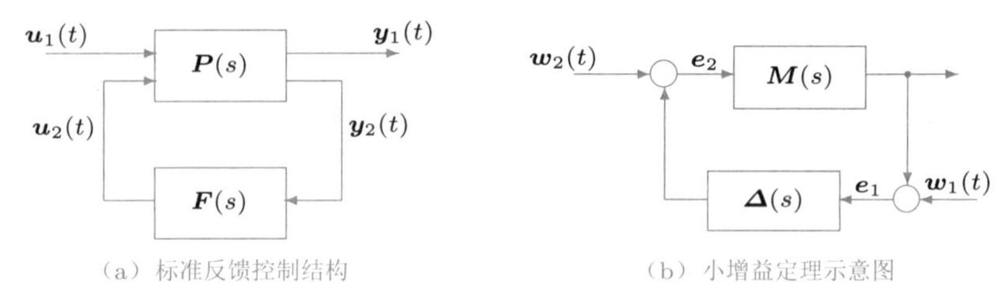

图9-7 $\mathcal{H}_2$与$\mathcal{H}_\infty$控制的一般结构

假设$\boldsymbol{M}(s)$为稳定的，则当且仅当小增益条件

$$||\boldsymbol{M}(s)||_\infty||\boldsymbol{\Delta}(s)||_\infty<1 \tag{9-2-1}$$

满足时，图9-7(b)中所示的系统对所有稳定的$\boldsymbol{\Delta}(s)$都是良定且内部稳定的。

事实上，对线性系统可以这样理解小增益定理：如果对任意扰动模型$\boldsymbol{\Delta}(s)$，系统的回路传递函数的范数小于1，意味着开环系统的Nyquist图总在单位圆内，不会包围$(-1,{\rm j}0)$点，则闭环系统将总是稳定的，这种稳定性又称为鲁棒稳定性。事实上，小增益定理还更一般地适用于非线性系统。

9.2.2 鲁棒控制器的结构

在如图9-7(a)所示的闭环系统结构中,引入了增广的对象模型,该模型一般可以表示成

$$\boldsymbol{P}(s)=\begin{bmatrix}\boldsymbol{P}_{11}(s) & \boldsymbol{P}_{12}(s)\\ \boldsymbol{P}_{21}(s) & \boldsymbol{P}_{22}(s)\end{bmatrix}=\left[\begin{array}{c:cc}\boldsymbol{A} & \boldsymbol{B}_1 & \boldsymbol{B}_2\\ \hdashline \boldsymbol{C}_1 & \boldsymbol{D}_{11} & \boldsymbol{D}_{12}\\ \boldsymbol{C}_2 & \boldsymbol{D}_{21} & \boldsymbol{D}_{22}\end{array}\right] \tag{9-2-2}$$

其对应的增广状态方程描述为

$$\dot{\boldsymbol{x}}(t)=\boldsymbol{A}\boldsymbol{x}+[\boldsymbol{B}_1\ \ \boldsymbol{B}_2]\begin{bmatrix}\boldsymbol{u}_1\\ \boldsymbol{u}_2\end{bmatrix},\ \ \begin{bmatrix}\boldsymbol{y}_1\\ \boldsymbol{y}_2\end{bmatrix}=\begin{bmatrix}\boldsymbol{C}_1\\ \boldsymbol{C}_2\end{bmatrix}\boldsymbol{x}+\begin{bmatrix}\boldsymbol{D}_{11} & \boldsymbol{D}_{12}\\ \boldsymbol{D}_{21} & \boldsymbol{D}_{22}\end{bmatrix}\begin{bmatrix}\boldsymbol{u}_1\\ \boldsymbol{u}_2\end{bmatrix} \tag{9-2-3}$$

闭环系统的框图可以绘制成如图9-8所示的形式[5],其由系统外部输入$\boldsymbol{u}_1(t)$到外部输出$\boldsymbol{y}_1(t)$间的闭环系统传递函数可以写成

$$\boldsymbol{T}_{\boldsymbol{y}_1\boldsymbol{u}_1}(s)=\boldsymbol{P}_{11}(s)+\boldsymbol{P}_{12}(s)\big[\boldsymbol{I}-\boldsymbol{F}(s)\boldsymbol{P}_{22}(s)\big]^{-1}\boldsymbol{F}(s)\boldsymbol{P}_{21}(s) \tag{9-2-4}$$

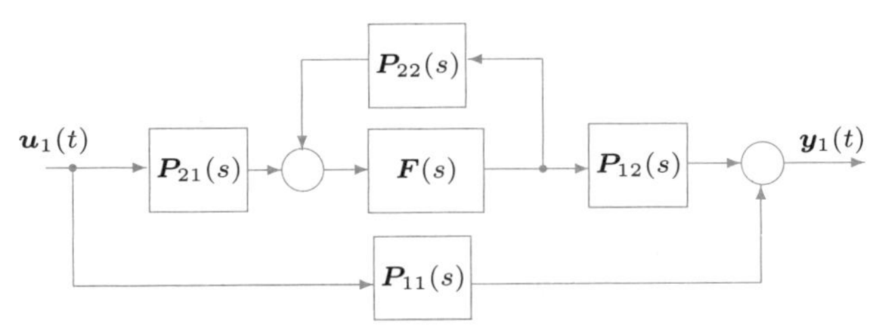

图9-8 闭环系统框图的另外一种描述方法

这样的结构在控制理论中常常称为线性分式变换。从式(9-2-4)出发,常常可以将鲁棒控制问题分为下面三种形式:

(1) $\mathcal{H}_2$最优控制问题。其中需求解$\min\limits_{\boldsymbol{F}(s)}||\boldsymbol{T}_{\boldsymbol{y}_1\boldsymbol{u}_1}(s)||_2$。

(2) $\mathcal{H}_\infty$最优控制问题。其中需求解$\min\limits_{\boldsymbol{F}(s)}||\boldsymbol{T}_{\boldsymbol{y}_1\boldsymbol{u}_1}(s)||_\infty$。

(3) 标准$\mathcal{H}_\infty$控制问题。需要得出一个控制器$\boldsymbol{F}(s)$满足$||\boldsymbol{T}_{\boldsymbol{y}_1\boldsymbol{u}_1}(s)||_\infty<1$。

鲁棒控制的目的是设计出一个镇定控制器$\boldsymbol{u}_2(s)=\boldsymbol{F}(s)\boldsymbol{y}_2(s)$,使得闭环系统$\boldsymbol{T}_{\boldsymbol{y}_1\boldsymbol{u}_1}(s)$的范数取一个小于1的值,亦即$||\boldsymbol{T}_{\boldsymbol{y}_1\boldsymbol{u}_1}(s)||<1$。

加权的控制结构如图9-9(a)所示,其中,$\boldsymbol{W}_1(s)$、$\boldsymbol{W}_2(s)$与$\boldsymbol{W}_3(s)$都是加权函数,这些加权函数应该使得$\boldsymbol{G}(s)$、$\boldsymbol{W}_1(s)$与$\boldsymbol{W}_3(s)\boldsymbol{G}(s)$均正则。换句话说,这些传递函数在$s\to\infty$时均应该是有界的。可以看出,在这个条件下并没有直接要求$\boldsymbol{W}_3(s)$本身是正则的。对图9-9(a)中的方框图结构稍加改动,则可以容易地得出如图9-9(b)中所示的控制结构,可以看出这样的结构和图9-7(a)中给出的标准鲁棒控制结构是完全一致的。

假定系统对象模型的状态方程为$(\boldsymbol{A},\boldsymbol{B},\boldsymbol{C},\boldsymbol{D})$,则加权函数$\boldsymbol{W}_1(s)$的状态方程模型为$\big(\boldsymbol{A}_{\boldsymbol{W}_1},\boldsymbol{B}_{\boldsymbol{W}_1},\boldsymbol{C}_{\boldsymbol{W}_1},\boldsymbol{D}_{\boldsymbol{W}_1}\big)$,$\boldsymbol{W}_2(s)$的状态方程模型为$\big(\boldsymbol{A}_{\boldsymbol{W}_2},\boldsymbol{B}_{\boldsymbol{W}_2},\boldsymbol{C}_{\boldsymbol{W}_2},$

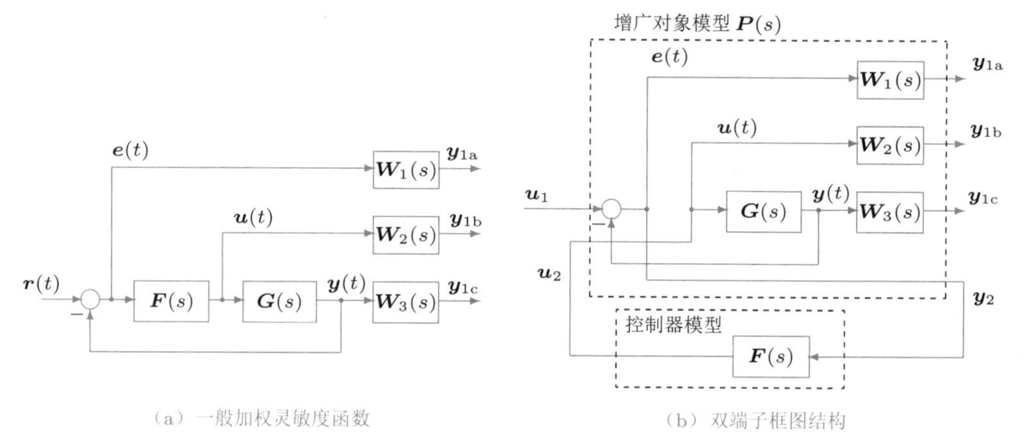

(a) 一般加权灵敏度函数　　(b) 双端子框图结构

图 9-9　加权灵敏度问题的框图表示

$\boldsymbol{D}_{\boldsymbol{W}_2}$)，而可以为非正则的 $\boldsymbol{W}_3(s)$ 的模型表示为

$$\boldsymbol{W}_3(s)=\boldsymbol{C}_{\boldsymbol{W}_3}\left(s\boldsymbol{I}-\boldsymbol{A}_{\boldsymbol{W}_3}\right)^{-1}\boldsymbol{B}_{\boldsymbol{W}_3}+\boldsymbol{P}_m s^m+\cdots+\boldsymbol{P}_1 s+\boldsymbol{P}_0 \tag{9-2-5}$$

特别地，式(9-2-3)可以写成

$$\boldsymbol{P}(s)=\left[\begin{array}{cccc:c:c}\boldsymbol{A} & \boldsymbol{0} & \boldsymbol{0} & \boldsymbol{0} & \boldsymbol{0} & \boldsymbol{B}\\ -\boldsymbol{B}_{\boldsymbol{W}_1}\boldsymbol{C} & \boldsymbol{A}_{\boldsymbol{W}_1} & \boldsymbol{0} & \boldsymbol{0} & \boldsymbol{B}_{\boldsymbol{W}_1} & -\boldsymbol{B}_{\boldsymbol{W}_1}\boldsymbol{D}\\ \boldsymbol{0} & \boldsymbol{0} & \boldsymbol{A}_{\boldsymbol{W}_2} & \boldsymbol{0} & \boldsymbol{0} & \boldsymbol{B}_{\boldsymbol{W}_2}\\ \boldsymbol{B}_{\boldsymbol{W}_3}\boldsymbol{C} & \boldsymbol{0} & \boldsymbol{0} & \boldsymbol{A}_{\boldsymbol{W}_3} & \boldsymbol{0} & \boldsymbol{B}_{\boldsymbol{W}_3}\boldsymbol{D}\\ \hdashline -\boldsymbol{D}_{\boldsymbol{W}_1}\boldsymbol{C} & \boldsymbol{C}_{\boldsymbol{W}_1} & \boldsymbol{0} & \boldsymbol{0} & \boldsymbol{D}_{\boldsymbol{W}_1} & -\boldsymbol{D}_{\boldsymbol{W}_1}\boldsymbol{D}\\ \boldsymbol{0} & \boldsymbol{0} & \boldsymbol{C}_{\boldsymbol{W}_2} & \boldsymbol{0} & \boldsymbol{0} & \boldsymbol{D}_{\boldsymbol{W}_2}\\ \widetilde{\boldsymbol{C}}+\boldsymbol{S}_{\boldsymbol{W}_3}\boldsymbol{C} & \boldsymbol{0} & \boldsymbol{0} & \boldsymbol{C}_{\boldsymbol{W}_3} & \boldsymbol{0} & \widetilde{\boldsymbol{D}}+\boldsymbol{D}_{\boldsymbol{W}_3}\boldsymbol{D}\\ \hdashline -\boldsymbol{C} & \boldsymbol{0} & \boldsymbol{0} & \boldsymbol{0} & \boldsymbol{I} & -\boldsymbol{D}\end{array}\right] \tag{9-2-6}$$

式中

$$\left\{\begin{array}{l}\widetilde{\boldsymbol{C}}=\boldsymbol{P}_0\boldsymbol{C}+\boldsymbol{P}_1\boldsymbol{C}\boldsymbol{A}+\cdots+\boldsymbol{P}_m\boldsymbol{C}\boldsymbol{A}^{m-1}\\ \widetilde{\boldsymbol{D}}=\boldsymbol{P}_0\boldsymbol{D}+\boldsymbol{P}_1\boldsymbol{C}\boldsymbol{B}+\cdots+\boldsymbol{P}_m\boldsymbol{C}\boldsymbol{A}^{m-2}\boldsymbol{B}\end{array}\right. \tag{9-2-7}$$

其中，任何一个加权函数均可以是空的，在MATLAB下可以表示为 $\boldsymbol{W}_i(s)=[]$。

这时鲁棒控制问题可以集中成下面三种形式来研究：

(1) 灵敏度问题。在灵敏度问题中并不指定 $\boldsymbol{W}_2(s)$ 与 $\boldsymbol{W}_3(s)$。

(2) 稳定性与品质的混合鲁棒问题。在这样的问题中假定 $\boldsymbol{W}_2(s)$ 为空的。

(3) 一般的混合灵敏度问题。其中要求三个加权函数都存在。

一般情况下的增广对象模型可以写成

$$\boldsymbol{P}(s)=\left[\begin{array}{c:c}\boldsymbol{W}_1 & -\boldsymbol{W}_1\boldsymbol{G}\\ \boldsymbol{0} & \boldsymbol{W}_2\\ \boldsymbol{0} & \boldsymbol{W}_3\boldsymbol{G}\\ \hdashline \boldsymbol{I} & -\boldsymbol{G}\end{array}\right] \tag{9-2-8}$$

这个结构又称为$\mathcal{H}_\infty$设计的一般混合灵敏度问题。在这样的问题下，线性分式表示可以写成$\boldsymbol{T}_{\boldsymbol{y}_1\boldsymbol{u}_1}(s)=\left[\boldsymbol{W}_1\boldsymbol{S},\boldsymbol{W}_2\boldsymbol{F}\boldsymbol{S},\boldsymbol{W}_3\boldsymbol{T}\right]^{\mathrm{T}}$，其中$\boldsymbol{F}(s)$为控制器模型，$\boldsymbol{S}(s)$为灵敏度，其定义为$\boldsymbol{S}(s)=\boldsymbol{E}(s)\boldsymbol{R}^{-1}(s)=[\boldsymbol{I}+\boldsymbol{F}(s)\boldsymbol{G}(s)]^{-1}$，而$\boldsymbol{T}(s)$为补灵敏度函数，其定义为$\boldsymbol{T}(s)=\boldsymbol{I}-\boldsymbol{S}(s)$。灵敏度是决定跟踪误差大小的最重要指标，灵敏度越低，则系统的跟踪误差越小，故系统响应的品质指标越好，而补灵敏度函数是决定系统鲁棒稳定性的重要指标，它制约着系统输出信号的大小，在存在不确定性时，有较大的加权会迫使系统输出信号稳定[6]。灵敏度和补灵敏度函数的加权选择是相互矛盾的，故它们之间应该存在折中，所以有学者认为鲁棒控制器设计是加权函数选取的艺术[7]。

9.2.3 回路成型的一般描述

从第5章中给出的开环频域响应分析可以看出，系统的幅频特性将直接决定系统闭环响应的性能。如果人为的选择系统开环幅频特性的形状，将其作为$\boldsymbol{W}_1(s)$加权模型，再借助于鲁棒控制器设计的直接方法，就可以设计出最优$\mathcal{H}_\infty$控制器，迫使系统的开环幅频特性去逼近$\boldsymbol{W}_1(s)$的形状，得出较好的闭环性能，这样的方法就是系统回路成型（loop shaping）技术的基本思路。

假设前向回路的数学模型为$\boldsymbol{L}(s)$，由典型反馈系统有$\boldsymbol{L}(s)=\boldsymbol{G}(s)\boldsymbol{F}(s)$，则可以直接写出系统的灵敏度函数$\boldsymbol{S}(s)$、控制传递函数$\boldsymbol{R}(s)$和补灵敏度函数$\boldsymbol{T}(s)$

$$\left\{\begin{array}{l}\boldsymbol{S}(s)=[\boldsymbol{I}+\boldsymbol{L}(s)]^{-1}\\ \boldsymbol{R}(s)=\boldsymbol{F}(s)\,[\boldsymbol{I}+\boldsymbol{L}(s)]^{-1}\\ \boldsymbol{F}(s)=\boldsymbol{G}(s)\boldsymbol{F}(s)\,[\boldsymbol{I}+\boldsymbol{L}(s)]^{-1}\end{array}\right. \tag{9-2-9}$$

图9-10中给出了典型回路成型及加权函数的关系，用户可以选定期望的回路幅频响应曲线$\boldsymbol{L}(s)$，由于需要对不确定系统进行设计，所以应该根据实际情况找出回路幅频特性奇异值的上限$\bar{\sigma}(\boldsymbol{L})$和下限$\underline{\sigma}(\boldsymbol{L})$，并依据这些曲线选定加权函数$\boldsymbol{W}_1(s)$和$\boldsymbol{W}_3(s)$，选定了这些加权函数，则可以由鲁棒控制器设计算法求解出满足加权函数的回路模型。

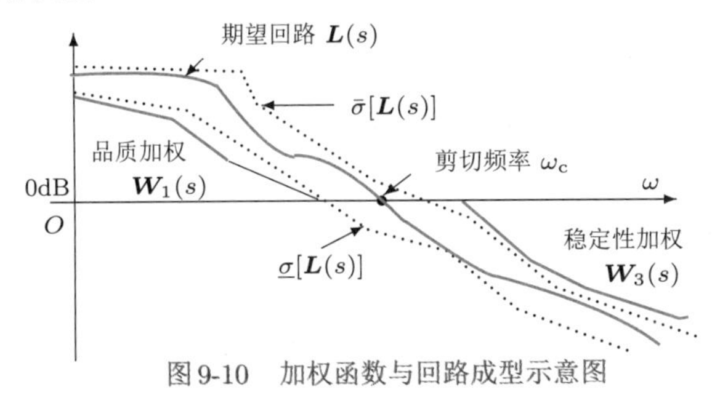

图9-10 加权函数与回路成型示意图

在实际鲁棒控制器设计时,应该选择

$$\bar{\sigma}[\boldsymbol{S}(\mathrm{j}\omega)]\leqslant|\boldsymbol{W}_1^{-1}(s)|,\ \bar{\sigma}[\boldsymbol{R}(\mathrm{j}\omega)]\leqslant|\boldsymbol{W}_2^{-1}(s)|,\ \bar{\sigma}[\boldsymbol{T}(\mathrm{j}\omega)]\leqslant|\boldsymbol{W}_3^{-1}(s)| \tag{9-2-10}$$

这时若 $\underline{\sigma}[\boldsymbol{L}(s)]\gg 1$,则有 $\boldsymbol{S}(s)\approx\boldsymbol{L}^{-1}(s)$,而 $\bar{\sigma}[\boldsymbol{L}(s)]\ll 1$,则 $\boldsymbol{T}(s)\approx\boldsymbol{L}(s)$,所以根据加权函数的选择就能保证回路幅频特性的成型设计。

由前面给出的准则,根据需要就可以设计出能保证期望幅频特性的加权函数 $\boldsymbol{W}_1(s)$ 和 $\boldsymbol{W}_3(s)$,并适当考虑控制信号的大小给定 $\boldsymbol{W}_2(s)$ 的设计,则可以直接设计出鲁棒控制器。相关设计例子将在下节中演示。

9.2.4　鲁棒控制系统的MATLAB描述

鲁棒控制器的设计问题早期可以用三个不同的MATLAB工具箱来求解,这三个工具箱分别为鲁棒控制工具箱[8]、μ分析与综合工具箱[9]和线性矩阵不等式工具箱[10]。不同工具箱下,控制问题的MATLAB描述是不同的。这三个工具箱已经合并,构成新的鲁棒控制工具箱,既可以用控制系统工具箱中的框架统一描述系统模型,也可以直接描述不确定系统,还可以根据需要用不同的方式描述。这里将介绍增广系统不同的描述方法,为下一步的系统设计打下基础。

1. 鲁棒控制工具箱中的系统描述方法

鲁棒控制工具箱中提供了一个函数`mksys()`,可以直接建立鲁棒控制工具箱可以使用的双端子系统模型。该函数的常用调用格式为

S=`mksys`$(\boldsymbol{A},\boldsymbol{B}_1,\boldsymbol{B}_2,\boldsymbol{C}_1,\boldsymbol{C}_2,\boldsymbol{D}_{11},\boldsymbol{D}_{12},\boldsymbol{D}_{21},\boldsymbol{D}_{22},$`'tss'`$)$

其中,`'tss'`标识的双端子状态方程模型使用了式(9-2-2)中的定义。如果不想使用这样的定义,当然更简单地还可以直接使用控制系统工具箱中的`tf()`或`ss()`函数格式来定义系统模型。为统一起见,本书采用第4章介绍的控制系统工具箱中线性时不变模型的定义方法。

定义了受控对象模型和加权系统模型,增广系统的MATLAB表示可以由鲁棒控制工具箱中提供的`augtf()`或`augw()`函数来建立,它们的调用格式为

S_{tss}=`augtf`$(S,\boldsymbol{W}_1,\boldsymbol{W}_2,\boldsymbol{W}_3)$,　S_{tss}=`augw`$(S,\boldsymbol{W}_1,\boldsymbol{W}_2,\boldsymbol{W}_3)$

后者模型的各个组成部分只能用正则模型(即分子的阶次不高于分母阶次),所以在表示某些特定加权时会出现困难。双端子系统参数还可以通过`branch()`函数提取,其调用格式为

$[\boldsymbol{A},\boldsymbol{B}_1,\boldsymbol{B}_2,\boldsymbol{C}_1,\boldsymbol{C}_2,\boldsymbol{D}_{11},\boldsymbol{D}_{12},\boldsymbol{D}_{21},\boldsymbol{D}_{22}]$=`branch`$(G)$

$[\boldsymbol{A},\boldsymbol{B},\boldsymbol{C},\boldsymbol{D}]$=`branch`$(G)$

例9-6　考虑下面给出的系统状态方程模型。

$$\dot{\boldsymbol{x}}(t)=\begin{bmatrix}0 & 1 & 0 & 0\\ -5000 & -100/3 & 500 & 100/3\\ 0 & -1 & 0 & 1\\ 0 & 100/3 & -4 & -60\end{bmatrix}\boldsymbol{x}(t)+\begin{bmatrix}0\\ 25/3\\ 0\\ -1\end{bmatrix}u(t)$$

且 $\boldsymbol{y}(t) = [0,0,1,0]\boldsymbol{x}(t)$，若选择加权函数 $W_1(s) = 100/(s+1)$，$W_3(s) = s/1000$，试将增广模型输入到MATLAB工作空间。

解 可以由下面的MATLAB命令建立起增广的对象模型。

```
>> A=[0,1,0,0; -5000,-100/3,500,100/3; 0,-1,0,1; 0,100/3,-4,-60];
   B=[0; 25/3; 0; -1];  C=[0,0,1,0]; D=0; G=ss(A,B,C,D);
   s=tf('s'); W1=100/(s+1); W2=1e-5; W3=s/1000;
   T_ss=augtf(G,W1,W2,W3);   %得出增广的双端子系统模型
```

注意，由于没有 $W_2(s)$ 加权函数，所以应该将其设置成小的正数，如 10^{-5}，以避免式(9-2-6)中的 $\boldsymbol{D}_{12}$ 矩阵成为奇异矩阵，导致原问题无解。这时增广模型为

$$\boldsymbol{P}(s) = \left[\begin{array}{ccccc:c:c} 0 & 1 & 0 & 0 & 0 & 0 & 0 \\ -5000 & -33.333 & 500 & 33.333 & 0 & 0 & 8.3333 \\ 0 & -1 & 0 & 1 & 0 & 0 & 0 \\ 0 & 33.333 & -4 & -60 & 0 & 0 & -1 \\ 0 & 0 & -1 & 0 & -1 & 1 & 0 \\ \hdashline 0 & 0 & 0 & 0 & 100 & 0 & 0 \\ 0 & 0 & 0 & 0 & 0 & 0 & 10^{-5} \\ 0 & -0.001 & 0 & 0.001 & 0 & 0 & 0 \\ \hdashline 0 & 0 & -1 & 0 & 0 & 1 & 0 \end{array}\right]$$

2. 系统矩阵的描述方法

状态方程模型 $(\boldsymbol{A},\boldsymbol{B},\boldsymbol{C},\boldsymbol{D})$ 还可以表示成系统矩阵 $\boldsymbol{P}$ 的形式。

$$\boldsymbol{P} = \left[\begin{array}{cc:c} \boldsymbol{A} & \boldsymbol{B} & n \\ \boldsymbol{C} & \boldsymbol{D} & \vdots \\ & & 0 \\ \hdashline \multicolumn{2}{c:}{\boldsymbol{0}} & -\infty \end{array}\right] \tag{9-2-11}$$

如果状态方程是增广系统的模型，也可以通过这样的方法构造出系统矩阵。对给出的系统模型 G，可以由 P=sys2smat(G) 函数建立起系统矩阵 $\boldsymbol{P}$。输入变元 G 可以为LTI模型，也可以是双端子的增广模型。该函数的内容为

```
function P=sys2smat(G)
G=ss(G); n=length(G.a); P=[G.a G.b; G.c G.d];
P(size(P,1)+1,size(P,2)+1)=-inf; P(1,size(P,2))=n;
```

例9-7 仍考虑例9-6中的对象模型和加权函数，试输入系统矩阵模型。

解 用下面的语句可以得出系统矩阵 $\boldsymbol{P}$。

```
>> A=[0,1,0,0; -5000,-100/3,500,100/3; 0,-1,0,1; 0,100/3,-4,-60];
   B=[0; 25/3; 0; -1];  C=[0,0,1,0]; D=0; G=ss(A,B,C,D);
   W1=[0,100; 1,1]; W2=1e-5; W3=[1,0; 0,1000];
   S_tss=augtf(G,W1,W2,W3); P=sys2smat(S_tss) %变换成系统矩阵
```

值得指出的是，如果系统和加权函数存在非正则的子模型，则不能用系统矩阵的方式描述，只能用 `augtf()` 这类函数表示。

3. 不确定系统的描述方法

鲁棒控制工具箱定义了一个新的对象类`ureal`,可以定义在某个区间内可变的变量,该函数的调用格式为

p=`ureal('p',`p_0`,'Range',[`p_m`,`p_M`])` %区间变量 $p\in[p_m,p_\mathrm{M}]$

p=`ureal('p',`p_0`,'PlusMinus',`δ`)` %正负偏差 $p=p_0\pm\delta$

p=`ureal('p',`p_0`,'Percentage',`A`)` %百分率偏差 $p=p_0(1\pm0.01A)$

其中 p_0 为该变量的标称值,其变化范围可以由后面的参数直接定义。有了这样的不确定变量,则可以由`tf()`或`ss()`函数容易地建立起不确定系统的传递函数或状态方程模型。有了数学模型,还可以用 G_1=`usample(`G,N`)` 函数从不确定系统 G 中随机选择 N 个样本赋给 G_1。第5章中介绍的时域、频域分析函数`bode()`、`step()`等可以同样用于不确定系统的分析。

例9-8 考虑典型二阶开环传递函数。

$$G(s)=\frac{\omega_\mathrm{n}^2}{s(s+2\zeta\omega_\mathrm{n})},\quad \zeta\in(0.2,0.9),\quad \omega_\mathrm{n}\in(2,10)$$

且选定标称值为 $\zeta_0=0.7, \omega_0=5$, 试将不确定模型输入到MATLAB工作空间并分析该系统模型。

解 可以由下面语句构造出不确定系统模型,并绘制出样本系统的开环Bode图和闭环阶跃响应曲线,如图9-11所示。值得说明的是,每次调用`usample()`函数得出的样本将是不同的。

```
>> z=ureal('z',0.7,'Range',[0.2,0.9]);
   wn=ureal('wn',5,'Range',[2,10]);
   Go=tf(wn^2,[1 2*z*wn 0]); Go1=usample(Go,10);
   bode(Go1); figure; step(feedback(Go1,1))
```

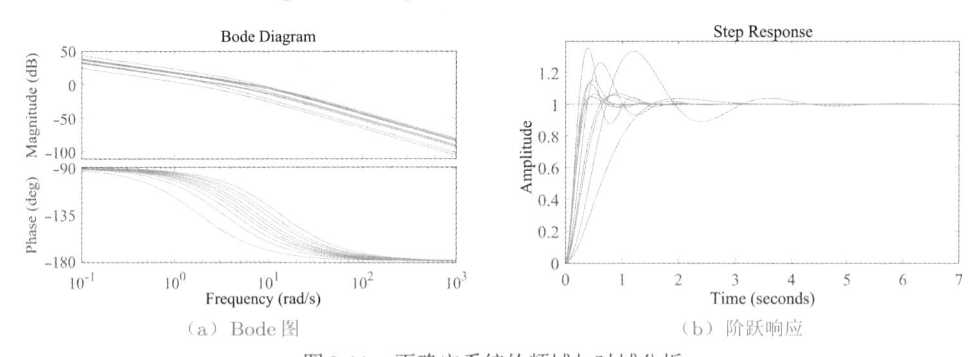

(a) Bode 图　　(b) 阶跃响应

图9-11 不确定系统的频域与时域分析

带有不确定建模参数的控制系统框图如图9-12所示,其中不确定性模型有两个部分,叠加型不确定模型 $\boldsymbol{\Delta}_\mathrm{a}(s)$ 和乘积型不确定模型 $\boldsymbol{\Delta}_\mathrm{m}(s)$。有了不确定模型的描述方法,则可以容易地描述整个不确定受控对象模型,从而对不确定系统的鲁棒控制进行仿真研究。

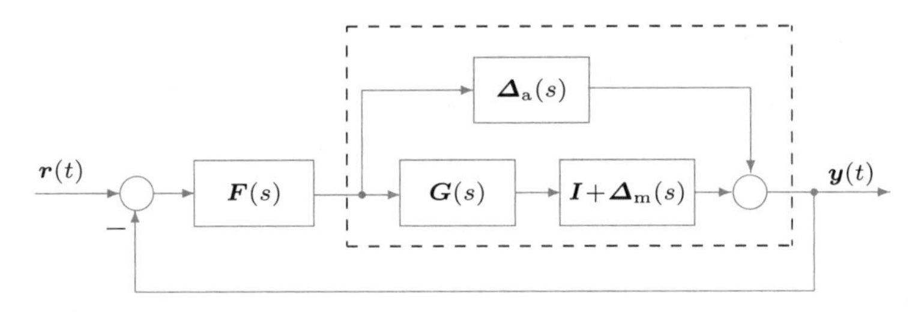

图9-12 不确定系统的控制框图

对叠加型不确定性来说,应该如下选择加权函数。

$$\bar{\sigma}[\boldsymbol{\Delta}_{\rm a}({\rm j}\omega)]=\frac{1}{\bar{\sigma}[\boldsymbol{R}({\rm j}\omega)]}\geqslant|\boldsymbol{W}_2({\rm j}\omega)| \tag{9-2-12}$$

而对乘积型不确定性来说,则应该选择

$$\bar{\sigma}[\boldsymbol{\Delta}_{\rm m}({\rm j}\omega)]=\frac{1}{\bar{\sigma}[\boldsymbol{T}({\rm j}\omega)]}\geqslant|\boldsymbol{W}_3({\rm j}\omega)| \tag{9-2-13}$$

在选择了 $\boldsymbol{W}_2(s)$ 和 $\boldsymbol{W}_3(s)$ 加权函数,确保对不确定性的抑制之后,就可以根据回路成型的需要选择加权函数 $\boldsymbol{W}_1(s)$,使得系统的动态响应达到期望的要求。

9.3 基于范数的鲁棒控制器设计

现在的鲁棒控制工具箱合并了原来的鲁棒控制工具箱、μ 分析与综合工具箱与LMI工具箱[11],其函数几乎全部改写,虽然早期版本的3个工具箱函数全部可以照用,但新版本的工具箱设计了一组全新的函数及调用格式,使得控制器设计更容易,且函数名及调用格式更规范。

9.3.1 $\mathcal{H}_\infty$、$\mathcal{H}_2$ 鲁棒控制器设计方法

考虑图9-7(a)中所示的双端子状态方程对象模型结构,$\mathcal{H}_\infty$ 控制器设计的目标是找到一个控制器 $\boldsymbol{F}(s)$,它能保证闭环系统的 $\mathcal{H}_\infty$ 范数限制在一个给定的小正数 γ 下,即 $||\boldsymbol{T}_{\boldsymbol{y}_1\boldsymbol{u}_1}(s)||_\infty<\gamma$。这时控制器的状态方程表示为

$$\dot{\boldsymbol{x}}(t)=\boldsymbol{A}_{\rm f}\boldsymbol{x}(t)-\boldsymbol{Z}\boldsymbol{L}\boldsymbol{u}(t),\quad \boldsymbol{y}(t)=\boldsymbol{K}\boldsymbol{x}(t) \tag{9-3-1}$$

其中

$$\begin{aligned}&\boldsymbol{A}_{\rm f}=\boldsymbol{A}+\gamma^{-2}\boldsymbol{B}_1\boldsymbol{B}_1^{\rm T}\boldsymbol{X}+\boldsymbol{B}_2\boldsymbol{K}+\boldsymbol{Z}\boldsymbol{L}\boldsymbol{C}_2\\&\boldsymbol{K}=-\boldsymbol{B}_2^{\rm T}\boldsymbol{X},\ \boldsymbol{L}=-\boldsymbol{Y}\boldsymbol{C}_2^{\rm T},\ \boldsymbol{Z}=(\boldsymbol{I}-\gamma^{-2}\boldsymbol{Y}\boldsymbol{X})^{-1}\end{aligned} \tag{9-3-2}$$

且 $\boldsymbol{X}$ 与 $\boldsymbol{Y}$ 分别为下面两个代数Riccati方程的解。

$$\begin{aligned}&\boldsymbol{A}^{\rm T}\boldsymbol{X}+\boldsymbol{X}\boldsymbol{A}+\boldsymbol{X}(\gamma^{-2}\boldsymbol{B}_1\boldsymbol{B}_1^{\rm T}-\boldsymbol{B}_2\boldsymbol{B}_2^{\rm T})\boldsymbol{X}+\boldsymbol{C}_1\boldsymbol{C}_1^{\rm T}=\boldsymbol{0}\\&\boldsymbol{A}\boldsymbol{Y}+\boldsymbol{Y}\boldsymbol{A}^{\rm T}+\boldsymbol{Y}(\gamma^{-2}\boldsymbol{C}_1^{\rm T}\boldsymbol{C}_1-\boldsymbol{C}_2^{\rm T}\boldsymbol{C}_2)\boldsymbol{Y}+\boldsymbol{B}_1^{\rm T}\boldsymbol{B}_1=\boldsymbol{0}\end{aligned} \tag{9-3-3}$$

$\mathcal{H}_\infty$ 控制器存在的前提条件为:

(1) $\boldsymbol{D}_{11}$ 足够小, 且满足 $\boldsymbol{D}_{11} < \gamma$。

(2) 控制器Riccati方程的解 $\boldsymbol{X}$ 为正定矩阵。

(3) 观测器Riccati方程的解 $\boldsymbol{Y}$ 为正定矩阵。

(4) $\lambda_{\max}(\boldsymbol{XY}) < \gamma^2$,即两个Riccati方程的积矩阵的所有特征值均小于 γ^2。

在上述前提条件下搜索最小的 γ 值,则可以设计出最优 $\mathcal{H}_\infty$ 控制器。

对双端子模型 $G_{\rm tss}$,鲁棒控制工具箱中相应的函数可以直接用于控制器设计,这些设计函数的调用格式为

$[G_{\rm c},G_{\rm cl}]=$h2syn$(G_{\rm tss})$　　　　%$\mathcal{H}_2$ 控制器设计

$[G_{\rm c},G_{\rm cl},\gamma]=$hinfsyn$(G_{\rm tss})$　　%$\mathcal{H}_\infty$ 最优控制器设计

其中返回的变元 $G_{\rm c}$ 和 $G_{\rm cl}$ 分别为控制器模型和闭环系统状态方程模型,后者以双端子状态方程形式给出,可以用`branch()`函数提取状态方程参数。最优 $\mathcal{H}_\infty$ 控制器设计返回的 γ 是在加权函数下能获得的最小的 γ 值。

例9-9　考虑例9-6中增广的系统模型,试设计最优 $\mathcal{H}_2$ 与 $\mathcal{H}_\infty$ 控制器。

解　由下面的语句可以分别设计出最优 $\mathcal{H}_2$ 控制器、和最优 $\mathcal{H}_\infty$ 控制器

```
>> A=[0,1,0,0; -5000,-100/3,500,100/3; 0,-1,0,1; 0,100/3,-4,-60];
   B=[0; 25/3; 0; -1]; C=[0,0,1,0]; G=ss(A,B,C,0); s=tf('s');
   W1=100/(s+1); W2=1e-5; W3=s/1000; G1=augtf(G,W1,W2,W3);
   Gc1=zpk(h2syn(G1)), [Gc2,a,g]=hinfsyn(G1); Gc2=zpk(Gc2), g
```

由最优 $\mathcal{H}_\infty$ 控制器设计函数可以得出 $\gamma=0.3718$,设计出各种控制器为

$$G_{\rm c1}(s)=\frac{-9945947.5203(s+67.4)(s+0.06391)(s^2+25.87s+4643)}{(s+1)(s^2+23.81s+535.7)(s^2+1370s+5.045\times10^5)}$$

$$G_{\rm c2}(s)=\frac{-587116783.7874(s+67.4)(s+0.06391)(s^2+25.87s+4643)}{(s+1.573\times10^4)(s+1303)(s+1)(s^2+23.79s+535.7)}$$

在控制器作用下系统的开环Bode图和闭环阶跃响应曲线分别如图9-13(a)、(b)所示。对本例来说,最优 $\mathcal{H}_\infty$ 控制器的性能略好于 $\mathcal{H}_2$ 控制器。

```
>> bode(G*Gc1,'-',G*Gc2,'--'), figure
   step(feedback(G*Gc1,1),'-',feedback(G*Gc2,1),'--')
```

例9-10　仍考虑例5-46中给出的多变量系统模型。

$$\boldsymbol{G}(s)=\begin{bmatrix}\dfrac{0.806s+0.264}{s^2+1.15s+0.202} & \dfrac{-15s-1.42}{s^3+12.8s^2+13.6s+2.36}\\ \dfrac{1.95s^2+2.12s+0.49}{s^3+9.15s^2+9.39s+1.62} & \dfrac{7.15s^2+25.8s+9.35}{s^4+20.8s^3+116.4s^2+111.6s+18.8}\end{bmatrix}$$

选择加权函数并设计鲁棒控制器。

解　该系统模型可以由下面的语句直接输入。现在考虑混合灵敏度问题。引入加权矩阵。

$$\boldsymbol{W}_1(s)=\begin{bmatrix}100/(s+0.5) & 0\\ 0 & 100/(s+1)\end{bmatrix},\ \boldsymbol{W}_3(s)=\begin{bmatrix}s/100 & 0\\ 0 & 200/s\end{bmatrix}\tag{9-3-4}$$

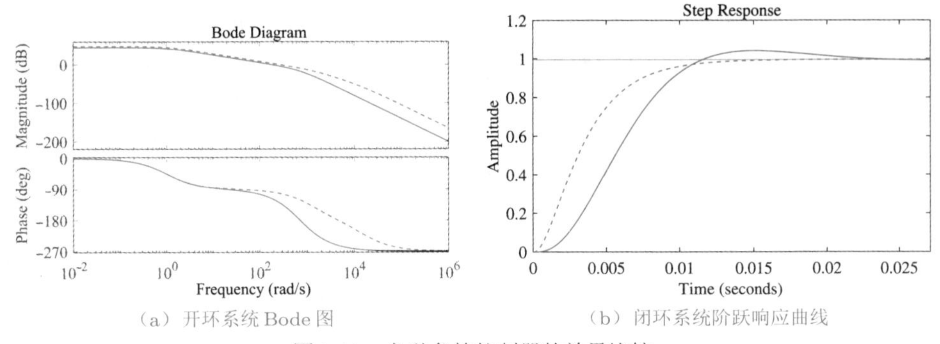

（a）开环系统 Bode 图　（b）闭环系统阶跃响应曲线

图 9-13　各种鲁棒控制器的效果比较

和前面一样，可以设置 $\boldsymbol{W}_2(s)=\mathrm{diag}([10^{-5},10^{-5}])$。这样受控对象模型和增广的双端子模型可以用如下的语句就可以输入，并直接设计最优 $\mathcal{H}_\infty$ 控制器，并绘制出该控制器作用下的阶跃响应曲线和开环系统的奇异值曲线，如图 9-14 所示。

```
>> g11=tf([0.806 0.264],[1 1.15 0.202]);
   g12=tf([-15 -1.42],[1 12.8 13.6 2.36]);
   g21=tf([1.95 2.12 0.49],[1 9.15 9.39 1.62]);
   g22=tf([7.15 25.8 9.35],[1 20.8 116.4 111.6 18.8]);
   s=tf('s');
   G=[g11, g12; g21, g22]; w2=tf(1); W2=1e-5*[w2,0; 0,w2];
   W1=[100/(s+0.5), 0; 0, 100/(s+1)]; W3=[s/1000, 0; 0 s/200];
   Tss=augtf(G,W1,W2,W3); [Gc,a,g]=hinfsyn(Tss); zpk(Gc(1,2));
   step(feedback(G*Gc,eye(2)),0.1), figure; sigma(G*Gc)
```

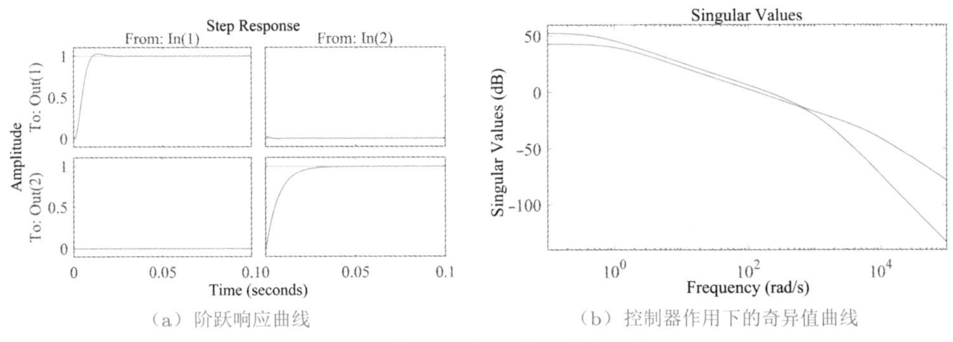

（a）阶跃响应曲线　（b）控制器作用下的奇异值曲线

图 9-14　最优 $\mathcal{H}_\infty$ 控制器下的控制效果

可以得出 $\gamma=0.7087$。从得出的控制结果看，这样控制解决了第 5 章中未能很好解决的多变量系统的控制问题，得出的阶跃响应曲线是相当理想的，第 1 路阶跃输入作用于系统时能得出很好的 $y_1(t)$ 输出，而 $y_2(t)$ 几乎为 0，第 2 路输入单独作用时效果也相似。然而，这样设计出的控制器阶次是相当高的，其中 $g_{12}(s)$ 可以由上面的语句求出，其零极点表达式为以下的 14 阶模型。

$$g_{12}(s)=\frac{\begin{array}{c}935095.7364(s+1223)(s+761.6)(s+11.54)(s+8.096)(s+8.002)\times\\(s+0.9354)(s+0.9336)(s+0.9306)(s+0.5)(s+0.2175)\times\\(s+0.2164)(s+0.2147)(s+0.09511)\end{array}}{\begin{array}{c}(s+1.312\times10^4)(s+1678)(s+657)(s+11.55)(s+8.1)(s+1.052)\times\\(s+1)(s+0.9331)(s+0.9218)(s+0.5)(s+0.3369)\times\\(s+0.2467)(s+0.2263)(s+0.2167)\end{array}}$$

由得出的设计结果还可以看出，$y_{22}(t)$的响应速度和$y_{11}(t)$相比较则显得很慢，故需要加重$\boldsymbol{W}_2(s)$的$w_{1,22}(s)$权值，令$w_{1,22}(s)=1000/(s+1)$，则可以重新设计最优$\mathcal{H}_\infty$控制器，得出闭环系统的阶跃响应和开环奇异值曲线如图9-15所示，可见在新控制器下，$y_{22}(t)$效果明显改善，新的$\gamma=2.2354$。

```
>> W1=[100/(s+0.5) 0; 0 1000/(s+1)]; Tss=augtf(G,W1,W2,W3);
   [Gc1,a,g]=hinfsyn(Tss); step(feedback(G*Gc1,eye(2)),0.1);
   figure; sigma(G*Gc1)
```

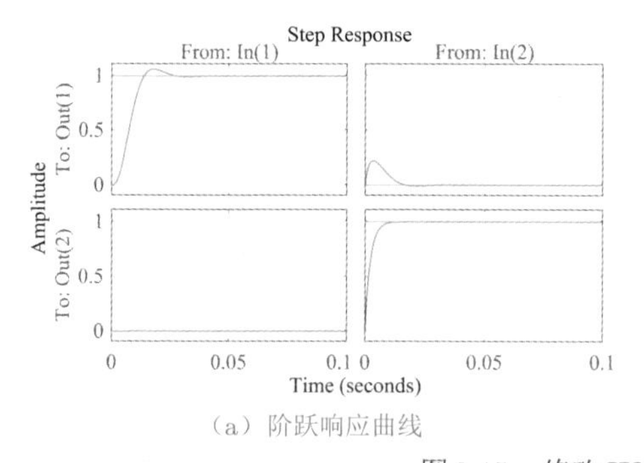

(a) 阶跃响应曲线

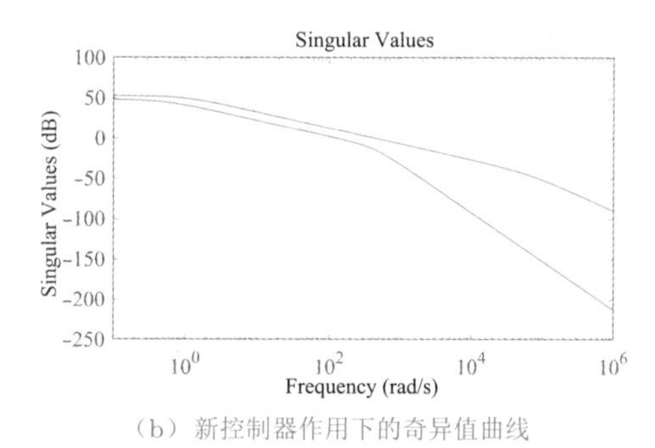

(b) 新控制器作用下的奇异值曲线

图9-15 修改$\boldsymbol{W}_1(s)$后的控制效果

由于控制器的阶次很高，在实际应用中难以实现，故可以考虑采用降阶算法降低控制器的阶次。从控制的效果看，即使用前面介绍的最优降阶算法对控制器的各个子传递函数分别进行降阶，得出的效果也不会很理想，因为这样的模型降阶未考虑受控对象模型及闭环结构，所以应该采用闭环系统的控制器模型降阶的概念[12,13]，降低控制器的阶次，使其能直接实现。

如果原系统对象模型中有位于虚轴上的极点，则不能直接应用鲁棒控制设计技术来设计控制器。在这样的情况下，需要引入一个新的变量p，使得$s=(\alpha p+\delta)/(\gamma p+\beta)$，这样就可以在对象模型中用$p$变量来取代$s$变量，这样的变换称为双线性变换，还称为频域平面双线性变换。

在双线性变换下，可以将原系统中虚轴上的极点移开，这样就可以将这个模型用作新的对象模型，基于这个模型来设计一个控制器。假设已经设计出一个控制器$\boldsymbol{F}(p)$，则还应该引入变换$p=(-\beta s+\delta)/(\gamma s+\alpha)$，将得出的控制器中$p$变量再变回到$s$变量，从而获得新的控制器$\boldsymbol{G}_{\rm c}(s)$。

鲁棒控制工具箱中提供了一个MATLAB函数`bilin()`来完成给定传递函数模型的正向和反向的双线性变换，S_1=`bilin(`G`,vers,method,aug)`，其中G为原模型，而S_1为变换后的模型。变元`vers`用来指定双线性变换的方向，当`vers=1`时表示s到p的变换（默认变换），而-1则表示p到s的变换。变元`method`用来指定所采用的变换算法，选项`'Tustin'`是经常选用的，表示采用Tustin变换来移动虚轴上的极点。另一种常用的移位算法采用特殊的双线性变换方法，令$p=s+\lambda$，$\lambda<0$，这样的变换将会把原对象模型$(\boldsymbol{A},\boldsymbol{B},\boldsymbol{C},\boldsymbol{D})$移位成$(\boldsymbol{A}-\lambda\boldsymbol{I},\boldsymbol{B},\boldsymbol{C},\boldsymbol{D})$。控制器设计之后，再采用反向双线性变换将得出的控制器$\left(\boldsymbol{A}_{\rm F},\boldsymbol{B}_{\rm F},\boldsymbol{C}_{\rm F},\boldsymbol{D}_{\rm F}\right)$变换成（$\boldsymbol{A}_{\rm F}+\lambda\boldsymbol{I},\boldsymbol{B}_{\rm F},\boldsymbol{C}_{\rm F},\boldsymbol{D}_{\rm F}$）。

例9-11 假设带有双积分器的非最小相位受控对象

$$G(s)=\frac{5(-s+3)}{s^2(s+6)(s+10)}$$

选择加权函数$w_1(s)=300/(s+1),w_3(s)=100s^2,w_2(s)=10^{-5}$,试设计鲁棒控制器。

解 选择极点漂移为$p_1=0.2$,这样可以输入漂移后的增广系统,根据该系统设计最优$\mathcal{H}_\infty$控制器,可以绘制出校正后系统的闭环阶跃响应曲线,如图9-16(a)所示。

```
>> p1=0.2; s=tf('s'); G=5*(-s+3)/s^2/(s+6)/(s+10);
   [a b c d]=ssdata(ss(G)); a1=a+p1*eye(size(a)); G0=ss(a1,b,c,d);
   w1=300/(s+1); w2=1e-5; w3=100*s^2; G1=augtf(G0,w1,w2,w3);
   [Gc,a,g]=hinfsyn(G1); [a b c d]=ssdata(Gc);
   a1=a-p1*eye(size(a)); Gc1=zpk(ss(a1,b,c,d))
   step(feedback(G*Gc1,1)); figure; step(feedback(Gc1,G))
```

这样设计出的控制器为

$$G_{\rm c_1}(s)=\frac{17831(s+10)(s+6)(s+1.033)(s+0.1853)}{(s+272)(s+82.1)(s+1.2)(s^2+6.097s+16.78)}$$

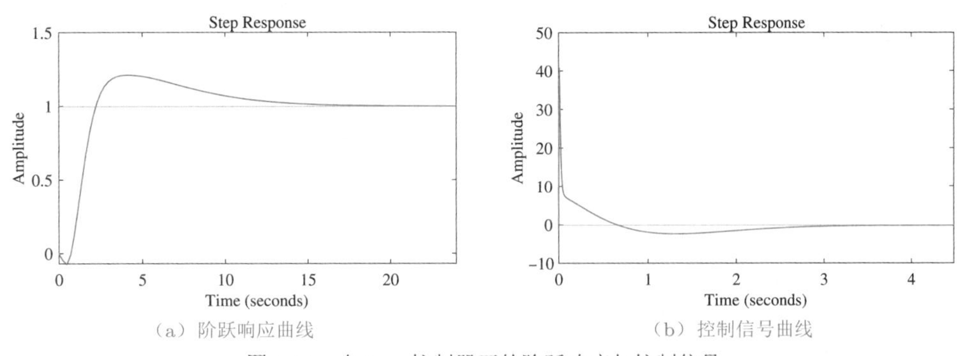

（a）阶跃响应曲线　（b）控制信号曲线

图9-16 在$\mathcal{H}_\infty$控制器下的阶跃响应与控制信号

该控制器作用下的控制信号$u(t)$也可以由前面的语句绘制出来，如图9-16（b）所示。从得出的结果可见，虽然在$\mathcal{H}_\infty$控制器的控制下闭环系统输出曲线较理想，但控制信号的幅值比较大。观察给出的加权函数就可以发现出现这种现象的原因，由于控制信号的加权 w_2 设置成了小数 10^{-5}，就相当于对控制信号没有约束，所以得出的控制量比较大。现在修改该加权值，使得该信号和 $e(t)$、$y(t)$ 信号同等加权，例如可以设置 $w_2=100$，这样可以设计出新的控制器，在其作用下的系统阶跃响应曲线和控制信号曲线就可以重新绘制出来，如图 9-17 所示，且得出 $\gamma=608.2531$。

```
>> w2=100; G1=augtf(G0,w1,w2,w3); [Gc2,a,g]=hinfsyn(G1);
   [a b c d]=ssdata(Gc2); a1=a-p1*eye(size(a));
   Gc2=zpk(ss(a1,b,c,d)), step(feedback(G*Gc2,1));
   figure; step(feedback(Gc2,G))
```

新设计出的 $\mathcal{H}_\infty$ 最优控制器为

$$G_{c_2}(s)=\frac{349.53(s+10)(s+6)(s+1.114)(s+0.1649)}{(s+57.19)(s+12.17)(s+1.2)(s^2+6.633s+14.15)}$$

可见，虽然控制性能有明显的降低，超调量增大很多，但显著地减少了控制量，故控制器的效果有明显改观。

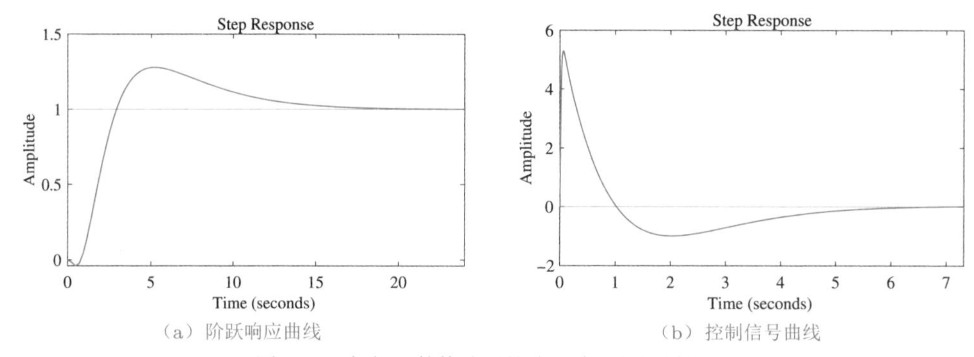

(a) 阶跃响应曲线　　(b) 控制信号曲线

图 9-17　加权函数修改后的阶跃响应与控制信号

从这个例子可以看出，可以通过修正加权的方式，用试凑的方法修改控制器设计的条件，达到所期望的目的。

离散系统的 $\mathcal{H}_\infty$ 控制器设计可以用 **dhinf()** 函数直接设计，该函数调用格式与连续系统的 **hinfsyn()** 函数类似，具体调用方法可以用 **help** 命令查询。

9.3.2 其他鲁棒控制器设计函数

MATLAB 的鲁棒控制工具箱还提供了众多的鲁棒控制器设计函数，包括类似于 **hinfsyn()** 函数功能的混合灵敏度最优 $\mathcal{H}_\infty$ 控制器设计函数、回路成型控制器设计函数和基于 μ 分析与综合的设计函数。

1. 混合灵敏度设计函数

若加权函数正则，**mixsyn()** 函数也可以用于最优 $\mathcal{H}_\infty$ 控制器的设计，其调用格式为 $[G_c, G_{cl}, \gamma]$=mixsyn$(G, \boldsymbol{W}_1, \boldsymbol{W}_2, \boldsymbol{W}_3)$。这里 $\boldsymbol{W}_i$ 加权应该直接填写相关的

传递函数或传递函数矩阵，而不能采用前面介绍的形式。另外，应该注意，$\boldsymbol{W}_3(s)$ 不再支持非正则形式的传递函数，如果确实需要这样的传递函数，则应该由带有位于很远极点的正则模型去逼近。在该函数的调用时还需要保证 $\boldsymbol{D}_{12}$ 矩阵非奇异。

例9-12 考虑例9-6中的受控对象模型，若选择如下加权函数，试重新设计控制器。

$$W_1(s)=\frac{10000}{s+1},\ W_{30}(s)=\frac{s}{10},\ W_2(s)=0.01$$

解 由于 $W_{30}(s)$ 为非正则的传递函数，所以应该用 $W_3(s)=s/(0.001s+10)$ 去逼近，这样由下面的语句可以分别设计出最优 $\mathcal{H}_\infty$ 控制器。

```
>> A=[0,1,0,0; -5000,-100/3,500,100/3; 0,-1,0,1; 0,100/3,-4,-60];
   B=[0; 25/3; 0; -1]; C=[0,0,1,0]; D=0; G=ss(A,B,C,D);
   s=tf('s'); W1=10000/(s+1); W2=1e-2; W30=s/10; W3=s/(0.001*s+10);
   Gc=mixsyn(G,W1,W2,W3); Gc=zpk(Gc)
   G1=augtf(G,W1,W2,W30); Gc1=hinfsyn(G1); Gc1=zpk(minreal(Gc1))
   bode(G*Gc,G*Gc1,'--'), figure
   step(feedback(G*Gc,1),'-',feedback(G*Gc,1),'--')
```

控制器的模型为

$$G_{\rm c}(s)=\frac{-7639033578.46(s+999.96)(s+67.4)(s+0.06391)(s^2+25.87s+4643)}{(s+1.191\times10^6)(s+1000)(s+386.3)(s+1)(s^2+23.3s+536.1)}$$

$$G_{\rm c1}(s)=\frac{-20253599367.1624(s+67.4)(s+0.06391)(s^2+25.87s+4643)}{(s+3.157\times10^6)(s+386.3)(s+1)(s^2+23.3s+536.1)}$$

这时可以容易地绘制出控制器和回路的Bode图如图9-18(a)所示，闭环系统的阶跃响应曲线，如图9-18(b)所示。可见对给定的受控对象模型来说，控制效果是很令人满意的。另外，用 $W_3(s)$ 去逼近非正则的 $W_{30}(s)$ 模型对控制器设计没有影响。

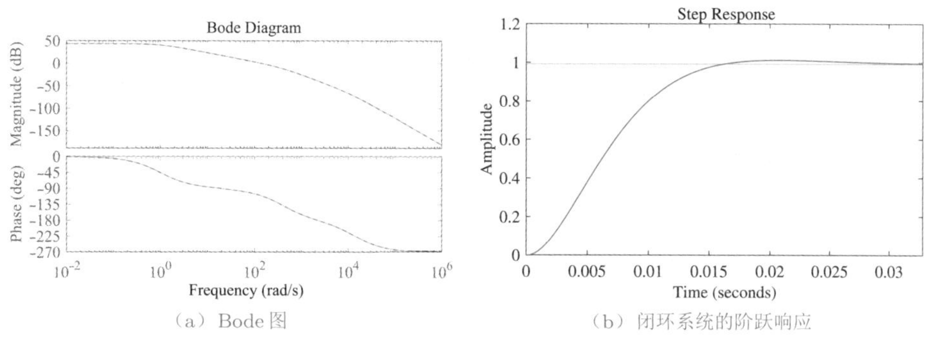

(a) Bode图　(b) 闭环系统的阶跃响应

图9-18 标称系统的频域与时域分析

假设系统的不确定部分为乘积型的，且已知 $\Delta_{\rm m}(s)=p_1/(s+p_2)$，并已知不确定参数的变化范围为 $p_1\in(-0.1,2)$，$p_2\in(-2,8)$，从给出的范围看，不确定模型部分从不稳定变换到稳定的，且增益也有大幅度的变化。下面的语句给出在不确定参数下，设计出的固定 $\mathcal{H}_\infty$ 控制器的控制回路的Bode图，如图9-19(a)所示。从得出的Bode图可见，它们之间的区别是相当大的。下面的语句还可以绘制如图9-19(b)所示的闭环系统阶跃响应曲线。虽然受控对象有很大的改变,但控制效果几乎一致。

```
>> p1=ureal('p1',1,'PlusMinus',[-0.1,2]);
   p2=ureal('p2',1,'PlusMinus',[-2,8]);
   Gm=tf(p1,[1 p2]); G1=G*(1+Gm); %构造不确定受控对象模型
   bode(G1*Gc); figure; step(feedback(G1*Gc,1))
```

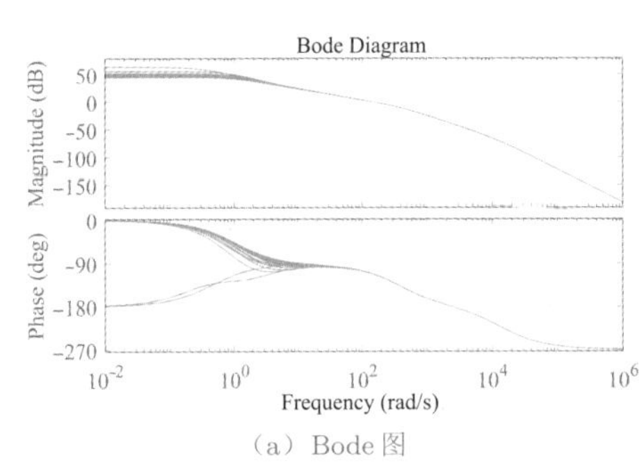

(a) Bode图

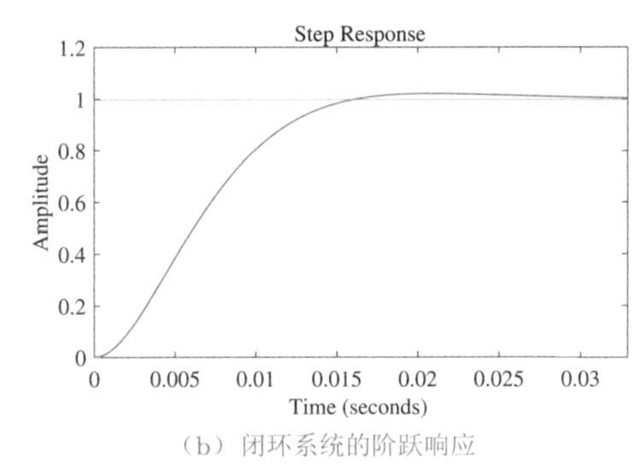

(b) 闭环系统的阶跃响应

图9-19 不确定系统的频域与时域分析

2. 基于回路成型的设计函数

灵敏度问题由鲁棒控制工具箱中的loopsyn()就可以直接求解,该函数采用$\mathcal{H}_\infty$回路成型算法设计控制器,其调用格式为

$[\boldsymbol{F},\boldsymbol{C},\gamma]=$loopsyn$(\boldsymbol{G},\boldsymbol{G}_\mathrm{d})$

其中,$\boldsymbol{G}$为受控对象模型,$\boldsymbol{G}_\mathrm{d}$为期望的回路传递函数,返回的$\boldsymbol{F}$为回路成型控制器模型,$\boldsymbol{C}$为在该控制器下的闭环系统模型,而$\gamma$为成型精度,若$\gamma=1$则表示设计出精确的成型控制器。一般情况下,即受控对象$\boldsymbol{G}$的$\boldsymbol{D}$矩阵为非满秩矩阵时,不能得出精确的成型控制器,这时回路奇异值的上下限满足下式。

$$\begin{cases} \gamma\underline{\sigma}[\boldsymbol{G}(\mathrm{j}\omega)\boldsymbol{F}(\mathrm{j}\omega)]\leqslant\bar{\sigma}[\boldsymbol{G}_\mathrm{d}(\mathrm{j}\omega)], & \omega\leqslant\omega_\mathrm{c} \\ \gamma\bar{\sigma}[\boldsymbol{G}(\mathrm{j}\omega)\boldsymbol{F}(\mathrm{j}\omega)]\leqslant\underline{\sigma}[\boldsymbol{G}_\mathrm{d}(\mathrm{j}\omega)], & \omega\geqslant\omega_\mathrm{c} \end{cases} \tag{9-3-5}$$

当$\omega\leqslant\omega_\mathrm{c}$时,系统实际回路奇异值位于$\left(\dfrac{\underline{\sigma}[\boldsymbol{G}_\mathrm{d}(\mathrm{j}\omega)]}{\gamma},\bar{\sigma}[\boldsymbol{G}_\mathrm{d}(\mathrm{j}\omega)]\gamma\right)$区间。

例9-13 仍考虑例5-46中给出的多变量系统模型,选择两个回路的模型均为$G_\mathrm{d}(s)=500/(s+1)$,试重新设计控制器。

解 由下面的语句就可以直接设计出回路成型控制器

```
>> g11=tf([0.806 0.264],[1 1.15 0.202]);
   g12=tf([-15 -1.42],[1 12.8 13.6 2.36]);
   g21=tf([1.95 2.12 0.49],[1 9.15 9.39 1.62]);
   g22=tf([7.15 25.8 9.35],[1 20.8 116.4 111.6 18.8]);
   G=[g11, g12; g21, g22]; s=tf('s'); Gd=500/(s+1);
   [F,a,g]=loopsyn(G,Gd); zpk(F), g
```

并得出设计精度$\gamma=1.62$。在此控制器下的回路奇异值及闭环系统的阶跃响应曲线在图9-20中给出，可以看出设计的效果还是很理想的。

```
>> sigma(G*F,'-',Gd/g,'--',Gd*g,':')        %绘制奇异值和回路上下界
   figure; step(feedback(G*F,eye(2)),0.1)  %闭环系统阶跃响应曲线
```

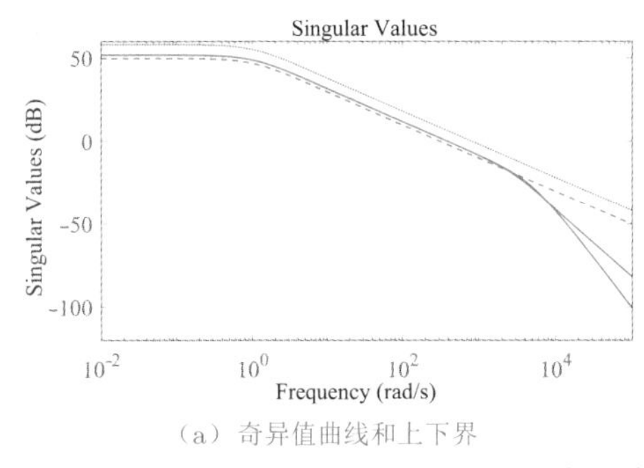

（a）奇异值曲线和上下界

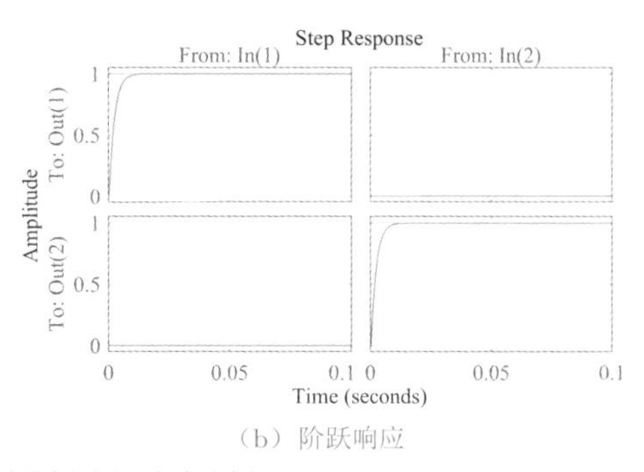

（b）阶跃响应

图9-20 回路成型控制的频域与时域分析

另外，从如图9-20(a)所示的频域响应曲线可见，当频率较高时，得出的实际Bode幅值在预期的上、下界之外。事实上，这时的实际幅值很低(−20dB相当于0.1倍左右，远远低于低频时的幅值)，不会影响大局。另外，这样设计出的控制器阶次很高，达到18阶，实际应用中有很大困难和问题。

3. 基于μ分析与综合的鲁棒控制器设计

鲁棒控制工具箱还提供了基于μ分析与综合的设计函数`hinfsyn()`[14]，该函数的另一种调用格式为

$\boldsymbol{K}$=hinfsyn($\boldsymbol{P}$,p,q,γ_m,γ_M,ϵ)

其中，$\boldsymbol{P}$为增广系统的系统矩阵，p,q为系统输出和输入信号的路数。该函数采用二分法来求解最优的γ值，故需要事先给出γ的范围(γ_m,γ_M)，且应该给出二分法判定收敛的误差限ϵ，它们不能省略。调用该函数将返回控制器的系统矩阵$\boldsymbol{K}$。

例9-14 这里仍采用例9-6中增广的系统模型，用μ分析与综合工具箱的相关函数重新设计控制器。

解 由μ分析与综合工具箱的相关函数即可直接设计出最优$\mathcal{H}_\infty$控制器。

```
>> A=[0,1,0,0; -5000,-100/3,500,100/3; 0,-1,0,1; 0,100/3,-4,-60];
   B=[0; 25/3; 0; -1]; C=[0,0,1,0]; D=0; G=ss(A,B,C,D); s=tf('s');
   W1=100/(s+1); W2=1e-5; W3=s/1000; G1=augtf(G,W1,W2,W3);
   [Gc1,a,g2]=hinfsyn(G1); bode(G*Gc1);
   figure; step(feedback(G*Gc1,1),0.05)
```

得出的控制器为

$$G_{\mathrm{c}_1}(s)=\frac{-5.7187\times10^8(s+67.4)(s+0.06391)(s^2+25.87s+4643)}{(s+1.532e04)(s+1304)(s+1)(s^2+23.79s+535.7)}$$

在该控制器控制下，系统的开环传递函数Bode图及闭环系统阶跃响应曲线分别如图9-21(a)、(b)所示。

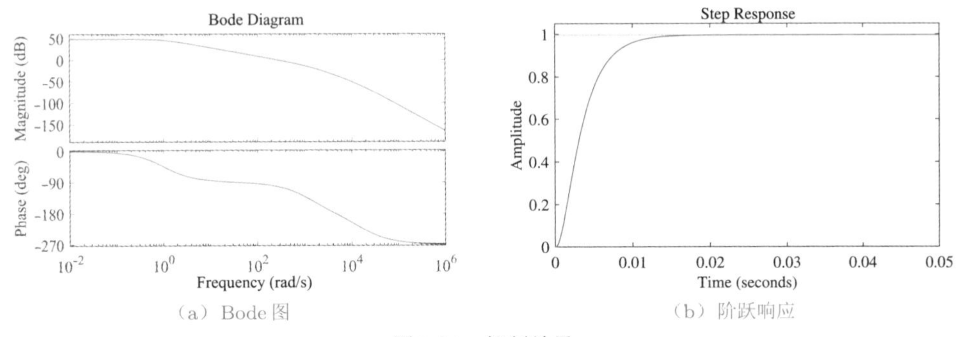

(a) Bode 图　　(b) 阶跃响应

图9-21　控制效果

从设计的结果可以看出，控制效果完全取决于加权函数的选择，而加权函数并没有一般的通用选择方法，在应用中经常需要按照实际需要试凑地选择加权函数，达到理想的控制效果。

9.4　线性矩阵不等式理论与求解

线性矩阵不等式(linear matrix inequalities，LMI)的理论与应用是近30年来在控制界受到较广泛关注的领域[15]。线性矩阵不等式的概念及其在控制系统研究中的应用是由Willems提出的[16]，该方法的提出可以将很多控制中的问题变换成线性规划问题的求解，而线性规划问题的求解是很成熟的，所以由线性矩阵不等式的来求解控制问题是很有意义的。

本节将首先给出线性矩阵不等式的基本概念和常见形式，介绍必要的变换方法，然后介绍基于MATLAB中鲁棒控制工具箱的线性矩阵不等式求解方法，最后介绍线性矩阵不等式在控制系统设计中的应用。

9.4.1　线性矩阵不等式的一般描述

线性矩阵不等式的一般描述为

$$\boldsymbol{F}(\boldsymbol{x})=\boldsymbol{F}_0+x_1\boldsymbol{F}_1+\cdots+x_m\boldsymbol{F}_m<\boldsymbol{0} \tag{9-4-1}$$

式中，$\boldsymbol{x}=[x_1,x_2,\cdots,x_m]^{\mathrm{T}}$为系数向量，又称为决策向量。$\boldsymbol{F}_i$为复Hermit矩阵或实对称矩阵。整个矩阵不等式表示$\boldsymbol{F}(\boldsymbol{x})$为负定矩阵，该不等式的解$\boldsymbol{x}$是凸集，亦即

$$\boldsymbol{F}[\alpha\boldsymbol{x}_1+(1-\alpha)\boldsymbol{x}_2]=\alpha\boldsymbol{F}(\boldsymbol{x}_1)+(1-\alpha)\boldsymbol{F}(\boldsymbol{x}_2)<\boldsymbol{0} \tag{9-4-2}$$

其中$\alpha>0,1-\alpha>0$。该解又称为可行解。这样的线性矩阵不等式还可以作为最优化问题的约束条件。假设有两个线性矩阵不等式$\boldsymbol{F}_1(\boldsymbol{x})<0$和$\boldsymbol{F}_2(\boldsymbol{x})<0$，则可以如下构造出一个线性矩阵不等式

$$\begin{bmatrix} \boldsymbol{F}_1(\boldsymbol{x}) & \boldsymbol{0} \\ \boldsymbol{0} & \boldsymbol{F}_2(\boldsymbol{x}) \end{bmatrix} < \boldsymbol{0} \tag{9-4-3}$$

更一般地，多个线性矩阵不等式 $\boldsymbol{F}_i(\boldsymbol{x}) < 0$，$(i = 1, 2, \cdots, k)$ 也可以合并成一个单一的线性矩阵不等式 $\boldsymbol{F}(\boldsymbol{x}) < 0$，其中

$$\boldsymbol{F}(\boldsymbol{x}) = \begin{bmatrix} \boldsymbol{F}_1(\boldsymbol{x}) & & & \\ & \boldsymbol{F}_2(\boldsymbol{x}) & & \\ & & \ddots & \\ & & & \boldsymbol{F}_k(\boldsymbol{x}) \end{bmatrix} < \boldsymbol{0} \tag{9-4-4}$$

线性矩阵不等式问题通常可以分为三类问题：可行解问题、线性目标函数最优化问题与广义特征值最优化问题。下面分别讲述。

1. 可行解问题

所谓可行解问题（feasible solution problem），就是最优化问题中的约束条件求解问题，即单纯求解不等式

$$\boldsymbol{F}(\boldsymbol{x}) < \boldsymbol{0} \tag{9-4-5}$$

得出满足该不等式解的问题。求解线性矩阵不等式可行解就是求解 $\boldsymbol{F}(\boldsymbol{x}) < t_{\min}\boldsymbol{I}$，其中 $t_{\min}$ 是能够用数值方法找到的最小值。如果找到的 $t_{\min} < 0$，则得出的解是原问题的可行解，否则会提示无法找到可行解。

为演示一般控制问题和线性矩阵不等式之间的关系，首先考虑 Lyapunov 稳定性判定问题。对线性系统来说，若对给定的正定矩阵 $\boldsymbol{Q}$，方程

$$\boldsymbol{A}^{\mathrm{T}}\boldsymbol{X} + \boldsymbol{X}\boldsymbol{A} = -\boldsymbol{Q} \tag{9-4-6}$$

存在正定的解 $\boldsymbol{X}$，则该系统是稳定的。上述问题很自然地可以表示成对下面的 Lyapunov 不等式的求解问题。

$$\boldsymbol{A}^{\mathrm{T}}\boldsymbol{X} + \boldsymbol{X}\boldsymbol{A} < \boldsymbol{0} \tag{9-4-7}$$

由于 $\boldsymbol{X}$ 是对称矩阵，所以用 $n(n+1)/2$ 个元素构成的向量 $\boldsymbol{x}$ 即可以描述该矩阵

$$x_i = X_{i,1},\quad i = 1, 2, \cdots, n,\quad x_{n+i} = X_{i,2},\quad i = 2, 3, \cdots, n \tag{9-4-8}$$

该规律可以写成

$$x_{(2n-j+2)(j-1)/2+i} = X_{i,j},\quad j = 1, 2, \cdots, n, i = j, j+1, \cdots, n \tag{9-4-9}$$

则给出 $\boldsymbol{x}$ 的下标即可以求出 i, j 的值。根据这样的思路可以编写出 MATLAB 函数 `lyap2lmi()`，该函数可以将 Lyapunov 方程转换为线性矩阵不等式。

```
function F=lyap2lmi(A0)
if prod(size(A0))==1, n=A0;
   for i=1:n, for j=1:n,
      i1=int2str(i);j1=int2str(j); eval(['syms a' i1 j1]),
      eval(['A(' i1 ',' j1 ')=a' i1 j1,';'])
```

```
   end, end
else, n=size(A0,1); A=A0; end
vec=0;
for i=1:n, vec(i+1)=vec(i)+n-i+1; end
for k=1:n*(n+1)/2
   X=zeros(n); i=find(vec>=k);
   i=i(1)-1; j=i+k-vec(i)-1; X(i,j)=1; X(j,i)=1;
   F(:,:,k)=A.'*X+X*A;
end
```

该函数允许两种调用格式。若已知 $\boldsymbol{A}$ 矩阵，由 `F=lyap2lmi(A)` 返回的 $\boldsymbol{F}$ 是三维数组，$\boldsymbol{F}(:,:,i)$ 为所需的 $\boldsymbol{F}_i$ 矩阵。若只想得出 $n\times n$ 的 $\boldsymbol{A}$ 矩阵转换出的线性矩阵不等式，则 `F=lyap2lmi(n)`，这时得出的 $\boldsymbol{F}$ 仍为上述定义的三维数组。在程序中，若使 $x_i=1$，而其他的 x_i 的值都为0，则可以求出 $\boldsymbol{F}_i$ 矩阵。

例9-15 若 $\boldsymbol{A}=\begin{bmatrix}1&2&3\\4&5&6\\7&8&0\end{bmatrix}$，由下面的MATLAB语句

```
>> A=[1,2,3; 4,5,6; 7,8,0]; F=lyap2lmi(A)
```

则可以得出 $\boldsymbol{F}_i$ 矩阵分别如下，这些矩阵都是对称的。

$$\begin{bmatrix}2&2&3\\2&0&0\\3&0&0\end{bmatrix},\ \begin{bmatrix}8&6&6\\6&4&3\\6&3&0\end{bmatrix},\ \begin{bmatrix}14&8&1\\8&0&2\\1&2&6\end{bmatrix},\ \begin{bmatrix}0&4&0\\4&10&6\\0&6&0\end{bmatrix},\ \begin{bmatrix}0&7&4\\7&16&5\\4&5&12\end{bmatrix},\ \begin{bmatrix}0&0&7\\0&0&8\\7&8&0\end{bmatrix}$$

若研究一般 3×3 矩阵，则可以给出如下命令

```
>> F=lyap2lmi(3)
```

这时得出的线性矩阵不等式为

$$x_1\begin{bmatrix}2a_{11}&a_{12}&a_{13}\\a_{12}&0&0\\a_{13}&0&0\end{bmatrix}+x_2\begin{bmatrix}2a_{21}&a_{22}+a_{11}&a_{23}\\a_{22}+a_{11}&2a_{12}&a_{13}\\a_{23}&a_{13}&0\end{bmatrix}+x_3\begin{bmatrix}2a_{31}&a_{32}&a_{33}+a_{11}\\a_{32}&0&a_{12}\\a_{33}+a_{11}&a_{12}&2a_{13}\end{bmatrix}$$

$$+x_4\begin{bmatrix}0&a_{21}&0\\a_{21}&2a_{22}&a_{23}\\0&a_{23}&0\end{bmatrix}+x_5\begin{bmatrix}0&a_{31}&a_{21}\\a_{31}&2a_{32}&a_{33}+a_{22}\\a_{21}a_{33}+a_{22}&2a_{23}\end{bmatrix}+x_6\begin{bmatrix}0&0&a_{31}\\0&0&a_{32}\\a_{31}&a_{32}&2a_{33}\end{bmatrix}<\boldsymbol{0}$$

某些非线性的不等式也可以通过变换转换成线性矩阵不等式。其中，分块矩阵不等式的Schur补性质[17]是进行这样变换的常用方法。该性质的内容是：若某个仿射函数矩阵 $\boldsymbol{F}(\boldsymbol{x})$ 可以分块表示成

$$\boldsymbol{F}(\boldsymbol{x})=\left[\begin{array}{c:c}\boldsymbol{F}_{11}(\boldsymbol{x})&\boldsymbol{F}_{12}(\boldsymbol{x})\\\hdashline\boldsymbol{F}_{21}(\boldsymbol{x})&\boldsymbol{F}_{22}(\boldsymbol{x})\end{array}\right]\tag{9-4-10}$$

其中，$\boldsymbol{F}_{11}(\boldsymbol{x})$ 是方阵，则下面三个矩阵不等式是等价的：

$$\boldsymbol{F}(\boldsymbol{x})<\mathbf{0} \tag{9-4-11}$$

$$\boldsymbol{F}_{11}(\boldsymbol{x})<\mathbf{0},\quad \boldsymbol{F}_{22}(\boldsymbol{x})-\boldsymbol{F}_{21}(\boldsymbol{x})\boldsymbol{F}_{11}^{-1}(\boldsymbol{x})\boldsymbol{F}_{12}(\boldsymbol{x})<\mathbf{0} \tag{9-4-12}$$

$$\boldsymbol{F}_{22}(\boldsymbol{x})<\mathbf{0},\quad \boldsymbol{F}_{11}(\boldsymbol{x})-\boldsymbol{F}_{12}(\boldsymbol{x})\boldsymbol{F}_{22}^{-1}(\boldsymbol{x})\boldsymbol{F}_{21}(\boldsymbol{x})<\mathbf{0} \tag{9-4-13}$$

例如，对一般代数Riccati方程稍加变换，则可以得出Riccati不等式。

$$\boldsymbol{A}^{\mathrm{T}}\boldsymbol{X}+\boldsymbol{X}\boldsymbol{A}+(\boldsymbol{X}\boldsymbol{B}-\boldsymbol{C})\boldsymbol{R}^{-1}(\boldsymbol{X}\boldsymbol{B}-\boldsymbol{C}^{\mathrm{T}})^{\mathrm{T}}<\mathbf{0} \tag{9-4-14}$$

显然，该不等式因为含有二次项，所以它本身不是线性矩阵不等式。由Schur补性质可以看出，原非线性不等式可以等价地变换成

$$\boldsymbol{X}>\mathbf{0},\quad \left[\begin{array}{c:c}\boldsymbol{A}^{\mathrm{T}}\boldsymbol{X}+\boldsymbol{X}\boldsymbol{A} & \boldsymbol{X}\boldsymbol{B}-\boldsymbol{C}^{\mathrm{T}}\\ \hdashline \boldsymbol{B}^{\mathrm{T}}\boldsymbol{X}-\boldsymbol{C} & -\boldsymbol{R}\end{array}\right]<\mathbf{0} \tag{9-4-15}$$

由二次型控制的要求已知，$\boldsymbol{R}=\boldsymbol{R}^{\mathrm{T}}>\mathbf{0}$。显然，该矩阵含有未知矩阵 $\boldsymbol{X}$ 的二次型项，是非线性问题，不能直接表示成线性矩阵不等式的形式。

2. 线性目标函数最优化问题

考虑下面的最优化问题

$$\min_{\boldsymbol{x}\ \text{s.t.}\boldsymbol{F}(\boldsymbol{x})<\mathbf{0}} \boldsymbol{c}^{\mathrm{T}}\boldsymbol{x} \tag{9-4-16}$$

由于约束条件是由线性矩阵不等式表示的，该问题是普通的线性规划问题。

控制系统状态方程模型 $(\boldsymbol{A},\boldsymbol{B},\boldsymbol{C},\boldsymbol{D})$ 的 $\mathcal{H}_\infty$ 范数可以通过MATLAB控制系统工具箱的`norm()`函数直接求解，该算法中采用了基于二分法的数值方程求解算法来计算系统的 $\mathcal{H}_\infty$ 范数。采用线性矩阵不等式方法也可以求出该系统的 $\mathcal{H}_\infty$ 范数。该范数即下面问题的解 γ[18]。

$$\min_{\gamma,\boldsymbol{P}\ \text{s.t.}\left\{\begin{array}{l}\begin{bmatrix}\boldsymbol{A}^{\mathrm{T}}\boldsymbol{P}+\boldsymbol{P}\boldsymbol{A} & \boldsymbol{P}\boldsymbol{B} & \boldsymbol{C}^{\mathrm{T}}\\ \boldsymbol{B}^{\mathrm{T}}\boldsymbol{P} & -\gamma\boldsymbol{I} & \boldsymbol{D}^{\mathrm{T}}\\ \boldsymbol{C} & \boldsymbol{D} & -\gamma\boldsymbol{I}\end{bmatrix}<\mathbf{0}\\ \boldsymbol{P}>\mathbf{0}\end{array}\right.} \gamma \tag{9-4-17}$$

3. 广义特征值最优化问题

广义特征值问题是线性矩阵不等式理论的一类最一般的问题。可将 λ 看作矩阵的广义特征值，从而归纳出下面的最优化问题。

$$\min_{\lambda,\boldsymbol{x}\ \text{s.t.}\left\{\begin{array}{l}\boldsymbol{A}(\boldsymbol{x})<\lambda\boldsymbol{B}(\boldsymbol{x})\\ \boldsymbol{B}(\boldsymbol{x})>\mathbf{0}\\ \boldsymbol{C}(\boldsymbol{x})<\mathbf{0}\end{array}\right.} \lambda \tag{9-4-18}$$

另外还可以有其他约束，归类成 $\boldsymbol{C}(\boldsymbol{x})<\mathbf{0}$。在这样约束条件下求取最小的广义特征值的问题可以由一类特殊的线性矩阵不等式来表示。事实上，若将这几个约束归并成单一的线性矩阵不等式，则这样的最优化问题和线性目标函数最优化问题是同一问题。

9.4.2 线性矩阵不等式问题的MATLAB求解

早期的MATLAB中提供了线性矩阵不等式工具箱，可以直接求解相应的问题。新版本的MATLAB中将该工具箱并入了鲁棒控制工具箱，调用该工具箱中的函数可以求解线性矩阵不等式的各种问题。

描述线性矩阵不等式的方法是较烦琐的，用鲁棒控制工具箱中相应的函数描述这样的问题也是比较烦琐的。这里将介绍相关MATLAB语句的调用方法，并将给出例子演示相关函数的使用方法。

描述线性矩阵不等式应该有几个步骤：

(1) 创建LMI模型。若想描述一个含有若干个LMI的整体线性矩阵不等式问题，需要首先调用 `setlmis([])` 函数来建立LMI框架，这样将在MATLAB工作空间中建立一个LMI模型框架。

(2) 定义需要求解的变量。未知矩阵变量可以由 `lmivar()` 函数来声明，该函数的调用格式为 $\boldsymbol{P}$=`lmivar(key,[`n_1,n_2`])`，其中 `key` 是未知矩阵类型的标记，若 `key` 的值为2，则变元 $\boldsymbol{P}$ 表示为 $n_1\times n_2$ 的一般矩阵。若 `key` 为1，则 $\boldsymbol{P}$ 矩阵为 $n_1\times n_1$ 的对称矩阵。若 `key` 为1，且 $\boldsymbol{n}_1$ 和 $\boldsymbol{n}_2$ 为向量，则 $\boldsymbol{P}$ 为块对角对称矩阵。`key` 值取3则表示 $\boldsymbol{P}$ 为特殊类型的矩阵。

(3) 描述分块形式给出线性矩阵不等式。声明了需求解的变量名后，可以由 `lmiterm()` 函数来描述各个LMI式子，该函数的调用格式比较复杂

`lmiterm([`$k,i,j,\boldsymbol{P}$`],`$\boldsymbol{A},\boldsymbol{B}$`,flag)`

其中，k 为LMI编号。一个LMI问题可以由若干LMI构成，用这样的方法可以分别描述各个LMI。k 取负值时表示不等号 $<$ 右侧的项。一个LMI子项可以由多个 `lmiterm()` 函数来描述。若第 k 个LMI是以分块形式给出的，则 i、j 表示该分块所在的行和列号。$\boldsymbol{P}$ 为已经由 `lmivar()` 函数声明过的变量名。$\boldsymbol{A}$、$\boldsymbol{B}$ 矩阵表示该项中变量 $\boldsymbol{P}$ 左乘和右乘的矩阵，即该项含有 $\boldsymbol{APB}$。$\boldsymbol{A}$ 和 $\boldsymbol{B}$ 设置成1和 -1 则分别表示单位矩阵 $\boldsymbol{I}$ 或负单位矩阵 $-\boldsymbol{I}$。若 `flag` 选择为 `'s'`，则该项表示对称项 $\boldsymbol{APB}+(\boldsymbol{APB})^{\mathrm{T}}$。如果该项为常数矩阵，则可以将相应的 $\boldsymbol{P}$ 设置为0，同时略去 $\boldsymbol{B}$ 矩阵。

(4) 完成LMI模型描述。由 `lmiterm()` 函数定义了所有的LMI后，就可以用 `getlmis()` 函数来确定LMI问题的描述，该函数的调用格式为 G=`getlmis`。

(5) 求解LMI问题。定义了 G 模型后，就可以根据问题的类型调用相应函数直接求解，具体的格式为

$[t_{\min},\boldsymbol{x}]$=`feasp(`$G$`,options,target)` %可行解问题

$[c_{\mathrm{opt}},\boldsymbol{x}]$=`mincx(`$G,\boldsymbol{c}$`,options,`$\boldsymbol{x}_0$`,target)` %线性目标函数问题

$[\lambda,\boldsymbol{x}]$=`gevp(`G`,nlfc,options,`$\lambda_0,\boldsymbol{x}_0$`,target)` %广义特征值问题

(6) 解的提取。前面语句获得的解 $\boldsymbol{x}$ 是一个向量，可以调用 `dec2mat()` 函数将所需的解矩阵提取出来。控制选项 `options` 是由5个值构成的向量，其第一个量表

示要求的求解精度，通常可以取为10^{-5}。

例9-16 试求Riccati不等式$\boldsymbol{A}^{\rm T}\boldsymbol{X}+\boldsymbol{X}\boldsymbol{A}+\boldsymbol{X}\boldsymbol{B}\boldsymbol{R}^{-1}\boldsymbol{B}^{\rm T}\boldsymbol{X}+\boldsymbol{Q}<\boldsymbol{0}$可行解，其中

$$\boldsymbol{A}=\begin{bmatrix}-2&-2&-1\\-3&-1&-1\\1&0&-4\end{bmatrix},\ \boldsymbol{B}=\begin{bmatrix}-1&0\\0&-1\\-1&-1\end{bmatrix},\ \boldsymbol{Q}=\begin{bmatrix}-2&1&-2\\1&-2&-4\\-2&-4&-2\end{bmatrix},\ \boldsymbol{R}=\boldsymbol{I}_2$$

解 现在想求出该不等式的一个正定可行解$\boldsymbol{X}$。该不等式显然不是线性矩阵不等式，类似前面介绍的Riccati不等式，可以引用Schur补性质对其进行变换，得出分块的线性矩阵不等式组表示为

$$\begin{cases}\left[\begin{array}{c:c}\boldsymbol{A}^{\rm T}\boldsymbol{X}+\boldsymbol{X}\boldsymbol{A}+\boldsymbol{Q}&\boldsymbol{X}\boldsymbol{B}\\\hdashline\boldsymbol{B}^{\rm T}\boldsymbol{X}&-\boldsymbol{R}\end{array}\right]<\boldsymbol{0}\\\boldsymbol{X}>\boldsymbol{0},\text{即}\boldsymbol{X}\text{为正定矩阵}\end{cases}$$

这样使用`lmiterm()`函数时，只需将k设置成1和2即可。另外，根据$\boldsymbol{A}$和$\boldsymbol{B}$矩阵的维数，可以假定$\boldsymbol{X}$为3×3对称矩阵。这样就可以用下面几个语句建立并求解可行解问题。因为第2不等式为$\boldsymbol{X}>0$，所以序号采用-2。

```
>> A=[-2,-2,-1; -3,-1,-1; 1,0,-4]; B=[-1,0; 0,-1; -1,-1];
   Q=[-2,1,-2; 1,-2,-4; -2,-4,-2]; R=eye(2);
   setlmis([]);              %建立空白的LTI框架
   X=lmivar(1,[3 1]);        %声明需要求解的矩阵X为3×3对称矩阵
   lmiterm([1 1 1 X],A',1,'s') %(1,1)分块，对称表示为A^T X+XA
   lmiterm([1 1 1 0],Q)        %(1,1)分块后面补一个Q常数矩阵
   lmiterm([1 1 2 X],1,B)      %(1,2)分块，填写XB
   lmiterm([1 2 2 0],-1)       %(2,2)分块，填写-R
   lmiterm([-2,1,1,X],1,1)     %设置第2不等式，即不等式X>0
   G=getlmis;                  %完成LTI框架的设置
   [tmin b]=feasp(G);          %求解可行解问题
   X=dec2mat(G,b,X)            %提取解矩阵
```

这样可以得出$t_{\min}=-0.2427$，原问题的可行解为

$$\boldsymbol{X}=\begin{bmatrix}1.0329&0.4647&-0.2358\\0.4647&0.7790&-0.0507\\-0.2358&-0.0507&1.4336\end{bmatrix}$$

值得指出的是，可能是由于该工具箱本身的问题，如果在描述LMI时给出了对称项，如`lmiterm([1 2 1 X],B',1)`，则该函数将得出错误的结果。所以在求解线性矩阵不等式问题时一定不能给出对称项。

例9-17 若线性连续系统的状态方程模型如下，试求其$\mathcal{H}_\infty$范数。

$$\boldsymbol{A}=\begin{bmatrix}-4&-3&0&-1\\-3&-7&0&-3\\0&0&-13&-1\\-1&-3&-1&-10\end{bmatrix},\quad \boldsymbol{B}=\begin{bmatrix}0\\-4\\2\\5\end{bmatrix},\quad \boldsymbol{C}=[0,0,4,0],\quad D=0$$

解 输入该线性系统的状态方程模型，由norm()函数可以立即求出系统的$\mathcal{H}_\infty$范数为0.4639。线性矩阵不等式方法也可以用来求解系统的$\mathcal{H}_\infty$范数，即通过式(9-4-17)求解线性矩阵不等式，这里有两个决策变量，γ和$\boldsymbol{P}$，有两个不等式，其中第一个不等式为3×3的分块矩阵不等式，这样由下面的语句可以得出所需的解为0.4651。在求解语句中，$\boldsymbol{c}$向量是由mat2dec()函数指定的。

```
>> A=[-4,-3,0,-1; -3,-7,0,-3; 0,0,-13,-1; -1,-3,-1,-10];
   B=[0; -4; 2; 5]; C=[0,0,4,0]; D=0; G=ss(A,B,C,D); norm(G,inf)
   setlmis([]); P=lmivar(1,[4,1]); gam=lmivar(1,[1,1]);
   lmiterm([1 1 1 P],1,A,'s'), lmiterm([1 1 2 P],1,B),
   lmiterm([1 1 3 0],C'); lmiterm([1 2 2 gam],-1,1),
   lmiterm([1 2 3 0],D'); lmiterm([1 3 3 gam],-1,1);
   lmiterm([-2 1 1 P],1,1); H=getlmis; c=mat2dec(H,0,1);
   [a,b]=mincx(H,c); gam_opt=dec2mat(H,b,gam)
```

由于得出的结果和由norm()函数得出的稍有区别，所以很自然地引出问题：哪个是准确的？严格地说，哪个也不准确。用norm()函数中的二分法得出的是近似解，而用mincx()函数得出的解由于默认精度较低，所以应该将求解精度设置为10^{-5}，这样可以得出更精确的范数值为0.4640。

```
>> ff=[1e-5,0,0,0,0]; [a,b]=mincx(H,c,ff); gam_opt=dec2mat(H,b,gam)
```

9.4.3 基于YALMIP工具箱的最优化求解方法

Johan Jöfberg博士开发了模型优化工具箱YALMIP(yet another LMI package)[19]，该工具箱提供的LMI问题求解方法和鲁棒控制工具箱中的LMI函数相比要直观得多。该工具箱的演示程序中还介绍了其他相关的最优化问题求解方法。

YALMIP工具箱提供了简单的决策变量表示方法，可以调用sdpvar()函数来表示，该函数的调用方法为

```
X=sdpvar(n)              %对称方阵的表示方法
X=sdpvar(n,m)            %长方形一般矩阵的表示方法
X=sdpvar(n,n,'full')     %一般方阵的表示方法
```

这样定义的矩阵还可以进一步利用，例如，这样定义的向量还可以和hankel()函数联合使用，构造出Hankel矩阵。类似地，由intvar()和binvar()函数还可以定义整型变量和二进制变量，从而求解整数规划和0-1规划问题。

由该工具箱针对sdpvar型变量可以直接描述矩阵不等式。如果有若干这样的矩阵不等式，可以直接将若干不等式“联立”起来。

当然使用类似的方法还可以定义目标函数，描述了矩阵不等式约束后就可以分别如下调用optimize(目标函数,约束条件)，求解LMI问题。

求解结束后，可以由$\boldsymbol{X}$=double($\boldsymbol{X}$)或$\boldsymbol{X}$=value($\boldsymbol{X}$)语句提取解矩阵。

例9-18 利用YALMIP工具箱,试重新求解例9-16中的问题。

解 可以由下面语句更简洁地求解相应的矩阵不等式问题。该函数得出的解和前面得出的完全一致。

```
>> A=[-2,-2,-1; -3,-1,-1; 1,0,-4]; B=[-1,0; 0,-1; -1,-1];
   Q=[-2,1,-2; 1,-2,-4; -2,-4,-2]; R=eye(2); X=sdpvar(3);
   F=[[A'*X+X*A+Q, X*B; B'*X, -R]<=0, X>=0]; %描述LMI
   optimize(F); X0=double(X)            %求解问题并提取结果
```

例9-19 试用YALMIP工具箱重新求解例9-17中系统的$\mathcal{H}_\infty$范数问题。

解 可以由下面的更简洁的语句直接求出系统的$\mathcal{H}_\infty$范数为0.4640。

```
>> A=[-4,-3,0,-1; -3,-7,0,-3; 0,0,-13,-1; -1,-3,-1,-10];
   B=[0; -4; 2; 5]; C=[0,0,4,0]; D=0; gam=sdpvar(1); P=sdpvar(4);
   F=[[A*P+P*A',P*B,C'; B'*P,-gam,D'; C,D,-gam]<=0, P>=0];
   optimize(F,gam); double(gam), norm(ss(A,B,C,D),'inf')
```

9.4.4 多线性模型的同时镇定问题

假设线性系统为$\dot{\boldsymbol{x}}=\boldsymbol{A}_i\boldsymbol{x}+\boldsymbol{B}_i\boldsymbol{u}$, $i=1,2,\cdots,m$给出,如果存在状态反馈矩阵$\boldsymbol{K}$,使得$\boldsymbol{u}(t)=-\boldsymbol{K}\boldsymbol{x}(t)$,且所有的闭环系统$\boldsymbol{A}_i+\boldsymbol{B}_i\boldsymbol{K}$均稳定,这样的镇定问题称为同时镇定问题(simultaneous stabilization problem)。

求解每个Lyapunov不等式

$$\boldsymbol{X}_i>\boldsymbol{0},\ \left(\boldsymbol{A}_i+\boldsymbol{B}_i\boldsymbol{K}\right)^{\mathrm{T}}\boldsymbol{X}_i+\boldsymbol{X}_i\left(\boldsymbol{A}_i+\boldsymbol{B}_i\boldsymbol{K}\right)<\boldsymbol{0} \tag{9-4-19}$$

都可以得出$\boldsymbol{X}_i$使得该闭环系统稳定,但如何寻找一个统一的$\boldsymbol{X}$,使得各个子系统都稳定呢?含有统一的$\boldsymbol{X}$矩阵的Lyapunov不等式如下给出

$$\boldsymbol{X}>\boldsymbol{0},\ \left(\boldsymbol{A}_i+\boldsymbol{B}_i\boldsymbol{K}\right)^{\mathrm{T}}\boldsymbol{X}+\boldsymbol{X}\left(\boldsymbol{A}_i+\boldsymbol{B}_i\boldsymbol{K}\right)<\boldsymbol{0} \tag{9-4-20}$$

在该不等式中,需要求解的变量为$\boldsymbol{X}$和$\boldsymbol{K}$矩阵,其余矩阵均为已知矩阵。由上面得出的不等式可见,因为其中含有$\boldsymbol{X}$和$\boldsymbol{K}$的乘积项。所以应该采用某种变换将其改写成线性矩阵不等式,然后可以对其求解,设计出能够同时镇定若干受控对象的状态反馈控制器。

展开式(9-4-20)可见

$$\boldsymbol{A}_i^{\mathrm{T}}\boldsymbol{X}+\boldsymbol{X}\boldsymbol{A}_i+\boldsymbol{K}^{\mathrm{T}}\boldsymbol{B}_i^{\mathrm{T}}\boldsymbol{X}+\boldsymbol{X}\boldsymbol{B}_i\boldsymbol{K}<\boldsymbol{0} \tag{9-4-21}$$

利用矩阵线性变换的性质,即$\boldsymbol{P}\boldsymbol{Q}\boldsymbol{P}^{\mathrm{T}}$不改变$\boldsymbol{Q}$矩阵正定性的性质,对上述矩阵左乘$\boldsymbol{X}^{-1}$,右乘$\left(\boldsymbol{X}^{-1}\right)^{\mathrm{T}}$,且$\left(\boldsymbol{X}^{-1}\right)^{\mathrm{T}}=\boldsymbol{X}^{-1}$,则上述矩阵不等式可以变换成

$$\boldsymbol{X}^{-1}\boldsymbol{A}_i^{\mathrm{T}}+\boldsymbol{A}_i\boldsymbol{X}^{-1}+\boldsymbol{X}^{-1}\boldsymbol{K}^{\mathrm{T}}\boldsymbol{B}_i^{\mathrm{T}}+\boldsymbol{B}_i\boldsymbol{K}\boldsymbol{X}^{-1}<\boldsymbol{0} \tag{9-4-22}$$

记$\boldsymbol{P}=\boldsymbol{X}^{-1}$,$\boldsymbol{Y}=\boldsymbol{K}\boldsymbol{X}^{-1}$,则矩阵不等式可以变换成如下的线性矩阵不等式。

$$\boldsymbol{A}_i\boldsymbol{P}+\boldsymbol{P}\boldsymbol{A}_i^{\mathrm{T}}+\boldsymbol{B}_i\boldsymbol{Y}+\boldsymbol{Y}^{\mathrm{T}}\boldsymbol{B}_i^{\mathrm{T}}<\boldsymbol{0} \tag{9-4-23}$$

加上$\boldsymbol{X}>\mathbf{0}$,即$\boldsymbol{P}^{-1}>\mathbf{0}$这个线性矩阵不等式,整个问题总共可以转换成$m-1$个LMI来描述,再对整个LMI问题求可行解,则可以得出$\boldsymbol{P}$和$\boldsymbol{Y}$,最终可以得出同时镇定的$\boldsymbol{K}$矩阵。

例9-20 假设已知两个系统模型为

$$\boldsymbol{A}_1=\begin{bmatrix}-1&2&-2\\-1&-2&1\\-1&-1&0\end{bmatrix},\ \boldsymbol{B}_1=\begin{bmatrix}-2\\1\\-1\end{bmatrix},\ \boldsymbol{A}_2=\begin{bmatrix}0&2&2\\2&0&2\\2&0&1\end{bmatrix},\ \boldsymbol{B}_2=\begin{bmatrix}-1\\-2\\-1\end{bmatrix}$$

试设计出状态反馈矩阵$\boldsymbol{K}$,使得它可以同时镇定两个系统。

解 这里给出的问题对应三个线性矩阵不等式,有两个变量$\boldsymbol{P}$和$\boldsymbol{Y}$,其中$\boldsymbol{P}$为3×3对称矩阵,$\boldsymbol{Y}$为1×3行向量。这样,三个不等式可以分别写成

$$\begin{cases}\boldsymbol{P}^{-1}>\mathbf{0},\text{或等价地}\boldsymbol{P}>\mathbf{0}\\ \boldsymbol{A}_1\boldsymbol{P}+\boldsymbol{P}\boldsymbol{A}_1^{\mathrm{T}}+\boldsymbol{B}_1\boldsymbol{Y}+\boldsymbol{Y}^{\mathrm{T}}\boldsymbol{B}_1^{\mathrm{T}}<\mathbf{0}\\ \boldsymbol{A}_2\boldsymbol{P}+\boldsymbol{P}\boldsymbol{A}_2^{\mathrm{T}}+\boldsymbol{B}_2\boldsymbol{Y}+\boldsymbol{Y}^{\mathrm{T}}\boldsymbol{B}_2^{\mathrm{T}}<\mathbf{0}\end{cases}$$

由下面的语句可以求解这三个联立线性矩阵不等式。

```
>> A1=[-1,2,-2; -1,-2,1; -1,-1,0]; B1=[-2; 1; -1];
   A2=[0,2,2; 2,0,2; 2,0,1]; B2=[-1; -2; -1];
   setlmis([]); P=lmivar(1,[3,1]); Y=lmivar(2,[1,3]);
   lmiterm([1,1,1,P],-1,1);
   lmiterm([2,1,1,P],A1,1,'s'), lmiterm([2,1,1,Y],B1,1,'s')
   lmiterm([3,1,1,P],A2,1,'s'), lmiterm([3,1,1,Y],B2,1,'s')
   G=getlmis; [a,b]=feasp(G); P=dec2mat(G,b,P)
   Y=dec2mat(G,b,Y), X=inv(P); K=Y*X
```

求解此问题可以得出如下的解。

$$\boldsymbol{X}=\begin{bmatrix}0.1399&0.0242&0.1060\\0.0242&0.0849&-0.0503\\0.1060&-0.0503&0.2168\end{bmatrix}$$

这时,可以得出状态反馈向量$\boldsymbol{K}=[2.0739,0.5616,2.4615]^{\mathrm{T}}$。

如果采用YALMIP工具箱,则用下面语句可以求解同时镇定问题。该解与前面的解完全一致,得出的状态反馈向量也完全一致。

```
>> P=sdpvar(3); Y=sdpvar(1,3);
   F=[A1*P+P*A1'+B1*Y+Y'*B1'<=0, A2*P+P*A2'+B2*Y+Y'*B2'<=0, P>=0];
   optimize(F); P=double(P); X=inv(P), Y=double(Y), K=Y*X
```

9.4.5 基于LMI的鲁棒最优控制器设计

前面介绍的很多基于范数的鲁棒控制问题均可以表示成线性矩阵不等式问题,下面只列出其中几个典型问题,请详见文献[18]。

1.$\mathcal{H}_2$ 控制器设计

对状态方程模型 $(\boldsymbol{A},\boldsymbol{B},\boldsymbol{C},\boldsymbol{D})$，其 $\mathcal{H}_2$ 控制可以等效地表示为下面的线性矩阵不等式问题。

$$\begin{aligned}&\min_{\rho,\boldsymbol{X},\boldsymbol{W},\boldsymbol{Z}\ \text{s.t.}} \quad \rho\\ &\left\{\begin{array}{l}\boldsymbol{A}\boldsymbol{X}+\boldsymbol{B}_2\boldsymbol{W}+(\boldsymbol{A}\boldsymbol{X}+\boldsymbol{B}_2\boldsymbol{W})^{\mathrm{T}}+\boldsymbol{B}_1\boldsymbol{B}_1^{\mathrm{T}}<0\\ \begin{bmatrix}-\boldsymbol{Z} & \boldsymbol{C}\boldsymbol{X}+\boldsymbol{D}\boldsymbol{W}\\ (\boldsymbol{C}\boldsymbol{X}+\boldsymbol{D}\boldsymbol{W})^{\mathrm{T}} & -\boldsymbol{X}\end{bmatrix}<0\\ \mathrm{tr}(\boldsymbol{Z})<\rho\end{array}\right.\end{aligned} \tag{9-4-24}$$

2.$\mathcal{H}_\infty$ 控制器设计

基于状态反馈的 $\mathcal{H}_\infty$ 最优控制器可以转换成下面的线性矩阵不等式形式

$$\begin{aligned}&\min_{\rho,\boldsymbol{X},\boldsymbol{W}\ \text{s.t.}} \quad \rho\\ &\left\{\begin{array}{l}\begin{bmatrix}\boldsymbol{A}\boldsymbol{X}+\boldsymbol{B}_2\boldsymbol{W}+(\boldsymbol{A}\boldsymbol{X}+\boldsymbol{B}_2\boldsymbol{W})^{\mathrm{T}} & \boldsymbol{B}_1 & (\boldsymbol{C}_1\boldsymbol{X}+\boldsymbol{D}_{12}\boldsymbol{W})^{\mathrm{T}}\\ \boldsymbol{B}_1^{\mathrm{T}} & -\boldsymbol{I} & \boldsymbol{D}_{11}^{\mathrm{T}}\\ \boldsymbol{C}_1\boldsymbol{X}+\boldsymbol{D}_{12}\boldsymbol{W} & \boldsymbol{D}_{11} & -\rho\boldsymbol{I}\end{bmatrix}<0\\ \boldsymbol{X}>0\end{array}\right.\end{aligned} \tag{9-4-25}$$

这时的状态反馈矩阵 $\boldsymbol{K}=\boldsymbol{W}\boldsymbol{X}^{-1}$。

基于输出反馈的 $\mathcal{H}_\infty$ 问题也可以转换成线性矩阵不等式的最优化问题[15]

$$\begin{aligned}&\min_{\gamma,\boldsymbol{S},\boldsymbol{R}\ \text{s.t.}} \quad \gamma\\ &\left\{\begin{array}{l}\begin{bmatrix}\boldsymbol{N}_{12} & \boldsymbol{0}\\ \boldsymbol{0} & \boldsymbol{I}\end{bmatrix}^{\mathrm{T}}\begin{bmatrix}\boldsymbol{A}\boldsymbol{R}+\boldsymbol{R}\boldsymbol{A}^{\mathrm{T}} & \boldsymbol{R}\boldsymbol{C}_1^{\mathrm{T}} & \boldsymbol{B}_1\\ \boldsymbol{C}_1\boldsymbol{R} & -\gamma\boldsymbol{I} & \boldsymbol{D}_{11}\\ \boldsymbol{B}_1^{\mathrm{T}} & \boldsymbol{D}_{11}^{\mathrm{T}} & -\gamma\boldsymbol{I}\end{bmatrix}\begin{bmatrix}\boldsymbol{N}_{12} & \boldsymbol{0}\\ \boldsymbol{0} & \boldsymbol{I}\end{bmatrix}<0\\ \begin{bmatrix}\boldsymbol{N}_{21} & \boldsymbol{0}\\ \boldsymbol{0} & \boldsymbol{I}\end{bmatrix}^{\mathrm{T}}\begin{bmatrix}\boldsymbol{A}\boldsymbol{S}+\boldsymbol{S}\boldsymbol{A}^{\mathrm{T}} & \boldsymbol{S}\boldsymbol{B}_1 & \boldsymbol{C}_1^{\mathrm{T}}\\ \boldsymbol{B}_1^{\mathrm{T}}\boldsymbol{S} & -\gamma\boldsymbol{I} & \boldsymbol{D}_{11}^{\mathrm{T}}\\ \boldsymbol{C}_1 & \boldsymbol{D}_{11} & -\gamma\boldsymbol{I}\end{bmatrix}\begin{bmatrix}\boldsymbol{N}_{21} & \boldsymbol{0}\\ \boldsymbol{0} & \boldsymbol{I}\end{bmatrix}<0\\ \begin{bmatrix}\boldsymbol{R} & \boldsymbol{I}\\ \boldsymbol{I} & \boldsymbol{S}\end{bmatrix}\geqslant\boldsymbol{0}\end{array}\right.\end{aligned} \tag{9-4-26}$$

在MATLAB的鲁棒控制工具箱中专门提供了基于线性矩阵不等式的控制器设计函数。如果鲁棒控制问题的增广系统可以由系统矩阵 $\boldsymbol{P}$ 表示，则可以由鲁棒控制工具箱的`hinflmi()`函数直接设计该问题。可以用LMI工具箱中的函数直接设计出最优 $\mathcal{H}_\infty$ 控制器：$[\gamma_{\mathrm{opt}},\boldsymbol{K}]=$`hinflmi`$(\boldsymbol{P},[p,q])$，其中，$p$、$q$ 为输出输入路数，$\boldsymbol{K}$ 为控制器的系统矩阵，可以由`unpck()`函数提取其状态方程模型，而 γ_{opt} 为最优的 γ 值。

例9-21　试利用LMI方法重新求解例9-6中的问题。

解　对该增广的系统模型，可以首先用前面的方法得到加权的系统增广模型，然后用`sys2smat()`函数获得系统矩阵，再用LMI工具箱的现成函数即可直接设计出最优 $\mathcal{H}_\infty$ 控制器。

```
>> A=[0,1,0,0; -5000,-100/3,500,100/3; 0,-1,0,1; 0,100/3,-4,-60];
   B=[0; 25/3; 0; -1]; C=[0,0,1,0]; G=ss(A,B,C,0); s=tf('s');
   W1=100/(s+1); W2=1e-5; W3=s/1000; G1=augtf(G,W1,W2,W3);
   [Gc1,a,g]=hinfsyn(G1); Gc1=zpk(Gc1)  %设计最优H∞控制器
```

```
P=sys2smat(G1); [g,K]=hinflmi(P,[1,1]);
[a,b,c,d]=unpck(K); Gc2=zpk(ss(a,b,c,d))
step(feedback(G*Gc1,1),'-',feedback(G*Gc2,1),'--',0.05)
figure; bode(G*Gc1,'-',G*Gc2,'--')
```

得出的控制器为

$$G_{\rm c1}(s)=\frac{-587116783.7885(s+67.4)(s+0.06391)(s^2+25.87s+4643)}{(s+1.573\times10^4)(s+1303)(s+1)(s^2+23.79s+535.7)}$$

$$G_{\rm c2}(s)=\frac{-3191219221.354(s+67.4)(s+0.06391)(s^2+25.87s+4643)}{(s+1.715\times10^5)(s+719.2)(s+0.9545)(s^2+22.34s+522.8)}$$

在这些控制器的作用下，闭环系统阶跃响应曲线如图9-22(a)所示，开环系统Bode图如图9-22(b)所示。可见，在这两个控制器的作用下，控制效果是很接近的。

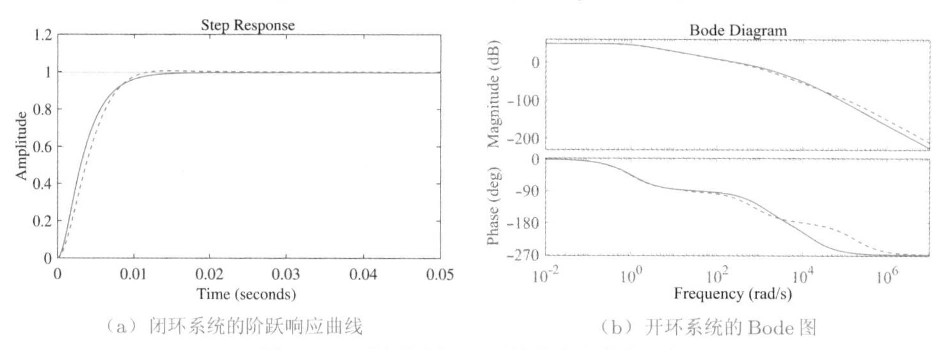

(a) 闭环系统的阶跃响应曲线　(b) 开环系统的Bode图

图9-22　两个控制器下系统的响应曲线比较

9.5　习题

(1) 给下面的对象模型设计出一个Kalman滤波器

$$\dot{\boldsymbol{x}}(t)=\begin{bmatrix}0&0&1&0\\0&0&0&1\\-1.25&1.25&0&0\\1.25&-1.25&0&0\end{bmatrix}\boldsymbol{x}(t)+\begin{bmatrix}0\\0\\1\\0\end{bmatrix}[u(t)+\xi(t)]$$

且$y(t)=[2,1,3,4]\boldsymbol{x}(t)+\theta(t)$，其中分别假设扰动信号$\xi(t)$和$\sigma(t)$的方差为$\mathrm{E}[\xi^2]=1.25\times10^{-3}$与$\mathrm{E}[\theta^2]=2.25\times10^{-5}$，且信号$\xi(t)$和$\theta(t)$相互独立。

(2) 请选择一个加权矩阵$\boldsymbol{Q}$并假设$R=1$，给前面问题中的系统设计出一个LQG控制器，并设计出基于观测器的调节器。研究校正后系统的幅值与相位裕度，并用MATLAB来绘制出系统的时域和频域分析图形。

(3) 判定上面设计出的LQG控制器的回差传递函数是否能较好地逼近直接状态反馈时的传递函数，如果不能较好地逼近，请设计一个LQG/LTR控制器(即找出一个合适的q值)，然后再比较一下系统的响应。

(4) 请为下面的系统在MATLAB工作空间中建立起状态方程模型的系统矩阵

$$\dot{\boldsymbol{x}}=\begin{bmatrix}1 & 0 & -1\\ 0 & -2 & 0\\ -1 & 0 & 2\end{bmatrix}\boldsymbol{x}+\begin{bmatrix}3\\2\\1\end{bmatrix}u,\ y=[1\ \ 2\ \ 3]\boldsymbol{x}+4u$$

(5) 假设对象模型与加权函数为

$$G(s)=\frac{1}{(0.01s+1)^2},\ W_1(s)=\frac{10}{s^3+2s^2+2s+1},\ W_3(s)=\frac{10s+1}{20(0.01s+1)}$$

试完成下面的任务：

① 写出加权系统的双端子状态方程表示；

② 设计出一个最优的 $\mathcal{H}_\infty$ 控制器；

③ 绘制闭环系统阶跃响应与开环系统Nichols图，并评价系统动态品质；

④ 设计一个最优 $\mathcal{H}_2$ 控制器，并比较控制效果。

(6) 已知对象模型

① $G(s)=\dfrac{10}{(s+1)(s+2)(s+3)(s+4)}$ ② $G(s)=\dfrac{10(-s+3)}{s(s+1)(s+2)}$

试设计出最小化灵敏度问题的最优 $\mathcal{H}_\infty$ 控制器，在设计中可以使用标准函数的概念。对设计出来的系统进行时域与频域分析，并绘制出灵敏度函数、补灵敏度函数与加权灵敏度函数的幅频特性图。

(7) 在习题(6)的②中，如果设计了最优 $\mathcal{H}_\infty$ 控制器，但对象模型的分母多项式变化为 $10(s+3)$，请在控制器不变的条件下分析系统的稳定性，并用时域和频域分析工具检验结果。

(8) 比较习题 (6) 中系统灵敏度问题的鲁棒控制器设计，请定性地分析标准传递函数的自然频率选择对系统响应的影响。

(9) 给习题(6)中的系统分别设计出灵敏度问题的最优 $\mathcal{H}_\infty$ 和 $\mathcal{H}_2$ 控制器，并对得出的系统进行时域与频域分析。

(10) 考虑文献[20]中给出的例子，其中

$$G(s)=\frac{-6.4750s^2+4.0302s+175.7700}{s(5s^3+3.5682s^2+139.5021s+0.0929)}$$

$$W_1(s)=\frac{0.9(s^2+1.2s+1)}{1.0210(s+0.001)(s+1.2)(0.001s+1)}$$

试为系统设计一个 $\mathcal{H}_\infty$ 控制器，并仿真出闭环系统的阶跃响应曲线。

参考文献

[1] Sofanov M G. Stability and robustness of multivariable feedback systems[M]. Boston: MIT Press，1980.

[2] Stein G，Athens M. The LQG/LTR procedure for multivariable feedback control design[J]. IEEE Transaction on Automatic Control，1987，AC-32(2)：105–114.

[3] Zames G. Feedback and optimal sensitivity: model reference transformations，multiplicative seminorms，and approximate inverses[J]. Transaction on Automatic Control，1981，AC-26(2)：585–601.

[4] Doyle J C, Glover K, Khargonekar P, et al. State-space solutions to standard $\mathcal{H}_2$ and $\mathcal{H}_\infty$ control problems[J]. IEEE Transaction on Automatic Control, 1989, AC-34(2): 831–847.

[5] Skogestad S, Postlethwaite I. Multivariable feedback control: analysis and design[M]. New York: John Wiley & Sons, 1996.

[6] De Cuyper J, Swevers J, Verhaegen M, et al. $\mathcal{H}_\infty$ feedback control for signal tracking on a 4 poster test rig in the automotive industry[C]// Proceedings of International Conference on Noise and Vibration Engineering. Leuven, 2000: 61–67.

[7] Grimble M J. LQG optimal control design for uncertain systems[J]. Proceedings IEE, Part D, 1990, 139(1): 21–30.

[8] The MathWorks Inc. Robust control toolbox user's manual[Z]. Natick: MathWorks, 2005.

[9] The MathWorks Inc. μ-analysis and synthesis toolbox user's manual[Z]. Natick: MathWorks, 2005.

[10] The MathWorks Inc. LMI control toolbox user's manual[Z]. Natick: MathWorks, 2004.

[11] Balas G, Chiang R, Packard A, et al. Robust control toolbox user's guide[Z]. Natick: MathWorks, 2004.

[12] Anderson B D O. Controller design: moving from theory to practice[J]. IEEE Control Systems Magazine, 1993, 13(4): 16–25.

[13] Anderson B D O, Liu Y. Controller reduction: concepts and approaches[J]. IEEE Transaction on Automatic Control, 1989, AC-34(8): 802–812.

[14] Glover K, Doyle J C. State-space formulae for all stabilizing controllers that satisfy an $\mathcal{H}_\infty$ norm bound and relations to risk sensitivity[J]. Systems and Control Letters, 1988, 11(3): 167–172.

[15] Boyd S, El Ghaoui L, Feron E, et al. Linear matrix inequalities in systems and control theory[M]. Philadelphia: SIAM Books, 1994.

[16] Willems J C. Least squares stationary optimal control and the algebraic Riccati equation[J]. IEEE Transactions on Automatic Control, 1971, 16(6): 621–634.

[17] Scherer C, Weiland S. Linear matrix inequalities in control[R]. Delft University of Technology: Lecture Notes of DISC Course, 2005.

[18] 俞立. 鲁棒控制——线性矩阵不等式处理方法[M]. 北京：清华大学出版社，2002.

[19] Löfberg J. YALMIP: a toolbox for modeling and optimization in MATLAB[C]// Proceedings of IEEE International Symposium on Computer Aided Control Systems Design. Taipei, 2004: 284–289.

[20] Doyle J C, Francis B A, Tannerbaum A R. Feedback control theory[M]. New York: MacMillan Publishing Company, 1991.

第10章 自适应与智能控制系统设计

前面两章介绍了各种各样控制器的设计算法，但这些算法大多数只能用于已知数学模型的受控对象的控制，如果受控对象的模型未知，则不易构造出传统的控制器并确定控制器参数，新一代智能控制器，如模糊逻辑控制器、神经网络控制器等的优势就显露出来了。

智能控制的概念是由美国Purdue大学著名学者傅京孙（King-Sun Fu）教授于1971年首先提出的[1]，认为智能控制是人工智能与自动控制的交集，主要强调人工智能中仿人的概念与自动控制的结合[2]。"智能控制"至今无统一的定义，文献[3]中给出了一种合理的定义：智能控制是一类无须人的干预就能够独立地驱动智能机器实现其目标的自动控制。与传统的控制理论相比，智能控制对于环境和任务的复杂性有更大的适应度。

目前几种被广泛认可的智能控制形式包括专家系统、模糊控制、人工神经网络控制、自学习控制、预测控制等。此外，很多智能控制问题的求解往往依赖于最优化技术，而前面已经提及，传统的最优化技术求解最优解时可能会陷入局部最优解，不一定能得到全局最优解，所以应该考虑引入并行的全局最优解搜索方法。目前比较成型的并行方法包括遗传算法、粒子群算法、模拟退火方法和模式搜索方法等，掌握先进的搜索方法更利于实现智能控制。

本书在10.1节中介绍自适应控制系统的设计与仿真方法，包括模型参考自适应系统与自校正系统建模与仿真问题。10.2节介绍自抗扰控制系统的模块构造与仿真方法。10.3节介绍模型预测与广义预测控制系统的仿真与控制方法。10.4节引入模糊集合与模糊推理的概念，介绍如何用MATLAB语言及Simulink环境求解模糊逻辑问题，并介绍几种常用的模糊控制器形式及其MATLAB仿真方法。10.5节首先介绍人工神经网络的结构与求解方法，然后介绍各种神经网络控制器设计及仿真。10.6节简要介绍迭代学习控制及其仿真方法。10.7节介绍遗传算法、粒子群算法等全局最优化方法在最优化问题求解中的应用，并将介绍这些方法在最优控制器设计中的应用。

10.1 自适应控制系统设计

自校正调节器(self tuning regulator，STR，或自校正控制器STC)与模型参考自适应控制系统(model reference adaptive system，MRAS)是两大类常用的自适应控制结构，其控制原理分别如图10-1(a)、(b)所示。

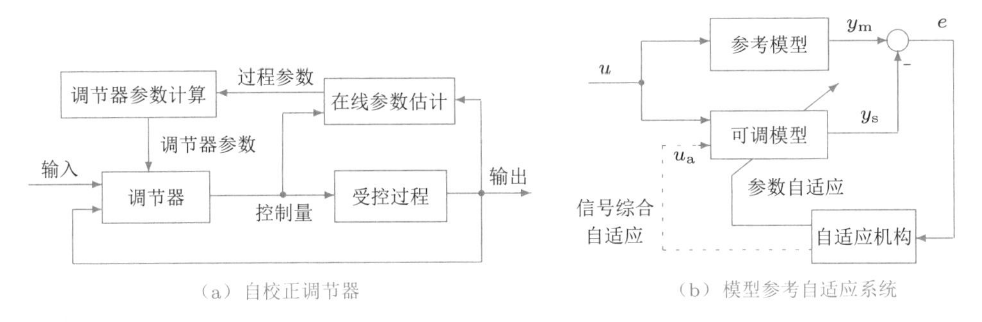

图10-1 自适应系统的两种常见类型

在自校正控制策略下，通常用一个系统辨识环节来实时辨识受控对象的参数，这样的工作一般由递推辨识环节实现。有了受控对象的参数，则可以通过自适应控制律计算控制量，来控制整个控制系统的行为；模型参考自适应控制方案中，通过引入一个有较好性能的预期参考模型，将实际系统的输出或状态与参考模型的信号进行比较，通过得出的误差信号去驱动自适应机构，调节控制器的参数，达到控制的目的。这两种控制器结构均能根据对象或外部条件的变化来调整控制器本身，带有一定的智能。文献[4]证明了这两种自适应策略是统一的。

本节将先介绍模型参考自适应系统的一个简单实用的仿真模型与应用，然后介绍自校正调节器和控制器，并将介绍广义预测控制策略、仿真模型及应用。

10.1.1 模型参考自适应系统的设计与仿真

文献[5]中全面论述了模型参考自适应系统的概念、设计方法与应用。这里由于篇幅所限，只能介绍其中简单的一种模型参考自适应策略及设计方法。假设二阶连续线性系统的数学模型为

$$G(s)=\frac{1}{a_3s^2+a_1s+1} \tag{10-1-1}$$

如果期望该模型的输出信号 $y_s(t)$ 去跟踪参考模型的输出 $y_m(t)$，而参考模型的数学形式可以写成

$$G(s)=\frac{b_0}{a_2s^2+a_1s+1} \tag{10-1-2}$$

且可以根据需要，人为地选择 a_2 和 b_0 的值，使得参考模型的性能比较理想，则由超稳定性设计理论[5]可以构造出如图 10-2 所示的控制结构[6]。在该框图中运用了两个乘法器及相关运算来改变自适应控制的增益 $\hat{b}_0(t)$，使得系统的输出可以很好地跟踪参考模型的输出。由框图可见，该系统为非线性系统，所以采用 Simulink 这类软件对之进行仿真分析是比较合适的。

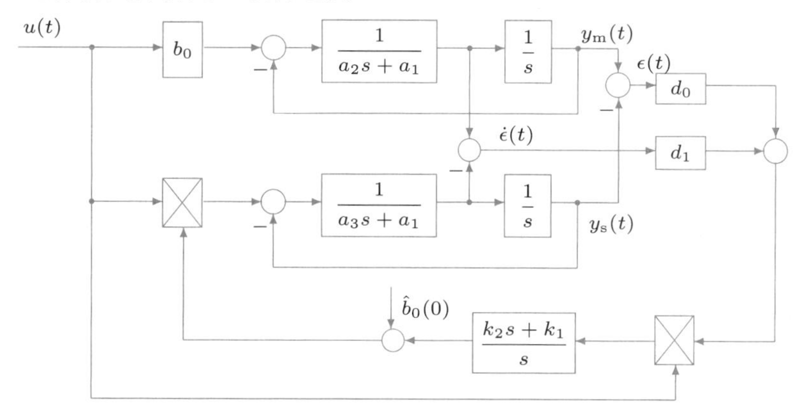

图 10-2　模型参考自适应系统的框图

根据给出的系统框图可以建立起系统的 Simulink 模型，如图 10-3 所示。

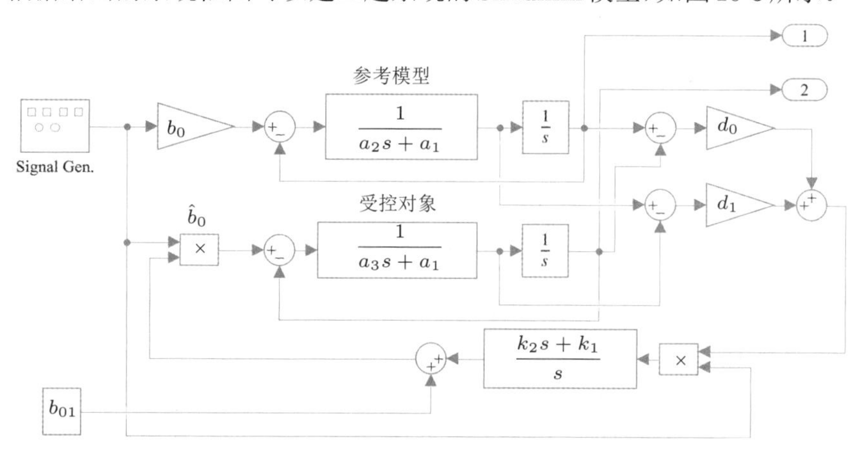

图 10-3　模型参考自适应系统的 Simulink 表示（文件名：c10mmras.slx）

例 10-1　已知不确定受控对象模型中，a_3 在 $(0.02, 10)$ 之间变化，$a_1 = 0.447$。试设计模型参考自适应控制器，并观测不同 a_3 参数下的控制效果。

解　因为参考模型本身是二阶系统，所以采用表 7-2 给出的最优标准传递函数系数框架，可以写成如下的标准型形式。

$$a_2\left(s^2+\frac{a_1}{a_2}s+\frac{1}{a_2}\right)=a_2(s^2+2\zeta\omega_{\rm n}s+\omega_{\rm n}^2)$$

如果选择 $\zeta = 0.707$，则可见 $2\zeta/\sqrt{a_2} = a_1/a_2$，所以可以选择比较理想的参考模型参数为 $a_2 = \left[a_1/(2\zeta)\right]^2 = 0.1138$。

选择 $b_0 = 1$（没有稳态误差），并选择控制器参数 $d_0 = 1$，$d_1 = 0.5$，$k_1 = 0.03$，$k_2 = 1$，且取 $\hat{b}_0(0) = 0.2$，并令输入信号为方波信号且其幅值为 10，频率为 1，并将仿真范围设置为 0～15s，这样就可以进一步调整系统模型的 a_3 参数，使之设定为 0.02, 0.1 $(\approx a_2)$, 1, 2, 5, 10，则可以用下面的循环结构对系统进行仿真，得出不同 a_3 参数下的系统输出曲线，如图 10-4 所示。

```
>> b0=1; a1=0.447; a2=0.1138; d0=1; d1=0.5; k1=0.03;
   k2=1; b01=0.2; a3v=[0.02,0.1,1,2,5,10];
   for a3=a3v %采用循环结构尝试不同的不确定参数
      [t,a,y]=sim('c10mmras',[0,15]); line(t,y(:,2)); %仿真并绘图
   end
```

从得出的仿真结果看，该不确定性系统控制效果是比较理想的。随着 a_3 值的增大，控制效果有变坏的趋势，但始终保持在可以接受的范围内。由此可见，尽管有时系统的数学模型和参考模型有较大的差异，利用这样的控制策略仍可以获得较满意的结果。

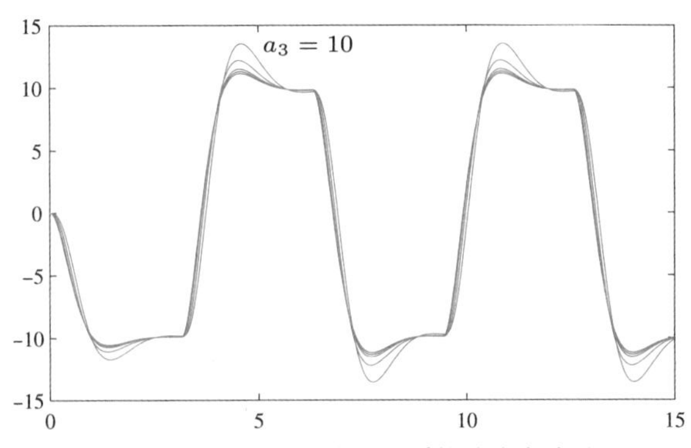

图 10-4　模型参考自适应系统的仿真结果

其实，这里介绍的自适应控制方法并不局限于二阶系统的控制，还可以将其思想与控制器结构直接用于高阶系统的控制。从给出的控制结构看，控制器需要受控对象的输出信号，也需要输出信号的一阶导数信号。可以考虑用一个带有低通滤波的近似导数模块提取一阶导数信号，这样，就可以尝试使用模型参考自适应控制器对受控对象进行控制。下面将通过例子演示模型参考自适应控制器的应用与可重用化。

例 10-2　考虑下面的高阶受控对象模型。

$$G(s) = \frac{s^3 + 7s^2 + 24s + 24}{s^4 + 10s^3 + 35s^2 + 50s + 24}$$

试利用例 10-1 的模型参考自适应控制器对该受控对象进行控制，观察控制效果。

解　如果图 10-3 中的受控对象模型被新的受控对象模型取代，并利用近似微分器提取输

出信号的导数$\dot{y}_{\rm s}(t)$，则可以构造出如图10-5所示的新仿真模型。对该系统进行仿真，则可以得出如图10-6所示的仿真结果。如果将受控对象的分子修改为$(7s^2+24s+24)$，即剔除s^3项，系统的输出仍可以很好地跟踪参考模型的输出信号。

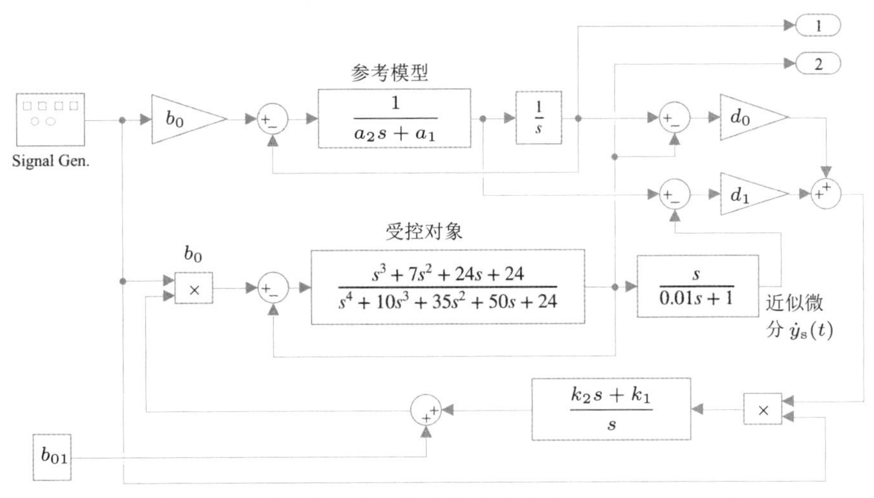

图10-5 受控对象变化后仿真模型（文件名：c10mmras1.slx）

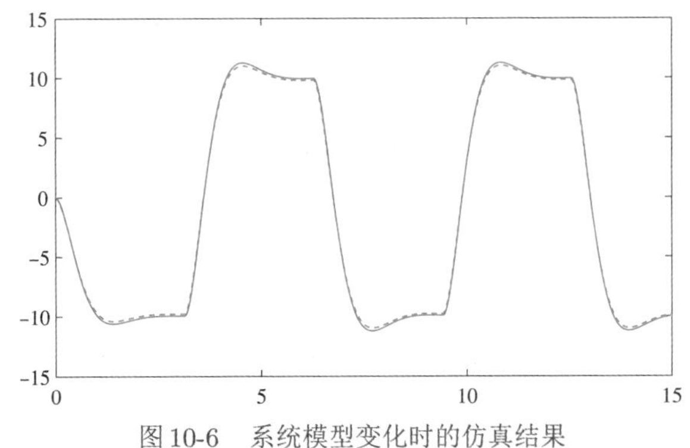

图10-6 系统模型变化时的仿真结果

例10-3 由式(10-1-1)给出的参考模型可见，系统的响应速度与a_1值取值有关。若将a_1设定为$a_1=0.1$，并相应调节a_2的值，试分析新控制器下系统的响应。

解 仿照例10-1，可以计算出新的$a_2=\left[a_1/(2\zeta)\right]^2=0.005$。将新的参数输入MATLAB的工作空间，则可以得出如图10-7所示的仿真结果。可以看出，系统的响应速度确实得到了提升，也适当增加了系统的超调量。不过从总体上看，系统的响应是令人满意的。

从前面的例子可以看出，模型参考自适应控制器对某些受控对象模型比较有用，所以，应该考虑建立一个模型参考自适应控制器的可重用模块。删除受控对象模块、信号发生器输入模块，并删去两个输出端子，选中剩余的部分，在选择右键菜单中的Create Subsystem from Selection选项，则可以得出一个子系统模块。双击该

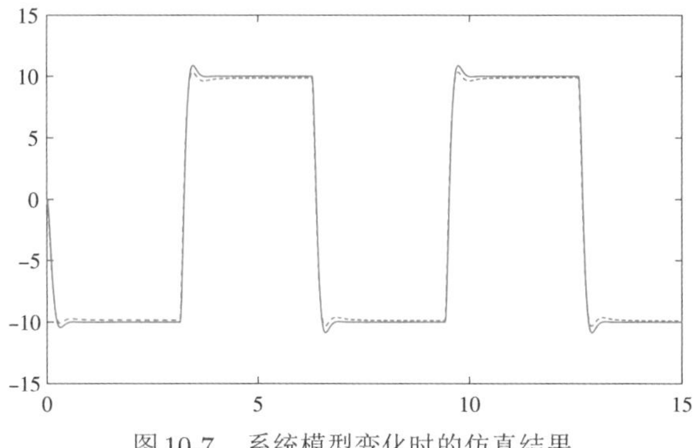

图 10-7 系统模型变化时的仿真结果

模块,则其内部结构如图 10-8 所示。该模块有两路输入端子,一路输出端子。第一输入端子接受外部输入信号,第二路输入信号应该连接受控对象的输出;输出端子连接实际受控对象的输入端,就可以构造出模型参考自适应系统的仿真模型。为参数调节方便起见,可以设 $\hat{b_0}=b_0$。

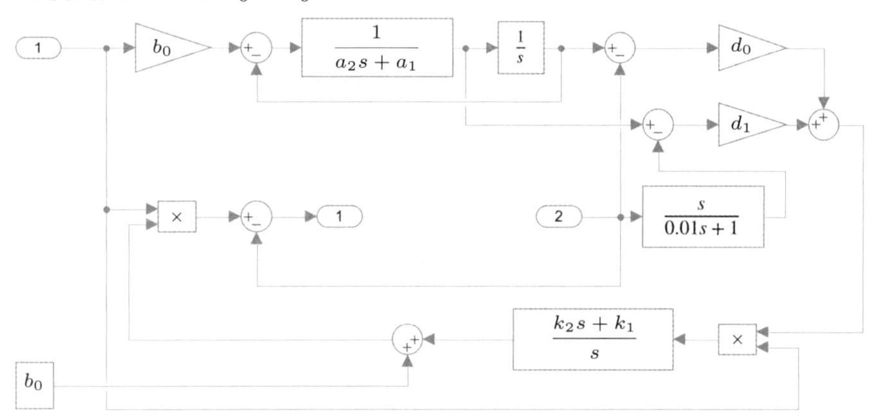

图 10-8 模型参考自适应控制器子系统(文件名:c10mmras2.slx)

例 10-4 考虑例 10-2 中的受控对象模块,试搭建模型参考自适应仿真系统,并得出系统的输出曲线,观察自适应控制效果。

解 有了前面建立的模型参考自适应系统模块,则可以直接构造如图 10-9 所示的仿真模型。按照图 10-10 中对话框的形式输入控制器参数,则可以得出与图 10-7 完全一致的仿真结果,说明这样建造的可重用模块是正确的。

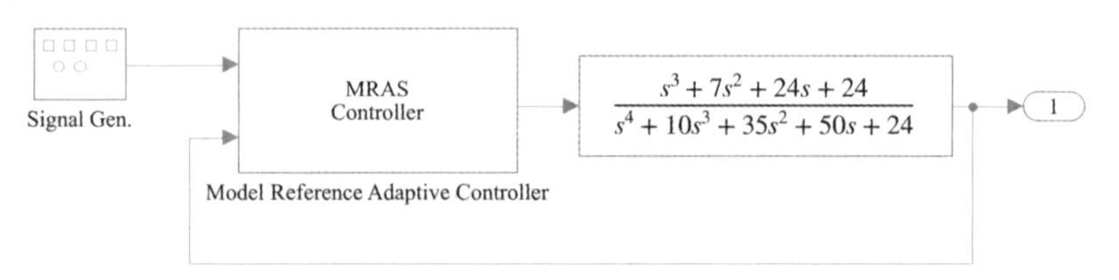

图 10-9 使用封装模块的控制系统(文件名:c10mmras3.slx)

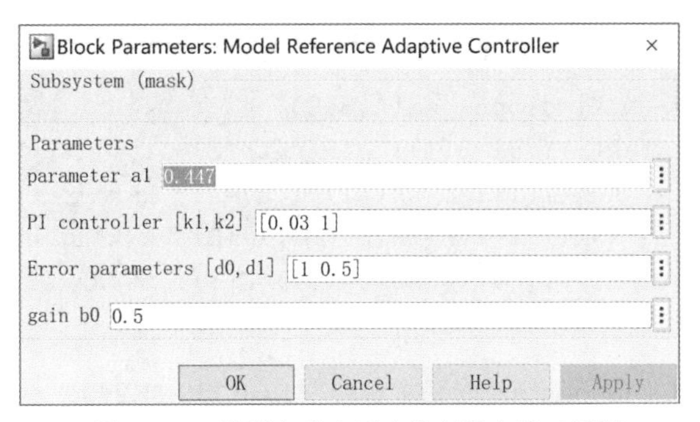

图 10-10 模型参考自适应控制器参数对话框

其实，还可以将该模块与 OCD 这类应用程序联系起来，用数值最优化的方法搜索最优控制器的参数，这方面的探讨留作本章的习题，在此不过多讨论。

10.1.2 自校正控制器设计与仿真

自校正调节是自适应控制的另外一种形式，其思想及最小方差自校正控制方法是由瑞典学者 Karl Åström 和 Björn Wittenmark 于 1973 年提出的[7]。自校正控制的基本思想是，在对象和扰动的数学模型不完全确定的条件下，设计控制律 $u_0, u_1, \cdots, u_M$，使预定的性能指标达到或接近最优[8,9]。

1. Diophantine方程及其求解

Diophantine 方程是自校正控制中很重要的方程，该方程是多项式方程。

$$A(z^{-1})X(z^{-1}) + B(z^{-1})Y(z^{-1}) = C(z^{-1}) \tag{10-1-3}$$

其中，$A(z^{-1}) = a_0 + a_1 z^{-1} + a_2 z^{-2} + \cdots + a_n z^{-n}$，$B(z^{-1}) = b_0 + b_1 z^{-1} + b_2 z^{-2} + \cdots + b_m z^{-m}$，$C(z^{-1}) = c_0 + c_1 z^{-1} + c_2 z^{-2} + \cdots + c_n z^{-n}$，其中 $m \leqslant n$。

该方程的解中，多项式 $X(z^{-1})$ 和 $Y(z^{-1})$ 的阶次应分别等于多项式 $B(z^{-1})$ 和 $A(z^{-1})$ 的阶次。下面将写出该方程的矩阵形式。

$$\left[\underbrace{\begin{matrix} a_0 & 0 & \cdots & 0 \\ a_1 & a_0 & \ddots & 0 \\ a_2 & a_1 & \ddots & 0 \\ \vdots & \vdots & \ddots & a_0 \\ a_n & a_{n-1} & \ddots & a_1 \\ 0 & a_n & \ddots & a_2 \\ \vdots & \vdots & \ddots & \vdots \\ 0 & 0 & \cdots & a_n \end{matrix}}_{m\text{列}} \underbrace{\begin{matrix} b_0 & 0 & \cdots & 0 \\ b_1 & b_0 & \ddots & 0 \\ b_2 & b_1 & \ddots & 0 \\ \vdots & \vdots & \ddots & b_0 \\ \cdot & \cdot & \ddots & b_1 \\ \cdot & \cdot & \ddots & b_2 \\ \vdots & \vdots & \ddots & \vdots \\ 0 & 0 & \cdots & b_m \end{matrix}}_{n\text{列}}\right] \begin{bmatrix} x_0 \\ x_1 \\ \vdots \\ x_{m-1} \\ y_0 \\ y_1 \\ \vdots \\ y_{n-1} \end{bmatrix} = \begin{bmatrix} c_1 \\ c_2 \\ \vdots \\ c_k \\ 0 \\ \vdots \\ 0 \end{bmatrix} \tag{10-1-4}$$

该方程左侧的系数矩阵称为 Sylvester 矩阵，其有唯一解的条件是 $A(z^{-1})$ 和 $B(z^{-1})$ 两个多项式互质。该方程的求解看起来较难，其实用 MATLAB 语言的几条语句就可以编写出求解的通用函数。

```
function [X,Y]=diopha_eq(A,B,C)
AAA=[]; A1=A(:); B1=B(:); n=length(B)-1; m=length(A)-1; k=1;
for i=1:n, AAA(i:i+length(A1)-1,k)=A1; k=k+1; end
for i=1:m, AAA(i:i+length(B1)-1,k)=B1; k=k+1; end
C1=zeros(n+m,1); C1(1:length(C))=C(:); x=AAA\C1;
X=x(1:n)'; Y=x(n+1:end)';
```

例10-5 已知某Diophantine方程中$A(z^{-1})=0.212-1.249z^{-1}+2.75z^{-2}-2.7z^{-3}+z^{-4}$，$B(z^{-1})=2.04-1.2z^{-1}+3z^{-2}$，$C(z^{-1})=-0.36+0.6z^{-1}+2z^{-2}$，试求解该方程。

解 由下面的语句可以直接求出方程的解。经检验，$\boldsymbol{C}_0$与$\boldsymbol{C}$一致。

```
>> A=[0.212,-1.249,2.75,-2.7,1]; B=[2.04,-1.2,3]; C=[-0.36,0.6,2];
   [X,Y]=diopha_eq(A,B,C), C0=conv(A,B)+conv(B,Y)
```

调用该函数可以立即得出方程的解为

$$X(z^{-1})=2.1289+0.9611z^{-1}$$
$$Y(z^{-1})=-0.3977+1.2637z^{-1}+0.0272z^{-2}-0.3204z^{-3}$$

2. 提前d步预测

假设在第t时刻所有可以测出的输入输出数据为$y(t),u(t),y(t-1),u(t-1),\cdots$，则由这些数据对$t+d$时刻的输出进行预测，称为提前$d$步预测，记作$\hat{y}(t+d|t)$。

使得预测误差的方差$\mathrm{E}\left\{[y(t+d)-\hat{y}(t+d|t)]^2\right\}$为最小的提前$d$步预测信号满足下面的方程[9]

$$C(z^{-1})\hat{y}(t+d|t)=G(z^{-1})y(t)+F(z^{-1})u(t) \tag{10-1-5}$$

其中

$$F(z^{-1})=E(z^{-1})B(z^{-1}),\quad C(z^{-1})=A(z^{-1})E(z^{-1})+z^{-d}G(z^{-1}) \tag{10-1-6}$$

从上面的结论可见，可以先从简化的Diophantine方程求出$E(z^{-1})$和$G(z^{-1})$，然后由前面的方程直接求出$F(z^{-1})$。

例10-6 已知某系统的离散模型为

$$y(t)-0.6y(t-1)+0.4y(t-2)=2u(t)+0.8\xi(t)+0.6\xi(t-1)+0.4\xi(t-2)$$

试求出提前两步的预测模型。

解 由已知的方程可见，$A(z^{-1})=1-0.6z^{-1}+0.4z^{-2}$，$B(z^{-1})=2$，$C(z^{-1})=0.8+0.6z^{-1}+0.4z^{-2}$，且$d=2$，这样可以由下面的语句输入这些多项式，并求出$E(z^{-1})$、$F(z^{-1})$和$G(z^{-1})$多项式。

```
>> A=[1 -0.6 0.6]; B=2; B1=[0 0 B]; C=[0.8 0.6 0.4];
   [E,G]=diopha_eq(A,B1,C), F=conv(E,B)
```

即 $E(z^{-1}) = 0.8 + 1.08z^{-1}$, $G(z^{-1}) = 0.284 - 0.324z^{-1}$, $F(z^{-1}) = 1.6 + 2.16z^{-1}$。这样可以将提前2步预报方程写成

$$\hat{y}(t+2|t) = \frac{0.284 - 0.324z^{-1}}{0.8 + 0.6z^{-1} + 0.4z^{-2}}y(t) + \frac{1.6 + 2.16z^{-1}}{0.8 + 0.6z^{-1} + 0.4z^{-2}}u(t)$$

得出了预报方程，就可以建立起如图10-11所示的仿真模型，其中各个滤波模块在图中给出。假设信号发生器给出的是幅值为4、频率为1 Hz的方波信号，采样周期 $T = 0.01\,\mathrm{s}$，随机白噪声均值为0，方差为0.5，则可以绘制出如图10-12所示的预报信号与实际信号。

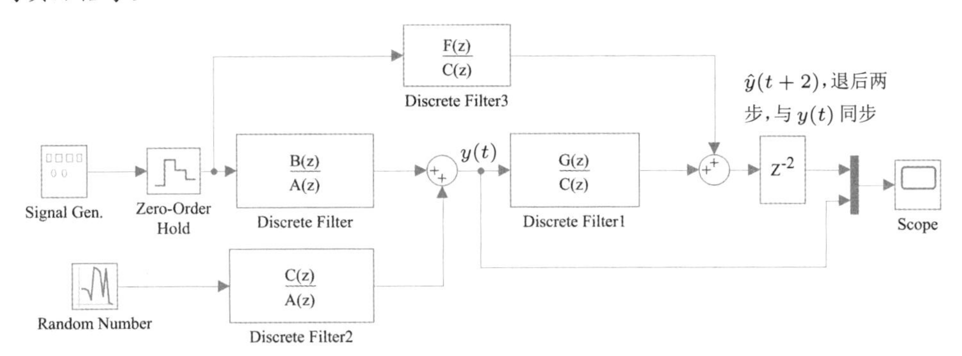

图10-11 提前两步预报的仿真模型(文件名:c10mpred.slx)

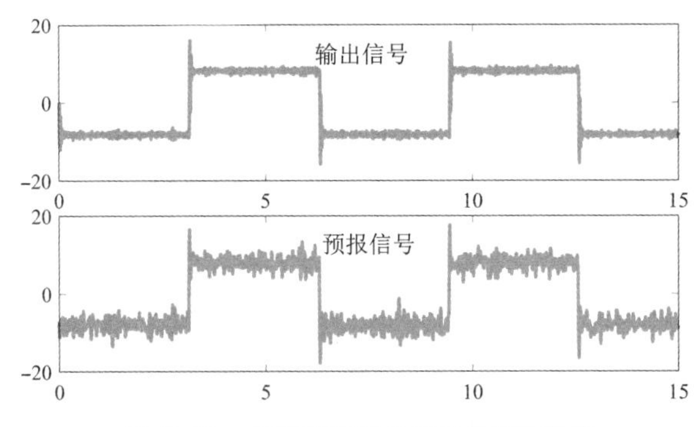

图10-12 提前两步预报的预报信号曲线

3. 最小方差控制器设计

受控对象的离散时间模型一般可以写为

$$A(z^{-1})y(t) = z^{-d}B(z^{-1})u(t) + C(z^{-1})\xi(t) \tag{10-1-7}$$

其中，纯延迟时间为 dT，$\xi(t)$ 为零均值的白噪声信号。

最小方差自校正控制器设计的目标是得出控制序列 $u(t)$，使实际输出 $y(t+d)$ 与期望输出 $y_{\mathrm{r}}(t+d)$ 之间的方差为最小，即引入如下的目标函数。

$$J = \min_{u} \mathrm{E}\left\{[y(t+d) - y_{\mathrm{r}}(t+d)]^2\right\} \tag{10-1-8}$$

可以证明,最小方差控制律为

$$F(z^{-1})u(t) = y_{\rm r}(t+d) + \left[C(z^{-1}) - 1\right] y^*(t+d|t) - G(z^{-1})y(t) \tag{10-1-9}$$

其中,多项式 $F(z^{-1})$ 和 $G(z^{-1})$ 仍可以由式(10-1-6)得出。

若 $y_{\rm r}(t+d)=0$,则最小方差控制问题退化成最小方差的调节问题,调节器的自适应律可以简化成

$$u(t) = -\frac{G(z^{-1})}{F(z^{-1})}y(t) = -\frac{G(z^{-1})}{E(z^{-1})B(z^{-1})}y(t) \tag{10-1-10}$$

由上面的控制律可见,该控制律有意义的前提是 $B(z^{-1})$ 是稳定的多项式,换句话说,该控制律适用于最小相位系统的自校正调节。

如果和递推参数辨识算法相结合,则可以得出如下的自适应控制律

$$u(t) = -\frac{1}{\hat{b}_0}\boldsymbol{\psi}^{\rm T}(t)\hat{\boldsymbol{\theta}}(t) \tag{10-1-11}$$

其中

$$\begin{aligned}
\boldsymbol{\psi}^{\rm T}(t) &= \left[u(t-1),\cdots,u(t-m),y(t),\cdots,y(t-n+1)\right] \\
\hat{\boldsymbol{\theta}}(t) &= \hat{\boldsymbol{\theta}}(t-1) + \boldsymbol{K}(t)\left[y(t) - b_0u(t-d) - \boldsymbol{\psi}^{\rm T}(t-d)\hat{\boldsymbol{\theta}}(t-1)\right] \\
\boldsymbol{K}(t) &= \frac{\boldsymbol{P}(t-1)\boldsymbol{\psi}(t-d)}{\lambda + \boldsymbol{\psi}^{\rm T}(t-d)\boldsymbol{P}(t-1)\boldsymbol{\psi}(t-d)} \\
\boldsymbol{P}(t) &= \frac{1}{\lambda}\left[\boldsymbol{I} - \boldsymbol{K}(t)\boldsymbol{\psi}^{\rm T}(t-d)\right]\boldsymbol{P}(t-1)
\end{aligned} \tag{10-1-12}$$

对于非最小相位的受控对象模型,应该先对其 $B(z^{-1})$ 多项式进行谱分解,将不稳定零点赋给 $B^-(z^{-1})$,这样 $B(z^{-1}) = B^+(z^{-1})B^-(z^{-1})$ [8]。

文献 [10] 中给出了最小方差自校正控制器仿真程序,对给出的程序进行适当的修改即可以得出如下的仿真函数

```
function [out,in,Rd,Sd]=adapt_sim(A,B,kd,lam,sd,p0,Tend,y_ref)
out=[]; in=[]; std_y=[]; A=A(2:end); B=[zeros(1,kd-1), B];
nA=length(A); f=dimpulse(1,[1,A],kd+nA); Rd=[]; Sd=[];
if f(1)==0, f=f(nA+1:kd+nA); else f=f(1:kd); end;
st_opt=sqrt(ones(1,kd)*(f.*f*sd*sd));
S=[1,zeros(1,length(A)-1)]; R=[1, zeros(1,length(B)-1)];
nS=length(S); nR=length(R); u=zeros(1, nR+kd);
y=zeros(1, nS+kd); P=p0*eye(nR+nS);
for t = 1:Tend
   y_m=-A*y(1:length(A))'+B*u(1:length(B))'+sd*randn(1,1);
   Phi=[u(kd:kd+nR-1), y(kd:kd+nS-1)];
   P=(1/lam)*(P-(P*Phi'*Phi*P)/(lam+Phi*P*Phi'));
   Theta=[R,S]+Phi*P*(y_m-Phi*[R,S]');
```

```
    R=Theta(1:nR); S=Theta(nR+1:nR+nS); Rd=[Rd, R]; Sd=[Sd, S];
    s1=R(2:nR); s2=u(1:nR-1);
    if isempty(s1), s1=0; s2=0; end
    u_new=(-s1*s2'-S*[y_m,y(1:nS-1)]'+y_ref)/R(1);
    u=[u_new, u(1:nR+kd-1)]; y=[y_m, y(1:nS+kd-1)];
    out=[out, y_m]; in=[in, u_new];
end
```

其中，A、B 为 $A(z^{-1})$ 与 $B(z^{-1})$ 多项式的系数向量，kd 为式中的延迟 d，lam 为遗忘因子 λ，sd 为扰动信号的方差，p0 为 $\boldsymbol{P}(t)$ 矩阵的初值，即 $\boldsymbol{P}(0)=p_0\boldsymbol{I}$。Tend 为最大仿真步数，而 y_ref 为预期的输出值。利用该函数可以直接得出系统的输出量 out、控制量 in，并可以求出分子、分母系数的辨识结果 $\boldsymbol{R}_{\rm d}$ 和 $\boldsymbol{S}_{\rm d}$。

例 10-7　假设系统模型中 $A(z^{-1})=1-0.7555z^{-2}+0.0498z^{-2}$，$B(z^{-1})=0.2134+0.081z^{-1}$，若系统 $k_{\rm d}=1$，遗忘因子选择为 $\lambda=1$，设定值选择为 $y_{\rm ref}=10$，试建立系统的仿真模型。

解　可以由下面语句对该自校正系统进行仿真，得出如图 10-13(a)、(b)所示的结果曲线。

```
>> A=[1 -0.7555 0.0498]; B=[0.2134,0.081]; kd=1;
   lam=1; sd=1; p0=100000; Tend=200; y_ref=10;
   [y,u,num,den]=adapt_sim(A,B,kd,lam,sd,p0,Tend,y_ref);
   subplot(121), stairs(num); hold on; stairs(den)
   subplot(222), stairs(y); subplot(224), stairs(u)
```

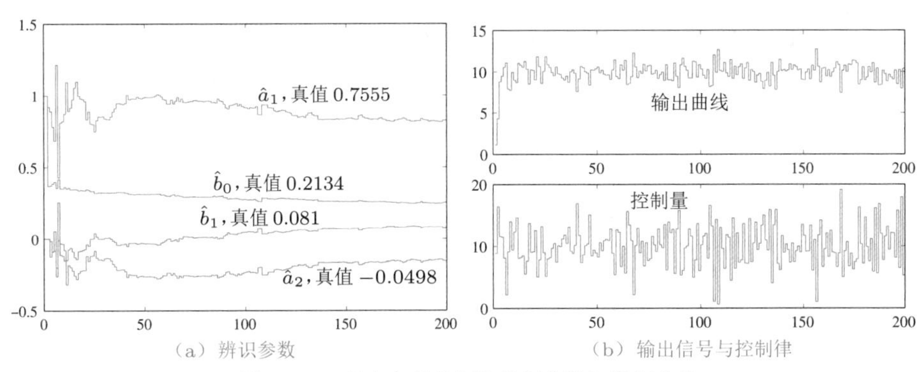

（a）辨识参数　　（b）输出信号与控制律

图 10-13　最小方差控制的辨识参数与控制曲线

10.2　自抗扰控制器

自抗扰控制（active disturbance rejection control，ADRC）是中国学者韩京清研究员（1937—2008）提出的一种控制效果比较好的控制策略，目前控制界比较活跃的一种控制方法[11]。典型的自抗扰控制包括三个组成部分，一个是前面介绍的跟踪微分器，一个是扩张状态观测器（extended state observer，ESO），还有一个就是自抗扰控制器本身。由这三部分构成的自抗扰控制的结构如图10-14所示。其中，虚线框的部分就是这里要介绍的自抗扰控制器。

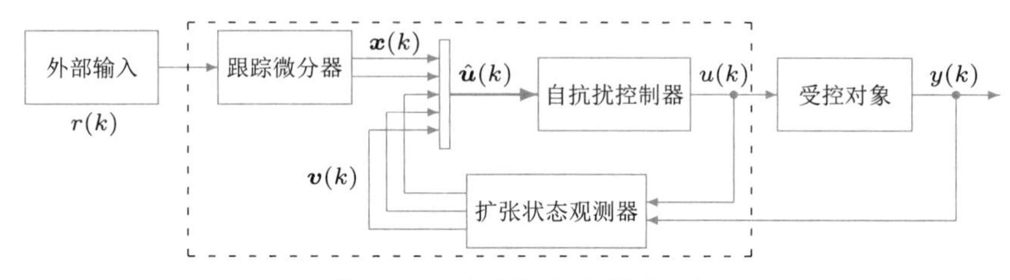

图10-14 自抗扰控制系统框图

这三个组成部分都比较适合S-函数建模，所以本节以此为背景，介绍自抗扰控制系统的建模与仿真方法。分别介绍扩张状态观测器与自抗扰控制器的一般数学形式与S-函数实现，然后介绍自抗扰控制器的模块封装方法，最后通过受控对象演示控制效果。

10.2.1 扩张状态观测器的建模

这里要介绍的状态观测器与状态空间理论中传统的状态观测器的概念是不同的。这里强调的是获得受控对象的某些特征，而不是具体的状态。扩张状态观测器借用传统状态观测器的思想，把能够影响受控对象输出的扰动作用扩张成新的状态变量，用特殊的反馈机制建立能够观测被扩张的状态。从某种意义上，这种扩张状态观测器是通用而实用的扰动观测器。文献[11]给出了二阶、三阶甚至四阶的扩张状态观测器。本节以三阶扩张状态观测器为例，介绍其基本数学结构与S-函数建模方法。为方便叙述起见，这里采用的状态变量名称等进行了统一处理。

三阶扩张状态观测器的数学表示为[11]

$$\begin{cases} v_1(k+1)=v_1(k)+T[v_2(k)-\beta_{01}e(k)] \\ v_2(k+1)=v_2(k)+T[v_3(k)-\beta_{02}\mathrm{fal}(e(k),1/2,\delta)+bu(k)] \\ v_3(k+1)=v_3(k)-T\beta_{03}\mathrm{fal}(e(k),1/4,\delta) \end{cases} \tag{10-2-1}$$

其中，$e(k)=v_1(k)-y(k)$，且

$$\mathrm{fal}(e(k),a,\delta)=\begin{cases} e(k)\delta^{a-1}, & |e(k)|\leqslant\delta \\ |e(k)|^a\mathrm{sign}(e(k)), & |e(k)|>\delta \end{cases} \tag{10-2-2}$$

例10-8 试用S-函数实现三阶扩张状态观测器。

解 从给出的扩张状态观测器的数学模型看，这是一个离散的系统模型，有3个离散状态，没有连续状态。由图10-14可见，该模块接受两路输入信号，3路输出信号。模块的输出是系统的三个状态$v_i(k)$，所以该离散模型没有直馈。模型的采样周期可以设置为-1。模块的附加参数为δ、$\boldsymbol{\beta}$、b和T，其中，向量$\boldsymbol{\beta}=[\beta_{01},\beta_{02},\beta_{03}]$。模块的输入信号$\tilde{\boldsymbol{u}}(k)=[u(k),y(k)]$。

有了这些基础知识，可以编写如下的S-函数来描述控制状态观测器。

```
function [sys,v0,str,ts,SSC]=han_eso(t,v,u,flag,d,bet,b,T)
switch flag
   case 0, [sys,v0,str,ts,SSC]=mdlInitializeSizes;
   case 2, sys = mdlUpdates(v,u,d,bet,b,T);
   case 3, sys = v;
   case {1, 4, 9}, sys = [];
   otherwise, error(['Unhandled flag = ',num2str(flag)]);
end
% --- 当flag为0时进行整个系统的初始化
function [sys,v0,str,ts,SSC] = mdlInitializeSizes
sizes = simsizes;  sizes.NumContStates=0; sizes.NumDiscStates=3;
sizes.NumOutputs=3; sizes.NumInputs=2;
sizes.DirFeedthrough=0; sizes.NumSampleTimes=1;
sys = simsizes(sizes); SSC='DefaultSimState';
v0=[0; 0; 0]; str = []; ts = [-1 0]; %其他参数赋值
% --- 在主函数的flag为2时，更新离散系统的状态变量
function sys = mdlUpdates(v,u,d,bet,b,T)
e=v(1)-u(2);
sys=[v(1)+T*(v(2)-bet(1)*e);
     v(2)+T*(v(3)-bet(2)*fal(e,0.5,d)+b*u(1));
     v(3)-T*bet(3)*han_fal(e,0.25,d)];
```

还可以编写出如下的支持函数han_fal()。

```
function f=han_fal(e,a,d)
if abs(e)<d, f=e*d^(a-1); else, f=(abs(e))^a*sign(e); end
```

10.2.2 自抗扰控制器的建模

有了跟踪信号和微分信号，测出了扩张的状态变量信号，则可以根据这些信号计算控制信号，去控制实际的受控对象。本节介绍自抗扰控制器的数学表达式，并给出其S-函数实现。

自抗扰控制器的数学模型为

$$\begin{cases} e_1(k) = v_1(k) - x_1(k) \\ e_2(k) = v_2(k) - x_2(k) \\ u_0(k) = \beta_1 \text{fal}(e_1(k), a_1, \delta_1) + \beta_2 \text{fal}(e_2(k), a_2, \delta_1) \\ u(k) = u_0(k) - v_3(k)/b \end{cases} \tag{10-2-3}$$

其中，由外部输入信号及其导数与扩张状态观测器的结果求出两个误差信号$e_1(k)$与$e_2(k)$，根据误差的非线性运算得出控制信号$u(k)$。

例10-9 试为自抗扰控制器模块编写S-函数。

解 从式(10-2-3)看，自抗扰控制器模块有5路输入信号 $\hat{\boldsymbol{u}}(k)=[\boldsymbol{x}(k),\boldsymbol{v}(k)]$，前两路为 $\boldsymbol{x}(k)$ 函数（跟踪微分器的输出），后3路为 $\boldsymbol{v}(k)$ 函数（状态观测器的输出），一路输出信号，系统的输出实际上就是控制量 $u(k)$。系统没有连续和离散状态，附加变量包括 $\boldsymbol{a}$、$\boldsymbol{\beta}$、b 和 δ_1。其中，$\boldsymbol{a}=[a_1,a_2]$，$\boldsymbol{\beta}=[\beta_1,\beta_2]$。由于输入信号 $\boldsymbol{u}(k)$ 在输出信号 $u(k)$ 的表达式中直接出现，所以该模块是带有直馈的。

根据以上的信息，不难编写出如下的S-函数：

```
function [sys,x0,str,ts,SSC] = han_ctrl(t,xn,u,flag,aa,bet1,b,d1)
switch flag
   case 0, [sys,x0,str,ts,SSC] = mdlInitializeSizes(t,u,xn);
   case 3, sys = mdlOutputs(t,xn,u,aa,bet1,b,d1);
   case {1,2,4,9}, sys = [];
   otherwise, error(['Unhandled flag = ',num2str(flag)]);
end
% --- 当flag为0时，进行整个系统的初始化
function [sys,x0,str,ts,SSC] = mdlInitializeSizes(t,u,xn)
sizes = simsizes; sizes.NumContStates=0; sizes.NumDiscStates=0;
sizes.DirFeedthrough=1; sizes.NumSampleTimes=1;
sizes.NumOutputs=1; sizes.NumInputs=5; sys=simsizes(sizes);
x0=[]; str=[]; ts=[-1 0]; SSC='DefaultSimState';
% --- 在主函数flag为3时，计算系统的输出变量
function sys = mdlOutputs(t,xn,u,aa,bet,b,d1)
x=u(1:2); v=u(3:5); e1=x(1)-v(1); e2=x(2)-v(2);
u0=bet(1)*han_fal(e1,aa(1),d1)+bet(2)*han_fal(e2,aa(2),d1);
sys=u0-v(3)/b;
```

10.2.3 自抗扰控制系统的仿真

本节探讨自抗扰控制器的Simulink仿真。参考图10-14中给出的自抗扰控制器结构图，并利用前面设计的三个S-函数—han_td()、han_eso()与han_ctrl()，则可以搭建自抗扰控制器的Simulink模型，如图10-15所示。

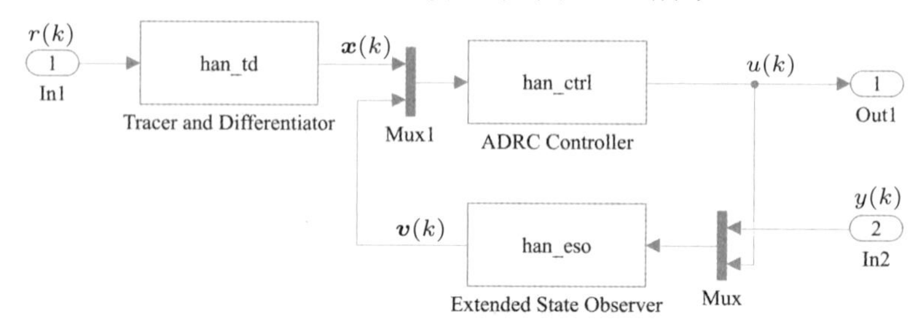

图10-15 自抗扰控制器框图(文件名:c10madrc.slx)

将自抗扰控制器模型先制作成子系统，再由子系统进行封装，则可以建立一

个可重用的自抗扰控制器模块。在封装编辑界面中，将Icon & Ports栏目填写成简单的`disp('ADRC\nController')`，就可以在封装模块中正常显示自抗扰控制器字样。这里要介绍的重点是，如何设计自抗扰控制器的参数对话框。由于控制器有三个组成部分，所以可以分别设置三个标签页，每页对应于一个组成部分。在每个标签页下再设计响应的参数编辑框，如图10-16(a)所示。经过封装设计，则可以得出封装后的自抗扰控制器模块，如图10-16(b)所示。

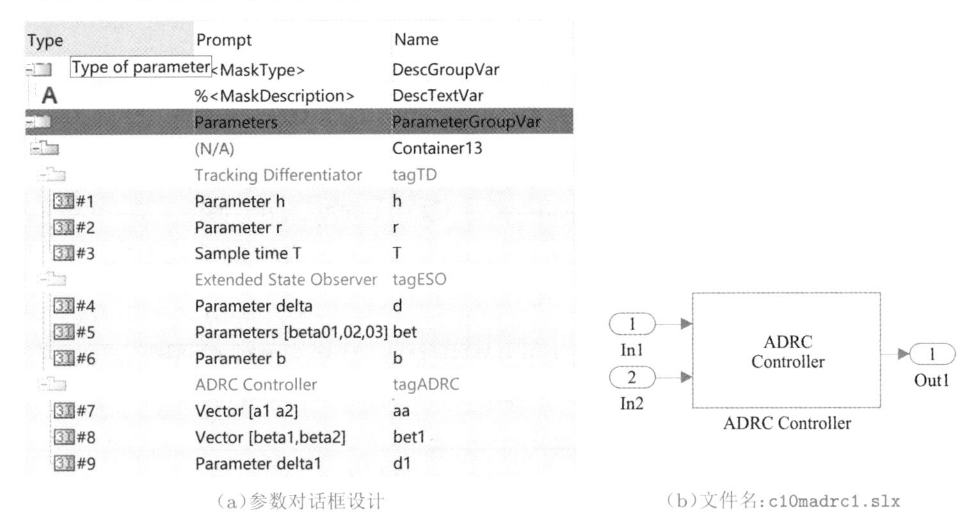

(a)参数对话框设计　　(b)文件名:c10madrc1.slx

图10-16　自抗扰控制器设计

双击该控制器模块，则打开如图10-17所示的参数对话框。可以看出，该对话框有3个标签页，也期望的一致，用户可以在每个标签页下填写各个组成部分的参数。后面将通过例子演示自抗扰控制器的控制效果。

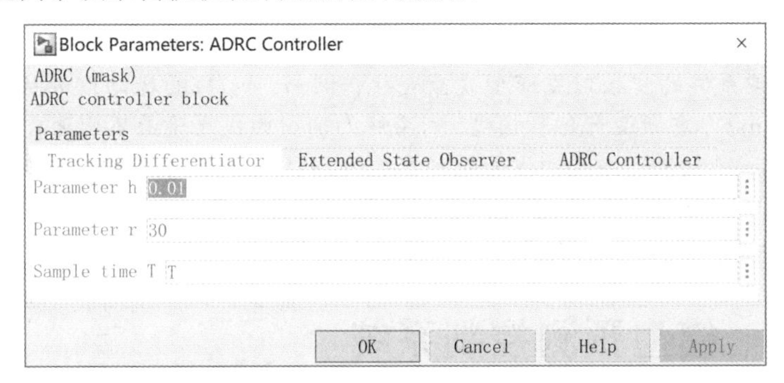

图10-17　自抗扰控制器参数对话框

例10-10　假设非线性连续受控对象模型为

$$\begin{cases} \dot{x}_1(t) = x_2(t) \\ \dot{x}_2(t) = \mathrm{sign}(\sin t) + u(t) \end{cases}$$

且选择自抗扰控制器参数为 $r=30$, $h=0.01$, $T=0.01$, $\boldsymbol{\beta}=[100,65,80]$, $\boldsymbol{\beta}_1=[100,10]$, $\boldsymbol{a}=[0.75,1.25]$, $\delta=\delta_1=0$, $b=1$，试仿真控制系统的输出曲线。

解　从这里给出的受控对象模型可以看出，该系统可以理解为一个双积分（double-integrator）系统，不过在输入端有周期性方波扰动，扰动的幅值为1。可以搭建受控对象模型，并将自抗扰控制器施加到受控对象上。假设需要跟踪的信号为方波信号，由 Signal Generator 模块生成，则可以搭建如图 10-18 所示的仿真模型。对系统进行仿真，则可以得出系统的输入与输出信号，如图 10-19(a) 所示。可以看出，系统的输出可以很好地跟随输入信号。

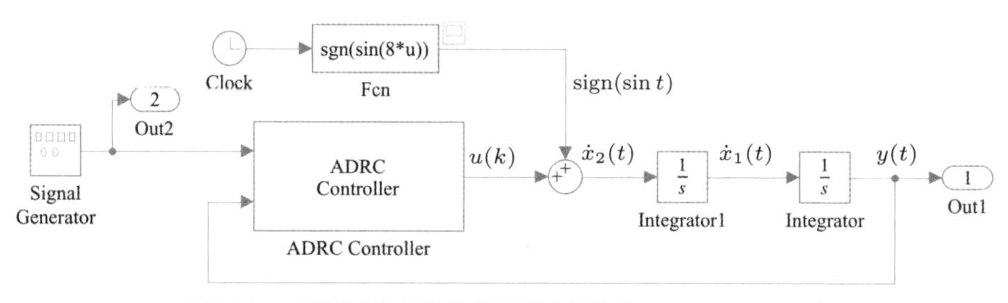

图 10-18　受控对象的自抗扰控制（文件名：c10madrc3.slx）

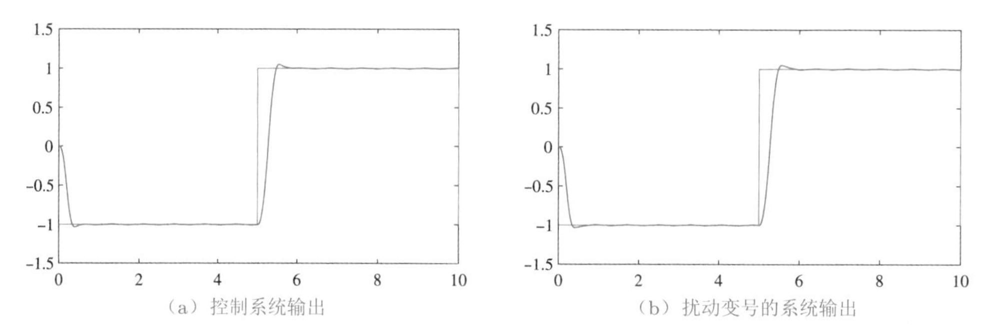

图 10-19　控制系统的输出与输入信号

如果系统的受控对象模型发生变化，例如，$\dot{x}_2(t)$ 的扰动信号从 $\text{sign}(\sin t)$ 变化为 $-\text{sign}(\sin t)$，重新运行仿真模型，则系统的输出曲线几乎看不出变化。如果将扰动信号变成 $-\text{sign}(\sin 8t)$，即扰动信号的频率加快，则得出的系统输出信号如图 10-19(b) 所示。可以看出，输出增加了一些小幅波动，但波动幅值非常小，控制效果还是很理想的。

如果将控制器参数设置为 $r=100$，得出系统的响应速度稍有加快。

10.3　模型预测控制系统

模型预测控制（model predictive control，MPC）是工业过程控制中广泛使用的一种基于模型的控制策略 [12,13]。在 Shell 石油企业的动态矩阵控制（dynamic matrix control，DMC）[14] 和 Adersa 公司的模型预测启发式控制（heuristic control）[15] 是模型预测控制领域周期里程碑式的应用成果。

受控对象的模型可以用以往的数据表示。线性系统模型经常由传递函数或状态方程描述，连续的稳定模型还可以由阶跃响应、冲激响应数据描述，可以依据系统的真实输出信号与模型输出信号之间的误差来计算控制量$u(t),\cdots,u(t_N)$。可以给受控对象施加一步控制信号$u(t)$，再计算出下一步的控制信号，整个控制也向前推进一步。这种控制策略又称为模型预测控制，控制策略可以参见图10-20中给出的框图说明。

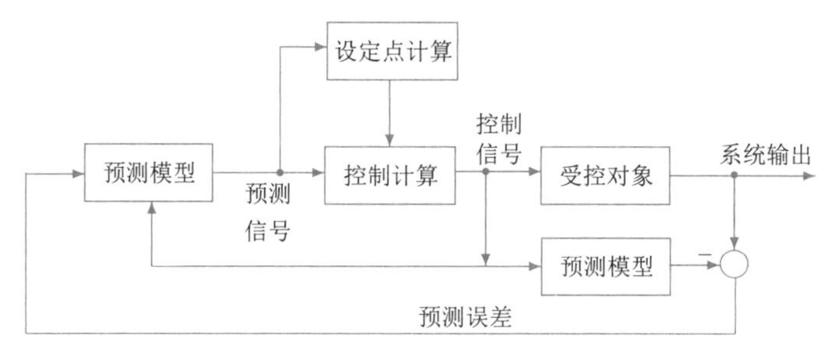

图10-20 模型预测控制的框图表示

参考图10-21中给出的输出、控制信号示意图可见，预测控制的基本想法是计算控制量序列$u(t)$，使得系统的预期输出信号和根据当前输入输出数据之间的某种性能指标为最小。

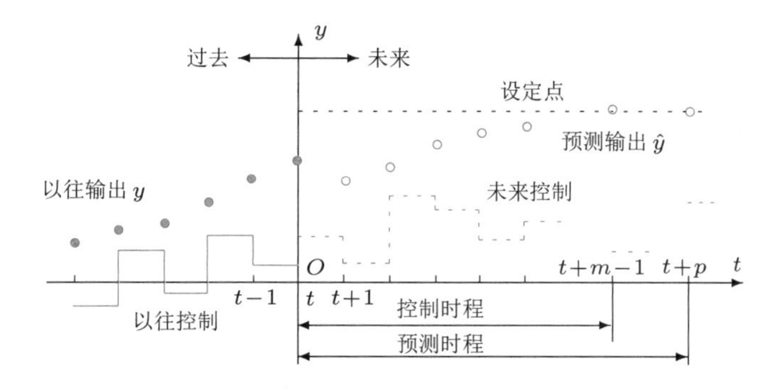

图10-21 输入信号与控制信号

10.3.1 动态矩阵控制

假设图10-22给出了已知的一组线性系统阶跃响应数据$s_1,s_2,\cdots,s_p$，则在任意t时刻的阶跃响应数据可以写成

$$y(t)=\sum_{i=1}^{p}s_i\Delta u(t-i)=\sum_{i=1}^{p-1}s_i\Delta u(t-i)+s_p\Delta u(t-p) \tag{10-3-1}$$

其中，$\Delta u(t)$为t时刻控制的增量。应该指出，样本点个数p的选择应该使得阶跃响应进入稳态区域，否则这样的表述没有实际意义。为了方便叙述动态矩阵方法表示，

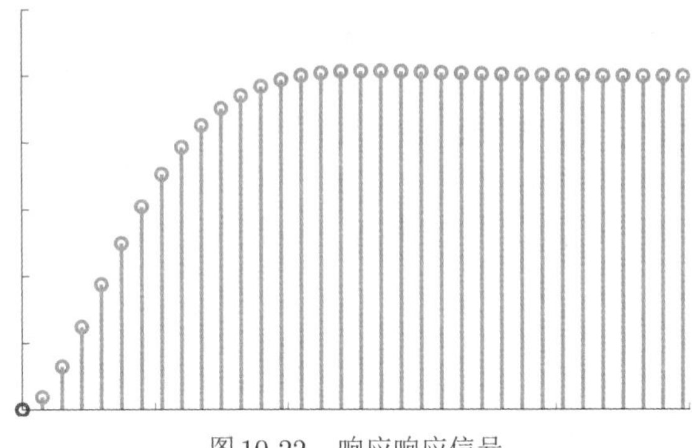

图 10-22 响应响应信号

应该将 $\Delta u(t-p)$ 项分离出来。由前面的公式看，输出信号的提前 j 步预测可以写成

$$\hat{y}(t+j)=\sum_{i=1}^{p-1}s_i\Delta u(t+j-i)+s_p\Delta u(t+j-p) \tag{10-3-2}$$

其中，$j=1,2,\cdots,n$。参考图 10-22 中的描述，$j-i<0$ 时系统的输入信号是过去的信号，其余的信号是当前信号与未来信号，所以有必要将它们从上式中分离出来，这样

$$\hat{y}(t+j)=\sum_{i=1}^{j}s_i\Delta u(t+j-i)+\sum_{i=j+1}^{p-1}s_i\Delta u(t+j-i)+s_p\Delta u(t+j-p) \tag{10-3-3}$$

上面式子中的最后两项的和记作 $\tilde{y}(t+j)$

$$\tilde{y}(t+j)=\sum_{i=j+1}^{p-1}s_i\Delta u(t+j-i)+s_p\Delta u(t+j-p) \tag{10-3-4}$$

可见，信号 $\tilde{y}(t+j)$ 为根据过去已经发生的信息对输出的估计。更简单地，上面各个预估信号可以表示为矩阵形式

$$\begin{bmatrix}\hat{y}(t+1)\\ \hat{y}(t+2)\\ \vdots\\ \hat{y}(t+n)\end{bmatrix}=\begin{bmatrix}s_1 & & & \\ s_2 & s_1 & & \\ \vdots & \vdots & \ddots & \\ s_n & s_{n-1} & \cdots & s_1\end{bmatrix}\begin{bmatrix}\Delta u(t)\\ \Delta u(t+1)\\ \vdots\\ \Delta u(t-p)\end{bmatrix}+\begin{bmatrix}\tilde{y}(t+1)\\ \tilde{y}(t+2)\\ \vdots\\ \tilde{y}(t+n)\end{bmatrix} \tag{10-3-5}$$

可以使用前 m 项而不是全部 n 项数据来缩减计算量，这样，上面的方程可以近似地写成

$$\begin{bmatrix}\hat{y}(t+1)\\ \hat{y}(t+2)\\ \vdots\\ \hat{y}(t+n)\end{bmatrix}\approx\begin{bmatrix}s_1 & & & \\ s_2 & s_1 & & \\ \vdots & \vdots & \ddots & \\ s_n & s_{n-1} & \cdots & s_{n+1-m}\end{bmatrix}\begin{bmatrix}\Delta u(t)\\ \Delta u(t+1)\\ \vdots\\ \Delta u(t-m)\end{bmatrix}+\begin{bmatrix}\tilde{y}(t+1)\\ \tilde{y}(t+2)\\ \vdots\\ \tilde{y}(t+n)\end{bmatrix} \tag{10-3-6}$$

其矩阵形式为

$$\hat{\boldsymbol{y}}(t+1)=\boldsymbol{S}\Delta\boldsymbol{u}(t)+\tilde{\boldsymbol{y}}(t+1) \tag{10-3-7}$$

其中，常数矩阵 $\boldsymbol{S}$ 又称为动态矩阵，是由受控对象阶跃响应数据构成的，即使受控对象是非线性的，也可以利用工作点附近的实际阶跃响应数据构造动态矩阵。还可以定义出性能指标如下

$$J=\sum_{j=1}^{p} q(j)\big[\hat{y}(t+j)-w(t+j)\big]^2+\sum_{j=1}^{m} r(j)\Delta u^2(t+j-1) \tag{10-3-8}$$

其中，$w(t+j)$ 为期望的输出信号，$\lambda(j)$ 为权值，项数 p 与 m 又分别称为预测与控制的时程（horizon）。可以引入最优化技术来计算一步控制信号 $u(t)$。后续的控制信号也可以采用最优化技术逐步更新，这种优化方法又称为滚动时程（receding horizon）优化控制问题[13]。

10.3.2 基于MATLAB的模型预测控制实现

在整个最优化问题中，如果 $u(t)$ 可以任意选择，则原始问题称为无约束最优化问题，否则称为有约束最优化问题，可以使用数值最优化技术直接求解相应的问题。在模型预测控制工具箱中[16]还提供了求解这类问题的函数与图形用户界面。这里介绍两种求解方法，本节将演示利用 Simulink 的仿真方法。

1. 系统模型与阶跃响应描述

如果受控对象模型为线性的，则可以使用函数 `poly2tfd()` 来描述该模型，$G=$ `poly2tfd`$(\boldsymbol{n},\boldsymbol{d},T,\tau)$，其中，$\boldsymbol{n}$ 与 $\boldsymbol{d}$ 为受控对象传递函数的分子与分母多项式系数向量，T 与 τ 分别为采样周期与受控对象的延迟常数。如果受控对象为连续模型，则 $T=0$，这样，得出的 G 为单变量传递函数模型。如果涉及多变量系统的模型，则可以将其表示成一系列单变量模型。

如果传递函数模型 G 已知，可以调用 `mod=tfd2step`$(t_{\rm n},T,k,G)$ 函数直接计算阶跃响应数据 `mod`，其中，$t_{\rm n}$ 为终止仿真时间，k 是输出信号的标志位，若其值为 1 表示系统进入了稳态，否则其值为 0。如果由若干模型 $g_{11},g_{12},\cdots,g_{nm}$，则可以使用 `mod=tfd2step`$(t_{\rm n},T,\boldsymbol{k},g_{11},g_{12},\cdots,g_{mm})$，其中，$\boldsymbol{k}$ 为对应每路输出的标志向量。函数 `plotstep(mod)` 可以用来绘制系统 `mod` 的阶跃响应曲线。

例 10-11 假设连续受控对象模型为 $G(s)=\mathrm{e}^{-s}/[(s+1)(2s+1)]$，选择采样周期 $T=0.5\,\mathrm{s}$。试求出该模型的阶跃响应数据。

解 对一个稳定的系统而言，应该选择一个能进入稳态的终止仿真时间。这样，经过几次试凑，可以得出该系统的终止时间为 $t_{\rm n}=12$。这样，可以得出如图 10-23 所示的系统阶跃响应数据。同时，从数据的最后一个点可以计算并显示，稳态误差为 0.82%。

```
>> tn=12; T=0.5; G=poly2tfd(1,conv([1 1],[2 1]),0,1);
   mod=tfd2step(tn,T,1,G); t=0:T:tn; y=mod(1:length(t));
   stem(t,y) %模型的阶跃响应数据
```

例10-12 对下面的多变量系统试求出阶跃响应数据。

$$\boldsymbol{G}(s)=\begin{bmatrix}\dfrac{0.1134}{1.78s^2+4.48s+1}\mathrm{e}^{-0.72s} & \dfrac{0.924}{2.07s+1}\\ \dfrac{0.3378}{0.31s^2+1.09s+1}\mathrm{e}^{-0.3s} & \dfrac{-0.318}{2.93s+1}\mathrm{e}^{-1.29s}\end{bmatrix}$$

解 可以用下面命令求出系统的阶跃响应数据,如图10-24所示。

```
>> g11=poly2tfd(0.1134,[1.78,4.48,1],0,0.72);
   g12=poly2tfd(0.924,[2.07,1],0,0);
   g21=poly2tfd(0.3378,[0.361,1.09,1],0,0.3);
   g22=poly2tfd(-0.318,[2.93,1],0,1.29);
   S=tfd2step(20,0.3,[1 1],g11,g12,g21,g22); plotstep(S)
```

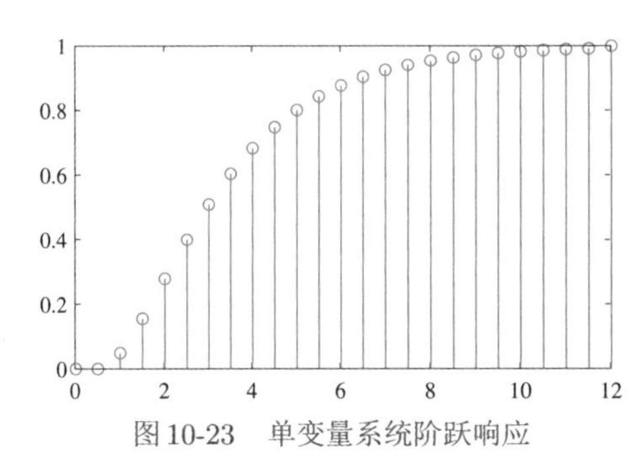

图10-23 单变量系统阶跃响应

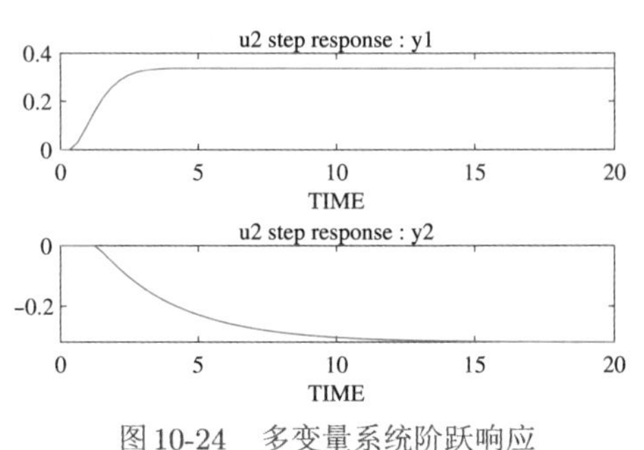

图10-24 多变量系统阶跃响应

2. 无约束最优预测控制器设计

模型预测控制工具箱的相关函数可以用于这类控制器的直接设计。无约束最优预测控制器可以由`mpccon()`函数直接设计,$\boldsymbol{K}_{\rm mpc}$=mpccon(mod,$\boldsymbol{q}$,$\boldsymbol{r}$,m,p),其中,mod为阶跃响应数据,向量$\boldsymbol{q}$与$\boldsymbol{r}$由于描述误差与输出增量的权值,m与p为控制与预测的时程。返回的变元$\boldsymbol{K}_{\rm mpc}$为控制器的增益矩阵,使用该矩阵可以由函数`mpcsim()`计算出预测控制的系统响应,该函数的调用格式为

[$\boldsymbol{y}$,$\boldsymbol{u}$,$\boldsymbol{y}_{\rm m}$]=mpcsim(plant,mod,$\boldsymbol{K}_{\rm mpc}$,$t_{\rm n}$,$s_{\rm p}$)

其中plant为系统响应数据,mod为控制器设计使用的阶跃响应数据,这两组数据是不同的。变元$t_{\rm n}$为终止时间,$s_{\rm p}$为参考输入信号,$\boldsymbol{y}$为系统的输出,$\boldsymbol{u}$为控制信号序列,$\boldsymbol{y}_{\rm m}$为参考模型的输出。

例10-13 考虑例10-11的受控对象模型,试设计模型预测控制器并观察控制效果。

解 选择加权$\boldsymbol{q}=1$,$\boldsymbol{r}=0.1$,并选择预测时程为$p=40$,控制时程为$m=10$,则可以用下面的命令直接设计与仿真模型预测控制系统。闭环系统的输出信号与控制信号分别在图10-25(a)与(b)中给出。

```
>> tn=12; T=0.1; G=poly2tfd(1,conv([1 1],[2 1]),0,1);
   mod=tfd2step(tn,T,1,G); p=40; m=10; q=1; r=0.1;
   Kmpc=mpccon(mod,q,r,m,p); plant=mod; sp=1;
```

```
tend=10; t=0:T:tend; [y,u]=mpcsim(plant,mod,Kmpc,tend,sp);
plot(t,y), figure, stairs(t,u)
```

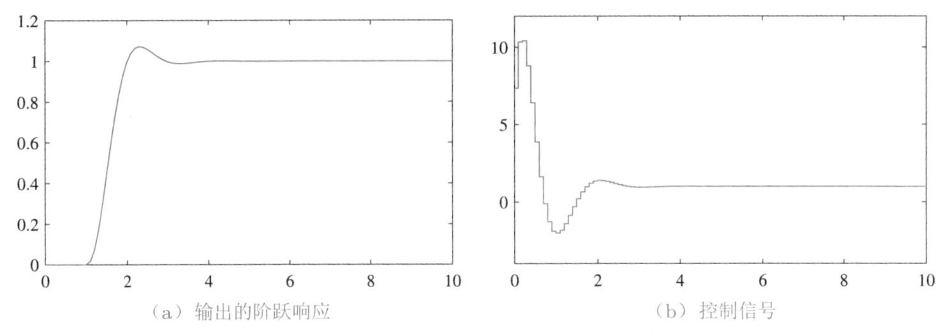

(a) 输出的阶跃响应　　(b) 控制信号

图 10-25　模型预测控制的仿真结果

可以看出，这样得出的输出信号是比较好的，不过，控制信号的代价太大了，所以在实际应用中可能没有太大价值，应该在设计控制器时引入一些约束条件。

还可以调用下面的一组语句，测试不同的控制时程 m，设计最优的预测控制器，并比较控制效果，得出的结果在图 10-26 中给出。

```
>> K1=mpccon(mod,q,r,10,p); [y1,u]=mpcsim(plant,mod,K1,tend,sp);
   K2=mpccon(mod,q,r,5,p);  [y2,u]=mpcsim(plant,mod,K2,tend,sp);
   K3=mpccon(mod,q,r,20,p); [y3,u]=mpcsim(plant,mod,K3,tend,sp);
   plot(t,y1,t,y2,'-',t,y3,':')
```

如果 m 值较大，如 $m=20$，输出与 $m=10$ 的效果差不多，如果减小 m 的值，如 $m=5$，则结果会有很大差异，所以 m 的值在控制器设计中是很重要的，如果 m 的值过小，则预期的控制目标可能难以实现。

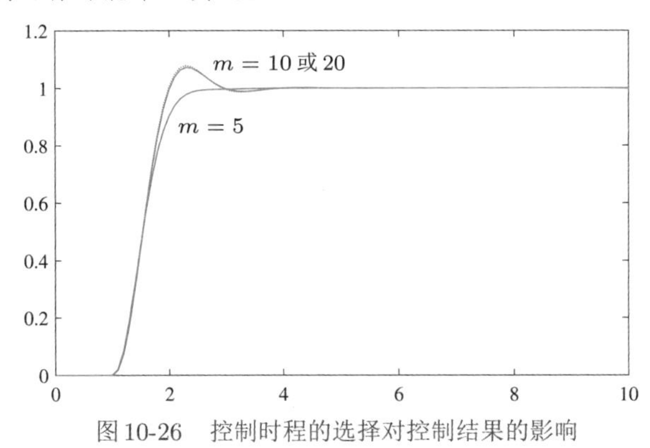

图 10-26　控制时程的选择对控制结果的影响

3. 有约束最优预测控制器设计

如果对控制信号 $\boldsymbol{u}$ 引入约束，则控制器设计问题就变成了有约束的最优化问题了，可以使用 `cmpc()` 来设计控制器：

$$[\boldsymbol{y},\boldsymbol{u},\boldsymbol{y}_{\rm m}]=\texttt{cmpc(plant,mod},\boldsymbol{q},\boldsymbol{r},m,p,t_{\rm n},s_{\rm p},\boldsymbol{u}_{\rm lim},\boldsymbol{y}_{\rm lim})$$

其中，约束条件为$\boldsymbol{u}_{\rm lim}=[\boldsymbol{u}_{\rm m},\boldsymbol{u}_{\rm M},\Delta\boldsymbol{u}_{\rm m}]$，$\boldsymbol{y}_{\rm lim}=[\boldsymbol{y}_{\rm m},\boldsymbol{y}_{\rm M},\Delta\boldsymbol{y}_{\rm m}]$。其中，$\Delta\boldsymbol{u}_{\rm m}$为最大允许的输入信号变化率。如无特别要求，不妨将其设置为∞。与无约束最优化问题相比，cmpc()函数将设计过程与仿真过程进行了合并，可以直接得出仿真结果。

例10-14 考虑例10-11中给出的受控对象模型。如果期望的控制信号$u(t)\in(-3,3)$，试设计模型预测控制器并观察结果。

解 选择默认的加权向量$\boldsymbol{q}$与$\boldsymbol{r}$，预测时程选作$p=40$，并尝试不同的控制时程m，则可以设计出有约束的预测控制器，得出的系统阶跃响应与控制信号如图10-27(a)，(b)所示。可以看出，控制结果是令人满意的，控制信号确实被限制在指定的区域之内了。

```
>> tn=12; T=0.1; G=poly2tfd(1,conv([1 1],[2 1]),0,1);
   mod=tfd2step(tn,T,1,G); p=40; m=10; q=1; r=0.1;
   plant=mod; sp=1; tend=10; t=0:T:tend;
   [y,u]=cmpc(plant,mod,q,r,m,p,tend,sp,[-3,3,inf]);
   plot(t,y), figure, stairs(t,u)
```

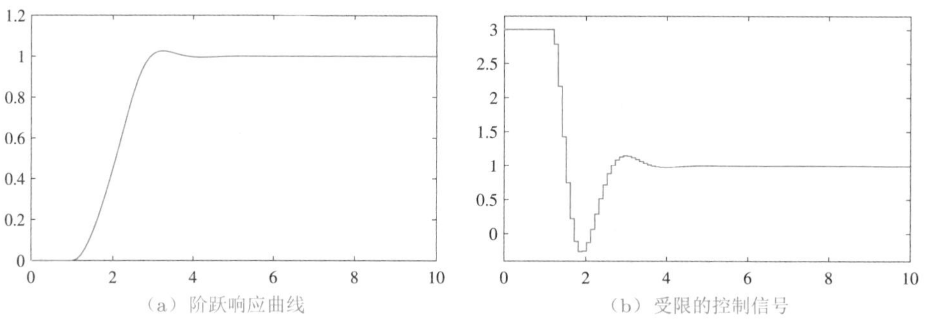

(a) 阶跃响应曲线　　(b) 受限的控制信号

图10-27 有约束最优预测控制的仿真结果

例10-15 考虑例10-12中给出的多变量受控对象模型，若选择采样周期$T=0.1\,{\rm s}$，且期望的输入信号满足$|u_i(t)|\leqslant 5$，试设计预测控制器。

解 类似于前面的例子，可以直接设计出系统的预测控制器。分别将两路输入信号施加到系统上，则可以得出如图10-28(a)，(b)所示的输出信号与控制信号。从得出的结果看，这样的输入信号基本上可以完全解耦多变量控制系统，得出的系统响应是令人满意的。如果追求更好的控制效果，用户可以也可以自行调节加权系数或其他参数，直接观测得出的控制效果。

```
>> g11=poly2tfd(0.1134,[1.78,4.48,1],0,0.72);
   g12=poly2tfd(0.924,[2.07,1],0,0);
   g21=poly2tfd(0.3378,[0.361,1.09,1],0,0.3);
   g22=poly2tfd(-0.318,[2.93,1],0,1.29); T=0.1; p=20; m=15;
   S=tfd2step(20,T,[1 1],g11,g12,g21,g22); q=[1 1];
   r=[0.1 0.1]; plant=S; sp1=[1 0]; sp2=[0,1]; tn=4; t=0:T:tn;
```

```
[y1,u1]=cmpc(plant,S,q,r,m,p,tn,sp1,[-5,-5,5 5 inf inf]);
subplot(211); plot(t,y1); subplot(212), stairs(t,u1)
[y2,u2]=cmpc(plant,S,q,r,m,p,tn,sp2,[-5,-5,5 5 inf inf]);
figure; subplot(211); plot(t,y2); subplot(212), stairs(t,u2)
```

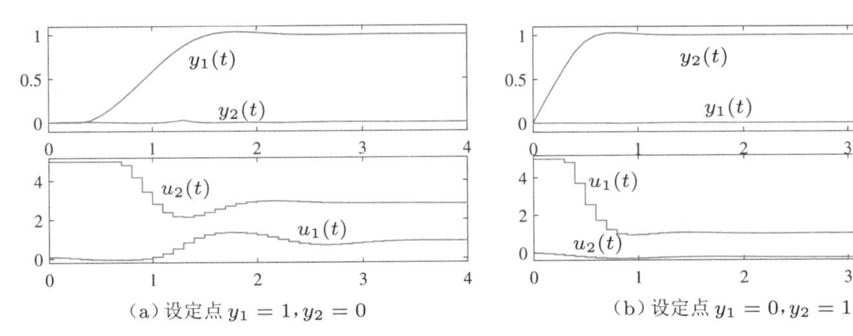

(a) 设定点 $y_1=1, y_2=0$　　(b) 设定点 $y_1=0, y_2=1$

图 10-28　多变量系统的预测控制仿真结果

4. 模型预测控制器的面向对象设计

模型预测工具箱中还提供了面向对象的模型预测控制器设计函数 **mpc()**,还有专用的重载函数 **sim()** 可以用来仿真模型预测控制下的系统行为。这两个函数都支持无约束与有约束的设计方法。函数的调用格式为

MPCobj=mpc($G,T,p,m,\boldsymbol{w}$)　　　　　　% 无约束设计
MPCobj=mpc($G,T,p,m,\boldsymbol{w}$,Constr)　　% 有约束设计
[$\boldsymbol{y},\boldsymbol{t},\boldsymbol{u}$]=sim(MPCobj,$N,\boldsymbol{r}$)　　　　% 绘制闭环响应曲线

在函数调用语句中,G 为控制系统工具箱的LTI对象,T 为采样周期,m 与 p 为控制和预测时程,$\boldsymbol{w}$ 为加权向量,选项 **Constr** 用于存储控制信号的约束。在仿真函数中,N 为仿真的总点数,$\boldsymbol{r}$ 为各路输入信号设定点构成的向量,**sim()** 函数返回的变元分别是闭环模型预测控制系统的输出信号、时间向量与控制信号,如果不给出任何返回变元,则会自动绘制出这些信号。

例 10-16　重新考虑例 10-15 中的多变量受控对象,试利用界面设计模型预测控制器。

解　可以考虑使用有约束最优化的方法,使用下面命令直接设计模型预测控制器。

```
>> g11=tf(0.1134,[1.78,4.48,1],'ioDelay',0.72);
   g12=tf(0.924,[2.07,1]);
   g21=tf(0.3378,[0.361,1.09,1],'ioDelay',0.3);
   g22=tf(-0.318,[2.93,1],'ioDelay',1.29); G=[g11,g12; g21 g22];
   T=0.1; p=20; m=15; MPCobj=mpc(G,T,p,m);
   tn=40; r1=[1,0]; sim(MPCobj,tn,r1)   %第一路输入单独作用
   figure; r2=[0,1]; sim(MPCobj,tn,r2)  %第二路输入单独作用
```

如果两路输入信号都满足 $|\boldsymbol{u}(t)|\leqslant 5$,则可以使用下面的命令直接描述这些约束,然后再给出模型预测控制的设计命令,得出的控制结果与图 10-28 中给出的完全一致。可

以看出,使用这里介绍的设计工具,使得设计与仿真变得简单且直观。

```
>> MV(1).Min=-5; MV(1).Max=5; MV(2).Min=-5; MV(2).Max=5;
   weights=[]; MPCobj=mpc(G,T,m,p,weights,MV);
   sim(MPCobj,tn,r1), figure; sim(MPCobj,tn,r2)
```

由命令 G_c=ss(MPCobj) 可以直接提取模型预测控制器的状态方程模型。对前面给出的例子而言,可以看出,控制器是一个31阶的离散模型,所以该方法只能用于计算机控制。

10.3.3 预测控制的Simulink仿真

Simulink还提供了模型预测器模块,给出命令mpclib则可以打开MPC模块集,如图10-29所示,利用模块集提供的模块就可以直接仿真模型预测控制系统。本节主要通过例子演示MPC Controller模块的使用方法。

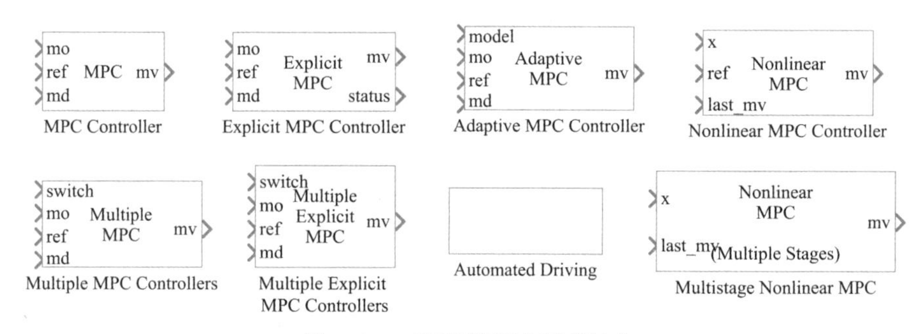

图10-29 模型预测控制器模块集

预测控制模块集中的MPC Controller是基本的预测控制器模块。默认状态下,该模块有三个输入端子,分别为可测输出信号端子mo、输入信号端子ref和可测扰动信号端子md。输出端子mv(manipulated variable)为控制信号的端子,用于直接控制受控对象。双击该模块,将打开如图10-30所示的参数对话框,用户可以直接设置预测控制器的参数。例如,将设计的MPC控制器对象名MPCobj直接填写到MPC Controller编辑框。另外,如果不想给出扰动信号,则可以反选Measured disturbance(可测的扰动)复选框,这样,md输入端子将自动取消。

例10-17 考虑例10-15给出的受控对象模型。例10-16中演示了预测控制器的设计方法,并获得了预测控制器对象MPCobj,试在Simulink下对预测控制进行仿真分析。

解 由例10-16中的介绍不难设计出预测控制器对象MPCobj,将其填写到MPC Controller模块中,并取消md输入端子,则可以直接构造出如图10-31所示的仿真模型。可以将例10-16中的设计语句直接写入模块的PreLoadFcn属性,以便打开模型时自动赋值。

如果Constant模块填写向量型数值,则将产生向量型常数信号。如果将第一路信号的设定点设置为1,第二路设定点设置为0,则可以给出下面的命令对系统进行仿真,得出的模型预测控制效果如图10-32所示。与例10-16相比,这里的控制效果稍有不同,其

Block Parameters: MPC Controller ×
MPC (mask) (link)
The MPC Controller block lets you design and simulate a model predictive controller defined in the Model Predictive Control Toolbox.
Parameters
MPC Controller MPCobj Design
Initial Controller State Review
Block Options
General Online Features Default Conditions Others
Additional Inports
☐ Measured disturbance (md)
☐ External manipulated variable (ext.mv)
☐ Targets for manipulated variables (mv.target)
Additional Outports
☐ Optimal cost (cost) ☐ Optimal control sequence (mv.seq)
☐ Optimization status (qp.status) ☐ Optimal state sequence (x.seq)
☐ Estimated controller states (est.state) ☐ Optimal output sequence (y.seq)
State Estimation
☐ Use custom state estimation instead of using the built-in Kalman filter (x[k|k])
OK Cancel Help Apply

图10-30 模型预测控制器模块的参数对话框

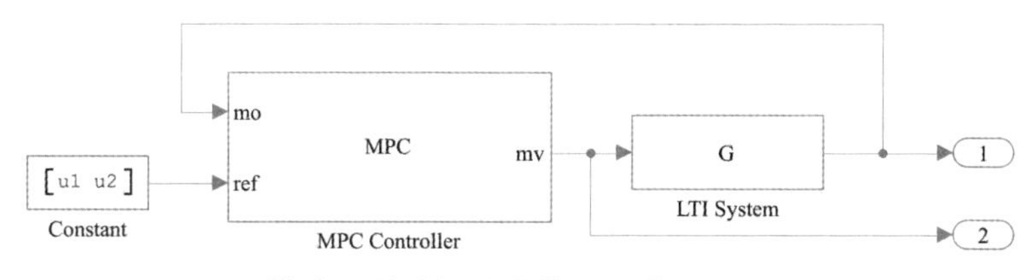

图10-31 模型预测控制器仿真模型(文件名:c10mmpc1.slx)

原因是,这里的仿真并未考虑$\boldsymbol{u}(t)$控制信号的限幅。

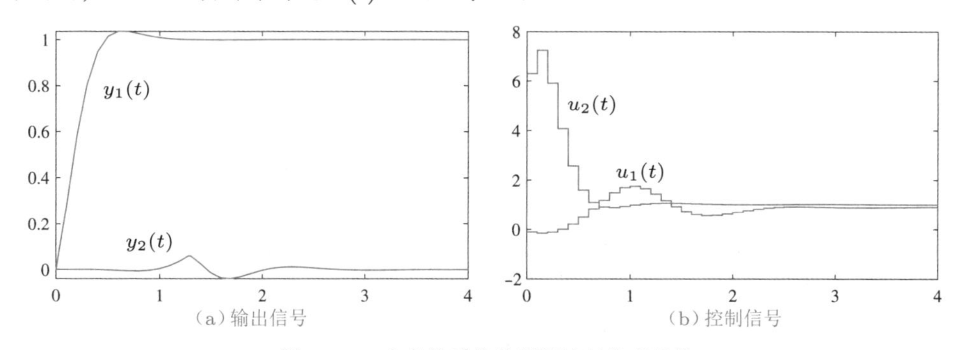

(a)输出信号 (b)控制信号

图10-32 多变量系统的预测控制仿真结果

```
>> g11=tf(0.1134,[1.78,4.48,1],'ioDelay',0.72);
   g12=tf(0.924,[2.07,1]); %输入受控对象的各个子传递函数模型
   g21=tf(0.3378,[0.361,1.09,1],'ioDelay',0.3);
```

```
g22=tf(-0.318,[2.93,1],'ioDelay',1.29); G=[g11,g12; g21 g22];
T=0.1; p=20; m=15; MPCobj=mpc(G,T,p,m);
u1=1; u2=0; [t x y]=sim('c10mmpc1');
plot(t,y(:,1:2)), figure, stairs(t,y(:,3:4))
```

例 10-18　如果控制信号的限幅值设置成 ±5,试重新仿真该系统。

解　如果在控制器设计时考虑了约束条件,则可以重建 MPCobj 对象,这样,在 Simulink 仿真框图中将自动考虑输入信号的限幅,得出如图 10-33 所示的系统阶跃响应与控制信号曲线。与例 10-15 得出的控制效果相比,这里设计的控制器效果有明显的改进。

```
>> g11=tf(0.1134,[1.78,4.48,1],'ioDelay',0.72);
   g12=tf(0.924,[2.07,1]); %输入受控对象的各个子传递函数模型
   g21=tf(0.3378,[0.361,1.09,1],'ioDelay',0.3);
   g22=tf(-0.318,[2.93,1],'ioDelay',1.29); G=[g11,g12; g21 g22];
   T=0.1; p=20; m=15; weights=[]; %有约束的控制器设计
   MV(1).Min=-5; MV(1).Max=5; MV(2).Min=-5; MV(2).Max=5;
   MPCobj=mpc(G,T,m,p,weights,MV);
   u1=1; u2=0; [t x y]=sim('c10mmpc1',4);
   plot(t,y(:,1:2)), figure, stairs(t,y(:,3:4))
```

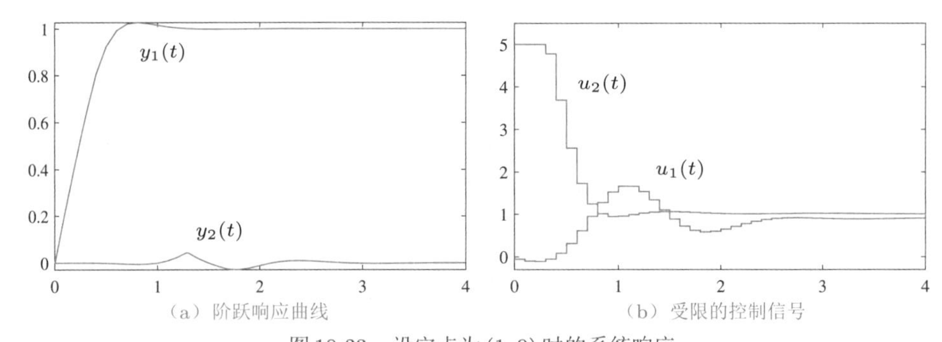

(a) 阶跃响应曲线　　(b) 受限的控制信号

图 10-33　设定点为 (1, 0) 时的系统响应

10.3.4　广义预测控制系统与仿真

广义预测控制(general predictive control, GPC)是由英国学者 David Clarke 教授及其合作者提出的一种新型控制策略[17,18],文献 [19] 对广义预测控制理论及应用有较好的介绍。广义预测控制研究的受控对象模型可以表示为

$$A(z^{-1})y(t) = z^{-d}B(z^{-1})u(t) + C(z^{-1})\xi(t) + \eta \tag{10-3-9}$$

该模型的大部分内容和前面描述的完全一致,它的特点是可以处理在模型的输入中添加常数偏差扰动 η 的问题。

广义预测控制的性能指标为

$$J = \min_{u} \ \mathrm{E}\left\{ \sum_{j=N_1}^{N_2} \left[y(t+j) - y_{\mathrm{r}}(t+j) \right]^2 + \sum_{j=1}^{N_{\mathrm{u}}} \lambda \left[\Delta u(t+j-1) \right]^2 \right\} \tag{10-3-10}$$

这里，性能指标选择的是一个时间窗口 (N_1, N_2) 内的方差值，属于滚动时程型性能指标。文献 [10] 给出了较好的基于早期MATLAB版本的仿真模型和描述广义预测控制的S-函数，根据本书的风格修改如下，并根据该S-函数构造了封装模块。

```
function [sys, x0,str,ts,SSC]=gpc_1a(t,x,u,flag,N1,N2,Nu,r,rho,...
                 kd,Bp,Ap,Pp,alfa,ts)
nA=length(Ap); nB=length(Bp)-1; k=nA+nB+1;
kp=k*k; kt=kp+1; ktn=kp+k; kf=ktn+1;
kfn=ktn+k; ky=kfn+1; ku=ky+1; kn=ky+kd; P=zeros(k,k); x=x(:).';
switch flag
   case 0
      SSC='DefaultSimState'; sizes=simsizes; %读入系统变量的默认值
      sizes.NumContStates=0; sizes.NumDiscStates=kn;
      sizes.NumOutputs=1; sizes.NumInputs=2;
      sizes.DirFeedthrough=0; sizes.NumSampleTimes=1;
      sys=simsizes(sizes); str=[]; ts=[ts 0];
      x0=zeros(1,kn); x0(1:k+1:kp)=Pp*ones(k,1);
      x0(kt:kt+nA-1)=Ap; x0(kt+nA:ktn)=Bp;
   case 2
      Ph=[x(ky),x(kf:kf+nA-2),x(kn),x(kf+nA:kfn-1)];
      P(:)=x(1:kp); P=(1/alfa)*(P-(P*Ph'*Ph*P)/(alfa+Ph*P*Ph'));
      Th=x(kt:ktn)+Ph*P*(u(2)-Ph*x(kt:ktn)'); kM=max([nA+1,nB+kd]);
      num=[zeros(1,kd-1),Th(nA+1:k),zeros(1,kM-nB-kd)];
      den=[1,Th(1:nA),zeros(1,kM-nA-1)]; h=dstep(num,den,N2);
      for i=1:Nu, Qt(1:N2,i)=[zeros(i-1,1); h(1:N2-i+1)]; end;
      Q=Qt(N1:N2,:); q=[1,zeros(1,Nu-1)]*inv(Q'*Q+r*eye(Nu))*Q';
      [w,xw]=dlsim(rho,1-rho,1,0,u(1)*ones(N2+1,1),u(2));
      A=[1,Th(1:nA)]; B=Th(nA+1:k); Bm=[B,0]; Bm=Bm-[0,B];
      Am=[A,0]; Am=Am-[0,A]; Ar=Am(2:nA+2);
      Br=[zeros(1,kd-1),Bm]; Y=[u(2),-x(ky),-x(kf:kf+nA-2)];
      U=[x(ku),x(ku:kn),x(kf+nA:kf+nA+nB-1)];
      for i=1:N2
        yp(i)=-Ar*Y'+Br*U'; Y=[yp(i),Y(1:nA)]; U=[U(1),U(1:nB+kd)];
      end
      nu=x(ku)+q*(w(N1+1:N2+1)-yp(N1:N2)');
      sys=[P(:)',Th,x(ky),x(kf:kf+nA-2), x(kn),...
```

```
            x(kf+nA:kfn-1),-u(2), nu, x(ku:kn-1)];
      case 3, sys=x(ku);
      otherwise, sys=[];
   end
```

例10-19 假设受控对象模型为$G(s)=1/(2s^2+8s+1)$,且该模型的输出端可能受到$d=0.5$的扰动,试用广义预测控制的方式对该模型进行控制。

解 为对该系统进行仿真研究,可以建立起如图10-34所示的仿真框图。

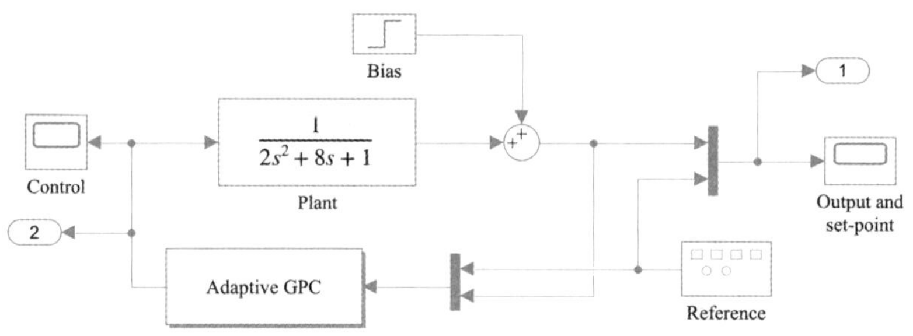

图10-34 广义预测控制系统的仿真框图(文件名:c10mgpc1.slx)

先假设$d=0$,选择$N_1=1$,$N_\mathrm{u}=2$,对不同的N_2取值,如$N_2=10$进行仿真研究,则可以得出如图10-35(a)所示的输出曲线。从仿真结果可见,$N_2=3$时仿真曲线效果不是很好,说明预测3步的控制对此例子不适用,故应该增大N_2的值,例如,选择$N_2=10$。如果不考虑第一周期的响应,后面各个周期的响应都很理想。

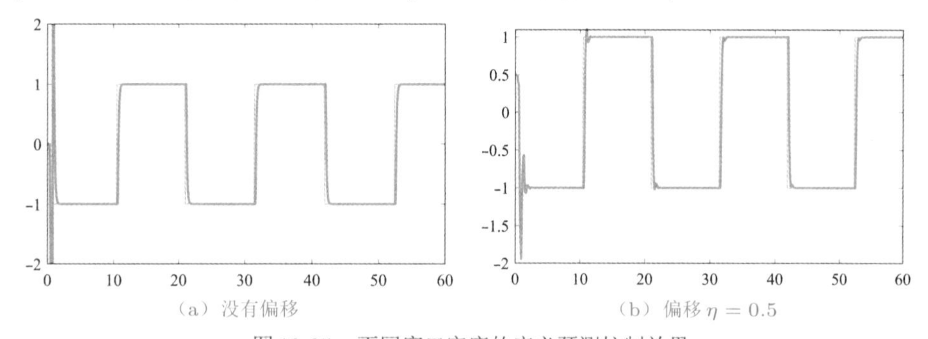

(a)没有偏移 (b)偏移$\eta=0.5$

图10-35 不同窗口宽度的广义预测控制效果

现在假设偏差信号$\eta=0.5$,则通过仿真可以得出如图10-35(b)所示的控制效果。可见,虽然模型受到了偏差扰动,控制效果仍然是很理想的。

10.4 模糊控制及模糊控制器设计

模糊集合的概念是控制论专家Lotfi A.Zadeh教授于1965年引入的[20]。目前模糊逻辑已经广泛地应用于理、工、农、医各种各样的领域。在自动控制领域中模糊控制也是很有吸引力的研究方向。本节将先介绍模糊逻辑与模糊推理,然后介绍模糊控制器设计与模糊控制系统仿真的方法。

10.4.1 模糊逻辑与模糊推理

由经典集合论可知，一个事物a要么就属于集合A，要么就不属于集合A，没有其他的属于关系。在现代科学与工程应用中，由Zadeh教授提出的模糊集合理论[20]越来越被广泛接受，亦即某一事物a以一定程度属于集合A，该思想是模糊集合的基础。而这样的属于程度又称为“隶属度”（membership）。隶属函数可以由MATLAB模糊逻辑工具箱中提供的隶属函数的编辑界面来输入，也可以由MATLAB命令组来描述。

用模糊逻辑工具箱中提供的`newfis()`函数可以构建出模糊推理系统的数据结构。其中，FIS为模糊推理系统（fuzzy inference system，FIS）的缩写。该函数的调用格式为`fis=newfis(name)`，其中，`name`为字符串，表示模糊推理系统的名称，通过该函数可以建立起结构体`fis`，其内容包括模糊的与、或运算，解模糊算法等，这些属性可以由`newfis()`函数直接定义，也可以事后定义。定义了模糊推理系统`fis`后，可以调用`addvar()`函数来添加系统的输入和输出变元，其调用格式为

```
fis=addvar(fis,'input',iname,vi)     %定义一个输入变量iname
fis=addvar(fis,'output',oname,vo)    %定义一个输入变元oname
```

其中，$\boldsymbol{v}_{\rm i}$及$\boldsymbol{v}_{\rm o}$为输入或输出变元的取值范围，亦即最小值与最大值构成的行向量。通过这样的方法可以进一步定义`fis`的输入输出情况，每个变量的隶属函数可以用`addmf()`函数定义，也可以用`mfedit()`定义。

若将某信号用三个隶属函数表示，则一般对应的物理意义是“很小”、“中等”与“较大”。5段式的模糊论域一般可以写成$E=\{\text{NB, NS, ZE, PS, PB}\}$，分别表示“负大”、“负小”、“零”、“正小”和“正大”这5个模糊子集。更精确点，还可以用7段式模糊论域，一般记作$E=\{\text{NB, NM, NS, ZE, PS, PM, PB}\}$。和5段式论域相比，分别增加了“负中”和“正中”两个模糊子集。一个精确的信号可以通过这样一组隶属函数模糊化，变成模糊信号。

如果将多路信号均模糊化，则可以用`if-else`型语句表示出模糊推理关系。例如，若输入信号$\mathtt{ip}_1$“很小”，且输入信号$\mathtt{ip}_2$“较大”，则设置“较大”的输出信号`op`，这样的推理关系可以表示成

```
if ip1==“很小” and ip2==“很大”, then op=“很大”
```

模糊规则可以简单地用数据向量表示，多行向量可以构成多条模糊规则矩阵。每行向量有$m+n+2$个元素，m、n分别为输入变元和输出变元的个数，其中前m个元素表示输入信号的隶属函数序号，次n个元素对应输出信号的隶属函数序号，第$m+n+1$表示输出的加权系数，最后一个元素表示输入信号的逻辑关系，1表示逻辑“与”，2表示逻辑“或”。

若前面的规则生成一个规则矩阵 $\boldsymbol{R}$，则可以用命令 fis=addrule(fis,$\boldsymbol{R}$) 直接补加到模糊推理系统 fis 原有的规则后面。模糊推理问题还可以用 MATLAB 函数 evalfis() 求解，y=evalfis(fis,$\boldsymbol{X}$)，其中，$\boldsymbol{X}$ 为矩阵，其各列为各个输入信号的精确值，evalfis() 函数利用用户定义的模糊推理系统 fis 对这些输入信号进行模糊化，用该系统进行模糊推理，得出模糊输出量。

通过模糊推理可以得出模糊输出量 op，此模糊量可以通过指定的算法精确化，亦称解模糊化（defuzzification）。解模糊化过程实际上是模糊化过程的逆运算，可以由 defuzz() 函数求取，常用的解模糊化算法包括最大隶属度平均算法（'mom'）、中位数法（'centriod'）等。

编辑了模糊推理系统模型，还可以用 writefis() 函数将该系统存入 *.fis 文件。相应地，用 readfis() 函数可以将 *.fis 文件读入 MATLAB 工作空间。

上面所有的语句可以更简单地由界面实现，后面将通过例子详细演示基于界面的模糊推理系统的建立方法。

10.4.2 模糊PD控制器设计

利用反馈系统中的误差信号 $e(t)$ 及其变化率 $\mathrm{d}e(t)/\mathrm{d}t$ 来计算控制量的方法称为PD控制。典型的模糊 PD 控制器结构框图如图 10-36 所示，其中需要事先引入增益 K_p 和 K_d 分别对误差信号及其变化率信号进行规范处理，使得其值域范围与模糊变量的论域吻合，然后对这两个信号模糊化后得出的信号（E, E_d）进行模糊推理，并将得出的模糊量解模糊化，得出精确变量 U，通过规范化增益 K_u 后就可以得出控制信号 $u(t)$。

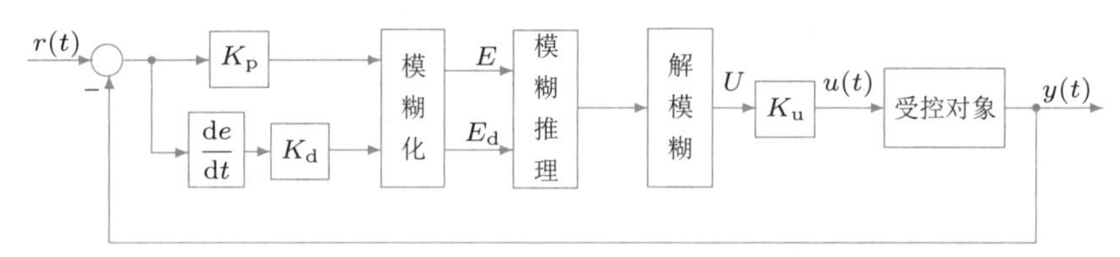

图 10-36 模糊 PD 控制器控制框图

文献 [21] 采用了更合理的 8 段模糊子集的定义，其示意图如图 10-37 所示。和 7 段式模糊子集方式相比，这样的定义将 ZE 集合进一步细化为 NZ（负零）和 PZ（正零）两个子集，能更好地刻画在 0 附近误差及其变化率的情况。

从系统的响应看，如果误差 $e(t) = r(t) - y(t)$ 为 PB，则需要给出正的控制量 $u(t)$。进一步地，如果 $\mathrm{d}e(t)/\mathrm{d}t$ 为 NB 和 NM，由于误差大且误差仍有加大的趋势，所以应该加大控制量 $u(t)$，亦即将 $u(t)$ 设置为 PB；相反地，如果误差变化率为 NS 和 NZ，则说明误差有减小的趋势，故无须加大控制量，将其设置为 PM 即可；若变化率为 PZ 或 PS，则应该加更小的控制量，如选择 PS；如果误差变化率为 PM 或

PB，则说明无须加控制量即可消除误差，这时应该选择$u(t)$为NZ。对其他的$e(t)$与$\mathrm{d}e(t)/\mathrm{d}t$组合当然也可以总结出类似的规则，这样可以得出表10-1中给出的各种规则[21]，注意，因为这里的误差定义与该文献的定义差一个符号，故将整个表取了反号。

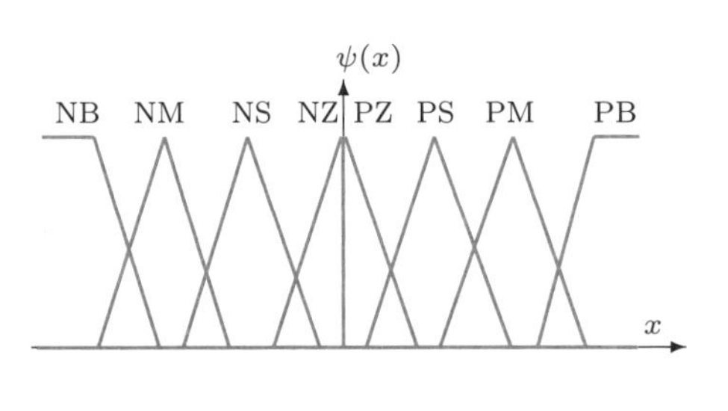

图10-37 8段模糊子集示意图

表10-1 PD控制器模糊逻辑

		de(t)/dt							
		NB	NM	NS	NZ	PZ	PS	PM	PB
$e(t)$	NB	NB	NB	NM	NM	NS	NS	NZ	NZ
	NM	NB	NB	NM	NM	NS	NS	NZ	NZ
	NS	NB	NB	NM	NS	NS	NZ	NZ	NZ
	NZ	NB	NM	NM	NZ	NS	NZ	PM	PM
	PZ	NM	NM	PZ	PS	PZ	PM	PM	PB
	PS	PZ	PZ	PZ	PS	PS	PM	PB	PB
	PM	PZ	PZ	PS	PS	PM	PM	PB	PB
	PB	PZ	PZ	PS	PS	PM	PM	PB	PB

有了模糊隶属函数与模糊推理表格，则可以用下面的步骤建立起所需的模糊推理系统模型：

（1）启动界面。输入`fuzzy`命令启动如图10-38所示的系统界面。

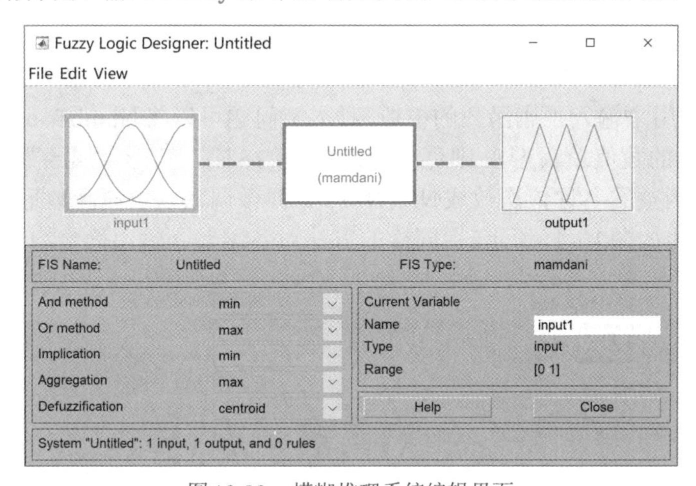

图10-38 模糊推理系统编辑界面

（2）信号设定。在该界面中，默认的系统是单输入单输出的，而建立本模糊推理模型需要双路输入，单路输出，所以应该添加一路输入信号，这可以由菜单项Edit → Add Variable（添加变量）→ Input添加。分别在图10-38所示的界面上修改这三路信号的变量名为e、ed和u，得出的模糊系统结构如图10-39所示。

（3）隶属函数设置。双击界面上的输入端e图标，将在得出的界面上显示默认的三段模糊子集及隶属函数曲线。单击Edit菜单，其内容如图10-40（a）所示。选择

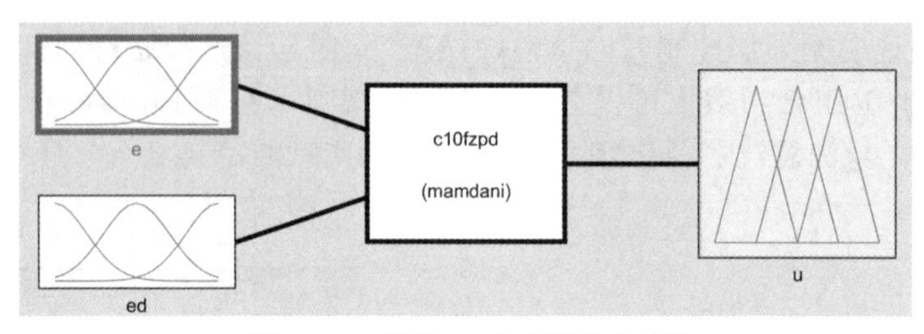

图 10-39 模糊 PD 控制系统的结构

其中的 Remove All MFs(删除全部隶属函数)菜单删除默认的所有隶属函数。修改界面中 Range(范围)栏目中的内容为区间 $[-2,2]$。

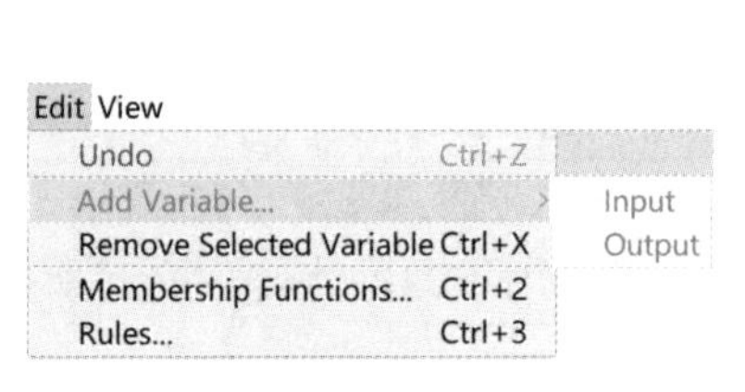

(a) Edit 菜单

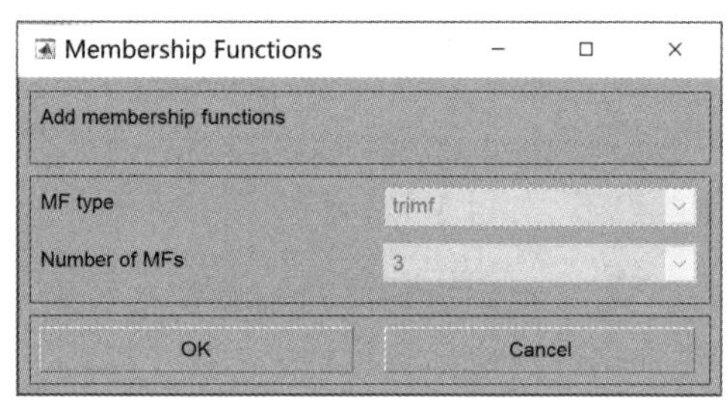

(b) 隶属函数参数对话框

图 10-40 隶属函数的编辑

选择 Edit → Add MFs(添加隶属函数)菜单,则可以得出如图 10-40(b)所示的对话框,用来输入隶属函数的模板,对本例问题可以将 Number of MFs(隶属函数个数)栏目的数值填写为 8,则可以得出默认的 8 段三角形隶属函数的默认设置。将各段隶属函数的名称依次改成 NB、NM 等,并微调默认隶属函数形状,则得出的隶属函数曲线如图 10-41 所示。用同样的方法对各路输入输出信号均作相应的处理。

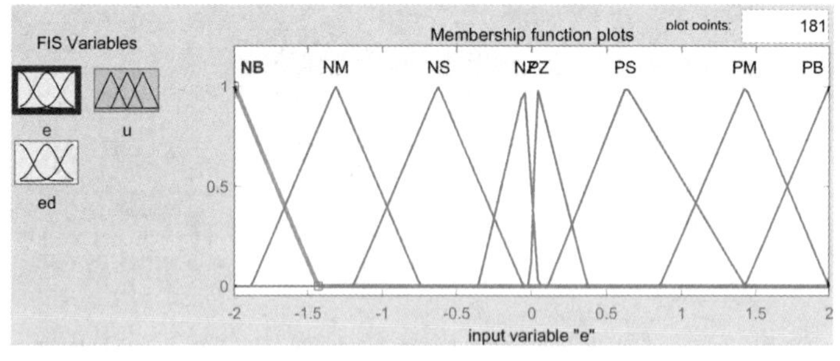

图 10-41 隶属函数的编辑结果

(4) 编辑模糊推理系统。选择 Edit → Rules 菜单项,则可以得出如图 10-42 所示的模糊规则编辑界面,在其中逐一输入规则。可以由 Add rule(添加规则)输入这些规则,用 Change rule(修改规则)编辑规则。对表 10-1 中给出的模糊规则,共需编辑 64 条规则。

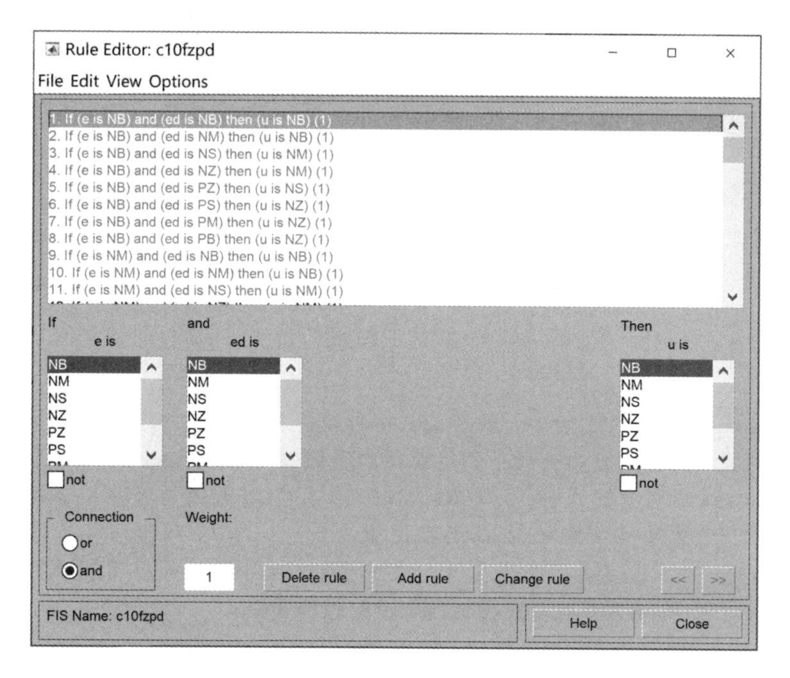

图10-42 模糊推理规则编辑界面

建立起模糊推理规则后，由View → Rules（规则）和View → Surface（表面图）菜单项来显示模糊推理规则，以便更好地理解建立的模糊推理规则。

（5）模糊推理系统的存储。选择File → Export（导出）菜单项就可以分别将建立起来的模糊推理系统存成`*.fis`文件或存成MATLAB工作空间中的变量。采用这里给出的存储方法，可以将建立起来的模型存储为`c10fzpd.fis`。

例10-20 假设受控对象模型为$G(s) = 30/(s^2 + as)$，其中$a \in [5,50]$，取$K_{\rm p} = 2$，$K_{\rm d}=K_{\rm u}=1$，试建立模糊PID控制系统的仿真模型。

解 可以建立起如图10-43所示的仿真模型。这里，为了显示其他信号，设置了观测用示波器。可以给出如下的命令来对模型进行初始化

```
>> fuz=readfis('c10fzpd.fis'); a=5; Kp=2; Kd=1; Ku=1;
```

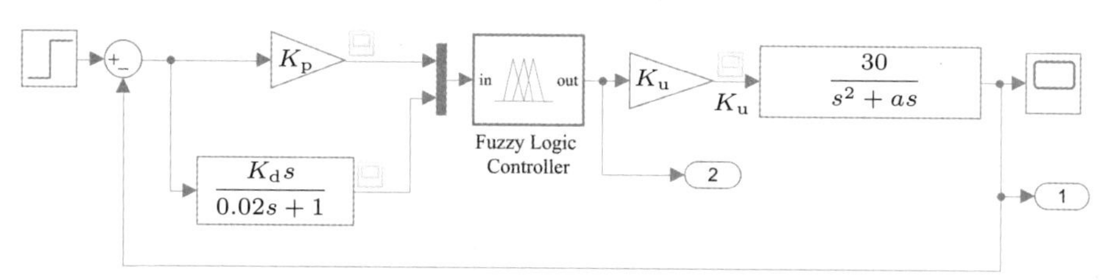

图10-43 模糊PD控制系统的仿真模型（文件名：`c10mfzpd.slx`）

对得出的模型进行仿真，则可以得出输出信号如图10-44(a)所示。其他信号的时域响应曲线如图10-44(b)所示。可见，采用模糊控制可以得出较好的控制效果。

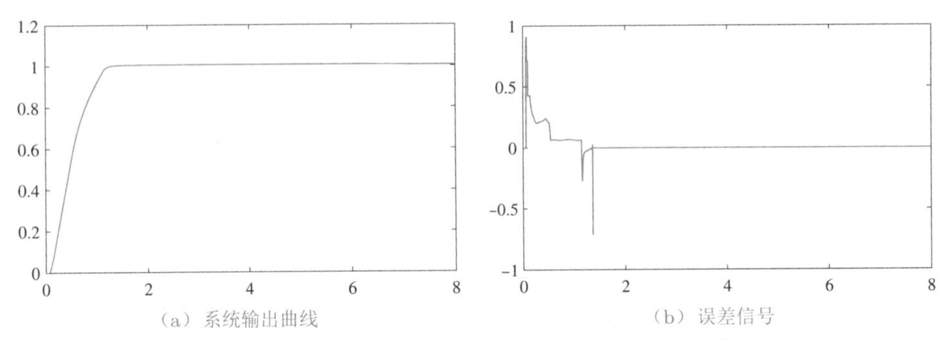

（a）系统输出曲线　　（b）误差信号

图10-44　模糊PD控制的输出曲线及其他相关曲线

选择不同的a值，如$a = 5, 10, 20$，则可以得出如图10-45(a)所示的响应曲线，可见，在控制器不进行调整的情况下仍然能得出满意的控制效果。

如果受控对象变成$G(s) = 30/(s^2 + 5s + 1)$，亦即不再直接包含积分器作用，则仍然可以用此方法直接控制，得出的控制曲线如图10-45(b)所示。可见，仍然能较好地控制该模型，只不过得出的曲线在稳态值附近会发生小幅值的振动，控制信号$u(t)$也会在零点附近振动，这是模糊PD控制难以避免的弱点。

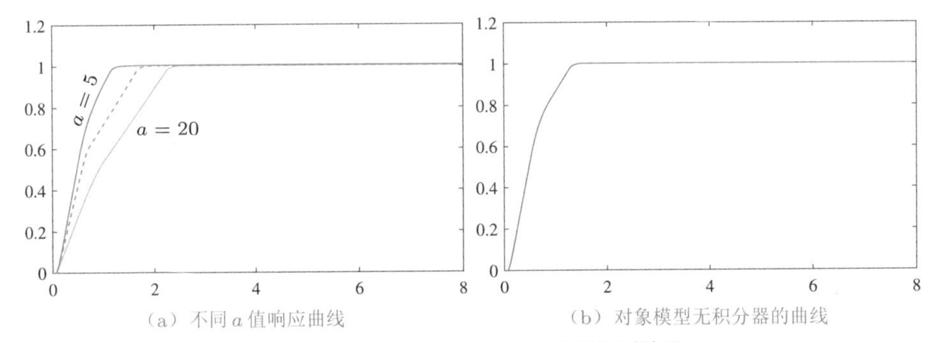

（a）不同a值响应曲线　　（b）对象模型无积分器的曲线

图10-45　受控对象发生变化时的控制效果

10.4.3　模糊PID控制器设计

模糊PID控制器结构是一类被广泛应用的PID控制器。该控制器一改传统PID控制器固定参数$K_{\rm p}$、$K_{\rm i}$、$K_{\rm d}$的控制策略，提出了可以根据跟踪误差信号等动态改变PID控制器参数的方法，达到改善控制效果，扩大应用范围的目的。

由模糊逻辑整定PID控制器的表达式为

$$\begin{cases} K_{\rm p}(k) = K_{\rm p}(k-1) + \gamma_{\rm p}(k)\Delta K_{\rm p} \\ K_{\rm i}(k) = K_{\rm i}(k-1) + \gamma_{\rm i}(k)\Delta K_{\rm i} \\ K_{\rm d}(k) = K_{\rm d}(k-1) + \gamma_{\rm d}(k)\Delta K_{\rm d} \end{cases} \tag{10-4-1}$$

其中，$\gamma_{\rm p}(k)$、$\gamma_{\rm i}(k)$、$\gamma_{\rm d}(k)$为校正速度量，随校正次数增加，它们的值将减小。当然，为简单起见，也可以将它们均设置成常数。由整定公式可以看出，下一步的控制器参数可以由当前的控制器参数与模糊推理得出的控制器参数增量的加权和构成。

这时，可以如下计算控制量

$$u(k)=K_{\rm p}(k)e(k)+K_{\rm i}(k)\sum_{i=0}^{k}e(i)+K_{\rm d}(k)\big[e(k)-e(k-1)\big] \tag{10-4-2}$$

注意，这里的求和式子并不是PID控制器积分项的全部，正常应该乘以采样周期T，这里为简单起见，将其含于变量$K_{\rm i}(k)$中，上式同样对$K_{\rm d}(k)$进行了相应处理。由于计算$\sum_{i=0}^{k}e(i)$较困难，所以应该引入状态变量$x(k)=\sum_{i=0}^{k}e(i)$。这样可以推导出状态方程为

$$x(k+1)=x(k)+e(k) \tag{10-4-3}$$

这时，式（10-4-2）中控制量可以改写成

$$u(k)=K_{\rm p}(k)e(k)+K_{\rm i}(k)x(k)+K_{\rm d}(k)\big[e(k)-e(k-1)\big] \tag{10-4-4}$$

模糊PID控制器的典型结构如图10-46所示。由于直接用模块搭建前面的模糊PID控制器算法比较复杂，所以这里采用S-函数的形式来构造该模块。分析前面介绍的算法，可见状态变量个数为1；输出个数可以选择为1个，但考虑到本例还要显示变化的$K_{\rm p}$、$K_{\rm i}$、$K_{\rm d}$系数，所以暂时选择输出个数为4；输入信号可以选择两路$\boldsymbol{u}(k)=[e(k),e(k-1)]^{\rm T}$。这样可以容易地编写出如下的S-函数来表示模糊PID控制器的核心部分。

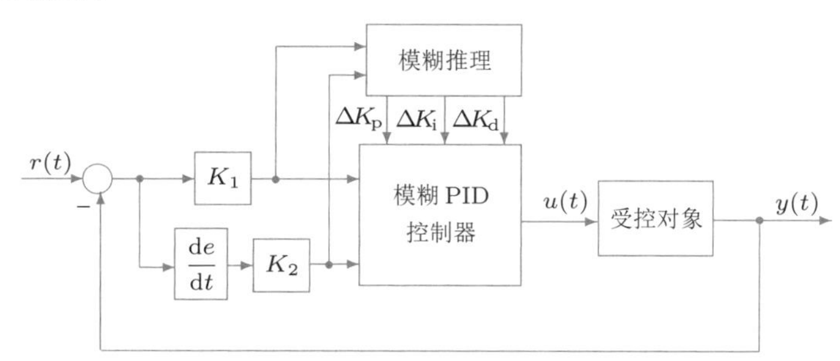

图10-46　模糊PID控制器控制框图

```
function [sys,x0,str,ts,SSC] = fuz_pid(t,x,u,flag,T,aFuz,fx0,gam)
switch flag
   case 0, [sys,x0,str,ts,SSC] = mdlInitializeSizes(T);
   case 2, sys = mdlUpdates(x,u);
   case 3, sys = mdlOutputs(x,u,T,aFuz,fx0,gam);
   case {1, 4, 9}, sys = [];
   otherwise, error(['Unhandled flag = ',num2str(flag)]);
end;
%--- 模块初始化函数 mdlInitializeSizes
function [sys,x0,str,ts,SSC] = mdlInitializeSizes(T)
```

```
sizes=simsizes; sizes.NumContStates=0; sizes.NumDiscStates=3;
sizes.NumOutputs = 4; sizes.NumInputs = 2;
sizes.DirFeedthrough = 0; sizes.NumSampleTimes = 1;
sys = simsizes(sizes); SSC='DefaultSimState';
x0 = zeros(3,1); str = []; ts = [T 0];
%--- 离散状态更新函数 mdlUpdate
function sys = mdlUpdates(x,u)
sys=[u(1);  x(2)+u(1); u(1)-u(2)];  %PID 控制器
% --- 输出量计算函数 mdlOutputs
function sys = mdlOutputs(x,u,T,aFuz,fx0,gam)
Kpid=[x0+gam(:).*evalfis(aFuz,x([1,3]))'; sys=[Kpid'*x; Kpid];
```

有了核心的S-函数,则可以构造并封装出模糊PID控制器的封装模块,其内部结构如图10-47(a)所示。该图中按照图10-47(b)中参数对话框的方式设置了S-函数**fuz_pid.m**的关联,整个PID控制器的参数设置对话框如图10-47(c)所示。

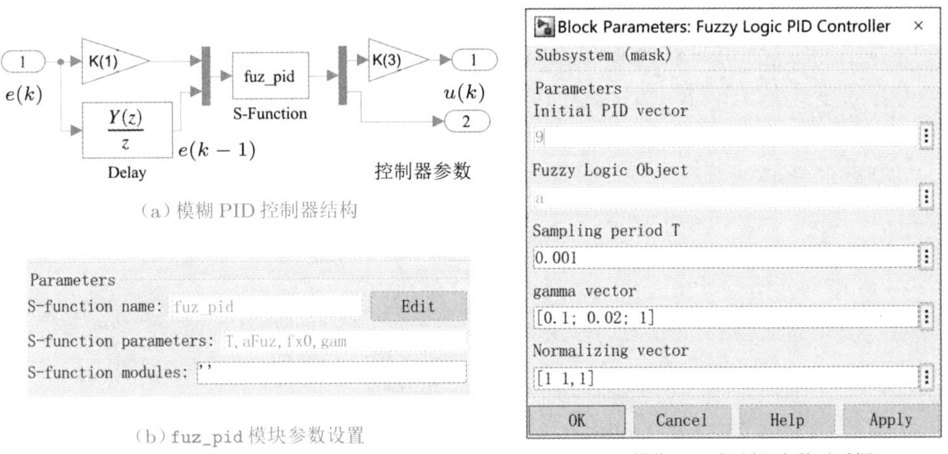

(a) 模糊PID控制器结构

(b) fuz_pid 模块参数设置

(c) 模糊PID控制器参数对话框

图10-47 模糊PID控制器模块设计

在模糊PID控制器中,根据经验可以构造出表10-2中给出的参数变化表[22],根据该模糊表可以在MATLAB环境下输入该模糊推理系统,该系统仍有两个输入,但和前面不同的是,该系统将有三路输出,分别对应于$\Delta K_{\rm p}$、$\Delta K_{\rm i}$和$\Delta K_{\rm d}$。

根据模糊规则表,可以用**fuzzy()**函数界面,就可以可视地建立起整个模糊推理系统**c10fuzpid.fis**。该系统有两路输入和三路输出,如图10-48所示。该模型中选择输入和输出变元的范围均为$(-3,3)$,为方便起见,应该保持该模糊推理系统的输入输出变元范围,而推理结果可以由系数(K_1, K_2,$\gamma_{\rm p}$, $\gamma_{\rm i}$, $\gamma_{\rm d}$, $K_{\rm u}$)来修正。

在模糊系统中,得出的3个模糊规则曲面在图10-49中给出。读者若想了解该模糊推理系统的具体内容和参数,可以用**fuzzy()**界面打开**c10fuzpid.fis**文件。

表 10-2 PID 控制器模糊逻辑

		de(t)/dt																				
		ΔK_{p}							ΔK_{i}							ΔK_{d}						
		NB	NM	NS	ZE	PS	PM	PB	NB	NM	NS	ZE	PS	PM	PB	NB	NM	NS	ZE	PS	PM	PB
$e(t)$	NB	PB	PB	PM	PM	PS	ZE	ZE	NB	NB	NM	NM	NS	ZE	ZE	PS	NS	NB	NB	NB	NM	PS
	NM	PB	PB	PM	PS	PS	ZE	ZE	NB	NB	NM	NS	NS	ZE	ZE	PS	NS	NB	NB	NB	NM	PS
	NS	PM	PM	PM	PM	ZE	NS	NS	NB	NM	NS	NS	ZE	PS	PS	ZE	NS	NM	NM	NS	NS	ZE
	ZE	PM	PM	PS	ZE	NS	NM	NM	NM	NM	NS	ZE	PS	PM	PM	ZE	NS	NS	NS	NS	NS	ZE
	PS	PS	PS	ZE	NS	NS	NM	NM	NM	NS	ZE	PS	PS	PM	PB	ZE	ZE	ZE	ZE	ZE	ZE	ZE
	PM	PS	ZE	NS	NM	NM	NM	NB	ZE	ZE	PS	PS	PM	PB	PB	PB	NS	PS	PS	PS	PS	PB
	PB	ZE	ZE	NM	NM	NM	NB	NB	ZE	ZE	PS	PM	PM	PB	PB	PB	PM	PM	PM	PS	PS	PB

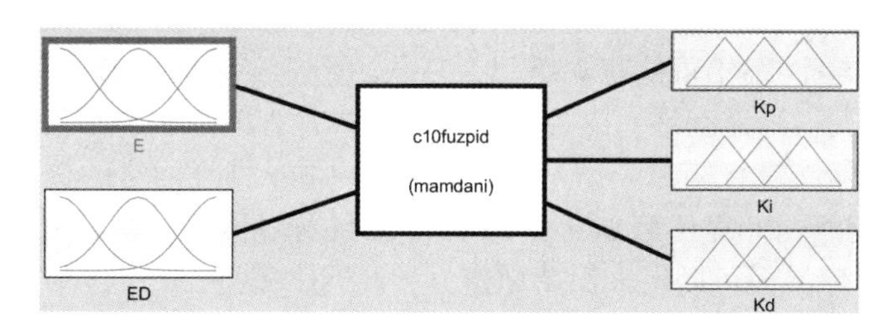

图 10-48 模糊推理系统结构图

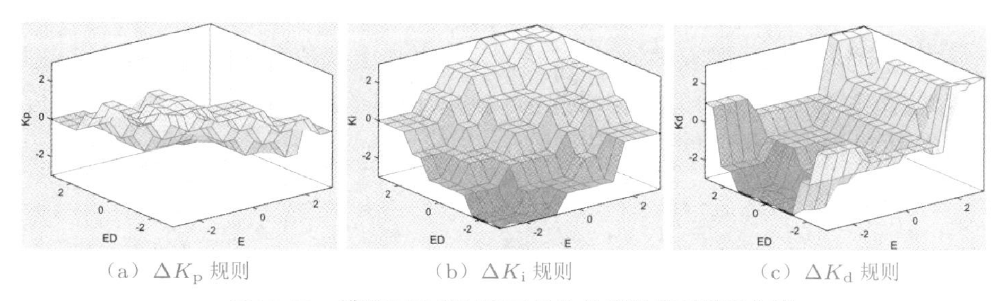

（a）ΔK_{p} 规则 （b）ΔK_{i} 规则 （c）ΔK_{d} 规则

图 10-49 模糊 PID 控制器三参数的模糊推理规则曲面

例 10-21 假设受控对象为 $G(s)=\dfrac{523500}{s^3+87.35s^2+10470s}$，试仿真模糊控制系统。

解 选择 $K_1=K_2=K_{\mathrm{u}}=1$，且选择 $\gamma=[0.1,0.02,1]^{\mathrm{T}}$，这样可以建立起如图 10-50(a) 所示的仿真框图，对该系统进行仿真则可以得出如图 10-50(b) 所示的仿真结果。

可见，控制效果是令人满意的。同时，由控制器参数曲线显示可以看出，随着系统输出逐渐接近稳态值，控制器参数也逐渐稳定到固定值。

10.5 神经网络及神经网络控制器设计

人工神经网络是在对复杂的生物神经网络研究和理解的基础上发展起来的。人脑是由大约 10^{11} 个高度互连的单元构成，这些单元称为神经元，每个神经元约有

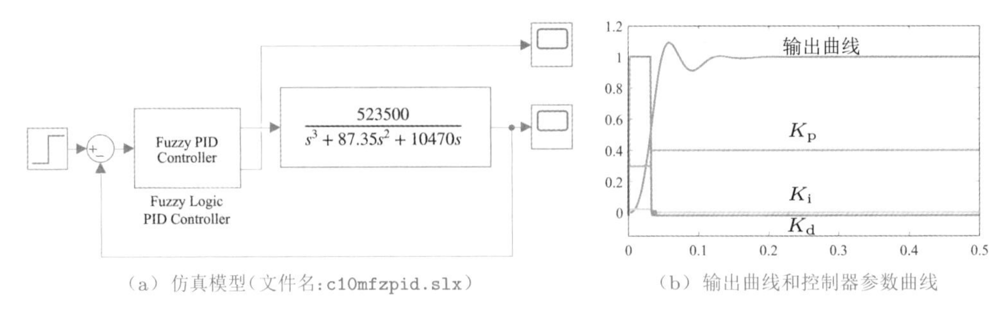

(a) 仿真模型(文件名:c10mfzpid.slx)　(b) 输出曲线和控制器参数曲线

图10-50　模糊PID控制器模型与响应

10^4 个连接 [23]。仿照生物的神经元，可以用数学方式表示神经元，引入人工神经元的概念，并可以由神经元的互连定义出不同种类的神经网络。限于当前的计算机水平，人工神经网络不可能有人脑那么复杂。

利用人工神经网络对受控对象进行控制是智能控制的一个重要领域 [24]，本节将对神经网络进行简单介绍，然后介绍几种基于神经网络的控制器设计及仿真方法。神经网络的计算还可以通过MATLAB的神经网络工具箱来直接实现 [25]，其中 `nntool` 程序界面可以用来简单地建立神经网络模型。

10.5.1　神经网络简介

单个人工神经元的数学表示形式如图10-51所示，图中，$x_1, x_2, \cdots, x_n$ 为一组输入信号，它们经过权值 w_i 加权后求和，再加上阈值 b，则得出 u_i 的值，可以认为该值是输入信号与阈值所构成的广义输入信号的线性组合。该信号经过传输函数 $f(\cdot)$ 可以得出神经元的输出信号 y。

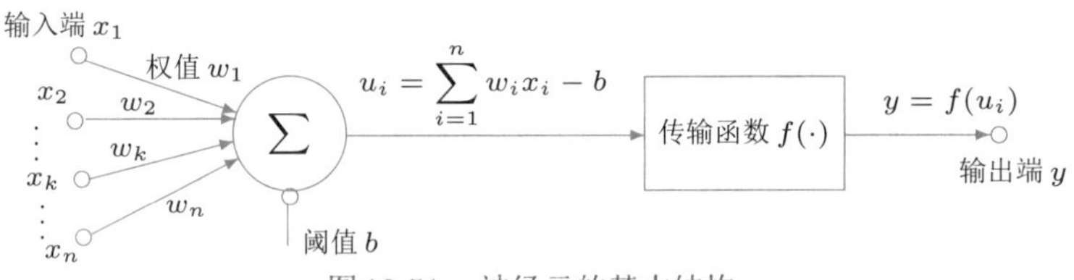

图10-51　神经元的基本结构

在神经元中，权值和传输函数是两个关键的因素。权值的物理意义可以理解成输入信号的强度。若涉及多个神经元，则可以理解成神经元之间的连接强度。神经元的权值 w_i 应该通过神经元对样本点反复的学习过程而确定，而这样的学习过程在神经网络理论中又称为训练。传输函数又称为激活函数，可以理解成对 u_i 信号的非线性映射。一般的传输函数应该为单值函数，使得神经元是可逆的。常用的传输函数有Sigmoid函数 $f_1(x)$ 和对数Sigmoid函数 $f_2(x)$，它们的数学表达式分别为

$$f_1(x) = \frac{2}{1+\mathrm{e}^{-2x}} - 1 = \frac{1-\mathrm{e}^{-2x}}{1+\mathrm{e}^{-2x}},\ f_2(x) = \frac{1}{1+\mathrm{e}^{-x}} \tag{10-5-1}$$

由若干神经元相互连接，则可以构成一种网络，称为神经网络。由于连接方

式的不同，神经网络的类型也将不同。这里仅介绍前馈神经网络，因为其权值训练中采用误差逆向传播的方式，所以这类神经网络更多地称为反向传播（back propagation）神经网络，简称BP网。BP网的基本网络结构如图10-52所示。在MATLAB神经网络工具箱中认为这样网络的层数为$k+1$，其中前k层为隐层，第$k+1$层为输出层，其节点个数为m。

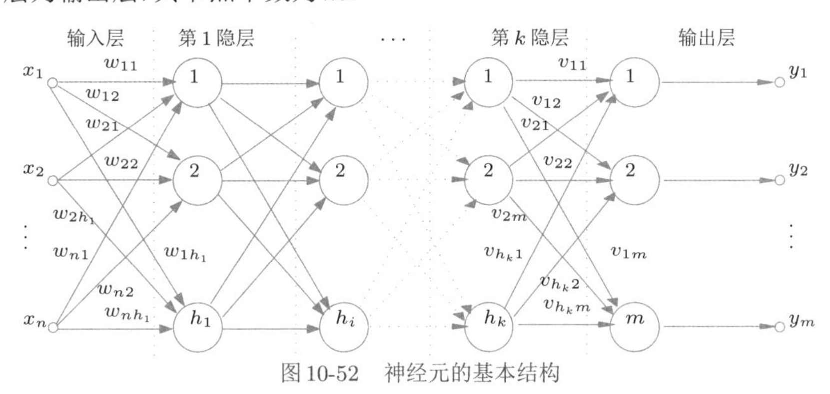

图10-52 神经元的基本结构

10.5.2 基于单个神经元的PID控制器设计

基于单个神经元的PID控制器框图如图10-53所示。其中微积分模块计算三个量：$x_1(k)=e(k)$，$x_2(k)=\Delta e(k)=e(k)-e(k-1)$，$x_3(k)=\Delta^2 e(k)=e(k)-2e(k-1)+e(k-2)$，使用改进的Hebb学习算法，三个权值的更新规则可以写成[22]

$$\begin{cases} w_1(k)=w_1(k-1)+\eta_{\rm p}e(k)u(k)\big[e(k)-\Delta e(k)\big] \\ w_2(k)=w_2(k-1)+\eta_{\rm i}e(k)u(k)\big[e(k)-\Delta e(k)\big] \\ w_3(k)=w_3(k-1)+\eta_{\rm d}e(k)u(k)\big[e(k)-\Delta e(k)\big] \end{cases} \tag{10-5-2}$$

其中，$\eta_{\rm p}$、$\eta_{\rm i}$、$\eta_{\rm d}$分别为比例、微分、积分的学习速率。可以选择这三个权值变量为系统的状态变量，这时控制率可以写成

$$u(k)=u(k-1)+K\sum_{i=1}^{3}w_i^0(k)x_i(k),\ \text{归一化权值}\ w_i^0(k)=\frac{w_i(k)}{\sum\limits_{i=1}^{3}|w_3(k)|} \tag{10-5-3}$$

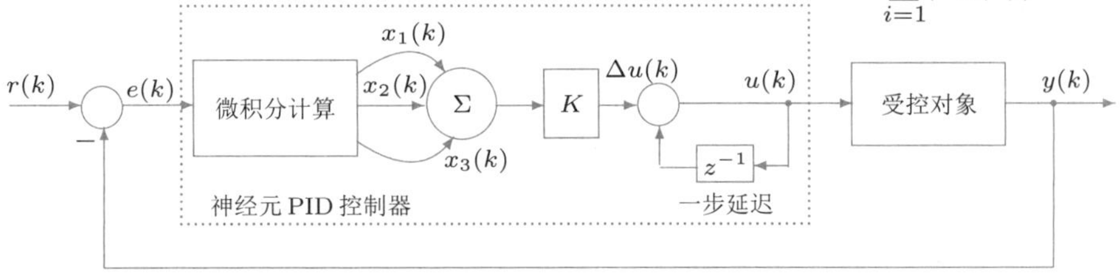

图10-53 基于单个神经元的PID控制器框图

总结上述算法，可以搭建如图10-54所示的Simulink框图来实现该控制器，其

中的核心部分用S-函数形式编写，可以选择模块输入信号为$[e(k), e(k-1), e(k-2), u(k-1)]$，输出为$[u(k), w_i^0(k)]$。为使得控制器更接近实用，控制率信号$u(k)$后接饱和非线性，这样就可以构造出如图10-54所示的控制器模块框图，其中S-函数c10mhebb.m的内容为

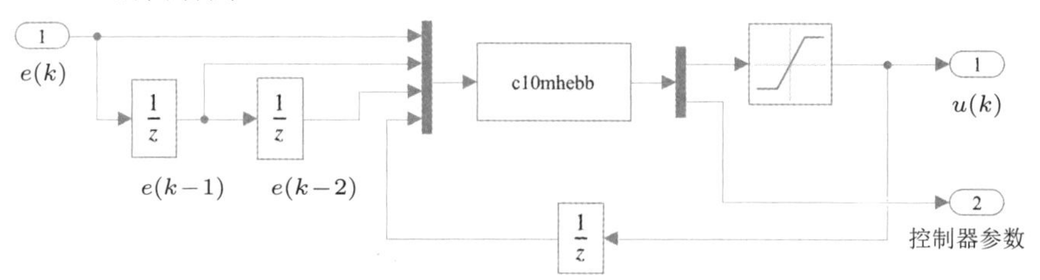

图10-54 基于单个神经元的PID控制器模块框图

```
function [sys,x0,str,ts,SSC] = c10mhebb(t,x,u,flag,deltaK)
switch flag
   case 0, [sys,x0,str,ts,SSC] = mdlInitializeSizes;
   case 2, sys = mdlUpdate(t,x,u,deltaK);
   case 3, sys = mdlOutputs(t,x,u);
   case {1, 4, 9}, sys = [];
   otherwise, error(['Unhandled flag = ',num2str(flag)]);
end;
%--- 模块初始化函数mdlInitializeSizes
function [sys,x0,str,ts,SSC] = mdlInitializeSizes
sizes = simsizes; %读入系统变量的默认值
sizes.NumContStates = 0; sizes.NumDiscStates = 3;
sizes.NumOutputs = 4; sizes.NumInputs = 4;
sizes.DirFeedthrough = 1; sizes.NumSampleTimes = 1;
sys=simsizes(sizes); x0=[0.3*rand(3,1)];
str=[]; ts=[-1 0]; SSC='DefaultSimState'; %继承输入信号的采样周期
% --- 离散状态更新函数mdlUpdate
function sys = mdlUpdate(t,x,u,deltaK)
sys=x+deltaK*u(1)*u(4)*(2*u(1)-u(2));
% --- 输出量计算函数mdlOutputs
function sys = mdlOutputs(t,x,u)
xx=[u(1)-u(2) u(1) u(1)+u(3)-2*u(2)];
sys=[u(4)+0.12*xx*x/sum(abs(x)); x/sum(abs(x))];
```

例10-22 假设离散受控对象模型如下，试建立单神经元PID控制的仿真模型。

$$H(z)=\frac{0.1z+0.632}{z^2-0.368z-0.26}$$

解 利用前面给出的单神经元PID控制器模块，可以搭建出如图10-55所示的Simulink

模型，其中的输入模块 Multi-staircase Signal Generator 信号源为例6-24中编写的阶梯信号发生器模块。

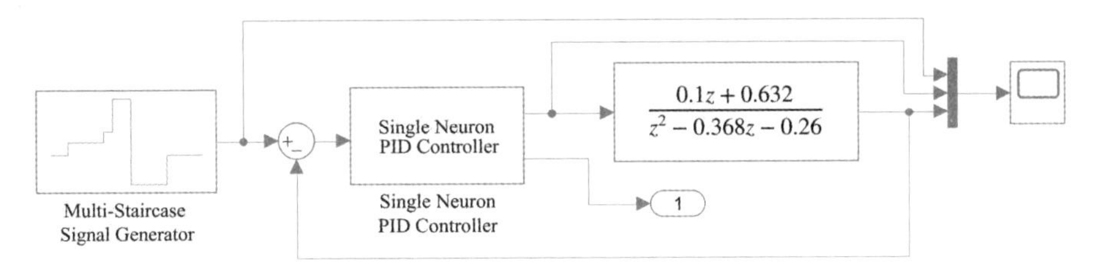

图 10-55 单神经元 PID 控制系统的仿真框图（文件名：c10shebb.slx）

对该系统进行仿真，则系统的给定信号、输出信号和控制率 $u(k)$ 如图 10-56(a) 所示。可见，这时的控制效果还是很理想的。图 10-56(b) 中给出了三个权值 $w_i^0(k)$ 的曲线。从中可以看出，应用基于神经元的PID控制器后，PID控制器的参数不再是固定的，而是随时间变化的，从而表现出较好的控制效果。

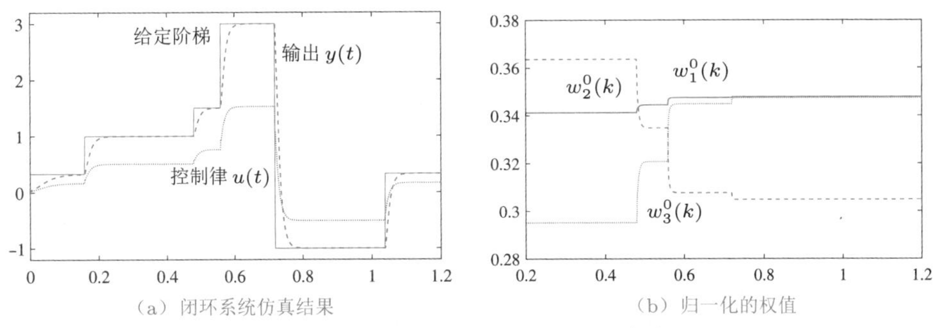

(a) 闭环系统仿真结果 (b) 归一化的权值

图 10-56 神经元 PID 控制系统的仿真结果

10.5.3 基于反向传播神经网络的PID控制器

这里仍考虑采用增量式PID控制器。

$$\begin{aligned}u(k) = u(k-1) &+ K_\mathrm{p}\big[e(k)-e(k-1)\big] + K_\mathrm{i}e(k) \\ &+K_\mathrm{d}\big[e(k)+e(k-2)-2e(k-1)\big]\end{aligned} \tag{10-5-4}$$

现在考虑用BP神经网络的输出端来计算PID控制器的参数，则可以采用文献[22]中给出的现成程序来实现。该文献中的很多程序是基于MATLAB语言编写的，受控对象较固定，不适合基于框图的仿真。故本书对其中内容进行了改写，构造了仿真框图，如图 10-57 所示，对该框图进行封装，就可以得出BP网实现的PID控制器模块。该模块有一个输入端，可以直接连接伺服控制中的误差信号 $e(t)$，由输出端子1产生控制信号 $u(t)$。模块的第2输出端子将给出PID控制器参数。

在仿真框图中采用了S-函数来实现基于BP网的PID控制器。

```
function [sys,x0,str,ts,SSC] = nnbp_pid(t,x,u,flag,...
              T,nh,th,alfa,kF1,kF2)
```

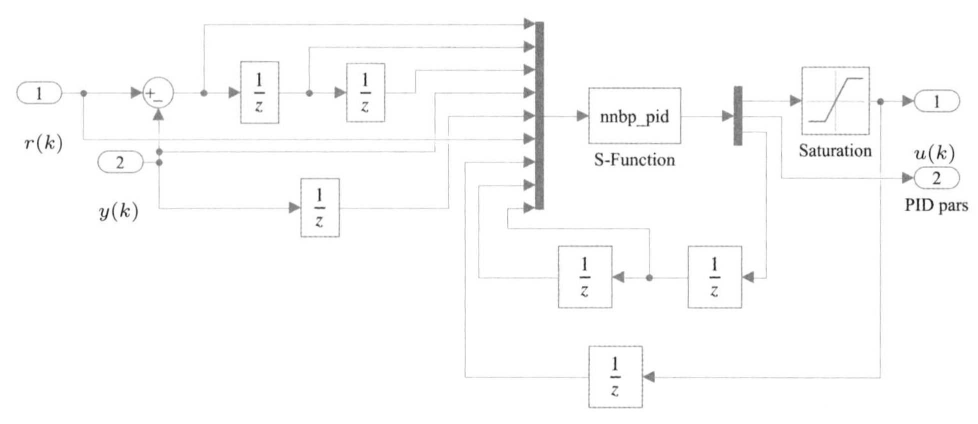

图10-57 BP网PID控制器仿真结构(文件名:c10bp_pid.slx)

```
switch flag
   case 0, [sys,x0,str,ts,SSC] = mdlInitializeSizes(T,nh);
   case 3, sys = mdlOutputs(t,x,u,T,nh,th,alfa,kF1,kF2);
   case {1, 2, 4, 9}, sys = [];
   otherwise, error(['Unhandled flag = ',num2str(flag)]);
end;
%初始化函数
function [sys,x0,str,ts,SSC] = mdlInitializeSizes(T,nh)
SSC='DefaultSimState'; sizes=simsizes; %读入模板,得出默认的控制量
sizes.NumContStates = 0; sizes.NumDiscStates = 0;
sizes.NumOutputs = 4+7*nh; sizes.NumInputs = 7+14*nh;
sizes.DirFeedthrough = 1; sizes.NumSampleTimes = 1;
sys = simsizes(sizes); x0 = []; str = []; ts = [T 0];
%系统输出计算函数
function sys = mdlOutputs(t,x,u,T,nh,th,alfa,kF1,kF2)
wi2=reshape(u(8:7+4*nh),nh,4); wo2=reshape(u(8+4*nh:7+7*nh),3,nh);
wi1=reshape(u(8+7*nh:7+11*nh),nh,4);
wo1=reshape(u(8+11*nh:7+14*nh),3,nh);
xi=[u([6,4,1])', 1]; xx=[u(1)-u(2); u(1); u(1)+u(3)-2*u(2)];
I=xi*wi1'; Oh=non_transfun(I,kF1); K=non_transfun(wo1*Oh',kF2);
uu=u(7)+K'*xx; dyu=sign((u(4)-u(5))/(uu-u(7)+0.0000001));
dK=non_transfun(K,3); delta3=u(1)*dyu*xx.*dK;
wo=wo1+th*delta3*Oh+alfa*(wo1-wo2)+alfa*(wo1-wo2);
dO=2*non_transfun(I,3);
wi=wi1+th*(dO.*(delta3'*wo))'*xi+alfa*(wi1-wi2);
sys=[uu; K; wi(:); wo(:)];
function W1=non_transfun(W,key)  %激活函数近似
switch key
```

```
    case 1, W1=(exp(W)-exp(-W))./(exp(W)+exp(-W));
    case 2, W1=exp(W)./(exp(W)+exp(-W));
    case 3, W1=2./(exp(W)+exp(-W)).^2;
end
```

例10-23 假设受控对象由非线性模型描述

$$y(t)=\frac{a\left(1-b\mathrm{e}^{-ct/T}\right)y(t-1)}{1+y(t-1)^2}+u(t)$$

且采样周期$T=0.001\,\mathrm{s}$，试建立BP网PID控制系统的仿真模型。

解 可以由如图10-58(a)所示的Simulink框图表示该受控对象，这样利用前面建立的BP网PID控制器模块，则可以容易地建立起如图10-58(b)所示的系统仿真模型。

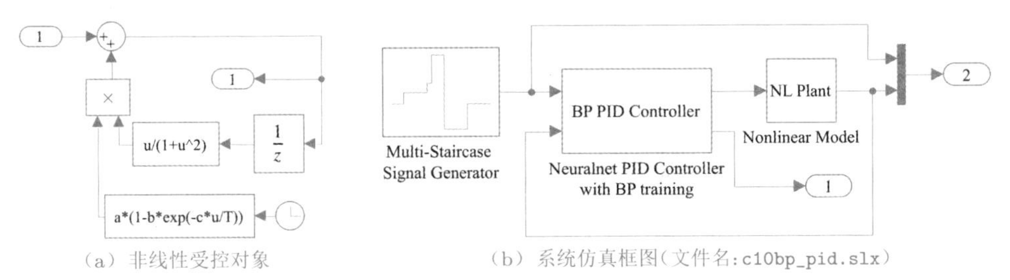

（a）非线性受控对象 （b）系统仿真框图（文件名：c10bp_pid.slx）

图10-58 神经网络PID控制器的仿真框图

双击神经网络PID控制器模块，可以修改控制器参数。例如，设置参数$\theta=0.25$，$\alpha=0.05, N=5, U_{\mathrm{M}}=10, T=0.001$，则出的仿真结果与控制器参数如图10-59所示。

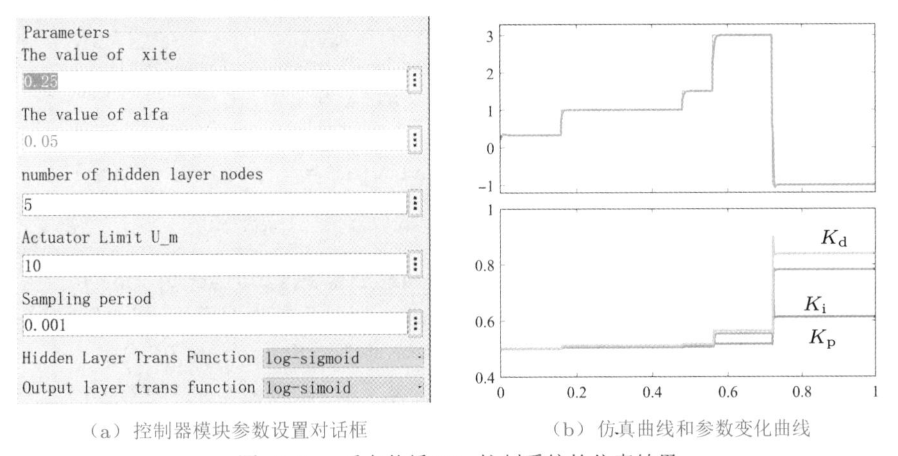

（a）控制器模块参数设置对话框 （b）仿真曲线和参数变化曲线

图10-59 反向传播PID控制系统的仿真结果

10.5.4 基于径向基函数的神经网络PID控制器

径向基函数（radial basis function，RBF）神经网络是一种采用局部接受域来进行函数映射的人工神经网络，是由一个隐含层和一个线性输出层构成的前向网络结构。基于径向基函数理论，可以构造出一种神经网络PID控制器设计方法[22]，该控制器的仿真模型如图10-60所示。可以看出，这里给出的结构比较烦琐。该框图的核心部分由S-函数实现，其清单为

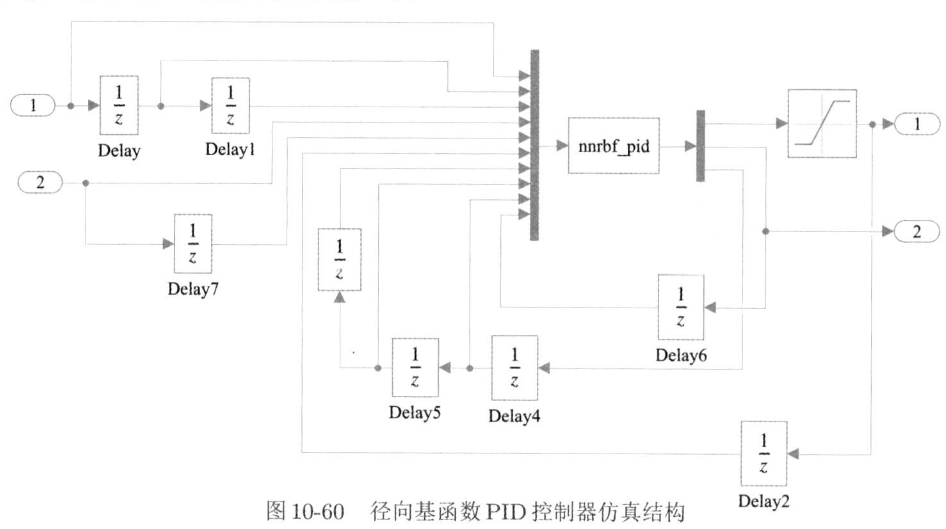

图10-60 径向基函数PID控制器仿真结构

```
function [sys,x0,str,ts,SSC] = nnrbf_pid(t,x,u,flag,T,nn,K_pid,...
     eta_pid,theta,alfa,beta0,w0)
switch flag
   case 0, [sys,x0,str,ts,SSC] = mdlInitializeSizes(T,nn);
   case 2, sys = mdlUpdates(u);
   case 3, sys = mdlOutputs(t,x,u,T,nn,K_pid,eta_pid,...
                        theta,alfa,beta0,w0);
   case {1, 4, 9}, sys = [];
   otherwise, error(['Unhandled flag = ',num2str(flag)]);
end
%初始化函数
function [sys,x0,str,ts,SSC]=mdlInitializeSizes(T,nn)
SSC='DefaultSimState'; sizes=simsizes; %读入模板,得出默认的控制量
sizes.NumContStates = 0; sizes.NumDiscStates = 3;
sizes.NumOutputs = 4+5*nn; sizes.NumInputs = 9+15*nn;
sizes.DirFeedthrough = 1; sizes.NumSampleTimes = 1;
sys=simsizes(sizes); x0=zeros(3,1); str=[]; ts=[T 0];
%离散状态变量更新函数
function sys = mdlUpdates(u)
sys=[u(1)-u(2); u(1); u(1)+u(3)-2*u(2)];
%输出量计算函数
function sys = mdlOutputs(t,x,u,T,nn,K_pid,eta_pid,...
```

```
                    theta,alfa,beta0,w0)
ci3=reshape(u(7:6+3*nn),3,nn); ci2=reshape(u(7+5*nn:6+8*nn),3,nn);
ci1=reshape(u(7+10*nn: 6+13*nn),3,nn);
bi3=u(7+3*nn: 6+4*nn); bi2=u(7+8*nn: 6+9*nn);
bi1=u(7+13*nn: 6+14*nn); w3=u(7+4*nn: 6+5*nn);
w2=u(7+9*nn: 6+10*nn); w1=u(7+14*nn: 6+15*nn); xx=u([6;4;5]);
if t==0, ci1=w0(1)*ones(3,nn);  bi1=w0(2)*ones(nn,1);
    w1=w0(3)*ones(nn,1);  K_pid0=K_pid;
else, K_pid0=u(end-2:end); end
for j=1: nn
    h(j,1)=exp(-norm(xx-ci1(:,j))^2/(2*bi1(j)*bi1(j)));
end
dym=u(4)-w1'*h; w=w1+theta*dym*h+alfa*(w1-w2)+beta0*(w2-w3);
for j=1:nn
   dbi(j,1)=theta*dym*w1(j)*h(j)*(bi1(j)^(-3))*norm(xx-ci1(:,j))^2;
   dci(:,j)=theta*dym*w1(j)*h(j)*(xx-ci1(:,j))*(bi1(j)^(-2));
end
bi=bi1+dbi+alfa*(bi1-bi2)+beta0*(bi2-bi3);
ci=ci1+dci+alfa*(ci1-ci2)+beta0*(ci2-ci3);
dJac=sum(w.*h.*(-xx(1)+ci(1,:)')./bi.^2); %Jacobian 矩阵
KK=K_pid0+u(1)*dJac*eta_pid.*x;
sys=[u(6)+KK'*x; KK; ci(:); bi(:); w(:)];
```

例10-24 假设非线性模型如下，试建立径向基网络PID控制系统的仿真模型。

$$y(k)=\frac{u(k)-0.1y(k-1)}{1+y^2(k-1)}$$

解 可以直接建立起仿真模型如图10-61(a)所示。由径向基函数PID控制器模块就可以搭建起如图10-61(b)所示的仿真模型。双击径向基控制器网络模块，则可以打开参数对话框，可以填写如下参数：$\eta=0.25$，$\alpha=0.05$，$\beta_0=0.01$，$N=6$，$U_{\rm M}=10$，$T=0.001$，PID控制器参数初值向量$[0.03,0.01,0.03]$，学习律0.2。对系统进行仿真则可以得出如图10-62所示的仿真结果，图中还给出了控制器参数随时间变化的曲线。由得出的结果看，这种控制策略有时可以得出满意的控制效果。

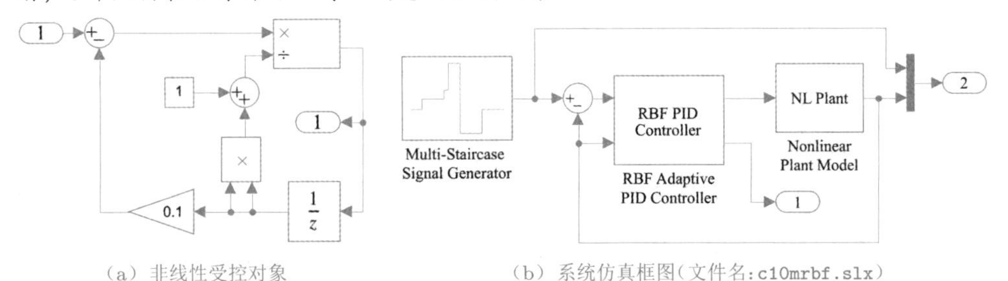

(a) 非线性受控对象　　(b) 系统仿真框图（文件名：c10mrbf.slx）

图10-61　RBF神经网络PID控制系统的仿真框图

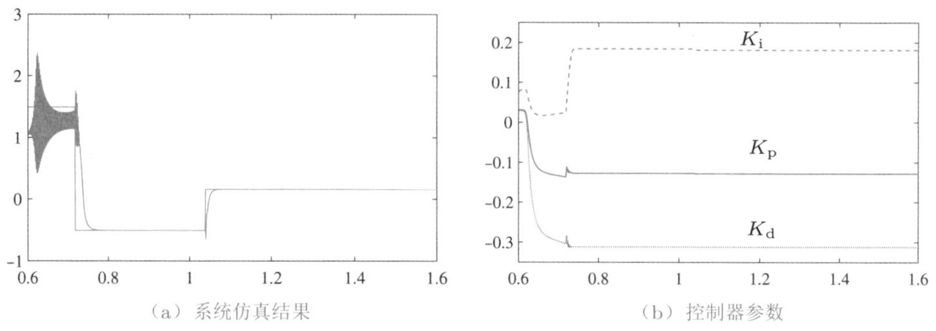

（a）系统仿真结果 （b）控制器参数

图10-62 RBF神经网络PID控制系统的仿真结果

10.6 迭代学习控制系统仿真

在机器人控制、硬盘驱动器伺服控制等诸多实际应用领域，通常需要机器去一次又一次完成同样的任务。在实际控制中人们很自然会问这样的问题："在我们重复做某一个工作时，每次我们都学到一些东西，使得工作越做越好。机器控制在做同样工作时能不能也做到这点"？让控制器本身具有某种"智能"，使得它在控制过程中能不断完善自己，使得控制效果越来越好，这种具有"学习"能力的控制器就是本节需要探讨的内容。1978年Uchiyama提出一个控制高速运动机械的思想，1984年Arimoto发展了Uchiyama的思想，提出了迭代学习控制（iterative learning control，ILC）的概念[26]。与鲁棒控制一样，ILC也能处理实际动力学系统中的不确定性，但它能实现完全跟踪，控制器形式更为简单且需要较少的先验知识。这种控制方法适合于某种具有重复运动性质的被控对象，前几次运行可能有较大的控制误差，但通过"边干边学"的方式，逐步学习控制经验，利用系统前次的控制经验和输出误差来修正当前的控制作用，使系统输出尽可能收敛于期望值。ILC的研究对具有较强的非线性耦合、较高的位置重复精度、难以建模和高精度轨迹跟踪控制要求的动力学系统有着非常重要的意义。

文献[27~30]对迭代学习控制算法和理论以及存在的问题和研究方向做了综述。本节介绍ILC基本原理、ILC算法满足的条件，然后将介绍ILC算法的学习律及其在MATLAB语言中的设计方法。

10.6.1 迭代学习控制原理

和前面介绍的很多内容相似，如果想研究控制策略，需要已知受控对象的数学模型。这里先写出受控对象的状态方程模型

$$\left\{\begin{array}{l}\dot{\boldsymbol{x}}(t)=\boldsymbol{f}(\boldsymbol{x}(t),\boldsymbol{u}(t),t)\\ \boldsymbol{y}(t)=\boldsymbol{g}(\boldsymbol{x}(t),\boldsymbol{u}(t),t)\end{array}\right. \tag{10-6-1}$$

其中，$\boldsymbol{x}$为n维状态向量，系统有m路输入信号，r路输出信号，$\boldsymbol{f}(\cdot)$, $\boldsymbol{g}(\cdot)$为相应维

数的向量函数。迭代学习控制问题可以描述为：给定期望输出 $\boldsymbol{y}_{\mathrm{d}}(t)$，存在与之相应的期望输入 $\boldsymbol{u}_{\mathrm{d}}(t)$ 和每次运行的初始状态 $\boldsymbol{x}_k(0)$，要求通过多次重复运行，在给定的学习律下使系统在控制周期 $t \in [0,T]$ 内，获得系统控制输入序列 $\boldsymbol{u}_{\mathrm{d}}(t)$，使得系统输出 $\boldsymbol{y}_k(t)$ 能逼近期望的系统输出 $\boldsymbol{y}_{\mathrm{d}}(t)$。迭代学习控制的学习律一般可由递推的形式表示为

$$\boldsymbol{u}_k(t) = \mathscr{L}(\boldsymbol{u}_{k-1}(t), \boldsymbol{e}_{k-1}(t)) \tag{10-6-2}$$

其中，$\mathscr{L}(\cdot)$ 为线性或非线性算子，$\boldsymbol{e}_{k-1}(t) = \boldsymbol{y}_{\mathrm{d}}(t) - \boldsymbol{y}_{k-1}(t)$ 为上次运行的输出误差。由式（10-6-2）给出的学习律可见，开环迭代学习控制的基本原理是利用上一个工作周期内的误差信号 $\boldsymbol{e}_{k-1}(t)$ 和上一个周期的输入序列 $\boldsymbol{u}_{k-1}(t)$ 来构造本周期控制序列 $\boldsymbol{u}_k(t)$ 的方法。

当 k 足够大时，如果 $\boldsymbol{e}_{k-1}(t)$ 在 $t \in [0,T]$ 上一致趋于零，则称上述迭代学习控制是收敛的。收敛性问题是迭代学习控制中最重要的问题。只有迭代学习过程是收敛的，迭代学习控制才有实际应用意义。

开环迭代学习控制的基本原理如图 10-63 所示。在实际应用中，系统下一次运行的新的控制既可以在上一次运行结束后离线计算得到，也可以在上一次运行中在线计算得到；新的控制量存入存储器，刷新旧控制量。在施加控制时，需从存储器中取出控制量。如果取出的是当前的误差信号，则可以构造出闭环控制方式。可以看到，迭代学习控制算法可利用的信息要多于常规的反馈控制算法，它包括以前每次运行的所有时间段上的信息和当次运行的当前时刻之前时间段的信息。

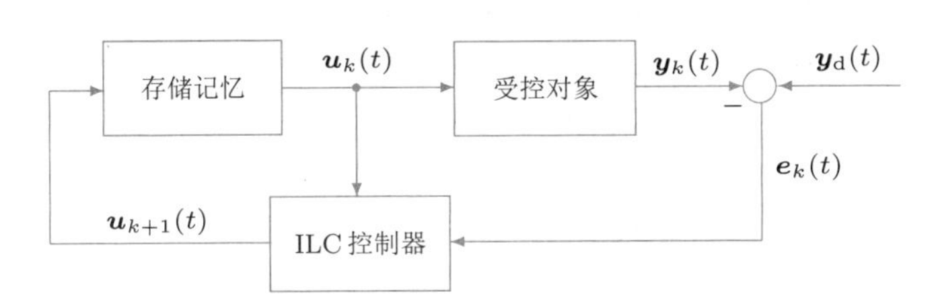

图 10-63 开环迭代学习控制基本结构

在传统的迭代学习控制研究中，一般总是假定下述假设条件满足[31,32]：

（1）系统每次运行时间间隔是有限的固定间隔，即 $[0,T]$；

（2）在运行区间 $[0,T]$ 内系统的期望轨迹总是事先已知的；

（3）系统的初值重复，即每次运行前，系统的初始状态 $\boldsymbol{x}_k(0)$ 都相同；

（4）系统的动态结构在每次重复迭代运行中保持不变；

（5）系统每次运行的输出 $\boldsymbol{y}_k(t)$ 可测，且跟踪误差信号 $\boldsymbol{e}_k(t) = \boldsymbol{y}_{\mathrm{d}}(t) - \boldsymbol{y}_k(t)$ 可以用于构造下一个时刻的控制信号 $\boldsymbol{u}_{k+1}(t)$；

（6）系统的动态特性是可逆的，即对一个事先给定的输出轨迹 $\boldsymbol{y}_{\mathrm{d}}(t)$，存在唯一的控制信号 $\boldsymbol{u}_{\mathrm{d}}(t)$，使得系统产生理想的输出 $\boldsymbol{y}_{\mathrm{d}}(t)$。

一个成功的迭代学习控制算法不仅应该在每一次控制作用于系统后，能使得系统的输出误差变小，还需要有较快的收敛速度以保证算法的实用性。另外，迭代学习控制算法的收敛性应与具体的期望轨迹无关，如果给出一个新的期望轨迹，迭代学习律应该无须做任何改变即可使用。

10.6.2 迭代学习控制算法

1. 连续时间PID型ILC算法

如果受控对象为连续模型，则可以写出开环形式的和闭环形式的PID型迭代学习控制算法。

（1）开环控制器。ILC最初的概念是以开环的形式给出的，常见算法为PID型。开环ILC是指控制律中不包含当前过程信息的算法。连续时间PID型ILC算法的一般形式可以写成

$$\boldsymbol{u}_k(t)=\boldsymbol{u}_{k-1}(t)+\boldsymbol{K}_{\rm p}\boldsymbol{e}_{k-1}(t)+\boldsymbol{K}_{\rm i}\int_0^t\boldsymbol{e}_{k-1}(\tau){\rm d}\tau+\boldsymbol{K}_{\rm d}\dot{\boldsymbol{e}}_{k-1}(t) \tag{10-6-3}$$

其中，$\boldsymbol{K}_{\rm p}$、$\boldsymbol{K}_{\rm i}$、$\boldsymbol{K}_{\rm d}$分别为比例、积分和微分相应维数的学习增益矩阵。若其中某个或某些增益矩阵为零，则可以简化为P型、D型、PI型、ID型和PD型ILC控制器。

（2）闭环控制器。闭环PID型学习策略是取第k次运行的误差作为学习的修正项，从而有下面的学习律

$$\boldsymbol{u}_k(t)=\boldsymbol{u}_{k-1}(t)+\boldsymbol{K}_{\rm p}\boldsymbol{e}_k(t)+\boldsymbol{K}_{\rm i}\int_0^t\boldsymbol{e}_k(\tau){\rm d}\tau+\boldsymbol{K}_{\rm d}\dot{\boldsymbol{e}}_k(t) \tag{10-6-4}$$

比较开环控制和闭环控制两种控制策略，可见开环控制是利用上一步的控制与误差信息计算控制规律，而闭环控制采用的是由上一步的控制和当前误差信息计算控制规律的方法。一般情况下，闭环迭代学习控制优于开环模式。

2. 离散时间PID型ILC算法

假设离散时间系统的受控对象模型为

$$\begin{cases}\boldsymbol{x}(t+1)=\boldsymbol{f}(\boldsymbol{x}(t),\boldsymbol{u}(t),t)\\ \boldsymbol{y}(t)=\boldsymbol{g}(\boldsymbol{x}(t),\boldsymbol{u}(t),t)\end{cases} \tag{10-6-5}$$

第k个工作周期可以表示为

$$\begin{cases}\boldsymbol{x}_k(t+1)=\boldsymbol{f}(\boldsymbol{x}_k(t),\boldsymbol{u}_k(t),t)\\ \boldsymbol{y}_k(t)=\boldsymbol{g}(\boldsymbol{x}_k(t),\boldsymbol{u}_k(t),t)\end{cases} \tag{10-6-6}$$

输出误差可以定义为$\boldsymbol{e}_k(t)=\boldsymbol{y}_{\rm d}(t)-\boldsymbol{y}_k(t)$，根据该误差定义可以分别定义出开环和闭环PID型学习律为

$$\boldsymbol{u}_{k+1}(t)=\boldsymbol{u}_k(t)+\boldsymbol{K}_{\rm p}\boldsymbol{e}_k(t+1)+\boldsymbol{K}_{\rm i}\sum_{j=0}^{t+1}\boldsymbol{e}_k(j)+\boldsymbol{K}_{\rm d}\left[\boldsymbol{e}_k(t+1)-\boldsymbol{e}_k(t)\right] \tag{10-6-7}$$

$$\boldsymbol{u}_{k+1}(t)=\boldsymbol{u}_k(t)+\boldsymbol{K}_{\rm p}\boldsymbol{e}_{k+1}(t)+\boldsymbol{K}_{\rm i}\sum_{j=0}^{t}\boldsymbol{e}_{k+1}(j)+\boldsymbol{K}_{\rm d}\left[\boldsymbol{e}_{k+1}(t)-\boldsymbol{e}_{k+1}(t-1)\right] \tag{10-6-8}$$

注意，在开环控制律中使用的是上一个工作周期的误差信号 $e_k(t)$，而闭环控制律使用的是当前工作周期的误差信号 $e_{k+1}(t)$。在两种结构下，使用的输入信号都是上一个工作周期的信号。

当然，对连续受控对象模型也能采用离散ILC算法。若受控对象模型为线性单变量模型，则根据前面介绍的PID型开环ILC算法，可以编写出如下的MATLAB函数。

```
function [y,e,u,kvec,t0]=ilc_lsim(G,T,kmax,yd,Kp,Ki,Kd)
n=length(yd); y=zeros(n,kmax); e=y; t0=0:T:(n-1)*T; u=y;
e(:,1)=yd(:); kvec=[]; if G.Ts==0, G=c2d(G,T); end; G=ss(G);
for k=1:kmax, x0=zeros(size(G.a,1),1);
   for t=2:n
      x1=G.a*x0+G.b*u(t,k); y(t,k)=G.c*x1+G.d*u(t,k);
      x0=x1; e(t,k)=yd(t)-y(t,k);
      u(t,k+1)=u(t,k)+Kp*e(t,k)+Ki*sum(e(1:t,k))+... %P与I控制
               Kd*(e(t,k)-e(t-1,k));                 %D控制
   end, kvec(k)=max(abs(e(:,k)));
end
```

该函数的调用格式为

$[\boldsymbol{y},\boldsymbol{e},\boldsymbol{u},\boldsymbol{k},\boldsymbol{t}]=ilc_lsim(G,T,k_{\max},\boldsymbol{y}_{\mathrm{d}},K_{\mathrm{p}},K_{\mathrm{i}},K_{\mathrm{d}})$

其中，G 为线性受控对象模型，它可以是连续的也可以是离散的，可以在采样周期 T 下自动转换为离散的状态方程模型。变元 $k_{\max}$ 为最大迭代次数；$\boldsymbol{y}_{\mathrm{d}}$ 为参考轨迹向量；K_{p}、K_{i}、K_{d} 为PID控制参数，分别对应于算法中的 Γ_{p}、Γ_{i}、Γ_{d} 的值。返回的 $\boldsymbol{y}$ 为矩阵，每一列对应该次迭代的输出向量；$\boldsymbol{e}$ 和 $\boldsymbol{u}$ 亦为每次迭代中的误差和输入向量构成的矩阵；$\boldsymbol{k}$ 为每次跟踪控制误差信号的范数；$\boldsymbol{t}$ 为时间向量。

该函数适用于受控对象相对阶为1的情况，若相对阶大于1，则应该考虑含有高阶微分项的ILC控制器[33]。

例10-25 考虑离散对象的模型

$$\begin{cases} \boldsymbol{x}(k+1)=\begin{bmatrix} -0.8 & -0.22 \\ 1 & 0 \end{bmatrix}\boldsymbol{x}(k)+\begin{bmatrix} 0.5 \\ 1 \end{bmatrix}\boldsymbol{u}(k) \\ y(k)=\begin{bmatrix} 1 & 0.5 \end{bmatrix}\boldsymbol{x}(k) \end{cases}$$

其中，$T=0.1\,\mathrm{s}$，参考轨迹为 $y_{\mathrm{d}}(t)=\sin 0.08t$，假设系统的初始状态为零，试设计出ILC控制器。

解 对Arimoto的P型ILC控制器来说，若选择 $K_{\mathrm{p}}=0.5$，$K_{\mathrm{i}}=K_{\mathrm{d}}=0$，则由下面的语句可以仿真出迭代学习控制的控制效果。

```
>> yd=sin(0.08*[0:99])';
   G=ss([-0.8,-0.22; 1 0],[0.5;1],[1 0.5],0,'Ts',0.1);
```

```
[y,e,u,kvec,t]=ilc_lsim(G,0.1,10,yd,0.5,0,0);
plot(t,y), figure, plot(kvec,'-*'), figure, plot(t,u)
```

得出的输出曲线如图10-64(a)所示。由控制结果看，$k=1$时系统没有开始响应，当$k=2$时，输出开始试图跟踪期望的信号，但有一定误差。控制器通过误差学习了如何控制该受控对象，所以当$k=3$时控制误差明显减小，但仍然存在误差，所以控制器进一步学习，得出$k=4$时的控制修改。迭代学习控制器正是通过这样的学习方式，取得了一次比一次好的控制效果，当$k=10$时基本接近于期望的轨迹。从图10-64(b)给出的跟踪误差的范数看，$k=10$时仍有一定误差，所以该学习算法的K_p值不理想。每次控制计算出来的控制信号如图10-64(c)所示。

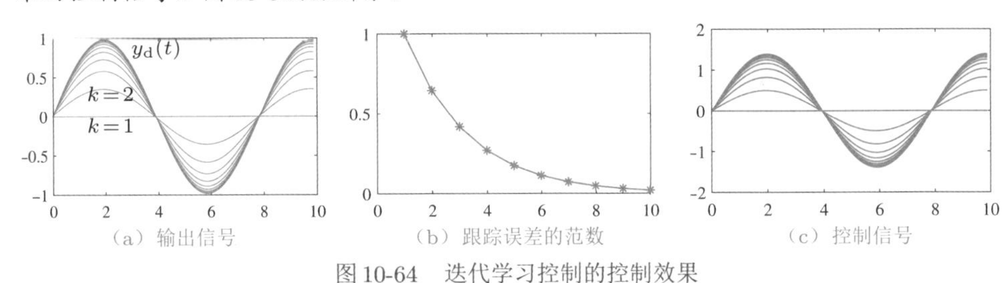

(a) 输出信号　(b) 跟踪误差的范数　(c) 控制信号

图10-64　迭代学习控制的控制效果

如果采用不同的控制器参数，如$K_\mathrm{p}=0.85, 1.15, 1.5$，则可以得出如图10-65所示的控制结果。可见，这些响应曲线在几次控制后都收敛于期望的$y_\mathrm{d}(t)$曲线，但收敛的速度是不同的。

```
>> [y1,e,u,kv1,t]=ilc_lsim(G,0.1,10,yd,0.85,0,0);
   [y2,e,u,kv2,t]=ilc_lsim(G,0.1,10,yd,1.15,0,0);
   [y3,e,u,kv3,t]=ilc_lsim(G,0.1,10,yd,1.5,0,0);
   subplot(231), plot(t,y1), subplot(234), plot(kv1,'-*')
   subplot(232), plot(t,y2), subplot(235), plot(kv2,'-*')
   subplot(233), plot(t,y3), subplot(236), plot(kv3,'-*')
```

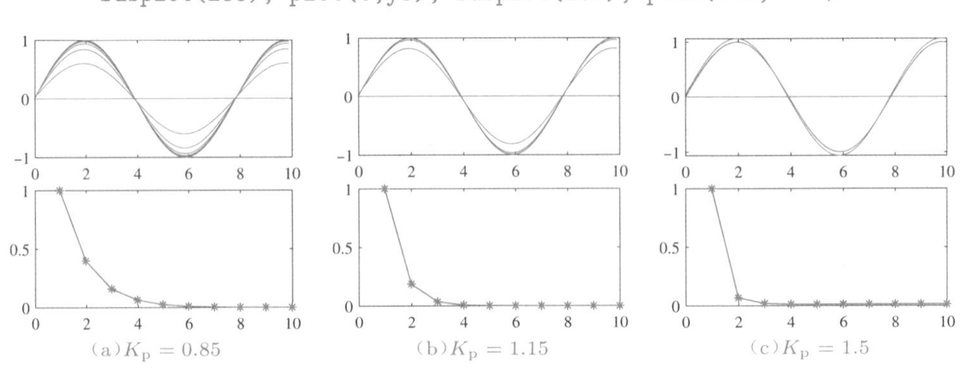

(a) $K_\mathrm{p}=0.85$　(b) $K_\mathrm{p}=1.15$　(c) $K_\mathrm{p}=1.5$

图10-65　不同增益下的ILC控制效果

例10-26　假设某受控对象的数学模型为$G(s)=(0.2s+1)/(0.1s+1)^2$，试求出系统在迭代学习控制下多阶梯函数输入的控制效果。

解 用下面的语句可以输入该系统模型，并生成期望的多阶梯输入信号，这样可以通过 ilc_lsim() 函数得出控制效果，如图10-66所示。

```
>> s=tf('s'); G=(0.2*s+1)/(0.1*s+1)^2;
   yd=[2*ones(50,1); -1*ones(80,1); 1*ones(60,1); 3*ones(100,1)];
   [y,e,u,kv,t]=ilc_lsim(G,0.1,10,yd,0.5,0,0);
   subplot(131), plot(t,y), subplot(132), plot(t,u),
   subplot(133), plot(kv,'-*')
```

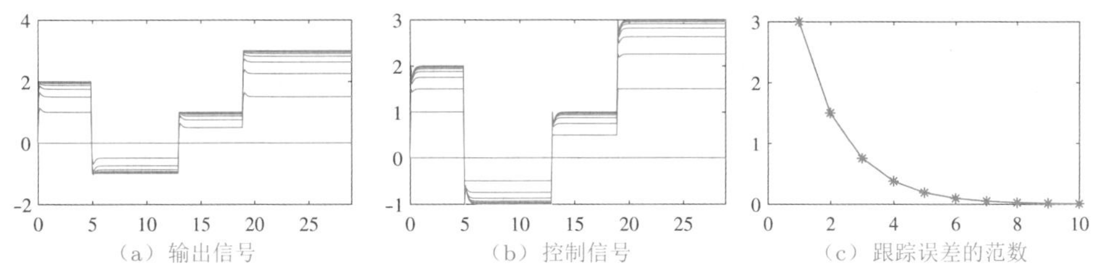

图10-66 连续受控对象的离散ILC控制

3. 高阶迭代学习控制算法

高阶ILC算法是在基本PID型ILC算法上提出的。高阶ILC算法与普通学习算法相比，不仅利用前一次过程的输入输出信息，而且利用了以前多次过程的输入输出信息来构造当前的控制输出，高阶PID算法的一般形式为

$$\boldsymbol{u}_k(t)=\sum_{i=1}^{N-1}\left[\boldsymbol{u}_{k-i}(t)+\boldsymbol{K}_{\mathrm{p}}e_{k-i}(t)+\boldsymbol{K}_{\mathrm{i}}\int_0^t\boldsymbol{e}_{k-i}(\tau)\mathrm{d}\tau+\boldsymbol{K}_{\mathrm{d}}\dot{\boldsymbol{e}}_{k-i}(t)\right] \tag{10-6-9}$$

其中，算法的阶次 $N\geqslant 2$。

4. 加权PID型ILC算法和带遗忘因子的ILC算法

加权PID型ILC算法是对以前的过程信息采取不同的权重，从而使以前的过程信息对当前控制作用的影响不同。变增益ILC算法也属于加权类算法，同时也具有适应和自整定的意义。引入遗忘因子是为了减少控制输入初始误差的积累对过程的影响，随着迭代次数的增加，越早的控制作用逐渐减小，这样可以使控制信号的变化比较平缓。

5. 其他迭代学习控制算法

其他ILC算法是指除PID形式以外的算法。基于高级反馈控制的ILC算法有自适应ILC、预测控制ILC、最优控制ILC、智能ILC、鲁棒ILC、基于模型的ILC等。除此之外，还有针对区间参数系统的ILC控制算法[34]等。以上学习算法，有兴趣的读者可查阅相关文献，此处不再赘述。

10.7 全局最优控制器设计

第3章介绍了各种各样的最优化问题求解方法。传统的最优化方法均从某个选定的初始点开始搜索最优解，所以难免出现局部最优值的情况。这里主要介绍两种基于进化的最优化方法——遗传算法和粒子群算法，并给出基于MATLAB的最优化计算程序。从某种意义上讲，这样的算法更利于得出全局最优解。最后给出这样的优化算法在最优控制器设计中的应用。

10.7.1 遗传算法简介

遗传算法是基于进化论、在计算机上模拟生命进化机制而发展起来的一门新学科，它根据适者生存、优胜劣汰等自然进化规则来搜索和计算问题的解[35,36]。该问题最早是由美国Michigan大学的John Holland于1975 年提出的。遗传算法的基本思想是，从一个代表最优化问题解的一组初值开始进行搜索，这组解称为一个种群，种群由一定数量、通过基因编码的个体组成，其中每一个个体称为染色体，不同个体通过染色体的复制、交叉或变异又生成新的个体，依照适者生存的规则，个体也在一代一代进化，通过若干代的进化最终可能得出条件最优的个体。

早期MATLAB版本提供了遗传算法与直接搜索工具箱，后改名为全局优化工具箱，除了遗传算法函数`ga()`之外，还提供了模拟退火函数`simulannealbnd()`、粒子群优化算法函数`particleswarm()`和模式搜索函数`patternsearch()`。此外在网络上还有众多遗传算法工具箱，有代表性的一个遗传算法工具箱是英国Sheffield大学自动控制与系统工程系Peter Fleming教授与Andrew Chipperfield开发的，实现了各种基本运算，规范，说明书齐全，调用格式更类似于最优化工具箱中的函数；另一个是由美国北Carolina州立大学Christopher Houck、Jeffery Joines和Michael Kay开发的遗传算法最优化工具箱GAOT。

简单遗传算法的一般步骤为：

(1) 选择N个个体构成初始种群$\boldsymbol{P}_0$，求出种群内各个个体的函数值。染色体可以用二进制数组表示，也可以用实数数组表示。种群可以由随机数生成函数建立。

(2) 设置代数为$i=1$，即设置其为第1代。

(3) 通过概率的选择形式计算适应度函数(即目标函数)的值。

(4) 通过染色体个体基因的复制、交叉、变异等创造新的个体，构成新的种群$\boldsymbol{P}_{i+1}$，其中复制、交叉和变异都有相应的MATLAB函数。

(5) $i=i+1$，若终止条件不满足，则转移到步骤(3)继续进化处理。

和传统最优化算法比较，遗传算法主要有以下几点不同[37]：

(1) 不同于从一个点开始搜索最优解的传统的最优化算法。遗传算法从一个种群开始对问题的最优解进行并行搜索，所以更利于全局最优化解的搜索，但遗传算法需要指定各个自变量的范围，而不像最优化工具箱中可以使用无穷区间的概念。

(2) 遗传算法并不依赖于导数信息或其他辅助信息来进行最优解搜索，而只由适应度函数和对应于目标函数的适应度水平来确定搜索的方向。

(3) 遗传算法采用的是概率性规则而不是确定性规则，所以每次得出的结果不一定完全相同，有时甚至会有较大的差异。

10.7.2 基于遗传算法的最优化问题求解

这里将主要介绍全局最优化工具箱中的ga()函数在求解最优化问题中的应用，介绍使用该函数的原因是该函数调用简单。即使对遗传算法理解不多，甚至不知道染色体如何选择，如何进行交叉和变异，如何进行选择等关于遗传算法的最基本知识，但利用MATLAB语言描述出目标函数，就可以得出最优解。

$[\boldsymbol{x},a,\mathrm{key}]=\mathrm{ga}(f,n,\boldsymbol{A},\boldsymbol{B},\boldsymbol{A}_{\mathrm{eq}},\boldsymbol{B}_{\mathrm{eq}},\boldsymbol{x}_{\mathrm{m}},\boldsymbol{x}_{\mathrm{M}},f_1,\mathrm{intcon})$

其调用格式与最优化工具箱其他函数很接近，不同的是，需要用户提供决策变量的个数n，而无须提供初值。值得指出的是，虽然从格式上看该函数可以求解有约束最优化问题，但效果不是很理想，不建议采用。

例10-27 考虑一个简单的一元函数最优化问题求解$f(x)=x\sin(10\pi x)+2$, $x\in(-1,2)$，试求出$f(x)$取最大值时x的值。

解 用下面的语句可以绘制出求解区间内目标函数的曲线，如图10-67所示。可以看出，该曲线为振荡曲线，存在很多极值点。

```
>> syms x; fplot(x*sin(10*pi*x)+2,[-1,2])
```

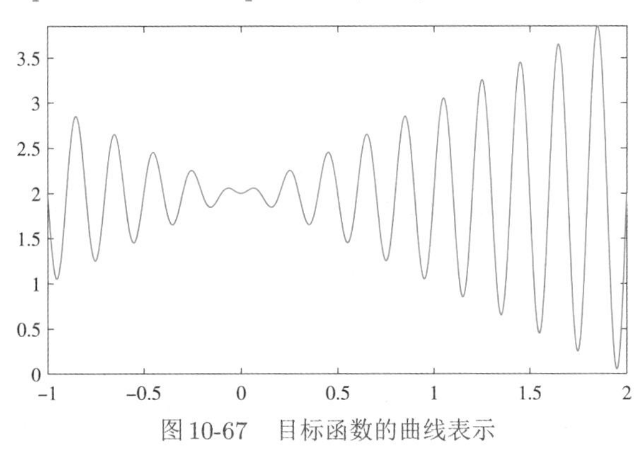

图10-67 目标函数的曲线表示

因为最优化工具箱的搜索函数需要给出初值，所以对不同的初值可能得出不同的搜索结果。例如，可以给出如下的语句试测不同初值，得出的结果如表10-3所示。可见，随意选择一个初值很难得出全局最优解，故用传统寻优方式不一定能得出满意的结果。

```
>> f=@(x)x.*sin(10*pi*x)+2; v=[];
   for x0=[-1:0.8:1.5,1.5:0.1:2]
      x1=fmincon(f,x0,[],[],[],[],-1,2); v=[v; x0,x1,f(x1)];
```

```
end
```

表 10-3 不同初值 x_0 下搜索到的最优解及目标函数值

x_0	搜索解 x_1	目标函数 $f(x_1)$	x_0	搜索解 x_1	目标函数 $f(x_1)$	x_0	搜索解 x_1	目标函数 $f(x_1)$
−1	−1	−2	1.4	1.45070	−3.45035	1.7	1.25081	−3.25040
−0.2	−0.65155	−2.65078	1.5	0.25397	−2.25200	1.8	1.85055	−3.85027
0.6	0.65155	−2.65078	1.6	1.65061	−3.65031	1.9	0.45223	−2.451121

利用遗传算法函数 ga(),完全选择默认选项,而不对其编码等做任何指定,则很可能得出如下的结果 $x = 1.8505, f(x) = -3.8503$,就是原始问题的全局最优解。

```
>> x=ga(f,1,[],[],[],[],-1,2), f(x)
```

例 10-28 试求出下面改进 Rastrigin 目标函数的全局最优解[38]。

$$f(x_1,x_2) = 20 + \left(\frac{x_1}{30}-1\right)^2 + \left(\frac{x_2}{20}-1\right)^2 - 10\left[\cos\left(\frac{x_1}{30}-1\right)\pi + \cos\left(\frac{x_2}{20}-1\right)\pi\right]$$

解 可以由下面的语句先绘制目标函数的曲面,如图 10-68 所示。该函数是一个多谷函数,全局最优值位于 $x_1 = 30, x_2 = 20$ 点。如果采用常规寻优方法很难一次性得出函数的全局最小值。

```
>> syms x1 x2
   f=20+(x1/30-1)^2+(x2/20-1)^2-...
          10*(cos(pi*(x1/30-1))+cos(pi*(x2/20-1)));
   fsurf(f,[-100,100,-100,100])
```

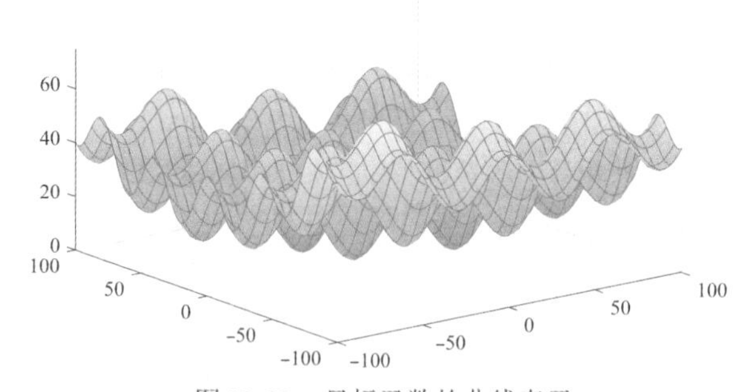

图 10-68 目标函数的曲线表示

调用遗传算法求解函数 $x_1 = 29.8855, x_2 = 19.9846$。可以看出,求解这类问题时,遗传算法求解函数的精度不是很高。在实际应用中,可以将该结果当作初值,再调用传统优化方法,得出问题高精度的解。

```
>> f=@(x)20+(x(1)/30-1)^2+(x(2)/20-1)^2-...
          10*(cos(pi*(x(1)/30-1))+cos(pi*(x(2)/20-1)));
   x1=ga(f,2)
```

10.7.3 粒子群算法与其他全局最优化方法

粒子群优化（particle swarm optimization，PSO）算法是文献[39]提出的一种进化算法，该算法是受生物界鸟群觅食的启发而提出的搜索食物，即最优解的一种方法。假设某个区域内有一个食物（全局最优点），有位于随机初始位置的若干鸟（或粒子），每一个粒子有到目前为止自己的个体最优值$p_{i,\mathrm{b}}$，整个粒子群有到目前为止群体的最优值g_b，这样每个粒子可以根据下面的式子更新其速度和位置。

$$\begin{cases} v_i(k+1)=\phi(k)v_i(k)+\alpha_1\gamma_{1i}(k)\left[p_{i,\mathrm{b}}-x_i(k)\right]+\alpha_2\gamma_{2i}(k)\left[g_\mathrm{b}-x_i(k)\right] \\ x_i(k+1)=x_i(k)+v_i(k+1) \end{cases} \tag{10-7-1}$$

其中，γ_{1i}、γ_{2i}为$[0,1]$内均匀分布的随机数，$\phi(k)$为惯量函数，α_1、α_2为加速常数。

MATLAB全局优化工具箱提供了`particleswarm()`函数，实现了粒子群优化算法。该函数的调用格式为

$[\boldsymbol{x}$,f_m,flag,vars]=particleswarm(f,n,$\boldsymbol{x}_\mathrm{m}$,$\boldsymbol{x}_\mathrm{M}$)

其调用格式与最优化工具箱的大部分函数很接近，不同的是需要用户提供决策变量的个数n。该函数只能求解无约束最优化问题。这里将通过例子演示该函数的使用方法。

例10-29 试用粒子群优化算法重新求解例10-28中给出的改进的Rastrigin函数问题。

解 可以调用100次`particleswarm()`并统计找到全局最优解的成功率。

```
>> f=@(x)20+(x(1)/30-1)^2+(x(2)/20-1)^2-...
        10*(cos(pi*(x(1)/30-1))+cos(pi*(x(2)/20-1))); X=[]; tic
   for i=1:100, [x g]=particleswarm(f,2); X=[X; x g]; end, toc
```

调用100次`particleswarm()`函数的总耗时为3.1s，找到全局最优解的成功率为98%，成功率和精度远比`ga()`函数高。

文献[40]通过大量测试例子，对比研究了MATLAB全局优化工具箱提供的4个求解函数的性能，发现很多例子的求解效果不佳，而第3章介绍的两个全局优化函数均能成功求解相应的例子，得出精确的全局最优解。

10.7.4 基于全局优化算法的最优控制问题求解

从前面介绍的遗传算法、粒子群算法和模式搜索方法的应用看，其优势在于能求解最优化问题的全局最优解，而最优控制问题是计算机辅助设计中需要求解的问题，所以可以考虑在系统设计中引入这些算法作为解决问题的工具。下面将通过例子演示遗传算法在最优控制器设计中的应用，并指出该方法不能应用的场合。

第7章中介绍了基于常规最优化方法的最优控制器设计程序OCD，该程序在很多系统的控制器设计中均很有用，然而，该程序的最大问题是不容易构造不稳定受控对象的最优控制器，其原因是很难找出一个初始点满足闭环系统稳定的条

件，故常规最优化算法不能正常启动。所以对不稳定受控对象问题采用OCD程序经常失效。

遗传算法的特点是能够同时从若干初始点出发，搜索最优值。如果由分布广泛的多个点构成的初始种群出发，往往可能存在一个能够使闭环系统稳定的控制器初始参数，所以采用遗传算法有可能弥补OCD程序的不足。MATLAB全局最优化工具箱提供的几个求解函数已经嵌入OCD和OptimPID程序界面，用户可以通过菜单选择的方法，根据需要选择这些智能优化算法。

下面通过例子演示基于遗传算法的最优控制器设计问题求解方法，并与第3章介绍的全局最优解求解方法进行比较。

例10-30 考虑下面的不稳定受控对象模型，且控制信号要求的范围为 $|u(t)| \leqslant 5$，试利用遗传算法为其设计最优PID控制器，并评价控制效果。

$$G(s)=\frac{s+2}{s^4+8s^3+4s^2-s+0.4}$$

解 可以由Simulink搭建出如图10-69(a)所示的仿真框图。其中，为了不使控制信号过大，在PID控制器模块设置执行器饱和选项，并使得饱和区域为 $\Delta=5$。将PID控制器的参数设置成待定的Kp、Ki和Kd变量。由该框图可以写出下面的MATLAB函数来描述目标函数。此最优化问题的目标函数如下，其中使用了Simulink的快速重启功能。

```
function f=c10fununx(x)
W=get_param(gcs,'ModelWorkspace');
assignin(W,'Kp',x(1)); assignin(W,'Kd',x(2)); assignin(W,'Ki',x(3));
txy=sim('c10munsta'); y=txy.yout(end); pause(1e-5)
```

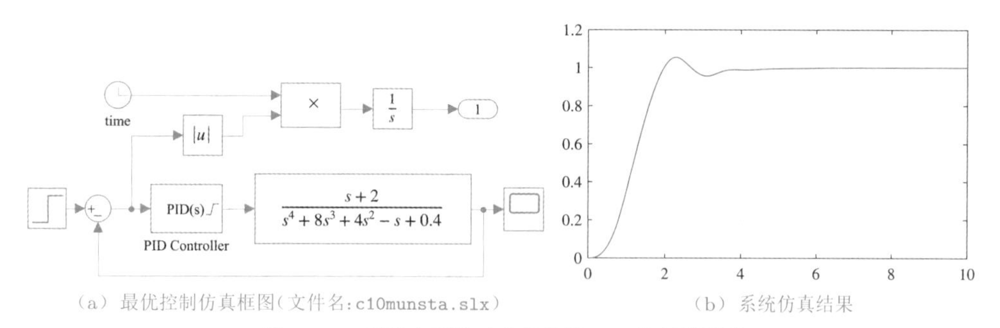

(a) 最优控制仿真框图(文件名:c10munsta.slx)　　(b) 系统仿真结果

图10-69 不稳定受控对象的最优PID控制器设计

现在假设想在(0.1,100)范围内利用遗传算法搜索该问题的最优解，可以在MATLAB工作空间中输入下面的命令：

```
>> c10munsta; set_param(gcs,'FastRestart','on');
   x1=ga(@c10fununx,3,[],[],[],[],0.1,100)
   c10fununx(x1) %显示最终控制曲线
   set_param(gcs,'FastRestart','off');
```

可以在给出上述语句之前打开Simulink框图中的示波器来观察进化进程。在寻优之前在寻优过程开始时的种群中响应曲线较好的个体较少，随着进化进程的推进可以发现好的个体越来越多。经过7433.7 s的等待，得出 $\boldsymbol{x}_1=[30.8624, 1.1371, 0.0065]$，目标函数的值为1.0143。由此可见，在某些应用中，遗传算法是很耗时的。优化过程结束后，可以设计出最优控制器为

$$G_{\mathrm{c}}(s)=30.8624+\frac{0.0065}{s}+\frac{1.1371s}{0.001s+1}$$

在该控制器作用下的阶跃响应如图10-69(b)所示，可见，对不稳定受控对象仍能利用遗传算法来设计出最优控制器，从而很好地控制受控对象。注意，由于遗传算法本身的随机性，本例每次得出的结果可能相差很大。

如果采用第3章推荐的全局优化求解器，则可以在1070.6 s内运行常规搜索25次，其中，12次找到和上面遗传算法类似的控制效果，如表10-4所示。从得出的结果看，第7组、12组、19组和第20组数据与其他组有显著差异，但目标函数值与控制效果都很接近。可以看出，这种全局优化算法比遗传算法这类智能算法高得多。

表10-4 全局最优求解程序得出的结果

组号	K_{p}	K_{d}	K_{i}	目标函数	组号	K_{p}	K_{d}	K_{i}	目标函数
3	109.8443	1.1359	0.0022	1.0227	7	82.6595	94.0121	0.2205	1.0177
9	42.3096	1.1361	0.0045	1.0027	10	46.8436	1.1357	0.0041	1.0033
11	59.8012	1.1367	0.0034	1.0081	12	115.9436	131.7211	0.2436	1.0231
14	42.3453	1.1360	0.0045	1.0027	16	42.2911	1.1361	0.0045	1.0027
19	42.3288	48.0877	0.1913	1.0027	20	60.9770	69.3198	0.2040	1.0086
21	23.4260	1.1384	0.0078	1.0435	23	88.8920	1.1369	0.0025	1.0199

```
>> tic, fminunc_global(@c10fununx,0.1,100,3,25), toc
```

10.8 习题

(1) 已知受控对象模型如下给出。

$$G(s)=\frac{\alpha_1 s^2+\alpha_2 s+\alpha_3}{s^4+10s^3+35s^2+50s+24}$$

试研究模型参考自适应控制策略对该模型进行控制的效果，找出用该模型参考自适应系统不能较好控制的 α_i 值。还可以考虑其他的相对阶为2的最小相位稳定受控对象模型的自适应控制问题的研究，并引入非线性环节，观察该算法是否适用。

(2) 考虑例10-1中给出的模型。假设 $a_3=0.01$，试利用OCD程序调节模型参考自适应控制器的参数 d_0、d_1、k_1 和 k_2，使得ITAE性能指标为最小。利用仿真方法分析例10-1不确定受控对象模型的鲁棒性。

(3) 求Diophantine方程的解并验证解的正确性。

① $A(z^{-1})=1-0.7z^{-1}, B(z^{-1})=0.9-0.6z^{-1}, C(z^{-1})=2z^{-2}+1.5z^{-3}$

② $A(z^{-1})=1+0.6z^{-1}-0.08z^{-2}+0.152z^{-3}+0.0591z^{-4}-0.0365z^{-5}$

$$B(z^{-1}) = 5 - 4z^{-1} - 0.25z^{-2} + 0.42z^{-3}, C(z^{-1}) = 1$$

(4) 试为下面的受控对象设计最小方差控制器，并对其进行仿真，观察输出信号是否满意。 $(1 - 1.28z^{-1} + 0.49z^{-2})y(t) = (0.5 + 0.7z^{-1})u(t-1)$

(5) 已知系统模型为

$$\begin{aligned} & y(t) + 2.1y(t-1) + 1.61y(t-2) + 0.531y(t-3) + 0.063y(t-4) \\ = & 2u(t-2) + 1.3u(t-3) + 0.5\xi(t) + 0.5\xi(t-1) + 0.2\xi(t-2) \end{aligned}$$

试构造出该系统提前2步预报模型，在方波激励下求取系统的仿真和预报信号，并比较结果。

(6) 假设某欠阻尼受控对象模型为[13]

$$G(s) = \frac{8611.77}{\left[(s+0.55)^2 + 6^2\right]\left[(s+0.25)^2 + 15.4^2\right]}$$

试选择合适的时程，设计出较好的模型预测控制器。如果受控对象变成非最小相位系统，例如分子多项式变成 $28705(-s+0.3)$，试重新研究模型预测控制器设计问题。

(7) 考虑某多变量传递函数矩阵模型

$$\boldsymbol{G}(s) = \begin{bmatrix} \dfrac{12.8}{16.7s+1}\mathrm{e}^{-s} & -\dfrac{18.9}{21s+1}\mathrm{e}^{-3s} \\ \dfrac{6.6}{10.9s+1}\mathrm{e}^{-7s} & -\dfrac{19.4}{14.4s+1}\mathrm{e}^{-3s} \end{bmatrix}$$

试设计出相应的模型预测控制器，并仿真控制效果。

(8) 假设受控对象模型为[19]

$$\begin{aligned} y(t) = & 0.503y(t-1) - 0.053y(t-2) + 0.017u(t-3) + 0.186u(t-4) + \\ & 0.011u(t-5) + \omega(t)/\Delta \end{aligned}$$

其中，$\omega(t)$ 为均值为0，方差为0.01的白噪声，试用广义预测控制对其仿真，得出较好的 N_2 及 N_{u} 值。

(9) 对前面介绍的模糊PD控制器及仿真系统进行研究，若选择很小的 K_{p}、K_{d} 值将得出什么样的控制效果，为什么？若想获得较好的控制效果，应该如何调整 K_{p}、K_{d} 甚至 K_{u} 的值。

(10) 已知表10-5中给出的样本点 (x_i, y_i) 数据，试利用神经网络理论在 $x \in (1, 10)$ 求解绘制出样本对应的函数曲线。还可以尝试不同的神经网络结构和训练算法，得出较好的拟合效果。

表10-5 习题(10)数据

x_i	1	2	3	4	5	6	7	8	9	10
y_i	244.0	221.0	208.0	208.0	211.5	216.0	219.0	221.0	221.5	220.0

(11) 假设已知实测数据由表10-6给出，试利用神经网络对 (x, y) 在 $(0.1, 0.1)$～$(1.1, 1.1)$ 区域内的点进行插值，并用三维曲面的方式绘制出基于神经网络的插值结果。

表10-6 习题(11)数据

y_i	x_1	x_2	x_3	x_4	x_5	x_6	x_7	x_8	x_9	x_{10}	x_{11}
0	0.1	0.2	0.3	0.4	0.5	0.6	0.7	0.8	0.9	1	1.1
0.1	0.8304	0.8273	0.8241	0.8210	0.8182	0.8161	0.8148	0.8146	0.8158	0.8185	0.8230
0.2	0.8317	0.8325	0.8358	0.8420	0.8513	0.8638	0.8798	0.8994	0.9226	0.9496	0.9801
0.3	0.8359	0.8435	0.8563	0.8747	0.8987	0.9284	0.9638	1.0045	1.0502	1.1	1.1529
0.4	0.8429	0.8601	0.8854	0.9187	0.9599	1.0086	1.0642	1.1253	1.1904	1.2570	1.3222
0.5	0.8527	0.8825	0.9229	0.9735	1.0336	1.1019	1.1764	1.2540	1.3308	1.4017	1.4605
0.6	0.8653	0.9105	0.9685	1.0383	1.1180	1.2046	1.2937	1.3793	1.4539	1.5086	1.5335
0.7	0.8808	0.9440	1.0217	1.1118	1.2102	1.3110	1.4063	1.4859	1.5377	1.5484	1.5052
0.8	0.8990	0.9828	1.0820	1.1922	1.3061	1.4138	1.5021	1.5555	1.5573	1.4915	1.3460
0.9	0.9201	1.0266	1.1482	1.2768	1.4005	1.5034	1.5661	1.5678	1.4889	1.3156	1.0454
1	0.9438	1.0752	1.2191	1.3624	1.4866	1.5684	1.5821	1.5032	1.315	1.0155	0.6248
1.1	0.9702	1.1279	1.2929	1.4448	1.5564	1.5964	1.5341	1.3473	1.0321	0.6127	0.1476

(12) 选择初始参数，使得例10-23中的受控对象模型能被径向基函数网络PID控制器直接控制。

(13) 试利用MATLAB语言编写迭代学习控制器的闭环算法和仿真模块。

(14) 试利用MATLAB语言编写高阶PID型开环迭代学习控制器。

(15) 假设控制系统的状态方程[41]为

$$\begin{cases} \dot{x}_1(t) = \dfrac{\sin x_1(t) + 2\sin x_2(t)}{1+t} + 3tu(t) \\ \dot{x}_2(t) = 0.3\sin x_1(t) + \dfrac{\sin x_2(t)}{1+t}u(t) \end{cases}$$

且$\boldsymbol{x}^{\mathrm{T}}(0) = [0.9, 0.9]$，输出方程为$y(t) = \sin x_1(t) + 0.5\sin x_2(t) + 0.5u(t)$，要求在$t \in [0, 2\pi]$时间内跟踪期望输出$y_{\mathrm{d}}(t) = \sin t$，试构造P型闭环迭代学习控制。

(16) 试求解非线性最优化问题

$$\min_{(x,y)\ \text{s.t.} \begin{cases} -1 \leqslant x \leqslant 3 \\ -3 \leqslant y \leqslant 3 \end{cases}} \sin(3xy) + xy + x + y$$

(17) 考虑Rosenbrock教授提出的最优化问题[42]

$$J = \min_{\boldsymbol{x}\ \text{s.t.} -2.048 \leqslant x_{1,2} \leqslant 2.048} 100(x_1^2 - x_2) + (1 - x_1)^2$$

试用遗传算法求解该问题，并与传统最优化方法得出的结果进行比较。

(18) De Jong最优化问题[37]是一个富有挑战性的最优化基准测试问题，其目标函数为

$$J = \min_{\boldsymbol{x}} \boldsymbol{x}^{\mathrm{T}}\boldsymbol{x} = \min_{\boldsymbol{x}}(x_1^2 + x_2^2 + \cdots + x_{20}^2)$$

若$-512 \leqslant x_i \leqslant 512, i = 1, 2, \cdots, 20$，试用遗传算法得出其最优化问题的解，并用普通的无约束最优化算法函数`fminunc()`求解同样的问题，比较两种方法所需的时间和精度。显然，该问题的全局最优解为$x_1 = x_2 = \cdots = x_{20} = 0$。

(19) 假设某最小化问题的目标函数[43]为

$$f(\boldsymbol{x})=0.7854x_1x_2^2(3.3333x_3^2+14.9334x_3-43.0934)-1.508x_1(x_6^2+x_7^2)+7.477(x_6^3+x_7^3)+0.7854(x_4x_6^2+x_5x_7^2)$$

相应的约束条件为

$$x_1x_2^2x_3\geqslant 27,\ x_1x_2^2x_3^2\geqslant 397.5,\ x_2x_3x_6^4/x_4^3\geqslant 1.93,\ x_2x_3x_7^4/x_5^3\geqslant 1.93$$

$$\sqrt{\left[745x_4/(x_2x_3)\right]^2+16.91\times10^6}\leqslant 110x_6^3$$

$$\sqrt{\left[745x_5/(x_2x_3)\right]^2+157.5\times10^6}\leqslant 85x_7^3$$

$$x_2x_3\leqslant 40,\ 5\leqslant\frac{x_1}{x_2}\leqslant 12,\ 1.5x_6+1.9\leqslant x_4,\ 1.1x_7+1.9\leqslant x_5$$

$$2.6\leqslant x_1\leqslant 3.6,\ 0.7\leqslant x_2\leqslant 0.8,\ 17\leqslant x_3\leqslant 28$$

$$7.3\leqslant x_4,x_5\leqslant 8.3,\ 2.9\leqslant x_6\leqslant 3.9,\ 5\leqslant x_7\leqslant 5.5$$

(20) 试利用遗传算法求解下面的有约束最优化问题,并和传统数值方法进行比较。

$$\max_{\boldsymbol{x}\ \text{s.t.}\left\{\begin{array}{l}0.003079x_1^3x_2^3x_5-\cos^3x_6\geqslant0\\0.1017x_3^3x_4^3-x_5^2\cos^3x_6\geqslant0\\0.09939(1+x_5)x_1^3x_2^2-\cos^2x_6\geqslant0\\0.1076(31.5+x_5)x_3^3x_4^2-x_5^2\cos^2x_6\geqslant0\\x_3x_4(x_5+31.5)-x_5[2(x_1+5)\cos x_6+x_1x_2x_5]\geqslant0\\0.2\leqslant x_1\leqslant0.5,14\leqslant x_2\leqslant22,0.35\leqslant x_3\leqslant0.6\\16\leqslant x_4\leqslant22,5.8\leqslant x_5\leqslant6.5,0.14\leqslant x_6\leqslant0.2618\end{array}\right.}\frac{1}{2\cos x_6}\left[x_1x_2(1+x_5)+x_3x_4\left(1+\frac{31.5}{x_5}\right)\right]$$

(21) 试用遗传算法求解下面的非凸二次型规划问题[44]。

$$\min_{\boldsymbol{x}\ \text{s.t.}\left\{\begin{array}{l}2x_1+2x_2+y_6+y_7\leqslant10\\2x_1+2x_3+y_6+y_8\leqslant10\\2x_2+2x_3+y_7+y_8\leqslant10\\-8x_1+y_6\leqslant0\\-8x_2+y_7\leqslant0\\-8x_3+y_8\leqslant0\\-2x_4-y_1+y_6\leqslant0\\-2y_2-y_3+y_7\leqslant0\\-2y_4-y_5+y_8\leqslant0\\0\leqslant x_i\leqslant1,\ i=1,2,3,4\\0\leqslant y_i\leqslant1,\ i=1,2,3,4,5,9\\y_i\geqslant0,\ i=6,7,8\end{array}\right.}\boldsymbol{c}^{\mathrm{T}}\boldsymbol{x}+\boldsymbol{d}^{\mathrm{T}}\boldsymbol{y}-\frac{1}{2}\boldsymbol{x}^{\mathrm{T}}\boldsymbol{Q}\boldsymbol{x}$$

其中,$\boldsymbol{c}=[5,5,5,5]$, $\boldsymbol{d}=[-1,-1,-1,-1,-1,-1,-1,-1,-1]$, $\boldsymbol{Q}=10\boldsymbol{I}$。

(22) 试采用遗传算法为下面的受控对象设计最优PID控制器。

① 非最小相位系统:$G(s)=\dfrac{-s+5}{s^3+4s^2+5s+6}$;

② 不稳定非最小相位系统:$G(s)=\dfrac{-0.2s+5}{s^4+3s^3+5s^2-6s+9}$;

③ 不稳定采样系统:$H(z)=\dfrac{4z-2}{z^4+2.9z^3+2.4z^2+1.4z+0.4}$。

参考文献

[1] Fu K S. Learning control systems and intelligent control systems: an intersection of artificial intelligence and automatic control[J]. IEEE Transaction on Automatic Control, 1971, AC-16(1): 70–72.

[2] 李人厚. 智能控制理论和方法 [M]. 西安: 西安电子科技大学出版社, 1999.

[3] 蔡自兴. 智能控制—— 基础与应用 [M]. 北京: 国防工业出版社, 1998.

[4] Egardt B. Stability of adaptive controllers[M]. Berlin: Springer-Verlag, 1979.

[5] Landau I D. Adaptive control — the model reference approach[M]. New York: Marcel Dekker, 1979.

[6] 徐心和. 模型参考自适应系统 [R]. 沈阳: 东北工学院讲义, 1982.

[7] Åström K J, Wittenmark B. On self-tuning regulators[J]. Automatica, 1973, 9 (2): 185–199.

[8] Åström K J, Wittenmark B. Adaptive control[M]. Reading: Addison-Wesley Inc, 1989.

[9] 韩曾晋. 自适应控制 [M]. 北京: 清华大学出版社, 1995.

[10] Moscinski J, Ogonowski Z. Advanced control with MATLAB and Simulink[M]. London: Ellis Horwood, 1995.

[11] 韩京清. 自抗扰控制技术—— 预估补偿不确定因素的控制技术 [M]. 北京: 国防工业出版社, 2008.

[12] 席裕庚, 李德伟, 林姝. 模型预测控制—— 现状与挑战 [J]. 自动化学报, 2013, 39(3): 222–236.

[13] 席裕庚. 预测控制 [M]. 北京: 国防工业出版社, 1993.

[14] Cutler C R, Ramaker B L. Dynamic matrix control: a computer control algorithm[C]// Proceedings of the Joint Automatic Control Conference. San Francisco, 1980.

[15] Richalet J, Rault A, J L Testud J L, et al. Model predictive heuristic control: Applications to industrial processes[J]. Automatica, 1978, 14(5): 413–428.

[16] The MathWorks Inc. Model predictive control toolbox user's manual[Z]. Natick: MathWorks, 2005.

[17] Clarke D W, Mohtadi C, Tuffs P S. Generalized predictive control — Part I. The basic algorithm[J]. Automatica, 1987, 23(2): 137–148.

[18] Clarke D W, Mohtadi C, Tuffs P S. Generalized predictive control — Part II. Extensions and interpretations[J]. Automatica, 1987, 23(2): 149–160.

[19] 王伟. 广义预测控制理论及其应用 [J]. 北京: 科学出版社, 1998.

[20] Zadeh L A. Fuzzy sets[J]. Information and Control, 1965, 8(3): 338–353.

[21] 诸静. 模糊控制原理与应用 [J]. 北京: 机械工业出版社, 1995.

[22] 刘金琨. 先进PID控制及其MATLAB仿真 [M]. 北京: 电子工业出版社, 2003.

[23] Hagan M T, Demuth H B, Beale M H. Neural network design[M]. Boston: PWS Publishing Company, 1995.

[24] Hunt K J, Sbarbaro D, Zbikowski R, Gawthrop P J. Neural networks for control systems — a survey[J]. Automatica, 1992, 28(6): 1083–1112.

[25] Nørgaard N, Ravn O, Poulsen N K, Hansen L K. Neural networks for modelling and control of dynamic systems[M]. London: Springer-Verlag, 2000.

[26] Arimoto S, Kawamura S, Miyazaki F. Bettering operation of robots by learning[J]. Journal of Robotic Systems, 1984, 1(2): 123–140.

[27] Moore K L and. Dahleh M, Bhattacharyya S P. Iterative learning control: a survey and new results[J]. Journal of Robotic Systems, 1992, 9(5): 563–594.

[28] Moore K, Chen Y Q, Ahn H S. Iterative learning control: a tutorial and big picture view[C]// Proceedings of IEEE Conference on Decision and Control. San Diego, 2006: 2352–2357.

[29] Bristow D A, Tharayil M, Alleyne A G. A survey of iterative learning control: A learning-based method for high-performance tracking control[J]. IEEE Control Systems Magazine, 2006, 26(3): 96–114.

[30] Ahn H S, Chen Y Q, Moore K L. Iterative learning control: brief survey and categorization[J]. IEEE Transactions on Systems, Man, and Cybernetics, Part-C, 2006, 37(6): 1099–1121.

[31] 谢胜利,田森平,谢振东. 迭代学习控制的理论与应用 [M]. 北京:科学出版社,2005.

[32] Chen Y Q, Moore K, Yu J, et al. Iterative learning control and repetitive control in hard disk drive industry — a tutorial[C]// Proceedings of IEEE Conference on Decision and Control. San Diego, 2006: 2338–2351.

[33] Sugie T, Ono T. An iterative learning control law for dynamical systems[J]. Automatica, 1991, 27(4): 729–732.

[34] Ahn H-S, Moore K L, Chen Y Q. Iterative learning control — parametric interval robustness and stochastic convergence[M]. London: Springer, 2007.

[35] Goldberg D E. Genetic algorithms in search, optimization and machine learning[M]. Addison-Wesley, 1989.

[36] 邵军力,张景,魏长华. 人工智能基础 [M]. 北京:电子工业出版社,2000.

[37] Chipperfield A, Fleming P. Genetic algorithm toolbox user's guide[Z]. Department of Automatic Control and Systems Engineering, University of Sheffield, 1994.

[38] 薛定宇. 高等应用数学问题的MATLAB求解 [M]. 4版. 北京:清华大学出版社,2018.

[39] Kennedy J, Eberhart R. Particle swarm optimization[C]// Proceedings of IEEE International Conference on Neural Networks. Perth, 1995: 1942–1948.

[40] 薛定宇. 薛定宇教授大讲堂(卷VI):Simulink建模与仿真 [M]. 北京:清华大学出版社,2021.

[41] 林辉,王林. 迭代学习控制理论 [M]. 西安:西北工业大学出版社,1998.

[42] Rosenbrock H H. An automatic method for finding the greatest or least value of a function[J]. Computer Journal, 1960, 3(3): 175–184.

[43] Chew S H, Zheng Q. Integral global optimization[M]. Berlin: Springer-Verlag, 1988.

[44] Floudas C A, Pardalos P M. A collection of test problems for constrained global optimization algorithms[M]. Berlin: Springer-Verlag, 1990.

第 11 章

分数阶控制系统的分析与设计

分数阶系统理论是近二十年来在国际控制界较为活跃的研究方向，尤其是近年来在分数阶系统领域出现了很多新的成果，有较好的理论意义和应用前景。

所谓分数阶系统就是指系统的阶次不再是整数的系统，这和前面叙述的系统不一样。一般地，$\mathrm{d}^n y/\mathrm{d}t^n$ 表示y对t的n阶导数，但若$n = 1/2$时是什么含义呢？这是300多年以前法国著名数学家Guillaume François Antoine L'Hôpital（1661—1704）问过微积分学创造者之一Gottfried Wilhelm Leibniz（1646—1716）的一个问题[1~3]。从那时起，就开始有学者研究分数阶微积分问题了，所以说分数阶微积分理论建立至今已经有300多年的历史了，早期主要侧重于纯数学理论研究，19世纪开始出现了各种分数阶微积分的定义，但直到20年前才开始在科学与工程中见到分数阶微积分学理论的应用，在自动控制领域也出现了分数阶控制理论等新的分支[4~8]。

本书使用$\mathscr{D}^\alpha$算子来表示分数阶微积分运算，其中$\alpha > 0$表示函数的α阶微分运算，而$\alpha < 0$表示$-\alpha$阶积分运算，$\alpha = 0$表示原函数，很显然，这样的统一记号更便于分数阶微积分的描述。

严格说来，"分数阶"一词是误用的词汇，因为阶次还可能是无理数，如$\mathrm{d}^{\sqrt{2}}y/\mathrm{d}t^{\sqrt{2}}$，所以更准确的词应该是"非整数阶"（non-integer order），但由于该领域发展已久，研究者绝大多数都已经习惯于"分数阶"一词，所以本书仍将沿用该词来叙述相关的研究内容。

以往的控制理论和其他数学建模方法侧重于集中参数系统的建模，例如电阻可以用一个比例系数来表示。在电阻不能用集中参数表示时，则需要用描述分布参数系统的偏微分方程来精确描述，例如远距离传输线的模型和电热炉模型等。这类模型在控制系统仿真软件中很难描述。引入分数阶微分算子，则可以将其用分数阶微分方程描述，在仿真回路中可以容易地表示这样的问题。另外，由于分数阶微积分本身的特性，分数阶控制器具有很多整数阶系统无法实现的优越性，所以研究分数阶系统的建模、分析与设计也是很有实际意义的。这里首先给出一个例子来演示分数阶微积分的特性。

例11-1 考虑正弦信号$\sin t$。众所周知，该信号的一阶导数为$\cos t$，再对其求高阶导数，则得出的结果无外乎$\pm\sin t$和$\pm\cos t$，不能得出其他的信号。如果引入分数阶微积分的概念情况又将如何呢？

解 正弦函数的n阶导数可以写成$\mathrm{d}^n \sin t/\mathrm{d}t^n = \sin(t+n\pi/2)$，该公式事实上在$n$为任意非整数时也是成立的，所以用下面的MATLAB语句可以绘制出分数阶次下函数导数的曲面图，如图11-1所示。

```
>> n0=0:0.1:1.5; t=0:0.2:2*pi; Z=[];
   for n=n0, Z=[Z; sin(t+n*pi/2)]; end, surf(t,n0,Z)
```

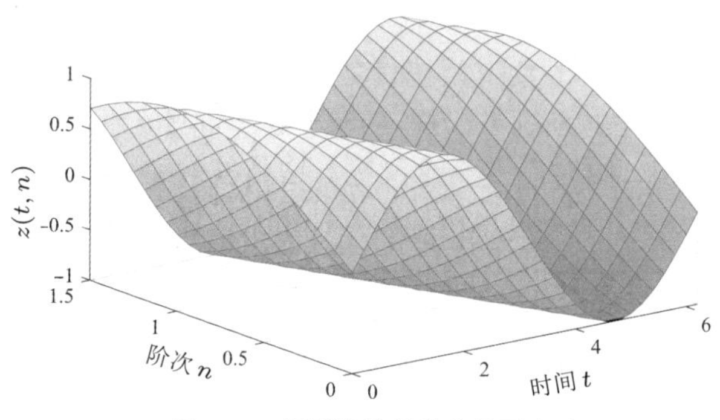

图11-1 不同阶次导数的曲面表示

可以看出，除了$\pm\sin t$，$\pm\cos t$这4个已知的结果外，还能得到其他的信息，结果是渐变的。所以，函数的分数阶导数可能提供比整数阶导数更丰富的信息。在实际应用中，如果从分数阶微积分学的视角去观察世界，可能揭示出更多从整数阶微积分角度看不到的东西。

例11-2 离子交换聚合金属材料(ionic polymer metal composite，IPMC)是一种新型智能材料，在机器人驱动器与人工肌肉等领域有广泛的应用前景。为辨识IPMC的模型，可以在实验中实测出一组频域响应数据，但从数据绘制的Bode图幅频特性看，斜率并不是人们熟知的20dB/dec的整数倍，所以无法用整数阶模型的框架去辨识系统模型。文献[6]表明，如果引入分数阶模型辨识技术，则可能得出如下的辨识模型。这里辨识出的模型是分数阶模型的一种特殊的形式。

$$G(s)=\frac{340}{s^{0.756}(s^2+3.85s+5880)^{1.15}}$$

11.1节介绍分数阶微积分的各种定义及性质，并给出Mittag-Leffler函数及常用的Laplace变换公式。11.2节侧重于分数阶导数与积分的数值计算方法。11.3节介绍线性分数阶微分方程的解析解方法。11.4节介绍分数阶线性微分方程的闭式数值求解公式及其MATLAB求解方法，并试图给出任意复杂度非线性分数阶微分方程的通用求解方法。11.5节将给出分数阶传递函数的概念，并介绍MATLAB下类与对象的编程方法及重载函数的设计方法，还将给出分数阶线性系统的一般分析方法，包括稳定性分析、范数计算、时域与频域分析方法等。11.6 节介绍分数阶受控对象的最优分数阶 PID 控制器设计方法。

本章数值工具主要是作者编写的FOTF 工具箱，其编写的一个目标是尽量使得分数阶系统的处理和整数阶模型一样容易。该工具箱可以直接下载和使用。

http://cn.mathworks.com/matlabcentral/fileexchange/60874-fotf-toolbox

11.1 分数阶微积分定义与性质

在分数阶微积分理论发展过程中，出现了函数分数阶微积分的许多种定义，包括Cauchy 积分公式、Grünwald–Letnikov分数阶微积分定义、Riemann–Liouville分数阶微积分定义以及Caputo 定义、Riesz 定义、Miller–Ross 定义、Weyl 定义等，这些定义都是由整数阶微积分直接扩展得出的。本节将先介绍几种常用的定义及其等效关系，然后介绍分数阶微积分的各种性质，并介绍Mittag-Leffler 函数与计算方法。

11.1.1 分数阶微积分的定义

本节给出三种常用的分数阶微积分的定义。

1. Grünwald–Letnikov分数阶微积分的定义

Grünwald–Letnikov 分数阶微分的定义为

$$ {}_a^{\mathrm{GL}}\mathscr{D}_t^{\alpha} f(t)=\lim_{h\to 0}\frac{1}{h^{\alpha}}\sum_{j=0}^{[(t-a)/h]} w_j f(t-jh) \tag{11-1-1}$$

其中，$w_j^{(\alpha)}$ 为函数 $(1-z)^{\alpha}$ 的二项式系数。该记号是整数阶二项式系数的拓展。

$$ w_j=(-1)^j\binom{\alpha}{j}=(-1)^j\frac{\Gamma(\alpha+1)}{\Gamma(j+1)\Gamma(\alpha-j+1)},\ j=0,1,2,\cdots \tag{11-1-2}$$

2. Riemann–Liouville分数阶微积分的定义

Riemann–Liouville 分数阶积分的定义为

$$ {}_a^{\mathrm{RL}}\mathscr{D}_t^{-\alpha} f(t)=\frac{1}{\Gamma(\alpha)}\int_a^t \frac{f(\tau)}{(t-\tau)^{1-\alpha}}\mathrm{d}\tau \tag{11-1-3}$$

其中，$0<\alpha<1$，且 a 为初值，一般可以假设零初值，即令 $a=0$，这时微分记号可以简写成 $\mathscr{D}_t^{-\alpha} f(t)$。Riemann–Liouville 定义为目前最常用的分数阶微积分定义。特别地，$\mathscr{D}$ 左右侧的下标分别表示积分式的下界和上界 [9]。

由这样的积分还可以定义出分数阶微分。假设分数阶 $n-1<\beta\leqslant n$，则定义其

分数阶微分为

$$ {}^{\rm RL}_{a}\mathscr{D}_t^{\beta} f(t) = \frac{{\rm d}^n}{{\rm d}t^n}\left[{}^{\rm RL}_{a}\mathscr{D}_t^{-(n-\beta)} f(t)\right] = \frac{1}{\Gamma(n-\beta)}\frac{{\rm d}^n}{{\rm d}t^n}\left[\int_a^t \frac{f(\tau)}{(t-\tau)^{\beta-n+1}}{\rm d}\tau\right] \quad (11\text{-}1\text{-}4) $$

3. Caputo分数阶微分的定义

Caputo 分数阶微分的定义为

$$ {}^{\rm C}_{0}\mathscr{D}_t^{\alpha} y(t) = \frac{1}{\Gamma(m-\alpha)}\int_0^t \frac{y^{(m)}(\tau)}{(t-\tau)^{1+\alpha-m}}{\rm d}\tau \quad (11\text{-}1\text{-}5) $$

其中，$m=\lceil\alpha\rceil$。Caputo分数阶积分定义与式(11-1-3)中给出的Riemann–Liouville积分定义完全一致。

可以证明[2]，对很广的一类实际函数来说，前面给出的Grünwald–Letnikov分数阶微积分定义及Riemann–Liouville分数阶微积分定义是完全等效的。Caputo定义和Riemann–Liouville定义的区别主要表现在对常数求导的定义上，前者对常数的求导是有界的(为0)，而后者求导是无界的。

Caputo 导数与Grünwald–Letnikov导数之间的关系为

$$ {}^{\rm C}_{t_0}\mathscr{D}_t^{\alpha} y(t) = {}^{\rm RL}_{t_0}\mathscr{D}_t^{\alpha} y(t) - \sum_{k=0}^{m-1}\frac{y^{(k)}(t_0)}{\Gamma(k-\alpha+1)}(t-t_0)^{k-\alpha} \quad (11\text{-}1\text{-}6) $$

其中，$m=\lceil\alpha\rceil$。

11.1.2 分数阶微积分的性质

这里不加证明地给出分数阶微积分的性质[10]：

(1) 解析函数 $f(t)$ 的分数阶导数 ${}_{t_0}\mathscr{D}_t^{\alpha} f(t)$ 对 t 和 α 都是解析的。

(2) $\alpha=n$ 为整数时，分数阶微分与整数阶微分完全一致，且 ${}_{t_0}\mathscr{D}_t^{0} f(t)=f(t)$。

(3) 分数阶微积分算子为线性的，即对任意常数 a,b，有

$$ {}_{t_0}\mathscr{D}_t^{\alpha}\left[af(t)+bg(t)\right] = a\ {}_{t_0}\mathscr{D}_t^{\alpha} f(t) + b\ {}_{t_0}\mathscr{D}_t^{\alpha} g(t) \quad (11\text{-}1\text{-}7) $$

(4) 函数的分数阶积分表达式的Laplace变换为

$$ \mathscr{L}\left[\mathscr{D}_t^{-\gamma} f(t)\right] = s^{-\gamma}\mathscr{L}[f(t)] \quad (11\text{-}1\text{-}8) $$

在Riemann–Liouville定义下，函数分数阶微分的Laplace变换为

$$ \mathscr{L}\left[{}^{\rm RL}_{t_0}\mathscr{D}_t^{\alpha} f(t)\right] = s^{\alpha}\mathscr{L}\left[f(t)\right] - \sum_{k=1}^{n-1} s^{k}\ {}^{\rm RL}_{t_0}\mathscr{D}_t^{\alpha-k-1} f(t)\Big|_{t=t_0} \quad (11\text{-}1\text{-}9) $$

特别地，若函数 $f(t)$ 及其各阶导数初值均为0，则 $\mathscr{L}\left[{}_{t_0}\mathscr{D}_t^{\alpha} f(t)\right] = s^{\alpha}\mathscr{L}\left[f(t)\right]$。

Caputo 定义下函数积分的Laplace变换与Riemann–Louiville定义下的完全一致。Caputo定义下函数微分的Laplace变换满足

$$ \mathscr{L}\left[{}^{\rm C}_{t_0}\mathscr{D}_t^{\alpha} f(t)\right] = s^{\alpha}F(s) - \sum_{k=0}^{n-1} s^{\alpha-k-1} f^{(k)}(t_0) \quad (11\text{-}1\text{-}10) $$

从上述 Laplace 变换的性质可见，Caputo 定义涉及整数阶导数的初值，比较接近于实际系统具有的性质，而 Riemann–Liouville 定义涉及分数阶导数的初值，这在现实系统中是难以提供或检测的，所以 Caputo 系统更适合于具有非零初值的动态系统描述。

11.1.3 Mittag-Leffler 函数与计算

在整数阶线性系统中，e 指数函数是描述解析解的重要函数，在分数阶系统中，e 指数函数的扩展 —— Mittag-Leffler 函数是特别重要的。

1. 单参数Mittag-Leffler函数

单参数 Mittag-Leffler 函数的定义为

$$\mathrm{E}_{\alpha}(z)=\sum_{k=0}^{\infty}\frac{z^k}{\Gamma(\alpha k+1)} \tag{11-1-11}$$

其中 $\alpha\in\mathbb{C}$，该无穷级数收敛的条件为 $\mathscr{R}(\alpha)>0$。

显然，指数函数 e^z 是 Mittag-Leffler 函数的一个特例。

$$\mathrm{E}_1(z)=\sum_{k=0}^{\infty}\frac{z^k}{\Gamma(k+1)}=\sum_{k=0}^{\infty}\frac{z^k}{k!}=\mathrm{e}^z \tag{11-1-12}$$

另外还可以推导出

$$\mathrm{E}_2(z)=\sum_{k=0}^{\infty}\frac{z^k}{\Gamma(2k+1)}=\sum_{k=0}^{\infty}\frac{\left(\sqrt{z}\right)^{2k}}{(2k)!}=\cosh\sqrt{z} \tag{11-1-13}$$

$$\mathrm{E}_{1/2}(z)=\sum_{k=0}^{\infty}\frac{z^k}{\Gamma\left(k/2+1\right)}=\mathrm{e}^{z^2}(1+\mathrm{erf}(z))=\mathrm{e}^{z^2}\mathrm{erfc}(-z) \tag{11-1-14}$$

2. 双参数Mittag-Leffler函数

将单参数 Mittag-Leffler 函数分母 Γ-函数中的 1 替换成另一个自由变量 β，则可以定义出双参数 Mittag-Leffler 函数为

$$\mathrm{E}_{\alpha,\beta}(z)=\sum_{k=0}^{\infty}\frac{z^k}{\Gamma(\alpha k+\beta)} \tag{11-1-15}$$

其中，$\alpha,\beta\in\mathbb{C}$，且使得无穷级数对任意 $z\in\mathbb{C}$ 收敛的前提条件是 $\mathscr{R}(\alpha)>0$，$\mathscr{R}(\beta)>0$。若 $\beta=1$，则双参数 Mittag-Leffler 函数退化成单参数函数，即

$$\mathrm{E}_{\alpha,1}(z)=\mathrm{E}_{\alpha}(z) \tag{11-1-16}$$

所以可以认为单参数函数是双参数函数的一个特例。3 参数和 4 参数的 Mittag-Leffler 函数的数学定义分别为

$$\mathrm{E}_{\alpha,\beta}^{\gamma}(z)=\sum_{k=0}^{\infty}\frac{(\gamma)_k z^k}{\Gamma(\alpha k+\beta)},\ \mathrm{E}_{\alpha,\beta}^{\gamma,q}(z)=\sum_{k=0}^{\infty}\frac{(\gamma)_{qk} z^k}{\Gamma(\alpha k+\beta)} \tag{11-1-17}$$

其中，$q \in \mathbb{Z}$ 为整数，$(\gamma)_k$ 称为Pochhammer符号，又称为升序阶乘，其定义为

$$(\gamma)_k = \gamma(\gamma+1)(\gamma+2)\cdots(\gamma+k-1) = \frac{\Gamma(k+\gamma)}{\Gamma(\gamma)} \tag{11-1-18}$$

这些Mittag-Leffler函数的收敛条件为$\mathscr{R}(\alpha)>0$，$\mathscr{R}(\beta)>0$，$\mathscr{R}(\gamma)>0$。

此外，还可以定义出一般Mittag-Leffler函数的整数阶导数

$$\frac{\mathrm{d}^n}{\mathrm{d}z^n}\mathrm{E}_{\alpha,\beta}^{\gamma,q}(z) = (\gamma)_{nq}\mathrm{E}_{\alpha,\beta+n\alpha}^{\gamma+nq,q}(z) \tag{11-1-19}$$

作者编写了`ml_func()`函数，可以求解各种Mittag-Leffler函数的值[7]，该函数的调用方法为$\boldsymbol{y}$=`ml_func(`$\boldsymbol{v}$,$\boldsymbol{z}$,n,ϵ`)`，其中，$\boldsymbol{z}$为自变量向量，输入变元$\boldsymbol{v}$可以取$\boldsymbol{v}=\alpha$或$\boldsymbol{v}=[\alpha,\beta]$，表示单参数和双参数的Mittag-Leffler函数求解，n为Mittag-Leffler函数导数的阶次，ϵ为误差限。更一般地，3参数、4参数的Mittag-Leffler函数的计算可以由向量$\boldsymbol{v}=[\alpha,\beta,\gamma]$和$\boldsymbol{v}=[\alpha,\beta,\gamma,c]$实现。由于该函数采用的是叠加算法，速度极快，但在某些特定情况下可能不收敛，这时可以自动调用嵌入的`mlf()`函数直接求解[11]，得出的$\boldsymbol{y}_1$即Mittag-Leffler函数的n阶导数。

例11-3 试绘制Mittag-Leffler函数$\mathrm{E}_1(-t)$，$\mathrm{E}_{3/2,3/2}(-t)$，$\mathrm{E}_{1,2}(-t)$的曲线。

解 由下面语句可以直接绘制出这3个函数的曲线，如图11-2所示，其中，$\mathrm{E}_1(-t)$与指数函数e^{-t}完全一致，另两条曲线衰减比指数函数慢。

```
>> t=0:0.1:5; y1=ml_func(1,-t); y2=ml_func([1,2],-t);
   y3=ml_func([3/2,3/2],-t); plot(t,y1,t,y2,'--',t,y3,':')
```

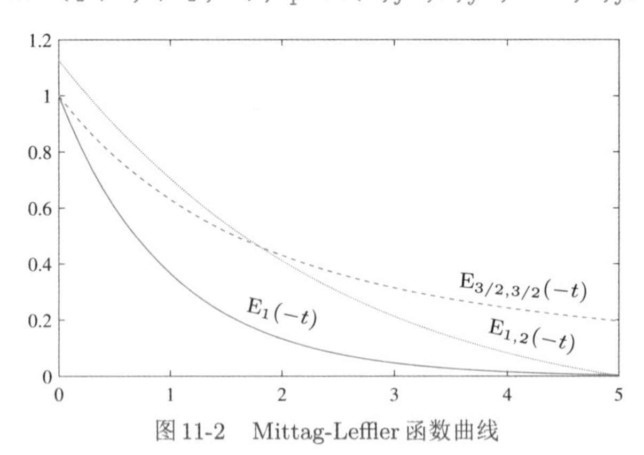

图11-2 Mittag-Leffler函数曲线

11.2 分数阶微积分的数值计算

如果函数的数学形式或样本点是已知的，本节将探讨利用数值解方法得出该函数的分数阶导数与积分，这里将兼顾Grünwald–Letnikov导数与Caputo导数的计算方法，并给出精度、效率远远高于常规算法的MATLAB求解函数。如果函数本

身是事先未知的，则将介绍基于Oustaloup滤波器的分数阶导数近似计算方法，并给出基于Oustaloup滤波器的Caputo导数计算方法。

11.2.1 用Grünwald–Letnikov定义求解分数阶微分

求解分数阶微积分最直接的数值方法是利用Grünwald–Letnikov定义的方法。如果步长h足够小，则可以略去极限运算，得出分数阶导数的近似解。

$$
{}_{t_0}^{\mathrm{GL}}\mathscr{D}_t^{\alpha} f(t) \approx \frac{1}{h^{\alpha}} \sum_{j=0}^{[(t-t_0)/h]} w_j f(t-jh) \tag{11-2-1}
$$

其中，w_j为函数$(1-z)^{\alpha}$的二项式系数。可以证明[2]，该公式的精度为$o(h)$。

从式（11-2-1）可见，二项式系数w_j的计算是分数阶导数计算的关键之处。用户可以尝试由式（11-1-2）直接计算w_j，不过该式用到Gamma函数的值，而在数值计算框架下，如果j较大，则其Gamma函数的数值解为`Inf`，导致后续的w_j值为零。这样的结果显然是错误的，所以应该考虑避开Gamma函数的计算。

一种简单的解决方法是求出w_j/w_{j-1}的值，借此推导递推公式。

```
>> syms alpha, syms j integer
   w=(-1)^j*gamma(alpha+1)/gamma(j+1)/gamma(alpha-j+1);
   simplify(w/subs(w,j,j-1))
```

由得出的结果可以直接写出

$$
\frac{w_j}{w_{j-1}} = -\frac{\alpha-j+1}{j} = 1-\frac{\alpha+1}{j} \tag{11-2-2}
$$

这样，可以推导出下面的递推公式。

$$
w_0=1,\ w_j=\left(1-\frac{\alpha+1}{j}\right)w_{j-1},\ j=1,2,\cdots \tag{11-2-3}
$$

由前面的叙述不能写出Grünwald–Letnikov定义下的分数阶微分函数。

```
function dy=glfdiff(y,t,gam)
if strcmp(class(y),'function_handle'), y=y(t); end %函数句柄处理
h=t(2)-t(1); w=1; y=y(:); t=t(:); N=length(t);      %采样点数据
for j=2:N, w(j)=w(j-1)*(1-(gam+1)/(j-1)); end       %计算二项式系数
for i=1:N, dy(i)=w(1:i)*[y(i:-1:1)]/h^gam; end      %计算分数阶导数
```

该函数的调用格式为$\boldsymbol{y}_1$=`glfdiff(`$\boldsymbol{y}$,$\boldsymbol{t}$,γ`)`，其中，$\boldsymbol{t}$为等间距时间向量；$\boldsymbol{y}$或者为输入信号的采样值，或者为输入信号的函数句柄；γ为分数阶导数的阶次；得出的$\boldsymbol{y}_1$向量为函数分数阶导数的采样值，且γ允许为负数，表示积分。

文献[8]还给出了预期精度为$o(h^p)$的高精度Grünwald–Letnikov分数阶微积分的算法及求解函数`glfdiff9()`，其调用格式是$\boldsymbol{y}_1$=`glfdiff9(`$\boldsymbol{y}$,$\boldsymbol{t}$,γ,p`)`。限于本书的篇幅，不能给出详细的算法与程序实现，有兴趣的读者可以参见文献[8]。

例11-4　在整数阶微积分理论的框架下，常数的各阶导数均等于零，一阶积分为斜线，高阶积分分别为二次曲线、三次曲线等。试求出常数的分数阶微积分。

解　由下面语句可以先构造常数信号向量 $\boldsymbol{y}$，再调用 `glfdiff()` 函数则可以直接得出函数的分数阶微积分曲线，如图11-3所示，可见，常数信号的分数阶微分与整数阶是有很大区别的。

```
>> t=0:0.01:1.5; gam=[-1 -0.5 0.3 0.5 0.7]; y=ones(size(t));
   dy=[]; for a=gam, dy=[dy; glfdiff(y,t,a)]; end, plot(t,dy)
```

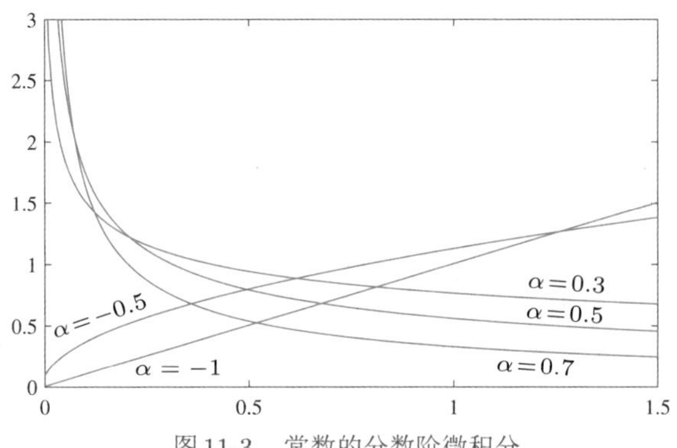

图11-3　常数的分数阶微积分

例11-5　试求一个初值非零的函数 $f(t)=\mathrm{e}^{-t}\sin(3t+1), t\in(0,\pi)$ 的分数阶导数。

解　这里只考虑由Grünwald–Letnikov定义来计算其分数阶微分函数。分别选择计算步长 $T=0.05$ 和 $T=0.001$，则可以得出在这两个计算步长下函数的0.5阶导数函数曲线，如图11-4(a)所示。可见，二者是很接近的，看不出任何区别。对本函数而言，由于采用了高精度算法，即使选择 $T=0.05$ 也可以足够精确地求出函数的分数阶微分。

```
>> t=0:0.001:pi; y=exp(-t).*sin(3*t+1); dy=glfdiff9(y,t,0.5,6);
   t1=0:0.05:pi; y=exp(-t1).*sin(3*t1+1);
   dy1=glfdiff9(y,t1,0.5,6); plot(t,dy,t1,dy1,'--')
```

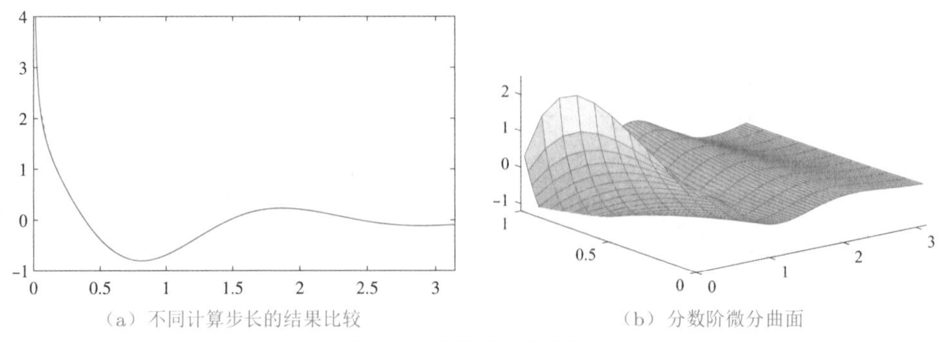

(a) 不同计算步长的结果比较　　(b) 分数阶微分曲面

图11-4　函数的分数阶微分

还可以调用下面的语句绘制出分数阶导函数的三维表面图，如图11-4(b)所示。

```
>> t=0:0.05:pi; y=exp(-t).*sin(3*t+1); gam0=0:0.1:1;
   Z=[]; for gam=gam0, Z=[Z; glfdiff9(y,t,gam,6)]; end
   surf(t,gam0,Z); axis([0,pi,0,1,-1.2,2.5]) %不同阶次导数曲面绘制
```

11.2.2 Caputo微积分定义的数值计算

由前面的介绍可见，Caputo 分数阶积分与Grünwald–Letnikov 定义完全一致，所以可以采用 **glfdiff9()** 函数直接求解。若 $\alpha>0$，通过式（11-1-6）的补偿公式可以计算出Caputo分数阶微分，还可以直接使用高精度Caputo微积分的数值计算函数 **caputo9()**，其调用格式为 y_1=caputo9(y,t,α,p)，其中，$\alpha\leqslant 0$，将直接返回Grünwald–Letnikov 积分结果。可以给出 p 值，使得计算误差为 $o(h^p)$。

例 11-6　已知函数 $f(t)=\sin(3t+1)$，试绘制不同定义下0.3阶导数曲线，并绘制1.3和2.3阶Caputo导数曲线。

解　有函数的数学表达式可见，在 $t=0$ 时刻，函数 $f(t)$ 的初值为 $\sin 1$，故Caputo导数与Grünwald–Letnikov导数之差为 $d(t)=t^{-0.3}\sin 1/\Gamma(0.7)$。这样，可以由下面语句计算出Grünwald–Letnikov定义和Caputo定义下的函数曲线，如图11-5(a)所示。可见，在初值非零时，二者差异还是很大的。

```
>> t=0:0.01:pi; y=sin(3*t+1); d=t.^(-0.3)*sin(1)/gamma(0.7);
   y1=glfdiff9(y,t,0.3,4); y2=caputo9(y,t,0.3,4); %两种不同的导数
   plot(t,y1,t,y2,'--',t,d,':')          %不同定义与补偿的曲线绘制
```

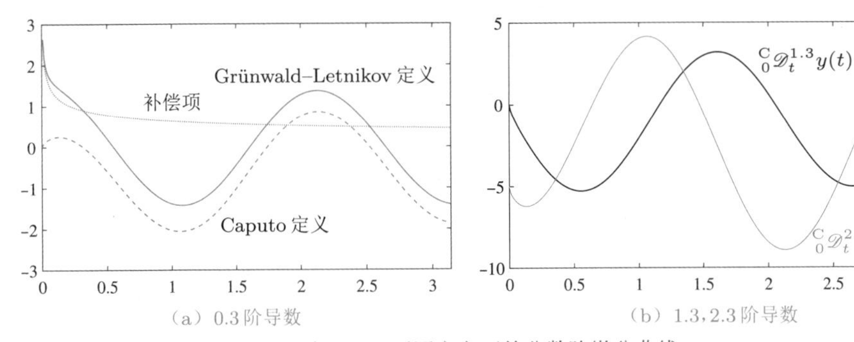

图11-5　不同定义下的分数阶微分曲线

这里给出的 $^{\rm C}_0\mathscr{D}_t^{2.3}y(t)$ 和 $^{\rm C}_0\mathscr{D}_t^{1.3}y(t)$ 求解命令如下所示，无须事先求出 $\dot y(0)$, $\ddot y(0)$ 的值，最终得出如图11-5(b)所示的曲线。

```
>> y1=caputo9(y,t,1.3,4); y2=caputo9(y,t,2.3,4);
   plotyy(t,y1,t,y2)        %不同阶次的Caputo导数计算
```

例 11-7　现在考虑函数 $f(t)={\rm e}^{-t}$ 的0.6阶Caputo导数的计算，其解析解为 $y_0(t)=-t^{0.4}{\rm E}_{1,1.4}(-t)$，试测试不同的步长与 p 值，评价给出函数的求解精度。

解　选择计算步长 $h=0.01$，可以由下面的语句求出不同 p 取值下的分数阶导数，并与解析解相比得出相应的误差，如表11-1所示。可见，在 $p=6$ 时得出的结果最大误差可达

10^{-13},高于现有其他算法很多个数量级。再进一步增加阶次p,在双精度数据结构下不会改善计算精度,还有使计算结果变坏的可能。

```
>> t0=0.5:0.5:5; t=0:0.01:5; y=exp(-t); ii=[51:50:501]; %生成样本点
   y0=-t0.^0.4.*ml_func([1,1.4],-t0,0,eps); T=[];         %计算理论值
   for p=1:7, y1=caputo9(y,t,0.6,p); T=[T [y1(ii)-y0']]; end
   max(abs(T))
```

表11-1 计算步长为$h=0.01$时的最大计算误差

阶次p	1	2	3	4	5	6	7
最大误差	0.0018	1.19×10^{-5}	8.89×10^{-8}	7.07×10^{-10}	5.85×10^{-12}	3.14×10^{-13}	7.33×10^{-13}

如果选择大步长$h=0.1$,仍然可以在不同阶次p下计算指数函数的0.6阶Caputo导数数值解,得出的最大误差在表11-2中给出,可以看出,即使选择了这样大的步长,在$p=8$时仍可以得到10^{-10}的误差级别。

```
>> t0=0.5:0.5:5; t=0:0.1:5; y=exp(-t); T=[];          %重新生成样本点
   y0=-t0.^0.4.*ml_func([1,1.4],-t0,0,eps); ii=[6:5:51]; %理论值
   for p=3:9, y1=caputo9(y,t,0.6,p); T=[T [y1(ii)-y0']]; end
   max(abs(T))
```

表11-2 计算步长为$h=0.1$时的最大计算误差

阶次p	3	4	5	6	7	8	9
最大误差	7.82×10^{-5}	5.98×10^{-6}	4.73×10^{-7}	3.74×10^{-8}	3.12×10^{-9}	4.94×10^{-10}	1.14×10^{-8}

11.2.3 Oustaloup滤波算法及其应用

前面介绍的各种分数阶微分运算的前提是被微分函数$f(t)$为已知函数，但在实际应用中该信号经常是无法预先知道的。例如，在控制系统中，这样的信号可能来自系统的其他环节，所以应该采用其他形式来求取分数阶微分。例如，通过构造并使用滤波器的方式，对信号进行数值微积分处理。

信号的滤波器可以有连续和离散两种形式，分别用来拟合Laplace变换算子s^γ和z变换算子z^γ。从效果上看，将某个信号馈入这样设计的滤波器，则滤波器的输出将是函数的Riemann–Liouville分数阶数值微分。

文献[7,10]中列出了多种连续滤波器的实现算法。这里只介绍效果理想的Oustaloup算法[12]。由控制理论可知，分数阶积分算子s^γ的Bode幅频特性将是一条斜率为-20γ dB/dec的直线，而相频特性是幅值为$-90\gamma^\circ$的水平线。不存在任何整数阶传递函数可以在任意的频率下都能逼近这样的分数阶算子，只能在某个频率段内作较好的逼近。

假设感兴趣的频率段$(\omega_\mathrm{b},\omega_\mathrm{h})$，则可以考虑用图11-6中给出的一组折线去逼近分数阶微积分的直线特性。法国学者Oustaloup教授等基于这样的想法提出了滤波器设计的方法[12]，本书中称为Oustaloup滤波器。所有这些折线都是由整数阶的零点与极点生成的，使得幅频特性渐近线的斜率在0 dB/dec与−20 dB/dec之间交替变化，这样频域响应本身会很好地逼近一条斜线。值得指出的是，这里的渐近线逼近可能有较大的误差，而滤波器的精确Bode图自然会得到更高精度的逼近。

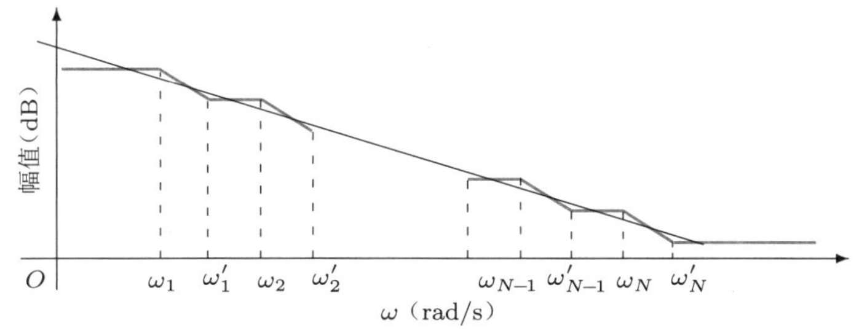

图11-6 Oustaloup滤波器的分段折线逼近

Oustaloup滤波器的传递函数模型为

$$G_\mathrm{f}(s)=K\prod_{k=1}^{N}\frac{s+\omega_k'}{s+\omega_k} \tag{11-2-4}$$

其中，滤波器零极点和增益可以由式(11-2-5)直接求出，为

$$\omega_k'=\omega_\mathrm{b}\omega_\mathrm{u}^{(2k-1-\gamma)/N},\ \omega_k=\omega_\mathrm{b}\omega_\mathrm{u}^{(2k-1+\gamma)/N},\ K=\omega_\mathrm{h}^{\gamma} \tag{11-2-5}$$

其中，基准频率$\omega_\mathrm{u}=\sqrt{\omega_\mathrm{h}/\omega_\mathrm{b}}$。

根据上述算法，可以直接编写出如下的函数设计连续滤波器。这样，若$f(t)$信号通过滤波器进行过滤，则可以认为输出信号是$\mathscr{D}_t^{-\gamma}f(t)$的近似。

```
function G=ousta_fod(gam,N,wb,wh)
if round(gam)==gam, G=tf('s')^gam;  %如果阶次为整数则构造整数阶算子
else, k=1:N; wu=sqrt(wh/wb);          %求出基准频率
   wkp=wb*wu.^((2*k-1-gam)/N); wk=wb*wu.^((2*k-1+gam)/N); %零极点
   G=zpk(-wkp,-wk,wh^gam); G=tf(G); %构造出整数阶传递函数近似模型
end
```

该函数的调用格式为G_1=ousta_fod(γ,N,ω_b,ω_h)，其中，γ为分数阶的阶次，可以为正也可以为负；N为滤波器的阶次；ω_b和ω_h分别为用户选定的拟合频率下限和上限。一般在该区域内滤波器能较好地逼近分数阶微分或积分算子，而其外的区域将和微积分算子相差很多。

例11-8 假设$\omega_\mathrm{b}=0.01\,\mathrm{rad/s}$，$\omega_\mathrm{h}=1000\,\mathrm{rad/s}$，并选择滤波器阶次为$N=5$，试设计出连续滤波器，对$f(t)=\mathrm{e}^{-t}\sin(3t+1)$信号计算0.5阶微分。

解 可以用下面的语句直接设计滤波器并绘制Bode图，如图11-7(a)所示。

```
>> G=ousta_fod(0.5,5,0.01,1000), bode(G) %Oustaloup滤波器与Bode图
```

设计出的滤波器为

$$G(s)=\frac{31.62s^5+6248s^4+1.122\times10^5s^3+1.996\times10^5s^2+3.514\times10^4s+562.3}{s^5+624.8s^4+3.549\times10^4s^3+1.996\times10^5s^2+1.111\times10^5s+5623}$$

由下面的语句还可以绘制出由滤波器计算出来的分数阶微分曲线，同时也将绘制出由Grünwald–Letnikov定义计算出来的分数阶微分曲线，如图11-7(b)所示。可见，由滤波器计算出来的分数阶微分结果还是很精确的。

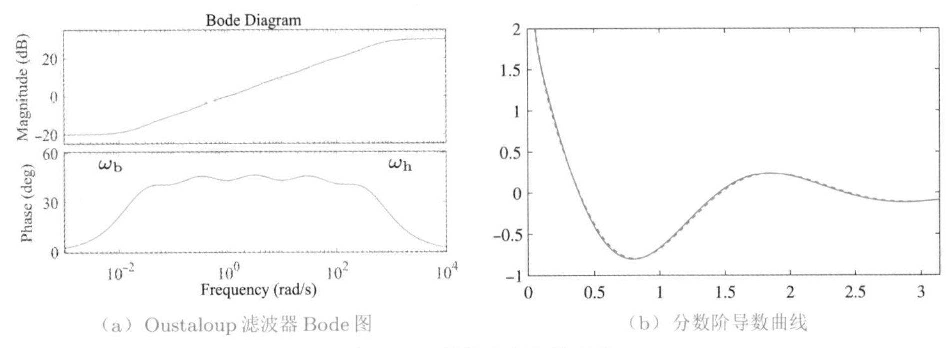

(a) Oustaloup滤波器Bode图　　(b) 分数阶导数曲线

图11-7　函数的分数阶导数

```
>> t=0:0.001:pi; y=exp(-t).*sin(3*t+1); %生成输入信号
   y1=lsim(G,y,t); y2=glfdiff(y,t,0.5); %由滤波器近似输出信号
   plot(t,y1,t,y2,'--')                 %比较两种方法的结果
```

当然，用该算法还可以在更大的频率范围内拟合分数阶微分函数，这时需要适当增大拟合的阶次。下面给出在$(10^{-4},10^4)$频段内的拟合效果，如图11-8所示。可见，对这样大的频率范围，不再适合$N=5$的近似，而应该采用更大的N值，如$N=11$。

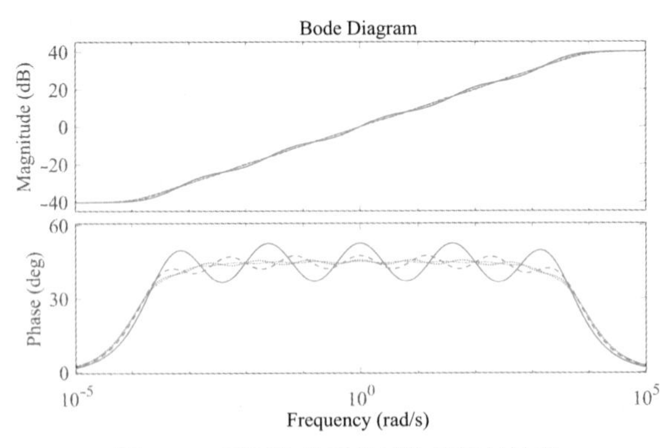

图11-8　不同阶次下的滤波器近似效果

```
>> G=ousta_fod(0.5,5,1e-4,1e4); G1=ousta_fod(0.5,7,1e-4,1e4);
   G2=ousta_fod(0.5,9,1e-4,1e4); G3=ousta_fod(0.5,11,1e-4,1e4);
   bode(G,'-',G1,'--',G2,':',G3,'-.') %不同参数滤波器的Bode图比较
```

在计算量允许的前提下，实际应用中可以考虑选择更大的感兴趣频率范围和更高的阶次，如 $(10^{-6},10^{6})$ rad/s，$N=30$，这样的滤波器在事实上已经非常接近所期待的分数阶算子了，可以得到高精度的近似结果。

11.2.4 Caputo导数的滤波器近似

前面介绍的Oustaloup滤波器可以用于生成Riemann–Liouville分数阶微积分信号，但不能直接得出Caputo导数信号，需要根据分数阶微分的性质重新构造。Caputo分数阶导数有一个很有趣的性质。令 $n=\lceil\gamma\rceil$，则

$$ {}_{t_0}^{\mathrm{C}}\mathscr{D}_t^{\gamma}y(t)={}_{t_0}^{\mathrm{RL}}\mathscr{D}_t^{-(n-\gamma)}\left[y^{(n)}(t)\right] \tag{11-2-6}$$

其物理解释为，信号 $y(t)$ 的 γ 阶Caputo导数可以由整数阶导数 $y^{(n)}(t)$ 经过 $(n-\gamma)$ 阶Riemann–Liouville积分得出，换句话说，由整数阶导数 $y^{(n)}(t)$ 经过Oustaloup滤波器得出。例如，若想获得 ${}_{t_0}^{\mathrm{C}}\mathscr{D}_t^{2.3}y(t)$ 信号，需要首先获得 $\dddot{y}(t)$，将其馈入 -0.7 阶Oustaloup滤波器模块，则其输出就是所需的Caputo导数信号。

对式（11-2-6）两端取 $(n-\gamma)$ 阶Riemann–Liouville导数，则可以得出

$$ {}_{t_0}^{\mathrm{RL}}\mathscr{D}_t^{n-\gamma}\left[{}_{t_0}^{\mathrm{C}}\mathscr{D}_t^{\gamma}y(t)\right]=y^{(n)}(t) \tag{11-2-7}$$

其物理解释为，对 γ 阶Caputo导数 ${}_{t_0}^{\mathrm{C}}\mathscr{D}_t^{\gamma}y(t)$ 求 $n-\gamma$ 阶Riemann–Liouville导数，则可以得出整数阶导数 $y^{(n)}(t)$。换句话说，Caputo导数通过Oustaloup滤波器则可以得出整数阶导数。例如，若已知 ${}_{t_0}^{\mathrm{C}}\mathscr{D}_t^{2.3}y(t)$ 信号，将其馈入0.7阶Oustaloup滤波器模块，则该模块的输出就是 $\dddot{y}(t)$ 信号。

本章在分数阶微积分与分数阶控制系统Simulink建模中，将进一步讨论这两条性质的应用与实现方法。

11.3 线性分数阶微分方程的解析解方法

前面介绍过，微分方程是整数阶连续系统动态模型的数学基础，其实，分数阶微分方程也是分数阶连续系统的数学基础。本节首先给出一类分数阶线性微分方程的解析解公式，并介绍常用的Laplace变换公式，然后介绍基于部分分式展开的成比例阶线性分数阶微分方程的阶跃响应与冲激响应的解析解算法。

分数阶线性微分方程的一般形式为[2]

$$\begin{aligned}&a_n\mathscr{D}_t^{\beta_n}y(t)+a_{n-1}\mathscr{D}_t^{\beta_{n-1}}y(t)+\cdots+a_1\mathscr{D}_t^{\beta_1}y(t)+a_0\mathscr{D}_t^{\beta_0}y(t)\\&=b_1\mathscr{D}_t^{\gamma_1}u(t)+b_2\mathscr{D}_t^{\gamma_2}u(t)+\cdots+b_m\mathscr{D}_t^{\gamma_m}u(t)\end{aligned} \tag{11-3-1}$$

其中，初值为零的微分方程可以为Riemann–Liouville微分方程也可以是Caputo微分方程，二者完全一致；若初值非零，则一般使用Caputo微分方程。本节将侧重

于介绍两类微分方程的数值解方法。如果初值均为零，该线性微分方程还可以用下面的分数阶传递函数直接描述

$$G(s)=\frac{b_1 s^{\gamma_1}+b_2 s^{\gamma_2}+\cdots+b_m s^{\gamma_m}}{a_1 s^{\beta_1}+a_2 s^{\beta_2}+\cdots+a_{n-1} s^{\beta_{n-1}}+a_n s^{\beta_n}} \tag{11-3-2}$$

11.3.1 一类分数阶线性系统时域响应解析解方法

类似于整数阶函数的部分分式展开法，求解一类线性系统时域响应解析解可以通过引入Mittag-Leffler函数来获得。如果微分方程右侧只含有输入信号本身，则由n项构成的分数阶微分方程的解可以表示为

$$\begin{aligned}y(t)=&\frac{1}{a_n}\sum_{m=0}^{\infty}\frac{(-1)^m}{m!}\sum_{\substack{k_0+k_1+\cdots+k_{n-2}=m\\ k_0\geqslant 0,\cdots,k_{n-2}\geqslant 0}}(m;k_0,k_1,\cdots,k_{n-2})\times\\ &\prod_{i=0}^{n-2}\left(\frac{a_i}{a_n}\right)^{k_i} t^{(\beta_n-\beta_{n-1})m+\beta_n+\sum\limits_{j=0}^{n-2}(\beta_{n-1}-\beta_j)k_j-1}\times\\ &\mathrm{E}^{(m)}_{\beta_n-\beta_{n-1},\beta_n+\sum\limits_{j=0}^{n-2}(\beta_{n-1}-\beta_j)k_j}\left(-\frac{a_{n-1}}{a_n}t^{\beta_n-\beta_{n-1}}\right)\end{aligned} \tag{11-3-3}$$

式中，$\mathrm{E}_{\alpha,\beta}(x)$为式(11-1-15)中定义的双参数Mittag-Leffler函数，m为整数。如果分数阶微分方程不是低阶微分方程，这里给出的解法没有太大价值，需要更通用的求解方法，具体求解可以参见文献[7]。

11.3.2 一些重要的Laplace变换公式

在后面将介绍的分数阶系统解析求解等问题中，可能会用到一些Laplace变换公式，这些公式都是一个重要式子的变形[7,13,14]

$$\mathscr{L}^{-1}\left[\frac{s^{\alpha\gamma-\beta}}{(s^\alpha+a)^\gamma}\right]=t^{\beta-1}\mathrm{E}^{\gamma}_{\alpha,\beta}\left(-at^\alpha\right) \tag{11-3-4}$$

对一些不同的参数取值，还可以直接推导出下面的一些派生公式。

(1) 若$\gamma=1$，且$\alpha\gamma=\beta$，或$\beta=\alpha$，上述公式可以简化成

$$\mathscr{L}^{-1}\left[\frac{1}{s^\alpha+a}\right]=t^{\alpha-1}\mathrm{E}_{\alpha,\alpha}\left(-at^\alpha\right) \tag{11-3-5}$$

该式可以理解成分数阶传递函数模型$1/(s^\alpha+a)$的冲激响应解析解。

(2) 若$\gamma=1$，且$\alpha\gamma-\beta=-1$，即$\beta=\alpha+1$，则前面的Laplace变换公式变为

$$\mathscr{L}^{-1}\left[\frac{1}{s(s^\alpha+a)}\right]=t^{\alpha}\,\mathrm{E}_{\alpha,\alpha+1}\left(-at^\alpha\right) \tag{11-3-6}$$

该式可以理解成$1/(s^\alpha+a)$的阶跃响应解析解，上式还可以写成

$$\mathscr{L}^{-1}\left[\frac{1}{s(s^\alpha+a)}\right]=\frac{1}{a}\left[1-\mathrm{E}_{\alpha}\left(-at^\alpha\right)\right] \tag{11-3-7}$$

（3）若 $\gamma=k$ 为整数，且 $\alpha\gamma=\beta$，即 $\beta=\alpha k$，则Laplace变换可以写成

$$\mathscr{L}^{-1}\left[\frac{1}{(s^\alpha+a)^k}\right]=t^{\alpha k-1}\,\mathrm{E}_{\alpha,\alpha k}^k\left(-at^\alpha\right) \tag{11-3-8}$$

该式可以理解成 $1/(s^\alpha+a)^k$ 模型的冲激响应解析解。

（4）若 $\gamma=k$ 为整数，$\alpha\gamma-\beta=-1$，即 $\beta=\alpha k+1$，则可以将其写成

$$\mathscr{L}^{-1}\left[\frac{1}{s(s^\alpha+a)^k}\right]=t^{\alpha k}\,\mathrm{E}_{\alpha,\alpha k+1}^k\left(-at^\alpha\right) \tag{11-3-9}$$

这可以理解成 $1/(s^\alpha+a)^k$ 模型的阶跃响应解析解。

11.3.3 成比例分数阶线性微分方程的解析解法

考虑式（11-3-1）中给出的微分方程的阶次，如果可以找到这些阶次的最大公约数 α，使得整个微分方程可以改写成

$$\begin{aligned}&a_1\mathscr{D}_t^{n\alpha}y(t)+a_2\mathscr{D}_t^{(n-1)\alpha}y(t)+\cdots+a_n\mathscr{D}_t^{\alpha}y(t)+a_{n+1}y(t)\\=\;&b_1\mathscr{D}_t^{m\alpha}v(t)+\cdots+b_m\mathscr{D}_t^{\alpha}v(t)+b_{m+1}v(t)\end{aligned} \tag{11-3-10}$$

则原始方程称为关于 α 的成比例阶（commensurate-order）微分方程，α 称为系统的基阶。记 $\lambda=s^\alpha$，则对应的微分方程可以写成分数阶传递函数模型。注意，这里的 a_i,b_i 的数值与式（11-3-1）中的参数是不同的。如果得出的分母多项式没有重极点，则可以将整个传递函数进行部分分式展开，得出

$$G(\lambda)=\sum_{i=1}^n\frac{r_i}{\lambda+p_i}=\sum_{i=1}^n\frac{r_i}{s^\alpha+p_i} \tag{11-3-11}$$

由式（11-3-5）和式（11-3-6）定义的Laplace变换公式，可以分别写出原系统的冲激和阶跃响应的解析解为

$$\mathscr{L}^{-1}\left[\sum_{i=1}^n\frac{r_i}{s^\alpha+p_i}\right]=\sum_{i=1}^n r_it^{\alpha-1}\,\mathrm{E}_{\alpha,\alpha}\left(-p_it^\alpha\right) \tag{11-3-12}$$

$$\mathscr{L}^{-1}\left[\sum_{i=1}^n\frac{r_i}{s(s^\alpha+p_i)}\right]=\sum_{i=1}^n r_it^{\alpha}\,\mathrm{E}_{\alpha,\alpha+1}\left(-p_it^\alpha\right) \tag{11-3-13}$$

后者还可以写成

$$\mathscr{L}^{-1}\left[\sum_{i=1}^n\frac{r_i}{s(s^\alpha+p_i)}\right]=\sum_{i=1}^n \frac{r_i}{p_i}\left[1-\mathrm{E}_{\alpha}\left(-p_it^\alpha\right)\right] \tag{11-3-14}$$

如果系统存在重根，则可以考虑采用式（11-3-8）和式（11-3-9）求出系统冲激响应和阶跃响应的解析解，具体方法这里不再赘述，详见文献[8]。

例11-9 试求解下面的零初值分数阶微分方程

$$\mathscr{D}^{1.2}y(t)+5\mathscr{D}^{0.9}y(t)+9\mathscr{D}^{0.6}y(t)+7\mathscr{D}^{0.3}y(t)+2y(t)=u(t)$$

其中,$u(t)$ 为单位阶跃信号。

解 选择基阶 $\alpha=0.3$,记 $\lambda=s^{0.3}$,则原传递函数可以写成

$$G(\lambda)=\frac{1}{\lambda^4+5\lambda^3+9\lambda^2+7\lambda+2}$$

可以由下面的MATLAB语句对 λ 传递函数进行部分分式展开。

```
>> num=1; den=[1 5 9 7 2]; [r,p]=residue(num,den)
```

得出的部分分式展开表达式为

$$G(\lambda)=-\frac{1}{\lambda+2}+\frac{1}{\lambda+1}-\frac{1}{(\lambda+1)^2}+\frac{1}{(\lambda+1)^3}$$

这样,系统阶跃响应的Laplace变换表达式可以写成

$$\mathscr{L}[y(t)]=-\frac{1}{s\left(s^{0.3}+2\right)}+\frac{1}{s\left(s^{0.3}+1\right)}-\frac{1}{s\left(s^{0.3}+1\right)^2}+\frac{1}{s\left(s^{0.3}+1\right)^3}$$

由式(11-3-6)与式(11-3-9)可以得出系统阶跃响应的解析解为

$$\begin{aligned}y_2(t)=&-t^{0.3}\mathrm{E}_{0.3,1.3}\left(-2t^{0.3}\right)+t^{0.3}\mathrm{E}_{0.3,1.3}\left(-t^{0.3}\right)-\\&t^{0.6}\mathrm{E}_{0.3,1.6}^{2}\left(-t^{0.3}\right)+t^{0.9}\mathrm{E}_{0.3,1.9}^{3}\left(-t^{0.3}\right)\end{aligned}$$

11.4 分数阶微分方程的数值方法

前面介绍的解析解方法局限性比较大，比如输入信号只局限于阶跃与冲激信号、微分方程仅局限于某类特殊的线性微分方程，而实际应用中需要对各种微分方程、各种信号进行求解，这样只能依赖于数值方法了。本节将侧重于介绍各种分数阶微分方程的求解方法，分别介绍线性、非线性分数阶微分方程的数值解方法，并介绍基于框图的任意分数阶常微分方程的通用求解方法。

本节先探讨分数阶线性微分方程的数值解方法，然后介绍各类分数阶非线性微分方程的数值解法。

11.4.1 零初值分数阶线性微分方程的解法

如果输入和输出信号 $y(t)$ 和 $u(t)$ 及其导函数在初始时刻的值均为零，等号右侧只有输入信号 $\hat{u}(t)$ 本身,则微分方程可以简化为

$$a_n\mathscr{D}_t^{\beta_n}y(t)+a_{n-1}\mathscr{D}_t^{\beta_{n-1}}y(t)+\cdots+a_1\mathscr{D}_t^{\beta_1}y(t)+a_0\mathscr{D}_t^{\beta_0}y(t)=\hat{u}(t) \tag{11-4-1}$$

其中,$\hat{u}(t)$ 可以由输入函数 $u(t)$ 及其分数阶微分的线性组合,可以事先计算出来

$$\hat{u}(t)=b_1\mathscr{D}_t^{\gamma_1}u(t)+b_2\mathscr{D}_t^{\gamma_2}u(t)+\cdots+b_m\mathscr{D}_t^{\gamma_m}u(t) \tag{11-4-2}$$

考虑式(11-2-1)中给出的Grünwald–Letnikov定义，用离散方法可以将其改写成[15]

$$ {}_a\mathscr{D}_t^{\beta_i}y(t) \approx \frac{1}{h^{\beta_i}}\sum_{j=0}^{[(t-a)/h]} w_j^{(\beta_i)}y_{t-jh} = \frac{1}{h^{\beta_i}}\left[y_t + \sum_{j=1}^{[(t-a)/h]} w_j^{(\beta_i)}y_{t-jh}\right] \tag{11-4-3} $$

其中，$w_0^{(\beta_i)}$ 可以由下面的递推公式得出

$$ w_0^{(\beta_i)} = 1,\ \ w_j^{(\beta_i)} = \left(1-\frac{\beta_i+1}{j}\right)w_{j-1}^{(\beta_i)},\ \ j=1,2,\cdots \tag{11-4-4} $$

代入式(11-4-1)，则可以直接推导出微分方程闭式数值解为

$$ y_t = \frac{1}{\displaystyle\sum_{i=0}^{n}a_ih^{-\beta_i}}\left[\hat{u}_t - \sum_{i=0}^{n}\frac{a_i}{h^{\beta_i}}\sum_{j=1}^{[(t-a)/h]} w_j^{(\beta_i)}y_{t-jh}\right] \tag{11-4-5} $$

现在考虑式(11-3-1)中给出的一般形式。如果先对等号右侧的函数$u(t)$求分数阶导数，则显然可以将原方程变换成右侧为$\hat{u}(t)$的形式，这样套用上述公式就可以求出一般微分方程的数值解。在实际编程运算中，先求导可能导致计算误差，故可以考虑先求在$u(t)$激励下的$\hat{y}(t)$，再对得出的$\hat{y}(t)$按照等号右侧的方式求导。对线性系统来说这个方法是完全等效的。基于这个算法，可以编写出一个`fode_sol()`来实现任意输入的零初值分数阶线性微分方程的数值解法。

```
function y=fode_sol(a,na,b,nb,u,t)
h=t(2)-t(1); D=sum(a./[h.^na]); vec=[na nb]; W=[];
nT=length(t); nA=length(a);
D1=b(:)./h.^nb(:); y1=zeros(nT,1); W=ones(nT,length(vec));
for j=2:nT, W(j,:)=W(j-1,:).*(1-(vec+1)/(j-1)); end %二项式系数
for i=2:nT      %求方程左侧各个阶次下的系数,并计算输出信号
  A=[y1(i-1:-1:1)]'*W(2:i,1:nA);y1(i)=(u(i)-sum(A.*a./[h.^na]))/D;
end
for i=2:nT, y(i)=(W(1:i,nA+1:end)*D1)'*[y1(i:-1:1)]; end %解方程
```

该函数的调用格式为$\boldsymbol{y}$=`fode_sol`$(\boldsymbol{a},\boldsymbol{n}_{\rm a},\boldsymbol{b},\boldsymbol{n}_{\rm b},\boldsymbol{u},\boldsymbol{t})$，其精度为$o(h)$。时间向量和输入点向量分别由$\boldsymbol{t}$和$\boldsymbol{u}$给出。注意，当计算点需要很多时，这样的求解方法可能比较慢。这时。可以考虑高精度的数值求解函数如下[7]，其精度为$o(h^p)$。

$\boldsymbol{y}$=`fode_sol9`$(\boldsymbol{a},\boldsymbol{n}_{\rm a},\boldsymbol{b},\boldsymbol{n}_{\rm b},\boldsymbol{u},\boldsymbol{t},p)$

例11-10 试用数值方法求解下面的零初值分数阶线性微分方程并绘制输出函数曲线。

$$ \mathscr{D}_t^{3.5}y(t) + 8\mathscr{D}_t^{3.1}y(t) + 26\mathscr{D}_t^{2.3}y(t) + 73\mathscr{D}_t^{1.2}y(t) + 90\mathscr{D}_t^{0.5}y(t) = 90\sin t^2 $$

解 显然，这个问题的解析解是不存在的，因为输入信号的Laplace表达式未知，另外，如果采用部分分式展开的方法，则需要选择基阶$\alpha=0.1$，使得原方程可以变成$s^{0.1}$的35阶多项式，处理难度较大，所以只能采用数值解的方法研究该微分方程。

由给出的方程可以写出 $\boldsymbol{a}$ 和 $\boldsymbol{n}$ 向量，从而直接调用编写的 fode_sol9() 函数得出该微分方程的解，用绘图语句可以绘制出输出和输入信号的曲线，如图 11-9 所示。为提高得出数值解的精度，通常需要选择较小的 h 值，这里得出的结果精度较高，再进一步减小 h 的值，例如选择 $h=0.001$，则得出的仿真结果与图中给出的结果看不出任何区别。

```
>> a=[1,8,26,73,90]; n=[3.5,3.1,2.3,1.2,0.5]; %等号左边的系数与阶次
   t=0:0.002:10; u=90*sin(t.^2);
   y=fode_sol9(a,n,1,0,u,t,4); plotyy(t,y,t,u)
```

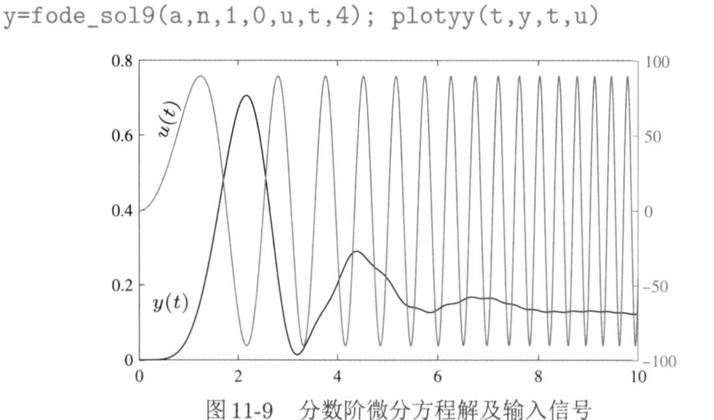

图 11-9　分数阶微分方程解及输入信号

11.4.2　非零初值Caputo微分方程的数值求解

如果微分方程中输入输出变元及其各阶导数的初值非零，则前面使用的方法不能求取方程的数值解，需要使用 Caputo 定义下微分方程的求解方法。

考虑下面给出的Caputo线性分数阶微分方程的一般形式

$$a_n {}_0^{\rm C}\mathscr{D}_t^{\beta_n} y(t)+a_{n-1} {}_0^{\rm C}\mathscr{D}_t^{\beta_{n-1}} y(t)+\cdots+a_1 {}_0^{\rm C}\mathscr{D}_t^{\beta_1} y(t)+a_0 {}_0^{\rm C}\mathscr{D}_t^{\beta_0} y(t)=\hat{u}(t) \tag{11-4-6}$$

为方便起见，假设 $\beta_n>\beta_{n-1}>\cdots>\beta_1>\beta_0 \geqslant 0$。等号右侧只含有 $\hat{u}(t)$ 函数。如果实际方程等号右侧含有输入信号 $u(t)$ 的分数阶导数，则可以仿照前面的方法先将其线性组合 $\hat{u}(t)$ 计算出来。

如果 $m=\lceil\beta_n\rceil$，则要使得方程有唯一解，应该已知 m 个初始值，$y(0)$，$\dot{y}(0)$，$\cdots$，$y^{(m-1)}(0)$。这样，可以引入辅助变量 $z(t)$

$$z(t)=y(t)-y(0)-\frac{1}{1!}\dot{y}(0)t-\cdots-\frac{1}{(m-1)!}y^{(m-1)}(0)t^{m-1} \tag{11-4-7}$$

这时 $z(t)$ 信号及其前 $m-1$ 阶导数的初值均为0。这样，原 Caputo 方程就变成了关于 $z(t)$ 的 Riemann–Liouville 方程，可以用前面的方法直接得出其高精度数值解，再加回原来的补偿项，则可以得出原 Caputo 方程的数值解为

$$y(t)=z(t)+y(0)+\frac{1}{1!}\dot{y}(0)t+\cdots+\frac{1}{(m-1)!}y^{(m-1)}(0)t^{m-1} \tag{11-4-8}$$

基于这样的思想，文献[7]提出了求解高精度Caputo微分方程算法及其MATLAB求解函数`fode_caputo9()`，其调用格式如下，算法的精度为$o(h^p)$。

$\boldsymbol{y}$=fode_caputo9($\boldsymbol{a}$,$\boldsymbol{n}_\mathrm{a}$,$\boldsymbol{b}$,$\boldsymbol{n}_\mathrm{b}$,$\boldsymbol{y}_0$,$\boldsymbol{u}$,$\boldsymbol{t}$,$p$)

例11-11 试求解下面的Caputo分数阶微分方程

$$\dddot{y}(t)+\frac{1}{16}{}_0^{\mathrm{C}}\mathscr{D}_t^{2.5}y(t)+\frac{4}{5}\ddot{y}(t)+\frac{3}{2}\dot{y}(t)+\frac{1}{25}{}_0^{\mathrm{C}}\mathscr{D}_t^{0.5}y(t)+\frac{6}{5}y(t)=\frac{172}{125}\cos\frac{4t}{5}$$

初值为$y(0)=1$，$\dot{y}(0)=4/5$，$\ddot{y}(0)=-16/25$，$0\leqslant t\leqslant 30$，解析解为$y(t)=\sqrt{2}\sin(4t/5+\pi/4)$。

解 由给出的初值构造出初值向量，则可以调用下面的语句直接求解Caputo微分方程，得出的解函数曲线从略。可见，这样得出的数值解与解析解的最大误差为3.11×10^{-6}，说明求解方法是可靠的。

```
>> a=[1 1/16 4/5 3/2 1/25 6/5]; na=[3 2.5 2 1 0.5 0];%左侧系数、阶次
   b=1; nb=0; t=[0:0.1:30]; u=172/125*cos(4*t/5);
   y0=[1 4/5 -16/25]; y1=fode_caputo9(a,na,b,nb,y0,u,t,5);
   y=sqrt(2)*sin(4*t/5+pi/4);       %求解方程
   max(abs(y-y1)), plot(t,y,t,y1) %Caputo方程数值解，并检验、绘图
```

11.4.3 非零初值非线性Caputo微分方程的数值求解

这里主要探讨一般显式微分方程的数值求解问题。假设非线性Caputo微分方程的数学模型为

$${}_0^{\mathrm{C}}\mathscr{D}_t^{\alpha}y(t)=f\left(t,y(t),{}_0^{\mathrm{C}}\mathscr{D}_t^{\alpha_1}y(t),\cdots,{}_0^{\mathrm{C}}\mathscr{D}_t^{\alpha_{n-1}}y(t)\right)\tag{11-4-9}$$

其中，$q=\lceil\alpha_n\rceil$，则该分数阶微分方程必要的初值为

$$y(0)=y_0,\ \dot{y}(0)=y_1,\ \ddot{y}(0)=y_2,\ \cdots,\ y^{(q-1)}(0)=y_{q-1}\tag{11-4-10}$$

求解这类方程有各种各样的算法与工具，如文献[16]介绍的预估校正算法等，不过该算法在任意α_i取值下效率很低，精度也不高，所以可以考虑作者提出的高精度预估校正算法[7]。其中，预估算法与校正算法的求解函数分别为

[$\boldsymbol{y}$,$\boldsymbol{t}$]=nlfep(fun,$\boldsymbol{\alpha}$,$\boldsymbol{y}_0$,t_n,h,p,ϵ)， %预估求解

$\boldsymbol{y}$=nlfec(fun,$\boldsymbol{\alpha}$,$\boldsymbol{y}_0$,$\boldsymbol{y}_\mathrm{p}$,$\boldsymbol{t}$,$p$,$\epsilon$)， %校正求解算法

这里，`fun`为描述显式微分方程的MATLAB函数，可以是M-函数也可以是匿名函数，$\boldsymbol{\alpha}$为方程的阶次构成的向量，$\boldsymbol{y}(0)=\left[y(0),\cdots,y^{\lceil\alpha\rceil-1}\right]$为已知的初值向量，$t_\mathrm{n}$为终止求解时间，$h$为定步长，$\epsilon$为校正求解的误差限，$p$为算法阶次，使得整体误差为$o(h^p)$，且$p\leqslant\lceil\alpha\rceil$。在实际应用中，预估算法的作用只是提供校正算法所需的初值，并不是很必要，若将其设置为零向量或幺向量也可以单独使用校正算法求解原方程。

例11-12 试求解下面Caputo定义下的微分方程[16]

$$ {}_0^{\rm C}\mathscr{D}_t^{1.455}y(t) = -t^{0.1}\frac{\mathrm{E}_{1,1.545}(-t)}{\mathrm{E}_{1,1.445}(-t)}\,\mathrm{e}^t y(t)\,{}_0^{\rm C}\mathscr{D}_t^{0.555}y(t) + \mathrm{e}^{-2t} - \left[\dot{y}(t)\right]^2 $$

其中，$y(0)=1, \dot{y}(0)=-1$，且已知其解析解为 $y(t)=\mathrm{e}^{-t}$。

解 本例的原始来源是文献[16]，不过原模型是错误的，因为不能保证解析解为 e^{-t}，需要将原模型的单系数Mittag–Leffler函数替换成现在的双系数函数。从现有文献可见，若想求解这一微分方程，用文献[16]算法可能耗时几小时，且精度极低，所以应考虑采用高精度预估校正算法直接求解。

对本例而言，原方程的向量 $\boldsymbol{\alpha}=[1.455, 0.555, 1]$，$\boldsymbol{y}_0=[1,-1]$，这样，Caputo微分方程的向量化的描述可以由匿名函数来实现，然后调用后面的函数就可以求出原微分方程的高精度数值解。

```
>> f=@(t,y,Dy)-t.^0.1.*ml_func([1,1.545],-t).*exp(t)./...
      ml_func([1,1.445],-t).*y.*Dy(:,1)+exp(-2*t)-Dy(:,2).^2;
   alpha=[1.455,0.555,1]; y0=[1,-1]; tn=1; h=0.01; err=1e-8;
   p=1; [yp1,t]=nlfep(f,alpha,y0,tn,h,p,err); p=2;  %求预估解
   tic, [y2,t]=nlfec(f,alpha,y0,yp1,t,p,err); toc    %求校正解
   max(abs(y2-exp(-t)))                               %检验解的误差
```

该函数的运行时间只有2.33 s，最大误差为 3.9337×10^{-5}，精度与运行时间指标远远高于现有的任何其他方法。进一步地，若选择 $h=0.0001$，则最大误差可达 6.8857×10^{-9}，运行时间为62.05 s，该解的精度比任何现有方法都要高很多个数量级。

```
>> h=0.0001; p=1; [yp1,t]=nlfep(f,alpha,y0,tn,h,p,err); p=2;
   tic, [y2,t]=nlfec(f,alpha,y0,yp1,t,p,err); toc  %求校正解
   max(abs(y2-exp(-t)))                             %检验解的误差
```

现在假设想避开预估方法，而将预估结果强行定义为幺向量，则可以用下面的语句直接求解原问题，得出的最大误差为 5.1289×10^{-9}，精度略高于前面的结果，耗时则大大增加，达到132 s。

```
>> yp1=ones(size(yp1)); %跳过预估求解步骤，自己假定初值，如这里的幺初值
   tic, [y2,t]=nlfec(f,alpha,y0,yp1,t,p,err); toc
   max(abs(y2-exp(-t)))
```

现在仍采用较大的步长 $h=0.01$ 来求解微分方程，并选择 $p=4$，则可以由下面语句重新求解微分方程，耗时为48.7 s，最大误差为 1.7833×10^{-7}。

```
>> h=0.01; p=1; [yp1,t]=nlfep(f,alpha,y0,tn,h,p,err); p=4;
   tic, [y2,t]=nlfec(f,alpha,y0,yp1,t,p,err); toc %求校正解
   max(abs(y2-exp(-t)))                            %检验解的误差
```

11.4.4 基于框图的非线性分数阶微分方程近似解法

如果给出的分数阶微分方程是非线性的微分方程，特别地，该微分方程是整个系统中的一部分，则其输入信号可能来自另一个复杂的机构，是事先未知的，用常规求解方法不能得出原问题的数值解，必须使用基于框图的求解方法。前面介绍过，可以考虑Oustaloup滤波器或其他改进形式的滤波器，用高阶整数阶模块逼近原始的分数阶算子，这样就可以搭建起非线性分数阶微分方程的求解框图，最终得出微分方程的数值解。本节将分别介绍一般零初值问题和非零初值Caputo微分方程的数值求解方法[17]。

1. 零初值非线性分数阶微分方程的求解

由前面的内容可见，对未知信号进行分数阶微分数值运算的一种有效途径是采用Oustaloup算法设计连续滤波器对信号做滤波处理。另外，考虑到该滤波器分子和分母阶次一致，可能导致在仿真过程中出现代数环，所以应该在其后面再接一个低通滤波器，将其剪切频率设置为$\omega_{\rm h}$，则可以建立起一个分数阶微分器模块，通过适当选择频段和阶次可以较好地近似分数阶微分的效果。注意，虽然Oustaloup算法设计的滤波器理论上可以求取任意阶次的分数阶微积分，但从数值微积分精度看，该滤波器更适合求取一阶以内的分数阶微积分，所以应该将高阶微积分先进行整数阶微积分运算，再对结果进行滤波处理。注意，这里的方法只适用于零初值问题的求解，非零初值问题后面将介绍。

利用Simulink的模块封装技术[18]，可将该模型进行封装，构造出建模常用的分数阶系统模块。在FOTF工具箱中，作者封装了一些常用的分数阶模块。给出命令`fotflib`，则将打开如图11-10所示的FOTF模块集[19]。可以直接使用Riemann–Liouville模块对求取信号的Riemann–Liouville导数。由式(11-2-6)介绍的方法可见，Caputo导数可以将整数阶导数馈入Riemann–Liouville积分模块直接求出。

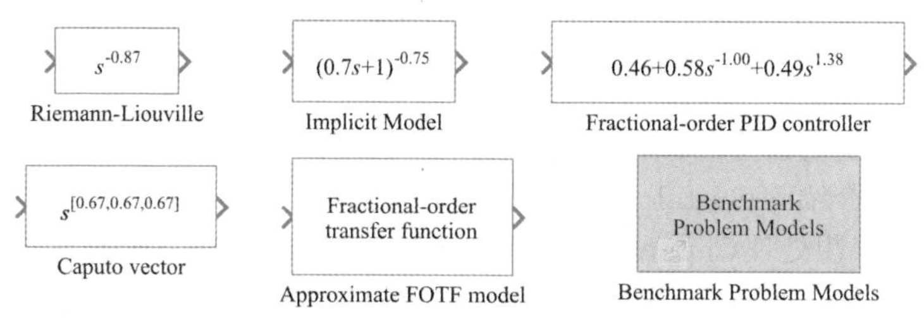

图11-10 FOTF模块集

在实际仿真过程中，由于搭建起来的系统一般为刚性系统，所以在选择求解算法时应该选择为ode15s或ode23tb等，因为这些算法可以保证较高的计算效率和精度。下面将通过例子演示该模块在分数阶微分方程近似求解中的应用。

例11-13 试用近似方法求解下面的分数阶非线性微分方程。

$$\frac{3\mathscr{D}^{0.9}y(t)}{3+0.2\mathscr{D}^{0.8}y(t)+0.9\mathscr{D}^{0.2}y(t)}+\left|2\mathscr{D}^{0.7}y(t)\right|^{1.5}+\frac{4}{3}y(t)=5\sin 10t$$

解 根据方程本身,可以容易地写出 $y(t)$ 函数的显式表达式为

$$y(t)=\frac{3}{4}\left[5\sin 10t-\frac{3\mathscr{D}^{0.9}y(t)}{3+0.2\mathscr{D}^{0.8}y(t)+0.9\mathscr{D}^{0.2}y(t)}-\left|2\mathscr{D}^{0.7}y(t)\right|^{1.5}\right]$$

根据得出的 $y(t)$ 可以绘制出如图11-11所示的仿真模型。从得出的仿真模型可见,信号的各个分数阶微分信号可以由前面设计的模块获得,因此仿真的精度取决于滤波器对微分的拟合效果,选择不同的拟合频段和滤波器阶次对求解精度将有一定的影响。图11-12对不同的滤波器频段、阶次组合进行了比较,得出的结果基本一致,误差稍大的曲线是由 $\omega_{\rm b}=0.001,\omega_{\rm h}=1000,n=5$ 得出的。所以对此例来说,选择 $n=9$ 并选择适当的频段得出的结果几乎完全一致。

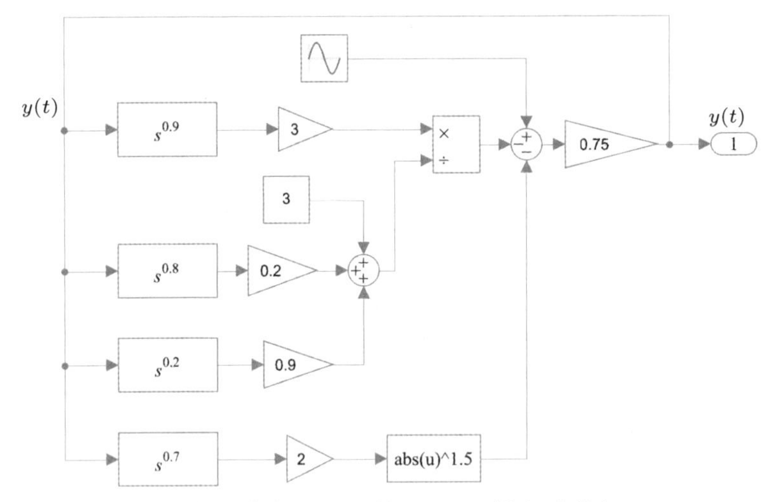

图11-11 非线性分数阶微分方程的Simulink描述(文件名:c11mfod2.slx)

2. 非零初值的Caputo微分方程数值解法

前面介绍的Oustaloup滤波器模块只能用于零初值的Riemann–Liouville微分算子,如果想处理Caputo微分方程的建模问题,则需要下面的建模与求解步骤:

(1)用积分器链定义整数阶微分信号。如果微分方程中的最高阶次为 α,则需要串联 $q=\lceil\alpha\rceil$ 个整数阶积分器,如图11-13所示,这样将构造出所需的输出信号及其各个整数阶导数信号,此外,还可以将已知的初值依次写入各个积分器。

(2)构造所需的分数阶微分信号。利用式(11-2-6)中给出的性质,就可以利用Oustaloup滤波器搭建出任意阶次的分数阶Caputo导数信号。例如,如果需要信号 ${}^{\rm C}\mathscr{D}^{2.7}y(t)$,则可以从 $\dddot{y}(t)$ 处引一个信号,将其馈入0.3阶Oustaloup积分器模块,

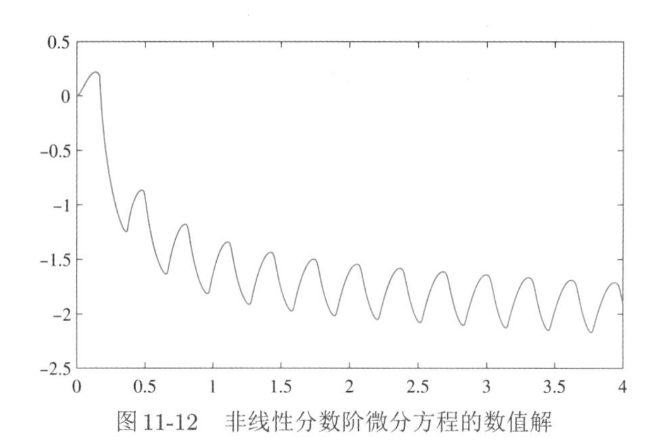

图 11-12 非线性分数阶微分方程的数值解

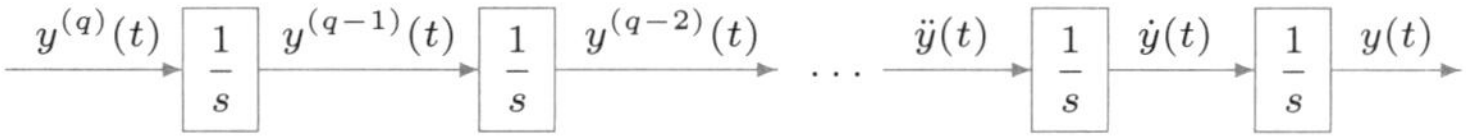

$y^{(q)}(t)$ → $\dfrac{1}{s}$ → $y^{(q-1)}(t)$ → $\dfrac{1}{s}$ → $y^{(q-2)}(t)$ → $\cdots$ $\ddot{y}(t)$ → $\dfrac{1}{s}$ → $\dot{y}(t)$ → $\dfrac{1}{s}$ → $y(t)$

图 11-13 整数阶积分器链

则该模块的输出则为所需的 Caputo 导数信号。这里无须重新再考虑初值问题，因为所需的初值在整数阶积分器模块中已经声明了。

（3）构造出整个分数阶系统的Simulink仿真模型。有了所需的整数阶与分数阶导数关键信号，则可以利用 Simulink 中搭建起整个系统的仿真模型了。在建模过程中，有的时候为了闭合某些通路，可以使用式（11-2-7）中的性质。例如，若想将 ${}^{\mathrm{C}}\mathscr{D}^{2.7}y(t)$ 信号与 $\dddot{y}(t)$ 信号建立起来联系，则需要将该信号接 0.3 阶 Oustaloup 微分器模块，之后就可以与 $\dddot{y}(t)$ 连接起来，闭合该回路了。建立起来模型后就可以对其仿真，得到原 Caputo 微分方程的结果。由于这里介绍的方法是基于框图的方法，所以理论上可以求解任意复杂的 Caputo 微分方程。

例 11-14 试用 Simulink 重新求解例 11-12 中给出的非线性 Caputo 微分方程。

解 为方便起见，重新写出微分方程如下

$$ {}_0^{\mathrm{C}}\mathscr{D}_t^{1.455}y(t) = -t^{0.1}\frac{\mathrm{E}_{1,1.545}(-t)}{\mathrm{E}_{1,1.445}(-t)}\,\mathrm{e}^t y(t)\,{}_0^{\mathrm{C}}\mathscr{D}_t^{0.555}y(t) + \mathrm{e}^{-2t} - \left[\dot{y}(t)\right]^2 $$

其中，$y(0)=1, \dot{y}(0)=-1$。可以采用下面的步骤建立仿真模型。

（1）因为这里的最高微分阶次为 1.455，所以 $q=2$，需要两个串联的整数阶积分器先定义出 $y(t)$、$\dot{y}(t)$ 与 $\ddot{y}(t)$ 信号。将两个初值分别写入相应的积分器。

（2）构造关键的 ${}_0^{\mathrm{C}}\mathscr{D}_t^{0.555}y(t)$ 信号：由式（11-2-6）可见，该信号应引自 $\dot{y}(t)$，将其馈入 0.445 阶 Oustaloup 积分器，该积分器输出就是 ${}_0^{\mathrm{C}}\mathscr{D}_t^{0.555}y(t)$ 信号了。有了这些关键信号，就可以由底层模块搭建的方法将方程左侧搭建出来，亦即搭建出 ${}_0^{\mathrm{C}}\mathscr{D}_t^{1.455}y(t)$ 信号。

（3）闭合仿真回路：由式（11-2-7）可知，如果将其馈入 0.445 阶 Oustaloup 微分器模块，则可以计算出 $\ddot{y}(t)$，而该信号正巧是积分器链的起点，所以应该将 Oustaloup 滤波器得出的信号与$\ddot{y}(t)$直接相连,闭合仿真回路,如图11-14所示。为简单起见,将时间t函数的非线性运算赋给Interpreted MATLAB Fcn(解释性MATLAB函数)模块,其内容为:

```
function y=c11mmlfs(u)      %描述微分方程的M函数
y=u^0.1*exp(u)*ml_func([1,1.545],-u)./ml_func([1,1.445],-u);
```

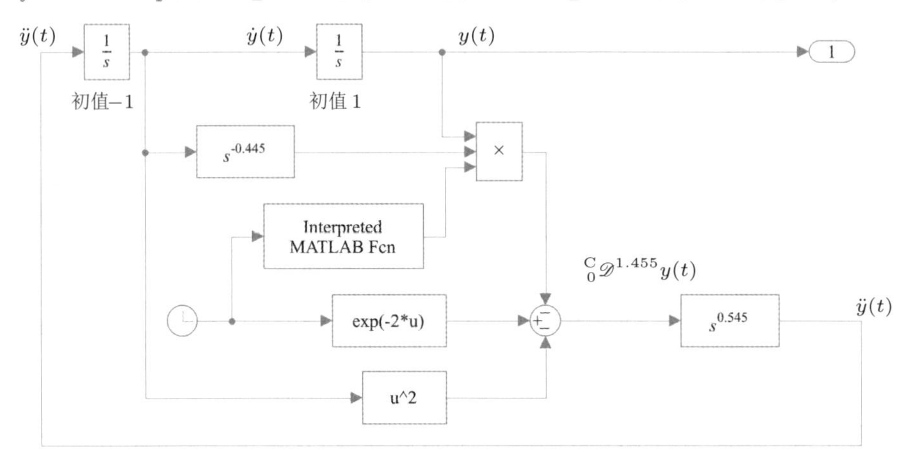

图11-14 一个新的Simulink模型(文件名:c11mexp2s.slx)

为Oustaloup滤波器选择如下的参数,则可以得出所需的仿真结果,与解析解e^{-t}相比,可以计算出最大的计算误差为4.9058×10^{-5},运行的时间为0.67s。

```
>> N=18; ww=[1e-7 1e4];        %选择Oustaloup滤波器的参数
   tic, [t,x,y]=sim('c11mexp2s'); toc, max(abs(y-exp(-t))) %检验
```

如果选择更高阶次并选择更大的频率响应拟合范围,例如,选择频率段$(10^{-7},10^{6})$,并选择阶次$N=30$,则最大误差可以减小到5.9229×10^{-7},所需时间也只需1.84s。虽然精度比例11-12中的高精度算法稍差,但求解时间低于高精度算法的十分之一,由此可见该结果是相当高效的。

例11-15 试求解下面给出的隐式分数阶微分方程[20]

$$\begin{aligned}&{}_0^{\rm C}\mathscr{D}_t^{0.2}y(t)\ {}_0^{\rm C}\mathscr{D}_t^{1.8}y(t)+{}_0^{\rm C}\mathscr{D}_t^{0.3}y(t)\ {}_0^{\rm C}\mathscr{D}_t^{1.7}y(t)\\&=-\frac{t}{8}\left[\mathrm{E}_{1,1.8}\left(-\frac{t}{2}\right)\mathrm{E}_{1,1.2}\left(-\frac{t}{2}\right)+\mathrm{E}_{1,1.7}\left(-\frac{t}{2}\right)\mathrm{E}_{1,1.3}\left(-\frac{t}{2}\right)\right]\end{aligned}$$

其中,$y(0)=1,\dot{y}(0)=-1/2$,且已知其解析解为$y(t)=\mathrm{e}^{-t/2}$。

解 可以首先将隐式Caputo微分方程转换成标准型形式。

$$\begin{aligned}&{}_0^{\rm C}\mathscr{D}_t^{0.2}y(t)\ {}_0^{\rm C}\mathscr{D}_t^{1.8}y(t)+{}_0^{\rm C}\mathscr{D}_t^{0.3}y(t)\ {}_0^{\rm C}\mathscr{D}_t^{1.7}y(t)+\\&\frac{t}{8}\left[\mathrm{E}_{1,1.8}\left(-\frac{t}{2}\right)\mathrm{E}_{1,1.2}\left(-\frac{t}{2}\right)+\mathrm{E}_{1,1.7}\left(-\frac{t}{2}\right)\mathrm{E}_{1,1.3}\left(-\frac{t}{2}\right)\right]=0\end{aligned}$$

根据前面给出的建模方法,可以首先定义出关键信号$y(t)$、$\dot{y}(t)$、$\ddot{y}(t)$,并构造出分数阶Caputo微分信号$\mathscr{D}^{0.2}y(t)$、$\mathscr{D}^{0.3}y(t)$、$\mathscr{D}^{1.7}y(t)$和$\mathscr{D}^{1.8}y(t)$,这样可以由前面构造的

关键信号搭建起原微分方程标准型的左侧，并将其输入到 Algebraic Constraint（代数约束）模块，则该模块的输出为 $\mathscr{D}^{1.8}y(t)$，将其求0.2阶导数则将得出 $\ddot{y}(t)$，这样该信号就可以和积分器构造的 $\ddot{y}(t)$ 信号相连，搭建起如图11-15所示的完整隐式Caputo微分方程模型。由于系统的初值在积分器链中已经表示了，所以这里其他的分数阶微分器使用零初值的Oustaloup滤波器等模块即可，Interpreted MATLAB Fcn 模块的内容为

```
function y=c11mimpfs(u)     %描述隐式微分方程的M函数
y=1/8*u*(ml_func([1,1.8],-u/2)*ml_func([1,1.2],-u/2)+...
   ml_func([1,1.7],-u/2)*ml_func([1,1.3],-u/2)); %隐式微分方程
```

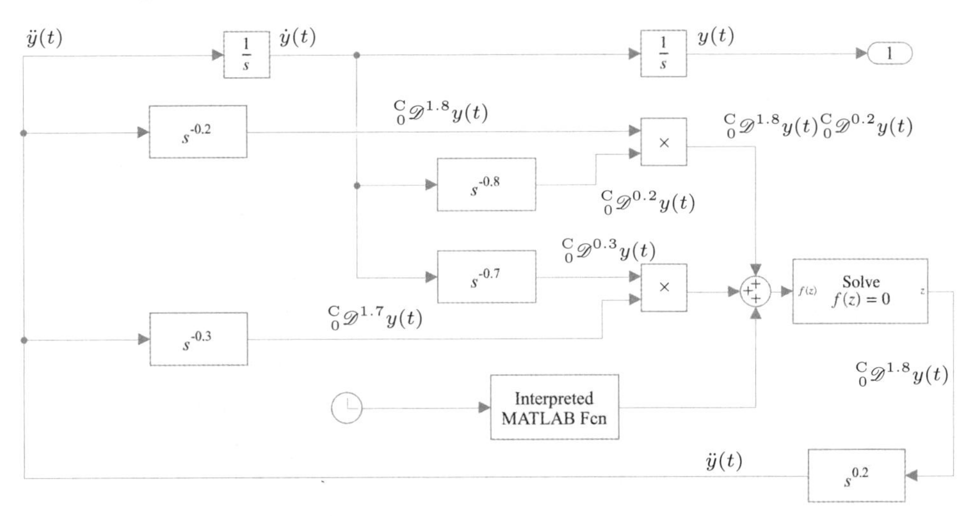

图11-15 隐式微分方程的Simulink模型（模型名：c11mimps.slx）

如下选择Oustaloup滤波器参数，则可以得出该隐式微分方程的数值解，最大误差为 3.8182×10^{-5}，耗时204.7s。和其他模型相比，这个方程求解过程的耗时较长，这是因为系统中有代数环的存在，每步仿真均需求解一次代数方程的缘故。

```
>> ww=[1e-5 1e5]; n=30; tic, [t,x,y]=sim('c11mimps');
   toc, max(abs(y-exp(-t/2)))
```

其实，通过前面给出的两个例子可以看出，理论上用这样的建模方式可以仿真任意复杂的分数阶Caputo常微分方程。如果选择的Oustaloup滤波器参数选择合理，可以容易高效地得出问题的数值解。

11.5 分数阶传递函数建模与分析

在前面介绍整数阶系统的时候曾花了很大的篇幅介绍线性系统的传递函数模型，分数阶系统的传递函数也是分数阶线性系统的最常用数学模型。本节将介绍基于分数阶传递函数模型建立起的一整套模型表示与分析方法。

11.5.1 分数阶传递函数的数学模型

对式(11-3-2)给出的分数阶传递函数模型稍作拓展,引入时间延迟项,则可以给出通用的分数阶传递函数(fractional-order transfer function)模型

$$G(s)=\frac{b_1s^{\gamma_1}+b_2s^{\gamma_2}+\cdots+b_ms^{\gamma_m}}{a_1s^{\eta_1}+a_2s^{\eta_2}+\cdots+a_{n-1}s^{\eta_{n-1}}+a_ns^{\eta_n}}\mathrm{e}^{-Ts} \tag{11-5-1}$$

可以看出,分数阶传递函数是由两个伪多项式和延迟T项构成的。和整数阶传递函数相比,除了分子与分母的系数向量外,还多了两个阶次向量。所以,正常情况下,式(11-5-1)中的分数阶传递函数模型由四个向量和一个标量就可以唯一地描述,简单地记作$(\boldsymbol{a},\boldsymbol{\eta},\boldsymbol{b},\boldsymbol{\gamma},T)$。

类似于整数阶系统模型,线性多变量分数阶系统可以由分数阶传递函数矩阵来描述

$$\boldsymbol{G}(s)=\begin{bmatrix} g_{11}(s) & \cdots & g_{1p}(s) \\ \vdots & \ddots & \vdots \\ g_{q1}(s) & \cdots & g_{qp}(s) \end{bmatrix} \tag{11-5-2}$$

式中,$g_{ij}(s)$为式(11-5-1)定义的单变量分数阶传递函数模型。

回顾第4章与第5章介绍的整数阶传递函数的建模与分析可以看出,在控制系统工具箱中提供了tf类与ss类,用一个变量名就可以描述整个系统的传递函数或状态方程,然后用+号可以实现两个模块的并联连接,用`bode()`函数与`step()`函数就可以绘制出系统的Bode图与阶跃响应曲线。一个很自然的问题就是,对分数阶系统也可以用这样简单直观的方法进行建模与分析吗?如果答案是"是",如何实现这样的处理呢?

本节将试图回答这些问题。面向对象的程序设计思想是实现这些想法的理论基础。这里首先介绍如何定义一个类,然后介绍如何实现分数阶系统模型的化简与模型的分析任务。

11.5.2 类的定义与输入

第2章介绍的图形用户界面设计与其他章节介绍的系统建模与分析一直在介绍类的使用,而未提及如何创建用户自己的类,事实上,在实际应用中创建用户自己的类会使得研究工作变得更加容易与规范。创建一个分数阶传递函数的类需要如下的步骤:

1. 类的定义

如果要创建一个MATLAB的类,首先应该给类起一个名字,比如对分数阶传递函数,作者给它取名FOTF,可以建立一个`@fotf`文件夹,以后和这个类相关的函数都应该放到这个文件夹内。

正常情况下,对一个新建的类,至少需要编写两个函数来支持,一个是`fotf.m`,用于定义与输入这个类,另一个`display.m`用来显示这个类建立的对象。

2. 域的设计

需要为这个类设计出必要的域(field),或称成员变量。前面介绍过,分数阶传递函数需要5个参数才能描述,即$(\boldsymbol{a},\boldsymbol{\eta},\boldsymbol{b},\boldsymbol{\gamma},T)$。成员变量需要变量名,可以将$\boldsymbol{a}$、$\boldsymbol{b}$两个向量用变量名den、num表示,分别描述系统的分母与分子多项式系数向量,另外,将$\boldsymbol{\eta}$与$\boldsymbol{\gamma}$用变量名nd与nn表示,描述系统的分母与分子阶次向量。还可以为延迟常数T取名为ioDelay。在取名时考虑了tf类的成员变量名,尽量使得相应的成员变量名保持一致。

3. 重载函数的编写

用户需要对类的每一种操作编写出相应的响应函数。为使得该类更容易使用,应该尽量采用与控制系统工具箱中的tf类相同的变量名与调用格式,这些同名函数又称为重载函数,应该置于@fotf文件夹内,这样才能与其他路径下的同名函数不出现混淆现象。

由MATLAB类定义的标准格式可以编写出如下的fotf()函数。

```
classdef fotf
   properties, num, nn, den, nd, ioDelay, end
   methods
     function G=fotf(a,na,b,nb,T)
     if isa(a,'fotf'), G=a;
     elseif isa(a,'foss'), G=foss2fotf(a);
     elseif nargin==1 & (isa(a,'tf')|isa(a,'ss')|isa(a,'double'))
        a=tf(a); [n1,m1]=size(a); G=[]; D=a.ioDelay;
        for i=1:n1, g=[]; for j=1:m1,
           [n,d]=tfdata(tf(a(i,j)),'v'); nn=length(n)-1:-1:0;
           nd=length(d)-1:-1:0; g=[g fotf(d,nd,n,nn,D(i,j))];
        end, G=[G; g]; end
     elseif nargin==1 & a=='s', G=fotf(1,0,1,1,0);
     else, ii=find(abs(a)<eps); a(ii)=[]; na(ii)=[];
        ii=find(abs(b)<eps); b(ii)=[]; nb(ii)=[];
        if length(b)==0, b=0; nb=0; end
        if nargin==4, T=0; end
        G.num=b; G.den=a; G.nn=nb; G.nd=na; G.ioDelay=T;
end, end, end, end
```

从函数的格式看,与普通M-函数不同,类定义在普通MATLAB函数的前面加了一个由classdef命令引导的段落,其格式比较容易理解,这里就不过多解释了。

如果阅读该函数不难发现,函数的主体部分主要介绍如何将给定的分数阶传递函数模型输入到计算机,另外,如果有一个其他形式的模型,如何将其转换为分数阶传递函数模型。该函数的具体调用格式为

(1) 可以用命令 G=fotf($\boldsymbol{a}$,$\boldsymbol{n}_a$,$\boldsymbol{b}$,$\boldsymbol{n}_b$,T) 将分数阶传递函数对象直接输入到 MATLAB 环境,其中,$\boldsymbol{a}=[a_1,a_2,\cdots,a_n]$,$\boldsymbol{b}=[b_1,b_2,\cdots,b_m]$,$\boldsymbol{n}_a=[\eta_1,\eta_2,\cdots,\eta_n]$ 与 $\boldsymbol{n}_b=[\gamma_1,\gamma_2,\cdots,\gamma_m]$ 可以用来输入 FOTF 模型的分子分母伪多项式的系数与阶次向量,并输入延迟时间常数 T,如果没有延迟,则可以忽略这项。

(2) 类似于控制系统工具箱的 tf() 函数,也可以用 s=fotf('s') 命令声明一个 Laplace 变换的算子 s。这样后续介绍的重载计算函数就可以由 MATLAB 语句直接输入 FOTF 模型与矩阵。

(3) 命令 G=fotf(G_1) 可以将模型 G_1 转换成 FOTF 对象。这里,G_1 可以是常数或常数矩阵、控制系统工具箱的 LTI 对象(包括整数阶传递函数和状态方程模型),也可以是 FOTF 工具箱提供的分数阶状态方程对象。

除了单变量的传递函数模型之外,还自动支持多变量分数阶传递函数矩阵的直接输入,可以先输入单变量传递函数模型,再用普通矩阵的输入方法就可以直接输入分数阶传递函数矩阵模型。

需要再次提醒的是,确认一下这个函数和后面为 FOTF 类编写的函数均放置于 @fotf 文件夹之下,否则将可能出现其他莫名其妙的错误。

例 11-16 试将下面的分数阶传递函数模型输入到 MATLAB 工作空间。

$$G(s)=\frac{0.8s^{1.2}+2}{1.1s^{1.8}+1.9s^{0.5}+0.4}\,\mathrm{e}^{-0.5s}$$

解 可以用下面的命令直接输入分数阶传递函数模型。

```
>> G=fotf([1.1,1.9,0.4],[1.8,0.5,0],[0.8,2],[1.2,0],0.5)
```

调用了 fotf() 函数后,分数阶传递函数的系数向量与阶次向量会自动分派到该对象相应的域中,这样 FOTF 对象就建立起来了,也会被显示出来。

例 11-17 试将下面的分数阶传递函数矩阵输入到 MATLAB 环境。

$$\boldsymbol{G}(s)=\begin{bmatrix}\dfrac{1}{1.5s^{1.2}+0.7}\mathrm{e}^{-0.5s} & \dfrac{2}{1.2s^{1.1}+1}\mathrm{e}^{-0.2s}\\ \dfrac{3}{0.7s^{1.3}+1.5} & \dfrac{2}{1.3s^{1.1}+0.6}\mathrm{e}^{-0.2s}\end{bmatrix}$$

解 应该先输入 4 个子 FOTF 模型,然后用矩阵输入的方式将分数阶传递函数矩阵直接输入到 MATLAB 工作空间。输入之后,因为最后一个语句不是以分号结束的,所以该 FOTF 矩阵会直接显示出来。

```
>> g1=fotf([1.5 0.7],[1.2 0],1,0,0.5);
   g2=fotf([1.2 1],[1.1 0],2,0,0.2);
   g3=fotf([0.7 1.5],[1.3 0],3,0);
   g4=fotf([1.3 0.6],[1.1 0],2,0,0.2); G=[g1,g2; g3,g4]
```

11.5.3 分数阶状态方程的处理

除了分数阶传递函数模型之外，成比例阶分数阶线性系统还可以使用分数阶状态方程的形式表示

$$\begin{cases} \mathscr{D}^{\alpha}\boldsymbol{x}(t)=\boldsymbol{A}\boldsymbol{x}(t)+\boldsymbol{B}\boldsymbol{u}(t) \\ \boldsymbol{y}(t)=\boldsymbol{C}\boldsymbol{x}(t)+\boldsymbol{D}\boldsymbol{u}(t) \end{cases} \tag{11-5-3}$$

当然，这样的模型是有局限性的：第一，原始微分方程应该是成比例阶的；第二，这样的系统不满足状态转移矩阵的条件，所以状态方程更严格地应该称为伪状态方程[4,8]；第三，和整数阶状态方程一样，应该引入描述符表示形式

$$\begin{cases} \boldsymbol{E}\mathscr{D}^{\alpha}\boldsymbol{x}(t)=\boldsymbol{A}\boldsymbol{x}(t)+\boldsymbol{B}\boldsymbol{u}(t) \\ \boldsymbol{y}(t)=\boldsymbol{C}\boldsymbol{x}(t)+\boldsymbol{D}\boldsymbol{u}(t) \end{cases} \tag{11-5-4}$$

对这样的描述符分数阶状态方程模型，FOTF工具箱还设计了FOSS类，专门处理相应的问题，关于FOSS类的底层的实现这里不做进一步的描述了，感兴趣的读者可以参阅文献 [7,8]。

11.5.4 系统建模的重载函数

在第4章中曾经介绍了LTI对象的串联、并联与反馈连接处理方法，可以使用“*”号、“+”号与`feedback()`函数来构造总的系统模型。如果也想用同样的方法处理分数阶传递函数模块，则需要编写几个与MATLAB控制系统工具箱重名的函数，这种重名的函数在计算机编程领域又称为重载函数。

（1）如果想重新定义乘号，则需要编写的函数名为`mtimes`。

（2）如果想重新定义加号，则需要编写的函数名为`plus`。

（3）除此之外，还需要编写其他重载函数，如`feedback`定义反馈函数、`uminus`定义负号、`minus`定义减号、`mpower`定义乘方号等。有了这些重载函数，则可以直接对分数阶传递函数模型进行所需的化简。下面将通过例子演示这些符号的使用，限于篇幅就不给出函数清单了，读者可以自行参考FOTF工具箱给出的源函数。

例11-18 考虑下面给出的多变量分数阶受控对象模型。

$$\boldsymbol{G}(s)=\begin{bmatrix} \dfrac{1}{1.5s^{1.2}+0.7} & \dfrac{2}{1.2s^{1.1}+1} \\ \dfrac{3}{0.7s^{1.3}+1.5} & \dfrac{2}{1.3s^{1.1}+0.6} \end{bmatrix}$$

并假设系统为单位负反馈结构，试求出闭环系统模型。

解 可以如下输入受控对象模型并用`feedback()`函数得出闭环系统模型。由于得出的结果很复杂，最高为19.1阶，这里不列出结果。事实上该结果不是最简的。注意，若$\boldsymbol{G}$模型含有延迟，则不能使用`feedback()`函数，因为FOTF对象不支持内部延迟的处理。

```
>> g1=fotf([1.5 0.7],[1.2 0],1,0); g2=fotf([1.2 1],[1.1 0],2,0);
   g3=fotf([0.7 1.5],[1.3 0],3,0); g4=fotf([1.3 0.6],[1.1 0],2,0);
   G=[g1,g2; g3,g4]; H=fotf(eye(2)); G1=feedback(G,H)
```

例11-19 试输入$PI^{\lambda}D^{\mu}$控制器模型$G_c(s)=5+2s^{-0.2}+3s^{0.6}$。

解 可以先定义Laplace算子,然后用下面的命令可以输入$PI^{\lambda}D^{\mu}$控制器模型

```
>> s=fotf('s'); Gc=5+2*s^(-0.2)+3*s^0.6
```

例11-20 假定在典型单位负反馈的模型中,已知

$$G(s)=\frac{0.8s^{1.2}+2}{1.1s^{1.8}+0.8s^{1.3}+1.9s^{0.5}+0.4},\ G_c(s)=\frac{1.2s^{0.72}+1.5s^{0.33}}{3s^{0.8}}$$

试求出闭环模型。

解 可以用下面的语句将模型输入到MATLAB环境。

```
>> G=fotf([1.1,0.8 1.9 0.4],[1.8 1.3 0.5 0],[0.8 2],[1.2 0]);
   Gc=fotf([3],[0.8],[1.2 1.5],[0.72 0.33]); G1=feedback(G*Gc,1)
```

得出的闭环模型为

$$G_1(s)=\frac{0.96s^{1.59}+1.2s^{1.2}+2.4s^{0.39}+3}{3.3s^{2.27}+2.4s^{1.77}+0.96s^{1.59}+1.2s^{1.2}+5.7s^{0.97}+1.2s^{0.47}+2.4s^{0.39}+3}$$

11.5.5 分数阶系统分析

整数阶系统可以利用控制系统工具箱中的`bode()`、`step()`等函数直接作各种各样的分析,FOTF工具箱也提供了相应的重载函数对FOTF模型、FOSS模型作相应的分析:

(1) 模型转换。FOTF模型可以由`foss()`函数变换为FOSS模型,还可以使用`fotf()`函数进行反变换。另外可以由这两个函数将整数阶模型变换为分数阶模型。

(2) 系统的性质分析。系统的稳定性分析可以使用`isstable()`函数,可控性、可观测性分析可以使用`ctrb()`、`obsv()`函数,范数计算可以使用`norm()`函数,这些函数的调用格式已经尽可能地与整数阶模型保持一致。

(3) 系统的时域分析。系统的阶跃响应可以由`step()`函数计算与绘制,冲激响应与任意输入响应可以使用`impulse()`、`lsim()`函数。

(4) 系统的频域分析。和整数阶系统一样,系统的频域响应可以由`bode()`、`nyquist()`、`nichols()`函数直接绘制,幅值、相位裕度可以由`margin()`函数计算,多变量系统频域响应可以由`mfrd()`、`gershgorin()`等函数进行直接分析。

(5) 系统的根轨迹分析。系统的根轨迹曲线可以由`rlocus()`函数直接绘制,不过注意,该方法只能用于阶次不是很高的无延迟成比例阶系统的绘制,如果阶次过高,建议绘制近似根轨迹,后面将通过例子演示。

例11-21 试分析下面分数阶传递函数模型的稳定性,并计算系统的范数。

$$G(s)=\frac{-2s^{0.63}-4}{2s^{3.501}+3.8s^{2.42}+2.6s^{1.798}+2.5s^{1.31}+1.5}$$

解 系统的稳定性分析有两种方法,一种是找出一个基阶α,记$\lambda=s^{\alpha}$,则原系统可以转换成关于λ的整数阶传递函数模型,该模型关于λ的特征根可以直接求出。对λ而言,稳定边界不是虚轴,而是斜率为$\pm\alpha\pi/2$的两条线,如图11-16所示。

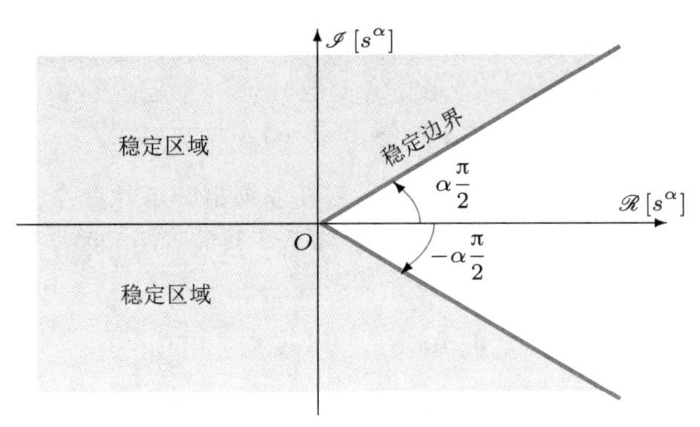

图11-16 分数阶系统的稳定区域示意图

调用下面的语句，由重载的isstable()函数可以直接判定系统的稳定性。由于该函数返回1，所以原系统是稳定的。

```
>> a=[2,3.8,2.6,2.5,1.5]; na=[3.501,2.42,1.798,1.31,0];
   b=[-2,-4]; nb=[0.63,0]; G=fotf(a,na,b,nb);
   [key,alpha,a1,p]=isstable(G), p1=p.^(1/alpha)
```

稳定性分析的另一种方法是设法得出特征方程关于s的根，通过判定s是否位于s左半平面的方法来判定系统的稳定性。相比之下，如何求出特征方程关于s的根成了求解问题的关键。好在前面介绍了一种任意非线性方程求根的工具more_sols()，利用这个工具就可以直接判定系统的稳定性。由下面语句可见，原特征方程关于s只有两个特征根，$s_{1,2}=-0.1098\pm0.4803\mathrm{j}$，均有负实部，所以该系统是稳定的。

```
>> f=@(s)a*s.^na(:); more_sols(f,zeros(1,1,0))
```

还可以调用该函数计算系统的$\mathcal{H}_2$与$\mathcal{H}_\infty$范数分别为1.0122, 8.6115。

```
>> n1=norm(G), n2=norm(G,inf)
```

例11-22 若已知分数阶系统的传递函数如下，试判定系统的稳定性。

$$G(s)=\frac{4s^{\sqrt{2}}+3}{s^{\sqrt{5}}+25s^{\sqrt{3}}+16s-3s^{0.4}+7}$$

解 由于系统的特征方程为$s^{\sqrt{5}}+25s^{\sqrt{3}}+16s-3s^{0.4}+7=0$，所以无法按图11-16中给出的方法判定稳定性，因为s^α是不存在的。不过，这并不影响more_sols()函数的使用。调用该函数可见，原方程只有两个特征根$s_{1,2}=-0.2043\pm0.2514\mathrm{j}$。由于其特征根均位于$s$的左半平面，所以该系统是稳定的。

```
>> f=@(s)s^sqrt(5)+25*s^sqrt(3)+16*s-3*s^0.4+7;
   more_sols(f,zeros(1,1,0),1000+1000i)
```

例11-23 试对例11-21给出的模型绘制频域分析与时域响应结果。

解 首先将系统模型直接输入到MATLAB环境，则可以直接绘制出系统的Bode图，如图11-17(a)所示，可见，如果利用FOTF工具箱，分数阶系统的分析与整数阶系统一样简单，因为重载函数的调用格式是一致的。

```
>> a=[2,3.8,2.6,2.5,1.5]; na=[3.501,2.42,1.798,1.31,0];
   b=[-2,-4]; nb=[0.63,0]; G=fotf(a,na,b,nb);
   w=logspace(-2,2,500); bode(G,w);
```

如果想绘制系统的Nyquist图，则可以给出如下的命令，得出的结果如图11-17(b)所示。这里得出的曲线继承了控制系统工具箱的Nyquist曲线，也允许用户从鼠标选择曲线上任何一个点，得出其频率等信息。

```
>> w=logspace(-2,4,1000); nyquist(G,w);
```

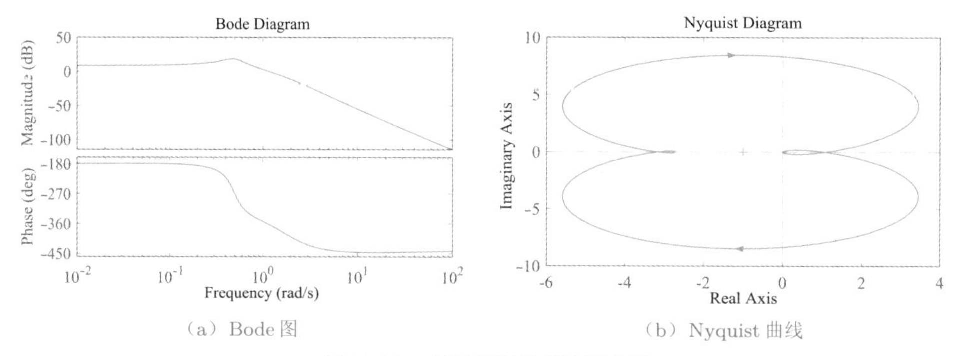

(a) Bode图　　(b) Nyquist曲线

图11-17　系统的近似根轨迹曲线

下面的语句还可以直接绘制出系统的阶跃响应与冲激响应曲线，如图11-18所示。

```
>> t=0:0.01:30; step(G,t); hold on; impulse(G,t); hold off
```

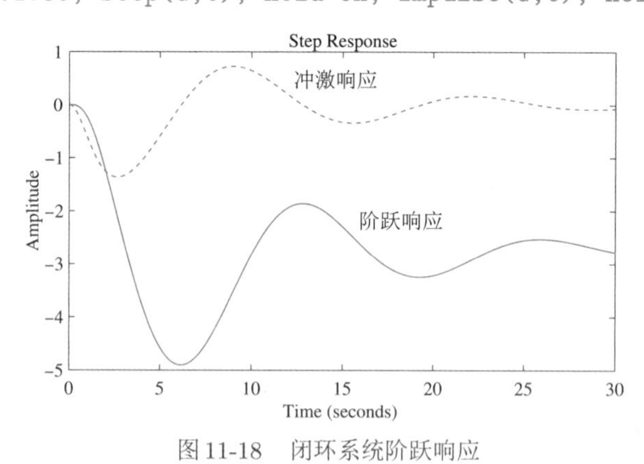

图11-18　闭环系统阶跃响应

例11-24　试绘制例11-21中分数阶系统的根轨迹，并求出临界增益。

解　如果想绘制系统的根轨迹，则需要选择一个基阶α，将原始的分数阶传递函数模型变换为$\lambda=s^\alpha$的整数阶传递函数。对这个具体问题而言，α应该选作0.001，相应的整数阶模型将是一个3501阶的模型。对这样一个高阶模型，利用MATLAB给出的`rlocus()`函数是不能绘制的，所以应该对模型进行适当的近似，比如，如果期望$\alpha=0.1$，则可以

将原始模型用下面的模型近似

$$\widetilde{G}(s)=\frac{-2s^{0.6}-4}{2s^{3.5}+3.8s^{2.4}+2.6s^{1.8}+2.5s^{1.3}+1.5}$$

这样，可以绘制出近似分数阶传递函数的根轨迹，如图 11-19(a)所示。

```
>> b=[-2 -4]; nb=[0.6 0]; a=[2 3.8 2.6 2.5 1.5];
   na=[3.5 2.4 1.8 1.3 0]; G1=fotf(a,na,b,nb); rlocus(G1)
```

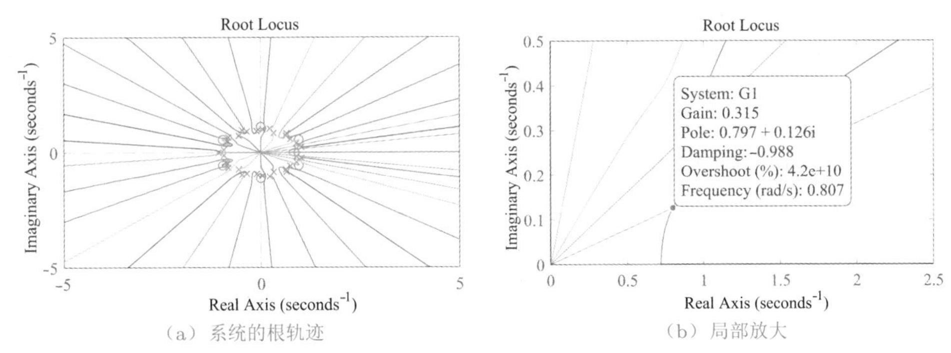

（a）系统的根轨迹　（b）局部放大

图 11-19　系统的近似根轨迹曲线

可见，这样的根轨迹比较凌乱，而稳定性分析感兴趣的是根轨迹与 $\pm\alpha\pi/2$ 直线与根轨迹交点处的 K 值，所以可以对感兴趣区域作局部放大，并读出近似的临界增益为 $K=0.315$，如图 11-19(b)所示。由于同时显示的 Damping（阻尼比）与 Overshoot（超调量）等信息是基于整数阶系统计算出的，所以不具备任何参考价值，可以忽略。

为检验得出临界增益的正确性，可以将该增益用于原始的模型，得出系统的闭环阶跃响应曲线，如图 11-20 所示，可见，得出的阶跃响应曲线几乎为等幅振荡的，由此验证了该近似临界增益的正确性，说明可以用这样的方法作系统的近似根轨迹分析。

```
>> na=[3.501,2.42,1.798,1.31,0]; nb=[0.63,0]; G=fotf(a,na,b,nb);
   K=0.315; step(feedback(K*G,1),100)
```

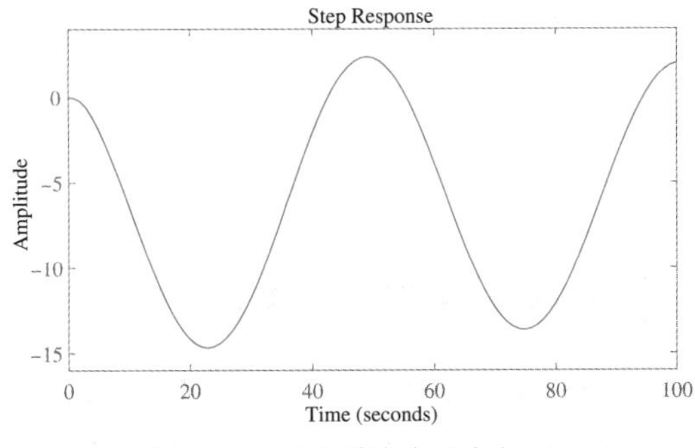

图 11-20　闭环系统阶跃响应

例11-25 考虑多变量系统的分数阶传递函数矩阵模型。

$$\boldsymbol{G}(s)=\begin{bmatrix}\dfrac{1}{1.35s^{1.2}+2.3s^{0.9}+1} & \dfrac{2}{4.13s^{0.7}+1}\\ \dfrac{1}{0.52s^{1.5}+2.03s^{0.7}+1} & -\dfrac{1}{3.8s^{0.8}+1}\end{bmatrix}$$

且已知系统的前置静态补偿与动态补偿矩阵为

$$\boldsymbol{K}_{\rm p}=\begin{bmatrix}1/3 & 2/3\\ 1/3 & -1/3\end{bmatrix},\quad \boldsymbol{K}_{\rm d}(s)=\begin{bmatrix}1/(2.5s+1) & 0\\ 0 & 1/(3.5s+1)\end{bmatrix}$$

试分析多变量系统是否为对角占优的系统。

解 可以将原系统模型$\boldsymbol{G}(s)$输入MATLAB环境，然后由`mfrd()`得出带有Gershgorin带的Nyquist图，如图11-21(a)所示，可见，Gershgorin带覆盖坐标原点，说明系统不是对角占优的。不同输入输出对之间存在比较严重的耦合。

```
>> s=fotf('s'); g1=1/(1.35*s^1.2+2.3*s^0.9+1);
   g2=2/(4.13*s^0.7+1); g3=1/(0.52*s^1.5+2.03*s^0.7+1);
   g4=-1/(3.8*s^0.8+1); G0=[g1,g2; g3,g4];
   w=logspace(-1,0); H=mfrd(G0,w); gershgorin(H)
```

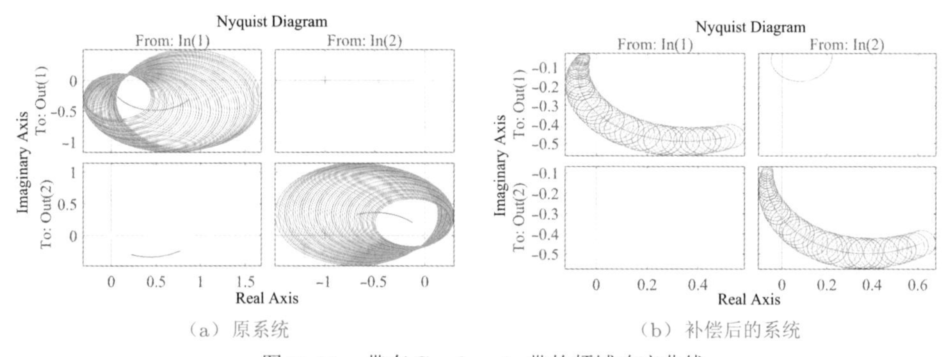

(a) 原系统　　(b) 补偿后的系统

图11-21 带有Gershgorin带的频域响应曲线

如果使用前面给出的静态与动态补偿环节，则可以绘制出补偿后系统的Nyquist图，如图11-18(b)所示，可见，Gershgorin带明显变窄，不再覆盖坐标原点，说明补偿后系统是对角占优的，这样的补偿是有效果的。

```
>> Kp=[1/3 2/3; 1/3 -1/3]; s=tf('s');
   Kd=[1/(2.5*s+1), 0; 0, 1/(3.5*s+1)];
   K1=G0*fotf(Kd)*fotf(Kp); H2=mfrd(K1,w); gershgorin(H2)
```

11.6 分数阶PID控制器设计

前面介绍过，PID控制器是工业控制领域应用最广的控制器类型，所以可以考虑将经典PID控制器积分与微分的阶次扩展到非整数，则可以构造出分数阶PID

控制器。本节将给出分数阶PID控制器的数学表达式，并分两种情况探讨最优分数阶PID控制器的设计方法，最后将给出一个最优PID控制器的设计界面。

11.6.1 分数阶PID控制器的数学描述

分数阶PID控制器的一般数学形式为

$$G_c(s) = K_p + \frac{K_i}{s^\lambda} + K_d s^\mu \tag{11-6-1}$$

该控制器又称为$PI^\lambda D^\mu$控制器[21]，有5个可调参数。如果已知这5个参数，则可以调用FOTF工具箱的`fopid()`函数将其转换成FOTF对象，该函数的一般调用格式为G_c=fopid(K_p,K_i,K_d,λ,μ)，如果已知控制器系数向量$\boldsymbol{x}$，也可以使用命令G_c=fopid(x)直接输入控制器模型。

在图11-22中给出的示意图中，分数阶PID类控制器的分子与分母阶次分别选为坐标系的两个轴。这样整数阶PID类控制器只不过是坐标系下的几个特殊的点，而分数阶PID控制器的阶次可以在$0 \leqslant \lambda, \mu < 2$范围内相对任意地选择。所以分数阶控制器多了两个可调参数，其形式更灵活，有望得出更好的控制效果[21]。

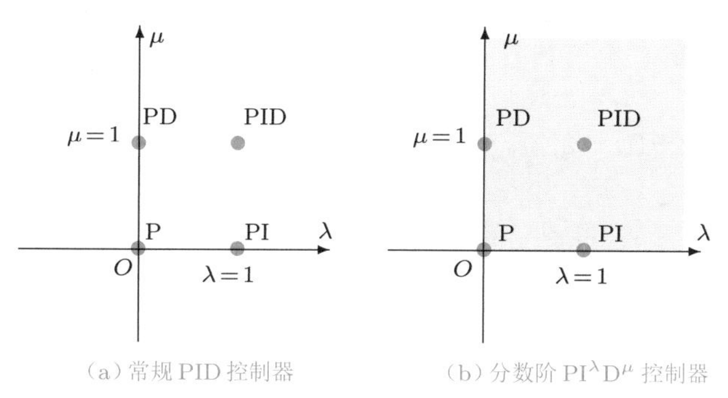

(a) 常规PID控制器　　(b) 分数阶$PI^\lambda D^\mu$控制器

图11-22　分数阶PID控制器的示意图

11.6.2 无延迟受控对象的控制器设计

MATLAB的控制系统工具箱提供了经典PID控制器的设计函数`pidtune()`，结合最优化思想，FOTF工具箱提供了最优$PI^\lambda D^\mu$控制器设计程序`fpidtune()`，该函数的调用格式为G_m=fpidtune(x_0,x_m,x_M,kA)，其中，$\boldsymbol{x}_0$，$\boldsymbol{x}_m$，$\boldsymbol{x}_M$分别为控制器参数的初值、下界与上界向量，`kA`为寻优算法选项。除此之外，还应该给出几个必要的全局变量：

(1) 受控对象G，是不含有延迟的单变量FOTF对象。

(2) 时间向量t，是用户选择的仿真用等间距的时间向量。

(3) 两个选项key1与key2，分别表示控制器类型与目标函数选择，正常情况下建议使用默认设置，`key1`为`'fpid'`，`key2`为`'ITAE'`。

对应的函数在FOTF工具箱中给出，该函数的清单可以参见文献[7,8]。

例 11-26 已知受控对象模型为 $G(s)=1/\left(0.8s^{2.2}+0.5s^{0.9}+1\right)$，试设计最优分数阶PID控制器，并观察控制效果。

解 可以先按照要求设置全局变量，再给出控制器的参数寻优命令

```
>> global G t key1 key2;       %声明全局变量并赋值
   t=0:0.005:5; s=fotf('s'); G=1/(0.8*s^2.2+0.5*s^0.9+1);
   x0=rand(5,1); xm=zeros(5,1); xM=[30; 30; 30; 2; 2];
   key1='fpid'; key2='itae'; [Gc,x]=fpidtune(x0,xm,xM,1)
```

由上面语句可以直接设计出最优的 $PI^{\lambda}D^{\mu}$ 控制器，参数为 $\boldsymbol{x}=[13.7,29.8,22.1,0.98,1.22]$，即设计的控制器模型为 $G_{\rm c}(s)=13.7+29.8s^{-0.98}+22.1s^{1.22}$。如果同等条件下想设计最优PID控制器，则可以给出下面的语句。

```
>> x0=rand(3,1); xm=zeros(3,1); xM=[30; 30; 30];
   key1='pid'; key2='itae'; [Gc1,x1]=fpidtune(x0,xm,xM,1)
   step(feedback(G*Gc,1)); hold on, step(feedback(G*Gc1,1));
```

则可以得出该控制器参数为 $\boldsymbol{x}_1=[4.6293,30,20.6036]$，得出的控制器为 $G_{\rm c1}(s)=4.6293+30/s+20.6036s$。当然该控制器下一些参数受决策变量上限的影响，不过即使修改上限，控制器效果有可能稍有改善，但不会有大幅度的改善。在两个控制器下系统的闭环阶跃响应曲线如图11-23所示，可见，引入分数阶的概念，得出的控制器效果明显优于经典PID控制器。

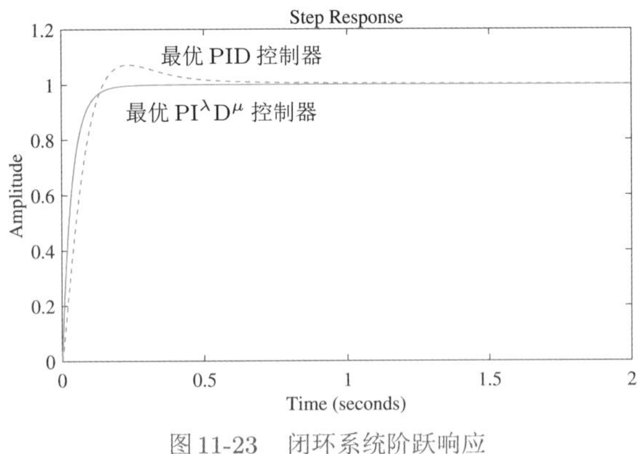

图 11-23 闭环系统阶跃响应

11.6.3 有延迟受控对象的控制器设计

由于FOTF工具箱并不能计算带有延迟开环模型的闭环系统阶跃响应，所以前面介绍的控制器设计方法并不能实现带有延迟受控对象的控制器设计问题。可以引入前面介绍的数值Laplace反变换方法实现最优控制器设计，具体步骤如下：

（1）受控对象模型 G、时间向量 $\boldsymbol{t}$ 和选项 `key1`、`key2` 仍然设置为全局变量，所不同的是，G 应该给出传递函数的字符串表示，而不是FOTF表示。

（2）目标函数fun_opts()，其关键参数都由全局变量给出，不必特殊处理。

（3）调用寻优函数fminsearch()等可以直接设计最优PI$^\lambda$D$^\mu$控制器。

x=fminsearch(fun_opts,x_0)

（4）由得出的控制器可以调用G_1=get_fpidf(x,G,key1)构造闭环系统的字符串描述表达式，然后调用INVLAP_new()函数求取闭环系统的阶跃响应：

[t,y]=INVLAP_new(G_1,t_0,t_n,N,1,'1/s');

例11-27 已知受控对象模型为$G(s)=\mathrm{e}^{-s}/\left(0.8s^{2.2}+0.5s^{0.9}+1\right)$，试设计最优分数阶与整数阶PID控制器，并观察控制效果。

解 经过试算可以发现，得出最好的PI$^\lambda$D$^\mu$控制器积分的阶次接近1，所以这里演示PID$^\mu$控制器的设计方法，这时控制器类型的key1表示为字符串'fpidx'，所以可以给出下面的命令直接设计控制器。

```
>> global G t key1 key2                        %声明全局变量并赋值
   G='exp(-s)/(0.8*s^2.2+0.5*s^0.9+1)'; %受控对象的字符串表示
   t=0:0.005:10; x0=rand(4,1); key2='itae'; key1='fpidx';
   x=fminsearch(@fun_opts,rand(4,1))
```

得出的控制器参数为$\boldsymbol{x}$=[0.5186, 0.6043, 0.5358, 1.4031]，对应的控制器模型为$G_\mathrm{c}(s)=0.5186+0.6043/s+0.5358s^{1.4031}$。如果想设计最优常规PID控制器，则需给出下面的语句直接进行寻优计算。

```
>> key1='pid'; x0=rand(3,1); %新的控制器结构设定
   x1=fminsearch(@fun_opts,x0)
```

得出的结果为$\boldsymbol{x}_1=[0.0795, 0.5208, 0.3589]$，对应的$G_\mathrm{c}(s)=0.0795+0.5208/s+0.3589s$。有了控制器模型，就可以给出如下的命令对闭环系统进行仿真研究，得出的结果如图11-24所示，可见，最优PID$^\mu$控制器的效果明显优于常规的最优PID控制器。

```
>> G1=get_fpidf(x,G,'fpidx'); G2=get_fpidf(x1,G,'pid');
   [t1 y1]=INVLAP_new(G1,0,20,400,1,'1/s');
   [t2 y2]=INVLAP_new(G2,0,20,400,1,'1/s');
   plot(t1,y1,t2,y2,'--')
```

带有延迟的FOTF受控对象与控制还可以通过使用FOTF模块集提供的模块进行精确仿真，这样的仿真方法还可以用于更复杂的系统仿真问题。下面将通过例子演示相应的建模与仿真方法。

例11-28 试用Simulink对例11-27中的延迟控制系统进行仿真，并比较得出的结果。

解 用fotflib命令打开FOTF模块集，将受控对象用Approximate FOTF model模块表示（允许带有延迟），PI$^\lambda$D$^\mu$控制器由Approximate fPID controller（近似PI$^\lambda$D$^\mu$控制器）模块表示，则可以构造出如图11-25所示的仿真框图。由下面的语句对闭环系统进行仿真，得出的结果与图11-24给出的完全一致。

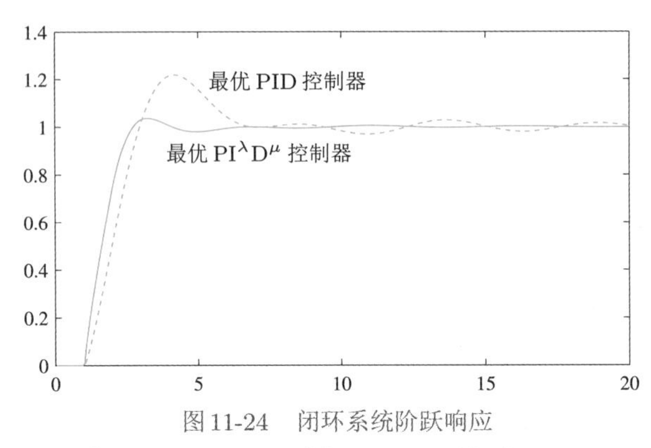

图11-24 闭环系统阶跃响应

```
>> ww=[1e-3 1e3]; N=5; G=fotf([0.8 0.5 1],[2.2 0.9 0],1,0,1);
   s=fotf('s'); Gc=0.5186+0.6043/s+0.5358*s^1.4031;
   [t,~,y]=sim('c11mfpid',[0,20]); plot(t,y);
```

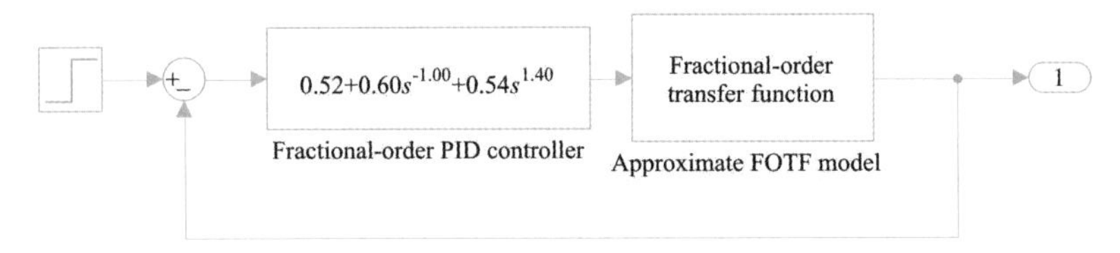

图11-25 分数阶受控对象的PID$^\mu$ 仿真框图(文件名:c11mfpid.slx)

例11-29 考虑例3-26给出的无理传递函数模型,试设计最优PD$^\mu$控制器。

解 由于受控对象含有积分器,所以没有必要在控制器中包含积分项,可以考虑设计PD$^\mu$控制器,选择终止仿真时间为1,则可以由下面的语句直接设计最优控制器。

```
>> global G t key1 key2; key2='itae'; key1='fpd';
   G='(sinh(0.1*sqrt(s))/0.1/sqrt(s))^2/sqrt(s)/sinh(sqrt(s))';
   t=0:0.001:1; x0=rand(3,1); %xm=zeros(3,1); xM=[20;20;2];
   x=fminsearch(@fun_opts,x0)
```

得出$\boldsymbol{x}=[10.1351,1.0686,1.0728]$,亦即控制器为$G_c(s)=10.1351+1.0686s^{1.0728}$,这样,就可以通过下面语句直接获得并绘制无理系统的闭环阶跃响应曲线,如图11-26所示。可以看出,得出的控制效果是比较理想的。

```
>> G1=get_fpidf(x,G,'fpd');
   [t y]=INVLAP_new(G1,0,1,400,1,'1/s'); plot(t,y)
```

11.6.4 最优分数阶PID控制器的设计界面

基于前面给出的算法,参考OptimPID图形用户界面的设计思想。作者编写了OptimFOPID程序界面,用来设计分数阶最优PID控制器[22]。

在MATLAB命令窗口给出 optimfopid 命令即可启动最优分数阶PID控制器设计界面,如图11-27所示。用户可以先在MATLAB工作空间中输入受控对象的

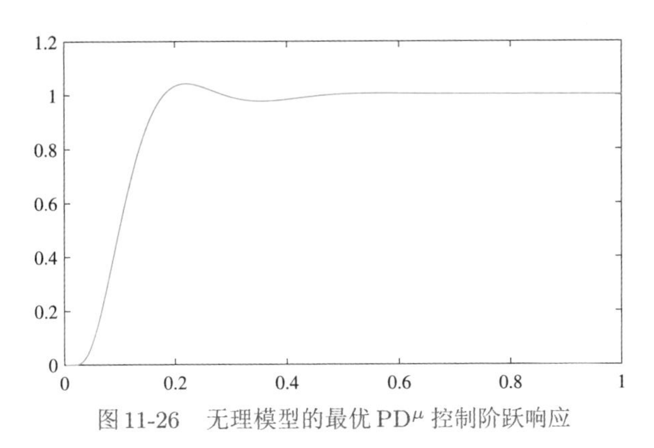

图 11-26 无理模型的最优 PD^{μ} 控制阶跃响应

FOTF 模型 G,然后单击 Plant model 按钮将该模型调入该界面。这时用户选择不同的终止时间、控制器类型与目标函数等,再单击 Optimize 按钮即可以开始控制器参数寻优,最终得出所需的最优控制器模型 G_{c}。单击 Closed-loop response 按钮则可以得出闭环系统的阶跃响应曲线,在窗口的坐标系下直接显示出来。

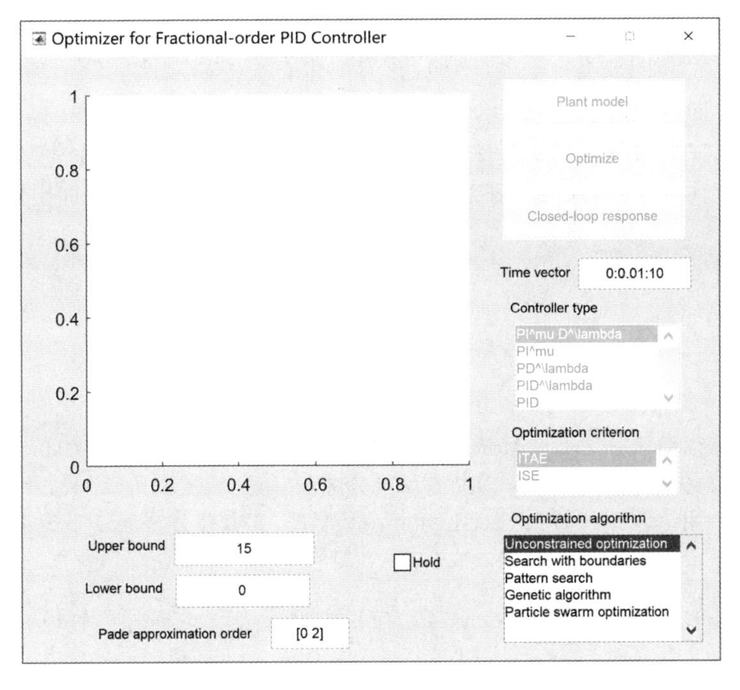

图 11-27 最优分数阶 PID 控制器设计界面

例 11-30 考虑分数阶受控对象模型 $G(s) = 1/(0.8s^{2.2} + 0.5s^{0.9} + 1)$,试利用 OptimFOPID 界面设计最优 $\mathrm{PI}^{\lambda}\mathrm{D}^{\mu}$ 控制器,并得出闭环系统的阶跃响应。

解 可以按下面的步骤设计出最优的分数阶控制器。

(1) 先将分数阶受控对象模型 G 按 FOTF 对象的格式输入到 MATLAB 的工作空

间,并单击Plant model按钮将该模型读入界面。

```
>> G=fotf([0.8 0.5 1],[2.2 0.9 0],1,0)
```

(2) 将控制器参数的上界设置为15,并将终止时间设置为8。

(3) 单击Optimize按钮，则可以开始寻优过程，得出最优控制器参数向量为 $\boldsymbol{x}=[6.5954,15.7495,11.4703,0.9860,1.1932]$，即得出的最优分数阶PID控制器为 $G_{\rm c}(s)=6.5954+15.7495s^{-0.986}+11.4703s^{1.1932}$。

(4) 单击Closed-loop response按钮则可以在界面的坐标系下直接绘制出在此控制器下闭环系统的阶跃响应曲线。当然用下面语句也可以绘制出系统的阶跃响应曲线，与图11-23中得出的结果很接近。因为这里得出的积分阶次很接近1,若将控制器类型列表框设置为PID^mu,则可以设计出最优 PID^{μ} 控制器,控制效果与 $\mathrm{PI}^{\lambda}\mathrm{D}^{\mu}$ 极其接近[22]。

```
>> t=0:0.01:8; y=step(feedback(G*Gc,1),t); plot(t,y)
```

若从Controller Type列表框中选择PID选项,再单击Optimize按钮则可以设计出最优的整数阶PID控制器,在该控制器下的闭环系统阶跃响应曲线也与图11-23中给出的接近。

对线性分数阶受控对象来说,OptimFOPID程序界面可以直接、方便地设计出最优分数阶PID类控制器,然而,该界面也有很多局限性：其一,该程序界面不能很好地处理含有时间延迟的受控对象模型；其二,控制器是线性的,不能在后面跟饱和非线性来限制控制信号的大小；此外,用户需要人为地给出控制器参数的范围和终止仿真时间,如果这些参数选择不当,则该程序界面不能设计出理想的控制器。

11.7　习题

(1) 假设已知分数阶线性微分方程为[2]

$$0.8\mathscr{D}_t^{2.2}y(t)+0.5\mathscr{D}_t^{0.9}y(t)+y(t)=1,\ y(0)=\dot{y}(0)=\ddot{y}(0)=0$$

试求该微分方程的数值解。若将微分阶次2.2近似成二阶,0.9阶近似成一阶,则可以将该微分方程近似为整数阶微分方程,试比较整数阶近似的计算精度。

(2) 利用本章给出的Mittag-Leffler函数代码,用数值方法验证下面几个等式。

① $\mathrm{E}_{\alpha,\beta}(x)+\mathrm{E}_{\alpha,\beta}(-x)=2\mathrm{E}_{\alpha,\beta}(x^2)$　② $\mathrm{E}_{\alpha,\beta}(x)-\mathrm{E}_{\alpha,\beta}(-x)=2x\mathrm{E}_{\alpha,\alpha+\beta}(x^2)$

③ $\mathrm{E}_{\alpha,\beta}(x)=\dfrac{1}{\Gamma(\beta)}+x\mathrm{E}_{\alpha,\alpha+\beta}(x)$　④ $\mathrm{E}_{\alpha,\beta}(x)=\beta\mathrm{E}_{\alpha,\beta+1}(x)+\alpha x\dfrac{\mathrm{d}}{\mathrm{d}x}\mathrm{E}_{\alpha,\beta+1}(x)$

(3) 试用Oustaloup滤波器逼近下面的分数阶传递函数模型，从频域响应拟合的角度选择合适的滤波器参数并比较时域响应近似效果。

$$G(s)=\frac{s+1}{10s^{3.2}+185s^{2.5}+288s^{0.7}+1}$$

(4) 试分析闭环系统的稳定性,并绘制开环Bode图与闭环阶跃响应曲线。

$$G(s)=\frac{s^{1.2}+4s^{0.8}+7}{8s^{3.2}+9s^{2.8}+9s^2+6s^{1.6}+5s^{0.4}+9},\quad G_{\rm c}(s)=10+\frac{9}{s^{0.97}}+10s^{0.98}$$

(5) 试用根轨迹法获得下面分数阶受控对象的临界增益。

① $G_1(s)=\dfrac{s^{1.5}+9s+24s^{0.5}+20}{3s^2+16s^{1.5}+9s+20s^{0.5}}$ ② $G(s)=\dfrac{s+1}{10s^{3.2}+185s^{2.5}+288s^{0.7}+1}$

(6) 试编写一个通用函数将成比例阶传递函数模型转换成分数阶状态方程模型，建立分数阶状态方程模型对象FOSS。扩展该对象并重载相关的系统分析函数，再用习题(5)中的几个传递函数检验编写的函数。

(7) 试求解下面的零初值分数阶非线性微分方程，其中 $f(t)=2t+2t^{1.545}/\Gamma(2.545)$。

$$\mathscr{D}^2x(t)+\mathscr{D}^{1.455}x(t)+\left[\mathscr{D}^{0.555}x(t)\right]^2+x^3(t)=f(t)$$

(8) 试求解下面的分数阶非线性Caputo微分方程[20]。

$${}_0^{\mathrm{C}}\mathscr{D}_t^{\sqrt{2}}y(t)=-t^{1.5-\sqrt{2}}\frac{\mathrm{E}_{1,3-\sqrt{2}}(-t)}{\mathrm{E}_{1,1.5}(-t)}\mathrm{e}^t\,y(t)\,{}_0^{\mathrm{C}}\mathscr{D}_t^{0.5}y(t)+\mathrm{e}^{-2t}-\left[\dot{y}(t)\right]^2$$

初值为 $y(0)=1,\dot{y}(0)=-1$，已知的解析解为 $y(t)=\mathrm{e}^{-t},t\in(0,2)$。

(9) 已知分数阶模型。

$$G_1(s)=\frac{5}{s^{2.3}+1.3s^{0.9}+1.25},\quad G_2(s)=\frac{5s^{0.6}+2}{s^{3.3}+3.1s^{2.6}+2.89s^{1.9}+2.5s^{1.4}+1.2}$$

试求出能够较好拟合原始模型的整数阶模型，讨论采用何种阶次组合能得出较好的效果。试从频域响应和阶跃响应角度比较系统降阶模型。

(10) 选择合适的整数阶传递函数近似下面的分数阶模型并比较频域响应拟合的效果。

① $G(s)=\dfrac{25}{(s^2+8.5s+25)^{0.2}}$ ② $G(s)=\dfrac{562920(s+1.0118)^{0.6774}}{(s^2+54.7160s+590570)^{0.8387}}$

(11) 考虑例11-22给出的分数阶系统模型，试绘制其Bode图与阶跃响应曲线。

(12) 试为下面的分数阶受控对象模型设计出整数阶PID控制器和最优 $\mathrm{PI}^{\lambda}\mathrm{D}^{\mu}$ 控制器，并观察控制效果。

$$G(s)=\frac{5s^{0.6}+2}{s^{3.3}+3.1s^{2.6}+2.89s^{1.9}+2.5s^{1.4}+1.2}$$

(13) 试根据本章给出的分数阶PID控制器设计核心程序和图形用户界面设计技术编写出一个通用的线性分数阶受控对象的最优 $\mathrm{PI}^{\lambda}\mathrm{D}^{\mu}$ 控制器设计程序。

(14) 考虑下面的分数阶不确定模型 $G=b/(as^{0.7}+1)$，取标称值 $a=b=1$，则可以用整数阶高阶传递函数近似其模型，并在此基础上设计 $\mathcal{H}_\infty$ 控制器。试通过仿真方法探讨，若不确定参数为 $a\in(0.2,5),b\in(0.2,1.5)$，该 $\mathcal{H}_\infty$ 控制器是否还能较好地控制原系统。

(15) 已知分数阶多变量传递函数模型[8]。

$$\boldsymbol{G}(s)=\begin{bmatrix}\dfrac{1}{1.35s^{1.2}+2.3s^{0.9}+1} & \dfrac{2}{4.13s^{0.7}+1}\\[2mm] \dfrac{1}{0.52s^{1.5}+2.03s^{0.7}+1} & -\dfrac{1}{3.8s^{0.8}+1}\end{bmatrix}$$

试由7.5.2节介绍的参数最优化方法设计最优整数阶控制器，并用Simulink环境得出闭环系统的仿真结果。如果受控对象模型受到扰动，例如，其系统增益变成原来的80%或120%，重新绘制系统的响应。

(16) 由于作者最早开发的OptimFOPID源程序丢失，目前除了最主要的设计功能外，很多按钮的回调函数均未恢复。有兴趣的读者可以在原有的框架下完成此界面。

(17) 当前版本的OptimFOPID是由Guide图形用户界面设计程序开发的。有兴趣的读者可以阅读本程序，并用App Designer工具重新设计该应用程序。

参考文献

[1] Miller K S，Ross B. An introduction to fractional calculus and fractional differential equations[M]. New York：John Wiley and Sons，1993.

[2] Podlubny I. Fractional differential equations[M]. San Diago：Academic Press，1999.

[3] Vinagre B M，Chen Y Q. Fractional calculus applications in automatic control and robotics[C]// 41st IEEE CDC，Tutorial Workshop 2. Las Vegas，2002.

[4] Monje C A，Chen Y Q，Vinagre B M，et al. Fractional-order systems and controls — fundamentals and applications[M]. London：Springer，2010.

[5] Lakshmikantham V，Leela S. Theory of fractional dynamic systems[M]. Cornwall：Cambridge Scientific Publishers，2010.

[6] Caponetto R，Dongola G，Fortuna L，et al. Fractional order systems — modeling and control applications[M]. Singapore：World Scientific Publishing，2010.

[7] Xue D Y. Fractional-order control systems - fundamentals and numerical implementations[M]. Berlin：de Gruyter，2017.

[8] 薛定宇. 分数阶微积分学与分数阶控制[M]. 北京：科学出版社，2018.

[9] Hilfer R. Applications of fractional calculus in physics[M]. Singapore：World Scientific Publishing，2000.

[10] Petráš I，Podlubny I，O'Leary P，et al. Analogue realization of fractional order controllers[R]. Fakulta BERG，Technical University of Košice，2002.

[11] Podlubny I. Mittag-Leffler function[OL]，2005. http://www.mathworks.cn/matlabcentral/fileexchange/8738-mittag-leffler-function.

[12] Oustaloup A，Levron F，Mathieu B，et al. Frequency-band complex noninteger differentiator：characterization and synthesis[J]. IEEE Transaction on Circuit and Systems-I：Fundamental Theory and Applications，2000，TCS-47(1)：25–39.

[13] Shukla A K，Prajapati J C. On a generalization of Mittag-Leffler function and its properties[J]. Journal of Mathematical Analysis and Applications，2007，336(1)：797–811.

[14] Kilbas A A，Saigob M，Saxena R K. Generalized Mittag-Leffler function and generalized fractional calculus operators[J]. Integral Transforms & Special Functions，2004，15(1)：31–49.

[15] Xue D，Zhao C N，Chen Y Q. A modified approximation method of fractional order system[C]// Proceedings of IEEE Conference on Mechatronics and Automation，Luoyang Luoyang，2006：1043–1048.

[16] Diethelm K. The analysis of fractional differential equations: An application-oriented exposition using differential operators of Caputo type[M]. New York: Springer, 2010.

[17] Bai L, Xue D Y. Universal block diagram based modeling and simulation schemes for fractional-order control systems[J]. ISA Transaction, 2018, 82: 153–162.

[18] 薛定宇，陈阳泉. 基于 MATLAB/Simulink 的系统仿真技术与应用 [M]. 北京：清华大学出版社，2002.

[19] 薛定宇，白鹭. 分数阶微积分学：数值算法与实现 [M]. 北京：清华大学出版社，2022.

[20] Xue D Y, Bai L. Benchmark problems for Caputo fractional-order ordinary differential equations[J]. Fractional Calculus and Applied Analysis, 2017, 20(5): 1305–1312.

[21] Podlubny I. Fractional-order systems and $PI^{\lambda}D^{\mu}$-controllers[J]. IEEE Transactions on Automatic Control, 1999, 44(1): 208–214.

[22] Xue D, Chen Y Q. OptimFOPID: a MATLAB interface for optimum fractional-order PID controller design for linear fractional-order plants[C]// Proceedings of Fractional Derivatives and Its Applications. Nanjing, 2012: 307–312.

第 12 章 半实物仿真与实时控制

在前面几章中，介绍了如何用Simulink进行复杂系统仿真的方法，从单变量系统到多变量系统，从连续系统到离散系统，从线性系统到非线性系统，从时不变系统到时变系统都可以用Simulink进行描述与仿真。引入的S-函数可以描述更复杂的过程，而Stateflow技术允许利用有限状态机理论对时间驱动的系统进行仿真。

然而直到现在所讨论的都是纯数值的仿真方法，并未考虑和外部真实世界之间的关系。在很多实际过程中，不可能准确获得系统的数学模型，所以也就无从建立起Simulink所描述的精确框图，有时还因为实际模型的复杂性，建立起来的模型也不准确，所以需要将实际系统模型放置在仿真系统中进行仿真研究。这样的仿真经常称为“硬件在回路”（hardware-in-the-loop，HIL）的仿真，又常称为半实物仿真。因为这样的半实物仿真是针对实际过程的仿真，又是实时进行的，所以有时还称为实时（real time，RT）仿真。

在实际控制中，半实物仿真通常有两种情况：其一是控制器用实物，而受控对象使用数学模型。这种情况多用于航空航天领域，例如导弹发射过程中，因为各种因素的考虑不可能每次发射实弹，而需要用其数学模型来模拟导弹本身的过程，这时为了测试发射台的可靠性，通常需要使用真正的发射台，从而构成半实物仿真回路。另一种半实物仿真的情况更常见于一般工业控制，可以用计算机实现其控制器，而将受控对象作为实物直接放置在仿真回路中，构造起半实物仿真的系统。在本书中所涉及的半实物仿真局限于后一种情况。

在实际应用中，通过纯数值仿真方法设计出的控制器在系统实时控制中可能不能得出期望的控制效果，甚至控制器完全不能用，这是因为在纯数值仿真中忽略了实际系统的某些特性或参数。要解决这样的问题，引入半实物仿真的概念是十分必要的。本章将通过实际例子介绍基于Quanser及dSPACE软硬件环境的半实物仿真系统的构造与应用，搭建起理论仿真研究与实时控制之间的桥梁。在12.1节中将简介能够与MATLAB/Simulink无缝连接的dSPACE软硬件环境，12.2节将介绍Quanser产品及相关的受控对象模型，12.3节将通过一个实时控制实验系统介绍仿真分析及基于Quanser和dSPACE的实时控制实验方法。

12.1 dSPACE简介与常用模块

dSPACE (digital signal processing and control engineering)实时仿真系统是由德国dSPACE公司开发的一套和MATLAB/Simulink可以“无缝连接”的控制系统开发及测试的工作平台[1]。dSPACE实时系统拥有高速计算能力的硬件系统，包括处理器、I/O等，与方便易用的实现代码生成、下载和试验、调试的软件环境。

dSPACE实时系统具有很多其他仿真系统所不能比拟的特点，例如其组合性与灵活性强、快速性与实时性好、可靠性高，可与MATLAB/Simulink无缝连接，更方便地从非实时分析设计过渡到实时分析设计。由于dSPACE巨大的优越性，现已广泛应用于航空航天、汽车、发动机、电力机车、机器人、电力拖动及工业控制等领域。越来越多的工厂、学校及研究部门开始用dSPACE解决实际问题。

dSPACE实时仿真系统是半实物仿真研究良好的应用平台，它提供了真正实时控制方式，允许用户真正实时地调整控制器参数和运行环境，并提供了各种各样的参数显示方式，适合于不同的需要。

下面分别介绍一下dSPACE实时仿真系统的软硬件环境，目前在教学和一般科学实验方面比较流行的dSPACE部件是ACE1103和ACE1104，它们是典型的智能化单板系统，包括DSP硬件控制板DS1103和DS1104、实时控制软件Control Desk、实时接口RTI和实时数据采集接口MTRACE/MLIB，使用较为方便。其中，DS1104采用PCI总线接口，PowerPC处理器，具有很高的处理性能及性能价格比，是理想的控制系统设计入门级产品。这里将以DS1104为例介绍其在半实物仿真中的应用。

安装了dSPACE软硬件系统，在Simulink库中就会出现dSPACE模块组，双击该模块组图标，可以得出如图12-1所示的内容。

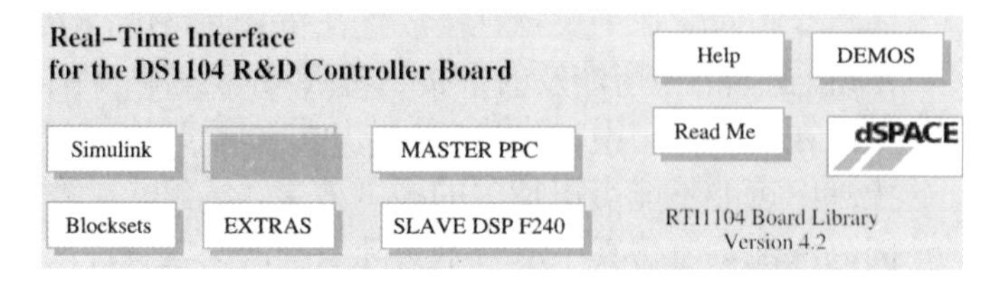

图12-1 dSPACE 1104模块组

双击其中的Master PPC图标将打开如图12-2所示的模块库。可以看出，在该模块库中包含大量卡上元件的图标，如A/D转换器等。另外，双击其中的Slave DSP

F240图标则将打开如图12-3所示的模块库。该模块库中包含了许多伺服控制中的应用模块，如PWM信号发生器、测频模块等。上述这些图标均可以拖到Simulink框图中，将计算机中产生的信号直接和卡上的实际信号打交道，完成实时仿真的全过程。

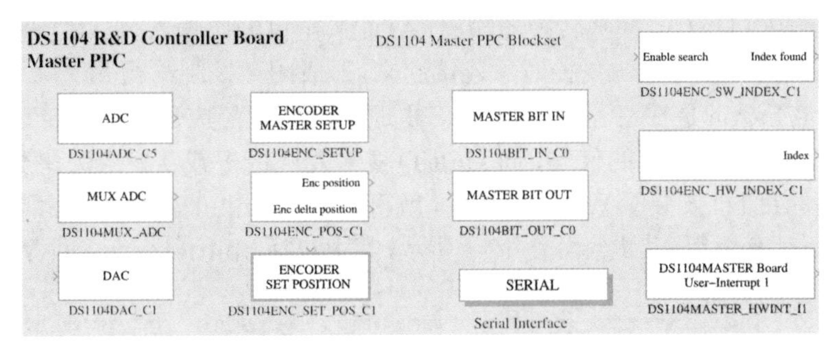

图12-2　Master PPC子模块组

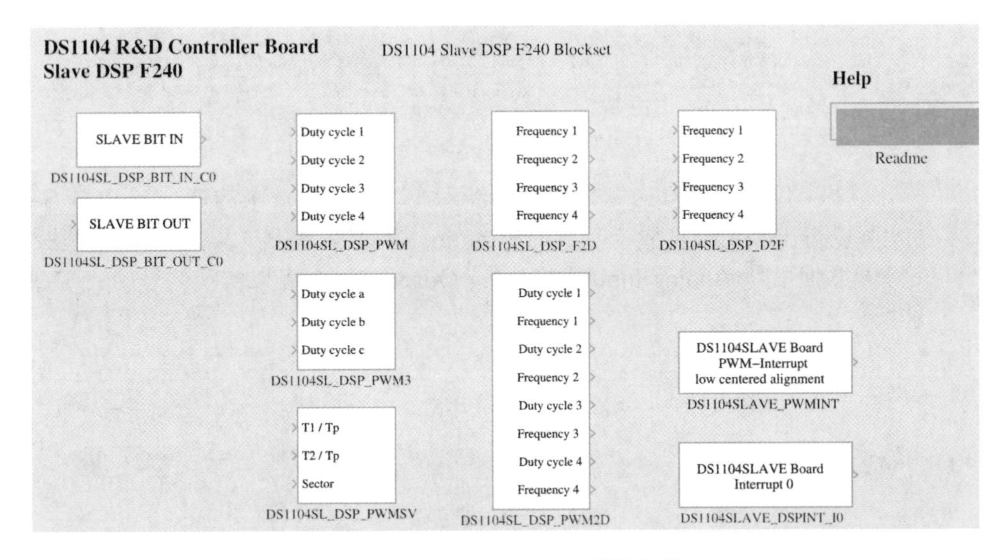

图12-3　Slave DSP F240子模块组

12.2　Quanser简介与常用模块

12.2.1　Quanser常用模块简介

Quanser产品包括加拿大Quanser公司研发的控制实验用的各种受控对象装置、与MATLAB/Simulink或NI公司的LabView等的接口板卡和实时控制软件WinCon等，可用类似于dSPACE的方式进行半实物仿真与实时控制研究。Quanser产品主要用于高校教学及实验室研究，提供了各种各样具有挑战性的控制实验，也允许用户使用及测试各种各样的控制方法。

Quanser受控对象装置包括直线运动控制系列实验、旋转运动控制系列实验及各种专门实验装置。Quanser可以通过WinCon用Simulink模型直接控制受控对象。Quanser系列产品还提供了MultiQ板卡或其他形式的接口板卡,带有数模转换器输入(DAC)、模数转换器输出(ADC)、电机编码输入(ENC)等输入输出接口,可以直接将计算机与受控对象连接起来,形成闭环控制结构。

WinCon是在Windows环境下实现实时控制的应用程序,该程序可以启动由Simulink模型生成的代码,向MultiQ板卡发送命令或从板卡采集数据,达到实时控制的目的。安装了WinCon之后,就可以在Simulink模型库中出现一个WinCon Control Box组,其内容如图12-4所示,其中包括MultiQ板卡各种型号的模块组。

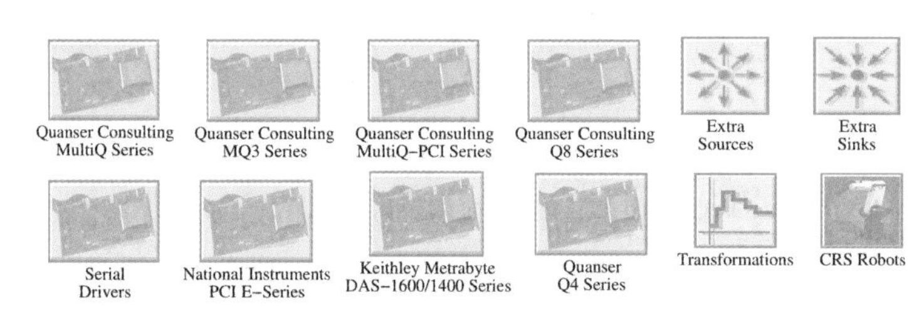

图12-4 WinCon模块组主窗口

这里,以MultiQ4为例来进一步演示。双击图12-4中的Quanser Q4 Series图标,可以得出MultiQ4板卡对应的Simulink模块组,如图12-5所示,该模块组包括这类实验所需的Analog Input和Analog Output模块,可以实现信号的A/D或D/A转换。

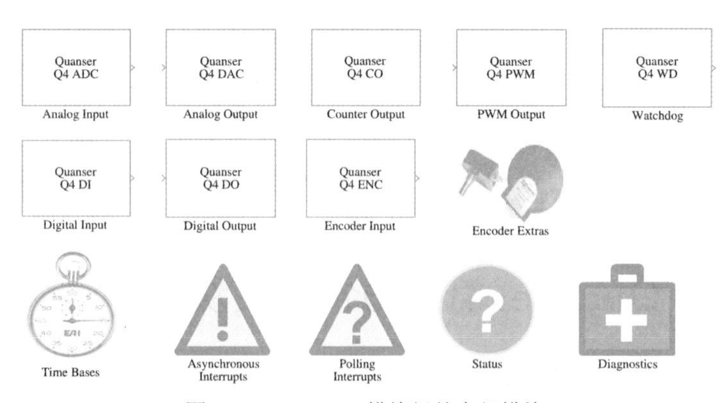

图12-5 MultiQ4模块组的全部模块

双击Analog Input和Analog Output模块,则将分别得出如图12-6(a)、(b)所示的对话框,在对话框中最关键的参数是通路Channel栏目的设置,设置的通路号一定要和硬件连接完全一致,否则无法正常工作。

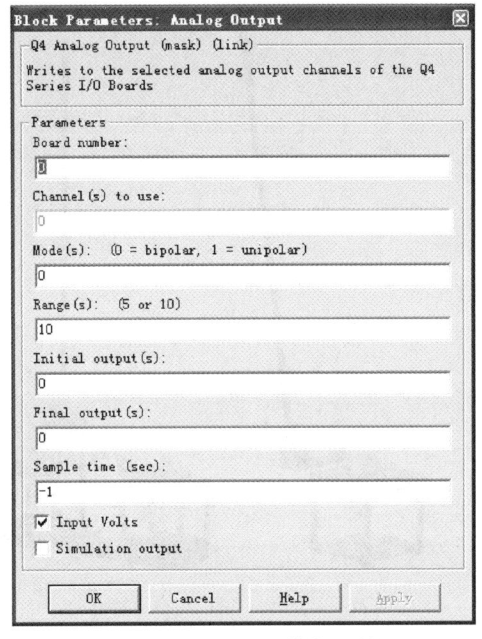

(a)Analog Input 模块对话框　　(b)Analog Output 模块对话框

图12-6　WinCon模块组主窗口

12.2.2　Quanser旋转运动控制系列实验受控对象简介

Quanser的直线运动控制系列可以组装出位置伺服系统、直线倒立摆控制系统、柔性关节控制系统、直线高精度小车系统等14个实验，旋转运动控制系列包括位置伺服控制、转速伺服控制、球杆系统控制、旋转倒立摆控制、平面倒立摆控制、二自由度机器人控制等13个受控对象装置。Quanser专门实验装置包括3自由度直升机位姿控制、震动台控制、5/6自由度机器人控制、磁悬浮控制、3自由度起重机控制等诸多实验装置。

旋转运动控制系列可以组成的部分受控对象如图12-7所示。下面给出倒立摆系统的简要描述。

(1) 旋转倒立摆实验中，在水平面上用一个直流电机来驱动一个刚性臂的一端，臂的另一端装有一个自由度的转轴由电机控制。在这个转轴上安装一个摆杆。通过控制旋转臂的运动来保持摆杆处于垂直倒立状态。

(2) 平面倒立摆则将一根长摆杆安装在一含有两个自由度的接头上，这样摆杆就可以沿两个方向自由摆动，摆杆的摆角通过传感器测量。将这个机构装于二自由度机器人的末端就构成了平面倒立摆系统。本实验通过控制两个伺服电机来使摆杆保持垂直倒立。

(a)旋转倒立摆　(b)平面倒立摆　(c)回转仪　(d)平面连杆机器人　(e)柔性臂

图 12-7　旋转控制系列的部分受控对象装置

12.3　半实物仿真与实时控制实例

12.3.1　受控对象的数学描述与仿真研究

Quanser 公司提供的球杆系统是其旋转实验系列中的一个实验系统，该系统的实物如图 12-8(a)所示，其原理结构如图 12-8(b)所示。球杆系统的控制原理是，通过电机带动连杆 CD，调整夹角 θ，从而调整横杆 BC 的水平夹角 α，使得小球能快速稳定地静止在指定的位置。连杆 AB 为固定的支撑臂。

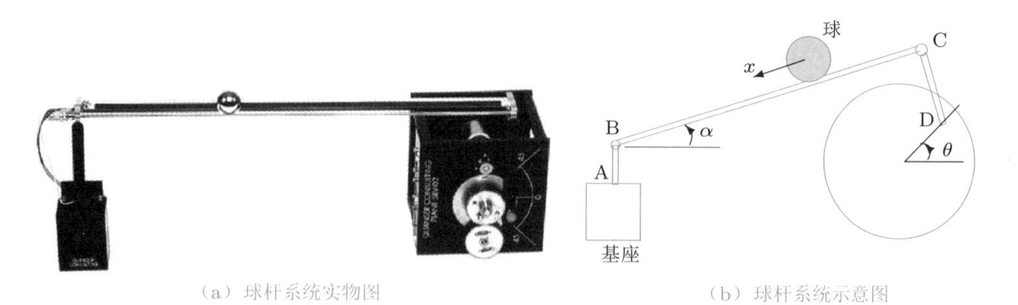

(a) 球杆系统实物图　(b) 球杆系统示意图

图 12-8　球杆系统

在球杆系统中，杆的位置 $x(t)$ 是输出信号，电机的电压 $V_{\rm m}(t)$ 为控制信号，需要设计一个控制器，由预期位置 $c(t)$ 和检测到的实际位置 $x(t)$ 之间的误差信号 $e(t) =$

$c(t)-x(t)$ 来计算控制信号 $u(t)$。钢球在连杆BC上起滑动变阻器的作用，其位置 $x(t)$ 可以通过电阻的值直接检测出来。

1. 电机拖动系统的数学模型

电机原理图如图12-9（a）所示，按照原理图可以构造出如图12-9（b）所示的仿真框图。在本套Quanser实验系统中，电机效率 $\eta_{\rm m}=0.69$，电机系统中的电阻 $R_{\rm m}=2.6\,\Omega$，传动比 $K_{\rm g}=70$，黏滞阻尼系数为 $B_{\rm eq}=4\times10^{-3}\,{\rm N\cdot m/(rad/s)}$，反电势常数 $K_{\rm m}=0.00767\,{\rm V/(rad/s)}$，转矩常数 $K_{\rm t}=0.00767{\rm N\cdot m}$，电机等效负载转动惯量 $J_{\rm eq}=2\times10^{-3}\,{\rm kg\cdot m^2}$，电机转动惯量 $J_{\rm m}=3.87\times10^{-7}\,{\rm kg\cdot m^2}$，齿轮箱效率 $\eta_{\rm g}=0.9$。

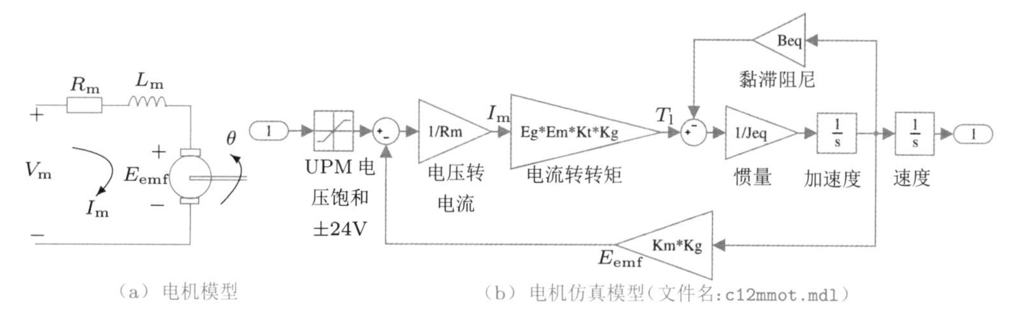

（a）电机模型　　（b）电机仿真模型(文件名:c12mmot.mdl)

图12-9　电机模型及其仿真模型

可以推导出电机电压信号 $V_{\rm m}(t)$ 与夹角 θ 之间的传递函数描述[2]

$$G_1(s)=\frac{\theta(s)}{V_{\rm m}(s)}=\frac{\eta_{\rm g}\eta_{\rm m}K_{\rm t}K_{\rm g}}{J_{\rm eq}R_{\rm m}s^2+(B_{\rm eq}R_{\rm m}+\eta_{\rm g}\eta_{\rm m}K_{\rm m}K_{\rm t}K_{\rm g}^2)s}=\frac{61.54}{s^2+35.1s}\qquad(12\text{-}3\text{-}1)$$

对电机进行PID控制，并设D在反馈回路，则可以构造出如图12-10(a)所示的仿真框图，这样就可以简单地设计PID控制器，控制电机的角位移 θ 了。

2. 球杆系统的数学模型

已知杆长 $l=42.5\,{\rm cm}$，球的半径为 R，沿 x 方向的重力分量为 $F_x=mg\sin\alpha$，$m=0.064\,{\rm g}$，小球转动惯量 $J=2mR^2/5$，可以推导出球的动态模型为 $\ddot{x}=5{\rm g}\sin\alpha/7$。

由于一般角度 α 较小，可以认为 $\sin\alpha\approx\alpha$，故非线性模型可以近似为线性模型。另外，已知圆盘偏心 $r=2.54\,{\rm cm}$，由杆BC移动弧度相同的关系还可以得出 $l\alpha=r\theta$，即 $\theta=l\alpha/r$，由此可以建立起如图12-10(b)所示的仿真模型[3]。

这样可以对整个球杆系统构建出控制与仿真模型，如图12-11(a)所示。其中整个系统采用PD控制，参数输入与控制器设计可以由下面语句完成。

```
clear all;  %文件名:c12dat_set.m
Beq=4e-3; Km=0.00767; Kt=0.00767; Jm=3.87e-7; Jeq=2e-3; Kg=70;
Eg=0.9; Em=0.69; Rm=2.6; zeta=0.707; Tp=0.200; num=Eg*Em*Kt*Kg;
```

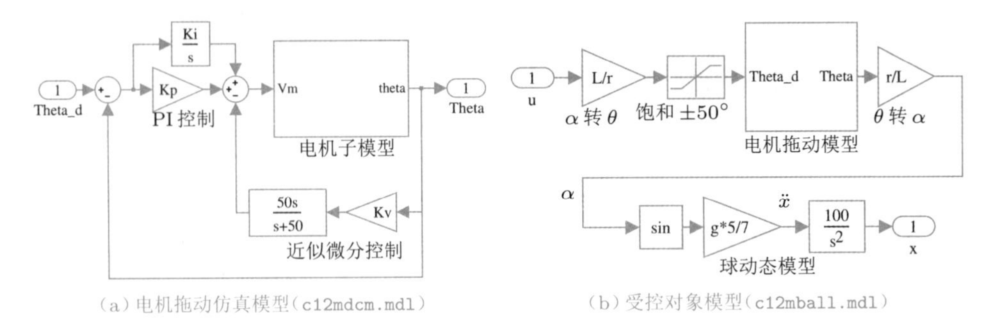

(a) 电机拖动仿真模型(c12mdcm.mdl)　(b) 受控对象模型(c12mball.mdl)

图12-10　电机拖动控制与球杆系统仿真模型

```
den=[Jeq*Rm, Beq*Rm+Eg*Em*Km*Kt*Kg^2 0];
Wn=pi/(Tp*sqrt(1-zeta^2)); Kp=Wn^2*den(1)/num(1);
Kv=(2*zeta*Wn*den(1)-den(2))/num(1); Ki=2;
L=42.5; r=2.54; g=9.8; zeta_bb=0.707; Tp_bb=1.5;
Wn_bb=pi/(Tp_bb*sqrt(1-zeta_bb^2)); Kp_bb=Wn_bb^2/7;
Kv_bb=2*zeta_bb*Wn_bb/7; Kp_bb=Kp_bb/100; Kv_bb=Kv_bb/100;
```

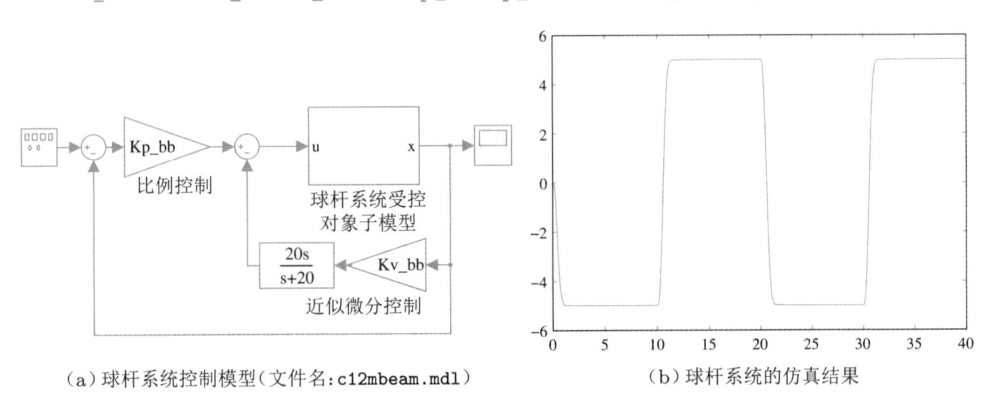

(a) 球杆系统控制模型(文件名:c12mbeam.mdl)　(b) 球杆系统的仿真结果

图12-11　球杆系统的控制与仿真

对球杆系统进行仿真,将得出如图12-11(b)所示的仿真结果。这样的结果是通过纯软件仿真得出的,和实际系统是否一致还需要实时控制的验证。下面将通过半实物仿真与实时控制的方法对这里的结果加以验证。

12.3.2　Quanser实时控制实验

分析原系统及控制模型,可见该模型产生的内环PID控制器需要给实验系统的电机施加实际控制信号V_m,另外该系统需要实时检测小球的位置x和电机的角位移θ。控制信号可以通过Analog Output模块来实现,可以由Analog Input(模拟输入)模块检测小球的位置,而电机转角θ的检测可以通过编码输入模块Encoder Input(编码器输入)来实现。为控制效果起见,应该对检测模型增加滤波模块,这样可以构造出如图12-12所示的实时控制系统模型。注意，为使得模型能实时运行，必须将仿真算法设置成定步长算法，且将步长设置为确定的值，比如0.001 s。这样的设置可以选择Simulation → Parameters中的Solver栏目实现。同时，仿真算法可以设置成ode4。

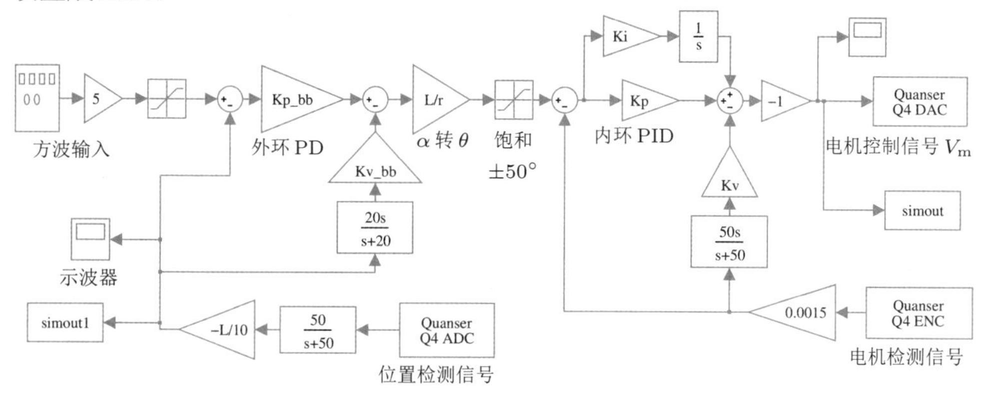

图12-12 实时控制Simulink框图(文件名:c12mbbr.mdl)

选择Tools → Real-Time Workshop → Build Model(建立模型)菜单，将自动编译建立的仿真模型，形成dll文件，这样将自动打开如图12-13所示的WinCon控制界面，可以在这个界面下直接控制受控对象模型。单击其中的Start(开始)按钮就可以启动实时控制的功能，由Analog Output(模拟输出)模块给拖动子模型施加控制信号去驱动电机，而电机的转角及小球的位置检测信号实时检测，传回到计算机中，从而实现整个系统的闭环控制。

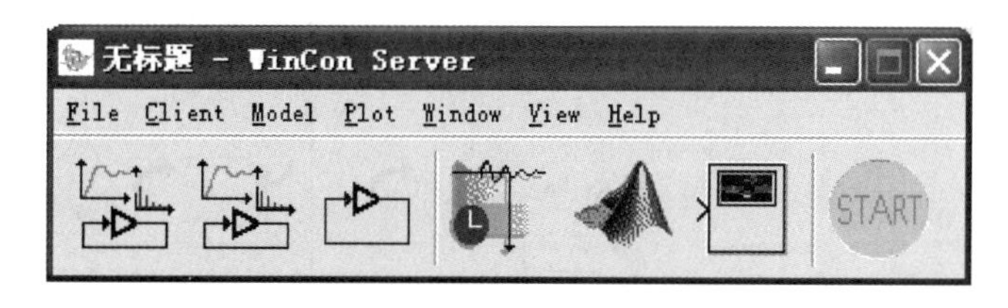

图12-13 WinCon控制界面

用户还可以单击界面的示波器按钮来用示波器显示小球位置与控制信号的波形，分别如图12-14(a)、(b)所示。值得指出的是，实际受控对象的实时控制效果和基于软件的纯仿真方法还是有一些差异的，产生误差的主要原因应该是仿真模型的建模误差，另外实时控制中小球位置检测、控制信号添加等的延迟在仿真模型中均被忽略。启动WinCon实时控制界面后，Simulink模型处于External(外部模型)的运行状态，若在MATLAB工作空间中修改变量则会对实时控制产生影响，改变实时控制的效果。

在实时控制系统中，示波器显示的数据可以选择File → Save → Workspace菜

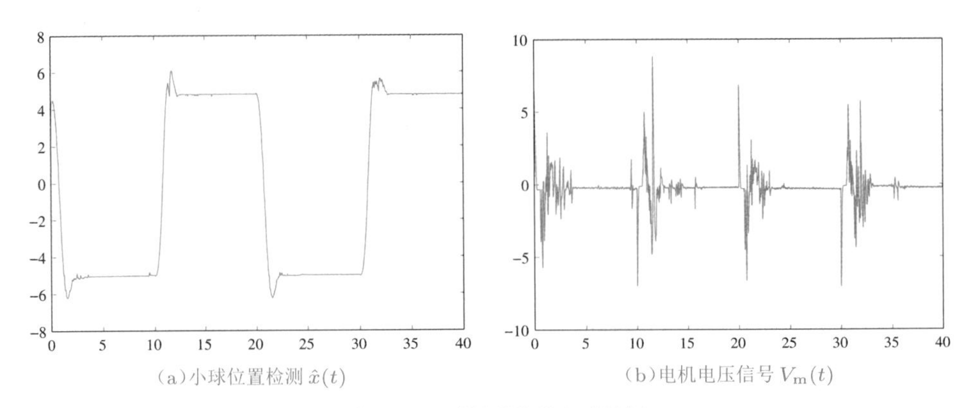

图12-14 球杆系统的实时控制

单项存储到MATLAB的工作空间,其存储的数据量主要由其存储缓冲区大小设置确定,更改缓冲区的大小可以由Buffer菜单确定,本例中将其设置为50 s。

12.3.3 dSPACE实时控制实验

将图12-12中由Quanser MultiQ4搭建的仿真模型中相应的模块用dSPACE模块替换,并适当根据dSPACE的要求修改参数,可以得出如图12-15所示的仿真模型。在dSPACE模块集中,由于A/D转换器和D/A转换器的设定方法和Quanser不同,所以采用将A/D乘以10,将D/A除以10的方法将其与Quanser模型一致化。另外,由于电机编码输入的模块和Quanser也不一致,所以应该将其变成0.006。

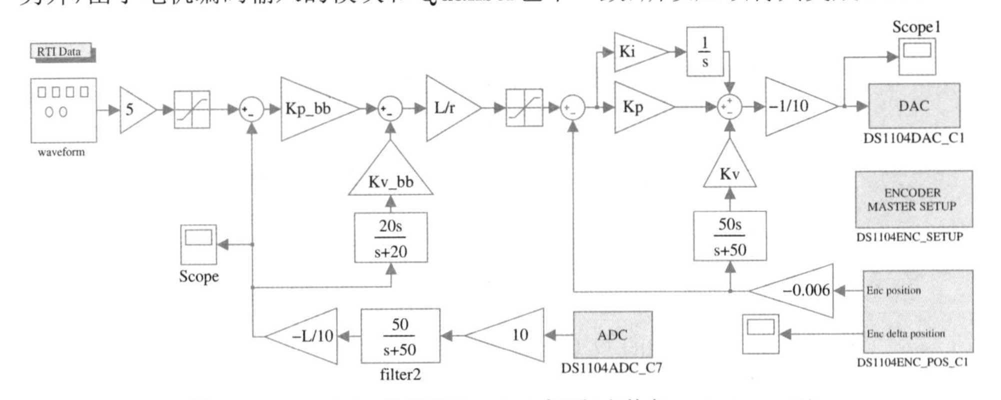

图12-15 dSPACE使用的Simulink框图(文件名:`c12mdsp.mdl`)

有了该模型,可以在Simulink模型窗口中选择Tools → Real-Time Workshop → Build Model菜单项对其进行编译,生成Power PC上可以使用的系统描述文件`c12mdsp.ppc`。这时,打开Control Desk [4] 软件环境窗口,则由File → Layout菜单打开一个新的虚拟仪器编辑界面,用Virtual Instruments工具栏中提供的控件搭建控制界面,比如可以用滚动杆描述PD控制器的参数,用示波器显示转速和位置曲线等。这样可以建立起如图12-16所示的控制界面。

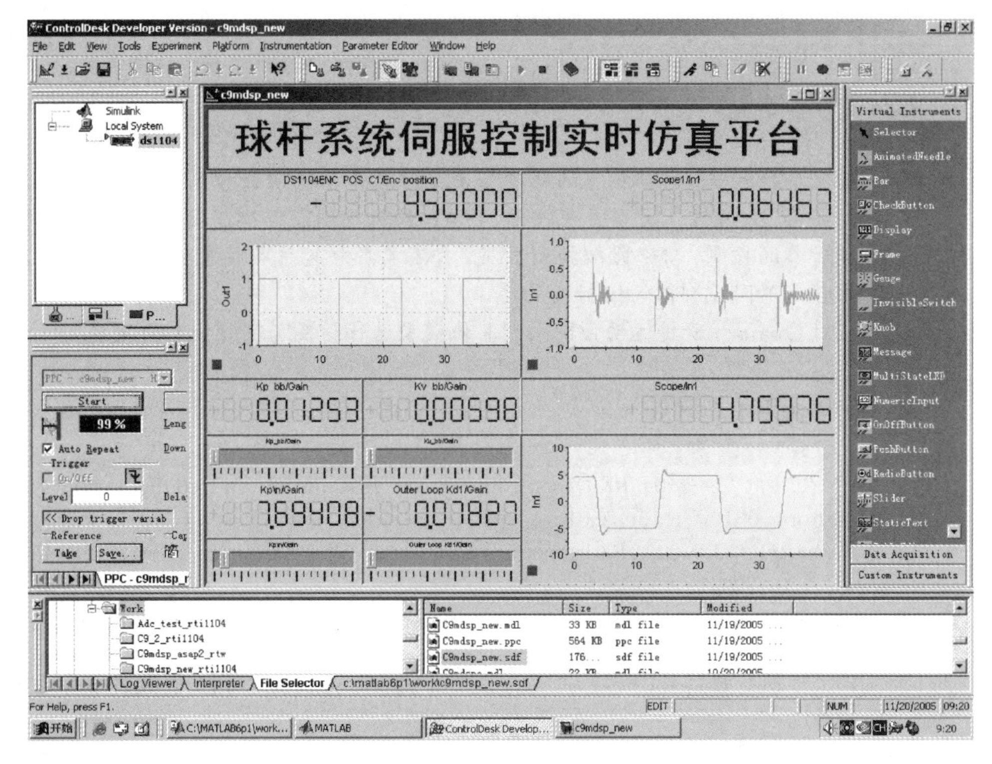

图12-16　由Control Desk构造的控制界面

单击Platform标签，可以由显示的文件对话框打开前面存的c12mdsp.ppc文件，这样可以和Simulink生成的控制代码建立起关联关系。还应该将控件和Simulink模型中的变量建立起关联关系。例如，将Control Desk中显示的Simulink变量名拖动到相应的控件上，即可建立控件和Simulink变量关联关系。

建立起控制界面后，可以直接进行实时控制。对球杆系统施加控制则可以得出如图12-16所示的实际响应曲线和控制信号曲线。注意，这里产生的控制信号是dSPACE写入DAC模块的信号，它与实际的物理信号相差10倍。所以这时的控制信号实际上在$(-10,10)$区间内变化，与前面Quanser下得出的一致。

可见，用这样的方法可以用Simulink建立的控制器直接实时控制实际受控对象，另外，该控制器的参数可以在线调节，比如拖动滚动杆就可以改变PD控制器的参数，控制效果马上就能获得。

采用dSPACE这样的软硬件环境后还可以将控制器及其参数直接下装到实际控制器上，脱离dSPACE环境也能控制受控对象，这样可以认为dSPACE是一套原型控制器的开发环境，应用该环境可以大大加速控制器设计与开发的效率，故可以采用dSPACE这一能搭建起数字仿真与实时控制桥梁的软硬件环境来更好地应用控制理论中的知识，在工业控制中发挥其效能，更好地解决控制问题。

12.4 习题

(1) 如有条件的话，选择相应的软硬件系统重复本章的实时控制实验，并研究其他控制策略，如线性二次型最优控制、ITAE最优控制或模糊逻辑控制等，对本实验受控对象的控制，研究比较控制效果。若不具备软硬件条件也可以通过纯仿真的方法尝试不同控制器的控制效果。

(2) 试对Quanser旋转运动控制系列其他模型进行仿真与实时控制研究。

参考文献

[1] dSPACE Inc. DS1104 R&D controller board installation and configuration guide[Z]. Paderborn: dSPACE Inc, 2001.

[2] Quanser Inc. SRV02 - Series rotary experiment # 1: Position control[Z]. Markham: Quanser Inc, 2002.

[3] Quanser Inc. SRV02 - Series rotary experiment # 3: Ball & beam[Z]. Markham: Quanser Inc, 2002.

[4] dSPACE Inc. Control Desk — experiment guide, Release 3.4[Z]. Paderborn: dSPACE Inc, 2002.

附录 A

常用受控对象的实际系统模型

在控制系统的仿真软件发展初期，就出现了很多著名的基准测试问题，如F-14战斗机模型[1,2]、复杂连续离散系统CACSD测试模型[3]和ACC小车模型[4,5]等。早期的基准测试模型侧重于对模型输入和简单分析的方便性与准确性，随着专用控制系统设计用计算机语言的发展，输入模型和简单的开环、闭环分析不再是这个领域的难点，这样的问题可以轻而易举地直接解决，所以出现的基准测试问题就开始转入复杂系统的设计了。使用者可以使用各种各样的算法对该模型进行控制，比较不同算法的控制效果。

本附录列出几个著名的基准测试问题的数学模型。为了便于学习本书的内容，开发并评估自己的控制系统设计算法，还给出了一些有实际意义的受控对象模型。

A.1 著名的基准测试问题

A.1.1 F-14战斗机中的控制问题

在Simulink等软件环境出现之前，为衡量仿真工具的优劣曾出现了各种各样的基准测试模型，F-14战斗机模型就是其中之一[1]，该系统框图如图A-1所示。该系统共有两路输入信号，其向量表示为$\boldsymbol{u}=[n(t),\alpha_{\rm c}(t)]^{\rm T}$，其中，$n(t)$为单位方差的白噪声信号，而$\alpha_{\rm c}(t)=K\beta({\rm e}^{-\gamma t}-{\rm e}^{-\beta t})/(\beta-\gamma)$为攻击角度命令输入信号，这里$K=\alpha_{{\rm c}_{\max}}{\rm e}^{\gamma t_{\rm m}}$，且$\alpha_{{\rm c}_{\max}}=0.0349$，$t_{\rm m}=0.025$，$\beta=426.4352$，$\gamma=0.01$，整个系统的输出有三路信号，$\boldsymbol{y}(t)=[N_{{\rm Z}_{\rm p}}(t),\alpha(t),q(t)]^{\rm T}$，这里$N_{{\rm Z}_{\rm p}}(t)$信号定义为$N_{{\rm Z}_{\rm p}}(t)=\dfrac{1}{32.2}[-\dot{w}(t)+U_0q(t)+22.8\dot{q}(t)]$，已知系统中各个模块的参数为

$$\tau_{\rm a}=0.05,\sigma_{\rm wG}=3.0,\ a=2.5348,\ b=64.13$$

$$V_{\tau_0}=690.4,\sigma_{\alpha}=5.236\times10^{-3},Z_{\rm b}=-63.9979,M_{\rm b}=-6.8847$$

$$U_0=689.4,Z_{\rm w}=-0.6385,M_{\rm q}=-0.6571,M_{\rm w}=-5.92\times10^{-3}$$

$$\omega_1=2.971,\ \omega_2=4.144,\ \tau_{\rm s}=0.10,\ \tau_\alpha=0.3959$$

$$K_{\rm Q}=0.8156,\ K_\alpha=0.6770,\ K_{\rm f}=-3.864,\ K_{\rm F}=-1.745$$

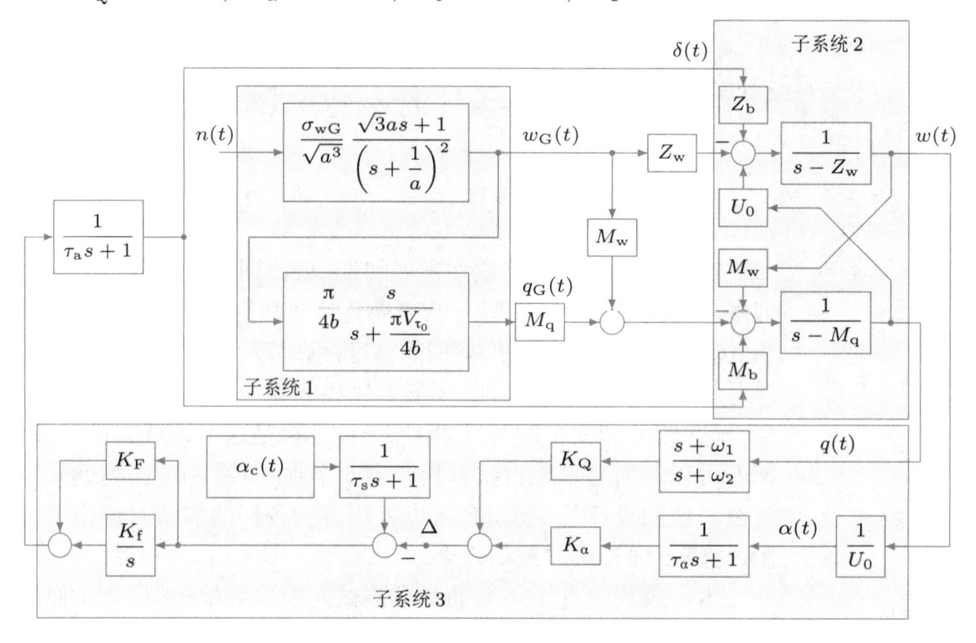

图 A-1　F-14 战斗机模型的系统方框图

原始的问题是，用计算机表示该系统模型，并求出系统的闭环极点位置。另外系统闭环回路在 Δ 点断开后，系统开环极点位置如何变化。

原问题现在看来可以很容易地精确求解了，所以应该对该问题进行再认识，例如如何选择并调整控制器、滤波器参数，使得系统的攻击角度 $\alpha(t)$ 能尽快地跟踪给定命令信号 $\alpha_{\rm c}(t)$。另外，如何设计相应的控制器能使系统的响应受噪声信号 $n(t)$ 的影响最小。

A.1.2　ACC基准测试模型

ACC 基准问题是由文献 [4,5] 提出的，由于论文发表在美国控制会议（American Control Conference，ACC）上，所以被广泛称为 ACC 基准问题。前一篇论文提出了三个问题，后一篇文章又补充了一个新问题。

其中第 1 个基准问题的模型描述如图 A-2 所示。该模型中，m_1 和 m_2 为两个小车的质量，而在描述时亦用它们表示小车本身。x_1 和 x_2 表示两个小车的位置，u 为小车 1 的加速度信号，为本系统的输入信号，w 为小车 2 加速度的扰动输入信号。k 为连接两个小车弹簧的弹性系数。

按照图 A-2 中的位置量选择状态变量 x_1 和 x_2，则可以引入两个新的状态变量

$x_3=\dot{x}_1$ 和 $x_4=\dot{x}_2$，分别表示两个小车的速度，这样就可以建立起系统的状态方程模型为 $y(t)=x_2(t)$，且

$$\dot{\boldsymbol{x}}(t)=\begin{bmatrix}0&0&1&0\\0&0&0&1\\-k/m_1&k/m_1&0&0\\k/m_2&-k/m_2&0&0\end{bmatrix}\boldsymbol{x}(t)+\begin{bmatrix}0\\0\\1/m_1\\0\end{bmatrix}u(t)+\begin{bmatrix}0\\0\\0\\1/m_2\end{bmatrix}w(t)\quad\text{(A-1-1)}$$

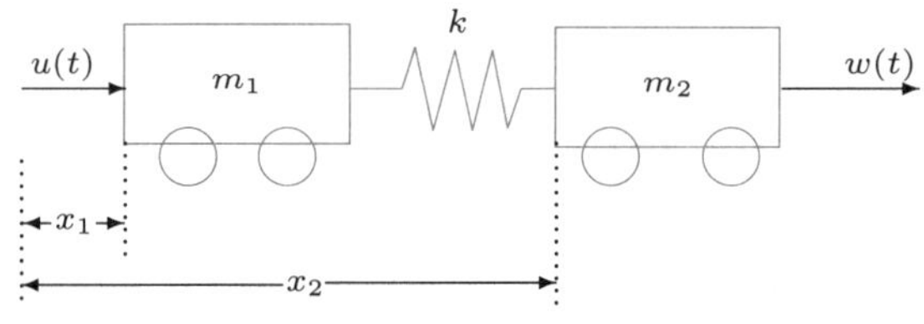

图 A-2　ACC 基准问题模型

系统控制的目标是在有意识给出的输入信号 $u(t)$ 和不可避免的噪声信号 $w(t)$ 的作用下，小车 2 的位置 x_2 迅速达到指定的位置。

A.2　其他工程控制问题的数学模型

A.2.1　伺服控制系统模型

预测控制工具箱手册[6] 中演示例子给出了一个较好的伺服控制数学模型，可以用于控制器的设计及控制算法比较。

假设某系统的结构图如图 A-3 所示，其中通过调节电压 V 的方式来对电机进行调速，使得输出的角位移信号 θ_L 尽快地达到并保持恒定值。系统中的参考参数在表 A-1 中给出。

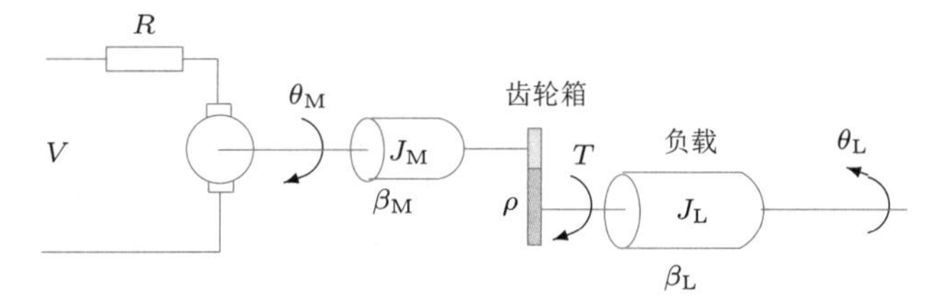

图 A-3　电机伺服控制系统结构

可以推导出微分方程组

$$\begin{cases}\dot{\omega}_\mathrm{L}=-\left(\theta_\mathrm{L}-\dfrac{\theta_\mathrm{M}}{\rho}\right)-\dfrac{\beta_\mathrm{L}}{J_\mathrm{L}}\omega_\mathrm{L}\\\dot{\omega}_\mathrm{M}=\dfrac{k_\mathrm{T}}{J_\mathrm{M}}\left(\dfrac{V-k_\mathrm{T}\omega_\mathrm{M}}{R}\right)-\dfrac{J_\mathrm{M}}{\beta_\mathrm{M}}\omega_\mathrm{M}+\dfrac{k_\theta}{\rho J_\mathrm{M}}\left(\theta_\mathrm{L}-\dfrac{\theta_\mathrm{M}}{\rho}\right)\end{cases}\quad\text{(A-2-1)}$$

表 A-1 伺服系统的参数表

符号	定义	参数	符号	定义	参数	符号	定义	参数
k_θ	转矩系数	1280.2	k_T	电机常数	10	J_M	电机转动惯量	0.5
J_L	负载转动惯量	可变，可选 $50J_M$	ρ	齿数比	20	β_M	电机黏滞摩擦系数	0.1
β_L	负载黏滞摩擦系数	25	R	电枢电阻	20			

另外，由角速度和角位移之间的关系可知，$\omega_M=\dot{\theta}_M$，$\omega_L=\dot{\theta}_L$。选择状态向量为 $\boldsymbol{x}=[\theta_L,\omega_L,\theta_M,\omega_M]^T$，则可以写出如下的状态方程模型

$$\dot{\boldsymbol{x}}=\begin{bmatrix}0 & 1 & 0 & 0\\ \dfrac{-k_\theta}{J_L} & -\dfrac{\beta_L}{J_L} & \dfrac{k_\theta}{\rho J_L} & 0\\ 0 & 0 & 0 & 1\\ \dfrac{k_\theta}{\rho J_M} & 0 & -\dfrac{k_\theta}{\rho^2 J_M} & -\dfrac{\beta_M+k_T^2/R}{J_M}\end{bmatrix}\boldsymbol{x}+\begin{bmatrix}0\\0\\0\\ \dfrac{k_T}{RJ_M}\end{bmatrix}V \tag{A-2-2}$$

如果选择输出信号 $\boldsymbol{y}=[\theta_L,T]^T$，其中 T 为输出的转矩，则输出方程可以写成

$$\boldsymbol{y}=\begin{bmatrix}1 & 0 & 0 & 0\\ k_\theta & 0 & k_\theta/\rho & 0\end{bmatrix}\boldsymbol{x} \tag{A-2-3}$$

在控制中要求控制电压 V 不超出 ±220 V 这样的容许区域，即 $|V|\leqslant 220$，且要求控制转矩 T 不超过 78.5 N·m，即 $|T|\leqslant 78.5$，需要如何设计控制器，使得负载端位移 θ_L 能尽快达到稳态值。

A.2.2 倒立摆问题的数学模型

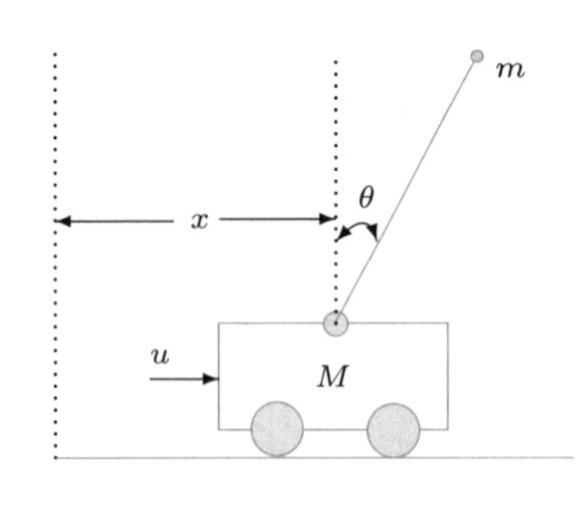

图 A-4 倒立摆系统结构

倒立摆系统是控制系统实验中经常使用的系统[7]，图 A-4 中给出了一级倒立摆系统的示意图。

倒立摆系统的控制目标是通过实时给出控制量 u 来控制小车位置与速度，使得摆处于倒立的平衡状态。假设小车的质量为 M，摆的质量为 m，摆长为 l，可以推导出系统的数学模型为[7]

$$\ddot{x}=\frac{u+ml\sin\theta\dot{\theta}^2-mg\cos\theta\sin\theta}{M+m-m\cos^2\theta} \tag{A-2-4}$$

$$\ddot{\theta}=\frac{u\cos\theta-(M+m)g\sin\theta+ml\sin\theta\cos\theta\dot{\theta}}{ml\cos^2\theta-(M+m)l} \tag{A-2-5}$$

选择状态变量 $x_1=\theta$, $x_2=\dot{\theta}$, $x_3=x$, $x_4=\dot{x}$，则可以得出倒立摆系统对应的状态方程模型为 $\boldsymbol{y}=[x_1,x_3]^T$，且

$$\begin{bmatrix} \dot{x}_1 \\ \dot{x}_2 \\ \dot{x}_3 \\ \dot{x}_4 \end{bmatrix} = \begin{bmatrix} x_2 \\ \dfrac{u\cos x_1 - (M+m)g\sin x_1 + ml\sin x_1\cos x_1 x_2}{ml\cos^2 x_1 - (M+m)l} \\ x_4 \\ \dfrac{u + ml\sin x_1 x_2^2 - mg\cos x_1\sin x_1}{M+m-m\cos^2 x_1} \end{bmatrix} \tag{A-2-6}$$

选择工作点$\boldsymbol{x}_0=\boldsymbol{0}, u_0=0$，对该系统进行线性化，则可以得出线性化模型。

$$\Delta\dot{\boldsymbol{x}} = \boldsymbol{A}\Delta\boldsymbol{x} + \boldsymbol{B}u,\ \boldsymbol{y} = \boldsymbol{C}\Delta\boldsymbol{x} \tag{A-2-7}$$

其中

$$\boldsymbol{A} = \begin{bmatrix} 0 & 1 & 0 & 0 \\ (M+m)g/(Ml) & 0 & 0 & 0 \\ 0 & 0 & 0 & 1 \\ -mg/M & 0 & 0 & 0 \end{bmatrix},\ \boldsymbol{B} = \begin{bmatrix} 0 \\ -1/(Ml) \\ 0 \\ 1/M \end{bmatrix},\ \boldsymbol{C} = \begin{bmatrix} 1 & 0 & 0 & 0 \\ 0 & 0 & 1 & 0 \end{bmatrix} \tag{A-2-8}$$

可以建立起系统模型的MATLAB/Simulink表示，并比较非线性模型与线性化模型之间的误差，给线性化模型设计出控制器，研究该控制器对原非线性系统的有效性。这里给出的是一级倒立摆数学模型，在实际实验与仿真研究中还有人研究二级、三级甚至四级倒立摆的模型与控制问题，由于模型较复杂，这里将不给出这些模型。

A.2.3 AIRC模型

文献[8]给出了一个飞行器在垂直平面内的动力学线性化模型，称为AIRC模型，该模型是由状态方程形式给出的

$$\boldsymbol{A} = \begin{bmatrix} 0 & 0 & 1.1320 & 0 & -1 \\ 0 & -0.0538 & -0.1712 & 0 & 0.0705 \\ 0 & 0 & 0 & 1 & 0 \\ 0 & 0.0485 & 0 & -0.8556 & -1.0130 \\ 0 & -0.2909 & 0 & 1.0532 & -0.6859 \end{bmatrix},\ \boldsymbol{B} = \begin{bmatrix} 0 & 0 & 0 \\ -0.120 & 1 & 0 \\ 0 & 0 & 0 \\ 4.419 & 0 & -1.6650 \\ 1.575 & 0 & -0.0732 \end{bmatrix}$$

且$\boldsymbol{C}=\boldsymbol{I}_{5\times 5}$，$\boldsymbol{D}=\boldsymbol{0}_{5\times 3}$。该模型中，3路输入信号分别为$u_1$（扰流角）、$u_2$（发动机推力产生的前进加速度）和$u_3$（升降舵偏转角），5个状态变量分别为$x_1$（高度误差）、$x_2$（前进速度）、$x_3$（俯仰角）、$x_4$（俯仰角改变率）和$x_5$（垂直速度），而系统的5路输出即为这5个状态变量。

由于各路输入、输出之间存在耦合，所以彻底解耦可以单独为每个回路单独设计控制器，这样就可以使得控制器设计得到简化。

A.3 习题

（1）试由MATLAB/Simulink分别表示F-14中的开环模型与闭环模型，求出这些模型的零极点，并用最优控制的方法给出最优的PI控制器参数。若采用PID控制器，控制器参数应该如何选择，效果能显著改善吗？

(2) 试用 MATLAB 表示 ACC 基准测试模型，并为该模型设计控制器，使得该控制器有足够的鲁棒性。如果不考虑扰动信号，能设计出的最好控制器将是什么样的?

(3) 阅读 MATLAB 的模型预测控制工具箱手册 [6] 中有关伺服系统的相关内容，并按照手册中给出的 MPC 控制器设计方法，比较结果。对同样的系统，能将原问题转换成有约束的最优化问题，进而设计出最优 PID 控制器吗? 试比较得出的 PID 控制器与模型预测控制器的优缺点。

(4) 比较一级倒立摆系统的线性模型与非线性模型之间的差异，给出能够较好控制一级倒立摆系统的控制方法，并给出仿真结果。查阅二级或三级倒立摆系统的数学模型，试用 MATLAB/Simulink 表示这些模型，并探讨这些复杂系统的控制问题。

(5) 试将一级倒立摆受控对象模型封装成一个 Simulink 模块，允许其表示原始非线性模型和线性化模型。假设倒立摆系统参数为 $m = 0.3\text{kg}$, $M = 0.5\text{kg}$, $l = 0.3\text{m}$，试为线性化受控对象模型设计出 PID 控制器并观察控制效果，再用 OptimPID 程序对原始非线性模型设计最优的 PID 控制器，比较控制效果。

(6) AIRC 问题的一个子问题在例 7-20 中由基于参数最优化的解耦算法得到了较好的控制，试采用其他控制方法，例如 OCD 程序给该系统设计出切实可行的控制器，并比较控制效果。

参考文献

[1] Frederick D K, Rimer M. Benchmark problem for CACSD packages[C]// Computer Aided Design in Control Systems 1988, Selected Papers from the 4th IFAC Symposium. Beijing, 1988.

[2] Rimvall C M. Computer-aided control system design[J]. IEEE Control Systems Magazine, 1993, 13: 14–16.

[3] Hawley P A, Steven T R. Two sets of benchmark problems for CACSD packages[C]// Proceedings of the Third IEEE Symposium on Computer Aided Control System Design. Arlington, 1986.

[4] Wie B, Bernstein D S. A benchmark problem for robust controller design[C]// Proceedings of American Control Conference. San Diego, 1990: 961–962.

[5] Wie B, Bernstein D S. Benchmark problems for robust control design[C]// Proceedings of American Control Conference. Boston, 1991: 1929–1930.

[6] The MathWorks Inc. Model predictive control toolbox user's manual[Z]. Natick: MathWorks, 2005.

[7] Ogata K. Modern control engineering[M]. 5th ed. Englewood Cliffs: Prentice Hall, 2010.

[8] Hung Y S, MacFarlane A G J. Multivariable feedback: a quasi-classical approach[M]. New York: Springer-Verlag, 1982.

附录 B

本书设计的控制器模块集

本书设计了若干通用的Simulink版控制器模块，如模型参考自适应控制器模块、ADRC模块等，可以将这些控制器模块置于一个空白的Simulink模块集内。具体的方法是：

（1）建立空白的模块集窗口。从图6-1中的Simulink起始窗口选择Blank Library（空白模块库）选项，或在Simulink模型窗口中选择New → Library菜单项，则可以打开一个空白的模块库窗口。

（2）复制各个控制器模块。将以前建立的各个控制器模块复制到窗口内，存储该模块集为`MyCACSDControls.slx`文件。

（3）建立链接文件。仿照6.5.3节建立`slblocks.m`文件。

本书建立的模块集如图B-1所示。这些模块都是可重用的模块，控制器参数可以在模块的对话框中直接填写。

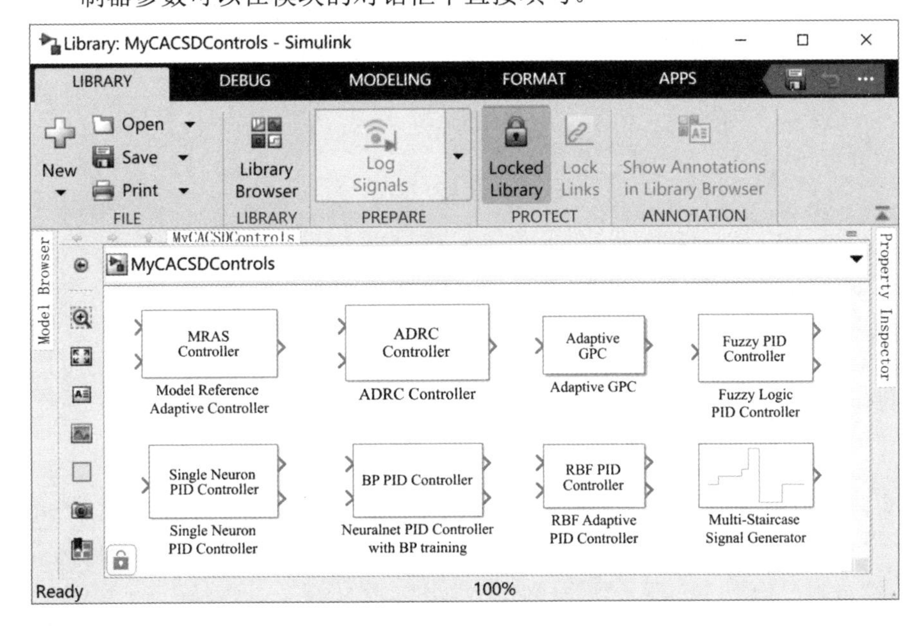

图B-1　本书建立的控制器模块集

slblocks.m 文件的关键语句为

```
function blkStruct = slblocks
blkStruct.Name = sprintf('%s\n%s','New blosks','for CACSD book');
blkStruct.OpenFcn = 'MyCACSDControls';
blkStruct.IsFlat = 1;
```

清华大学出版社文泉网站提供了大量的资源，其中包括课程的全程视频，在相应章节以二维码形式给出。下面给出本书的其他资源。

交互式 PPT 课件（MOOC 版）

本书配套的 MATLAB 工具箱

支持 MATLAB 2016a 的 Simulink 模型包

中国大学 MOOC 网站搜索“薛定宇”

术语索引

INDEX

𝒜

A/D 转换 518 520 526
Abel 定理 192
Ackermann 算法 297
Adams 线性多步法 89
ADRC 见 自抗扰控制器
AIC 准则 见 Akaike 信息准则 158 160
Akaike 信息准则 159
App Designer 23 61–68 311 365 514

白噪声 230 251 281 374 419 468 529
半实物仿真 17 517–528
 dSPACE 半实物仿真系统 见 dSPACE
 Quanser 半实物仿真系统 见 Quanser
饱和 49 232 236 237 247 250 253 267 307 308 340 343 366 449 466 512 524
Bass–Gura 算法 296
被动控件 64 67
被积函数 310 366
闭环迭代学习 458 469
闭环控制 103 305 457 458 520 525
闭环系统 281 306 309
比较运算 24 29 32 33
闭式解 489
变步长 48 89 93 239 240
变分法 303
变量替换 34 69 98 186 190 191
标称值 388 513
标准传递函数 288 331 332 335 409 413
标准 PID 341 343
并联连接 27 111 132 133 138 219 245 498 501
并联 PID 340 341 343
Bode 图 145 146 148 150–155 171 208–211 245 378 379 388 390 395 396 398 408 474 483 484 498 503 504 512
部分分式展开 171 189 190 485–488
部分极点配置 298
不连续微分方程 281
补灵敏度函数 380 385 409
不确定性 374 385 388 389 395 414
 乘积型不确定性 见 ~
 叠加型不确定性 见 ~
不稳定 107 145 153 172–174 177 186 191 204 213–215 250 260 261 292 312 340 365 373 381 466
不稳定 FOPDT 模型 361

𝒞

采样周期 117 122–125 155 158 162 165–167 174 180 195 203 210 211 223 245 246 269–271 284 342 419 422 429 430 432 433 445 453 459
参考模型 336 412–417 430
参数最优化方法 14 317 321–327 336 514
参数最优化设计 327
Caputo 定义 475–477 481 490 492
Caputo 微分方程 485 490–493 495–497
差分方程 122 155 163–165 186 271
常微分方程 73 89–95 101 114 115
 分数阶微分方程 见 ~
 刚性微分方程 见 ~
 解析解 见 微分方程解析解
 Runge–Kutta 算法 见 ~
 数值解法 89–91 227
 微分代数方程 见 ~
 微分方程转换 见 ~
 隐式微分方程 见 ~

常用对数 33 209
超前滞后校正器 287–293 315 333
超调量 186 192–194 202 210 223 288 289 291 293 331 340 343 351 353–356 359 361 370 373 415 505
超稳定性 413
超越函数 29 33 135 176
成比例阶 487 488
乘法器 233 248 413
成功率 99 465
乘积型不确定性 388 389 395
Chien–Hrones–Reswick 算法 339 355 356
Cholesky 分解 77
冲激响应 103 192 196 197 249 427 485–487 502 504
重载函数 433 475 499–503
初速度 280
初值 231 234 255 457 475 486 491 495 513
初值问题 493
传递函数 67 101 115–117 122–124 126 127 483 488
　标准传递函数 见 ~
　分数阶传递函数 见 FOTF 类
　离散传递函数 见 ~
传递函数矩阵 121 126–128 134 138 139 141 142 163 164 166 215–221 317–328 330
传递函数模块 231 237 262
传感器 278 340 373 521
串联连接 27 114 132 134 137 138 165 219 225 282 288 379 495 501
串联校正器 16 287–293 340
传输函数 448
次最优降阶 148–152 347 348
Coulumb 摩擦 232
错误陷阱 40 68

D

D/A 转换 520 526
代码保密 45
代数化简 114 139–142
代数环 493 497
代数约束 89 233 497
单位负反馈 2 136 137 165 166 173–175 201 213 281 501 502
单位矩阵 76 77 118 126 134 317 402
单位圆 173 174 203 204 209 215 382
单元数组 12 27 44 117 119
单值非线性 252–254 266
倒立摆 107 335 521 522 532 533
等幅振荡 207 255 505
等效传递函数 1 165 200 281
等阻尼线 202–204
递归 43 44 70
低通滤波 414 493
递推公式 143 149 457 479 489
电感 114 274 276
电机编码输入 520 526
电流表 277
电容 114 274 276
典型反馈控制系统 134 176 352 353 385
电压表 276
电阻 114 276 473 523
迭代学习控制 17 411 455–462
叠加型不确定性 388 389
叠加原理 199
定步长 239 240 251 272 491 525
定量反馈理论 见 QFT
Diophantine 方程 417 418 468
动态补偿矩阵 320 321 336 506
动态解耦 288 328–333
动态矩阵控制 426–429
Driveline 275
dSPACE 17 517–519 526–528
对称矩阵 76–78 81 83 180 294 398–403 406
对角占优 208 217–221 225 317–321 327 336 371 506
　伪对角化 见 ~
对偶 181 183
对数 33 50 209
多变量频域设计工具箱 见 MFD 工具箱
多变量系统 27 117 121 126 132 135 140 141 163 164 177 182 183 192 196 198 208 215–221 227 244 258 282 287 297 298 316–333

396
参数最优化设计 见 ~
传递函数矩阵 见 ~
回差矩阵 见 ~
解耦 见 ~
Luenberger 标准型 见 ~
逆 Nyquist 阵列 见 ~
频域设计工具箱 见 MFD 工具箱
频域响应 见 ~
时域响应 196 197 244
系统辨识 163 164
多变量系统频域设计工具箱 见 MFD 工具箱
多领域物理建模 12 228 273–280
多值非线性 252–254

E

Electrical 275
二次型规划 95 97
二次型性能指标 293 295 302–304
二次型最优调节问题 294 295
二分法 70 397 401 404
二阶控制器 315 365
二阶延迟积分模型 359–361
二项式系数 475 479
二自由度 PID 控制器 231 335 339 341 343 353 362–364 371
Excel 文件 54 55

反馈控制 103 134 136 176 281 288 301 330 352 461
反馈连接 133 457 501
反三角函数 33
范数 75 76 105 171 172 185 186 404 460 461
方波 279 414 419 426
方差 250 281 408 418 419 421 437 468 529
方框图模型 16 114 131–142 261 283 383
代数框图化简 见 ~
非零初始状态响应 192 199
非零初值 199 231 232 477 481 485 490 493
非奇异矩阵 77 118 177–179 329
非线性方程 79 83–88 106 176 227 256 503
非线性规划 98
非线性环节 227 233 236 247 250 252–261 266 306–308
饱和非线性 见 ~
单值非线性 见 ~
多值非线性 见 ~
死区非线性 见 ~
非线性系统线性化 见 线性化
非整数阶系统 又见 分数阶系统
非正则系统 200 384 387 395
非最小相位模型 151 152 393 420
分段函数 49 58 198 268 281
分离原理 376
分数阶传递函数 17 474 486 487 497–505
分数阶传递函数矩阵 498 500 506
分数阶微分方程 473 474 485–488 490 491 493
分数阶微积分 473–497
分数阶系统 15 17 102 473–512
成比例阶 见 ~
分数阶传递函数 见 FOTF 类
分数阶状态方程 500 501 513
分数阶 PID 控制器 506–512
Fibonacci 序列 43 69
Fluids 275
FOLIPD 模型 见 二阶延迟积分模型
FOPDT 模型 见 一阶延迟模型
FOSS 对象 500
FOTF 对象 498–502 507 509 511
FOTF 工具箱 475 493 498 500–503 507 508
负反馈 103 133 134 138 200 204
符号函数 26 34 233
符号型数据结构 25–27 35
符号运算 1 9–11 25 26 31 33 34 44 73 134 176 186
符号运算工具箱 10 19 33 34 74 83 101 104 138 188 189
附加参数 44 89 90 268 271–273 422
幅值裕度 215 292 333 346 349 502
辅助变量 490

G

改进的Rastrigin函数 464 465
改进Ziegler–Nichols算法 350–354
概率密度函数 58 250 251 281
Gamma函数 71 479
感兴趣区域 88 103 485
刚性微分方程 89 91 93 493
高精度 31 83 126 485 489–492 496
Gauss白噪声 250 281
个体 462 465 467
Gear算法 89
根轨迹 2 201–207 213 340 502 504
跟踪微分器 268–271 421 424
跟踪误差 311 385 444 458 460
Gershgorin带 218–220 225 319 506
　Gershgorin定理 217 218
Gershgorin圆 217 218 317
共轭复数 30 84 86 120 121 293
公分母 216 217 322 324
工具箱 见 MATLAB工具箱
工作点 256 257 259 282 429 533
工作空间 27 54 55 262 305 312 342 364 387 388 402 415 440 443 466 500 510 512 525 526
工作周期 457–459
Gram矩阵 129 152 153 179–181
　可观测性Gram矩阵 见 ~
　可控性Gram矩阵 见 ~
Grünwald–Letnikov定义 475 476 479–481 484 489
观测器 14 178 287 293 299–303 333 373 374 376 377 380
　基于观测器的控制器 见 ~
　基于观测器的调节器 见 ~
　扩张状态观测器 见 ~
关键信号 242 495 496
广义逆 76
广义特征值最优化 399 401 402
广义预测控制 17 411 412 436–438
广义Lyapunov方程 见 Sylvester方程 17 82
GUI 见 图形用户界面
归一化 353 449 451
滚动时程 429 437

H

$\mathcal{H}_\infty$范数 185 401 404 405
$\mathcal{H}_\infty$回路成型 396
$\mathcal{H}_\infty$控制器 17 373 382 383 385 389–395
$\mathcal{H}_\infty$最优控制器 383 385 394 395 397 407
$\mathcal{H}_2$范数 185 186
$\mathcal{H}_2$控制器 373 382 383 389–394 407
Hadamard乘积 31
函数句柄 95 98 103 479
行列式 19 74 75
Hankel范数降阶 14 152 154
Hankel矩阵 297 404
Heaviside函数 190
Hebb学习算法 449
Hermit矩阵 76 398
Hermit转置 30 77
Hilbert矩阵 35 41 42 74
互质 36 417
换底公式 33
回差矩阵 217 380 408
回路成型 373 385 386 389 394 396 397
回路传输恢复 14 373 374 378–382
回调函数 64–66 68 369
混合灵敏度函数 384 385 390 394–396
Hurwitz判据 171 172

I

IAE准则 335 357 370
ILC 见 迭代学习控制
inline函数 44 45
IPD模型 见 一阶延迟积分模型
ISE准则 148 149 308 309 357 359 370
IST^2E准则 357
ISTE准则 283 357 358
ITAE积分 305 310 312 367
ITAE准则 283 305 308–314 327 331 357 358 361 368 370 468

基本行变换 80
基础解系 80 105

基础模块库 275–277
极大值原理 303
极点配置 8 14 16 287 293 296–298 300 302 331 332 334
Ackermann 算法 见 ～
Bass–Gura 算法 见 ～
部分极点配置 见 ～
鲁棒极点配置 见 ～
积分 10 186 187 289 290 310 315 458
积分器 231 242 243 248 249 255 274 315 324 330 343 359–361 444 495 497 510
积分器链 495 497
激活函数 448
基阶 487–489 502 504
极限环 252 255 256 260
记忆 232 253
基因编码 462
基于观测器的控制器 16 293 301–303
基于观测器的调节器 299 302 334
基准测试模型 17 470 529–531 534
基准频率 483
加权矩阵 14 294 295 302 304 334 374 377 379 380
加速度 523 530 533
剪切频率 215 288–292 346 349 362 493
检验 31 48 80 82 335 367 409 505
角位移 523 524 531 532
节点方程 140 142
结构体 12 64 96 98 99 156 269 439
解模糊 439 440
解耦 14 16 166 196 208 226 287 317 326–333 337 533 534
动态解耦 见 ～
阶梯信号 272 367 368 451
阶梯信号发生器 272 451
阶跃响应 3 19 59 103 109 129 145 146 148 150–153 171 190–198 203 214 244 247 248 284 288 291 292 326 328 344–346 351 352 382 393 395 409 467 485–488 498 504 505 508–513
超调量 见 ～
阶跃响应性能指标 193 194
上升时间 见 ～
调节时间 见 ～
阶跃响应性能指标 191 192
近似根轨迹 205 206 502 504 505
精调 Ziegler–Nichols 公式 353–355
径向基函数 453–455 469
Jordan 标准型 182–185
Jordan 矩阵 183
句柄 50 64 66 193 200 201 312
句柄图形学 63–66
局部放大 53 84 205 206 209 505
矩阵方程 73 79 81 85–88 106 140
离散 Lyapunov 方程 见 ～
离散 Riccati 方程 见 ～
Lyapunov 方程 见 ～
Riccati 方程 见 ～
Sylvester 方程 见 ～
线性方程求解 见 ～
矩阵运算
广义逆 见 ～
行列式 见 ～
基础解系 见 ～
逆矩阵 见 ～
奇异值 见 ～
特征方程 见 ～
特征根 见 ～
线性方程求解 见 ～
正交矩阵 见 ～
秩 见 ～
决策变量 96 98 99 307 312 404 463 465 508
绝对误差限 240
均衡实现 129 152–154
Jury 判据 171 173–175

K

开放框架 314 369
开关结构 24 38 39 270 314
开关模块 234 250 253 369
开环迭代学习 457 469
开环控制 103 458 459
Kalman 分解 182

Kalman 滤波器 6 8 373–376 378–381 408
抗积分饱和 PID 控制器 343 344
可重用模块 262 275 415 416 425 535
可观测标准型 182 183 185
可观测性 16 73 74 171 172 180–182 185 502
可观测性阶梯分解 181
可观测性判定 181
可观测 Gram 矩阵 181
可行解 96 398–401 403 406
可控标准型 178 182 183 185
可控性 16 73 74 153 171 172 178–181 502
可控性阶梯分解 180 181
可控性判定 178 179 183 297 298
可控性 Gram 矩阵 179 180
控件 61–66 526 527
空矩阵 29 96 98 99
控制器降阶 15
控制时程 429–433
控制系统工具箱 3 6 12 27 115 124 125 127 129–131 133 135 147 152 153 158 171–173 178 193 196 209 215 220 227 232 295 297 339 341 361 364 365 375 386 401 433 500–502
快速重启 306–308 365 466
扩张状态观测器 421–423

$\mathscr{L}$

Laplace 变换 73 101–103 114 115 122 126 149 189–191 197 274 341 474 476 482 486 487 500
Laplace 反变换 101 102 189
Leverrier–Fadeev 算法 126
力传感器 278
离散传递函数 101 113 122 123 125 161 162 190 232 246
离散化 124 125 167 195 210 223 281
离散状态方程 113 123–126 173 232 284 295
离散 Lyapunov 方程 82 180
离散 Riccati 方程 295
隶属度 439–441
隶属函数 439 441 442
力学模块组 278
粒子群优化算法 17 369 411 412 462 465 466
联机帮助 17 18 42 103
连接矩阵 140–142
联立方程组 52 53 84 88
连续传递函数 115–117 122 213
量测噪声 176 340 373 374 377
列向量 32 55 58 75 76 81 82 156
临界增益 2 3 171 202–206 213 504 505 513
零初值 232 475 488
零初值问题 493 497
零极点 3 113 120 121 123 126 130 131 145 154 173 174 200 231 232 246 303 315 391 483
零极点对消 177
灵敏度函数 380 384 385 396 409
流程结构 36–40
　开关结构 见 ～
　试探结构 见 ～
　条件转移结构 见 ～
　循环结构 见 ～
LMI 工具箱 389 407
Lorenz 方程 107 283
Lotka–Volterra 扑食模型 107
LQG 最优控制 8 14 374–379 381
LQR 最优调节问题 见 线性二次型指标
LTI 模型 129 134 166 167 220 231 232 245 387 500
鲁棒极点配置 297 298
鲁棒控制 373–408
　$\mathcal{H}_\infty$ 控制器 见 ～
　$\mathcal{H}_2$ 控制器 见 ～
　LQG 控制器 见 LQG 最优控制
　LTR 控制器 见 回路传输恢复
　μ-分析与综合 见 ～
鲁棒控制工具箱 13 153 154 221 234 377 381 386–390 393–398 402 404 407
鲁棒稳定性 373 382 385
鲁棒性 14 373 380
LU 分解 见 三角分解 19 77
滤波器 123 232 343 378 380 482–485 493 494 530

Luenberger 标准型 182–185
Luenberger 观测器 6
论域 439 440
Lyapunov 不等式 399 405
Lyapunov 方程 79 81 82 149 180 181 399
　　离散 Lyapunov 方程 见 ~
Lyapunov 判据 172 260 399

M

M-函数 24 40 41 71 84 89–91 93 94 96 97 100 267 268
M-脚本文件 40 41
M-序列 见 PRBS 信号
μ 分析与综合 13 15 389 394 397 398
满秩矩阵 75 179 183 184 297 396
MATLAB 工具箱
　　多变量频域设计工具箱 见 MFD 工具箱
　　FOTF 工具箱 见 ~
　　控制系统工具箱 见 ~
　　粒子群最优化工具箱 见 PSOt 工具箱
　　鲁棒控制工具箱 见 ~
　　模糊逻辑工具箱 见 ~
　　QFT 工具箱 见 ~
　　全局优化工具箱 见 ~
　　神经网络工具箱 见 ~
　　系统辨识工具箱 见 ~
　　线性矩阵不等式工具箱 见 LMI 工具箱
　　YALMIP 工具箱 见 ~
　　最优化工具箱 见 ~
MATLAB 工作空间 见 工作空间
MFD 工具箱 13 14 171 216–221 324
面向对象 7 17 64 193 200–202 208 209 221 275 433 498
描述符 118 126 127 501
描述函数 4 56 89 227 252
Mittag-Leffler 函数 474 475 477 478 486
模板 85 271 273 442 452 454
摩擦系数 532
模糊逻辑 17 411 438 439 441 444
　　解模糊 见 ~
　　隶属函数 见 隶属度
　　模糊集合 411 438 439
模糊逻辑工具箱 234 439
模糊推理 411 438–444 446–448
模糊 PD 控制 440–444 468
模糊 PID 控制器 443–447
模块封装 16 228 261–267 273 422 424 425 493
模块集构造 266 267
模拟退火算法 411 462
模式搜索算法 462 465
模型参考自适应 411–417 467
模型工作空间 306 307 312
模型降阶 114 143–154 313 314 392
　　次最优降阶 见 ~
　　Hankel 范数降阶 见 ~
　　Padé 近似 见 ~
　　Routh 近似 见 ~
　　Schur 均衡实现 见 ~
模型预测控制 234 426–438 468
模型转换 124–131 502
　　方框图化简 见 ~
Moore–Penrose 广义逆 见 伪逆
目标函数 95–97 99 100 148–150 295 303–305 307–309 311–314 361 366 367 369 399 401 402 404 419 462–464 466 467 470
目标控制器 322 324 325 327
目标模型 324
MultiBody 275

N

内部稳定 177 381 382
内部延迟 119 123 128 132 135 136 147 173 175 194–196 212 213 220 244 501
Newton 定律 275 278
逆矩阵 19 70 76 126 184 217
匿名函数 44 45 48 52 84–94 100 491 492
Nichols 图 207–215 409
逆 Nyquist 阵列 208 216 217 220 287 317 318 320
Nyquist 图 207–221 321 346 379
Nyquist 阵列 171 217 225

O

OCD 程序 311–316 327 328 466
OptimFOPID 程序 510–512
OptimPID 程序 16 365–369 510
耦合 196 208 317 328 336 371 456 506 533
Oustaloup 积分器 495
Oustaloup 滤波器 479 482–485 493 496 497
Oustaloup 微分器 495

P

Padé 近似 144–149 175 205 206 257 258
PD 控制器 305 307 308 312 315 316 343 359–362 367 368
PI 控制器 235 238 247 311 313 328 341 350 362 366 367 524 533
PID 控制器 315 316 339–371 449 466 506–509 523
  Chien-Hrones-Reswick 算法 见 ~
  单神经元 PID 控制器 见 ~
  分数阶 PID 控制器 见 ~
  精调 Ziegler-Nichols 公式 见 ~
  抗积分饱和 PID 控制器 见 ~
  模糊 PID 控制器 见 ~
  OptimPID 程序 见 ~
  增量式 PID 控制器 见 ~
  自整定 见 自整定PID 控制器
  Ziegler-Nichols 公式 见 ~
频率段 318 482 496
频域响应 6 155 163 207–221 289 316 320 324 346–348 379 502
  Bode 图 见 ~
  分数阶系统频域响应 见 ~
  Nichols 图 见 ~
  逆 Nyquist 阵列 见 ~
  Nyquist 图 见 ~
频域响应拟合 162
品质鲁棒性 373
PRBS 信号 161–163

Q

QFT 工具箱 14
启动仿真 238 242 246 255 367
奇异矩阵 76 78 118 127 387
奇异值 75 78 171 186 215 221 385 391 392 396 397
奇异值分解 28 77 78
前置静态补偿 219 221 319 320 330 506
切换律 250
切换系统 250 281
球杆系统 521–524 526 527
求解器 239 240 277 467
全局优化工具箱 98 462 465
全局优化函数 465 467
全局最优化 99 109 412 463
权值 392 394 429 430 448 449 451
Quanser 17 517 519–521 523–526

R

染色体 462 463
扰动信号 176 340 408 421 422 426 434 534
人工神经网络 见 神经网络
任意输入时域响应 192 197–199 489 502
Riccati 方程 79 83 87 294 295 304 375 376 378 380 389 390 401
  扩展 Riccati 方程 87
  离散 Riccati 方程 见 ~
  Riccati 不等式 401 403
  Riccati 微分方程 294 304
Riemann–Liouville 定义 475 476 485 495
容器 63
Routh 降阶 146
Routh 判据 2 146 171–175
Runge–Kutta 算法 89

S

S-函数 16 228 233 251 267–273 422–424 437 445 446 449 451 454 517
三次方根 31
三角分解 77
三角函数 33 233
三维表面图 57 58 60 226 480
三维数组 27 66 86 87 400
Schur 补性质 400 401 403
Schur 分解 295

Schur 均衡实现 153 154
上升时间 192–194
设定点 341 343 353 356 357 433 434
神经网络 17 411 447–455
BP 网 见 误差反向传播
RBF 网 见 径向基函数
神经网络工具箱 13 234
时变系统 227 244 247–249 366–368 517
示波器 230 235 238 272 277 307 312 367–369 443 467 525 526
时程 468
时间常数 147 341 353 355
时间矩量 143 144 147 148
实时编辑器 12 45–47
实时控制 517–519 524–527
试探结构 24 36 39 40
适应度函数 462 463
实用 MATLAB 界面程序
OCD 见 OCD程序
OptimFOPID 见 OptimFOPID程序
OptimPID 见 OptimPID程序
时域响应
冲激响应 见 ~
非线性系统时域响应 见 Simulink 仿真
分数阶系统时域响应 见 ~
解析解 见 时域响应解析解
阶跃响应 见 ~
任意输入时域响应 见 ~
时域响应解析解 101 186–192 199 487
时钟模块 230 248
受控对象 3 4 17 46 127 134 136 137 155 166 174 175 200 205 220 236 237 245–247 288–290 302 305 307 308 312 315 324 365–369 422 423 425 426
不稳定 FOPDT 模型 见 ~
FOLIPD 模型 见 二阶延迟积分模型
FOPDT 模型 见 一阶延迟模型
IPD 模型 见 一阶延迟积分模型
收敛速度 458 460
输出端子 231 241 257 261 279 311 313 415 416 434 451
数据结构 12 24–27 33 117 439
输入端子 230 257–259 279 416 434
数学模型 275 278
数值微分 482
数值最优化 303 305–308 311
数值 Laplace 变换 102 103 508
数值 Laplace 反变换 102
双闭环控制 1 166 313
双积分器 393 426
双精度 44
双精度数据结构 24–27 35 93 482
双线性变换 又见 Tustin 变换 34 124 392 393
伺服控制 192 288 305 309 311 451 455 519 521 531–533
死区非线性 232 236 237
死循环 86
Sigmoid 函数 448
Simscape 275–280
Simscape 语言 275
Simulink 仿真 227–285 434
模块封装 见 ~
模块集构造 见 ~
S-函数 见 ~
子系统 见 ~
Stiff 方程 见 刚性微分方程
速度 72 274 278 279 288 340 444 465 523 531–533
随机扰动信号 250 378
Sylvester 方程 82
Sylvester 矩阵 417

T

弹簧 274 275 278 279 530
弹簧阻尼系统 274 275 278 279
弹力系数 279
特征方程 75 94 175 176 205 207 296 503
特征根 2 73 75 76 78 171–176 183 201 202 217 502 503
梯度法 70
提前 d 步预测 418 428
跳变 352 367
条带图 58–60

条件转移结构 24 37 38
调节时间 192–194 223 341
凸问题 97
图形用户界面 16 23 61–68
Tustin 变换 又见 双线性变换 124 393

W

外部输入 179 383 416 423
完全解耦 324 326 330 332 432
伪代码 45
伪对角化 287 317–320
伪多项式 106 498 500
微分代数方程 89
微分方程 又见 常微分方程
微分方程解析解 94 95
微分方程转换 91 92
微分器 231 274 414 493
伪逆 76 79
伪随机二进制序列 见 PRBS信号
位移 274 278–280 532
稳定区域 503
稳定性 16 73 74 145 146 171–177 201 207 208 210 213 214 217 382 475
  超稳定性 见 ～
  Hurwitz 判据 见 ～
  Jury 判据 见 ～
  内部稳定性 见 ～
  Routh 判据 见 ～
稳定性裕度 208 373 378
稳态误差 192 223 289 290 305 315 343 359 360 414 429
稳态误差系数 289
稳态值 69 191–194 305 314 340 346 444 447
误差反向传播 449 451–453
误差限 24 85 93 240 248 397 478 491
物理不可实现系统 118 127
物理建模 113 275–279
物理可实现系统 14 115
无理数 31 69 473
无理系统 73 103 510 511
物理信号 277 278 527
无穷大 24 76 186 191 200 215 380
无穷范数 75 185 223
无约束最优化 73 95 96 303 429 432 465 470

X

系统辨识 113 114 155–164
  Akaike 信息准则 见 ～
  PRBS 信号 见 ～
系统辨识工具箱 12 156–158 161 163 234
系统矩阵 183 387 397 407 408
系统时域响应 见 时域响应
限幅 232 306 343 368 435 436
线性二次型指标 14 294–298
线性二次型 Gauss 问题 见 LQG 最优控制
线性方程 73 79 80
线性规划 95 97 108 374 398 401
线性化 228 252 256–261 280 533
线性矩阵不等式工具箱 见 LMI 工具箱
线性时不变模型 见 LTI 模型
线性系统模型
  传递函数 见 ～
  零极点 见 ～
  模型降阶 见 ～
  模型转换 见 ～
  状态方程 见 ～
线性组合 374 448 488 490
相对阶 115 459 467
相对误差限 93 240–242 249
相空间 90 242 243
相平面 4 92 250 255 256 260 281
相似变换 76 77 129 177 178 180 184
相位超前滞后 见 超前滞后校正器
相位裕度 171 214 215 287–293 378 408 502
响应速度 238 289 291 292 341 343 352 356 361 364 373 392 415
小增益定理 382
协方差矩阵 374 375 377
信号处理工具箱 13
信号流图 139–142
信号源 230 278 451
旋转 24 31 53 60 71 237 238 264
学习律 455 457–459
学习增益矩阵 458

循环结构 24 36–38 42 87 97 160 414
训练 448 449 468

𝒴

YALMIP 工具箱 404–408
延迟 8 117 498 500 501 508 509
延迟常数 117
延迟时间常数 217 224 500
验证 85 93 249 298 505
样本点 58 427 448 478 482
仪表盘 62
遗传算法 17 98 369 411 412 462–467
一阶延迟积分模型 359
一阶延迟模型 344–348
遗忘因子 421 461
忆阻器 276
隐函数 23 24 52 53
隐式微分方程 89 497
硬件在回路仿真 见 半实物仿真
应用程序 61–68 369 417 514
有效数字 25–27
有约束最优化 73 95–97 108 303 370 429 431 433 463 470 534
Youla 参数化 14
预测时程 429 430 432 433
预估校正算法 491 492
阈值 250 253 448
源程序 6 7 10 11 40 45 514
原型函数 79 100 109
约束条件 96–99 370 398 399 401 404 431 432 436 470
运动传感器 278 279

𝒵

z 变换 16 73 103–105 122 189 190 482
增广矩阵 188
增广状态 187–189 383
增量式 PID 控制器 343 369 451
正定矩阵 77 374–376 390 399 403
正反馈 133 134 204 205
正交矩阵 77 78
秩 73–75 77 80 179 181 183 298
执行器饱和 4 340 343 366 466
直馈 271 422 424
智能控制
　　模糊控制 见 ~
　　神经网络控制 见 神经网络
　　遗传算法优化 见 遗传算法
　　自适应控制 见 ~
重力加速度 280
种群 462 463 466 467
终止时间 89 193 242 255 294 312–314 366 368 370 429 430 511 512
周期性 426
主动控件 64 67
状态反馈 14 16 178 281 287 293–298 300 302–304 329–333 374 376–382 405–407
　　动态解耦 见 ~
　　极点配置 见 ~
　　线性二次型最优控制 见 线性二次型指标
状态方程 117–119 123 124 456 531
　　均衡实现 见 ~
　　离散状态方程 见 ~
　　内部延迟 见 ~
　　最小实现 见 ~
状态方程标准型
　　Jordan 标准型 见 ~
　　可观测标准型 见 ~
　　可控标准型 见 ~
　　Luenberger 标准型 见 ~
状态空间 8 14 131 178 181 182 242 287 293 299 301 373 422
状态转移矩阵 73 105 172 501
准解析解 83 192
字符串 27 52 54 64 66–68 83 103 263 439 508 509
自激振荡 252 255
自抗扰控制器 421–426
子空间 180–182
自然对数 26 33
自然频率 202 331 332 409
自适应控制 17 411–438
　　广义预测控制 见 ~

模型参考自适应控制 见 ～
自校正控制 见 ～
子系统 16 132 228 250 261 262 265 281 301 366 369 379 386 387 405 415 416 424
模块封装 见 ～
模块集构造 见 ～
自相关函数 161
自校正控制 17 411 412 417 419–421
自整定 PID 控制器 15 339
自治系统 187 223
Ziegler–Nichols 公式 13 339 348–353 355
阻尼 279 355
阻尼比 59 186 202 203 224 505
阻尼器 274 278 279
最大误差 88 481 482 491 492 496 497
最小二乘 30 80 100 109 323
最小二乘辨识 156 162 168
最小二乘拟合 73 95 99 100 109 345 348
最小方差控制器 417 419–421 468
最小灵敏度 14
最小实现 129–131 133 143 164 182 303
最优化 4 95–101 287 303 304 314 321 357 365 376
粒子群优化方法 见 ～
模拟退火算法 见 ～
模式搜索算法 见 ～
OCD 程序 见 ～
OptimFOPID 程序 见 ～
OptimPID 程序 见 ～
全局最优化 见 ～
无约束最优化 见 ～
遗传算法 见 ～
有约束最优化 见 ～
最优化工具箱 13 96 97 99 462 463
最优化指标
IAE 准则 见 ～
ISE 准则 见 ～
$\mathrm{IST^2E}$ 准则 见 ～
ISTE 准则 见 ～
ITAE 准则 见 ～
最优控制器 303–316 365 367 369
最优控制器设计程序 见 OCD 程序
坐标系 47 48 50 51 54 58 67 68 84 167 193 208 244 507 511 512

函数名索引

FUNCTION INDEX

本书涉及大量的MATLAB函数与作者编写的MATLAB程序、模型，为方便查阅与参考，这里给出重要的MATLAB函数调用语句的索引，其中黑体字页码表示函数定义和调用格式页，标注为*的为作者编写的MATLAB函数。

A

abs 43 49 150 174 177 186 188 267 272 290 423 450
acker **297** 298 300 302
adapt_sim* **420** 421
addrule **440**
addvar **439**
aic **159** 160
all 33
ans 158
any 33 43 177
apolloeq* **93** 94
appdesigner 61 64 67
are **83** 87
arx **156** 157–160 162–164
asin 33
assignin 86 87 305–307 309 312 466
assume 104
atan 59
augtf **386** 387 390–395 397 407
augw **386**
axes 218
axis 50 60 161 213 218 300 481

balreal **129** 153
bar **50** 51 251
bar3 55
bass_pp* **297** 298
bilin **393**
binvar 404
bode 68 145 148 150–153 **209** 210 211 213 290–293 378 388 390 395–397 408 484
bodemag 324 326
bodeplot 209
branch **386** 390
break **37** 38 39 97 184 330 332
bvp5c 107

c*moptim*.slx 305 307–309 312
c*mpid*.slx 262 266 316
c10bp_pid.mdl 452
c10bp_pid.slx 452 453
c10f*.fis* 446
c10fununx* 467
c10fz*.fis* 443
c10madrc*.slx 424–426
c10mfzpd.slx 443
c10mfzpid.slx 448
c10mgpc1.slx 438
c10mhebb* **449**
c10mmpc1.slx 435
c10mmras*.slx 413–417
c10mpred.slx 419
c10mrbf.slx 456
c10munsta.slx 466
c10plant*.slx 453
c10shebb.slx 451
c11mexp2s.slx 496
c11mfod2.slx 494
c11mfpid.slx 510
c11mimpfs* 497

c11mimps.slx 497
c11mmlfs* 496
c12mball.mdl 524
c12mbbr.mdl 525
c12mbeam.mdl 524
c12mdcm.mdl 524
c12mdsp.mdl 526
c12mmot.mdl 523
c2d **124** 125 126 137 195 210 211 247
c2mapp*.mlapp* 65 67
c3exmcon* 97
c3exmobj* 97
c3mnls* 98
c6exnls* 99
c6mblk*.slx 236–239
c6mcirc1.slx 277
c6mcmp1a.slx 366
c6mcomp*.slx 246 258
c6mdamp*.slx 279
c6mdde3.slx 249
c6mhan.slx 269
c6mlimcy.slx 255 256
c6mlin1a* 259
c6mlinr1.slx 259
c6mloop*.slx 254
c6mmimo*.slx 244 245 258
c6mmsk2.slx 266
c6mnlrsys.slx 251
c6mross*.slx 242 243
c6mross0* 243
c6msf2.slx 272
c6msin.slx 254
c6mswi1.slx 250
c6mtimv*.slx 248
c7mmopt.slx 328
c7mmr.slx 314
c7model2.slx 313
c7moptim* 307
c7optim* 305 307–309
c8m2dpid.slx 364
c8mantiw.slx 344
c8mdpid1.slx 344
c8mod_3.slx 368
canon 183 **184**
caputo9* **481** 482
cd 45
ceil **35**
chol **77**
chrpid* **355** 356
cla 68
class 25 26 479
classdef 499
clear 99
cmpc **432** 433
collect 33 138 139
comet **50**
comet3 90 242
compass **50**
cond **78**
conj 86
contour 56
contour3 56 58
conv 44 148 290 346 354 418 429
convs* **44**
cos 33 79
cosh 33
cot 33
crosscorr **161**
csc 33
ctrb **179** 181 297 298
ctrbf **180** 181

D

d2c **125** 126 137 162 163
dare 295
dcgain 150 **191** 345
dec2mat 402–404 406
decouple* **329** **330** 332
decouple_pp* **332** 333
default_val* 86
defuzz 440
demo 19
det 19 **74** 75

dhinf 394
diag 295 302 318 378
diff 95
dimpulse 420
diopha_eq* **418**
disp 150 263 425
dlinmod **257** 258
dlqr **295**
dlsim 437
dlyap **82**
double 25 404–406
dsolve 94 95
dstep 437

E

edit 40
eig **76** **173** 174 175 177 186 296 298 318
else 423
eps 24 86 150
error 42 43 86 183 270 271 273 423 424 450
errorbar **50**
errordlg 68
eval 399
evalfis **440** 446
exp 26 31 **33** 52 56–58 60 79 85 88 95 97 100 102 117 128 175 176 187 199 245–247 345 362 453
expand 34 **36**
expm **78** 79 186–189
eye 19 135 136 141 142 178 183 188 295 324 394
ezplot 49 52 84

F

factor 33 **35** 36 75 104
factorial 43
faddf **219** **220**
fdly **220**
feasp **402** 403 406
feather **50**
fedmunds **324** 325 327
feedback 133 **134** 135 136 174 175 177 194 198 200 214 247 291 302 303 321 326 349 350 354 356 358 361 390 501
feedbacksym* **134** 138 139 176
fgersh 218
figure 90 92 152 161 210 250 251 291 432–434
fill **50**
fill3 55
fimplicit **52** 53 84 88
fimplicit3 72
find 32 218 273 290 400 499
findsum* **41**
finv **220**
fix **35** 162
fliplr **30** 178
flipud **31**
floor 35 43
fmincon **96** 97–99 312 464
fmincon_global* **98** 99
fminsearch **95** 96 98 150 305 307–309 312 315 509 510
fminsearchbnd 96 509
fminunc 96 315 470
fminunc_global* **98** 467
fmul **219** 221
fmulf **219**
fode_caputo9* 491
fode_sol* **489**
fode_sol9* 490
folipd* **360** 361
for **36** 37 38 42–44 59 69 99 104 142 143 146 147 150 160 184 218 291 292 318 352 380 400 414 464
fotf* **499** **500** 501–505 512
fourier 101
fpidtune* 508
fplot 48 49 190 191 463
fplot3 56
frd 163 220
fsolve **84** 85 86

fsurf 57 464
fun_opts* 509 510
funm **78** 79
funmsym* 79
fuz_pid* **445** 446
fuzzy 441 446

G

ga 315 462 **463** 464 465 467
gamma 71 479 481
gca 60
gcbo 66
gcd **35** 36
gcf 64
gco 64 **66**
gcs 309 467
gershgorin* **218** 219–221 319–321 506
get **50** **64** 218
get_fpidf* 509 510
get_param 307 312 466
getDelayModel **119** 128 135
getfopdt* **345** 347 354 356
getlmis 403 404
getoptions 201
gevp **402**
glfdiff* **479** 480 484
glfdiff9* **479** 480 481
gpc_1a **437**
gram 180 **181**
grid 48 56 90 202–204 208–210 242

H

h2syn **390**
han_ctrl* 424
han_eso* 423 424
han_td* **270** **271** 424
hankel 144 297 404
heaviside 191
help 17 18 33 41 42 241 394
hilb 19 **35** 41 **74**
hinflmi **407** 408
hinfsyn **390** 391–395 **397** 407
hist **50** 251
hold 48 53 56 88 158 211 219 261 291 292

I

iddata 158 160 164
idinput **161** 162–164
if 37 **38** 42 43 49 58 85 86 97 134 142 150 177 188 267 290 330 332 423
ifourier 101
ilaplace 101 102 189 190 194
ilc_lsim* **459** 460 461
imag 86 176 218 318
image 263
impulse 175 196 197 504
impulseplot 200
imread 263
ind2mat* 142
Inf 24 215 359 360 387
initial **199** 259
initialplot 200
inline 45
int 186 187
int2str 399
int8 25
intstable* 177
intvar 404
INVLAP_new* **103** 509 510
inv 19 **76** 80 81 134 137 141–143 184 185 218 297 319–321 324
invfreqs 162 163
ipdctrl* **359**
isa 499
isempty 421
isfinite 345
isnan **32**
isprime **35**
isstable **173** 174 175 503
iztrans 104 105 190 191

K

kalman **375** 379 380
kron 81

L

laplace 101 102 189
lcm **35** 36
leadlagc* **290** 291–293
length 44 86 88 142 146 150 183 188 251 290 346 348 349 387 479 489
line 48 414
linearize 258 259 279
linmod **257** 258
linmod2 **257**
linprog 97
linspace 29 108 251
lmiterm **402** 403 404 406
lmivar **402** 403 404 406
load **54**
log 33
log10 33
loglog **50**
logspace 163 212 219 220 319 320 324 382 504
lookfor 17
loopsyn **396**
lqg **377** 378
lqr **295** 302 379 380 382
lsim 158 162–164 192 197 **198** 199 299 484
lsimplot 200
lsqcurvefit **99** 100 345
ltrsyn **381** 382
ltru 381
ltry 381
lu **77**
luenberger* **184** **185**
lyap 17 **81** **82** 180
lyap2 17 18
lyap2lmi* **399** **400**
lyapsym* **82**

M

magic 69
margin **215** 292 345 346 349 351 354
max 142 218 292 346 459 482
mesh **56** 57
meshgrid **56** 57 58 60
mfedit 439
mfrd* **220** 221 319–321 324 506
min 218 318
mincx **402** 404
minreal **130** 131 133 164 177 217 279 303 330 332 395
mixsyn **394** 395
mksys **386**
ml_func* **478** 482 492 496 497
modred **153**
more_sols* 85 **86** 87 88 176 503
mpc **433** 434 436
mpccon **430** 431
mpclib 434
mpcsim **430** 431
multi_step* **273**
mv2fr **218** 219–221
mvss2tf **216** 217
my_fact* **43**
my_fibo* 43
MyCACSDControls.slx 535
myhilb* **42** 43

N

NaN 25 32 71 76 215
nargin 41–44 134 218 290 318 499
nargout 41
nchoosek 104 191
newfis **439**
nichols 68 209–211
nicholsplot 209
nlfec* 492
nlfep* 492
nnbp_pid* **451**
nnrbf_pid* **454**
nntool 110 448
nonlin 312
norm 19 31 **75** 82 83 85 86 88 100 **186** 194 405 503
null **80**
num2str 60 270 271 273 423 424 450 452

numden 33 131 176
nyquist 68 **208** 209–214 216 218 379 380 504
nyquistplot 208

O

obsv 181
obsvf 181
obsvsf* **302**
ocd 311 312
ode15s 89 91 93 261
ode23 89
ode45 **89** 90–92 94 261
odeset **93** 94
ohklmr **154**
ones 164 318 325 327 480
open_system 228
opt_app* **149** 150–152 346 360
opt_fun* **150**
optfun* 150
optfun_2* **312**
optimfopid* 510
optimize 405 406
OptimPID* 366
optimset 85 97 100
orth **77**
ousta_fod* 483 484

P

pade **147** 148 150 175 205 206
pade_app* **144** 147 148
pademod* **144** 145
paderm* **147**
particleswarm 315 462 **465**
patch 263
patternsearch 462
pause 307 309 312 466
pcode **45**
pi 25 26 29 465
pid **341** 342 343
pid2 343
pidctrl_model.slx 366
pidstd **341** **342** 343 349 355 359–361
pidtool 361 **364**
pidtune 361 **362** 363
pinv **76** 80
place **297** 298 300
plot **47** 48 49 **50** 52 55 88 90 92 100 101 103 158 176 242 244 250 255 256 259 263 300 480
plot3 **55** 56 90
plotnyq 218
plotstep **429** 430
plotyy 481 490
polar **50**
pole 173
poly **75** 126 297
poly2sym 131
poly2tfd **429** 430 432
polyfit **100** 101
polyval 76 100 101
polyvalm **76** 297 332
pretty 95 138
prod 36 **43** 104 399
pseudiag* **318** 319 320
pzmap **173** 174 223

Q

quadproj 97
quiver **50**

R

rand 19 85 86 99 184 450
randn 420
rank **75** 80 179 **180** 184 298
rat **35**
readfis 440 443
real 176 177 218 318
reg **302**
rem **35**
reshape **81** 452 455
residue 488
return 150
ribbon **59**
rlocus 68 201 **202** 203–207 505

rlocusplot 202
rossler* **90**
rossler1* 90 91
rot90 **31** 144
round **35** 483
routhmod* **146**
rref **80**
rziegler* **354**

S

satur_non* 267
save **54**
schmr **153** 154
sdpvar **404** 405 406
sec 33
semilogx **50** 51
semilogy **50**
set **50** 60 **64** 66
set_param 307–309 467
setdiff 177
setlmis **402** 403 404 406
setoptions 201
shading 57 58
sigma 221 391 392 397
sigmaplot 221
sign 49 267 272 452
sim **241** 244 246 248 255 279 305–307 309 312 414 **433** 434 436 466 496 497 510
simobsv* **299 300**
simplify **33** 34 75 95 102 104 134 139 479
simscape **275**
simset **241** 248
simsizes 269 273 423 424 437 446 450 452
simulannealbnd 462
sin 33 34 48–52 56 85 88 100 162 460
sincos 33
sind 33
sinh 33 103 510
size 19 81 84 86 87 142 184 188 218 318 387 480
slblocks 267 535 536
solve 83 84 94
sprintf 267
sqrt 24 31 59 94 102 103 150 290 346 420 483 491 510
ss **118 119 123** 125 126 **127** 128 129 131 153 154 172 183 186 188 217 244 258 302 324 375 379 380 434
ss_augment* **188**
ss2ss **178**
ssc_new 277
sscanform* **183 184** 185
ssdata **119** 393 394
stairs **50** 51 161 421 431–433 436
std_tf* **331** 332
stem **50** 51 429
stem3 55 56
step 68 129 145 150–153 175 **193** 194–196 200 207 214 247 258 291 292 299 302 321 345 347 349 350 354 356 358 361 378 390 504 505
stepplot **193** 200
str2num 68
strcmp 479
subplot **51** 60 433 460
subs **34** 69 104 186 187 190 191 194 479
sum 37 184 318 450 455 459 489
surf **56** 57 58 60 474 481
surfc 56
surfl 56
svd 28 **78**
switch/case **38** 68 183 270 271 273 290 315 345 348 369 423 424 437 445 449 452 454
sym 19 25–27 31 **35** 43 74 78 80–82 134 142
sym2poly 131
sym2tf* **131**
syms **25** 34 36 75 78 80 94 95 101 102 104 138 141 142 176 191
sys2smat* **387** 408
systemIdentification 158

T

tan 33 48 49 349

tf **68** **115** 116 117 121 **122** 125–131 134–137 144 145 147 150 153 158 162–164 174 175 180 184 185 196 215 221 245 290 315 321 328 349 379 483
tf2sym* **131** 194
tfd2step **429** 430 432
tfdata **117** 332 499
tic/toc 19 37 43 99
timmomt* **143** 144 148
title 48
totaldelay 149
trace **75**
trim 257 259
try/catch **39** 40 68 312
tzero 223

U

ufopdt* **361**
uint8 25
unpck 408
ureal **388** 396
usample **388**

V

value 404
varargin 44 85 86
varargout 44 86
view **60**
vpa **26** 31
vpasolve 84 94

W

waterfall 56 **57**
while 36 **37** 38 41 86 87 97 184 345
writefis 440

X

xlabel 48
xlim 58 60
xlsread **54** 55
xlswrite 55
xor **32**

Y

ylabel 48

Z

zero 173
zeros 87 88 119 125–127 131 135 142–144 146 188 346
ziegler* **348** 349 351 352 355 356
zpk **120** **121** 123 130 145 146 150 151 153 154 174 247 258 279 291 303 378 380 396
ztrans 104 190